INGENIEURGEOLOGIE

VON

DR. K. A. REDLICH
O. Ö. PROF. DER DEUTSCHEN TECHN. HOCHSCHULE PRAG

DR. K. v. TERZAGHI
O. Ö. PROF. DES INSTITUTE OF TECHNOLOGY
CAMBRIDGE, MASS., U.S.A.

DR. R. KAMPE
DIREKTOR DES QUELLENAMTES KARLSBAD
PRIV.-DOZ. DER DEUTSCHEN
TECHN. HOCHSCHULE PRAG

MIT BEITRÄGEN VON

DIR. DR. **H. APFELBECK**-FALKENAU, ING. **H. E. GRUNER**-BASEL, DR. **H. HLAUSCHECK**-PRAG, PRIV.-DOZ. DR. **K. KÜHN**-PRAG, PRIV.-DOZ. DR. **K. PRECLIK**-PRAG, PRIV.-DOZ. DR. **L. RÜGER**-HEIDELBERG, DR. **K. SCHARRER**-WEIHENSTEPHAN-MÜNCHEN, O. Ö. PROF. DR. **A. SCHOKLITSCH**-BRÜNN

AF792011

MIT 417 ABBILDUNGEN
IM TEXT

SPRINGER-VERLAG WIEN GMBH 1929

ISBN 978-3-7091-5962-0 ISBN 978-3-7091-5996-5 (eBook)
DOI 10.1007/978-3-7091-5996-5

ALLE RECHTE, INSBESONDERE DAS DER ÜBERSETZUNG
IN FREMDE SPRACHEN, VORBEHALTEN

COPYRIGHT 1929 BY SPRINGER-VERLAG WIEN
URSPRÜNGLICH ERSCHIENEN BEI JULIUS SPRINGER IN VIENNA 1929
SOFTCOVER REPRINT OF THE HARDCOVER 1ST EDITION 1929

Vorwort

Langjährige Erfahrung im Unterricht und in der Praxis, ferner der Umstand, daß wir Gelegenheit hatten, die Bedürfnisse des Ingenieurs auf diesem Gebiete kennenzulernen, haben uns bewogen, die Erläuterung jener geologischen Grundsätze zu versuchen, nach welchen sich der Ingenieur bei seinen Arbeiten richten soll.

Immer mehr setzt sich der Gedanke durch, daß fast alle Eingriffe in die Erdhaut ein gründliches geologisches Vorstudium verlangen, da mangels eines solchen große, oft nicht gutzumachende Fehler entstehen. Es gab eine Zeit – dieselbe liegt nicht weit zurück –, wo Geologe und Ingenieur einer des anderen entraten zu können glaubte. Der Grund hiefür lag vor allem in dem Umstand, daß der eine der Wissenschaft des anderen vollständig fremd gegenüberstand, ohne daß eine Verständigungsbrücke sie näher brachte.

Es muß daher als ein großer Fortschritt bezeichnet werden, daß technisch vorgebildete Forscher sich der Geologie zuwandten, welche wiederum eine größere Zahl von Geologen für die Fragen der Technik zu interessieren verstanden, so daß nun diese Grenzgebiete gründlicher beackert wurden; erst hiedurch wurde die Möglichkeit der gegenseitigen Verständigung geschaffen und die Auswertung geologischer Ratschläge in die Wege geleitet.

In einem derartigen Neuland muß erst eine gründliche Unterlage in Form wissenschaftlicher Forschungen und Abhandlungen vorliegen, wenn aus denselben, im Verein mit den eigenen Erfahrungen, sich ein Lehrbuch aufbauen soll. Abgesehen von älteren Druckschriften, haben W. Krantz, M. Singer, J. Stiny, J. Wilser und andere mit glücklicher Hand es unternommen, die mehr praktische Seite in die rein theoretische Geologie zu tragen und lehrbuchmäßig zu verarbeiten. Seit dem Erscheinen der meisten dieser Werke hat eine verhältnismäßig kurze Zeit genügt, die in unserem Buche niedergelegte Richtung so auszubauen, daß es uns um so notwendiger erscheint, den derzeitigen Stand der Ingenieurgeologie auf modernster Basis zusammenzufassen.

Bei der Behandlung der technisch geologischen Probleme tritt überdies immer deutlicher das Bestreben hervor, die physikalischen Grundursachen schärfer zu erfassen und auf diesem Weg eine verläßliche Deutung der beobachteten Erscheinungen zu ermöglichen. Nachdem auf diesem Gebiet im Laufe der letzten Jahre namhafte Fortschritte erzielt wurden, erschien es angezeigt, in diesem Buche der mechanischen und physikalischen Betrachtungsweise einen wesentlich breiteren Raum anzuweisen, als dies bei seinen Vorläufern der Fall war.

Eine systematische Gliederung des Stoffes, wie sie sich in allen modernen Geologielehrbüchern findet, konnte entsprechend den mannigfachen Ingenieurrichtungen und den Bedürfnissen derselben nicht immer genau durchgeführt werden, es ließen sich auch der fließenden Darstellung wegen verschiedene Wiederholungen nicht vermeiden.

Es war unser Bestreben, in jedem einzelnen Kapitel Spezialfachleute zu Worte kommen zu lassen und ihre Individualität so wenig als möglich zu beschränken, um so mehr als die meisten dieser Herren durch ihre Beschäftigung Gelegenheit haben, ihre Methoden in der Praxis zu erproben.

Umgekehrt ist das Buch voraussetzungsloser behandelt worden, als ursprünglich beabsichtigt war; der Grund dafür ist in dem Bestreben zu suchen, Geologen und Ingenieure einander näherzubringen, indem jedem von ihnen das Eindringen in die Grundlagen des anderen erleichtert wird.

Bei der außerordentlich großen Fülle des verarbeiteten Stoffes war es von Anfang an geboten, die Grenzen des Umfanges der einzelnen Kapitel so eng als möglich zu ziehen. Nach Fertigstellung des Manuskriptes ergab sich dessenungeachtet eine Überschreitung auf weit über das Doppelte des ursprünglich geplanten Ausmaßes. Es mußte an eine Kürzung geschritten werden, um die Kosten der Drucklegung noch in Einklang mit dem Verkaufspreis zu bringen. Dank dem Entgegenkommen der Verlagsfirma wurde dieselbe in einem Rahmen durchgeführt, der den Inhalt des Buches nicht schädigte. Aus diesem Grunde mußte aber bei einzelnen Kapiteln auf eine eingehendere Erörterung verzichtet und gewisse allgemein naturwissenschaftliche Vorkenntnisse vorausgesetzt werden.

Wir sind weit davon entfernt zu glauben, daß das vorliegende Buch ein abschließendes Ganzes darstellt; wenn es eine neuerliche Etappe auf dem Wege zum Endziel ist, beiden Richtungen Anregung in ihrer Arbeit gibt und dadurch eine weitere Ausgestaltung der geologischen Ingenieurkunde fördert, dann hat das Buch seinen Zweck erfüllt.

Herrn Privatdozenten Dr. Karl Preclik danken wir besonders für seine Mühewaltung bei der Herausgabe des Buches.

April 1929

Die Verfasser

Inhaltsverzeichnis

I. Kosmische und geophysikalische Geologie

Von K. A. Redlich, Prag

A. Die Stellung der Erde im Weltall

Im Weltall bewegen sich viele Millionen Gestirne, die eine Entwicklung mitgemacht haben, wie wir sie auch für unsere Erde voraussetzen müssen. Aus den Urnebeln haben sich mit eigenem Licht leuchtende, glutflüssige Fixsterne (Sonnen) abgeschieden, die sich bei weiterer Abkühlung mit einer festen Rinde umgeben. Während letztere immer stärker wird, sinkt die Temperatur, so daß sich endlich ein Teil des Sauerstoffes und Wasserstoffes zu Wasserdampf vereinigt, der kondensiert, das Wasser der Flüsse und Meere bildet. Jetzt sind die Bedingungen zur Entwicklung des organischen Lebens gegeben. Das Gestirn tritt in eine Entwicklungsphase, die wir Erdstadium nennen. Auch diese Epoche hat keinen Bestand, allmählich wird die Erde ihre Eigenwärme verausgaben und erstarren. Das organische Leben stirbt ab, der Planet nimmt eine Entwicklungsform an, wie wir sie heute beim Monde sehen.

Die Trümmer derartiger abgestorbener Welten kreisen im Weltraum und streifen zuweilen die Lufthülle der Erde. Durch Reibung im dichteren Luftmedium erhitzt, erglühen sie und werden dem menschlichen Auge als Sternschnuppen sichtbar. Andere Weltsplitter gelangen in das Gravitationsfeld der Erde und fallen als Meteorite auf sie nieder.

B. Die Erddichte

Die Gesamtdichte der Erde, welche unter anderen Methoden aus der Lotablenkung des Pendels durch einen Bleikörper von bekannter Masse bestimmt wurde, liegt mit ziemlicher Genauigkeit zwischen 5,50 und 5,56.

Die Erdkruste besteht der Hauptsache nach aus:

Silizium	28,00%	Magnesium	2,40%
Aluminium	7,90%	Natrium	2,43%
Eisen	4,43%	Kalium	2,49%
Kalzium	3,44%	Sauerstoff	47,17%

Kaum 2% fallen auf alle übrigen Elemente. Das aus diesen Komponenten errechnete mittlere spezifische Gewicht beträgt ungefähr 2,7; es ist nahe der Erdoberfläche noch geringer.

Aus dieser Betrachtung muß geschlossen werden, daß die Dichte der Erdmassen gegen den Erdmittelpunkt zunimmt.

Forschungen über das chemische Gleichgewicht zwischen den Elementen eines erstarrenden Gasballes machen eine schalenförmige Anordnung der Massen nach chemischer Beschaffenheit und Gewicht wahrscheinlich, die moderne Erdbebenforschung bestätigt diese Theorie, indem sie die Brechung und Reflexion der Erdbebenwellen an den Übergangsflächen dieser Schalen nachwies. Die Erde dürfte demnach aus einer zirka 1200 km starken Gesteinsschichte (Lithosphäre) bestehen, die sich in eine obere, kieselsäurereiche (Sal, spez. Gew. 2,7) und in eine tiefere, metallreichere Zone (Sima, spez. Gew. 2,8 bis 3,4) gliedert; darunter folgt eine zirka 1700 km starke Übergangszone vom spez. Gew. 4 bis 6 und schließlich der aus Schwermetallen bestehende Erdkern (Nife, spez. Gew. 6 bis 12), dessen Radius zirka 3500 km beträgt.

Die Meteorite, als Reste von Weltkörpern aufgefaßt, liefern uns in chemisch-mineralogischer Beziehung die Proben aus allen diesen Schichten, vom Erdoberflächengestein (Meteorsteine) bis zum reinen Nickeleisen (Meteoreisen).

Die Verteilung der Gesteine ist in vertikaler und horizontaler Richtung keine ganz regelmäßige. Auch in der uns zugänglichen Rinde liegen verschieden schwere Gesteine neben und übereinander, die sich innerhalb des Schichtverbandes unter günstigen Umständen mittels der Lotabweichung lokalisieren lassen. Innerhalb des Gravitationsfeldes der Erde wirkt die Schwerkraft derselben auf jeden Massenpunkt im Raum in bestimmter Intensität und Richtung, läßt sich also für jeden Raumpunkt durch einen Strahl von bestimmter Länge und Richtung, als Vektor, abbilden. Auf diesen Strahlen stehen die Niveauflächen der Schwerkraft senkrecht, das sind Flächen konstanter potentieller Schwereenergie, längs welcher die Verschiebung einer Masse weder Arbeit konsumiert noch leistet. Hätte der Erdkörper die Gestalt eines allein unter dem Einflusse der Massenanziehung und Zentrifugalkraft entstandenen mathematisch genauen Rotationskörpers aus homogener Masse, so besäßen die Schwerevektoren eine gesetzmäßige, axialsymmetrische Anordnung. Die Erdfläche wäre ein mathematisch genaues Geoid, zugleich eine Fläche gleichen Schwerepotentials. Alle Schwererichtungen eines Meridians lägen in dessen Ebene; je zwei Richtungen auf einem Parallelkreise lägen in einer Ebene und schnitten sich in der Erdachse, sämtliche Richtungen eines Parallelkreises würden einen Kegel bilden, dessen Scheitel in der Erdachse liegt. In diesem Idealfall gäbe es kein Drehmoment.

Infolge der Abweichung der wirklichen Oberfläche von der idealen Geoidfläche und wegen der ungleichen Dichteverteilung im Erdkörper ist diese ideale Schwereverteilung gestört. Die Niveauflächen sind in ihrer Form und ihrem Verlauf durch die Massenverteilung beeinflußt.

Man kann sich die Äquipotentialflächen als Flächenschar von unendlicher Anzahl, in kontinuierlicher Folge den Raum erfüllend, denken; es ist jedoch vorteilhaft, aus dieser Schar ein bestimmtes System auszuwählen, dessen Flächen in solchen Abständen liegen, daß die Bewegung der Masseneinheit von Fläche zu Fläche die Arbeitseinheit beansprucht bzw. leistet. Dieses System gibt ein anschauliches Bild der Verteilung und Änderung der Schwerkraftsintensität im Raume. Seine Flächen liegen in Gebieten höherer Schwereintensität näher, in solchen geringerer Schwerkraft in größeren Entfernungen, da von einer größeren Kraft dieselbe Arbeit auf kürzerem Wege geleistet wird und umgekehrt. Die Niveauflächen müssen daher auch mit wachsender Entfernung von der Erde wegen der Abnahme der Attraktion auseinanderrücken. Bewegt man sich auf einer Niveaufläche im Gebiete zunehmender Schwereintensität, so nähern sich die Nachbarflächen und umgekehrt.

Ein in der Nähe der Erdoberfläche eingebetteter Körper (Lagerstätte) von größerer spezifischer Masse, als sie die Umgebung besitzt, beeinflußt die Schwereintensität in seinem Umkreis, und dieser Einfluß kommt im Niveauflächensystem in zweifacher Art zum Ausdruck.

Zunächst fügt er durch seine eigene Anziehung zu allen Schwerevektoren seines Feldes eine Komponente in der Richtung zu sich hinzu, biegt also deren Richtung ab. Da die Niveauflächen auf der Vektorenrichtung senkrecht stehen, erleiden sie hiedurch eine Änderung ihrer Krümmung.

Durch die Addition der Eigenattraktion der Masse zu den vorhandenen Schwerevektoren wird aber auch deren Intensität vergrößert; es muß daher in der Nähe der Massenkonzentration auch eine Näherung der Niveauflächen eintreten. Die Zunahme der Schwereintensität, der „Gradient“ der Schwerkraft in der Richtung zur Masse, findet ein Maß im Konvergenzwinkel der Niveauflächen in dieser Richtung.

Die Massenanhäufung äußert sich also einmal in der Änderung der Krümmung, zweitens aber im Konvergenzwinkel der Niveauflächen.

Ein Massendefekt (Lagerstätte von geringem spezifischen Gewicht, Hohlraum) äußert sich im umgekehrten Sinne wie eine Konzentration.

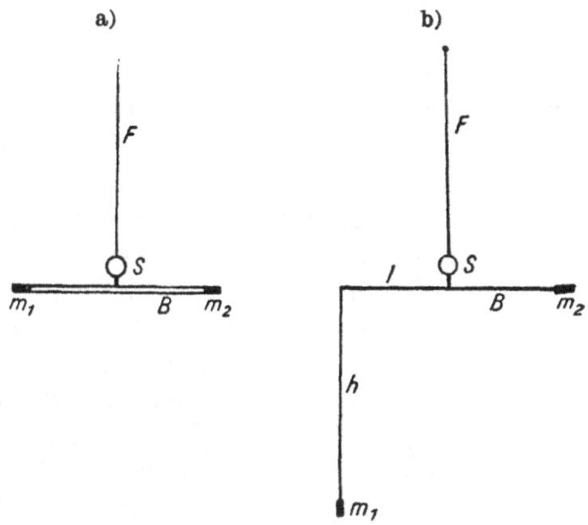

Abb. 1. Drehwaage (nach R. Eötvös)
a) erste Art **b) zweite Art**

Zur Messung der beschriebenen Einflüsse dient ein von Baron R. Eötvös konstruiertes und seither vielfach verbessertes, äußerst empfindliches Instrument, die Drehwaage. Entsprechend der doppelten Auswirkung der Schwerestörungen kommen zwei Arten derselben in Anwendung. Die Drehwaage erster Art Abb. 1a) besteht aus einem Waagebalken aus Aluminium, an dessen Enden zwei gleiche Massen befestigt sind. Der Balken hängt drehbar an einem torsionselastischen Faden aus Quarz oder Platin-Iridium; neuestens wird letzterer aus einem Wolfram-Einkristall gefertigt. Der Torsionswinkel des Aufhängefadens wird durch Spiegelung abgelesen oder photographisch registriert. Zum Schutze gegen störende äußere Einflüsse, insbesondere ungleiche Erwärmung und Luftströmung, ist der Faden von einem mehrmanteligen Gehäuse umgeben.

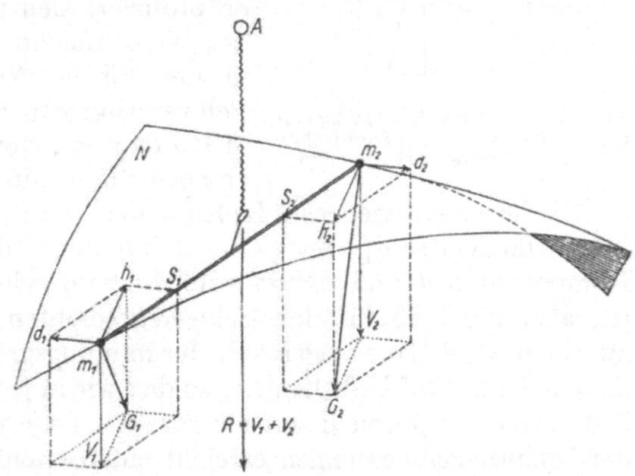

Abb. 2. Eötvössche Drehwaage erster Art. Krümmung der Niveaufläche zwischen beiden Balkenenden

Da sich der Aufhängefaden in die Lotrichtung stellt, und der Waagebalken mit dieser ungefähr einen rechten Winkel einschließt, so liegen die beiden Balkenlasten in ein und derselben Niveaufläche oder in zwei sehr nahen und daher fast kongruenten Niveauflächen.

Ihre Schwererichtungen, normal zur Niveaufläche der betreffenden Raumpunkte, bringen die Krümmung der Fläche zwischen beiden Balkenenden zum Ausdruck; sie stellen im allgemeinen zwei sich im Raum kreuzende, nicht schneidende Gerade dar, G_1 und G_2 (Abb. 2). Wir zerlegen diese beiden Vektoren zuerst in je eine Vertikal- und Horizontalkomponente (V_1 V_2 und h_1 h_2) und die Horizontalkomponenten wieder in je eine mit der Balkenrichtung zusammenfallende und eine normal zu dieser (S_1 S_2 und d_1 d_2). Der Aufhängefaden wird so lange pendelartig schwingen bis sich $S_1 = S_2$ aufheben und $d_1 = -d_2$ ein reines Drehmoment geben. V_1 und V_2 summieren sich und bewirken die Spannung des Aufhängefadens und eine geringe Neigung des Balkens. Das Drehmoment $M = d \times l$ (l = Balkenlänge) bewirkt eine Torsion des Fadens so weit, bis seine elastische Drillungskraft dem Moment das Gleichgewicht hält. Die Größe dieses Momentes kommt also in dem ablesbaren Torsionswinkel zum Ausdruck; sie steht zu den Krümmungsverhältnissen der Niveaufläche in bestimmten gesetzmäßigen Beziehungen. Da in den diesbezüglichen Gleichungen drei Unbekannte vorkommen: die zweiten Differentialquotienten des Schwerepotentials nach zwei Koordinatenachsen und die Lage dieser Achsen zur Ruhelage des Balkens, so benötigt man zur Berechnung der Krümmungsverhältnisse der Niveaufläche (Größe der Hauptkrümmungsradien und Lage derselben) in einer Position des Instrumentes drei Messungen des Torsionswinkels in drei um die Lotlinie verdrehten Stellungen des Balkens.

Zur Bestimmung der Änderungstendenz der Schwere, des horizontalen Schweregradienten, dient die Drehwaage zweiter Art (Abb. 1b). Da dieser Gradient, wie wir oben entwickelten, im Neigungswinkel der Niveauflächen zum Ausdruck kommt, ist bei dieser Drehwaage das eine Balkengewicht an einem Faden hängend befestigt, so daß es in einer tieferen Niveaufläche schwebt als das am Balkenende montierte, und die beiden Balkengewichte sich in zwei entfernteren Niveauflächen befinden als bei der Drehwaage 1a; der Winkel der Schwerevektoren der beiden Balkenlasten, normal zu ihren Niveauflächen, enthält nunmehr außer dem Krümmungseinfluß auch den Konvergenzwinkel dieser Flächen. In Abb. 3 ist eine Drehwaage zweiter Art schematisch dargestellt. Der Balken ist senkrecht zur Zeichenfläche gedacht, er projiziert sich nach m_1. Die Masse m_1 liegt in der Niveaufläche N_{i+3}, die aufgehängte Masse m_2 in der Fläche N_{i+1}. Der Winkel α der beiden Schwerevektoren G_1 und G_2 ist in der Zeichnung gleich dem Konvergenzwinkel α. In der Natur ist er noch durch die Krümmung beeinflußt.

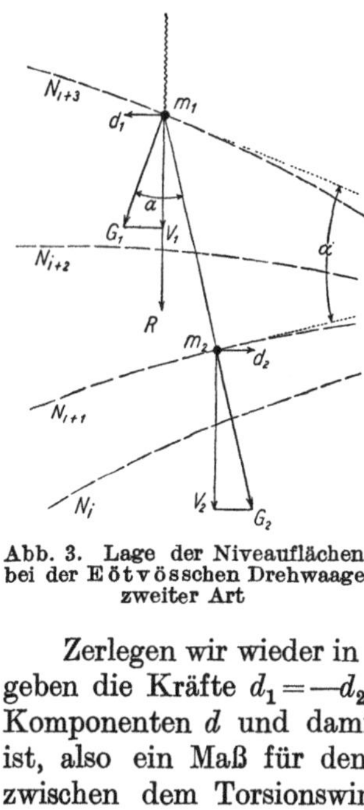

Abb. 3. Lage der Niveauflächen bei der Eötvösschen Drehwaage zweiter Art

Zerlegen wir wieder in die Komponenten V_1, V_2, S_1, S_2, h_1, h_2 und d_1, d_2, so ergeben die Kräfte $d_1 = -d_2$ ein Drehmoment, dessen Größe von der Größe der Komponenten d und damit vom Neigungswinkel der Niveauflächen abhängig ist, also ein Maß für den Schweregradienten bietet. Die Funktionsgleichung zwischen dem Torsionswinkel, Krümmungsgrößen und Gradienten enthält in diesem Falle fünf Unbekannte, so daß wir in jeder Instrumentstation mindestens 5 Messungen in gegeneinander verdrehter Lage vornehmen müssen. Das Resultat der Drehwaagenmessungen erreicht eine Genauigkeit von einem Milliardstel der Einheit im cm-g-sek-System. Da die Beruhigung des Balkens nach erfolgter Drehung ungefähr eine Stunde beansprucht, dauert eine vollständige Messung mindestens fünf Stunden. Eötvös kombiniert aus diesem Grund zwei Waagen zu einem Instrument, das eine Gradientenbestimmung in drei Stunden erlaubt.

Ihr Hauptanwendungsgebiet hat die Drehwaage bis jetzt bei der Suche nach Salzlagerstätten gehabt. Da Salz leichter ist als das umgebende normale Sedimentgestein, heben sich Salzdome als Gebiete geringerer Schwere meist deutlich hervor und lassen auch eine ziemlich genaue Begrenzung zu. Die

Gradienten, die in den Darstellungen der Messungsergebnisse als Pfeile von bestimmter Länge und Richtung gezeichnet werden, zeigen immer in die Richtung zunehmender Schwere, also vom Salzdom weg. Seine Grenze ist dort zu suchen, wo die Gradienten am größten sind. Ist jedoch der Salzstock mit einer Kappe von Gips, Anhydrit, Schwefel und Kalk bedeckt, so kann umgekehrt, da diese Gesteine übernormal schwer sind, ein Schwereüberschuß den Salzdom verraten. Die Gradienten zeigen in diesem Fall in das Innere des Salzstockes. Da an den Rändern von Salzstöcken oft Erdöl auftritt, ist die Drehwaage ein sehr wichtiges Hilfsmittel für den Erdölgeologen geworden. Auch Antiklinalen lassen sich mitunter feststellen, wenn im Sattelkern schwerere Gesteine auftreten, ferner kann man vulkanische Gesteine in Sedimenten, Brüche, an denen schwere und leichte Massen aneinandergrenzen, erkennen. Auch der feste Untergrund eines mit jüngeren Schichten ausgefüllten Beckens läßt sich annähernd festlegen. Häufig wird sich zur Lösung einer bestimmten Aufgabe eine Verbindung der gravimetrischen Messungen mit anderen Verfahren der angewandten Geophysik als günstig erweisen. Besonders bei der Erzsuche kann man durch Kombination mehrerer Methoden den gesuchten Körper auf verschiedene Eigenschaften prüfen (Dichte, Magnetismus, elektrische Leitfähigkeit, Elastizität) und hieraus genauere Schlüsse auf die Art des Erzes und seine Verbreitung ziehen. Hat man beispielsweise mittels elektrischer Messungen in einem Erzgebiet einen guten Leiter gefunden, so kann die Drehwaage entscheiden, ob dieser gute Leiter auch übernormal schwer ist oder nicht, ob es sich also um ein Erzvorkommen oder nur um einen Graphitschiefer, erzimprägniertes Gestein oder ähnliches handelt.

Leider sind die Drehwaagenmessungen in der Praxis auf ebenes oder fast ebenes Gelände beschränkt. Theoretisch läßt sich zwar der Einfluß von Geländeunebenheiten ausschalten, doch scheitert dies in der Praxis meist daran, daß sich Volumen und Dichte der störenden Geländeformen nicht genau ermitteln lassen und daher eine erhebliche Unsicherheit in die Rechnung hineinkommt. Auch in der Ebene müssen die kleinen, kaum merkbaren Unebenheiten der Oberfläche durch eine Nivellierung regelmäßig verteilter Punkte bis zu etwa 30 m Entfernung erfaßt und in Rechnung gestellt werden. Noch gefährlicher, weil unsichtbar, sind Dichteinhomogenitäten des Untergrundes, wie z. B. größere Blöcke in Grundmoränengebieten, Schotterlinsen in Alluvialebenen von Flüssen und ähnliches. Derartige örtliche Störungen muß man durch Messungen an zwei oder drei nahe benachbarten Punkten auszuschalten suchen.

Infolge der langen Beruhigungszeiten der Waagebalken kann man nur mit zwei bis höchstens drei Stationen täglich rechnen. Dieses langsamen Arbeitsfortschrittes wegen ist die Drehwaage für Übersichtsmessungen nicht geeignet; sie wird am besten dort verwendet, wo die Lage der zu suchenden Schweregrenze (Salzstockrand, Verwerfung usw.) schon einigermaßen bekannt ist und nur noch eine genaue Lokalisierung gewünscht wird.

Literatur: Allgemeines: Guttenberg, B: Lehrbuch der Geophysik. 1927/28. — Ambronn, R.: Methoden der angewandten Geophysik. 1926.

Drehwaage: Eötvös, R.: Bestimmung der Gradienten der Schwerkraft und ihrer Niveauflächen mit Hilfe der Drehwaage. Verh. d. XV. allg. Konf. d. int. Erdmessung in Budapest 1906, S. 387. Berlin. 1908. — Eötvös, R.: Geodätische Arbeiten in Ungarn, besonders über Beobachtungen mit der Drehwaage. Verh. d. allg. Konf. d. int. Erdmessung, London 1909, S. 319. — Hopfner F.: Die Eötvössche Drehwaage und ihre Eignung für die prakt. Geologie. Zeitschr. d. öst. Ing. u. Arch. Ver., S. 305. 1927. — Schweydar, W.: Die photographisch registrierende Eötvössche Torsionswaage der Firma Bamberg. Zeitschr. f. Instrum.-Kunde 41, S. 175. 1921. — Schweydar, W.: Die topographische Korrektion bei Schweremessungen mittels einer Torsionswaage. Zeitschr. f. Geophysik. 1926.

C. Die Temperatur der Erde

Die Erdkruste erhält ihre Wärme hauptsächlich aus der Bestrahlung durch die Sonne und aus dem Wärmestrom, der vom Erdinnern gegen die Oberfläche fließt. In neuerer Zeit wurde auch im Atomzerfall der radioaktiven Mineralien eine bedeutende Wärmequelle für den Erdkörper entdeckt. Berechnungen ergaben, daß diese Zerfallsvorgänge derzeit mehr Wärme produzieren, als der Erdkörper an den Weltenraum ausstrahlt.

Die Sonnenstrahlung dringt, entsprechend der Lage eines Ortes, bis in verschiedene Tiefen ein; in unseren Breiten sind die Tagesschwankungen schon in 1 m Tiefe, die Monatsschwankungen in 7 bis 10 m und die Jahresschwankungen in etwa 20 m Tiefe nicht mehr wahrnehmbar. Die Tiefenlage, bis zu der die von der Sonnenbestrahlung herrührenden Temperaturschwankungen wahrnehmbar sind, wird neutrale Schichte genannt. An der Erdoberfläche sind die Temperaturschwankungen am bedeutendsten. Die Verlegung der Wasserleitungsrohre in 1 bis 1,5 m Tiefe hat z. B. den Zweck, die Leitung vor den größten Temperaturschwankungen zu schützen.

Von der neutralen Schichte ab steigt die Temperatur mit der Tiefe an. Vom Erdinnern fließt unausgesetzt ein Wärmestrom von durchschnittlich 0,00001714 $Kal/m^2 \cdot sek$ gegen die Erdoberfläche. Die gesamte Wärmemenge, die 1 m^2 der Erdoberfläche in 1 Jahre zuströmt, beträgt 540,5 Kal, das ist eine Wärmemenge, die eine Eisschicht von 7,4 mm zu schmelzen vermag. Dieser Wärmestrom ist für den Wärmehaushalt auf der Erdoberfläche belanglos, er ist aber technisch von großer Bedeutung, denn er bewirkt in größeren Tiefen Temperaturen, die Arbeiter erheblich gefährden, wenn nicht Vorkehrungen zur Abhilfe getroffen werden.

Das Tiefenintervall, innerhalb dessen die Temperatur um 1° C zunimmt, wird geothermische Tiefenstufe genannt; aus zahlreichen Messungen in Bergbauen, Bohrlöchern und Tunnels kann für dasselbe eine mittlere Länge von 33 m abgeleitet werden. An manchen Orten haben sich aber auch recht erhebliche Abweichungen von diesem Mittelwert ergeben; so liegt z. B. in einem Schacht des australischen Bergwerkes Bendigo die geothermische Tiefenstufe zwischen 55 und 100 m, in einem Schacht in Nevada hingegen zwischen 7,9 und 36,8 m.

Die Geländeform beeinflußt die geothermische Tiefenstufe sehr bedeutend; unter Tälern drängen sich die Isothermen bis auf 20 bis 25 m zusammen, während sie unter breiten Bergrücken auf 40 bis 60 m auseinanderrücken. Isolierte Bergstöcke mit Durchmessern von höchstens 1000 m sind für den Verlauf der Isothermen belanglos.

Die Wärmeleitungsfähigkeit eines Gesteines verursacht nur kleine Unterschiede der geothermischen Tiefenstufe.

Durch Zusitzen von kaltem Wasser in Form von Quellen oder Porenwasser wird nicht nur die Wärmeleitungsfähigkeit beeinflußt, sondern auch eine Abkühlung des Gesteines veranlaßt, die z. B. im Simplontunnel, 4 bis 5 km vom Südportal entfernt, 10 bis 12° betrug. Infolge der großen Beweglichkeit des Wassers können aber auch durch den Einfluß der Erdwärme in größeren Tiefen erwärmte Quellen auftreten und eine umgekehrte Wirkung hervorrufen, so daß die Hitze am Arbeitsort wider Erwarten bis zur Unerträglichkeit gesteigert wird. Überlagerndes Fluß- und Seewasser, besonders aber Gletscher, wirken abkühlend und verlängern den Wert der geothermischen Tiefenstufe um ein Bedeutendes.

Jungvulkanische Gesteine, selbst solche der Tertiärzeit, verkürzen die geothermische Tiefenstufe (Neuffen auf der Schwäbischen Alb 11,1 m).

Einen besonderen Einfluß ruft die Tektonik eines Gebietes hervor. Steilstehende Schichten vergrößern wegen der parallelen Lage der Gesteinsschichtung zum Temperaturgefälle, flachliegende verkleinern infolge Erschwerung der Wärmefortpflanzung die geothermische Tiefenstufe; ebenso können alle Störungen, wie Verwerfungen, Überschiebungen usw., durch Luftzufuhr eine beträchtliche Abkühlung nach der Tiefe verursachen. Wenn heiße Quellen oder Gase auf Sprüngen zirkulieren, werden sie zu starker Erwärmung des Betriebsortes führen.

Chemische Umsetzungen im Gestein können die geothermische Tiefenstufe verkürzen. So werden alle Sulfide beim Hinzutreten der Luft und des Wassers in Sulfate umgewandelt; namentlich der in fast allen Gesteinen so häufig auftretende Pyrit und Markasit wird beim Aufschluß leicht oxydiert und dadurch die Temperatur um ein Bedeutendes erhöht.

Die bei der Bildung der Kohle und des Erdöls erzeugte Wärme teilt sich langsam dem Liegenden und Hangenden der Lagerstätte mit und verkürzt in der Nähe derselben die geothermische Tiefenstufe. (Inkohlungswärme nach H. v. Höfer.) Je weniger dieser Prozeß abgeschlossen ist, z. B. bei Braunkohlen des Tertiärs, desto auffallender ist diese Erscheinung; je älter die Kohle ist, z. B. die Steinkohle des Karbons, um so geringer ist die Wärmeproduktion, so daß ein Abklingen der Tiefenstufenverkürzung wahrnehmbar wird.

Bei den meisten anderen chemischen Umsetzungen ist die Wärmebildung so gering, daß sie praktisch überhaupt nicht in die Waagschale fällt. So z. B. erzeugt die Umwandlung des Anhydrites in Gips nur $^1/_{40}$ der Kalorien der vorerwähnten Sulfidzersetzung.

Häufig wird aus der Temperatur heißer Quellen unter Zuhilfenahme der mittleren geothermischen Tiefenstufe (33 m) auf die Tiefenlage des Quellenursprunges geschlossen:

z. B. Teplitzer Urquelle	48°
mittlere Jahrestemperatur	10,7° (Durchschnitt der letzten 10 Jahre)
	37,3 × 33 = 1231 m + 20 m (neutrale Schichte).

Ein derartiger Rückschluß verlangt große Vorsicht. Fehlerquellen liegen vor allem in der gegenseitigen Temperaturbeeinflussung von Wasser und Quellspalte. Bei geringerer Fließgeschwindigkeit und Ergiebigkeit findet eine größere Abkühlung statt als im entgegengesetzten Fall, da der Wärmeinhalt eines Körpers dem Volumen proportional ist, die Wärmeabgabe aber der Oberfläche. Daher haben Thermalquellen desselben Quellgebietes und Ursprunges oft verschiedene Temperaturen; bei schwächeren Quellaustritten werden sie niederer sein als bei stärkeren.

Eine Temperaturverminderung erfolgt auch durch das Zusitzen von kaltem Wasser; die aus der Tiefe emporsteigenden Thermen passieren in den meisten Fällen nahe der Erdoberfläche eine Zone vadosen Spalten- oder Grundwassers, von dem sich ihnen, je nach den Druckverhältnissen, geringere oder größere Mengen zumischen, wodurch die Temperatur herabgesetzt wird. In diesem Falle bewirkt steigendes Grundwasser eine Ergiebigkeitszunahme, Abnahme der Temperatur und Konzentration und umgekehrt. Wirkt jedoch der Grundwasserdruck nur als Widerstand auf wilde, mit der Fassung kommunizierende Austritte, so veranlaßt steigendes Grundwasser eine Ergiebigkeits- und Temperaturzunahme bei unveränderter Konzentration.

Eine dritte Ursache der Abkühlung besteht endlich im freien Gasgehalt vieler Thermen. Das Gas ist in der Tiefe dem dortigen Druck entsprechend hoch komprimiert. Beim Aufsteigen zur Erdoberfläche macht es infolge der Druckentlastung einen Expansionsprozeß durch, wobei große Wärmemengen gebunden werden.

Da diese Wärmemengen fast ausschließlich der Therme entzogen werden, erleidet diese eine Abkühlung. Die Auslauftemperatur entspricht nicht mehr der Ursprungstemperatur, daher ist die in diesem Fall errechnete Tiefe zu gering. (R. Kampe.)

Die Zunahme der Erdtemperatur gegen die Tiefe hat außer dem theoretischen Interesse für die Beurteilung des Aggregatzustandes des Erdkernes auch praktische Bedeutung für den Bergmann und den Tunnelbauer. Eine rasche Zunahme der Temperatur kann reiche Gruben zum Erliegen bringen, hohe Überlagerungen den Bau eines Tunnels erschweren bzw. verhindern. Die theoretische Berechnung der zu erwarteten Temperatur setzt in solchen Fällen eine genaue geologische Aufnahme voraus, um die im vorhergehenden angeführten störenden Faktoren ins Kalkül ziehen zu können[1]).

In mehreren großen Alpentunnels hat man die folgenden größten Gesteinstemperaturen beobachtet:

Tunnel	Mont Cenis	Gotthard	Arlberg	Simplon	Lötschberg
Tunnellänge km	12,85	14,94	10,24	19,80	14,64
Größte Überlagerung m	1654	1706	720	2135	1673
Größte Gesteinswärme	29,5°	30,8°	18,5°	56,0°	34,0°
Eingeblasene Luft m³/sek bis	7	1—2	3	35	11—25

Um die Bedeutung der gemessenen Gesteinstemperaturen ermessen zu können, muß beachtet werden, daß Arbeiter erfahrungsgemäß nur bei Temperaturen unter 25° C voll leistungsfähig und ausdauernd sind, und daß höhere Temperaturen die Gesundheit und selbst das Leben gefährden. Man machte die Erfahrung, daß bei Temperaturen über 29° C die Arbeiter von einer Krankheit befallen werden, der auch ein hoher Hundertsatz zum Opfer fällt. Am Gotthard sind etwa 60 % aller Stollenarbeiter erkrankt, während am Simplon, dank der guten Lüftung, trotz höheren Gesteinstemperaturen keine Erkrankungen vorkamen.

In Druckstollen, in welchen die Durchleitung von Wasser erfolgt, dessen Temperatur im Jahre zwischen 0° bis 14° schwankt und eine Kühlung bzw. Erwärmung des umgebenden Gesteins verursacht, entstehen durch diese Temperaturunterschiede

[1]) Versuche zur experimentellen Vorausbestimmung der bei Tunnelbauten zu erwartenden Gesteinstemperaturen hat in einer während der Drucklegung dieses Buches erschienenen Arbeit K. Pressel beschrieben. Ausgehend von der theoretischen Voraussetzung, daß der Temperaturzustand eines der stationären Wärmeströmung unterworfenen Körpers konform abgebildet werden kann durch den Zustand eines künstlichen elektrostatischen Feldes, daß also die Temperatur an jedem Punkte des Körpers durch das elektrische Potential in dem entsprechenden Punkte des elektrostatischen Feldes ersetzt werden kann, fertigt Pressel das Hohlmodell eines rechteckig begrenzten, der Tunnelachse parallel verlaufenden Ausschnittes der Erdoberfläche aus Gips an, belegt es, entsprechend den Isothermen der mittleren Jahrestemperatur, mit Streifen von Aluminiumfolie, die voneinander elektrisch isoliert sind, und ladet diese Streifen so auf, daß die Voltspannung derselben gleich ist der mittleren Jahrestemperatur der betreffenden Erdoberflächenparzellen in Celsius-Graden. Entsprechend einer Tiefe, in der die Gesteinsisothermen bereits horizontal verlaufend angenommen werden können (6000 bis 8000 m unter dem Meeresspiegel), wird unterhalb des Modells im maßstabrichtigen Abstande eine ebene Metallplatte isoliert angebracht und mit so viel Volt aufgeladen, als die Gesteinstemperatur in dieser Tiefe (Grenzfläche) vermutlich beträgt. Zwischen der unteren Platte und dem Hohlmodell der Oberfläche entsteht ein elektrostatisches Feld, das in der der Tunnelachse entsprechenden Linie „abgetastet" wird. Die Spannungsunterschiede zwischen zwei Punkten im Modellraume sind proportional den Temperaturunterschieden der beiden entsprechenden Punkte der Natur. Wenn in mindestens einem Punkte des Tunnels (Richtstollen, Bohrloch) die wahre Gesteinstemperatur bekannt ist, kann der Einfluß der ungenauen Annahme der Temperatur an der unteren Grenzfläche rechnerisch ausgeschaltet und die voraussichtliche Temperatur für den weiteren Verlauf des Tunnels mit gesteigerter Genauigkeit gerechnet werden. Diese Methode setzt ein völlig homogenes Gebirge voraus, sieht also vom Einflusse der verschiedenen Wärmeleitfähigkeit, der Wasserführung usw. ab. (Exp. Methoden d. Vorausbestimmung der Gesteinstemperatur. Verl. R. Oldenbourg, 1928.)

Spannungsänderungen und Bewegungen im Gestein, die, wenn auch geringfügig, die Betonauskleidung beschädigen können.

Die Messungen der geothermischen Tiefenstufe erfolgen teils in Bohrlöchern, teils in Bergbauschächten und Stollen. Koenigsberger hat eine genaue Beschreibung der Technik des Messens für Bohrlöcher, Höfer für bergbauliche Aufschlüsse gegeben. Man verwendet zirka 25 cm lange Maximalthermometer, die je nach Bedarf von 4 bis 40°, 60° oder 100° C reichen und in Fünftelgrade geteilt sind. Für Bohrlöcher ist das oben und unten mit etwas Gummischlauch eingefaßte Thermometer in eine wasserdichte verschließbare Eisenhülle von 4 mm Wandstärke und 1 cm Durchmesser gebettet. Der Abschluß erfolgt durch Verschraubung mit einer gut abschließenden Bleiplatte. Um den Einfluß des von oben nach unten strömenden kühleren Wassers auszuschalten, wird oberhalb des Thermometers eine kreisförmige Holz- oder besser Lederscheibe angebracht. Eine verläßliche Messung erfolgt von 200 m Tiefe an. Das Thermometer wird mit einem Gewicht belastet und mittels eines Meßbandes auf die Bohrlochsohle herabgesenkt. Wie lange es versenkt bleibt, richtet sich nach der Bohrlochweite, den Gesteinsverhältnissen usw. Im trockenen, ausgelöffelten Bohrloch benötigt man 5 bis 6 Stunden, im Bohrloch mit Flüssigkeitszufluß aus der Sohlenschichte eine Viertelstunde bis eine halbe Stunde. Im Bergbau ist das für die Messung bestimmte Bohrloch stets im trockensten Stoß oder Ulm, womöglich abseits störender Einflüsse (Wetterströme usw.), und wegen der Bequemlichkeit der Messung unter einem Winkel von 45° nach unten anzubringen. Das Thermometer befindet sich in einer stark durchlochten Metallhülse und hat am oberen Ende behufs leichten Herausholens aus dem Bohrloch einen Haken oder Ring. Das Thermometer ist nach dem Abbohren gut verzapft einzusetzen und verbleibt zirka 24 Stunden in dem Bohrloch, bis die erste verläßliche Ablesung erfolgen kann.

Literatur: Koenigsberger, J. und M. Mühlberg: Über Messungen der geothermischen Tiefenstufe, deren Technik und Verwertung zur geologischen Prognose. Neues Jahrb. f. Mineralogie, 31. Bd., Beil.-Bd., S. 107. 1911. — Niethammer, G.: Die Wärmeleitung im Simplontunnel. Eclogae geol. Helvetiae, 11. Bd. 1910. — Höfer, H. v.: Die geothermischen Verhältnisse der Kohlenbecken Österreichs. Berg- und Hütt. Jahrb., S. 171. Leoben u. Příbram. 1916.

Thermometer für geothermische Tiefmessungen für Bergbaue liefert die Firma Neuhöfer und Sohn in Wien V, für Bohrlöcher Kramer in Freiburg i. B.

D. Erd- und Gesteinsmagnetismus

Eine nach allen Richtungen frei bewegliche Magnetnadel stellt sich unter dem Einflusse des magnetischen Erdfeldes an jedem Punkt der Erde in eine ganz bestimmte Richtung ein. Ist die Nadel nach Art eines Kompasses nur um eine vertikale Achse drehbar, dann bezeichnet man den Winkel, welchen die Verbindung ihrer magnetischen Pole (magnetische Achse) mit der astronomischen Meridianebene einschließt, als Deklination oder Mißweisung der Magnetnadel; bei der Schwingung um eine horizontale Achse bildet die Nadel gegen den Horizont einen Winkel, der Inklination heißt. Die Werte dieser Abweichungen ändern sich in täglichen, jährlichen und noch größeren Intervallen.

Die Deklination des Nordpols der Nadel ist derzeit für Mitteleuropa eine westliche, z. B. auf der Linie Prag—Linz zirka 6°. Wir sehen also eine stete Wanderung des Erdmagnetismus bzw. der magnetischen Pole. Veränderungen der Magnetnadelabweichungen, daher auch der magnetischen Linien, werden durch die Bodengestaltung, Verteilung von Wasser und Land, vor allem aber durch den geologischen Bau hervorgerufen. Ebenso werden eisenreiche Gesteine,

z. B. Basalt und Diabas, besonders aber Eisenerze, die teils einfach, teils polarmagnetisch — mit eigenem Nord- und Südpol — sind, lokale Anomalien hervorrufen[1]). Das am stärksten magnetische Erz ist Magnetit, dann folgt Magnetkies (Pyrrhotin); Hämatit wirkt etwa 100mal, Ilmenit, Goethit, Limonit und die verschiedenen Gemenge von Braun- und Gelbeisenerz 300- bis 500mal schwächer als Magnetit; am schwächsten äußert sich Pyrit, Siderit, Psilomelan, Markasit.

Durch genaue. Messungen der magnetischen Abweichungen haben wir ein Mittel in der Hand, die Ausdehnung und Tiefenlage solcher Erzansammlungen zu bestimmen. Wird umgekehrt irgendeine unmagnetische oder sogar schwach magnetische Lagerstätte von stärker magnetischem (eisenreicherem) Nebengestein umlagert, dann kann ihre Ausdehnung durch ihren negativen Magnetismus mit äußerst feinen Instrumenten bestimmt werden. Derartige negative Anomalien hat man beispielsweise über mehreren norddeutschen Salzstöcken gefunden.

Die Totalintensität des Erdmagnetismus läßt sich in zwei Komponenten zerlegen, in die Vertikalintensität (Z) und in die Horizontalintensität (H). Für praktische geophysikalische Untersuchungen pflegt man gewöhnlich nur die Vertikalkomponente zu messen, da ihr Maximum stets über der störenden Masse liegt und die Auswertung am leichtesten ist.

Man verwendet hiezu meist die Vertikalfeldwaage (Abb. 4) von Ad. Schmidt, die im Prinzip aus einem magnetisierten Waagebalken besteht, der auf einer horizontalen Achatschneide ruht und in einer vertikalen Ebene schwingt. Durch eine mechanische Ungleichheit des Waagebalkens wird der Einfluß des normalen magnetischen Erdfeldes ausgeglichen, so daß der Waagemagnet im ungestörten Erdfeld horizontal steht. Eine im Untergrund liegende magnetisch wirksame Masse wird den Magnet aus seiner Ruhelage herausdrehen, so daß er einen Winkel mit der Horizontalebene bildet. Dieser Winkel ist das Maß für die störende Einwirkung an einem bestimmten Punkt und wird mittels eines an dem Waagebalken fix befestigten Spiegels abgelesen, der einen Lichtstrahl in ein Mikroskop reflektiert. Punkte gleicher Intensität werden zu Kurven verbunden, aus denen man auf das Vorhandensein und die ungefähre Form der Lagerstätte schließen kann.

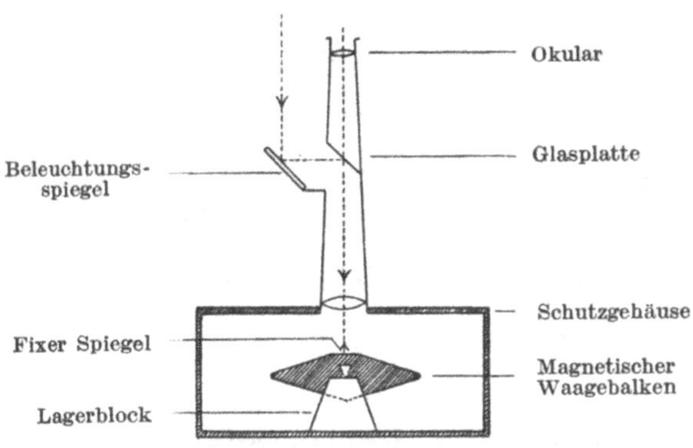

Abb. 4. Schema einer Schmidtschen Vertikalfeldwaage (nach Ambronn)

Im Prinzip ganz ähnlich ist die Horizontalfeldwaage von Schmidt, nur daß hier die Längsachse des Magneten senkrecht steht; sie dient zur Messung der Horizontalkomponente.

Bei der Durchführung von Messungen sind folgende Hauptregeln zu beobachten:

1. Die Abstände und Anordnung der einzelnen Meßpunkte richtet sich natürlich nach der geologischen Lagerung des zu suchenden Körpers. Bei Erzgängen, aus-

[1]) Ziegel werden, wie H. v. Höfer mitteilt, ähnlich wie geröstete Siderite, nach scharfem Brand häufig magnetisch, ein Umstand, der beim Bau von Gebäuden, in welchen markscheiderische Vermessungen vorzunehmen sind, berücksichtigt werden muß.

streichenden Erzlagern u. dgl. wird man am besten mehrere Profile senkrecht zum vermuteten Streichen legen und je nach der zu erwartenden Mächtigkeit alle 5 bis 100 m messen. Bei Salzstöcken genügen Abstände von 300 bis 500 m; in letzterem Falle bevorzugt man schachbrettartige Anordnung der Meßpunkte.

2. Man achte darauf, daß der Beobachter kein Eisen bei sich trägt. Auch die Umgebung darf oberirdisch kein Eisen tragen. Besonders störend sind elektrische Bahnen; sie machen sich bis auf 1 km Entfernung bemerkbar. Überlandsleitungen sind dagegen wenig oder gar nicht störend.

3. Die Tagestouren sind so einzurichten, daß man in den Morgen-, Abend-, womöglich auch in den Mittagstunden am selben Punkt (Basispunkt) mißt. Ist man nach einigen Tagen gezwungen, einen neuen Basispunkt zu wählen, so muß dieser an den alten durch mehrere Vergleichsmessungen angeschlossen werden.

4. Die an den Meßpunkten ermittelten Werte müssen noch entsprechend der mitabgelesenen Temperatur korrigiert werden. Weitere Korrekturen betreffen die zeitlichen Änderungen des Erdmagnetismus, die man durch Observation oder mittels eines ortsfesten Registrierinstrumentes erhält; bei Ausdehnung des Meßgebietes über mehrere Kilometer müssen auch die regionalen örtlichen Änderungen in Betracht gezogen werden.

5. Die so korrigierten Werte werden aber immer noch für denselben Punkt zu verschiedenen Zeiten verschiedene Werte ergeben, die durch „Standänderungen" des Instrumentes (Verschiebung des Drehpunktes und Schwerpunktes durch mechanische Einflüsse) verursacht sind. Die Differenz der Früh- und Abendwerte am Basispunkt verteilt man entsprechend der Zeit auf die einzelnen Meßpunkte.

6. Handelt es sich um die Auffindung von schwachen Anomalien, nahe der Fehlergrenze (z. B. Salzstöcke, gewisse Erze), so empfiehlt sich eine Wiederholung der gesamten Messungen, mindestens aber der verdächtigen Punkte, um durch Mittelbildung die Genauigkeit zu erhöhen.

Bezüglich weiterer Einzelheiten muß auf die Spezialliteratur verwiesen werden.

Im allgemeinen dürfte die magnetische Bodenuntersuchungsmethode in ihrer jetzigen Form auf die Eisenerzlagerstätten, speziell Magnetite, beschränkt bleiben, ferner zu Übersichtsmessungen bei Auffindung von Salzstöcken herangezogen werden. Es ergeben sich in dem letzteren Falle jedoch bereits erhebliche Unsicherheiten, da einerseits nur seicht liegende Salzstöcke (bis etwa 150 m) erfaßt werden können, anderseits ähnliche Anomalien oft durch andere Untergrundeinflüsse verursacht werden können. Ebenes Gelände vorausgesetzt, wird die magnetische Feldwaage bei der Salzsuche von der Drehwaage an Genauigkeit, Zuverlässigkeit und Tiefenwirkung weit übertroffen.

Infolge des verschieden starken Gehaltes der Gesteine an Eisen, besonders Magnetit, zeigen diese auch eine verschiedene Permeabilität (Maß der magnetischen Leitfähigkeit eines Körpers gegenüber der des leeren Raumes als Einheit). Eruptivgesteine — und unter diesen besonders basische — haben einen höheren Eisengehalt und daher eine größere Permeabilität als Sedimente. Unter diesen zeichnen sich wieder die chemischen und organogenen Absätze (Salz, Gips, Kalk usw.) durch sehr geringe magnetische Leitfähigkeit aus.

Betrachtet man eine magnetische Isanomalenkarte ($J =$ Linien gleicher Störungswerte), so wird man die auftretenden positiven und negativen Störungsgebiete um so leichter deuten können, je genauer man die geologischen Verhältnisse kennt. In einem kristallinen Schiefergebiet werden magnetische Maxima auf Erzgänge hinweisen, man muß aber berücksichtigen, daß basische, oft von Magnetit usw. imprägnierte Gesteine (Serpentin, Basalt und andere) ähnliche Ausschläge geben. Im norddeutschen Flachland wird man bei ausgedehnteren magnetischen „Hochs" an Aufwölbungen des kristallinen Untergrundes, bei kleineren „Tiefs" aber vielleicht an Salzstöcke denken können. Auch Linien, an welchen verschieden stark magnetische Gesteine aneinandergrenzen, oder regionale Störungen (besonders, wenn durch sie der kristalline Untergrund in verschiedenen Tiefen auftritt) sind auf diese Weise zu finden. Der Hauptvorteil der magnetischen Messungen besteht in der billigen und raschen Arbeit und macht sie dadurch für Übersichtsaufnahmen besonders geeignet; an einem Tage können zirka 20 Punkte bestimmt werden.

Die Schmidtsche Feldwaage wird, ebenso wie die Drehwaage, von den Askaniawerken Berlin-Friedenau hergestellt und kostet ab Berlin 2400 RM.

Literatur: Ambronn, R.: Methoden der angewandten Geophysik. Dresden-Leipzig. 1926. — Haalek, H.: Magnetische Verfahren der angewandten Geophysik. Berlin. 1927. — Pockels, F.: Über den Gesteinsmagnetismus und seine wahrscheinliche Ursache. N. Jahrb. f. Min., I., S. 66. 1897. — Schuh, F.: Magnetische Messungen im südwestl. Mecklenburg als Methode geologischer Forschung, Mitt. d. Mecklenb. geol. L.-Anst., XXXII. Rostock. 1920.

E. Elektrische Eigenschaften der Gesteine

Von den verschiedenen elektrischen Eigenschaften der Gesteine hat nur ihre Leitfähigkeit eine praktische Verwendung gefunden, indem sie die Auffindung bzw. Begrenzung bestimmter Erdschichten ermöglicht.

Die Leitfähigkeit der Gesteine im natürlichen Verband ist wesentlich von dem Widerstand der das Gestein zusammensetzenden Minerale abhängig, ferner von der Menge und chemischen Zusammensetzung der die Gesteinsporen erfüllenden Flüssigkeit. Einige Anhaltspunkte über die Leitfähigkeit verschiedener Minerale, Erze und Gesteine im trockenen, sowie im feuchten Zustande haben Ambronn und Sundberg zusammengestellt:

Tabelle 1. Leitfähigkeit im trockenen Zustand
(Widerstand des Zentimeterwürfels in Ohm)

Minerale und einfache Gesteine		Erze		Zusammengesetzte Gesteine	
Anhydrit	$>10^{11}$	Antimonit	5.10^{8}	Basalt	10^{6}—10^{8}
Braunkohle	$>2.10^{9}$	Bleiglanz	26.10^{-4}	Diabas	
Gips	—	Brauneisenstein	10^{9}	Diorit	
Glimmer	9.10^{15}	Buntkupfererz	0,5	Gabbro	
Kalk	$>10^{11}$	Kupferkies	0,2	Gneis	10^{8}—10^{11}
Schwefel	$>10^{14}$	Magnetit	0,6	Glimmerschiefer	
Steinkohle	$>2.10^{9}$	Magnetkies	5.10^{-2}	Granit	
Steinsalz	10^{17}	Markasit	1,0	Grauwacke	
		Hämatit	5.10^{6}—10^{9}	Kalk	
		Siderit	—	Phyllit	
		Zinkblende	15.10^{8}	Porphyr	
				Sandstein	
				Quarzit	

Tabelle 2. Leitfähigkeit im feuchten Zustand

Gesteine	a) gesättigt mit Wasser des spezifischen Widerstandes von 300—1500 Ohm	b) gesättigt mit Wasser des spezifischen Widerstandes von 5—10 Ohm
Normale Kalke und Tone	10^{5}—10^{6}	5.10^{2}—10^{3}
Tone und Sande	4.10^{4}—4.10^{5}	2.10^{2}—4.10^{2}
Poröse Tone, Sande, Sandsteine, Kalke und Dolomite	6.10^{3}—2.10^{5}	130—200
Mergel und Löß	3.10^{3}—2.10^{4}	15—40

In der Tabelle 2 entspricht das Wasser der Rubrik a) dem normalen Oberflächen- und Grundwasser, das Wasser der Rubrik b) jedoch stark konzentrierten Solen, wie sie in Erdöllagerstätten häufig sind.

Aus diesen zwei Zusammenstellungen ersieht man, daß im trockenen Zustand fast alle Gesteine und Mineralien, mit Ausnahme einzelner Erze, Nichtleiter sind; der Feuchtigkeitsgehalt bzw. die Art der Lösung verändert jedoch diese Eigenschaft so sehr, daß z. B. in Ölgebieten die Verhältnisse sich sehr komplizieren können.

I. Das Aufsuchen von Lagerstätten kann durch natürliche elektrochemische Eigenschaften erfolgen: Ein Erzkörper, welcher in der oberen Lage, dem eisernen Hut, von oxydierenden, in der tieferen Zementationszone von reduzierenden Lösungen umgeben ist, wird oben positiv, unten negativ elektrisch. Dadurch entstehen elektrische Ströme, die namentlich nach Methoden, wie sie Schlumberger und seine Schüler ausgebildet haben, mittels eines hochempfindlichen Galvanometers gemessen werden und zur Umgrenzung des Erzkörpers führen können.

II. Bodenforschung mittels galvanischer Stromzuführung: Neben den bereits in der Natur vorhandenen Gleichspannungsfeldern können durch eine Gleich- bzw. Wechselstromquelle elektrische Stromverteilungen zur Feststellung guter oder besonders schlecht leitender Einlagerungen im Untergrund erzeugt werden.

Mittels zweier Erdspieße (Punktelektroden E_1, E_2) sendet Schlumberger den Strom einer kleinen Dynamomaschine in den Untergrund. Den Stromverlauf zwischen diesen Elektroden kann man sich durch Stromlinien (Richtungen des stärksten Spannungsabfalles) und durch Äquipotentiallinien (Linien gleicher Spannung) anschaulich machen (Abb. 5a und 5b).

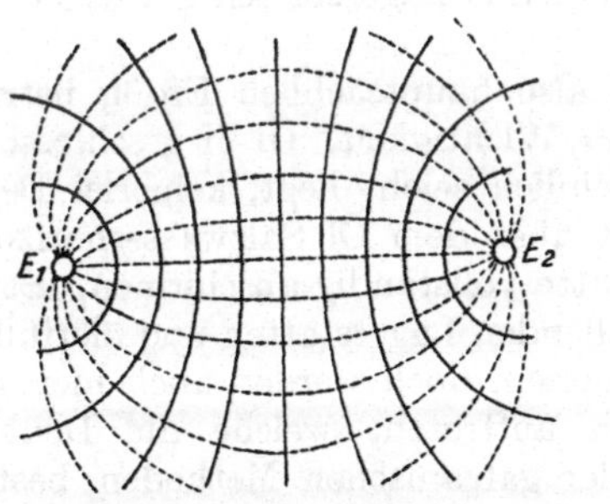

Abb. 5a. Verlauf der Äquipotentiallinien (voll ausgezogen) und Strömungslinien (strichliert) zwischen den Punktelektroden E_1 E_2 in ebenem Gelände über einem elektrisch homogenen Untergrund (nach Ambronn).

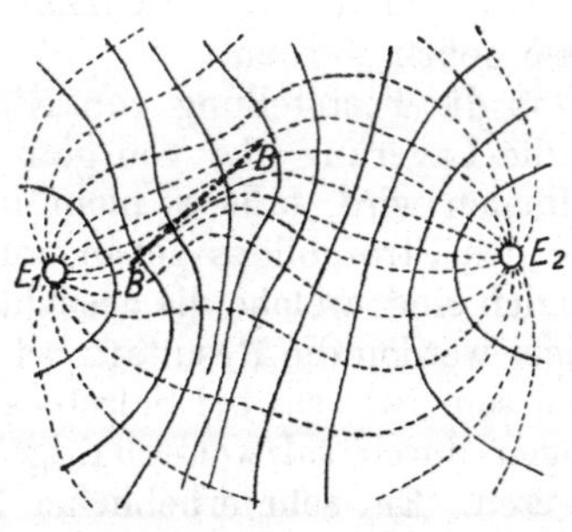

Abb. 5b. Verzerrung des Linienbildes durch einen guten Leiter, Erzgang B—B_1 (nach Ambronn)

Zur Aufnahme dieses Linienbildes an der Erdoberfläche werden zwei weitere in den Boden eingerammte Erdspieße (Suchsonden) über ein Meßinstrument (Galvanometer oder Mikrophon) miteinander verbunden. Zeigt dasselbe keinen Strom an, so stehen beide Suchsonden auf derselben Äquipotentiallinie; zeigt es ein Strommaximum, so stehen sie auf einer Stromlinie. Aus den Abweichungen des Linienbildes gegenüber dem Bilde im homogenen Medium schließt man auf die Lage guter Leiter im Untergrund.

Diese Grundmethode wurde später von Gella dahin abgeändert, daß er als Aufnahmegerät statt der Suchsonden eine Induktionsspule (Solenoid) benützte („Elbofmethode“). Da aber in der Luft, als Nichtleiter, kein Strom fließen kann, so bekommt man mit diesem Solenoid nicht die oben genannten

Linien, sondern die Kraftlinien des von der Gesamtheit der Stromfäden erzeugten elektromagnetischen Feldes. Der Vorzug dieser Abänderung soll nach ihrem Erfinder in einer größeren Tiefenwirkung bestehen, doch wird von Ambronn und Sundberg und anderen eingewendet, daß aus den gefundenen Kraftlinien die Stromlinienrichtung nicht abgeleitet werden kann, wodurch Komplikationen entstehen, unter welchen die Genauigkeit der Methode sehr leidet.

Eine zweite Abänderung der Schlumbergerschen Grundmethode erfolgte durch Lundberg und Nathorst, welche statt der Punktelektroden Linienelektroden zur Stromführung benützen, das heißt eingegrabene blanke Drähte oder Reihen leitend verbundener Erdspieße. Hiedurch wird das Stromlinienbild einfacher und Abweichungen schärfer erfaßbar.

Der Anwendungsbereich der Methoden mit galvanischer Stromzuführung erstreckt sich in erster Linie auf die Suche nach guten Leitern, also den meisten metallisch glänzenden Erzen; es kommt hiebei nicht nur auf den spezifischen Widerstand des Erzes an, sondern wesentlich auch auf das Verhältnis der Leitfähigkeit der Erze zu der ihres Nebengesteines. Dieses soll etwa 1:100 betragen. Es ergibt sich hieraus, daß gewisse Erze, wie Antimonit, Braun- und Roteisenstein, Siderit, Wolframit und Zinkblende sich im allgemeinen nicht mehr genügend vom Nebengestein abheben und daher nicht mehr elektrisch erfaßt werden können. Es kann jedoch auch vorkommen, daß gute Leiter nicht gefunden werden, wenn die einzelnen Erzbrocken in einer nicht leitenden Gangart unzusammenhängend eingesprengt sind. Umgekehrt mag es gelegentlich möglich sein, nicht leitende Erze mittelbar zu finden, wenn sie nämlich mit gut leitenden vergesellschaftet auftreten.

Außer der Leitfähigkeit ist aber auch die Lagerung der Erze von Bedeutung, da über weite Strecken lagernde flache Flötze keine Abweichungen der Stromlinien hervorrufen, während nicht zu flach fallende Lagerstätten günstigere Ergebnisse geben werden.

Was die Feststellung von Nichtleitern, also hauptsächlich Erdöl, betrifft, so ist die Lagerung hier von ganz besonderer Wichtigkeit. Öl in geschlossenen Antiklinalen wird, falls es nicht unwahrscheinlich seicht liegt, keinerlei Deformation des Strombildes geben, zumal meist über dem Öl Salzwasserhorizonte vorhanden sind, welche die gesuchte Lagerstätte vollständig abschirmen. Etwas günstiger werden die Resultate bei steil einfallenden Lagerstätten und ölerfüllten Klüften sein, wie sie bei Salzstöcken vorkommen, doch werden auch hier Verzerrungen durch salzwasserhaltige Schichten auftreten, welche die Deutung erschweren. Ein sehr erheblicher Nachteil der galvanischen Methoden besteht in dem Umstand, daß die Abweichungen der Stromlinien in keiner genau festlegbaren Beziehung zur störenden Substanz und ihrer geologischen Form stehen und daher die Gefahr subjektiver Deutung gegeben ist.

Die Firma Piepmeyer & Co. arbeitet nach der Elbofmethode und benötigt für einen Quadratkilometer an Untersuchungszeit ungefähr 10 bis 14 Tage.

III. Bei der Methode mit induktiver Stromzuführung von Sundberg (Electrical Prospecting Co, Stockholm) wird ein isoliertes Kabel, meist in Rechteckform (etwa 800 × 1600 m), auf dem Boden ausgelegt und ein Wechselstrom von 400 Perioden und ½ bis $^1/_{10}$ Ampere durchgeschickt. Dieser Primärstrom erzeugt durch Induktion einen Sekundärstrom in den guten Leitern des Untergrundes, dessen elektromagnetisches Feld an der Oberfläche durch geeignete Apparate der Richtung, Stärke und Phase nach gemessen wird. Hieraus findet man durch Rechnung die Neigung, Tiefe und Leitfähigkeit des leitenden Horizontes an beliebig vielen Punkten („Meßpunkten") entlang der Längsseite des Kabels. Im Gegensatz zu den im vorigen beschriebenen Methoden gibt dieses

Verfahren somit zahlenmäßige Ergebnisse. Außer dieser Hauptmethode verwendet Sundberg auch noch die Stromlinienmethode mit kleinen Abänderungen und berechnet auch hier Richtung, Intensität und Phase des elektrischen Feldes.

Die Anwendbarkeit dieses Verfahrens erstreckt sich auf alle guten Leiter, also Erze, gleichviel ob in flacher oder steiler Lagerung, deren Form und Tiefe es mit großer Genauigkeit angeben kann, wie durch zahlreiche Kontrollbohrungen erwiesen wurde. Der Fehler bei Tiefenbestimmungen beträgt höchstens 10%. In Schweden, der Heimat dieser Methode, wurde bald nach ihrer Erfindung das Skelleftea-Erzfeld sowie zahlreiche kleinere Vorkommen entdeckt; seitdem hat sie sich in vielen Ländern bestens bewährt.

Auch beim Schürfen auf Öl und Salz wurde dieses Verfahren in neuester Zeit bereits erfolgreich verwendet.

Sundberg stellt die Lagerung und Tiefe der Salzwasserhorizonte als gute Leiter fest. Hiedurch ist die Form und Lage der Ölantiklinalen gegeben, wodurch es dem Geologen möglich gemacht wird, die günstigsten Bohrpunkte anzugeben.

Als Zeitdauer für eine Untersuchung kann man normal mit 20 bis 30 Meßpunkten pro Woche rechnen; das entspricht einem Profil von zirka 5 km Länge, wenn die Meßpunkte 200 m voneinander entfernt sind. Bei Übersichtsmessungen kann die dreifache Strecke wöchentlich untersucht werden.

Durch einfache Widerstandsmessungen können Laugenzuflüsse im Salzbergbau, unter bestimmten Verhältnissen auch wasserführende Klüfte oder zerklüftete, feuchte Gebiete im Grundgebirge gefunden und untersucht werden, indem man in dem zu prüfenden Bohrloch eine Sonde, in einem benachbarten Bohrloch die Gegenelektrode anbringt und die entsprechenden Widerstandsänderungen beobachtet. Werden derartige Klüfte durch Zementeinspritzungen verbaut, dann zeigt die Zunahme der jeweils gemessenen Widerstandswerte die Fortschritte des Zementierungsprozesses an.

IV. Eine elektrische Methode, die aber praktisch von geringerer Bedeutung ist, beruht auf den Reflexionsgesetzen der elektrischen Wellen. Zur Aussendung elektrischer Wellen benützt man lineare, ungeerdete Antennen. Die Wellen breiten sich nur in Nichtleitern aus und werden von Leitern ganz ähnlich reflektiert wie die Lichtstrahlen von einem Spiegel. Man kann sie demnach zur Feststellung und Tiefenbestimmung von Grundwasser verwenden (besonders in Wüstengebieten), ferner zum Nachweis von wasserführenden Horizonten und Klüften in Bergwerken. Die erste praktische Anwendung stammt von Löwy und Leimbach. Die Verwendung zur Erzsuche wurde von Trüstedt angeregt, scheitert aber im allgemeinen daran, daß bereits das Grundwasser für Wellen undurchlässig ist und sie reflektiert.

Alle bis jetzt angeführten geophysikalischen Untersuchungen haben manches ausgezeichnete Resultat erzielt; man darf jedoch nicht verschweigen, daß auch Mißerfolge zu verzeichnen sind. Die Gründe hiefür können verschiedene sein, sei es, daß man Unterschiede der physikalischen Eigenschaften der Lagerstätte und des Nebengesteines vorausgesetzt hat, die in der Natur nicht vorhanden oder zu gering sind, sei es, daß andere nicht vorhergesehene Einflüsse das Messungsergebnis verändern. So z. B. gelingt es nur unter sehr günstigen Umständen, Kohle geophysikalisch zu erfassen, da ihre physikalischen Eigenschaften je nach Gas- und Feuchtigkeitsgehalt, Sprödigkeit, Klüftigkeit usw. recht erheblich schwanken. Laboratoriumsmessungen an kleinen Proben geben oft kein richtiges Bild von den Eigenschaften einer Lagerstätte im natürlichen Verbande. Auch Salzwässer können in Ölgebieten bei Verwendung der elektrischen Methode mit galvanischer Stromzuführung das Linienbild erheblich verzerren. Häufig erhält man auch Anomalien, die sich geologisch auf verschiedene Weise deuten lassen; Kontrollmessungen nach anderen Methoden, vielleicht auch Schürfungen, werden da die nötige Klarheit bringen.

Von der Zusammenarbeit des Geologen, Geophysikers und Bergmannes und der sinnvollen Kombination ihrer speziellen Arbeitsverfahren hängt oft erst der Erfolg ab, der sich nicht einstellen kann, wenn eine planlose und zufällige Untersuchung des Bodens an Stelle der Systematik tritt.

Literatur: Ambronn, R., l. c. — Heine, H.: Elektrische Bodenforschung. Berlin. 1927. — Hlauschek, H.: Grundlagen der geoelektr. Erdölsuche. Z. f. pr. Geol. 1927. S. 22. — Krahmann, R.: Die Anwendbarkeit der geophysikalischen Lagerstättenuntersuchungsverfahren. Abh. z. prakt. Geol. u. Bergwirtschaftslehre, Nr. 3. Berlin. 1926. — Schlumberger, C.: Etude sur la prospection électrique du sous-sol. — Sundberg, K., Lundberg, H., Eklund, F.: Electrical prospecting in Sveden. Sver. geol. Unders. Ser. C. Arch. och upps Nr. 327. Arsbock, Stockholm. 1925.

F. Radioaktivität

Gewisse chemische Elemente unterliegen einem nachweisbaren allmählichen Zerfall ihrer Atome unter Neubildung bestimmter anderer Elemente. Dieser Zerfall vollzieht sich unabhängig davon, ob das Element für sich allein oder in chemischer Verbindung vorhanden ist, unabhängig von Temperatur, Aggregatzustand usw., nach strengen, bisher unbeeinflußbaren Normen, wie eine absolut richtig gehende Uhr, einzig als Funktion der Zeit.

Wahrscheinlich machen die Atome aller Elemente diese Veränderung durch, doch verläuft dieselbe nur bei einigen so rasch, daß wir sie nachweisen können. Es ist dies Uran, das sich (mit Weglassung gewisser kurzlebiger Zwischenstadien) nacheinander in Ionium, Radium, Radiumemanation, Radium B, C, D, Polonium und Radiumblei oder in Protaktinium, Aktinium, Aktiniumemanation, Aktinium B und Radiumblei verwandelt; dann das Thorium, dessen wichtigste Übergangsstufen: Mesothorium, Radiothorium, Thoriumemanation, Thorium C und Thoriumblei sind. Bei der Mehrzahl der Übergänge bildet sich gleichzeitig das gasförmige Element Helium. Die mit Emanation bezeichneten Elemente sind gasförmig, alle übrigen fest. Endlich hat man auch bei einigen Alkalimetallen Anzeichen für einen langsamen Zerfall festgestellt.

Der Atomzerfall hat seine Ursache in dem Abspalten von Heliumatomkernen und Elektronen aus dem Atomkern, die mit Geschwindigkeiten von der Größenordnung der Lichtgeschwindigkeit abgeschleudert werden und Korpuskularstrahlen bilden. Die Strahlen der Heliumkerne, die man als α-Strahlen bezeichnet, bilden das beim Elementzerfall entstehende Heliumgas. Die Teilchen der Elektronenstrahlung, auch β-Strahlung genannt, besitzen keine Masse, sondern sind negativ elektrische Elementarquanten. Die von den zerfallenden Atomen endlich noch ausgesendeten γ-Strahlen sind keine Geschoßstrahlen, sondern den Röntgenstrahlen verwandte Schwingungen.

Substanzen, welche die erwähnten Strahlungen aussenden, werden als „radioaktiv" bezeichnet. Sie haben, abgesehen von dem Interesse der Wissenschaft, weiters von gewissen technischen Verwendungen (z. B. für Leuchtfarben), insbesondere in der modernen Medizin hervorragende Bedeutung erlangt („Strahlentherapie").

Wir kennen eine Reihe von Mineralien, wie Uranpecherz, Thorit und deren Zersetzungsprodukte, ferner eine Kohlenart, den schwedischen Kolm, usw., die so reich an Radium und Thorium sind, daß wir sie als Erze dieser Elemente bezeichnen können. In geringerer Menge sind radioaktive Substanzen auch in vielen anderen Gesteinen, Wässern und Gasen der Erdkruste fein verteilt vorhanden. Kohlhörster gibt den Radium- und Thoriumgehalt der wichtigsten Gesteine in folgenden Zahlen an:

Tabelle 3 (nach Kohlhörster und Ambronn)

Gestein		Radiumgehalt pro 1 g Material	Thoriumgehalt pro 1 g Material
Saure Gesteine,	vulkanisch	$3{,}1 \cdot 10^{-12}$	$2{,}5 \cdot 10^{-5}$
	plutonisch	2,7 „	
Zwischenformen,	vulkanisch	2,1 „	1,7 „
	plutonisch	1,9 „	
Basische Gesteine,	vulkanisch	1,1 „	0,5 „
	plutonisch	0,9 „	
Ultrabasische Eruptivgesteine		0,5 „	—
Ton		1,5 „	1,3 „
Sandstein		1,4 „	0,5 „
Kalk		0,9 „	< 0,1 „

Ambronn berichtet von der schwachen Aktivität des Eisens in den Eisenerzen. Man hat versucht, die Radioaktivität einzelner Gesteine zur Auffindung derselben zu verwenden, doch sind bis heute die greifbaren Resultate, außer bei ausgesprochenen Radium- und Thorerzen, gering. Ambronn erwähnt auch die hohe Aktivität der unmittelbar unterhalb der Ölhorizonte entnommenen Proben, wie überhaupt der Öle und ihrer Gase, da sie die Radiumemanation wesentlich stärker zu lösen vermögen als das Wasser und höher aktiv sind als die sie begleitenden Salzwässer. Ebenso wurden wasserführende Spalten, wahrscheinlich dort, wo sie radioaktive Wässer führen, durch ihre Radioaktivität aufgefunden. Ferner hat es sich herausgestellt, daß viele seit Jahrhunderten als Heilquellen bekannte Wässer und deren Absätze radioaktiv sind; sie enthalten zumeist die Radiumemanation gelöst.

Für die Praxis ist die Messung der Strahlungsintensität, des Grades der Radioaktivität, von Wichtigkeit. Man benützt hiefür die Eigenschaft der Geschoßstrahlen, Gase zu ionisieren und dadurch elektrisch leitend zu machen. Auf dem Wege durch ein Gas prallen die Korpuskeln der α- und β-Strahlen vielfach auf Gasmoleküle und spalten durch den heftigen Stoß von diesen freie Elektronen ab. Der Rest erscheint mit der bisher durch das negative Elektron gebundenen positiven Elektrizität geladen, während die frei gewordenen Elektronen durch Anschluß an neutrale Gasmoleküle diese negativ laden. In dem Gase werden daher durch die Bestrahlung elektrisch geladene Teilchen, Ionen, erzeugt. Ein α-Teilchen bildet auf seinem zirka 7 cm langen Wege bis zu 200000 Ionenpaare. Befindet sich nun ein derart ionisiertes Gas zwischen zwei Elektroden von genügend hoher Spannungsdifferenz, so bewegen sich alle Ionen zu den entgegengesetzt geladenen Elektroden, geben dort ihre Ladung ab und erzeugen hiedurch einen Schließungsstrom, dessen Intensität von der Anzahl der Ionen abhängt, also ein Maß für den Ionisierungsgrad und hiedurch für die Strahlungsintensität, welche die Ionisierung bewirkt hat, bildet.

Läßt man durch den Ionisierungsstrom ein elektrostatisch aufgeladenes Elektrometer von der Kapazität C cm entladen und beobachtet hiebei, daß dessen Spannung in der Zeit T sek um den Betrag ΔV abfällt, so rechnet sich die Intensität des Ionisierungsstromes nach

$$i = C \frac{\Delta V}{T}$$

in elektrostatischen Einheiten pro Sekunde.

Speziell für die Messung des Emanationsgehaltes von Quellen hat man, da diese Einheit zu groß ist, ihren tausendsten Teil gewählt und auf 1 l des Quellwassers bezogen; diese Einheit wurde nach dem verdienstvollen Radiumforscher Mache als Mache-Einheit bezeichnet.

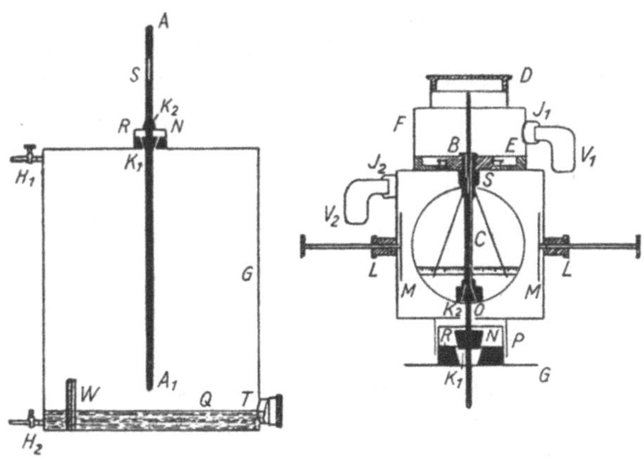

a) b)

Abb. 6. Fontaktometer (nach St. Meyer und H. Mache)
a) Gefäß b) Zweifadenelektroskop

Das mit dem Elektroskop ausgestattete Instrument zur Messung der Radioaktivität von Quellwässern und Gasen wird Fontaktometer genannt. Eine der vielen Konstruktionen dieses Instruments besteht nach St. Meyer und H. Mache aus einem etwa 15 l fassenden Gefäß G aus Zinkblech (Abb. 6). Dieses ist mit zwei Hähnen (H_1, H_2), einem dicht verschraubbaren weiten Tubus (T), einem Wasserstandsanzeiger (W) und einem Ansatzstück (N) versehen. Der Ansatz (N) besteht aus einem Rohrstück, das unten eine verstärkte, konisch durchbohrte Platte enthält. In die konische Bohrung paßt dicht ein Messingkonus (K_1), der noch oben und unten Stifte (A und A_1) trägt. Der obere Teil (A) hat bei K_2 eine kleine, konisch nach oben verlaufende Verdickung und ist bei S ein kurzes Stück geschlitzt. Der ganze bei der späteren Messung als Zerstreuungskörper dienende Stift (AA_1) wird zunächst durch einen kleinen Sperreiber (R) dicht in der Bohrung festgehalten.

Die Quellprobe Q (etwa 1 l) wird bei H_2 oder T unter Offenhaltung von H_1 vorsichtig eingefüllt, am einfachsten mittels eines bei H_2 angebrachten, in die Quellprobe reichenden Schlauches eingehebert; dann werden die Hähne geschlossen und das Gefäß kräftig geschüttelt, so daß sich die Emanation im Gefäße im Gleichgewicht verteilt. Tritt dabei (z. B. bei kohlensäurehaltigen Wässern) im Gefäß ein Überdruck ein, so wird durch Öffnen von H_2 und Ausfließenlassen von Wasser in ein Meßgefäß derselbe ausgeglichen.

Hierauf wird der Sperreiber (R) weggedreht und das zur Messung verwendete Elektroskop (Abb. 6b) mittels eines an N dicht anschließenden Rohransatzstückes (P) aufgesetzt. Dabei tritt der Stift A durch den durchbohrten Blättchenträger (C) des Elektroskops. Dann wird der Stift A nach Öffnung des Deckels D in die Höhe gezogen, bis der Konus K_2 dicht in der entsprechenden Erweiterung des Endes des Blättchenträgers anliegt. Stift A paßt genau in die Bohrung des Blättchenträgers und wird durch Federung des bei S angebrachten Schlitzes vollkommen sicher festgehalten.

Die Blättchen des geladenen Elektroskops werden bei Vorhandensein von Radiumemanation abfallen; die Entladungsgeschwindigkeit, die sich in der Abnahme des Winkels zwischen den Blättchen äußert, dient zur Berechnung der Aktivität.

Die geschilderte Bestimmung der Radioaktivität durch Messung des Spannungsabfalles und Berechnung des Ionisationsstromes bedingt eine gewisse Unsicherheit und Ungenauigkeit. Die Messungsresultate müssen einer Reihe von Korrekturen unterzogen werden, deren Größe an und für sich nicht einwandfrei bestimmt ist und deren Anbringung Fehlerquellen schafft. Man hat daher für genauere wissenschaftliche Messungen von Emanationsmengen eine andere Messungsmethode eingeführt, welche den Emanationsgehalt nach Gewichtseinheiten bestimmt; als Einheit dient das internationale Curie. Zum Verständnis der Definition dieser Einheit diene folgende Erläuterung:

Die Zerfallsgeschwindigkeit der einzelnen Elemente ist verschieden groß, für ein und dasselbe Element aber konstant. Das in der Zeiteinheit entstehende Zerfallsprodukt ist proportional der Menge des zerfallenden Elementes. Die Zerfallsmenge eines Elementquantums nimmt daher mit dessen allmählicher Verringerung ab, die Zerfallsmenge des entstehenden Produktes dagegen mit dessen Anhäufung zu. Es muß sich mithin nach einer gewissen Zeit ein Gleichgewicht einstellen, bei dem die neu entstehende Menge von Zerfallsprodukt gleich ist seiner eigenen Abnahme. Ein Curie ist nun jene Radiumemanationsmenge, die mit 1 g Radium im Gleichgewicht steht. Sie wiegt zirka 6 Millionstel Gramm. Zur Umrechnung beider Einheiten diene:

$$1 \text{ Mache-Einheit} = \frac{3{,}64}{10000000000} \text{ Curie.}$$

Eine Tagung hervorragender Radiumforscher im Jahre 1921 zu Freiberg schlug vor, den Emanationsgehalt von Quellen in absoluten Mengen pro Liter anzugeben, und schuf, da das Curie für diesen Zwecke zu groß wäre, die Einheit Eman.

$$1 \text{ Eman} = \frac{1}{10000000000} \text{ Curie} = 0{,}275 \text{ Mache-Einheiten.}$$

Um aber die erwähnten Unsicherheiten bei der Berechnung der Aktivität aus dem Ionisationsstrom zu vermeiden, empfahl die Freiberger Tagung die Messung der Aktivität durch Vergleich des Ionisationsstromes der zu messenden Emanation mit dem Strom, den die Emanation einer ausgeruhten Normallösung eines Radiumsalzes bekannter Konzentration erzeugt, wobei die Anbringung der erwähnten unsicheren Korrekturen umgangen wird.

Die Radioaktivität einiger bekannter Heilquellen zeigt die angeschlossene Tabelle:

Tabelle 4

Gebiet	Eman	Mache-Einheiten
Oberschlema	9200	2500
Brambach-Erzgebirge	Wettinquelle 6500—7500	2100
St. Joachimstal-Erzgebirge	Grubenwasser 7500	2100
„ „	Concordiaquelle 1640	
Karlsbad	140	40
„	Sprudel 0,4	
Gastein	Reissacherquelle 840—995	300
Baden bei Wien	30	8
Kreuznach	Inselquelle 73	20

In der Praxis ist bei der Bewertung einer radioaktiven Heilquelle nicht nur deren Aktivität, sondern auch ihre Ergiebigkeit anzugeben.

Literatur: Meyer, St. und E. v. Schweidler: Radioaktivität, 2. Aufl. Leipzig-Berlin: B. G. Teubner. 1927. — Meyer, St.: Die radioaktiven Substanzen. Handbuch der biologischen Arbeitsmethoden, herausg. von E. Abderhalden. Wien und Berlin: Urban & Schwarzenberg. 1926. — Müller, C.: Radioaktivitätsmessungen als geophysikalische Aufschlußmethode. Zeitschr. f. prakt. Geophysik III, S. 330. 1927.

Ein eigenes Emanationselektrometer, besonders zur Bodenuntersuchung, bringt die Gesellschaft für angewandte Geophysik „Prospektion“ in Göttingen zum Preise von 750 RM. in den Handel.

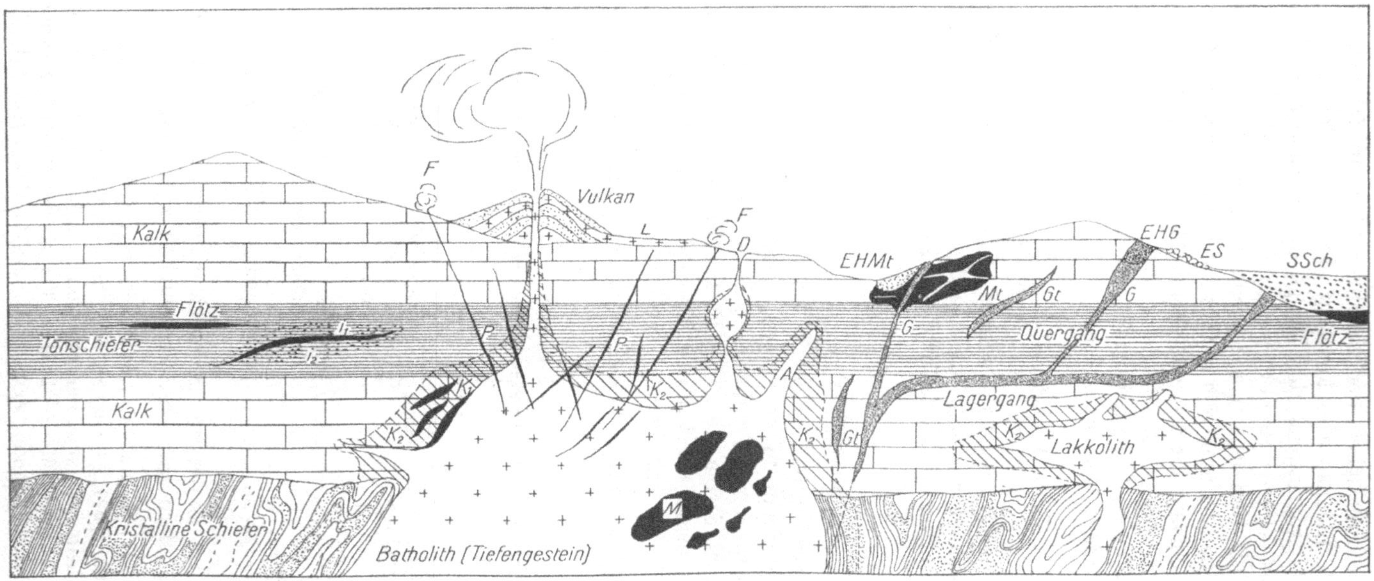

Abb. 7 Schema der vulkanischen Erscheinungen und Lagerstättenbildungen. *M* = Magmatische Ausscheidung. K_1 = Kontaktmetamorphe Lagerstätte. K_2 = Kontakthof. *A* = Apophyse. *P* = Pneumatolytischer Gang. *L* = Lavastrom. *F* = Fumarole. *D* = Maar. i_1 und i_2 = Imprägnationen. *G* = Gang. *Gt* = Gangtrum. *Mt* = Metasomatische Lagerstätte. *EHMt* = Eiserner Hut der metasomatischen Lagerstätte. *EHG* = Eiserner Hut eines Ganges. *ES* = Eluviale Seife. *SSch* = Sand und Schotter, alluviale Seife

II. Vulkanismus

Von K. A. Redlich, Prag

Die in Abkühlung begriffene Erde besitzt einen festen Gesteinspanzer von 30 bis 40 km Stärke. In größerer Tiefe gehen die Gesteine infolge der hohen Temperatur und des gewaltigen, bereits hydrostatischen Druckes nach Überschreitung der Fließgrenze in einen plastischen Zustand über, der sich andeutungsweise schon in weit unter der Erdoberfläche gelegenen Tunnels und Bergbauen bemerkbar macht (Quellen der Tunnelsohle in alpinen Tunnelbauten). Mit zunehmender Tiefe und Temperatur müssen die Gesteine allmählich flüssig werden. In welchem Aggregatzustande sich das Erdinnere befindet, in dem die Temperatur auf mehrere Tausend Grade, der Druck auf zirka 3 Millionen Atmosphären ansteigt, können wir nicht sagen, da uns Erfahrungen über derartige Drücke und Temperaturen fehlen. Wir können aber vermuten, daß die starke Pressung hier den Einfluß der Temperatur überwindet und einen starren, den festen Körpern ähnlichen Aggregatzustand schafft.

Die Einwirkungen des schmelzflüssigen Erdinneren auf den festen Gesteinspanzer und auf die Erdoberfläche faßt man unter dem Namen Vulkanismus zusammen. Vulkanische Erscheinungen spielen sich vor unseren Augen auf den bekannten Vulkanen oder Feuerbergen ab; sie bestehen im wesentlichen in einem Transport von feurig-flüssigem Material (Magma) auf die Erdoberfläche (Oberflächenvulkanismus). In tief abgetragenen Teilen der Erdkruste sehen wir auch die Verbindungsstücke zwischen den Magmaherden der Tiefe und den Oberflächenvulkanen bloßgelegt und lernen die Mechanik des ganzen Vorganges kennen (Tiefenvulkanismus). Wir sehen, daß vulkanische Erscheinungen an Schwächezonen der Erdkruste gebunden sind, also an Gebiete, wo die Erdrinde gefaltet und zerbrochen wurde. Wir können zum Teil sogar erkennen, daß die vulkanische Tätigkeit mit derartigen Faltungs- und Zerbrechungsvorgängen nicht nur ursächlich, sondern auch zeitlich verknüpft ist, und daß die bei der Abkühlung zunehmende Absonderung der im Magma gelösten Gase, vielleicht im Verein mit den auflagernden Gesteinsschichten, die Glutschmelze an Zerrüttungszonen und druckentlasteten Stellen zum Aufsteigen veranlaßt.

Tiefenvulkanismus

In der Tiefe sehen wir das verfestigte Magma in Form von massigen Körpern (Batholithen) auftreten, die entweder in Aufwölbungen der Hüllschichten, wie sie bei Faltungsvorgängen entstehen, eindringen (intrudieren) (konkordante

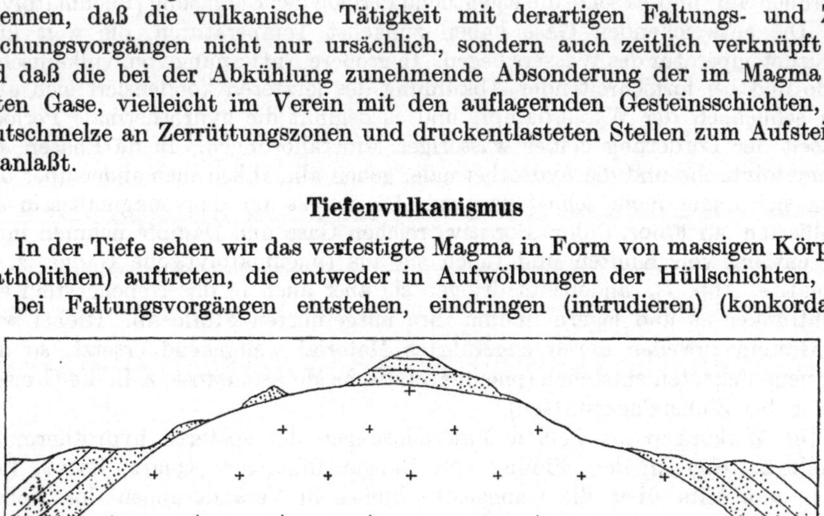

Abb. 8. Konkordanter Batholith mit Kontakthof (nach Rinne)

Batholithen, Abb. 8), oder ohne Rücksicht auf den Schichtenverband mit breiter Front quer durch das Dach brechen, indem sie Blöcke desselben loslösen, welche dann von der Schmelze aufgelöst werden (diskordante Batholithen, Abb. 7). Ein Mittelding zwischen konkordanten und diskordanten Batholithen bildet sich dort aus, wo das Magma unter Aufzehrung des Nebengesteines gangförmig zwischen steilgestellte Schiefer gepreßt wird (Abb. 9).

Nachdem ein Eruptivgestein seinen Platz eingenommen hat, wirkt seine hohe Temperatur und sein entweichender Gasinhalt auf die Gesteine der Nachbarschaft ein und verändert sie im Kontakte, weshalb diese Erscheinung Kontaktmetamorphose, die Zone der Umwandlung Kontakthof genannt wird (Abb. 7).

Die Erstarrung derartiger Tiefenintrusionen, wie wir sie im Gebiet der böhmischen Masse, des Erzgebirges, der Sudeten, des Schwarzwaldes usw. beobachten können, benötigt infolge der langsamen Abkühlung ungeheure Zeiträume, wodurch das Magma Gelegenheit findet vollkristallin zu erstarren (Tiefengesteine S. 40). Die in der Schmelze gelösten Gase werden zum allergeringsten Teil in den Mineralbestand des Eruptivkörpers aufgenommen, zum größten Teil aus der Lösung entbunden. Da sie aber durch die mächtige Gesteinsdecke, welche das Magmabassin umhüllt, am Entweichen verhindert werden, steigt ihre Spannung allmählich derart, daß der Schichtenverband gesprengt und gelockert wird. In die durch diesen Vorgang entstehenden Spalten preßt sich der noch flüssige Magmarest und bildet eruptive Gänge, welche das Tiefengestein und dessen Hülle kreuz und quer durchschwärmen (Aplite usw.).

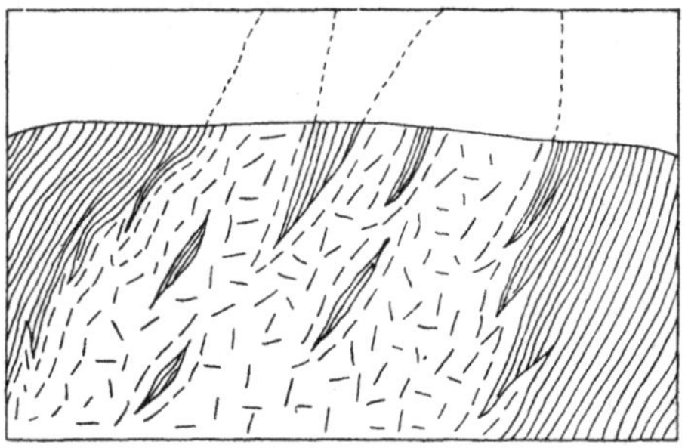

Abb. 9. Gangförmig steilstehender Batholith

Bei sinkender Temperatur hört die Förderung der Schmelze in Gangform allmählich auf, und es setzt die eigentliche Periode der Entgasung (Pneumatolyse) ein. Die entweichenden Gase haben zunächst Temperaturen, die weit über der Siedetemperatur des Wassers liegen. In größere Entfernung vom vulkanischen Herde und bei fortschreitender Abkühlung des letzteren kondensiert sich aber auch schließlich der Wasserdampf, und es beginnt die hydrothermale Periode, die Zeit der Förderung heißer wässeriger Minerallösungen. Beide Phasen, die pneumatolytische und die hydrothermale, gehen allmählich ineinander über und lassen sich daher nicht scharf trennen. Die zuerst aus dem Magmabassin abdestillierten, an Fluor, Chlor, Bor usw. reichen Gase und Dämpfe nehmen ihren Weg entlang von Klüften und füllen sie aus (pneumatolytische Gänge, z. B. Pegmatite, Abb. 7), anderseits dringen sie aber auch in das Nebengestein ein, durchtränken es und lagern in ihm ihre mitgeführten Stoffe ab. Hiebei wird das Gestein zuweilen durch zugeführtes Material weitgehend ersetzt, so daß ganz neue Felsarten entstehen (pneumatolytische Metasomatose, z. B. die Greisenbildung bei Zinnerzlagerstätten).

Die Wirkungen der heißen Minerallösungen der späteren hydrothermalen Periode bestehen in der Bildung von Gangausfüllungen (Quarz, Baryt, Erze usw.), anderseits über die Gangspalte hinaus in Veränderungen des Nebengesteins (Serizitisierung, Propylitisierung, aber auch metasomatische Lagerstättenbildung).

Oberflächenvulkanismus

Von den Batholithen ausgehend, sucht sich das Magma seinen Weg zur Oberfläche entlang von Spalten und Klüften, die es erfüllt (Eruptivgänge). Zuweilen benützt es auch die Fugen zwischen benachbarten Schichten zur Fortbewegung (Lagergänge, Abb. 7). Werden die Gesteinsschichten durch eindringendes Magma brotlaibartig aufgebläht, dann spricht man von Lakkolithen (Abb. 7). Gangartige kurze Abzweigungen werden Apophysen, selbständige kleinere Spaltausfüllungen Ganglinsen oder -trümmer genannt. Die Grenzflächen der Ganggesteine gegen das Nebengestein heißen Salbänder.

In der Nähe der Erdoberfläche oder an dieser selbst vollzieht sich die Erstarrung rasch und unter schneller Entgasung. Es können sich infolgedessen hier keine größeren Kristalle bilden, das Magma erstarrt feinkörnig oder auch glasig. Wo derartige Oberflächengesteine dennoch einzelne größere Kristalle enthalten, sind diese bereits früher in größerer Tiefe gebildet worden (Ergußgesteine, S. 45).

Abb. 10. Ansicht des Gemündener Maares in der Eifel (nach E. Kayser)

Die letzte Phase der Magmawanderung spielt sich nahe der Erdoberfläche und auf dieser selbst ab. Die im Schmelzfluß absorbierten Gase bahnen sich unter erdbebenartigen Erschütterungen und explosionsartigen Detonationen ihren Weg nach oben, wobei sie nur wenig von der feurig-flüssigen Masse — obertags Lava genannt — mitreißen. Der größte Teil des Explosionsrohres ist mit teilweise verkitteten Nebengesteinstrümmern erfüllt; er endigt oft in einer trichterförmigen Erweiterung. Solche Vulkanembryonen oder Diatremen treffen wir auf der Rauhen Alb bei Stuttgart und in der Eifel, wo die mit Obertagswasser erfüllten Trichter als Maare bezeichnet werden (Abb. 10). Auch die Diamantlagerstätten Südafrikas sind an derartige kurzlebige Vulkanröhren geknüpft. Aus einem wahrscheinlich nicht sehr tief gelegenen Magmaherd wurden durch die Explosion hochgespannter Gase Stücke des Nebengesteines und eines serpentinisierten Olivinfelses emporgerissen, die später zu einer diamantführenden Breccie verfestigt wurden. Erst in größerer Tiefe steht Olivinfels an. Solche Vulkanembryonen werden wohl von einem kleinen Magmaherde gespeist, der sich von der Hauptmasse abgespaltet hat und nach einmaligem Paroxismus erschöpft ist (Abb. 7).

In den meisten Fällen bauen sich Feuerberge in einer Reihe oft unterbrochener, sich wiederholender Eruptionen auf, wie der Vesuv, der Ätna usw. Derartige Eruptionsphasen beginnen mit einem langandauernden Ausblasen von Gas, durch welches Nebengesteinsbrocken, Aschen und alte Lavafetzen in die Höhe gerissen werden, wo sie sich zu einem wolkenartigen Gebilde (Pinie genannt) verbreitern, um teils als trockener Aschenregen, teils durchfeuchtet als Schlammregen zu Boden zu sinken (terrestre Tuffe). Während der kreisenden Bewegung in der Luft werden die ausgeschleuderten Lavateile zu spindelförmigen Bomben gestaltet oder zu omelettartigen Gebilden zusammengedreht.

Langsam steigen nun auch geschlossene Lavamassen empor, sprengen die Flanken des Berges und fließen in Form von Decken und Strömen über. Das Aufsteigen der flüssigen Lava wird begünstigt durch die infolge der Abkühlung und Druckentlastung vermehrte Entbindung der Gase aus dem Magma. Das entstehende Magma-Gas-Gemisch hat ein geringeres spezifisches Gewicht als die ursprüngliche Lösung. (Siehe Analogie bei gasführenden Quellen.) Mit dem Ausfließen der Lava ist die vulkanische Kraft gebrochen und der Ausflußkanal verstopft sich wieder mit erkalteter Schmelze (Obstruktion). Nach einer gewissen Ruhepause wächst abermals die Spannung der Gase und es beginnt eine neuerliche Eruptionsphase. So bildet sich allmählich ein Vulkanberg, der auf seinem Gipfel die Hauptausbruchstelle, den Krater, besitzt, im Querschnitte aber aus zahlreichen Tuff- und Lavaschichten zusammengesetzt ist, die allseits periklinal vom Gipfel wegfallen und von jüngeren Lavagängen durchbrochen werden (Strato- oder Schichtvulkane).

Bei vielen Vulkanbildungen fehlt der explosionsartige Charakter. Durch ruhiges Ansteigen zähflüssiger Laven entstehen gleichmäßige Quellkuppen (Abb. 11) (Monte Nuovo bei Neapel), oder schwach brodelnde Kraterseen (Kilauea auf den Hawaiinseln). Hieher gehören weiters die großartigen Spaltenergüsse Islands, wo aus kilometerlangen Rissen ungeheure Lavamassen austreten und mächtige Basaltdecken bilden, wie wir sie auch aus der geologischen Vorzeit kennen.

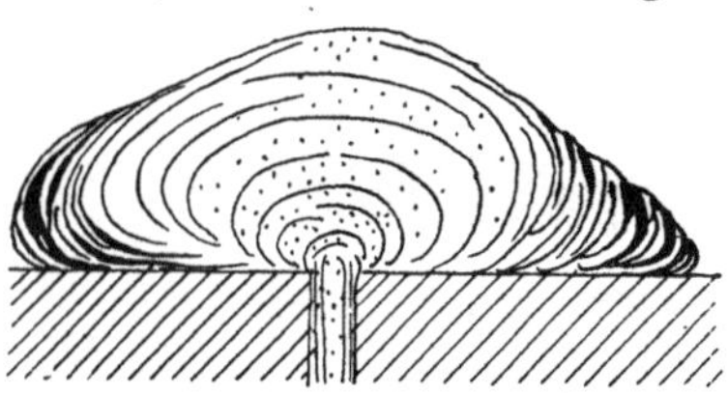

Abb. 11. Schema einer Quellkuppe (nach Reyer)

Nicht nur auf dem Lande, sondern auch am Boden des Meeres können vulkanische Eruptionen stattfinden, die zur submarinen Deckenbildung und zu um so stärkerer Tuffbildung führen, als ein Großteil der Lava unter der Wirkung des Wassers zerspratzt.

Genau so wie Tiefengesteine haben auch Oberflächengesteine ihre pneumatolytische und hydrothermale Periode, wenn diese auch in ihrer Wirkung weniger bedeutungsvoll ist. Die Ergüsse entgasen binnen kurzem ohne besondere Wirkung. In geringer Tiefe steckengebliebene Lavamassen entsenden noch lange Zeit ihre Destillationsprodukte an die Erdoberfläche. Wir sehen dieselben teils im trockenen Zustand als Kohlensäuremofetten und Schwefeldioxydsolfataren, die unter dem Sammelnamen Fumarolen zusammengefaßt werden, dem Boden entströmen, teils, vermischt mit vulkanischem Wasserdampf, als heiße Sprudel und Quellen sich dem menschlichen Auge zeigen. Diese letzten Äußerungen vulkanischer Tätigkeit sind nicht nur den Vulkanen der Jetztzeit eigen, sondern sie können auch in ihren Ursachen zeitlich weit zurückliegen, wie der Karlsbader Sprudel, der den Basalteruptionen des Tertiärs seinen Ursprung verdankt. Wie weit das Wasser dieser Thermen und Mineralquellen „juvenilen", das heißt vulkanischen, Ursprungs ist, und wie weit „vadose", das sind Oberflächenwässer, mit den trockenen Gasen gemischt, Quelläußerungen verursachen, läßt sich meistens nicht mit Sicherheit feststellen.

Zu dieser höchsten Stufe der apomagmatischen Erscheinungen rechnen wir die Absätze der juvenilen Thermen, die man teils in der Quellspalte, teils im Ausfluß gefunden hat, wie Aragonit und andere Karbonate, Opal, Baryt usw., aber auch Sulfide, wie Zinnober, Bleiglanz usw. Auch das Nebengestein ist längs der Aufstiegspalten dieser Quellen im Kontakt „hydatogen" verändert: Das Gebirge ist zersetzt, der Feldspat kaolinisiert, oder es ist eine Silifizierung zu Hornstein bzw. Quarzmasse eingetreten.

Der tiefere Bau der erstarrten Eruptivmassen enthüllt sich am besten während der natürlichen Abtragung der Erdrinde. Die Vulkane werden von ihren Schutt- und Lavadecken entblößt und zeigen ihre tiefere Struktur. Die Batholithen, Lakkolithen, Tiefengänge älterer Schichten tauchen empor, ihre höheren vulkanischen Erscheinungen (Vulkanschlote) fehlen aber bereits; umgekehrt stecken bei den Eruptionen jüngerer geologischer Zeiten die Batholithen noch in unzugänglicher Tiefe.

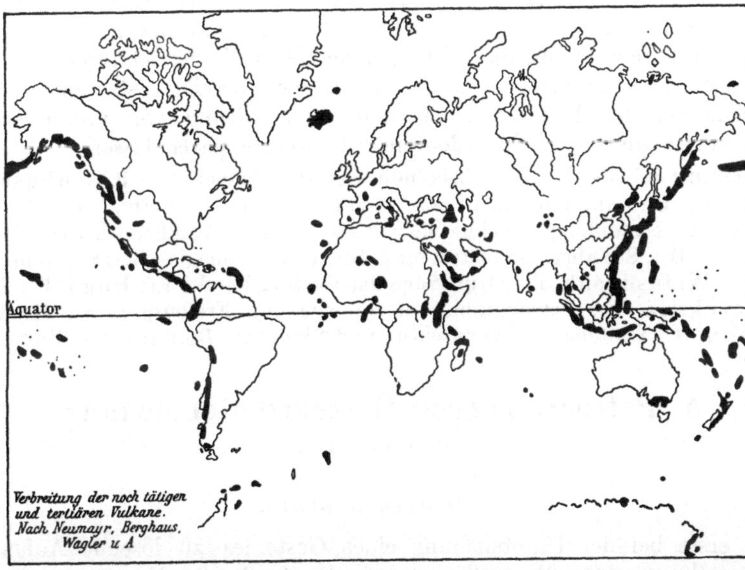

Abb. 12

Die Zahl der in geschichtlicher Zeit tätig gewesenen Vulkane beträgt nach Sapper 430. Diese Zahl würde sich vervielfachen, wenn man nur die Vulkane des Tertiärs dazurechnen würde. Die Vulkane sind meist reihenweise auf Küstengebiete und Inseln verteilt, was sich aus der Großtektonik der Erde erklären läßt; auch auf dem übrigen Festland sind sie an größere tektonische Störungen gebunden. Am auffallendsten ist ihre Anordnung längs der Küste des Stillen Ozeans, und zwar im Osten von der Nordspitze Amerikas bis zu den Feuerlandsinseln, im Westen von Kamtschatka über Japan zu den Philippinen; hier nehmen sie Ost-Westrichtung an und streichen von den Sundainseln über den Bismarckarchipel nach Neuseeland. (Abb. 12.)

III. Petrographie (Gesteinskunde)

Unter Gesteinen versteht man natürliche, das heißt ohne schöpferische Mitwirkung des Menschen entstandene Vergesellschaftungen von Mineralindividuen, die, als geologisch selbständige Körper auftretend und einem bestimmten geologischen Vorgang ihre Entstehung verdankend, an der Zusammensetzung der festen Erdkruste wesentlich beteiligt sind. Für die Einreihung einer Mineralassoziation unter den Begriff „Gestein“ bleibt es unwesentlich, ob die einzelnen Mineralkörper miteinander im festen, felsartigen Verbande stehen oder ob es sich um lose Massen, wie Sande, Schotter, Lehme usw., handelt.

Definitionsgemäß würden auch die natürlichen Anhäufungen nutzbarer metallhaltiger Mineralien (Erze) unter den Gesteinsbegriff fallen, doch ist man von alters her gewohnt, dieselben getrennt von den eigentlichen Gesteinen zu behandeln.

Die Erforschung der Zusammensetzung, Beschaffenheit und des Vorkommens der Gesteine unter Berücksichtigung ihrer Entstehung und Umwandlung im Laufe geologischer Zeiträume ist Gegenstand der Petrographie oder Gesteinskunde. Diese Wissenschaft, die ehemals ein Teil der Geologie und Mineralogie war, sich aber heute zum Range einer selbständigen Disziplin entwickelt hat, soll in den folgenden Kapiteln nur insoweit behandelt werden, als es für den Techniker erforderlich erscheint, der ja dem Reiche der Gesteine wichtige Rohmaterialien und Baustoffe entnimmt und der in der Baugrube stets mit Gesteinen zu tun hat. Die genaue Kenntnis der letzteren wird einerseits die Ausnützung von der Natur gebotener Vorteile gestatten, anderseits Schwierigkeiten der Bauausführung und Bauerhaltung von vornherein vermeiden und so unnötige, oft bedeutende Kosten ersparen lassen.

Literatur: Rinne, F.: Gesteinskunde. Leipzig: Jänecke. — Rosenbusch, H.: Elemente der Gesteinslehre. Stuttgart: Schweizerbart. — Stiny, J.: Technische Gesteinskunde. Sammlung „Technische Praxis“. Wien: Waldheim-Eberle. 1919. — Herrmann, O.: Steinbruchindustrie und Steinbruchgeologie. Berlin: Gebr. Borntraeger. — Weinschenk, E.: Grundzüge der Gesteinskunde. Freiburg i. B.: Herder. — Weinschenk, E.: Petrographisches Vademekum. Freiburg i. B.: Herder. — Herrmann, O.: Gesteine für Architektur und Skulptur. Berlin: Gebr. Borntraeger.

A. Petrographische Gesteinsuntersuchung

Von K. Preclik, Prag

1. Mineralbestand

Die erste bei der Untersuchung eines Gesteines zu lösende Aufgabe ist die Feststellung seines Mineralbestandes, das heißt die Erkennung der verschiedenen Mineralarten, die an der Zusammensetzung des Gesteines beteiligt sind. Sie führt unter Berücksichtigung des Gesteinsgefüges zur Klassifikation und Benennung des Gesteines.

Die Gemengteile der Gesteine (gesteinsbildende Mineralien)[1] unterscheiden sich von den Gesteinen vor allem dadurch, daß sie selbst homogen gebaut sind, in allen ihren kleinsten Teilchen also die gleiche chemische Zusammensetzung besitzen, die durch eine mehr oder minder einfache chemische Formel angegeben werden kann. Sie gliedern sich in eine amorphe und in eine kristalline Gruppe.

Amorphe Gemengteile entbehren einer gesetzmäßigen äußeren Gestalt und einer inneren Regelung ihrer kleinsten Teilchen. Sie sind entweder hyalin (glasig), durch rasche Erstarrung von Schmelzflüssen entstanden (natürliche Gläser), oder porodin (gelartig), durch Verfestigung (Austrocknung) aus gallertartigen (kolloidalen) Massen hervorgegangen (Verwitterungsprodukte).

Kristalline Gemengteile besitzen eine gesetzmäßige Anordnung ihrer Moleküle, die sich unter anderem in der Spaltbarkeit, in der Verteilung der

[1] Von der großen Zahl der Mineralien ist nur ein kleiner Teil gesteinsbildend. Ihre Charakterisierung findet sich in zahlreichen Lehrbüchern der Gesteinskunde (z. B. Rinne und Stiny). Als Spezialwerke seien Weinschenk, E.: Die gesteinsbildenden Mineralien, Freiburg i. B.: Herder. — Rosenbusch, H. und O. Mügge: Mikroskopische Physiographie der Mineralien und Gesteine, I. Bd., 2. Hälfte. Stuttgart: Schweizerbart. 1927, angeführt. Wegen Raummangels mußte von einer näheren Beschreibung Abstand genommen werden.

Härteeigenschaften und im optischen Verhalten kundgibt. Nicht immer muß dem geordneten Innenbau auch eine gesetzmäßige äußere Form (kristallographische Begrenzung) beigeordnet sein; eigengestaltige (idiomorphe = automorphe) Ausbildung ist nämlich nur dort möglich, wo der wachsende Kristall nach allen Seiten hin genügend Raum zur Entwicklung hat. In der Mehrzahl der Fälle sind die Gemengteile ganz oder teilweise fremdgestaltig (allotriomorph = xenomorph). Aggregate fremdgestaltiger kristalliner Körper nennt man kristallinisch.

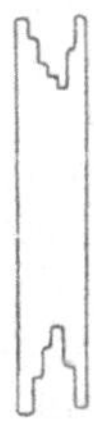

Abb. 13. Skelettartig ausgebildete Feldspattafel

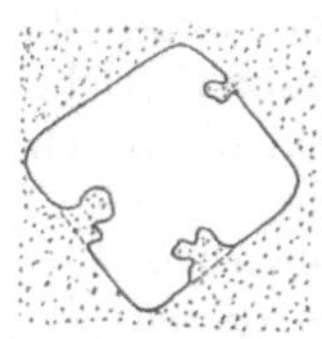

Abb. 15. Magmatische Korrosion. Korrodierter Quarzeinsprengling aus einem Quarzporphyr

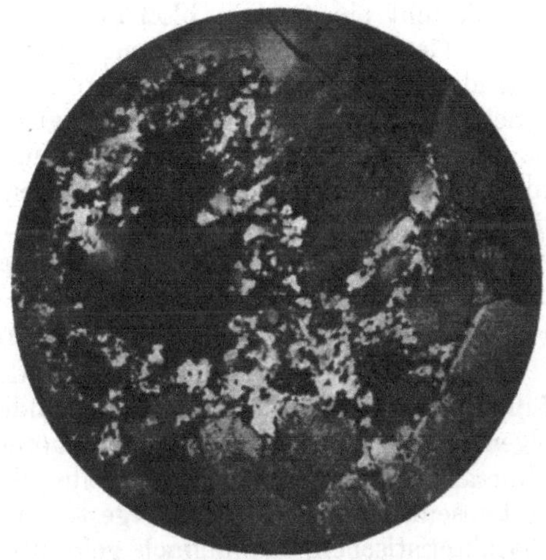

Abb. 14. Kataklastischer Granit (Zermörtelung des Quarzes). Schöllenen, Uri (nach Grubenmann-Niggli)

Neben Raummangel kann auch unvollständige Raumausfüllung bei raschem Wachstum der Kristallkanten Störungen der Idiomorphie hervorrufen (Skelettkristalle, Abb. 13). Die pflanzenähnlichen Dendriten (Abb. 29, S. 55) der Schicht- und Kluftflächen (mangan- und eisenhaltige Absätze aus zirkulierenden Lösungen) und die bekannten Eisblumen sind Beispiele für derartige Kristallskelette. Auch ursprünglich idiomorphe Kristalle können nachträglich durch den Gebirgsdruck oder durch Strömungsbewegungen der Lösung (Schmelze), aus der sie hervorgegangen sind, zerbrochen und mannigfach deformiert werden (Kataklase, Abb. 14, bzw. Protoklase). An Gesteinen eruptiver Entstehung beobachtet man zuweilen, daß ältere, eigengestaltige Mineralien durch die Schmelze, in der sie schwimmen, angenagt und teilweise aufgelöst wurden (Abb. 15). Die Kanten und Ecken der Kristalle erscheinen dann gerundet, die ursprünglich geraden Begrenzungslinien durch lappige Einbuchtungen unterbrochen (magmatische Korrosion).

Xenomorphe Begrenzung der Gemengteile wird die Regel sein bei den durch Fortschleppung und Wiederablagerung des Schuttes zertrümmerter älterer Gesteine entstandenen Sedimenten.

Das allmähliche Wachstum der Mineralien bringt es mit sich, daß diese zuweilen Fremdkörper, wie Gas, Wasser, flüssige Kohlensäure, Glas und fremde Mineralien einschließen. Ordnen sich diese Einschlüsse in konzentrischen Zonen an, dann verdeutlichen sie uns die einzelnen Wachstumsperioden des Individuums (konzentrisch schaliger Bau). Häufig, z. B. bei den Plagioklasen, haben die sich übereinanderlagernden Schalen zwar verwandte, aber nicht identische chemische Zusammensetzung.

Ihrer Entstehung nach sind die Gemengteile eines Gesteines entweder primär, das heißt mit dem Gestein zugleich entstanden, oder sekundär; im letzteren Falle verdanken sie ihre Bildung einer späteren Veränderung des Gesteines (Verwitterung, Metamorphose). Dem Entstehungsorte nach unterscheidet man authigene, das heißt im Gesteinskörper selbst entstandene Gemengteile, und allothigene Bestandteile, die einem fremden, älteren Gestein entstammen (Gesteinstrümmer in Sedimenten, mitgerissene Nebengesteinsbrocken in Eruptivgesteinen).

Besteht ein Gestein bloß aus einer Mineralart (einfaches oder monogenes Gestein, wie Marmor und Quarzit), dann sind alle Mineralkörner untereinander gleichwertig. Bei den gemischten (polymeren) Gesteinen unterscheidet man nach der Wichtigkeit charakteristische oder Hauptgemengteile, ohne die das betreffende Gestein nicht denkbar ist (Quarz und Feldspat im Granit), Nebengemengteile, deren Vorhandensein oder Fehlen den Begriff des betreffenden Gesteines nicht berührt (Zirkon und Apatit im Granit), und schließlich akzessorische oder Übergemengteile, die nur lokal auftreten und die Unterscheidung von besonderen Varietäten der Gesteinsart rechtfertigen (Granat in Granatglimmerschiefern, Cordierit in Cordieritgneisen).

Unter akzessorischen Bestandmassen versteht man Mineralanhäufungen, die weder für das betreffende Gestein charakteristisch sind, noch eigentlich zum Gesteinsverbande gehören. Hieher zählen die durch zugeführte Mineralsubstanz ausgefüllten Gesteinshohlräume (Mandeln = Geoden), die Nebengesteinseinschlüsse in Eruptivgesteinen und die namentlich für Sedimente charakteristischen, mannigfach geformten Konkretionen (S. 55).

Die Bestimmung des Mineralbestandes erfolgt bei verhältnismäßig grobkörnigen Gesteinen mit freiem Auge oder mit Hilfe der Lupe. Diese einfache (makroskopische) Untersuchungsmethode gestattet die Farbe und den Glanz der einzelnen Mineralien, ferner auch eine eventuell vorhandene Kristallform und Spaltbarkeit zu erkennen. Weitere diagnostische Merkmale liefert die Farbe des Striches (Mineralpulvers), der durch Schaben des Minerals an einer Platte von unglasiertem Porzellan erzeugt wird. Die Mineralhärte wird durch Ritzen mittels Vergleichsmineralien von bekannter Härte festgestellt (Mohssche Härteskala: 1. Talk, 2. Steinsalz, 3. Kalkspat, 4. Flußspat, 5. Apatit, 6. Feldspat, 7. Quarz, 8. Topas, 9. Korund, 10. Diamant[1]). In den meisten Fällen genügt die Klinge des Taschenmessers (Härte 6), um wenigstens schätzungsweise die Härte der weicheren Mineralien zu bestimmen, für ganz weiche Stoffe auch der Fingernagel (Härte bis zirka 2,5).

Feinkörnige Gesteine müssen unter dem Mikroskop auf ihre Gemengteile geprüft werden. Die mikroskopische Methode wird sich auch bei grobkörnigen Gesteinen nicht umgehen lassen, wenn es sich um wissenschaftliche oder um genauere technische Untersuchungen handelt, bei denen es auf das Studium der Gefügeverhältnisse und des Erhaltungszustandes ankommt. Für derartige Untersuchungen verwendet man eigens konstruierte Polarisationsmikroskope, die sich vom normalen Mikroskop hauptsächlich durch den drehbaren Objekttisch, ferner durch zwei ein- und ausschaltbare Nikolsche Prismen (Polarisatoren) und durch eine Einrichtung zur Erzeugung konvergenter Lichtstrahlenbüschel (Kondensator) unterscheiden.

Bei minderwichtigen Untersuchungen, bei denen nur auf die Bestimmung des Mineralbestandes Wert gelegt wird, genügt es, wenn man das Gesteinspulver einfach auf einem Objektglase in Nelkenöl einbettet und unter dem Mikroskop

[1]) Sehr praktisch sind die im Mineralienkontor F. Krantz, Bonn a. Rh., erhältlichen Fassungen dieser Mineralien in sogenannten Härtestiften.

betrachtet (Pulverpräparat). Sonst muß ein sogenannter Dünnschliff hergestellt werden, das ist eine durch vorsichtiges Schleifen erzeugte Mineralplatte von zirka 0,03 mm Dicke, die auf ein Objektglas gekittet, mit einem Deckgläschen bedeckt und im durchfallenden Licht untersucht wird[1]).

Die Technik der mikroskopischen Mineralbestimmung unterscheidet sich sehr wesentlich von der makroskopischen, insofern sie nicht nur auf der Beobachtung der Farbe, Spaltbarkeit und äußeren Gestalt der Mineralien beruht, sondern auch auf der Feststellung gewisser optischer Eigenschaften derselben, wie Brechungsquotient, Doppelbrechung, Zahl und Lage der optischen Achsen, Pleochroismus usw. Sie erfordert neben ziemlich bedeutenden Kenntnissen aus der Optik auch große Übung, wird daher für den Techniker der Praxis kaum je in Betracht kommen. Derartige Untersuchungen werden am besten einem Petrographen oder Geologen übertragen, der über das notwendige Instrumentarium und über die erforderliche Erfahrung verfügt.

Für manche Zwecke kann es notwendig sein, die einzelnen Mineralien im Gesteinspulver voneinander zu trennen. In solchen Fällen wendet man Lösungen und Schmelzen von hohem spezifischem Gewicht an, in denen der spezifisch schwerste Gemengteil des Gesteinspulvers untersinkt, während die übrigen noch an der Oberfläche schwimmen. In geeigneten Apparaten wird zunächst der Bodensatz abgelassen, sodann die Trennungsflüssigkeit allmählich verdünnt und auf diese Weise ein Gemengteil nach dem anderen abgesondert. Bei Bodenuntersuchungen benützt man die kinetische Energie des fließenden Wassers zur Trennung der Bestandteile; dem Schlämmprozeß muß hier eine Sortierung des Materials nach der Korngröße unter Anwendung von Sieben vorausgehen. Andere Trennungsverfahren beruhen auf dem Verhalten gewisser Mineralien dem Magneten gegenüber oder auf der Unlöslichkeit derselben in Säuren. Ähnliche Methoden werden auch im großen bei der Aufbereitung der Erze verwendet.

2. Gefüge

Nicht minder wichtig als die Feststellung des Mineralbestandes ist das Studium des Gesteinsgefüges, das heißt des räumlichen Verbandes der einzelnen Mineralkörner, das in vielen Fällen erst die Einreihung des Gesteines an einer bestimmten Stelle des Systems gestattet.

So kann die Mineralkombination Quarz, Feldspat und Glimmer sowohl in Graniten als auch in Arkosen und Gneisen vorkommen, aber erst die Art und Weise, wie diese Mineralien beschaffen und miteinander verwachsen sind, belehrt uns, daß es sich in einem Fall um ein Erstarrungsgestein der Tiefe, ein andermal um ein unter besonderen Bedingungen gebildetes Sediment und im dritten Fall um ein verändertes, nicht mehr ursprüngliches Gestein handelt. Auch für die Beurteilung der technischen Gesteinseigenschaften ist die Beachtung der Gefügeverhältnisse von Wichtigkeit. Der schönste Marmor z. B. ist für Bildhauerzwecke entwertet, wenn sich feine Glimmerschüppchen in einzelnen Lagen anreichern, entlang derer das Material bei der Bearbeitung abspringt. Die große Festigkeit des Quarzes, der als Hauptgemengteil eines Sandsteines auftritt, kann nicht ausgenützt werden, wenn der die einzelnen Körnchen zusammenhaltende Kitt nicht fest und widerstandsfähig ist.

Die verschiedenen Gefügeformen sollen gelegentlich der Besprechung der einzelnen Gesteinsgruppen beschrieben werden. Hier sei nur gesagt, daß sich das Gefüge aus zweierlei Elementen zusammensetzt, aus Struktur und Textur. Man versteht unter Struktur die Formenentwicklung und relative Größe der Gemengteile, unter Textur aber die räumliche Anordnung derselben. Die Textur der Granite z. B. ist massig, die eines Sedimentes oder kristallinen Schiefers parallel. Der Granit als Erstarrungsgestein besitzt Erstarrungsstruktur,

[1]) Derartige Dünnschliffe erzeugt unter anderem die Firma Voigt und Hochgesang in Göttingen zum Preise von zirka 2 Mark.

hervorgerufen durch ungleiches Alter und demgemäß ungleich vollkommene kristallographische Ausbildung der Gemengteile, der Glimmerschiefer infolge seines Reichtums an schuppigem Glimmer schuppige (lepidoplastische) Struktur usw.

3. Spezifisches Gewicht und Dichte

Das spezifische Gewicht ist das Gewicht der Raumeinheit des lückenlosen Materials, ausgedrückt in Gramm pro cm³, während die Dichte als unbenannte Zahl angibt, wievielmal schwerer ein bestimmtes Gesteinsvolumen ist als das gleiche Volumen Wasser. Beide werden am gepulverten Gestein mit Hilfe des Pyknometers bestimmt.

Das Pyknometer ist ein flaschenähnliches Glasgefäß mit eingeschliffenem, axial durchbohrtem Glasstöpsel. Die Bestimmung des spezifischen Gewichtes erfolgt in der Weise, daß man zunächst das Gewicht des Gesteinspulvers (*Gp*) bestimmt, sodann das Gewicht des mit Wasser gefüllten Pyknometers (*Gw*). Hiebei ist zu achten, daß das Wasser bei der Wägung bereits Zimmertemperatur angenommen hat und genau bis zu einer am Stöpsel angebrachten Marke reicht. Dann entleert man das Pyknometer teilweise, bringt das gewogene Gesteinspulver ohne Verluste in den Apparat, entfernt eventuelle Luftblasen durch Einstellen des letzteren unter den Rezipienten einer Luftpumpe oder durch vorsichtiges Erwärmen, füllt wieder mit Wasser voll und wiegt abermals (*G*). Das spezifische Gewicht (*s*) ist dann gleich $\frac{Gp}{Gw + Gp - G} \cdot s_w$, wobei s_w das spez. Gewicht des Wassers bedeutet.

Bei dichten Gesteinen, wo das Volumen der Poren keine Rolle spielt, bestimmt man das spezifische Gewicht, das in diesem Falle mit dem Raumgewichte zusammenfällt, mittels der hydrostatischen Waage. Zunächst stellt man das absolute Gewicht des Probekörpers fest, dann befestigt man denselben mittels eines dünnen Drahtes an einem Ende der Waage (Wägung I). Hierauf läßt man den an der Waage hängenden Körper in destilliertes Wasser vollständig eintauchen und wiegt abermals (Wägung II). Die Differenz $(W\,I - W\,II)$ gibt den Auftrieb und somit auch das Volumen des Probekörpers. Das spezifische Gewicht errechnet sich dann aus dem Bruche: $s = \frac{\text{Absolutes Gewicht}}{W\,I - W\,II} \cdot s_w$.

Über Raumgewicht und Dichtigkeit vgl. S. 145.

4. Chemische Zusammensetzung

Die chemische Zusammensetzung eines Gesteines wird durch quantitative chemische Analysen festgestellt, die von einem Fachmanne in einem entsprechend eingerichteten Laboratorium durchgeführt werden müssen. Es ist wohl darauf zu achten, daß die zur Untersuchung kommende Probe der durchschnittlichen Zusammensetzung des Gesteines tatsächlich entspricht, und daß das Material absolut frisch und unverwittert ist.

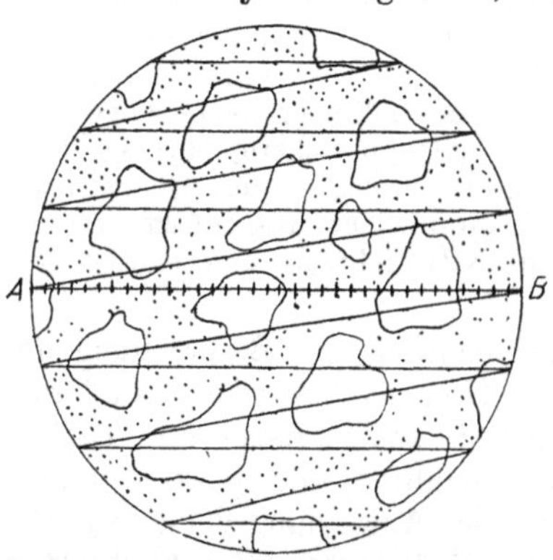

Abb. 16. Ausmessung eines Betondünnschliffes nach der Rosiwalschen Methode. Das Indikatrixstück *A—B* (35 Einheiten lang) setzt sich aus 12 Einheiten Sand und 23 Einheiten Zement zusammen

Eine angenäherte Kenntnis von der chemischen Zusammensetzung eines Gesteines vermittelt die geometrische Gesteinsanalyse nach Rosiwal.

Sie besteht darin, daß man an einer angeschliffenen Gesteinsfläche entlang einer willkürlich gezogenen Linie von bestimmter Länge (Indikatrix) den Anteil der einzelnen Gemengteile prozentuell bestimmt (Abb. 16). Der lineare Anteil eines Gemengteiles an der Indikatrixlänge entspricht bei richtungslos körnigen Gesteinen zugleich dem volumetrischen Anteil desselben an der Gesteinszusammensetzung. Bei schiefrigen Gesteinen müssen Schliffe nach drei aufeinander senkrechten Richtungen kombiniert werden. Aus der volumetrischen Zusammensetzung rechnet man mit Hilfe der spezifischen Gewichte den gewichtsprozentigen Anteil der einzelnen Bestandteile, was in vielen Fällen, z. B. bei der Bestimmung des Verhältnisses von Sand zu Zement im Beton, bereits genügt. Kennt man die chemische Zusammensetzung der Gemengteile, dann errechnet sich daraus der Gesamtchemismus des Gesteines.

Bei grobkörnigen Gesteinen kann man die Indikatrix mit Bleistift auf eine angeschliffene Fläche zeichnen und die Messungen direkt ausführen. Sonst verwendet man wohl stets Dünnschliffe, die mit Hilfe eines Okularmikrometers ausgemessen werden.

Eine Modifikation der Rosiwalschen Methode besteht darin, daß man das Dünnschliffbild mit Hilfe eines Zeichenapparates auf starkes Zeichenpapier bringt, die einzelnen Gemengteile aus der Zeichnung ausschneidet und durch Wägung derselben ihren Anteil an der Gesamtfläche bestimmt. Natürlich können derartige Methoden nur bei grobkörnigem Material ausgeführt werden.

Die Genauigkeit der Rosiwalschen Bestimmungsmethode hängt zunächst von der Länge der Indikatrix ab; soll eine einprozentige Genauigkeit erzielt werden, dann muß die Indikatrix hundertmal länger sein als die mittlere Korngröße. Der größte Mangel, der dieser Methode anhaftet, ist in der schwankenden chemischen Zusammensetzung der meisten gesteinsbildenden Mineralien zu suchen.

Literatur: Weinschenk, E.: Das Polarisationsmikroskop. Freiburg i. B.: Herder. — Hirschwald, J.: Handbuch der bautechnischen Gesteinsprüfung, S. 124 bis 172. Berlin: Gebr. Borntraeger. — Rosiwal, A.: Über geometrische Gesteinsanalysen. Verhandlungen der k. k. geologischen Reichsanstalt Wien. 1898. — Rosenbusch, H. und E. A. Wülfing: Mikroskopische Physiographie der Mineralien und Gesteine, I. Bd., 1. Hälfte. Stuttgart: Schweizerbart.

B. Systematik der Gesteine

Wir teilen die Gesteine ihrer Entstehung nach in drei große Gruppen ein.

1. Die Eruptivgesteine sind durch Erstarrung feurig-flüssiger Schmelzen (Magmen) entstanden, welche, aus dem Erdinnern aufsteigend, ältere Gesteine durchbrochen haben. Sie heißen daher auch Erstarrungs- oder Durchbruchsgesteine.

2. Die Sediment- oder Absatzgesteine entstehen durch Abtransport und Wiederablagerung der bei der Zerstörung von Eruptiv- und älteren Sedimentgesteinen gebildeten Abbauprodukte.

3. Die metamorphen Gesteine haben im Gegensatze zu den unter Punkt 1 und 2 genannten im Laufe ihrer Geschichte weitgehende Umwandlungen erlitten. Sie sind vielfach derart verändert, daß ihre ursprüngliche Beschaffenheit nur indirekt oder überhaupt nicht mehr erschlossen werden kann.

1. Eruptiv- oder Erstarrungsgesteine

Von K. Preclik, Prag

Im Kapitel Vulkanismus wurde gezeigt, wie unter bestimmten günstigen Bedingungen schmelzflüssige Gesteinsmassen des Erdinneren (Magmen) in höhere Teile der Erdkruste aufsteigen (intrudieren) und dort durch allmähliche Wärmeabgabe erstarren. Der Vorgang der Erstarrung wird naturgemäß bei Intrusionen, welche in größerer Tiefe unter einer mächtigen Decke wärmeisolierender Gesteine stecken bleiben, anders verlaufen als bei Effusionen, wo das Magma bis an die Erdoberfläche gelangt und rasch abkühlt. Demgemäß werden auch die Erstarrungsprodukte verschiedenes Aussehen zeigen, obwohl die Beschaffenheit des Magmas in beiden Fällen die gleiche gewesen sein kann.

Damit ist auch schon die Zweiteilung der Eruptivgesteine in Tiefengesteine oder Plutonite und in Oberflächen- (Erguß-) Gesteine oder Vulkanite angedeutet.

Chemismus. Die chemische Zusammensetzung eines Erstarrungsgesteines gibt nicht mehr ein genaues Bild von der Zusammensetzung des ursprünglichen Magmas, da zahlreiche Bestandteile des letzteren nicht in den Gesteinsverband aufgenommen, sondern in den verschiedenen Stadien des Erstarrungsvorganges nach außen hin abgegeben werden. Zu diesen „Destillationsprodukten" zählen vor allem die Gase, mit denen die unter hohem Druck stehenden Magmen im allgemeinen geschwängert sind (H_2O, CO_2, SO_2, H_2S, HCl, N u. a.), weiters leicht flüchtige Chloride, Fluoride, Borate und gewisse Schwermetalle, wie Blei, Zink, Zinn, Silber, Gold usw., die zum Teil in die Atmosphäre entweichen, zum Teil mannigfache Gangbildungen veranlassen.

Sieht man von diesen weggeführten Stoffen ab, so läßt der im Eruptivgestein festgehaltene Rest des magmatischen Stoffbestandes doch noch gewisse Gesetzmäßigkeiten im Chemismus erkennen, die sich in der Mineralzusammensetzung äußern. Der Stoffbestand erweist sich, abgesehen von den meist sehr spärlichen Sulfiden, Fluoriden und Chloriden, als Summe einiger oxydischer Verbindungen, von denen SiO_2, TiO_2, Al_2O_3, Fe_2O_3, FeO, MnO, MgO, CaO, Na_2O, K_2O, H_2O, P_2O_5 die wichtigsten sind. Das Verhältnis dieser Oxyde zueinander steht in einer gewissen Beziehung zur Menge der Kieselsäure (SiO_2), die daher von besonderer Wichtigkeit ist. Gesteine mit über 65% SiO_2 nennt man sauer; sie führen auf jeden Fall Quarz oder ein anderes Mineral der Kieselgruppe. Bei neutralen oder intermediären Gesteinen schwankt der Kieselsäuregehalt zwischen 65 und 52%. Noch kieselsäureärmere Gesteine heißen basisch. Mit dem Kieselsäuregehalt steigt der Prozentsatz der Alkalien und der Tonerde; die sauren Gesteine sind daher reich an Quarz, Kalifeldspat und natronreichem Plagioklas, hingegen arm an dunklen Gemengteilen; ihre Farbe ist meist licht. In basischen Gesteinen reichert sich umgekehrt das Eisen, die Magnesia und der Kalk an; die Folge davon ist ein Zurücktreten des Quarzes, hingegen ein Vorherrschen basischer (kalkreicher) Plagioklase und dunkel gefärbter Mineralien (Hornblende, Augit, Biotit), welche auch dunkle Gesteinsfarben und ein höheres spezifisches Gewicht bedingen. Es würde zu weit führen, diese Beziehungen im einzelnen darzustellen, weshalb hier dieser kurze Hinweis genügen möge.

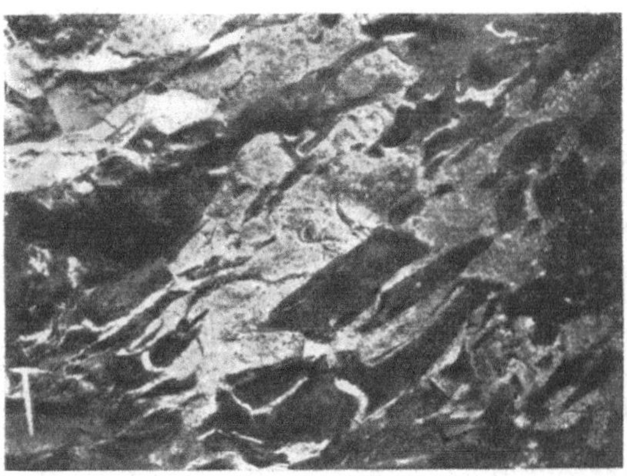

Abb. 17. Schollen von Gabbrodiorit (dunkel) im Granit (licht). Schönberg a. d. Bergstraße (nach Klemm)

Magmatische Differenzierung. Manche Eruptivgesteinskörper sind ihrer ganzen Erstreckung nach gleichförmig zusammengesetzt, andere zeigen partienweise Veränderungen des Mineralbestandes und des Mengenverhältnisses der Gemengteile. Dieser Wechsel der Gesteinszusammensetzung (beispielsweise zwischen Granit und Diorit) kann sich auf kleinem Raum abspielen oder auch im großen. Oft ergibt eine genauere Untersuchung, daß die abweichenden Partien Schollen und Bruchstücke eines älteren Eruptivgesteines sind, das von jüngerem Magma durchbrochen und mitgerissen wurde (Abb. 17). In der Mehrzahl der Fälle läßt sich aber zeigen, daß die verschiedenen Gesteinsausbildungen gleichalterig und durch Übergänge verknüpft sind, daß also ein ursprünglich gleichförmiges Magma vor seiner Erstarrung entmischt und in Teilmagmen von ungleichem Stoffbestande zerlegt wurde. Man nennt diese Erscheinung magmatische Differenzierung. Auf die verschiedenen Versuche ihrer Erklärung kann hier wegen Raummangels nicht eingegangen werden.

Differenzierungserscheinungen größeren Maßstabes trifft man besonders häufig in den Randpartien der großen Tiefengesteinskörper an. Gewöhnlich ist die „Randfazies" durch Anreicherung dunkler Gemengteile basischer als die Hauptmasse, doch kennt man auch Differenzierungen in umgekehrter Richtung. In einigen Lakkolithen bilden basische Gesteine die tiefsten Lagen, über denen nach oben hin immer saurere folgen; hier scheint die Schwerkraft eine ähnliche Rolle gespielt zu haben wie dort die Abkühlung. Häufig beschränken sich die Abweichungen von der durchschnittlichen Zusammensetzung auf einzelne, mehr oder minder verschwommen begrenzte Streifen und Lagen, die bei länglicher Form Schlieren, bei rundlicher Konkretionen genannt werden.

Gemengteile. Die primären, das heißt ursprünglichen Gemengteile der Eruptivgesteine lassen sich in folgende Gruppen teilen:

1. Farblose bis hellfarbige Gemengteile: Quarz, alle Arten von Feldspat, Feldspatvertreter.

2. Dunkel gefärbte bis schwarze Gemengteile: Biotit, Hornblende, Augit, Olivin. Der helle Glimmer (Muskovit) kann, soweit er primär ist, hier angeschlossen werden.

3. Nebengemengteile: Erze (namentlich Magnetit, Ilmenit, Pyrit und Eisenglanz), Apatit, Zirkon, Rutil, Titanit, Flußspat und andere. Sie spielen makroskopisch meist keine Rolle.

Neben diesen den Eruptivgesteinen eigentümlichen Mineralien findet man zuweilen Gemengteile, die ihre Entstehung zufälligen Umständen verdanken, so z. B. die durch Umschmelzung von Nebengesteinssubstanz entstandenen Mineralien Cordierit, Andalusit, Staurolith und andere. Für den Praktiker wichtiger sind gewisse sekundäre Mineralien, die auf Zersetzungsvorgänge (Verwitterung und andere Einflüsse) im fertigen Gestein schließen lassen; hieher gehören neben Epidot, Chlorit und Serizit vor allem die Karbonate und Zeolithe.

Ausscheidungsfolge und Gefüge. Die Ausscheidung der einzelnen Mineralien aus dem Schmelzfluß erfolgt im allgemeinen nicht gleichzeitig oder nach der Höhe der Schmelztemperaturen, wie man zunächst vermuten könnte, sondern in einer gewissen Aufeinanderfolge[1]), für die im großen und ganzen folgende Regel gilt: Die ältesten Ausscheidungen sind Apatit, Zirkon, Rutil und Erze; darauf folgen die dunklen Silikate, und zwar zunächst Orthosilikate (Olivin), dann Metasilikate (Hornblende, Augit, Biotit). Weiterhin scheiden sich mit zunehmendem Kieselsäuregehalte die lichten Silikate aus (Plagioklase vom Anorthit zum Albit, dann Orthoklas) und schließlich der Quarz. Die einzelnen Ausscheidungsperioden sind voneinander nicht scharf getrennt, sondern verlaufen vielfach parallel.

Dieses Ausscheidungsschema erleidet zuweilen Abänderungen. So beginnt bei Quarzporphyren die Ausscheidung des Quarzes derart früh, daß dieser zum Teil vollkommene Idiomorphie zeigt. Bei Diabasen pflegen die Plagioklase früher auszukristallisieren als der Augit. Die zonar gebauten Plagioklase der Granite lassen zuweilen basische Rekurrenzen erkennen, wenn die über den basischen Kernen folgenden saueren Hüllen von basischen Schalen unterbrochen werden.

Namentlich bei Ergußgesteinen werden gelegentlich bereits ausgeschiedene Bestandteile im Laufe der weiteren Gesteinsverfestigung von der Restschmelze angegriffen und wieder aufgelöst (magmatische Korrosion, Abb. 15). Die Ursache derartiger Resorptionserscheinungen wird in Veränderungen der physikalisch-chemischen Faktoren zu suchen sein, von denen die Ausscheidungsfolge abhängt (Veränderungen von Druck und Temperatur, Änderungen der chemischen Zusammen-

[1]) Die Altersfolge der Mineralien wird bekanntlich auf Grund der mehr oder minder vollkommenen Eigengestalt derselben bestimmt.

setzung der Restschmelze nach Abscheidung der bereits auskristallisierten Mineralgenerationen oder durch Mischung mit frisch zugeführtem Magma).

Die Ausbildung größerer Mineralindividuen, wie man sie namentlich bei Tiefengesteinen beobachtet, setzt eine gewisse Beweglichkeit der Schmelze voraus, die es den Molekülen gestattet, sich um einzelne Kristallisationszentren zu sammeln und Mineralkörner von bestimmter Zusammensetzung und Größe zu bilden. Diese Bewegungsfreiheit wird gehemmt, wenn die Schmelze infolge von Gasverlust oder rascher Temperaturabnahme zähflüssig (viskos) wird. Dann bilden sich nicht relativ wenige, aber große, sondern, entsprechend den kleinen Rekrutierungsbezirken der Kristallisationszentren, zahlreiche kleine Mineralindividuen aus, das Gestein erstarrt feinkörnig. In extremen Fällen (bei Ergußgesteinen) kann die Schmelze durch rasche Abkühlung und Entgasung vor Abschluß der Auskristallisation derart viskos werden, daß sie zum amorphen, festen Körper (Glas) erstarrt. Die Gesteinsgläser sind also physikalisch-chemisch gesprochen unterkühlte Schmelzen, das heißt feste Flüssigkeiten. Der Kristallisationsvorgang ist mit der glasigen Erstarrung nicht abgeschlossen, sondern nur außerordentlich verzögert. Tatsächlich beobachtet man sowohl an natür-

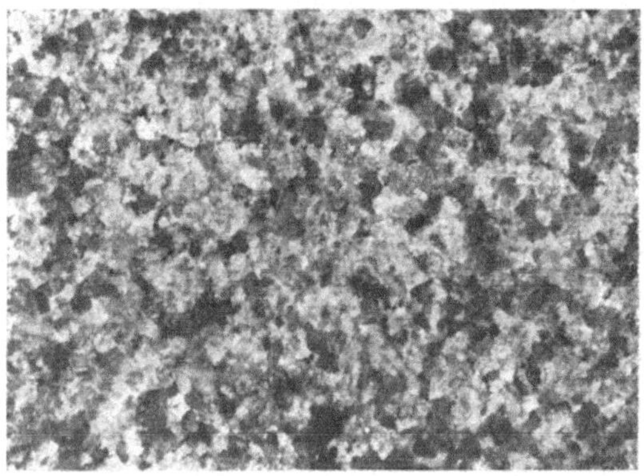

Abb. 18. Roter sächsischer **Granit**. Cölln bei Meißen. Hypidiomorph-körnige Struktur

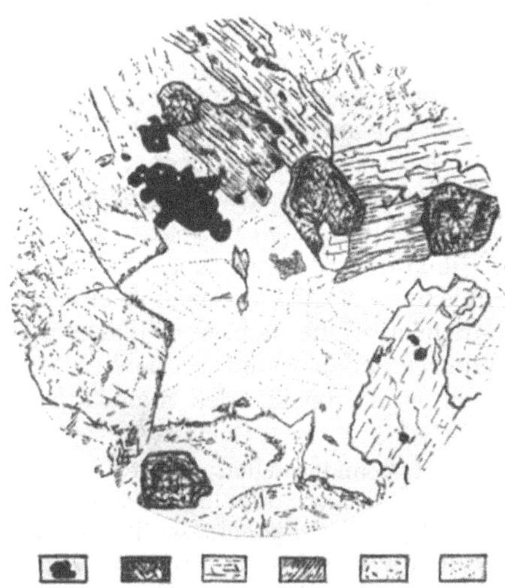

Abb. 19. **Amphibolgranitit**. Andlau (Vogesen). Hypidiomorph-körnige Struktur (Dünnschliffbild) (nach **Rosenbusch**)

1 Erze, 2 Orthit und Apatit, 3 Hornblende, 4 Biotit, 5 Feldspat, 6 Quarz

Abb. 20. **Bronzitdiabas**. York, Pa., U. S. A. Ophitische Struktur (Dünnschliffbild) (nach **Rosenbusch**)

lichen, als auch an künstlichen Gläsern, daß sie im Laufe der Zeit umstehen, das heißt sich in äußerst feinkörnige Kristallaggregate umwandeln (entglasen).

Mit den Ausscheidungsbedingungen der Gesteine hängt das **Gefüge** derselben innig zusammen. Die ältesten Gemengteile zeigen sich in vollkommen idiomorpher Begrenzung, die den jüngeren bereits abgeht, wo sie an Kristalle der älteren Generation stoßen. Die jüngsten Gemengteile füllen xenomorph die Zwickel zwischen den älteren Mineralien aus. Glasmassen entbehren natürlich von vornherein einer kristallographischen Begrenzung. Man findet sie stets als jüngste Ausscheidung.

Die hypidiomorph körnige Struktur ist namentlich für Tiefengesteine bezeichnend. Alle Gemengteile haben annähernd gleiche Größe, auch sind sie nach allen Richtungen hin gleichmäßig angeordnet. Je nach ihrer Stellung in der Ausscheidungsfolge haben sie kristallographische Begrenzung oder Fremdgestalt (Abb. 18 und 19). Die hypidiomorphe körnige Struktur bedingt nach allen Richtungen hin gleiche Festigkeitseigenschaften, die bei entsprechender mineralischer Zusammensetzung, genügender Frische und nicht zu grobem Korn sehr befriedigend sind.

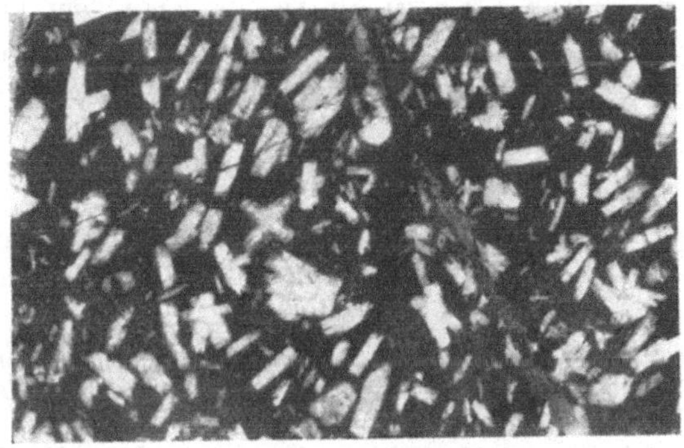

Abb. 21. Porfido verde antico (Labradorporphyrit) mit porphyrischer Struktur. Morea

Bei der ophitischen Struktur bilden gewisse leisten- oder strahlenförmige Mineralien ein sparriges Gitterwerk, dessen Felder von anderen, körnigen Mineralien oder von Glas ausgefüllt werden. Ophitische Gesteine sind bei Abwesenheit von Glas außerordentlich fest und zähe (Abb. 20).

Bei der porphyrischen Struktur (Abb. 21) unterscheidet man zweierlei Gefügeelemente, die großen, oft idiomorphen Einsprenglinge und die bedeutend feinkörnigere, zuweilen auch glasige Grundmasse. Die Einsprenglinge sind der Hauptsache nach zu einer Zeit entstanden, wo das gasreiche, leichtflüssige Magma langsam abkühlte. Durch irgendwelche geologische Phänomene, etwa durch Erguß des Magmas auf die Erdoberfläche, wurde diese Art von Erstarrung unterbrochen, der Magmarest verfestigte sich unter geänderten Bedingungen zur feinkörnig kristallinischen oder glasigen Grundmasse. Die porphyrische Struktur findet sich häufig bei Erguß-, seltener bei Tiefengesteinen. Bei porphyrischen Graniten z. B. liegen mehrere Zentimeter große Feldspatkristalle in einer richtungslos körnigen Grundmasse, die sich in nichts von einem normalen Granit unterscheidet.

Abb. 22. Vitrophyr mit Fluidaltextur. Auer a. d. Etsch (nach Rosenbusch)

Die porphyrische Struktur ist vom technischen Standpunkt aus weniger erwünscht als die richtungslos körnige, da sie einerseits zu geringeren Festigkeitswerten führt, anderseits die Wetterbeständigkeit der Gesteine herabsetzt. Für innenarchitektonische Zwecke sind frische, schön gefärbte porphyrische Gesteine wegen ihres abwechslungsreichen, zum Teil auch farbenprächtigen Aussehens begehrt.

Die Textur der Erstarrungsgesteine ist im allgemeinen richtungslos (massig); Schiefertexturen gehören zu den Ausnahmen oder sind sekundär. Die Fließ- oder Fluidaltextur (Abb. 22) bildet durch stromlinienartige Anordnungen der Gesteinsgemengteile Fließbewegungen ab, die im Magma vor dessen Erstarrung stattfanden. Man findet sie bei erkalteten zähen Lavaströmen und anderen Ergußgesteinen, zuweilen auch bei Tiefengesteinen. Während des Schwimmens können die bereits ausgeschiedenen Kristalle zerbrochen werden (Protoklase).

Das Gefüge der Eruptivgesteine ist bei Tiefengesteinen fast stets lückenlos. Bei Ergußgesteinen, die unter geringerem Druck erstarrt sind, finden sich auch lockere, lückige Gefügeformen.

Miarolitisches Gefüge: Zwischen den einzelnen Gesteinsgemengteilen bleiben eckige Hohlräume frei, die wahrscheinlich durch Volumsverkleinerung des abkühlenden erstarrten Gesteins zu erklären sind. Blasengefüge: Gasblasen blieben im stark viskosen Magma stecken. Ihr Platz wurde zuweilen später durch Mineralneubildungen ausgefüllt (Mandelsteingefüge). Das schaumartige Bimssteingefüge ist ein extremes Blasengefüge.

Lückiges Gesteinsgefüge hat geringere Festigkeit, aber auch geringeres Raumgewicht zur Folge, was namentlich bei Konstruktionen, bei denen es auf Leichtigkeit ankommt (Gewölbe), von Wichtigkeit ist. Lückige Gesteine geben, wenn die Hohlräume miteinander kommunizieren, einen gut ventilierenden Baustein. Stets sind sie schlechte Wärme- und Schalleiter. Ein entschiedener Nachteil lückiger Gesteine ist ihre Wasseraufsaugefähigkeit und, im Zusammenhange damit, ihre geringere Frostbeständigkeit.

Abb. 23. Säulige Absonderung mit Quergliederung. Basalt am Gigant cause way, Nordirland (nach Toula)

Störungen des Gesteinszusammenhanges. Durch Spannungen, welche während der Erstarrung oder unter dem Einfluß gebirgsbildender Kräfte auftreten, erleiden die Gesteine mannigfache Störungen ihres Zusammenhanges. Letztere sind am frischen Gestein zuweilen gar nicht sichtbar, sondern machen sich erst beim Zerschlagen mit dem Hammer oder bei der Untersuchung unter dem Mikroskop bemerkbar. Durch die Einflüsse der Verwitterung, namentlich durch die sprengende Wirkung des Frostes, werden dann die Haarrisse vergrößert und zu sichtbaren Spalten ausgeweitet, die entweder klaffen oder von Mineralneubildungen (Eisen- und Manganhydroxyde, Kalzit, Epidot, Quarz usw.) besiedelt sind.

Vom Standpunkte der Entstehung aus unterscheidet man Ablösungen, die durch Spannungen während der Erstarrung entstanden sind, und solche, welche erst nachträglich durch tektonische Kräfte hervorgebracht wurden. Beide lassen sich in der Natur nicht immer scharf trennen, da bei der Erstarrung angelegte Ablösungen als Flächen geringsten Widerstandes gelegentlich späterer mechanischer Beanspruchungen immer wieder als Trennungs- und Bewegungsflächen wirken werden. Eine dritte Art Ablösungen, die aber eine geringere Rolle spielt, entsteht durch Volumsveränderungen, welche durch chemische Umsetzungen im Gestein verursacht werden (Dilatationsspalten z. B. bei der Serpentinisierung des Olivins, Abb. 61).

Zur Erklärung der bei der Erstarrung entstehenden Absonderungen halte man sich vor Augen, daß die Verfestigung der Magmamasse eines Eruptivkörpers nicht auf einmal, sondern allmählich in der Richtung von der Hülle gegen den Kern vor sich geht, in der auch die weitere Abkühlung des bereits erstarrten, aber noch heißen Gesteins erfolgt. Man kann sich die Abkühlung etappenweise in einzelnen Schalen erfolgt denken, wobei die Grenzflächen zweier aneinander liegender Schalen in einem bestimmten Augenblicke Flächen gleicher Temperatur, also Isothermen, sind. Diese schmiegen sich annähernd der Begrenzung des Eruptivkörpers, also der abkühlenden Fläche, an, wobei allerdings durch die verschiedene Wärmeleitfähigkeit der benachbarten älteren Gesteine, noch mehr durch entweichende heiße Gase, Störungen der Regelmäßigkeit eintreten. Zwischen je zwei benachbarten Platten werden infolge der ungleichzeitigen Erstarrung und der damit zusammenhängenden ungleichmäßigen Kontraktion, ähnlich wie bei gegossenen Körpern, Spannungen auftreten, welche zu Ablösungen führen, die vorwiegend parallel, aber auch senkrecht zur isothermalen Fläche stehen. Gegen das Innere bzw. gegen die Tiefe hin nimmt entsprechend dem geringeren Temperaturgefälle die Entfernung der Ablösungsflächen zu, was von großer technischer Bedeutung ist. So erklärt sich der allmähliche Übergang der plattigen Ablösung zahlreicher Tiefen- und Ergußsteine in die bankige.

Abb. 24. Polyedrische Absonderung. Granitporphyr. Wolfstein bei Teplitz (Phot. Eckert, Prag)

Ergußsteine, namentlich Basalte, zeichnen sich zuweilen durch säulenförmige Absonderung aus. Die Achsen der entweder sechsseitigen oder fünf-, vier- bis dreieckigen Säulen stehen auf der Abkühlungsfläche senkrecht. Je nach der Beschaffenheit der letzteren beobachtet man senkrechte, treppenförmig wagrechte bis fächer- oder fiederförmige Anordnungen der Säulen. Häufig, namentlich in der Nähe der Abkühlungsfläche, ist die säulenförmige Absonderung mit einer dazu senkrecht stehenden Querabsonderung kombiniert (Abb. 23).

Die regelmäßig parallelepipedische (polyedrische oder kubische) Absonderung (Abb. 24) entsteht durch Kombination von drei aufeinander annähernd senkrecht stehenden Kluftsystemen. Sie führt bei Abwitterung der Kanten und Ecken zur Bildung der bekannten, namentlich für Granite charakteristischen Wollsäcke (Abb. 25). Bei Vorwalten zweier oder mehrerer senkrechter Kluftsysteme geht sie in säulige Absonderung über (Abb. 26).

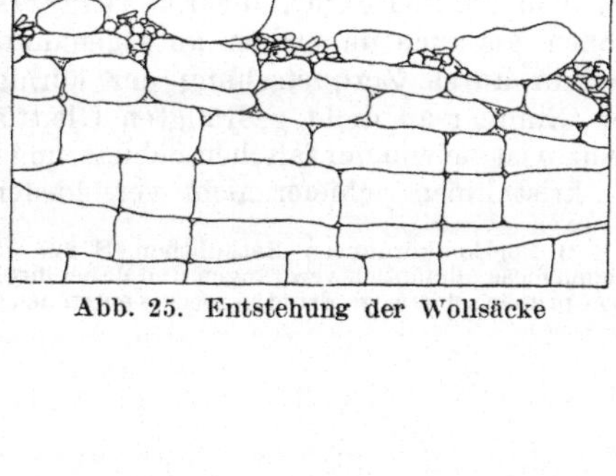
Abb. 25. Entstehung der Wollsäcke

Die kugelige Absonderung kann aus der regelmäßig-parallelepipedischen oder aus der säulenförmig-quergegliederten durch Abwitterung der Ecken und Kanten hervorgehen. Zum großen Teil ist sie aber primär, hervorgerufen durch von einzelnen Punkten ausgehende konzentrische Erstarrung, wie konzentrisch angeordnete Gasblasen beweisen. Derartige Kugelbildungen findet man besonders häufig bei Basalten und Diabasen; sie vermindern naturgemäß die Standfestigkeit des Gesteins ganz außerordentlich.

Während die bisher besprochenen Ablösungsformen ihre Entstehungsursache in Kontraktionsspannungen hatten, die während der Erstarrung und Erkaltung auftraten, macht sich bei den im folgenden zu besprechenden Absonderungsformen auch der Einfluß einer einseitigen tektonischen Pressung geltend, die, von außen kommend, auf den bereits zähflüssigen Magmabrei wirkte. Ein derartiger Druck vermag die als Kristalle ausgeschiedenen, im viskosen Schmelzrest schwimmenden Feldspate und Glimmer mit ihrer Längserstreckung parallel zu stellen, wodurch eine primäre Schiefertextur entsteht, die der sekundär erworbenen Parallel-

Abb. 26. Granulitfelsen bei Pürstein a. d. Eger. Säulige Absonderung tektonischer Entstehung. Bruchwinkel zwischen anstehendem Fels und Schutthalde

textur der kristallinen Schiefer sehr ähnlich ist (Piezokristallisation)[1]). Liegt senkrecht zur Richtung der stärksten Pressung ein ausgeprägtes Druckminimum, dann ordnen sich die Gesteinsgemengteile in diesem mehr oder minder linear an und das fertige Gestein erscheint stengelig (gestreckt). Hand in Hand mit der Schieferung und Streckung geht auch hier eine plattige bis bankige Ablösung, die aber nicht wie die bei der Abkühlung entstandene Bankung ein massiges Gestein, sondern ein im Gefüge bereits gerichtetes Mineralaggregat zerlegt.

Auch nach der Verfestigung können gebirgsbildende Kräfte Zerteilungen und Absonderungen der Eruptivgesteine hervorrufen. Zu diesen gehört eine besondere Art von Paralleltextur, die kataklastische Schieferung, die man sowohl im großen, als auch im kleinen an sogenannten Quetschzonen antrifft. Sie wurde dem Gestein durch Zerquetschung der körnigen Gemengteile und durch Zerflaserung der Glimmer an dicht gedrängten Gleitflächen sekundär aufgeprägt (Abb. 78). Im Prinzip ist sie von der falschen Schieferung der Sedimente und von der Gleitschieferung der kristallinen Schiefer nicht verschieden.

[1]) Bei konkordanten Batholithen (S. 22) kann das in geschichtete Sedimente eindringende Magma diese allmählich verdrängen und dabei ihre Paralleltextur übernehmen, so daß auch auf diesem Wege primär schieferige Eruptivgesteine entstehen können (siehe Injektionsmetamorphose, S. 127).

Eine weitere Wirkung der gebirgsbildenden Kräfte ist die **Klüftung**, eine grobe Zerteilung der Gesteine ohne Veränderung des inneren Gefüges bzw. Parallelstellung der Gemengteile, die bei enger Scharung bis zur Kleinzertrümmerung führen kann.

Von den besprochenen Klüften sind die meist gegabelten **Frostklüfte** zu unterscheiden, die sich auf die oberen Lagen der Aufschlüsse („Schwarte") beschränken und in der Tiefe bald verschwinden.

Tabelle 5. **Übersicht der Eruptivgesteine**

Mineralbestand				Tiefengestein	Ergußgestein	
Quarz	Feldspat	Feldspatvertreter	Dunkle Gemengteile		alt	jung
+	Or, s Pl	—	B, M, Hbl, Pyr	Granit	Quarzporphyr (mit Albiteinsprenglingen Quarzkeratophyr)	Liparit
—	Or, s Pl	—	B, Hbl, Pyr	Syenit	Feldspatporphyr (Orthophyr) (mit Albiteinsprenglingen Keratophyr)	Trachyt
	Or, Anor	Neph (L)	B, Hbl, Pyr	Eläolithsyenit (Leuzitsyenit)	Phonolith	
+	Pl (Or)	—	Hbl (B, Pyr)	Quarzdiorit	Quarzporphyrit	Dazit
—	Pl		Hbl (B, Pyr)	Diorit	Porphyrit	Andesit
—	b Pl	—	(Hbl, B) ± Ol, mon Pyr	Gabbro	Diabas	Plagioklasbasalt
			(Hbl, B) ± Ol, rh Pyr	Norit	Melaphyr	Plagioklasbasalt
		wenig Neph	Pyr ± Ol	Essexit		Alkalibasalte
		viel Neph	Pyr ± Ol	Theralith		Alkalibasalte
—	—	—	Ol (± Pyr)	Peridotit	Pikrit, Pikritporphyrit	
			Pyr (± Ol)	Pyroxenit	Pikrit, Pikritporphyrit	

Erläuterung: Anor = Anorthoklas, B = Biotit, Hbl = Hornblende, L = Leuzit, M = Muskovit, Neph = Nephelin, Ol = Olivin, Or = Orthoklas (Mikroklin), Pl = Plagioklas (s = sauer, b = basisch), Pyr = Pyroxen (rhombisch und monoklin).

Gliederung der Eruptivgesteine nach chemischen Gesichtspunkten. In der wissenschaftlichen Petrographie teilt man die Eruptivgesteine nach dem Verhältnis ihres Alkaliengehaltes zum Tonerdegehalte in zwei große Sippen ein. Die Sippe der **pazifischen** Gesteine (Alkalikalkgesteine) besitzt einen Tonerdegehalt, der durch die Alkalien (K_2O und Na_2O) nicht vollständig zu Alkalifeldspat gebunden werden kann, so daß teilweise auch der Kalk zur Sättigung der restlichen Tonerde herangezogen werden muß (Bildung von Anorthitsubstanz in den Plagioklasen). Bei den Gesteinen der **atlantischen Sippe** (Alkaligesteine) herrschen umgekehrt die Alkalien derart vor, daß einerseits alkalireiche Feldspatvertreter (Leuzit, Nephelin) auskristallisieren, anderseits ein Teil des Natriums von den dunklen Gemengteilen aufgenommen werden muß (Natronhornblenden und Natronaugite).

Obwohl diese Zweiteilung der Eruptiva nicht nur petrographisches, sondern auch geologisches Interesse beansprucht, insofern die pazifischen Gesteine im allgemeinen auf die Faltungszonen der Erdkruste beschränkt bleiben, während die atlantischen Gesteine abseits derselben auf den ungefalteten Schollen auftreten (tertiäre Vulkane in Böhmen und Mähren, französisches Zentralplateau), soll den folgenden Gesteinsbeschreibungen dennoch eine ältere, einfachere Systematik zugrunde gelegt werden, die in erster Linie die technisch wichtigeren pazifischen Eruptiva berücksichtigt und auf die Besonderheiten der atlantischen Gesteine nur nebenbei eingeht. Sie ergibt sich aus der Tabelle 5 auf S. 39, die auch die wichtigsten Gesteinsgemengteile anführt.

Literatur: Boeke, H. E.: Grundlagen der physikalisch-chemischen Petrographie. Berlin: Gebr. Borntraeger. — Vogt, J. H. L.: Die Silikatschmelzlösungen. Christiania: Dybwad. 1903.

a) Tiefengesteine

Die Tiefengesteine oder Plutonite treten in Form von Batholithen und Lakkolithen (Abb. 7), untergeordnet auch in mehr oder minder mächtigen Gängen auf. Ihre Erstarrung geht unter hohem Druck, langsamer Temperaturabnahme und Entgasung vor sich; das Magma findet daher Zeit, sich in Teilmagmen zu differenzieren und zu vollkristallinen Mineralaggregaten zu erstarren.

Die vorherrschende Gefügeform der Tiefengesteine ist die massige, verbunden mit hypidiomorph-körniger Struktur. Porphyrische Struktur und primäre Schieferigkeit findet sich nur lokal. Auf jeden Fall fehlen glasige und tuffige Ausbildungsformen.

Die Einwirkungen des Magmas auf das Nebengestein (Kontaktmetamorphose) sollen in einem eigenen Abschnitte behandelt werden (S. 124).

1. Familie der Granite. Die Granite sind richtungslos-körnige Gesteine, welche sich aus Feldspat, Quarz und einem dunklen Gemengteil zusammensetzen. Als Nebengemengteile sind fast stets Erze, Apatit und Zirkon vorhanden. Akzessorisch treten Granat, Cordierit, Turmalin, Titanit und andere auf.

Nach der Art des dunklen Gemengteiles unterscheidet man Biotitgranite (Granitite), Muskovitgranite, Zweiglimmergranite (Granite im eigentlichen Sinne), Amphibol-(Hornblende-)granite und Pyroxen-(Augit-)granite. Die beiden letzten enthalten nie Muskovit und sind verhältnismäßig selten. Biotitgranite, die etwas Hornblende oder Augit führen, bezeichnet man als Amphibol- bzw. Pyroxengranitite. Zuweilen werden die dunklen Gemengteile ganz oder teilweise durch Turmalin ersetzt (Turmalingranite).

Der Feldspat der (pazifischen) Alkalikalkgranite ist vorwiegend Kalifeldspat (Orthoklas, Mikroklin), in geringerer Menge Plagioklas (Albit bis saurer Andesin). Bei den typischen Graniten der (atlantischen) Alkalisippe fehlen die Plagioklase, dafür tritt Anorthoklas ein; unter den dunklen Gemengteilen erscheinen hier natronhaltige Hornblenden und Augite (Riebeckit und Ägirin).

Die Farbe der Granite ist je nach dem Vorherrschen des einen oder des anderen Gemengteiles und nach der Färbung desselben rötlich, gelblich, grau oder grünlich.

Die typische Struktur der Granite ist die hypidiomorph-körnige. Diese geht zuweilen, namentlich in den Randgebieten der Batholithen, in die porphyrische über (porphyrische Granite). Die Einsprenglinge gehören dann vornehmlich dem Kalifeldspat an.

Eine seltene Texturform ist die kugelige (Kugelgranite). Die Kugeln, in die das Gestein zerfällt, bestehen aus einzelnen konzentrischen Schalen, welche die Granitgemengteile in wechselndem Mengenverhältnis enthalten.

Durch Parallelstellung der Gemengteile erhalten die Granite gneisartiges Aussehen (Gneisgranite); die Paralleltextur ist entweder primär (Fließbewegungen, Abbildung von sedimentärer Schichtung, Piezokristallisation, S. 38), oder sekundär durch mechanische Phänomene hervorgerufen (kataklastische

Schieferung). Im letzteren Falle ist sie mit starken Störungen des Gesteinsgefüges verknüpft.

Diese erkennt man in ihren Anfangsstadien an Verbiegungen und Zerflaserungen der Glimmerblättchen und an groben Zertrümmerungen der körnigen Gemengteile (Abb. 14). Die zermürbten Quarze nehmen zuckerkörniges Aussehen an, die Feldspate spiegeln auf ihren Spaltflächen nicht einheitlich, auch werden die glänzenden Flächen durch trübe (zermörtelte) Streifen unterbrochen. Bei zunehmender Beanspruchung stellen sich Gleitflächen ein, welche das Gestein in mehr oder minder parallele Linsen und Lagen zerlegen. An solchen Bewegungsflächen sind die Glimmertafeln zu langgezogenen Striemen zerschmiert, wobei sich der Biotit allmählich in Chlorit umwandelt. Die Quarze und Feldspate werden vollends zerdrückt und zu länglichen, flachen Gebilden ausgewalzt (Abb 78). Gleichzeitig bildet sich auf Kosten der Feldspate Epidot und grünlicher Serizit, der die Gleitflächen mit seidig oder fettig glänzenden Häutchen überzieht. So gehen die Granite bei weiterer Umwandlung an Zonen stärkster Beanspruchung (Quetschzonen) schließlich in Serizitschiefer, häufig sogar in tonschieferartige Produkte über. Hand in Hand mit der kataklastischen Umformung verlieren sie ihre Festigkeit und Wetterbeständigkeit; sie werden nicht nur für den Gebrauch als Nutzsteine wertlos, sondern machen sich auch in der Baugrube durch Nachbrüchigkeit und geringe Tragfähigkeit unangenehm bemerkbar.

Anderer Art sind die Veränderungen der Granite gelegentlich der pneumatolytischen Erstarrungsphase: Durch Gase und Dämpfe, welche entlang von Spalten den tieferen, noch nicht verfestigten Teilen des Eruptivkörpers entweichen, wird der Granit unter Verdrängung der Feldspate und unter Zufuhr von Kieselsäure und anderen Stoffen in quarzreiche Greisen umgewandelt, die neben Lithionglimmer auch Zinnstein führen. In ähnlicher Weise entstehen die Luxullianite, bei denen der Glimmer und teilweise auch der Feldspat durch strahligen Turmalin ersetzt wird. Heiße Wässer und Lösungen der hydrothermalen Phase veranlassen schließlich die Bildung von Serizit und Kaolin auf Kosten von Feldspat sowie Durchtränkungen mit Hornstein.

Verwitterung. Die Verwitterung der Granite wird durch Ablösungs- und Kluftflächen begünstigt, von denen sie ausgeht und gegen das Innere fortschreitet. Sie setzt sich aus einem rein mechanischen Zerfall und aus chemischen Umsetzungen zusammen. Der mechanische Zerfall wird durch die Verschiedenheit der Ausdehnung der einzelnen Gemengteile bei Temperaturschwankungen gefördert (Grusbildung). Die chemische Verwitterung geht der mechanischen Auflockerung teils voran, teils vollendet sie das Werk der Zerstörung. So umhüllen sich die gerundeten Granitkuppen allmählich mit einem Mantel von Gesteinsgrus, der aus Quarz, gebleichtem Glimmer und aus mehr oder minder zu toniger Substanz umgesetztem Feldspat besteht und der durch Eisenhydroxyd braun gefärbt ist. Unter besonderen Verhältnissen bildet sich nicht Ton, sondern Kaolin oder Bauxit. Trägt fließendes Wasser die Zersetzungsprodukte fort, dann werden die durch Verwitterung gerundeten und außer Zusammenhang gebrachten, aber noch nicht völlig zerstörten Granitquadern bloßgelegt und bleiben als Wollsäcke und Blockmeere liegen (Abb. 25). In der Tiefe gehen sie allmählich in das zusammenhängende Gestein über, das nur entlang der Klüfte angewittert und gelockert ist.

Steilgestellte schieferige Granite geben in jungen Gebirgen nicht flache Kuppen, sondern zackige, aufragende Verwitterungsformen (Zentralalpen, Tatra).

Die Verwendbarkeit der Granite hängt einerseits von ihrer Schönheit (Farbenpracht, Struktureigentümlichkeiten), anderseits von ihrer Festigkeit, Frische und Widerstandsfähigkeit gegen Einwirkungen der Atmosphärilien ab. Die Druckfestigkeit liegt bei 1500 kg/cm², kann bis über 2500 kg steigen, aber auch unter 500 kg sinken. Die Zugfestigkeit beträgt im Mittel zirka 30 kg/cm². Bekannt ist die geringe Widerstandsfähigkeit der Granite gegen rasche Temperaturschwankungen (Feuerbeständigkeit). Die Bearbeitbarkeit ist nicht allzu schwierig, die Abnützbarkeit und das Porenvolumen gering. Raumgewicht 2,59 bis 2,73.

Vorkommen. Granite, namentlich Biotitgranite, sind im Grundgebirge weit verbreitet. Die mittel- und nordeuropäischen Granite haben größtenteils ein hohes Alter (Karbon und älter), anderwärts gibt es aber Vorkommen, die relativ jung, zum Teil erst im Tertiär entstanden sind.

Bekannte Granitvorkommen: Sachsen (Lausitz, Meißen), Schlesien (Friedeberg, Strehlen, Striegau-Zobten), Böhmen (Konopischt, Řičan), Mähren (Mrakotin), Bayern (Passau), Oberösterreich (Schärding, Mauthausen), Tirol (Predazzo [roter Turmalingranit]), Italien (Baveno), Ägypten („granito rosso antico", ein roter Amphibolgranit), Finnland („Rapakiwi", ein Hornblendegranit mit roten porphyrischen Kalifeldspaten, die von grünen Plagioklassäumen umgeben werden), Schweden (glimmerarme grobkörnige Granite von roter Farbe) usw. In der Steinindustrie werden fälschlich auch andere Eruptivgesteine, ja selbst Sedimente, als „Granit" bezeichnet.

2. Familie der Syenite. Die Syenite sind hypidiomorph-körnige, oft porphyrische Tiefengesteine, die bei fehlendem oder stark zurücktretendem Quarz vorwiegend aus rötlichem oder grauem Feldspat bestehen, zu dem Biotit, Hornblende oder Augit tritt, während Muskovit völlig fehlt (Biotit-, Amphibol-, Pyroxensyenite).

Nach der Art des Feldspates unterscheidet man normale oder Alkalikalksyenite mit Orthoklas und zurücktretendem Plagioklas (Oligoklas, Andesin) und Alkalisyenite mit Anorthoklas. Letztere führen Natronhornblenden und -augite, in gewissen, an dunklen Gemengteilen armen und quarzfreien Arten auch reichlich Nephelin (Eläolith) oder Leuzit (Eläolith-[Leuzit-]syenite).

Als Nebengemengteile sind Erze, Apatit und Zirkon allgemein verbreitet, desgleichen als Übergemengteil Titanit, während Olivin nur lokal hervortritt.

Bezüglich der technisch wichtigen Eigenschaften, der Verwendbarkeit, des Auftretens, der Verwitterung und sekundären Umwandlung verhält sich der Syenit ähnlich wie der Granit. Druckfestigkeit 1500 bis 2000 kg/cm². Raumgewicht 2,7 bis 2,9. Leuzit- und Eläolithsyenite sind verhältnismäßig wenig wetterbeständig.

Die Verbreitung der Syenite ist bedeutend geringer als die der Granite; auch wurde in der älteren Literatur manches quarzarme Gestein irrtümlich als Syenit bezeichnet, so z. B. das rote Gestein von Syene in Ägypten, das der Familie den Namen gegeben hat, in Wirklichkeit aber ein Amphibolgranit ist.

Die bekanntesten Syenitvorkommen sind die von Plauen und Meißen in Sachsen (gelbliche und rötliche Hornblendesyenite), Südnorwegen („Labrador", ein dunkler Augitsyenit mit bläulich schillernden Feldspaten), Durbach im Schwarzwald (Biotitsyenit) und andere.

3. Familie der Diorite. Diorite sind hypidiomorph-körnige, selten porphyrische Gesteine, die sich aus Plagioklas (basischer Oligoklas bis basischer Labrador) und aus einem oder mehreren dunklen Gemengteilen (Biotit, Hornblende, Hypersthen, monokliner Augit) zusammensetzen. Quarz kann vorhanden sein (Quarzdiorite) oder fehlen (eigentliche Diorite). Orthoklas ist selten und nur in geringer Menge vertreten. Muskovit fehlt ganz. Nebengemengteile sind Apatit und Erze, Übergemengteile Titanit und Pyrit.

Die wichtigste Dioritvarietät ist der Hornblendediorit. Orthoklashaltige Quarzglimmerdiorite führen auf der einen Seite zu den Graniten über, auf der anderen nähern sich dunkle Augitdiorite den Gesteinen der Gabbrofamilie. Die Diorite gehören durchwegs der Alkalikalkreihe an; in der Alkalireihe werden sie durch die Essexite (S. 44) vertreten.

Die Gesamtfarbe der Diorite ist dunkelgrün oder grün und weiß gesprengelt; rote Farbentöne fehlen gänzlich.

Die Struktur und Ausscheidungsfolge der Gemengteile ist die der Granite, nur beginnt bei den feldspatarmen dunklen Varietäten die Ausscheidung der

Plagioklase so früh, daß die dunklen Gemengteile vielfach nicht mehr idiomorphe Begrenzung erreichen können, während anderseits der Feldspat teilweise Eigengestalt zeigt. Eigenartig sind die Kugeldiorite (Korsika, Kalifornien), den Kugelgraniten analoge Bildungen.

Die Verwendung der Diorite ist die gleiche wie die der Granite. Großer Hornblendereichtum macht die Gesteine zähe und stoßfest, aber auch schwer bearbeitbar. Die Druckfestigkeit liegt zwischen 1500 und 2400 kg/cm², das Raumgewicht zwischen 2,72 und 2,97.

Die Verwitterung der Quarzdiorite ähnelt der der Granite. Die dunklen Diorite mit ihrem Reichtum an Hornblende (Augit) und basischem Plagioklas erleiden Umwandlungen, welche in ausgeprägter Form bei den Gesteinen der Gabbrofamilie auftreten und auch dort beschrieben werden sollen.

Wichtige Dioritvorkommen: Odenwald („Odenwaldsyenit"), Vogesen, Schwarzwald, Thüringen, Niederösterreich (Gmünd), Böhmen (Wostrow, Svarov, Beneschau, Budweiser „Syenit"), Mähren (Brünn), Alpen (Adamello, Klausen), Schweden („schwarzer schwedischer Granit" zum Teil) und andere.

4. Familie der Gabbros. Die wesentlichen Gabbrogemengteile sind basischer Plagioklas (Labrador bis Anorthit) und Augit, zu denen auch noch Olivin treten kann. Der Augit ist entweder Orthaugit oder Klinaugit; im ersteren Falle bezeichnet man das Gestein als Norit. Zu den Augiten tritt zuweilen Hornblende oder Biotit (Hornblende- bzw. Biotitgabbro). Mikroskopisch läßt sich Erz, Apatit und zuweilen auch Spinell nachweisen.

Der Orthaugit wird durch Bronzit oder Hypersthen repräsentiert. Der Klinaugit steht dem Diallag nahe. Er wandelt sich durch Einwirkung des Gebirgsdruckes in grüne Hornblende (Uralit) um. Letztere ist von den primären, meist braunen Hornblenden zu trennen. Die Plagioklase haben weiße oder graue, zuweilen auch braune oder violette Farbentöne; sie färben sich durch Zersetzung grünlich.

Die Gesteine der Gabbrofamilie zerfallen in folgende wichtigere Arten: Gabbro (Plagioklas + Diallag), Olivingabbro (Plagioklas + Diallag + Olivin), Norit (Plagioklas + Orthaugit), Olivinnorit (Plagioklas + Orthaugit + Olivin). Durch Differenzierung kann der eine oder der andere Gemengteil verschwinden; wir bekommen dann Olivinaugitfelse, Plagioklasolivinfelse (Forellenstein); Peridotite (vorwiegend Olivin), Pyroxenite (vorwiegend Augit), Anorthosite (vorwiegend Plagioklas); schließlich mehr oder minder reine Erzlagerstätten und Apatitanhäufungen (Telemarken, Kanada).

Die Gabbros bilden Stöcke, Lakkolithe und Gänge, die stets mit saueren Gesteinen verknüpft sind, doch nie so große Körper bilden wie diese.

Interessant sind die Umwandlungserscheinungen der Gabbrogesteine. Durch gebirgsbildende Bewegungen werden die Gabbros randlich in schieferige Amphibolite (S. 137) übergeführt, deren Hornblenden sekundär aus den Gabbroaugiten hervorgegangen sind. Von anderer Art ist die Umwandlung in Saussuritgabbro (Saussuritisierung), die teils als Folge gebirgsbildender Prozesse, teils als postvulkanische (hydrothermale) Erscheinung zu deuten ist. Bei dieser werden die Plagioklase in ein Gemenge von Albit, Kalzit, Epidot, Granat, Strahlstein, Chlorit und Rutil umgewandelt, während die Augite der Uralitisierung unterliegen und der Olivin in Talk, Strahlstein und Granat übergeht.

Bei der normalen Verwitterung bilden die Plagioklase tonige Substanz, Kalzit und Epidot, die Augite Chlorit, Serpentin, Epidot, Limonit usw.

Das Raumgewicht der Gabbros beträgt 2,7 bis 3,1, die Druckfestigkeit liegt bei feinkörnigem Material zwischen 1800 und 2800 kg/cm², bei sehr grobkörnigem sinkt sie auf 1000 kg/cm² herab. Der Gehalt an Augit und Hornblende macht die Gabbros zähe und schwer bearbeitbar, aber auch druckfest und wetterbeständig. Die schöne dunkelgrüne bis schwärzliche Färbung und ausgezeichnete Polierbarkeit läßt sie für Ziersteine besonders geeignet erscheinen.

Wegen ihrer Zähigkeit, bedeutenden Druckfestigkeit und geringen Abnützbarkeit geben sie einen vorzüglichen, rauhen Pflasterstein.

Die technische Verwendbarkeit der Gabbros wird durch tonig zersetzten Plagioklas, Reichtum an Olivin, Pyrit und Chlorit bedeutend herabgesetzt.

Wichtige Gabbrovorkommen: Korsika („Verde di Corsica", ein grasgrüner Saussuritgabbro), Prato bei Florenz („Granitone", ein Olivingabbro), Schweden („schwarzer schwedischer Granit" zum Teil), Wolhynien („russischer Labrador"), Odenwald, Harz (Radautal), Fichtelgebirge, Waldviertel usw.

In atlantischen Eruptivgebieten werden die Diorite und Gabbros durch den Essexit vertreten, der in wechselndem Mengenverhältnis Plagioklas, Orthoklas, Augit, Biotit und Hornblende, daneben auch etwas Nephelin führt. Er geht durch Zunahme des Nephelingehaltes in den Theralit über. Essexite treten unter anderem in Nordböhmen bei Rongstock a. d. Elbe und in Tirol in der Gegend von Predazzo auf.

5. Familie der Peridotite und Pyroxenite. Die Peridotite (Olivingesteine) und Pyroxenite (Augitgesteine) gehen aus den Gabbros durch Zurücktreten des Feldspates hervor. Ihre Farbe ist dunkelgrün bis schwarz, bei Anwesenheit von Granat auch rot gesprengelt. Ihr Raumgewicht steigt im frischen Zustande bis auf 3,45. Sie eignen sich ausgezeichnet für die Verwendung als Zierstein, doch sind sie bei größerem Olivingehalt nicht wetterbeständig.

Wichtigere Abarten der Pyroxenite sind der Bronzitit (vorwiegend Bronzit), Hypersthenit (3000 kg/cm² Druckfestigkeit), Diallagit und Hornblendit.

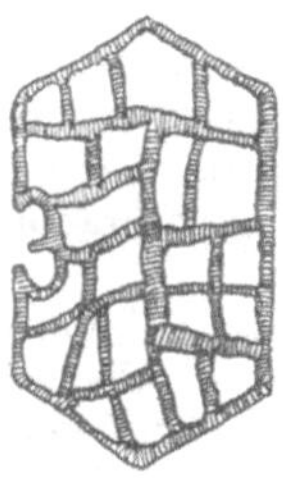

Abb. 27. Umwandlung von Olivin entlang von Sprüngen (Maschenstruktur) (nach Weinschenk)

Die Peridotite führen neben vorherrschendem Olivin meist noch Chromit, zuweilen auch etwas Pyroxen, Biotit oder Granat (Pyrop). Sie sind wichtig als Bringer von Chrom-, Nickel- und Platinerzen. Durch gebirgsbildende Prozesse, größtenteils aber wohl durch hydrothermale Einwirkungen gehen sie unter Volumsvergrößerung und Verringerung des Raumgewichtes in Serpentinfelse über (Abb. 27). Bei dieser Umwandlung bildet sich dichter Magnesit, Opal, Meerschaum, Talk und Asbest als Nebenprodukt. Das Aufquellen des Gesteines bei der Serpentinisierung verursacht die Bildung unregelmäßiger Dilatationsspalten, die dem Serpentin häufig ein brecciöses Aussehen verleihen (Serpentinbreccie, Abb. 61) und später durch ausgeschiedene Karbonate verkittet werden können.

Brecciöse, geflammte, granatführende oder anderweitig schön gefärbte Serpentine sind als Dekorationssteine beliebt, doch erweisen sie sich im Freien, namentlich bei Anwesenheit unzersetzter Olivinreste, als nicht wetterfest. Druckfestigkeit zirka 750 kg/cm².

Vorkommen: Peridotit: Kraubath in Steiermark, Harz, Frankenstein im Odenwalde, Schwarzwald, Pyrenäen, Südafrika (Glimmerperidotit [Kimberlit], das Muttergestein der dortigen Diamanten).

Serpentin: Sehr verbreitet. Vogesen, Fichtelgebirge, Böhmische Masse, Kraubath in Steiermark, Sachsen (granatführende Serpentine von Zöblitz und Waldheim), Italien („Verde di Susa", „Nero antico di Prato", „Serpentino brecciato") usw.

Pyroxenit: Baltimore, Neuseeland, Pyrenäen, Ural.

Anhang. Ganggesteine. In den letzten Stadien der Magmaerstarrung dringen Reste des Schmelzflusses in Spalten des verfestigten und zerklüfteten Eruptivgesteinspanzers ein und bilden mannigfache Ganggesteine, die entweder die Zusammensetzung des Eruptivkörpers selbst haben oder Differenzierungsprodukte desselben (gewanderte Schlieren) vorstellen. Im letzteren Falle weichen sie entweder in der Richtung gegen ein saueres oder gegen ein basisches Endglied vom ursprünglichen Magma ab. Daraus ergibt sich die Einteilung in sauere oder leukokrate und in basische oder melanokrate (lamprophyre) Ganggesteine; beiden stehen die granitoporphyrischen

Ganggefolge gegenüber, die stofflich mit dem dazugehörigen Tiefengestein übereinstimmen.

Granitoporphyrische Ganggesteine. Sie unterscheiden sich von den dazugehörigen Tiefengesteinen durch deutlich porphyrische Struktur. Unter den Einsprenglingen fällt vor allem Feldspat und eventuell Quarz auf. Die gleichen Mineralien findet man auch in der feinkörnigen bis dichten Grundmasse.

Man unterscheidet Granitporphyre, Syenit- und Eläolithsyenitporphyre, Diorit- und Gabbroporphyrite. Das wichtigste dieser Gesteine ist der Granitporphyr, der in einer feinkörnigen Quarzfeldspatgrundmasse Einsprenglinge von Orthoklas, eventuell Plagioklas und kristallographisch begrenztem, aber magmatisch korrodiertem Quarz, zuweilen auch von Biotit, Hornblende oder Augit erkennen läßt. Vorkommen in Granitgebieten: Schwarzwald, Vogesen, Erzgebirge, Sachsen (Pyroxengranitporphyr von Bucha bei Leipzig) usw.

Leukokrate Ganggesteine. Hieher gehören die feinkörnigen, lichtgefärbten (weißen bis roten) Aplite. Diese bestehen aus Orthoklas, Plagioklas und Quarz, zu denen Muskovit, säuliger schwarzer Turmalin und eventuell etwas Biotit treten kann. Strukturell sind sie durch die Neigung aller Gemengteile zu kristallographischer Ausbildung gekennzeichnet.

Die gleiche mineralische Zusammensetzung, aber bedeutend gröberes Korn haben die Riesenkorngranite oder Pegmatite. Diese sind zum Teil bereits Bildungen der pneumatolytischen und hydrothermalen Phase (S. 22) und gehen nach oben in reine Quarzgänge über. Sie sind zuweilen reich an selteneren Mineralien (Flußspat, Lithionglimmer, Wolframit [$FeWO_4$], Monazit [ein Phosphat seltener Erden] und anderen), ihre Hauptbedeutung haben sie aber als Lagerstätten von derbem Feldspat und großplattigem Muskovit (S. 200). Schriftgranit ist eine in Pegmatiten vorkommende eigenartige Verwachsung von Quarz und Feldspat, die hebräischen Schriftzeichen ähnlich ist.

Melanokrate Ganggesteine haben im frischen Zustande dunkelgraue bis schwarze, verwittert braune Farbe. Ihre leichte Verwitterbarkeit schließt eine technische Verwendung meist aus. Von den zahlreichen Vertretern dieser Gruppe seien die biotitreichen Minetten (Biotit + Orthoklas) und Kersantite (Biotit + Plagioklas) erwähnt. Sie führen zuweilen neben Biotit auch Augit, Hornblende oder Olivin.

Als Ultralamprophyre müssen gewisse gangförmige Erzlagerstätten gelten (Magnetit von Kiirunavaara, Magnetkies von Bodenmais in Bayern).

b) Ergußgesteine

Die Ergußgesteine oder Vulkanite sind Erstarrungsprodukte von Magmen, die aus der Tiefe aufsteigend bis in die Nähe der Erdoberfläche oder auf diese selbst gelangt sind; sie bilden seicht gelegene Lakkolithe, Lagergänge und Gänge bzw. nach Erreichen der Erdoberfläche Ströme, Decken und Quellkuppen.

Die Erstarrung der Ergußsteine setzt schon in der Tiefe unter Bedingungen ein, wie wir sie bei den Tiefengesteinen kennengelernt haben (intratellurische Periode); es bilden sich in der Schmelze große, frei schwimmende Kristalle, die vom aufsteigenden Magma an die Erdoberfläche gebracht werden. Hier gibt die Schmelze infolge der plötzlichen Druckentlastung ihren gelösten Gasinhalt rasch ab, wird zähflüssig und erstarrt binnen kurzer Zeit zur feinkristallinen oder glasigen Grundmasse, in der die intratellurischen Erstausscheidungen als Einsprenglinge eingebettet werden, soferne das Magma nicht noch Gelegenheit findet, dieselben durch magmatische Korrosion wieder aufzulösen. Die porphyrische Struktur, die für die Ergußgesteine geradezu typisch ist, ist also eine Folge der Zweiteilung des Erstarrungsvorganges in eine intra- und extratellurische Periode.

Der geringe Druck, unter dem die Verfestigung des an die Oberfläche gelangten Magmas erfolgt, bedingt ein verhältnismäßig geringes Raumgewicht der Erstarrungsprodukte, das einerseits im geringen spezifischen Gewicht einzelner Gemengteile (Glas), anderseits in der Lückigkeit des Gefüges seine Ursache hat.

Infolge seiner Zähigkeit hält der Schmelzfluß zuweilen aufsteigende Gasblasen fest und schließt sie ein (Blasen- bzw. Mandelsteingefüge). Der gleichen Zähflüssigkeit ist die häufige Abbildung von Fließbewegungen im Magma zuzuschreiben (Fluidalstruktur). Lebhafte Gasentbindung bewirkt ein Zerspratzen des Schmelzgutes und trägt zur Tuffbildung bei, die den Tiefengesteinen bekanntlich vollständig fehlt.

Zwischen den typischen Tiefengesteinen und den typischen Ergußgesteinen gibt es naturgemäß zahlreiche Übergangsformen. Zuweilen beobachtet man schon an mächtigen Decken und Strömen, daß die Gesteinsausbildung an der Basis derselben grobkörniger, also den Tiefengesteinen ähnlicher ist, als in den oberen Lagen.

Bei manchen Gesteinsfamilien unterscheidet man ältere (paläozoische, mesozoische) und jüngere (tertiäre bis rezente) Ergußformen.

1. Familie der Quarzporphyre und Liparite. Die Gesteine dieser Familie entsprechen chemisch den Graniten; die älteren Ergußsteine heißen Quarzporphyre, die jüngeren Liparite (Rhyolithe oder Quarztrachyte).

In einer dichten oder glasigen, meist gelblich, grau, rot oder braun gefärbten Grundmasse liegen mehr oder minder idiomorphe Einsprenglinge von Kalifeldspat, spärlichem Plagioklas und seltenem Biotit. Die Quarze haben die Form sechsseitiger Doppelpyramiden; sie sind meist zersprungen oder durch magmatische Korrosion gerundet.

Die Grundmasse besteht entweder aus muschelig brechendem Glas (Pechsteinporphyr, Vitrophyr), das zuweilen kugelige Absonderung zeigt (Sphärolithporphyr), oder aus überaus feinkörnigen (felsitischen) Quarzfeldspatverwachsungen (Felsophyr). Zeichnet sie sich durch splittrigen Bruch, große Härte und hornsteinartigen Schimmer aus, dann spricht man von Hornsteinporphyren, sieht sie derbem Feldspat ähnlich, von Feldsteinporphyren. Tonsteinporphyre haben eine tonig zersetzte, erdig brechende Grundmasse; sie geben sich beim Anhauchen durch den charakteristischen Tongeruch zu erkennen. Die Mühlsteinporphyre zeigen lückig-drusige Grundmasse (Verwendung!). Die Grundmasse der Liparite ist email- oder porzellanartig.

Liparite und Quarzporphyre unterscheiden sich durch ihr geologisches Alter und durch ihren Erhaltungszustand. Die Liparite sind relativ frisch, meist licht gefärbt und führen glasartigen Sanidin als Einsprenglingsfeldspat. Bei den Quarzporphyren sind die Feldspate unfrisch und derb (Orthoklas). Die Gesteine sind infolge der Oxydation ihres Eisengehaltes rot gefärbt (feinverteiltes Eisenoxyd); angewitterte Quarzporphyre zeigen braune oder grüne Farbentöne (Limonit- bzw. Chloritbildung).

Bei der Verwitterung bildet sich aus den Feldspaten Ton bzw. Kaolin. Die Umwandlung in Alaunstein (Alunit, ein Kaliumaluminiumsulfat), die unter anderem bei Beregszasz in der Slowakei beobachtet wird, ist eine Folge postvulkanischer Prozesse (Solfatarenwirkung).

Die Absonderung der Liparite und Quarzporphyre erfolgt nach Platten oder Bänken, seltener blätterig, säulig oder kugelig.

Über Porphyroide vgl. S. 136, über Porphyr-(Liparit-)tuffe und -gläser S. 51.

Quarzkeratophyre sind gelblich, grünlich, selten rötlich gefärbte natronreiche Quarzporphyre, bei denen der Kalifeldspat durch Albit vertreten wird.

Liparite und Quarzporphyre finden als Schotter-, Pflaster-, Bau- und Werkstein Verwendung. Manche Varietäten sind ausgezeichnet polierbar. Druckfestigkeit 1500 bis 2000, gelegentlich sogar 3000 kg/cm². Raumgewicht 2,4 bis 2,66.

Vorkommen. Liparite tertiären Alters in Ungarn, Slowakei, Siebenbürgen, Steiermark, Italien (Euganeen), Spanien usw. Quarzporphyre meist in karbonischen oder permischen Schichten von Schlesien, Sachsen („roter Löbejüner Granitporphyr" von Halle a. S.), Schwarzwald (Varnhalt), Vogesen, Odenwald, Thüringen, Harz, Südtirol (Bozener [Sterzinger] Porphyr), Galizien (Miekina oder Krzeszowice), Schweden (Elfdalen, Dala) und andere.

2. Familie der Feldspatporphyre und Trachyte. Die Ergußform des syenitischen Magmas wird durch die älteren Feldspatporphyre und durch die jüngeren Trachyte vertreten.

Die Feldspatporphyre unterscheiden sich von den Quarzporphyren durch das Fehlen oder starke Zurücktreten des Quarzes. Ihre Feldspateinsprenglinge (vorwiegend Orthoklas, zurücktretend Plagioklas) sind derb und gewöhnlich rot oder braun gefärbt, die Grundmasse ist verhältnismäßig kompakt. Neben den porphyrischen Feldspateinsprenglingen gewahrt man in geringer Menge schwarze Hornblende, braunen oder grünen Augit und Biotit. Diese dunklen Gemengteile kommen sowohl einzeln als auch zusammen vor. Der Biotit erscheint häufig magmatisch korrodiert, zuweilen auch völlig aufgezehrt und durch Gemenge von Augit und Magnetit ersetzt, die man schon mit freiem Auge als dunkle Flecken erkennt.

Von den orthoklasreichen Feldspatporphyren der Alkalikalkgruppe, die man auch Orthophyre nennt, leiten die albitreichen Keratophyre zu den Alkaliporphyren über. Typische Natrongesteine sind die Rhombenporphyre der Gegend von Oslo, deren Bruchflächen durch rhombenförmige oder dreieckige Querschnitte von Anorthoklas ausgezeichnet sind.

Die Trachyte unterscheiden sich von den Porphyren durch die Porosität und Rauhigkeit ihrer Grundmasse sowie durch die Sanidinnatur ihrer Feldspateinsprenglinge. Sie sind infolge ihrer relativen Frische meist lichter gefärbt als die Porphyre.

In der atlantischen Gesteinssippe werden die Trachyte durch die Alkalitrachyte vertreten, die neben Anorthoklas auch Natronhornblenden und Natronaugite führen. Die schlechthin als Trachyte bezeichneten Gesteine Deutschlands sind durchwegs Alkalitrachyte.

Die Verwendung der Feldspatporphyre und Trachyte gleicht der der Quarzporphyre und Liparite. Trachyte sind porös, saugen daher begierig Wasser auf und zerfrieren leicht. Große Sanidineinsprenglinge wittern überdies leicht aus (Kölner Dom). Wegen der Lückigkeit ihrer Grundmasse lassen sich Trachyte nicht polieren. Als Baustein verwendet, verbinden sie sich solid mit dem Mörtel, soferne sie vorher gut angefeuchtet wurden.

Raumgewicht 2,44 bis 2,79. Druckfestigkeit im Mittel 600 bis 700 kg/cm², bis auf 1500 kg/cm² steigend.

Verwitterung wie bei den Quarzporphyren und Lipariten.

Vorkommen: Orthophyre in Thüringen, Sachsen, Keratophyre im Harz und im Fichtelgebirge. Trachyte in Deutschland (Siebengebirge, Eifel, Sachsen, Hessen, Vogesen), Frankreich (Auvergne), Italien (Neapel, Euganeen), im Böhmischen Mittelgebirge, in Steiermark, Ungarn, Siebenbürgen.

3. Familie der Phonolithe. Phonolithe sind die den Eläolithsyeniten entsprechenden Ergußformen. Sie führen in ihrer dichten, meist grünlichen oder bräunlichen Grundmasse Einsprenglinge von Sanidin (Anorthoklas) und Nephelin; letztere geben sich auf der Gesteinsbruchfläche durch sechsseitige oder länglich rechteckige Querschnitte zu erkennen[1]). Augit und Hornblende erscheinen meist nur mikroskopisch klein als Bestandteil der Grundmasse.

Die Absonderung der Phonolithe pflegt ausgezeichnet plattig zu sein. Charakteristisch ist das häufige Auftreten von Blasenräumen, die von zum Teil hydrothermalen Mineralneubildungen (Zeolithen und Karbonaten) erfüllt werden.

Bei der Verwitterung bilden sich graue bis gelbliche Rinden, die gegen das unzersetzte Gestein scharf absetzen und leicht abspringen, worauf die Zersetzung weiterschreitet. Viele Phonolithe, namentlich solche mit reichlichem Nephelingehalt, sind wenig wetterfest.

Raumgewicht 2,51 bis 2,58. Druckfestigkeit 1700 bis 2300 kg/cm^2.

Vorkommen: Böhmisches Mittelgebirge, Französisches Zentralplateau, Hegau, Kaiserstuhl, Thüringen.

Bei den Leuzitphonolithen wird der Nephelin durch Leuzit ersetzt.

4. Familie der Porphyrite und Andesite. Die Porphyrite und Andesite (bei Quarzführung Quarzporphyrite und Dazite genannt) sind Ergußformen des dioritischen Magmas. Sie unterscheiden sich voneinander durch den Erhaltungszustand und durch die Beschaffenheit der Feldspateinsprenglinge, die bei den älteren Porphyriten derb, bei den jüngeren Andesiten glasartig ist.

Die Andesite und Porphyrite führen in einer bei hellgrauer oder rötlicher Färbung porösen, bei dunkelgrauer, schwärzlicher, grünlicher oder bräunlicher Farbe kompakten Grundmasse Einsprenglinge von Plagioklas, daneben in geringerer Menge Kristalle von Biotit, Hornblende und Pyroxen (Hypersthen, Diopsid, Diallag). Quarzporphyrite und Dazite enthalten außerdem noch Einsprenglinge von Quarz. Die Biotit- und Hornblendeeinsprenglinge sind zuweilen korrodiert oder vollständig resorbiert. Je nach der Art des vorherrschenden dunklen Gemengteiles unterscheidet man Glimmer-, Hornblende- und Augitporphyrite (-andesite) und ebensolche Quarzporphyrite (Dazite).

Die Grundmasse besteht aus einem mikroskopisch kleinen filzigen Gewirr von Feldspatleistchen, Augitsäulchen und Erzkörnchen; sie ist namentlich bei den jüngeren Andesiten häufig mit braunem oder grünem Glas durchtränkt.

In der Sippe der Alkaligesteine werden die Andesite durch die sogenannten Trachyandesite vertreten.

Durch hydrothermale Lösungen erleiden die Andesite und Dazite zuweilen Umwandlungen in Propylit. Die Propylitisierung hängt oft mit der Bildung von Erzlagerstätten zusammen. Sie besteht in der Zerstörung der Feldspate und dunklen Gemengteile unter Bildung von Chlorit, Serizit, Kaolin, Epidot, Adular, Kalzit und Alaunstein, wobei sich das Gestein grün färbt. Hand in Hand mit den chemischen Umsetzungen geht die Imprägnation des Gesteins mit Pyrit.

Andesite und Porphyrite finden als Steinschlag, Pflaster- und Baustein Verwendung; sie sind bei größerem Hornblende- und Augitreichtum sehr zähe. Ihre Absonderung ist meist polygonal. Schön gefärbte glättbare Porphyrite erfreuen sich als Ornamentensteine großer Beliebtheit.

Hieher gehört der rotbraune „porfido rosso antico", ein saussuritisierter Hornblendeporphyrit, der bei Djebel Doukhan in Ägypten gewonnen wird, ferner der „porfido verde antico" oder „lapis Lacedaemonius", ein olivgrüner Augitporphyrit aus dem Eurotastale in Griechenland.

---

[1]) Ihr chemischer Nachweis gelingt durch Ätzen der Gesteinsbruchfläche mit Salzsäure, Befeuchten mit Fuchsinlösung und nachfolgendes Abwaschen. Der Nephelin wird durch HCl unter Ausscheidung einer Kieselgallerte zersetzt, die den Farbstoff auch nach dem Abwaschen festhält.

Raumgewicht 2,4 bis 2,86, Druckfestigkeit 1200 bis 2400 kg pro cm^2.

Vorkommen: Porphyrite in Tirol (Recoaro, Töll bei Meran, Ortler), Schweiz („schwarzer Porphyr" von Lugano), Rotliegendes von Deutschland usw. Andesite in Ungarn, Siebenbürgen, Siebengebirge, Franz. Zentralplateau usw.

5. Familien der Diabase, Melaphyre und Basalte. Die Diabase, Melaphyre und Basalte umfassen die Ergußformen des Gabbromagmas. Im allgemeinen versteht man unter Basalten tertiäre und quartäre, unter Melaphyren mesozoische und jungpaläozoische Ergüsse, während Diabase noch höheres Alter besitzen.

Die Gesteine dieser Gruppe werden durch die Mineralkombination monokliner Augit + basischer Plagioklas (Labrador bis Anorthit) gekennzeichnet. Dazu treten stets größere Mengen von Eisenerz, gelegentlich auch Hornblende, rhombischer Augit und Biotit. Olivin kann reichlich vorhanden sein oder auch vollständig fehlen. Der Unterschied gegenüber den andesitischen Gesteinen liegt im Hervortreten der dunklen Gemengteile zuungunsten des Feldspates.

Plagioklasbasalte sind dunkelgraue bis schwarze, im verwitterten Zustande auch braune Gesteine, die bei porphyrischem Gefüge in einer feinkörnigen, vorwiegend aus Augit, Plagioklas und Erz bestehenden Grundmasse Einsprenglinge von Augit und Olivin, seltener von Plagioklas und Erz führen. Manche Varietäten enthalten auch Biotit, Hypersthen oder basaltische Hornblende, teils als Einsprenglinge, teils in der Grundmasse. Sehr auffallend sind die nuß- bis kopfgroßen Knollen von Olivin, die man in manchen Basalten findet; sie werden als Ausscheidungen der intratellurischen Periode gedeutet.

Viel größere Verbreitung als die porphyrische Struktur besitzen gleichmäßig körnige Gefügeformen, die zwischen der gabbroiden Struktur, bei der alle Gemengteile annähernd gleichmäßig idiomorph sind, und der ophitischen Struktur, bei der Augit, Olivin und Erz xenomorph den Raum zwischen den sparrig gestellten Plagioklasleisten ausfüllen, schwanken. Besonders grobkörnige Basalte, die sich in ihrem Aussehen den Gabbros nähern, bezeichnet man als Dolerite. Glasreiche Basalte zeigen häufig Blasen- bzw. Mandelsteinstruktur.

Plagioklasbasalte finden sich auf Island, Hawai, auf den Hebriden, im Dekhan usw.

Größere Verbreitung als die Plagioklasbasalte besitzen die der atlantischen Gesteinssippe angehörenden Alkalibasalte, die neben Plagioklas und teilweise in dessen Vertretung Nephelin, Leuzit und andere Feldspatvertreter enthalten. Die Alkalibasalte sind Ergußformen der als Essexit, Theralith usw. bezeichneten Plutonite. Über die Namensbezeichnung einiger der zahlreichen hieher gehörenden Formen gibt nachstehende Tabelle Auskunft, in der Augit als ständiger Gemengteil nicht besonders angeführt ist.

Plag. + Neph.		Plag. + Leuzit	
mit Olivin	ohne Olivin	mit Olivin	ohne Olivin
Nephelinbasanit	Nephelintephrit	Leuzitbasanit	Leuzittephrit
Neph. allein		Leuzit allein	
mit Olivin	ohne Olivin	mit Olivin	ohne Olivin
Nephelinbasalt	Nephelinit	Leuzitbasalt	Leuzitit

Vorkommen der Alkalibasalte: Böhmisches Mittelgebirge, Erzgebirge, Sachsen, Thüringen, Odenwald, Vogelsberg, Schwäbische Alb, Steiermark, Französisches Zentralplateau, Umgebung Neapel, Albanergebirge usw.

Basalte geben bei der Verwitterung braune, eisenreiche Tone, unter besonderen klimatischen Bedingungen kieselsäurearme Bauxite. Die Augite liefern bei der Umsetzung zuweilen Seladonit (Grünerde).

Die Basalte sind sehr häufig säulenförmig, aber auch kugelig, polyedrisch oder bankig abgesondert. Sie sind spröde, hart und äußerst schwer zu bearbeiten, doch gestatten natürliche Ablösungsflächen oft die Gewinnung geeigneter Formate mit einfachen Mitteln. Ihre Druckfestigkeit liegt gewöhnlich zwischen 1100 und 3500 kg/cm², steigt aber bis 5000 kg/cm². Das Raumgewicht beträgt 2,7 bis 3,3. Wegen ihrer Festigkeit bilden Basalte ein ausgezeichnetes Pflaster-, Schotter- und Betonzuschlagmaterial. Poröse Basalte haben den Vorteil, daß sie, als Pflaster- oder Mühlsteine verwendet, im Gebrauch rauh bleiben. Wo frostbeständige Basalte in großen Blöcken gewonnen werden können, bilden sie ein vortreffliches Baumaterial für schweres Mauerwerk (Brückenfundamente, Wasserbauten).

Manche Basalte, die man als „Sonnenbrenner" bezeichnet, zeigen, wenn sie die Bergfeuchtigkeit verloren haben, zahllose, kreuz und quer verlaufende Haarrisse und sternförmige, weiße Flecken auf der Oberfläche. Die Risse verbreitern sich rasch und bewirken nach kurzer Zeit einen Zerfall des Gesteins in eckige oder kugelige kleine Teile, der sich durch kein Mittel aufhalten läßt. Solche Sonnenbrenner finden sich namentlich in den oberen Lagen der Basaltvorkommen, und zwar vorwiegend bei nicht ophitischen Säulen- oder Kugelbasalten, die Olivin und Glas, aber wenig Feldspat führen.

Während Leppla (Zeitschr. f. prakt. Geologie. 1901) den Sonnenbrand für eine Spezialität nephelinhaltiger Gesteine hält, glaubt Tannhäuser (Bautechnische Gesteinsuntersuchungen, I, 1. 1910) die Erscheinung durch Kontraktionsspannungen bzw. Kontraktionsrisse erklären zu können, die bereits in der Lagerstätte dem Wasser den Zutritt ins Innere des Gesteins ermöglichen. Der Zerfall wird durch einen Gehalt an leicht zersetzbarem natron-, vielleicht auch eisenreichem Glas begünstigt. Die weißen Flecken hält Tannhäuser für zeolithische Neubildungen, die zwar schon im bergfeuchten Gestein vorhanden sind, aber erst beim Austrocknen sichtbar werden. Nach Hibsch (Zeitschr. f. prakt. Geologie. 1920) können leicht verwitterbare Mineralien, eigenartige ungleichmäßige Mineralverteilungen und Spannungen im Gestein einzeln oder zusammenwirkend den Sonnenbrand verursachen. Nach Steuer-Holler-Drescher bewirken glasig erstarrte, zeolithische Füllmassen bei der unter Wasseraufnahme und eventuellem Basenaustausch vorsichgehenden Entglasung durch Volumsveränderung die Zerrüttung des Gesteins (Die Steinstraße Nr. 1, 1929).

Melaphyre sind jungpaläozoische oder mesozoische Ergußgesteine, die sich in ihrem Mineralbestande meist an die Plagioklasbasalte anschließen. Ihre Farbe ist bei gutem Erhaltungszustand schwarz, bei erfolgter Umwandlung grünlich oder braun. Porphyrische Struktur ist den Melaphyren eigentümlicher als den Basalten. Mandelsteingefüge wird sehr häufig beobachtet. Porphyrische Melaphyre mit Augiteinsprenglingen heißen Augitporphyrite; ist der Augit uralitisiert, dann nennt man sie Uralitporphyrite.

Die Absonderung der Melaphyre ist meist polyedrisch, zuweilen auch säulig oder kugelig.

Melaphyre sind nur im frischen Zustande wetterfest. Ihre Druckfestigkeit liegt zwischen 1200 und 3600 kg/cm², geht aber im allgemeinen nicht weit über 2000 kg hinauf. Raumgewicht 2,5 bis 2,8. Manche Melaphyre sind geschätzte Ziersteine. Sonstige Verwendung als Schotter- und Baustein.

Diabase sind im unveränderten Zustande, wie man sie in den ungefalteten Silurschichten des Baltischen Schildes antrifft, von Basalten und Melaphyren nicht zu unterscheiden. Wo sie aber nachträglich von gebirgsbildenden Bewegungen ergriffen wurden, erlitten sie charakteristische Umwandlungen (Chloritisierung bzw. Uralitisierung der Augite), die sich äußerlich in der Grünfärbung der Gesteine ausdrücken.

Der Mineralbestand der Diabase ist durch Augit, basischen Plagioklas und Eisenerz gekennzeichnet. Hinzu tritt zuweilen Olivin, Diopsid, Hypersthen und Hornblende, gelegentlich auch Biotit und primärer Quarz. Größere Mengen von Glas sind selten. Das Gefüge ist meist typisch ophitisch, untergeordnet auch richtungslos körnig (gabbroid) oder porphyrisch. Porphyrische Diabase mit Augit- oder Plagioklaseinsprenglingen heißen Diabasporphyrite, einsprenglingsfreie, sehr feinkörnige oder dichte Varietäten Aphanite oder Spilite, bei blasigem Gefüge Diabasmandelsteine. Ausdrücke, wie Olivindiabas, Uralitdiabas, Quarzdiabas usw., bedürfen keiner Erläuterung.

Die meisten Diabase gehören der Alkalikalksippe an. Durch dynamometamorphe Umwandlung (S. 137) gehen sie in Grünschiefer und Chloritschiefer über.

Die Absonderung ist polyedrisch, plattig, säulig oder kugelig. Die Druckfestigkeit liegt zwischen 2000 und 2600 kg/cm², das Raumgewicht zwischen 2,8 und 3,0. Unverwitterte massige Diabase geben einen zähen, widerstandsfähigen Pflaster- und Schotterstein. Als Bausteine sind sie wegen ihrer Kleinklüftigkeit meist nicht geeignet. Als Dekorationsstein ist der sächsisch-böhmische „Lausitzer Syenit", der „Fichtelgebirgsporphyr", der „Südschwedische schwarze Granit" und der „Schwedische Syenit" von Karlshamn wichtig.

Diabase treten in den altpaläozoischen Schichten Mittel- und Nordeuropas außerordentlich häufig auf.

6. Familie der Pikrite und Pikritporphyrite. Die Pikrite sind dunkelgrüne bis schwarze, den Pyroxeniten und Peridotiten entsprechende Ergußsteine, die im wesentlichen aus Augit und Olivin (Serpentin) bestehen. Dazu tritt unter Umständen rhombischer Pyroxen, Hornblende und Biotit. Porphyrische Pikrite heißen Pikritporphyrite.

Pikrite treten unter anderem in der Kreide von Böhmen und Schlesien und im Flysch der Gegend von Wien auf. Pikritporphyrite sind im rheinischen Schiefergebirge, im Vogtlande und Fichtelgebirge mit Diabasen verknüpft.

Anhang. Tuffe und Gläser. Tuffe. Bei vulkanischen Explosionen werden durch die ausbrechenden Gase kleinere oder größere Magmateile mitgerissen, die dann im Fluge glasig erstarren und je nach ihrer Größe als Staub- und Aschenmassen, Lapilli oder Bomben, zu Boden sinken. An den Auswürflingen beteiligen sich auch losgerissene Teile des Untergrundes und Stücke von erstarrten älteren Laven. Anhäufungen derartiger Produkte, zu denen sich bei Ablagerung unter Wasser auch normales Sedimentmaterial mischt, heißen Tuffe. Diese sind stets wohlgeschichtete Gesteine, die nachträglich meist durch zirkulierende Wässer bis zu einem gewissen Grade verfestigt wurden. Viele Tuffe sind erst durch sekundäre Zusammenschwemmung von vulkanischen Auswürflingen entstanden.

Bezeichnungen, wie Trachyttuff, Basalttuff usw., erklären sich selbst. Kristalltuffe enthalten neben Aschenmaterial auch ausgeworfene Kristalle intratellurischer Entstehung. Schalsteine sind plattig abgesonderte grüne Diabastuffe.

Die Verwendbarkeit der Tuffe wird durch ihre Porosität und den im allgemeinen geringen Grad ihrer Verfestigung beeinflußt. Die Druckfestigkeit ist gering (100 bis 400 kg/cm²), das Raumgewicht schwankt zwischen 1,2 und 2,3. Tuffe geben einen porösen, daher leichten, wärme- und schalldichten, aber auch Wasser aufsaugenden und leicht zerfrierenden Baustein. Aus Trachytbimssteintuffen der Umgebung des Laacher Sees werden unter Zusatz von Kalk als Bindemittel die sogenannten Rheinischen Schwemmsteine erzeugt, die eine Druckfestigkeit von 27 bis 29 kg/cm² besitzen, sehr leicht sind (1m³ wiegt zirka 650 kg) und den Vorteil der schlechten Wärme- und Schalleitfähigkeit, relativer

Feuerbeständigkeit und Trockenheit haben. Als „Traß" bezeichnete Trachyttuffe des Nette- und Brohltales finden Verwendung zur Herstellung von Zementen. Dem gleichen Zwecke dienen die „Puzzolane" (Trachyttuffe) der Gegend von Neapel (S. 226).

Gläser. Jedes Ergußgestein kann bei genügend rascher Abkühlung zu Glas erstarren; freilich zeigen saure Magmen die Erscheinung viel häufiger als basische, da letztere infolge ihrer Kieselsäurearmut leichtflüssiger und daher mehr zur Kristallisation geneigt sind als die viskosen sauren Schmelzflüsse.

Man unterscheidet wasserarme bis -freie Obsidiane, wasserreiche Pechsteine, schaumige Bimssteine und kugelig zusammengesetzte Perlite. Bezeichnungen, wie Andesitpechstein, Trachytbimsstein usw., bedürfen keiner Erklärung. Hyalobasalte und Hyalodiabase sind Basalt- bzw. Diabasgläser. Die Zugehörigkeit eines Glases zu einer bestimmten Ergußgesteinsfamilie läßt sich nur aus der chemischen Zusammensetzung oder aus dem Gesteinsverbande erschließen.

Die Verwendungsmöglichkeit natürlicher Gläser ist infolge der Sprödigkeit und leichten Zersetzbarkeit derselben beschränkt. Große Bimssteinblöcke dienten wegen ihres geringen Raumgewichtes (0,95) zur Einwölbung der Hagia Sophia in Konstantinopel. Gekörnter Bims wird als Schleif- und Putzmittel, als Wärmeisolator, im chemischen Laboratorium und in der Zementindustrie verwendet. Schwarze Obsidiane verarbeitet man zu Knöpfen und Galanteriewaren.

2. Sedimente

Von K. A. Redlich, Prag

Entstehung der Sedimente

Gelangt ein Gestein an die Erdoberfläche, dann wird seine Zerstörung eingeleitet; diese besteht aus einem mechanischen Zerfall und einer chemischen Umsetzung, die man zusammenfassend als Verwitterung bezeichnet (S. 306).

Die sprengende Wirkung des Frostes und der Pflanzenwurzeln, unter gewissen Bedingungen die Sonnenstrahlung, die in der Wüste mit rascher Temperaturabnahme während der Nacht wechselt, ruft einen Zerfall der Gesteine hervor, welcher durch schon vorhandene Ablösungsflächen in denselben noch begünstigt wird.

Das so vorbereitete Material macht teilweise unter dem Einfluß des Sauerstoffes der Luft, der in der Atmosphäre vorhandenen Gase, in erster Linie der Kohlensäure, in geringerem Maße der von Bakterien abgeschiedenen Säuren oder der durch Oxydation gewisser Mineralien entstandenen Schwefelsäure[1]) usw. unter Mitwirkung des dissoziierten Wassers eine chemische Umwandlung mit, die zur Bildung meist erdiger Substanzen führt. Die Mineralien werden dieser Umsetzung einen verschiedenen Widerstand entgegensetzen. Die einen lösen sich mehr oder weniger leicht auf, die anderen, wie der Quarz, bleiben lange unzersetzt erhalten. Schließlich gibt es eine Gruppe, die in lösliche und unlösliche, verwitterungsbeständige Komponenten, eben jene Erden, zerfällt und zu welcher vor allem die tonerdereichen Feldspate gehören. Die Art der bei der Verwitterung entstehenden Neubildungen hängt von den herrschenden klimatischen Bedingungen ab.

Im allgemeinen findet in unseren Klimaten eine mehr silikatische Verwitterung der tonerdehaltigen Mineralien statt, die zur Bildung von wasser-

[1]) Die Bedeutung der Schwefelsäure als Verwitterungsfaktor spielt in der Natur keine große Rolle, kann aber bei allen Ingenieurbauten unliebsam in Erscheinung treten (S. 158).

haltigen Tonerdesilikaten (Tonen) führt, während in den Tropen die Entkieselung weiter geht und Tonerdehydroxyde (Bauxit usw.) entstehen läßt.

Das Endergebnis der Verwitterung der Gesteine, so verschieden sie auch ursprünglich gewesen sind, ist im allgemeinen Ton, Sand und der verunreinigte Ton, der Lehm.

Die Zerstörungsprodukte der Gesteine bleiben entweder an Ort und Stelle (autochthon) liegen oder sie werden, sei es in fester, sei es in gelöster Form, durch Wasser, Eis und Wind von ihrem Entstehungsplatz fortgetragen und allochthon abgelagert.

Während des Transportes im Wasser und in der Luft findet bei Geschwindigkeitsänderungen eine Separierung der mechanisch mitgeführten Materialien statt, und zwar in grobe Psephite (Schotter), feinkörnige Psammite (Sand) und feinste Pelite (Ton), die als klastische Sedimente oder Trümmersedimente zusammengefaßt werden.

Die Zerkleinerung schreitet während des Transportes fort, auch die Zersetzung ist nicht abgeschlossen. Schließlich schweben die feinsten Bestandteile kolloidaler Natur lange im Wasser und setzen sich äußerst langsam ab. Starke Elektrolyte, wie der Salzgehalt des Meeres, bewirken ein Zusammenflocken (Koagulieren) und rasches Niederschlagen dieser schwebenden Teilchen.

Die abgelagerte Masse kann durch Druck und Wärme (Tonschiefer aus Ton) oder unter Zufuhr eines Bindemittels (Sandstein aus Sand) zum felsartigen Gestein verfestigt werden.

Auch der gelöste Anteil wird unter bestimmten Bedingungen als chemisches Sediment ausgefällt werden. Er kann, wie beim Steinsalz, durch Verdunstung des Lösemittels oder, wie beim Kalk, unter Mitwirkung von Lebewesen ausgeschieden werden. Auch hier wird das Produkt häufig seine ursprüngliche Form verlieren, umkristallisieren oder durch jüngere Bindemittel verkittet werden.

Die Weichteile der Pflanzen und Tiere bilden das Grundmaterial von Gesteinen, deren Bildung meistens unter Luftabschluß vor sich geht; das Endresultat ist Kohle, Erdöl usw.; wir bezeichnen sie als organogene Sedimente.

Die auf dem Festland, in Wüsten, Steppen, Höhlen usw. entstandenen Sedimente heißen terrestrisch. In Flüssen finden wir fluviatile, in Seen lakustrische, in Sümpfen limnische Sedimente. Wo ein Fluß in das Meer mündet, wird das Seewasser ausgesüßt und birgt eine eigene artenarme Tierwelt, die brackische Fauna; die entsprechenden Ablagerungen heißen brackisch.

Die im Meer abgesetzten Sedimente heißen marin; sie gliedern sich in Strand- und ufernahe Bildungen (bis zirka 900 m Tiefe), die allmählich in die Absätze der Tiefe übergehen. Die Brandung erzeugt an der Küste Gerölle und Sand, die entsprechend der Bewegung in grobe und feine Partien aufbereitet und getrennt werden, später zu Konglomeraten und Sandsteinen verfestigt werden können. In der Ufernähe bauen Korallen und kalkabsondernde Algen ihre Riffe, die zusammen mit Schalenresten von Muscheln, Schnecken, Seeigeln usw. zu Kalk versteinern, der durch spätere Umkristallisation häufig seine zoogene Struktur vollkommen verliert. In ruhigen Buchten setzt sich Schlamm als Urmaterial für Ton und Tonschiefer ab. Bei Abschnürung vom offenen Meer bilden sich daselbst Salz- und Gipslagerstätten. Je mehr wir uns vom Strand entfernen, desto kleinkörniger werden die Sinkstoffe; das vom Lande stammende terrigene Material nimmt ab. Die Kalkschalen niedriger Lebewesen (Foraminiferen) bilden den Hauptanteil an diesen Sedimenten (Schreibkreide), die, mit feinen tonigen Teilchen vermischt, den Mergelschlick ergeben. An anderen Orten sind Tonschlicke abgesetzt, welche durch organische Substanzen oder Schwefelverbindungen blauschwarz (Blauschlick), durch Glaukonit grün (Grünschlamm) gefärbt werden. In der Tiefe nimmt der Kalkanteil infolge größerer Lösungsfähigkeit des kohlensäurereichen Tiefseewassers gegenüber dem Ton- und Kieselsäureanteil ab. Einzelne Foraminiferenspezies, wie Globigerinen usw., sind mit ihren Kalkschalen in Tiefen von 2000 bis 4000 m zwar noch sedimentbildend (Abb. 51), doch wird der Hauptteil dieser Bodenabsätze vor allem zusammengesetzt aus zersetzten vulkanischen Aschen, Kieselskeletten verschiedener niederer Lebewesen und untergeordnet aus kosmischem und vom Wind zusammengetragenem Staub. Diese Bestandteile lagern als feines, spärliches Sediment am Boden der Tiefsee. Besonders charakteristisch für diese großen Tiefen ist der durch Eisenoxyd rotgefärbte, an Manganknollen reiche plastische Ton des Pazifischen Ozeans.

Viele Absätze bergen die als Fossilien bezeichneten Hartteile, seltener die Abdrücke von Weichteilen der zur Zeit der Absatzentstehung abgestorbenen Tiere. Der Umstand, daß bestimmte Pflanzen und Tiere für die einzelnen Erdperioden charakteristisch sind, daß aber auch die verschiedenen örtlichen Verhältnisse, wie Süß-, Meer-, Seichtwasser usw. eine eigene Flora und Fauna erzeugen (Fazies), gibt den in den Ablagerungen sich findenden Tier- und Pflanzenresten den Charakter von Leitfossilien, welcher das relative Alter der Schichten zu bestimmen gestattet.

Zusammenfassend sind die Sedimente als Absätze aus dem Wasser (neptunische Sedimente) oder aus der Luft (äolische Sedimente) aufzufassen, deren Entstehung auf dem Wege der mechanischen und chemischen Zerstörung, des Transportes durch Luft und Wasser, der Ablagerung und unter eventueller Umwandlung zu einem festen Gestein (Diagenese), vor sich geht.

Die Absonderungsformen der Sedimente

Während die Eruptivgesteine entsprechend ihrer Entstehung ursprünglich fast durchwegs massig abgelagert wurden, wird bei den Sedimenten das massige Aussehen selten, hingegen die Schichtung bzw. Bankung häufig. Gleichmäßiger Absatz erzeugt massige Formen (ungebankter Kalk); durch Änderungen der Sedimentationsbedingungen und Wechsel des petrographischen Charakters entsteht die Bankung, Schichtung und Wechsellagerung. Es bilden sich Zwischenlagen, oft nur feine Tonhäutchen, welch letztere im Verein mit Unterbrechungen der Sedimentierung zur Bildung der Schichtfugen Veranlassung geben.

Abwechselnde Färbung der einzelnen Gesteinslagen heißt Bänderung. Sie kann entweder ursprünglich oder durch spätere schichtenweise Aussaigerung bestimmter Substanzen entstanden sein. So dürften die schwarz-weißen Bänderkalke einer späteren lagenweisen Konzentration des dunklen Bitumen ihren Ursprung verdanken.

Auf den Schichtflächen finden wir häufig fossile „Regentropfen", Wellenfurchen (Ripplmarken), wie sie die rückflutende Meeresbrandung erzeugt, Tierfährten usw.

Von der sedimentären Schichtung ist die Schieferung, auch falsche Schichtung (Cleavage) genannt, scharf zu trennen; sie kann sowohl bei Eruptivgesteinen (S. 38), als auch bei Sedimenten auftreten. Sie erfolgt senkrecht zum Gebirgsdruck, ist bald nach ein und derselben Richtung angelegt, bald zeigen sich mehrere sich kreuzende, enggescharte Systeme, die auf eine Änderung der Druckrichtung schließen lassen (Abb. 28).

Von anderer Art sind die tektonischen Druckklüfte, das sind Trennungsfugen, welche sich meist in zwei aufeinander senkrecht stehenden Systemen anordnen. Sie können entweder klaffen oder als feine Haarrisse das Gestein durchziehen; im letzteren Falle machen sie sich oft erst beim Zertrümmern des Gesteins als Flächen leichtester Teilbarkeit bemerkbar (S. 36).

Bei der Austrocknung der Sedimente entstehen Schwundspalten von geringer Tiefe, wie dies schon beim Austrocknen einer Wasserpfütze zu sehen ist. Diese Klüfte stehen mehr oder weniger senkrecht aufeinander und sind meistens auf eine bestimmte Schichte beschränkt, ohne in das Liegende und Hangende derselben überzugehen. Oft werden sie später von Kalzit oder wie im Hamm, Westfalen, von Strotianit usw. erfüllt.

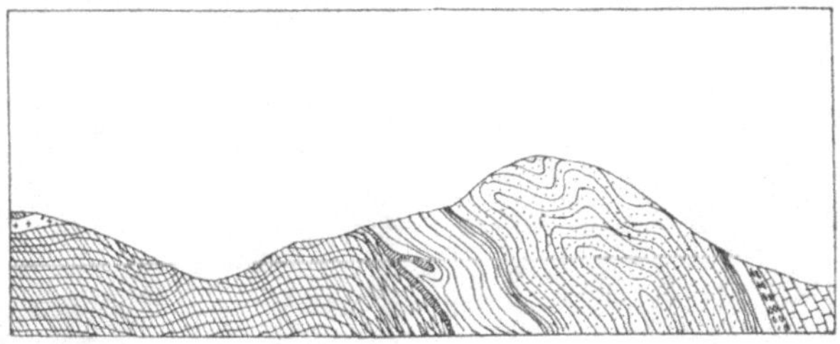

Abb. 28. Quer zur Schichtung verlaufende Cleavage

Sedimente können ausgelaugt werden, so daß sie einzelne Stoffe vollständig verlieren, wie dies z. B. bei der Entkalkung der Böden durch Tagwässer geschieht. Die Lösungen wandern dann und können die gelöste Substanz auf Spalten und Hohlräumen als Sekretion absetzen (durch Ausfüllung von Spalten entstehen Gänge, durch Ausfüllung von kugeligen Hohlräumen und Blasen Geoden und Mandeln), oder die Mineralstoffe sammeln sich inmitten des kompakten Gesteins um einzelne Konzentrationspunkte, wo sie Konkretionen bilden, das sind Kristallgruppen (Gips im Ton) oder kugelige, ovale und unregelmäßig geformte Massen.

In Haarspalten eingedrungene Minerallösungen, namentlich schwarze Manganhydroxyde, erzeugen baumförmig verästelte Absätze (Dendriten, Abb. 29), welche von Laien häufig als Pflanzenreste gedeutet werden.

Abb. 29. Dendriten aus dem Solenhofer Schiefer

Andere anorganisch entstandene Wülste und Furchen lassen sich von gewissen organischen Resten nicht trennen und in ihrer Entstehung nur unsicher deuten, weshalb sie als Hieroglyphen zusammengefaßt werden. Gewiß sind viele von ihnen als Fährten und Kriechspuren verschiedener Tiere anzusprechen (Abb. 30).

Die Stärke einer Schichte, das ist der senkrechte Abstand von der Basis zur Oberfläche, heißt ihre Mächtigkeit. Eine übereinanderlagernde Gruppe von Schichten bildet eine Schichtfolge, die Gesamtheit der Schichten teilen wir in Zonen, Stufen, Abteilungen, Formationen und Systeme ein.

Im allgemeinen werden sich, dem Gesetz der Schwere folgend, im ruhigen Wasser die Schichten horizontal ablagern.

Auf engem Raum betrachtet, ist eine Schichte eine annähernd gleichmäßig dicke Platte; da sie aber irgendwo auskeilen muß, hat sie im großen die Form einer ganz flachen Linse. In einem Sedimentationsbecken lagern sich an verschiedenen Stellen verschiedenartige Sedimente ab, die dann fingerförmig ineinandergreifen (auskeilende Wechsellagerung, Abb. 31).

Eine andere Struktur zeigt das Sediment im bewegten Wasser, an der Küste des Meeres und in den rasch fließenden Flüssen. Hier erfolgt die Ab-

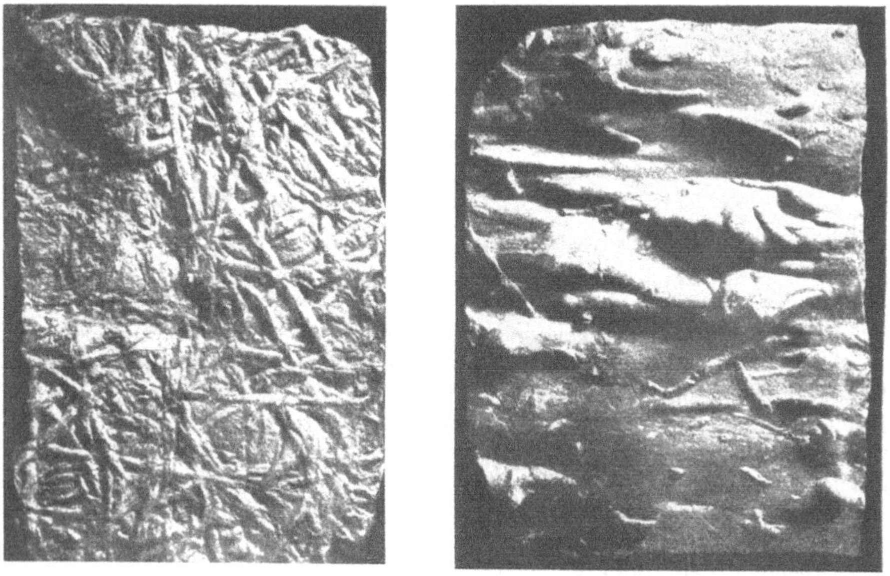

Abb. 30. Hieroglyphen aus dem mährischen Flysch (nach R. Kettner)

lagerung durch anwerfende Wirkung nach Art der Arbeit mit der Maurerkelle, wodurch die eigentümliche Diagonalschichtung, Kreuzschichtung (Abb. 32), entsteht. Da zu verschiedenen Zeiten verschieden grobes Material abgelagert werden kann, bilden sich einzelne Taschen von sehr wechselnder Wasserdurch-

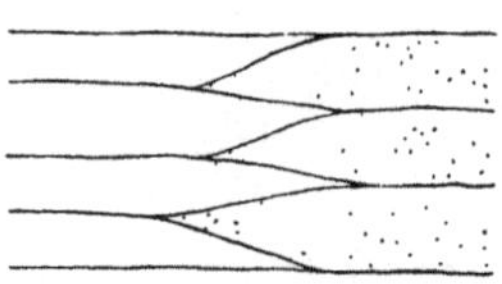

Abb. 31. Auskeilende Wechsellagerung von Schichten

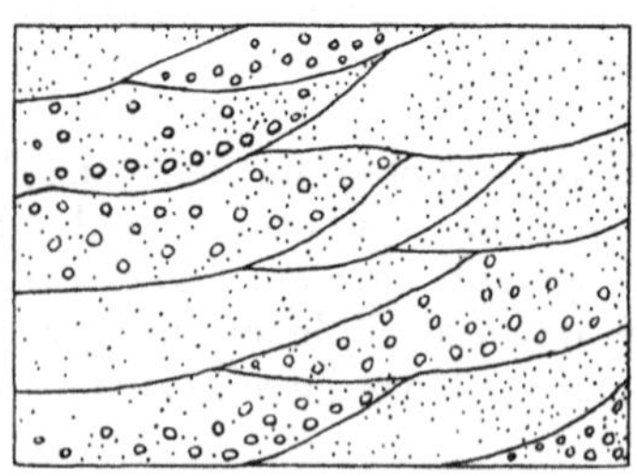

Abb. 33. Taschenstruktur

lässigkeit, eine Erscheinung, die für praktische Zwecke nicht zu übersehen ist (Abb. 33).

Ähnlich ist die Übergußschichtung, die man an den Schuttkegeln (Deltas) der in das Meer oder in Seen mündenden Flüsse und an wandernden Sanddünen beobachten kann (Abb. 392).

Werden Schichten ohne Unterbrechung gleichmäßig übereinandergelagert, so nennt man sie konkordant (Abb. 34). Liegt zwischen der Ablagerung zweier Schichtpakete eine Unterbrechung der Sedimentation, dann kann die ältere Schichte teilweise abgetragen und so eine unebene Auflagerungsfläche für die neue Sedimentfolge geschaffen werden — Erosionsdiskordanz (Abb. 35 u. 36). Zur Zeit der Trockenlegung kann auch eine Auffaltung erfolgen, so daß der untere Komplex mehr oder weniger steil steht. Auf demselben lagern horizontal die neuen Absätze — tektonische Diskordanz (Abb. 37). Zuweilen unterliegen auch diese noch einer zweiten Faltung, wobei durch die mehrfachen Verknetungen an einzelnen Stellen eine scheinbare Konkordanz vorgetäuscht wird, so daß derartige gefaltete tektonische Diskordanzen erst durch das Studium weiterer Gebiete erkannt werden können (Abb. 38).

Abb. 32. Kreuzschichtung im Buntsandstein

Im Pilsner Kohlenbecken liegen auf gefalteten präkambrischen Schiefern in muldenartigen Vertiefungen einer alten Landoberfläche diskordant die horizontal gelagerten Schichten des Karbons, deren Kohlenführung durch aufragende Buckel des Untergrundes mehrfach unterbrochen ist. In den Ostalpen werden auf dem bereits gefalteten Paläozoikum diskordant die Werfner Schiefer abgelagert und durch abermalige Faltung eingeknetet.

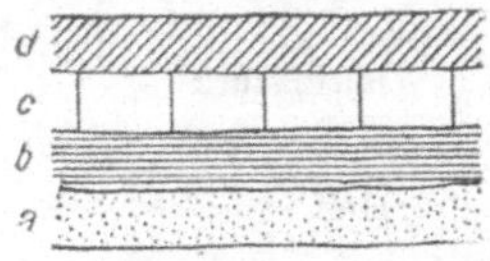

Abb. 34. Konkordanz der Schichten *a*—*d*

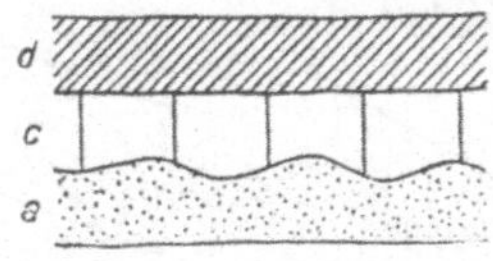

Abb. 35. Diskordanz zwischen *a* und *c* (Erosionsdiskordanz)

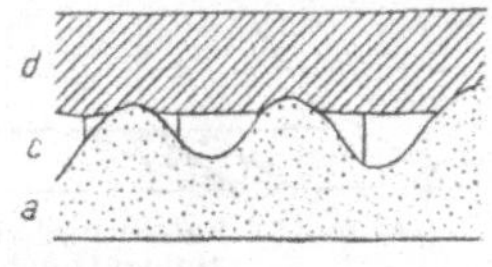

Abb. 36. Starke Erosionsdiskordanz zwischen *a* und *c*

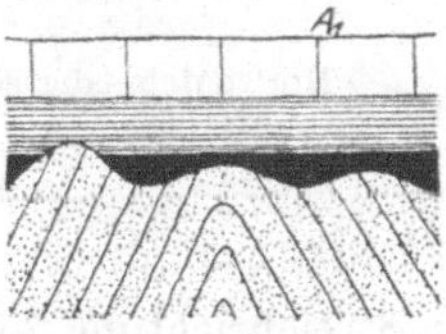

Abb. 37. Tektonische Diskordanz zwischen gefalteten und flach gelagerten Schichten

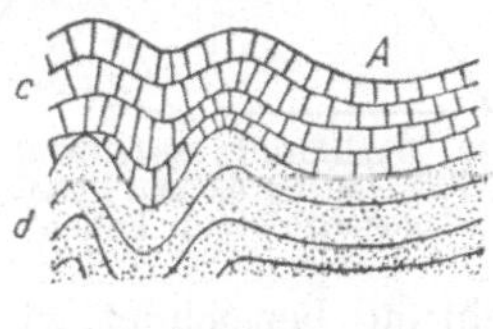

Abb. 38. Tektonische Diskordanz zwischen *d* und *c*. Bei *A* scheinbare Konkordanz

Eine Diskordanz wird vorgetäuscht, wenn gleichzeitig mit dem Wachsen eines massigen Korallenstockes in der Nachbarschaft desselben schichtige Sedimentation stattfindet (Abb. 39).

Trockenlegung abgelagerter Schichten findet statt, wenn sich das Meer zurückzieht — Regression; dringt dasselbe in einer späteren Periode wieder vor — Transgression —, so überflutet es neuerlich das Terrain, seine Ablagerungen liegen dann transgredierend, mehr oder weniger diskordant, auf der alten Unterlage. E. Sueß hat in seinen grundlegenden Arbeiten auf das stete Oszillieren des Meeres innerhalb großer Erdperioden hingewiesen.

Europa wurde zu den verschiedensten Zeiten, besonders stark in der Jura- und Kreideperiode, von dem allmählichen Ansteigen des Meeres heimgesucht, bis es fast vollständig überflutet ist und nur einzelne Gebiete gleich Inseln hervorragen. Fast alle Transgressionen beginnen mit einem Basalkonglomerat, das sind Gerölle des an die Ufer anbrandenden Meeres.

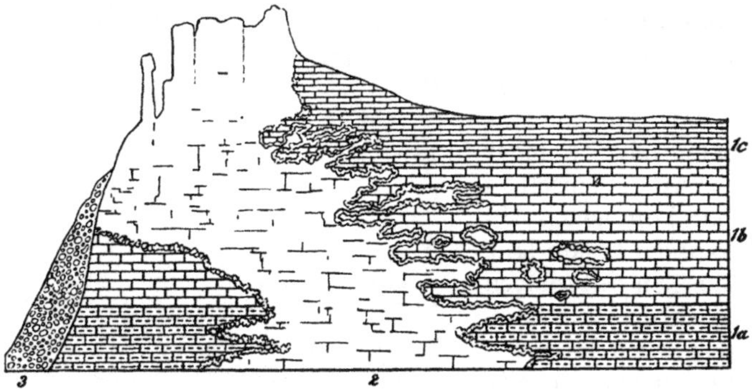

Abb. 39. Vortäuschung einer Diskordanz. Spongienriff im oberen Jura Schwabens (nach E. Fraas aus E. Kayser, Geologie I)
1 weißer Jura, 2 Spongienriffkalk derselben Formation, 3 Gehängeschutt

Für jede geologische Arbeit ist es von Wichtigkeit, die Lage der Schichten und Störungsflächen im Raume durch Messung festzulegen und durch einfache konventionelle Zeichen allgemein verständlich zu machen.

Die Lage einer Fläche im Raume wird durch den Schnitt derselben mit der Horizontalebene, also durch eine horizontale Gerade, angegeben, die als

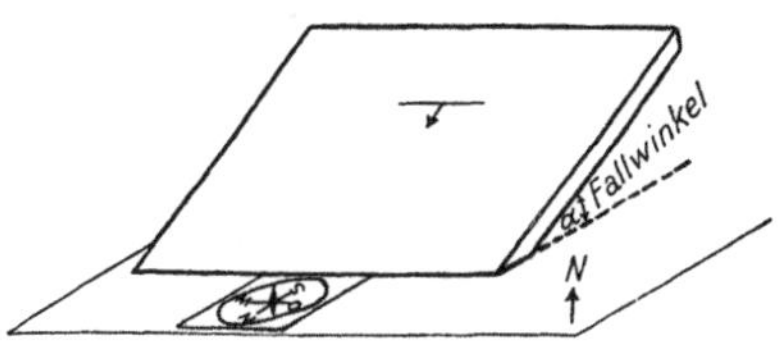

Abb. 40. Fallen und Streichen einer Schichtfläche

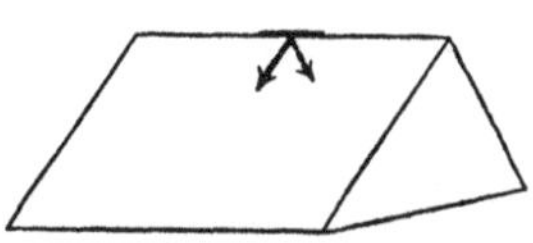

Abb. 42. Dachförmig gestellte Schichten haben dasselbe Streichen, dagegen entgegengesetztes Fallen

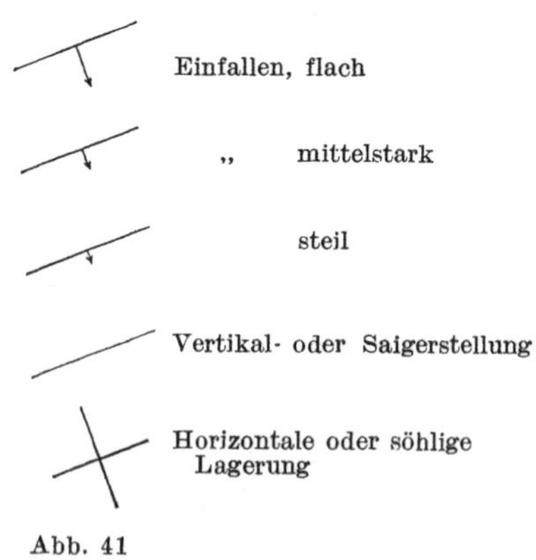

Abb. 41

Streichrichtung bezeichnet wird. Senkrecht zur Streichrichtung in der Ebene der Schichte liegt das Fallen oder Verflächen, das ist die Richtung, in der eine Kugel auf der Schichtfläche nach abwärts rollen würde. Zur eindeutigen Bestimmung der Schichtenlage muß neben der Richtung des Fallens auch der Fallwinkel angegeben werden, das ist der Winkel (α), den die Schichte mit der Horizontalebene einschließt (Abb. 40).

Das Streichen wird durch einen in der betreffenden Richtung gelegenen Strich, das Fallen oder Verflächen durch einen zu dieser Richtung senkrechten Pfeil bezeichnet. Da die Karte eine Projektion auf die Horizontalebene darstellt, kann die verschiedene Neigung der Schichten durch einen längeren oder kürzeren Pfeil bis zum Verschwinden desselben bei Senkrechtstellung gekennzeichnet werden (Abb. 41).

Bei genauen Arbeiten genügt diese graphische Methode nicht, es ist dann noch der Fallwinkel in Graden und Minuten anzugeben. Horizontalität der Schichten wird durch ein Kreuz mit gleichlangen Balken bezeichnet und damit angedeutet, daß keine bestimmte Streich- und Fallrichtung vorhanden ist. Zwei zueinander dachförmig gestellte Schichten haben das gleiche Streichen, jedoch ein um 180° verschieden gerichtetes Fallen. Da einem und demselben Streichen zwei Fallrichtungen entsprechen können, wird es sich bei geologischen Aufnahmen empfehlen, nicht die Streich-, sondern die Fallrichtung zu messen, da sich das Streichen dann von selbst durch Addition oder Subtraktion von 90° ergibt (Abb. 42).

Zur Messung des Streichens oder Fallens verwendet man den geologischen oder Bergkompaß (Abb. 43)[1]).

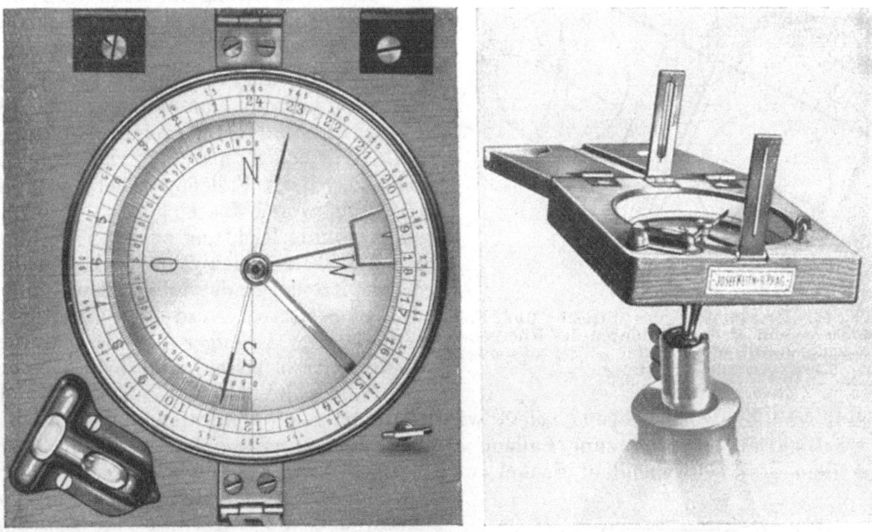

a) b)

Abb. 43. a) Bergkompaß, b) als Horizontalwinkel-Meßinstrument adjustiert

In einem womöglich viereckigen Gehäuse mit einem durch Scharniere befestigten Deckel, der sowohl als Schutz für das Instrument, als auch aufgeklappt zur Verlängerung der Anlegekante dient, ruht in einem kreisförmigen Ausschnitt der eigentliche Kompaß. Auf der Basisplatte desselben ist parallel zu einer Seite des Gehäuses die N—S-Linie und in der Kreuzstellung zu dieser die O—W-Linie eingeritzt; überdies befindet sich in den durch die Himmelsrichtungen eingeschlossenen Vierteln eine Einteilung von je 90°. In der Mitte ist ein Stahlstift angebracht, auf welchem ein Senkel drehbar befestigt ist, der im Verein mit der vorerwähnten 90°-Einteilung als Klinometer Verwendung findet. Auf derselben Stahlspitze ruht die Kompaßnadel; ihr Lager ist gewöhnlich aus einem Rubin geschnitten. Die schmale Balkennadel ist wegen ihrer größeren Beweglichkeit der breiteren Rautenform vorzuziehen. Ein zweiter über der Basisfläche angebrachter Metallkreis hat eine Gradeinteilung von 360° oder 24 Stunden, die Stunde zu 15°. Der Kompaß soll bei Nichtgebrauch arretiert sein. Um bei der Arbeit eine rasche Desarretierung zu erzielen, verwendet man auch eine automatische Sperrung, bestehend aus einem

[1]) Erhältlich bei J. Kettner, Hochschulmechaniker, Prag I, deutsche Technik.

federnden Stift, der beim Schließen des Deckels die Nadel durch eine Hebelverbindung empordrückt, beim Öffnen sie senkt und spielen läßt.

Beim Bergkompaß sind die beiden Weltrichtungen Ost und West vertauscht, ebenso geht die Grad- bzw. Stundeneinteilung nicht in der Richtung des Uhrzeigers, sondern im entgegengesetzten Sinn. Der Grund dafür ist leicht einzusehen. Die Richtungswinkel des Streichens und Fallens, zu deren Messung der Kompaß in erster Linie dient, werden von einer Ausgangsstellung — Nord — im Zeigersinne gezählt. Wenn man ein Instrument verwenden würde, bei dem, ähnlich wie bei der Uhr, der Teilkreis fest, der Zeiger aber beweglich wäre, dann müßte die Bezifferung gleichfalls im Sinne des Uhrzeigers erfolgen. Beim Kompaß aber ist der Zeiger (Nadel stets nach Norden weisend) fest, während die Kreiseinteilung mit der Visiervorrichtung (der eingeritzten N—S-Richtung) sich bewegt, so daß die Bezifferung zur direkten Ablesung im Gegenzeigersinn erfolgen muß.

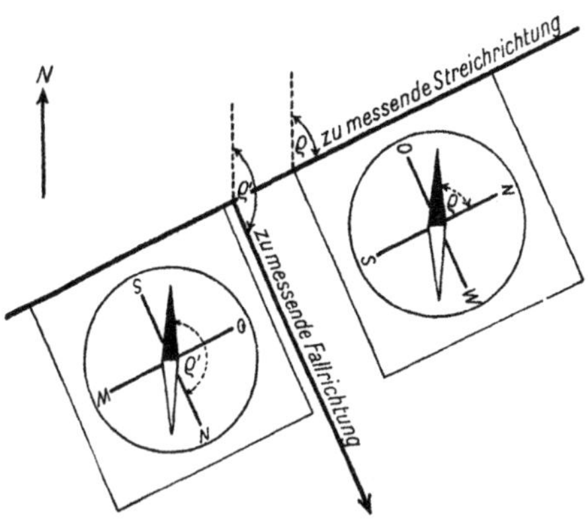

Abb. 44. Bestimmung des Streich- und Fallwinkels ϱ und ϱ' durch Anlegen des Kompasses mit seiner N—S-Linie, parallel zu der zu messenden Richtung

Die Messung des Streichens und Fallens erfolgt derart, daß der Winkel bestimmt wird, welchen die eine oder die andere Richtung im Zeigersinn mit der natürlichen Nordrichtung einschließt (Abb. 44).

Der Messungsvorgang ist nun folgender: Man legt den Kompaß mit der N—S-Linie in die festzulegende Richtung, beim Streichen parallel zur Streichrichtung, beim Fallen parallel zur Fallrichtung, wobei das eingeritzte N in die zu messende Richtung zu legen ist, liest auf der Teilung den Winkel ab, den die Nordspitze der Nadel mit dem Nordpunkt der eingeritzten Nord—Süd-Linie einschließt. Der Anfänger darf sich dadurch nicht beirren lassen, daß beim Messen des Fallens die Ost—Westseite des Kompasses an die Streichrichtung gelegt wird; er darf nicht vergessen, daß dann die N—S-Richtung parallel zum Fallen, also in der zu messenden Richtung liegt. Mit dem frei schwebenden Senkel wird der Fallwinkel bestimmt. Bei überhängenden Felsschichten ist darauf zu achten, daß die eingeritzte Nordrichtung in der Richtung des Fallens, also eventuell bergeinwärts zu legen ist (Abb. 45). Sieht man auf großen Strecken von lokalen Änderungen des Streichens ab, oder zieht man aus den gefundenen Werten ein Mittel, so erhält man das Haupt- oder Generalstreichen der Schichten, dessen Bestimmung für die Verfolgung von Gesteinszügen von größter Wichtigkeit ist (Abb. 46).

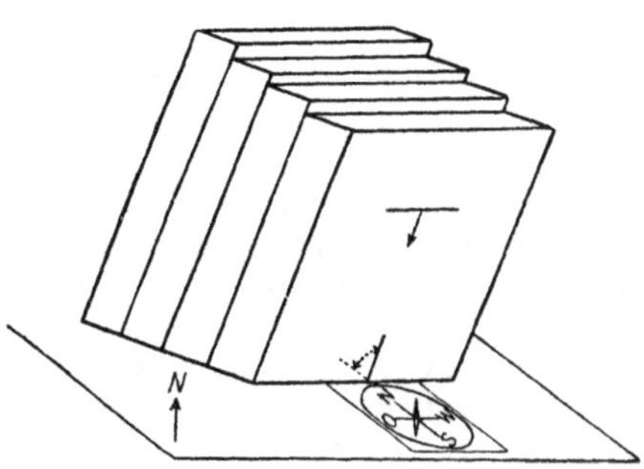

Abb. 45. Messung des Fallens bei überhängenden Felsen

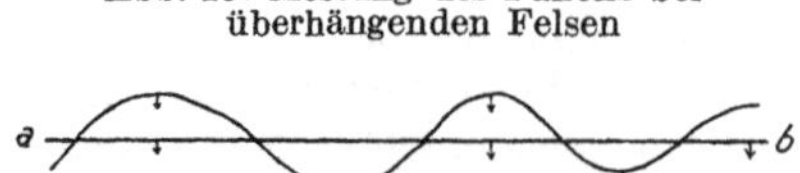

Abb. 46. Generalstreichen der Schichten

Bei Spezialarbeiten muß die magnetische Deklination, das heißt die Abweichung des magnetischen Meridians vom astronomischen berücksichtigt werden; sie ist bei der Aufnahme, am besten aber erst bei der Übertragung in die Karte zu verwerten. Die Karten pflegen gewöhnlich nur den astronomischen Meridian zu enthalten; die abgelesene magnetische Richtung muß bei der derzeitigen westlichen Deklination durch Subtraktion des Deklinationswinkels auf den astronomischen Meridian umgerechnet werden. Ist die Kompaßbüchse im Gehäuse drehbar eingerichtet, so kann die Berücksichtigung der Deklination für eine bestimmte Gegend ein für allemal durch Verstellung der Kompaßbüchse erfolgen. Das auf den magnetischen Meridian bezogene Streichen und Fallen heißt das observierte, das unter Berücksichtigung der Deklination bestimmte das reduzierte Streichen und Fallen.

Die im Felde gefundenen Werte werden nummernweise in die Karte und unter gleicher Bezeichnung in das Tourenheft eingetragen. Die Übertragung in die topographische Karte erfolgt in derselben Art wie die Messung. Die Karte wird nach den Weltrichtungen orientiert und befestigt, damit sie sich nicht verschieben kann. Der Kompaß wird an den jeweilig zu übertragenden Punkt angelegt, und so lange gedreht, bis die Nadelnordspitze bei dem in der Natur gefundenen Winkel (Stunde) des Fallens einspielt; hierauf wird in der Richtung der eingeritzten Nord—Süd-Linie des Kompasses (Nord voran) ein Pfeil gezeichnet; durch diesen Vorgang ist die Fallrichtung festgelegt. Die Streichlinie liegt senkrecht zur Fallrichtung. Schließlich ist auch der Winkel des Fallens anzugeben und eventuell anzumerken, ob das observierte oder das reduzierte Streichen und Fallen berücksichtigt wurde.

a) Die Trümmersedimente

Unverkittete Sedimente

Schutt, Blöcke, Gerölle, Schotter, Kies und Sand. Infolge des Eindringens des Wassers in die Haarspalten des Gesteins und der Frostwirkung entsteht eine Lockerung und Teilung desselben. Die zermürbten Partien werden ausgewaschen, und es bleiben, namentlich im Gebirge an den Hängen große Blöcke und feinere Schuttmassen liegen. Die gröberen, über 40 mm messenden Bruchstücke nennt Stiny Bergschotter, die kleineren Grus. Wir sprechen von Gebirgsschutt, wenn die Gesteinstrümmer an Ort und Stelle liegen, von Gehängeschutt, wenn die von der Anhöhe abrutschenden Massen am Fuße der Bergflanke liegen bleiben. Oft zeigt ein deutlicher Gefällsbruch im Gelände die Grenze zwischen gewachsenem Fels und Gehängeschutt an (Abb. 26).

Beim Transport durch das fließende Wasser, am Meeresstrande durch die Brandung, aber auch durch den Wind und das Gletschereis werden die Gesteinstrümmer gerundet und zerkleinert. Die oft übermannshohen Blöcke werden von den Wildbächen vorwärtsgeschoben oder vom Eis als erratische Findlinge weit in das Land getragen. Ihre weitere Teilung erfolgt in kopf- bis doppelfaustgroße Gerölle, von da in faust- bis nußgroßen Schotter und in bis erbsengroßen Kies. Die weitere Wegvermahlung erzeugt Sand und bei stärkerer Einwirkung der chemischen Umwandlung Schlamm und Ton. Feinster Staubsand verschiedener Mineralien wird Schluff genannt.

Durch Windsedimentation wird äußerst feiner, leicht zerreiblicher, in seinen Einzelindividuen gerundeter, besser gesagt abgestoßener Quarzstaub (60 bis 75%) mit gelblichem Ton, Kalkstaub (5 bis 25%) und anderen Mineralien als Bindemittel zusammengetragen. Er heißt Löß.

Er ist im großen und ganzen eine Ablagerung der diluvialen Zwischeneiszeiten mit ihrem Steppenklima, hat in Deutschland Mächtigkeiten von 5 bis 20 m, in China wird er viele hundert Meter stark und bildet daselbst infolge seiner großen Standfestigkeit tiefe, von senkrechten Wänden begrenzte Schluchttäler. Röhrenartige Hohlräume, welche auf ehemalige Grashalme und Pflanzenstengel hinweisen, Reste diluvialer Landsäugetiere, Landschnecken (Pupa muscorum) und Süßwasserformen charakterisieren den fast ungeschichteten Löß. Der fein verteilte Kalkgehalt wandert und gibt zu Konkretionen Veranlassung (Lößkindln, Lößpuppen). Die Entkalkung des Löß führt zum Lößlehm; auch Umlagerungen durch Regen und fließendes Wasser, wobei Schotter und Sande eingeschwemmt werden, sind nicht selten. In

Norddeutschland, Südrußland und Sibirien sind ungeheure Lößgebiete durch kolloidale Humusverbindungen schwarz gefärbt; es sind das die sogenannten Schwarzerden (Tschernosem). Der Löß ist schwach wasserdurchlässig; das in den Boden sinkende Wasser steigt durch Kapillarwirkung wieder auf, wodurch auch in trockenen Zeiten der Boden feucht bleibt. Der Löß ist daher für Pflanzenwuchs sehr geeignet (S. 314).

Der Sand. Der Sand ist ein feinkörniger Rückstand, der bei der Aufbereitung der Trümmer primärer Gesteine übrigbleibt, nachdem die verwitterbaren und löslichen Mineralgemengteile während des Transportes herausgelöst und herausgeschlämmt wurden. Er enthält daher im wesentlichen Quarz neben anderen widerstandsfähigen Mineralien, wie Glimmer, Rutil, Zirkon, verschiedenen Erzen usw. Infolge unvollständiger Separierung sind ihm meist auch gewisse Mengen von Ton und braunem Eisenhydroxyd beigemischt.

In seinen besten Qualitäten besteht er chemisch fast nur aus Kieselsäure.

Der Sand knirscht beim Zerreiben in der Achatschale, ist nicht plastisch, denn er zerfällt beim Trocknen; seinen Gehalt an Ton erkennt man beim Zerreiben zwischen den Fingern, auf welchen kein Ton haften bleiben darf, oder beim Verrühren mit Wasser, bei welchem Vorgang die Tonteilchen suspendiert bleiben, während der eigentliche Sand zu Boden sinkt.

Der Sand ist, namentlich wenn er tonfrei ist, sehr wasserdurchlässig, gibt daher einen trockenen und unfruchtbaren Boden. Die von Wasser durchtränkten feinen Quarzsande liefern wegen ihrer außerordentlichen Beweglichkeit die gefürchteten Schwimmsande (S. 368, 435, 464 u. 476).

Der Sand wird in der Sandgrube gewonnen. Da er mit Ausnahme der reinsten Varietäten nur dem lokalen Bedarfe dient und daher einen geringen Preis erzielt, soll der Abtransport und die frachtliche Lage günstig sein. Bei der Anlage der Sandgrube ist besonders darauf zu achten, daß die Ränder wegen der Beweglichkeit des Materials genügend abgeböscht sind. Die reichliche Wasserführung bedingt eine erhöhte Vorsicht bei größeren Aufschlüssen, namentlich wenn tonige Zwischenmittel Rutschungen veranlassen können.

Die Verwendung des Sandes ist eine vielfache.

Der Sand für Mörtel soll staubfrei, scharfkantig und rauh sein, da sich der Mörtelbrei dann besser zu einer festen Masse vereinigt als bei gerundetem oder glattem Material (Phyllit-, Glimmerschiefersand); nicht unerwünscht sind in Verwitterung befindliche, leicht zersetzbare Silikate (Zeolithe), die sich mit dem Kalk zu einem hydraulisch wirkenden Bindemittel vereinigen können.

Auch bei Betonbauten erfolgt ein Zusatz von gewaschenem Sand und Schotter (siehe Betonzuschlagstoffe, S. 179).

In Gießereien wird tonhaltiger Feinsand als Formsand verwendet.

Der in der Glasfabrikation und zur Herstellung von Glasuren für Töpferwaren benötigte Glassand soll für die feinen farblosen oder weißen Sorten neben einem hohen Kieselsäuregehalt keine färbenden Oxyde enthalten. In dieser Hinsicht ist in erster Linie Eisen schädlich. Mangan in kleinen Mengen entfärbt einen schwachen Eisenoxydgehalt. Der Eisengehalt soll für Kristallglas höchstens 0,015%, bei Hohlglas 0,05% betragen und bei gewöhnlichem Glas nicht über 0,5% steigen. Bei Flaschenglas spielt er keine Rolle (Dammer und Tietze, II. Auflage).

Approximativ kann der Eisengehalt leicht durch Glühen des Sandes ermittelt werden, da sich das Gut dabei verschieden intensiv braun färbt.

Ein kleiner Kalk- und Tongehalt setzt den Schmelzpunkt herab, weshalb er bei der Erzeugung des weichen Glases erwünscht ist. Für feinere Sorten müssen diese Bestandteile, wie auch die Glimmerblättchen, welche den Eisengehalt vermehren, durch Schlämmen entfernt werden. Die chemische Reinigung ist zu teuer, ebenso ist die Windaufbereitung — Wegblasen der leichteren Glimmerblättchen — bis jetzt nicht über das Versuchsstadium hinausgekommen.

An Stelle des Quarzsandes kann reiner gemahlener Gangquarz treten, doch muß für die Entfernung der Eisenteilchen, welche durch die Abnützung der Maschine in das Gut gelangen, am besten auf magnetischem Wege, gesorgt werden.

Die reinsten Glassande werden mit 9 bis 10 Mark pro Tonne loko Grube bezahlt, die minderen Sorten mit 4 bis 5 Mark pro Tonne.

Äußerst feinen, weißen, kieselsäurereichen (97%) Sand kennt man in Bayern unter dem Namen „Neuburger Weiß" oder „Neuburger Kieselkreide", in Istrien als „Saldame"; er wird geschlämmt und überdies noch gemahlen und findet seine Hauptverwendung als Putzmittel, Putzseife und in der Farbenindustrie.

Wegen seines hohen Kieselsäuregehaltes und seiner Reinheit wird der Feuerstein dem Quarzsand oft vorgezogen. Er wird gebrannt und gemahlen und liefert ein rein weißes Material, aus dem z. B. in England das sogenannte Flintglas erzeugt wird. Der Feuerstein findet sich als Konkretion unter anderem in der norddeutschen Kreide. Die Kieselsäure stammt aus den Spongiennadeln und Radiolarienpanzern dieser Sedimente. Die kugelartigen Gebilde werden wegen ihrer hohen Härte und geringen Abnützbarkeit, wenn genügend abgerundet und oberflächenrein, direkt, sonst nach künstlicher Abschleifung als bewegtes Schleif- und Zerkleinerungsmittel verwendet (Kugelmühlen). Besonders beliebt sind die dänischen Feuersteinkugeln, die pro Tonne sortiertes Material loko Grube mit 50 bis 55 Mark gehandelt werden (Dammer und Tietze, II. Auflage).

Der Quarzsand wird weiters als Füllmittel für Filteranlagen, als Schleifsand bei Sandstrahlgebläsen, zur Erzeugung von Kalksandziegeln, als Magerungsmittel in der Tonwarenindustrie usw. verwendet.

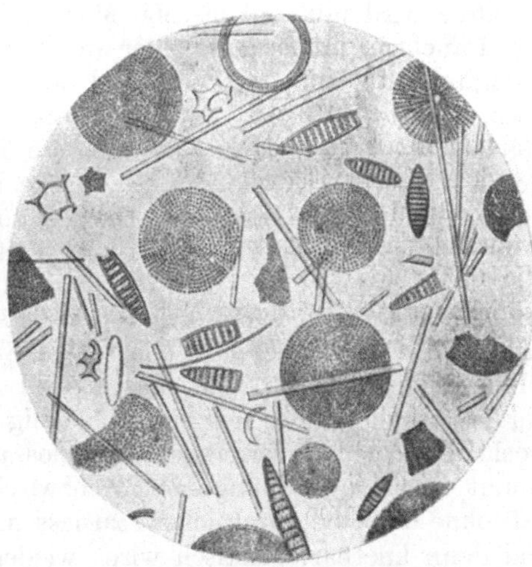

Abb. 47. Diatomeenschlamm von der antarktischen Eisgrenze aus 4036 m Tiefe (nach Murray-Philippi aus Salomon, Geologie)

Tripel und Kieselgur. An den Quarzsand kann der Tripel (Polierschiefer) und die Kieselgur angeschlossen werden. Ursprünglich wurde feinerdiger Opal als Tripel bezeichnet, der zu Schleifzwecken verwendet wurde. Abgesehen davon, daß Opal verhältnismäßig schwer ist, erkennt man Tripel und Kieselgur daran, daß sie sich unter dem Mikroskop als Kieselpanzer kleiner Algen, der Diatomeen, auflösen, welche teils längsgestreckt, teils röhrenförmig gestaltet sind (Abb. 47). Auf der Hohlform derselben beruhen die technisch wichtigen Eigenschaften dieses Materials.

Prof. Dammer schreibt über diese Gesteine: „Das spezifische Gewicht der ungeschlämmten Kieselgur ist etwa 1,9 bis 2,1. 1 m^3 weiße, geschlämmte Kieselgur wiegt nur zirka 215 kg. Die einzelnen Bestandteile sind porös, wodurch das hohe Absorptionsvermögen und die geringe Leitfähigkeit für Wärme, Schall und Elektrizität bedingt ist. Dazu kommt noch die Feuerbeständigkeit, die Widerstandsfähigkeit gegen Säuren und gegen andere Chemikalien sowie der hohe Gehalt an reiner Kieselsäure. Die Farbe ist weiß, gelb oder rot."

Die Kieselgur unterscheidet sich vom zerreiblichen, blättrigen Tripel im wesentlichen nur durch den geringen Grad der Verfestigung. Ihre Farbe ist weiß, grau, öfter mit einem Stich ins Braune oder Grüne. Bei größeren organischen Beimengungen brennt die einmal entzündete Masse.

Die Kieselgur wird wegen ihrer hohen Aufsaugefähigkeit in der Dynamitfabrikation (heute vielfach durch brennbare Aufsaugestoffe ersetzt), als Filtermaterial zur Klärung von Flüssigkeiten verwendet; infolge ihrer Porosität eignet sie sich besonders zur Herstellung von Isoliermitteln und Kunststeinen. Ihr hoher Kieselsäuregehalt gibt Anlaß zu ihrer Verarbeitung zu feuerfesten Baustoffen; sonst hat die Kieselgur in der pharmazeutischen und Textilindustrie Eingang gefunden. Auf ihre Eignung als Polier- und Putzmittel deutet der Name Polierschiefer hin.

Tripel und Kieselgur bilden oft mehrere Meter mächtige Lager im Tertiär, Diluvium und Alluvium. Sie werden in offenen Gräbereien abgebaut. Wenn sie durch Sand, organische Substanz und Eisenoxyd verunreinigt sind, muß das gewonnene Gut dementsprechend gereinigt werden. Der Sand wird herausgeschlämmt, die organischen Stoffe herausgebrannt, das Eisenoxyd, welches für bestimmte Zwecke schädlich ist, chemisch entfernt. Die wegen einer eventuellen Sinterung nicht zu scharf gebrannte Masse wird gemahlen und gelangt in Säcke verpackt zum Versand. Nur die reinen, so gut wie vollständig aus Diatomeenpanzern bestehenden und höchsten 1—13% Verunreinigungen enthaltenden Vorkommen sind wegen der schon geschilderten Eigenschaften wertvoll. Das Rohmaterial erzielt einen Preis von 80 Mark pro Tonne, das aufbereitete wird mit 180 bis 360 Mark gehandelt.

Daneben gibt es mehr oder weniger an Kieselgur reiche Tonlager, die oft raumprozentig zum größten Teil aus Diatomeenpanzern, gewichtsprozentig aber überwiegend aus Ton bzw. Kalk bestehen. Aus einem derartigen Stoff können lokal verhältnismäßig leichtere Bausteine als aus reinem Ton erzeugt werden, für sonstige technische Zwecke ist er aber unbrauchbar.

Schlamm, Ton, Kaolin. Die Zerstörungsprodukte der Gesteine zerfallen während des Transportes durch das fließende Wasser in ihre kleinsten Teile, die mit dem unbewaffneten Auge nicht mehr voneinander getrennt werden können; erst unter dem Mikroskop lösen sie sich in Splitter verschiedener Mineralien auf. Meist überwiegt die tonige Substanz über die feinsten Quarz- und Glimmerpartikelchen. Die Masse wird von organischen und Eisenkolloiden durchsetzt und bildet den sich schleimig anfühlenden Schlamm. Dieser ist im trockenen Zustand zerreiblich, glanzlos und haftet an der Zunge. Befeuchtet nimmt er bis zur Füllung der Porenzwischenräume (Sättigung) begierig Wasser auf, ohne dasselbe durchsickern zu lassen, wobei er an Umfang zunimmt, quillt und dann knetbar, plastisch wird; wieder getrocknet, gibt er das Wasser teilweise an die Luft ab. Er schwindet unter Volumsabnahme und erhält Trockenrisse. Die Korngröße der einzelnen kolloidalen Körperchen liegt beiläufig bei 0,001 mm, doch beginnen bereits Mehle von 0,02 mm Größe an sich den Kolloiden zu nähern, so daß der Einschlag kleinster kristalloider Verunreinigungen die erwähnten Eigenschaften der tonigen Grundsubstanz kaum beeinträchtigt.

Durch Wasserabgabe konsistent gewordene Ablagerungen von tonigem Schlamm bezeichnet man als Ton. Ist letzterer durch Quarzkörnchen, Glimmerschüppchen, Kalk, Eisenhydroxyd usw. verunreinigt, dann spricht man von Lehm. Tonige, vorwiegend kolloidale Verwitterungsprodukte, welche mit unzersetzten Materialien vermischt an Ort und Stelle die feldspathaltigen Gesteine, aus denen sie hervorgegangen sind, überlagern, bezeichnet man als Verwitterungslehme.

Wir unterscheiden plastische, sich fettig anfühlende Tone (fette Tone) von solchen, welche mit kristallinen Beimengungen durchsetzt sind und sich beim Kneten zwischen den Fingern rauh anfühlen (magere Tone). Ist der Ton frei von Substanzen, die den Schmelzpunkt herabsetzen, dann bezeichnet man ihn als feuerfest, vorausgesetzt, daß sein Schmelzpunkt über 1580° liegt (S. 205). Alaunton ist ein meist bituminöser, mit Kalium- und Eisentonerdesulfat imprägnierter Ton. Das ursprüngliche Eisenbisulfid, der Pyrit, eventuell Markasit, wird unter Einwirkung des Wassers zu Eisensulfat umgesetzt, die dadurch freiwerdende Schwefelsäure bewirkt die Bildung des Aluminiumsulfates. In früheren Zeiten wurde in den sogenannten Alaungärten aus diesem Alaunton der Alaun gewonnen. Heute wird derselbe auf synthetischem Wege erzeugt.

Gemenge von vorwiegend Eisenoxydhydrat bzw. Eisenoxyd mit tonigen, kalkigen Bindemitteln heißen Ocker. Es sind Farberden, welche die Unterlage für Erdfarben in den verschiedensten Tönen — von Gelb (Terra di Sienna) über Rot bis Braun — liefern. Man unterscheidet fette, tonhaltige Ocker von großer Deckkraft und magere, kalk-sandhaltige Ocker, die durchscheinende Anstriche geben.

Das Rohprodukt ist selten so rein, daß es sofort verwendet werden kann, es wird vielmehr zuerst geschlämmt, durch Filterpressen entwässert und getrocknet. Dasselbe kommt entweder als Naturfarbe in den Handel, oder es erhält durch Mischung mit anderen Substanzen, auch durch Brand, die gewünschte Nuance. Je höher der Gehalt an Eisenoxydhydrat und je niedriger der Gehalt an Ton und anderen Oxydhydraten, namentlich dem des Mangans ist, desto reinere und deckkräftigere Farbtöne besitzt es. Durch das Steigen des Eisenoxydhydrates wird eine dunklere Tönung erzielt; Mangan hat eine ähnliche Wirkung, doch wird das Produkt weniger wertvoll, da nach der Kalzination das intensive Rot des Eisenoxydes einem Braun weichen muß. Durch Kalzination wird Deckkraft und Trockenfähigkeit meistens erhöht; nach dem Brennen ist eine genügend lange Lagerung notwendig, damit das Kalziumoxyd in der Fertigware nicht hydratisiert wird.

Die Zusammensetzung des Ockers ist eine sehr wechselnde. Rose errechnete für getrocknete Proben einen Tongehalt von 36% in den dunklen und 80% in den lichtesten Sorten, das Fe_2O_3 mit 12 bis 38%, das CaO mit 0 bis 6%, das MnO_2 mit 0 bis 0,4%, das SO_3 mit 0 bis 5% und das H_2O mit 6 bis 15%; es gibt aber auch Sorten aus fast reinem Eisenhydroxyd. Um sich ein Bild über die Brauchbarkeit zu machen, bestimmt man in einer Durchschnittsprobe vor allem den Feuchtigkeitsgehalt, dann schlämmt man dieselbe in 3 bis 4 Bechergläsern so lange, bis man die farbstofffreien Beimischungen, wie Sand, Steinchen usw., abscheiden kann, und wiegt den nun reinen Farbrückstand im getrockneten und kalzinierten Zustand, wobei man auch die aus dem Material zu erzielenden Farbtöne erhält. Für bayrischen Rohocker mit 25 bis 30% Feuchtigkeitsgehalt wurden nach O. Dammer 30 Reichsmark pro Tonne loko Werk gezahlt.

Wasserhaltige amorphe Tonerdesilikate mit wechselndem Eisen- und Mangangehalt, fettig sich anfühlend, haben den Sammelnamen Bolmineralien erhalten. Hieher gehören der gelbe Melinit, das lavendel-, pflaumen-, auch blaugraue Eisensteinmark, die braune Bergseife, der graue Cimolit, die braune oder grüne, aus der Zersetzung basischer Eruptivgesteine entstandene Walkerde. Diese Erden werden gereinigt und dienen als Seifenersatz und zur Entfernung von Fettflecken; die Walkerde speziell zum Klären von vegetabilischen und mineralischen Ölen.

Durch organische Bestandteile und Eisenoxydulverbindungen werden Tone blaugrün, durch Braunkohle braun, durch sonstige kohlige Bestandteile schwarz, durch Graphit schwarzgrau gefärbt. Erdige Braunkohlen mit 5 bis 18% Ton geben das Rohmaterial für eine braune Farbe, die unter dem Namen Kasseler Braun, Kölnische Erde oder Umbra in den Handel gelangt.

Unreine Tone von grauer bis grüner Farbe heißen Tegel, besonders fette Arten Letten, gelbe bis braune, stark sandige, magere Sorten Lehm. Aus allen diesen Arten werden Ziegel gebrannt.

Die Verwendung des Tones zur Herstellung hydraulischer Bindemittel (S. 222) und als feuerfestes Rohprodukt (S. 205) wird in den entsprechenden Kapiteln behandelt.

Vorwiegend kolloidale Tone nehmen gelöste kristalloide Stoffe auf, geben sie eventuell später als Ausblühungen wieder ab. Kolloidale Lösungen, wie Anilinfarben usw., hingegen werden von ihnen mit großer Kraft adsorbiert und festgehalten. Darauf beruht die Anfärbung der Tone in der Farbenindustrie.

Kaolin. Unter bestimmten Bedingungen bildet sich in unseren Klimaten bei der Zersetzung feldspathaltiger Gesteine (Granite, Arkosen usw.) an Ort und Stelle flächenweise nicht vorwiegend kolloidaler Ton, sondern wesentlich kristalloider Rohkaolin, der meist noch die Struktur des Muttergesteins mehr oder minder deutlich zeigt.

Der Feldspat verliert bei dieser Umwandlung sein Kalium (bzw. Natrium und Kalzium) sowie einen Teil seiner Kieselsäure:

$$\underset{\text{Orthoklas}}{K_2O \cdot Al_2O_3 \cdot 6\,SiO_2} + 2\,H_2O + CO_2 = \underset{\text{Kaolin}}{Al_2O_3 \cdot 2\,SiO_2 \cdot 2\,H_2O} + K_2CO_3 + 4\,SiO_2.$$

Überdies wird ein Teil des Eisens und Magnesiums aus dem Gestein ausgelaugt.

Ob derartige Kaolinlagerstätten unter Mitwirkung der aus überlagernden Mooren und Kohlenflözen stammenden Humussäuren und kohlensäurehaltigen Wässer entstanden sind oder ob sie, wie Harrassowitz annimmt, ein Glied einer Reihe sind, in der auch der Laterit und Bauxit zu finden ist, ist eine noch umstrittene Frage.

Neben dieser wichtigen lagerartigen Form kann der Kaolin als Zersetzungsprodukt der Feldspate durch Pneumatolyse, als Begleiter von Erzlagerstätten, Gang- oder Stockform annehmen. Diese Vorkommen haben aber wegen ihrer zu geringen Ausdehnung für die Praxis keine Bedeutung.

Bewertung und Gewinnung von Tonlagern. Tonlager verraten sich oberflächlich durch stagnierende Wässer, als Einschaltungen im Schichtverband eventuell durch Quellaustritte. Hat man das Vorhandensein des Tones festgestellt, so wird je nach der Lage das Feld abgebohrt, durch Stollen oder Versuchsgruben untersucht. Durch diese Vorarbeiten wird die Länge, Breite und Mächtigkeit der Lagerstätte ermittelt, eventuell schädliche Einschaltungen wie Sande, Gerölle usw., Beimengungen wie Schwefelkies, Gips usw., Ausblühungen wie Salpeter usw., konstatiert und Proben für die Qualitätsbestimmung des Tones entnommen. Bei unregelmäßiger Unterlage der Lagerstätte ist durch eine genügende Anzahl von Bohrungen die Durchschnittsmächtigkeit festzustellen. Bohrkerne sind, eventuell unter Verrohrung, rein zu ziehen, damit das Untersuchungsresultat eindeutig ist. Die Rentabilität hängt dann in erster Linie von der Güte des Materials, der günstigen Frachtlage und von der leichten Gewinnbarkeit ab.

Die Gewinnung des Tones erfolgt im Tag- und Grubenbau. Der Tiefbau ist wegen seiner höheren Kosten nur bei den wertvollen feuerfesten Varietäten zulässig. Der Abbau erfolgt dann meistens, ähnlich wie bei der Braunkohle, durch Herausnahme größerer oder kleinerer Kammern, welche entleert von selbst zu Bruche gehen (Kammerbruchbau); länger offen gehaltene Förderstrecken müssen wegen der Blähung des Tones einen starken Türstockausbau mit Grundsohle und dichter Verschalung, überdies eventuell einen Sohlenstrich aus Beton (7 Sand:1 Zement) erhalten.

Häufig wird feuerfester Ton gleichzeitig mit der Kohle, als deren Liegendes oder Hangendes er auftritt, gefördert (Karlsbad, Kladno). Hin und wieder ist er mit der Kohle derart verwachsen, daß die Masse angezündet brennt, die Asche als fertige Schamotte zurückbleibt (Kreidekohle von Böhmisch Trübau). Auch unter Wasser kann der Ton mit auf Schiffen montierten Eimerbaggern gewonnen werden. Häufig wechsellagert Ton mit wasserdurchlässigen Schichten, dann ist beim Abbau auf die Rutschgefahr besonders Rücksicht zu nehmen; schreitet z. B. der Tagbau rasch vor, so können sich die angerissenen Schichten leicht vorwärtsschieben und weitentfernte Objekte gefährdet werden. Noch gefährlicher ist, namentlich im Tiefbau, das Auftreten von Schwimmsand, der bei unvorsichtigem Vorgehen während des Aufschlusses oder Abbaues der Lagerstätte die Grube zum Erliegen bringen kann.

Laterit — Bauxit. Die Endglieder der Entbasung, Entkieselung, Enteisenung und Anreicherung von Tonerde bei der Verwitterung der Aluminiumsilikate sind der Laterit und der Bauxit, die Harrassowitz Allite (Al) nennt.

Als Laterit wird das aus verschiedenen Gesteinen, z. B. Eruptiven, nach Harrassowitz auf dem Wege über Kaolin, entstandene, hauptsächlich aus kristallinem Tonerdetrihydrat (Hydrargillit) $Al_2O_3 \cdot 3\,H_2O$ bestehende tropische Verwitterungsprodukt bezeichnet. Dieses hat einen theoretischen Tonerdegehalt von 65% und einen Wassergehalt von 35%, der aber wegen der Verunreinigungen durch SiO_2, Fe_2O_3 und TiO_2 meist geringer ist. Die tiefgründige Verwitterungszone stellt ein Gemisch von reinem und unreinem Ton, Braun- und Roteisenstein (letztere teils als Imprägnationen, teils als lagerartige Konzentrationen von oft pisolithischem Aussehen) mit gelbem und gelbbraunem, porösem Laterit dar.

Der Bauxit besteht der Hauptsache nach aus kolloidalem Tonerdemonohydrat ($Al_2O_3 \cdot H_2O$) mit theoretisch 15% H_2O und 85% Al_2O_3. Auch dieses Gestein ist entsprechend seiner Entstehung durch dieselben Verunreinigungen gekennzeichnet wie der Laterit; es ist jedoch dichter als dieser. Seine Farbe ist gelb, braun bis rot.

Der Bauxit findet sich als Zersetzungsprodukt junger Eruptivgesteine bei Beaux und in den Vogelsbergen der Eifel, ferner auch in Form von Nestern und größeren lagerartigen Ansammlungen im Kalk, wo er, wie dies Harrassowitz betont, stets an Diskordanzen gebunden ist. Seine Farbe und Lagerstättenform ist dieselbe wie bei den Tonresiduen der Kalke, die unter dem Namen „terra rossa" die tonigen Verwitterungsrückstände des Karstkalkes darstellen.

Beide Gesteine können zur Aluminiumfabrikation verwendet werden, doch wird derzeit wohl noch in erster Linie Bauxit als Standardmaterial gebraucht. Dieser kommt als reines Mineral in der Natur in größeren Massen kaum vor, so daß er in diesem Zustand für die Praxis nicht in Betracht kommt. Die schon vorerwähnten Verunreinigungen müssen daher bei der Verwertung vor allem berücksichtigt werden. Die Aluminiumerze sollen mindestens 52% Al_2O_3 und höchstens 4,5% des sehr schädlichen SiO_2 enthalten, ebenso unerwünscht ist ein höherer Titansäuregehalt als 2%; der Eisengehalt ist für die Aluminiumerzeugung nicht störend, für die Tonerdesulfatgewinnung soll er nicht über 3% Fe_2O_3 gehen.

Die Bewertung des Bauxites erfolgt auf einer Basis von 58% Tonerde und 3% Kieselsäure, wobei für jedes Prozent Tonerde, mehr oder weniger, 1 Mark 50 Pfennig berechnet wird, jedes Prozent Kieselsäure mehr einen Abzug von

2 Mark zur Folge hat. Auf dieser Basis stellt sich die Tonne in der Dampferladung auf etwa 13 bis 14 Mark fob istrischem, dalmatinischem oder südfranzösischem Hafen.

Die Feuchtigkeit im Bauxit wechselt mit der Jahreszeit und beträgt in der Regel 8 bis 14%; sie wird durch Erhitzen auf 100° C festgestellt (B. Dammer).

Auch Kryolith (Na_3AlF_6) von der Westküste Grönlands (50 Dollar die Tonne loko Jvigtut), in neuester Zeit eisen- und kalkfreier Kaolin, kommen für die Aluminiumerzeugung in Betracht. Der Alunit $K(H_2O_2Al)_3 \cdot S_2O_8$, der an zahlreichen erloschenen Vulkanen als Solfatarenabsatz auftritt, dient zur Alaun- und Tonerdesulfatgewinnung, seine Lagerstätten sind jedoch selten genügend ausgiebig.

Über den Bauxit als feuerfestes Rohprodukt siehe S. 209. In neuester Zeit wird kieselsäurearmer Bauxit mit Kalk zu Tonerdezement verschmolzen (S. 225).

Das Quellen und Schrumpfen des Tones, seine Wasserundurchlässigkeit, Rutsch- und Gleitfähigkeit soll im Abschnitt IX A und XI A behandelt werden.

Verkittete Sedimente

Breccien, Konglomerate und Sandsteine. Breccien. Wird eckiges, loses Schuttmaterial verfestigt, dann entsteht eine Breccie. Nicht alle Breccien stammen von oberflächlichen Zertrümmerungsprodukten. An Störungen bilden sich Reibungsbreccien. Durch den Gebirgsdruck werden ganze Schichtpakete zertrümmert und durch Lösungen wieder zusammengekittet. So entstehen authigene Marmorbreccien (Abb. 58 u. 59), Serpentinbreccien (Abb. 61) mit kalkigem Bindemittel usw. Zusammengeschwemmte Muscheln oder Knochen können Muschel- oder Knochenbreccien bilden.

Breccien erreichen zuweilen eine Druckfestigkeit von über 1100 kg und sind, namentlich wenn das Bindemittel Hohlräume aufweist, ein gut ventilierender Baustein. Geschliffen und poliert geben sie oft äußerst wirkungsvolle Ziersteine.

Konglomerate. Durch Bindemittel, wie Kalk, Quarz usw., verkittete, gerundete Schotter werden als Konglomerate bezeichnet; sie können marine Strandbildungen, aber auch Fluß- oder Seebildungen sein. In der Schweiz heißen die aus verschiedenen Gesteinen zusammengesetzten Konglomerate des Tertiärs Nagelfluh, weil die Gerölle derselben durch die Verwitterung wie Nagelköpfe herauspräpariert werden.

Der Puddingstein besteht vor allem aus Feuersteinknollen, die durch ein kieseliges Bindemittel zu einem harten Konglomerat verkittet werden.

Verrucano ist eigentlich die geologische Altersbezeichnung für eine Schichte des unteren alpinen Perm, welche fast immer als weißes, graues oder rotes Konglomerat von verschiedenster Korngröße bis zum Sandstein auftritt und hin und wieder ein serizitisches Bindemittel aufweist. Manche Konglomerate, wie z. B. die goldführenden Quarzkonglomerate des Witwatersrandes in Südafrika oder die durch Limonit verbundenen Quarzschotter, wurden nachträglich durch wässerige Erzlösungen imprägniert.

Nach der Zusammensetzung der Konglomerate ist es, ähnlich wie beim Schotter, möglich, die Herkunft der einzelnen Bestandteile zu ermitteln und alte Flußläufe zu rekonstruieren.

Ähnlich wie die Breccien haben die Konglomerate einen sehr verschiedenen Festigkeitsgrad. Dieser hängt, abgesehen von der Art der Gerölle, vor allem von dem Bindemittel ab; er bewegt sich um 500 kg auf den Quadratzentimeter, kann aber bei kieseligem Zement auf 1000 bis 2000 kg pro Quadratzentimeter steigen. Oft trifft man sehr junge diluviale Konglomerate, welche durch Kalk und Ton verkittet sind; namentlich Kalkschotter neigen zu rascher Verfestigung. Das Bindemittel solcher Typen ist aber fast immer sehr unregelmäßig, so daß die Gerölle durch Frost und Verwitterung leicht aus ihrem Verband gelöst werden. Anschnitte in derartigen Gesteinen scheinen anfangs sehr gut zu stehen, müssen aber bald künstlich gestützt werden, wenn nicht Rutschungen auftreten sollen.

Sandstein. Werden Sandkörner verkittet, dann entsteht aus dem Sand der Sandstein. Hirschwald unterscheidet einen Umhüllungskitt, der die einzelnen Körner aneinanderkittet, und ein Porenfüllmittel, welches die frei bleibenden Räume erfüllen kann (Abb. 48).

Die primären Teile (Sandkörner) sind meistens Quarz, seltener Kalk, Dolomit, Feldspat usw. Auch die Kittmasse ist bei den einzelnen Varietäten verschieden.

Besteht sie aus Kalk oder Dolomit (Kalk- und Dolomitsandstein), so kann dieser leicht ausgelaugt und an anderen Stellen in Form von Krusten, Tropfsteinen usw. wieder abgesetzt werden. Das Aufbrausen mit Säuren ist ein leichtes Erkennungszeichen für diese Art des Kittes.

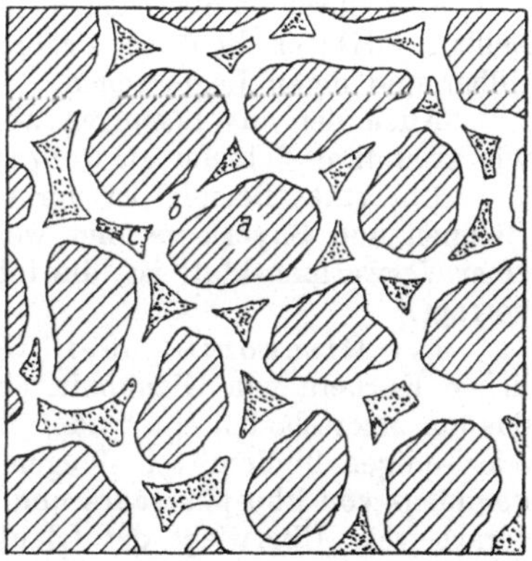

Abb. 48. Struktur des Sandsteines *a* Sandkörner, *b* Umhüllungskitt, *c* (punktiert) Porenfüllmittel

Tonige und mergelige Bindemittel machen den Tonsandstein wenig wetterbeständig und können durch Wasseraufnahme ein Quellen desselben hervorrufen; sie erweichen und zerfrieren dann leicht und werden mit der Zeit herausgewaschen, so daß die Sandkörner als Skelett zurückbleiben. Man beobachtet an fertigen Bauten ein Zerfressen der Oberfläche, eine Aufblätterung, schließlich sogar einen Zerfall des Materials.

Tonige Bestandteile verraten sich leicht durch den charakteristischen Geruch, namentlich beim Anhauchen.

Der Flyschsandstein der österreichischen Alpen, der sehr viel bei öffentlichen Bauten verwendet wird, liefert zwar großfallende Bausteine und hat frisch gebrochen ein festes Aussehen, verwittert aber bei einem höheren Mergel- bzw. Tongehalt sehr rasch. Diese Eigenschaft hat sich besonders beim Bau der Wiener Stadtbahn unangenehm bemerkbar gemacht.

Ähnliche Eigenschaften wie Ton haben Beimischungen von Blättchen und Schuppen weicher Mineralien, wie Glimmer, Talk, Chlorit usw.; sie setzen besonders die Wetterbeständigkeit herab (S. 160).

Brauneisenstein tritt primär als Bindemittel auf; teils durchtränkt er auf weite Strecken den Sand zu Limonitsandstein, z. B. in Bayern, wo Jurasandstein mit 30 bis 40% Eisen als Eisenerz abgebaut wird, teils reichert sich der Limonit konkretionär in kolloidaler Form unter Beteiligung der Humussäure in einzelnen Bänken an und bildet z. B. den in der Landwirtschaft gefürchteten Ortstein. In sauren Böden entstehen so 7 bis 10 cm starke wasserundurchlässige Lagen, die das Weiterwachsen der Wurzeln verhindern. Die Natur gibt uns hier ein Beispiel an die Hand, wie es durch kolloidale Durchtränkungssubstanzen bzw. Bindemittel möglich ist, wasserdurchlässige Schichten, z. B. geschüttete Dämme, undurchlässig zu machen.

Das festeste Bindemittel ist die Kieselsäure. Sie kann als Quarz, Chalzedon oder Opal vorhanden sein. Solange die Bruchstücke noch mit freiem Auge zu sehen sind, sprechen wir von Sandsteinen; lösen sich letztere erst unter der

Lupe oder im Mikroskop in ihre einzelnen Teile auf, so erhalten sie den Namen Kittquarzit.

Quarzite bilden oft mächtige Bänke im geologischen Schichtenverband und finden vor allem in der Industrie als feuerfeste Steine Verwendung. In England heißen sie Ganister (siehe S. 204).

Das Ursprungsmaterial der Quarzite kann neben Sand aus Quellabsätzen (Kieselsinter), Diatomeen-, Radiolarien-, Kieselspongienresten bestehen, die einer späteren Umkristallisation unterlegen sind. So bezeichnet man als Kieselschiefer dichte, mikroskopisch feinkristalline, schwärzliche, grünliche und rötliche, oft gebänderte Gesteine, in welchen noch hin und wieder Radiolarien usw. nachgewiesen werden können. Hornstein, Jaspis und Chalzedon sind ihre häufigen Begleiter.

Der durch Kohleteilchen schwarz gefärbte, glatte und dichte Kieselschiefer heißt Lydit; er dient als Probierstein für die Strichuntersuchung von Gold und Silber und deren Legierungen.

Auch der aus Lösungen abgeschiedene Gangquarz kann in ähnlicher Weise wie kristalline Schiefer zu Quarzit umkristallisieren.

Ein gutes Beispiel ist der sogenannte Pfahlquarz, der auf lange Strecken in Böhmen und Bayern verfolgt werden kann und nichts anderes als die Ausfüllung einer Verwerfungskluft ist, die infolge ihrer Härte heute über ihre Umgebung hervorragt.

Der Glaukonit- oder Grünsandstein besteht aus olivgrünen, rundlichen Körnern von Glaukonit, einem Silikat von Eisenoxydul, Tonerde und Kali, das am Meeresboden entstanden ist, ferner aus Quarzkörnchen und einem sandigen oder tonigen Bindemittel. Wegen seines Alkaliengehaltes und des eventuellen Vorkommens von Phosphorsäure und Kalk wird er gemahlen und zu einem Dungmittel verarbeitet. Überwiegt der Glaukonit über die anderen Bestandteile, so daß das Gestein nicht einen grüngesprengelten, sondern einen fast einheitlichen grünen Eindruck macht, dann wird es wegen seiner Farbenbeständigkeit in der Öl- und Wassermalerei verwendet. Nicht zu verwechseln ist der Glaukonit mit dem ebenfalls grünen kalihaltigen Eisentonerdesilikat Grünerde, welches sich auf Spalten und in Hohlräumen von Ergußgesteinen absetzt und aus welchem das Seladon-, Cyprisch- oder Veronesergrün erzeugt wird. Glaukonitsandstein bräunt sich leicht an der Luft.

Glimmersandsteine, die verhältnismäßig seltenen Gips-, Barytsandsteine usw. benötigen keiner näheren Erklärung.

Die Farbe der Sandsteine kann eine sehr verschiedene sein. Beimengungen von Eisenoxyd färben sie rot, solche von Eisenhydroxyd braun und gelb. Durch Glaukonit werden sie grün, durch Manganoxyde schwarz, durch Graphit schwarzgrau gefärbt. Die schwarze Färbung durch kohlige Substanz bleicht an der Luft leicht aus. Quarzite sind meistens weiß oder gelblich.

An akzessorischen Bestandmassen kommen im Sandstein Tonanhäufungen, Tonknollen oder Konkretionen, sogenannte Tongallen, alle Abarten der Kieselsäure, wie Quarz, Amethyst, Chalzedon, Opal usw., vor. Ebenso häufig sind Konkretionen von Brauneisenstein, Phosphorit, Gips, Mergel, Kalk, Pyrit und Markasit. Sie schädigen durch leichtes Ausfallen aus dem Verband die Oberfläche des bearbeiteten Gesteines.

Das spezifische Gewicht des Quarzsandsteines kann mit 2,3 bis 2,9 angenommen werden, schwankt jedoch je nach dem Bindemittel und den Porenhohlräumen. Aus den gleichen Gründen lassen sich keine genaueren Schüttungszahlen angeben.

Das gleiche gilt für die Porositätsverhältnisse und chemische Zusammensetzung.

Auch die Druckfestigkeit ist von dem Bindemittel und seiner gleichmäßigen Verteilung abhängig. Tonreiche Sandsteine werden wohl bis gegen 500 kg, mergelige und Quarzsandsteine bis 1200 kg, Quarzite dagegen bis 1800 kg Druckfestigkeit auf den Quadratzentimeter erreichen, können jedoch bis auf 3000 kg steigen.

Die Bearbeitbarkeit zeigt die gleichen Verhältnisse. Die tonreichen Sandsteine sind weich, leicht säg- und formbar und eignen sich nur, wenn der Ton verkieselt ist, für Außendekorationen; mergelige Sandsteine sind frisch gebrochen weich, manche Abarten erhärten aber an der Luft. Hart sind Quarzsandsteine, sehr hart Quarzite und Kieselschiefer. Diese beiden letzten Sorten erreichen oft eine solche Härte, daß ihre Zurichtung große Kosten verursacht (Karlsbader Findlingsquarzit) und die Bohrarbeiten im Berg- und Tunnelbau durch langsamen Vortrieb und außerordentliche Abnützung der Bohrer in ihren Gestehungen um ein bedeutendes erhöht werden. Bei Voranschlägen ist daher auf die erforderliche Qualität des Bohrstahles und die erhöhten Kosten Rücksicht zu nehmen. Umgekehrt werden diese Gesteine wegen ihrer großen Härte gerne zu Pflasterwürfeln verarbeitet.

Die Verwendung der Sandsteine ist eine vielfache. Wegen ihres häufigen Vorkommens in allen geologischen Formationen, ihrer Großbrüchigkeit und schönen Farbtönung werden sie namentlich bei guter Wetterbeständigkeit gerne zu Monumentalbauten und Bildhauerarbeiten herangezogen, dagegen eignen sie sich nicht, mit Ausnahme der besten Quarzite, zu Wasserbauten. Rauhe und schwer abnützbare Sorten werden zu Mühl- und Schleifsteinen, bei schieferiger Struktur zu Dach- und Hausbekleidungstafeln, bei großer Härte zu Pflaster und Steinschlag verarbeitet.

Die Quarzite sind eines der Rohmaterialien in der Industrie feuerfester Baustoffe. Über die Eigenschaften, welche sie zu diesem Zwecke besonders befähigen, wird bei den feuerfesten Materialien zu sprechen sein (S. 202).

Bei der Anlage von Sandsteinbrüchen ist vor allem der Zweck der Errichtung zu berücksichtigen, das Material auf seine Eigenschaften zu prüfen, ferner die Ausdehnung und Lage nach den allgemeinen Prinzipien des Schürfens festzustellen. Vor allem aber ist darauf zu achten, ob das Material ein einheitliches ist, da kein Gestein so sehr zu faziellen Unterschieden neigt wie dieses.

Es wechseln nämlich festgebundene Lagen oft mit weicheren Schichten; auch in der Richtung des Streichens kann sich die Art des Bindemittels oder die Korngröße ändern.

Die Bankigkeit und mit ihr die Großbrüchigkeit kann abnehmen, auch können durch Druckschieferung bzw. Lassen große Partien unbauwürdig werden. Tonige und serizitische Zwischenlagen schädigen speziell die Gewinnung feuerfester Quarzite, da sie zum mindesten ausgehalten werden müssen und dadurch das Ausbringen verkleinern.

Die Preise richten sich, abgesehen von der Güte, sehr nach lokalen Verhältnissen. Sächsischer Elbesandstein kostet in rauhen Stücken ohne gleichmäßige Farbe 40 Reichsmark der Kubikmeter, in großen Stücken von reiner Farbe 60 Reichsmark der Kubikmeter, Oberkircher Sandstein 80 Reichsmark der Kubikmeter.

Grauwacke. Als Grauwacke bezeichnet man feinbrecciöse graue Sandsteine, bestehend aus Quarz, Feldspat, Glimmer und Trümmern anderer Gesteine mit tonig-kieseligem Bindemittel. Der Umstand, daß in den Ostalpen Teile des Paläozoikums mit ihren Phylliten, Sandsteinen, Chloritschiefern als Grauwackenzone bezeichnet wurden, hat der Bezeichnung Grauwacke einen verschiedenen Inhalt gegeben. Die Grauwacke liegt vornehmlich im Paläozoikum und neigt vielfach bereits zur kristallinen Schieferbildung hin.

Infolge ihrer hohen Druckfestigkeit (im Harz bis 3000 kg/cm²) ist die echte Grauwacke ein beliebter Pflaster-, Mühl- und Baustein.

Arkose. Unter Arkosen versteht man feldspatreiche Sandsteine, die bei ausgeschalteter chemischer Verwitterung durch mechanischen Zerfall im ariden Klima aus Graniten und Gneisen hervorgegangen und mit diesen häufig durch Übergänge verknüpft sind. Oft erreichen sie eine große Mächtigkeit. Besonders wertvoll ist die weiße Varietät, da sie bei tiefgründiger sekundärer Zersetzung — genau so wie Granit — Kaolin liefert. Der Kaolin bei Pilsen ist wegen seiner geringen Plastizität und seines höheren Eisengehaltes als Porzellanerde nicht verwertbar, in der Steingut- und Papierindustrie dagegen sehr gesucht. An anderen Stellen, z. B. in Thüringen, liefern Arkosen gute Porzellanerde. Bei der Aufbereitung wird als Nebenprodukt der verhältnismäßig reine Quarzsand gewonnen und zur Erzeugung feuerfester Ziegel usw. verwendet.

Schieferton, Tonschiefer. Durch den Einfluß des Belastungsdruckes der überlagernden Schichten, noch mehr durch den Druck gelegentlich gebirgsbildender Bewegungen, erleidet der plastische massige Ton einen Prozeß der Verfestigung, der das Material zunächst in Schieferton, dann in Tonschiefer umwandelt. Der Ton gibt unter dem Einfluß des Druckes Wasser ab, gleichzeitig zeigt er das Bestreben, sich in Schichten zu gliedern. Ist der massige Charakter des Tones zwar noch vorhanden, erfolgt aber bereits, namentlich beim Abbau, eine Spaltung nach parallelen Flächen, so sprechen wir von Schieferton. Bei fortschreitender Druckverfestigung bildet sich ein stark entwässerter Tonschiefer mit deutlicher Schichtung, oft bereits mit mikroskopisch kleinen Mineralneubildungen, wie Glimmer, Rutil, Turmalin. Ist der Tonschiefer feuerfest, so hat er zwar infolge des Wasserentzuges seine Bildsamkeit verloren, kann aber, wie z. B. der Ton von Neurode in Schlesien, gebrannt, als magernde Schamotte in der Industrie feuerfester Baustoffe Verwendung finden. Während noch die meisten Tonschiefer unter dem Einfluß des Wassers erweichen und sich leicht in Letten, welche zu Rutschungen neigen, umwandeln, kann durch fortgesetzten Gebirgsdruck ein plattiger, fester, spaltbarer, den Witterungseinflüssen schwer zugänglicher Tonschiefer entstehen, der, je nach der Benützung, den Namen Dach- oder Tafelschiefer führt. Wird auf seine Schieferung eine zweite aufgepreßt, welche die erste kreuzt, dann entstehen stengelig brechende Griffelschiefer. Der Dachschiefer stellt mattglänzende, hellklingende, harte Platten eines gut spaltbaren Tonschiefers dar. Die Farbe ist vorwiegend dunkel bläulichgrau (schiefergrau), grünlich durch Chlorit, rötlich bis violett durch Eisenoxyd, schwarz durch Graphit und Magnetitstaub. Bei guter Qualität ist bereits eine wenige Meter mächtige Lagerstätte abbauwürdig, wenn sie im Streichen leicht zu gewinnen ist und durchgehends ein gleichmäßig gutes Material liefert. Die gleichmäßige Güte des Dachschiefers hängt von mehreren Faktoren ab. Tektonische und Verwitterungserscheinungen können große Partien zermürben. Ungleichmäßige mineralogische Zusammensetzung wird leichter verwitterbare Einschaltungen liefern, welche sich oft schon durch verschiedene Farbtöne der einzelnen Lagen verraten. Die Auswitterung von Eisenkies erzeugt eine löcherige Struktur. Ruhige Lagerung und gleicher Abstand der Klüfte wird die Größe der gewinnbaren Platten im günstigen Sinne beeinflussen.

Die Verwitterung äußert sich durch Aufblätterung und Mürberwerden der Schiefer und durch einen dumpfen, unreinen Klang der gewonnenen Platten. Die Verwitterung reicht bei steil stehenden Schichten besonders tief hinab.

In der Baugrube sind Tonschiefer, besonders wenn sie, unter hohem Gebirgsdruck stehend, gefaltet und aufgerichtet sind, sehr fest, so daß sie der Bearbeitung mit Krampen und Schaufel großen Widerstand entgegensetzen und am besten mit pneumatisch betriebenen Abbauhämmern entfernt werden. Befeuchtung erzeugt Blähungen und Rutschungen, so daß bei Wasserzusitzungen ein rasches Verbauen notwendig ist, um Schäden zu verhindern.

Der Abbau der Dachschiefer erfolgt meistens in ausgedehnten Tagbauen, seltener in dem kostspieligeren Tiefbau. Der frischgebrochene Schiefer soll möglichst bald bearbeitet werden, solange noch die Bergfeuchtigkeit vorhanden ist, da sonst seine Spaltbarkeit Einbuße erleidet. Unangenehm wird der große Abraum empfunden. In Amerika wird letzterer gemahlen und unter Zusatz von Kasein oder anderen Bindemitteln zur Herstellung künstlich gepreßter Dachschiefer benutzt.

Der Preis für den Quadratmeter Schuppendach beträgt 3 bis 4 Reichsmark. Untersuchung der Dachschiefer S. 168.

Weiche, durch kohlige Substanz gefärbte Tonschiefer werden zu Zeichenschiefern, dichte, quarzreiche zu Wetzsteinen verarbeitet.

b) Chemische Sedimente

Gips, Anhydrit, Steinsalz, Abraumsalze. Das Steinsalz und seine Begleitmineralien Gips, Anhydrit und die Abraumsalze verdanken ihre Entstehung der natürlichen Verdunstung des Meerwassers.

Die wichtigsten Bestandteile des letzteren sind folgende:

Tabelle 6

	Auf 1000 Teile (1 kg) Wasser	Der Rückstand auf 100 gerechnet
Kochsalz (NaCl)	27,18	78,32
Chlormagnesium ($MgCl_2$)	3,35	9,44
Schwefelsaure Magnesia ($MgSO_4$)	2,27	6,40
Schwefelsaurer Kalk ($CaSO_4$)	1,27	3,94
Chlorkalium (KCl)	0,61	1,69
Brom, Jod und organische Substanzen	0,05	0,08
Kalzium-Magnesium-Eisenbikarbonat	0,04	0,08
	34,77 g	99,95

Diese für das offene Meer geltenden Werte verschieben sich an Stellen, wo das Wasser durch einmündende Flüsse ausgesüßt ist, oder wo die Verdunstung größer ist als der Zufluß vom Lande her (Rotes Meer 40 bis 42 g). Überlassen wir 1000 Teile Meerwasser der Verdampfung (Abb. 49), so sehen wir bis zur Verminderung auf 200 Teile unbedeutende Mengen von Eisen-, Kalzium- und Magnesiumkarbonat in ihren Mischungen Dolomit und Breunerit auskristallisieren, dann folgen Gips ($CaSO_4 + 2\,H_2O$) und Anhydrit, das wasserfreie Kalziumsulfat. Wie J. H. van't Hoff gezeigt hat, entsteht das wasserfreie Kalziumsulfat nur bei höherer Temperatur, das ist bei mindestens 60°; bei Gegenwart von eingedicktem Salzwasser aber genügen bereits 25°, eine Temperatur, welche den natürlichen Verhältnissen entspricht.

Bei weiterer Verdunstung fallen zwischen Teilstrich 120 und 100 Gips und Kochsalz gemeinsam aus, zwischen 100 und 50 liegt die Phase des reinen Kochsalzes, den Schluß bilden die leicht löslichen Chlormagnesium-, Chlorkalium-, Jod- und Bromsalze.

Diese Ausscheidungsfolge beruht auf dem Satz, daß ein Körper um so später beim Verdampfen ausfällt, je leichter er im Wasser löslich ist.

Selbstverständlich gilt diese Regel nur für eine bestimmte Zusammensetzung des Meerwassers und für normalen Druck; Änderungen in dieser Beziehung können auch die Ausscheidungsfolge ändern.

Ein dem Experiment analoger Vorgang erfolgt auch in der Natur. Da die Verdunstung selbst der größten Meeresteile nur ein Salzlager von zirka 100 m Dicke ergeben würde, wir aber Lagerstätten von 1000 m und mehr kennen, müssen in der Natur noch besondere Umstände mitspielen. K. C. Beer und H. Ochsenius sehen in der Abtrennung einer großen Bucht von dem Hauptmeer durch eine Barre den Grund für diese Erscheinung. Während der Trockenzeiten werden die beiden Teile getrennt, in der abgeschlossenen Bai wird das Wasser durch Verdunstung salzreicher. Periodisch erfolgt wieder eine Überflutung und die Bucht wird von neuem von außen mit Salzen gespeist. So entsteht eine allmähliche Anreicherung und Auskristallisation mit Unterbrechungen und Wiederholungen und eine schließliche Ausfüllung des abgeschnürten Meeresteiles mit Salzen.

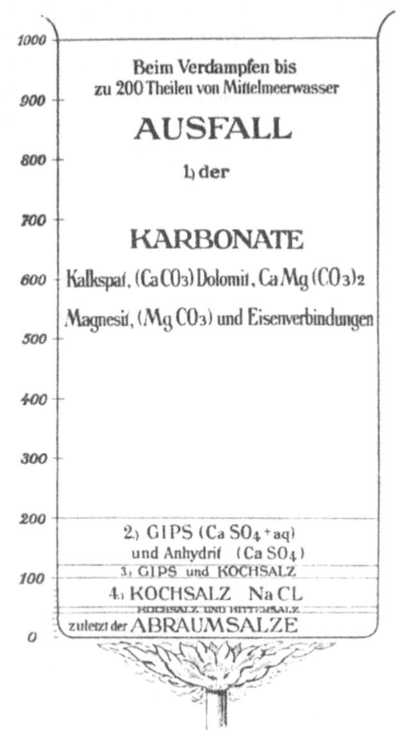

Abb. 49. Ausscheidungsfolge bei der Verdunstung des Meerwassers

Auch aus Wüstenseen kann Salz auskristallisieren.

Geschützt durch den wasserundurchlässigen Salzton bleibt die fertige Salzlagerstätte, in ihrer Gesamtheit vom Gips bis zum leichtest löslichen Jod- und Bromsalz reichend, erhalten, wie die Kalisalzlagerstätte von Staßfurt und Eggeln.

Es können aber auch die Abraumsalze fehlen oder als Rudimente vorhanden sein (Ostalpen). Zuweilen finden wir nur Gips und Anhydrit mit untergeordneter Begleitung von Salzmineralien. Jod- und Bromquellen (Hall, Darkau usw.) sind nichts anderes als Auslaugungen des Salzgebirges.

Die ursprünglich flachen Salzschichten werden infolge des Gebirgsdruckes leicht zerbrochen, jedoch auf dem Wege der teilweisen Lösung und Umkristallisation wieder verkittet und plastisch deformiert; auf diese Weise entstehen Verknetungen, Falten und verfaltete Salzstöcke (S. 233).

Die in den Salzlagerstätten sich bildenden Karbonate, wie Dolomit und Breunerit, sind nur von mineralogischem Interesse und können daher praktisch übergangen werden.

Gips und Anhydrit. Der Gips ($CaSO_4 + 2\,H_2O$) besteht aus 79,07% $CaSO_4$, 15,7% lose gebundenem Hydratwasser und 5,23 fester gebundenem Hydratwasser. Er bildet entweder wasserhelle monokline Kristalle oder durchsichtige Platten, das Marienglas, den Gipsspat. Als Gestein tritt er körnig als Alabaster auf, der für Bildhauerarbeiten verwendet wird, dicht bildet er kleinere oder größere Stöcke, welche das Rohmaterial für die Gipserzeugung liefern. Weniger wichtig ist der porphyrartige Gips, für Brennprodukte unbrauchbar ist die Gipserde. Der Gips ist weich (H 1,5 bis 2) und läßt sich mit dem Fingernagel ritzen. Seine Farbe ist weiß, gelblich, rötlich.

Der Anhydrit, $CaSO_4$, kristallisiert rhombisch; er ist härter als Gips (H 3 bis 3,5), weiß, aber auch rötlich und bläulich.

Wird der in der Natur gewonnene Gips bis auf 128° C erhitzt (man nennt diesen Vorgang das „Kochen“ des Gipses), dann wird das lose gebundene Hydratwasser ausgetrieben, es bleibt eine weiße Substanz, das Halbhydrat $CaSO_4 + {}^1\!/_2 H_2O$, der Stuckgips, zurück. Wird er mit Wasser angerührt, sättigt er sich rasch. Es erfolgt eine mit Erwärmung verbundene Umkristallisation zu dem ursprünglichen Doppelhydrat in Form eines fest zusammenhaltenden Kristallfilzes. Dieser Vorgang heißt Abbindung des Gipses; er erfolgt beim Stuckgips bereits nach einer halben Stunde. Beim Lagern des Halbhydrates steht dieses manchmal in Gips und Naturanhydrit um. Die Druckfestigkeit kann bis 125 kg auf den Quadratzentimeter steigen.

Durch Erhitzen des Stuckgipses bis nahe an die Rotglut (zirka 950°) wird dieser zu dem völlig entwässerten und schwach gesinterten Estrichgips gebrannt, der chemisch dem Naturanhydrit gleicht. Bei seiner Erzeugung soll eine Berührung mit glühender Kohle vermieden werden, da sich sonst Kalziumsulfid (CaS) bildet, welches in dem fertiggestellten Mauerwerk ein Treiben verursacht, das zur Zerstörung desselben führen kann. Auch der Estrichgips wird wie der Stuckgips mit Wasser aufgerührt und bildet wie dieser schließlich das verfilzte Doppelhydrat, doch geht die Umwandlung langsamer vor sich — ein halber bis zwei Tage —; dafür ist das Endprodukt raumbeständig, fester und haltbarer. Druckfestigkeit bis zu 250 kg auf den Quadratzentimeter. Der Estrichgips ermöglicht die Herstellung billiger, dauerhafter Böden.

Durch Zusatz löslicher Salze, wie Kochsalz, Salpeter, Chlorkalzium usw., kann der Abbindungsprozeß beschleunigt bzw. verzögert werden.

Wird der Gips über die Rotglut erhitzt, das heißt totgebrannt, dann verliert er, praktisch gesprochen, die Fähigkeit, abzubinden. Er geht zwar noch immer mit Wasser in das Doppelhydrat über, doch braucht dieser Prozeß einen größeren Zeitraum, der bei einem bis zur Weißglut gebrannten Gips nach Michaelis ein Jahr beträgt. Diese Eigenschaft hat er mit dem natürlichen Anhydrit gemein. Bei der Estrichgipsbereitung entwässert sich ein Teil des Gipses schon bei 200° C, den van't Hoff wegen seiner verhältnismäßig großen Löslichkeit „löslichen Anhydrit" nannte und der mit Wasser schnell erhärtet.

Der natürliche Anhydrit hat ähnliche Eigenschaften wie der totgebrannte Gips, insoferne er unter Volumsvergrößerung nur langsam Wasser aufnimmt, was für die Praxis keinen Wert hat und sich, wie van't Hoff sagt, nur „geologisch" auswirkt. Wir nennen diese Erscheinung Wachsen oder Blähen des Anhydrites; sie macht sich im Tunnel- und Bergbau unangenehm bemerkbar (S. 384). Vermehrt sich auf diese Art das Volumen, ohne daß eine Ausweichmöglichkeit besteht, dann bilden sich wirre Verfaltungen, wie sie im kleinen der eigentümlich mäanderartig verschlungene Gekrösestein zeigt.

Verwendung und Gewinnung des Gipses. Der Gips wird als Alabaster für Bildhauerarbeiten in der Innendekoration verwendet. Der bekannteste stammt aus Bergamo in Italien. Wegen seiner Weichheit und leichten Löslichkeit ist er wohl für Außenbauten wenig geeignet. Das wasserreine Marienglas ersetzte zur Römerzeit und im Mittelalter das Fensterglas.

Der Gips dient infolge seiner raschen Löslichkeit als Düngemittel. Zu Erd- und Anilinfarben wird öfters gebrannter Gips als „Körper" zugesetzt. Er ist beim Emaillieren von Eisengegenständen beliebt, in der Porzellanindustrie ein gutes Fluß- und Glasurmittel.

Gips und Anhydrit wird dem Portlandzement zuweilen bis zu 2% in walnußgroßen Stücken zugesetzt; die Löslichkeit dieser Mineralien verzögert das Abbinden des Zements, wodurch man ein Mittel in der Hand hat, die Bindezeit genau einzustellen (S. 222).

Die Extraktion des Schwefels aus Gips dürfte bis jetzt nur dort rentabel sein, wo unter besonders günstigen Verhältnissen das auf diese Weise gewonnene Kalziumsilikat und Schwefeldioxyd in bereits bestehenden Anlagen weiterverarbeitet wird (S. 225).

Gebrannter Gips wird mit Wasser zu einem Mörtel angemacht, der entweder für sich allein aufgetragen oder mit verschiedenfarbigen Beimengungen zu Kunststein verarbeitet wird.

Zur Herstellung des gebrannten Gipses ist nach O. Tietze in erster Linie ein reiner, von schädlichen und wertlosen Stoffen freier Stein erforderlich. Als schädlich gilt der fast immer vorhandene Anhydrit, der, wenn er nicht vom Gips getrennt werden kann, das Vorkommen unbauwürdig macht. Das gleiche gilt von größeren Mengen von Ton, Tonschiefer und Sand; eine geringe Beimischung dieser Stoffe gestattet zwar noch die Mörtelerzeugung, schließt jedoch die Estrichgipsgewinnung aus. Bitumen verursacht, namentlich beim Brennen des Estrichgipses, die Ausscheidung von Schwefelkalzium, das die Fertigware grau färbt und bereits bei einem Gehalt von $^3/_4$% ihre Benutzung unmöglich macht. Kohlensaurer Kalk bleibt beim Stuckgipsbrennen unverändert, im Estrichgips bildet er den später treibenden Ätzkalk. Ist viel Chlornatrium vorhanden, dann kann dasselbe ein zu schnelles Abbinden verursachen. Eisenoxyd verrät sich durch gelbliche oder rötliche Farbe; besonders deutlich färbt es den Estrichgips.

Für Stuck- und besonders Modellgips ist jeder reine weiße Gips, speziell für Estrichgips nur großstückiges, hartes Material geeignet, da dieses erfahrungsgemäß stark erhärtenden und dichten Gips liefert.

Entsprechend der Reinheit, der Art des Brandes und der Mahlung werden von den verschiedenen Werken die verschiedensten Marken auf den Markt gebracht.

Die wichtigsten Handelssorten sind folgende:

Alabastergips ist der aus weißem, körnigem Alabaster erbrannte, zu feinem Mehl zermahlene reinste Stuckgips.

Modellgips, eine der vorigen Sorte ähnliche Masse, aus derberem Gips gewonnen.

Stuckgips, aus gewöhnlichem weißen Gips erbrannt und mittelfein gemahlen.

Putzgips, Plattengips sind grobe Mahlarten des Stuckgipses.

Baugips ist ein durch Estrichgips verunreinigter Stuckgips.

Estrichgips, ein im Estrichgipsbrennofen enthydratisierter Estrichgips.

Leukolith ist natürlicher, sehr fein gemahlener Anhydrit, der, mit 1 bis 3% $Ca(OH)_2$ und Wasser vermischt, in wenigen Stunden erhärtet, ohne vorher gebrannt worden zu sein.

Da mit Ausnahme der feinsten Sorten der Gips ein wohlfeiles Rohprodukt darstellt, muß die zu gewinnende Lagestätte frachtlich günstig gelegen sein und eine billige Gewinnungsmethode gestatten.

Auch darf nicht übersehen werden, daß reiner Gips das oft oberflächliche Umwandlungsprodukt des in der Tiefe sich findenden, fast wertlosen Anhydrites darstellt. Es wird sich daher stets empfehlen, in einem unverritzten Vorkommen nicht nur wegen der Massenbestimmung, sondern auch wegen der Güte des Gipses Schurfarbeiten vorzunehmen, wofür sich besonders die Crälius-Bohrmaschine eignet (S. 288).

Der Gips wird im Tagbau, aber auch im Tiefbau gewonnen. Die mächtigen Gipsschichten erlauben in diesem Falle, solange das Gebirge wasserundurchlässig ist, die billige Entnahme großer Pfeiler, da die entstehenden Hohlräume eine große Standfestigkeit zeigen.

Wasserzuflüsse dagegen verursachen wegen der Anwesenheit des treibenden Anhydrites ein Quellen des Gesteins und eine starke Beweglichkeit des Gebirges. Stollen wachsen trotz der stärksten Zimmerung zu. Die Erhaltung der Grube wird dadurch verteuert, so daß sie meist bald verlassen werden muß.

Das Steinsalz (NaCl) findet sich als reines Salz oder, mit Ton gemengt, als sogenanntes Haselgebirge. Im letzteren Falle muß es vor seiner Verwendung durch Auslaugen von seinen Verunreinigungen befreit werden.

Die Gewinnung des Salzes geschieht durch Abdampfen der natürlichen Solquellen, durch direkten Abbau des reinen Steinsalzes (Wieliczka, Galizien) oder durch Auflösung des Haselgebirges in ausgeweiteten Kammern des Bergbaues und Abdampfen der zu Tage geführten Sole in Gradierwerken und Salzpfannen. In Bosnien wird unterirdisch auftretendes Solwasser durch Bohrlöcher erschrotet, gepumpt und weiter verarbeitet. Aus dem Meere wird Salz in Salzgärten durch natürliche Verdunstung gewonnen.

Da das Salzgebirge von Natur aus trocken ist, kann es im Tiefbau in großen selbststehenden Kammern (Domen) ohne jede Zimmerung abgebaut werden, nur müssen größere Wassereinbrüche, namentlich durch Verletzung der schützenden Tonhülle, vermieden werden, da das Wasser in dem leicht löslichen Gebirge derartige Aushöhlungen verursacht, daß sein Zustrom kaum zu dämmen ist.

Außer als Nahrungs-, Konservierungs-, Düngemittel und zur Anfertigung von Kältemischungen findet das Kochsalz in der Industrie die meistseitige Verwendung: so wird es zur Soda-, Salzsäure-, Natronsulfat-, Ätznatronerzeugung gebraucht. Es ist das wichtigste Ausgangsmaterial zur Herstellung aller Chlorverbindungen. Bei der Karborundumerzeugung wird der Kohle 20% Salz zugesetzt. In der keramischen Industrie dient das Salz als Beimengung bei der Erzeugung der Glasur. In der Farbenindustrie werden die Stoffe mit ihm angesalzen. Bei der Aufbereitung der Feinkohle trennt eine Salzlacke die kohligen Bestandteile von den tauben Teilen. Auch als Heilmittel spielt das Salz eine große Rolle.

Kali-, Jod- und Bromsalze. Da man die leicht löslichen Kali- und Magnesiumsalze der Salzlagerstätten bei ihrer Entdeckung nicht verwenden konnte, nannte man sie Abraumsalze. Bald jedoch erkannte man ihren großen Wert und seit dem Jahre 1861 hob sich in Deutschland die Förderung von 2000 Tonnen auf 13 Millionen Tonnen im Jahre 1926.

Bis zum Abschluß des Krieges im Jahre 1918 nahm Deutschland in der Kalisalzgewinnung eine Monopolstellung ein, die sich heute durch die Abtrennung von Elsaß-Lothringen und durch die Auffindung größerer Lager in Spanien und Amerika nicht mehr ganz aufrecht erhalten läßt. Von den zahlreichen Abraummineralien, deren Entstehung von J. H. van't Hoff in klassischer Form studiert wurde, sollen nur die für die Industrie wichtigen herausgegriffen werden. Es sind dies Sylvin (KCl), Karnallit ($KCl \cdot MgCl_2 \cdot 6H_2O$), Langbeinit ($K_2SO_4 \cdot 2MgSO_4$), Kainit ($KCl \cdot MgSO_4 \cdot 3H_2O$), Glaserit ($K_2SO_4$), Schönit ($K_2SO_4 \cdot MgSO_4 \cdot 6H_2O$), Kieserit ($MgSO_4 \cdot H_2O$).

Von der deutschen Kaliindustrie werden folgende Marken in den Handel gebracht:

Karnallit mit 9 bis 12% K_2O,	Chlorkalium mit 50 bis 60% K_2O,
Rohsalz (Kainit, Hartsalz, Sylvinit) mit 12 bis 15% K_2O,	„ „ mehr als 60% K_2O,
Düngesalz mit 18 bis 22% K_2O,	Schwefelsaures Kali mit mehr als 48% K_2O,
„ „ 28 bis 32% K_2O,	Schwefelsaure Kalimagnesia mit 26% K_2O.
„ „ 38 bis 42% K_2O,	

10% der Kalisalze finden in der chemischen Industrie zur Erzeugung von Pottasche, Kaliumkarbonat, Ätzkali, Kaliumhydroxyd, Kalisalpeter, metallischem Magnesium, Magnesiumoxyd, Bittersalz usw. Verwendung. Auch die in den Kalisalzen enthaltenen Brom- und Jodverbindungen werden von derselben Industrie gewonnen. Die restlichen 90% werden als Düngemittel in der Landwirtschaft abgesetzt, für die sie heute bereits unentbehrlich geworden sind.

Literatur. Dammer, B. und Tietze, O.: Die nutzbaren Mineralien. — Moye, A.: Der Gips. Leipzig. 1906. — Grengg, R.: Die Entwässerungsprodukte des Gipses. S. A. Zeitschr. f. angew. Chemie, 90. Bd., S. 327. 1914. — Glasenap, M. v.: Studien über Stuckgips, totgebrannten, und Estrichgips. Berlin. 1908.

Kohlensaure Gesteine (Karbonate). Die für die Praxis wichtigsten kohlensauren Mineralien sind der Kalkspat ($CaCO_3$), der Dolomit $CaMg(CO_3)_2$, der Magnesit ($MgCO_3$), der Braunspat oder Breunerit $MgFe(CO_3)_2$, der Eisenspat oder Siderit $FeCO_3$, der Ankerit oder die Rohwand $CaFe(CO_3)_2$, schließlich der durch Ton mehr oder weniger verunreinigte Kalk (Mergel).

Die theoretische Annahme von Retgers, daß sich die rhomboedrischen Karbonate in drei Reihen anordnen, von denen jede in sich mischbar ist, mit den anderen Reihen aber keine Mischsalze gibt, wurde durch die experimentellen Untersuchungen Grünbergs bestätigt. Die drei Reihen sind:

Kalkspatreihe	Ankeritreihe	Breuneritreihe
Hexagonal	Hexagonal	Hexagonal
rhomb. hemiedr.	rhomb. tetart.	rhomb. hemiedr.
$CaCO_3$	$CaMg(CO_3)_2$	$MgCO_3$
$SrCO_3$	$CaFe(CO_3)_2$	$FeCO_3$
$BaCO_3$	$CaMn(CO_3)_2$	$MnCO_3$
$PbCO_3$		$ZnCO_3$

Jede dieser Reihen vermag, gleichsam in fester Lösung, geringe Mengen eines Salzes der anderen Reihe aufzunehmen, ohne daß der physikalische Charakter des Minerals verloren geht; ein größerer Anteil bis nahe dem Doppelsalz ist mechanisch gemischt, wie z. B. das $MgCO_3$ im dolomitischen Kalk. Demnach gibt es in der Natur die beiden isomorphen Reihen $FeCO_3$ bis $MgCO_3$ und $MgCa(CO_3)_2$ bis $CaFe(CO_3)_2$ und die beiden Doppelsalze Dolomit und Ankerit. Am besten sehen wir diese Beziehungen in einer Dreieckprojektion. Die teilweise strichlierte Linie zum Ankerit hat ihren Grund darin, daß wir bis jetzt kaum magnesiumfreien Ankerit kennen; die voll ausgezogenen Ecken stellen die in fester Lösung befindlichen kleinen Mineralmengen dar (Abb. 50).

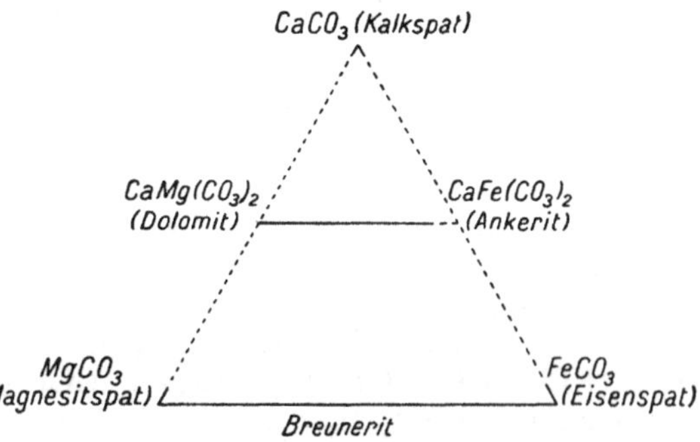

Abb. 50. Mischungsglieder zwischen $CaCO_3$, $MgCO_3$ $FeCO_3$

Kalk. Am Aufbau der Erdkruste beteiligen sich zirka 3,5% CaO; diese verhältnismäßig hohe Zahl erklärt sich durch das häufige Auftreten des Kalziumkarbonates in der Natur. Im Mineralreich kommt es als gallertartiges Gel vor, das sich rasch in monokline sphärische Aggregate, den Vaterit, umwandelt. Auch diese Modifikation ist sehr unbeständig und geht in den rhomboedrisch-hemiedrischen Kalkspat oder Kalzit über, der die wichtigste Modifikation der Verbindung vorstellt. Aus heißer Lösung, unter dem Einfluß gewisser Lösungsgenossen auch aus kalter Lösung, scheidet sich der rhombische Aragonit ab (Absätze von Mineralquellen, Eisenblüte auf Erzlagerstätten usw.). Das aus Kalzit bestehende Gestein bezeichnen wir als Kalkstein oder kurzweg als Kalk, obwohl der Chemiker unter letzterem das Kalziumoxyd versteht, während er dem Karbonat das Attribut „kohlensauer" vorsetzt. Seine Härte ist 3, sein spezifisches Gewicht 2,6 bis 2,8. Das Kalziumkarbonat ($CaCO_3$) ist in kohlensäurehaltigem Wasser als Bikarbonat

[$Ca(HCO_3)_2$] löslich und wird aus der Lösung auf die verschiedenste Weise unter Verlust eines Teiles der Kohlensäure wieder als einfaches festes Karbonat gefällt. Der Verlust der Kohlensäure kann durch Verdunstung, Erwärmung, Druckentlastung oder unter Mitwirkung von Lebewesen, namentlich von Pflanzen, erfolgen. Wie rasch derartige Absätze sich bilden können, sehen wir am Kesselstein, an Brunnen- und Pumpenröhren, die in wenigen Jahren verlegt sein können.

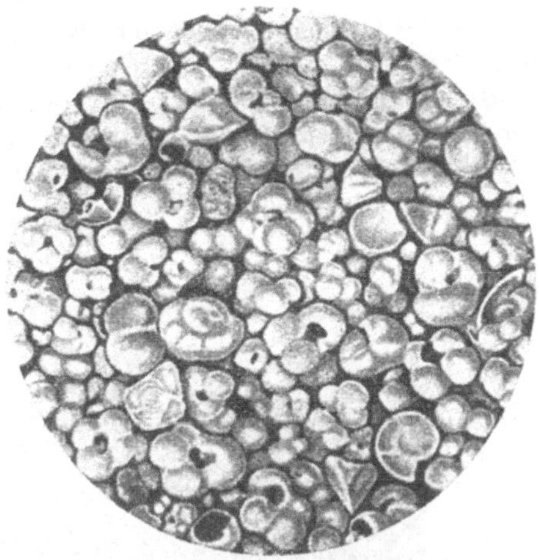

Abb. 51. Foraminiferenschlamm, bestehend aus den Kalkschalen von Globigerinen etc. Südlich gemäßigte Zonen des indischen Ozeans aus 3434 m Tiefe. Vergr. 22fach. Nach Murray-Phillipi (aus Salomon, Geologie)

Seine Entstehung verdankt der Kalk, abgesehen von den untergeordneten Absätzen bei der Bildung der Salzlagerstätten, teils der Mitwirkung der Tierwelt, teils der direkten Fällung aus Bikarbonatlösungen.

Viele Kalksteine bilden sich im Meere. Hier sammeln sich die Kalkschalen von abgestorbenen Foraminiferen, Seeigeln, Schnecken usw. am Boden als Kalkschlamm und -sand an (Abb. 51). In größeren Tiefen, wo im wesentlichen nur kleinere Foraminiferenschalen und Kalkscheibchen von Kokkolithen zum Absatz gelangen, während Molluskenschalen, Korallen usw. selten werden, entsteht eine erdige Masse, die mit dem Namen Schreibkreide bezeichnet wird; sie liefert geschlämmt und von kieseligen Spongiennadeln, Radiolarienskeletten usw. befreit, das bekannte Schreibmaterial (Abb. 52).

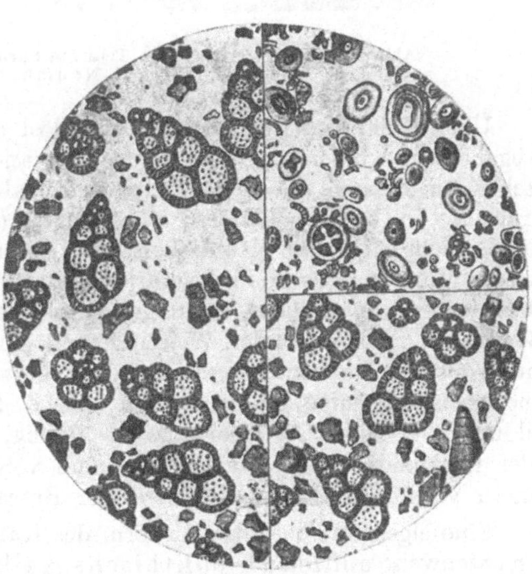

Abb. 52. Schlämmrückstände von Schreibkreide (nach Zittel)

Kalkabsondernde Algen, wie Lithothamnien, Gyroporellen usw., bauen im Meere kilometerweit ihre flächenhaften Kalkgerüste auf.

Die stockbildenden Korallen, die nur bei Temperaturen über 20° C. und bis zu einer Tiefe von 40 m lebensfähig sind, errichten in südlichen Meeren viele hundert Meter hohe Riffe, deren Entstehung schon Darwin nur mit einer langsamen Senkung des Bodens unter gleichzeitigem Weiterwachsen des Stockes erklären konnte.

Die Verfestigung dieser mehr oder weniger porösen Massen erfolgt teilweise bereits während der Bildung, indem unter dem Einfluß der unter Sauerstoffmangel verwesenden Tiere Ammoniumkarbonat gebildet wird, welches unter der Mitwirkung des im Meerwasser gelösten Kalziumsulfat Kalziumkarbonat als Bindemittel ausfällt.

So entstehen, je nach der Art der Lebewesen, welche der Hauptsache nach die einzelnen Kalke aufbauen, im speziellen Falle Muschelkalke, Nummuliten-, Krinoiden-, Lithothamnien-, Trochiten-, Korallenkalke usw.

Heiße Quellen bringen das Bikarbonat zur Oberfläche und setzen es, oft mit Erzen, an Spalten oder obertags als Krusten und Terrassen (Abb. 52) in der rhombischen Modifikation des Aragonites ab. Hieher gehört der lagenförmige Sprudelstein, der im bewegten Wasser durch Überkrustung wirbelnder Sandkörner gebildete Erbsenstein, ein dem später zu besprechenden Rogenstein ähnliches Produkt.

Abb. 53. Sinterterrassen des Tetarata-Sprudels am Rotomahana-See in Neuseeland (aus M. Neumayr Erdgeschichte)

Über Kalkböden fließendes Wasser löst den Kalk auf und setzt ihn unter Abgabe von Kohlensäure an Pflanzen an anderen Stellen wieder ab. So entstehen an Bächen die zelligen, porösen Kalktuffe mit ihren zahlreichen Abdrücken von Gräsern, Blättern und Stengeln (Abb. 54). Derartige Ablagerungen finden sich in großer Mächtigkeit als Travertin unfern von Rom bei Tivoli. An der Mündung des Po in die Adria, an der kleinasiatischen Küste und anderen Orten sehen wir ähnliche Bildungen. Ausgeschiedenes zartes Kalkpulver heißt Bergmilch, Seekreide oder Wiesenmergel. In Spalten und Höhlen bildet das mit Kalziumbikarbonat geschwängerte Tropfwasser zapfenartige Tropfsteine und krustenförmige Sinterüberzüge (siehe Karstphänomen). Ähnliche Neubildungen erfüllen Gesteinshohlräume, zellig, porös oder kompakt, als Zellen- oder Lagenkalke. Auch Kalkschutt kann von derartigem jungem Kalkzement wieder verkittet werden (Breccien oder Brocatellen).

Eine eigentümliche Strukturform des Kalkes ist der in vielen Formationen schichtenweise auftretende oolithische Kalk, der aus rundlichen, durch Kalk oder Tonsubstanz miteinander verkitteten Kügelchen besteht; in letzterem Falle führt er den Namen Rogenstein (Abb. 55).

J. Walter hat eine derartige rezente Ablagerung an der Küste des Roten Meeres bei Suez in der Wüstennähe entdeckt, beschrieben und zu erklären versucht. In dem durch die heiße Wüstensonne konzentrierten Meerwasser des Strandes stirbt eine reiche Planktonfauna ab; ihre Zersetzungsprodukte fällen das reichlich vorhandene Kalziumbikarbonat, welches sich auf feinen, durch den Wüstenwind zugetriebenen und durch den Wellengang in Bewegung gehaltenen Körnchen ablagert; die auf solche Weise entstandenen Kügelchen backen wie beim Erbsenstein zusammen. Auch andere Mineralanhäufungen, z. B. Eisenerze, wie Roteisenstein, Chamosit usw., zeigen eine ähnliche Oolithform.

Fast jeder Kalkstein enthält entsprechend seiner Entstehung verschiedene mineralische Verunreinigungen, so daß stets ein kleiner Tonerde-, Kieselsäure-, Magnesium- und Eisengehalt nachzuweisen ist.

Ein größerer Tongehalt erzeugt verhältnismäßig weiche Tonkalksteine, die beim Überhandnehmen des Tongehaltes in Mergel übergehen. Derselbe wird

Abb. 54. Kalktuff mit Blattabdruck

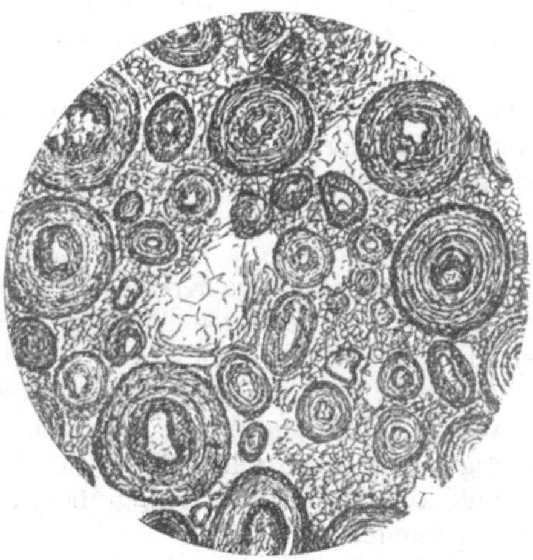

Abb. 55. Kalkoolith. Brauner Jura, Schönberg bei Freiburg in Br. 30fach Vergr. (nach H. Rosenbusch)

durch den charakteristischen Tongeruch beim Anhauchen erkannt. Kalklinsen und -knauern, in Tonzwischenlagen eingebettet, heißen Flaser-, Knollen- oder Nierenkalke; durch teilweise Lösung des Kalziumkarbonates bildet sich aus ihnen der Kramenzlkalk des Oberdevons.

Ein stärkerer Magnesiumgehalt der Kalke führt zu den dolomitischen Kalken über. Eisenschüssige Kalke sind leicht an ihrer gelben, roten oder braunen Farbe zu erkennen. Auch andere Mineralien, wie Glaukonit, Phosphorit, Schwefelkies usw., sind in manchen Kalken angereichert.

Hin und wieder ist der Kalk lagenweise verschieden gefärbt (Bänderkalk). Die Färbung findet besonders häufig durch kohlige Substanz statt, so daß weiße, graue und schwarze Farbtöne abwechselnd aufeinanderfolgen.

Die Beteiligung organischer Wesen bei der Kalkbildung macht das häufige Auftreten von Bitumen erklärlich, das wir in einzelnen Stinkkalken beim Anschlagen des Gesteines riechen, hin und wieder auch als Öldurchtränkung sehen. Bei anderen Stinkkalken stammt der Geruch von Schwefelwasserstoff. Der Asphaltkalkstein und der schwarze Anthrakonit haben ihren Namen von dem wechselnden Asphaltgehalt.

Kalkböden sind für den Pflanzenwuchs wenig geeignet.

Durch verschiedene Arten von Umwandlung wird der leicht umkristallisierbare Kalk mehr oder weniger dicht und körnig, die organischen Strukturen der ihn aufbauenden Lebewesen gehen bei der Umkristallisation immer mehr verloren.

Während der Petrograph nur die gleichmäßig kristallinischen metamorphen Kalke als Marmore bezeichnet, werden in der Praxis alle polierbaren Kalke, die zu Dekorationszwecken dienen, unter diesem Namen zusammengefaßt.

Der Kalkstein findet sich in sämtlichen nacharchäischen Formationen der Erde. Er ist seltener massig, öfters gebankt, plattig oder fein geschiefert. Durch Gebirgsdruck oder gebirgsbildende Bewegungen wird er gefaltet, durch Lassen, Risse und Spalten zerteilt oder unregelmäßig zertrümmert oder in feine Linsen zerdrückt. Derartig zerklüftete Kalke sind dann wasserdurchlässig. Die großen, für die Wirtschaft wichtigen Vorkommen sind durchwegs marinen Ursprungs; nur ausnahmsweise erreichen die jungen Süßwasser-Kalktuffe eine derartige Ausdehnung, daß sie für den örtlichen Bedarf Bedeutung erlangen, wie der römische Travertin als Baustein, oder die Wiesenkalke Norddeutschlands als Düngemittel.

Das Mineral Kalkspat wird in seiner wasserhellen, aus Island stammenden Varietät, dem Doppelspat, zu Nikolschen Prismen verarbeitet. Obwohl der Bedarf ein verhältnismäßig kleiner ist, kann die jährlich einige hundert Kilogramm betragende Produktion nur schwer der Nachfrage genügen. Der Preis stellt sich auf 500 schwedische Kronen für ein Kilogramm (Dammer und Tietze, I. Bd.).

Der feinkörnige erdige Kreidekalk (Schreibkreide) wird entweder in Rührbottichen bis zur äußersten Feinheit geschlämmt, oder es werden, um das kostspielige Trocknen zu ersparen, die reinen Sorten gebürstet und gemahlen, wobei jedoch die Weichheit des Endproduktes leidet. Aus diesen Gründen ist es auch nicht gelungen, aus dem feinen Bergmehl oder dem Seekalk eine vollwertige Ware herzustellen. Nur jene Rohmaterialien, die, aufbereitet, flockig fallen und aus fast reinem $CaCO_3$ bestehen, haben in die Kreidefabrikation Eingang gefunden.

Außer als Schreibkreide wird die Kreide bei der Erzeugung des Glaserkittes, in der keramischen und Farbstoffindustrie (hier wegen ihrer geringen Deckkraft nur als Wasser- oder Leimfarbe), in der Papier- und Zeugdruckfabrikation, als Polier- und Putzmittel, als Füllstoff, als Dünge- und Heilmittel benützt. Der Wert der Schlämmkreide richtet sich nach der Feinheit des Korns und beträgt für bessere Sorten 22 bis 28 Reichsmark per Tonne, unverpackt ab Werk, 12 bis 15 Reichsmark für mindere Qualitäten, für Schreibstangenkreide 100 bis 150 Reichsmark samt Verpackung (Dammer und Tietze).

Das umfangreichste Verwendungsgebiet hat der dichte und körnige Kalkstein. Wegen seiner großen Verbreitung ist er von alters her ein wichtiger Baustein. Er muß die für den Bau notwendige Größe und die erforderliche Druckfestigkeit besitzen. Die Druckfestigkeit liegt zwischen 400 und 1400 kg pro Quadratzentimeter. Wenn wir auch Kalke mit Festigkeiten bis zu 2200 kg kennen — der Kieselkalkstein von Gösting bei Graz hat nach Stiny sogar 2677 kg —, so ist mit höheren als den angegebenen Durchschnittswerten bei kaum 10% der bekannt gewordenen Arten zu rechnen.

Viele Kalke sind frisch gebrochen weich und erhärten erst nach längerer Zeit bei der Berührung mit der Luft. Sie lassen sich bei genügender Blockgröße leicht sägen und bearbeiten. Poröse und zellige Kalke, welche diese Eigenschaft besonders auffällig zeigen, erhalten jedoch durch Herausfallen einzelner Stücke im Laufe der Zeit Lücken und bedürfen dann weitgehender Ergänzungen und Reparaturen. Die aus kalkbildenden Algen entstandenen Lithothamnienkalke mit ihrem lockeren Aufbau können bergfeucht fast geschnitten werden. Bei eintretender Verwitterung sehen wir an zahlreichen Monumentalbauten Wiens, welche aus diesem Material errichtet sind, den geschilderten Mangel des Zerbröckelns.

Besondere Vorsicht und Sorgfalt bei der Prüfung werden Kalke verlangen, die wegen der Schönheit ihrer Farbe, guter Bildsamkeit und Polierfähigkeit bei genügend großem Block- und Plattenfall als Ziersteine verarbeitet werden.

Der Wert des weißen Statuenmarmors beruht nicht nur auf der Reinheit seiner Farbe, sondern auch auf dem richtigen Farbenton, Korn und Glanz der Kristalle, wodurch bei deutlicher Lichtdurchlässigkeit ein besonderes Lustre entsteht. Überdies darf er, um bei der Bearbeitung mit dem Meißel, ohne auszubrechen, eine leichte Formengebung zu erlauben, weder spröde noch zu zähe sein. Stiche und Lassen machen ihn als Figurenblock unbrauchbar.

Bei den Marmoren, welche in der Architektur und im Kunstgewerbe dekorativ verwendet werden, spielen Harmonie der Farbe, Lebhaftigkeit der Zeichnung, glänzende Politur, bei großen Werkstücken, wie Säulen, welche namhaften Druck auszuhalten haben, auch genügende Druckfestigkeit eine Rolle.

Der Marmor tritt fast in allen Farben auf, er ist bald gleichmäßig gefärbt, bald fleckig und wolkig, bald läßt er weiße Fossilquerschnitte erkennen.

Die Polierfähigkeit ist bei einzelnen kristallinen Sorten gleichmäßig, besonders gut bei dichten Arten; tonige, eisenschüssige, talkige, chloritische und alle anderen weichen Beimengungen setzen sie herab und erzeugen unregelmäßige, matte Stellen. Harte Quarzkörner brechen während der Polierarbeit aus und zerkratzen stets von neuem die Fläche.

Oberflächliche Stiche und Lassen sind bei Dekorationssteinen nicht zu vermeiden; sie können leicht und kunstgerecht ersetzt und verkittet werden, dürfen aber nicht so tief reichen, daß sie die Blockfestigkeit beeinträchtigen oder einen Zerfall des Stückes hervorrufen.

Schon im Altertum wurde der Marmor zu den verschiedensten Monumentalbauten verwendet und widerstand Jahrtausende den Wetterunbilden. Diese Denkmale alter Kunst stehen fast alle in südlichen Ländern mit gleichmäßigem Klima ohne Nebel und Frost. Anders liegen die Verhältnisse in den nördlichen rauhen Gegenden mit ihren starken Witterungsumschlägen, dem Wechsel von Wärme und strenger Kälte. Diese lockern das Gefüge, Pilze und Flechten siedeln sich an, Haarrisse werden erweitert; kommen dann noch die Rauchgase der Kohlenfeuerungen der Großstadt hinzu, so erfolgen durch die Kohlen- und schwefelige Säure einerseits, durch den Staub und Ruß anderseits, derartige Zerstörungen, daß die Politur mehr oder weniger leidet, die Farbe unansehnlich wird, das Kunstwerk durch Ausbröckeln sogar vernichtet werden kann.

In unseren Breiten sollte der Marmor nur zur Innendekoration verwendet werden, wo seine Vorzüge voll und ganz erhalten bleiben. Entschließt man sich trotzdem zu seiner Verwendung für außenarchektonische Zwecke, dann muß die Sortenwahl unter größter Vorsicht erfolgen. Besonderes Augenmerk ist auf die Härte des Materials zu legen; jede erweichbare und lösliche Beimischung ist von Übel.

Wenige Prozente von Ton genügen bereits, um nach kürzester Zeit Schädigungen hervorzurufen. So wird der sonst herrliche Adneter Flasermarmor in seiner Heimat Salzburg immer wieder für Monumente, Fenstereinfassungen usw. verwendet, obwohl er seine Politur bald verliert, das herrliche Rot einer matten, stumpfen Farbe Platz macht und einzelne Knollen sogar ausfallen. Das gleiche gilt von Mineraleinschlüssen, die sich unter dem Einfluß der Feuchtigkeit umsetzen, wie alle Eisenverbindungen, besonders Pyrit. An ihrer Stelle erscheinen bald braune Flecken.

Die meisten Farben bleichen unter dem Einfluß der Witterung, weshalb nur lichte Qualitäten verwendet werden sollten. Es kann nicht genug davor

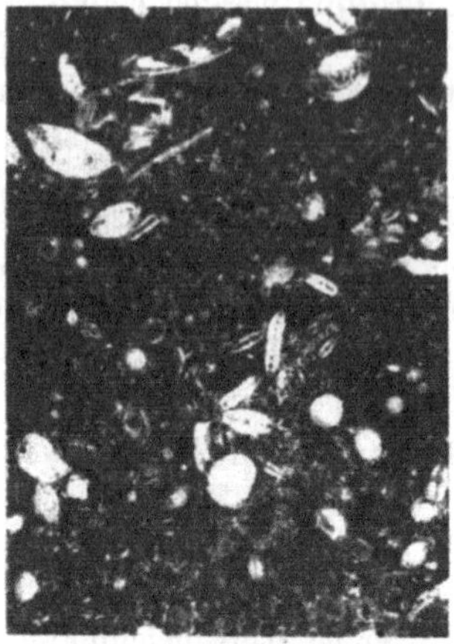
Abb. 56. Nummulitenmarmor

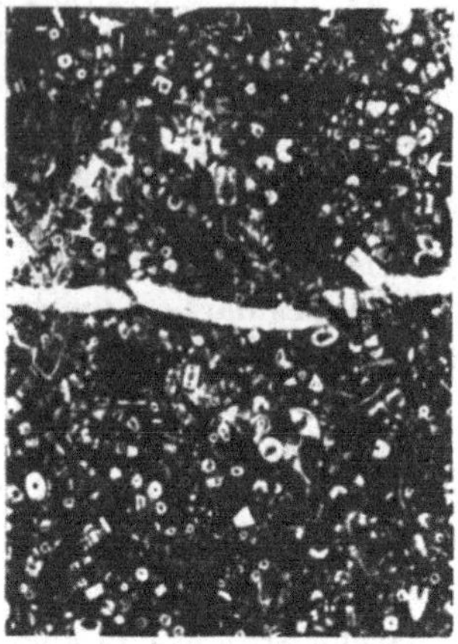
Abb. 57. Krinoidenstielglieder-marmor

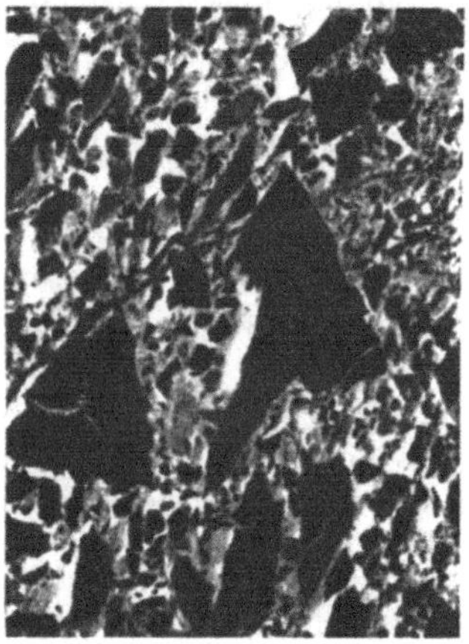
Abb. 58. Breccienmarmor

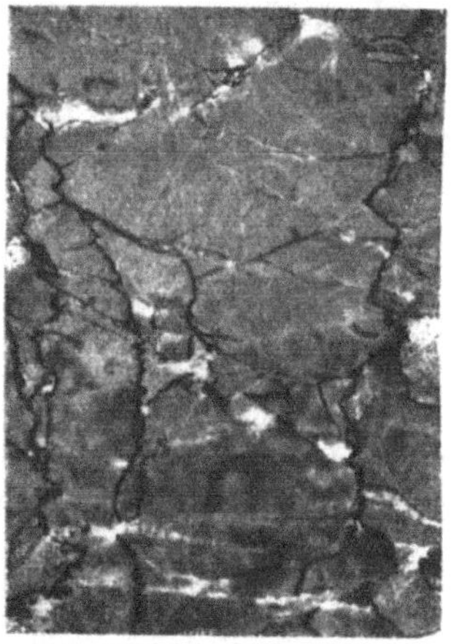
Abb. 59. Breccienmarmor mit Drucklassen

Abb. 60. Ophikalzit. (Die dunklen Partien sind gelbgrüner Serpentin, die weißen Kalzit)

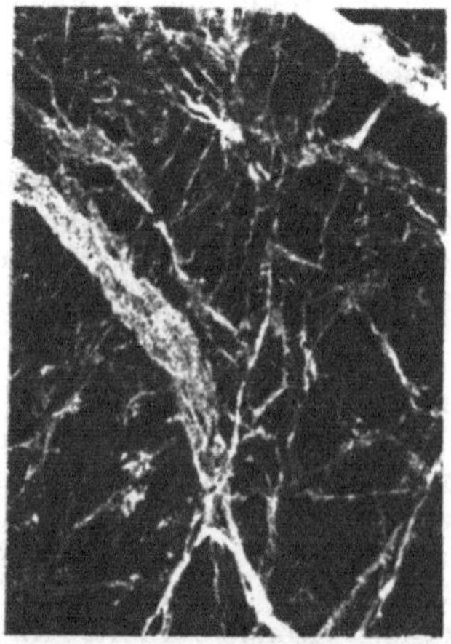
Abb. 61. Serpentinbreccie (verde antico)

gewarnt werden, Marmore früher zu verwenden, bevor nicht ihre Wetterbeständigkeit, besonders hinsichtlich der Politur und Farbe, gründlichst erprobt wurde.

In allen Kulturstaaten wird Marmor gewonnen; einzelne Sorten wie der parische und pentelische Marmor Griechenlands, der Carrara-Marmor Italiens usw. haben Weltberühmtheit. Fast jedes Land, ja sogar jede Firma, hat den verschiedenen Sorten nach Farbe und Struktur Lokalnamen gegeben, die oft im direkten Gegensatz zu dem Inhalt stehen; so heißt z. B. ein belgischer Krinoidenkalk „Petit granit"; in Bayern nennt man einen Kalk „Rosenheimer Granit". Es würde viel zu weit führen, alle diese Sorten anzuführen.

Nur die durch gemeinsame charakteristische Eigenschaften ausgezeichneten Arten mögen hier Erwähnung finden. Nach der Art der Fossileinschlüsse sprechen wir von Muschel-, Krinoiden-, Nummulitenmarmor usw. (Abb. 56 u. 57). Breccien liefern äußerst dekorative Sorten, die in Frankreich Brèche, in Italien Breccia oder Brocatello heißen (Abb. 58). Sie zeigen bald scharf umgrenzte Trümmer, die in einem Bindemittel liegen, bald nur enggeschlossene Druckklüfte (Abb. 59). Ophikalzit ist ein von Serpentinflasern und -körnern durchwachsener kontaktmetamorpher Marmor (Abb. 60. S. 84). Durch Karbonat verkittete Serpentinbreccien können ihm ähnlich werden (verde antico) (Abb. 61. S. 84). Onyxmarmor ist ein blaßgelber, durchscheinender Kalksinter, geschliffen von äußerst dekorativem Charakter. Biancone oder Majolika ist ein Marmor mit Hornsteinknollen, der von feinen Kalzitadern durchzogen wird. Ruinenmarmor ist ein zersprungener, politurfähiger Mergelkalk mit dunklen und rötlichen, von Eisenverbindungen herrührenden ruinenartigen Zeichnungen. Cipollin, italienisch Cipollino, heißt ein von Glimmerlagen durchsetzter kristallinischer Kalk.

Die Anlage eines Marmorsteinbruches erfordert außer den gewöhnlichen Untersuchungen noch eine besonders eingehende Berücksichtigung der Bankung, der Risse und Lassen. Neben den enggescharten Drucklassen, die ja für die Blockgewinnung aller Vorkommen hinderlich sind, muß bei dem leicht löslichen Kalk der tiefgreifenden Wasser- und Frostwirkung ein spezielles Augenmerk zugewendet werden, da diese längs der Haarrisse oft viele Meter tief in die Lagerstätte hineinreicht und dieselbe mit einem Netzwerk von Sprüngen durchzieht. Die Sprünge können zwar durch zusickernde Kalklösungen verkittet werden, wodurch die Großbrüchigkeit teilweise wiederhergestellt wird, die neugebildeten Kalkadern entwerten aber unter Umständen den Marmor als Bildhauermaterial.

In einem Marmorbruch Istriens erreichte diese zertrümmerte Schwarte die Stärke von 12 m; sie mußte erst mit großen Kosten abgeräumt werden, bevor der gesunde Stein gewonnen werden konnte.

Eine Voruntersuchung bis auf den gesunden Fels ist daher vor der Anlage eines Steinbruches stets zu empfehlen. Es braucht nicht erst gesagt zu werden, daß die Marmorabfälle, die häufig einen sehr reinen Kalk darstellen, als Nebenprodukte Verwendung finden können, wenn dafür ein Bedarf vorhanden ist. Auf jeden Fall hat der Begutachter auch darauf Rücksicht zu nehmen. Die Preise für Marmorblöcke sind äußerst verschieden und richten sich nach der Festigkeit, Reinheit und Größe. Sie beginnen bei 50 Reichsmark per Kubikmeter loko Werk, erreichen bei lassenarmen Sorten rasch 200 Reichsmark; für feine französische und italienische Sorten werden bis 900 Reichsmark per Kubikmeter gezahlt.

Durch Gips, Zement und andere Bindemittel verkittete Kalksteinabfälle werden als Kunststeine oder Kunstmarmore in den Handel gebracht.

Als Lithographenstein bezeichnet man einen sehr reinen, ebenschichtigen, in Platten spaltbaren, gleichmäßig feinkörnigen Mergel von 0,001 bis 0,009 mm

Korndurchmesser, der geschliffen eine äußerst glatte Fläche mit gutem Aufsaugevermögen für die Druckerschwärze liefert und eine genügende Druckfestigkeit hat, um in der Presse nicht zu zerspringen. Seine Farbe ist gelblich, rötlich oder lichtgrau. Die beste Qualität findet sich im oberen Jura, speziell bei Solnhofen; weniger hochwertige Vorkommen werden in Italien, England, Frankreich usw. abgebaut. Bei Solnhofen bildet er in den Plattenkalken unregelmäßige Partien. Von diesen sind 40% gewinnbar; 7% davon werden als Lithographensteine verwendet, der Rest zu Tischplatten, Wandverkleidungen, Fußbodenplatten, Dachziegeln usw. verarbeitet.

Die Bauindustrie benützt den gebrannten Kalk als Ätzkalk zur Herstellung von Luftmörtel. (S. 217).

Der in der Eisenindustrie zugesetzte basische Zuschlagkalk soll so wenig als möglich Kieselsäure und Tonerde haben, da jedes Prozent — neben der unnötigen Fracht — die Schlacke vermehrt. Schädlich sind Sulfide (Pyrit) und Sulfate (Gips), bei der Verhüttung phosphorarmer Erze auch Phosphor. Ein Gehalt an Magnesiumkarbonat über 10% macht die Schlacke strengflüssig, jeder Eisengehalt bedeutet eine natürliche Anreicherung des Schmelzgutes.

Der in der keramischen Industrie und in der Glasfabrikation verwendete Zuschlagkalk soll frei von färbenden Oxyden sein..

Für Dungzwecke eignen sich alle Kalke sowohl im rohen, wie im gebrannten Zustand; die Hauptsache ist hier die Vermahlung zu feinem Mehl.

Die Zellstoffindustrie verlangt für die Erzeugung der Kalziumsulfitlauge einen möglichst hochwertigen Kalk. Der für das Kalziumkarbid und den Kalkstickstoff benötigte Kalk muß so rein als möglich sein, einen Gehalt von mindestens 95 bis 96% $CaCO_3$ haben, da alle Verunreinigungen in das Karbid übergehen. Speziell Phosphor soll nur in Spuren vorhanden sein. Größere Mengen von Magnesium und Tonerde erzeugen beim Abstich des Karbids lästige Schlacken, Eisen gefährdet als Ferrosilizium die Ofensohle.

Für die Chlorkalkerzeugung benützt man hochwertige Kalke mit höchstens 1% Magnesiumkarbonat und 1% Ton.

Der in der Zuckerfabrikation als Scheideschlamm verarbeitete Kalkstein soll neben wenig kohlensaurer Magnesia höchstens 0,4% Gips aufweisen. Nach dem Löschen dürfen nicht mehr als 0,15 bis 0,21% freie Ätzalkalien in Lösung gehen; alle übrigen Verunreinigungen sind zwar nicht schädlich, vermehren aber unnötigerweise den Scheideschlamm.

Um die Wirkung der freien Kohlensäure in Wasserleitungen (Verockerung der Eisenrohre, Bildung giftiger Bleisalze) zu verhindern, wird das Wasser zur Bindung der Säure über Kalkriesel geführt.

Bei der Gewinnung der Kohlensäure verdient möglichst reiner Kalk den Vorzug, da er sich beim Übergießen mit Salzsäure leicht aufschließt.

Fein gemahlener roher und gebrannter Kalk oder Dolomit heißt Wiener oder Bologneser Kalk; er dient als Polier- und Putzmittel, roh gemahlen als Zahnpulver, weshalb er keine härteren Bestandteile wie Quarz usw. enthalten soll.

Literatur. Kosmann: Die technische Verwendung des Kalkes. Berlin. 1919. — Schmid, H.: Die modernen Marmore und Alabaster. Wien. 1897. — Dammer und Tietze, O.: Die nutzbaren Mineralien, 1. Bd., S. 430. — Urbach, H.: Die Verwendung des Kalkes in der Industrie. Berlin. 1924. — Klehe, T.: Der Kalk. Berlin. — Link, G.: Die Bildung der Kalksteine und Dolomite. Berlin.

Dolomit. Der Dolomit, $MgCa(CO_3)_2$, ist dem Kalk zwar sehr ähnlich, unterscheidet sich aber von ihm häufig durch seine zellige Struktur oder durch einzelne glitzernde Kristalle (winzige Drusen von Dolomitkristallen), die ihm ein zuckerförmiges Aussehen verleihen. Beim Angreifen fühlt er sich sandig rauh an und verwittert auch sehr leicht zu einem sandartigen Grus, der Dolomitasche. Er ist härter als der Kalk (3 bis 4) und hat ein höheres spezifisches Gewicht als dieser (bis 2,9). Seine Farbe ist weiß bis grau, oft mit einem roten Stich.

Die Entstehung des Dolomits kann auf verschiedene Art erfolgen; sie ist noch nicht ganz geklärt. Auf die Gerüste kalkbildender Algen und Korallen wirkt das im Meerwasser enthaltene Magnesium ein, so daß schon während der Stockbildung durch Auslaugung des leicht löslichen Kalziumkarbonats und Ansammlung bzw. Zufuhr von Magnesiumkarbonat bald eine Anreicherung des letzteren, bald das Doppelsalz $MgCa(CO_3)_2$ selbst entsteht. Der oft vorhandene Bitumengehalt stammt, wie beim Kalk, von den verwesenden Weichteilen der den Dolomitstock aufbauenden Tiere. Solche Dolomitmassen bauen gewaltige Berge der Ostalpen auf, wie die bizarren Formen des Rosengarten, der drei Zinnen usw.

Viele schon verfestigte dolomitische Kalke werden durch zusitzende Wässer des leichter löslichen Kalkes beraubt. Der zurückbleibende Dolomit hat Zellenstruktur und wird deshalb Rauhwacke genannt.

Als Gangmineral tritt der Dolomit in zahlreichen Erzgängen auf, und zwar meistens in licht gefärbten Kristallen, seltener als wasserklarer Dolomitdoppelspat.

Auffallend ist das häufige Vorkommen des Dolomits in Kontakthöfen basischer Eruptiva: es scheint, daß gleichzeitig mit der Eruption eine Anreicherung des Magnesiums in den angrenzenden Kalken erfolgt ist.

Die kristallinen Magnesitstöcke der Ostalpen, Schwedens usw. werden stets von Dolomit begleitet (S. 88). Als Seltenheit bildet amorpher bis kristalliner Dolomit Gänge in kalkhältigen Olivin- bzw. Serpentingesteinen (S. 88).

Die Verwendung des Dolomits ist der des Kalkes ähnlich. Als Baustein wird speziell die dichte Varietät wegen ihrer größeren Druckfestigkeit gerne angewendet. Diese liegt bei den meisten zelligen Arten unter 1000 kg/cm², bei den dichten um 1200 kg, steigt beim nordnorwegischen Dolomitmarmor nach Rinne auf 1750 kg, beim dichten Dolomit von Mannersdorf am Leithagebirge nach Stiny auf 1803 und vom Kaisersteinbruch im Burgenland nach demselben Autor (wohl ausnahmsweise) auf 3754 kg/cm².

Der Dolomitmarmor ist feinkörniger und hat infolge des eigentümlichen Aufblitzens der einzelnen Kristalle oft einen stärkeren Glanz als der Kalkmarmor. Er verwittert leichter und ist schwerer polierbar als dieser. Die Kalkmarmorlager enthalten häufig Bänke oder auch bloß Einsprenglinge von Dolomit. Die Anforderungen an eine der Baustein- und Marmorgewinnung dienende Dolomitlagerstätte sind die gleichen wie beim Kalk.

Auch der Dolomit wird zur Bereitung von Mörtel (S. 220) und feuerfesten Baustoffen (S. 211) herangezogen.

Er ist für Leguminosen und Kaffee nach Stein ein besseres Düngemittel als Kalk.

In der chemischen Industrie wurde er früher zur Erzeugung magnesiahaltiger Präparate verwendet, ist aber heute vollständig durch die Abraumsalze verdrängt worden.

Literatur wie Kalk.

Magnesit und Breunerit. Entsprechend seiner Entstehung sollte der Magnesit in erster Linie als apomagmatische Bildung besprochen und nur die geringfügige Breuneritausscheidung der Salzlagerstätten zu den Sedimenten gestellt werden.

Wir kennen entsprechend der Entstehung mehrere auch mineralogisch verschiedene Magnesittypen:

Dichter Magnesit (Giobertit). Der Olivin $Mg_2Fe_2(SiO_4)_2$ und mit ihm der Serpentin scheiden häufig eine Reihe sekundärer Mineralien aus, wie die Silikate Serpentinasbest (S. 198), Meerschaum, Talk (S. 199), usw. und das für die Praxis wichtige Karbonat, den Magnesit $MgCO_3$.

Der Magnesit bildet Gänge und Stockwerke, die wahrscheinlich als postvulkanische Bildungen zu erklären sind. Er ist von weißer bis rosaroter Farbe. Vom chemischen Standpunkt ist er durch Tonerde, Eisenoxyd nur geringfügig verunreinigt. Auch der Gehalt von Kalziumoxyd bewegt sich fast immer nur zwischen Spuren und 5%, in seltenen Fällen erreicht er einen Wert wie im Dolomit. Der Magnesit ist häufig mit Opal verwachsen, so daß die Härte von 4 bis 4,5 auf 7 steigen kann. Spezifisches Gewicht 2,9 bis 3,1.

Auffallend ist, daß nicht alle Serpentine und Olivingesteine Magnesit führen.

Grobkristalliner Magnesit. Er setzt der Hauptsache nach in Kalken auf und bildet, mit Dolomit innig verbunden, größere oder kleinere Stöcke, welche von Schiefern umhüllt werden. Die Entstehung ist wahrscheinlich so zu erklären, daß apomagmatische Lösungen von Magnesiumsalzen, den zahlreichen Sprüngen folgend, in spröde, daher zerbrochene Kalkschichten eindrangen und die Spalten mit Magnesit und Dolomit erfüllten. Griff die Lösung in das Nebengestein über, dann ersetzte sie, von den Ganggrenzen ausgehend, auch den Kalk und wandelte ihn in Magnesit und Dolomit um.

Spätere tektonische Bewegungen, wie wir sie in den Alpen sehen, haben diese Dolomit-Magnesitstöcke in einzelne größere und kleinere Linsen zerlegt, wobei eine mehr oder weniger starke Umkristallisation derselben erfolgte.

Der kristalline Magnesit ist weiß und körnig, ähnlich einem grobkristallinen Marmor oder Dolomit, von dem er sich nur durch einen höheren Glanz unterscheidet. Oft geht die Farbe durch fein verteilte Ton- und Kohlenstoffteilchen in Licht- bis Dunkelgrau über. Sammeln sich diese Bestandteile rindenförmig um die einzelnen rhomboedrischen Kristalle an, dann erhält das Gestein das Aussehen nebeneinandergelegter Pignolien, weshalb es Pignolitmagnesit genannt wird. Dieser liefert geschliffen schöne Dekorationsplatten.

Der immer vorhandene Eisengehalt führt bei stärkerer Beteiligung zum Eisenmagnesiumkarbonat, dem Breunerit, von dem sich der Magnesit oft nicht trennen läßt. Alle eisenhaltigen Magnesite erhalten an der Luft eine mehr oder weniger gelbe bis lichtbraune Verwitterungskruste.

Neben dem Dolomit ist das wasserhaltige Magnesiumsilikat, der Talk, ein ständiger Begleiter der Magnesite; seine Entstehung ist am leichtesten durch die Zufuhr von Magnesium unter Beteiligung der Kieselsäure benachbarter Schiefer zu erklären.

Die anderen zahlreichen Begleitmineralien derartiger kristalliner Magnesite haben mehr wissenschaftliches als praktisches Interesse.

Aus dem gleichen Grund ist es nicht notwendig, sich mit den geringfügigen Absätzen von Magnesit und Breunerit in Salzlagerstätten, mit den Porphyroblasten der kristallinen Schiefer und mit den seltenen Hydromagnesitabsätzen näher zu beschäftigen.

Der Magnesit wird in der chemischen Industrie zur Erzeugung von Kohlensäure verwendet. Seine frühere Bedeutung für die Herstellung des Magnesiummetalls und der wichtigen Magnesiasalze hat er durch die magnesiumhaltigen Salze der Kalisalzlagerstätten verloren. Kaustisch gebrannt, wird er zu Sorrelzement (S. 218), tot- oder sintergebrannt, zu feuerfesten Baustoffen verarbeitet (S. 211).

Literatur. Redlich, K. A.: Die Bildung des Magnesits. Fortschr. d. Mineralogie usw., herausg. v. Dr. G. Linck, IV. Bd. 1914. — Leitmeier, H. und K. A. Redlich: Magnesit in Doelters Handbuch d. Mineralchemie, I., S. 220.

Mergel. Viele Kalke und Dolomite sind tonhaltig. Wird dieser Tongehalt so groß, daß er sich beim Anhauchen des Gesteines bereits durch den Geruch verrät, dann sprechen wir bei 90 bis 75% $CaCO_3$ von Mergelkalk, bei 75 bis 40% $CaCO_3$ von Mergel schlechtweg, bei 40 bis 10% $CaCO_3$ von Tonmergel und bei 10 bis 2% von mergeligem Ton.

Der Mergel ist weicher und hat ein geringeres spezifisches Gewicht als der Kalk und Dolomit. Seine Farbe ist meist grau oder gelb; sie wird durch Aufnahme von Eisenoxyd rot, durch organische bzw. kohlige Substanzen blau, grau, braun bis schwarz. Gleichmäßig verteilte Verunreinigungen von Glaukonit, Glimmer, Erzen usw. drücken sich im Namen aus (Glaukonit-, Glimmermergel usw.). Durch schwache Kontaktmetamorphose oder Verkieselung erlangt er bedeutende Härte unter Erhaltung seines früheren Aussehens. Kohlehaltige Mergel und Tone (Brandschiefer), gewöhnlich die Begleiter von Kohlenlagerstätten, entzünden sich leicht von selbst und brennen zu einer jaspisartigen Masse (Porzellanjaspis), die meist durch Eisen rot gefärbt ist und oft weite Flächen einnimmt. Schlier ist die mehr stratigraphische Bezeichnung eines grauen Tonmergels des Miozäns. Feinkörnige, plattig brechende Mergel der Kreideformation nennt man Plaener. Tutenmergel (Nagelkalke) sind Mergel, deren Schichtplatten in einzelne, durch Tonhäutchen getrennte Kegel zerfallen, die selbst wieder aus mehreren ineinandergestellten Kegeln bestehen. Klebsand oder Huppererde tritt schichtenweise als Einlagerung in Tonen auf; er besteht aus Quarzsand, der von feuerfestem Tone durchsetzt ist, und kann in einer Zusammensetzung von 75 bis 85% SiO_2, 12 bis 16% Al_2O_3 und 2 bis 5% H_2O ohne jeden Zusatz als Mörtel für Dinas- und Schamottesteine oder zum Ausstampfen von Bessemerbirnen usw. verwendet werden.

c) Organogene Sedimente

Torf, Kohle, Anthrazit. Die Kohle ist nach der jetzt bestehenden Lehrmeinung der Hauptsache nach aus Pflanzen entstanden. Die trockene und aschenfreie Holzfaser besteht aus 50% Kohlenstoff, 6% Wasserstoff, 43% Sauerstoff, 0,1 bis 0,2% Stickstoff, die Asche aus Mineralstoffen, welche dem Erdboden entnommen sind.

Unterliegt die abgestorbene Pflanze der Einwirkung der Luft, dann tritt nach H. Potonié unter dem Einfluß des Sauerstoffes eine Verwesung bzw. langsame Verbrennung ein. Es bildet sich Kohlensäure (CO_2), Wasserdampf (H_2O) und Stickstoff (N), welche sich als Gase verflüchtigen, während das Unverbrennbare, wie Kieselsäure, Tonerde usw., als Asche zurückbleibt. Ist nicht genügend Luftzutritt vorhanden, so erfolgt nur eine teilweise Vergasung, der Rest aber macht eine chemische Umsetzung mit, deren Resultat der Moder ist; so erzeugen die bereits tieferen geschützten Lagen der abgefallenen Baumblätter im Verein mit der Verwitterungskrume der Erdoberfläche die schwarze Walderde, deren organische Substanz durch neuerliche Bedeckung vor weiterer Vergasung geschützt wird.

Auf wasserundurchlässigen Schichten gefälloser Gebiete bilden sich stillstehende Weiher. Schleimig sich anfühlende fettreiche Algen wachsen vom Ufer her gegen die Mitte, eine nach Milliarden zählende, unendlich kleine Tierwelt bevölkert den Sumpf. Auf den absterbenden Pflanzenkörpern siedeln sich zunächst verschiedene Wasserpflanzen an.

Die Sumpflandschaft verschwindet, das Becken wird mit größtenteils abgestorbenen Pflanzenarten, dem Torf, erfüllt, der wie ein Schwamm das Wasser zurückhält und durch den Sauerstoff der Luft anfangs einen der Verwesung bzw. Vermoderung ähnlichen Vorgang mitmacht.

Das Urmaterial der Kohlengesteine besteht aus den eigentlichen Pflanzenresten, der Humussubstanz (Zellulose und Lignin), und dem Faulschlamm oder Sapropel, den Fäulnisstoffen (C-ärmere H-reichere Kohlenwasserstoffe) der fettreichen Algen, Mikroorganismen, Pollen, Sporen usw. Beide Stoffe können sich durchdringen, können wechsellagern oder als gesonderte Lagen auftreten.

Torf. Wir unterscheiden Flach- oder Niederungs- und Hochmoore. Flachmoore erheben sich nicht über die ebene Oberfläche. Sie sind Ausfüllungen von Seen, Teichen, abgeschnürten Flußschlingen usw., die ihre Nährsalze dem nährstoffreichen, mineralischen Untergrund entnehmen. Die das Becken allmählich ausfüllenden Pflanzen sind eine typische Sumpfflora, auf deren absterbenden Resten eine Reihe von Laubbäumen Wurzel schlägt. Der aus diesem Material entstehende Torf wird um so aschen- und nährsalzreicher sein, je mehr Sand und Schlamm durch einmündende Bäche eingeschwemmt wird.

Der Flachmoortorf ist schwarz, schmierig, stark zersetzt; als Verlandungs- oder Schilftorf ist er mehr dunkelbraun mit Einlagerungen eines kantig brechenden, ursprünglich gallertartigen schwarzen Kalziumhumates, des Dopplerites.

Die Hochmoore sind in der Mitte aufgewölbt. Sie entstehen durch Emporwachsen neuer Vegetationsdecken, speziell des Torfmooses (Sphagnum), über den wasserdurchtränkten Niedermooren oder über feuchten Rohhumusansammlungen des Waldbodens. Infolge ihres meist rein pflanzlichen Ursprunges und des geringen Anteiles fremder anorganischer Beimengungen sind sie nährstoff- und aschenärmer, sie geben daher ein besseres Brennmaterial. Der Hochmoortorf ist hellgelb bis hellbraun, an der Luft wird er dunkelbraun; er ist wenig zersetzt und schwammig.

Die Untersuchung der Torfmoore besteht in der Festlegung des Umfanges, der Mächtigkeit, der Art und Konfiguration des Untergrundes und der Eignung des Torfes für die verschiedenen technischen und landwirtschaftlichen Zwecke. Die Mächtigkeit wird mit einer dem Erdbohrer (Abb. 148, S. 254) ähnlichen, nur längeren Peilstange gefunden.

In letzter Zeit wurde von Amerika ein eigenartiger Moorbohrer — die Dachnowski-Sonde — nach Europa gebracht, der sich von allen unseren Bohrern dadurch unterscheidet, daß das Material nicht von der Seite genommen — seine Seiten sind vollkommen geschlossen —, sondern in senkrechter Richtung ausgestanzt wird. Das Arbeiten mit diesem Bohrer ist sehr schnell und man hat die Sicherheit auch wirklich das Material aus einer gewünschten Schichte zu erhalten, was bei den Kammerbohrern nicht immer behauptet werden kann.

Bei allen Ingenieurarbeiten ist die Feststellung des Schichtenplanes des Mooruntergrundes wichtig, der aus dem Schichtenplane der Oberfläche und den erbohrten Tiefen leicht ermittelt werden kann[1]). Da sich das Moor nach der Entwässerung oft bis zu 40% setzt, können aus der Nichtbeachtung dieses Umstandes oft unliebsame Folgen entstehen (siehe Gründungsarbeiten auf Mooren).

Der Untergrund war bei der Entstehung des Moores an und für sich schon undurchlässig oder es schaltete sich erst später durch Verschlammung ein wasserundurchlässiges Medium ein. Schließlich war bei Hochmooren große Luftfeuchtigkeit allein eine genügende Veranlassung zur Entwicklung einer wasserliebenden Flora. Auf geeigneter Unterlage baut sich das Moor entweder unmittelbar auf oder es bildet sich aus organischer Substanz, gemischt mit Ton, eine Zwischenlage von bläulichem, grünlichem bis bräunlichem plastischem Faulschlamm, der durch Hinzutreten von Kalk (bis 25%) nester- und lagenweise in Moormergel übergeht und gelegentlich auch Einlagerungen im Torf bildet.

[1]) So kann z. B. die Grundwasserstromrichtung dem oberflächlichen Gefälle entgegengesetzt verlaufen.

Wasseransammlungen in den Mooren sind entweder als Seereste anzusprechen oder als Meteorwässer, die von der schwammartigen Torfmasse zurückgehalten und nur langsam durch die Moorbäche — Rillen genannt — abgeführt werden.

Der aus den Mooren gewonnene Torf wird in erster Linie in kohlenarmen Gegenden zu Heizzwecken verwendet. Es eignen sich hiezu besonders ältere, aschenarme, bitumenreiche, gleichmäßig schwarze Sorten, welche entweder zu Ziegeln gestochen und an der Luft getrocknet oder unter hohem Druck entwässert werden. Es ist auch möglich, eine Art Koks und einzelne chemische Produkte, wie Teer usw., aus Torf zu erzeugen. Die rationelle Kokserzeugung scheitert an der zu geringen Ausbeute an Torf aus den einzelnen Vorkommen.

Als Torfstreu werden die jüngeren gelben bis braunen Sorten von loser pflanzlicher Struktur herangezogen. Der Torf bildet auch die Unterlage für die Herstellung stickstoffhaltiger Dünger.

An löslichen Eisensalzen reiche Moore, in welche Heilquellen, wie z. B. die an Salzen reichen Kohlensäuerlinge der Soos bei Franzensbad, münden, werden als Unterlage für Moorbäder zu Heilzwecken ausgebeutet, aber auch das gewöhnliche Moor wird wegen seiner Humussäuren zu Badezwecken herangezogen.

Die meisten Moore geben im ursprünglichen Zustand nur eine ungenügende oder keine landwirtschaftliche Nutzung; ein eigener Wissenszweig, die Moorkultur, beschäftigt sich mit der Urbarmachung solcher Brachländereien. Abgesehen von der rationellen Gewinnung des Torfes, macht sie sich zur Aufgabe, durch Einebnung, Entwässerung bzw. Regulierung der Wasserwirtschaft, Vernichtung der pflanzenschädlichen Stoffe, Aufschließung der im Moorboden enthaltenen Pflanzennährsalze unter gleichzeitiger Düngung den Boden zu kultivieren.

B i l d u n g d e r K o h l e a u s T o r f m o o r e n. Durch Bedeckung mit Wasser, Seeschlamm oder neuerlichen Hochmooranlagen erfolgt ein Luftabschluß des Torfes, der nun zuerst eine Gärung mitmacht, dann eine weitere, über einen breiig weichen Zustand führende Umwandlung, die P o t o n i é bei den Humuskohlen Inkohlung, bei den kohlenwasserstoffreicheren Faulschlammbildungen Bituminierung nennt.

Bei dieser Umsetzung erfolgt eine Anreicherung des Kohlenstoffes unter gleichzeitiger Abspaltung von Wasser (H_2O) und Kohlensäure (CO_2). Nach weiter vorgeschrittener Inkohlung bildet sich unter Umständen auch Methan (CH_4).

So entsteht aus der Pflanzenmasse des Torfes im Laufe langer geologischer Perioden in kontinuierlicher Folge unter Setzungserscheinungen die Braunkohle, die Steinkohle und der Anthrazit, wobei die pflanzliche Struktur der Lignitbraunkohle immer mehr verschwindet, bis sie in der Steinkohle nur mehr stellenweise mikroskopisch nachweisbar wird.

Von manchen Forschern wird die Frage, ob aus Braunkohle im Laufe der Zeit Steinkohle entstehen kann (Umwandlungstheorie), verneint. So nimmt D o n a t h für die beiden Arten ein verschiedenes Pflanzenursprungsmaterial an, so zwar, daß die Braunkohle aus ligninreichen, die Steinkohle aus ligninarmen bzw. ligninfreien Pflanzen entstanden ist. Der Umstand, daß gleichalterige Kohlen bald als Braunkohle, bald als Steinkohle (Braunkohle im Karbon von Moskau, Steinkohle im Jungtertiär der Sotzka S. H. S., die von denselben Pflanzengattungen begleitet wird wie die gleichalten Braunkohlen Steiermarks) auftreten, spricht gegen diese Theorie. P e t r a s c h e c k hält den Gebirgsdruck für den ausschlaggebenden Umwandlungsfaktor der Gesamtreihe, leugnet jedoch nicht einen gewissen Einfluß verschiedener Floren auf das Endprodukt. Neben dem Gebirgsdruck wird wohl auch die Wärme als mitbestimmender Faktor herangezogen werden müssen und es ist nicht ausgeschlossen, daß auch das Wasser insofern eine Rolle spielt, als durch sein

Vorhandensein bei höherer Temperatur eine eventuell einsetzende Verkokung verhindert wird.

Als Ausgangsmaterial für die Entstehung der Kohle kommen drei Gruppen von chemischen Stoffen in Betracht:

1. Die Zellulose-, Pentosan- und Ligningruppe,
2. die Gruppe der Proteinsubstanzen pflanzlichen und tierischen Ursprunges (Ursprungsmaterial des Stickstoffes in der Kohle),
3. die Gruppe der Wachse, Harze, Öle usw. (Bitumen).

Nach F. Fischer und H. Schrader wird bereits bei der Vertorfung der Pflanzenreste die Zellulose unter Mitwirkung von Bakterien und Fermenten verändert und verbraucht, wobei eine weitgehende Umwandlung in Gase, darunter in Methan und Kohlensäure, sowie in organische wasserlösliche Säuren erfolgt (letztere sollen die Ursache der Kaolinisierung der Feldspate in den Liegendgesteinen sein). Der Ligningehalt, der sich im Holz, Torf und in der Braunkohle noch findet, wird im Laufe der Inkohlung in Huminsäure umgewandelt und ist in der Steinkohle vollständig abgebaut. Das Inkohlungsprodukt der Humine ist in der Humuskohle enthalten. Im Gegensatze hiezu erfolgt jedoch nach Marcusson die Bildung von Huminsäuren auch aus Zellulose über Oxyzellulose und Humalsäuren. R. Potonié konnte überdies selbst aus paläozoischen, in steigenden Anteilen aber aus jüngeren Kohlen unveränderte Zellulose isolieren. Hieraus und aus Beobachtungen an inkohlten Pflanzenresten erachtet es R. Potonié als eine geologisch-paläontologische Unmöglichkeit, daß die Zellulose am Aufbau der Kohlen keinen Anteil haben soll.

Unabhängig davon, wie die Streitfrage um die Muttersubstanz der Kohle entschieden wird, ist also das Bestehen einer kontinuierlichen Reihenfolge von Torf bis zum Anthrazit durchaus möglich, ja sogar höchst wahrscheinlich.

Folgende Tabelle zeigt an einigen Beispielen die Anreicherung des Kohlenstoffes und das Zurücktreten von Sauerstoff und Wasserstoff in der Entwicklungsreihe.

Tabelle 7

	C	H	O	N
Holzfaser	50	6	43	Spuren— 0,1
Torf	59	6	33	0,1— 0,2
Braunkohle	69	5,5	25	0,07—10
Glanzkohle	75	5	19	
Steinkohle	82	5	13	0,04—6
Anthrazit	95	2,5	2,5	0,2—1

Der dargestellten Anschauung von der Bildung der Kohle aus an Ort und Stelle entstandenen (autochtonen) Torfmooren, die ihre Hauptstütze in den gut erhaltenen fossilen Pflanzenresten und den noch an Ort und Stelle gewachsenen Baumstämmen findet, welche in die Kohle hineinragen (Stubbenhorizonte), steht heute die mindestens für größere Kohlengebiete abgelehnte Hypothese des zusammengedrifteten (allochtonen) Rohproduktes gegenüber.

Das Auftreten einer großen Flözreihe, vor allem in den Steinkohlenablagerungen (im Saarkohlenbecken 400 Flöze, davon zirka 150 bauwürdig), und die große Mächtigkeit einzelner Braunkohlenflöze (100 m Lignit von Wöllan in S. H. S.) sind Erscheinungen, die in scheinbarem Gegensatz zu den verhältnismäßig schwachen Torfmächtigkeiten (5 bis 6 m) der Jetztzeit stehen. Sie erklären sich aber aus der allmählichen Senkung des Landes und dem gleichmäßigen Steigen des Grundwassers zur Zeit ihrer Bildung. Bei einem zeitweise rascheren Ansteigen des Grundwasserspiegels, das die Wachstumsgeschwindigkeit der Moorpflanzen übersteigt, erfolgt eine Überflutung des Torfmoores, die die Bildung des Torfes unterbricht und durch Absatz von Ton und Sand zur Entstehung von Zwischenmitteln führen kann.

Den am Festland gebildeten limnischen Flözen stehen die am Meeresstrand entstandenen paralischen Kohlenbildungen gegenüber. Am Fuße des Erzgebirges entsteht gegenüber der böhmischen Masse am Ende der Alttertiärzeit ein Grabenbruch, in dessen Niederung sich bei stetiger Senkung des Bodens mächtige Torfmoore als Urprodukt der nordwestböhmischen limnischen Braunkohle bildeten, die mit Süßwasserschichten und Lavadecken wechsellagern und bis in das Jungtertiär reichen.

Die Aufwölbung des armorikanisch-variszischen Gebirgsbogens in Mitteleuropa während der Karbonzeit erzeugt an den Rändern oszillierende Strandbewegungen, durch welche bald Strandsümpfe mit Moorbildung, bald Überflutungen mit Meeresabsätzen entstehen, deren Resultat schließlich paralische Flözbildungen sind (Kohlenflöze der Ostrauer Schichten).

Chemische Zusammensetzung der Kohle. Die chemische Zusammensetzung erfährt man aus der Kohlenanalyse, wofür einige Beispiele nach F. Schwackhöfer angegeben werden sollen.

Tabelle 8

	C	H	O	N	Wasser	Asche	S	Heizwert
Anthrazit, Budweis	80,42	2,47	2,81	1,15	2,61	10,54	2,71	7148
Steinkohle, Tiefbau #, Ostrau	76,39	4,82	7,08	1,68	2,56	7,47	0,64	7376
Braunkohle, Brüx, Viktoria-Tiefbau	52,75	4,05	13,99	0,84	21,00	7,37	0,56	4942
Braunkohle, Falkenau, W. Unterreichenau	44,35	3,88	10,34	0,53	34,05	6,85	0,81	4170
Braunkohle, Südmähren, Göding	31,36	2,63	12,29	0,81	43,74	9,17	1,42	2668

	Zusammensetzung, bezogen auf aschen- und wasserfreie Kohle				Verkokung	
	C	H	O	N	% Koks	Back- / Sinter- / Sand- Kohle
Anthrazit, Budweis	92,60	2,84	3,24	1,32	88	Sandkohle
Steinkohle, Tiefbau #, Ostrau	84,91	5,36	7,87	1,86	65,3	Backkohle
Braunkohle, Brüx, Viktoria-Tiefbau	73,84	5,66	19,53	1,17	41,2	Sandkohle
Braunkohle, Falkenau, W. Unterreichenau	75,04	6,57	17,49	0,90	31,5	Sandkohle
Braunkohle, Südmähren, Göding	66,60	5,59	26,00	1,72	26,5	Sandkohle

Der Kohlenstoff nimmt mit dem Grad der Inkohlung zu. Durch die kolloidchemischen Vorgänge bei der Kohlenbildung wird das Wasser, ähnlich wie beim Ton, von der Torfsubstanz festgehalten. Es erreicht im Torf bis 90%, in Braunkohlen 20 bis 65%, in den stärker inkohlten Formen der Steinkohle ist es bereits größtenteils ausgetrieben. Das Wasser setzt nicht nur entsprechend seinem Prozentsatz den Heizwert der Kohle herab, sondern entzieht auch, weil es beim Verbrennen der Kohle in Dampfform übergeht, der Flamme die Verdampfungswärme und vermindert so die Verbrennungstemperatur.

Zieht man von dem in der Kohle enthaltenen Wasserstoff jene Menge ab, die zur Bindung des in der Kohle enthaltenen Sauerstoffes nötig ist, so verbleibt ein Wasserstoffanteil, der disponibler Wasserstoff genannt wird.

Der Schwefel tritt in drei Formen auf: als Sulfidschwefel (FeS_2), als organischer Schwefel und als Sulfatschwefel (Gips). Als schädlicher Schwefel wird der flüchtige oder verbrennliche Schwefel bezeichnet, der zwar Wärme liefert, jedoch durch die Bildung von schwefeliger Säure in den Rauchgasen Rauchschäden erzeugt. Der Sulfatschwefel dagegen ist unverbrennbar und bleibt in der Asche.

Der Stickstoffgehalt ist ein ziemlich schwankender; nur im allgemeinen kann man annehmen, daß er mit dem zunehmenden Alter der Kohle steigt. Er stammt aus den Proteinsubstanzen, die nur zum geringsten Teile der ursprünglichen Pflanzensubstanz entnommen sind, größtenteils dem animalischen Anteil des Urmaterials angehören.

Die Asche ist der von der Pflanze dem Boden entnommene anorganische Anteil. Zu einem hohen Prozentsatz ist sie wohl auch in das ursprüngliche Torfmoor eingeschwemmt worden. Die Asche besteht der Hauptsache nach aus Kieselsäure, Tonerde, Eisenoxyd, Erdalkalien, Alkalien, Schwefel und Phosphorsäure, kann aber auch die verschiedensten Metalle enthalten. Reinste Kohlen haben einen Aschengehalt von 2 bis 3%. Überwiegt der Aschengehalt über die Kohlenbestandteile, z. B. als Ton, dann kann die Bezeichnung für Kohle nur künstlich aufrechterhalten bleiben; so wurde z. B. bestimmt, daß die mährische Kreidekohle noch als solche aufzufassen ist, wenn die bei 100% getrocknete Substanz mindestens 50% brennbaren Stoff enthält; sonst wird sie als bituminöser Tonschiefer angesprochen. Die Feststellung, ob es sich um Kohle oder bituminösen Tonschiefer handelt, ist wichtig, da erstere als vorbehalten gilt, letzterer dem Grundbesitzer gehört. Auch die Asche setzt den Heizwert der Kohle herab.

Bei der vielseitigen Verwendung der Kohle sind außer der Elementaranalyse nach Bedarf Sonderanalysen auszuführen, z. B. die sogenannte Immediatanalyse, die die Ausbeute bei trockener Destillation an Koks, Teer, Gas und Wasser angibt, usw.

Als Maß für den Heizwert dienen die Wärmeeinheiten oder Kalorien. Eine Wärmeeinheit oder Kalorie ist jene Wärmemenge, durch welche die Temperatur von 1 kg Wasser um 1^0 C erhöht wird.

Der Heizwert wird entweder experimentell mit Hilfe einer Kalorimeterbombe (z. B. nach Berthelot) gemessen oder aus der chemischen Analyse naeh der Formel Heizwert

$$K = \frac{8140\,C + 28\,800\,(H - {}^1/_8\,O) + 2220\,S - 600\,W}{100}$$

Kalorien berechnet, wobei C den Kohlenstoff, H den Wasserstoff, O den Sauerstoff, S den Schwefel und W die Feuchtigkeit in Prozenten bedeutet. Diese Formel gilt eigentlich nur für aschenfreie Kohle.

Einteilung der Kohlen. Entsprechend der Entstehung und chemischen Zusammensetzung der Kohle können wir sie, wie bereits gesagt wurde, in Braunkohle, Steinkohle und Anthrazit einteilen. So leicht sich typische Braunkohle (braun gefärbt, braunes Pulver, brauner Strich, starke Hygroskopizität) von typischer Steinkohle (schwarz gefärbt, schwarzer Strich) und von Anthrazit (grauschwarz, Metallglanz, Härte 2 bis 2,5) unterscheiden läßt, so schwer wird diese Trennung bei Kohlen, die entsprechend der Kontinuität des Inkohlungsvorganges eine Zwischenstellung einnehmen. Zur Unterscheidung derartiger Zwischenformen werden chemische Reaktionen angewendet, die jedoch entsprechend der erwähnten Kontinuität nur graduelle Unterschiede, jedoch keine grundlegenden Verschiedenheiten zwischen Stein- und Braunkohle angeben, da Färbungen, Lösungen oder Ausfällungen, die bei Braunkohle intensiv auftreten, auch bei einem Teil der Steinkohle, freilich schwächer, zu sehen sind und nur bei den extremen Formen fehlen.

Als Unterscheidungsmerkmale gelten:

Braunkohle	Steinkohle (Anthrazit)
Kochen mit verdünnter Salpetersäure 1 : 10 (Ligninreaktion von H. Ditz und E. Donath)	
Rotfärbung der Lösung; es bleibt ein roter Rückstand, der sich in 90^0 Alkohol oder Azeton löst	Keine Färbung
Mit Kalilauge bis 100^0 erhitzt	
Braune Färbung (auch Kennelkohle)	Keine oder schwach gelbe Färbung

Braunkohle	Steinkohle (Anthrazit)
Schmelze mit KOH und NaOH in Wasser lösen, mit H_2SO_4 ansäuern, dann mit Äther schütteln	
Die auf dem Wasser stehende Ätherlösung braun; der braune Verdunstungsrückstand des Äthers gibt durch Destillation kristallisiertes Sublimat	Keine Reaktion
Kaliumbichromat und H_2SO_4	
Stark gelöst	Hauptmasse bleibt schwarzer Rückstand
Extraktion mit siedendem Benzol	
Braune, nicht fluoreszierende Lösung	Stark fluoreszierendes Extrakt

Vielfach findet man geschichtete Kohlen. Eine Schichtfläche kann nur auftreten, wenn in den Stoffen, die sedimentiert werden, eine Änderung eintritt. Die geschichteten Kohlen sind also aus verschiedenen Stoffen aufgebaut. Stopes unterscheidet vier verschiedene Kohlenbestandteile:

1. Fusain (Fusit nach R. Potonié) oder fossile Holzkohle, die in unmächtigen Schichten oder Nestern auftritt, deutliche Holzstruktur zeigt und aus eckigen, faserigen Bruchstücken besteht, die leicht abfärben.

2. Durain (Durit) oder Mattkohle, das sind die matten, harten Kohlenstreifen.

3. Clarain (Clarit), das ist derjenige Teil der Glanzstreifen, der noch Pflanzenreste aufweist und durch splitterigen Bruch gekennzeichnet ist.

4. Vitrain (Vitrit), die außerordentlich homogene, in mehr oder weniger kubische Stücke mit muscheligen Begrenzungsflächen brechende Kohle der Glanzstreifen, ohne jegliche Struktur.

Clarain und Vitrain sind nur strukturell, nicht chemisch verschieden.

Diese vier Kohlenbestandteile wechsellagern oftmals in einem und demselben Flöz, sind also unter gleichen Inkohlungsbedingungen entstanden. Ihre Verschiedenheiten sind nur durch Verschiedenheiten in dem dem Inkohlungsprozeß unterworfenen Ausgangsmaterial erklärbar (Abb. 62).

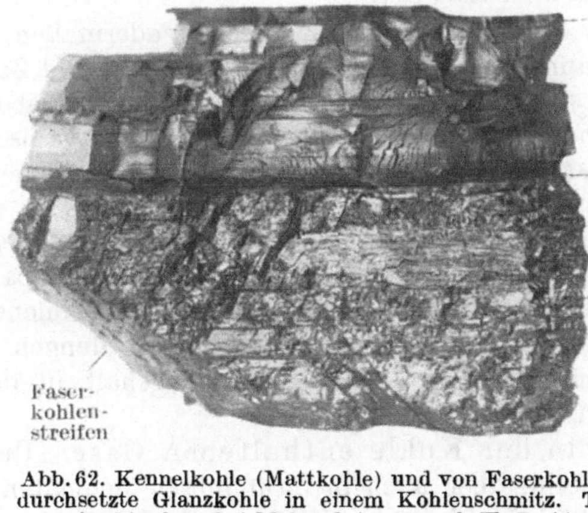

Abb. 62. Kennelkohle (Mattkohle) und von Faserkohlenstreifen durchsetzte Glanzkohle in einem Kohlenschmitz. Theresienschachtanlage bei Mähr. Ostrau (nach K. Patteisky)

Nach K. Patteisky besteht z. B. die Steinkohle des Ostrauer Reviers zum überwiegenden Teil aus Glanzkohle, und zwar ist diese Glanzkohle etwa zu vier Fünfteln aus Clarit und zu einem Fünftel aus Vitrit zusammengesetzt. Patteisky nimmt an, daß der Vitrit in erster Linie durch Umwandlung der großen Gefäßkryptogamen, der Clarit hingegen vorwiegend aus den die karbonischen Flachmoore zusammensetzenden Kleinpflanzen entstanden ist. R. Potonié sieht im Clarit einen stärker desorganisierten Torf und inkohltes Holz, während er im Vitrit wegen seiner mikroskopischen Homogenität einen fossilen Dopplerit oder auch Produkte eines wahrscheinlich während des späteren Inkohlungsprozesses einsetzenden Destillationsprozesses vermutet.

K. Patteisky verfolgt an den Glanzsteinkohlen des Ostrauer Reviers, somit an Kohlen, die im wesentlichen aus einem und demselben Urmaterial entstanden sind, den Einfluß der fortschreitenden Inkohlung, gegeben durch die geologischen Grundbedingungen von Druck und Temperatur, auf die chemische Zusammensetzung, die Kokbarkeit, Teer- und Urteerausbeute, den Heizwert und das spezifische Gewicht und gibt die nebenstehende Zusammenstellung (Tabelle 9).

Die Mattkohle, nach R. Potonié Durit, hat, wie schon der Name sagt, schwachen Glanz oder ist glanzlos, weiters besitzt sie einen größeren Bitumengehalt, also mehr Kohlenwasserstoffe, die von den Sporen, Pollen, fettreichen Algen, Bakterien und von im Torf verfaulenden Tierresten herrühren. Der Durit nimmt eine Zwischenstellung zwischen den Humusgesteinen und den Sapropeliten ein. Das Urbild der Sapropelite ist der jetzt noch durch Fäulnis des abgestorbenen Planktons stehender Gewässer sich bildende Faulschlamm oder Sapropel (H. Potonié). Zu den Sapropeliten gehören neben der Mattkohle die Kennelkohle (englisch candle — Kerze), die aschenreiche Bogheadkohle (Kennelbraunkohle), der polierbare Gagat oder Jet und bituminöse Gesteine, wie der Stinkkalk usw. Bei der Schwelkohle (Braunkohle, die sich wegen hoher Urteerausbeute besonders zum Verschwelen eignet), dem gelben Pyropisit und dem braunblättrigen Dysodil überwiegen Wachsharze.

Der Fusit ist seiner chemischen Zusammensetzung nach, gleichgültig ob er in Stein- oder in Braunkohlenflözen auftritt, eine fossile Magerkohle, besitzt aber noch deutliche Pflanzenstruktur und ist nach W. Petrascheck dadurch entstanden, daß Teile der Vegetationsdecke des Torfmoores sich vorübergehend über den Grundwasserspiegel erhoben, wodurch es an der Oberfläche zu einer Vermoderung bzw. Anreicherung des Kohlenstoffes kam. Nach E. Stach bleiben jene Teile der Pflanzenmasse fusitisch, die mit Huminstoffen imprägniert waren und daher dem anatomischen Zerfall entgingen.

H. Apfelbeck konnte nach den gleichen Prinzipien wie bei der Steinkohle das Antoniflöz des Falkenauer Beckens in Glanzkohle (Vitrit), Lignit (Clarit), Mattkohle (Durit), Faserkohle (Fusit), Streifenkohle (Fusit plus Vitrit) und in braune Humuskohle gliedern und zeigen, daß der Fusit dieses Braunkohlenflözes Steinkohlencharakter aufweist.

Strache definiert die Kohle folgendermaßen:

„Braunkohle ist ein aus der Anhäufung und Zersetzung vorwiegend pflanzlicher Reste entstandenes, braun bis schwarz gefärbtes, kompaktes oder erdiges organisches Gestein mit weniger als 40% anorganischer Beimengungen (bezogen auf wasserfreies Material), das noch beträchtliche Mengen von alkalilöslichen Huminsäuren enthält."

„Steinkohle ist ein aus der Anhäufung und Zersetzung vorwiegend pflanzlicher Reste entstandenes, schwarz gefärbtes, kompaktes oder erdiges organisches Gestein mit weniger als 40% anorganischer Beimengungen (bezogen auf wasserfreies Material), das keine beträchtlichen Mengen von alkalilöslichen Huminsäuren enthält, und dessen Sauerstoffgehalt in der Reinkohlensubstanz 4% übersteigt."

Die in der Kohle enthaltenen Gase. Die in der Kohle und ihrem Nebengestein, aber auch in bituminösen Schichten eingeschlossenen Gase sind in erster Linie Kohlensäure (CO_2) und Grubengas (zum größten Teil Methan CH_4); daneben findet sich Kohlenoxydgas, Stickstoff, Helium usw. In der Braunkohle überwiegt die Kohlensäure, ohne daß das Methan fehlt, in der Steinkohle ist das Grubengas vorherrschend; die Kohlensäure daselbst ist größtenteils ein späteres Zerfallsprodukt. Die Gase sind in besonders starkem Ausmaße bei hohem Druck, gasdichtem Hangenden, aber auch bei Anwesenheit von Fusain in der Kohle adsorbiert; sie sammeln sich auf Lassen, Schlechten und Spalten an und werden beim Abbau durch Druckentlastung frei. Weniger dichtes Hangendes gestattet eine vorzeitige Fortführung dieser Gase. Waren große Hohlräume mit ihnen erfüllt, so entstehen bei Annäherung des Bergbaues Gas-

Tabelle 9. Übersicht über die chemischen Eigenschaften der Glanzkohlen verschiedener Inkohlungsstufen (K. Patteisky)

Inkohlungsgrad	Hygroskopisches Wasser %	Koksausbeute %	Flüchtige Bestandteile %	Koksbeschaffenheit	Urteerausbeute % (rund)	Teerausbeute % (rund)	Mittelwerte von C	H	O	N	C/H	C/O	Koksausbeute / Kohlenstoff (rund)	Heizwert WE	Spezifisches Gewicht
Gasflammkohlenstufe	über 1,8 bis zu 6	55—64	36—45	sandig, gesintert bis schwach gebacken	12	10	75	5	17,9	1,2	15	4,2	70—80	8000—8500	1,5 bis 1,2
Gaskohlenstufe	1—1,8 bis zu 4	64—70	30—36	schwach gebacken und schwarz bis gut gebacken und silbergrau	9	7	81,5	5,3	11	1,4	13	7,4	75—82	8500—8800	
Fettkohlenstufe	0,6—1,2 bis zu 3	70—82	18—30	fest und silbergrau	4	3,5	85,5	4,9	8,3	1,4	17	10	80—90	8800—9600	
Magerkohlenstufe	0,5—0,8 bis zu 2	82—90	10—18	halbfest und silbergrau, oft nur gesintert oder pulverig	0,5	2	91,5	3,8	4,5 (O + N)		27	26	90—95	9200—9500	
Anthrazit	rund 0,5	über 90	unter 10	pulverförmig	—	unter 2	94,5	2,5	0,9	0,9	38	44	über 95	9000—9200	

bläser, die tagelang, aber auch durch Jahre bis zur Entleerung anhalten. Bei der Mischung mit der Luft werden die Methangase hochexplosiv (am heftigsten bei einem Methan-Luft-Mischungsverhältnis von 1 : 9,4) und können zu Schlagwetterkatastrophen führen. Neben diesen Gasexplosionen kennt der Bergmann die Kohlenstaubexplosionen, die oft in unmittelbarem Gefolge von Schlagwetterexplosionen auftreten. Kohlenstaubexplosionen können aber auch lediglich durch die Schießarbeit hervorgerufen werden. Sie sind besonders bei Kohlen häufig, die infolge Zermürbung zur Staubbildung neigen.

Die in der Kohle von der Bildung her enthaltene, noch mehr die bei der Berührung mit Luft entstandene Kohlensäure vergast oft Grubenräume derart, daß ihr Betreten, namentlich wenn es sich um alte, länger verlassene Örter und Bergbaue handelt, für das Menschenleben eine große Gefahr bedeutet, da bereits das Einatmen einer mit 10% CO_2 gemischten Luft Betäubungen, darüber hinaus den Tod herbeiführt.

Das Anfahren kohle- oder erdölführender Schichten, z. B. limnischer Karbon- oder Tertiärschichten, muß daher stets unter entsprechenden Vorsichtsmaßregeln geschehen (siehe Tunnelgeologie).

Verhalten der Kohle an der Luft. Unter der Einwirkung der Luft verwittert die Kohle; es findet eine langsame Verbrennung unter Bildung von Kohlensäure und Wasser statt, die bis zur vollständigen Veraschung führen kann. Dieser Verwitterung unterliegt sowohl lagernde Kohle als auch die Kohle, die sich am Ausstrich einer Kohlenlagerstätte gegen die Tagesoberfläche befindet. Besonders bei wenig reifen Kohlen ist die Verschlechterung der Kohlenqualität gegen den Ausstrich bedeutend, während Anthrazite und Magerkohlen unter Umständen auch am Ausbisse frisch bleiben.

Wird die Kohle bei Luftzutritt erhitzt, dann verbrennt sie. Durch Verbindung mit dem zur vollständigen Verbrennung notwendigen Sauerstoff entsteht unter Wärmeentwicklung Kohlensäure und Wasser sowie Schwefeldioxyd; der unverbrennliche Rest bleibt als Asche zurück. Gasreiche Kohlen, z. B. Gaskohlen, verbrennen mit langer und leuchtender Flamme; gasärmere geben eine kürzere Flamme[1]). Aus diesem Verhalten ergibt sich die Verwendung bestimmter Kohlensorten für verschiedene Heizzwecke und Ofenkonstruktionen.

Für den Verbrauch wird die Kohle entweder so, wie sie aus der Grube kommt, als Förderkohle in den Handel gebracht, oder entsprechend den Anforderungen des Verbrauchers durch Absiebung nach der Korngröße sortiert und als Grob- oder Stückkohle, Würfel- oder Mittelkohle, Nuß-, Grieß- und Staubkohle verkauft. Der Kleinfall, Grieß und Staubkohle, wird entweder auf eigens hiefür ausgebildeten Rosten oder nach vorheriger Feinmahlung durch Einblasen des Kohlenstaubes (Kohlenstaubfeuerung) verbrannt; er kann aber auch nach vorhergehender Trocknung mit oder ohne Anwendung von Bindemitteln zu haltbaren Briketts gepreßt werden. Die Brikettierung ermöglicht besonders bei stark wasserhaltigen Kohlen durch das vorhergehende Austreiben eines Teiles der Feuchtigkeit eine wesentliche Erhöhung des Heizwertes, wodurch, verbunden mit der darauffolgenden Formgebung, eine Steigerung des Marktwertes gegenüber der Kleinkohle erzielt wird.

Für verschiedene technische Zwecke ist es vorteilhaft, für einige sogar notwendig, mit brennbaren Gasen zu heizen. Diese brennbaren Gase werden in den meisten Fällen aus Kohle in Generatoren erzeugt und an der Verbrauchstelle unter Luftzufuhr verbrannt.

Die Selbstentzündung der Kohle hat ihre Hauptursache in der Fähigkeit derselben, Sauerstoff, möglicherweise unter Ozonbildung, an ihrer Oberfläche

[1]) Nach dem Gehalt an flüchtigen Bestandteilen unterscheidet man Magerkohlen (bis 20%), Fettkohlen (20 bis 32%), Gaskohlen (32 bis 40%) und Flammkohlen (über 40% Flüchtiges).

zu verdichten, wobei sich unter Kohlensäurebildung Wärme entwickelt. Es ist schon daraus verständlich, daß feinkörnige Kohle mehr zur Selbstentzündung neigt als grobstückige. Ferner wurde beobachtet, daß besonders selbstentzündliche Kohlen arm an Wasserstoff und verhältnismäßig reich an Sauerstoff sind. Unter den Faktoren, welche die Selbstentzündung begünstigen können, ist für die Braunkohlen mit hoher Wahrscheinlichkeit auch die leichtoxydable Humussäure sowie der rasch verwitterbare Markasit und Pyrit anzuführen, wenn auch die letztere Ursache bis jetzt noch von vielen Autoren bestritten wird.

Die Selbstentzündlichkeit der Kohle verursacht sowohl Halden- als auch Grubenbrände. Feste Kohle ist der Gefahr der Selbstentzündung nicht so ausgesetzt wie poröse oder zerklüftete, welche dem Sauerstoff Gelegenheit gibt, tief einzudringen. In Kohlengruben, welche unvollständig und unrein ausgebaut längere Zeit stillstehen und vor Luftzutritt nicht vollständig geschützt sind, wird die Kohle durch den infolge des Abbaues einsetzenden Gebirgsdruck brüchig. Sie neigt ebenso wie das in den Abbauen liegengebliebene Kohlenklein zur Entzündung.

Bei Grubenbränden werden tonige Nebengesteine in rote, jaspisreiche Brandschiefer umgewandelt, die durch ihre eigentümliche Färbung auffallen.

Verfahren zur Veredlung und Umwandlung der Kohlen. Von diesen wurden früher schon die Brikettierung und die Vergasung erwähnt. Durch Trocknung wasserreicher Braunkohlen kann bereits eine bedeutende Erhöhung ihres Heizwertes erzielt werden. Bei der Brikettierung wird die Trocknung in diesem Sinn auf Feinkohle angewendet. Will man stückige Braunkohlen durch Trocknung veredeln, so muß auf die Erhaltung der Stücke geachtet werden, damit das Verfahren wirtschaftlich wird.

H. Fleissner trocknet wasserhaltige, von Natur aus feste Braunkohle von innen nach außen unter Druck in Gegenwart von gespanntem Wasserdampf, vermeidet dadurch die Rißbildung bzw. den Zerfall und erhält ein großstückiges, an Wassergehalt bedeutend reduziertes Material. So wird z. B. bei der Kohle von Zillingsdorf, die 47,1% H_2O enthält, der Wassergehalt auf 23,2% herabgedrückt, wobei der Heizwert von 2470 auf 4070 W.E. ansteigt.

Aus Braunkohlen, die reich an benzollöslichem Bitumen sind, kann durch Extraktion, meist mit Benzol, das lösliche Bitumen ausgezogen werden. Der Extraktion wird bis jetzt nur stückige bitumenreiche, vorwiegend Montanwachs (im Gegensatz zu Montanharz) enthaltende Kohle zugeführt, während der anfallende Staub in der Regel brikettiert wird. Bei der Extraktion mitteldeutscher Braunkohle kommen Ausbeuten bis über 10% vor. Das Bitumen wird durch Verdampfung des Lösungsmittels von diesem befreit und auf Montanwachs verarbeitet. Die extrahierte Kohle ist in vielen Fällen noch schwelwürdig, wird aber meist als Feuerkohle verwendet.

Aus den Schwelkohlen werden durch eine schonende Destillation bei Temperaturen unter 600°, die man Schwelen nennt, die Teerbildner entfernt. Zweck der Braunkohlenverschwelung ist also die Gewinnung des sogenannten Schwelteeres, der einen hohen Gehalt an Kohlenwasserstoffen der Paraffin- und Äthylenreihe hat, aus denen als wertvollste Produkte Paraffin und Leichtöl gewonnen werden können. Früher verlangte man von Schwelkohlen eine Mindestausbeute an Urteer von 20%, bezogen auf grubenfeuchte Kohle. Da der Vorrat an derartigen Kohlen schon fast erschöpft ist, verschwelt man heute an vielen Stellen bereits Braunkohlen, die im Großbetriebe nur mehr 4 bis 8% Urteer ergeben. Die Verschwelung geschieht heute noch zum größten Teil in Rolle-Öfen.

Der Rolle-Ofen besteht aus einer aus Schamotte gemauerten Retorte, an deren Innenwandung gemauerte Heizzüge verlaufen. In das Innere des Ofens ist ein Zylinder aus gußeisernen kegelstumpfförmigen Ringen eingehängt, die sich jalousieartig übergreifen. In den nur 120 mm breiten, ringförmigen Zwischenraum wird die Kohle eingefüllt. Die Destillationsgase werden aus dem Innern des Zylinders abgesaugt. Als Nebenprodukte fallen bei der Verschwelung neben dem Teer an: Schwelkoks, Gas und Schwelwasser. Der Schwelkoks (Grudekoks) ist der Menge nach der bedeutendste

Anteil. Er ist, sofern erdige Braunkohle verschwelt wurde, kleinstückig oder gar pulverig und von geringer Festigkeit, ist aber leicht entzündlich und verbrennlich und wird zum größten Teil im Hausbrand in sogenannten Grudeöfen verwendet.

Zur Zeit der Ölknappheit während des Weltkrieges war man bestrebt, auch den Teer, der bei der Vergasung der böhmischen Rohbraunkohlen erhalten wird[1]), unzersetzt zu gewinnen. Man versah zu diesem Zwecke die Gaserzeuger mit Schwelaufbauten aus Schamotte oder hängte Schwelglocken in sie ein. Durch diese Schwelretorten, die mit frisch aufgegebener Braunkohle gefüllt waren, saugte man einen Teil des im unteren Abschnitte des Generators gebildeten Gases durch, verschwelte damit die Kohle und gewann aus dem mit Teernebeln beladenen Gase durch Kondensation den Teer. Doch war die Betriebsführung, wenn beide Vorgänge, Vergasung und Verschwelung, mit gleicher Vollständigkeit verlaufen sollten, so schwierig, daß man von der Vereinigung des Gaserzeugers mit der Schwelretorte in Form des Schwelgenerators meist wieder abkam.

Das Gegenstück der Schwelerei bei der Braunkohle ist die Tieftemperatur- oder Urverkokung bei der Steinkohle. Auch ihre Anwendung blieb vorwiegend auf die Zeit des Weltkrieges beschränkt und konnte sich nach Eintritt normaler Verhältnisse vielfach nicht behaupten, da die Teerausbeuten gering sind und das Ausgangsmaterial viel wertvoller ist als bei der Schwelerei. Auch bei der Tieftemperaturdestillation fällt ein fester Anteil, der sogenannte Halbkoks, an, der großporig und von geringer Festigkeit ist.

Veredlungsverfahren, die ausschließlich auf bestimmte Steinkohlen anwendbar sind, sind die Leuchtgasherstellung und die Erzeugung von Hochofen- und Gießereikoks.

In den Leuchtgasfabriken wird Gaskohle in Retorten durch trockene Destillation bei Temperaturen von 1000 bis 1100° in Gas, Koks, Gaswasser und Teer zerlegt. Das Hauptprodukt ist hiebei das Leuchtgas mit dem hohen Heizwert von 5000 W.E. Der anfallende Gaskoks ist kleinstückig und weich. Vielfach wird auf Gaswerken ein Teil des Gaskokses in Wassergaserzeugern vergast und Wassergas (Gemenge im wesentlichen von H_2 und CO im Verhältnis 1:1) dem Leuchtgas zugesetzt (4300 W.E.). Der Teer erleidet bei diesen Temperaturen und bei der langsamen Abführung aus der glühenden Retorte pyrogene Zersetzungen und besteht daher zur Gänze aus aromatischen Kohlenwasserstoffen. Aus den im Teer enthaltenen aromatischen Verbindungen können unter anderem Teerfarben, Arzneimittel und andere wertvolle Produkte gewonnen werden. Aus dem Gaswasser wird das enthaltene Ammoniak gewonnen.

Bei der Erzeugung von Hüttenkoks für Hochöfen und Gießereien liegt das Schwergewicht auf der Herstellung eines harten, festen, großstückigen Kokses, der arm sein muß an Asche und Schwefel. Das Ausgangsmaterial sind die Kokskohlen, das sind backende Kohlen, in denen in genügender Menge Kohlenwasserstoffe vorhanden sind, welche bei den angewendeten Temperaturen (1000 bis 1200°) an der glühenden Koksnaht zersetzt werden und die einzelnen Stücke zu einem festen, harten, gleichmäßig feinporigen Kuchen verbacken. In der Patteiskyschen Übersicht ist das Eintreten der Backfähigkeit bei einem bestimmten Inkohlungsgrade schön zu sehen. Das Verhältnis des Festbitumen zum Ölbitumen bedingt die Backfähigkeit. Petrascheck hat nachgewiesen, daß für die Erreichung der Backfähigkeit ein bestimmter Faltungsdruck nötig ist; ferner daß Kohlen, z. B. Kladnoer Steinkohlen, die beim Atmosphärendruck nicht backen, im Basaltkontakt einen schönen Koks ergaben. Unter dem Drucke der natürlichen Bedeckung konnte das Bitumen nicht entweichen, wurde zersetzt und verband die Teilchen zu einem festen Koks. Die Gegenwart von Fusit, der eine nicht backende Magerkohle ist, kann eine an und für sich backende Kohle zur Kokserzeugung untauglich machen. Ebenso setzt ein hoher Aschengehalt die Backfähigkeit herab. Für den bei der Kokerei anfallenden Teer gilt das bei der Leuchtgaserzeugung Gesagte. Das Koksofengas ist sehr heizkräftig; es wird zum Teile zur Beheizung der Koksöfen, zum Teile zum Betrieb von Gasmaschinen und zum Heizen von Martinöfen, aber auch als Leuchtgas verwendet.

[1]) Bei den mitteldeutschen Braunkohlen ergaben sich besonders große Schwierigkeiten.

Bei den bisher besprochenen Veredlungsverfahren (Braunkohlenschwelerei, Urverkokung der Steinkohle, Leuchtgaserzeugung) fällt immer in mehr oder weniger hohem Maß ein fester Rückstand an. Ausgenommen bei der Kokerei, wo dieser Rückstand ein hochwertiges Produkt darstellt, ist der Absatz dieses Kokses vielfach mit Schwierigkeiten verbunden.

Bergius vermindert den Koksanfall dadurch, daß er der Kohle (Gasflammkohle und Gaskohle) bei einem Drucke von 150 bis 200 Atmosphären und einer Temperatur von 450 bis 500° Wasserstoff zuführt und sie dadurch im wesentlichen zu Kohlenwasserstoffen hydriert. Es fallen bei diesem Verfahren weitaus höhere Anteile an flüssigen Destillaten (verschiedene Kohlenwasserstoffreihen, unter anderem auch hydroaromatische Kohlenwasserstoffe) an, als bei der Tieftemperaturdestillation. Maximal werden 50 bis 60% der Kohle in flüssige Derivate umgewandelt, der Rest ist ein mehr oder weniger aschenreicher Halbkoks.

Die Geologie der Kohlenlager. Die Kohle ist ein Sedimentgestein, das in allen Formationen zu treffen ist. Abbauwürdige Flöze sind in den vorkarbonischen Formationen nicht vorhanden. Sie beginnen erst mit dem Karbon. In Europa liegt die Hauptmasse der Steinkohlen im Karbon, die Hauptmasse der Braunkohlen im Tertiär; die großen chinesischen und nordamerikanischen Steinkohlenfelder liegen vornehmlich im Perm. In Indochina, Ostindien, Südafrika und Australien befinden sich die Hauptkohlenschätze im Permokarbon und in der Trias. Aus den Entstehungsbedingungen der Kohle ergibt sich ihre Lager- oder Flözform. Die Stärke oder Mächtigkeit kann auf große Erstreckung hin gleich bleiben, sie kann aber auch einem raschen Wechsel unterliegen, sei es entsprechend der ursprünglichen Ablagerung, sei es infolge tektonischer Vorgänge, die das Flöz zerdrücken oder sogar auswalzen, so daß im gefalteten Gebirge oft ein ganzer Flözflügel fehlen kann. Die Flöze machen wie jede andere Schicht die tektonischen Veränderungen mit, weshalb eine eigene Besprechung derselben entfallen kann. Die Nebengesteine der Kohle sind verschiedenster Art. Das Liegende ist meist Ton oder Tonschiefer, seltener Sandstein oder Kalk. Die Härte und Festigkeit des Nebengesteins ist für den Abbau insoferne ein Vorteil, als dadurch Zimmerung erspart und bei flacher Lagerung die Schrämarbeit erleichtert wird; weiches Nebengestein, namentlich Letten, erzeugt druckhaftes, meist quellendes, oft fließendes Gebirge, das den Abbau erschwert und viele Zimmerung erfordert. Oft tritt feuerfester Ton, auch Kaolin in engster Beziehung zur Kohle in deren Liegendem auf.

Schon bei den Schurfarbeiten ist die Wasserführung, namentlich der Hangendschichten, zu berücksichtigen. Große Wasseransammlungen, speziell in Verbindung mit Schwimmsand, können bei ihrer Unschädlichmachung derartige Geldsummen verschlingen, daß der Abbau des betreffenden Kohlenflözes unrentabel wird. Die Anlage von Förderschächten und anderen Einbauen hängt oft von der richtigen Erkenntnis dieser Frage ab.

Die Kohle selbst ist entweder fest oder sie hat parallele Absonderungsklüfte, Schlechten oder Lassen. Der Abbau erfolgt senkrecht zu diesen, um einen großen Stückkohlenfall und eine bessere Häuerleistung zu erzielen. Durch allmähliche oder plötzliche Zunahme des Aschengehaltes kann ein Flöz immer mehr an Qualität verlieren bis es versteint und unbauwürdig wird. Auch Zwischenmittel können entweder so stark oder so zahlreich werden, daß es sich nicht mehr lohnt, die Kohle zu gewinnen.

Die Beschürfung der Kohle erfolgt im ebenen Terrain, wenn sie nicht ausbeißt, in erster Linie durch Bohrungen, seltener durch die teueren Schächte; im hügeligen oder gebirgigen Terrain wird sie durch Schurfröschen und Stollen ausgeführt.

Die Probenahme für die chemische Analyse muß bei Bohrungen durch Kernziehen erfolgen, sonst, ähnlich wie beim Metallbergbau, durch Erzielung eines guten Durchschnittes aus einer größeren Menge (Vierteln der Probe). Die Proben sind sofort in Blechdosen zu verlöten oder in Glasgefäße zu füllen, deren Verschluß überdies mit Paraffin vergossen wird, damit das in der grubenfeuchten Kohle enthaltene Wasser nicht verdunste und dadurch bei der chemischen Analyse ein falsches Bild entstehe.

Literatur: Apfelbeck, H.: Beiträge zur Systematik der Kohlen. Berg- und Hüttenmännisches Jahrbuch, Bd. 74, H. 1, S. 27, und schriftliche Mitteilungen. — Czermak, A.: Verwertung bzw. Veredlung minderwertiger Kohlen sowie Verflüssigung von Kohle. Mont. Rundschau, S. 283, 300. 1927. — Donath, E. und H. Ditz: Zur Unterscheidung von Braun- und Steinkohlen. Öst. Zeitschr. f. Berg- u. Hüttenw. 1903 u. chem. Industrie 1902. — Donath, E. und A. Lißner: Brennstoffchemie. Stuttgart. 1922. — Donath, E.: Unterscheidung, Einteilung und Charakteristik der Mineralkohlen. 1924. — Fischer, F. und Gluud: Ges. Abhandl. z. Kenntnis der Kohle. 1917 bis 1923. — Fischer, F. und H. Schrader: Entstehung und chemische Struktur der Kohle. Brennstoffchemie. 1922. — Kukuk, P.: Unsere Kohlen. Aus Natur und Geisteswelt. — Patteisky, K. und F. Perjatel: Die Steinkohle als Ergebnis ihres Ursprungsstoffes und des Grades seiner Inkohlung. Berg- u. Hüttenm. Zeitschr. Glückauf Nr. 50. 1925. — Petrascheck, W: Kohlengeologie der österreichischen Teilstaaten. Wien. 1922. — Petrascheck, W.: Die Kohlenlager der dinarischen Gebirge Altösterreichs. Zeitschr. d. oberschl. Berg- u. Hütt.-Ver. zu Kattowitz, H. 1, S. 9, 66. Jg. 1927. — Petrascheck, W.: Fusain, eine fossile Holzkohle. Zentralbl. f. Min. usw., Jg. 1926, Abt. B, Nr. 13, S. 449. — Pietzsch, K.: Die Braunkohlen Deutschlands. Handb. d. Geologie u. Bodenschätze Deutschlands, 3. Abt., I. Band. — Potonié, H.: Die Entstehung der Steinkohle. Berlin. 1910. — Potonié, R.: Allgemeine Kohlenpetrographie. Berlin. 1924. — Potonié, R.: Petrographie des Ölschiefers. — Schwackhöfer, F.: Die Kohlen Österreich-Ungarns. 4. Aufl., v. Dr. A. Cluss, Dr. W. Kluger und W. Mirna. Wien. 1928. — Stach, E.: Zur Entstehung des Fusits. Glückauf, S. 759. 1917. — Strache: Brennstoffchemie. 1922. — Strache-Lant.: Kohlenchemie. Leipzig. 1924. — Stutzer, O.: Kohle. Allgem. Kohlengeologie, 2. Aufl. Berlin. 1923.

Graphit. Der Graphit ist die hexagonal-rhomboedrische Form des Kohlenstoffes. Farbe und Strich sind bläulichschwarz bis dunkelstahlgrau (graphitgrau). Er ist metallisch glänzend, seine Härte beträgt 0,5 bis 1, seine Dichte 1,9 bis 2,3. Er hat eine hohe Feuerbeständigkeit, ist gegen chemische und mechanische Beeinflussungen sehr widerstandsfähig, ist ein guter Elektrizitäts- und Wärmeleiter. Diese Eigenschaften erklären seine mannigfache Verwendung in der Industrie[1]).

Er tritt gesteinsbildend in Form von Flözen und Gängen auf. Sein Aussehen ist:

1. kristallin; er besteht dann entweder aus schuppigen, glimmerartigen, elastischen, schwarzen Blättchen mit lebhaftem Metallglanz von größerem bis kleinerem Umfang (Grobflinz — Feinflinz), oder aber er zeigt eine stenglig faserige, besonders kohlenstoffreiche Ausbildung;

2. „amorph", als erdig-tonige Masse mit mattem Bruch, leicht abfärbend, dunkelgrau bis tiefschwarz, zwischen den Fingern sich fettig anfühlend und beim Reiben glänzend werdend.

---

[1]) Unter Einwirkung von rauchender Salpetersäure und Kaliumchlorat verwandelt sich Graphit in goldgelbe Blättchen von Graphitsäure, während Kohle vollständig gelöst wird. Gewisse blätterige Graphite blähen sich, mit konzentrierter Schwefel- oder Salpetersäure befeuchtet und auf Platinblech zur Rotglut erhitzt, wurmähnlich auf.

Verunreinigungen, wie Schwefelkies, Kalkspat, Quarz und verschiedene Silikate, wie Ton, Nontronit usw., sind keine Seltenheit. Namentlich der amorphe Graphit nimmt oft so viel Ton auf, daß er zum unbauwürdigen graphitischen Schiefer wird, der, abgesehen vom Tongeruch, an seiner grauen, glanzlosen, stumpfen Farbe zu erkennen ist.

Nach der Entstehung unterscheiden wir:

1. Entsprechend dem höchsten Grad der Inkohlung sind es ursprüngliche Kohlenflöze, die über den Weg des Anthrazites und Anthrazitgraphites (Rottenmann, Steiermark) durch einen höheren Wärmefaktor (Dynamo-, Regional- oder Kontaktmetamorphose) in Graphit umgewandelt wurden. In ihren reinen Formen bestehen sie nur mehr aus Kohlenstoff, Resten von Kohlenwasserstoffen, Stickstoff und Asche. Das Auftreten karbonischer Pflanzenreste der Ostrauer Stufe im Nebengestein der steirischen Graphitflöze rechtfertigt die Annahme dieser Bildungsweise. Der Graphit ist überwiegend dicht, besitzt bald Anthrazitglanz, bald ist er bei einem höheren Aschengehalt matt. Er wird im Liegenden und Hangenden oft von graphitdurchtränkten Tonschiefern begleitet. Hieher sind fast alle alpinen und karpathischen Vorkommen einzureihen, vor allem die in den Karbonschichten Österreichs aufsetzenden Graphite der Steiermark usw., die kontaktmetamorphen Flöze von Turuchansk in Sibirien, Turkestan, Japan usw.

2. Schwieriger ist eine Erklärung der Entstehung für die in den Gneisen liegenden Graphitlager des böhmisch-bayrischen Waldes (Passau, Schwarzbach, Mugrau, Krummau), Madagaskar, Alabama usw. Meist handelt es sich um Lager und Imprägnationen von blättrigem Flinz oder kleinschuppigem Halbflinz, zuweilen aber auch, wie bei den Flözen am Liegendkalk von Schwarzbach, um amorphen Graphit. Die älteren Autoren erklären diese Bildungen, entsprechend ihrer Gestalt, für hochmetamorphe Kohlenflöze. Weinschenk weist auf eine pneumatolytische Bildung hin, Ditz spricht zum erstenmal von der Möglichkeit, daß einzelne natürliche Graphite durch Zersetzung von Karbiden entstanden sind. F. E. Sueß endlich sieht in ihnen das gelegentlich der kristallinen Schieferbildung abdestillierte und in Graphit umgewandelte Gesteinsbitumen.

3. Außer diesen schichtigen Vorkommen gibt es in Ceylon im Granulit auch gangförmig aufsetzende Graphite. Ihre Durchschnittsmächtigkeit ist 30 cm, sie kann jedoch bis zu 2 m anschwellen. Der Graphit ist stengelig. Das Fördergut enthält durchschnittlich 50% Kohlenstoff, kann aber durch Handscheidung leicht auf 90% gebracht werden. Ähnliche Gänge liegen in den Feldspatporphyren Cumberlands, in den Dioriten von Batugol in Sibirien, dem einst wichtigen Fundpunkt für das Bleistiftrohprodukt, der heute als zu entlegen brach liegt, usw. Der Umstand, daß wir künstlich durch Glühen von Kaliglas, Ruß und Fluorkalzium Graphit herstellen können, daß er sich beim Hochofenprozeß sublimiert und in verschiedenen Eruptivgesteinen nachgewiesen werden konnte, spricht dafür, daß derartige Graphite durch pegmatitisch-pneumatolytische Vorgänge aus kohlenstoffhaltigen Gasen entstanden sind.

Gewinnung und Aufbereitung des Graphites. Die Graphitgewinnung geschah bis in die Mitte des vorigen Jahrhunderts an fast allen Orten auf höchst primitive Art durch kurze Stollen, Gruben und Handschächte von 20 bis 25 m Teufe. Erst die Unterstellung des Graphites unter das Bergregal hat hier Wandel geschaffen und an Stelle des Raubbaues den modernen Bergwerksbetrieb gesetzt.

Der in der Grube anfallende Graphit wird, soweit er rein ist, der unmittelbaren Verwendung zugeführt. Die reinsten Teile, z. B. in Ceylon die „Lumps" mit 99% C, werden mit der Hand ausgeschieden, der Rest wird durch Steinbrecher oder Pochwerke zerkleinert und aufbereitet. Da harter Rohgraphit häufig durch längeres Lagern im Freien durch atmosphärische Verwitterung zu einer mürben Masse zerfällt, wird er gelagert und dann entweder trocken, naß, kombiniert oder durch Flotation aufbereitet.

Das trockene Verfahren wird bei Flinzgraphit angewendet. Das Gut wird zunächst in Steinbrechern, Walzen und Kollergängen auf 1 mm Korngröße gebracht, hierauf im Drehofen scharf geröstet, wobei sich der Pyrit zersetzt und der Schwefel sich als SO_2 verflüchtigt. Das so vorbereitete Material wird in Trockenmühlen gemahlen; während das taube Nebengestein zertrümmert wird, bleiben die Graphitblättchen infolge ihrer Geschmeidigkeit unverändert und können durch Siebe und Windseparation vom Mineralstaub abgezogen werden.

Auf nassem Wege bedient man sich der Methoden der Erzaufbereitung, ausgehend von dem Prinzip, daß die leichten, flachen Graphitblättchen die gleich schweren, aber mehr kugeligen Begleitmineralien im fließenden Wasser überholen. Der Spitzkasten und die Setzmaschine wird bei senkrecht aufsteigender Wassersäule den Graphit nach oben treiben, die rotierende, schraubenartige Bewegung des Wassers in der Zentrifuge den Schuppengraphit abschwemmen. Der Schüttelherd wird auf einer rechteckig geformten, geneigten und mit Stufen versehenen Platte die Trübe beim Abfließen des Wassers durch gleichmäßige Bewegung in den leichteren Flinzgraphit und das schwerere taube Material stufenartig teilen und in verschiedenen, nebeneinanderliegenden Rinnen aufnehmen. Ein ähnliches Resultat erzielt man beim Rundherd, der auf einer rotierenden, konischen Platte diese Teilung vornimmt. Auf sehr engmaschigen Sieben aus Seide oder Bronze wird das 40 bis 50% Kohlenstoff enthaltende Konzentrat durch Entfernung des Sandes auf 55 bis 60% Kohlenstoffgehalt gebracht, gepreßt und getrocknet, eventuell nochmals trocken gemahlen (Raffinadegraphit). Der Schwefelgehalt wird bis auf den Sulfatschwefel durch Rösten entfernt.

Schließlich hat man durch Flotationsaufbereitung eine besondere Anreicherung des Flinzgraphites erreicht. Bei diesem Verfahren wird ein Gemisch von feinst vermahlenem Rohgraphit, Öl und Wasser hergestellt und durch Einpeitschen von Luft mittels eines schnellaufenden Rührwerkes, durch Kohlensäure, Druckluft usw. Schaumbildung hervorgerufen. Die schaumige Masse des an der Oberfläche schwimmenden Graphites und Öles kann abgezogen, das Öl selbst durch Verdampfen, Zentrifugieren oder Abfiltrieren entfernt werden. Bei diesem Prozeß wird ein Konzentrat von 85 bis 95% C erzielt. Die vollkommenste Reinigung wird auf chemischem Wege durch Behandlung mit Flußsäure erreicht; da aber in dem Endprodukt (99% C) Reste der Reagenzien zurückbleiben und der Prozeß zu teuer ist, zieht man heute für die Erstellung dieses hochwertigen Graphites die elektrothermische Aufbereitung vor.

Das Prinzip dieser Reinigung beruht nach Ryschkewitsch auf der Eigenschaft des Graphites, erst bei etwa 3500° merklich zu verflüchtigen, während Al_2O_3, CaO, MgO und die Silikate dieser Verbindungen schon bei Temperaturen, die um 800 bis 1000° tiefer liegen, flüchtig werden. Da der in den Silikatverunreinigungen gebundene Sauerstoff beim Brand einen Teil des Graphites zum Verbrennen bringt, wird Kohle zugemischt, welche diesen Verlust teilweise paralysiert. Die Reinigung wird in einem einfachen, mit feuerfestem Schamottestein ausgekleideten Schachtofen vorgenommen.

Die Methoden, Graphit den höchsten Reinheitsgrad zu geben, sind erst jüngsten Datums, da Ceylon mit seinen natürlichen reinen Graphiten trotz stetiger Steigerung der Produktion die Nachfrage nicht mehr befriedigen konnte.

Dies bildete einen starken Anreiz, reinen Graphit auf künstlichem Wege herzustellen. Die Acheson Graphite Comp., der die billige Wasserkraft des Niagara zur Verfügung steht, erzeugt im elektrischen Ofen aus Anthrazit oder Petrolkoks ein äußerst feines, pulverförmiges Material, welches unter Zusatz von Bindemitteln in Formen gepreßt wird. Dieser Graphit macht namentlich den teuren Sorten große Konkurrenz. In jüngster Zeit wurden auch in anderen Staaten ähnliche Unternehmungen errichtet (Lanze-Werke in der Schweiz usw.).

Im Handel kennt man nach W. Lex:

Rohgraphit (Graphiterz, bergfeucht). Stückgraphit (Raffinadegraphit), das Endprodukt der Naßaufbereitung des amorphen Rohgraphites, feinkörnig und dicht, mit kurzfaserigem Bruch und den noch deutlichen Spuren der Filterpresse. Mehlgraphit, das Mahlprodukt der Stückgraphite in Böhmen und Mähren oder des Rohgraphites der italienischen und steirischen Werke. Abfallgraphit, das Abfallprodukt der nassen und trockenen Aufbereitung, stets verunreinigt mit Sand und anderen dem Rohgraphit ursprünglich anhaftenden Mineralien. Flinzgraphit (Schuppen- oder Flockengraphit), englisch Flakes, ist das Endprodukt der trockenen und nassen Aufbereitung flinziger Rohgraphite; je nach der Sorte sind die Schuppen verschieden groß; sie haben lebhaften Silberglanz, samtweiches Anfühlen und quecksilberähnliches Fließen bei der Bewegung. Flinzmehl (Flinzabfall) ist das Abfallprodukt der Flinzgraphitaufbereitung, ein Feinmehl, bestehend aus mehr oder weniger kleinsten Flinzen mit überwiegender Begleitung von taubem Mineralmehl. Pudergraphit, feinst gemahlener Flinzgraphit, das Produkt der Flinzmahlung oder des Flotationsprozesses.

Verwendung des Graphites. Der Graphit wird zur Anfertigung von Schmelztiegeln, Bleistiften, Schmiermitteln, Ofenschwärze, Farben, in der Galvanoplastik, in der Elektroindustrie und Gießerei gebraucht.

Wegen seiner Feuerfestigkeit, guten Wärmeleitungsfähigkeit, seiner geringen Angreifbarkeit durch chemische Agentien und Unempfindlichkeit gegen Temperaturwechsel werden aus ihm, nach Mischung mit feuerfestem Ton und Quarzsand[1]), Schmelztiegel gefertigt. Da er möglichst schwer verbrennbar und angreifbar sein soll, wird neben hohem Kohlenstoffgehalt (60 bis 90%) verlangt, daß er keine Bestandteile besitze, welche diese Eigenschaften herabsetzen. Solche Beimengungen sind ein Schwefelgehalt über 0,3%, ein kleiner Aschengehalt, der nicht mehr als 2% Alkalien enthalten und nicht unter Segerkegel 30 schmelzbar sein soll; Karbonate, die trotz hohem Brand noch immer ausblühen können, wie Kalk, sind nicht gerne gesehen. Die Feuerbeständigkeit wird durch Großblättrigkeit erhöht, weshalb die Flinze von Ceylon (80 bis 85%), Madagaskar und Passau für Tiegel von langer Betriebsdauer, die hochwertigen (60 bis 85% C) schwefelfreien alpinen Sorten dagegen als kurzhaltende „Eintagstiegel" bei der Stahlerzeugung Verwendung finden.

Für die Bleistiftfabrikation eignen sich die feinschuppigen bis dichten, weichen Graphite von hoher Deckkraft mit 75 bis 85% C, feinstkörnige Raffinadegraphite mit 65 bis 75% C aus Südböhmen, feinst gemahlener, kohlenstoffreicher Flinz (Graphitpuder von Passau und Ceylon) und hochwertiges, weiches Material aus Mexiko. Ursprünglich wurden die Bleistifte aus dem englischen Cumberland- bzw. sibirischen Batugolgraphit erzeugt; die eine der beiden Lagerstätten ist erschöpft, die andere durch ihre ungünstige geographische Lage derzeit unbauwürdig.

Die Härte der Bleistifte wird durch Tonzumischung geregelt.

Als Gießereigraphit nimmt man gute dichte Raffinadegraphite in Stück- und Mehlform mit 50 bis 60% C, oder gemahlene steirische Graphite mit ähnlichem Kohlenstoffgehalt. Dieselben sollen keine den Guß beeinträchtigenden Substanzen enthalten, schwefelfrei und schwer verbrennbar sein.

Als Farbengraphit dienen meist nur amorphe Raffinaden in Mehlform oder minderwertige Flinzmehle mit guter Deckkraft.

Für feine Maschinenschmiermittel eignen sich nur von harten Bestandteilen befreite Graphite, besonders die künstlich erzeugten Sorten, welche auch zur Elektrodenfabrikation Verwendung finden.

Mindere amorphe Graphite oder Abfälle der Naßaufbereitung werden, falls kein Ton im Rohmaterial vorhanden ist, mit diesem gemischt (30% C), zu kleinen Blöcken oder Granaten gepreßt und als Ofenpolitur bzw. -schwärze verwendet. Der Graphitkitt als Dichtungsmittel für Dampfkessel hat ähnliche Zusammensetzung.

---

[1]) Der Ton soll eine hohe Erweichungstemperatur (etwa 1500°) haben. Quarz dient zur Schwundverminderung, da er sich bei der Umwandlung in Tridymit und Cristobalit ausdehnt (S. 204).

In der Elektroindustrie gelangen amorphe und flinzige Graphite mit verschiedenem Kohlenstoffgehalt zur Herstellung von Lichtkohlen, Ofenelektroden, Dynamobürsten, Mikrophonkohlen, für galvanoplastische Zwecke usw. zur Verwendung. In der Elektrochemie wird Flinzgraphit bevorzugt.

Minderwertige Graphite werden als Rostschutzfarben und zum Polieren des Schießpulvers verwendet.

Aufsuchen und Beurteilung von Graphitlagerstätten. Die geologische Untersuchung eines Graphitvorkommens stößt auf keine besonderen Schwierigkeiten, namentlich dort, wo es sich um Flöze oder Flözlinsenzüge handelt, welche, entsprechend der deutlichen Schwarzfärbung des Bodens im Ausbiß, nach dem Streichen und Fallen der sie begleitenden Schichten mit den gewöhnlichen Schurfmethoden verfolgt werden können. Auch bei der schon aufgeschlossenen Lagerstätte wird die Bruttomassenschätzung keine besonderen Schwierigkeiten bereiten.

Die Abbauwürdigkeit einer Graphitlagerstätte hängt jedoch nicht so sehr von ihrer Größe als von der Struktur und Güte des Materials ab. In erster Linie wird der Kohlenstoffgehalt des Rohproduktes maßgebend, der Schwefel-, Alkaliengehalt und die Feuerbeständigkeit nicht zu übersehen sein. Aber auch die Struktur, ob kristallin oder amorph, spielt eine große Rolle. Herr Dr. W. Lex teilt mir zu dieser Frage folgendes mit: „In den Alpen werden nur wirklich hochwertige Rohgraphite des Aufschlusses durch einen Bergbau und des Abbaues gewürdigt. Sämtliche Bergbautreibende sind dort äußerst sparsam in Investitionen und daher peinlich bemüht, ein einmal angefahrenes bauwürdiges Graphitlager erschöpfend hereinzugewinnen. Im allgemeinen baut man dort Graphite unter 60 bis 65% Kohlenstoff nicht ab und bereitet den Graphit nur dadurch auf, daß man in der Grube die geringen tauben Einschlüsse ausklaubt und den geförderten Rohgraphit nach vorheriger Trocknung einfach mahlt.

Tonige Graphite vom Typus Schwarzbach, Goldenstein usw. werden auch noch bei einer Kohlenstoffgrenze von 45% gewonnen, wenn sie Eigenschaften besitzen, die ihre Verwendung für Rohguß, Ofengranaten usw. nach vorheriger Raffination auf nassem Wege durch Schlämmen möglich machen. Der Kohlenstoffgehalt allein ist hier nicht der Indikator, sondern es gibt nicht meßbare Eigenschaften dieser Graphite, die ihre Verwendung in gewissen Gebieten sogar gegenüber hochkohlenstoffhaltigen steirischen Graphiten ermöglichen. Schädlich ist diesen Graphiten nur ein hoher Kalk-, Schwefel- und Eisengehalt. Die neueren Untersuchungen haben sogar ergeben, daß es nicht gut ist, den Graphit nur nach dem Kohlenstoffgehalte zu kaufen, und leider findet sich noch die Anschauung vertreten, daß Graphite unter 60% Kohlenstoff in Gießereien nicht verwendet werden sollen.

Bei Flinzgraphitlagerstätten vom Typus Passau-Kropfmühl muß berücksichtigt werden, daß die Graphitblättchen verhältnismäßig leicht extrahiert werden können, so daß bei besonders großem Format der Blättchen (großflinzig) im Passauischen in diesem Falle noch Rohgraphite mit 10% Kohlenstoffgehalt abgebaut werden, namentlich wenn das Gestein selbst, wie bei Schwarzbach, aufgelockert und mürbe ist. Günstige Konjunkturverhältnisse, z. B. im Kriege, haben die magersten Gesteine (z. B. von Hengstberg in Niederösterreich) zur Flinzextraktion herangezogen.“

Die Weltproduktion an Graphit stellt sich derzeit auf 80000 bis 90000 t im Jahr (65 bis 70% Tiegelgraphit, 15% Gießereigraphit, 10% für Schmiermittel und Bleistiftfabrikation). Von dieser Summe entfallen auf Ceylon, Madagaskar, Tschechoslowakei, Deutschland (Bayern), Deutschösterreich (Steiermark), Korea zirka je 10 000 t, dann folgen in größeren Abständen Italien, Mexiko, Vereinigte Staaten von Nordamerika, Kanada usw.

Der Preis des Graphites ist gegenüber der Vorkriegszeit eher im Sinken begriffen, da auch die Verwendung speziell des Tiegelgusses sich immer mehr einschränkt und große Vorkommen bester Qualität, wie z. B. Madagaskar usw., sich am Markte als Konkurrenz fühlbar machen.

Bayrische Graphite kosteten nach Tietze 1926 loko Passau per 1 q;

Gehalt	80 bis 82%	83 bis 84,9%	85 bis 87,9%	88 bis 89,9%	90 bis 92%
Goldmark	44,25	47,30	50,40	55,55	59,70

Madagaskar-Graphit, 1926, 1 q loko deutscher Hafen: 85% C, 56 bis 60 Reichsmark.

Ceylon-Graphit, 1926, 1 q loko deutscher Hafen: dust (Staub) bei 80% C 50 Reichsmark, chips (Splitter) bei 86 bis 88% C 66 bis 68 Reichsmark, mittlere lumps (Stücke) 73 bis 76 Reichsmark, feinste lumps (Stücke) mit 97 bis 99% C 93 bis 100 Reichsmark.

Böhmen loko Erzeugungsstätte: 2,5 Reichsmark für Abfälle, gemahlen; 6 bis 9 Reichsmark für Stückraffinaden in Fässern, brutto für netto, franko Station Erzeugungsort.

Böhmische Gießereigraphite (amorph) mit 40 bis 50% C 8 bis 10 Reichsmark pro 1 q, inklusive Faß.

Steiermark, loko Erzeugungsstätte: 80 bis 90% C, ungemahlen, 7 bis 10 Reichsmark je 100 kg, inklusive Faß; mindere Ware 4,2 bis 9 Reichsmark.

Bleistiftgraphit von Mexiko kostete bei 80 bis 85% C, feinst gemahlen, 60 bis 80 Reichsmark je 100 kg loko deutscher Hafen. Elektrodengraphit, 85 bis 90% C 70 bis 80 Reichsmark, 95 bis 99% C 105 Reichsmark pro 1 q, loko Werk.

Literatur: Dammer, B. und O. Tietze: Die nutzbaren Mineralien. 2. Aufl., I. Bd., S. 62. Stuttgart. 1927. — Ditz, H.: Die mögliche Entstehung von natürlichem Graphit durch Zersetzung von Karbiden. Brennstoff-Chemie, H. 4. 1923. S. 132. Vgl. auch Chem. Zt., 28. Bd. 169. — Dölter, C.: Entstehung des Graphites in der Natur. — Dölter C.: Handbuch der Mineralchemie, S. 94. Leipzig. 1912. — Donath, E.: Der Graphit. Leipzig und Wien. 1904 und Chem. Zt., 52. Bd. 1928. — Donath, E. und A. Lang: Über die neueren Fortschritte in der Kenntnis und Verwertung des Graphites. Berg- u. hüttm. Jahrb., 65. Bd., H. 2. 1917. — Häring, A.: Der Graphit. Wien. 1910. — Kaiser, E.: Zur Entstehung der Passauer Graphitlagerstätten. Geol. Rundschau. 13. Bd., H. 4. — Lex, W.: Aufbereitung der Flinzgraphite in Südböhmen. Berg- und hüttm. Jahrb. 1923. — Mohr, H.: Über die Entstehung einer gewissen Gruppe von Graphitlagerstätten. Berg- und hüttm. Jahrb., H. 1 und 2. 1920. — Ryschkewitsch, E.: Graphit. Leipzig. 1926. — Stutzer, O.: Die wichtigsten Lagerstätten der Nichterze (Graphit, S. 1), I. Teil. 1911. — Weinschenk, E.: Der Graphit. Hamburg. 1898. — Weinschenk, E: Zur Kenntnis der Graphitlagerstätten. Abh. d. bayr. Ak. d. Wiss. 19. Bd., II. Abt., 21. Bd., II. Abt. — United States Geol. survey. Graphite. Washington. 1918/19/20.

Für dieses Kapitel wurden in erster Linie die Arbeiten von Lex, Tietze-Scharf und Ryschkewitsch benützt.

Kohlenwasserstoffe. Von Hans Hlauscheck, Prag XVI. Zusammensetzung und Eigenschaften. Das Erdöl (Petroleum, Naphtha) besteht aus einem Gemisch von verschiedenen Kohlenwasserstoffen. Diese setzen sich, wie ihr Name sagt, aus Kohlenstoff und Wasserstoff in sehr verschiedenen Verhältnissen zusammen, woraus sich daher eine Unzahl von Kohlenwasserstoffverbindungen ergibt. Nach ihrem Kohlenstoff-Wasserstoff-Verhältnis teilt man sie in verschiedene Reihen ein, die sich wieder in zwei große Abteilungen, die kettenförmigen und die ringförmigen Kohlenwasserstoffe, einordnen lassen.

Im Erdöl herrscht gewöhnlich die kettenförmige Methan- (Paraffin-) Reihe (C_nH_{2n+2}), seltener die zyklische Naphthenreihe (C_nH_{2n}) vor. Außerdem sind jedoch noch mehrere andere Reihen vertreten.

Eine chemische Einteilung der Erdöle stößt jedoch auf Schwierigkeiten, weshalb hiebei wesentlich physikalische Gesichtspunkte maßgebend sind. Nach der Dichte lassen sie sich in leichte (D = 0,7 bis 0,8), mittlere (0,8 bis 0,9) und schwere Öle (0,9 bis 1,0) einteilen. Durch Destillation läßt sich jedes Öl in drei Gruppen von Kohlenwasserstoffen zerlegen, von denen die erste, verflüchtigend von 0 bis 150° als „Benzin“ (Gasolin) bezeichnet wird, die zweite (150 bis 300°) als Kerosen (Leuchtöl), die dritte als Schmier- oder Rückstandsöl (über 300°). Öle mit hohem Gehalt an flüchtigen Bestandteilen sind leicht und hell (Leichtöle), solche mit vorwiegend schwer flüchtigen Anteilen sind meist schwer und dunkel (Schweröle). Bei den ersteren pflegen Kohlenwasserstoffe der Paraffinreihe vorzuherrschen (Paraffinöle, Öle mit Paraffinbasis), bei den letzteren jedoch asphaltähnliche (Asphaltöle, Öle mit Asphaltbasis).

Paraffinöle sind meist braun, selten gelb oder farblos, meist dünnflüssig und leicht, Asphaltöle dagegen dunkelbraun bis schwarz, oft zähflüssig, schwer und enthalten häufig etwas Schwefel. Sie lassen sich daher schwieriger raffinieren als die Paraffinöle und sind daher meist etwas billiger.

Die wichtigsten Glieder der Paraffinreihe und ihre Eigenschaften gibt die folgende Übersicht:

Tabelle 10

		Schmelzpunkt °C	Siedepunkt °C
1. Gasförmig:			
Methan (Sumpfgas)	CH_4	—184	—164
Äthan	C_2H_6	—172	—84
Propan	C_3H_8	—45	—45
Butan	C_4H_{10}	—	+1
2. Flüssig:			
Pentan	C_5H_{12}	—	+36
Hexan usw. bis	C_6H_{14}	—	69
Heptadekan	$C_{17}H_{36}$	+22	303
3. Fest:			
Oktodekan usw. bis	$C_{18}H_{38}$	28	317
Pentatriakontan	$C_{35}H_{72}$	76	—

In seiner natürlichen, ungestörten Lagerstätte kommt das Erdöl fast immer mit gasförmigen Kohlenwasserstoffen (Erdgas) zusammen vor, wobei dieses, je nach den Druck- und Temperaturverhältnissen, teilweise verflüssigt und in Öl gelöst und absorbiert ist. Dagegen ist Gas nicht immer mit Erdöl verknüpft, sondern kann in gewaltigen Lagerstätten ohne einen Tropfen Öl auftreten. Solches Gas bezeichnet man häufig als trockenes Gas, welches fast ganz aus Methan besteht, während beim nassen Erdgas, das meist mit Öl in Verbindung steht, noch höhere Kohlenwasserstoffe beigemengt sind, die in der Lagerstätte als Flüssigkeiten vorhanden sind, sich bei Druckverminderung aber in Gase verwandeln. Von trockenen Erdölgasen seien als naheliegende Vorkommen besonders die Lagerstätten von Siebenbürgen, Wels in Oberösterreich und Hamburg erwähnt, die erbohrt als Leucht- und Industriegas Verwendung finden.

Die Öle verschiedener Gebiete haben meist auch verschiedenen Charakter. So ist das russische Öl besonders reich an Gliedern der Naphthenreihe, die pennsylvanischen und galizischen Öle sind solche mit Paraffinbasis, während Kalifornien, Mexiko und andere Länder Asphaltöle liefern. Natürlich kommen auch Mischöle vor.

Bleiben Erdöle durch längere Zeit mit der Luft in Berührung, so verlieren sie ihre leicht flüchtigen Bestandteile durch Verdunstung und wandeln sich durch Oxydation und Polymerisation allmählich in halbfeste oder feste Minerale um. So entsteht aus den asphaltischen Ölen der Asphalt (Erdpech), aus den Paraffinölen der Ozokerit (Erdwachs). Da beide Gemenge verschiedener fester Kohlenwasserstoffe sind, lassen sich viele Abarten aufstellen, die unter verschiedenen Namen beschrieben wurden (Gilsonit, Albertit, Kintait, Erdteer usw.). Asphalt ist ein bei etwa 70 bis 110° allmählich weich werdender, fester Körper, schwarz, mit Pechglanz und muscheligem Bruch. Er findet sich als Rückstandsprodukt an Stellen, wo Asphaltöle an die Oberfläche kommen, und kann dort, allerdings ausnahmsweise, ganze Seen bilden (Venezuela, Trinidad). Während Asphaltfundstellen über die ganze Erde verbreitet sind, gehören Ozokeritvorkommen zu den Seltenheiten, was sich aus der Flüchtigkeit der Paraffinöle, die nur wenig Rückstände beim Verdunsten zurücklassen, erklären läßt. Ozokerit ist ein Gemisch von verschiedenen Paraffinen und besitzt dementsprechend ein recht verschiedenartiges Aussehen. Er ist weich, halbfest oder fest, seine Farbe schwankt von Gelb bis Schwarz, sein Schmelzpunkt von etwa 50 bis 100°. Im Gegensatz zum Asphalt beträgt seine Dichte weniger als 1. Das wichtigste Vorkommen ist das von Boryslaw (Polen), wo er Spalten über einer ölführenden Antiklinale ausfüllt und seit Jahrhunderten bergmännisch gewonnen wird. Von geringer Bedeutung sind die Fundstätten bei Starunia (Polen), Utah (Vereinigte Staaten) sowie in wenigen anderen Gegenden.

Als „Paraffin dirt“ bezeichnet man eine wachsähnliche Masse, die an der amerikanischen Golfküste gelegentlich vorkommt und wahrscheinlich aus Pflanzen durch Zersetzung in gasgesättigter Erde hervorgegangen ist.

Vorkommen. a) Regionale Verbreitung. Wenn wir die über die ganze Erde hin verbreiteten Lagerstätten des Erdöls auf ihre gemeinsamen geologischen Eigenschaften hin betrachten, so fällt uns zunächst auf, daß sie fast ausnahmslos an marine Sedimente gebunden sind. Das Alter dieser Sedimente spielt hiebei keine Rolle; Öl kann sich in allen Schichten finden, vom Kambrium bis zum jüngsten Tertiär, wobei allerdings eine viel größere Häufigkeit von jungen (tertiären) Vorkommen festgestellt werden muß. Dagegen tritt in fast allen Ölgebieten eine Gesteinsreihe auf, die im wesentlichen aus einer Wechsellagerung von sandigen und tonigen, untergeordnet auch kalkigen Ablagerungen besteht, welche je nach dem Grade des erlittenen Gebirgsdruckes als Sande oder Sandsteine, Quarzite, als Tone, Schiefertone oder Tonschiefer ausgebildet sind. Die große Mächtigkeit solcher Schichtkomplexe und ihr häufiger Materialwechsel beweist uns, daß wir es hier mit tektonisch labilen Gebieten mit im allgemeinen sinkender Tendenz zu tun haben, kurz mit Geosynklinalgebieten. Dies erklärt auch, warum wir so viele Ölfelder längs der großen Faltengebirge kennen, und zwar pflegt der Außenrand des tertiären Faltengebirges, sein Vorland, von Ölzonen begleitet zu sein. Ölspuren finden wir am Außenrand der Alpen, von der Schweiz bis nach Wien, Ölfelder meist in Tertiär-, seltener in Kreideschichten im weiteren Verlauf längs der Karpathen von Mähren über Galizien bis nach Rumänien. Weiter nach Osten folgen dann der Kaukasus mit den russischen, ebenfalls tertiären Ölgebieten und die asiatischen Gebirgszüge mit den persischen und indischen Ölfeldern (Burma, Sumatra, Borneo). Auch hier ist das Tertiär die Ölformation. Durch Amerika zieht sich, dem Laufe der Anden und Kordilleren folgend, ein breiter Streifen ölhöffigen und ölführenden Landes in nord-südlicher Richtung von Kanada über die Ebenen des Mid-Continent-Gebietes (Paläozoikum), mit einem Ausläufer längs der Appalachen (Paläozoikum) und in Kalifornien (Tertiär) über die Golfküste und Mexiko (beide Tertiär) hinunter nach Venezuela (Tertiär und Kreide) und weiter durch die südamerikanischen Republiken (meist Tertiär). In Norddeutschland treten Ölvorkommen in der Umgebung der Zechsteinsalzstöcke auf; das Öl hat sich hier wahrscheinlich in der Jura-Kreidezeit gebildet.

b) Örtliche Verbreitung und Ansammlung. In den meisten Fällen ist das Öl und Gas nicht in dem ganzen ölführenden Horizont verbreitet, sondern nimmt nur gewisse Teile desselben ein, während die übrigen Partien gewöhnlich von Salzwasser erfüllt werden. Das Salzwasser, welches offenbar einen, wenn auch veränderten, Rest des Meereswassers darstellt, in dem die Schichten sich abgesetzt hatten, ist ein nahezu ständiger Begleiter des Erdöls. Infolge seiner größeren Dichte nimmt es in geneigten Schichten die tiefsten Teile des Ölsandes ein, während Öl und Gas den höchsten erreichbaren Räumen zustreben. Als eine etwas einseitige Fassung dieses Gesetzes der Schwereschichtung innerhalb eines Ölhorizontes kann die Antiklinaltheorie gelten, mit welcher Höfer und Sterry Hunt die Grundlage der Ölgeologie geschaffen haben. Sie besagt, daß sich das Öl, seinem geringen spezifischen Gewicht zufolge, in den oberen Teilen der Antiklinalen (Sätteln) ansammeln muß, das Gas im Scheitel derselben, während das Salzwasser die tiefen Partien, also die Synklinalen (Mulden), erfüllt. Später zeigte es sich, daß noch durch verschiedene andere Lagerungsverhältnisse eine Schwereschichtung des Gases, Öles und Salzwassers ermöglicht wird, wenn auch der Antiklinalbau einen hervorragenden Platz unter ihnen einnimmt. Bevor wir jedoch diese verschiedenen Möglichkeiten besprechen, müssen wir darüber klar werden, welche Räume den Flüssigkeiten und Gasen zu ihren Wanderungen und Ansammlungen zur Verfügung stehen.

Die Gesteine bestehen ganz allgemein aus kleinen Teilchen und Körnern, die nicht dicht aneinanderschließen, sondern kleinste Hohlräume, die Poren, zwischen sich frei lassen. Die Summe dieser Porenräume, das Porenvolumen eines Gesteines, welches gewöhnlich in Prozenten des ganzen Gesteinsvolumens angegeben wird, schwankt zwischen 0,2% bei gewissen Eruptivgesteinen und Marmoren, bis zu etwa 50% bei feinsten Sanden, Tonen und Mergeln. Den allgemeinen Durchschnitt für Ölsande kann man zu etwa 20% nehmen. Dieser Porenraum genügt somit zur Aufnahme beträchtlicher Flüssigkeitsmengen, ohne daß man „unterirdische Ölteiche", wie dies früher geschah, annehmen muß. Eine weitere Erhöhung erfährt das Porenvolumen allerdings durch Risse und Spalten, die jedoch bei Ölsanden nur eine geringe Rolle spielen, bei den selteneren Ölkalken aber deren Speicherfähigkeit nicht unwesentlich erhöhen können. Die Poren sind also die hauptsächlichsten Räume, in denen sich Wasser, Öl und Gas ansammeln und bewegen können. Während das Porenvolumen vor allem die Speicherfähigkeit eines Gesteines kennzeichnet, ist die Beweglichkeit der Flüssigkeit vor allem von der Größe der einzelnen Poren abhängig. Je kleiner diese, desto größer die Reibung und Adhäsion, desto schwerer beweglich die Flüssigkeit. Die oben erwähnte Schwereschichtung wird daher in den feinstporigen Gesteinen (Tonen) nicht eintreten können, da hier trotz sehr hoher Speicherfähigkeit die Beweglichkeit des Poreninhaltes nahezu Null ist. Infolgedessen wird auch ein Bohrloch, das einen vollgesogenen Ton durchteuft, keine Flüssigkeit fördern, da kein Zufluß zur Bohrung stattfindet.

Praktisch kann daher eine Ölförderung nur aus groß- und mittelporigen Gesteinen, wie Sanden, Sandsteinen und Kalken, erzielt werden. Um also eine wirtschaftlich ausbeutbare Ansammlung von Öl zu ermöglichen, müssen folgende drei Bedingungen gegeben sein:

1. Der Ölträger muß genügend durchlässig sein, so daß Flüssigkeitsströmungen (Schwerschichtung) in ihm stattfinden können;

2. der Ölträger muß eine Neigung, wenn auch nur eine sehr geringe, besitzen, damit eine Ansammlung des Öles stattfindet;

3. die Ölansammlung muß durch undurchlässige Gesteine möglichst vor dem Ausfließen an die Oberfläche geschützt sein.

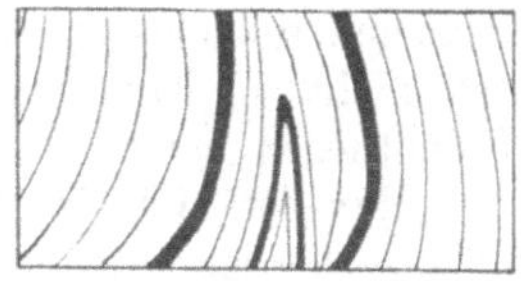

Abb. 63. Öl in vertikaler Antiklinale

Was die geforderte Neigung (Fallen) der Schicht betrifft, so ist Faltung wohl das Allgemeinste (siehe Antiklinalentheorie, Abb. 63, 64), aber nicht der einzig mögliche Fall. Aufrichtung der Schichte durch eingedrungene Salzstöcke (Abb. 65) und Eruptiva (Abb. 66), geneigte Schichtenablagerung über Aufragungen des Meeresbodens (Abb. 67) usw. können für die Ansammlung des Öles maßgebend sein. Oft wird aber auch das Öl auf seiner Wanderung zum Scheitel der Antiklinale aufgehalten und

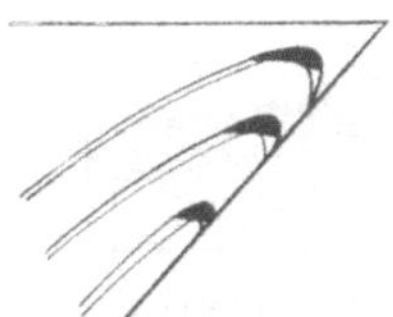

Abb. 64. Ölansammlung bei Faltenüberschiebung

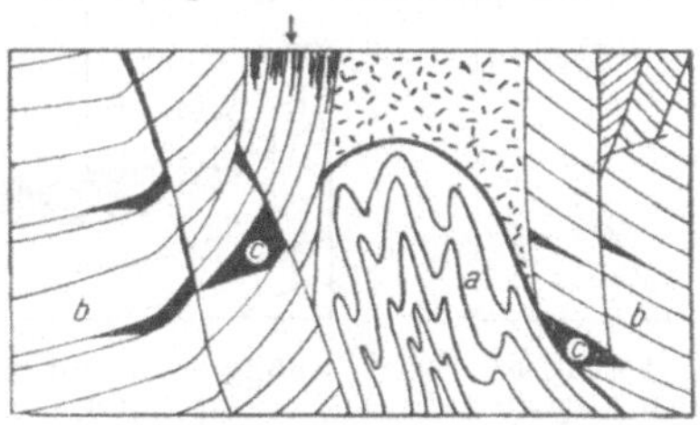

Abb. 65. Öl an den Flanken eines Salzstockes. *a* Salzstock, *b* aufgerichtetes Nebengestein, *c* Öl in den Klüften und Poren des aufgerichteten Nebengesteines

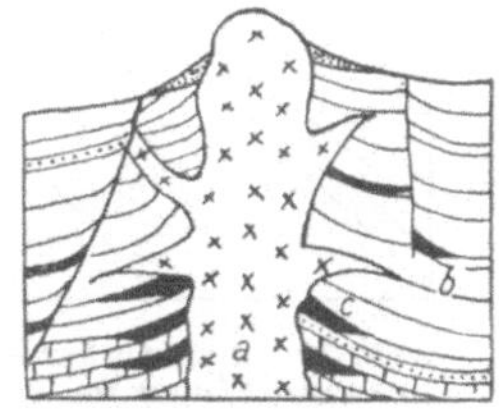

Abb. 66. Öl an den Flanken eines Eruptivstockes. *a* Eruptivstock, *b* Nebengestein, *c* Ölansammlung

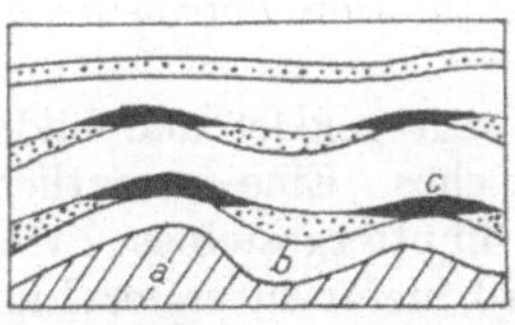

Abb. 67. Primär geneigte Schichten (*b*), scheinbare Antiklinalen „burried hills" der Amerikaner, über Aufragungen des diskordant liegenden Untergrundes (*a*). *c* Ölansammlung im Scheitel

Abb. 68. Auskeilendes Schenkellager. Unten Wasser, oben Öl in der von undurchlässigen Schichten eingeschlossenen Sandlage

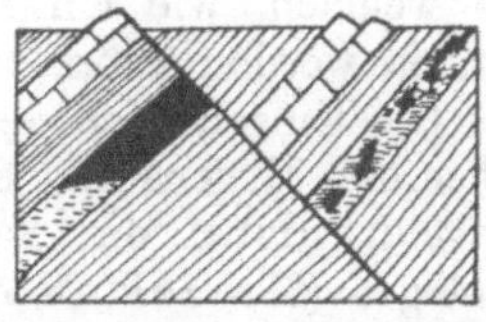

Abb. 69. Durch eine Verwerfung abgeschnittenes Schenkellager (schwarz), Öl auf dem (strichlierten) Wasser schwimmend, rechts ausstreichender Ölhorizont

bildet so Schenkellager (Abb. 68 und 69). Bei flach liegenden Ölschichten spielen Gefällsknicke (Terrassen) insofern eine Rolle bei der Ölverteilung, als sie die Wanderung des Öles zum Scheitel aufhalten und so günstige Bohrpunkte abgeben. In einer Strukturkarte, das ist die Isohypsendarstellung eines Leithorizontes, sehen wir dieses am besten dargestellt (Abb. 70 und 70a).

Teilen wir die Ölvorkommen tektonisch in drei Gruppen, die Faltenlager, Tafellager und Salzdomlager, so können wir als typischen Vertreter der ersten Gruppe die Ölfelder Kaliforniens und Galiziens (nebst vielen anderen) nennen, als Vertreter der Tafellager die Felder des Mid-Continent-Gebietes, während sich Salzdomlager an der nordamerikanischen Golfküste, in Norddeutschland, Rumänien und am Persischen Golf finden.

Entstehung des Erdöls. An der schwierigen, noch keineswegs ganz gelösten Frage, wie das Erdöl und Gas entstanden ist, haben zwei Wissenschaften zu arbeiten, die Chemie und die Geologie. Im Laboratorium des Chemikers läßt sich Petroleum auf mehrere, ganz verschiedene Weisen herstellen. Der Geologe hat dann auf Grund seiner Beobachtung zu beurteilen, welches von diesen synthetischen Verfahren den natürlichen Verhältnissen am besten entspricht. So kann man z. B. Kohlenwasserstoff aus Eisenkarbid und Wasser erzeugen, doch lassen sich viele ölgeologische Tatsachen mit einer solchen Bildungsart nicht in Einklang bringen, so daß diese und ähnliche „anorganische" Hypothesen heute kaum noch Anhänger besitzen.

Man ist sich jetzt darüber einig, daß Meeresorganismen (Tiere und Pflanzen) das Ausgangsmaterial gebildet, sich in strandnahen Sedimenten abgelagert und allmählich in Kohlenwasserstoffe umgewandelt haben. Die Herkunft des Öles aus dem Meere beweist sein ständiges Zusammenvorkommen

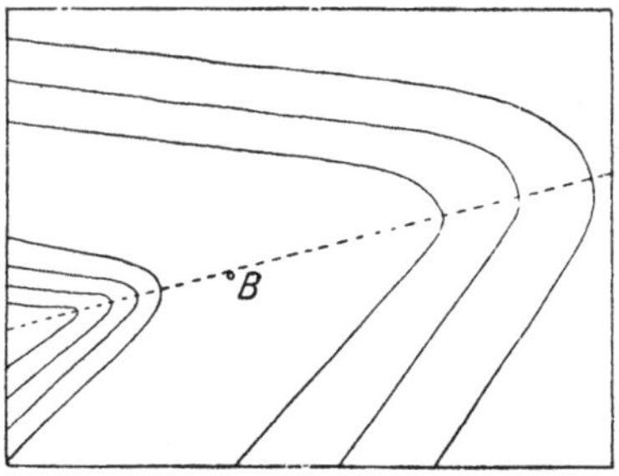

Abb. 70. Strukturkarte. Isohypsen-Darstellung des Ölhorizontes mit einer Gefällsterrasse. Bei *B* günstigste Lage des Bohrpunktes

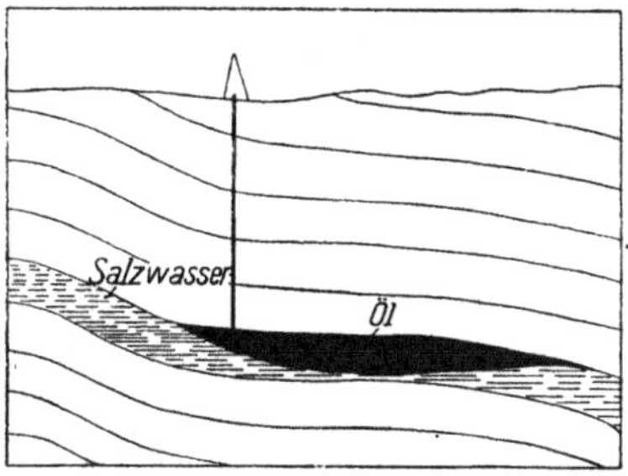

Abb. 70a. Profil durch den günstigsten Bohrpunkt bei *B*

mit Salzwasser und sein Gebundensein an marine Schichten. Als Ausgangsmaterial für die Ölbildung kommen im Meere nur die Organismen in Betracht, aus welchen, wie Engler zeigte, tatsächlich durch Destillation Petroleum gewonnen werden kann.

Die Einzelheiten der Ölbildung sind jedoch keineswegs geklärt und bilden daher den Gegenstand eines lebhaften Meinungsaustausches. Eine wesentliche Frage ist dabei die nach der Beschaffenheit des Ölmuttergesteines; viele Geologen (Mrazek, Monke, Böckh usw.) meinen, daß hiefür in erster Linie tonige Gesteine in Betracht kämen, viel seltener Kalke und Dolomite; da aber das meiste Öl in Sanden enthalten ist, müssen diese Autoren eine Wanderung des Öles aus den Muttergesteinen in die porösen Sande annehmen, die nach dieser Auffassung nur die Rolle eines Sammelbehälters spielen. Nur das Öl in dem Muttergestein darf als primär im engeren Sinne bezeichnet werden; ist es innerhalb der gleichen Formation gewandert, spricht man wohl auch von primärem Öl in weiterem Sinne. Vielfach werden noch weitergehende Wanderungen quer zu den Schichten angenommen, man spricht dann von sekundären Öllagerstätten. So leitet man z. B. die Öle Rumäniens und der polnischen Karpathen aus dem darunter liegenden Salzton ab, die Öle des Sarmats im Wiener Becken aus dem Schlier.

Entgegen diesen in der Literatur noch vorherrschenden Ansichten, mehrt sich die Zahl der Stimmen, die für die schon von Höfer vertretene Möglichkeit der Entstehung primärer Ölsande sprechen (Heim, Hummel, Krauß, Potonié u. a.) und den großen Wanderungen des Öles skeptisch gegenüberstehen.

Leider kann hier wegen Raummangels nicht auf das Für und Wider dieser beiden Ansichten, die oft auch praktisch von großer Bedeutung sind, näher eingegangen werden. Strenge Beweise fehlen auf beiden Seiten, doch hat die letztere Anschauung den Vorzug der Einfachheit. Es ist beispielsweise schwer vorstellbar, daß das sarmatische Öl des Wiener Beckens aus dem Schlier ausgewandert sein soll, während gewaltige Gasmengen (Egbell, Wels) darin verblieben sind. Ähnliches gilt auch vom Salzton Galiziens. Es erscheint richtiger, größere Wanderungen quer zu den Schichten nicht ohne zwingende Gründe anzunehmen, wodurch die sekundären Lagerstätten, die besonders häufig am Rand von Salzstöcken vorkommen, zu den Ausnahmen zu rechnen wären. Von einigen Geologen wird auch noch ein engerer genetischer Zusammenhang zwischen Salzstöcken und Ölbildung angenommen. Bei einer über Deutschlands Grenzen hinausgehenden Betrachtung erkennt man jedoch leicht, daß nur ein kleiner Teil der Ölvorkommen an Salzdome gebunden ist, wobei vor allem die Aufrichtung der Schichten durch jene das Zusammenvorkommen erklärt, während die Mehrzahl der Öllagerstätten in salzdomfreien Gebieten gelegen ist. Zweifellos spielt jedoch das fast stets mit Öl zusammen auftretende Salzwasser, das ziemlich allgemein mit Recht als verändertes Meerwasser aufgefaßt wird, in welchen die ölführenden Gesteine sich gebildet haben, eine wesentliche Rolle. Zur klaren Beantwortung dieser Fragen fehlen uns moderne Experimentaluntersuchungen über die Bildung des Erdöls und ihre Beeinflussung durch die physikalischen und chemischen Eigenschaften des umgebenden Gesteines. Für den Kolloidforscher liegt die Annahme sehr nahe, daß der Vorgang der Ölbildung in so stark adsorbierenden Stoffen wie Tonen oder Mergeln anders verlaufen muß als in großporigen Sanden. Auch die Bildung von ölfreien Gaslagerstätten dürfte weniger auf Unterschiede im Ausgangsmaterial als auf physikalisch-chemische Einflüsse des einschließenden Gesteines und wohl auch auf die Tektonik des Gebietes zurückzuführen sein.

Als Arbeitshypothese ist der von Hummel und Potonié geäußerte Gedanke, nach welchem der Ölbildungsvorgang in tonigen Gesteinen vorwiegend zu bituminösen Gesteinen (Ölschiefer), in sandigen, seltener kalkigen Gesteinen dagegen zur flüssigen Erdölbildung führt, nicht von der Hand zu weisen.

Gewinnung. Je nach der Aufgeschlossenheit und den sonstigen geologischen Verhältnissen des zu untersuchenden Gebietes, wird man dieses geologisch kartieren, geophysikalisch untersuchen oder Schurfbohrungen niederbringen. In der Praxis werden sich meist Verbindungen dieser Verfahren als zweckmäßig erweisen.

Selten ist eine Ölgegend so gut aufgeschlossen, daß man durch rein geologische Oberflächenkartierung ein genaues Bild der Untergrundverhältnisse ableiten kann. Wo dies der Fall ist, erübrigen sich natürlich die anderen viel kostspieligeren Methoden, und man wird dann leicht den besten Ort für die Probebohrung bestimmen können. Meist sind nur wenige Aufschlüsse vorhanden, die kein ganz klares und zuverlässiges Urteil über die Ölführung gestatten. Hier ist dann eine Ergänzung durch die beiden anderen Schürfmethoden dringendst zu empfehlen. Eine besondere Bedeutung kommt den sogenannten „Ölanzeichen“ zu. Man versteht hierunter alle jene Erscheinungen, die das Vorhandensein von Öl und Gas im Untergrunde vermuten lassen. Hieher gehören zunächst die braunen Öltröpfchen und bunten Ölhäute, die man mitunter auf Wasser findet; nur selten bilden sich größere Ölpfützen. Solche Leichtölanzeichen dürfen nicht mit den Häuten von Eisenoxyd verwechselt werden, die sich oft an sumpfigen Stellen bilden. Diese brechen bei Berührung in eckige Stücke, während jene nur verfließen, aber den Zusammenhang wahren. Größere, dunkle, meist feste Rückstände pflegen Schweröle zu hinterlassen. Auch Gasausströmungen kann man gelegentlich, besonders im Wasser, bemerken; aber nicht jedes brennbare Gas muß eine Beziehung zu Öl haben. Solche Ölanzeichen bilden sich entweder am Ausstreichen eines Ölhorizontes oder über Klüften, die bis zur Lagerstätte hinunterreichen (Abb. 71). Die unmittelbare Umgebung von Ölspuren ist daher nicht immer günstig für den Ansatz von Bohrungen. Die festen Rückstände solcher Ölanzeichen sind Asphalt und Ozokerit. In allen Ölgegenden finden sich ferner Salz- und Schwefelwässer, die daher als günstiges, aber nicht untrügliches Zeichen betrachtet werden können. Häufig kommt Öl an den Flanken und über Salzhorsten vor, so daß jeder gründlich auf Öl zu untersuchen ist.

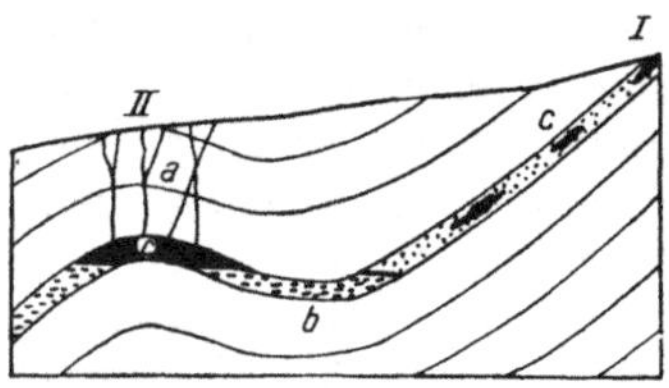

Abb. 71. Öl in normaler Falte. *a* Ölführende Spalten. *b* Salzwasser in der ölführenden Sandschichte, *c* Öl im Scheitel auf dem Salzwasser schwimmend und ausstreichender Sandhorizont mit oxydierten Ölspuren

Ob man bei der weiteren Untersuchung aufschlußarmer Gebiete geophysikalische Verfahren oder Schurfbohrungen verwendet, wird sehr von den besonderen Verhältnissen abhängen. Handelt es sich um Öl an Salzdomen, so kann die seismische und gravimetrische Methode als genügend zuverlässig zur Bestimmung der Tiefe und der Begrenzung des Salzstockes empfohlen werden. Bei flachem Antiklinalbau hat sich die Induktionsmethode von Sundberg zur Feststellung der Tektonik gut bewährt. Ein direkter Nachweis des Öles ist freilich keiner Methode möglich.

Während man bei der bergmännischen Schürfung auf Erze die Untersuchung der Lagerstätte selbst bezweckt, kommt in der Ölgeologie als Ziel der Schürfung meist die Kenntnis der Schichten und ihrer Lagerung in Betracht. Schurfgrabungen allein werden nur selten genügen, da ihnen das Grundwasser meist eine Grenze setzt. Dagegen läßt sich durch seichte Schurfbohrungen die Bohrtiefe bis zu einem Leithorizont bestimmen und hieraus die Tektonik des Untergrundes erkennen, da die Lage einer Fläche aus drei in ihr liegenden Punkten bestimmt werden kann. Bei genügend viel Bohrungen läßt sich eine Höhenschichtenlinienkarte des Leithorizontes zeichnen, die dann den besten Punkt für die Ansetzung einer Tiefbohrung leicht erkennen läßt, da sich das Gas und Öl bekanntlich in dem Scheitel der Antiklinale sammelt. Da die Erkennung des Leithorizontes die Hauptsache ist, muß man ein Bohrsystem verwenden, das ununterbrochene Kerngewinnung gestattet. Als solches kommt nur das Kronenbohrsystem in Betracht, wobei die Bohrkrone entweder mit Diamanten oder mit einem Hartmetall (Volomit, Thoran usw.) besetzt sein kann, was natürlich die Kosten erheblich vermindert. Die Kerne müssen selbstverständlich von einem Geologen sorgfältig untersucht werden. Gewöhnlich werden Bohrungen von 100 bis 200 m Tiefe genügen.

Bohrtechnisches (Wahl des Bohrsystems). An ein Bohrsystem werden vom Ölmanne die folgenden Hauptforderungen gestellt:

1. Der Bohrfortschritt soll möglichst groß sein, um Zeit und Arbeitslohn zu sparen.
2. Die geologischen Schichten und ihr Inhalt (besonders Öl- und Wasserhorizonte) müssen gut feststellbar sein.
3. Das Bohrloch muß so verrohrt werden, daß dauernde Ölförderung möglich ist.

Es ist klar, daß ein Bohrsystem nicht alle Anforderungen voll erfüllen kann und daß daher für verschiedene Zwecke verschiedene Systeme oder aber Kombinationen in Betracht kommen.

Eine Übersicht über die wichtigsten Bohrsysteme gibt folgende Tabelle:

A. Trockenbohrsysteme:	B. Spülbohrsysteme:
1. Stoßend:	1. Stoßend:
a) mit Stangen: kanadisch,	a) Stangenschnellschlag,
b) mit Seil: pennsylvanisch (Standard).	b) Seilschnellschlag.

2. Drehend (nur für ganz seichte Bohrungen in lockeren Schichten).

2. Drehend:
a) Rotary (Meißeldrehung),
b) Kronenbohrung (Rohrdrehung).

Dem Bohrfortschritt nach stehen an erster Stelle die Spül-Drehbohrverfahren, dann das Standardsystem und die Schnellschlagmethoden (besonders Seilschnellschlag), an letzter Stelle das kanadische System. Der Gebirgsaufschluß ist am besten bei der Kronenbohrung, dann folgt je nach der Häufigkeit der Kerngewinnung beim Rotary entweder dieses oder die Trockenbohrverfahren. Bei den Schnellschlagverfahren ist die Probengewinnung ungünstig, kann jedoch durch Anwendung von Verkehrtspülung und durch reichliches Kerneziehen wesentlich verbessert werden.

Abgesehen von den bereits besprochenen Schurfbohrungen, können wir ihren Zwecken nach noch zwei Arten von Sonden unterscheiden: 1. Untersuchungsbohrungen (Pionierbohrung, Wildcatbohrung), 2. Produktionsbohrung.

Die Untersuchungsbohrungen haben den Zweck, unbekanntes Gebiet zu erschließen; die geologischen Verhältnisse (Tektonik, Öl-, Gas- und Wasserhorizonte) sind noch nicht genau bekannt und sollen erst durch die Bohrung festgestellt werden. Trifft die Sonde Öl, so soll natürlich eine Förderung leicht möglich sein. Außer raschem Bohrfortschritt wird also gute Probelieferung und Förderungsmöglichkeit verlangt. Dem entspricht am besten das pennsylvanische System. In rein technischer Beziehung besitzt das Rotarysystem einen höheren Wirkungsgrad als das pennsylvanische, in geologischer Beziehung verhält es sich jedoch umgekehrt. Durch statistische Untersuchungen hat Colloms in Kalifornien nachgewiesen, daß der Prozentsatz von mißglückten Wassersperren bei Rotarybohrungen größer ist als bei pennsylvanischen (21,8% zu 14,4%). Auch wurden in einer pennsylvanischen Bohrung doppelt soviel Schichtenwechsel festgestellt als in drei benachbarten Rotarysonden. Ferner wurden schon öfter reiche Ölhorizonte durch die beim Rotary verwendete Dickspülung verriegelt und so unbemerkt überbohrt. Theoretisch ließe sich zwar durch ununterbrochene Kerngewinnung bei Rotarybohrungen ein idealer geologischer Aufschluß erzielen, in der Praxis wird man aber wegen des hiemit verbundenen Zeitverlustes nur selten hiezu Gelegenheit haben. Dieselben Nachteile wie das Rotarysystem zeigen natürlich im wesentlichen auch die anderen mit Dickspülung arbeitenden Bohrverfahren. Da es bei Untersuchungsbohrungen nicht so sehr auf den Bohrfortschritt als auf die Feststellung der ölgeologischen Verhältnisse ankommt, wenn man weiters bedenkt, welche Schäden durch mißglückte Wassersperren, durch Überbohrung von Öl- und Leithorizonten entstehen können, wird man wohl dem pennsylvanischen System den Vorzug geben und eine Spülbohrmethode nur dann verwenden, wenn nahezu ununterbrochene Kerngewinnung gewährleistet ist. Die letztere Wahl wird man besonders dann treffen, wenn stark nachfallende Schichten zu erwarten sind, da die Dickspülung die Bohrlochwände gegen Nachfallen schützt. Sehr vorteilhaft sind auch Kombinationsbohranlagen, die in Amerika sowohl für Wildcat- als auch für reine Förderschächte eine weite Verbreitung haben und die Überwindung verschiedener Gesteinskomplexe mit der jeweils geeignetsten Bohrmethode gestatten.

Andere Anforderungen werden bei Produktionsbohrungen an das Bohrverfahren gestellt; hier in geologisch bekanntem Terrain, ist schneller Bohrfortschritt die Hauptforderung, der die Spülsysteme wohl am besten entsprechen werden. Aber auch da werden oft Kombinationsverfahren vorteilhaft sein, um den Ölhorizont ohne Spülung anbohren zu können.

Probenahme. Des Raummangels halber soll hier nur ganz kurz, aber um so dringender darauf hingewiesen werden, daß die Erlangung möglichst vieler Proben der durchbohrten Schichten, aber auch ihres Inhaltes, nämlich von Öl, Gas und Wasser, zu den wichtigsten Pflichten des Bohrmannes gehört. Der Tiefbohrer ist kein Handwerker, sondern ein Techniker und muß daher bestrebt sein, auch sein Spezialgebiet immer mehr mit dem wissenschaftlichen Geist zu durchdringen, der die gesamte moderne Technik beherrscht und ihre Grundlage bildet. Hiezu gehört aber auch die Bereitstellung der Proben für den Geologen und Chemiker, deren Mitarbeit an der

Erdölbohrtechnik den Prozentsatz der Fehlbohrungen nachweislich beträchtlich verringert hat.

Wassersperre. Gelangt Wasser irgendwie zu dem Ölhorizont, so verdrängt es infolge seines größeren spezifischen Gewichtes das Öl und Gas und verhindert sein Zufließen zum Bohrloch. Um das zu verhüten, muß das Wasser gesperrt werden. Eine Wassersperre besteht im wesentlichen darin, daß man das untere Ende einer Rohrkolonne (den Rohrschuh) mit dem Gestein wasserdicht verbindet. Diese wasserdichte Verbindung muß natürlich oberhalb des zu schützenden Horizontes liegen. Die genaue Angabe, in welcher Tiefe das Wasser zu sperren ist, gehört zu den Aufgaben des Geologen. Die wichtigsten Arten der Wassersperre sind die folgenden:

1. Aufstellen der Rohre. Hiebei werden die Rohre auf einen durch kurzes Weiterbohren mit einem kleineren Meißel entstandenen Felsabsatz aufgestellt oder eingepreßt. Dieses nur noch selten verwendete Verfahren ist natürlich nur bei Vorhandensein einer undurchlässigen und standfesten Schicht möglich.

2. Einpressen in Ton. Man füllt das Loch mit Ton auf 10 bis 20 m Höhe auf, und preßt die durch einen Propfen verschlossenen Rohre hinein, wobei der Ton in den Raum zwischen Rohr und Gestein hineingedrückt wird. Der Propf wird dann zerbohrt.

3. Verschlämmen. Man gießt dicken Tonschlamm durch die Verrohrung hinunter und pumpt ihn dann außerhalb der Rohre hinauf, so daß er alle Schichten dicht abschließt.

4. Packungen. Das untere Ende des Rohres wird mit mehrfachen Lagen von Hanf umwickelt oder mit Gummi umgeben. Diese Packung bauscht sich dann durch Bewegen der Rohre zu Wülsten zusammen und füllt so den Raum zwischen Rohr und Wand aus.

5. Zementierung. Diese beste, freilich auch teuerste Art besteht im Einbringen von Zement zwischen Rohr und Wand, so daß ein Zementmantel von 20 bis 30 m Höhe entsteht. Da sich Zement mit Ton nicht verbindet, muß das Gestein sandig und fest sein; wo Salzwasser auftritt, müssen Spezialzemente verwendet werden. Das meist verwendete Zementverfahren ist der sogenannte Perkins-Prozeß.

Förderverfahren. In einem unberührten Öl-Gas-Horizont pflegt ein oft gewaltiger Gasdruck zu herrschen. Infolgedessen ist nur ein Teil des Gases als solches frei vorhanden und in den höchsten Teilen des Sandes angesammelt: ein zweiter Teil ist im Öl absorbiert, und eine weitere Gasmenge entsteht erst bei Druckverminderung durch Verdunstung gewisser leichtflüchtiger Bestandteile des Öles. Ähnlich wie beim Öffnen einer Sodawasserflasche wird beim Anbohren des Ölsandes das Gas mit großer Gewalt, Öltröpfchen mit sich reißend, zum Bohrloch strömen und so einen Ölzufluß ebendahin zur Folge haben. Ist das Gas entwichen, so gibt es keine Kraft mehr im Sand, die die Adhäsion und die Viskosität des Öles im gleichen Maße überwinden könnte. Mit zunehmender Entgasung der Lagerstätte hört also auch der Zufluß des Öles auf, nicht aus Mangel daran, wie man oft meint, sondern wegen des Fehlens einer treibenden Kraft. Nach Lewis können im allgemeinen mittels des gewöhnlichen Förderverfahrens nicht mehr als 20% des im Untergrund vorhandenen Öles gewonnen werden. Eine vernünftige Fördertechnik muß daher trachten, den Gasdruck in der Lagerstätte möglichst zu erhalten und das Gas möglichst viel Arbeit leisten zu lassen durch Heranschaffung des Öles zum Bohrloch. Jede Vergeudung von Gas ist ein Verlust an Öl. Der Wirkungsgrad eines Förderverfahrens läßt sich daher nach der Gasmenge beurteilen, die je Öleinheit gleichzeitig mitgefördert wird. Je kleiner diese Gaszahl (in 1 m^3 je 1 Faß Öl), desto wirtschaftlicher die Produktionsmethode.

Von diesem Standpunkt aus ist von den einfachen Förderarten das Löffeln das Ungünstigste, da das Gas hiebei verloren geht; etwas besser das Kolben, wobei wenigstens das geförderte Gas aufgefangen wird. Aber ein Herunterdrücken der Gaszahl ist auch hier nicht möglich. Am besten entspricht das Pumpen, das durch gewisse Konstruktions- und Arbeitsabänderungen einen verhältnismäßig günstigen Wirkungsgrad erreicht.

Außer diesen einfachen Förderverfahren, deren Anwendungsgrenze natürlich auch von anderen Umständen, wie Sand- und Gasgehalt des Öles, seine Viskosität, Höhe der Ölsäule, Betriebskosten usw., bestimmt werden, hat man noch andere Produktionsmethoden entwickelt, die eine größere Ölausbeute gestatten.

Das älteste derartige Verfahren besteht in der Anwendung von Vakuumpumpen, mit welchen sich in der Praxis ein Unterdruck von zirka 1 kg/cm² gegen den Luftdruck erzielen läßt. Da sie meist nur bei schon stark entgasten Lagerstätten verwendet werden, wo ein Gasdruck von etwa 1 kg/cm² angenommen werden kann, läßt sich so eine Druckdifferenz von ungefähr 2 kg/cm² zwischen Sand und Bohrloch erzeugen, also das Doppelte des Gasdruckes; der Erfolg ist ein zweifacher: die Ölproduktion wird erhöht, außerdem die Ausbeute an Gas vergrößert und sein Gehalt an höheren Kohlenwasserstoffen vermehrt, weshalb es von den Gasolinanlagen bevorzugt wird. Die Gasverwertung ist meist von größerer Bedeutung, da die Ausbringung des Öles zwar beschleunigt, seine Menge aber meist nicht vergrößert wird. Außerdem läßt sich dieses Verfahren nicht einstellen, ohne das Feld schwer zu schädigen, da infolge der starken Entgasung die Luft in den Ölsand einströmen und das Öl zurückdrängen würde.

In entgegengesetzter Weise wird ein Druckgefälle durch den Smith-Dunn- oder Marietta-Prozeß erzeugt. Hiebei wird der im Laufe der Ausbeutung verschwundene Gasdruck durch Zuführung von Preßluft in den Ölsand ersetzt. Diese wird in einer Druckluftanlage von etwa 20 bis 30 PS erzeugt, durch einzelne Bohrlöcher (Luftschächte) in den Ölhorizont gepreßt. Die Luft strömt dann zu den Brunnen, wo gepumpt wird (Pumpschächte), und erregt eine Ölströmung ebendorthin. Auf einen Luftschacht kommen meist 3 bis 5 Pumpschächte.

Auffallenderweise erreicht die Luft meist vor dem Öl die Pumpsonden, während die Produktionserhöhung erst nach Monaten zu einem Höhepunkt ansteigt. Dies zeigt, daß nicht so sehr der Druck der Luft die Ölströmung fördert, sondern die erhöhte Beweglichkeit, die das Öl durch Luftaufnahme (Lösung und Absorption) erlangt.

Besonders günstig ist die Anwendung von Gegendruck bei den Produktionsschächten, wodurch eine gleichmäßige Ladung des Sandes mit Energie ermöglicht und so ein Zustand geschaffen wird, wie er annähernd vor der Erbohrung geherrscht hat.

Durch das Smith-Dunn-Verfahren wird die Förderung durchschnittlich um das Dreifache erhöht, und zwar tritt das Maximum gewöhnlich 6 bis 18 Monate nach Beginn ein. Auch das Gas nimmt zu, doch ist es wegen der Luftbeimengung nicht ohne weiteres verwertbar. Die Kosten steigen schätzungsweise um 25 bis 50%, so daß das Verfahren meistens durchaus rentabel ist.

Ein anderes System der Verwendung von Druckluft besteht in der Einpressung von Luft oder Gas in die einzelnen Schächte unter gleichzeitiger Förderung aus denselben. Dieses Preßluft- oder Gassystem (Air Gas Lift) steht derzeit in Amerika im Vordergrund der Aufmerksamkeit und gewinnt ständig an Boden. Durch ein oder mehrere zentral oder peripherisch angeordnete Rohre von meist 1″ Durchmesser wird die Luft mit einem Drucke von etwa 15 bis 30 kg/cm³ oder mehr eingepreßt und entweicht in einer bestimmten Tiefe unter der Oberfläche der Ölsäule in möglichst fein verteiltem Zustand in das Öl, welches infolge dieser Durchlüftung in einen Schaum verwandelt wird und durch einen Rohrstrang von 2 bis 3″ selbsttätig die Bohrlochmündung erreicht. Eine wesentliche Bedingung für die Anwendbarkeit dieses Verfahrens ist das Vorhandensein einer hohen Ölsäule im Bohrloch, da die Eintauchstiefe der Luftzuführung am günstigsten 25 bis 50% der Ölsäule beträgt. Durch dieses Verfahren wird eine übermäßige Entgasung des Ölhorizontes verhindert, was eine Erhöhung der Gesamtproduktion zur Folge hat. Colloms kommt auf Grund von Produktionsdaten aus Kalifornien zu dem Schlusse, daß durch gewöhnliches Pumpen etwa 23% des vorhandenen Öles gefördert wurden, mit dem Air Gas Lift-System jedoch 33%. Von anderen wird die Produktionserhöhung auf 60% geschätzt.

Vorteilhaft wird statt Luft trockenes Gas verwendet, welches beim Durchgang durch die Ölsäule sich mit leicht flüchtigen Kohlenwasserstoffen belädt und als nasses Gas in eine Gasolinanlage geleitet wird; nach der Gasolinextraktion kommt es wieder als trockenes Gas heraus und setzt seinen Kreislauf fort.

Eine interessante Methode wird in Bradford (Pennsylvanien) angewendet. Man führt dem Ölsand durch Bohrlöcher Wasser zu, welches das Öl dann langsam vor sich hertreibt. Diese vorrückende Ölwelle wird aus hiezu eigens abgebohrten Sonden gepumpt. Durch Auflösung von Soda in Wasser kann die Wirkung des Vorganges noch verstärkt werden. In Bradford wurden hiemit glänzende Erfolge erzielt, in anderen Feldern hat man dieses Verfahren jedoch noch kaum in größerem Maßstab angewendet.

Der wirtschaftlichste Weg zur Ausbeutung eines Ölfeldes dürfte im allgemeinen der sein, daß man nach dem Abfall der Anfangsproduktion, solange der natürliche Gasdruck noch hohe Ölsäulen erhalten kann, das Preßluftverfahren anwendet, dann auf den Smith-Dunn-Prozeß übergeht; als letzte Möglichkeiten kommen dann noch das Vakuumverfahren oder das Bradford-System in Betracht.

Ein derartiger Förderplan setzt natürlich eine einheitliche Ausbeutung des ganzen Ölfeldes voraus. Zerstückelung desselben hat meist Raubbau zur Folge, wodurch der Ertrag des Feldes und die gewinnbare Menge des vorhandenen Öles wesentlich sinken. Pflicht der Bergbehörden wäre es, im Einvernehmen mit der Industrie eine einheitliche Ausbeutung der volkswirtschaftlich so wertvollen Ölfelder anzustreben.

Die Grubenarbeit des Ölgeologen. Die Tätigkeit des praktischen Ölgeologen erstreckt sich auf zwei Hauptgebiete; das eine ist die Untersuchung von ölhöffigem Land (Feldarbeit) mittels der drei früher genannten Verfahren; das zweite ist die Beratung der Grubendirektion auf Grund genauen Studiums der Oberflächen- und Untergrundgeologie in bohrenden und produzierenden Ölfeldern sowie bei Pionierbohrungen (Grubenarbeit). Diese soll im folgenden kurz geschildert werden.

Die Grundlage bildet hiefür eine möglichst vollständige Sammlung aller geologischen, Bohr- und Produktionsdaten. (Genaue Lage und Seehöhe der Bohrungen; Tiefe geologischer Formationsgrenzen, Tiefe von Wasser- und Ölhorizonten; Wasser- und Ölanalysen; Verrohrungen und Wassersperren. Tiefe, Dimension und Arbeitsstand der Bohrlöcher; Anfangs- und Monatsförderung nach Horizonten.) Alle diese Daten müssen systematisch gesammelt und in Form von Karten, Profilen, Tabellen und Kurven übersichtlich und klar dargestellt werden. Nur so bekommt der Geologe ein Bild von der Öllagerstätte als Ganzes und von den Veränderungen, denen sie im Laufe der Ausbeutung unterliegt (z. B. Vorrücken des Randwassers). Dann wird er den Bohrmann erfolgreich beraten und in viele wichtige Fragen entscheidend eingreifen können. In sein Bereich gehört beispielsweise die Auswahl des Terrains und des Bohrpunktes, die Wahl des Bohrsystems, die Aufstellung des Verrohrungsplanes, der ja wesentlich von der zu erreichenden Tiefe bestimmt wird; er hat dafür zu sorgen, daß genügend Bohrproben gesammelt werden und hat diese regelmäßig zu untersuchen, er wird ferner die Ölproben untersuchen und Wasserproben analysieren lassen. Eine verantwortungsvolle Aufgabe ist die, das Wasser in der richtigen Tiefe zu sperren und gegebenenfalls zu entscheiden, ob eine Bohrung weiter fortgesetzt oder als hoffnungslos aufzugeben ist. Beim Fündigwerden hat er darauf zu achten, daß die Lagerstätte nicht durch ungeeignete Fördermethoden mehr als nötig entgast wird und gegebenenfalls gut begründete Vorschläge zur wirtschaftlichen Ausbeutung größerer Ländereien oder ganzer Ölfelder zu machen. Die richtige Tiefenbestimmung bei Torpedierungen gehört in sein Arbeitsbereich, ebenso die Überwachung des Auslotens der Bohrlöcher und Verwertung der Ergebnisse. Häufig wird er auch vor bohrtechnisch gefährlichen Horizonten (rohrpackenden Schichten, hochgespannten Gas- und Wasserhorizonten und ähnlichen) warnen können.

Eine der schwierigsten und verantwortungsvollsten Arbeiten ist die Bewertung von Ölterrains und Bohrungen; sie zerfällt in zwei Teilfragen, wovon die eine den Wert der zukünftigen Förderung betrifft, die andere die Größe der bisherigen und zukünftigen Kosten. Durch Abwägung beider Summen gegeneinander erhält man den Wert des Besitztums zu einer bestimmten Zeit. Zur Beantwortung der ersten Frage nach der Gesamtmenge des förderbaren Öles und ihrer Verteilung auf die einzelnen Jahre bedient man sich am besten der Produktionskurvenmethode, bei der man die zukünftige Förderung auf Grund der bisherigen schätzt. Die Genauigkeit ist wesentlich von der Menge der zur Verfügung stehenden Förderungsdaten abhängig, ferner von der Ähnlichkeit der geologischen und fördertechnischen Verhältnisse, die zwischen den Terrains mit bekannter Produktion und dem zu schätzenden besteht. Man geht hiebei so vor, daß man zunächst eine Durchschnittskurve aussucht oder konstruiert und sie dann in die Zukunft verlängert. Auch kann man gewisse erfahrungsmäßige Beziehungen zwischen der Anfangsförderung und der Gesamtförderung der Schächte innerhalb derselben Felder auswerten. Weniger empfehlenswert ist die Saturationsmethode, bei der man den Porenraum des Ölsandes berechnet. Denn es liegen ihr zu viele, meist ungenaue Annahmen, besonders über den Prozentsatz des förderbaren Öles, zugrunde.

Die Kosten setzen sich zusammen aus denen des Terrains, der Bohranlagen und Gebäude, und den Betriebskosten. Hieher gehört noch die Verzinsung des Kapitals, Amortisation der Anlage und Abzug für unvorhergesehene Verminderung der geförderten Ölmenge. Selbstverständlich wird das Vorrücken des Randwassers, eine Änderung der Fördertechnik und ähnliches von weitestgehendem Einfluß auf die Richtigkeit der Schätzung sein.

Erdölbergbau. Lange vor dem Aufkommen der Bohrtechnik hat man Erdöllager ganz allgemein durch Handschächte und Stollen aufgeschlossen, aus deren Wänden das Öl aussickerte. Durch die Entwicklung der Tiefbohrtechnik kam dieses primitive Verfahren fast in Vergessenheit, bis es in den Kriegsjahren in Elsaß-Lothringen durch R. Nöllenburg in modernerer Form wieder eingeführt wurde. Hiebei werden Schächte bis ins Öllager abgeteuft und dieses mit einem Netze von Haupt- und Querstollen durchzogen. Die Stollensohle bildet das Liegende des Ölsandes, also meist eine undurchlässige Schicht, auf der das Öl sich sammelt und durch Rinnen abläuft. Mittels dieses Verfahrens können angeblich 55% des nach der Ausbeutung durch Bohrlöcher verbliebenen Öles gewonnen werden. Zur Verminderung der begreiflicherweise überaus großen Feuersgefahr kam Ehrat 1919 auf den Gedanken, das Stollennetz ganz ins Liegende des Ölhorizontes zu verlegen und diesen von unten her durch zahlreiche Bohrlöcher anzuzapfen. Das aussickernde Öl wird sofort in Röhren gefaßt und durch eine eigene Leitung nach oben gepumpt, so daß im ganzen Schacht- und Streckenbau kein freies Öl und Gas vorhanden ist. Durch einige Bohrlöcher wird dem Ölsand Druckluft zugeführt, welche im Verein mit dem Gasdruck und der Schwerkraft den Zufluß zu den Anzapfstollen erhöhen soll. Man hofft, mit diesem Verfahren bis zu 75% des Öles zu gewinnen, also etwa die dreifache Menge des durch Bohrungen gewonnenen Öles.

Natürlich ist dieser Erdölbergbau nicht überall anwendbar. Zu große Tiefen, hohe Gasdrücke, starke Wasserhorizonte bilden schwere Hindernisse, ebenso das Vorrücken des Randwassers bei schwindendem Gasdruck. Weitere Schwierigkeiten ergeben sich bei unregelmäßiger Lagerung des Ölsandes. Aus diesen und anderen Gründen wird der Bergbau auf Erdöl die bisherige Gewinnungsmethode wohl nicht verdrängen können und immer nur auf eine geringe Anzahl von Feldern beschränkt bleiben.

Lagerung, Transport, Verwertung und Wirtschaft. Das aus den Bohrlöchern und Schächten geförderte Öl wird durch Rohrleitungen in große Behälter aus Eisenblech, „Tanks“, geleitet; solche von 3000 Barrels (1 Barrel = 159 l) Inhalt sind nicht ungewöhnlich; noch größere Mengen (bis über 1 Million Barrels) können aushilfsweise in Erdbecken gelagert werden. Schutz gegen Brandgefahr und gegen Verluste durch Verdunstung sind die Hauptaufgabe, die hiebei zu lösen sind.

Zum Transport von Erdöl und seinen Derivaten im großen dienen Rohrleitungen (Pipe-lines), die hauptsächlich die Zuführung des Öles vom Bohrfeld in die Raffinerien vermitteln, dann Tankschiffe, Kesselwagen im Kleinhandel, ferner Eisenfässer und Blechgefäße verschiedener Größe.

Rohöl selbst wird nur in geringem Maße verwendet als Treibstoff in Dieselmotoren, als Erzaufbereitungsmittel und zur Staubtilgung. Zu Leucht- und Heizzwecken hat es sich nicht bewährt. Es muß daher erst verarbeitet werden, indem man es destilliert und die Destillate raffiniert. Von den verschiedenen Arten der Destillation ist besonders das Krackverfahren zu erwähnen, welches durch Überhitzen des Erdöles unter gleichzeitiger Drucksteigerung die Spaltung hochmolekularer, schwerer Kohlenwasserstoffe in leichtere, höherwertige Produkte (Benzin) ermöglicht. Den gegenteiligen Zweck, nämlich die Verhinderung des Spaltens der Kohlenwasserstoffe, erreicht man im Vakuumprozeß, wobei Luftdruckverminderung und Einführung überhitzten Wasserdampfes die Hauptrolle spielen. Nach diesem Verfahren werden besonders wertvolle Schmieröle gewonnen. Die durch Destillation gewonnenen Halbfabrikate, wie Rohbenzin, Rohleuchtöl, Rohschmieröl, müssen noch von Sauerstoff-, Schwefel-, Stickstoff- und anderen Verbindungen gereinigt, raffiniert werden, um gewisse nicht gewünschte Eigenschaften (Farbe, Geruch usw.) zu verlieren. Das hauptsächlichste Raffinationsmittel ist konzentrierte Schwefelsäure. Das Benzin findet seine Hauptanwendung als Kraftstoff für Motore, ferner in chemischen Wäschereien und in der Lackindustrie. Übrigens läßt sich Benzin auch noch durch Kompression mancher Erdölgase gewinnen (Rohrkopfbenzin). Weitere Produkte der Erdölverwertung sind dann Paraffin, Vaselin, ferner Erdölteer (Gudron), der als Wagenschmiere, Brikettierungsmittel gebraucht wird, dann Erdölasphalt und Erdölpech, letztere weniger gut raffiniert, die, mit Naturasphalt gemischt, beim Straßenbau Verwendung finden. Erdölkoks ist seines geringen Aschengehaltes wegen für Bogenlichtelektroden sehr geeignet.

Außer den flüssigen Kohlenwasserstoffen stehen uns aber noch gasförmige (Naturerdgas) und feste (Asphalt und Ozokerit) zur Verfügung. Früher wurde Erdgas hauptsächlich zu Leucht- und Heizzwecken verwendet, doch hat in den letzten Jahren die Gewinnung von Rohrkopfbenzin aus geeigneten (nassen) Gasen immer mehr Bedeutung erlangt. Manche Gasquellen sind durch ihren Heliumgehalt für die Luftschiffahrt besonders wichtig. Asphalt kommt an der Oberfläche (Hartasphalt) und in Gängen (Weichasphalt, Bergteer, Asphaltit) vor, auch als Imprägnation von Gesteinen (Stampfasphalt). Er findet sich in den meisten Erdölgebieten und wird, meist nach Vermischung mit anderem Material, im Straßenbau verwendet, ferner im Bauwesen als Dichtungsmittel, in der Elektrotechnik als Isolierungsmaterial und bei der Lackfarbenerzeugung.

Der Anteil der einzelnen Länder an der Erdölförderung (in Millionen Faß zu 159 l, abgerundet) der letzten Jahre geht aus folgender Zusammenstellung hervor (Tabelle 11, S. 121).

Zur besseren Verbildlichung dieser Zahlen sei bemerkt, daß 1 Million Faß zirka 12700 Kesselwagen (Zisternen zu 10000 kg) füllen würden, was einem Zuge von ungefähr 120 km entspräche.

Über ein Drittel der Weltproduktion haben zwei große Konzerne in der Hand, die amerikanische Standard Oil-Gruppe (zirka 24%) und die englisch-holländische Royal-Dutch-Shell-Gruppe (zirka 13%). Der dritte große Konzern ist die englische Anglo-Persian Oil Co. (4%). Das Schwergewicht des Standardkonzernes liegt in Amerika, das des Dutch-Shell-Trusts in Indien, während die Anglo-Persian vorwiegend in Vorderasien arbeitet. Doch besteht jeder dieser drei Trusts aus zahlreichen Tochtergesellschaften, deren Zusammenhang oft schwer zu durchblicken ist, und die Terraine, Raffinerien und Verkaufsorganisationen in allen Erdteilen besitzen. Außerdem existieren natürlich noch eine Unzahl großer und kleiner Konzerne und Gesellschaften, die zusammen gegen 60% der Weltförderung erreichen. Infolge der hohen Bedeutung des Erdöles für das Verkehrswesen und das Wirtschaftsleben, besonders auch für die Schiffahrt (Ölfeuerung), sind die Staaten an dem Kampfe der großen Konzerne um Produktions- und Absatzgebiete oft stark beteiligt; die Erdölfrage ist daher eine sehr wichtige innere Triebfeder der äußeren politischen Ereignisse.

Tabelle 11

	1900	1913	1924	1925	1926
1. Vereinigte Staaten	63,6	284,0	713,9	763,7	778,0
2. Mexiko	—	25,7	139,5	115,6	90,0
3. Rußland	75,8	62,8	45,3	52,4	60,0
4. Persien	—	1,9	32,4	35,0	35,0
5. Venezuela	—	—	8,8	19,7	35,0
6. Niederländisch-Indien	2,2	11,2	20,5	21,4	20,0
7. Rumänien	1,6	13,6	13,3	16,6	20,8
8. Peru	0,3	2,3	7,8	9,2	11,5
9. Britisch-Indien	1,1	7,9	8,1	8,0	8,0
10. Polen	2,3	7,0	5,7	6,0	6,0
11. Trinidad	—	—	4,1	4,7	6,0
12. Argentinien	—	—	4,7	5,8	6,0
13. Kolumbien	—	—	0,4	0,6	5,4
14. Britisch-Borneo	—	—	(4,2)	—	—
15. Japan	0,9	1,6	1,5	—	—
16. Ägypten	—	—	1,0	—	—
17. Frankreich	—	—	0,5	—	—
18. Deutschland	0,4	0,3	0,3	—	—
19. Kanada	0,9	0,2	0,2	—	—
20. Tschechoslowakei	—	—	0,1	—	—
21. Übrige Länder	—	0,2	0,2	—	—

Ölschiefer. Von den in allen Formationsgruppen, vom Kambrium an auftretenden leicht bituminösen Gesteinen, deren Bitumengehalt sich beim Anschlagen durch den Geruch verrät (Stinkkalke, Stinkschiefer), aber keine wirtschaftliche Bedeutung besitzen, unterscheiden sich die Ölschiefer, örtlich auch Brennschiefer genannt, durch ihren viel größeren Bitumenreichtum, der gelegentlich eine Ölgewinnung zuläßt. Die meist dunklen und fossilarmen Schiefer enthalten kein fertiges Öl, sondern erst die Vorstufen davon. Es läßt sich daher kein Öl mittels Lösungsmittel herausziehen, sondern man muß durch „Schwelen" (Erhitzung auf 200 bis 700°) den Umwandlungsprozeß von Bitumen in Öl erst künstlich zu Ende führen.

Bisher wurden nur die schottischen (Karbon) und neuerdings auch die estnischen Ölschiefer (1926 : 340000 t) in größerem Maß abgebaut. Weitere Vorkommen liegen in den Posidonienschichten (Lias) Süddeutschlands. In der oberalpinen Trias trifft man z. B. bei Seefeld in Tirol Ölschiefer, die wohl der Hauptsache nach den an Ort und Stelle zugrunde gegangenen Fischleichen, deren Fossilreste sich hier sehr häufig finden, entstammen. Aus ihnen wird das für Heilzwecke wichtige Ichthyol gewonnen. Ähnliche Schiefer finden sich im Eozän von Istrien und Dalmatien, doch fehlt hier bereits der größte Teil der leichtflüchtigen Öle, und nur Lagen von bitumenreichen Kohlen, meist gebunden an Fischreste, erinnern an ihren Ursprung. Die permischen Ölschiefer von Autun in Frankreich sind von keiner Bedeutung. Gewaltige Vorräte liegen in Nordamerika (Kolorado, Utah, Ohio, Wyoming usw.), doch ist angesichts der Konkurrenz des Erdöls natürlich an eine Ausnützung vorläufig nicht zu denken. Auch aus der Südmandschurei (bei Fushun) werden große Lagerstätten gemeldet. Vielleicht werden alle diese Vorkommen später, nach Erschöpfung der Erdöllager, die jedoch für die nächsten Jahrzehnte nicht zu befürchten ist, noch eine bedeutende Rolle spielen.

Ölschiefer lassen sich verwerten, indem man sie einer Destillation unterwirft, wobei man außer Öl noch gewisse Nebenprodukte (Schwelgase, Ammonsulfat, Schieferkoks) erhält, die den Prozeß oft erst lohnend machen, oder indem man sie ohne weiteres als Brennmaterial verwendet. Auch die Zementindustrie kommt als Abnehmerin in Betracht. Gewöhnlich wird eine Ausbeute von 1 hl Öl auf 1 t Schiefer als untere wirtschaftliche Grenze angegeben. Eine Tonne schottischen Ölschiefers liefert: 300 m³ Schwelgas, 100 kg Öl, 30 bis 50 kg Ammonsulfat. Ähnliche, bis höchstens dreifache Ausbringungszahlen für Öl bei ungefähr gleichem oder geringerem Ammonsulfatgehalt ergeben die anderen Ölschiefer.

Die Gewinnung des Gesteines erfolgt in Estland zum Teil im Tagbau; doch geht man immer mehr zum Abbau untertags über, da man dann auch während des Winters arbeiten kann. In Schottland bestehen bis zu 1200 m tiefe Gruben.

Bernstein. Bernstein (Succinit) ist das fossile Harz ausgestorbener Nadelbäume, wie Pinites succinifer und anderer, welches in gewissen Schichten, besonders in der sogenannten blauen Erde (oligozäne, glaukonitische Sande) des Samlandes, vorkommt. Auch in dieser befindet es sich auf sekundärer Lagerstätte; oft wird er daraus vom Meere ausgewaschen und ans Land gespült. Während der Eiszeit wurde er gelegentlich recht weit nach Süden verfrachtet. Er ist durchsichtig, bis trüb, gelb-rötlich oder braun, enthält oft Einschlüsse von Insekten, zeigt stellenweise Doppelbrechung, besitzt eine Härte von 2 bis 2,5, Dichte von 1 bis 1,1. Die chemische Zusammensetzung ist etwa $C_{10}H_{16}O$ und etwas Schwefel. Er schmilzt bei ungefähr 287° und ist brennbar. Die jährliche Förderung beträgt etwa 400000 t blauer Erde mit 200000 kg Bernstein.

Man verwendet ihn zu Rauch- und Schmuckwaren.

Ähnliche fossile Harze finden sich öfter in Braunkohlenablagerungen und Torfmooren und wurden mit verschiedenen Namen belegt (Rezitit, Copalin, Dopplerit usw.).

Literatur. Aus der überaus reichen Ölliteratur konnten in der folgenden Übersicht nur die wichtigsten und leicht zugänglichsten, zusammenfassenden Arbeiten angeführt werden.

Allgemeines: Engler-Höfer: Das Erdöl, 5 Bd. Leipzig. 1919: Bd. I: Chemie und Physik; Bd. II: Geologie, Gewinnung und Transport; Bd. III: (Singer) Technologie; Bd. IV: Prüfung und Verwendung des Erdöles, Erdgases und seiner Produkte; Bd. V: Erdölwirtschaft. — Day: Handbook of the Petroleum Industry. New York. 1922. **Chemie und Physik des Erdöles:** Gurwitsch: Wissenschaftliche Grundlagen der Erdölverarbeitung. Berlin. 1913. — Rakusin: Untersuchung des Erdöles. Braunschweig. 1906. **Allgemeine Ölgeologie:** Blumer: Die Erdöllagerstätten. Stuttgart. 1922. — Emmons: Geology of Petroleum. New York: McGraw-Hill Book Co. 1921. **Praktische Ölgeologie:** Ambrose: Underground Conditions in Oilfields. Bureau of Mines Bulletin, Nr. 195. Washington 1921. — Cox, Dake, Muilenburg: Field Methods in Petroleum Geology. 1921. — Hager: Practical Oil Geology. 1921. — Hlauschek: Aufgaben und Arbeitsweisen der Ölgeologie. Halle a. S.: Knapp. 1927. **Bohrtechnik:** Erkelenzer Bohrhilfsbuch. — Schwemann: Das Tiefbohrwesen. Handb. d. Ing.-Wissensch. 1924. — Uren: Petroleum Production. Engineering. 1924. **Ölschiefer:** Lüdy, F.: Die Ölschiefer von Seefeld (Tirol). Chem. Ztg., S. 984. 1903. — Sauer und and.: Die Verwendung des Ölschiefers. 1920. — Wölbling-Hentze: Die Ölschiefer. 1927? (Noch nicht erschienen.) **Zeitschriften:** Bulletin of American Association of Petroleum Geologists. Tulsa. — Bulletins des American Institute of Mining and Metallurgical Engineers. — Bulletins des Bureau of Mines. Washington. — Bulletins der USA. Geological Survey. Washington. — Economic Geology. — Internationale Zeitschr. für Bohrtechnik, Erdölbergbau und Geologie. Wien. — Oil and Gas Journal. Tulsa. — Petroleum. Wien-Berlin. — Publikationen des American Petroleum Institute; außerdem noch viele andere.

3. Metamorphe Gesteine

Von Karl Preclik, Prag

Die Gruppe der metamorphen Gesteine umfaßt Gesteinstypen, die durch nachträgliche Umformung (Metamorphose) aus ursprünglichen (primären) Felsarten hervorgegangen sind. Als Ausgangsmaterial für die Metamorphose kommen neben Eruptiv- und Sedimentgesteinen auch Mischgesteine (Tuffe) in Betracht; eine besondere Art von Mischgesteinen ist jene, bei der erst während der Metamorphose die Mischung von zweierlei Material eintritt, indem eruptive Schmelzen und deren Destillationsprodukte in Sedimentgesteine eindringen und diese durchtränken (Migmatite).

Aus der großen Zahl von Gesteinsumformungen scheiden hier jene Prozesse aus, die sich unmittelbar an der Erdoberfläche abspielen (Verwitterungsvorgänge), ferner die rein mechanischen Veränderungen (Zertrümmerungen) an tektonischen Störungszonen, welche mit keiner wesentlichen Umkristallisation verbunden oder nur von nachträglicher Verkittung der Gesteinstrümmer durch zugeführte Mineralsubstanz begleitet waren (Bildung authigener Breccien). Als maßgebend für die Einreihung einer Felsart in die Gruppe der metamorphen Gesteine ist also die Umkristallisation anzusehen, die sich in den meisten Fällen nicht bloß auf eine Erneuerung des Gefüges, sondern auch auf Neubildungen im Mineralbestande bezieht.

Verschiebungen im Mineralbestande eines Gesteines werden, abgesehen von der Einwirkung von außen kommender chemischer Agentien, vornehmlich durch Veränderungen der Druck-Temperaturverhältnisse ausgelöst, unter denen das betreffende Gestein steht. Die physikalische Chemie hat gezeigt, daß in Fällen, wo innerhalb eines gegebenen Stoffbestandes verschiedene chemische Verbindungen (Mineralien) oder mehrere Modifikationen der gleichen (polymorphen) Verbindung möglich sind, stets ganz bestimmte Verbindungen bzw. Modifikationen auftreten, welche in Abhängigkeit stehen von den gerade herrschenden physikalischen Bedingungen (Druck, Temperatur). Jede Verbindung ist nämlich nur innerhalb eines gewissen Druck-Temperaturbereiches bestandfähig (stabil); verschieben sich Druck und Temperatur über diesen Bereich hinaus, dann tritt, namentlich bei Mitwirkung reaktionsfördernder Faktoren, Anpassung an die neuen Gleichgewichtsbedingungen ein, indem sich auf Kosten der alten, instabil gewordenen Verbindungen neue, stabile ausbilden. In der Natur wird der neue Gleichgewichtszustand häufig nicht völlig erreicht; es bleiben Überreste (Relikte) des alten Mineralbestandes erhalten, die für die Erforschung der Geschichte des Gesteines naturgemäß von größter Wichtigkeit sind (Ungleichgewichtsgesteine).

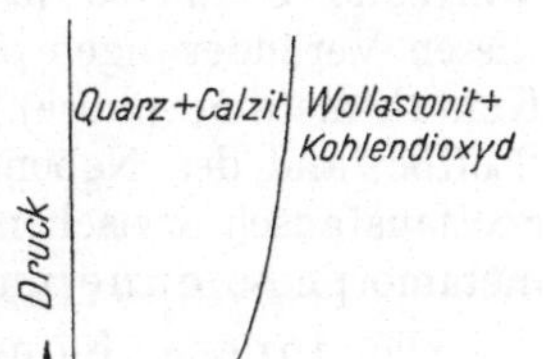

Abb. 72. Druck-Temperaturdiagramm für das System $SiO_2 + CaCO_3$

So wandelt sich z. B. das System $CaCO_3$ (Kalzit) + SiO_2 (Quarz) bei Erhitzung über 500° in $CaSiO_3$ (Wollastonit) + CO_2 (Kohlendioxyd) um. Sinkt nach erfolgter Umwandlung die Temperatur wieder unter 500°, dann zerfällt das Kalziumsilikat unter Bindung von CO_2 in Kalzit und Quarz, vorausgesetzt, daß ein Entweichen des Kohlendioxyds verhindert worden war. Bei erhöhtem Druck erfolgt die Umwandlung erst bei höheren Temperaturen, worüber die Umwandlungskurve in Abb. 72 Aufschluß gibt. Der links von der Kurve liegende Teil des Diagramms gibt den Stabilitätsbereich der Kombination Kalzit + Quarz, das rechts liegende Feld den Bereich von Wollastonit + Kohlendioxyd an. Hatte das Kohlendioxyd Gelegenheit zum Entweichen, dann bleibt der Wollastonit bei nachfolgender Abkühlung natürlich auch bei Temperaturen, die unterhalb der Umwandlungstemperatur liegen, erhalten (Wollastonitfelse).

Bei Einkomponentensystemen beziehen sich die Umwandlungsvorgänge nicht auf eigentliche chemische Umsetzungen, sondern auf Veränderungen im inneren Bau der Substanz. So ist z. B. der Schwefel bei normaler Temperatur rhombisch, über 95,4° monoklin. Beim Zinn ist unter normalen Temperaturverhältnissen die graue Modifikation bestandfähig, während der Stabilitätsbereich des technisch verwendeten weißen Zinns erst über 20° beginnt. Dieses ist also bei Zimmertemperatur eigentlich unbeständig, doch erfolgt die Umwandlung äußerst langsam. Beschleunigt wird der Umwandlungsprozeß, wenn das weiße Zinn mit grauem in Berührung kommt (Zinnpest).

Auf dem Prinzip der Anpassung an geänderte Gleichgewichtsbedingungen beruht der ganze Gesteinsmetamorphismus. In der Geologie kommen Temperaturerhöhungen namentlich durch Einwirkung feurigflüssiger Magmenkörper und durch Versenkung von Gesteinskomplexen in größere Tiefen der Erdkruste zustande; im letzteren Fall ist die den geothermischen Verhältnissen entsprechende Temperaturerhöhung infolge wachsender Überlagerung gleichzeitig mit einer Steigerung des Druckes verknüpft. Je nach der Art des umwandelnden Agens unterscheidet man demnach zwei Gruppen von Gesteinsumformung, die Kontaktmetamorphose in der Nähe feuriger Schmelzflüsse und die kristalline Schieferbildung in größerer Tiefe der Erdkruste. Metamorphosen in sehr großer Tiefe werden stets in der Nähe größerer Magmenherde stattfinden und daher die Kennzeichen beider Umwandlungsarten in sich vereinigen.

Literatur. Grubenmann, N. und Niggli, P.: Die Gesteinsmetamorphose. Bd. 1. Berlin: Gebr. Borntraeger. 1924. — Erdmannsdörffer: Grundlagen der Petrographie. Stuttgart: Enke. 1924.

a) Kontaktgesteine

Unter Kontaktmetamorphose versteht man die Wechselwirkungen zwischen dem erstarrenden Magma und seinem Nebengestein. Diese bestehen nicht nur in der Beeinflussung der durchbrochenen Schichten durch die eindringende Schmelze (äußere Kontaktmetamorphose), sondern auch in gewissen Veränderungen des Erstarrungsgesteines in seinen Randpartien (innere Kontaktmetamorphose). Je nachdem, ob während dieser Wechselwirkung der Stoffbestand des Nebengesteines und des Magmas erhalten bleibt oder ob ein Stoffaustausch zwischen beiden stattfindet, spricht man von einer Kontaktmetamorphose ohne und mit Stoffzufuhr.

Die innere Kontaktmetamorphose bezieht sich sowohl auf die Struktur als auch auf den Chemismus des Erstarrungsgesteines. Die Randpartien des letzteren können infolge rascherer Abkühlung bei Oberflächenerstarrung glasig, bei Tiefenerstarrung feinkörniger oder porphyrischer ausgebildet sein als die Hauptmasse. Überdies kann sich die Grenzzone durch abweichende Mineralführung auszeichnen, was entweder durch Differenzierung (basische, seltener saure Randfazies) oder durch Einschmelzung und Wiederausscheidung von Nebengesteinssubstanz zu erklären ist (Erscheinen von Granat, Cordierit, Andalusit, Kalksilikatmineralien usw). Zuweilen finden sich in der Randpartie der Eruptivkörper mehr oder minder gerundete, angeschmolzene Schollen des Nebengesteines eingeschlossen. Im allgemeinen pflegen die Gesteine der Grenzzone ungleichmäßiger und daher weniger wertvoll zu sein als die des Innern.

Wichtiger als die innere ist die äußere Kontaktmetamorphose: Diese wirkt durch Wärmeabgabe an das Nebengestein, das infolge der Temperaturerhöhung unter Mitwirkung des im Gestein enthaltenen Wassers umkristallisiert (thermische Kontaktmetamorphose). Hand in Hand mit der Wärme arbeiten vielfach heiße Abspaltungsprodukte des Magmas (Gase und Dämpfe sowie deren Kondensate), indem sie das Nebengestein weithin durchtränken und mit Stoffen vulkanischer Herkunft imprägnieren (pneumatolytische und hydrothermale Kontaktmetamorphose). Sie verändern naturgemäß nicht nur die Sedimente des Kontakthofes, sondern auch die bereits erstarrten Randpartien des Eruptivs (Turmalinisierung, Topasierung, Propylitisierung, Greisen- und Erzlagerstättenbildung). Der Grad der kontaktmetamorphen Umwandlung hängt einerseits von der Größe (das heißt vom Wärmeinhalte) und dem Gasreichtum des Magmakörpers, anderseits von der Einwirkungsdauer der verändernden Agentien, also von der Länge des Erstarrungsvorganges, ab; er ist demnach im allgemeinen bei gasreichen Tiefengesteinen größer als bei gasarmen oder bei rasch entgasten und erstarrten Ergußgesteinen. Die Intensität der Einwirkung nimmt in der Richtung von der Kontaktfläche gegen die Peripherie des Kontakthofes allmählich ab.

Da die von der Kontaktmetamorphose betroffenen Gesteine nicht geschmolzen werden, sondern gleichsam im festen Zustande durch Auflösen und gleichzeitiges Wiederabsetzen minimaler Gesteinsmengen umkristallisieren, sind die neugebildeten Mineralien untereinander gleichalterig, durchwachsen und umschließen sich daher gegenseitig, was in der sogenannten Hornfels- oder Siebstruktur zum Ausdrucke kommt (Abb. 73). Ausscheidungsfolgen, wie wir sie bei den Erstarrungsgesteinen zu sehen gewohnt sind, kommen bei Kontaktgesteinen nie vor; wo kristallographische Begrenzungen dennoch wahrgenommen werden, sind sie kein Zeichen für Primogenitur, sondern für größere Kristallisationskraft des betreffenden Minerals, das unter Umwachsung und Umschließung anderer Gemengteile Eigengestalt anstrebt.

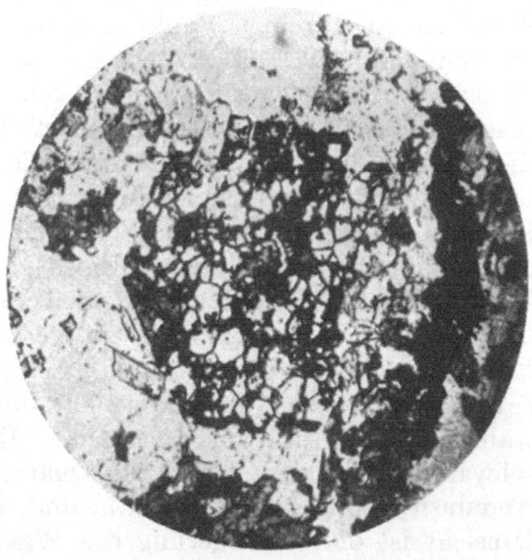

Abb. 73. Granat (dunkel) von Quarz siebartig durchwachsen. Glimmerschiefer, Zopetspitze, Großvenediger. (Nach Weinschenk, Grundzüge der Gesteinskunde)

Die Schichtung und Schieferung der veränderten Gesteine pflegt bei der Metamorphose verwischt zu werden. Unterschiede in der chemischen Zusammensetzung der einzelnen Schichten und Bänke bleiben aber vielfach in der sogenannten Bänderung erhalten, die durch verschiedene Mineralführung der einzelnen Gesteinslagen hervorgerufen wird.

Von den zahlreichen und mannigfachen Produkten der Kontaktmetamorphose (Kontaktgesteinen) sollen im folgenden einige wichtigere Beispiele angeführt werden.

Reine Kalksteine kristallisieren bei ausschließlich thermischer Metamorphose, namentlich im Tiefengesteinskontakte, unter Zerstörung organischer Reste (Versteinerungen) zu mehr oder minder grobkörnigen Marmoren um. Enthalten die Gesteine außer Kalziumkarbonat noch andere Substanzen, wie Kieselsäure, Tonerde, Eisen usw., oder werden Stoffe aus dem Magma aufgenommen, dann bilden sich auch neue Mineralien (Kontaktmineralien), von denen Wollastonit, Diopsid, Grossular (Kalktonerdegranat), Tremolit, Epidot, Vesuvian, Skapolith und Olivin besonders charakteristisch sind. Hieher gehören die bekannten Ophikalzite, das sind Marmore mit serpentinisiertem Olivin (Abb. 60). Wird die Kohlensäure des Karbonatgesteines ganz oder größtenteils durch Kieselsäure ersetzt, dann spricht man von Kalksilikatfelsen (Granatfels, Wollastonitfels, Diopsidfels, Skarn der nordischen Eisenerzlagerstätten usw.).

Dolomitische Kalke können zu Dolomitmarmoren umkristallisieren oder unter Bildung oxydischer (Periklas, Brucit) und kieselsaurer Magnesiaverbindungen (Tremolit, Olivin bzw. Serpentin, Phlogopit und andere) „entdolomitisiert" werden. Siderite wandeln sich in Roteisenstein oder Magnetit um, Bitumina werden entweder ausgetrieben oder zu graphitischem Kohlenstoff abgebaut.

Sandsteine kristallisieren unter Verwischung sedimentärer Strukturen zu Quarziten um; Verunreinigungen oder zugeführte eruptive Stoffe veranlassen die Bildung von Graphit, Sillimanit, Biotit und Feldspat.

Tonige Gesteine erleiden an der Peripherie der Kontakthöfe zunächst nur geringe Veränderungen, die darin bestehen, daß das organische Pigment derselben an einzelnen Punkten unter Bildung kleiner graphitischer Knötchen zusammenwandert, die zuweilen auch Skelette von neugebildetem Andalusit (Chiastolith), seltener von Cordierit oder Chlorit enthalten, während die Schiefermasse selbst durchaus unverändert bleibt (Knotentonschiefer). Haben die Zentren, von denen die Kristallisation ausgeht, Scheiben- oder Walzenform, dann spricht man von Fleck- bzw. Fruchtschiefern. Gegen den Kontakt hin wird allmählich auch die Schiefermasse von der Umkristallisation ergriffen, die Neubildung von Glimmer (Biotit), Andalusit, Cordierit und Feldspat macht Fortschritte. Die Knoten auf den Schichtflächen werden zunächst größer, um später wieder allmählich zu verschwinden (Knotenglimmerschiefer). Es folgt die Zone der harten, splitterig brechenden, meist feinkörnigen Hornfelse. Die Gesteine dieser Zone sind durch massiges Gefüge und durch „bienenwabige" Struktur ausgezeichnet. Ihre mineralogische Zusammensetzung schwankt; wohl stets führen sie Quarz, Feldspat und Glimmer, zu denen noch Andalusit, Cordierit, Staurolith und andere treten können. In chemischer Hinsicht ist die Verringerung des Wassergehaltes bemerkenswert.

Ältere Eruptivgesteine und kristalline Schiefer tieferer Umwandlungszonen erleiden im plutonischen Kontakte nur geringe Veränderungen, da ihr Mineralbestand bereits den hohen Temperaturen angepaßt ist. Die Einwirkung hydrothermaler Lösungen auf Eruptivgesteine wurde bereits besprochen.

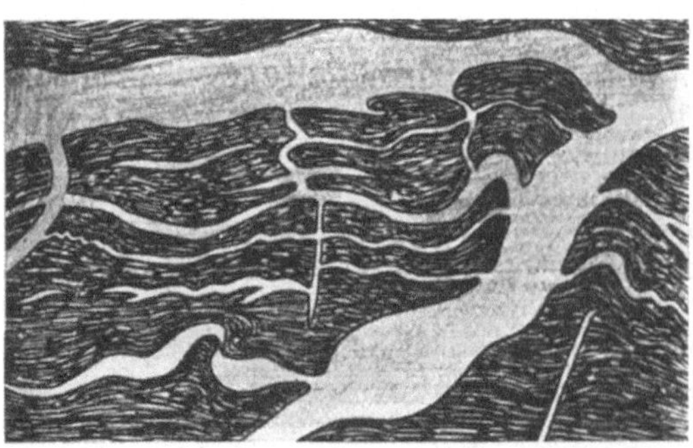

Abb. 74. Injektionsmetamorphose. Aplit durchadert und durchtränkt Biotitschiefer

Die Kontaktwirkung von Ergußgesteinen ist im wesentlichen thermischer Art und von geringer Intensität. Tone werden unter Verlust ihres Wassergehaltes gebrannt und gefrittet (Porzellanjaspis), Kalke marmorisiert, Tonmergel gehärtet, Sandsteine und kristalline Gesteine randlich verglast, Mineralkohlen in natürlichen Koks umgewandelt. Stärkere Beeinflussung zeigen die veränderten Tonschiefer der Diabaskontakthöfe (Adinole), bei denen eine bedeutende Zufuhr von Natron aus dem Magma stattfand.

Anhangsweise soll eine besondere Art von Kontaktmetamorphose erwähnt werden, die im sogenannten Grundgebirge auftritt und die zur kristallinen Schieferbildung hinüberleitet. Es ist die Injektions- und Imprägnationsmetamorphose, bei der das schieferige Nebengestein aufgeblättert und von aplitischer Schmelze oder von pegmatitischen Restlösungen durchdrungen wird, so daß gneisartige Mischgesteine (Migmatite) entstehen (Abb. 74). Am Kontakte selbst werden die Schiefer vom Eruptivgestein unter teilweiser Erhaltung der Parallelstruktur verdrängt und resorbiert (primär schieferige Eruptiva), weiter draußen folgen durchäderte (injizierte) Lagen- und Bändergneise und schließlich homogene glimmerreiche Gesteine, die gleichmäßig mit Feldspatsubstanz imprägniert sind (Imprägnationsgneise).

Die praktische Bedeutung der Kontaktmetamorphose besteht zum Teil darin, daß die gebrannten oder umkristallisierten Gesteine eine Steigerung ihrer Kornbindungsfestigkeit und Härte erfahren haben, so daß sie in Gegenden mit vorwiegend weichen Gesteinen vielfach das einzige brauchbare Bau- und Schottermaterial bilden, dessen Gewinnung durch Ablösungsflächen erleichtert wird, deren Entstehung mit dem Abkühlungsprozeß zusammenhängt.

b) Kristalline Schiefer

Kristalline Schiefer sind Gesteine von mehr oder weniger kristallinischem Korn und schieferigem Gefüge, die unter Mitwirkung von erhöhtem Druck und gesteigerter Temperatur durch sekundäre Umwandlung (Metamorphose) aus primären Eruptiv- oder Sedimentgesteinen entstanden sind. Sie treten vor allem im sogenannten Grundgebirge auf, das die ältere Unterlage aller fossilführenden Formationen bildet. In den großen Kettengebirgen der Jetztzeit und früherer Epochen erscheinen aber auch jüngere, dem Altertum und Mittelalter der Erdgeschichte entstammende Gesteine im Gewande von kristallinen Schiefern.

Je nach der Art des Ursprungsmaterials unterscheidet man zwei Gruppen von kristallinen Schiefern; die aus eruptivem Material hervorgegangenen Orthogesteine und die von Sedimenten abstammenden Paragesteine. Im speziellen Fall erfolgt die Unterscheidung zwischen beiden Gruppen vor allem auf Grund der chemischen Zusammensetzung der Gesteine, die sich während der Metamorphose im allgemeinen nicht stark verschiebt, ferner auf Grund eventuell nachweisbarer Übergänge in noch deutlich erkennbare Eruptiva oder Sedimente. Weitere Kennzeichen bieten etwa vorhandene Überreste (Relikte) des alten Gefüges, wie Gerölle, Versteinerungsspuren, Partien mit typischer Erstarrungsgesteinsstruktur, und schließlich der Gesteinsverband im großen. Es pflegen nämlich die eruptiven Orthogesteine auf weitere Strecken hin gleichförmig zusammengesetzt zu sein, während Paragesteine einem rascheren Wechsel unterliegen und mit Gesteinen vergesellschaftet sind, die sich schon ihrer chemischen Zusammensetzung nach sicher von Sedimenten herleiten (Einlagerungen von Marmor, Quarzit, Graphit usw.).

Arten der Metamorphose. Es wurde bereits gesagt, daß die kristalline Schieferbildung als Folge einer Versenkung größerer Gesteinskomplexe in bedeutende Tiefen anzusprechen ist. Der Versenkungsvorgang kann sich nun entweder in der Weise vollziehen, daß weite Teile der Erdkruste als Ganzes, das heißt ohne Relativbewegungen der einzelnen Teile, untertauchen und infolge der durch wachsende Überlagerung hervorgerufenen Druck- und Temperatursteigerung umkristallisieren, wobei sedimentäre Strukturen, wie Parallel- und Kreuzschichtung, Geröllführung usw., zuweilen auffallend gut erhalten bleiben (statische, Belastungs- oder Regionalmetamorphose); oder die Versenkung ist als Folge tektonischer Prozesse mit Faltungen, Verbiegungen und anderen

Formänderungen der Gesteinskörper verknüpft, wobei die Deformationen nicht auf die Großformen beschränkt bleiben, sondern auch die kleinsten Gefügeelemente der dislozierten Gesteine betreffen (kinetische, Bewegungs- oder Dynamometamorphose). Die einzelnen Gesteinsgemengteile werden dann zerbrochen und auseinandergerissen; ähnlich wie bei einem auf Druck beanspruchten Probewürfel stellen sich im Gestein (vorwiegend in der Richtung einer eventuell vorhandenen Paralleltextur) Scherflächen und Gleitbewegungen ein, welche die Glimmertafeln zu langgezogenen Flasern und Striemen zerschmieren. Bei Faltungen und Verbiegungen gleiten die einzelnen Schichtlamellen wie die Blätter eines gebogenen Heftes aneinander vorbei. Bei Überschiebungen wandern die Gesteinsteilchen entsprechend der Auswalzung in der Bewegungsrichtung gleitend weiter, wobei wiederum die Schichtflächen als Trennungsebenen bevorzugt werden. Man sieht, daß der Bewegung im großen eine intensive Durchbewegung im kleinen beigeordnet ist, die, indem sie verschiedenartige Mineralkörner aneinanderbringt und wässerigen Minerallösungen Bewegungsbahnen schafft, reaktionsfördernd wirkt und die allgemeine Umkristallisation (Kristalloblastese) begünstigt (Umrührwirkung), gleichzeitig aber die Struktur des Ausgangsmaterials weitgehend verwischt.

Bei solchen dynamometamorphen Gesteinen ist das zeitliche Verhältnis zwischen der Durchbewegung und der Kristallisation von besonderem Interesse, worauf B. Sander zuerst hingewiesen hat. In vielen Fällen geht die Umkristallisation mit den Gefügebewegungen Hand in Hand, die Zerbrechungen der Mineralkörner werden im Entstehen schon verheilt, so daß die Deformationen scheinbar bruchlos (plastisch) verlaufen (parakristalline Durchbewegung). Erfolgt die Durchbewegung so rasch, daß die Kristallisation nicht nachzufolgen vermag, oder dauert sie nach Aufhören der letzteren noch weiter an, dann werden sich im Gefüge Bruch- und Biegungsdeformationen nachweisen lassen (postkristalline Deformation). Zuweilen setzt die regenerierende Kristalloblastese überhaupt erst nach Ablauf der Deformationsphase ein (präkristalline Durchbewegung, Abb. 75 und 76); dieser Fall wird stets vorliegen, wenn ein gefaltetes Gebirge nach Abschluß der tektonischen Bewegungen regionalmetamorph verändert wird[1]).

Die Klarlegung der zeitlichen Beziehungen zwischen Durchbewegungs- und Kristallisationsphase erfolgt durch mikroskopisches Studium der Deformationsspuren im Gefüge. Sie ist, abgesehen von ihrem rein wissenschaftlichen Werte, auch von ausschlaggebender Bedeutung für die praktische Verwendbarkeit der Gesteine, da die Festigkeitseigenschaften der letzteren naturgemäß mit der Beschaffenheit des Gefüges innig zusammenhängen.

Mineralumbildung und Tiefenstufen. Die Umkristallisation der Gesteine gelegentlich der kristallinen Schieferbildung wird durch langandauernde Umsätze minimaler Mengen von gelöster Gesteinssubstanz bewerkstelligt; als Lösungsmittel kommt Wasser in Form von Bergfeuchtigkeit, in tieferen Zonen der Erdkruste auch freiwerdendes Kristall- und Hydroxylwasser in Betracht. Die Umkristallisation pflegt ziemlich einschneidende Veränderungen des Mineralbestandes zu bewirken. Diese werden in höheren Zonen der Erdkruste vornehmlich durch den dort herrschenden einseitigen Druck diktiert,

[1]) Hier sei kurz auf analoge Vorgänge in der Technologie der Metalle hingewiesen, wie auf den Schmiede- und Walzprozeß (Deformationen mit gleichzeitiger Umkristallisation [parakrist. Def.]) oder auf den Vorgang des Drahtziehens (gleitende Deformation ohne gleichzeitige oder nachfolgende Kristallisation [postkrist. Def.]). Erst das „Aufwärmen“ nach dem Ziehprozeß entspricht einer der Deformation nachfolgenden regenerierenden Umkristallisationsphase, in bezug auf welche die Formänderung als präkristallin zu bezeichnen ist.

während in größerer Tiefe der Einfluß der Wärme und des allseitigen Druckes überwiegt. Die Ummineralisierung steht namentlich in den oberen Lagen im Zeichen einer Molekularvolumsverkleinerung (Molekularvolumen $= \frac{\text{Molekulargewicht}}{\text{Dichte des Minerals}}$). Dieses von F. Becke ausgesprochene Volumsgesetz besagt, daß von Verbindungen, die in mehreren Modifikationen möglich sind, in kristallinen Schiefern stets jene Modifikation auftritt, die durch die größte Dichte, also durch das kleinste Volumen ausgezeichnet ist; ferner daß Reaktionen zwischen verschiedenen Mineralsubstanzen während der Metamorphose stets

Abb. 75. Polygonaler Glimmerbogen im Leptit von Prnar Dagh, Mazedonien (aus Erdmannsdörffer, Grundlagen der Petrographie). Faltung präkristallin. Die dunklen Glimmerblätter sind nicht tangierend zum Faltenbogen orientiert, sondern bilden ihn bloß durch ihre Anordnung ab

Abb. 76. Porphyroblasten von Granat (rechts) und Biotit (links) im Phyllit von Val Piora bei Airolo, St. Gotthard. Die Fältelung des Gesteins geht unverändert durch die Porphyroblasten hindurch, sie ist also älter als letztere (präkristalline Durchbewegung) (nach Rosenbusch)

so verlaufen, daß die Summe der Molekularvolumina der neugebildeten Mineralien kleiner ist als die der Ausgangsstoffe. Das Gesetz beinhaltet also eine Anpassung an den während der Metamorphose herrschenden Druck und erklärt so einerseits das häufige Auftreten von Mineralien mit geringem Molekularvolumen, wie Granat, Disthen, Rutil, Staurolith, anderseits das Fehlen gewisser durch großes Volumen ausgezeichneter Stoffe und Mineralien, wie Gesteinsglas, Tridymit, Sanidin, Leuzit, basaltische Hornblende usw., die gerade für die unter geringem Druck erstarrten Ergußgesteine bezeichnend sind.

Die Art der Mineralneubildungen hängt stark von der Tiefe ab, in der die Gesteinsumprägung vor sich geht. In der Nähe der Erdoberfläche bilden sich vielfach wasserhaltige Mineralien, die den Eruptivgesteinen primär vollkommen fehlen; in größerer Tiefe hingegen herrschen wegen der hohen Temperatur wasserfreie Mineralien, die zum Teil auch in den Kontakthöfen der Tiefengesteine wiederkehren. Während manche Mineralien, wie Quarz und Kalzit, als sogenannte „Durchläufer" in allen Tiefenzonen auftreten, bleiben andere auf ganz enge Druck-Temperaturbereiche beschränkt und gestatten als „Leitmineralien" eine Gliederung der Metamorphosierungsskala in einzelne, allerdings nicht scharf geschiedene Stufen. Aus der Unsicherheit dieser Abgrenzung erklärt sich die Tatsache, daß U. Grubenmann und P. Niggli drei Tiefenstufen unterscheiden, während F. Becke nur zwei Stufen der Metamorphose angenommen hatte, die durch das Vorherrschen bzw. Fehlen wasserhaltiger Mineralien gekennzeichnet wurden (anogene und katogene Metamorphose).

Die Verhältnisse der obersten (ersten) Tiefenstufe oder Epizone im Sinne Grubenmanns sind durch relativ niedrige Temperatur und starken einseitigen Druck charakterisiert. Die Gesteine dieser Zone, der z. B. die Phyllite angehören, erscheinen im allgemeinen extrem geschiefert, die Bruchdeformationen im Gefüge sind mangels an reaktionsfördernder Wärme vielfach nur unvollständig verheilt. Von typischen Mineralien seien die wasserhaltigen Silikate Serizit, Chlorit, Serpentin, Strahlstein, Epidot und Zoisit erwähnt; unter den Feldspaten dominieren saure, dem Albit nahestehende Plagioklase.

In der mittleren (zweiten) Tiefenstufe oder Mesozone ist der Einfluß der Wärme bereits so groß, daß wasserhaltige Verbindungen zurücktreten. Neben dem einseitigen Druck macht sich mangels an Ausweichmöglichkeit auch schon allseitiger (hydrostatischer) Druck geltend. An Mineralien treten neben dem aus der obersten Tiefenstufe bekannten Zoisit und Epidot noch Muskovit, Biotit, Granat, Hornblende, Kalifeldspat, Kalknatronplagioklas, Disthen, Staurolith und andere auf.

Die unterste (dritte) Tiefenstufe oder Katazone nähert sich in ihren physikalischen Bedingungen (hohe Temperatur, allseitiger Druck) stark der Kontaktmetamorphose. Die Schieferung der Gesteine wird mangels einseitiger Pressung undeutlich. In der Nähe von Magmakörpern werden die Sedimente in eigenartiger Weise aufgeblättert und von eruptivem Material durchadert und durchsaftet (Injektions- und Imprägnationsmetamorphose, Abb. 74). Typische Mineralien dieser Stufe sind Augit, Wollastonit, Olivin, Vesuvian, Skapolith, Cordierit, Sillimanit, basischer Plagioklas neben Biotit, Kalifeldspat und Granat.

Zuweilen tritt bei kristallinen Schiefern der zweiten und dritten Tiefenstufe nach erfolgter Abtragung der überlagernden Schichten eine neuerliche Anpassung an die Verhältnisse der Oberfläche ein. Besonders häufig begegnet man dieser Erscheinung in dynamisch stark beanspruchten Zonen (Störungszonen), wo Gesteine der Tiefe in geringer Rindentiefe eine abermalige Durchbewegung erlitten haben. Letztere löst vermöge ihrer reaktionsfördernden Wirkung eine mehr oder minder vollständige Ummineralisierung aus, so daß der Mineralbestand der Tiefe bis auf geringe Reste aufgezehrt und durch Mineralien der Oberfläche ersetzt wird. Derartige rückschreitend metamorphosierte Gesteine bezeichnet man als Diaphthorite, die Erscheinung selbst als Diaphthorese.

Struktur und Textur. Alle Gemengteile, die während eines bestimmten Metamorphosierungsvorganges gebildet wurden, sind untereinander gleichalterig und stehen den Relikten des älteren Mineralbestandes einerseits, den diaphthoritischen Neubildungen anderseits gegenüber. Sie lassen im allgemeinen keine kristallographische Begrenzung erkennen und durchwachsen sich gegenseitig. Wo dennoch idiomorphe Umrisse vorkommen, sind sie ein Zeichen für größere Kristallisationskraft des betreffenden Minerals. Das Gesteinsgefüge ist infolge des bei der Umkristallisation herrschenden Druckes lückenlos. Eine besondere Stellung im Gefüge nehmen die sogenannten Porphyroblasten ein, die als größere, kristallographisch oder rundlich bis eiförmig begrenzte Mineralneubildungen im feinkörnigeren Gewebe liegen (Abb. 76). Die ähnlichen Porphyroklasten sind verschont gebliebene Überreste eines älteren Gefüges (Feldspataugen im Gneis als Reste porphyrischer Granitfeldspate).

Die räumliche Anordnung der einzelnen Gemengteile (Textur) ist nur in Ausnahmefällen nach allen Richtungen hin gleichartig. Meist erscheinen gewisse Richtungen bevorzugt, so daß die für kristalline Schiefer geradezu charakteristischen mehr oder minder lagenförmigen Texturen entstehen. Unter den zahlreichen Texturformen ist die schieferige oder lamellare die wichtigste (Abb. 77a). Bei dieser werden vorwiegend aus körnigen, meist lichten Gemengteilen bestehende Lagen durch parallele Flächen getrennt, an denen die sogenannten schieferholden Mineralien (Glimmer, Hornblende) in mehr oder minder paralleler Stellung angereichert sind[1]). Je nach der Entfernung dieser Trennungsflächen spricht man von dünn- oder dickschieferigen bis bankigen Gesteinen.

Eine Abart der schieferigen ist die flaserige, lentikulare oder Linsentextur (Abb. 77c), bei welcher linsenförmige Kornaggregate mit ihren längeren Dimensionen parallel angeordnet sind und von blätterigen Mineralien lidförmig umflossen werden. Durch Zusammenquetschung und Abflachung der einzelnen Linsen geht die flaserige Textur wieder in die schieferige über. Bestehen die Linsen im wesentlichen nur aus einem größeren Mineralkorn, dann spricht man von Augentextur.

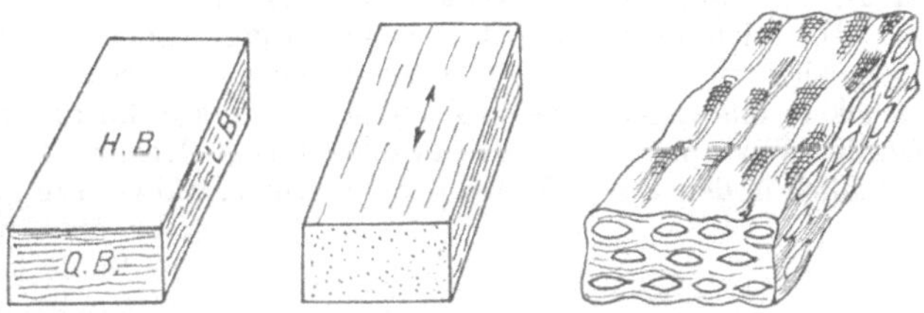

Abb. 77. a schieferige, b gestreckte und c flaserige Textur (nach Niggli)

Ordnen sich bei annähernd schieferiger Tracht die blätterigen und stengeligen Mineralien in einer bestimmten Richtung (Streckungsrichtung) an, was so weit gehen kann, daß das ganze Gestein in parallele Stengel zerfällt, dann liegt stengelige, gestreckte oder lineare Textur vor (Abb. 77b).

Mit Hinblick auf die Orientierung der Gemengteile unterscheidet man bei kristallinen Schiefern drei bevorzugte Bruchflächen (Abb. 77a): Als Hauptbruch (H. B.) bezeichnet man die Flächenschar, an der die schieferholden Mineralien besonders angereichert sind, weshalb die Trennung des Gesteines am leichtesten nach ihr erfolgt (Schieferungsfläche). Senkrecht zum Hauptbruch steht der Quer- und Längsbruch. Der Querbruch (Q. B.) verläuft senkrecht zur Streckungsrichtung, der Längsbruch (L. B.) parallel zu ihr. Bei rein schieferigen Gesteinen verliert die Unterscheidung von Quer- und Längsbruch ihre Bedeutung, bei ausgesprochen stengeligen Gesteinen verwischt sich der Unterschied zwischen Haupt- und Längsbruch. Die Bestimmung des Mineralbestandes eines kristallinen Schiefers erfolgt stets auf dem Längs- und Querbruche, da der Hauptbruch im allgemeinen nur die schieferholden Mineralien hervortreten läßt.

Die Entstehung der Schieferung steht in innigem Zusammenhange mit der Umkristallisation, die sich in den seltensten Fällen auf eine reine Sammelkristallisation, das heißt auf ein Zusammenwandern des Stoffes an einzelnen Kristallisationszentren ohne Ausbildung einer Parallelstruktur, beschränkt (Bildung von Marmor aus Kalk). Viel häufiger ordnen sich die neugebildeten Mineralien mit mehr oder minder oblongen Formen parallel an und erzeugen so die Schieferung, die durch schieferholde Gemengteile noch stärker akzentuiert wird.

[1]) Auch die körnigen Mineralien zeigen häufig eine gewisse Regelung ihrer Lage; in Quarziten z. B. liegen die Quarze vielfach mit ihren kristallographischen Hauptachsen senkrecht zur Schieferung, in Kalkphylliten die Kalzite mit den Spaltflächen in der Schieferungsebene.

Zuweilen ist die Schieferung eine reine Abbildung der alten Sedimentschichtung, indem entlang der Schichtflächen parallel angeordnete Kristallisationskeime (z. B. eingeschwemmte Glimmerblättchen) in der bereits sedimentär vorgezeichneten Richtung weiterwachsen, wobei ihnen der Umstand zustatten kommt, daß die Schichtfugen eine Zirkulation der Minerallösungen von vornherein begünstigen. In der Mehrzahl der Fälle stellt die Parallelstruktur aber eine Anpassung an den während der Metamorphose herrschenden einseitigen Druck vor, der schon rein mechanisch die blätterigen Mineralien mit ihrer Längserstreckung in die Richtung der Schieferung umzulegen vermag. E. Riecke hat weiters gezeigt, daß bei einseitig auf Druck beanspruchten Körpern, die in einer konzentrierten Lösung der gleichen Substanz liegen, an Stellen stärkster Pressung Auflösung, an nicht beanspruchten Stellen aber Absatz des Gelösten stattfindet. Dieses Prinzip wurde von F. Becke in die Petrographie der kristallinen Schiefer eingeführt; es erklärt das Wachstum der Mineralien senkrecht zur Druckrichtung, also in der Richtung der Schieferung, setzt aber eine seitliche Ausweichmöglichkeit voraus, da sich sonst der einseitige Druck in allseitigen umsetzen und das Rieckesche Prinzip seine Geltung verlieren würde. Wir finden die Beckesche Kristallisationsschieferung daher vornehmlich in den oberen Zonen der Erdkruste, während in größerer Rindentiefe immer mehr die Abbildungskristallisation an ihre Stelle tritt.

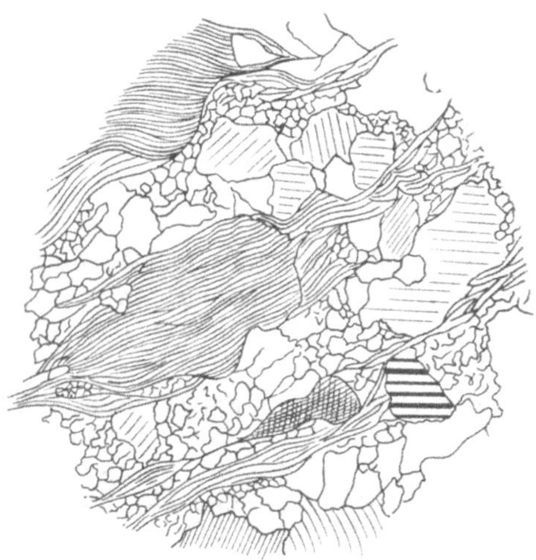

Abb. 78. Gneisgranit. Predigtstuhl, Thayatal. Gleitschieferung. Die großen Biotittafeln des Granites werden an Gleitflächen ausgeschwänzt, die Quarze und Feldspate in ein Trümmerhaufwerk zermörtelt. An den Gleitflächen selbst siedeln sich Strähne von Serizit an

Von der Kristallisationsschieferung ist die Gleitschieferung (Abb. 78) begrifflich zu trennen, die gleichfalls für die oberen Tiefenstufen bezeichnend ist. B. Sander und W. Schmidt haben die Bedeutung gleitender Gefügebewegungen bei dynamometamorphen kristallinen Schiefern hervorgehoben, die gelegentlich tektonischer Vorgänge durch scherende Beanspruchung ausgelöst werden (siehe S. 128). Diese Gleitbewegungen erfolgen bei inhomogen zusammengesetzten Gesteinen nach Flächen geringsten Widerstandes, also vornehmlich in der Richtung der Schichtung, Bankung, Fluidalstruktur oder älteren Schieferung, und bahnen den Minerallösungen Zirkulationswege, welche von dichten Glimmerflasern besiedelt werden. Verlaufen die Gleitflächen nicht streng parallel, sondern abwechselnd divergierend und konvergierend, indem sie größeren Porphyroblasten, alten Geröllen und porphyrischen Einsprenglingen ausweichen oder das Gestein in linsenförmige Teilkörper zerlegen, dann bildet sich Augen- bzw. Flasertextur aus.

Technische Verwendbarkeit der kristallinen Schiefer. Sie wird beeinflußt durch Textur, Struktur und Mineralbestand der Gesteine. Die Umkristallisation unter Druck und die Gleichalterigkeit aller Gemengteile bedingt eine feste, unmittelbare Kornbindung und um so größere Festigkeit, je feiner und gleichmäßiger das Korn und je geringer der Gehalt an weichen oder leicht spaltbaren Mineralien ist. Die Schiefertextur ermöglicht eine leichte Gewinnung lagerhafter Bausteine und dünner Belagplatten. Zu enge Scharung der Schieferungsflächen ist freilich unerwünscht, da letztere als Inhomogenitätsflächen einerseits die Festigkeit (namentlich Zug- und Scherfestigkeit) und Gewinnbarkeit größerer Steine herabsetzen, anderseits den Angriff des Frostes und der Verwitterung erleichtern. Das gilt namentlich für Gesteine, bei denen die Schieferungsflächen von dicken Glimmerhäuten bedeckt sind, während nicht streng parallele und nicht zusammenhängende Glimmertafeln geringeren Bedenken unterliegen. Im allgemeinen eignen sich flaserig texturierte Gesteine für Bausteine und Gehsteigplatten besser als ebenflächig schieferige, da der buckelige Hauptbruch der ersteren eine bessere Bindung durch den Mörtel ermöglicht und bei der Abnützung durch den Verkehr weniger glatte Flächen liefert. Bei Schiefern, die als Dachdeckmaterial Verwendung finden sollen, ist grob buckelige Flasertextur wegen der unregelmäßigen Spaltbarkeit unerwünscht. Ganz ausgeschlossen von der Verwendung als Baustein sind kristalline Schiefer mit unverheilten Bruchdeformationen im Gefüge, Gesteine mit großem Glimmerreichtum, ferner, ihres Gehaltes an weichen, unfrischen oder leicht verwitternden Mineralien wegen, alle Diaphthorite.

Werk- und Ornamentensteine dürfen weder klüftig noch geschiefert sein, auch keine größeren Glimmermengen enthalten, da letztere die Polierfähigkeit herabsetzen. Bei Bildhauermarmoren ist schon jede Andeutung von Schieferung schädlich. Für außenarchitektonische Zwecke müssen die Gesteine außerdem frei sein von leicht verwitternden oder säurebildenden Gemengteilen (große Feldspataugen, Pyrit- und Magnetkieseinsprengungen).

Als Schotter- und Pflastersteinmaterial werden kristalline Schiefer nur ausnahmsweise, wenn kein besseres Material zur Verfügung steht, verwendet, da ihre Parallelstruktur zu einem raschen Zerspalten und Zermahlen führt. Nur bei relativ massigen und glimmerarmen Gesteinen von feinkörnigem Gefüge (dichte Gneise, körnige Granulite, Quarzite) sind in Anbetracht der geringen Porosität und Wasseraufnahmefähigkeit die Voraussetzungen für ein gutes Steinschlagmaterial gegeben. Hornblende- und augitreiche Gesteine von massiger Textur (körnige Amphibolite usw.) ergeben ihrer Zähigkeit wegen sogar einen hochwertigen Schotterstein. Wo kristalline Schiefer als Pflastersteine Verwendung finden, sollen sie stets lagerhaft eingebaut werden.

Bei Gründungsarbeiten bilden kristalline Schiefer einen guten, tragfähigen Untergrund, nur ist bei Fundierungen auf Felsen gegebenenfalls die Gefahr des Abrutschens zu bedenken. In Einschnitten, Stollen u. dgl. macht sich die Nachbrüchigkeit dünnschieferiger, glimmerreicher oder wenig kristalliner Gesteine unangenehm bemerkbar, auch ist die Wirkung der Sprengschüsse gering; wenig metamorphe Phyllite neigen außerdem zum Quellen.

Die Wasserführung kristalliner Schiefergebiete ist meist gering. Die Gesteine sind ihrer unmittelbaren Kornbindung wegen wasserundurchlässig, ältere Klüfte vielfach durch Chlorit, Epidot, Serizit und andere Mineralien geschlossen. Auch offene Klüfte verletten in feldspatreichen kristallinen Schiefern rascher als in Eruptivgesteinen. Eine größere Kluftwasserführung zeigen nur die Marmore, Quarzite und ähnliche Gesteine. Das Wasser zeigt meist geringe Karbonathärte, dafür viel freie Kohlensäure. Durchlässigen Sedimenten gegenüber verhalten sich kristalline Schiefer vielfach als Wasserstauer.

Systematik der kristallinen Schiefer

Die im folgenden durchgeführte Einteilung der kristallinen Schiefer beruht auf dem Mineralbestande und auf äußerlichen Ähnlichkeiten der Gesteine. Sie ist eine rein künstliche und umfaßt in einer und derselben Gruppe zuweilen genetisch grundverschiedene Elemente.

Gneisgesteine. Gneise sind kristalline Schiefer, die neben einem dunklen Gemengteil (Biotit, Muskovit, Hornblende, Augit) vorwiegend Quarz und

Feldspat führen. Sie sind durch Umwandlung von Eruptivgesteinen (Graniten, Syeniten, Dioriten u. dgl.) oder Sedimenten (Tonen, tonigen Sanden, mergeligen Tonen u. dgl.) unter Verhältnissen der zweiten und dritten Tiefenstufe entstanden. Ihre Unterteilung in einzelne Gruppen wird auf Grund farbiger Gemengteile, akzessorischer Mineralien und struktureller Eigentümlichkeiten durchgeführt.

Glimmergneise. Sie enthalten außer Quarz und Feldspat noch Biotit oder Muskovit (Biotitgneise, Muskovitgneise). Sind beide Glimmerarten vorhanden, dann spricht man von Zweiglimmergneisen. Akzessorisch Apatit, Zirkon, Magnetit, Sillimanit usw.

Der Feldspat der Glimmergneise ist Orthoklas, Mikroklin oder ein saurer bis intermediärer Plagioklas; er setzt in xenomorpher Verwachsung mit Quarz das lichte Grundgewebe zusammen. In biotitreichen dunklen Gneisen wird der Kalifeldspat ganz oder teilweise durch Plagioklas ersetzt.

Die Glimmer bilden entweder vereinzelte, unregelmäßig begrenzte Schuppen und Pakete (Schuppengneis) oder langgezogene dichte Häute und Membranen, die entweder parallel (schieferiger Gneis) oder lidförmig verlaufen (Flasergneis). Umfließen die Glimmermembranen größere Individuen von Feldspat, dann spricht man von Augengneisen. Die Feldspataugen derselben sind entweder durch Sammelkristallisation bzw. Imprägnation entstandene Porphyroblasten oder Reste ehemaliger porphyrischer Einsprenglinge. Stengel- oder Holzgneise zeichnen sich durch ausgeprägte Streckung, Bändergneise durch lagenweisen Wechsel von glimmerreichen und glimmerarmen Quarz-Feldspat-Bändern aus. Letztere sind häufig durch Injektion aplitischer Substanz in aufgeblätterte glimmerschieferartige Gesteine entstanden (Adergneise).

Konglomeratgneise stammen von Konglomeraten ab, deren Gerölle noch in mehr oder minder veränderter Form erkannt werden können. Granitgneise sind aus Graniten hervorgegangen und verhältnismäßig wenig verschiefert; sie unterscheiden sich durch ihre Quarzführung von den quarzarmen bis quarzfreien Syenitgneisen, durch ihren Gehalt an dunklem Glimmer von den neben altem auch neugebildeten Muskovit führenden Aplit- und Pegmatitgneisen. Die nordischen Hälleflinten mit ihrem äußerst feinkörnigen bis dichten, deutlich gebänderten Quarz-Feldspat-Gewebe dürften größtenteils von sauren Ergußgesteinen und deren Tuffen abzuleiten sein.

Chloritgneise und Serizitgneise sind diaphthoritisch veränderte Gneise und Granite, bei denen die Biotite in Chlorit, die Feldspate teilweise in Serizit umgewandelt wurden.

Ausdrücke wie Cordieritgneis, Sillimanit- oder Fibrolithgneis, Granatgneis, Epidotgneis, Graphitgneis, Turmalingneis beziehen sich auf den wichtigsten akzessorischen Gemengteil und bedürfen keiner weiteren Erklärung. Mit Ausnahme der Turmalingneise sind die hier erwähnten Arten wohl durchwegs Sedimentabkömmlinge.

Hornblende- und Augitgneise. Die Hornblendegneise bestehen aus Feldspat und Hornblende, welch letztere bei den Augitgneisen durch Pyroxen ersetzt ist. Quarz und Biotit kann vorhanden sein oder auch fehlen. Der Feldspat ist meist ein Plagioklas, während Kalifeldspat zurücktritt. Akzessorisch finden sich unter anderem Granat, Titanit, Epidot und Kalzit.

Beide Gneisarten sind Abkömmlinge von Dioriten, Gabbros oder mergeligen bis tonigen Sedimenten. Sie gehören im großen und ganzen der mittleren und unteren Umwandlungsstufe Grubenmanns an.

Die graugrünen bis schwärzlichen Trappgranulite (Hypersthen, Plagioklas, auch Biotit und Diopsid, während Quarz und Orthoklas zurücktreten) werden von Rosenbusch zur Gruppe der Pyroxengneise gestellt.

Die Gneise treten in allen kristallinen Schiefergebieten der Erde in großer Mächtigkeit und Mannigfaltigkeit auf. Ihre technische Verwendbarkeit ergibt sich aus dem auf S. 132 Gesagten. Raumgewicht 2,5 bis 2,9. Druckfestigkeit je nach Mineralbestand und Textur gering bis 2200 kg/cm², im Mittel etwa 1200 kg/cm².

Granulit (Weißstein). Unter Granuliten versteht man feinkörnige, meist glimmerfreie Gesteine von vorwiegend lichter Farbe, die aus Quarz, Feldspat (Kalifeldspat, untergeordnet Plagioklas) und Granat bestehen. Akzessorisch treten Biotit, Cyanit, Cordierit, Sillimanit, Spinell, Turmalin und andere auf. Reichert sich der meist nur in geringer Menge vorhandene Biotit an, dann gehen die Granulite in Gneisgranulite und schließlich in Gneise über.

Die Granulite sind in größerer Tiefe veränderte wasserarme Spaltungsprodukte granitischen Magmas, die teils als Randfazies von Granitmassiven, teils als selbständige Lakkolithe auftreten. Ihre Paralleltextur geht auf blattartige Auswalzung der Quarze und auf lagenweise Sonderung der Quarze und Feldspate zurück. Vom geologischen Standpunkt aus ist die häufige Vergesellschaftung der Granulite mit Serpentinen, Amphiboliten und anderen basischen Gesteinen bemerkenswert. Vorkommen in Sachsen, im Waldviertel, in der Böhmischen Masse, im Schwarzwald, auf Ceylon (hier mit Graphitgängen pneumatolytischer Entstehung).

Bankige Granulite finden, sofern sie nicht zu sehr zerklüftet sind, als Mauersteine und Steinschlagmaterial Verwendung. Raumgewicht 2,6 bis 2,7, Druckfestigkeit bis 3000 kg/cm².

Glimmerschiefer. Die Glimmerschiefer bestehen im wesentlichen aus einem Quarzgewebe, das von mehr oder minder dicken Häuten und Flaserzügen schuppigen Glimmers durchzogen wird. Sie gehen einerseits durch Aufnahme von Feldspat in Gneise über (Gneisglimmerschiefer), anderseits führen von den feinschuppigen Abarten allmähliche Übergänge zu den später noch zu besprechenden Phylliten.

Je nach der Art des Glimmerminerals unterscheidet man Biotit-, Muskovit- und Zweiglimmerschiefer. Seltenere Varietäten sind die silberweißen Paragonit- (Natronglimmer-) Schiefer und die metallisch glänzenden Eisenglimmerschiefer oder Itabirite. Bei der Verwitterung wandelt sich der Biotit in Limonit und muskovitähnlichen Bauerit um, so daß verwitterte Biotitschiefer den Muskovitschiefern sehr ähnlich werden.

Die Textur der Glimmerschiefer ist entweder schieferig oder flaserig. Die Gesteine werden infolge ihres Glimmerreichtumes bei tektonischen Bewegungen leicht gefaltet und ausgewalzt, wobei sie in zahllose, von glatten, harnischartigen Glimmerhäuten begrenzte Linsen zerfallen, die häufig verbogen und zopfartig verdreht erscheinen.

. Auf den Schieferungsflächen oder im Querbruche werden zuweilen ziemlich große Porphyroblasten von kugeligem oder rhombendodekaedrischem Granat, tafeligem Disthen oder säuligem Staurolith (mit Durchkreuzungszwillingen) sichtbar, welche die Unterscheidung von Granat-, Disthen- und Staurolithglimmerschiefern rechtfertigen. Sehr auffallend ist die Häufigkeit linsen- bis knauernförmiger Quarzeinlagerungen, die entweder auf alte Gerölle oder auf Infiltrationen von Kieselsäure zurückgehen. Bei Konglomeratglimmerschiefern ist das Bindemittel in ein Gemenge von Quarz und Glimmer umgewandelt, in dem die dynamisch meist stark veränderten Gerölle liegen.

Manche Gneisglimmerschiefer sind durch dynamometamorphe Umwandlung von Gneisen entstanden, deren Feldspate bei der Durchbewegung in Muskovit umgesetzt wurden. Alle anderen Glimmerschiefer stammen von tonigen bis sandig-tonigen Sedimenten ab; sie sind namentlich für die mittlere Tiefenstufe bezeichnend.

Die Kalkglimmerschiefer (Cipolline) bestehen aus Glimmer- und Kalzitlagen mit oder ohne Quarz; sie sind Abkömmlinge von kieseligen Kalken und leiten zu den Marmoren über.

Im Tiefbau sind die Glimmerschiefer wegen ihrer Nachbrüchigkeit unbeliebt. Als Bau- und Schottermaterial sind sie meist unbrauchbar, da sie leicht zerfrieren und ihre Festigkeit gering ist (maximal 900 kg/cm²). Nur quarzreiche bankige Abarten lassen sich im Notfalle für minder wichtige Konstruktionen verwenden. Raumgewicht 2,6 bis 2,8.

Phyllitgesteine. Die Phyllitgruppe umfaßt sowohl wenig metamorphe Tonschiefer, die bei zunehmender Kristallinität allmählich über das Phyllitstadium in Glimmerschiefer übergehen, als auch diaphthoritische, bis zur Unkenntlichkeit zerwalzte und veränderte Eruptivgesteine und kristalline Schiefer tieferer Umwandlungszonen. Gemeinsam ist allen diesen Gesteinen die geringe Kristallinität, welche die einzelnen Mineralindividuen mit freiem Auge häufig nicht mehr unterscheiden läßt, und die ausgeprägte Schieferung. Die Phyllitgesteine gehören durchwegs der obersten Tiefenstufe Grubenmanns an und verhalten sich in physikalischer Hinsicht trotz verschiedener Herkunft ziemlich ähnlich. Ihre geringe Härte und Festigkeit verbietet (abgesehen von den Dachschiefern) die Verwendung zu Bau- und Beschotterungszwecken, auch macht sich in Stollen und tieferen Einschnitten ihre geringe Standfestigkeit unangenehm bemerkbar. Raumgewicht 2,7 bis 3,4.

Die eigentlichen Phyllite (Urtonschiefer) gehen aus Tonschiefern hervor, indem sich an den Schichtflächen zunächst seidig glänzende Häute von Serizit ansiedeln. In weiteren Stadien der Metamorphose wandelt sich dann das ganze Gestein in ein Gemenge von Quarz und Serizit um (Serizitphyllite). Die weiße bis grünliche Färbung des letzteren wird häufig durch graphitische Substanz überdeckt, so daß graue Farbentöne resultieren (Graphitphyllite). Neben Serizit und teilweise in dessen Vertretung erscheinen auch andere Glimmermineralien, vor allem Chlorit (Chloritphyllite) und (bei etwas höherer Metamorphose) feinschuppiger Biotit (Biotitphyllite). Überwiegt der Quarz stark gegenüber dem Glimmer, dann spricht man von Quarzphylliten, beteiligt sich neben Quarz auch Albit oder Kalzit an der Zusammensetzung des Gewebes, von Albit- bzw. Kalkphylliten. Letztere führen allmählich zu den Kalkglimmerschiefern über. Bezeichnungen, wie Granat-, Chloritoid-, Pyrit- oder Magnetitphyllite, erklären sich durch das Auftreten von Porphyroblasten der betreffenden Mineralien.

In Gebieten rein regionaler Metamorphose lassen die Phyllite oft noch deutlich sedimentäre Strukturen erkennen. Die meisten Phyllite sind aber dynamometamorphe Gesteine, bei deren Texturbildung der Einfluß der Sedimentation ganz zurücktritt gegenüber der einseitigen Pressung und gleitenden Durchbewegung. So zeigen die Gesteine neben dünnblätteriger ebenflächiger Tracht, welche bei Abwesenheit von Pyrit die Verwendung als Dachschiefer erlaubt, auch gefältelte und flaserige Texturen. Überaus charakteristisch ist die Zerlegung der Phyllite in linsenförmige Teilkörper, deren spiegelglatte Oberflächen für lebhafte Gleitbewegungen innerhalb des Gesteines zeugen.

Den eigentlichen Phylliten ähnlich, aber ganz anderer Entstehung, sind gewisse Diaphthorite, deren Herkunft nur aus Übergängen in wenig veränderte Gesteine und aus unversehrten Überresten des alten Gefüges erschlossen werden kann. So wandeln sich Gneise und Glimmerschiefer bei stärkster Durchbewegung in geringer Rindentiefe durch Serizitisierung der Feldspate und Chloritisierung der Biotite unter allgemeiner Kornzerkleinerung in serizit- oder chloritreiche phyllitähnliche Gesteine um. Die sogenannten Porphyroidschiefer der Alpen sind verschieferte und serizitisierte Porphyrgesteine, die lagenweise noch Überreste von Feldspat- und Quarzeinsprenglingen (letztere mit magmatischen Korrosionen) in der feinkörnigen, phyllitartigen Grundmasse erkennen lassen. Sie gehen schließlich in Serizitschiefer über, die von sedimentogenen Gesteinen ähnlicher Zusammensetzung im Handstück nicht zu unterscheiden sind. Hieher gehören auch zahlreiche Chloritschiefer (Grünschiefer), das sind vorwiegend aus Chlorit und Plagioklas bestehende Gesteine mit idiomorphen Porphyroblasten von Magnetit, Pyrit, Strahlstein, Magnesit (Dolomit, Breunerit), die sich von Diabasen und ähnlichen Eruptiven ableiten, weiters gewisse Serpentin- und Talkschiefer, die von Peridotiten abstammen und zuweilen noch Reste von Chromit, Olivin, Bronzit usw. führen. Die Verwendung der Talkschiefer ist die gleiche wie die des Talkes; alle andern Phyllitgesteine sind (abgesehen von den Dachschiefern) praktisch bedeutungslos.

Quarzitschiefer. Die Quarzitschiefer leiten sich von den Glimmerschiefern und Quarzphylliten durch Zurücktreten der Glimmermineralien ab. Sie stammen von mehr oder minder reinen Quarzsanden ab, deren klastische Struktur weitgehend verwischt wurde, während die Verunreinigungen zu Glimmer, Hornblende, Graphit, Feldspat usw. umkristallisierten (Glimmer-, Hornblende-, Graphit- und Feldspatquarzite). Durch ihre meist ausgeprägte Schieferung und durch ihr Auftreten in kristallinen Schiefergebieten unterscheiden sie sich von den bei den Sedimenten besprochenen Kittquarziten. Die Verwendung der Quarzite wurde bereits im Kapitel der Sedimentgesteine (S. 70) besprochen. Druckfestigkeit der Quarzite bis 3200 kg/cm².

Karbonatgesteine. Die in Sedimentserien eingeschalteten Kalke und Dolomite werden gelegentlich der Metamorphose in körnige Kalzit- und Dolomitmarmore umgewandelt. Die Verunreinigungen liefern Nebengemengteile, wie Graphit, Glimmer, Chlorit, Epidot, Granat, Vesuvian usw., welche nach der Umwandlungstiefe verschieden sind. Ausgeprägt schieferige, glimmerführende Marmore nennt man Kalkglimmerschiefer bzw. Kalkphyllite. Wird die Kohlensäure der Karbonate durch Kieselsäure ersetzt, dann entstehen mannigfache Kalksilikatschiefer, die mineralogisch große Ähnlichkeit mit den gelegentlich der Kontaktmetamorphose besprochenen Kalksilikathornfelsen aufweisen.

Hornblende- und Augitgesteine. Die Gesteine dieser Gruppe stammen teils von basischen (gabbroiden) Eruptivgesteinen, teils von mergelig-dolomitischen Sedimenten ab; im letzteren Falle sind sie häufig mit Marmoren vergesellschaftet. Im allgemeinen gehören die Hornblendegesteine der oberen und mittleren, die Augitgesteine aber der tieferen Umwandlungszone an.

Die Strahlsteinschiefer sind hell- bis graugrüne schieferige Gesteine, die im wesentlichen aus Aktinolith bestehen. Von ihnen sind die massigen Hornblendefelse und schieferigen Hornblendeschiefer im wesentlichen nur durch die Natur des Amphibolminerals (gemeine Hornblende) unterschieden. Die Nephrite sind äußerst zähe, aus verworren-filzigen Aktinolithfäserchen bestehende Strahlsteinschiefer, die bekanntlich in der Kulturgeschichte der Menschheit als Rohmaterial für prähistorische Steinwerkzeuge eine große Rolle spielen und die auch heute noch, namentlich in China und Rußland, zu Nippsachen u. dgl. verarbeitet werden.

Die Amphibolite sind graugrüne bis dunkelgrüne Gesteine, die neben Hornblende als wesentlichen Gemengteil noch Plagioklas führen, zu dem als Übergemengteile Epidot, Augit, Biotit, Granat, Kalzit, Ilmenit, Titanit, Rutil und andere treten. Sie sind meist schieferig, oft gestreckt, zuweilen auch massig oder gebändert.

In der untersten Umwandlungszone werden die Amphibolite durch die meist massigen Eklogite ersetzt, die sich vorwiegend aus Granat und lauchgrünem Augit (Omphazit) zusammensetzen. Diese prächtigen Gesteine können wegen ihrer schwierigen Bearbeitbarkeit nicht die Verwendung als Ornamentstein finden, die sie ihrer schönen, rot und grün gesprengelten Färbung wegen verdienen würden. Das durch Vermahlen von Eklogiten gewonnene Pulver findet unter dem Namen bayrischer oder Oberpfälzer Smirgel als Schleifmaterial Verwendung.

Die Hornblende- und Augitschiefer sind zähe, schwer zu bearbeitende Gesteine. Sie liefern bei wenig ausgeprägter Schieferung und geringem Feldspatgehalt einen druckfesten, wetterbeständigen Baustein und vorzüglichen Steinschlag. Bei Stollen- und Fundierungsarbeiten setzt ihre Zähigkeit dem Vortrieb großen Widerstand entgegen. Raumgewicht 2,9 bis 3,1.

Oxyde. Hieher gehören unter anderem die Magnetite, welche zum Teil als umgewandelte Limonite, Hämatite und Siderite lagerförmig in Gneisen, Glimmerschiefern, Amphiboliten, Chloritschiefern, Quarziten und metamorphen Kalken auftreten, weiters die zum Teil aus Bauxiten hervorgegangenen Smirgel. Letztere führen neben Korund (Al_2O_3) fast stets noch Magnetit, Spinellmineralien, Staurolith, Glimmer und andere als Übergemengteil. Sie finden als Schleif- und Poliermaterial Anwendung, werden aber immer mehr durch das künstliche Karborundum verdrängt. Vorkommen: Naxos, Kleinasien, Erzgebirge, Chester in Nordamerika.

Literatur: Grubenmann, U.: Die kristallinen Schiefer. Berlin: Gebr. Borntraeger. 1910.

C. Technische Gesteinsuntersuchung

Von Karl Preclik, Prag

Der folgende Abschnitt behandelt die Untersuchung der Gesteine auf ihre technische Verwendbarkeit[1]), soweit sie im Laboratorium durchgeführt werden kann. Bezüglich der Ermittlung von Verhältnissen, die sich nur in der Natur an Ort und Stelle feststellen lassen, wie Menge der nutzbaren Substanz, Verhältnis von Abraum zu gewinnbarer Mächtigkeit, Klüftung und Absonderung, wirtschaftliche und geographische Momente usw., sei auf Abschnitt VIII verwiesen.

Die Ergebnisse der im Laboratorium durchgeführten Untersuchungen gelten streng genommen nur für das untersuchte Probematerial selbst, mit großer Wahrscheinlichkeit auch für alle Teile des Gesteinsvorkommens, die mit der untersuchten Probe petrographisch weitgehend übereinstimmen. Keinesfalls dürfen die Ergebnisse der Prüfung aber auf sämtliche Gesteine des Bruches verallgemeinert werden, selbst wenn diese alle der gleichen Gesteinsart (z. B. Biotitgranit, Quarzsandstein) angehören. Daraus folgt die Regel, daß die Auswahl des Probematerials mit größter Sorgfalt vorgenommen werden muß.

Die Probenahme für die petrographische Prüfung erstreckt sich auf sämtliche Gesteinsvarietäten des Bruches einschließlich der verschiedenen Zersetzungsstadien und Abänderungen derselben an der Oberfläche und in der Nähe von Verwerfungen und Gangbildungen. Erstere geben Anhaltspunkte für die Beurteilung der Verwitterbarkeit, letztere zeigen die Qualitätsverschlechterung des Materials durch jüngere tektonische und vulkanische Prozesse an. Man nimmt an möglichst vielen Stellen Proben in der Größe von etwa 9×12 cm, trägt die Entnahmestellen in einen Lageplan ein und notiert die ungefähren Häufigkeitsverhältnisse der einzelnen Gesteinstypen.

Während bei der relativ billigen petrographischen Prüfung möglichst zahlreiche Proben erwünscht sind, empfiehlt sich für die kostspielige und lang-

[1]) Ausgenommen die chemisch-technische, die in anderen Kapiteln behandelt werden soll.

wierige mechanisch-technische Prüfung die Auswahl weniger, dafür aber umso charakteristischerer Gesteinsstücke. Selbstverständlich werden hier nur jene Gesteinsvarietäten berücksichtigt, die auch für den geplanten Verwendungszweck in Frage kommen. Bei Bau- und Pflastersteinen wählt man Blöcke, deren Größe durch die Zahl der durchzuführenden Prüfungsverfahren bedingt ist (S. 148). Dieselben werden mit einem Minimum an Gewaltanwendung gewonnen und numeriert, die Entnahmestellen ihrer Lage nach festgelegt. Nie darf verabsäumt werden, die Lage der Schichtung, Absonderung, Streckung usw. auf den Blöcken durch farbige Striche anzudeuten. Soll das Bruchmaterial lediglich auf Schotter verarbeitet werden, dann nimmt man von jeder in Betracht kommenden Gesteinssorte entsprechend ihrer Häufigkeit Probestücke, so daß man einen die durchschnittlichen Verhältnisse des Steinbruches wiedergebenden zusammengesetzten Schotter erhält. Je nach der Größe des Bruches und der Mannigfaltigkeit der auftretenden Gesteinstypen wird man mit 20 bis 50 kg Probematerial das Auslangen finden. Zwecks Ermittlung der Druck und Abnutzungsfestigkeit soll nach Grengg neben der Schotterprobe auch je ein Block der festesten und der schlechtesten Gesteinssorte gewonnen werden, die infolge ihrer Häufigkeit auf die Qualität des Mischschotters noch von Einfluß ist.

Bei Schottern und Sanden wird das aus Probelöchern oder Schlitzen geförderte Material hinsichtlich seiner Brauchbarkeit und Korngröße durch Siebversuche untersucht, das Unbrauchbare in Prozenten der Gesamtmächtigkeit angegeben. Ist das Material im ganzen Profil ziemlich gleichartig, dann findet man mit einer Durchschnittsprobe das Auslangen; besteht die Ablagerung aber aus verschiedenartigen, bei der Gewinnung trennbaren Lagen, dann müssen diese gesondert untersucht werden. Bei Sanden genügen nach Grengg Proben im Gewichte von 5 bis 10 kg, bei gröberen Körnungen kann das Gewicht des notwendigen Probematerials auf über 100 kg steigen. Die Konstruktion von Profilen nach den Ergebnissen der Schurflöcher muß bei lockeren Gesteinen mit Vorsicht vorgenommen werden, da sich die Sedimentationsverhältnisse häufig sehr schnell ändern.

Da die sachgemäße Auswahl des Probematerials bedeutende gesteinskundliche Kenntnisse voraussetzt, wird sie am besten einem erfahrenen Geologen übertragen, der auch die notwendigen mikroskopisch-petrographischen Untersuchungen ausführen kann. Die Proben sollen — namentlich wenn es sich um die Begutachtung von Verkaufsobjekten handelt — derart in Schachteln oder Säckchen verpackt werden, daß eine absichtliche oder unabsichtliche Vertauschung oder Veränderung des Probematerials unmöglich ist. Die näheren Umstände der Probenahme sowie Angaben über die Person und Qualifikation des Probenehmers müssen in den Materialprüfungszeugnissen genau vermerkt werden, da sie den Gültigkeitsbereich der letzteren beurteilen lassen.

1. Allgemeine Untersuchungsmethoden

Quantitative Mineralzusammensetzung, Verwitterungsgrad, Struktur

Das Mengenverhältnis der in einem Gestein auftretenden Mineralien ist wichtig für die Beurteilung seiner Widerstandsfähigkeit gegen mechanische und chemische Beanspruchung (Verwitterung). Es kann entweder nach der Rosiwalschen Methode (S. 30) gemessen oder aus der quantitativen chemischen Analyse berechnet werden. Gelegentlich ist man gezwungen, beide Methoden zu kombinieren. Die mikroskopisch oder chemisch zu untersuchende Gesteinsprobe muß eine gewisse Minimalgröße haben, um die durchschnittlichen Gesteinseigenschaften richtig wiederzugeben. Über die Bestimmung dieser Minimalgröße (Elementarfläche, Elementarwürfel) vgl. S. 149.

Soll die Mineralzusammensetzung aus der chemischen Analyse berechnet werden, dann dividiert man die Gewichtsprozentangaben der letzteren zunächst durch die den einzelnen Oxyden entsprechenden Molekulargewichte und multipliziert die sich ergebenden „Molekularquotienten" zwecks Entfernung der Dezimalbrüche mit 10^3 oder 10^4. Sodann teilt man die Molekularquotienten entsprechend der Zahl der beteiligten Moleküle auf die einzelnen Mineralverbindungen auf[1]). Der Vorgang und die Reihenfolge der Aufteilung hängt von der Art der auftretenden Mineralien ab.

Beispiel. Analyse eines Aplit, der aus Orthoklas, Plagioklas (Albit + + Anorthit), Quarz und Muskovit besteht (Tabelle 12). Der Berechnung der Molekularquotienten sind folgende Molekulargewichte zugrunde gelegt: SiO_2 60,3, Al_2O_3 102,2, CaO 56,07, Na_2O 62,00, K_2O 94,20, H_2O 18,016.

Tabelle 12

	Gewichtsprozente	Molquot. $\times 10^4$	Albit	Anorthit		Muskovit	Orthoklas	Quarz	Feuchtigkeit
SiO_2	72,99	12104	2862	242		960	2586	5454	—
Al_2O_3	15,42	1509	477	121	911	480	431	—	—
CaO	0,68	121	—	121	T=	—	—	—	—
Na_2O	2,96	477	477	—	319	—	—	—	—
K_2O	5,58	592	—	—	592	160	432	—	—
H_2O	2,37	1316	—	—		320	—	—	996
Summe	100,00	Prozente:	25,1	3,3		12,8	24,1	32,9	1,8%

Zunächst berechnet man aus Na_2O das Albitsilikat ($Na_2O \cdot Al_2O_3 \cdot 6\ SiO_2$), indem man die 477 Na_2O-Moleküle mit der gleichen Zahl von Al_2O_3-Molekülen und mit der sechsfachen Zahl von SiO_2-Molekülen zusammenfaßt. In analoger Weise wird das Anorthitsilikat ($CaO \cdot Al_2O_3 \cdot 2\ SiO_2$) berechnet. Würde man nun aus der K_2O-Menge den Orthoklas ($K_2O \cdot Al_2O_3 \cdot 6\ SiO_2$) berechnen, dann bliebe ein Rest von (911—592) = 319 Mol. Al_2O_3 übrig. Dieser Tonerdeüberschuß T zeigt an, daß neben den Feldspaten noch andere tonerdehaltige Mineralien vorhanden sind. Nach dem eingangs angegebenen Mineralbestande kommt nur Muskovit ($2\ H_2O \cdot K_2O \cdot 3\ Al_2O_3 \cdot 6\ SiO_2$) als Tonerdeträger in Betracht. Da dieser selbst aber auch K_2O enthält, müssen die 592 Mol. K_2O auf Orthoklas und Muskovit aufgeteilt werden. $\frac{1}{2}T = \frac{319}{2} = 160$ Mol. K_2O entfallen auf den Muskovit, der Rest auf den Orthoklas.

---

[1]) Die Aufteilung des chemischen Stoffbestandes auf die einzelnen Mineralverbindungen beruht auf folgenden stöchiometrischen Beziehungen: Angenommen, es bilden sich durch Addition von a Molekülen der Verbindung A, b Molekülen der Verbindung B usw. n Moleküle der Verbindung N nach der chemischen Gleichung $a\,A + b\,B + c\,C \ldots = n\,N$ (z. B. $1\ K_2O + 1\ Al_2O_3 + 6\ SiO_2 = 1\ K_2Al_2Si_6O_{16}$). Es gilt dann hinsichtlich der an der Addition beteiligten Gewichtsmengen die Beziehung $k \cdot a \cdot M_A + k \cdot b \cdot M_B + k \cdot c \cdot M_C = k \cdot n \cdot M_N$, wobei k eine beliebige Konstante, M das Molekulargewicht der durch die Indizes A, B, usw. angegebenen Verbindungen bedeutet. $k \cdot a \cdot M_A$, $k \cdot b \cdot M_B$ usw. sind äquivalente Gewichte; dividiert man die äquivalenten Gewichte durch die entsprechenden Molekulargewichte, dann erhält man Zahlen (Molekularquotienten), welche der Anzahl der an der Umsetzung beteiligten Moleküle proportional sind. Umgekehrt können durch Multiplikation der Molekularquotienten mit den dazugehörigen Molekulargewichten die äquivalenten Gewichte ermittelt werden.

Die Berechnung dieser Mineralien erfolgt von der Molekülzahl des K_2O ausgehend, entsprechend dem früheren Berechnungsmodus. Ein Überschuß an SiO_2 zeigt Quarz, ein H_2O-Rest Feuchtigkeit an.

Um aus den Molekülzahlen die gesuchte gewichtsprozentige Beteiligung der einzelnen Mineralien zu erhalten, multipliziert man (für jedes Mineral getrennt) die Molekülzahl eines jeden Oxydes mit dem entsprechenden Molekulargewicht und addiert die Produkte. Der Albitgehalt z. B. wird folgendermaßen berechnet: SiO_2: $0{,}2862 \times 60{,}3 = 17{,}26\%$. Al_2O_3: $0{,}0477 \times 102{,}2 = 4{,}88\%$. Na_2O: $0{,}0477 \times 62{,}00 = 2{,}96\%$. $17{,}26 + 4{,}88 + 2{,}96 = 25{,}1\%$ Albit.

Dieser Aufteilungsmodus setzt voraus, daß die Feldspate die theoretische Zusammensetzung haben, also absolut frisch sind, was wohl nie völlig zutrifft. Je unfrischer die Feldspate sind, desto höher ist infolge der tonerdereichen Zersetzungsprodukte der Tonerdeüberschuß[1]). So gibt uns die chemische Analyse ein Mittel in die Hand, den Erhaltungszustand des Gesteines (Verwitterungsgrad, Frische) zahlenmäßig zu beurteilen. Freilich muß man wissen, welcher Teil der überschüssigen Tonerdemolekel auf primären Muskovit und welcher Teil auf sekundäre Tonsubstanz (Kaolin) entfällt.

Rein rechnungsmäßig läßt sich diese Aufteilung nicht durchführen, da die Zahl der Unbekannten die Zahl der Bedingungsgleichungen übersteigt. Hier setzt die geometrische Analyse nach Rosiwal ein. Angenommen, die Vermessung der Dünnschliffe habe v Volumsprozente Muskovit ergeben, das spezifische Gewicht des Gesteines sei s, das des Muskovit γ. Dann ergibt sich der Muskovitgehalt in Gewichtsprozenten g aus der Formel $g = \frac{v \cdot \gamma}{s}$, im vorliegenden Falle z. B. $g = 3{,}8\%$.

Wollen wir jetzt unter Zugrundelegung des geometrisch bestimmten Muskovitgehaltes die Menge der Zersetzungsprodukte berechnen, dann bestimmen wir zunächst den Gehalt an Albit und Anorthit (Tabelle 13). Bei der Verrechnung des Muskovitgehaltes gehen wir von folgender Überlegung aus. Die 3,8% Muskowit setzen sich aus $x_1\%$ SiO_2, $x_2\%$ Al_2O_3 usw. zusammen. Nach den Gesetzen der Stöchiometrie verhalten sich $x : g = n \cdot$Molekulargewicht des Oxydes: Molekulargewicht des Muskovit (798,63), wobei n die Zahl der Moleküle des betreffenden Oxydes bedeutet, die im Muskovitsilikat enthalten sind. x_1 (für SiO_2) ist also gleich $\frac{3{,}8 \times 6 \times 60{,}3}{798{,}63} = 1{,}72\%$ SiO_2; analog ist $x_2 = 1{,}46\%$ Al_2O_3, $x_3 = 0{,}45\%$ K_2O und $x_4 = 0{,}17\%$ H_2O. x_1, x_2, x_3, x_4 werden durch die entsprechenden Molekulargewichte dividiert, die sich ergebenden Molekularquotienten in die Muskovitkolonne eingetragen. Berechnet man jetzt aus dem restlichen K_2O den Orthoklas, dann bleibt ein Tonerdeüberschuß $T' = 224$ übrig, der die Menge der tonigen Zersetzungsprodukte anzeigt und als Kaolin ($2\,H_2O \cdot Al_2O_3 \cdot 2\,SiO_2$) verrechnet wird. Die SiO_2- und H_2O-Reste ergeben wieder Quarz und Feuchtigkeit.

Tabelle 13

	Molquot. $\times 10^4$	Albit	Anorthit	Muskovit	Orthoklas		Kaolin	Quarz	Feuchtigkeit
SiO_2	12104	2762	242	284	3270		448	4998	—
Al_2O_3	1509	477	121	142	545	T′=	224	—	—
CaO	121	—	121	—	—	224	—	—	—
Na_2O	477	477	—	—	—		—	—	—
K_2O	592	—	—	47	545		—	—	—
H_2O	1316	—	—	95	—		448	—	773
Prozente:		25,1	3,3	3,8	30,4		5,7	30,2	1,4%

[1]) Bei der Feldspatzersetzung bildet sich neben Kaolin auch sekundärer Muskovit in Form feinster Schüppchen, der vom ursprünglichen Muskovit unter dem Mikroskop gut zu unterscheiden ist. Bei nachfolgender Berechnung wird, da es sich ja bloß um Annäherungen handelt, von diesem sekundären Muskovit abgesehen und an seiner Stelle Kaolin verrechnet.

In dem behandelten Beispiele war der Tonerdeüberschuß ein Maß für den Zersetzungsgrad des Gesteines. In anderen Fällen kann (je nach dem mikroskopischen Befunde) auch der Gehalt an CO_2 (Kalzit), Fe_2O_3 (Limonit) und Feuchtigkeit (kolloidale Stoffe) Anhaltspunkte für die Beurteilung der Frische des Gesteins bieten.

Einen eigenartigen Weg zur Ermittlung des Verwitterungsgrades hat A. Rosiwal eingeschlagen (Verh. d. Geol. R.-A., Wien, 1899, S. 204): Er berechnet die theoretische Gesteinshärte H nach der Gleichung

$$100\,H = p_1\,h_1 + p_2\,h_2 + p_3\,h_3 \text{ usw.},$$

in der p_1, p_2, p_3 usw. die geometrisch bestimmten Relativanteile der einzelnen Mineralien am Gesteinsvolumen in Prozenten, h_1, h_2, h_3 usw. die durchschnittliche Korundhärte derselben bedeuten[1]). Die so berechnete theoretische Härte vergleicht Rosiwal mit der nach S. 152 gefundenen tatsächlichen Gesteinshärte h. Die Frische F ist dann durch den Bruch $F = \frac{h}{H}$, der Verwitterungsgrad V durch die Gleichung

$$V = \frac{H-h}{H} = 1 - F$$

gegeben. Rosiwal unterscheidet folgende Rangstufen:

		Frische
I.	Vollkommen frisch	0,9 bis 1,0
II.	Hochgradig frisch	0,8 „ 0,9
III.	Sehr frisch	0,7 „ 0,8
IV.	Mittelfrisch	0,6 „ 0,7
V.	Halbfrisch	0,5 „ 0,6
VI.	Halbverwittert	0,4 „ 0,5
VII.	Stark verwittert	0,3 „ 0,4
VIII.	Brüchig verwittert	0,2 „ 0,3
IX.	Hochgradig verwittert	0,1 „ 0,2
X.	Gänzlich verwittert	0,0 „ 0,1

Während die chemische und mechanische Untersuchung zahlenmäßige Angaben über den Erhaltungszustand eines Gesteines erlaubt, vermag die rein mikroskopische Prüfung diesbezüglich nur ein qualitatives Bild zu vermitteln[2]). Sie bietet dafür einen ausgezeichneten Einblick in die Gefügeverhältnisse, indem sie Zerbrechungen und eventuelle Wiederverheilungen der Gemengteile, Formen der gegenseitigen Verwachsung und Anordnung (Struktur) aufs deutlichste erkennen läßt.

Vom Standpunkte der Verwachsungsform unterscheidet man ganz allgemein Gesteine mit unmittelbarer und solche mit mittelbarer Kornbindung. Bei ersteren haften die einzelnen Mineralindividuen infolge von Adhäsion unmittelbar aneinander (Abb. 79 und 80), bei letzteren vermittelt eine Kittmasse (Bindemittel, Zement) den Zusammenhalt (Abb. 90).

Bei Gesteinen mit unmittelbarer Kornbindung (Eruptivgesteine, kristalline Schiefer, viele Kalke) pflegt die Kornbindungsfestigkeit, das ist der Widerstand, den das Gestein der Trennung seiner Körner entgegensetzt, meist größer zu sein als die Festigkeit der Körner, weshalb Bruchflächen im allgemeinen nicht entlang der Korngrenzen verlaufen, sondern die Gemengteile quer durchsetzen. Die Gesteinsfestigkeit steht in deutlichster Beziehung zur Art des Kornverbandes: Verzahnte (Abb. 79), verfilzte und sparrig verwachsene (Abb. 20) Korn-

[1]) Eine Zusammenstellung der durchschnittlichen Korundhärten wichtiger Mineralien gibt Rosiwal in den Verh. d. Geol. R.-A., Wien, 1896, S. 848 ff.

[2]) Die Beurteilung der Zersetzungserscheinungen bedarf großer Erfahrung und darf nicht schematisch erfolgen. Es gibt Gesteine im Zustande weit vorgeschrittener Zersetzung, die sich praktisch dennoch sehr gut halten (z. B. saussuritisierte Gabbros).

aggregate zeigen höhere Festigkeitswerte und größere Abnutzungswiderstände als pflasterförmige Anhäufungen rundlicher oder polygonaler Körner (Abb. 80). Sehr günstig ist es, wenn der widerstandsfähigste Gemengteil (z. B. Quarz oder Augit) nicht in Form unregelmäßiger Anhäufungen, sondern in gleichmäßiger Verteilung, gleichsam als Kitt zwischen den minder festen Gemengteilen (z. B. Feldspat), auftritt. Besonders zu beachten sind eventuelle zwickelförmige Hohlräume und nicht zusammenhängende Stellen zwischen den ein-

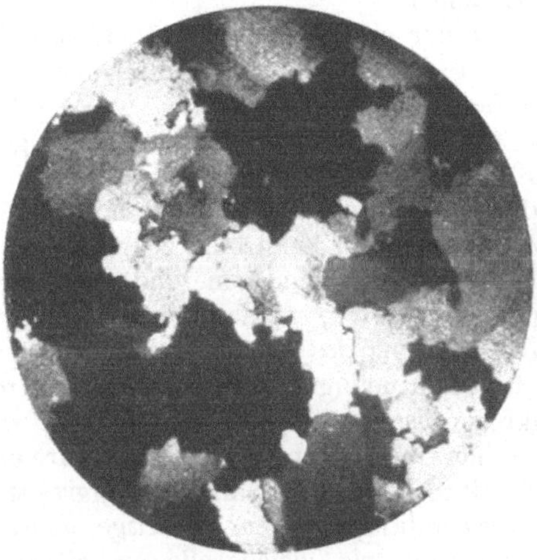

Abb. 79. Quarzit mit verzahnten Quarzindividuen. Perosa, Kottische Alpen (nach Weinschenk)

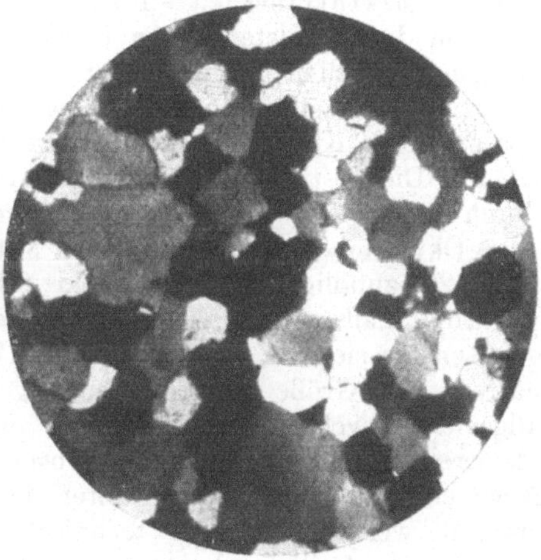

Abb. 80. Quarzit mit Pflasterstruktur. Sunk, Steiermark (nach Weinschenk)

zelnen Körnern, die, ähnlich wie Sprünge und Risse, die Festigkeitseigenschaften und vor allem die Frostbeständigkeit des Gesteines herabsetzen. Sie lassen sich durch die später zu besprechenden Färbeversuche deutlicher machen.

Bei Gesteinen mit mittelbarer Kornbindung (klastische Gesteine, vor allem Sandsteine) lassen sich bezüglich der Korn-, Bindemittel- und Haftfestigkeit (K_K, K_B, H) folgende Fälle unterscheiden:

$K_B < K_K$; Bruchfläche geht durch das Bindemittel und weicht den Körnern aus.
$K_B > K_K$; Bruchfläche geht durch Bindemittel und Körner.
$H < K_K$, $H < K_B$; Bindemittel wird beim Bruch von den Körnern losgelöst.
$H = K_B < K_K$; Bruchfläche geht teils durch das Bindemittel, teils an der Grenze zwischen letzterem und den Körnern.

Vom geometrischen Standpunkte aus unterscheidet man bei Gesteinen mit mittelbarer Kornbindung die Bindungszahl und das Bindungsmaß. Unter ersterem versteht man die Zahl der Körner, mit denen ein einzelnes Korn in der Ebene des Dünnschliffes verbunden erscheint, unter letzterem den Quotienten aus Kornumfang gebrochen durch den verwachsenen Teil des Umfanges.

In seinem Handbuche der Bautechnischen Gesteinsprüfung (S. 184 ff.) gibt Hirschwald Methoden zur zahlenmäßigen Bestimmung der Kornbindungsfestigkeit an.

Korngröße

Die Einteilung der felsartigen Gesteine nach der Größe ihrer Körner in grob-, mittel- und feinkörnige Typen (absolute Korngröße) wird nicht einheitlich durchgeführt.

Rosenbusch unterscheidet nach dem Korndurchmesser (⌀): Großkörnig (⌀ > 4 cm), grobkörnig (⌀ 1 bis 4 cm), kleinkörnig (⌀ 3 bis 10 mm), feinkörnig (⌀ < 3 mm) und dicht (Gemengteile mit freiem Auge nicht zu unterscheiden).

Herrmann nimmt für Hartgesteine folgende Skala an: Riesenkörnig, großkörnig (⌀ 10 bis 20 mm), grobkörnig (⌀ 5 bis 10 mm), mittelkörnig (⌀ 3 bis 5 mm), kleinkörnig (⌀ 2 bis 3 mm), feinkörnig (⌀ < 2 mm) und dicht. Bei Weichgesteinen (Sandsteinen, Kalken) gilt ⌀ 2 bis 3 mm als großkörnig, ⌀ 1,25 bis 2 mm als grobkörnig, ⌀ 0,75 bis 1,25 mm als mittelkörnig, ⌀ 0,25 bis 0,75 mm als kleinkörnig und ⌀ < 0,25 mm als feinkörnig. Die gleiche Einteilung gilt auch nach den österreichischen Normen.

Iddings teilt ein: Meterkörnig (⌀ > 1 m), dezimeterkörnig (⌀ > 1 dm) usw. bis mikrokörnig (⌀ > 1 μ [⌀ > 0,001 mm]).

Um dem Übelstande der Vieldeutigkeit der einzelnen Korngrößenbezeichnungen abzuhelfen und gleichzeitig eine für technische Zwecke wünschenswerte schärfere Unterteilung zu ermöglichen, empfiehlt Zelter die zahlenmäßige Angabe der mittleren Korngröße in Millimetern, und zwar für jede Mineralspezies getrennt. Die Bestimmung der mittleren Korngröße erfolgt unter dem Mikroskop durch Ausmessen der 10 größten und der 10 kleinsten Körner mit Hilfe eines Okularmikrometers und durch Mittelbildung. Zu Kontrollzwecken können auch 20 zufällig ins Gesichtsfeld fallende Körner gemessen und gemittelt werden[1]. Falls porphyrische Einsprenglinge auftreten, werden sie außer acht gelassen, da sie eine ungerechtfertigte Verschiebung des Mittelwertes zur Folge hätten. Die Größe der Einsprenglinge ist eventuell getrennt anzugeben. Im allgemeinen gelangt man bei der mikroskopischen Korngrößenmessung zu kleineren Werten als bei der makroskopischen, weil Körner, welche dem freien Auge einheitlich erscheinen, unter dem Mikroskop häufig als Kornaggregate erkannt werden. Für die technische Verwendung pflegen derartige Kornanhäufungen freilich ebenso ungünstig zu sein wie gleichgroße einheitliche Körner.

Unter relativer Korngröße versteht man das Größenverhältnis der einzelnen Gesteinskörner zueinander. Von ihr hängt die Widerstandsfähigkeit der Gesteine gegen Abnutzung und Verwitterung mindestens ebenso ab wie von der absoluten Korngröße. Auch hier kann von porphyrischen Einsprenglingen abgesehen werden, soferne sie spärlich auftreten. Iddings bezeichnet als gleichkörnig Gesteine, bei denen die Korndurchmesser im Verhältnisse kleiner als 1,5:1 (die Querschnittsflächen 2,25:1, die Volumina 3,37:1) stehen, als ungleichkörnig Gesteine mit einem Durchmesserverhältnis von 2:1 oder 3:1 (Querschnittsverhältnis 4:1 bzw. 9:1, Volumsverhältnis 8:1 bzw. 27 : 1).

Bei losen Massen (Schottern, Sanden usw.) unterscheidet man folgende Korngrößen (österreichische Normen):

eckiges Korn	rundes Korn		Korngröße	
Schotter	Rundschotter....	120—25 mm	Riesenschotter.	55—120 mm
			grob	45—55 „
			mittel.........	35—45 „
			fein	25—35 „
Splitt	Rundsplitt	25—12 „	grob	18—25 „
			fein	12—25 „
Grus	Rundgrus	12—5 „	grob	8—12 „
			fein	5—8 „
Sand	Rundsand	5,0—0,2 „	grob	2,0—5,0 „
			mittel.........	0,5—2,0 „
			fein	0,2—0,5 „
Staub		0,2—0,01 „	grob	0,086—0,2 „
			mittel.........	0,05—0,086 „
			fein	0,01—0,05 „

[1] Die Querschnitte der Körner im Dünnschliffe sind im allgemeinen kleiner als die wirklichen größten Durchmesser, doch spielt dieser Umstand für die Praxis keine Rolle. Über die Berechnung der wirklichen Korngröße, die durchschnittlich das 1,2529fache der scheinbaren beträgt, vgl. Zelter, S. 32.

Die Trennung der einzelnen Kornklassen (Siebanalyse) wird für die Anteile mit Korngrößen über 2 mm mit Lochsieben, für feineres Gut mit Drahtsieben durchgeführt. Die Analyse des Staubes, dessen Korngröße unter 0,2 mm liegt, wird vorteilhaft durch Schlämmen in geeigneten Apparaten vorgenommen. Über die graphische Darstellung des Analysenresultates nach Terzaghi vgl. Abb. 227.

Soll neben der Korngröße auch die Kornform geprüft werden, sollen also Stücke ausgeschieden werden, deren längste Dimension ein Vielfaches des kürzesten Durchmessers ist, dann trennt man das Gut zunächst in mehrere Kornklassen und prüft jede derselben mittels eines nicht verbiegbaren Metallringes von Zylindergestalt weiter, dessen Höhe gleich ist der lichten Weite. Letztere ist um 10% größer gewählt als die zu kontrollierende Korngröße. Der größte Korndurchmesser soll kleiner sein als die dreifache lichte Weite des Ringes; auch soll sich jedes Korn ohne Anwendung von Gewalt in mindestens einer Richtung durch den Ring schieben lassen. Die Anzahl von Stücken, deren längste Durchmesser das Dreifache des inneren Ringdurchmessers erreichen oder überschreiten, wird in Prozenten angegeben. Auf jeden Fall ist die Kornform nach Korngrößen getrennt als rund, eckig, plattig oder schuppig zu bezeichnen.

Raumgewicht und Porenvolumen

Während das spezifische Gewicht (S. 30) auf die porenfrei gedachte Gesteinsmasse bezogen wird, versteht man unter dem Raumgewicht das Gewicht der Volumseinheit des porösen Gesteines. Das Raumgewicht wird bei regelmäßiger Form der Probekörper (Würfel, Prismen, Zylinder) derart ermittelt, daß man die letzteren bei 50° bis zur Gewichtskonstanz trocknet; aus dem durch Wägung bestimmten Gewichte G und dem durch Messung und Rechnung gefundenen Volumen V ergibt sich das Raumgewicht r nach der Formel $r = \frac{G}{V}$.

Liegen nur unregelmäßig geformte Probekörper vor, deren Volumen nicht berechnet werden kann, dann muß das Raumgewicht nach der Paraffinmethode von Tetmajer bestimmt werden.

Die etwa 15 bis 20 cm³ große Probe wird wie früher getrocknet, abgebürstet und gewogen (Gg), sodann auf 54° C erwärmt und mehrmals in geschmolzenes Paraffin getaucht. Luftblasen in der Paraffinumhüllung werden mit Hilfe eines heißen Eisendrahtes entfernt. Nach dem Erkalten des Überzuges wird abermals gewogen (G). Das Gewicht der Paraffinhülle Gp beträgt $(G - Gg)$, ihr Volumen (Vp) berechnet man unter Annahme eines spezifischen Gewichtes von 0,93 nach der Formel $Vp = \frac{Gp}{0{,}93}$.

Zur Bestimmung des Volumens von Gestein + Paraffin (V) benützt man ein Volumometer, das ist ein Glasgefäß von genau bekanntem Volumsinhalt, bei dem eine vom Deckel in das Innere des Gefäßes ragende Nadel als Volumsmarke dient. Der Messungsvorgang besteht darin, daß man die Gesteinsprobe in das Volumometer legt und aus einer Bürette (röhrenförmiges Glasgefäß mit genauer Volumsskala) so lange Wasser zufließen läßt, bis letzteres mit seinem Spiegel eben die eingefettete Nadel berührt. Da die Paraffinhülle das Eindringen des Wassers in den Probekörper verhindert, kann aus dem bekannten Fassungsraume des Volumometers und aus der an der Bürette ablesbaren Menge des zugesetzten Wassers die Summe der Volumina des porösen Gesteines und der Paraffinhülle (V) bestimmt werden. Das Raumgewicht ist dann

$$r = \frac{Gg}{Vg} = \frac{Gg}{V - Vp}.$$

Aus dem Raumgewichte r und dem spezifischen Gewichte s eines Gesteines berechnet man den Porositätskoeffizienten (das Volumen der Poren in Prozenten des Gesamtvolumens)

$$P = \frac{s - r}{s} \cdot 100\%,$$

das Porenvolumen (Volumen der Poren auf 1 bezogen)

$$N = \frac{s-r}{s}$$

und die Dichtigkeit (das Volumen der Gesteinssubstanz bezogen auf das gleich 1 gesetzte Gesamtvolumen)

$$D = \frac{r}{s}.$$

Bei Sanden, Schottern, Steinschlag und anderen losen Massen wird das Raumgewicht durch Anfüllen eines Gefäßes von bekanntem Volumen und nachfolgendes Wägen bestimmt. Das Material muß dabei gut durchgemischt und eingerüttelt werden. Man führt die Bestimmung des Raumgewichts an getrocknetem und feuchtem Gut aus. Im letzteren Falle ist der Wassergehalt anzugeben.

Das Porenvolumen wird in dem gleichen Meßgefäße ermittelt, indem man die Hohlräume des eingerüttelten Gutes vorsichtig mit Wasser ausfüllt und die Gewichtszunahme bestimmt. Um eine Wasseraufsaugung durch die Körner auszuschließen, verwendet man mit Vorteil wassersattes Material. Ungenauigkeiten, die durch Quellungserscheinungen zustande kommen können, vermeidet man durch Benutzung anderer Flüssigkeiten, wie Alkohol, Benzol u. dgl.

Wasseraufsaugung, Sättigungskoeffizient und Wasserverteilung

Das rechnungsmäßig ermittelte Porenvolumen gibt über die Fähigkeit eines Gesteines, Wasser aufzusaugen, noch keine Auskunft, da es über die Form und den Zusammenhang der Porenräume nichts aussagt. Die Wasseraufsaugefähigkeit muß daher experimentell festgestellt werden, indem man zunächst das Gewicht des getrockneten Gesteines bestimmt, sodann die Probe unter verschiedenen Bedingungen bis zur Gewichtskonstanz durchfeuchtet und sie nach Entfernung des Tropfwassers (mit Hilfe eines feuchten Schwammes oder Tuches) abermals wiegt. Die Wasseraufnahme wird durch den Bruch

$$w = \frac{\text{Gewicht des aufgenommenen Wassers} \times 100}{\text{Trockengewicht des Gesteins}}$$

in Prozenten ausgedrückt.

Man unterscheidet vier Durchfeuchtungsarten und dementsprechend vier verschiedene Wasseraufsaugungswerte w_1, w_2, w_v und w_c.

1. Rasches Eintauchen der Probe, Lagerung in Wasser bis zur Sättigung. Dauer des Versuches einige Stunden bis Tage. Ergibt w_1.

2. Langsames Eintauchen. Der Wasserzufluß wird derart geregelt, daß vollständige Bedeckung der Probe erst nach etwa vier Stunden eintritt. Die in den Poren enthaltende Luft vermag größtenteils zu entweichen. Wasserlagerung bis zur Gewichtskonstanz. Ergibt w_2.

3. Durchfeuchtung im Vakuum von 20 mm Quecksilbersäule. Porenluft wird bis auf geringe Reste ausgesogen. Versuchsdauer bei Probekörpern von etwa 30 cm³ zirka drei Stunden. Ergibt w_v.

4. Durchfeuchtung unter Druck von 50 bis 150 Atmosphären. Wasser wird in die Gesteinshohlräume eingepreßt, so daß die zugänglichen Poren vollständig gefüllt sind. Versuchsdauer 24 Stunden. Ergibt w_c.

$$w_1 < w_2 < w_v < w_c.$$

Hinsichtlich der Apparatur vgl. Hirschwald, Handbuch, S. 112ff.

Der Sättigungskoeffizient $S = \frac{w_2}{w_c}$ ist wichtig für die Beurteilung der Frostbeständigkeit des Gesteines; er sagt aus, welcher Teil der zugänglichen Gesteinsporen bei langsamer Durchfeuchtung (wie sie in der Natur durch Niederschläge eintritt) durchschnittlich vom Wasser erfüllt wird.

Nach einer von Hirschwald gegebenen Zusammenstellung bewegen sich die Werte für w und S innerhalb folgender Grenzen:

Tabelle 14

Gestein	w_1	w_2	w_v	w_c	S
Sandstein	1,69—7,76	1,92—7,81	2,25—12,58	2,75—12,85	0,497—0,905
z. B. Obernkirchen	5,72	6,35	11,14	11,45	0,555
Kalkstein	0,20—7,51	0,39—7,88	0,50—19,08	0,58—21,19	0,300—0,944
z.B. Laas (Marmor)	0,38	0,74	0,82	0,92	0,804
Rüdersdorf	2,81	3,43	4,38	11,43	0,300
Dachschiefer ..	0,51—1,04	0,55—1,10	0,70—1,80	0,70—2,16	0,509—0,931
z. B. Simmerath ..	0,92	0,98	1,18	1,41	0,695
Vulkan. Tuffe ..	9,00—22,11	9,20—23,41	11,39—30,25	12,29—33,75	0,694—0,867
z. B. Brohltal.....	13,48	13,48	15,00	15,54	0,867
Basalt	0,27—1,07	0,27—1,07	0,39—1,17	0,39—1,17	0,647—0,915
z. B. Siebengebirge	0,27	0,27	0,39	0,39	0,693
Porphyr	1,24—2,28	1,24—2,90	1,24—3,44	1,40—3,90	0,744—0,886
z. B. Halle	1,43	1,67	1,72	1,95	0,856
Granit	0,28—0,74	0,57—0,91	0,59—1,07	0,69—1,31	0,565—0,855
z. B. Strehlen	0,74	0,74	0,98	1,31	0,565
desgl. verwittert ..	2,65	2,91	3,88	3,88	0,750

Bei geschichteten oder anderweitig parallelstruierten Gesteinen erfolgt die Wasseraufnahme zuweilen nach verschiedenen Richtungen in verschiedenem Maße. Gewöhnlich ist die Aufnahmsfähigkeit parallel zur Schichtung größer als senkrecht dazu, doch gibt es auch Ausnahmen, namentlich bei undeutlich geschichteten Gesteinen.

Man bestimmt den Wasserverteilungskoeffizienten *(V)* als Verhältnis der beiden Wasseraufsaugungswerte

$$V = \frac{w>}{w<}$$

indem man prismatisch zugeschnittene Probekörper (5 × 4 × 4 cm) zunächst trocken wiegt, dann mit einer Mischung von 6 Teilen Kolophonium, 3 Teilen Wachs und 1 Teil Terpentin derart überzieht, daß zwei gegenüberliegende Prismenflächen (einmal parallel, einmal senkrecht zur Schichtfläche liegend) frei bleiben, abermals wiegt und die Wasseraufnahme bei raschem und langsamem Eintauchen im Vakuum und unter Druck bestimmt. Man erhält dann, indem man zwei zusammengehörige Werte der Wasseraufnahme zusammenfaßt, vier Verteilungskoeffizienten V_1, V_2, V_v und V_c, von denen namentlich V_2 für die Beurteilung der Frostbeständigkeit wichtig ist.

Beispiele (nach Hirschwald):

Tabelle 15

Sandsteine (Fundort)		w_1	w_2	w_v	w_c	V_1	V_2	V_v	V_c
Bentheim (deutlich geschichtet)	⊥	3,03	3,10	6,32	6,47	1,02	1,01	1,002	1,00
	//	3,08	3,12	6,31	6,48				
Wünschelburg (undeutlich geschichtet)	⊥	4,47	4,64	9,02	9,11	1,15	1,04	1,024	1,019
	//	3,90	4,46	8,81	9,01				

Färbungsversuche

Um den Verlauf der Porenzüge, Risse und Spalten im Gestein dem Auge sichtbar zu machen, werden Probestücke in Abmessungen von ungefähr 5 × 4 × 3 cm bis 7 × 5 × 4 cm getrocknet und in leicht diffundierende Farblösungen gelegt, in denen sie ungefähr 48 Stunden verbleiben. Nach dem Herausnehmen und Abtrocknen werden die Stücke mit Hilfe eines Meißels zerschlagen und auf Durchfärbung untersucht[1]).

Hirschwald verwendet für diese Versuche eine 4%ige Lösung von Nigrosin in absolutem Alkohol. Zelter empfiehlt neben Nigrosin auch Methylenblau, Berlinerblau und Kaliumpermanganat in wässeriger Lösung. Bei dunkel gefärbten Gesteinen, die das Eindringen des Farbstoffes nicht deutlich zeigen, dürfte sich nach Schmölzer Tränkung mit Fluoreszin und Untersuchung mit der Ultralampe empfehlen.

Kristallinische Gesteine schlagen den Farbstoff im allgemeinen nur entlang von Spalten, Rissen und Hohlräumen nieder. Schwache Farbausscheidungen werden auch an den Spaltrissen und Berührungsflächen der Mineralkörner sichtbar. Zersetzte Mineralien (z. B. Feldspate) vermögen größere Mengen von Farbstoff aufzunehmen. Poröse Gesteine werden entlang der Porenzüge, stark poröse Gesteine vollständig durchfärbt, wobei Inhomogenitäten des Gefüges (Unterschiede in der Durchlässigkeit) auf das deutlichste sichtbar werden. Pulverförmige Bestandteile, wie tonige Substanz, Kaolin, Brauneisen usw., adsorbieren den Farbstoff derart, daß das abfließende Lösungsmittel vollständig entfärbt wird. Derartige Stoffe färben sich daher besonders intensiv und vermögen, wenn sie in entsprechend großer Menge und halbwegs gleichmäßiger Verteilung auftreten, die innersten Teile des Gesteines vor Durchfärbung zu schützen. Die Adsorptionskraft pulveriger Stoffe sinkt ganz bedeutend, wenn diese mit Kieselsäure oder mit Kalk durchtränkt sind. Die Färbemethode gibt daher ein ausgezeichnetes Mittel in die Hand, den praktisch so wichtigen Grad der Silifizierung bzw. Verkalkung toniger Bindemittel bei Sandsteinen u. dgl. festzustellen.

Die von Hirschwald aufgestellten Färbungstypen mögen auf Seite 175ff. des Handbuches nachgesehen werden.

Festigkeitsuntersuchung

Die Festigkeitsprüfung wird an Probekörpern vorgenommen, die mit Hilfe einer Gesteinssäge aus größeren Blöcken herausgeschnitten werden. Die Herstellung der Probekörper mittels des Spitzhammers sollte vermieden werden, da sich bei der stoßenden Bearbeitung leicht feine Haarrisse im Gestein einstellen, welche die Festigkeit ungünstig und ungleichmäßig beeinflussen. Besondere Sorgfalt ist der genauen Orientierung der Probekörper zur natürlichen Schichtung, Schieferung, Absonderung usw. zu widmen, von der die Gleichmäßigkeit der Prüfungsergebnisse im hohen Maße abhängt. Für Versuchsreihen unter geänderten Bedingungen (Vergleich der Festigkeitseigenschaften an trockenem, feuchtem und gefrorenem Gestein) kommen nur Würfel in Betracht, welche der gleichen Schichte entstammen.

Es empfiehlt sich bei der Probenahme dem Steinbruche größere, mit tunlichster Schonung gewonnene Blöcke zu entnehmen, auf denen die Lage der Schichtung genau markiert wird. Aus diesen Blöcken schneidet man zunächst große Würfel, die dann in die eigentlichen Probekörper zerlegt werden. Vergleichbar sind streng genommen nur Körper, die der gleichen Lage, also der gleichen, beim Zerteilen des Blockes parallel zur Schichtung gewonnenen Platte entstammen. Unterläßt man die Vorsichtsmaßregeln bezüglich Orientierung

[1]) Da Probekörper spröder Gesteine beim Zuschlagen mit dem Hammer leicht feine Sprünge erhalten, empfiehlt es sich, zur Kontrolle auch einige mit der Steinsäge hergestellte Körper zu untersuchen.

und Herstellungsweise der Probekörper, dann können Festigkeitsunterschiede von mehr als 100% die Folge sein; ergeben sich trotz genauer Befolgung derselben doch größere Festigkeitsunterschiede, dann deuten dieselben untrüglich auf Strukturverschiedenheiten und damit auf eine gewisse Unverläßlichkeit des Materials hin.

Die zur Untersuchung gelangenden Probekörper müssen eine gewisse Minimalgröße besitzen, um in Anbetracht ihrer inhomogenen Zusammensetzung aus verschiedenartigen und verschieden großen, dazu noch unregelmäßig verteilten und verschieden orientierten Mineralkörnern alle Eigenschaften des Gesteines im Durchschnitte zum Ausdruck bringen zu können. Über die Berechnung dieser Minimalgröße (Elementarwürfel) vgl. Grengg in Tschermaks mineral. petr. Mitt., Band 38, S. 479ff. 1925[1]). Die Untersuchung derartiger Elementarwürfel gibt die „eigentliche" Gesteinsfestigkeit. Wählt man zur Untersuchung größere Probekörper, dann werden dieselben häufig Fehlstellen, wie Lassen, Klüfte u. dgl., einschließen, welche die Festigkeit herabsetzen („technische" Gesteinsfestigkeit nach Grengg). Verfertigt man z. B. aus einem feinkörnigen festen Material, das in regelmäßigen Abständen von etwa 10 cm von Haarrissen durchsetzt ist, Probewürfel von 4 bis 6 cm Kantenlänge an, dann wird man beim Druckversuche Werte erhalten, die ohne Bedenken der Beurteilung des Gesteines als Schotter- oder Betonzuschlagsmaterial zugrunde gelegt werden können. Das gleiche Gestein, zu Pflastersteinen verarbeitet, wird bedeutend geringere Festigkeitszahlen aufweisen, da die eingeschlossenen Risse das Material bereits bei niedrigeren Drücken zu Bruche gehen lassen. Dieses Beispiel zeigt, wie sehr die technische Festigkeit von den Abmessungen der Probekörper abhängt, und wie vorsichtig man mit der Übertragung experimentell festgestellter Festigkeitswerte auf Körper von größerem Format sein muß.

Nach einer weitverbreiteten Gepflogenheit bildet man aus den Ergebnissen einer Reihe gleichartiger Festigkeitsversuche das arithmetische Mittel, das man als „mittlere Festigkeit" angibt. Hirschwald wendet sich scharf gegen diese Methode und tritt dafür ein, den niedrigsten der erhaltenen Festigkeitswerte als maßgebend anzusehen, da namentlich größere Abweichungen nicht auf Messungsfehler mit verschiedenem Vorzeichen, sondern auf ungleichartige Beschaffenheit, also Unverläßlichkeit des Materials hinweisen.

a) Druckfestigkeit. Die Druckfestigkeit wird mit Hilfe hydraulischer Pressen an würfelförmigen[2]) Probekörpern geprüft, deren Kantenlänge man bei Hartgesteinen mit 4 bis 6 cm, bei Weichgesteinen mit 10 cm wählt. Der Druck wird langsam so lange gesteigert, bis der Probekörper in Stücke geht. Aus der im Augenblicke des Bruches an einem Manometer ablesbaren Druckkraft P und der Querschnittsfläche des Probekörpers f rechnet man die Druckfestigkeit

$$K_d = \frac{P}{f}\ \mathrm{kg/cm^2}.$$

[1]) Die Größe des Elementarwürfels ergibt sich bei richtungslos körnigen Gesteinen aus der Elementarfläche, die an ebenen Gesteinsflächen auch empirisch leicht abgrenzbar ist. Man verwendet zu diesem Zwecke Schablonen mit quadratischen Ausschnitten von verschiedener Größe (z. B. 0,25, 1, 2, 4, 9, 16, 25, 36 usw. cm²), die man über die Gesteinsfläche legt. Durch Verschieben sucht man die kleinste Fläche festzulegen, die jederzeit quantitativ das gleiche Gesteinsbild zeigt, folglich die Elementarfläche einschließt. Bei geschieferten oder gestreckten Gesteinen muß die Elementarfläche an zwei bzw. drei aufeinander senkrechten Flächen ermittelt werden, die dann die Größe des Elementarkörpers (der in diesem Falle kein Würfel ist) angeben.

[2]) In Amerika verwendet man zylinderförmige Probekörper.

Es werden stets mehrere Probekörper geprüft, und zwar wird die Hälfte parallel, die Hälfte senkrecht zur Schichtung gedrückt.

Die beiden gedrückten Flächen des Probekörpers müssen parallel und eben sein; der Druck soll bei gleichmäßiger Verteilung genau senkrecht zur Fläche wirken, weshalb man eine der beiden Druckplatten der Festigkeitsmaschine durch ein Kugelgelenk beweglich macht. Von großem Einfluß auf die Ergebnisse ist der Rauhigkeitsgrad der Druckplatten bzw. der gepreßten Flächen des Probewürfels. Rauhe Druckplatten erschweren die Querschnittsvergrößerung der Probe, also das seitliche Auseinandertreiben, und haben daher höhere Festigkeitswerte zur Folge. Der Einfluß der Flächenrauhigkeit vermindert sich bei Anwendung prismatischer Probekörper und wird bei einem Verhältnis von Durchmesser zu Höhe von 1 : 2,5 gleich Null (Idealfestigkeit). Die Idealfestigkeit läßt sich nach Rinne auch an Würfeln bestimmen, wenn man zwischen die Druckplatten und den Probekörper entsprechend starke Lagen von Papier schaltet. Nichtsdestoweniger unterläßt man gewöhnlich diese Vorkehrung und begnügt sich mit der einfachen Würfelfestigkeit.

Grengg weist auf den Einfluß allzu rascher Belastung beim Druckversuch hin, der sich im allgemeinen in zu hohen Festigkeitsziffern äußert. Er bezeichnet 10 kg/cm²/sek als maximal zulässige Auflastungsgeschwindigkeit. Ähnliche Verhältnisse dürften auch bei den anderen Festigkeitsuntersuchungen bestehen. Nach den österreichischen Normen muß die Auflastungsgeschwindigkeit der Druckfestigkeitsangabe beigefügt werden.

Die durchschnittlichen Druckfestigkeitswerte der verschiedenen Gesteinstypen wurden gelegentlich der Beschreibung der letzteren im Kapitel „Systematik der Gesteine" angegeben.

Über die von Rosiwal angegebenen Methoden zur indirekten Berechnung der „wahrscheinlichen" Druckfestigkeit aus der Härte, Abnutzbarkeit oder Porosität der Gesteine vgl. Verhandl. d. Geol. R.-A., Wien 1899, S. 214ff.

b) Zugfestigkeit. Die Zugfestigkeit ist der maximale Widerstand, den ein Körper dem Zerreißen entgegensetzt. Sie errechnet sich nach der Formel

$$K_z = \frac{P}{f} \text{ kg/cm}^2,$$

wobei P die Zerreißkraft in Kilogramm, f die Querschnittsfläche des Probekörpers an der Rißstelle in Quadratzentimetern bedeutet.

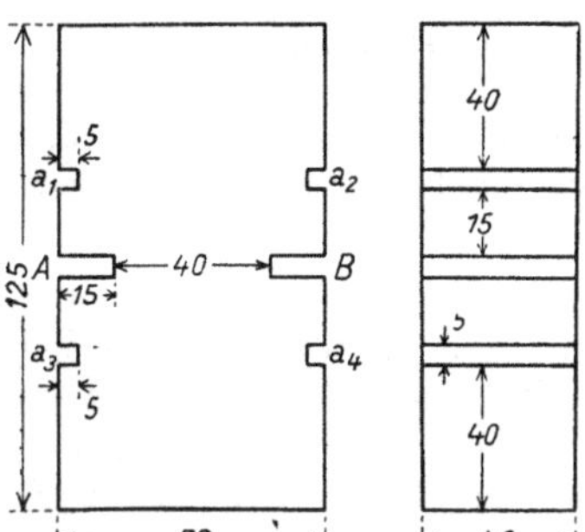

Abb. 81. Probekörper für den Zugfestigkeitsversuch nach Hirschwald

Um die Zerreißstelle im vorhinein bestimmen zu können, verwendet man die von Hirschwald angegebene Form der Probekörper (Abb. 81), die durch Schneiden mittels der Diamantsäge leicht hergestellt werden kann (Zerreißfläche 16 cm²).

Das Einspannen des Probekörpers in die Zugklauen der Zerreißmaschine erfolgt entweder mittels Stahlprismen, welche in die Nuten a_1 bis a_4 eingreifen, oder durch Reibung mittels Beißkeilen. Im letzteren Falle können die Nuten wegfallen. Die Probekörper werden so geschnitten, daß die Zerreißfläche A—B einmal parallel und einmal senkrecht zur Schichtung liegt. Die Rißfläche eignet sich sehr gut zur Bestimmung der Kornbindungsfestigkeit nach Seite 143.

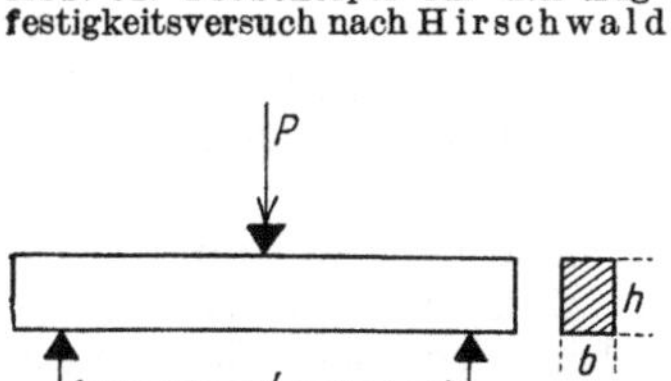

Abb. 82. Anordnung der Biegeprobe

c) Biegungsfestigkeit. Die Biegungsfestigkeit wird an prismatischen Stäben von rechtwinkeligem Querschnitt bestimmt, die auf zwei im Abstande l befindliche Kanten gelegt und durch den Druck P einer auf die Mitte der Spannweite l wirkenden Kante zerbrochen werden (Abb. 82).

Bezeichnet man die (horizontale) Breite des Stabquerschnittes mit b, seine Höhe mit h, dann rechnet man die Biegungsfestigkeit K_b nach der Formel

$$K_b = \frac{3\,Pl}{2\,bh^2}\ \mathrm{kg/cm^2}.$$

Die Biegungsprobe wird mit Hilfe einer entsprechend adjustierten Druckfestigkeitsmaschine durchgeführt. Die Probekörper haben nach Hirschwald die Größe $4 \times 5 \times 28$ cm, die Spannweite beträgt 23 cm. Nach österreichischen Normen verwendet man, wenn die Elementarfläche $a^2 \leq 4$ cm² ist, Stäbe von $4 \times 4 \times 16$ cm und die Spannweite von 12 cm; ist $a^2 > 4$ cm², dann wählt man größere Abmessungen $(a^2 \times a^2 \times 4\,a^2)$ und Auflagerentfernungen $(3\,a^2)$. Bei geschichteten oder gestreckten Gesteinen ist die Festigkeit nach den verschiedenen Richtungen getrennt zu prüfen.

d) Scher- oder Schubfestigkeit. Die Scherfestigkeit ist der maximale Widerstand, den ein Körper der gegenseitigen Verschiebung seiner Teile entgegensetzt. Die Scherbeanspruchung tritt, streng genommen, nie allein, sondern immer zusammen mit anderen Spannungen, namentlich mit Biegungsspannung, auf. Durch geeignete Anordnung gelingt es aber, den Einfluß der letzteren auf ein Minimum herabzudrücken (Abb. 83).

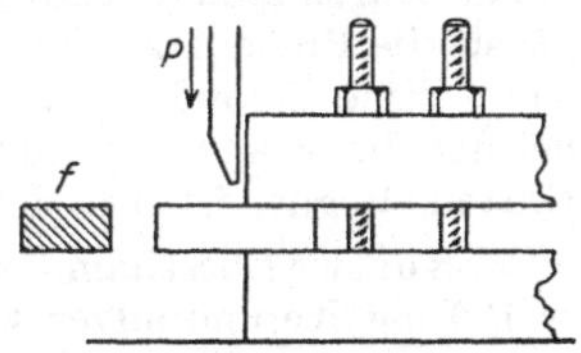

Abb. 83. Anordnung der Scherfestigkeitsprobe

Bedeutet P die Kraft in Kilogramm, die notwendig ist, um einen Körper vom Querschnitte f cm² abzuscheren, dann ist die Scherfestigkeit

$$K_s = \frac{P}{f}\ \mathrm{kg/cm^2}.$$

Als Probekörper verwendet man schmale Platten, deren Breite nicht über 5 cm, deren Höhe nicht über 3 cm betragen soll. Der Scherversuch läßt sich an einem und demselben Körper durch Verschieben des letzteren mehrmals wiederholen. Die Scherfestigkeit wird sowohl senkrecht als auch parallel zur Schichtung bestimmt.

Die Schneidenstärke der Scherkante soll etwa 2 mm betragen, um ein Eindringen der Schneide bei weichen Gesteinen zu vermeiden.

e) Beziehungen zwischen Druck-, Zug-, Biege- und Scherfestigkeit. Bauschinger und Hanisch haben Untersuchungen durchgeführt, welche die Beziehungen zwischen den einzelnen Festigkeitsarten feststellen und es ermöglichen sollten, bei einem bestimmten Gestein aus einem gegebenen Festigkeitswert (z. B. aus der Druckfestigkeit) alle anderen Festigkeitszahlen rechnerisch zu ermitteln. Wenn auch die Untersuchungen gezeigt haben, daß von einer einfachen Proportionalität zwischen den einzelnen Festigkeitszahlen keine Rede sein kann, so mögen doch in nachfolgender Zusammenstellung die mittleren Verhältniszahlen (nach Hirschwald) angegeben werden, um einen ungefähren Überblick über das Verhältnis der einzelnen Festigkeiten zueinander zu vermitteln.

Tabelle 16

Gestein	$K_z : K_d$	$K_s : K_d$	$K_b : K_d$
Granit	1: 35,4	1: 14,3	1: 14,4
Porphyr	1: 30,0	1: 15,6	1: 9,5
Sandstein....	1: 34,3	1: 12,9	1: 10,6
Kalkstein....	1: 16,9	1: 12,1	1: 8,4

Ausführlichere Zusammenstellungen in Hirschwalds Handbuch, S. 73ff.

Härte und Abnutzbarkeit

a) Härte[1]). Der Begriff Härte als Widerstand eines Körpers gegen das Eindringen einer Spitze hat eigentlich nur bei homogenen Stoffen (Mineralien,

[1]) Die Einteilung der Gesteine in Hart- und Weichgesteine beruht nicht auf der Härte, sondern auf der Bearbeitbarkeit derselben. Als Hartgesteine gelten alle Eruptivgesteine, viele kristalline Schiefer, ferner die Quarzite und stark verkieselten Sandsteine; als Weichgesteine Kalke, die meisten Sandsteine, Tongesteine, Tuffe, Phyllite, Serpentine, Marmore usw.

Gläsern) und bei einfachen Gesteinen Sinn. Die Härte eines Granites anzugeben, ist sinnlos, da die Bestandteile desselben, Quarz, Feldspat und Glimmer, dem Eindringen eines Fremdkörpers verschiedenen Widerstand entgegensetzen. Nur bei sehr feinkörnigen oder dichten Gesteinen kann von einer mittleren Härte gesprochen werden, die von der Härte des vorherrschenden Gemengteiles bzw. von der Festigkeit der Kornbindung abhängt.

Die Gesteinshärte wird mit Hilfe des Sklerometers, nach der Rosiwalschen Schleifmethode oder nach der Mohsschen Härteskala (S. 28) bestimmt. Letztere eignet sich nicht für genauere Angaben, da die Intervalle zwischen den einzelnen Stufen der Skala sehr verschieden sind.

Das Sklerometer ist im wesentlichen ein zweiarmiger Hebel, der an einem Ende eine Schale zum Auflegen von Gewichten und eine nach abwärts gerichtete Diamantspitze, am anderen Ende ein verschiebbares Gegengewicht trägt. Unterhalb der Spitze befindet sich ein Kreuzschlitten, mit dessen Hilfe die polierte Probeplatte in der Horizontalen nach zwei aufeinander senkrechten Richtungen bewegt werden kann. Durch allmähliches Auflegen von Gewichten wird die Spitze so lange belastet, bis sie die Probe ritzt, deren Härte durch die Spitzenbelastung in Gramm angegeben wird. Eine besonders in der Metallographie übliche Modifikation dieser Methode, bei der die Breite der Ritzfurche und mit ihr die Eindringungstiefe der Spitze als Härtemaß gilt, ist bei den spröden Gesteinen im allgemeinen nicht anwendbar.

Rosiwal bestimmt die durchschnittliche Flächenhärte eines Gesteines, indem er 100 mg Korundpulver von 0,2 mm Korngröße pro 1 cm² der geschliffenen, aber nicht polierten Fläche 8 Minuten lang (bis zur Unwirksamkeit) verreibt und aus dem Gewichtsverlust der Probe den Volumsverlust pro 100 mg Schleifmittel berechnet. Die Härte ist dem Volumen des Abschliffes verkehrt proportional. Sie wird in Tausendsteln der Korundhärte angegeben, die selbst einem Schleifverlust von 1,55 mm³ entspricht. Wird ein anderes Schleifmittel als Korund verwendet, dann muß zuerst der Schleifwert desselben in bezug auf Korund durch eine besondere Probe festgestellt werden.

Nach Rosiwal (Verh. d. Geol. R.-A. Wien, S. 488, 1896) liegen die Härteziffern der verschiedenen Gesteine in Promille der Korundhärte zwischen folgenden Grenzwerten (Zusammenstellung von Grengg):

Härteste Granite zwischen	70	bis	80	‰	Korund
Granite	30	„	70	„	„
Porphyre	34	„	102	„	„
Porphyrite und Andesite	15	„	50	„	„
Trachyte	20	bis über	35	„	„
Basalte	20	bis	39	„	„
Kalksteine	0,4	„	5,1	„	„
Sandsteine	7	„	42	„	„
Quarzit			107	„	„
Wassersandstein	7	„	36	„	„

Durch Bestimmung der Arbeitsleistung, die zur Erzeugung eines Abschliffes von 1 cm³ notwendig ist, hat Rosiwal ein Maß für die absolute Härte gegeben. Die Reibungsarbeit ist gleich Normaldruck mal Reibungskoeffizient mal Schleifweg (Verh. d. Geol. R.-A. Wien, S. 133, 1916).

Die Rosiwalschen Methoden sind keine reinen Härteproben; sie leiten zu den Bestimmungsmethoden der Abnutzbarkeit über.

b) Abnutzbarkeit. Zur Bestimmung der Abnutzbarkeit an Würfeln und ebenen Flächen dienen folgende Methoden.

Methode von Bauschinger. Bauschinger bestimmt den Abschliff von würfelförmigen Probekörpern, die unter einem bestimmten Druck P gegen eine rotierende horizontale Gußeisenscheibe gepreßt werden. Die Reibung zwischen dem Gestein und der glatten Schleifscheibe wird durch Aufgabe von bestimmten Mengen Naxosschmirgel oder Stahlsand konstant gehalten. Die

Abnutzung (Gewichts- oder Volumsverlust, durchschnittliche Dicke des Abschliffes) wird auf einen Schleifweg von bestimmter Länge bezogen, der durch den Abstand des Probekörpers von der Drehachse (Schleifradius r) und durch die Zahl der Umdrehungen n bestimmt ist. Um einen möglichst gleichmäßigen Abschliff zu erzielen, wird die Probe während des Versuches langsam in der Abnutzungsebene gedreht (Hirschwald, Handbuch, S. 90).

Bauschinger arbeitet unter folgenden Versuchsbedingungen: $n = 200$, $r = 49$ cm, $P = 44{,}6$ kg, Schleifmaterial Naxosschmirgel Nr. 3, 20 g auf 22 Umdrehungen.

Böhme und Gary: $n = 450$, $r = 22$ cm, $P = 30$ kg, Schleifmaterial wie oben.

Österreichische Normen (Önorm B 3102): Abnutzungsfläche 50 cm², $n = 440$, $r = 25$ cm, $P = 30$ kg, Schleifmaterial 20 g Naxosschmirgel Nr. 80 (⌀ 0,18 bis 0,20 mm) auf 22 Umgänge. Probewürfel wird vor dem Versuche auf der Schleifscheibe vorgeschliffen und während des Versuches nach jedem Umgang um 90° in der Abnutzungsebene gedreht.

Bei geschichteten, aber nicht sehr dünnschichtigen Gesteinen genügt ein Schleifweg von 10×22 Umdrehungen für die dem Hauptbruch entsprechende Würfelfläche; sodann werden zwei weitere auf der Lagerfläche senkrecht stehende Würfelflächen mit je 5×22 Umgängen abgenutzt. Jede der drei Abnutzungen wird auf 20×22 (440) Umgänge umgerechnet.

Über eine vervollkommnete Schleifmaschine mit horizontaler Achse vgl. Hirschwald-Brix in Bautechn. Gesteinsuntersuch., III, 2, 1912. Bei dieser wird besonderes Gewicht auf eine gleichmäßige Reibung gelegt. Das Schleifmittel (Stahlsand) wird regelmäßig in kleinen Portionen aufgetragen. Knapp bevor die rotierende Scheibe das Schleifmittel an den Probekörper heranbringt, wird dieser aufgehoben und gleich wieder gesenkt, so daß der Stahlsand unter die Probe gelangt und vollständig zur Wirkung kommt. Gemessen wird die Zahl der Umdrehungen, die notwendig ist, um eine Abnutzung von 1 mm zu erzeugen. Diese Zahl, durch 10 dividiert, gibt die „Härteziffer".

Sandstrahlgebläse nach Gary. Bei diesem Verfahren wird durch Dampf oder Luft von 3 Atm. Spannung Quarzsand (⌀ 0,775 bis 1,35 mm) zwei Minuten lang aus der Entfernung von 6 cm auf die durch eine kreisrund ausgeschnittene Schablone abgedeckte und durch ein Planetengetriebe bewegte Probefläche geblasen. Die Abnutzung wird durch den Gewichtsverlust pro 1 cm² der behandelten Fläche angegeben.

Die Sandstrahlmethode läßt im Gegensatze zur Schleifmethode Härteunterschiede der Probefläche aufs deutlichste hervortreten, weshalb sie für die Beurteilung der Gleichmäßigkeit der Abnutzung von größter Bedeutung ist. Handelt es sich um die Bestimmung der Abnutzbarkeit an sich, dann verdient die Schleifmethode den Vorzug, da sie die Verhältnisse der Gesteinsabnutzung durch den Verkehr, durch gleitende Reibung usw. vollkommener nachahmt.

Über die Bestimmung der Bohrfestigkeit siehe S. 154 u. 287, der Abnutzbarkeit an unregelmäßig geformten oder losen Massen (Schotter, Steinschlag) S. 177.

Erweichbarkeit

Die Erweichbarkeit eines Gesteines wird durch den Erweichungskoeffizienten η angegeben, der das Verhältnis der Druck- (Zug-, Scher- usw.) Festigkeit des wassersatten Gesteines zur gleichartigen Festigkeit des trockenen Gesteines angibt. Der Erweichungskoeffizient ist kleiner oder gleich 1, je nach dem die Festigkeitseigenschaften durch die Wasserlagerung verschlechtert werden oder nicht. Erweichungskoeffizienten größer als 1 sind theoretisch ausgeschlossen; wo sie doch resultieren, deuten sie nach Hirschwald darauf hin, daß das Material für die Bestimmung der Trocken- und Naßfestigkeit nicht gleichwertig war.

Erweichbar sind im allgemeinen nur Gesteine mit Tongehalt, während unverwitterte kristalline Gesteine durchfeuchtet höchstens 10% ihrer Trockenfestigkeit verlieren ($\eta = 0{,}9$). Dieser kleine Festigkeitsverlust wird auf Verringerung der inneren Reibung infolge des Wassergehaltes, auf die Wirkung des hydrostatischen Druckes des Porenwassers usw. zurückgeführt. Stärkere Erweichung deutet bei Eruptivgesteinen stets auf Verwitterung hin.

Zur Berechnung des Erweichungskoeffizienten dienen vor allem die Druckfestigkeitswerte. Falls nicht genügend Material für die Herstellung von Würfeln zur Verfügung steht, kann auch die Zug-, Scher- oder Bohrfestigkeit herangezogen werden. Die Zugfestigkeitsprobe hat den Nachteil, daß die Probekörper kompliziert geformt und daher verhältnismäßig schwer herstellbar sind. Wie nun Schenck gezeigt hat, bietet die an einfachen plattenförmigen Probekörpern ausführbare Scherprobe einen vollwertigen Ersatz für die Zugfestigkeitsbestimmung. Weniger geeignet ist die Bohrfestigkeitsprobe, da das Ergebnis bei harten Gesteinen durch das Stumpfwerden, bei feuchten, tonigen Gesteinen durch das Nichtangreifen des Bohrers stark beeinflußt wird.

Bei der Bohrfestigkeitsprobe steht der durch ein bestimmtes Gewicht nach abwärts gedrückte Bohrer fest, während der Tisch mit der Probeplatte rotiert. Wenn der Bohrer bis zu einer gewissen Tiefe eingedrungen ist, wird der Motor automatisch abgestellt und an einem Zählwerk die Zahl der Tischumdrehungen abgelesen. Das Verhältnis der Umdrehungszahlen, die beim wassersatten bzw. trockenen Gestein zur Erreichung einer gewissen Bohrlochtiefe notwendig sind, ergibt den Erweichungskoeffizienten.

Frostbeständigkeit

Bedingungen der Frostbeständigkeit. Die zerstörende Wirkung des Frostes beruht auf der Ausdehnung des Wassers beim Übergang aus dem flüssigen in den festen Aggregatzustand, die mit derartiger Kraft erfolgt, daß selbst die festesten Gesteine auf die Dauer nicht zu widerstehen vermögen. Man unterscheidet ganz allgemein einen Porenfrost, der ein Lockern und allmähliches Absanden der Gesteinsgemengteile zur Folge hat, einen Schichtenfrost, bei dem das an den Schichtflächen angereicherte Wasser ein Abblättern der Schichten bewirkt, und schließlich einen Spaltenfrost, der die feinen Haarrisse zu sichtbaren Spalten erweitert.

Eine bedeutende Kraftwirkung des Eises auf die Wände von Hohlräumen ist nur dann möglich, wenn letztere ganz oder größtenteils mit Wasser gefüllt waren. Sind die Poren nur teilweise gefüllt, dann dringt das sich ausdehnende Eis in den noch leeren Teil des Hohlraumes ein, ohne einen erheblichen Druck auf die Wände auszuüben, wie Experimente an wassergefüllten Glasgefäßen gezeigt haben. Da die Volumsvergrößerung des Wassers beim Gefrieren etwa ein Neuntel seines früheren Volumens beträgt, sind Gesteine, deren Poren nur zu neun Zehntel mit Wasser gefüllt sind (Sättigungskoeffizient $S = 0{,}9$), theoretisch frostbeständig, ohne Rücksicht auf ihr Porenvolumen.

Experimente und Beobachtungen in der Natur haben aber gezeigt, daß die tatsächliche Grenze der Frostbeständigkeit bei einem Sättigungskoeffizienten von 0,8 oder darunter liegt. Die Gründe hiefür sind mehrfacher Art. Zunächst darf nicht übersehen werden, daß der Sättigungskoeffizient ein Durchschnittswert ist, der nichts über die Verteilung des Wassers im Gestein aussagt. Es können nämlich auch bei niedrigem Sättigungskoeffizienten einzelne Poren vollständig mit Wasser gefüllt sein und der Frostwirkung unterliegen, weil andere Poren leer sind. Sind nun die wassergefüllten Räume mit den leeren nur durch enge Kapillaren verbunden, dann vermag sich das Eis nicht durch die engen Kanäle zu zwängen und übt Sprengwirkung aus. Bei Gesteinen mit tonigem Bindemittel (das sich durch starke Wassererweichung auszeichnet) absorbiert die tonige Substanz begierig das Wasser, sättigt sich also vollständig, während größere Porenräume leer bleiben und ein Sinken des durchschnittlichen Sättigungskoeffizienten unter die gefährliche Grenze zur Folge haben, obwohl das Bindemittel wassersatt und daher frostunbeständig ist. Bei geschichteten Gesteinen wiederum kann die gefährliche Wassersättigung entlang der Schichtflächen eintreten und während des Frostes Aufblättern bewirken.

Theoretische Frostbeständigkeitsprüfung. Die theoretische Frostbeständigkeitsprüfung beschränkt sich in der Mehrzahl der Fälle auf die Bestimmung der Wasseraufnahme unter geänderten Bedingungen (w_1, w_2, w_v, w_c) und auf die Berechnung des Sättigungskoeffizienten S nach Seite 146. Liegt S unter 0,8, dann kann das Gestein im allgemeinen als frostbeständig gelten. Es wird sich aber doch empfehlen, auch die Größenverhältnisse der Wasseraufnahmezahlen zu untersuchen, in denen sich ja die Porositätsverhältnisse des Gesteines äußern[1]). Findet z. B. der Großteil der Wasseraufnahme erst im Vakuum oder unter Druck statt, dann läßt das auf größere Porenräume schließen, die mit den übrigen Poren nur mangelhaft verbunden sind, sich in der Natur daher nicht mit Wasser füllen. Derartige halbisolierte Räume drücken den Sättigungskoeffizienten stark herab und lassen das Gestein frostbeständig erscheinen, obwohl unter Umständen die Mehrzahl der Poren wassersatt ist. Man wird daher in solchen Fällen nur einen entsprechend niedrigeren Sättigungskoeffizienten zulassen dürfen.

Zeigen die zu prüfenden Gesteine eine ausgeprägte Schichtung, dann empfiehlt sich die Bestimmung des Verteilungskoeffizienten V (S. 147). Bei hoher durchschnittlicher Sättigung ist ein Verteilungskoeffizient größer als 1 bedenklich.

Tonige Gesteine, Sandsteine mit tonigem Bindemittel, Mergel u. dgl. müssen auf ihre Erweichbarkeit η (S. 153) geprüft werden. Diese wird bei homogenen, dichten Gesteinen und bei Dachschiefern sehr einfach durch Prüfung der Härte mittels des Sklerometers bestimmt. Hohe Erweichbarkeit schließt Frostbeständigkeit auf jeden Fall aus.

Schließlich ist das Gestein auf Haarrisse zu untersuchen (Färbemethode, S. 147).

Hirschwald hat für Sandsteine die Zusammenhänge zwischen der Frostbeständigkeit (gegeben durch die Qualitätsklassen I bis IV) einerseits, den Koeffizienten S, η, V und der Zugfestigkeit im erweichten Zustande K_z' anderseits graphisch dargestellt. Die nach dem Hauptschema (Abb. 84a) gefundenen Qualitätswerte bedürfen einer Korrektur, die den Ergänzungsschematen A und B (Abb. 84b und 84c) zu entnehmen ist.

Beispiele: Gestein Nr. 1: ($S = 0{,}672$, $\eta = 0{,}50$, $V = 1{,}23$, $K_z' = 34{,}36$ kg/cm^2) fällt nach dem Hauptschema in Klasse II. Unter Berücksichtigung des Verteilungskoeffizienten (Ergänzungsschema A) verschlechtert sich die Qualität um 0,5 Klassen, daher Qualitätsklasse II bis III.

Gestein Nr. 2: ($S = 0{,}814$, $\eta = 0{,}47$, $V = 1{,}05$, $K_z' = 31{,}49$ kg/cm^2) nach dem Hauptschema Klasse II bis III; nach Ergänzungsschema A (+0,25) und B (+0,25) verschlechtert sich die Qualität um 0,5 Grade, daher fällt das Gestein in Klasse III.

[1]) Über die von Hirschwald aufgestellten Porositätstypen vgl. Handbuch, S. 211ff.

Kristallinische Gesteine mit einer Wasseraufnahme unter 0,5% brauchen nicht auf Frostbeständigkeit geprüft werden.

Experimentelle Frostbeständigkeitsprüfung. Die experimentelle Frostprobe wird an würfelförmigen Probekörpern durchgeführt, die im durchfeuchteten Zustande 25mal bei —20 bis 22° C je vier Stunden lang ausgefroren

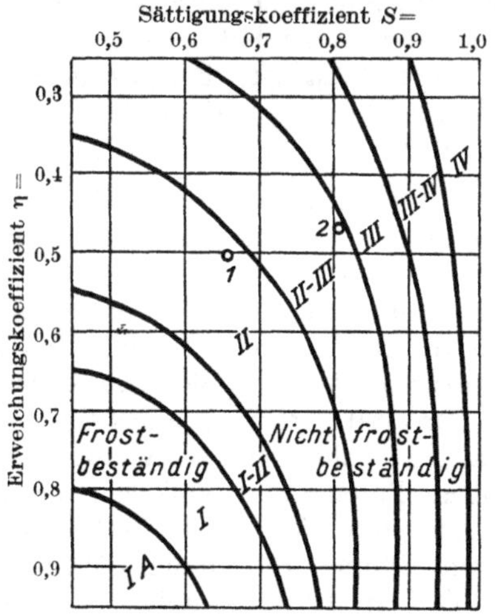

Abb. 84a. Hauptschema zur Bestimmung der Frostbeständigkeit (nach Hirschwald)

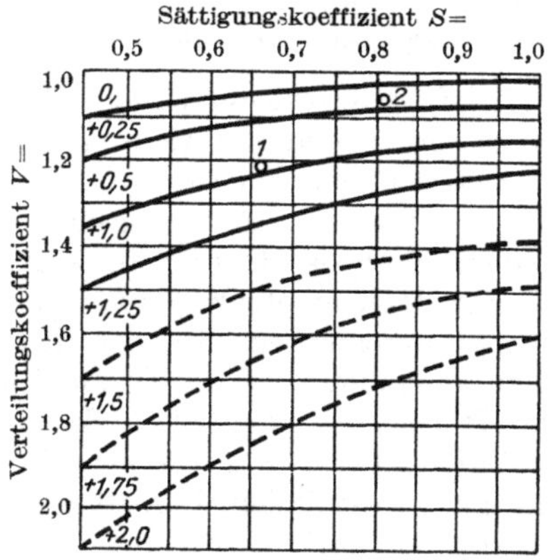

Abb. 84b. Ergänzungsschema A

und zwischen den Frösten bei + 10 bis + 20° je zwei Stunden lang aufgetaut werden. Nach jedem Froste werden die Proben auf Sprünge und Risse untersucht und etwa abgefallene Teile ausgewogen. Am Ende des Versuches wird die Festigkeit (Druck-, Zug- oder Scherfestigkeit) des noch feuchten Materials geprüft und der Frostbeständigkeitskoeffizient $F = \frac{K_f}{K_w}$ berechnet, wobei unter K_w die Festigkeit des feuchten, unter K_f die Festigkeit des gefrorenen und wieder aufgetauten Gesteines zu verstehen ist.

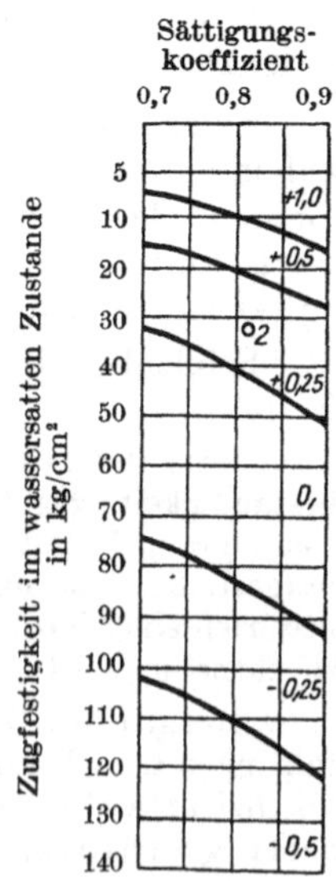

Abb. 84c. Ergänzungsschema B

Die Durchfeuchtung der Probewürfel vor dem Froste geschieht bei Materialien, die für Wasserbauten oder für besonders exponierte Architekturteile (Gesimse, Statuen usw.) Verwendung finden sollen, durch dreißigtägige, bei Sockel- und Fundamentbaumaterialien durch dreitägige, sonst zirka zwölfstündige Wasserlagerung. Bei der in den österreichischen Normen für Monumentalbausteine und Wasserbaumaterialien vorgesehenen sogenannten verschärften Frostprüfung an vollständig durchtränktem Material (Sättigung im Vakuum und unter Druck) werden nur die erstklassigsten Materialien entsprechen.

Im allgemeinen arbeitet die experimentelle Frostprüfung unter viel schärferen Bedingungen als die Natur. Nichtsdestoweniger vermag sie den langsam zermürbenden Einfluß jahrzehnte- und jahrhundertelanger Frost- und Wärmeeinwirkung nicht zu erfassen, weshalb bei Wasserbau- und Monumentalbaumaterialien eine Ergänzung durch die theoretische Frostprüfung immer angezeigt sein wird. Auch letztere sollte in wichtigeren Fällen nie allein, sondern kombiniert mit dem praktischen Frostversuche angewendet werden.

Wetterbeständigkeit

Unter der Wetterbeständigkeit eines Gesteines versteht man seinen Widerstand gegen die Verwitterung, das heißt gegen die mechanische und chemische Lockerung seiner Gemengteile, soweit sie unter dem Einflusse der Atmosphärilien (Niederschläge, aktive Bestandteile der Luft, Frost und Sonnenbestrahlung), der Bodenfeuchtigkeit und der Organismen zustande kommt. Zur Verwitterung im technischen Sinne zählt man weiters die Wirkungen der in der Großstadtluft enthaltenen Rauchgase und Staubteilchen und die Veränderungen, welche die Gesteine unter der Berührung mit fließendem oder stehendem Wasser (Wasserbauten) erleiden.

Der Begriff der Wetterbeständigkeit ist ein relativer: Die Beobachtung in der Natur zeigt, daß jedes Gestein, ohne Ausnahme, im Laufe geologischer Zeiträume den Witterungseinflüssen erliegt (geologische Verwitterung), daß es also absolut wetterbeständige Gesteine nicht gibt. Für technische Objekte kommt aber nur die praktische Wetterbeständigkeit, das heißt die Widerstandsfähigkeit innerhalb kürzerer, dem Verwendungszwecke der Gesteine angemessener Zeiträume in Frage. Auch an diese werden verschiedene Anforderungen gestellt. Während es bei Bausteinen rein konstruktiver Bauteile genügt, wenn ihre Festigkeit nicht unter ein bestimmtes Minimum sinkt, fällt bei Skulptursteinen bereits ein geringer Materialverlust in die Wagschale; bei polierten Wandverkleidungen genügt sogar schon ein Rauhwerden der Flächen oder eine geringe Veränderung der Gesteinsfarbe, um die Schönheit des betreffenden Objektes empfindlich zu beeinträchtigen. Man wird bei der Beurteilung der Wetterbeständigkeit eines Gesteines daher stets den Verwendungszweck desselben im Auge behalten und unter Berücksichtigung aller in Frage kommender Umstände mit verschiedener Strenge vorgehen müssen.

Verwitterungsagenzien. Die Verwitterung ist das Resultat komplizierter chemischer und physikalischer Vorgänge. Als wirksame Faktoren (Verwitterungsagenzien) kommen in Frage:

1. Die atmosphärische Luft mit ihrem Gehalt an O, CO_2 und Staub. Der Sauerstoff wirkt oxydierend; er wandelt Eisenoxydulmineralien in Eisenoxydmineralien um (Farbenänderung, meist Bräunung), zersetzt Sulfide (Kiese) unter Bildung von freier Schwefelsäure und Hinterlassung oxydischer Rückstände und verbrennt langsam kohlige Substanzen (Bleichungserscheinungen). Die Kohlensäure fördert die Auflösung von Karbonaten in Wasser, der Staub wirkt teils mechanisch abscheuernd, teils verunzierend. Er begünstigt das Wachstum niederer Pflanzen (Algen, Flechten usw.); auch enthält er stets organische Stoffe, die bei ihrer Zersetzung Säuren abspalten, welche die Gesteine zerstören.

In Städten und in der Nähe industrieller Anlagen enthält die Luft in größerer Menge Rauchgase (CO, CO_2, SO_2, SO_3, eventuell HCl) und Kohlenruß. SO_2, SO_3 und HCl greifen die Gesteinsgemengteile unter Bildung von wasserlöslichen Sulfaten bzw. Chloriden an. B. Herscovici hat gezeigt, daß die Zersetzbarkeit der Mineralien durch H_2SO_4 und andere proportional ist dem Gehalt an CaO, MgO, K_2O und NaO_2. Namentlich Oxyde, die eigentlich nicht zur Mineralzusammensetzung gehören und die daher offenbar nur wenig fest gebunden sind, werden leicht angegriffen (z. B. CaO im Orthoklas, Nephelin und Muskovit). Überraschend groß ist die Widerstandsfähigkeit des Kalksteines gegen stark verdünnte Schwefelsäure. Hier bildet sich eine Schutzschichte von schwer löslichem Gips, die der Säure das weitere Eindringen in das Gestein verwehrt.

Der Kohlenruß verunziert die Gesteine, indem er ihre natürliche Farbe überdeckt. Auch adsorbiert und konzentriert er die in der Luft enthaltenen Säuren, so daß sie ihre schädigende Wirkung anhaltender und intensiver ausüben können, soferne sie nicht vom Schlagregen weggewaschen werden.

Die gasförmigen Bestandteile der Luft sind, solange sie trocken einwirken, ziemlich unschädlich; ihre Gefährlichkeit erlangen sie erst durch das Hinzutreten von Feuchtigkeit.

2. Die schädlichen Wirkungen des Wassers sind mannigfacher Art. Rein chemischer Art ist die Umwandlung von Oxyden bzw. oxydischen Bestandteilen der Silikate in Hydroxyde, die unter Spaltung (Dissoziation) des Wassers in elektrisch-positive *H*- und elektrisch-negative *OH*-Ionen (Hydrolyse), meist auch unter Mitwirkung von Sauerstoff (Limonitbildung) vor sich geht. Die Löslichkeit der wichtigen gesteinsbildenden Mineralien in reinem Wasser ist gering. Sie wird mächtig gesteigert durch einen Gehalt an Säuren (CO_2, H_2SO_4, HCl), den das Wasser der Atmosphäre entnimmt. Derartige Stoffe sind namentlich im Schnee schädlich, da sie hier lange einzuwirken vermögen und durch das Verdunsten und langsame Abschmelzen des Schnees immer mehr angereichert werden. Auch die Bodenfeuchtigkeit ist reich an gesteinszerstörenden Verbindungen (CO_2, NH_3, HNO_3, organischen Säuren), die teilweise von der Zersetzung organischer Stoffe herrühren. Das Meerwasser mit seinem Gehalt an Chloriden und Sulfaten wirkt weitaus aggressiver als das vorwiegend karbonatführende Wasser der Flüsse und Seen.

An der Auflösung gewisser Gesteinsbestandteile beteiligt sich nicht nur fließendes Wasser, sondern auch die im Gestein enthaltene Feuchtigkeit. Diese transportiert bei der Verdunstung gelöste Substanz aus dem Innern an die Oberfläche und verursacht dort sogenannte Ausblühungen. Häufig wird die äußere Kruste der Werkstücke durch die zugeführten Stoffe fest verkittet, wobei sie sich zuweilen infolge Volumsvergrößerung von dem gelockerten Kerne bauchig abhebt. Diese Art von Verwitterung tritt bei Sandsteinen, Trachyten und anderen porösen Gesteinen namentlich dort auf, wo die Verdunstung am größten ist, also im allgemeinen an der Südseite der Bauwerke, und zwar bei Werkstücken an der Stirnfläche in der Nähe der Unterkante, bei Gesimsesteinen an der Oberseite. Sie ist um so bedenklicher, als sie von außen häufig schwer zu erkennen ist; erst wenn die äußere feste Schale zerstört ist, rieselt das lockere Gesteinsmehl aus der Bresche (schalenförmige oder subkutante Verwitterung [Hirschwald]).

Die Schlämmwirkung des Wassers (Schlagregen, fließendes Wasser der natürlichen Gewässer) betrifft nur Gesteine, welche tonige oder pulverige Substanzen enthalten, die nicht durch Kalk oder Kieselsäure verkittet sind. Sie ist namentlich bei klastischen Sedimenten gefährlich, da diese durch das Herauswaschen des tonigen Bindemittels ihren Zusammenhang verlieren. Derartige Gesteine verändern durch Aufnahme und Abgabe von Feuchtigkeit ihr Volumen um ziemlich bedeutende Beträge; das wiederholte Quellen und Schwinden verursacht ebenfalls eine allmähliche Lockerung des Gefüges.

3. Temperaturschwankungen. Die Wirkung des Frostes wurde bereits auf Seite 154 besprochen. Die Sonnenbestrahlung verursacht infolge der ungleichen Erwärmung der einzelnen Gesteinsschalen und der verschiedenen Ausdehnung der einzelnen Gemengteile einen plattigen oder schaligen Zerfall der Gesteine, namentlich wenn auf die Erwärmung eine rasche Temperaturerniedrigung (Platzregen, niedrige Nachttemperatur) folgt. Diese Art von Gesteinszerstörung spielt in unseren Gegenden nur an besonders sonnigen Stellen eine Rolle, ist aber in südlichen Zonen von größter Wichtigkeit. Über den auch in unserem Klima bedeutungsvollen Sonnenbrennerzerfall vergleiche Seite 50.

4. Organismen. An Gesteinsflächen angesiedelte pflanzliche Organismen wirken durch die physiologische Ausscheidung von Säuren und durch die Sprengkraft ihrer Wurzeln zerstörend. Sie entziehen dem Gestein Substanz und halten die Feuchtigkeit und den Staub fest. In besonderen Fällen können Flechtenbeläge den Stein vor der Einwirkung aggressiverer Schädlinge schützen.

5. Substanzen, die sich erst bei der Verwitterung bilden, sind zum Teil schädlicher als die früher besprochenen Agenzien. Hieher gehört vor allem die bei der Oxydation von Kiesen (Pyrit) naszierende Schwefelsäure und die bei der Verwitterung von Feldspaten entstehenden Alkalikarbonate, die sogar Silikate erheblich angreifen.

Abwitterungsformen an Bauwerken. Die Verwitterung der Gesteine ist mit Substanzverlusten verbunden, die sich in Abrundungen der Gesteinskanten und in mannigfach geformten Veränderungen der Gesteinsoberfläche äußern. Frost und Sonnenbestrahlung führen häufig zu Rißbildungen, die ein mehr oder minder plötzliches Absprengen größerer Gesteinsteile zur Folge haben (grobes Abbröckeln oder Absanden, schalige Absprengung, eckiger Zerfall, Abblätterung schiefriger und dünnschichtiger Gesteine). Bei der langsam, aber kontinuierlich wirkenden normalen Verwitterung wird die Gesteinsoberfläche ihrer Angreifbarkeit entsprechend allmählich angenagt, wobei sich Gefügeeigentümlichkeiten aufs deutlichste enthüllen. Glatte, ebenflächige Abwitterung ist nur bei sehr feinkörnigen Gesteinen von gleichmäßiger Struktur und Textur möglich. Ist das Gestein grobkörnig oder wechselt der Grad der Kornbindung bzw. die Mineralzusammensetzung in kurzen Intervallen regelmäßig ab, dann erscheint die Abwitterungsfläche rauh und porig. Ungleichmäßig gefügte Gesteine geben je nach der Verteilung widerstandsfähiger und minder fester Partien wellige, buckelige, rippige, narbige, höckerige, löcherige, aderförmige, flach wannenförmige oder schichtige Abwitterungsformen. Der oberflächlichen Abwitterung geht namentlich bei porösen Gesteinen eine innere Gefügelockerung voraus, die der Oberflächenverwitterung vorarbeitet (z. B. subkutane Verwitterung, S. 158).

Bedingungen der Wetterbeständigkeit. Die Wetterbeständigkeit eines Gesteines hängt (abgesehen von der Frostbeständigkeit) von der chemischen Widerstandsfähigkeit der Gemengteile und von der Art der Kornbindung ab.

Die Angreifbarkeit der einzelnen gesteinsbildenden Mineralien ist aus nachfolgender Zusammenstellung zu ersehen:

Elemente:

Graphit. Als färbendes Pigment wetterbeständig im Gegensatze zur kohligen Substanz, die ausbleicht und, in größerer Menge auftretend, die Gesteine hygroskopisch, daher wenig frostbeständig macht.

Sulfide:

Pyrit, Markasit und andere verwittern leicht, bilden dabei die zerstörende Schwefelsäure und verursachen häßliche Rostflecken.

Oxyde:

Quarz, Opal, Zirkon, Rutil, Rot- und Brauneisenerz, Magnetit und andere sind durchwegs wetterfest.

Karbonate:

Vor allem Kalzit und Dolomit. In kohlensäurereichem Wasser leicht löslich, doch spielt dies bei Bauwerken im allgemeinen keine Rolle. Gefährlich ist die Gegenwart von verwitterndem Pyrit, ferner der Angriff von Säuren (H_2SO_4, H_2SO_3 der Luft, HNO_3 und Humussäuren des Bodens). Dolomit verwittert leichter als Kalzit.

Silikate:

Feldspate. Wenn vollkommen frisch, sehr wetterfest. Rissige Kristalle werden durch Sonnenbestrahlung und Frost zersprengt.

Feldspatvertreter (Nephelin, Leuzit). Wenn vollkommen frisch, ziemlich wetterfest, unterliegen aber leicht dem Angriffe stärkerer Säuren.

Zeolithe verwittern leicht und deuten oft schon durch ihre Anwesenheit auf Zersetzungsvorgänge im Gestein hin.

Glimmer setzen infolge ihrer Spaltbarkeit in größerer Menge die Frostbeständigkeit herab. Eisenreicher Biotit bleicht leicht aus und verursacht, namentlich bei Anwesenheit von Pyrit, Rostflecke. Muskovit verwittert chemisch nicht.

Glimmerähnliche. Chlorit und Glaukonit sind ziemlich wetterfest; sie bleichen bei Verwitterung aus. Serpentin wird durch kohlensäurehaltiges Wasser leicht zersetzt, weshalb polierte Serpentinplatten im Freien bald rauh und unansehnlich werden.

Hornblende-Augitgruppe. Im frischen Zustande außerordentlich widerstandsfähig, auch gegenüber Schwefelsäure, die von zersetzten Kiesen stammt. Die geringere Zersetzbarkeit der Hornblenden gegenüber den Augiten wird durch ihre bessere Spaltbarkeit (Frostwirkung) kompensiert.

Olivin verfärbt sich an der Luft unter Bildung von braunem Eisenhydroxyd. Durch Schwefelsäure wird er stark angegriffen. Große Kristalle sind stets rissig und bröckeln bei Frost leicht aus.

Granat, Cordierit, Andalusit, Staurolith, Turmalin, Epidot sind wetterfest.

Sulfate:

Gips und Anhydrit sind in Wasser verhältnismäßig leicht löslich. Anhydrit wandelt sich unter Volumsvergrößerung (Treiben) in Gips um.

Praktisch sind alle gesteinsbildenden Silikatmaterialien wetterbeständig, vorausgesetzt, daß sie frisch und unzersetzt sind und nicht der Einwirkung stärker konzentrierter Säurelösungen ausgesetzt werden. Auch die Karbonate verhalten sich ziemlich widerstandsfähig, soferne sie nicht mit der Bodenfeuchtigkeit, mit fließendem Wasser oder mit CO_2 bzw. HCl-Lösungen in Berührung kommen. Einsprenglinge von Pyrit und anderen Sulfiden hingegen verwittern schnell und spalten dabei Schwefelsäure ab, die namentlich bei Kalken und Dolomiten zu rascher Zerstörung führt.

Die Kornbindung ist bei kristallinischen Gesteinen derart fest, daß eine Lockerung des Gesteinsverbandes erst nach chemischer Zerstörung der Gemengteile möglich wird. Der Frost kann zwar auch hier mechanisch lockernd wirken, doch ist das Porenvolumen unverwitterter und nicht zermürbter kristallinischer Gesteine derart klein ($P < 1{,}5\%$), daß in dieser Hinsicht im allgemeinen keine Bedenken obwalten. Nur bei schieferigen kristallinen Gesteinen, die bei ungleicher Wasserverteilung und großem Glimmerreichtum leicht zerfrieren, ist eine Untersuchung der Frostbeständigkeit angezeigt. Neben den Schieferungsflächen können auch Klüfte und Haarrisse, selbst solche, welche von unsachgemäßer Bearbeitung herrühren, dem Wasser und den übrigen Verwitterungsagenzien das Eindringen erleichtern und die Zerstörung des Gesteines vorbereiten.

Bei Gesteinen mit unmittelbarer Kornbindung hängt die Wetterbeständigkeit sehr von der Beschaffenheit des Bindemittels ab. Dieses darf weder zerfrieren, noch im Wasser erweichen und soll überdies entsprechende Festigkeit besitzen. Am günstigsten verhalten sich kieselige, weniger günstig kalkige Bindemittel. Kittmittel, welche aus erdig-staubigen Mineralpartikelchen, aus limonitischer, toniger oder mergeliger Substanz bestehen, sind unbeständig. Die Qualität derartig verkitteter Gesteine kann eine Besserung erfahren, wenn das lockere Bindemittel im Laufe der Gesteinsgeschichte durch eindringende Kalksubstanz oder Kieselsäure imprägniert und verkittet wird.

Eine Hauptbedingung der Wetterbeständigkeit ist schließlich ein möglichst gleichmäßiges Gefüge bei feinem Korn und regelloser Anordnung der Poren.

Methoden der Wetterbeständigkeitsprüfung. Anhaltspunkte für die Beurteilung der Wetterbeständigkeit eines Gesteines bietet schon der Vergleich der im Steinbruche seit langer Zeit herumliegenden Blöcke mit dem frisch gewonnenen Material. Auch alte Bauwerke, bei denen das Gestein Verwendung fand, geben über die Qualität desselben gute Aufschlüsse. Freilich haften dieser Methode der Wetterbeständigkeitsprüfung gewisse Mängel an, da einerseits die klimatischen und sonstigen Bedingungen des Punktes, an dem das Gestein Verwendung finden soll, in den seltensten Fällen mit jenen des Beobachtungspunktes vollkommen übereinstimmen, anderseits eine genaue Identifizierung des alten Materials mit dem frischen meist unmöglich ist, zumal sich bekanntlich sogar Gesteine eines und desselben Bruches hinsichtlich ihrer Wetterbeständigkeit häufig ganz verschieden verhalten.

Man ist daher dazu übergegangen, gewogene Probekörper der natürlichen Verwitterung auszusetzen und die Veränderungen derselben im Laufe der Zeit (Gewichts- und Festigkeitsverlust, chemische Veränderungen) zu ermitteln[1]). So interessant und wichtig derartige Dauerversuche für das Studium der Verwitterungsvorgänge im allgemeinen auch sind, so wenig können sie den Bedürfnissen der Praxis genügen, die sich auf zeitraubende und anspruchsvolle Untersuchungen nicht einlassen kann. Man verzichtet daher auf die experimentelle Bestimmung der Verwitterbarkeit unter natürlichen Bedingungen und begnügt sich mit Versuchen, die unter künstlich geschaffenen Bedingungen angestellt werden (künstliche oder abgekürzte Wetterbeständigkeitsprobe), oder mit rein theoretischen Untersuchungen der für die Wetterbeständigkeit maßgebenden Gesteinseigenschaften, deren Einfluß erfahrungsgemäß festgestellt ist (theoretische Wetterbeständigkeitsprüfung).

Die künstliche oder abgekürzte Wetterbeständigkeitsprobe nach Seipp zerfällt in zwei Teile, in die normale Frostbeständigkeitsprobe (S. 156) und in die Agenzienprobe. Letztere sucht den Einfluß des Wassers und der in der rauchgasreichen Luft hauptsächlich wirksamen Gase O, CO_2 und SO_2 experimentell zu erfassen.

Um die Dauer des Versuches abzukürzen, wendet Seipp die „Agenzien" in konzentrierter Form an. Die plattenförmigen, genau dimensionierten Probekörper vom Formate 70 × 30 × 8,5 mm (bei Dachschiefer 70 × 30 × 5,0) befinden sich in Versuchsflaschen (Abb. 85), die mit 295 cm³ Wasser gefüllt sind. Durch drei Öffnungen des Flaschenstöpsels führt das gläserne Gaszuleitungsrohr, das knapp oberhalb des Wasserspiegels endigt, der Tauchstab, an dessen unterem Ende der Probekörper mittels eines Platindrahtes befestigt wird, und das kurze Ableitungsrohr. Mit Hilfe des Tauchstabes kann die Probe in das am Boden der Flasche befindliche Wasser getaucht werden. Die Gase werden in komprimierter Form in Stahlflaschen aufbewahrt, aus denen sie durch eine mit einer Sicherheitsröhre versehene Flasche in die erste Versuchsflasche strömen, deren Ableitungsrohr mit dem Zuleitungsrohr der nächsten Flasche verbunden ist. Die Zahl der auf diese Weise hintereinander geschalteten Versuchsflaschen richtet sich nach der Zahl der zu untersuchenden Probekörper.

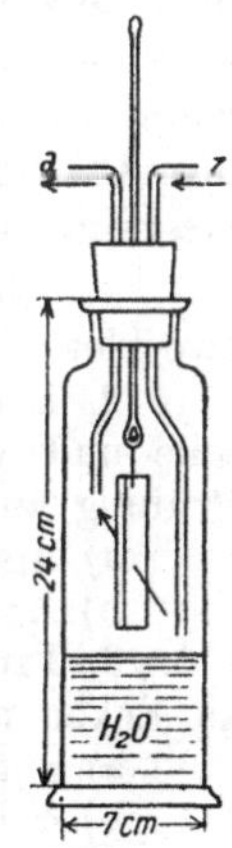

Abb. 85. Versuchsflasche (nach Seipp)

Die angewandten Volumnia der Gase CO_2, O und SO_2 sollen nach Seipp proportional sein den zur Umsetzung der gesamten angreifbaren Gesteinsbestandteile erforderlichen Gasmengen. Die Berechnung der letzteren kann in den Seippschen Arbeiten nachgelesen werden.

Da man die Gase CO_2, O, SO_2 nicht gleichzeitig, sondern abwechselnd einwirken läßt und mit konstanter Gasgeschwindigkeit arbeitet, müssen die Einleitungszeiten derselben im berechneten Verhältnis stehen.

Zu Beginn des Versuches werden die Probeplatten nach kurzer Vortrocknung (um Absprengungen zu vermeiden) bei 105 bis 125° bis zur Gewichtskonstanz getrocknet, im Exsikkator erkalten gelassen und gewogen. Sodann werden sie in die Versuchsflaschen gehängt und 40 Stunden lang unter Wasser getaucht. Nach dem Aufheben der Platten beginnt man mit der Einleitung der Gase. Die Stärke des Gasstromes soll etwa 7 l pro Stunde betragen; sie wird von Zeit zu Zeit durch Zählen der Gasblasen kontrolliert, die pro Minute aus einer wassergefüllten Schale aufsteigen, in welche man eine mit dem letzten Ableitungsrohre verbundene Glasröhre getaucht hat. Genauer läßt sich die Gasmenge kontrollieren, wenn man das

[1]) Vgl. Hirschwald: Handbuch, S. 320; Seipp: Wetterbeständigkeit, S. 18.

die letzte Versuchsflasche verlassende Gas in einen umgestülpten, mit Wasser gefüllten Meßzylinder leitet. Zunächst wird abwechselnd CO_2 und O, später auch SO_2 eingeleitet. Bei jedem Umschalten des Gasstromes, eventuell auch in der Zwischenzeit, werden die Probeplatten durch Eintauchen neuerdings mit Wasser gesättigt und von den Zersetzungsprodukten befreit. Am Ende des Versuches (etwa nach 200stündiger Gaseinströmung) legt man die Platten vorsichtig in wassergefüllte Schalen, um Säurereste und Neubildungen auszulaugen, und trocknet sie dann vorsichtig bis zur Gewichtskonstanz. Die Gewichtsabnahme wird bei Schiefern auf 1 m^2 Plattenoberfläche, sonst auf Prozente des ursprünglichen Trockengewichtes umgerechnet. Die Gewichtsabnahme bildet ein Maß für die Verwitterbarkeit des Gesteines.

Mit Vorteil prüft man zugleich mit den zu untersuchenden Proben noch drei Gesteine von bekannter Beschaffenheit, und zwar ein sehr wetterfestes Material (z. B. Quarzit), ein mittelgutes (etwa Granit oder Syenit) und ein leicht angreifbares (Marmor). Setzt man die Gewichtsabnahme in Prozenten des Anfangsgewichtes beim Quarzit gleich 1, dann erhält man für die übrigen Gesteine den Verwitterungskoeffizienten φ. Seipp klassifiziert:

1. Nicht frostbeständig, daher auch nicht wetterbeständig; Agenzienprobe zwecklos. Gruppe I.

2. Bei der Frostprobe geringe Veränderungen. Für freistehende Architekturteile und Wasserbauten unbrauchbar. Für sonstige Verwendungszwecke weitere Prüfung auf Agenzienwirkung:

a) Agenzienprobe nicht bestanden. Gruppe I.

b) Agenzienprobe bestanden. Gruppe I bis II.

3. Frostprobe bringt keine oder höchstens ganz geringfügige Veränderungen an Ecken und Kanten hervor.

a) φ größer als beim mittelguten Vergleichsgestein. Gruppe II.

b) φ kleiner. Gruppe III.

Als Gruppe IIIa faßt Seipp Gesteine zusammen, die bei der Agenzienprobe zwar starke Veränderungen erleiden, in der Natur aber nach erfolgter Veränderung ihrer Oberfläche infolge ihrer Dichte oder der Abscheidung einer Schutzschichte im allgemeinen ziemlich wetterbeständig sind (Marmore, Serpentine).

Der Seippschen Prüfungsmethode haften manche Mängel an, vor allem der Umstand, daß bei der starken Konzentration der Agenzien die chemischen Umsetzungen zum Teil anders verlaufen als in der Natur. So erscheint Carraramarmor bei der Agenzienprobe völlig minderwertig, während er in der Natur eine Schutzschichte von Gips ausbildet und sich dann sehr gut hält. Die Bedingungen des Prüfungsverfahrens sind in dieser Hinsicht also ungünstiger als die natürlichen. Dafür läßt sich der mannigfache Wechsel von Hitze und Frost, Quellen und Schwinden experimentell überhaupt nicht nachahmen.

Theoretische Wetterbeständigkeitsprüfung nach Hirschwald. Von der Erkenntnis der Unzulänglichkeit experimenteller Wetterbeständigkeitsproben ausgehend, suchte Hirschwald die Beziehungen zwischen den petrographischen Eigenschaften eines Gesteines und seiner Wetterbeständigkeit festzustellen. Er studierte zu diesem Zwecke den Erhaltungszustand der Bausteine an 1059 Bauwerken im Alter von 1 bis 1850 Jahren. Auf Grund der Festigkeitsverminderung und der Oberflächenverwitterung unter Berücksichtigung des Alters und der Verwendungsart stellte er sechs Qualitätsklassen (I bis VI) auf, die durch die Qualitätsziffern 1 bis 6 gekennzeichnet sind. In der Qualitätsklasse äußert sich der Einfluß der einzelnen Gesteinseigenschaften, die Qualitätsziffer ist also die Summe der Bewertungsziffern dieser Eigenschaften.

Sind die einzelnen Gesteinseigenschaften, wie Mineralbestand, Festigkeit, Struktur, Abnutzbarkeit, Porosität, Wasseraufnahme, Erweichbarkeit, bekannt und die Bewertungsziffern derselben gegeben, dann läßt sich durch einfache

Addition der letzteren die Qualitätsziffer berechnen, die die Qualitätsklasse angibt. Die Bewertungsziffern, die für jede Gesteinsart verschieden sind, wurden von Hirschwald für folgende Gesteinsgruppen berechnet[1]): 1. Sandsteine, 2. Grauwacken, 3. Kalksteine, Dolomite und Marmore, 4. Dachschiefer, 5. Granite, 6. Gneise, Glimmerschiefer u. dgl., 7. Hornblende-Augitsteine (Syenite, Diorite, Gabbros, Diabase), 8. Porphyre, 9. Trachyte und Andesite, 10. Basalte, 11. Schalsteine, 12. Tuffe. Eine Wiedergabe der zahlreichen Tabellen, Strukturbilder und Diagramme ist im Rahmen dieses Buches natürlich ausgeschlossen, so daß bezüglich der Durchführung des Prüfungsverfahrens auf die Originaldarstellung im Handbuche der bautechnischen Gesteinsprüfung (S. 331 ff.) verwiesen werden muß.

Anhaltspunkte für die Beurteilung der Wetterbeständigkeit von Gesteinen nach vorwiegend äußeren Kennzeichen.

1. Tiefengesteine. Der Erweichungskoeffizient soll nicht unter 0,9, der Sättigungskoeffizient nicht über 0,75 liegen. Gesteine mit einem Porenvolumen unter 0,5% können ohne weitere Untersuchung als frostsicher gelten.

a) Glimmergesteine (Granite, Glimmersyenite und -diorite). Maßgebend für die Wetterbeständigkeit ist vor allem der Erhaltungszustand der Feldspate. Letztere sollen glasglänzend sein und unter dem Mikroskop nur geringe Zersetzung zeigen. Gut ausgebildete Spaltrisse sind schädlich. Etwas angewitterte Feldspate, die aber noch hart und mit dem Messer nicht oder kaum ritzbar sind, schaden wenig, soferne das Gestein quarzreich ist; in solchen Fällen soll der Quarz gleichsam ein zusammenhängendes Netzwerk bilden, in dessen Maschen die übrigen Gemengteile liegen. Dünne oder unzusammenhängende Quarzschnüre, Aggregationen von isolierten Quarz- und Feldspatkörnern vermögen jedoch auch bei großem Quarzreichtum die Unfrische der Feldspate nicht zu kompensieren. Bildet der Feldspat eine geschlossene Masse, in der die übrigen Gemengteile eingebettet sind, dann ist auf absolute Frische desselben ganz besonders zu achten. Im Wasserbau sind nur vollkommen unverwitterte Gesteine brauchbar. Gesteine, deren Feldspat mit dem Messer verhältnismäßig leicht geritzt werden kann, sind unbrauchbar.

Glimmerreichtum und Pyritführung sind schädlich, während ein Gehalt an Hornblende oder Augit erwünscht ist. Die Glimmer sollen regellos angeordnet und gleichmäßig verteilt sein. Pyritkörner und größere Pakete von eisenreichem Biotit verursachen häßliche Rostflecke. Im allgemeinen ist Pyrit in kalifeldspatreichen Gesteinen weniger gefährlich als in plagioklasreichen.

Sehr schädlich wirken Zertrümmerungen und Zermörtelungen der Gemengteile, soferne die Risse nicht durch infiltrierte Kieselsäure vollständig verheilt sind. Findet die Verkittung durch Kalzit statt, dann bleibt das Gestein minderwertig, namentlich bei Anwesenheit von Pyrit. Derartige kataklastische Gesteine müssen sorgfältig auf Frostbeständigkeit untersucht werden. Das gleiche gilt für schieferige, angewitterte oder drusige Gesteine.

Feinkörnige und gleichkörnige Gesteine sind unter sonst gleichen Verhältnissen wetterfester als grobkörnige und ungleichkörnige. Porphyrische Gesteine

[1]) Die Berechnung der Bewertungsziffer erfolgte nach dem sogenannten Eliminationsverfahren. Angenommen, ein Gestein hätte die Eigenschaften A, B, C, D, deren Bewertungsziffern a, b, c, d bereits bekannt sind; sein Erhaltungszustand läßt auf Qualitätsklasse II (Qualitätsziffer 2) schließen. Es gilt dann die Gleichung: $a+b+c+d=2$. Ein anderes gleichartiges Gestein besitze die gleichen Eigenschaften, dazu aber noch eine weitere Eigenschaft E (etwa einen bestimmten Gehalt an Glimmer, Pyrit oder dgl.), deren Bewertungsziffer e zu berechnen ist. Das Gestein gehöre der Qualitätsklasse II bis III (Qualitätsziffer 2,5) an. Die Qualitätsverschlechterung muß offenbar mit der Eigenschaft E zusammenhängen. Wieder kann man für die Qualitätsziffer eine Gleichung aufstellen: $a+b+c+d+e=2{,}5$. Da aber $a+b+c+d=2$ ist, muß $e=+0{,}5$ sein.

unterliegen der Verwitterung rasch, wenn die Feldspateinsprenglinge groß, zahlreich und von rissiger Ausbildungsform sind.

Ist ein Gestein in natürlichen Aufschlüssen wenig verwittert, dann deutet das auf gute Wetterbeständigkeit hin; umgekehrt darf aus einer stärkeren Verwitterungskruste nicht unbedingt auf das Gegenteil geschlossen werden. Beim Studium der Verwitterung von Bausteinen an alten Bauwerken ist vornehmlich auf die Festigkeitsverminderung, Kantenabrundung und auf Verfärbungen (Limonitflecken) zu achten.

Die hier ausgesprochenen Leitsätze für die Beurteilung der Wetterbeständigkeit finden zum Teil auch bei den übrigen Gesteinen sinngemäße Anwendung.

b) Hornblende-Augitgesteine. Hieher gehören zunächst die verhältnismäßig hornblendearmen Syenite und Diorite, die sich enge an die Glimmergesteine anschließen. Erwähnenswert ist der Umstand, daß größere Hornblende- und Augitmengen nicht schädlich sind und daß auch eine gewisse Unfrische dieser dunklen Mineralien wenig in die Wagschale fällt, soferne nur die Feldspate frisch und unzersetzt sind.

Bei den hornblende- und augitreichen Dioriten und Gabbros ist der ophitische Strukturtypus, bei dem sparrig gestellte Leisten von Plagioklas ein Gewebe bilden, dessen Zwickel dunkle Gemengteile ausfüllen, günstiger als der gabbroide, bei dem isolierte Körner von Plagioklas und Hornblende (Augit) regellos miteinander verwachsen sind. Noch günstiger ist es, wenn Hornblende und Augit ein Grundgewebe bilden, dem die Feldspate isoliert eingelagert sind; derartige Gesteine gehören zu den zähesten und widerstandfähigsten Materialien.

Eisenoxyd- und tonerdreiche schwarze Augite verwittern leichter als grün gefärbte. Augitmassen, die in Chlorit umgewandelt sind, beeinträchtigen die Wetterbeständigkeit, während Neubildungen von körniger, strahliger oder faseriger Hornblende keine Schädigungen bedingen. Gesteine, deren Augit sich in Grünerde umwandelt, sind ganz minderwertig.

Saussuritisierte Feldspate sind nicht nur unschädlich, sondern sogar zähe und widerstandsfähig, soferne unter den Umsetzungsprodukten nicht Kalzit in größerer Menge erscheint. Risse und Sprünge der Gemengteile können durch Albit oder Epidot solide verkittet sein. Karbonat- und Chloritkittmassen hingegen sind namentlich bei Anwesenheit von Kiesen unbeständig. Vollkommen frische Augite und Hornblenden werden durch die von zersetzten Pyriten herstammende Schwefelsäure kaum angegriffen, weshalb ein kleiner Pyritgehalt in sehr basischen plagioklasarmen Gesteinen nicht schadet. Bedenklich ist hingegen das Zusammenvorkommen von Pyrit und Olivin; letzterer ist überhaupt ein unerwünschter Gemengteil, da er stets von Sprüngen durchsetzt ist, durch den Frost leicht zersprengt wird, und, wo er in größerer Menge auftritt, zu empfindlichen Störungen des Gesteinsverbandes Anlaß geben kann.

2. Ergußgesteine.

a) Porphyrartige Gesteine (Quarzporphyre, Porphyre, Porphyrite). Die Wetterbeständigkeit dieser Gesteine hängt einerseits vom Mengen- und Größenverhältnis der Einsprenglinge zur Grundmasse, anderseits von der Beschaffenheit der letzteren ab. Glasige Gesteine sind spröde und im allgemeinen leicht verwitterbar, daher wenig wertvoll. Eine Grundmasse von feinkristallinischer Beschaffenheit ist außerordentlich fest und wetterbeständig, namentlich wenn sie sehr quarzreich oder sekundär verkieselt ist; sie vermag dann sogar eine gewisse Unfrische der Einsprenglingsfeldspate zu kompensieren, soferne letztere nicht in allzu großer Menge auftreten. Eine Grundmasse mit technisch guten Eigenschaften erkennt man äußerlich an ihrem email-, porzellan- oder hornsteinartigen Aussehen, splitterigen Bruch und an ihrer bedeutenden Härte, die ein Ritzen mit dem Messer unmöglich macht. Verkieselte Gesteine geben überdies am Stahl Funken. Auf keinen Fall darf beim Anhauchen toniger Geruch bemerkbar sein.

Porphyrische Feldspateinsprenglinge müssen, wenn sie in großer Menge auftreten, auf ihre Frische und Rißfreiheit untersucht werden. Die dunklen Gemengteile spielen bei der Beurteilung meist keine Rolle.

Eine Prüfung der Frostbeständigkeit ist nur bei angewitterten oder porphyrischen Varietäten erforderlich.

b) Trachytische Gesteine (Liparite, Trachyte, Andesite). Sie unterscheiden sich von den porphyrischen Gesteinen im wesentlichen durch ihre mehr lockere Grundmasse. Ist dieselbe feinkörnig kristallinisch und ziemlich kompakt, dann widersteht sie den Witterungseinflüssen gut, namentlich wenn sie viel Quarz enthält. Hohlräume zwischen den Kriställchen hingegen setzen die Frostbeständigkeit herab. Glasreiche, namentlich bimssteinartig poröse Grundmassen sind unbeständig. Fluidale Anordnung der Gemengteile kann zu Abblätterungen führen. Von größter Wichtigkeit ist auch hier die Frische der Grundmasse und eine eventuelle sekundäre Verkieselung derselben.

Einsprenglinge von Sanidin oder Plagioklas wittern hier viel leichter aus als bei den porphyrartigen Gesteinen; Hornblende- und Augiteinsprenglinge zeigen diese lästige Eigenschaft in geringerem Maße.

Für Wasserbauten und Fundamentmauern im feuchten Boden dürften trachytartige Gesteine im allgemeinen nicht zu empfehlen sein. Der Frostbeständigkeitsprüfung und der Bestimmung der Erweichbarkeit ist auf jeden Fall ein besonderes Augenmerk zuzuwenden.

Phonolithe sind bei großem Reichtum an unfrischem Nephelin und deutlich plattiger Absonderung wenig wetterbeständig.

c) Diabase und Melaphyre. Für die Prüfung der Wetterbeständigkeit gelten die bei den Hornblende- und Augitgesteinen aufgestellten Grundsätze. Überdies wäre auf das eventuelle Vorhandensein einer leicht verwitterbaren Glasbasis zu achten, die sich häufig durch rostbraune Verwitterungsfarben kenntlich macht. Diabase und Melaphyre, die in der Natur zu starker Limonitbildung oder zur Grünerdebildung neigen, sind ebensowenig beständig wie stark gepreßte chloritreiche Varietäten.

d) Basalte. Nephelin- und Leuzitbasalte sind zwar weniger wetterbeständig als Feldspatbasalte, zeigen aber doch einen hohen Grad von Widerstandsfähigkeit, sofern der Nephelin bzw. Leuzit im Bruchgestein vollkommen frisch war. Mittel- und grobkörnige Basalte (Dolerite) sind meist wenig beständig.

Die meisten Basalte zeigen porphyrische Ausbildung. Die Einsprenglinge (Augit, Magnetit, Titaneisen) beeinträchtigen bei feinem Korn die Wetterbeständigkeit im allgemeinen auch dann nicht, wenn sie in größerer Menge auftreten, vorausgesetzt, daß sie frisch sind und durch eine rißfreie, unzersetzte Grundmasse solide verkittet werden. Ungünstig wirkt nur Olivin, namentlich wenn derselbe in größeren Knollen erscheint oder von vornherein unfrisch ist.

Von größter Bedeutung ist die Beschaffenheit der Grundmasse; letztere soll vollkommen frisch und hart sein und darf beim Anhauchen keinen tonigen Geruch erkennen lassen. Die Bruchfläche muß kompaktes Gefüge zeigen und eben bis muschelig, keinesfalls hackig oder grobhöckerig sein. Schlackige Basalte (Basaltlaven) können sehr wetterfest sein, sofern die Gesteinsmasse zwischen den Blasenräumen den Anforderungen entspricht, die an eine widerstandsfähige Grundmasse gestellt werden.

Die Qualität der Grundmasse wird durch reichliche Augitführung verbessert, durch glasige und zeolithische Einschlüsse verschlechtert. Der Augit macht das Gestein zähe und wetterfest, das Glas spröde und leicht verwitterbar. Da aber nicht alle Gläser in gleichem Maß angreifbar sind, muß ihre Zersetzbarkeit im Dünnschliff oder Pulverpräparat durch Ätzversuche mit Salzsäure geprüft werden. Grundmassen, bei denen der Augit ein zusammenhängendes Netzwerk bildet, dem die übrigen Mineralien isoliert eingelagert sind, verdienen den Vorzug vor solchen, bei welchen der Plagioklas oder der Nephelin das feste Gerüst bildet. Von geringerer Güte sind Grundmassen, die sich aus zerstreut verwachsenen Mineralkörnern zusammensetzen.

Viele Basalte, die sich im Hochbau gut bewährten, haben im Wasserbau oder bei der Verwendung als Gesimsesteine sehr enttäuscht. Der Grund hiefür liegt in einer ursprünglichen oder durch Sonnenbestrahlung erzeugten Klüftigkeit. Es wird sich daher empfehlen, Basalte, welche für die erwähnten Zwecke Verwendung finden sollen, zunächst einigemal auf 100° zu erhitzen und dann auf Frostbeständigkeit zu prüfen. Der Sättigungskoeffizient des Gesteines sollte in solchen Fällen nicht über 0,6 steigen.

Für die Erkennung der sogenannten „Sonnenbrenner" werden folgende Mittel empfohlen: Mehrmaliges Erhitzen auf + 50 bis 100° und Untersuchung auf Rißbildung. Anhaltendes Kochen in destilliertem Wasser (stunden- bis tagelang), in wässerigen Lösungen von Ammonkarbonat, Natronkarbonat oder Essigsäure (1 bis 2 Stunden). Am raschesten führt etwa 10 Minuten langes Kochen mit Salzsäure zum Ziele, doch soll dieses Mittel nach Hoppe und Kellermann so energisch sein, daß häufig auch Nichtsonnenbrenner angegriffen werden. Hoppe und Kellermann empfehlen die Anwendung der auch in der Natur wirksamen Kohlensäure; sie lagern das Probematerial 8 bis 10 Tage lang in Lösungen von Kohlensäure oder Kalziumbikarbonat. Sonnenbrenner zeigen, wenn sie nach einer der angeführten Methoden behandelt wurden, nach dem Abtrocknen die bekannten weißen Flecke, gelegentlich auch die typischen Rißbildungen. Es empfiehlt sich, die Proben an geschliffenen Basaltplatten vorzunehmen, weil sich eventuell eintretende Veränderungen an solchen Körpern am deutlichsten zeigen. Durch mikroskopische Untersuchung allein lassen sich Sonnenbrenner nicht erkennen.

e) Tuffe. Tuffe können trotz ihrer Porosität und geringen Festigkeit einen dauerhaften Baustein liefern, wenn sie infolge der morphologischen Beschaffenheit ihrer Poren der Frostwirkung widerstehen. Sie müssen daher vor allem auf Frostbeständigkeit geprüft werden (Erweichbarkeit, Wassersättigung, Frostversuch). Einschlüsse von Leuzit, Tonschiefer und Bimsstein sind schädlich. Die chemische Widerstandsfähigkeit der Glassubstanz ist durch Lösungsversuche mit Salzsäure zu prüfen. Die Wetterbeständigkeit und Festigkeit der Tuffe hängt wesentlich vom Grad ihrer Verkieselung ab.

3. Sedimentgesteine.

a) Sandsteine, Grauwacken, Arkosen, Konglomerate und Breccien. Die Untersuchung hat bei derartigen Gesteinen zunächst festzustellen, ob unter den körnigen Gemengteilen Trümmer von Gesteinen und Mineralien vorhanden sind, die infolge ihrer Unfrische oder ursprünglichen Angreifbarkeit leicht verwittern und daher Schädigungen des Gesteinszusammenhanges zur Folge haben können (Tonschieferbrocken, Fragmente von angewitterten kristallinen Gesteinen oder von unfrischem Feldspat, Gerölle von Kalk bei Gegenwart von Pyrit, kohlige Einschlüsse usw.). Die relative Menge dieser Gemengteile kann nach der Rosiwalschen Methode bestimmt werden. Auf jeden Fall ist festzustellen, ob bei Zerstörung derselben eine wesentliche Lockerung des Gesteinsgefüges zu befürchten ist oder nicht.

Sodann wird der Verband der Körner in geometrischer und stofflicher Hinsicht geprüft. Je niedriger unter sonst gleichen Verhältnissen die Bindungszahl, also die Zahl der Körner, ist, mit der jedes einzelne Korn im Dünnschliff oder im Anbruch verbunden erscheint, desto inniger und fester ist die Kornbindung, desto größer die Wetterbeständigkeit. Das Bindungsmaß als Quotient $\frac{\text{gebundener Teil des Kornumfanges}}{\text{Kornumfang}}$ soll dem Maximalwerte 1 möglichst nahekommen.

Wichtiger als der geometrische Verband ist die stoffliche Beschaffenheit des Bindemittels. Am widerstandsfähigsten verhalten sich kieselige Zemente (Quarz, Chalzedon, Opal). Im günstigsten Falle umwächst das quarzige Bindemittel orientiert die klastischen Quarzkörnchen, bildet also Fortwachsungen derselben, so daß schließlich Quarzite mit unmittelbarer Kornbindung entstehen (Abb. 79). Weniger günstig, aber noch immer erstklassig sind Verbände, bei denen das Bindemittel zwar nicht orientiert, doch völlig lückenlos die Körner verkittet. Bleiben zwischen den Körnern zwickelförmige Hohlräume (Poren) frei, ist also das Bindungsmaß kleiner als 1, dann sinkt die Qualität der Bindung; nach Hirschwald sind kieselig verkittete Gesteine mit einem Bindungsmaße größer als 0,5 noch erstklassig.

Kalkig zementierte Gesteine sind wetterfest, sofern der Kitt kristallinisch kompakt ist und Pyrit fehlt. Sie bilden bei der Einwirkung von Rauchgasen eine Schutzschichte von Gips aus, die ein Weiterdringen der Säuren verhindert. Kalkigpulverige Bindemittel werden ausgewaschen und zerfrieren leicht, da sie infolge ihrer Porosität das Wasser begierig aufsaugen[1]). Tonig-kalkige und tonig-dolomitische Zemente sind weder frost- noch rauchgasbeständig; sie enthalten zu wenig Kalk, um bei Einwirkung von Schwefelsäure eine abdichtende Gipsschichte ausbilden zu können.

Tonige, kaolinige, limonitische, hämatitische und glaukonitische Bindemittel sind an und für sich unbeständig. Ihre Widerstandsfähigkeit erhalten sie erst durch sekundäre Verkieselung, deren Grad durch Härteproben (Ritzen des Zementes mit der Stahlnadel) und durch Untersuchung der Erweichbarkeit[2]) geprüft werden muß. Anhaltspunkte für die Beurteilung der Kornbindungsfestigkeit bzw. der Erweichbarkeit bieten die Widerstände, die das trockene bzw. feuchte Gestein dem Zerschlagen mit dem Hammer entgegensetzt. Auch die Leichtigkeit, mit der es gelingt, zugeschärfte Kanten des trockenen bzw. feuchten Gesteines mit den Fingern abzubröckeln, kann Aufschluß über die Erweichbarkeit geben.

Die Qualität nichtkieseliger Bindemittel wird durch einen größeren Gehalt an Glimmer, Pyrit, erdigem Kalk, Dolomit, kohliger Substanz (vor allem Braunkohle) beeinträchtigt; der schädliche Einfluß macht sich um so stärker bemerkbar, je weniger das Bindemittel verkieselt ist.

Die bisherigen Ausführungen haben sich lediglich auf das Kittzement bezogen; werden die zwickelförmigen Hohlräume zwischen den verkitteten Sandkörnern durch eine differente Masse erfüllt, dann spricht man von einem Porenzement. Kieselige oder verkieselte Porenzemente können die Festigkeit und Beständigkeit des Gesteines erheblich bessern, während unverkieselte kolloidale oder pulverige Massen die Festigkeit nicht wesentlich steigern, im Fall ihrer Zerstörung oder Auswaschung aber auch nicht arg schädigen. Wasseraufsaugende Porenzemente können insofern schädigend wirken, als sie die Frostbeständigkeit des Gesteines gefährden.

Klastische Gesteine, deren Sandkörnchen bzw. Gerölle isoliert in einer Zementgrundmasse (Basalzement) liegen, sind stets nur von mittlerer bis schlechter Qualität, auch wenn das Zement erheblich verkieselt ist.

Ist die natürliche Schichtung so enge, daß sie schon im Werkstücke zu sehen ist, oder sind parallele Zonen starker Aufsaugefähigkeit durch Färbeversuche nachweisbar, dann pflegt die Frostbeständigkeit nicht befriedigend zu sein. Besonders bedenklich ist es, wenn die Schichtung nicht durch Wechsel der Korngröße, sondern durch Schmitzen und Lagen von Ton, Glimmer oder kohliger Substanz hervorgerufen wird. Auch druckschieferige Sandsteine, Grauwacken und Konglomerate sind wenig verläßlich und müssen daher auf Frostbeständigkeit geprüft werden.

b) Kalke, Dolomite, Marmore, Mergel. Die Wetterbeständigkeit der Kalke hängt von der Art der Kornbindung, vom Gehalte an schädlichen Gemengteilen und vom Grade der Schichtung und Klüftung ab.

Kalke mit unmittelbarer Kornbindung (Marmore u. a.) sind um so wetterfester, je feinkörniger und porenärmer sie sind. Aus staubfeinen Kalzitindividuen bestehende Kalke (pelitomorphe Kalke nach Hirschwald) erweichen im Wasser leicht und verwittern daher rasch.

Bei Kalken mit mittelbarer Kornbindung werden Körner von Kalzit, kalkige Reste von Lebewesen oder oolithische Kügelchen durch ein Zement verbunden, von dessen Beschaffenheit die Gesteinsqualität abhängt. Bei kalkigem Bindemittel kommt es auf die Korngröße des Zementes und auf die Stetigkeit der Kornbindung an. Letztere läßt sich unter dem Mikroskop oder mit Hilfe der Färbemethode bestimmen. Ist das Bindemittel substantiell verschieden (tonig, limonitisch, bituminöskohlig, kieselig), dann ist der Grad der Erweichbarkeit[3]) desselben von ausschlaggebender Bedeutung. Letzterer läßt sich durch einfaches Zerschlagen des trockenen und durchfeuchteten Gesteines mit dem Hammer approximativ bestimmen. Kalke,

---

[1]) Kalkige Bindemittel erkennt man durch Befeuchten mit HCl, pulverig-kalkige im besonderen durch den Färbeversuch.

[2]) Nach Hirschwald darf der Erweichungskoeffizient für aufgehendes Mauerwerk nicht unter 0,75, für Fundamentmauern, freistehende Architekturteile und Wasserbauten nicht unter 0,90 sinken. Die Sättigungskoeffizienten dürfen bei undeutlich geschichteten Gesteinen 0,8 (bzw. 0,65), bei deutlich geschichteten 0,75 (bzw. 0,60) nicht übersteigen.

[3]) Der Erweichungskoeffizient soll nach Hirschwald für aufgehendes Mauerwerk größer als 0,85, für Wasserbauten, Fundamentmauern und Gesimse größer als 0,93 sein; die Sättigungskoeffizienten sollen bei deutlich geschichteten Kalken unter 0,70 bzw. 0,50 liegen.

die im Zement oder innerhalb der Kalzitkörnchen als feinste Einlagerung Ton führen (Mergel), zerfrieren leicht; verkieselte Kalke hingegen weisen je nach dem Grade der Silifizierung eine erhöhte Härte und Widerstandsfähigkeit auf. Dünngeschichtete Kalke und Kalke mit tonigen Lagen (Knollen-, Flaserkalke) sind frostunbeständig. Unbeständig sind auch Kalksteine, die beim Färbeversuche schichtenförmige Farbstoffeindringung aufweisen.

Als schädliche Nebengemengteile kommen neben Pyrit vor allem gröbere Einlagerungen von toniger oder kohliger Substanz in Betracht. Einschlüsse von Quarzsand beeinträchtigen die Wetterbeständigkeit nicht.

c) Tonschiefer und Dachschiefer. Tonschiefer können wegen ihrer starken Erweichbarkeit für Bauzwecke nur dann verwendet werden, wenn sie in hohem Grade silifiziert sind. Sie spielen mit Ausnahme der als Dachschiefer bezeichneten Varietäten eine geringe Rolle.

Dachschiefer sind dünnplattig spaltbare Tonschiefer und Phyllite, die zwar zum Teil aus wenig widerstandsfähigem Ton (neben Quarz und Glimmer) bestehen, infolge ihrer strukturellen Eigenart aber den Witterungseinflüssen doch gelegentlich Jahrhunderte lang standhalten. Sind nämlich die Schichtflächen von kontinuierlichen, nicht zu dünnen Glimmerhäuten überzogen, dann kann das Wasser senkrecht zur Schieferung nicht eindringen und eine Veränderung der leicht angreifbaren Gemengteile unterbleibt. Parallel zur Schieferung ist die Angriffsfläche klein, die Gefahr der Wassereindringung also geringer. Immerhin bieten flaserig verlaufende Glimmerhäute dem Eindringen des Wassers größeren Widerstand als ebenflächig parallele; da flaserige Gesteine bei eintretender Verwitterung überdies nur allmählich abschuppen, während ebenflächig-schieferige ziemlich rasch zerspalten, verdient die Flasertextur unbedingt den Vorzug vor der reinen Schiefertextur, vorausgesetzt, daß die einzelnen Linsen nicht so dick und kurz sind, daß die Spaltbarkeit des Gesteines darunter leidet.

Die Texturverhältnisse der Dachschiefer werden entweder im Dünnschliff (Querschliff) oder mit freiem Auge untersucht. Den Glimmerreichtum und die Gleichmäßigkeit der Glimmerverteilung beurteilt man mit freiem Auge nach dem Glanze der Schichtflächen. Sind letztere vollkommen eben, dann liegt wahrscheinlich Parallelschieferigkeit vor, verlaufen sie nur im großen eben, während im kleinen zahlreiche buckelige Unebenheiten sichtbar werden, dann hat man den günstigeren Fall der Flasertextur vor sich.

Der Grad der Wasserdichtigkeit eines Schiefers senkrecht zur Schichtung kann nach Hirschwald einfach geprüft werden, wenn man den Querbruch der Schieferplatte ringsum mit Asphaltlack überzieht, so daß nur die beiden Flächen des Hauptbruches frei bleiben, die Platte im Exsikkator trocknet und wiegt, sodann den Probekörper ins Wasser legt, nach 24stündiger Wasserlagerung abermals wiegt und aus der Gewichtszunahme die Wasseraufnahme pro 1 cm² Oberfläche berechnet. Diese soll bei erstklassigen Schiefern zwischen 0,027 und 0,12 g/cm² liegen, während sie bei schlechtem Material bis auf 0,84 bis 1,376 g steigt. Eine große Undichtigkeit schadet nur bei quarzreichen oder sekundär stark verkieselten Schiefern nicht. Um Anhaltspunkte für die Beurteilung der diesbezüglichen Verhältnisse zu gewinnen, bestimmt man mit dem Sklerometer die Härte des Gesteines und seine Erweichung nach 14tägiger Wasserlagerung.

Parallel zur Schichtung wird die Wasseraufsaugung nach Brunner in der Weise bestimmt, daß man aus dem Schiefer 12 cm lange und 6 cm breite Stücke herausschneidet und letztere aufrecht in ein Becherglas stellt, dessen Boden 1 cm hoch mit Wasser bedeckt ist. Das Glas wird bedeckt und sorgfältig vor Erschütterungen bewahrt. Nach 24 Stunden beobachtet man, wie weit die Feuchtigkeit im Schiefer über den Wasserspiegel gestiegen ist.

Da kohlige Partikelchen das Wasser begierig anziehen, sind stark kohlige Schiefer unbeständig. Man unterscheidet sie von den ähnlich gefärbten, aber wetterbeständigen graphit- und magnetitreichen Schiefern durch folgende Proben:

1. Erhitzen des Pulvers im Kölbchen: Bei Kohle brenzlicher Geruch.

2. Erhitzen des Pulvers im Tiegel bis zur hellen Glut: Bei Kohle Bleichung der dunklen Farbe.

3. Das Pulver graphitischer Schiefer erzeugt beim Verreiben auf weißem Papier schwer verwischbare, matt glänzende Striche.

4. Magnetit läßt sich aus dem Pulver mit Hilfe eines Magneten ausziehen.

5. Im Dünnschliff unterscheidet sich die kohlige Substanz durch unregelmäßig verschwommene (wolkenartige) Ausbildungsform von den scharf begrenzten Magnetitkörnern und Graphitflittern.

Ein sehr schädlicher Gemengteil ist der Pyrit, namentlich wenn er mit Ton oder gar mit Karbonaten zusammen vorkommt. Man erkennt ihn besonders bei grellem künstlichen Lichte leicht an seiner goldähnlichen Farbe. Die Menge der Karbonate schätzt man nach der Kohlensäureentbindung beim Befeuchten des Pulvers mit HCl. Ohne Pyrit ist ein größerer Kalkgehalt nur in rauchgasreicher Luft ungünstig. Für genauere Untersuchungen kommt die quantitative chemische Bestimmung des Schwefel- und Kohlendioxydgehaltes in Betracht.

Die Frostbeständigkeit der Dachschiefer wird entweder experimentell geprüft oder nach dem Grade der Wassersättigung beurteilt. Bei erstklassigen Schiefern ist $S \leq 0{,}5$. Nicht minder wichtig ist die Prüfung auf „Sonnenbrand". Bei dieser wird die Probeplatte zunächst 1 Stunde in Wasser, sodann nach erfolgtem Abtrocknen auf eine eiserne Platte gelegt, allmählich und gleichmäßig auf 160° erhitzt und eine halbe Stunde lang bei dieser Temperatur belassen. Zeigen sich nach dieser Behandlung Risse und Sprünge, dann besteht Verdacht auf Sonnenbrand; erfolgt das Zerspringen schon bei 80°, dann kann das Material mit Sicherheit als minderwertig bezeichnet werden.

Die experimentelle Wetterbeständigkeitsprobe (Widerstandsfähigkeit gegen chemische Agenzien) wird nach Seipp (S. 161) oder nach Fresenius durchgeführt. Das letzte Prüfungsverfahren erfaßt vor allem die Widerstandsfähigkeit gegen Rauchgase, indem es die Veränderungen feststellt, die Schieferstückchen bei vierwöchiger Lagerung in geschlossenen Glasgefäßen über einer konzentrierten wässerigen Lösung von SO_2 erleiden.

Die Verwendbarkeit eines Schiefervorkommens hängt, abgesehen von der Wetterbeständigkeit des Materials, die sich gelegentlich im Bruche selbst an den alten gebleichten Stücken des Abraumes konstatieren läßt, von der Bearbeitbarkeit des Schiefers ab. Letzterer muß dünn und eben spaltbar und in Platten von entsprechendem Format gewinnbar sein. Einschlüsse größerer Körner (Quarzknauern) erschweren die Arbeit des Spaltens und Hobelns und sind daher unerwünscht.

Ein guter Dachschiefer muß noch einer Reihe weiterer Bedingungen entsprechen, die auf folgende Weise geprüft werden. Bei der Untersuchung der Biegungsfestigkeit werden zwei aufeinander senkrecht stehende Streifen herausgeschnitten — bei deutlicher Streckung muß ein Streifen in der Richtung derselben liegen — und auf Biegung beansprucht. Bei der Prüfung der Widerstandsfähigkeit gegen Hagelschlag nach Romanowicz werden 2 cm große Stahlkugeln auf eine quadratische Schieferplatte (33 × 33 cm) fallen gelassen, die auf einem festen Rahmen (30 × 30 cm) liegt. Die Fallhöhe der Kugeln wird zuerst mit 1 m angenommen, dann zweimal um je 25 cm vergrößert. Die Feuerbeständigkeit wird durch halbstündiges Brennen eines 0,4 bis 1 cm starken Schieferplättchens über einem Meker-Brenner untersucht. Der Schiefer darf beim Versuch nur leicht nach der Schichtfläche aufblättern, nicht aber zerspringen (Grengg).

Bei geplanter Verwendung der Schiefer als Wärme- oder elektrotechnisches Isoliermaterial muß die Wärmeleitfähigkeit nach Poensgen (V. D. I.-Zeitschr., S. 1653, 1912) bzw. der elektrische Leitwiderstand nach der Verbandsvorschrift V. D. E., 1924, geprüft werden.

4. Kristalline Schiefer.

Für die Prüfung der kristallinen Schiefer gilt hinsichtlich der Beurteilung des Mineralbestandes das bei den Erstarrungsgesteinen Gesagte. Von besonderer Wichtigkeit ist hier das Studium der Gefügeverhältnisse, vor allem der Beziehungen zwischen der Gesteinsdeformation und der Umkristallisation (bei dynamometamorphen Schiefern) sowie der Morphologie der Schieferung.

Kristalline Schiefer sind um so wetterfester, je vollkommener die ursprünglich vorhanden gewesenen Zerbrechungen der Gemengteile durch spätere Umkristallisation verheilt sind.

Die Schieferung ist für das Gestein auf jeden Fall von Nachteil, da sie dem Wasser das schichtenförmige Eindringen gestattet und bei eintretender Frostwirkung Abblätterungen zur Folge hat, doch hängt der Grad der Schädigung stark von der Art der Schieferung ab. Ist letztere im wesentlichen nur durch die mehr oder minder längliche Form und parallele Anordnung der körnigen Gemengteile (Quarz, Feldspat) oder durch lagenartige Sonderung derselben verursacht, dann ist sie ziemlich unschädlich. Wird sie aber durch Anhäufung von Glimmermineralien in parallelen Lagen hervorgerufen, dann kann sie, je nach der Ausbildungsform, die Wetterbeständigkeit stark herabsetzen. Kurze, unzusammenhängende Glimmerflasern schaden verhältnismäßig wenig, namentlich wenn die einzelnen Glimmerlamellen innerhalb der Flasern nicht streng parallel gelagert sind. Vereinigen sich die Glimmerflasern aber zu kontinuierlichen Häuten, dann beeinflussen sie die Beständigkeit des Gesteines um so ungünstiger, je dicker die Membranen und je geringer die Abstände zwischen denselben sind. Flaserig angeordnete Glimmerzüge wirken unter sonst gleichen Bedingungen günstiger als parallele. Unter Umständen kann auch die Verwachsungsform der lichten Gemengteile die Wetterbeständigkeit beeinflussen, insofern verzahnte Mineralaggregate widerstandsfähiger sind und weniger leicht absanden als polygonal-pflasterförmige.

Bei Amphiboliten und Hornblendegneisen tritt an Stelle des Glimmers die Hornblende; derartige Gesteine sind frost- und wetterbeständiger als Glimmergesteine. Manche Amphibolite bestehen aus wirr verfilzten Hornblendesäulen; sie gehören bei entsprechender Dickbankigkeit zu den widerstandsfähigsten Materialien.

Gewisse kristalline Schiefer sind mehr oder minder massig (Eklogite, gewisse Amphibolite, Granulite usw.); sie werden nach ähnlichen Gesichtspunkten beurteilt wie die Erstarrungsgesteine.

2. Beurteilung von Gesteinen für bestimmte Zwecke

a) Gesteine im Hochbau. Die Bausteine des Fundamentmauerwerks werden in erster Linie auf Druck beansprucht. Da sie der Einwirkung der an gelösten Säuren und Salzen reichen Bodenfeuchtigkeit widerstehen müssen, sollen sie chemisch schwer angreifbar, unlöslich und möglichst wenig porös sein. Am besten eignen sich dichte, kristallinische Silikatgesteine, Sandsteine und Konglomerate mit kieseligem Bindemittel. Bei Fundierungen auf trockenem Baugrund können auch Kalksteine Verwendung finden. Die Gesteinsuntersuchung erstreckt sich auf die Bestimmung der Druckfestigkeit, Erweichbarkeit, Porosität, Frostbeständigkeit und Widerstandsfähigkeit gegen Lösung sowie gegen den Angriff chemischer Agenzien.

Gesteine für Sockelverblendungen sollen weder geschiefert noch dünn geschichtet sein, da sie sonst das Bodenwasser schichtenweise aufsaugen und dann bei Frost leicht abblättern. Die Prüfung der Frostbeständigkeit (und eventuell der Wasserverteilung) ist hier viel wichtiger als bei den Gesteinen des eigentlichen Fundamentmauerwerkes.

Die Bausteine des aufsteigenden Mauerwerks sollen bei entsprechender Druckfestigkeit frost- und wetterbeständig, wärmeisolierend und luftdurchlässig sein. Die beiden letzten Eigenschaften setzen eine gewisse Porosität voraus und bedingen gleichzeitig ein geringeres Raumgewicht (Sandsteine, poröse Ergußsteine, Tuffe, Ziegel). Porenfreie Gesteine verhindern die Ventilation und schlagen die Feuchtigkeit auf sich nieder (sie „schwitzen"). Um das Aufsteigen der Bodenfeuchtigkeit in das poröse Mauerwerk unmöglich zu machen, wird letzteres gegen die Fundamentmauern durch undurchlässige Stoffe isoliert. Schichtige und schieferige Gesteine lassen sich leicht lagerhaft bearbeiten und benötigen zu ihrer Verbindung relativ wenig Mörtel. Freilich müssen sie parallel zum Lager verlegt werden und frostbeständig sein.

Die Prüfung der Mauersteine für gewöhnliche Bauten erfolgt auf Druckfestigkeit, Frost- und Wetterbeständigkeit. Materialien für Wohnbauten wären gegebenenfalls auch auf Luftdurchlässigkeit zu untersuchen. Anhaltspunkte für die Beurteilung der letzteren gibt die Wasseraufnahme des Gesteines bei langsamer Durchfeuchtung (w_2). Direkt läßt sich die Luftdurchlässigkeit ermitteln, wenn man die Luftmenge mißt, die bei bestimmtem Überdruck in der Zeiteinheit durch die Flächeneinheit einer trockenen Gesteinsplatte von bekannter Dicke strömt. Bei Bausteinen für Monumentalbauten muß die Farbenbeständigkeit des Materials untersucht werden. Zuweilen ergibt sich auch die Notwendigkeit, die gleichmäßige Abnutzbarkeit mit Hilfe des Sandstrahlgebläses zu prüfen.

Gesteine, die für Gesimse und andere luftumspülte Architekturteile sowie für im Freien aufgestellte Statuen Verwendung finden sollen, müssen frei von Haarrissen, Klüften, Schieferungs- und Schichtflächen sein; die Prüfung der Frostbeständigkeit bedarf hier besonderer Strenge. In gewissen Fällen kann die Bestimmung der Biegungsfestigkeit notwendig werden.

Materialien für steinerne Türschwellen und Bodenbeläge müssen entsprechend große Druckfestigkeit, geringe und gleichmäßige Abnutzbarkeit, Stiegenstufen überdies noch genügende Biegungsfestigkeit und Hitzebeständigkeit besitzen. Werden Gesteine in der Nähe der Haupteingänge (Rampen, Vorsäle) verlegt, dann ist der Einfluß der von der Straße hereingetragenen Feuchtigkeit zu berücksichtigen (Bestimmung der Erweichbarkeit bzw. der Abnutzbarkeit im feuchten Zustande). Kalksteine mit großem oder ungleichmäßig verteiltem Tongehalt eignen sich für derartige Zwecke nicht.

Die Hitzebeständigkeit eines Gesteines wird geprüft, indem man Probewürfel desselben zwei Stunden lang über Gasflammen erhitzt und dann mit Wasser plötzlich abkühlt. Nach dem Erkalten wird das Material auf Verminderung der Druckfestigkeit untersucht. Kalksteine, Sandsteine mit kalkigem Bindemittel und quarzige Gesteine sind ganz ungeeignet, grobkörnige Granite minder geeignet; am besten entsprechen feinkörnige und gleichkörnige Silikatgesteine.

Gesteine für Wandverkleidungen müssen schön gefärbt, rißfrei und gut polierbar sein. Lückige, schieferige und glimmerreiche Gesteine lassen sich ebensowenig glätten wie tonig-erdige (Tuffe, Mergel). Die Härte der einzelnen Gesteinsgemengteile soll keine großen Unterschiede aufweisen, da sich sonst ebene Flächen nicht erzielen lassen (Sandsteine).

Obwohl die Politur an und für sich die Wetterbeständigkeit der Gesteine erhöht, da sie den Angriff der Verwitterungsagenzien erschwert, muß doch bei Wandverkleidungen im Freien besonders auf Wetterbeständigkeit und Farbenbeständigkeit geachtet werden. Gesteine mit angewitterten Feldspaten, mit Olivin und Serpentin werden bald rauh und verlieren ihren Glanz, durch kohlige Substanz gefärbte Gesteine bleichen leicht aus. Besonders schädlich sind Sulfide (Pyrit), die nicht nur die gefährliche Schwefelsäure abspalten, sondern auch rostige Flecken bilden. Ähnliche Rostflecken erzeugen eisenreiche Biotite und ungleichmäßig verteilte Mangan- und Eisenkarbonate. Die Farbenbeständigkeit kann nach Grengg durch Bestrahlen mit der Ultralampe (Quecksilberdampflampe) oder durch Behandlung mit wässerigen Lösungen von CO_2, SO_2, HCl, NaOH oder Na_2CO_3 geprüft werden.

Über die Beurteilung der Dachdeckmaterialien vgl. Seite 73 und 168.

b) Gesteine im Ingenieurbau. Materialien für Brückenbögen, Stützmauern, Ausmauerungen von Tunnels usw. werden nach den für den Hochbau angegebenen

Gesichtspunkten unter Berücksichtigung eventueller besonderer Festigkeitsbeanspruchungen und Agenzienwirkungen (SO_3 in Tunnels) beurteilt.

Im Wasserbau tritt als erschwerender Umstand die ständige Berührung der Gesteine mit dem Wasser hinzu, die einerseits zu weitgehender Füllung der Gesteinsporen und dementsprechender Frostempfindlichkeit führt, anderseits die lösende und ausschlämmende Wirkung des Wassers voll zur Geltung kommen läßt. Die Gesteinsuntersuchung hat daher in erster Linie die Froststbeständigkeit, Erweichbarkeit und Löslichkeit in schwach sauerem Wasser (Abwässer von Mooren, Fabriken), eventuell unter erhöhtem Druck (Talsperren) zu prüfen. Gesteine, die stark erweichen (tonige Sandsteine, Mergel) oder durch geringe Auslaugungen ihren Zusammenhang verlieren (kalkig verkittete Sandsteine), kommen für den Wasserbau überhaupt nicht in Betracht. Da möglichste Wasserdichtigkeit erwünscht ist, werden auch poröse Gesteine von der Verwendung ausgeschlossen. Es bleiben somit nur absolut frische Tiefengesteine, kompakte Ergußgesteine, kristalline Schiefer (soferne sie frostbeständig sind), Sandsteine und Konglomerate mit kieseligem Bindemittel sowie kompakte Kalksteine übrig. Auch letztere sollten wegen ihrer Löslichkeit bei Talsperren und anderen Bauten, wo Wasser unter hohem Druck steht, nicht verwendet werden (Burre). Für Schwergewichtsmauern eignen sich basische Eruptivgesteine (Gabbros, Diabase, Melaphyre, Basalte, eventuell Amphibolite) wegen ihres hohen Raumgewichtes am besten.

Die Festigkeitsprüfung beschränkt sich auf die Erprobung der Druck-, bei schieferigen Gesteinen eventuell auch der Scherfestigkeit; mit Hinblick auf Geschiebeführung und Eisgang kann auch die Bestimmung der Abnutzbarkeit wünschenswert sein.

c) **Gesteine im Straßenbau.** Packlagersteine. Die Packlage des Straßenkörpers hat die Aufgabe, Raddrücke, welche auf die gewölbeartig verspannte Straßendecke wirken und eine elastische Durchbiegung der letzteren verursachen, verteilt aufzunehmen und auf den Untergrund zu übertragen. Die Packlagersteine sind also weder den unmittelbaren Drücken der Räder und Hufe sowie der Abnutzung durch dieselben, noch den Atmosphärilien ausgesetzt. Das Regenwasser wird bei richtiger Beschaffenheit der Deckschichte und des Untergrundes rasch abgeleitet, so daß eine intensive Durchfeuchtung der Packlage nicht eintritt. Es können daher beim Bau von Packlagen auch schieferige und minder feste Gesteine, wie kristalline Schiefer, schieferige Sedimente usw., Verwendung finden, während exponierte Deckschichten aus hochwertigem Material hergestellt werden sollen.

Pflastersteine. Pflastersteine werden durch Spalten größerer Blöcke hergestellt und auf tragfähigem Unterbau verlegt. Je nach dem Format der Steine unterscheidet man Großpflaster (Kopffläche 200 bis 400 cm^2, Höhe 15 bis 18 cm), Mittelpflaster (Kopffläche zirka 150 cm^2, Höhe 11 bis 14 cm) und Kleinpflaster (Kopffläche 30 bis 130 cm^2, Höhe 7 bis 13 cm). Die Fugen zwischen den einzelnen Steinen sollen möglichst enge sein; sie können mit elastischen Füllmassen, wie Asphalt u. dgl., ausgegossen werden.

In einem Gesteinsvorkommen, das der Erzeugung von Pflastersteinen dienen soll, müssen die Klüfte derart verteilt sein, daß rißfreie Steine vom gewünschten Format ohne allzu großen Abfall gewonnen werden können. Um das hereingebrochene Gut möglichst vollständig ausnützen zu können, erzeugt man neben Pflastersteinen von verschiedenem Format wohl stets gleichzeitig auch Schotter (Steinschlag). Das Gestein muß leicht und ebenflächig spaltbar sein, damit die Herstellung brauchbarer Formatsteine keine Schwierigkeiten bereitet.

Der eingebaute Pflasterstein muß die Raddrücke und Verkehrsstöße aufnehmen, ohne zersprengt oder oberflächlich zermalmt zu werden. Die Abnutzung soll gering und gleichmäßig sein, die abgenutzten Flächen sollen rauh bleiben. Die Kanten der Steine dürfen sich nicht abrunden, da sonst allmählich „Katzenköpfe" entstehen, die starke Erschütterungen und lästige Lärmentwicklung zur Folge haben. Die Wasseraufsaugung (Porosität) soll aus hygienischen Gründen und wegen der Frosteinwirkung gering sein. Selbstverständlich darf ein Pflastermaterial weder im Wasser erweichen, noch im Laufe angemessener Zeiträume verwittern.

Für die Verwendung als Pflasterstein kommen nur massige, feste und unzerklüftete Gesteine in Frage (Tiefengesteine, kompakte Ergußgesteine, eventuell Grauwacken und stark verkieselte Sandsteine). Schieferige, löcherige, porphyrische und kataklastische Gesteine sollten ausgeschieden werden. Selbstverständlich ist Glimmerreichtum schädlich.

Die Untersuchung eines Gesteines auf seine Eignung als Pflasterstein sollte stets mit der mikroskopischen Prüfung beginnen, die man mit Vorteil durch Färbeversuche ergänzt. Die mikroskopische Prüfung läßt Mineralzerbrechungen, Klüfte und Risse, minderfeste oder unfrische Gemengteile und strukturelle Eigentümlichkeiten erkennen. Unfrische Gesteine scheiden von vornherein aus. Bei gleicher Struktur sind quarz- und feldspatreiche Gesteine verhältnismäßig spröde, hornblende- und augitreiche Gesteine zähe. Grobkörnige und ungleichkörnige Gesteine nutzen sich rascher ab und verwittern leichter als feinkörnige. Allzu feinkörnige, dichte oder aus einer einzigen Mineralart bestehende Gesteine (Basalte, Quarzite, Kalke) werden im Gebrauch glatt und schlüpfrig, was namentlich auf ansteigenden Fahrbahnen unangenehm ist, weshalb man hier stets gröbere Gesteine wählt als in der Ebene[1]).

Zelter hat den Einfluß der Mineralzusammensetzung sowie der absoluten und relativen Korngröße auf die Qualität der Granitpflastersteine untersucht. Er unterscheidet bezüglich der quantitativen Mineralzusammensetzung folgende Gruppen:

Tabelle 17

Gemengteil	Gruppe I (hoher Gehalt)	Gruppe II (mittlerer Gehalt)	Gruppe III (niedriger Gehalt)
Feldspat (F)	68—63,31%	63,30—57,36%	57,35—50,10%
Quarz (Q)	39,80—34,31%	34,30—28,26%	28,25—21,55%
Dunkle Gemengteile (Gl)	18,79—11,01%	11,00—5,01%	5,00—0,90%
Nebengemengteile (A)	0,95—0,61%	0,60—0,26%	0,25—0,00%

Hinsichtlich der Korngröße[2]) ergibt sich folgende Gruppeneinteilung:

Tabelle 18

Gemengteil	Gruppe I	Gruppe II	Gruppe III
Feldspat	1,35—0,91 mm	0,90—0,56 mm	0,55—0,25 mm
Quarz	1,05—0,76 „	0,75—0,51 „	0,50—0,25 „
Dunkle Gemengt.	0,80—0,61 „	0,60—0,41 „	0,40—0,25 „

Als gleichkörnig gelten folgende Korngrößenkombinationen: $(F_{I}+Q_{I}+Gl_{I})$, $(F_{II}+Q_{II}+Gl_{II})$, $(F_{III}+Q_{III}+Gl_{III})$, $(F_{II}+Q_{I,II}+Gl_{I})$ und $(F_{III}+Q_{II,III}+Gl_{II})$. Ungleichkörnig sind alle übrigen Kombinationen.

[1]) Basalte sind nach Scheuermann (Städtischer Tiefbau, S. 65, 1924) nur bei Steigungen unter 4,5% geeignet; zwischen 4,5 und 6% empfehlen sich Granite, darüber hinaus Quarzporphyre, Grauwacken und grobkörnige Melaphyre.

[2]) Abgesehen von den porphyrischen Einsprenglingen, die nicht in wesentlichen Mengen auftreten sollen.

Die Zusammenhänge zwischen der quantitativen Mineralzusammensetzung, der absoluten und relativen Korngröße und der auf Versuchsstraßen geprüften Gesteinsqualität ergeben sich aus folgender Tabelle (nach Zelter):

Tabelle 19

Nr.	Bewertung	Mengenverhältnis				Absol. Korngröße			Relative Korngröße
		F	*Q*	*Gl*	*A*	*F*	*Q*	*Gl*	
1	Gut	II	III	II	II	II	II	II	gleich
2	Genügend	I	III	II	III	III	III	III	„
3	Sehr gut	III	I	III	III	III	III	II	„
4	Genügend	I	II	II	II	I	I	I	„
5	Schwach genügend	I	II	III	—	II	II	III	ungleich

Die mechanisch-technische Untersuchung besteht in der Bestimmung der Porosität (Dichtigkeit über 0,99), Druckfestigkeit, Wasseraufnahmefähigkeit[1]), Schlagfestigkeit (Zähigkeit), Abnutzbarkeit, Frost- und Wetterbeständigkeit. Die Druckfestigkeit des wassersatten Materials soll jedenfalls über 1000, bei Kleinpflaster sogar über 2500 kg/cm² liegen. Die Abnutzbarkeit wird nach der Bauschingerschen Abschleifmethode bestimmt; die Dicke des Abschliffes darf bei guten Pflastersteinen nicht über 0,2 cm auf 608 m Schleifweg steigen[2]). Zur Bestimmung des Rauhigkeitsgrades der abgenutzten Flächen, allenfalls auch zur Kontrolle der gleichmäßigen Abnutzbarkeit, wird die Sandstrahlmethode herangezogen.

Die für Pflastersteine so außerordentlich wichtige Widerstandsfähigkeit der Kanten gegen Abnutzung wird an annähernd würfelförmigen Steinen geprüft, die in einer der gelegentlich der Schotterprüfung zu besprechenden Mahltrommeln (S. 177) gekollert werden; die Menge des Abschlages wird durch Absieben auf einem 7-mm-Siebe bestimmt und in Prozenten des Trockengewichtes ausgedrückt.

Um die Zähigkeit der Gesteine, die für die Widerstandfähigkeit gegen Stoßwirkung von größter Bedeutung ist, zu erfassen, hat man teils spezielle Prüfungsmethoden erdacht, teils alte Methoden entsprechend modifiziert.

Bei der Zähigkeitsprüfung nach Föppl läßt man ein 50 kg schweres Fallgewicht so lange auf den auf einer unnachgiebigen Stahlplatte gelagerten Probewürfel (Kantenlänge zirka 3,5 cm) fallen, bis letzterer in Brüche geht. Die erste Fallhöhe (h) beträgt für je 25 cm³ Würfelinhalt 1 cm. Beim zweiten, dritten, vierten Schlag wählt man das Doppelte, Dreifache, Vierfache der ersten Fallhöhe. Die Gesamtarbeitsleistung, die zur Zerstörung des Würfels notwendig ist, rechnet man aus der Formel $A = 50\,(h + 2h + 3h + \ldots)$ cmkg, wobei als h entweder die wirkliche Fallhöhe oder (bei verfeinerten Prüfungsmaschinen) die um den Rückprall verminderte Fallhöhe einzusetzen ist. Die Schlagarbeit, dividiert durch das Würfelvolumen, gibt die Wertziffer der Zähigkeit. Diese soll nach Scheuermann bei Pflastersteinen über 600 cmkg/cm³ liegen. Es ist klar, daß bei der Föpplschen Prüfungsmethode nicht bloß die Zähigkeit, sondern auch die Druckfestigkeit eine Rolle spielt. Die österreichischen Normen bezeichnen daher als Zähigkeit (s) den Quotienten aus $\frac{\text{Wertziffer}}{\text{Druckfestigkeit}}$.

[1]) Zuweilen finden sich unter guten Steinen einzelne stark wasseraufsaugende „Wassersöffer“. Man erkennt sie daran, daß sie nach dem Regen länger feucht bleiben als die übrigen Steine. Wassersöffer nützen sich sehr rasch ab und müssen daher so bald als möglich entfernt werden, da sonst die benachbarten guten Pflastersteine an den Kanten gerundet und entwertet werden. Wassersaufende Granite sind teils kataklastische, teils miarolitische Varietäten.

[2]) Die Abnutzung der Granite beträgt nach Bauschinger bei einer Druckfestigkeit von:

2800 bis 1827 kg/cm²	7,8 bis 11,8 g
1770 „ 1530 „	7,4 „ 16,9 „
1520 „ 1300 „	8,2 „ 15,5 „
1290 „ 850 „	8,2 „ 16,9 „

Hirschwald unterscheidet nach der Größe der Abnutzung in Millimetern:

sehr hart	0,90 bis 1,1 mm
hart	1,2 „ 1,4 „
ziemlich hart	1,6 „ 1,8 „
weich	2,2 „ 2,6 „

In England und Amerika läßt man nach Page einen 2 kg schweren Hammer mit der Hubhöhe von 1 cm beginnend auf eine zylindrische Probesäule (⌀ 2,5 cm, h 2,5 cm) fallen und steigert die Fallhöhe nach jedem Schlage um 1 cm bis der Bruch eintritt. Die letzte Fallhöhe vor dem Bruche gilt als Maß für die Zähigkeit; dementsprechend unterscheidet man sehr gute Steine (h max $\geq$ 19 cm), gute (16 bis 18 cm), ziemlich gute (13 bis 15 cm), ziemlich schlechte (8 bis 12 cm) und schlechte Gesteine (h max $<$ 8 cm).

Hirschwald und Brix (Bautechn. Gesteinsuntersuchungen, III/2, 1912) berücksichtigen die Stoßwirkung der Hufeisen und Räder, die feine Haarrisse im Pflaster hervorruft und so die schleifende Abnutzung des Steines erleichtert, indem sie der zu prüfenden Würfelfläche vor dem Abnutzungsversuche (S. 153) eine Reihe von Meißelschlägen versetzen. Die Zahl der Umdrehungen der Schleifscheibe, die zur Abschleifung von 1 mm erforderlich ist, ergibt, durch 10 dividiert, die Wertziffer der kombinierten Schlag- und Abnutzungshärte.

Beim Versuche mit der Mahltrommel (S. 177) tritt gleichfalls die kombinierte Schlag- und Abnutzungshärte in Erscheinung.

Am allerbesten kommen die Eigenschaften eines Gesteines natürlich dann zum Ausdruck, wenn man dasselbe in Versuchsstrecken einbaut, also ein Straßenstück mit demselben pflastert. Sollen mehrere Gesteinssorten auf diese Art verglichen werden, dann müssen die einzelnen Probestrecken gleichmäßig beansprucht sein, das heißt sie dürfen sich bezüglich Untergrund, Steigung, Beschattung und Größe des Verkehres nicht unterscheiden. Da die Gesteinsprüfung auf Versuchsstraßen lange Zeit in Anspruch nimmt, verwendet man in England und Amerika jetzt auch eigene Prüfungsbahnen, das sind etwa 1 m breite kreisrunde Fahrbahnen von zirka 16 m Durchmesser, auf denen die zu prüfenden Materialien eingebaut werden. Karusselartig im Kreise herumlaufende belastete Prüfungsräder ahmen den Verkehr nach und graben Abnutzungsfurchen ein, deren Tiefe gemessen wird. Durch wechselnde Bereifung, Belastung und Rotationsgeschwindigkeit der Prüfungsräder sowie durch Aufbringen von Schleifmitteln auf die Fahrbahn kann die Beanspruchung des Materials unter nahezu natürlichen Bedingungen in kurzer Zeit studiert werden.

Riesenschotter. Ein Mittelding zwischen dem Kleinpflaster und den Steinschlagdecken bildet die Riesenschotterdecke nach Deidesheimer. Manuell annähernd würfelförmig geschlagene Steine von 10 bis 12 cm Kantenlänge werden mosaikartig auf ein 10 cm hohes Splittbett gesetzt, das selbst auf einer alten Steinschlagfahrbahn ruht. Durch Walzen wird der Riesenschotter in das Splittbett eingepreßt, der Splitt steigt zwischen den Fugen der einzelnen Steine auf und verkeilt sie. Nach dem Walzen wird die Fahrbahn mit Splitt abgedeckt, geteert, abermals mit Splitt bestreut und wieder gewalzt.

Als Riesenschotter sind sämtliche nicht zu engklüftige Hartgesteine geeignet, auch wenn sie unregelmäßig spalten und daher für die Pflastererzeugung nicht in Betracht kommen. Die Untersuchung erfolgt nach den für die Pflastersteine maßgebenden Gesichtspunkten, doch kann von der Forderung nach regelmäßiger Spaltbarkeit und geringer Kantenabnutzung abgesehen werden.

Makadamstraßenschotter (Steinschlag). Bei Steinschlagstraßen wird über der 15 bis 30 cm hohen Packlage eine 15 bis 18 cm starke Steinschlagdecklage aufgebracht, die festgewalzt, mit Splitt oder Kies überdeckt und abermals eingewalzt wird. Die Steinschlagdecke hat zunächst die Aufgabe, die Verkehrsdrücke zu verteilen und auf die Packlage zu übertragen; überdies muß sie der Zerstörung durch hohen Flächendruck, Stoß und schleifende Abnutzung sowie durch die Atmosphärilien widerstehen.

Die Verteilung der Raddrücke auf größere Flächen des tragenden Untergrundes ist nur dann möglich, wenn die Steine der Steinschlagdecke miteinander verspannt sind, so daß sie gleichsam ein festes Gewölbe bilden. Die Verspannung der Schotterschichte wird durch Walzen erzielt; sie ist um so vollkommener, je gleichmäßiger das Format und je größer die Zähigkeit der Schottersteine ist. Am besten eignen sich annähernd würfelförmige Stücke von ungefähr 5 bis 7 cm Kantenlänge. Da maschinell erzeugter Steinschlag unregelmäßigere Formen aufweist als handgeschlägelter, verdient letzterer den Vorzug; nichtsdestoweniger wird wegen der geringeren Kosten maschinell erzeugter Schotter immer mehr angewendet. Ein guter Steinschlag splittert beim Walzen nur wenig, so daß sich die einzelnen Steine an breiten Flächen unmittelbar berühren können. Minderwertige Materialien geben beim Walzen viel Splitt, der die gegenseitige Berührung der großen Stücke verhindert und eine Verkeilung derselben unmöglich macht (Abb. 86a, b, c). Überdies werden die größeren Steine häufig zerklüftet, so daß sie später unter der Verkehrslast um so eher zersplittern.

Die Zermalmungsprodukte, die sich beim Walzen und beim normalen Verkehr bilden, sollen bindig sein, also mit Wasser zu einer festen Masse verkitten, die einerseits die einzelnen Schottersteine solide verbindet, anderseits der Saugwirkung der Kraftwagenreifen kräftigeren Widerstand entgegensetzt.

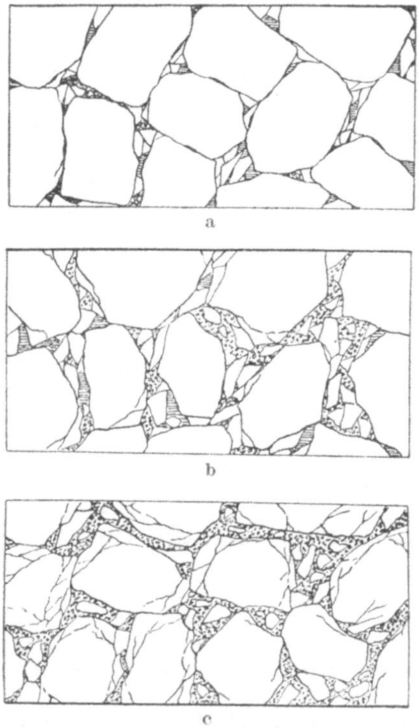

Abb. 86. a Guter, b mittelmäßiger, c schlechter Steinschlag nach dem Einwalzen (nach Hirschwald und Brix)

Um das voraussichtliche Verhalten eines Schotters dem Walzendrucke gegenüber bestimmen zu können, konstruierten Hirschwald und Brix zwei Apparate. Die ältere von beiden Konstruktionen ist eine Stempelpresse, in die der Schotter eingetragen wird. Die Pressung wird allmählich gesteigert und erfolgt abwechselnd axial und exzentrisch, entsprechend der Einwirkung des Walzendruckes. Findet nach zehnmaliger Pressung kein weiteres Zusammendrücken des Steinschlages mehr statt, dann gilt der Versuch als beendet. Durch Ausfüllen des mit Schotter gefüllten Gefäßes mit Wasser wird das Volumen der Zwischenräume, durch Siebanalysen die Kornzusammensetzung des Preßgutes bestimmt. Um alte Bruchflächen von solchen, die erst während des Versuches entstanden sind, unterscheiden zu können, werden die Schotterstücke vor dem Versuche durch einen alkohollöslichen Farbstoff gefärbt (Bautechn. Gesteinsuntersuchungen, III/2, S. 8ff., 1912). Der neuere, vollkommenere Apparat ist eine Walzenpresse, die im wesentlichen aus einem Schotterkasten besteht, welcher unter einem entsprechend belasteten Walzensektor durchgezogen wird (Bautechn. Gesteinsuntersuchungen, IV, S. 40ff., 1918).

Straßenschottermaterialien müssen wetter- und frostfest sein, ein hohes Raumgewicht und geringe Porosität aufweisen. Die Wasseraufsaugefähigkeit soll sehr gering sein. Großer Wert ist auf entsprechende Druck-, Stoß- und Abnutzungsfestigkeit zu legen. Allzu große Härte ist unerwünscht, da sie zu starkem Verschleiß der Bereifungen und der Hufe führt. Auf die petrographische Untersuchung des Gesteines ist besonderes Gewicht zu legen.

Die Druckfestigkeit kann entweder an Probewürfeln des betreffenden Gesteines oder (nach Rudeloff) am Schotter selbst geprüft werden. Das zu untersuchende

Gut wird im letzteren Falle in einen stählernen Zylinder von 12 cm lichter Weite und 20 cm Höhe 10 cm hoch eingerüttelt und durch einen axial wirkenden Preßstempel allmählich bis zu 20000 kg belastet. Durch Absieben wird die Menge der beim Druckversuch entstandenen Zerkleinerungsprodukte festgestellt. Aus mindestens drei Versuchen wird das durchschnittliche Gewicht der durch ein Sieb von 7 mm Lochweite gehenden Splitter bestimmt und in Prozenten der Einwage als Maß für die Widerstandsfähigkeit des Schotters angegeben. Die Prüfung erfolgt sowohl an trockenem als auch an feuchtem und gefroren gewesenem Material. Es empfiehlt sich Parallelversuche mit Gesteinen von bekannter Qualität anzustellen.

Die Abnutzbarkeit und Zähigkeit eines für die Schottererzeugung in Aussicht genommenen Gesteines kann, soferne Probekörper von entsprechender Größe und Form hergestellt werden können, in ähnlicher Weise wie bei den Pflastersteinen bestimmt werden. Auch losen Schotter kann man auf diese Art und Weise prüfen, wenn man ihn mit Zement zu einem Betonkörper verbindet. Viel bequemer aber sind die Rüttelversuche, die an losem Material aufgeführt werden und ein gutes Bild von der kombinierten Schlag-, Druck- und Abnutzungsfestigkeit vermitteln. Bei diesen Versuchen wird eine bestimmte Materialmenge von bekannter Körnung in eine unrunde Trommel eingebracht und eine bestimmte Zeit lang gekollert; nach Beendigung des Versuches wird der Grad der Kornzerkleinerung bestimmt. Der kolossale Vorteil der Rüttelversuche liegt darin, daß sie die verschiedenartigen, auf der Straße wirksamen Beanspruchungen gemeinsam nachahmen und daß sie die kostspielige und langwierige Herstellung von regelmäßigen Probewürfeln unnötig machen.

Die österreichischen Normen schreiben für derartige Versuche eine dreiwellige Mahltrommel vor (Querschnitt ein gleichseitiges Dreieck mit abgerundeten Ecken), in die zwei gelochte Blecheinsätze mit einem Lochdurchmesser von 2 mm eingesetzt werden können[1]). Das Prüfgut soll 40 bis 50 mm Seitenlänge haben. 2800 g desselben werden nebst drei gleich großen gehärteten Stahlkugeln (Gesamtgewicht 1700 g) in die Trommel eingebracht und gekollert. Nach 3240 Umgängen (1 Stunde) wird das Mahlgut gewogen und der Verlust (Siebdurchgang durch das 2 mm Sieb) durch frischen Schotter ersetzt. Der Versuch wird so lange durchgeführt, bis die Abnutzung während drei aufeinanderfolgender Stunden gleich ist. Die Abnutzung wird in Prozente der Einwage umgerechnet (a).

Die Stunde, in welcher der Durchschnittsverschleiß zum erstenmal eintrat, wird der Zahlenangabe für a in Klammern beigefügt[2]). Feste Schotter haben $a = 3$ bis 12, mittelfeste $a = 12,1$ bis 22, wenig feste $a = 22,1$ bis 50. Der Dauerzustand der Abnutzung soll nach 3 bis 5 Stunden eintreten. Schotter, die erst nach 7 Stunden oder später den Beharrungszustand erreichen, werden von Grengg als bedenklich betrachtet, da die langsame Erreichung des Dauerzustandes auf ungleichmäßige Festigkeit oder — bei Naturschottern — auf Zusammensetzung aus verschieden festen Gesteinstrümmern hinweist.

Im Deutschen Reiche wendet man fünfwellige Trommelmühlen (⌀ max 250 mm, ⌀ min 187 mm, Länge 600 mm, Abb. 87) an, die in der Minute 52 Umdrehungen machen. 5 kg möglichst würfelförmiger Schotter (der auf Sieben mit 4 cm Lochweite liegen bleibt, durch 6-cm-Siebe aber durchfällt) wird eine halbe Stunde lang gekollert, auf einem Siebe von 7 mm Lochdurchmesser abgesiebt und der Gewichtsverlust in Prozenten des Trockengewichtes der Einwage angegeben. Das Resultat wird durch Mittelbildung aus drei übereinstimmenden Ergebnissen gebildet.

In der Tschechoslowakei wird zur Bestimmung der Abnutzbarkeit und Zähigkeit die Schlagprobe von Spaček angewendet. In einen prismatischen Kasten

[1]) Die Mühle kann auch zur Naßmahlung verwendet werden, indem man durch die durchbohrten Achsstummel Wasser in das Innere der Trommel leitet.

[2]) Frostverdächtige Schottermaterialien werden vor dem Abnutzungsversuche ausgefroren. Die Abnutzbarkeit von Sanden kann in ähnlicher Weise geprüft werden wie die von Schottern. Man ersetzt die Siebeinsätze der Trommel durch ungelochte Bleche und mahlt das Gut, indem man Porzellankugeln zugibt. Die österreichischen Normen schreiben vor: 2800 g Prüfgut, 11 gleich große, zusammen 400 g schwere Hartporzellankugeln, 3240 Mühlenumgänge pro Stunde, fünfstündiges Mahlen, nach jeder Stunde Absieben und Wägen des Staubes von $\Phi < 0,2$ mm.

werden 2,5 oder 5 kg trockenen Schotters eingebracht, dessen Stückzahl bekannt ist. Durch eine Hebelbewegung werden die Probekörper aus 1 m Höhe auf die am Boden des Kastens befindlichen eisernen Zähne fallen gelassen. Sodann wird der Apparat gekippt, der Inhalt abermals fallen gelassen usw. Nach 10 Fallversuchen wird das Prüfungsgut herausgenommen, auf 20- und 10-mm-Sieben abgesiebt, der Rückstand gewogen und seine Stückzahl bestimmt. Der Grus, der durch das 10-mm-Sieb fällt, wird entfernt, die Siebrückstände vereinigt, in den Apparat getan und 20mal gestürzt. Es folgt wiederum Absieben, Wägen und Zählen der Stücke und 30maliges Stürzen. Nach weiteren 40 und 50 Fallversuchen, zusammen also nach 150maligem Stürzen, wird das Gewicht des Rückstandes $\oslash > 10$ mm („reduziertes Gewicht") bestimmt. Die Differenz Anfangsgewicht minus reduziertes Gewicht gibt das Gewicht des Gruses von $\oslash < 10$ mm, dieses, durch 5 dividiert die Abschlagziffer δ, die also einer Schlagarbeit von 75 bzw. 150 mkg entspricht. Die Zählung der Schotterstücke und die Feststellung ihrer Größe durch Sieben gestattet die Gleichmäßigkeit der Abnutzung zu kontrollieren.

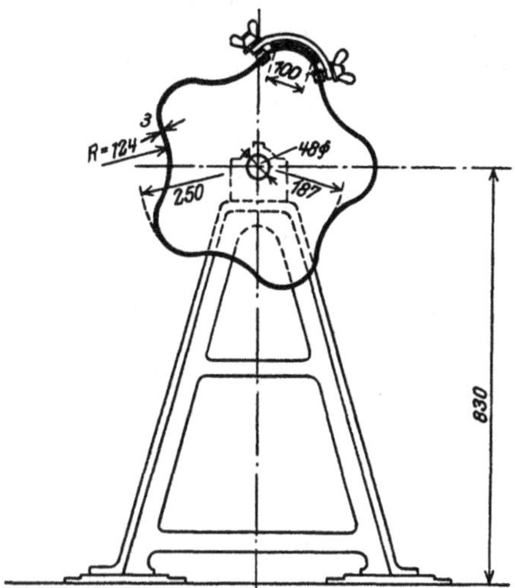

Abb. 87. Fünfwellige Trommelmühle (aus Neumann, Neuzeitl. Straßenbau)

Spaček stellt folgende Bewertungstabelle auf:

$\delta =$ 0 bis 16 vortrefflich,
16 „ 24 vorzüglich,
24 „ 32 sehr gut,
32 „ 40 gut,
40 „ 48 mittel,
48 „ 56 genügend,
56 „ 64 minder genügend,
über 64 schlecht.

Der bei den Rüttelversuchen gewonnene Staub eignet sich zur Feststellung der Bindigkeit des Schottermaterials. Der Gesteinsstaub wird mit Wasser zu einem steifen Brei angerührt und in Pressen zu zylindrischen Briketts geformt. Nach dem Trocknen werden die Zylinder durch Hammerschläge in einer eigens konstruierten Schlagmaschine (vgl. Neumann: Neuzeitlicher Straßenbau, S. 302) zertrümmert. Die Zahl der hiefür notwendigen Schläge gibt das Verkittungsvermögen an. Bindiger Staub hat neben dem Vorteil der Kittfähigkeit den Nachteil, daß er bei Befeuchtung einen zähen, klebrigen Schlamm bildet, der an den Rädern der Fahrzeuge hängen bleibt und ein „Aufwickeln" der Straßendecke bewirkt.

Um die lästige Staubentwicklung auf den Straßen zu bekämpfen, wendet man in neuerer Zeit Imprägnieröle, Teer und Asphalt an. Letztere verhindern nicht nur die Staubbildung, sondern binden auch den Steinschlag. Das verwendete Steinschlagmaterial muß bei Anwendung von Asphalt kantige Form besitzen und frei von tonigen Verunreinigungen sein. Die Haftfestigkeit des Asphaltes (Teeres) an den Steinen muß genügend groß sein. Sie hängt von der Form, Porosität und Rauhigkeit der Körner ab. Um möglichst dichtes Gefüge und geringen Teerverbrauch zu erzielen, sollen die Korngrößen derart verteilt sein, daß feiner Splitt und Sand die Zwischenräume zwischen den größeren Stücken gerade ausfüllt. Selbstverständlich dürfen die Körner bei der Berührung mit dem erhitzten Kittmittel keine Schädigungen erleiden. Die Eindringungstiefe der im Straßenbau angewendeten Imprägnieröle prüft man nach Schmölzer mit der Ultralampe, einer Quecksilberdampflampe, bei der durch besondere Filter nur ultraviolette Strahlen hindurchgelassen werden. Wasserglaslösungen müssen, um sichtbar zu werden, vorher mit Fluoreszin versetzt worden sein.

1. Erstklassige Schottermaterialien liefern Hornblendeaugitgesteine (olivinarme Basalte ohne Sonnenbrand, Diabas, Diorit, Gabbro, Melaphyr, Eklogit), ferner Porphyre, Porphyrite und Kieselschiefer.

2. Gute Materialien: Frische, feinkörnige Granite und Syenite, massige und glimmerarme kristalline Schiefer wie Amphibolite, Gneise, Granulite, ferner Grauwacken und Quarzite.

3. Mäßig gute Materialien: Durch Gebirgsdruck zerquetschte oder schieferige Ausbildungen der sub 1. und 2. genannten Materialien, verkieselte Sandsteine, massige Kalke[1]).

4. Ungeeignete Materialien: Alle verwitterten, weichen und erweichbaren Gesteine.

Gleisbettungsschotter. Die Beurteilung der Gleisbettungsmaterialien erfolgt in ähnlicher Weise wie die des Straßensteinschlages. Das Bettungsmaterial muß genügend fest und wetterbeständig sein und vermöge seiner Zähigkeit den Verkehrsstößen sowie den Schlägen der beim Unterstopfen der Geleise verwendeten Werkzeuge widerstehen. Die Bettung muß genügend Hohlräume aufweisen, um eine rasche Ableitung des atmosphärischen Wassers zu ermöglichen. Die Abnutzungsfestigkeit spielt hier eine geringe Rolle; es können daher auch grobkörnige Granite, Grauwacken, Kalke und andere mittelharte Materialien verwendet werden. Quarzite haben den Vorteil, daß sie infolge ihrer Nährstoffarmut die Ansiedelung von Pflanzen verhindern, welche dadurch schädlich sind, daß sie die Feuchtigkeit festhalten; Kalke verzögern das Rosten der Eisenteile. An Stelle von Steinschlag sind auch Flußschotter verwendbar, nur müssen dieselben frei sein von tonigen Beimengungen, welche das Wasser zurückhalten und zu vorzeitiger Fäulnis der Schwellen Anlaß geben.

Betonschotter im Straßenbau. Die im Straßenbau verwendeten Betonschotter werden im allgemeinen nach den gleichen Gesichtspunkten beurteilt wie die Betonzuschlagstoffe des Ingenieur- und Hochbaues, nur ist der Einfluß der Verkehrsstöße und der Abnutzung entsprechend zu berücksichtigen. Die Stoß- und Abnutzungsfestigkeit wird entweder am losen Steinschlag in der Mahltrommel oder an Betonprobewürfeln nach Bauschinger geprüft, wobei letztere natürlich genau gleich zusammengesetzt und erzeugt sein müssen, um bei mehreren Proben einen Vergleich der Resultate zu ermöglichen. Die Erprobung auf Versuchsbahnen läßt sich hier besonders leicht durchführen.

d) Betonzuschlagstoffe. Die natürlichen und künstlich erzeugten Gesteinstrümmer (Sande, Kiese, Schotter, Quetschsand, Steinschlag), die mit Zement vermischt und mit Wasser angerührt den Beton geben, müssen einerseits der Festigkeitsbeanspruchung, der sie ausgesetzt werden, anderseits gewissen geometrischen Forderungen entsprechen.

Die petrographische Zusammensetzung der einzelnen Korngrößen ist von Einfluß auf die Betonfestigkeit und sollte daher stets geprüft werden. Es handelt sich dabei einerseits um die Festigkeit der einzelnen Gesteinssorten, anderseits

[1]) Die lästige Staubentwicklung derselben kann bei mäßigem Verkehr durch Tränken mit Wasserglas (SiO_2-reiche Spezialpräparate, z. B. „Strassil" der A. G. für chemische Produkte, Wien VII, Lindengasse 2) stark reduziert werden. Letzteres scheidet Kieselsäure aus, die sich mit dem Kalk zu Kalziumsilikat verbindet und ihn härtet, die Schotterdecke verkittet, die Poren ausfüllt und so den Straßenkörper wasserundurchlässig und schwerer abnutzbar macht. Voraussetzung ist die Verwendung eines Kalkschotters, der zu zwei Dritteln aus ungewaschenem, aber lehmfreiem Kalksand der Korngröße 0 bis 2 cm besteht. Werden Silikatgesteinsschotter mit Wasserglas getränkt, dann müssen dieselben mit einem Drittel porösen Kalksandes vermischt werden.

um ihre chemische Reaktionsfähigkeit mit dem erhärtenden Zement. Nichtsdestoweniger wird in der Praxis meist auf die petrographische Untersuchung verzichtet und nur die Druckfestigkeit von Betonwürfeln bestimmt, die aus dem betreffenden Material erzeugt wurden. Gegebenenfalls muß auch die Abnutzbarkeit geprüft werden (Bodenbeläge mit starkem Verkehr, Betonstraßendecken); man kann die Untersuchung derselben entweder am losen Material mit Hilfe einer der auf Seite 177 beschriebenen Mahltrommeln oder noch besser an Betonprobekörpern nach der Schleifmethode von Bauschinger durchführen. Hinsichtlich der Druckfestigkeit entsprechen alle halbwegs gesunden kristallinen und wohlverfestigten Sedimentgesteine. Daß Gesteine, welche von Natur aus oder aus irgendwelchen anderen Gründen Pyrit (Kiese), Gips, Humusstoffe, Kohlenstückchen, Öle, Asche und andere dem Beton schädliche Stoffe enthalten bzw. durch sie verunreinigt sind, nicht verwendet werden dürfen, ist selbstverständlich. Desgleichen sind alle stark porösen Gesteine zu vermeiden, da sie dem frischen Beton begierig Wasser entziehen und so seine Erhärtung beeinträchtigen. Kann ihre Verwendung nicht umgangen werden, dann sind sie vor dem Anmischen des Betons gut mit Wasser zu tränken. Im Wasser erweichbare (tonige oder stark verwitterte) Gesteine sind ebenso unbrauchbar wie stark mit Schlamm oder Lehm verunreinigte oder glimmerreiche Sande, Kiese und Schotter. Man vermag die Menge derartiger Verunreinigungen leicht näherungsweise zu bestimmen, wenn man das Material mit Wasser aufrührt, absetzen läßt und dann die Trübung des Wassers beobachtet. Sucht man den Einfluß toniger Verunreinigungen direkt an Betonprobekörpern zu ermitteln, dann darf das zu prüfende Gut vor dem Anmachen des Betons nicht getrocknet werden, da der Lehm im getrockneten Zustande weniger schädlich ist als im feuchten.

Zuweilen ist ein Zusatz von gemahlenem hydraulischem Traß zum Beton erwünscht; dieser macht den Beton elastisch und schleppt seine Abbindezeit, was namentlich dort von Wichtigkeit ist, wo der Beton während des Abbindens erschüttert wird und feine Risse erhält, die dann im Stadium der Nachabbindung noch verheilt werden können. Der Traßzusatz darf nicht auf Kosten des Zementes gehen, soferne Festigkeitsverluste vermieden werden sollen.

Bezüglich des Einflusses der natürlichen Zuschlagstoffe auf die Feuerbeständigkeit des Betons ist zu sagen, daß quarzige und quarzreiche Gesteine im Feuer leicht zerspringen, also unbeständig sind. Gut bewährten sich nach amerikanischen Versuchen (Proceedings of the Concrete Institute, 21, S. 284, 1925, nach Grün) Basalte und Trachyte. Wenn sich nach derselben Quelle Kalke als ganz besonders widerstandsfähig erwiesen haben, dann war die Erhitzung des Betons bei der Prüfung offenbar keine derartige, daß ein chemischer Zerfall des Karbonates eintreten konnte.

In geometrischer Hinsicht wird an die Betonzuschlagstoffe die Forderung gestellt, daß sie die verschiedenen Korngrößen in einer derartigen Mengenverteilung führen, daß die Porenräume zwischen den Körnern einer bestimmten Größe jeweils durch die Körner der nächst kleineren Klasse gerade ausgefüllt werden, so daß also die Summe der Porenräume ein Minimum ist. Der Zement als staubfeines Material hat den Raum zwischen den kleinsten Körnern auszufüllen und so das lockere Gerüst der Zuschlagstoffe zu einem festen Körper zu verkitten. Da aber die Menge des Zementes durch das von vornherein angenommene Mischungsverhältnis genau fixiert ist, hängt die Dichtigkeit und damit die Festigkeit des fertigen Betons von der Lückenlosigkeit dieses Gerüstes ab.

Bei der Untersuchung der Frage, in welchem Verhältnis die einzelnen Korngrößen bei bestimmter Kornform gemischt werden müssen, um ein möglichst lückenloses Aggregat zu geben, kann von den ganz groben Körnern (Schotter,

Bruchsteine) offenbar abgesehen werden, da es ja nur auf die Dichtigkeit des relativ feinkörnigen Kittmörtels ankommt, der die großen Steine verbindet. Die obere Grenze, bis zu der die Korngrößenuntersuchung zu gehen hat, wird von verschiedenen Forschern verschieden gezogen. Fuller nimmt sie bei 25 mm, Graf bei 7 mm an.

Die ideale, das heißt wünschenswerte Kieszusammensetzung wird von den genannten Autoren in Form von Diagrammen angegeben (Abb. 88 und 89).

Soll nun ein bestimmtes Sand-Kies-Vorkommen oder eine Lieferung von Quetschsand auf ihre (geometrische) Eignung als Betonzuschlag geprüft werden, dann zieht man zunächst mehrere Durchschnittsproben im Gewichte von etwa je 5 kg und unterwirft dieselben der Siebanalyse. Zu diesem Zwecke ordnet man mehrere in einem Rahmen eingespannte Siebe derart untereinander an, daß das Sieb mit der größten Lochweite oben, das mit der kleinsten unten zu liegen kommt und hängt die Apparatur auf einem Balken auf. Die genau abgewogene Probe wird auf das oberste Sieb gelegt und durch stoßende Schaukelbewegungen in Fraktionen zerlegt. Nach Graf verwendet man die Siebsätze 900 Maschen pro 1 cm², 1 mm Lochweite, 3 mm Lochweite und 7 mm Lochweite und erhält die Fraktionen I (0 bis 0,24 mm), II (0,24 bis 1,0 mm), III (1,0 bis 3,0 mm), IV (3,0 bis 7,0 mm) und V (größer als 7 mm), deren gewichtsprozentige Verteilung (p_1, p_2, p_3, p_4%) nach Ausscheidung des 7-mm-Siebrückstandes berechnet wird. Das Ergebnis der Siebanalyse wird in das Graf- (bzw. Fuller-) Diagramm derart eingetragen, daß man bei Abszisse 0,24 die Ordinate p_1, bei Abszisse 1,0 die Ordinate $(p_1 + p_2)$ aufträgt usw. Vergleicht man die so gefundene Kurve der tatsächlichen Kieszusammensetzung mit der idealen, dann läßt sich unter Berücksichtigung des Zementzusatzes die Menge der zuzusetzenden bzw. abzusiebenden Korngrößen leicht berechnen.

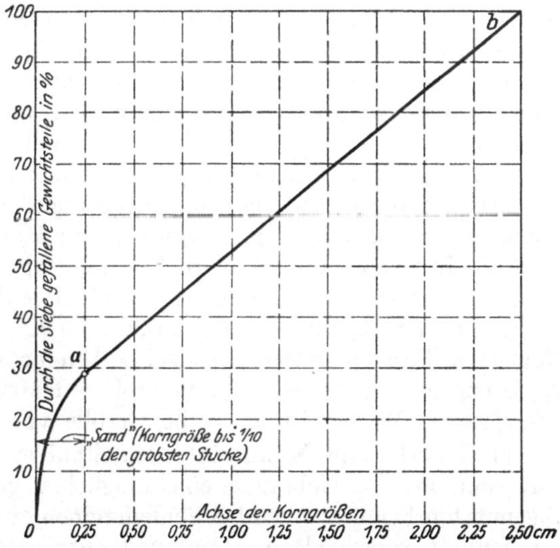

Abb. 88. Ideale Sand-Kies-Zusammensetzung (nach Fuller) (aus Graf, Aufbau des Mörtels und des Betons)

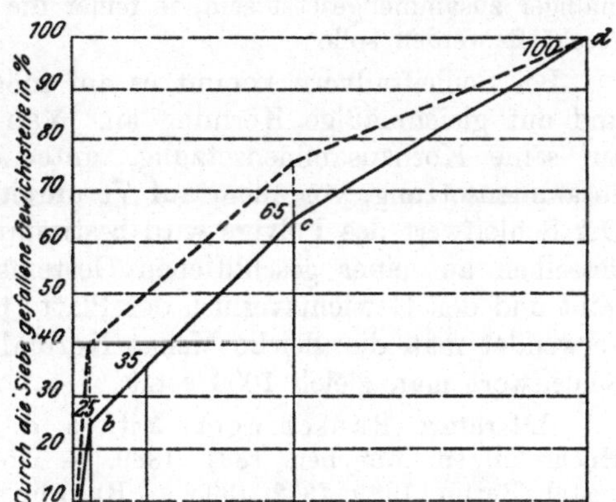

Abb. 89. Ideale Sand-Kies-Zusammensetzung (nach Graf)

Eine andere Methode, die Eignung eines Kieses bzw. die notwendigen Korrekturen zu ermitteln, besteht darin, daß man nach vollendeter Siebanalyse ein Litergefäß unter Rütteln mit der gröbsten Kornklasse füllt und das Volumen der Zwischenräume durch Ausfüllen mit Wasser bestimmt. Sodann mischt man der (trockenen) gröbsten Körnung das den Porenräumen entsprechende Volumen plus 10% der nächst kleineren Klasse bei und mißt abermals das Volumen der freibleibenden Poren. Durch Fortsetzung dieses Verfahrens bestimmt man, in welchem Verhältnis die einzelnen Körnungen zu mischen bzw. welche Kornklassen abzusieben oder zuzusetzen sind. Bei der Ermittlung des notwendigen Anteiles der kleinsten Kornklasse ist zu beachten, daß der Zement selbst dieser Klasse angehört, daß also der Zusatz an feinstem Mehl um die Menge des beizumischenden Zementes zu vermindern ist. Daraus erhellt, daß magere (zementarme) Betone größere Anteile an feinstem Sand führen müssen als fette.

Es mag hier erwähnt werden, daß sowohl Naturkiese als auch maschinell erzeugte Quetschsande häufig ein Manko an gewissen mittleren Körnungen aufweisen (vgl. Grengg: Zeitschr. f. Geschiebeforschung, 3. Bd., 1927). Maschinell zerkleinerte Zuschlagstoffe pflegen arm zu sein an feinstem Korn, weshalb ein Zusatz von natürlichem Sand meist angezeigt ist. Langsplitterige Quetschsande sind überdies sperrig, neigen also zur Hohlraumbildung, weshalb sie einen größeren Zusatz an feinem Korn benötigen (gestrichelter Teil der Graf-Kurve, Abb. 89), soferne die Betonfestigkeit nicht leiden soll. Unter diesem Gesichtswinkel betrachtet, dürften bei natürlichen Kiesen kugelige Gerölle solchen mit länglichen Formen vorzuziehen sein. Ein entschiedener Vorteil der Quetschsande vor den Natursanden ist die größere Haftfestigkeit des Zementes an ihnen; den gleichen Vorteil haben rauhe Gerölle vor glatten.

e) Schleif- und Mühlsteine, Schleifpulver. Schleif- und Mühlsteine sollen hart sein und im Gebrauch eine möglichst geringe Abnutzung erleiden. Die abgenutzten Flächen sollen bei Schleifsteinen glatt, bei Mühlsteinen rauh bleiben. Flächenhaft verschiedene Abnutzung entwertet das Material vollständig. An die Druckfestigkeit werden im allgemeinen keine hohen Anforderungen gestellt.

Man prüft die Abnutzbarkeit nach der Methode von Bauschinger, die Form der Abnutzung mit dem Sandstrahlgebläse. Auch die mikroskopische Prüfung liefert, namentlich bei sehr feinkörnigen Gesteinen, gute Anhaltspunkte für die Beurteilung der Abnutzbarkeit. Schleifsteine müssen um so feinkörniger und gleichmäßiger zusammengesetzt sein, je feiner die Instrumente sind, die mit ihrer Hilfe geschärft werden sollen.

Bei Schleifpulvern kommt es auf möglichst hohe Härte der Gemengteile und auf gleichmäßige Körnung an. Man untersucht das Pulver mit Sieben auf seine Kornzusammensetzung, unter dem Mikroskop auf seine Mineralzusammensetzung, vor allem auf Verunreinigungen durch minder harte Stoffe. Der Schleifwert des Pulvers wird bestimmt, indem man eine bestimmte Menge desselben auf einer geschliffenen Gesteinsplatte bis zur Unwirksamkeit verreibt und den Gewichtsverlust der Platte bestimmt. Als Vergleichsschleifmittel verwendet man die gleiche Menge Korundpulver von gleicher Körnung, dessen Schleifwert man gleich 1000 setzt.

Literatur: Bauschinger: Mitt. a. d. Mech.-techn. Laboratorium d. Techn. Hochschule in München. 1884, 1889. — Böhme-Gary: Mitt. d. techn. Versuchsanstalt Berlin. 1889, 1892, 1898. — Burchartz: Vorl. Richtlinien f. d. Prüfung von natürl. Gesteinen als Straßenbaustoffe. Der Straßenbau, Heft 10. 1927. — Burre: Über die Eignung von Gesteinen zu Talsperrenbauten. Zeitschr. f. prakt. Geologie. 1925. — Föppl: Mitt. d. Mech.-techn. Laboratoriums München. 1906. — Funk: Der Quarzit und seine techn. Bedeutung, insbesondere im Straßenbau. Der Straßenbau, Heft 14. 1927. — Gary: Mitt. a. d. Techn. Versuchsanstalten zu Berlin. 1897, 1898, 1900. — Gary: Prüfung der Gesteine. Handbuch d. Steinindustrie von K. Weiß, II. Teil. Berlin. 1915. — Graf: Der Aufbau des Mörtels und des Betons. Berlin: Springer. — Grengg: Über zweckmäßige Prüfungsverfahren von Gesteinen für

Straßenbauzwecke. Berlin. Allg. Industrieverlag. — Grengg: Über ziffernmäßiges Erfassen der Gefügeeigenschaften der Gesteine. Tschermaks Mineral. petrogr. Mitt., 38. Bd., 1925. — Grengg: Die Darstellung von Körnerformen und der Kornverteilung loser Massen sowie Gesetzmäßigkeiten beim Werden von Schottern und Sanden. Zeitschr. f. Geschiebeforschung, 3. Bd., 1927. — Grengg: Bemerkungen zu „Vorläuf. Richtlinien f. d. Prüfung von natürl. Gesteinen als Straßenbaustoff". Asphalt- u. Teerindustriezeitung, Nr. 35. 1927. — Grengg: Der österr. Normenblatt-en'wurf „Natürl. Gesteine f. Straßendeckung und Gleisbettung". Der städt. Tiefbau. 1927. — Grengg: Über die Bewertung von natürl. Gesteinen für bautechn. Zwecke. Abh. z. prakt. Geol. u. Bergwirtschaftslehre, 15. Bd. Berlin. 1928. — Grün: Der Beton. Berlin: Springer. 1926. — Hanisch: Resultate der Untersuch. mit Bausteinen der öst.-ung. Monarchie. Wien. 1892. — Hanisch: Frostversuche mit Bausteinen d. öst.-ung. Mon. Wien. 1895. — Herrmann: Steinbruchindustrie u. Steinbruchgeologie. Berlin: Borntraeger. 1916. — Herscovici: Die Einwirkung d. Rauchgase auf d. gesteinsbildenden Mineralien. Bautechnische Gesteinsuntersuchungen, II. 1910. — Hirschwald: Die Prüfung d. nat. Bausteine auf ihre Wetterbeständigkeit. Berlin. 1908. — Hirschwald: Die schalenförmige Verwitterung und ihre Beziehung zum Gehalt der Gesteine an wasserlöslichen Bestandteilen. Bautechn. Gesteinsuntersuch., II. 1910. — Hirschwald: Handbuch d. bautechn. Gesteinsprüfung. Berlin: Borntraeger. 1912. — Hirschwald-Brix: Untersuchungen an Kleinschlagdecken behufs Gewinnung einer Grundlage f. d. Prüfung d. natürl. Gesteine auf ihre Verwendbarkeit als Straßenbaumaterial. Bautechn. Gesteinunters., I, II. 1912, 1918, 1921. — Hoppe und Kellermann: Zur Kenntnis u. künstl. Erzeugung des Sonnenbrandes an Basalten. Zeitschr. f. prakt. Geol. 1928. — Iddings: Igneous Rocks. New York. 1913. — Neumann: Neuzeitl. Straßenbau. Berlin: Springer. 1927. — Önig (Österr. Normenausschuß f. Industrie und Gewerbe): Normenblätter. — Pollak: Verwitterung i. d. Natur u. an Bauwerken. Wien: Waldheim-Eberle. 1923. — Preclik: Die Bedeutung der krist. Schieferbildg. f. d. Untersuchung u. Bewertung von Bausteinen. Steinindustrie. 1927. — Rinne: Gesteinskunde. Leipzig: Jänecke. — Rosenbusch-Osann: Elemente der Gesteinslehre. Stuttgart. 1923. — Rosiwal: Neue Untersuchungsergebnisse über die Härte von Mineralien und Gesteinen. Verhandl. d. Geolog. Reichsanstalt Wien. 1896. — Rosiwal: Über geometrische Gesteinanalysen. Verh. d. Geol. Reichsanstalt Wien. 1898. — Rosiwal: Über einige neue Ergebnisse der techn. Untersuchung von Steinbaumaterialien usw. Verh. d. Geol. Reichsanstalt Wien, S. 204. 1899. — Schenck: Beitrag zur Bestimmung der Erweichungskoeffizienten natürl. Gesteine. Bautechn. Gesteinunters., I. 1910. — Schmidt: Natürl. Bausteine. Leipzig: Jänecke. 1908. — Schmölzer: Über Anwendungsmöglichkeiten der Ultralampe i. d. techn. Gesteinsuntersuchungen. Die Steinindustrie, S. 196. 1927. — Seipp: Die Wetterbeständigkeit natürl. Bausteine u. d. Wetterbeständigkeitsprobe. Jena: Costenoble. 1900. — Seipp: Die abgekürzte Wetterbeständigkeitsprobe. Frankfurt a. M.: Keller. 1905. — Steinke: Die Riesenschotterdecke System Dr. Deidesheimer. Wasser- u. Wegebauzeitschr. 1926. — Steuer: Über die petrogr. und techn. Prüfung der im Straßenbau verwend. Gesteine. Der Straßenbau, H. 28. 1927. — Stiny: Technische Gesteinskunde. Wien: Waldheim-Eberle. 1919. — Stiny: Die Untersuchung von natürlichen Gesteinen für Bauzwecke und die Klüftigkeit der Felsarten. Der Straßenbau, H. 30. 1927. — Tannhäuser: Die Verwitterungsursache der als Sonnenbrenner bezeichneten Basalte. Bautechn. Gesteinsunters., I. 1910. — Tetmayer: Methoden und Resultate der Prüfung künstl. u. natürl. Bausteine. Zürich. 1900. — Zelter: Petrogr. Unters. über die Eignung von Graniten als Straßenbaumaterial. Abhandl. z. prakt. Geologie u. Bergwirtschaftsl. 12. Bd. 1927.

3. Steinsicherung an Bauwerken

Von Karl Kühn, Prag

Die Frage der Verwitterung des Steines und seiner Sicherung ist nicht nur ein wissenschaftliches Problem, sondern hat auch ihre besondere Bedeutung für die Denkmalpflege; geht es doch nicht allein darum, die Ursachen der Steinzerstörung wissenschaftlich zu erforschen und zu bekämpfen, sondern auch darum, unsere wertvollsten Baudenkmale vor der allmählichen Vernichtung zu bewahren. In einzelnen Fällen hat die Zerstörung des Steines bereits derartige Fortschritte gemacht, daß man schlechthin von sterbenden Baudenkmalen sprechen kann.

Die Sicherung der Gesteine gegen Verwitterung ist aber auch eine wirtschaftliche Frage; dies nicht allein nur deshalb, weil die so bedrohten Bauwerke eine erhöhte Baupflege mit einem großen Kostenaufwande erfordern, sondern weil an dieser Frage alle steinverarbeitenden Gewerbe interessiert sind, deren Aufgabe es sein soll, einen widerstandsfähigen Stein zu wählen, ihn richtig zu behandeln und vor zukünftigen Angriffen zu schützen.

Einfluß der Steinbearbeitung und Gesteinsverlegung auf die Wetterbeständigkeit. Abgesehen von den petrographischen Eigenschaften, welche von vorneherein den Grad der Verwitterbarkeit bestimmen, spielt auch die Art und Weise, wie das Gestein hergerichtet und im Bauwerk selbst verlegt wurde, eine große Rolle. So wird durch zweckwidrige Bearbeitung der Steinoberfläche mit dem Spitzhammer, dem Scharrier- oder Körneleisen (Debo, Wagner) eine oberflächliche Auflockerung des Gesteines verursacht, welche die mechanische Verwitterung einleitet. Die Nachteile einer solchen Gesteinsbearbeitung haben sich besonders an Elbesandsteinen bemerkbar gemacht. Hirschwald bezeichnet sie als Schlagspurenverwitterung. Diese Erkenntnis führt dazu, daß geschwärzter oder beschmutzter Stein — abgesehen von den denkmalpflegerischen Nachteilen — niemals steinmetztechnisch gereinigt werden darf, weil dadurch die wetterharte, oberste Schichte entfernt wird, so daß die bloßgelegte Fläche viel stärker und rascher den Einflüssen der Rauchgase unterliegen würde.

Auch durch ein unsachgemäßes Versetzen der gemetzten Steine kann die Verwitterung beschleunigt werden und dies besonders dann, wenn die Steine nicht lagerhaft versetzt werden, das heißt wenn sie „gegen die Jahre gearbeitet sind", wie der Fachausdruck lautet.

Die Verwitterung kann auch durch die Wahl eines schlechten Fugenfüllmittels gefördert werden. Entweder wird keine innige Verbindung der Steine erzielt, oder der Mörtel fällt heraus und hinterläßt leere Fugen (Münster zu Straßburg und Freiburg). Wasserundurchlässige Mörtel veranlassen in durchlässigen Steinen Ansammlungen von Feuchtigkeit, die zur vorzeitigen Zerstörung des Baumaterials führen. Von manchen Forschern werden auch chemische Beeinflussungen der Gesteine durch den Mörtel angenommen. Auf jeden Fall soll der Mörtel sowohl hinsichtlich seiner Festigkeit als auch seiner Porosität dem Gestein angepaßt sein.

Unter den mechanischen Wirkungen sind auch jene Schäden zu erwähnen, die sich durch eine unzweckmäßige Verwendung von Eisen als Klammern, Dorne und Schließen einstellen. Durch das Rosten des Eisens wird eine äußerst gefährliche Sprengwirkung erzeugt, weshalb bei neuzeitlichen Bauführungen an Stelle von Eisen stets nur Messing, Bronze, Schwarzkupfer, Duranometall und andere benutzt werden.

Aber auch eine Reihe technischer Mängel am Gebäude selbst können die Zerstörung des Steines beschleunigen, weshalb im Rahmen dieser Abhandlung auch diese Schadensursachen kurz erwähnt werden sollen. Der ständige Wechsel von Trockenheit und Nässe ist von Nachteil; eine milde, ständige, feuchtwarme Witterung kann ungünstiger sein als Wetterunbilden. Gleichmäßige dumpfe Feuchtigkeit in geschlossenen Räumen, wie etwa in Kreuzgängen, Kellern und anderen, greift den Werkstein an; nur ständiges Lüften, Ableiten der Tagwässer und Vorkehrungen gegen die aufsteigende Feuchtigkeit (Knapenziegel) können hier Abhilfe schaffen. Gerade letztere ist — besonders bei Vorhandensein hygroskopischen Mauerwerkes — äußerst gefährlich. Ist die aufsteigende Feuchtigkeit mit Salzen geschwängert (Debo), dann scheiden sich dieselben in einer bestimmten Höhe über dem Erdboden infolge Austrocknung als Ausblühungen (Glaubersalz, Salpeter und ähnliche) aus, verursachen eine Zersetzung des Gesteines und schichtenweises Abbröckeln. Ein kennzeichnendes Beispiel für diese Art der Zerstörung waren die aus französischem Kalkstein hergestellten Sockelplatten der Oper zu Frankfurt a. M. (Deutsche Bauzeitung, 1887—1889).

Bei Sandsteinfiguren wäre auf die Unterbindung der aufsteigenden Feuchtigkeit im besonderen Maße zu achten (Einschieben von Isolierschichten), da ohne vollständige Austrocknung nie die Voraussetzung für eine erfolgreiche Steinimprägnierung erfüllt werden kann.

Nicht minder nachteilig ist die äußere Feuchtigkeit, insofern sie durch sorgfältige Baupflege nicht vom Bauwerke ferngehalten wird. Dies gilt besonders von wasserdurchlässigen Gesimssteinen, wenn sie keine oder schlechte Abtropfnasen erhalten und offene Fugen aufweisen, wodurch der darunter liegende Stein ständig durchfeuchtet wird. Das gleiche gilt von den Sockelsteinen, wenn sie die Dachwässer häufig bespülen oder neben ihnen ungehindert in die Fundamente gelangen können und von hier aus die schon erwähnte aufsteigende Bodenfeuchte verursachen. Die mit grünen Algen überzogenen Sockelsteine sind ein Merkmal dieser Einwirkung. Nur eine zweckentsprechende Ableitung der Dachwässer längs der Wände und vom Erdboden (Rigole) kann hier Abhilfe schaffen. Alle diese Ursachen können durch eine sachgemäße Baupflege auf ein Mindestmaß gebracht werden.

Außer den schon geschilderten Schäden chemisch-physiologischer Art durch den Pflanzenwuchs können nach Hager auch noch solche mechanisch-physikalischer Art entstehen; sie beruhen in der Sprengwirkung der Wurzeln an den Fundamenten und im aufgehenden Mauerwerk, in der Ansammlung von Feuchtigkeit und der dadurch bedingten Frostwirkung sowie durch Schäden, die durch die beim Winde bewegten Äste verursacht werden. Trotz der geschilderten Nachteile wird man in vielen Fällen aus denkmalpflegerischen Gründen nicht ohne weiteres der Entfernung alten Efeubehanges zustimmen können, da durch diese Art von Vegetation der Reiz eines alten Bauwerkes wesentlich gesteigert werden kann und die Meinungen über die Schädlichkeit des Efeus — besonders nach englischen Erfahrungen — zumindest geteilt sind. Bei Neupflanzungen wird es sich empfehlen, besser den japanischen Kletterwein (Ampelopsis tricuspidata Veitschii) zu verwenden, der auch durch seine leuchtenden Farben im Herbste die malerische Wirkung eines Bauwerkes steigern kann.

Schutzmaßnahmen gegen die Verwitterung. Schon den Alten waren die geschilderten schädlichen Wirkungen auf den Stein bekannt und sie suchten sie durch eine Reihe von Kunstgriffen zu beheben oder zu vermindern. So ist bekannt, daß bei der Auswahl des Steines mit der größten Vorsicht vorgegangen wurde; für die glatten Flächen wurde nach Viollet-le-Duc bewußt ein härterer Stein als für die zarten Gliederungen benutzt (Paris, Notre-Dame). Für die verschiedenen architektonischen Zwecke wurden unterschiedliche Steine aus verschiedenen Steinbrüchen gesucht, wie aus den erhaltenen Baurechnungen noch heute ersichtlich ist (Prag, St. Veits-Dom — Wochenbaurechnungen).

Der Stein selbst wurde häufig auch noch besonders behandelt, um ihn widerstandsfähig gegen Feuchtigkeit zu machen. Behufs rascheren Wasserabflusses wurden die Falten der Gewänder bei Standbildern, die Verzierungen und architektonischen

Gliederungen der Bauteile entsprechend ausgebildet und der Fugenschnitt bestimmt gewählt. Am Auflager wurden behufs rascheren Austrocknens offene Fugen belassen, die man später wiederum mit Ölkitt verschloß. Auch überzog man den Stein mit Öl, behandelte ihn mit Tempera (Eiern) oder Käse (Kasein), um ihm eine wasserundurchlässige Haut zu geben. Schließlich erfolgte an den klassischen und mittelalterlichen Steinwerken die Farbengebung der Steinflächen nicht nur aus schönheitlichen, sondern auch aus praktischen Gründen zum Schutze gegen Verwitterung, wie uns Vitruv in seinem Berichte über die Haltbarkeit des Anstriches mit Zinnober durch Überstreichen mit punischem Wachs berichtet.

Mit dem Ölfarbenanstrich erzielte man häufig das gerade Gegenteil des angestrebten Zweckes. Der böhmische Plänerkalk zerstäubt, wenn er zeitweise mit Putz überzogen war; ein gleiches Verpulvern tritt ein, wenn weicher Sandstein unter Ölfarbenanstrich gelegt wird.

Die Anwendung neuzeitlicher Schutzmittel beruht auf der Tränkung des Steines, die eine Vorbehandlung erfordert. Der Stein muß zuerst von den anhaftenden Schmutzschichten gereinigt werden und trocken sein, damit das Tränkungsmittel rasch und tief in die geöffneten Poren eindringen kann. Von der Erfüllung dieser Bedingungen hängt nicht zuletzt die dauernde Wirkung des angewendeten Tränkungsmittels ab. Jede Art mechanischer Reinigung, wie Abmeißeln, Abschleifen und Stocken, ist, wie bereits angedeutet, technisch und denkmalpflegerisch unstatthaft.

Die Steinreinigung geschieht durch wiederholtes Abwaschen des Steines mit reinem, weichem Wasser unter Benutzung von Strohbürsten (keine Drahtbürsten) und ohne Zusatz von Säuren, weil durch letztere eine Verfärbung entstehen kann. Sind die Schmutzschichten zu tief eingedrungen, empfiehlt sich ein Abwaschen des Steines mit Ravalfluat (Fluorsilizium und ein Überschuß von freiem Kieselfluorwasserstoff von 40^0 Baumé). Es muß aber sofort mit reinem Wasser nachgewaschen werden. Ravalfluat wirkt reinigend und gleichzeitig härtend auf den Stein ein.

Die Reinigung mit dem Sandstrahlgebläse ist mit größter Vorsicht vorzunehmen, damit nicht durch zu starkes Anblasen Grübchen im Steine ausgehöhlt werden; es empfiehlt sich deshalb bei dieser Reinigungsart ein vorsichtiges Anblasen von der Seite. Es zeigte sich, daß darunter Granit, Porphyr, Gneis und Sandstein mehr litten als Kalkstein, Diabas und Basalt. Neuestens hat man erfolgreiche Versuche mit dem Dampfstrahlgebläse gemacht (Versailles, Parkfiguren).

Zur Verhinderung der Steinverwitterung hat man eine Reihe von Schutzmitteln erfunden, die teils auf den Gebrauch der Alten zurückgehen. Sie bestehen darin, den Stein entweder durch chemische Einwirkung zu härten oder aber ihn äußerlich wasserabweisend zu machen.

Als Forderung für ihre Anwendung muß gelten, daß sie

1. ohne nachteilige ästhetische Wirkung auf den Stein sind,
2. den Stein nicht zerstören und selbst technisch einwandfrei sind,
3. den Stein nicht vollständig luftdicht abschließen.

Die Erfüllung dieser Bedingungen bringt es mit sich, daß die Anwendung von Steinschutzmitteln nur im beschränkten Maße mit Erfolg durchführbar ist. Die Vorkehrungen für die Aufnahmsfähigkeit des Steines und der durchwegs gleichmäßige Auftrag des Schutzmittels sind Forderungen, die mit der räumlichen Größe des Bauwerkes wachsen, immer schwieriger zu erfüllen und schließlich undurchführbar sind. Aus diesem Grunde ist die Anwendbarkeit von Steinschutzmitteln nur eine bedingte. An kleineren Steinwerken und Standbildern werden sie sich leichter anwenden lassen als an einem umfangreichen Bauwerke, bei dem sich eine Gleichmäßigkeit aller seiner Teile hinsichtlich Trockenheit,

Aufnahmsfähigkeit und Verteilung des Auftrages nicht erzielen läßt. In einem solchen Falle kann nur die gewissenhafteste Auswechslung durch einen wetterbeständigen Stein erfolgreich sein.

Schutzmittel gegen die Steinverwitterung. Die bekannten Steinschutzmittel lassen sich vom denkmalpflegerischen und technischen Standpunkt in folgende Gruppen teilen:

a) Tränkungsmittel in wässeriger Lösung, die mit dem Stein chemische Verbindungen eingehen;

b) nichtwässerige Tränkungsmittel, die den Stein wasserdicht überziehen;

c) museale Konservierungsmittel, die im Rahmen dieser Ausführung für Bauwerke nicht in Betracht kommen. Hierüber hat Prof. Dr. Rathgen, Berlin, eingehende Studien veröffentlicht.

a) Wässerige Tränkungsmittel sind:

1. Wasserglas. Ein in Wasser lösliches Kali-, Natron- bzw. Kaliumnatriumsilikat.

Die Wirkung besteht im Zuführen von Kieselsäure; gleichzeitig werden kohlensaure Alkalien frei, die Anlaß zu lästigen Ausblühungen geben.

Nachteile: Die zu stark silifizierten Steine erhalten eine glasige Oberfläche, die die Poren verstopft und eine äußere, luftabschließende Schichte bildet. Der Stein stirbt darunter ab oder wird durch die sich darunter bildende Eisschichte abgesprengt. Die löslichen Alkalisalze treten als weiße Ausblühungen auf. Bei Fresken verbinden sie sich mit den Farben und bilden einen weißen unlöslichen Schleier. Der Stein wird zeitweilig etwas dunkler verfärbt.

Verbindungen von Wasserglas und Chlorkalzium oder schwefelsaurer Tonerde verwendet man nach dem Verfahren von A. Kubelka in Budischowitz in Mähren (seit etwa 1890); M. Lewin (1874) benützte Wasserglas und Tonerdesulfat und Ransom (vor 1870) Wasserglas, Chlorbarium bzw. Chlorkalzium; letzteres wurde auch von Lehner empfohlen.

Die Anführung der zuletzt genannten Tränkungsmittel geschieht mehr aus geschichtlichen Gründen. Ihre insgesamte Anwendung ist nicht gutzuheißen, weil die Konzentration der der Dichte des Steines entsprechenden Wasserglaslösung mit Sicherheit schwer zu bestimmen ist und die Nachteile (Ausblühungen, Sprengwirkungen) die theoretischen Vorteile überwiegen.

2. Fluate. Sie sind Salze der Flußsäure und kommen als Magnesia-, Zink-, Aluminium-, Doppel-, Avant-, Putz- (Raval-), Gips- und Tonfluat in den Handel. Ihre Wirkung beruht darin, daß sie nach dem raschen Eindringen in den Stein — entgegen dem Wasserglas — Fluosilikate ohne lösliche Salze bilden. Sie sind besonders wirkungsvoll bei Kalkstein, Zementen, Tonwaren, Kalkanstrichen und Verputzungen. Bei Sandsteinen ist eine Vorbehandlung notwendig.

Am gebräuchlichsten ist Magnesia-Fluosilikat oder Magnesiafluat. Mit dieser Tränkung sind gute Erfahrungen gemacht worden, vorausgesetzt, daß sie richtig vollzogen wurde. Es empfiehlt sich die Benutzung des kristallinischen Fluates bei Selbstherstellung der Lösung statt der Verwendung des pulverigen oder fertigen Fluates. Die Einwirkung des Magnesiumfluates ist auf verschiedene Steine eine ungleichartige. Kalke werden unmittelbar erfolgreich gehärtet. Bei kreidig-tonigen Bindemitteln empfiehlt sich vorerst die Zuführung von Kalk durch Kalkwasser, wie dies bei den böhmischen Plänerkalken mit Erfolg versucht wurde. Die Tränkung mit Magnesiafluat soll erst später, oft erst nach einem Jahre erfolgen.

Sandsteine werden gehärtet, wenn sie nicht eisenhaltig sind; doch bedürfen sie zur Dichtung des Bindemittels einer Vorbehandlung mit Vorfluat oder mit Lithurin. Aber auch durch eine Vorbehandlung mit Kalkwasser wurde an böhmischen Sandsteinen gute Erfahrung gemacht.

Magnesiumfluat ist geruchlos und farblos und darf den Stein nicht verfärben. Ein übermäßiger Auftrag führt zur Ausscheidung löslicher Salze, weshalb ein sofortiges Nachspülen des Steines mit Wasser angezeigt ist. Es empfiehlt sich, die Tränkung nur von geschulten Kräften vornehmen zu lassen. Es darf nicht übersehen werden, daß Magnesiumfluat Metalle, vor allem Eisen, angreift, weshalb Geräte aus Holz zu verwenden sind.

Nach Rathgen steht so viel fest, daß Marmor durch Magnesiumfluat nicht geschützt, vielmehr gefährdet wird.

3. Testalin besteht aus einer alkoholischen Lösung von Ölsäurekaliseife und einer Lösung von Tonerdeazetat, die nacheinander aufgetragen werden müssen. Die Wirkung beruht darauf, daß der Stein gehärtet und gleichzeitig wasserabweisend gemacht wird. Die bisherigen Erfahrungen sind gute, doch erschwert der zweimalige Auftrag der Lösungen den Gebrauch.

Auf ähnlichen chemischen Einwirkungen beruht die teilweise Wirkung des Meyerschen Steinkittes (C. Hülsmann, Freiburg), des Keimschen Steinverhärtungsmittels (Kieselsäure), des Freskolithes, der Keimschen Mineralfarben und anderer.

b) Nichtwässerige Tränkungsmittel. Ihre Wirkung besteht darin, daß der Stein mit einer dünnen Schutzschichte überzogen wird. Die nichtwässerigen Lösungen gehen keine chemischen Verbindungen mit dem Steine ein, sondern überziehen ihn, ohne daß er luftdicht abgeschlossen wird. Sie erfordern, daß der Stein vollkommen trocken ist und eine bestimmte Temperatur besitzt; aus diesem Grunde ist ihre Anwendungsmöglichkeit beschränkt.

Tränkungsmittel nichtwässeriger Art sind:

1. Leinöl und Leinölfirnis. Der Auftrag erfolgt meistens heiß; Leinöl oder Firnis werden häufig in Benzin oder Petroläther aufgelöst, damit das Lösungsmittel tief eindringen und womöglich den ganzen Stein erfüllen kann. Die notwendige vollständige Trockenheit ist bei Bauwerken nicht zu erreichen. Als Nachteil wird unter anderem empfunden, daß heller Kalkstein etwas nachdunkelt und einen Fettglanz erhält. Durch Verwendung von gebleichtem Leinöl (Versuche am Dome zu Köln) kann die Färbung des Steines gemildert werden.

2. Wachslösung. Wachs wird in Benzin, Terpentin oder Chloroform aufgelöst und hat dieselben Wirkungen wie das vorgenannte Mittel.

3. Eine ähnliche Wirkung beruht auf der Verwendung von Zeresin (Bergtalg) oder Cirine, wobei ersteres in leicht angewärmtem Zustande aufzutragen ist.

4. Szerelmey (Lapidensin), entdeckt 1841, besteht aus Kohlenwasserstoff und Paraffin. Die Wirkung besteht darin, daß die Poren des Steines mit einer etwa 5 cm tief eindringenden enkaustischen, elastischen Haut überzogen werden. Es tritt keine chemische Verbindung ein, sondern es bildet sich eine wasserabweisende Schichte, ohne daß der Stein darunter abstirbt. Nach den Erfahrungen von Rathgen und Hertel erhalten Kalksteine vorerst einen schmutzigen und Sandsteine einen tiefbraunen bis schwarzen Farbenton, der nach einiger Zeit verschwindet.

In neuester Zeit ist dieser Nachteil durch Verbesserungen in der Erzeugung behoben worden.

Vielversprechend scheint das wiedererfundene und verbesserte enkaustische Verfahren von Prof. Dr. Schmidt in München zu sein. Es besteht darin, daß nach dem alten Verfahren heißflüssiges Wachs gleichzeitig mit den Farben durch den Pinsel auf die Malfläche aufgetragen wird, wobei diese in unseren Breiten auch noch entsprechend vorgewärmt werden soll.

Literatur: Bornemann, G.: Wetterbeständigkeit unserer Bauten. Leipzig. — Debo, L.: Der Einfluß der Temperatur und der Nässe auf Stein und Mörtel. Hannover. 1897. — Fröde, F. W.: Das Konservieren der Baumaterialien. Wien. 1910. — Grohmann, Th.: Erfahrungen und Anschauungen über Rauchschäden im Walde und deren Bekämpfung. Berlin: P. Parey. 1910. — Hauenschild, H.: Die Kesslerschen Fluate. Berlin: Polytechn. Buchhdlg. 1895. — Kaiser: Über Verwitterungserscheinungen an Bausteinen. Neues Jahrb. f. Min. usw. Köln. 1907. — Mitteilungen der Zentralkommission für Erforschung und Erhaltung der Kunst- und historischen Denkmale. Wien. Jahrg. 1909/10. — Rathgen, Fr.: Die Konservierung von Altertumsfunden, I. Teil. Berlin: De Gruyter. 1926. — Rathgen, F.: Die Pflege öffentlicher Standbilder. Ebenda. — Schmidt, H.: Enkaustik und Fresko auf antiker Grundlage. München: Georg D. W. 1926. — Setz, M.: Über Konservierungsmittel zum Schutze usw. Österr. Wochenschr. f. d. öffentl. Baudienst. Wien. 1909, 1915. — Steinerhaltungsmittel. Berichte über Untersuchungen mit Steinerhaltungsmitteln und deren Wirkungen. Dresden: Kühlmann. 1907. — Werbeschriften der Szerelmey-Imprägnierungs-Gesellschaft in Frankfurt a. M., der Hauenschild G. m. b. H. in Hamburg; des Vereines für chemische und metallurgische Produktion in Karlsbad über Fluate; der Holzverkohlungs-Industrie A. G. in Hannover über Testalin und andere.

IV. Technologisch und anderweitig wichtige Mineralstoffe

Von K. A. Redlich, Prag

A. Erze und sonstige von der Praxis verwendete Mineralien

Als Erze bezeichnet man jene Mineralien und Gesteine, aus welchen man bei genügend großem Vorkommen mit Nutzen Metalle oder Metallverbindungen herstellen kann.

Eisen. Gediegenes Eisen kommt in der Natur wegen seiner leichten Oxydierbarkeit nur an wenigen Stellen vor, so in mehr oder weniger bloßgelegten Eisenklumpen im Basalt von Ovifak in Grönland und als Meteoreisen.

Der Siderit, das Eisenkarbonat ($FeCO_3$). Härte 3,5 bis 4,5, Dichte 3,7 bis 3,9, Farbe erbsengelb. Der Eisengehalt beträgt im reinen Zustand 48%. Die Bauwürdigkeitsgrenze schwankt zwischen 32 und 35% Fe, je nach der Beschaffenheit der basischen bzw. sauren Begleitmaterialien. An der Luft färbt sich das Karbonat durch Umwandlung in Brauneisenstein rasch braun; je nach dem helleren oder dunkleren Farbenton kann man auf eisenärmere bzw. eisenreichere Sorten schließen (Ankerit färbt sich daher stets lichtbraun). Der Spateisenstein ist ein leichtflüssiges, meist phosphorarmes Erz. Entsprechend seiner Entstehung unterscheidet man die den kristallinen Magnesitvorkommen ähnlichen Sideritstöcke, welche, meist mit Ankerit [$FeCa(CO_3)_2$][1]) gemischt, im Kalk aufsetzen (Steirischer Erzberg), ferner hydrothermale Gänge (Siegen, Westfalen), schließlich lagerartige Absätze, wie den mit Ton gemischten Sphärosiderit, den mit Kohle vergesellschafteten Kohleneisenstein (Blackband) usw. Vor einigen Jahren wurde Eisenkarbonat in Gelform, 2 m mächtig, als Lager in einem Torfmoor in Westdeutschland gefunden (Weißerz).

Das Magneteisenerz, Fe_3O_4, hat rein 72% Eisen, seine Härte beträgt 5,5 bis 6,5, seine Dichte 4,9 bis 5,2. Seine Farbe ist schwarz, seine Ent-

[1]) Der Bergmann bezeichnet alle Karbonate mit 10 bis 20% Eisen als Ankerit.

stehung magmatisch oder kontaktmetamorph. Riesige Vorkommen liegen z. B. in Lappland. Kiiruna allein enthält zirka 800 Millionen Tonnen Erz. Neben reinem Magnetit findet man Verwachsungen von Magnetit mit Quarz, Hornblende, Chlorit usw. Aus diesen kann nach genügender Zerkleinerung der größte Teil der Verunreinigungen als unmagnetischer Anteil durch elektromagnetische Aufbereitung entfernt werden, worauf das Mahlprodukt durch Agglomerierung oder Brikettierung für den Hochofenbetrieb wieder großstückig gemacht wird. Bei einer zu starken Verwachsung, z. B. Silifizierung, wird die Feinvermahlung zu kostspielig, die kleinen Teilchen haften überdies so aneinander, daß sie bei der Aufbereitung nur unvollkommen geschieden werden können.

Roteisenerz, Eisenoxyd, Fe_2O_3, rein mit 70% Fe. Härte 5,5 bis 6,5, Dichte 4,5 bis 5,3. Erdige, oolithische oder dichte Aggregate, zuweilen schuppig (Eisenglimmer) oder in Kristallen. Farbe rot bis schwarz mit rotem Strich. Seine Entstehung ist entweder die des Magnetits, mit dem es manchmal auch verwachsen vorkommt, oder es setzt lagerartig in Sedimenten und kristallinen Schiefern auf. Außer als Eisenerz wird der Roteisenstein als roter Ocker zu Farbe vermahlen (Rötel, Eisenmennige, Englischrot, Caput mortuum).

Brauneisenerz, Limonit, entsteht bei der Verwitterung eisenreicher Gesteine und aller Eisenerze. Es ist ein Eisenhydroxyd mit wechselndem Wassergehalt (1—3 H_2O) und enthält bis 60% Eisen. In Seen oder Sümpfen kann dieses Erz unter Mitwirkung von Bakterien als See-, Sumpf- oder Raseneisenerz abgeschieden werden.

Den Eisenoolithen ähnlich ist ein Sandstein, der aus Quarzfragmenten mit einem limonitischen Bindemittel besteht. Seine Aufbereitung erfolgt auf elektromagnetischem Wege.

In dieselbe Reihe ist die lothringische Minette zu stellen; sie setzt sich aus Oolithen von Eisenoxyd bzw. -hydroxyd, Eisenkarbonat, Eisensilikat und einer kalkigen bzw. tonig-kieseligen Grundmasse zusammen.

Lockere oolithische Rot- und Brauneisensteine mit Kugeln und Körnern größeren Durchmessers heißen Bohnerze.

Auch die Eisenaluminiumsilikate Chamosit und Thuringit haben oft oolithische Ausbildung. Ihr Eisengehalt beträgt 30 bis 40%, dazu tritt ein entsprechender Kieselsäure-Tonerdeanteil. Gewöhnlich ist Roteisenstein bzw. Siderit in den Erzen enthalten, wodurch der hohe Prozentgehalt an Kieselsäure herabgesetzt und dieses sonst unbauwürdige Erz verhüttungsfähig gemacht wird.

Das zerreibliche Brauneisenerzpulver, der braune Ocker, wird zu Erdfarben verarbeitet; der Preis des Rohmaterials mit 25 bis 35% Feuchtigkeitsgehalt beträgt nach W. Dammer zirka 30 Reichsmark die Tonne loko Werk; bei geschlämmtem Ocker erhöht sich der Preis bis aufs Doppelte des ursprünglichen Wertes (S. 65).

Als Eisenerze sind auch Schwefelkiesabbrände sehr geschätzt, wenn sie durch chlorierendes Rösten und Auslaugen ihren Gehalt an Schwefel, Kupfer, Zink usw. abgegeben haben und reines Fe_2O_3 darstellen.

Die Bewertung der Eisenerze erfolgt nach ihrer Menge und chemischen Zusammensetzung. Da Eisen heute als Massenprodukt erschmolzen wird, kann nur eine Lagerstätte, die auf Jahrzehnte hinaus eine Mindesttagesleistung von 50 bis 100 Tonnen Erz sicherstellt und günstig gelegen ist, die Unterlage für einen rentablen Hüttenbetrieb abgeben.

In chemischer Beziehung wird in erster Linie ein hoher Eisengehalt verlangt, dessen Minimum bei leichtflüssigen Erzen zwischen 32 und 35% Eisen liegt; eine Ausnahme bilden die lothringischen Kalkminetterze, die neben günstigen Abbauverhältnissen einen fast äquivalenten Kalk-Kieselsäure-Gehalt für die Schlackenbildung aufweisen, wodurch sie diese Minimalziffern noch unterschreiten. Kupferkies und andere Sulfide in unbauwürdiger Menge entwerten das Erz; ein höherer Titangehalt als 1% ist wegen zu hohen Koksverbrauches in der Hütte nicht gerne gesehen. Der Phosphorgehalt darf nur beim Thomasverfahren 0,1% überschreiten; bei diesem Prozeß ist wegen der wertvollen hochprozentigen Schlacken (Thomasmehl) sogar ein höherer Phosphorgehalt erwünscht.

Für den Hochofenprozeß ist eine stückige Form und genügende Festigkeit der Erze notwendig.

Mangan. Die wichtigsten Manganerze sind der schwarze, harte (Härte 5 bis 6) Psilomelan, Mn_2O_3, der schwarze, weiche (Härte 2 bis 2,5) Pyrolusit, MnO_2, der rosarote, mit Säuren aufbrausende Manganspat, $MnCO_3$, und das wasserhaltige braune Manganoxyd, der Wad. Das Kieselmanganerz, $MnSiO_3$, ist rot und dem Manganspat äußerlich ähnlich, jedoch wesentlich härter als dieses Mineral. Seine Härte beträgt 5 bis 6 gegenüber 3,5 bis 4,5 beim Manganspat.

Außer in der Hüttenindustrie (Ferromangan) werden die Manganverbindungen zur Erzeugung von Sauerstoff, als violette Färbemittel bei Gläsern und Glasuren usw. verwendet. Das Kieselmanganerz oder Rhodonit, als Erz kaum in Betracht kommend, wird in Rußland, wo es in großen, von Oxyden nicht schwarz gefärbten Blöcken gewonnen wird, als Ornamentenstein verarbeitet.

Infolge der großen Menge reicher Erze, welche im Kaukasus, an der Ostküste Vorderindiens, Brasiliens usw. auftreten, sind Erze unter 50% kaum anbringlich und die vielen kleinen Lagerstätten Europas nicht bauwürdig. Nach W. Dammer kostet kaukasischer Rohbraunstein die Tonne cif Hamburg mit 65 bis 70% MnO_2 140 Reichsmark, mit mindestens 80% 200 bis 220 Reichsmark, mit mindestens 85% 240 bis 260 Reichsmark, mit mindestens 90% 320 bis 340 Reichsmark.

Chrom. Als Chromerz kommt einzig und allein der als magmatische Ausscheidung in Olivin-Serpentingesteinen in unregelmäßiger Schlieren- und Stockform auftretende braunschwarze Chromeisenstein, Chromit, $FeCr_2O_4$ (Härte 5,5, Dichte 4,5 bis 4,8), in Betracht. Durch Zerstörung derartiger Gesteine können auch Seifen entstehen. Er wird in der chemischen Industrie zur Herstellung von Chrompräparaten verwendet. Im elektrischen Ofen wird Ferrochrom mit 60 bis 70% Chrom erzeugt, von dem in der Stahlindustrie zirka 6% dem harten Chromstahl zugesetzt werden. Der Chromit ist ein hochfeuerfestes Rohprodukt (S. 216).

Gold. Das Gold findet sich als Wasch- oder Seifengold im Sand der Flüsse, als eingesprengtes Berggold in verschiedenen, namentlich quarzigen Gesteinen. Auch im Meerwasser sind Spuren gelöst, deren rationelle Gewinnung vergeblich versucht wurde. Die Hauptmasse ist in Gängen (Kalifornien, Siebenbürgen usw.) und Lagern (Konglomerate des Witwatersrandes in Südafrika) in den verschiedensten Sulfiden akzessorisch verteilt. In erster Linie begleitet das Gold den Schwefelkies, dann den Arsenkies und Antimonit, seltener die übrigen Sulfide. Die Verteilung in den Sulfiden kann sehr unregelmäßig sein, so daß eine reiche Partie einer armen benachbart ist. Gegen die Tiefe pflegt der Adel goldführender Kiesgänge schnell abzunehmen. Es handelt sich dann um sekundär angereicherte Teile der Lagerstätte, die meist oberhalb des Grundwasserspiegels liegen (Zementationszone). Um ein richtiges Bild von der Goldführung der Kiese zu erhalten, ist daher eine häufige Durchschnittsprobenentnahme notwendig. Eine besondere Gruppe von Golderzen sind die Goldtellurerze, oft unscheinbare graue Mineralien, wie der Kalaverit, Sylvanit, Nagyagit usw.

Platin. Das Platin findet sich wie das Gold hauptsächlich in Seifen im Ural, Kolumbien usw. In jüngster Zeit wurden reiche primäre Platinlagerstätten in Transvaal gefunden, und zwar Quarzgänge mit feinverteilten Platineinsprengungen als magmatische Ausscheidungen im Olivin-Serpentingestein (6 g in der Tonne). Im übrigen sind die bis jetzt bekannten an Olivin-Serpentingesteine gebundenen primären Lagerstätten unbauwürdig. Einen geringen Platingehalt geben gewisse nickelhaltige Magnetkiese, aus welchen in Nord-Amerika neben Nickel etwas Platin gewonnen wird.

Nickel und Kobalt. Die für die Technik wichtigen Nickellagerstätten liegen zunächst in Spalten von Olivin-Serpentingesteinen (wasserhaltige Nickel-Magnesiasilikate, Garnierit und Pimelith). Das größte derartige Vorkommen liegt in Neukaledonien; die Erze haben dort nach Krusch einen Durchschnittsgehalt von 4 bis 4,5% Nickel. Einen gleichen Produktionsanteil liefern die magmatischen Ausscheidungen von Magnetkies in Kanada (Sudbury), welche Nickelsulfid fein verteilt enthalten. Die Erze geben im Durchschnitt 2 bis 3% Nickel. Der Magnetkies der kristallinen Schiefer ist zwar auch nickelverdächtig, jedoch nach Angaben von Krusch stets nickelärmer.

Der Kobalt kommt in verschiedenen Sulfiden und als schwarzer Erdkobalt oder Asbolan, gewöhnlich mit Nickel zusammen, vor. Seine Hauptproduktionsgebiete sind Kanada und Neukaledonien. Obertägige Ausblühungen und Mineralien des Eisernen Hutes sind die grüne Nickelblüte und die pfirsichblütenrote Kobaltblüte.

Außer als Nickelmetall und als Zusatz zu Legierungen (Neusilber usw.) wird Nickel zur Erzeugung des zähen, festen, rostbeständigen Nickelstahles, eventuell Nickelchromstahles verwendet. Seit dem Kriege werden dem Stahl auch Kobaltzusätze beigegeben, welche die Härte bedeutend erhöhen. Der Kobalt dient als Kobaltoxyd zur Erzeugung der blauen Smaltefarbe.

Kupfer. Das wichtigste Kupfererz ist der messingfarbene bis goldgelbe Kupferkies, $CuFeS_2$. Härte 3,5 bis 4, Dichte 4,1 bis 4,3. Theoretisch 34,5% Cu und 35,5% S. Er bildet entweder, verwachsen mit Quarz, verschiedenen Karbonaten usw., Gänge (Mitterberg in Salzburg usw.) oder er ist den Schwefel- und Magnetkieslagern (Rio Tinto in Spanien usw.) bis zu 4% beigemischt; im letzteren Falle kann man die messinggelben Partien des Kupferkieses leicht von dem speisgelben Schwefel- und dem tombakbraunen Magnetkies unterscheiden. Mit anderen Kupfermineralien gemischt, imprägniert er im Mansfeldischen die silberhaltigen Kupferschiefer (2 bis 3% Cu).

Ein anderes häufiges Kupfererz ist das fahlgraue Fahlerz, ein Kupferantimonsulfid, in welchem das Kupfer zum Teil durch Silber, Quecksilber, Antimon, Arsen, eventuell sogar durch Blei und Zink ersetzt sein kann; das reine Mineral hat 30 bis 55% Kupfer.

Der Buntkupferkies, Cu_3FeS_3, entsteht als Pseudomorphose (als Anlauffarbe) aus dem Kupferkies, bildet aber auch derbe Massen. Der graue Enargit, Cu_3AsS_4, mit 48,3% Kupfer tritt, gewöhnlich den Buntkupferkies begleitend, gangförmig in jungen Eruptivgesteinen auf.

In der obersten Zersetzungszone, dem Eisernen Hut der Kupferlagerstätten, findet sich rotes, gediegenes Kupfer und rotes Rotkupfererz (Cu_2O), ferner tiefblauer Kupferlasur oder Azurit, $2CuCO_3 \cdot Cu(OH)_2$, grüner Malachit, $CuCO_3 \cdot Cu(OH)_2$, und blaues Kupfervitriol (Kupfersulfat), welches, im sogenannten Zementwasser gelöst, abfließt und leicht als gediegenes Kupfer auf Eisen niedergeschlagen werden kann.

Die Beurteilung der Kupfererze richtet sich nicht nur nach dem Kupfergehalt, sondern auch nach den mit ihm vorkommenden anderen wertvollen

Metallen und dem Schwefelgehalt der Sulfide, welcher, gleichzeitig gewonnen, den Wert der Erze bedeutend erhöht. Während man im allgemeinen bei Kupferkies-Karbonatmischungen, welche nur zur Kupfergewinnung dienen, 5 bis 6% Kupfer als Bauwürdigkeitsgrenze annehmen kann, kann z. B. aus Schwefelkieslagern, in welchen sich überdies noch Gold und Silber findet, das Kupfer auch bei Gehalten unter 1% als Nebenprodukt mit Vorteil extrahiert werden.

Blei. Das weitaus wichtigste Erz ist der bleigraue Bleiglanz, PbS, rein mit 86,6% Blei, Härte 2,5, Dichte 7,3 bis 7,6. Er ist leicht kenntlich an der Spaltbarkeit nach dem Würfel. Der Bleiglanz ist häufig silberhaltig und bricht fast immer mit Zinkblende ein. In seiner Zersetzungszone findet sich das glasglänzende Weißbleierz (Cerussit, $PbCO_3$), der äußerlich ähnliche Anglesit, $PbSO_4$, der grüne oder braune Pyromorphit, $Pb_5Cl(PO_4)_3$, usw.

Silber. Als Silbererze kommen in erster Linie die silberhaltigen Bleierze in Betracht, aber auch alle übrigen Sulfide sind silberverdächtig. In den höheren Zonen der Lagerstätten liegen gediegene Silber, lichtes und dunkles Rotgültigerz usw. Silber kommt nie auf Seifen vor.

Zink. Als Zinkerz wird die gelbe bis braune Zinkblende, ZnS (Härte 3,5 bis 4, Dichte 3,9 bis 4,2, rein 50 bis 67% Zink), das grauweiße Kieselzinkerz (Kieselgalmei), $H_2Zn_2SiO_5$, der grauweiße Zinkspat (Kohlengalmei), $ZnCO_3$, und das in der Zersetzungszone sich findende kreideweiße wasserhaltige Zinkkarbonat, die Zinkblüte, verwendet. Viele Zinkblenden führen Kadmium, das sich durch gelbe Ausblühungen bereits äußerlich kenntlich macht; manche Arten zeigen Phosphoreszenz bzw. Fluoreszenz (Leuchtblende).

Bleiglanz und Zinkblende findet sich hauptsächlich auf Gängen (Linares, Přibram usw.), dann, mit Galmei gemischt, in Stock- und Schlauchform als Verdrängung im Kalk (Bleiberg usw.), auch in lagerähnlichen Formen, deren Entstehung noch nicht genügend geklärt ist (Schneeberg bei Sterzing). In Deutschland werden nach Krusch Erze mit zirka 4% Blei und 11% Zink bei einem Silbergehalt von 100 bis 250 g pro Tonne mit Nutzen abgebaut.

Antimon. Als Antimonerz kommt nur der metallisch glänzende, graue Antimonglanz, Antimonit, in Betracht (Sb_2S_3, Härte 3, Dichte 4,6 bis 4,7, rein 71,38% Antimon). Vor dem Lötrohr verbrennt er mit blauer Flamme. Zersetzungsprodukte sind die Antimonoxyde Cervantit und Stiblith, beide gelbgraue, mergelartig aussehende Mineralien, die vom Laien wegen ihrer unscheinbaren Farbe leicht übersehen werden. Das Antimonmetall dient zur Herstellung von Farbenpräparaten, leicht schmelzbaren Legierungen (Letternmetall) und wird bei der Vulkanisierung des Kautschuks verwendet. Das Stocken des chinesischen Exportes kam in den letzten Jahren den ärmeren europäischen Vorkommen zugute, so daß infolge der höheren Preise auch die mehr absätzigen Mittel mit Nutzen abgebaut werden können.

Arsen. Unter den Erzen nehmen der lichtgraue Arsenkies, FeAsS (46% As) und Arsenikalkies, $FeAs_2$ (72,8% As) die erste Stelle ein; seltener findet sich in größeren Mengen das rote Realgar, As_2S_2, und das gelbe Auripigment, As_2S_3. Die aus dem Arsenkies erzeugten Arsenpräparate dienen in erster Linie zur Pflanzenschädlingsvertilgung; trotz großer Nachfrage nach solchen ist der Wert der Erze ein verhältnismäßig geringer.

Realgar und Auripigment, die als Farbstoff, Enthaarungsmittel, in der Feuerwerkerei usw. Verwendung finden, werden zwar in Japan und Persien bergbaulich gewonnen (10 bis 20 Tonnen im Jahre); die in den Handel kommenden Produkte sind jedoch synthetisch dargestellt. Die Anlage von Arsenikhütten erfordert wegen der giftigen Abgase besondere Vorsicht.

Zinn. Die hauptsächlichsten Zinnerze sind der braune Zinnstein, SnO_2, Härte 6 bis 7, spezifisches Gewicht 6,8 bis 7, mit einem theoretischen Gehalt von 78,62% Sn, und der Zinnkies, Cu_2FeSnS_4, Härte 4, spezifisches Gewicht 4,3 bis 4,5, mit 27,6% Sn, 24,4% Cu und 13% Fe. Sie sind als pneumatolytische Gangbildungen fast immer an Granite und deren Kontakthöfe gebunden. Die Mineralneubildung beschränkt sich beim pneumatolytischen Prozeß nicht nur auf die Ausfüllung der Gangspalte, sondern greift auch auf das Nebengestein unter Bildung von Greisen (S. 41) über. Die Mächtigkeit der einzelnen Zinnerzgänge beträgt häufig nur einige Millimeter, die Imprägnationszone dagegen ist oft sehr breit. Daher müssen beide Teile auf ihren Zinngehalt geprüft werden. Der schwer zersetzbare Zinnstein ist häufig in der Nähe der primären Lagerstätte in Seifen angereichert, die z. B. auf den Malayischen Inseln den Haupterzreichtum bilden. Die Abbauwürdigkeit beginnt bei dem leicht und billig reduzierbaren Zinnoxyd bereits bei zirka 0,6%, der Durchschnittsgehalt der primären Lagerstätten steigt selten über 1%. Der schwerer, daher teurer verhüttbare Zinnkies erfordert gegen 7% Sn, wenn sich der Abbau noch lohnen soll.

Wolfram. Als technisch wichtige Wolframerze kommen der schwarze bis tiefbraune Wolframit (FeMn) WO_4 (Härte 5 bis 5,5, spezifisches Gewicht 7,14 bis 7,15, rein bis 75% WO_3) und der grauweiße, glasglänzende Scheelit, $CaWO_4$ (Härte 4,5 bis 5, spezifisches Gewicht 5,9 bis 6,2, mit 80,56% WO_3), in Betracht.

Sie sind meistens Begleitmineralien der Zinnerzgänge und wanderten früher als wertlos auf die Halde. Heute wird der Wolframit von dem nicht magnetischen Zinnstein und Scheelit elektromagnetisch getrennt. Die größte Menge des Wolframs verarbeitet die Eisenhüttenindustrie zu Ferrowolfram, das zur Erzeugung des Wolframstahles mit 3 bis 18% Ferrowolfram und anderer Legierungen dient. Überdies wird das Wolframmetall in der Glühlampenfabrikation verwendet. Der hohe Preis der Wolframerze drückt die Bauwürdigkeitsgrenze der Gangmasse bis auf zirka 0,6% herab, namentlich wenn gleichzeitig Zinnerz einbricht; 3% gelten nach Krusch als reiche Lagerstätte. Der Wert der Wolframerze richtet sich nach ihrem Gehalt an WO_3 in der Tonne Erz. Er beträgt nach Dammer derzeit 24 bis 25 Reichsmark pro Einheit bei reichen Erzen von mindestens 65% WO_3, wenn die Kieselsäure 1,5% nicht überschreitet. Als entwertend gilt das Vorhandensein von S, As, Sb, Sn, P, Pb und Cu.

Molybdän. Molybdänerze sind der dem Graphit äußerlich ähnliche, weiche, sich fett anfühlende Molybdänglanz, MoS_2 (Härte 1 bis 1,5, spezifisches Gewicht 4,7 bis 4,8), der seltene, gelbbraune, wachsglänzende Wulfenit, $PbMoO_4$ (Härte 3, spezifisches Gewicht 6,7 bis 7), schließlich der Molybdängehalt der Mansfelder Kupferschiefer. Molybdän dient zum Härten des Stahles (Molybdänstahl) und zur Erzeugung des Ammoniummolybdates.

Vanadium. Das Vanadium findet sich in Peru und Kolorado im braunen Vanadinit, $Pb_5Cl(VO_4)_3$, Schwefelvanadium (Patronit) und in mehreren anderen Erzen, aus denen es gewonnen und zu Ferrovanadin verarbeitet wird, das zur Stahlveredlung (Vanadiumstahl) dient.

Wismut. Aus verschiedenen Wismutsulfiden, namentlich Wismutglanz, Bi_2S_3, wird Wismutmetall gewonnen. Es dient zur Erzeugung von Wismutpräparaten und leicht schmelzbaren Legierungen.

Aluminium. Über die Haupterze Bauxit, Hydrargillit, Kryolith wurde bereits ausführlich gesprochen (S. 67, 68).

Quecksilber. Zuweilen sind Schiefer, namentlich an Zerrüttungszonen, mit rotem Zinnober, HgS, oder gediegenem Quecksilber imprägniert (Idria, Krain).

Auch aus Quecksilberfahlerz, das, mit Siderit und Quarz vergesellschaftet, in Gängen fein verteilt auftritt (Kotterbach, Slowakei), wird das Metall gewonnen.

Uran und Radium. Das schwarze Uranpecherz oder die Pechblende, $(UPb_2)_3\ U_2O_{12}$, diente früher hauptsächlich zur Erzeugung der Uranfarben und wurde erst in den letzten Jahrzehnten ein wichtiges Radiumerz. Die bekanntesten Gänge liegen in Joachimstal, Cornwall usw. Ein anderes Uran-Radiumerz ist das Kalium-Uran-Vanadinat, der Carnotit, der als Imprägnation im Sandstein in Kolorado und Pennsylvanien abgebaut wird. Die reichsten Uran-Radiumlagerstätten liegen im Katangagebiet, im südlichen Teil des Kongostaates; ihre Ausdehnung übertrifft alles bis jetzt Bekanntgewordene.

Titan. Der braune Rutil, TiO_2 (Härte 6 bis 6,5, spezifisches Gewicht 4,2 bis 4,3, rein 61,5% Ti), und der schwarze Ilmenit, $FeTiO_3$ (Härte 5 bis 6, spezifisches Gewicht 4,6 bis 5,2), sind die für die Titangewinnung geeigneten Erze. Die nach Fleissner bis 12% TiO_2 enthaltenden Tone von Brüx konnten wegen der unregelmäßigen Verteilung des Titangehaltes bis jetzt nicht verwertet werden. Im Staate Virginia werden Biotitgneise mit durchschnittlich 10% Rutil abgebaut. Nach J. H. L. Vogt liefern Rutil-Apatitgänge des nördlichen Norwegens jährlich gegen 15 Tonnen Rutil (30% der Gangmassen). Das Kilogramm stellt sich auf zirka 4 Reichsmark. In Kanada, Norwegen usw. führen zahlreiche Magnetitlager den bei der Eisengewinnung wegen zu großer Hüttenkosten ungern gesehenen Ilmenit. Es werden als Titanerze nur die an Titansäure reichen Ilmenite gewonnen, z. B. in Florida solche mit zirka 50%. Der größte Teil der Titanerze dient zur Erzeugung von Ferrotitan, Titanstahl und Titanlegierungen. In neuerer Zeit werden die Titanpräparate in der Farbenindustrie verwertet und das deckkräftige Titanweiß an Stelle des giftigen Bleiweißes erzeugt. In der keramischen Industrie werden Gefäße durch Titanverbindungen gelb gefärbt. Der Wert der Titanerze mit 35 bis 50% TiO_2 beträgt nach Dammer in Deutschland 60 bis 120 Reichsmark für die englische Tonne inklusive Verpackung cif deutscher Hafen.

Schwefel. Schwefel und Schwefelsäure wurden früher im großen aus dem in der Natur auftretenden gediegenen Schwefel gewonnen. Untergeordnet bildet sich der Schwefel als Exhalationsprodukt an den Vulkanen. Die bauwürdigen Lagerstätten sind meist als Zersetzungsprodukte des Anhydrites und Gipses anzusehen, die unter Mitwirkung von Bitumen entstanden sind. So wird seit Jahrhunderten bei Girgenti in Sizilien Schwefel aus einem derartigen obermiozänen Lager gewonnen, dessen untere Abbauwürdigkeitsgrenze bei 10% liegt und dessen beste Erze 40% Schwefel geben. Viele Schwefelquellen mit ihrem Schwefelwasserstoffgehalt (in den Alpen die aus den gipsführenden Werfner Schichten austretenden) verdanken solchen Umsetzungsprozessen ihre Entstehung.

Erst verhältnismäßig spät wurden die Schwefelkieslagerstätten zur Schwefelgewinnung herangezogen. Diese sind Erzlager oder Stöcke bis zu vielen Metern Mächtigkeit. Die Bewertung des Schwefelkieses erfolgt nach Prozenten Schwefel in der Tonne (Unit = 1% in der Tonne). Arsenfreier Pyrit ist wertvoller; überdies ist das Vorhandensein von anderen nutzbaren Sulfiden und Metallen (z. B. Kupfer, Silber, Gold), die als Nebenprodukte gewonnen werden können, mit in die Kalkulation einzubeziehen. Als schädlicher Bestandteil gilt neben Arsen das schwer abröstbare Zink. Die untere Bauwürdigkeitsgrenze dürfte in Mitteleuropa bei 40% Schwefel und ³/₄ m Mächtigkeit liegen. Während des Krieges wurden 25prozentige Kiese abgeröstet. Seit dem Kriege wird in Deutschland Schwefel auch aus Gips und Anhydrit chemisch extrahiert (S. 225).

Baryt, auch Schwerspat genannt, $BaSO_4$, mit 65,68% BaO und 34,32% SO_3, Härte 3 bis 3,5, spezifisches Gewicht 4,3 bis 4,7, kommt sehr häufig auf Lagern und Gängen vor, ist jedoch für sich allein nur dort abbauwürdig, wo er rein und in großer Menge auftritt. Meggen an der Lehne erzeugt z. B. täglich 250 Tonnen. Meistens halten die Spatgänge im Streichen und Fallen nicht lange an oder der Spat ist durch verschiedene leicht lösliche Erze und andere Mineralien verunreinigt.

Der Baryt wird als Mahlspat und Reduzierspat, verunreinigte Sorten als fast wertloser Belastungsspat verkauft. Die reine weiße Sorte, der Mahlspat, wird in erster Linie zur Erzeugung des Barytweiß verwendet, einer Farbe, die zwar geringe Deckkraft hat, jedoch zum Verschneiden weißer Farben und als Wasserfarbe Verwendung findet.

Der Reduzierspat ist das Rohprodukt für Lithoponfarben und andere Bariumpräparate. Da der Schwerspat selbst so gut wie unlöslich ist, muß er in geeigneten Öfen durch Reduktion mit Kohle (daher der Name Reduzierspat) in das lösliche Schwefelbarium übergeführt werden. $BaSO_4 + 2\,C = BaS + 2\,CO_2$. Der Vorgang bei der Lithoponfabrikation geht nach der Gleichung $BaS + ZnSO_4 = BaSO_4 + ZnS$ vor sich.

Die chemische Industrie erzeugt aus Baryt auf dem Wege über BaS die verschiedensten Bariumpräparate. Die Papier- und Seidenindustrie verwendet reinen Schwerspat zum Glätten, Satinieren und Beschweren der Ware; Baryt wird Tonwaren beigemischt, um ein Ausblühen der Steine beim Brennen zu verhindern; untergeordnet benutzt ihn auch die Gerberei, die Hüttenindustrie zum Abrauhen von Gußstücken, die Asbestfabrikation als Füllmittel.

Die Bewertung des Mahlspates richtet sich in erster Linie nach Mahlfeinheit und Farbe; der Gehalt an $BaSO_4$ kann bis 90% sinken. Färbende Oxyde sind besonders verpönt. Eisenverbindungen in nicht zu großer Menge können durch Herauslösen mit Schwefelsäure entfernt, Reste durch Mahlen mit Ultramarin unschädlich gemacht werden.

Vom Reduzierspat verlangt man 93 bis 96% $BaSO_4$, nur geringe Mengen bis höchstens 1,5% SiO_2, da sonst beim Brennen Bariumsilikat entsteht. Flußspat, der ein Zusammensintern des Ofeneinsatzes zur Folge hat, darf nur bis höchstens 0,5% vorhanden sein, ebenso $CaCO_3$, das sich nach dem Brennen als CaO mit dem Wasser zu Kalziumhydroxyd verbindet und ein Herauslösen des BaS sehr erschwert. An Eisenoxyd und Metallsulfiden ist nur ein Höchstgehalt von 1,5% erlaubt. Die chemische Industrie fordert immer reinen Baryt. Ab Werkstation in Deutschland am Harz stellt sich die Tonne gemahlener Reduzierspat auf zirka 80 bis 96 Reichsmark.

Literatur: Bärtling: Schwerspat in B. Dammer und O. Tietze „Die nutzbaren Mineralien", II. Bd. 1917. — Redecker, E.: Schwerspatbergbau und Schwerspatwirtschaft. Glückauf, 61. Bd., S. 1358. 1925.

Witherit, $BaCO_3$, ist seltener als Baryt in der Natur als Gangmineral zu finden; die Hauptmasse wird künstlich erzeugt. Er wird namentlich in der Sprengstofftechnik verlangt, Glasuren beigemischt und als Barytzement (2 bis 3 Teile $BaCO_3$, 2 Teile Quarz, 1 Teil Ton, 10 Teile $CaCO_3$) zur Herstellung von reinfarbigen Ziegeln und Terrakotten verarbeitet. Englischer Witherit stellt sich auf 40 Reichsmark die Tonne loko Grube.

Strontianit, $SrCO_3$ mit 70,3% SrO und 29,7% CO_2, Härte 3,5, spezifisches Gewicht 3,6 bis 3,8, färbt die Flamme rot, findet sich auf Erzgängen im Harz, besonders in Austrocknungsspalten in Westfalen bei Hamm. Es werden aus ihm Strontiumpräparate erzeugt, die größtenteils in der Zuckerindustrie Verwendung finden; zur besseren Entschwefelung des Stahles setzt man kleine Mengen Strontianit zu, auch in der Feuerwerkerei und in der Glasfabrikation ist er gesucht. Der Preis beträgt zirka 200 Reichsmark für die Tonne.

Cölestin. $SrSO_4$ mit 56,39% SrO und 43,61% SO_3. Dieses Mineral wird vor allem in Westfalen gewonnen, wo es sich nesterartig findet. Sonst trifft man es in Sizilien mit Schwefel gemischt usw. Die Verwendung ist eine ähnliche wie die des Strontianites, er ist aber bedeutend billiger als dieser.

Flußspat (Fluorit), CaF_2, rein 49% F und 51% Ca, Härte 4, spezifisches Gewicht 3,01 bis 3,2, ist verschieden gefärbt, durchsichtig bis opak. Er dient als Flußmittel in der Hütten-, Zement- und Glasindustrie; für eine Tonne Stahl benötigt man zirka 3 kg Flußspat; da er beim basischen Verfahren angewendet wird, darf er höchstens 3% SiO_2 enthalten. Die wasserklare Varietät wird für optische Instrumente gebraucht. Weiters wird aus ihm bei mindestens 98% CaF_2 und höchstens 1,5% SiO_2 Flußsäure erzeugt. Unerwünscht ist hier an Karbonate gebundene Kohlensäure und ein höherer Gehalt an Metalloxyden.

Der Preis pro Tonne Flußspat stellt sich bei reinen Sorten auf zirka 80 Reichsmark; Grus und Sand ist um die Hälfte billiger als Stückmaterial. Die für optische Zwecke geeignete Varietät ist bedeutend teurer. Häufig wird der Flußspat auf Erzgängen als Nebenprodukt gewonnen, sortiert und verkauft.

Apatit und Phosphate. Während das kristallisierte Mineral Apatit [$Ca_5Cl(PO_4)_3$ bzw. $Ca_5F(PO_4)_3$ mit rund 41% P_2O_5] heißt, bezeichnet man die derbe Varietät als Phosphorit und als Phosphate alle in der Natur vorkommenden, mehr oder weniger technisch verwertbaren phosphorsauren Verbindungen. Die Fundorte von Phosphaten erstrecken sich über die ganze Erde, doch nur in wenigen Ländern lohnt sich ihr Abbau. Von europäischen Ländern waren früher Belgien und Frankreich mit 40 bis 50% der Produktion zu nennen. Heute liegen die wichtigsten Gruben in Nordafrika, die größten Vorkommen im Süden von Algier, Marokko und Tunis. Es handelt sich um mächtige Flöze, welche ein Durchschnittsprodukt von 60 bis 70% Trikalziumphosphat liefern. Auch Nordamerika ist reich an Phosphaten; so liefert Karolina ein 58- bis 63%iges, Tennessee 78- bis 80%iges und Florida 70- bis 82%iges Phosphat. Von den Südseeinseln werden Phosphate mit 78 bis 85% Trikalziumphosphat verschifft.

Phosphate bilden ein wertvolles, schnellwirkendes mineralisches Düngemittel, wenn sie durch Schwefelsäure zu Superphosphat umgearbeitet werden. An ihre Stelle tritt oft die phosphorreiche Schlacke phosphorreicher Eisenerze, welche — gemahlen — das im Erdboden sich langsam aufschließende Thomasmehl liefert. Dort, wo größere Knochenmassen verwittern, namentlich in Höhlen, reichert sich das Erdreich an Phosphaten an und gibt eine oft bis 15% P_2O_5 enthaltende Masse, die im Krieg an Stelle der fehlenden Phosphate Verwendung fand. Auf einzelnen Inseln, z. B. an der Küste von Peru liegen viele Meter mächtige Kotablagerungen der dort brütenden Vogelwelt; diese an Kalziumphosphat, harnsaurem- und oxalsaurem Ammon reiche Masse kommt ebenfalls als wichtiges Düngemittel unter dem Namen Guano in den Handel.

Der Preis der Phosphate richtet sich nach dem Gehalt an Trikalziumphosphat.

Nitrate. Von den Salpeterarten besitzt der Natronsalpeter aus den trockenen Wüstengebieten des nördlichen Chile die größte wirtschaftliche Bedeutung. An Stelle des Natursalpeters treten in neuester Zeit immer mehr die künstlichen Stickstoffpräparate, welche auf elektrischem Wege durch Oxydation des Luftstickstoffes erzeugt werden.

Korund (Al_2O_3). Der edle Korund ist als roter Rubin und blauer Saphir bekannt. Der gemeine Korund bildet dichte, derbe Massen, die entweder als primäre Ausscheidung oder als Kontaktmineralien verschiedener Tiefengesteine angetroffen werden. Die wichtigsten Vorkommen liegen in Kanada, Indien, Südafrika und Madagaskar. Der mit Magnetit, Eisenglanz, Quarz und anderen Silikaten gemischte gemeine Korund wird Schmirgel oder Smirgel genannt. Sein Hauptfundort ist Naxos, wo er zwischen Kalken mächtige Lager und Linsen bildet.

Ähnliche Vorkommen trifft man in Kleinasien. Kleinere Vorkommen sind durchaus nicht so selten; sie sind meist sehr reich an Magnetit und haben mehr mineralogisches als technisches Interesse. Die Bewertung und Güte des Schmirgels hängt in erster Linie von dem Korundgehalt ab (Analysen von Naxos zeigen 60 bis 66% Al_2O_3 bei 24 bis 30% Fe_3O_4); der an der Luft rotgefärbte Schmirgel weist auf einen relativ hohen Eisengehalt hin. Gleichmäßig feinkörnige Sorten, die in scharfkantige Bruchstücke zerfallen, sind hochwertiger als dichte und kompakte Arten (Kleinasien). Der Korund Kanadas stellt sich doppelt so hoch als der Naxosschmirgel. Aus Bauxit wird an den Niagarafällen im elektrischen Ofen künstlicher Schmirgel, Alundum, erzeugt. Verfälschungen von Schmirgel mit harten Mineralien, wie Granat, Quarz, Magnetit, Eisenkiesel usw., sind sehr häufig.

Im künstlichen Karborundum (Siliziumkarbid) erwächst dem Schmirgel ein großer Konkurrent.

Der gemeine Korund und der Schmirgel werden als Schleif- und Poliermittel verwendet.

Asbest. Wir unterscheiden den in kristallinen Schiefern aufsetzenden, mehr lagerartigen Hornblendeasbest, $Mg_3CaSi_4O_{12}$, von dem in Olivin-Serpentingesteinen als Ganggewirr mit 5 cm maximaler Mächtigkeit auftretenden Serpentin- oder Chrysotilasbest, $H_4Mg_3Si_2O_9$. Der Asbest zeichnet sich in seinen weichen Varietäten durch Spinnbarkeit und Beständigkeit gegen Hitze aus. Hornblendeasbest schmilzt bei 1150°, Chrysotilasbest bei 1550°. Da der Serpentinasbest netzartig das Gestein durchsetzt, wird er fast immer tagbaumäßig gewonnen. Das im Steinbruch gewonnene Fördergut wird durch Handscheidung in reine, nach der Größe des Fadens gesonderte Sorten und in mit Nebengestein verwachsene Stücke getrennt.

Die weitere Aufbereitung des Asbestmaterials geschieht heute — von einigen wenigen naßmechanisch arbeitenden Betrieben abgesehen — allgemein nach einem Trockenverfahren, bei dem das Rohgut zerkleinert, getrocknet und die Faser durch einen saugenden Luftstrom gewonnen wird. Eine anschließende Klassierung trennt die Fasern nach der Länge.

Nach Einecke in Dammer-Tietze muß das ausgehaltene Fördergut im ungünstigsten Falle einen Gehalt von 5% Asbest haben, eine Ziffer, die beim Fehlen des wertvollen Spinnasbestes sich natürlich um ein bedeutendes steigert.

Das Hauptproduktionsland ist Kanada mit 80% Anteilen Chrysotilasbest. Die gleiche Varietät wird in Cypern gewonnen. Südafrika, welches bezüglich Asbest immer mehr Bedeutung erlangt, liefert den gegenüber dem Serpentinasbest säurefesteren, blaustichigen Hornblendeasbest; seine rauhe, aber sehr starke Faser eignet sich besonders zum Spinnen.

In absehbarer Zeit wird Rußland seine alte Stellung als eines der Hauptproduktionsländer der Erde wieder einnehmen; vor dem Kriege stand es an zweiter Stelle. Namentlich der Ural ist reich an Serpentinasbest. Der Gehalt des Uralserpentins an Asbest beträgt 2 bis 4%, davon ist ein Drittel langfaserig. Die spinnbare Sorte zeichnet sich durch großen Widerstand gegen Druck und Reibung aus. In vielen Staaten wird auch minderwertigerer, kurzfaseriger Chrysotilasbest von 1 bis 4 mm Länge gefunden und abgebaut (kurze Faser C und Pappenfaser XX), z. B. bei Dobšina in der Slowakei, Rechnitz im Burgenland usw.

Die Verwendbarkeit des Asbestes beruht in erster Linie auf seiner hohen Feuer- und Säurefestigkeit. Die Preise zeigen eine steigende Tendenz. Sind die Fasern mindestens 15 mm lang und nicht so spröde, daß sie beim Zerreiben zwischen den Fingern zerbrechen, so lassen sie sich spinnen und zu Stoffen verweben, die großer Hitze widerstehen. Der Preis dieser besten spinnbaren

Sorten (Crude I und II) stellt sich auf 800 bis 2000 Reichsmark pro Tonne cif Hamburg. Das kleinfaserigere gute Material von einer Faserlänge von 5 bis 10 mm wird bei guter Rißfestigkeit zu Dichtungen, Isolierungen, vor allem zur Erzeugung der sogenannten Eternitplatten verwendet. Es sind dies Dach- und Laboratoriumsplatten, die aus einer Mischung von zirka 15% Asbest und 75% Zement hergestellt werden. Die letztere Sorte stellt sich heute auf etwa 400 Reichsmark pro Tonne loko Hamburg. Noch kürzere, reine, weiße Faden (Sorte C und XX) bilden den Hauptbestandteil der Asbestpappe, des Asbestpapieres und den Zuschlag für verschiedene Baustoffe. Auch in der Farbenfabrikation finden sie ihre Anwendung. Ihr Preis stellt sich auf 50 bis 95 Reichsmark pro Tonne loko Erzeugungsort in Österreich[1]).

Talk. $3MgO \cdot 4SiO_2 \cdot H_2O$, Härte 1, Dichte 2,6 bis 2,8, Farbe weiß, gelb bis lichtgrün, durch tonig-graphitische Beimengungen grau. Er fühlt sich fettig an. Er tritt in unregelmäßigen, gewöhnlich nicht bauwürdigen Gangtrümmern in Olivin- und Serpentingesteinen auf. Er begleitet ferner die kristallinen Magnesitstöcke der Ostalpen, namentlich an der Grenze gegen die umgebenden Schiefer, was einen Fingerzeig für die Verfolgung der talkführenden Schichte liefert.

Ähnlich gebaut ist die Lagerstätte von Mautern in Steiermark. Ein an seinem Rande dolomitisierter Kalkstock wird von einem Talkmantel umgeben, welcher allmählich in die ihn umgebenden Hangend-Phyllite übergeht.

Die größten Lagerstätten bilden im kristallinen Schieferverband konkordante Einlagerungen. So treffen wir in den tremolitführenden Gneisen des Staates New York, im Glimmerschiefer Kanadas, in Phylliten und Glimmerschiefern der Ostalpen mehr oder weniger reine Talklager. Der dichte, grau bis braun gefärbte, uneben bis splitterig brechende Speck-Topfstein oder Soapstone bildet mehr oder weniger regelmäßige Lager. In Göpfersgrün im Fichtelgebirge sind die auf Granit auflagernden Kalksteine von ihm durchsetzt. In Finnland begleiten die dortige kristalline Schieferserie Topfsteine, welche zu säurefesten Ziegeln zersägt werden (1 m^3 geschnittenes Gestein fob Wiborg 400 bis 500 Reichsmark).

Der reine Talk wird getrocknet und gemahlen. Der Handelswert des Fertigproduktes richtet sich vor allem nach der Reinheit der Farbe und der Geschmeidigkeit des Materials. In Österreich[2]) werden die feinst gemahlenen, reinst weißen Sorten mit 230 bis 260 Schilling die Tonne, die grauen tonigen Abarten mit 40 bis 110 Schilling per Tonne loko Werk ohne Verpackung verkauft. Gemahlen, als Federweiß, wird er in erster Linie als Füllmittel in der Papier-, Textil-, Seifen-, Gummifabrikation usw., als Poliermittel für Leder, in der Reisschälindustrie, als Zuschlag zum Kaolin in der Keramik, als Farbstoffträger, als Schmiermittel usw. verwendet.

Speckstein wird zu Schmelztiegeln, säurefesten Gefäßen, Ziegeln, Gasbrennern usw. geschnitten (S. 216); mit Schneiderkreide wird auf Tuch gezeichnet.

Meerschaum. Mit dem Talk kommt in Olivin-Serpentingesteinen ein weißes, an der Zunge haftendes, poröses, wasserhaltiges Magnesiumsilikat, der Meerschaum vor ($2MgO \cdot 3SiO_2 \cdot 2H_2O$). Die ersten Qualitäten, namentlich die kleinasiatischen Sorten, werden zu Pfeifenköpfen usw. verarbeitet und erreichen hohe Preise. Un-

---

[1]) Die größte deutsche Asbestfirma Becker und Haag in Berlin hat eine erschöpfende Monographie unter dem Titel „Asbest, seine Fundstellen, Gewinnung, Aufbereitung, Verarbeitung und Anwendung in Industrie und Technik" herausgegeben (Berlin SW 11, Bernburgerstraße 31).

[2]) In Österreich besteht ein Verband der Talkinteressenten, der regelmäßige Berichte herausgibt.

echter Meerschaum wird aus pulverisierten Meerschaumabfällen oder aus amorphem Magnesitstaub mit einem geeigneten Bindemittel hergestellt.

Feldspat. Der Feldspat wird hauptsächlich in der Porzellanfabrikation verwendet (S. 207), nur untergeordnet wird aus ihm Schleifmaterial erzeugt oder dient er, fein gemahlen, wegen seines Alkaliengehaltes als Steindünger.

Für die Fabrikation von Porzellan und Steingut soll der Feldspat möglichst frei von färbenden Oxyden, speziell des Eisens sein; diese störenden Beimengungen zeigen sich in der Farbe des gebrannten Materials. Er soll auch leicht schmelzbar sein und keinen zu großen Natrongehalt haben, der eine wolkige Trübung der Glasur verursachen kann. Die Eigenschaft der schweren Angreifbarkeit des Feldspates durch Schwefelsäure, Salzsäure und verdünnte Natronlauge wird bei der rationellen Analyse ausgewertet.

Ein Quarzgehalt, der bei den böhmisch-bayrischen Sorten 15 bis 30% erreicht, fehlt bei den besten skandinavischen Arten fast vollständig; er ist insoferne unschädlich, als er in den Versatz eingerechnet werden kann. Die reinsten Varietäten stammen aus Norwegen (50 bis 80 Reichsmark pro Tonne ab Hafen Stettin) und Schweden (45 bis 50 Reichsmark pro Tonne ab Hafen Stettin). In der bayrischen Oberpfalz und in der Nähe von Pilsen in der tschechoslowakischen Republik wird Feldspat gebrochen, der ab Grube 35 bis 40 Reichsmark kostet.

In den letzten Jahren trat in der keramischen Industrie an Stelle des teuren Feldspates der bedeutend wohlfeilere glimmerarme Pegmatit. Die beste Sorte ist die von Tirschenreuth, eine andere, nicht so gute Varietät, ist der Weidner Pegmatit. In Preußisch-Schlesien wird ein Feldspatsand gegraben, welcher bei zirka 55% Feldspat 35% Quarz enthält.

Tabelle 20

Bezeichnung	Ton-substanz	Quarz	Feldspat	SiO_2	TiO_2	Al_2O_3	Fe_2O_3	CaO	MgO	K_2O	Na_2O	Glühverlust	Feuchtigkeit
Nordischer Feldspat	0,76	—	99,28	63,44	—	20,00	0,56	1,04	0,19	11,65	3,2	0,09	—
Skandinavischer Feldspat	4,3	6,88	88,82	67,65	—	18,60	—	0,47	0,09	12,76		0,35	—
Böhmischer Feldspat ...	0,76	13,01	86,23	64,60	—	18,44	1,18	0,62	0,27	8,85	5,26	0,25	0,25
Bayrischer Feldspat	9,66	4,56	85,78	64,10	—	21,46	0,34	0,40	0,12	13,05		0,66	—
Tirschenreuther Pegmatit	4,97	46,27	48,76	78,99	—	12,63	0,22	0,13	0,08	5,72	1,72	0,92	—
Weidener Pegmatit Ia Edelweiß	14,11	49,69	36,20	82,50	—	10,87	0,27	Sp.	—	4,92		1,50	—
Spatsand..............	8,39	62,55	29,06	87,40	—	7,94	0,16	Sp.	0,13	4,18		0,28	—

(Die Analysen sind einem Aufsatz von J. Wolf: „Keramische Massen", Sprechsaal für die keramischen Glas- und verwandte Industrien, S. 809, 1927, entnommen.)

Glimmer (Muskovit und eisenarmer Biotit)[1]. Der Glimmer, eines der häufigsten gesteinsbildenden Mineralien, kommt in größeren Platten, die fast allein für die Praxis in Betracht kommen, beinahe ausschließlich in Pegmatiten vor; nur ausnahmsweise liegt der bauwürdige, großplattige Glimmer in Kontaktlagerstätten, z. B. der Phlogopit in den Pyroxeniten Kanadas. Der Abbau erfolgt derart, daß die Glimmerpakete vorsichtig aus dem Muttergestein herausgelöst, in Tafeln von 1 bis 2 mm Dicke zerlegt und Unvollkommenheiten (Einschlüsse, Risse, Unebenheiten) mit Schere oder Messer beseitigt werden.

[1]) Einzelne Daten entnehme ich einem unveröffentlichten Manuskripte Prof. H. Mohr.

Eine 10%ige Ausbeute gilt als besonders reich. Wichtig ist vor allem ein längeres gleichmäßiges Anhalten des Glimmergehaltes. Für die Preisbildung ist die Größe der Platten, die Reinheit der Farbe, für elektrotechnische Zwecke im Besondern große Weichheit, höhere Durchschlagsfestigkeit und große Elastizität maßgebend.

In der folgenden Tabelle, die einer Arbeit H. Mohrs entnommen ist, sehen wir die Durchschnittspreise und den starken Wertabfall bei abnehmender Größe.

Tabelle 21. Kilogrammpreise des Tafelglimmers (in Reichsmark) auf dem Hamburger Markt (franko Hamburg, verzollt)

Nr.	Indien					
	Rechteck (cm im Geviert)	Quadrat (cm im Geviert)	in cm² zirka	klar	dunkel	fleckig
I.	22,7×7	12×12	140—160	44,50	40,—	32,—
II.	20×5	10×10	um 100	34,75	31,85	26,45
III.	17,5×5	8,5×8,5	56—88	24,65	21,45	13,75
IV.	12,5×4	6×6	36—55	18,85	14,65	7,50
V.	10×2,5	4,5×4,5	20—35	12,50	10,—	1,95
VI.	7,5×2,5	3,5×3,5	12—20	4,50	3,50	1,45
VII.	5×2,5	—	bis 12	—	—	—

Klassierung	Flächeninhalt in cm²	Südafrika klar	Südafrika dunkel	Südamerika fleckig	
00	310—375	65,50	58,—	45,50	38,—
0	235—310	45,—	36,—	33,85	30,50
1	155—235	34,15	29,50	26,65	22,50
2	100—155	27,50	24,50	20,35	18,50
3	65—100	18,95	16,50	10,25	8,85
4	40—64	14,50	12,85	5,25	4,70
5	20—39	10,50	8,—	2,45	1,80
6	6—19	3,50	2,95	1,25	1,10

An Stelle der teuren großen Platten werden äußerst fein gespaltene kleine Plättchen mit Schellack (oder anderen Lacken) nebeneinander- und gleichmäßig übereinandergeklebt, bis Tafeln von gewünschter Dicke und Größe erreicht werden. Solche zusammengesetzte Platten werden unter dem Namen Mikanit in den Handel gebracht.

Glimmerplatten und deren Kompositionen dienen vor allem als Isoliermittel in der Elektrotechnik; infolge ihres Widerstandes gegen Hitze treten dünne Tafeln an Stelle von Glas bei Lampenzylindern, Ofenfenstern usw. Der feingemahlene sandfreie Glimmer wird in der Tapetenfabrikation verwendet, der grobgemahlene dient als Wärmeschutzmittel, zum Isolieren von Dampfkesseln, Eishäusern usw. und wird neuerdings sehr gerne dem wetterfesten Fassadenverputz beigemengt, um ihm das Aussehen von Naturstein zu geben.

Literatur: Ausführliche Daten über Vorkommen, Untersuchung und Bewertung nutzbarer Lagerstätten in P. Krusch: Untersuchung und Bewertung von Erzlagerstätten, III. Aufl., Berlin. 1920. — Dammer, B. und Tietze, O.: Die nutzbaren Mineralien, 2 Bde., II. Aufl. Stuttgart. 1927, 1928.

B. Feuerfeste und hochfeuerfeste Rohprodukte

Unter feuerfesten Rohprodukten versteht man Stoffe, aus welchen Formsteine und Gefäße erzeugt werden, die einen bestimmten Grad von Schwerschmelzbarkeit besitzen, derart daß sie erst oberhalb 1580° erweichen bzw. schmelzen. Diese hohen Hitzegrade sind nur schwer direkt meßbar, weshalb Prof. H. Seger eine indirekte Meßmethode mittels der nach ihm benannten Segerkegel eingeführt hat. Es sind dies 55 mm hohe Pyramiden aus verschieden zusammengesetztem keramischem Material, deren Spitzen sich je nach ihrer chemischen Zusammensetzung bei bestimmten Wärmegraden erweicht umlegen und so als Vergleichsobjekt mit dem Probekörper dienen. Als feuerfest gelten Segerkegel 26 bis 42, welche nach einer Tabelle von R. Riecke beiläufig den nachstehenden Wärmegraden nach Celsius entsprechen (Tabelle 22).

Nach K. Endell ist der sogenannte Kegelschmelzpunkt von der wahren Schmelztemperatur einer Substanz wohl zu unterscheiden. Diese entspricht dem

Übergang der kristallinen Phase in die amorphe (Gläser, aber auch überwiegend amorphe Massen haben keinen Schmelzpunkt, sondern ein Erweichungsintervall), während der Kegelschmelzpunkt nur aussagt, mit welchem Kegel (bzw. bei welcher Temperatur) eine dem Segerkegel möglichst gleichgeformte Pyramide aus der zu prüfenden Masse unter bestimmten Bedingungen so weit erweicht, daß ihre Spitze sich umlegt und die Basisfläche berührt. Bei kompliziert zusammengesetzten Stoffen ist der Eintritt dieses Vorganges außer von der Temperaturhöhe auch von der Dauer ihrer Einwirkung abhängig. Kegelschmelzpunkt und Schmelztemperatur fallen nur bei Stoffen mit großer Kristallisationsgeschwindigkeit praktisch zusammen, sonst liegt meist der Kegelschmelzpunkt höher als die sogenannte wahre Schmelztemperatur (Abb. 92).

Tabelle 22

Segerkegel	Schmelzpunkt in °C	Segerkegel	Schmelzpunkt in °C		Segerkegel	Schmelzpunkt in °C	
12	1350	26	1580	gering feuerfest	34	1750	hoch feuerfest
13	1380	27	1610		35	1770	
14	1410	28	1630		36	1790	
15	1435	29	1650		37	1825	
16	1460				38	1850	
17	1480	30	1670	gut feuerfest	39	1880	
18	1500	31	1690		40	1920	
19	1520	32	1710		41	1960	
20	1530	33	1730		42	2000	

Rzehulka faßt die Anforderungen, die an feuerfeste Stoffe zu stellen sind, in sechs Punkten zusammen:

1. Feuerfestigkeit bei den für die einzelnen hüttenmännischen Prozesse erforderlichen Temperaturen.
2. Standfestigkeit (Nichterweichen) bei längerem Verbleiben unter hoher Temperatur.
3. Widerstandsfähigkeit gegen chemische Einwirkung verschiedener Stoffe und Undurchlässigkeit gegen Gase, mit denen die Steine bei ihrer Verwendung in nähere und längere Berührung kommen.
4. Volumsbeständigkeit bei hoher Temperatur.
5. Widerstandsfähigkeit gegen schroffen Temperaturwechsel.
6. Hohe mechanische Festigkeit und geringe Druckerweichung (Erweichung unter Belastung bei hoher Temperatur).

Mineralische Rohprodukte für feuerfeste Erzeugnisse sind Quarz, Ton, Graphit, Magnesit (Magnesia), Dolomit, Talk, (Asbest), Chromit, Zirkon.

Quarz. Aus Quarzsteinen mit mehr als 95% Kieselsäure und 2% Kalkbindemittel werden durch Brennen die Quarzkalksteine oder Silikasteine, in England Dinassteine genannt, fabriziert. An Stelle des Kalkes kann auch Ton als Bindemittel treten (Tonquarzsteine, Tondinas); sie haben zwar eine größere Druckerweichung, sind aber gegen Temperaturwechsel widerstandsfähiger.

Die chemische Zusammensetzung von guten Quarzkalksteinen des Rheinlandes sehen wir am besten aus ihren Analysen.

Tabelle 23

	I	II	III
	in Prozenten		
Kieselsäure	95,19	96,18	96,28
Tonerde	1,47	1,39	1,00
Eisenoxyd	1,18	0,68	1,08
Kalk	1,48	0,99	1,06
(Nach F. Wernicke)	99,32	99,24	99,42

Sie werden außer durch Flußsäure von Säuren wenig oder gar nicht angegriffen und haben, wenn sie gegen basisch wirkende Flußmittel geschützt sind, eine lange Lebensdauer. Sie sind sehr porös und gegen größere Temperaturschwankungen sehr empfindlich. Die Druckfestigkeit beträgt bei mindestens 96% SiO_2, 0,6% CaO und einer Temperatur von 20° C 200 bis 250 kg/cm², nimmt aber bei Temperaturen über 1000° rasch ab. Nicht gut gebrannte Steine haben das Bestreben, sich zu vergrößern, zu wachsen.

Mit der wissenschaftlichen Erforschung der feuerfesten Materialien hat sich eine große Reihe von Gelehrten beschäftigt, wie H. Seger, C. Bischof, K. Endell u. a. Letzterer hat namentlich zur Klärung des Silikasteinproblems beigetragen.

Das wichtigste Rohmaterial zur Herstellung der Quarzkalksteine ist der Quarzit, doch finden in einzelnen Ländern auch gröbere Sandsteine Verwendung. Wir unterscheiden mehrere Varietäten:

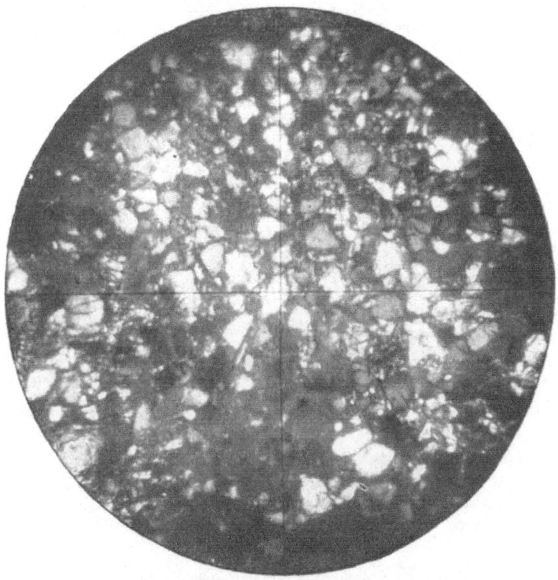

Abb. 90. Zementquarzit (Quarzit mit Basalzement) (nach F. Wernicke)

1. Die primären Bruchstücke sind mehr oder weniger gerundet, liegen in einem Basalzement von Chalzedon und untergeordnet Opal. Diese Art findet sich hauptsächlich als Süßabwasserlagerung in der Tertiärformation, und da die festesten und größten Partien ausgewittert als Blöcke herumliegen, wurden sie fälschlich Findlingsquarzite genannt, obwohl sie richtiger als Zementquarzite zu bezeichnen wären (Abb. 90).

Ihre Entstehung hängt, soweit es sich wenigstens um bestimmte Quarzite des Erzgebirges handelt, nach E. Dittler, J. E. Hibsch und H. Michel mit der Überlagerung durch Basalt zusammen, so zwar, daß dieses leicht zersetzbare Eruptivgestein größere Mengen gelöster Kieselsäure in den Untergrund sandte, wo sich dieselbe in Gelform zwischen Sandkörnchen absetzte, in der Folge als Chalzedon und Quarz auskristallisierte und neben Opalresten das Bindemittel der primären Quarzkörner bildete. Die einzelnen Vorkommen sind von der Mächtigkeit und Ausdehnung der verwitterten Basaltdecken abhängig.

In den ähnlichen Quarziten von Brüx ist das Bindemittel nach denselben Autoren ein Produkt der Entkieselung des Hangendlettens; nach B. v. Freudenberg stammt die verkittende Kieselsäure der Quarzite des Westerwaldes aus dem Sediment selbst.

2. Die primären Quarzstücke werden von Quarzsubstanz umrindet, wobei letztere die gleiche kristallographische Orientierung zeigt wie die Bruchstücke, so daß beide kaum voneinander zu unterscheiden sind. Auf diese Art wird eine unmittelbare Berührung der einzelnen Körner hervorgerufen. Ein ähnliches Bild kann auf ganz andere Weise bei der kristallinen Schieferbildung entstehen, wenn ein quarziger Sandstein vollständig umkristallisiert, so daß der Unterschied zwischen den sedimentären Bestandteilen und der Kittmasse vollständig

verwischt wird. Da derartige Gesteine infolge ihrer Härte in mächtigen Bänken felsbildend sind, wurden sie Felsquarzite genannt (Abb. 91). Zwischen den Typen 1 und 2 gibt es nach Endell Übergänge; viele tertiäre Quarzite, z. B. Hessens, haben partienweise Felsquarzitcharakter und umgekehrt.

3. Kohlensandstein (Ganister), der sich vom Felsquarzit durch größere Quarzindividuen, sekundär gebildete Quarzkristallanhäufungen und spärliches Basalzement unterscheidet, bildet in England die Unterlage für die Erzeugung der Dinassteine.

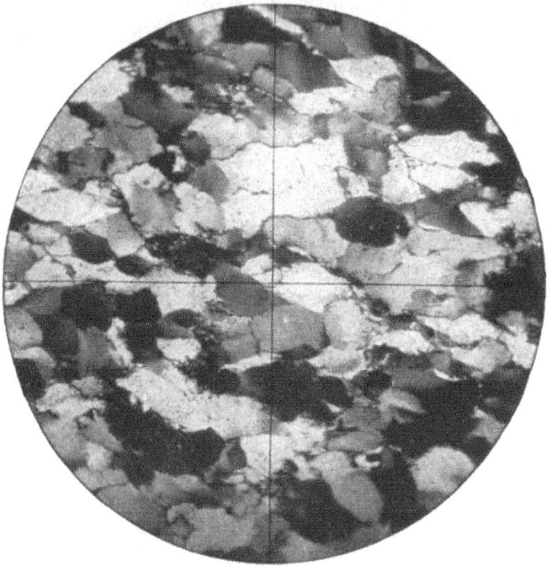

Abb. 91. Kristalliner Quarzit, sogenannter Felsquarzit (nach F. Wernicke)

4. Auch Quarz und Quarzsand ließen sich theoretisch für die Erzeugung der Silikasteine verwenden. Die notwendige Feinvermahlung und der große Kohlenverbrauch beim Brand schließen jedoch eine Wirtschaftlichkeit derzeit aus.

Das Brennen der Silikasteine erfolgt unter starker Volumszunahme (14 bis 17%), dem sogenannten Wachsen, das seine Ursache in der Umwandlung der Quarzkieselsäure in die Modifikationen Tridymit und Christoballit hat, ohne daß sich die chemische Zusammensetzung und die Schmelzbarkeit ändern würden. Da nun die Zement- oder Findlingsquarzite bei einem mehrtägigen Brand von zirka 1450° C bereits eine gewisse Raumstabilität annehmen, während dieselbe bei den Felsquarziten und Kohlensandsteinen erst bei 1540 bis 1580° C bei langer Branddauer erzielt wird, so ist hier ein bedeutend größerer Kohlenverbrauch nötig, der die Gestehungskosten erhöht.

Es ist daher selbstverständlich, daß die erste Varietät der zweiten vorgezogen wird, was sich auch im Preis der Ware ausdrückt, indem Zementquarzite 17 bis 18 Reichsmark, Felsquarzite 6 bis 8 Reichsmark pro Tonne kosten. Bei der Beurteilung von Quarziten wird daher neben einem hohen Kieselsäuregehalt (96 bis 98%) zuerst auf leichte Brennbarkeit zu sehen sein. K. Endell ist übrigens überzeugt, daß auch Deutschland bei der Quarzkalksteinerzeugung, ähnlich wie Amerika, Schweden usw., zu den Felsquarziten als Rohmaterial übergehen wird, wobei die größeren Mahlkosten und der höhere Kohlenverbrauch durch geeignetere und bessere Brennöfen ausgeglichen werden muß.

Der Kegelschmelzpunkt guter Silikasteine liegt bei 1770°; als günstiger Erweichungsbeginn gilt nach H. Hirsch 1625°. Da bei hohen Temperaturen häufig ein Weiterwachsen der Steine erfolgt, muß diese Tatsache beim Ofenbau berücksichtigt werden. Nach G. Wolff besitzen Silikasteine große Empfindlichkeit gegen plötzliche Temperaturschwankungen und stehen in dieser Beziehung, was meist unbekannt ist, den Magnesitsteinen nur wenig nach. Bezeichnet man die Empfindlichkeit dieser mit 100, so ist sie für

Silikasteine	75
Chromitsteine	42
Schamottesteine, I. Qualität	3 bis 10
Schamottesteine, II. Qualität	10 „ 15
Schamottesteine, mindere Sorte	15 „ 30
Zirkonsteine	16
Bauxitsteine	13
Karborundumsteine	2

Von Oxyden ist nach K. Endell ein kleiner Tonerdegehalt bis 1,5% im fertigen Stein unschädlich, eine größere Beteiligung dieses Stoffes drückt die Druckerweichungstemperatur herab. Der in großer Menge in den Ostalpen auftretende paläozoische Felsquarzit ist häufig mit Serizit vermengt bzw. besitzt serizitische Zwischenlagen; der dadurch bedingte Tonerdegehalt von 4 bis 6% entwertet aus dem vorher angeführten Grunde den Rohstein. Überdies zeigen die einzelnen Quarzkörner unter dem Einfluß der Gebirgsbildung undulöse Auslöschung, das heißt sie löschen im polarisierten Licht infolge innerer Zermürbung nicht einheitlich, sondern wolkig aus. Diese Eigenschaft bewirkt nach Endell beim Brennen im Ofen einen Zerfall in kleine Stücke.

Ein Kalkgehalt bis zu 8% bleibt ohne Einfluß auf die Druckerweichungstemperatur des Steines, ebenso wird ein Eisenoxydgehalt bis 4% die Haltbarkeit nicht beeinflussen, es sei denn, daß reduzierendes Feuer solche Steine schädigt.

Quarzite können, wenn sie in genügend starken Bänken von mindestens 15 cm Mächtigkeit auftreten, auch im rohen Zustand als feuerfeste Steine verwendet werden. Sie werden in bestimmte Formen gesägt und fritten im Ofen zusammen, indem sie sich gleichzeitig mit einer schützenden Glasur überziehen.

Früher verwendete man in den Alpen Quarzite, in England und Belgien Puddingsteine als Bodenstein für den Hochofen. Noch heute werden in Schlesien die Crummendorfer Quarzitschiefer in Ziegelform geschnitten. Ihre chemische Zusammensetzung ist 91 bis 95% SiO_2, 3 bis 5% Al_2O_3, 0,2 bis 0,4% Fe_2O_3, geringe Mengen bzw. Spuren von CaO, MgO und Alkalien. Dem in der Literatur angegebenen hohen Schmelzpunkt von 1750° steht nach K. Endell als Nachteil eine große Druckerweichung (Abnahme der Druckfestigkeit durch Erwärmung) um einige hundert Grad gegenüber.

Aus reinstem Quarzsand werden bei zirka 2000° hochfeuerfeste Quarzglasschalen und -tiegel erschmolzen, die sich als feuerfeste Gefäße in den chemischen Laboratorien sehr bewährt haben.

Ton. Der Ton ist der Ausgangsstoff vieler feuerfester Fabrikate.

Für die Verwendbarkeit der Tone sind die physikalischen Eigenschaften meist ausschlaggebender als die chemische Analyse.

Der Chemiker darf sich nicht mit der Elementaranalyse zufrieden stellen, sondern muß nach der von Seger vorgeschlagenen rationellen Analyse den Ton-, Quarz- und Feldspatanteil bestimmen.

Von den physikalischen Eigenschaften sind die Bildsamkeit im nassen Zustande, das Schwinden beim Trocknen und Brennen und die Feuerfestigkeit besonders wichtig.

Unter Bildsamkeit des Tones versteht man seine Fähigkeit, durch Bindung von 20 bis 40% Wasser einen Teig zu bilden, dem durch Druck und Kneten jede beliebige Form gegeben werden kann.

Die Bildsamkeit des Tones hängt vor allem von dem kolloidalen Anteil der Tonsubstanz, des Eisenhydroxydes, schleimiger organischer Substanzen usw. ab; sie wird durch Lagerung im feuchten Zustand — Faulen, Mauken — eventuell unter Zusatz schwacher Säuren erhöht, das Vorhandensein von Alkalien setzt sie herab. Durch Zusatz kristalliner Stoffe, wie Quarz usw., Trocknung, namentlich unter Druck, nimmt sie ab. Beim Brennen bis zur Rotglut geht sie unter Verlust des Hydratwassers verloren; es entsteht die Schamotte, das ist gebrannter Ton, ein physikalisch anderer Stoff.

Im engen Zusammenhang mit der Bildsamkeit steht die Bindekraft oder das Bindevermögen der Tone. Die Beimischungen fremder mineralischer Substanzen bilden nach dem Brande mit dem Ton eine homogene Masse.

Unter dem Schwinden des Tones verstehen wir die Abnahme des Volumens beim Trocknen und Brennen. Zunächst wird das mechanisch aufgesogene Wasser abgegeben — Trockenschwindung. Beim Brennen erfolgt die Abgabe des Konstitutionswassers, der Körper wird porig; erst beim Weitererhitzen können sich die Poren infolge Sinterung wieder mehr oder weniger schließen. Das Schwinden erschwert die Herstellung der Tonwaren erheblich; sehr plastischer Ton kann für sich allein nur schwer verarbeitet werden. Schon beim Trocknen an der Luft reißen die Stücke; noch stärkeres Springen erfolgt beim Brand. Es ist daher notwendig, Magerungsmittel, wie Quarzsand, Schamotte usw., hinzuzufügen, um unter Herabsetzung der Bildsamkeit das Reißen zu verhindern, ohne die Feuerfestigkeit zu stark zu stören.

Die Feuerfestigkeit der Tone hängt von ihrer Reinheit, daher indirekt von der Art der in ihnen enthaltenen Flußmittel ab. In erster Linie sind dies die verschiedenen basischen Oxyde, wie CaO, MgO, Fe_2O_3, TiO_2, ferner unter Umständen SiO_2, Reste von Feldspat usw.; unter Belastung bzw. Druck (Druckerweichung) erweichen die Tone bei hohen Temperaturen rascher als die aus Quarzit erzeugten feuerfesten Materialien. Reiner Ton, Kaolin, sintert bei den höchsten Ofentemperaturen; das gesinterte Produkt heißt in der Keramik Scherben. Schwer schmelzbare Tone werden erst um 1500^0 zu schmelzen beginnen, Töpferton gelangt relativ bald in den Schmelzzustand, noch früher wird dieser vom eisenreichen Ziegelton (Lehm, Letten) erreicht.

Kaolin. Wie schon des öfteren gesagt wurde, besteht der Kaolin als Gestein zum größten Teile aus kristallinen Blättchen mit verschieden großen Beimengungen des amorphen Allophans, der besonders bei Anwesenheit von Kalknatronfeldspat fühlbar wird. Er muß gut bildsam sein, weshalb man zu Arten, die größtenteils aus deutlich sichtbaren Kristallblättchen bestehen und die aus diesem Grund mehr oder weniger geringe Plastizität besitzen, möglichst eisenarme plastische Tone zur Erhöhung der Bildsamkeit hinzusetzt.

Durch Schlämmen wird zunächst aus der Kaolin- oder Porzellanerde, auch Rohkaolin genannt, der Grobsand abgeschieden und von der erzeugten Kaolinsuspension, der Kaolinmilch, getrennt. Ein kompliziertes Absetzverfahren in Schlämmrinnen reinigt den Feinkaolin; durch Zusatz von etwas Kalkwasser wird die Suspension rascher niedergeschlagen.

Der Schlämmkaolin hat ungefähr folgende Zusammensetzung:

Tabelle 24

	Sennewitz	Engl. China Clay	Zettlitz (Böhmen)	
	I	II	III	IV
Kieselsäure	64,87	47,47	46,87	46,8
Tonerde	23,83	38,79	38,56	38,5
Eisenoxyd	0,83	0,44	0,83	1,1
Kalk	—	0,07	Spur	Spur
Magnesia	0,50	Spur	,,	,,
Alkalien	1,39	1,14	1,06	1,4
Glühverlust	8,36	11,92	12,73	12,9

Die Kaolinmilch kann auch auf elektroosmotischem Wege von den Verunreinigungen befreit werden, indem die feine Tonsuspension zur rotierenden Anode, die gröberen Teile und Mineralien, wie Glimmer usw., zur Kathode wandern.

Da für die Verwendung in erster Linie die Tonsubstanz wichtig ist, muß die rationelle Analyse durchgeführt werden.

Unter diesen Verhältnissen sehen wir, daß z. B. der reine Zettlitzer Kaolin in Böhmen über 96% Tonsubstanz, der durch osmotische Aufbereitung gereinigte Kaolin 98% enthält:

Rationelle Analysen der Kaoline I bis IV.

Tabelle 25

	I	II	III	IV
Tonsubstanz	63,77	94,25	08,00	96,60
Quarz	35,50	1,26	1,10 (Quarz und Feldspat)	2,30
Feldspat	0,73	4,49		1,10

Der Eisengehalt des Feinkaolins soll für reinweißes Porzellan unter 1% liegen. Kleinere Mengen sind unschädlich, da sie im Reduktionsfeuer unwirksam sind, 1 bis 5% erzeugten die blaßgelbe bis braungelbe Farbentönung des minderen Steingutes.

Glimmer erzeugt Flecke und erniedrigt wie der Kalk die Feuerfestigkeit des Kaolins.

Quarz ist, da er der Prozellanmasse ohnehin zugesetzt wird, unschädlich; nur wenn sein Anteil zu groß und, als sogenannter Schluff, so fein verteilt ist, daß eine genügende Aufbereitung unmöglich wird, oder sich nicht lohnt, ist er ein ungern gesehener Gast. Ein nur geringer Gehalt des Kaolins an nicht vollständig zersetztem Feldspat verursacht beim Brennen eine ungleiche Sinterung und läßt den Scherben unrein erscheinen.

Zur Beurteilung des Kaolins gehört natürlich neben der Untersuchung auf Plastizität — er ist an und für sich nicht sehr bildsam — auch die Prüfung auf Trocken- und Brandschwindung und auf Feuerfestigkeit (Schmelzpunkt bei guten Sorten um 1800° C). Nicht nur das Rohmaterial, sondern auch die fertige Probemasse ist zu prüfen.

Der Preis des Karlsbad-Zettlitzer Kaolins beträgt ab Werk für die Tonne 90 Reichsmark; der osmotisch gereinigte gleichwertige Kaolin kostet 75 Reichsmark.

Porzellan. Der Feinkaolin bildet den Hauptbestandteil des sogenannten Hartporzellans, dessen Schwerschmelzbarkeit auf seiner großen Standfestigkeit im Feuer beruht. Für sich allein würde er zu einem porösen und undurchscheinenden Scherben sintern; da wir jedoch beim Porzellan ein dichtes, mehr oder weniger durchscheinendes Produkt verlangen, müssen zur Erreichung der Porendichtigkeit und Lichtdurchlässigkeit Magerungsmittel, in erster Linie Quarz und Feldspat, zugesetzt werden. Eine normale Porzellanmasse besteht ungefähr aus 50 Teilen Kaolin und je 25 Teilen Quarz und Feldspat. Die Mischung erfolgt jedoch in den einzelnen Fabriken nach verschiedenen Rezepten. Ebenso ändert sich je nach den Betrieben die Art und Menge der Flußmittel. Schließlich können die letzteren quantitativ gegenüber der Tonmasse so überhandnehmen, daß man kaum mehr von Porzellan im engeren Sinne sprechen kann; wir gelangen zu dem Begriff der durch diese Flußmittel leichter schmelzbaren Weichporzellane, z. B. des englischen Knochenporzellans, bei welchem Knochenasche als Rohstoff vorherrscht. Die Flußmittel werden dem Kaolin feingemahlen zugesetzt, der Quarz vorher bei 800° kalziniert. Es wird ein möglichst feinkörniger homogener Brei von genügender Plastizität erzeugt. Die aus dieser Porzellanmasse geformten Gegenstände werden an der Luft getrocknet, wobei sie um einige Prozente schwinden, und hierauf für den Brand in den Ofen gestellt. Um die Objekte vor Staub und Asche zu schützen, werden sie in eigens geformten Hüllen, den Kapseln, untergebracht, die aus Kapselton bei 1100° erbrannt sind. Um eine Verzerrung komplizierterer Formen zu verhindern, werden diese durch eigene Stützen und Unterlagen von Porzellanmasse festgehalten.

Nur einzelne Fabrikate, wie Porzellanisolatoren usw., werden bereits im Rohzustand glasiert. Sonst werden sie bei einer Temperatur von 800 bis 1000° verglüht, wobei das Konstitutionswasser entweicht und ein stark poröser Scherben von gewisser Festigkeit entsteht. Dieser wird abgekühlt und geputzt, dann durch Eintauchen in den Glasurschlamm mit einer Glasurmasse überzogen. Diese Glasur besteht aus ähnlichen Komponenten wie der Scherben. Sie bildet nach dem Garbrand einen glasartigen Überzug und muß der jeweiligen Porzellanmasse physikalisch und chemisch angeglichen sein, damit sich nach der Fertigstellung nicht Risse und Abblätterungen einstellen.

Nach dem Trocknen der glasierten Stücke werden sie dem eigentlichen Porzellanbrand, Gut-, Glatt- oder Garbrand (Scharffeuer), ausgesetzt, welcher bei Hartporzellan bei 1410 bis 1460°, bei Weichporzellan bei 1250 bis 1320° vor sich geht. Bei diesem Prozeß erfolgt eine Schwindung um 10 bis 15%.

Beim Brennen der Masse entsteht eine glasige Grundmasse, in der sich bei der hohen Temperatur des Garbrandes nadelförmige Kristalle eines neuen Minerals, des Mullits ($3\,Al_2O_3$, $2\,SiO_2$), ausscheiden.

Die Tone als feuerfestes Material. Neben der eigentlichen Kaolinerde kennen wir an Ort und Stelle gebildete, aber auch als bewegte Sedimente abgesetzte Tone in Form von Flözen, die sich durch ihre physikalisch-chemischen Eigenschaften zwar nicht mehr für die Porzellanfabrikation eignen, jedoch infolge ihrer Feuerfestigkeit und ihrer Eigenschaft, gebrannt bei schroffem Temperaturwechsel nicht zu reißen oder zu springen, feuerfeste Baustoffe liefern. Häufig zeichnen sie sich durch einen hohen Allophangehalt und große Plastizität aus. Wir kennen derartige Tone als Begleiter von Steinkohlen (Kladno, Neurode usw.) und Braunkohlen (Tertiär von Nordwestböhmen); eine besonders große Feuerfestigkeit (Segerkegel 35) hat der Briesener Ton in Mähren. Nach G. Bischof schwankt sein Tonerdegehalt zwischen 38,5 bis 40%,

sein Kieselsäuregehalt „ 44,5 „ 45%,
„ Flußmittelgehalt „ 2,0 „ 3,5%,
„ Glühverlust „ 11,5 „ 15%.

Die rationelle Analyse ergibt im Durchschnitt: Tonsubstanz 99%, Quarz 0,35%, Feldspat 0,65%.

Neuere Analysen der sehr bekannten feuerfesten Tone der Rubengrube bei Neurode, Bezirk Breslau, zeigen folgende Zusammensetzung:

Tabelle 26

	Rohton bei 120° getrocknet	gebrannter Ton
Glühverlust	20,7% (zirka ¾ H_2O, ¼ organische Substanz)	0,85
SiO_2	37,78%	48,47
Al_2O_3	37,58%	47,85
Fe_2O_3	2,42%	2,07
CaO	0,60%	0,25
MgO	0,55%	0,58
Alkalien	0,37%	n. best.
	100,00	100,07

Feuerfestigkeit Segerkegel 34 bis 35.

Preis per Tonne Rohton 29 bis 33,5 Reichsmark loko Grube.

Die feuerfesten Tone werden zu Gefäßen und Vollwaren verarbeitet. Aus weißbrennendem, feuerfestem Ton wird eine dem Porzellan nahestehende, jedoch durch poröseren Scherben und mangelnde Transparenz ausgezeichnete Ware, das Steinzeug, bei mehr erdigem Scherben das Steingut erzeugt[1]).

Für feuerfeste Steine wird eine Masse verwendet, an welcher die Hauptkomponenten Al_2O_3 und SiO_2 perzentuell verschiedenst beteiligt sind.

K. Endell hat in einem Diagramm die Schmelztemperaturen der verschiedenen Quarz-Tonerdemischungen dargestellt (Abb. 92). In diesem Diagramm sind als Ordinaten die Temperaturen in Celsiusgraden bzw. in Nummern der Segerkegel, auf der Abszissenachse die jeweiligen Mengen Quarz bzw. Tonerde in Gewichtsprozenten aufgetragen. Die Schmelztemperaturwerte aller Zusammensetzungen gelten natürlich nur für den theoretischen Fall, daß Mischungen aus chemisch reinen Stoffen vorliegen, die in der Natur kaum vorkommen.

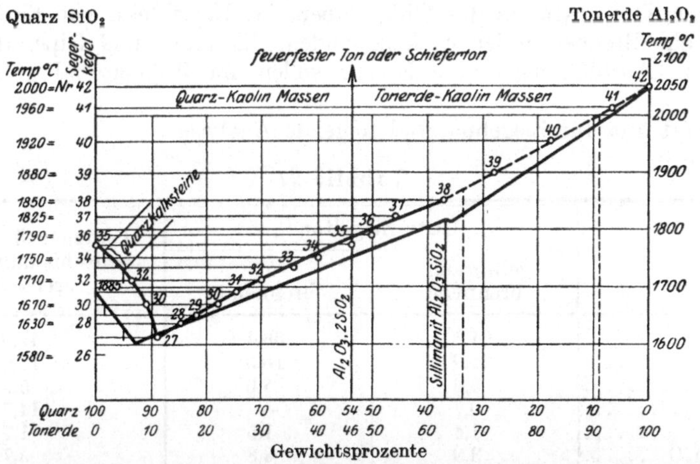

Abb. 92. Schmelztemperaturen der Quarz-Tonerdemischungen (nach K. Endell) (Einheitliche Linie Schmelztemperaturen — von Kreisen unterbrochene Linie Kegelschmelzpunkte)

Das Wichtigste für unsere Betrachtungen ist, daß ein Gehalt von 10% Al_2O_3 schmelzpunkterniedrigend wirkt, von welchem Mischungsverhältnis an die Feuerfestigkeit steigt, bis sie bei der reinen Tonerde bei 2050° C anlangt.

Als Rohstoffe dienen der feuerfeste Ton und die als Bauxit und Laterit sich in der Natur findenden Tonerdehydrate.

Der feuerfeste Ton allein gibt eine so stark schwindende Masse, daß dieser unangenehmen Erscheinung durch Magerungsmittel entgegengearbeitet werden muß. Dazu dient vor allem der durch Brand unbildsam gemachte Ton, die eigentliche Schamotte, welche mit feuerfestem Ton gemischt und bis zur Sinterung gebrannt, die kurzweg Schamottesteine genannten Erzeugnisse liefert. Ihr Schmelzpunkt liegt zwischen 1600° und 1750°[1]). Die Steine widerstehen besonders der Schmelzwirkung basischer Stoffe, haben aber eine starke Schwindung. Beigaben von Tonerdehydrat erhöhen den Schmelzpunkt, und zwar je 10% Al_2O_3 um 40°; derartige Mischungen heißen Tonerdeschamotte. Aus Naturbauxit mit Tonbindemitteln hergestellte Steine (Bauxitsteine) haben bei 64%

[1]) Die dichte Abart des Pyrophyllites, der Agalmatolith ($Al_2O_3 \cdot 4\ SiO_2 \cdot H_2O$, Erweichungstemperatur bei zirka 1700°) findet sich in Brasilien in bauwürdiger, frachtlich günstiger Lage und wird daselbst als feuerfester Werkstoff verwendet (Burger in Niederleuthner).

Al_2O_3 einen Schmelzpunkt von 1850° C (38 S.K.); schließlich gibt es Spezialartikel aus fast reiner Tonerde mit einem Schmelzpunkt von zirka 2000° C.

Die mit einem Zusatz von Quarz als Magerungsmittel hergestellten Steine bezeichnet man als Quarzschamotte. Sie haben zwar einen tieferen Schmelzpunkt, dafür den Vorteil, daß dem Schwinden des Tones das Wachsen des Quarzes entgegenarbeitet.

Je mehr Flußmittel der Ton aufnimmt, desto leichter schmelzbar wird er. Er eignet sich dann nur mehr für ordinäre Töpferwaren und zur Bauziegelerzeugung.

Der gewöhnliche Bau- und Dachziegel wird bei zirka 1000° hart gebrannt. Er wird aus Löß und aus geringeren, kalkreichen Lehmen und Tonmergeln, ferner, nach Mahlung in Kollergängen, aus leicht zerfallenden Tonschiefern angefertigt. Tone mit 30% $CaCO_3$ sind noch brauchbar, wenn das $CaCO_3$ in feinster Verteilung vorhanden ist, so daß es beim Brennen bei genügend gesteigerter Temperatur in das Silikat übergeht. Einschlüsse von Kalkbrocken, welche beim Brennen freien Ätzkalk bilden, Eisenkies und Gips, die später unliebsame Ausblühungen veranlassen, sollen im Rohmaterial guter Ziegel fehlen.

H. Ost gibt für Ziegelmaterial folgende Analysen:

Tabelle 27

	Gute Ziegeltone		Geringer Ziegelton, gelb- bis mißfarbig-brennend
	gelbbraun-brennend	rot-brennend	
SiO_2	64,4	68,4	47,9
Al_2O_3	21,9	16,3	11,9
Fe_2O_3	3,0	5,6	5,2
CaO	0,7	—	14,7
MgO	1,4	1,5	1,7
$K_2O + Na_2O$	3,0	3,8	3,7
H_2O u. org. S.	4,7	4,3	4,6
CO_2	—	—	10,4
	99,1%	99,9%	100,1%

An Stelle des Tonziegels werden in tonarmen Gegenden Kalksandziegel, Schlackenziegel oder andere Kunststeine verwendet. Kalksandziegel sind Mischungen tonfreier Quarzsande mit Kalziumhydrat, die in Stempelpressen geformt und dem Druck hochgespannten Wasserdampfes unterworfen werden; es tritt eine teilweise Lösung der Kieselsäure ein, welche mit dem Kalk wasserunlösliches Kalziumhydrosilikat als Bindemittel bildet und ein sehr gutes Material liefert.

Kohlenstoffhaltige feuerfeste Baustoffe. Kohlenstoffsteine. Kohlenstoffsteine werden aus feingemahlenem trockenem Koksmehl, das durch Teer zusammengehalten wird, unter Luftabschluß bei langsam bis auf 800° C steigender Temperatur erbrannt. Sie sind sehr harte, druckfeste Steine, die bei der Verwendung vor Luftzutritt geschützt werden müssen, um nicht zu verbrennen. Daher müssen sie, z. B. als Bodensteine im Eisenhochofen, eine Schutzschichte feuerfesten Mörtels erhalten.

Karborundum. Karborundum, die chemische Verbindung des Siliziums und Kohlenstoffes (SiC), wird künstlich im elektrischen Ofen aus Sand und Kohle erzeugt. Seine Erweichungstemperatur liegt zwischen 1800° und 2000°; über 2200° erhitzt, zerfällt es in Siliziumdampf und Kohlenstoff.

Graphit. Der Graphit wurde bereits besprochen (S. 102). Eine Mischung von Graphit und Ton wird zu Tiegeln geformt, sehr langsam bis 900° und 1000° ansteigend erhitzt und wieder behutsam abgekühlt. Damit die kohlenstoffhaltigen Körper im offenen Feuer nicht leiden, wird das Gut in Kapseln gestellt, die Zwischenräume mit Sand oder Kokspulver ausgefüllt.

Magnesiahaltige feuerfeste Baustoffe. Dolomit. In großen Mengen findet der Dolomit auch heute noch als feuerfestes Material in der Eisenhüttenindustrie bei der Stahlherstellung nach dem basischen Verfahren Verwendung. Einige Analysen verwertbarer Dolomite, die der Arbeit Dammers entnommen sind, mögen hier angeführt werden.

Tabelle 28

	Französische Dolomite		Belgische Dolomite		Chrzanow (Polen)	Dombrowa (Polen)
CaO	28,3	33,6	31,4	33,0	29,0	31,0
MgO	18,6	17,7	16,4	18,5	17,3	16,1
SiO_2	4,1	0,9	0,1	0,3	0,8	2,0
Al_2O_3	3,0	0,7	1,5	0,2	0,9	1,3
Fe_2O_3	1,7	0,6	4,0	0,7	4,1	3,2
Flüchtige Stoffe	44,2	46,6	42,2	47,4	46,2	45,4

Nach Zyromski soll der Dolomit keinen höheren Tonerde- und Eisenoxydgehalt als 4% und einen Kieselsäuregehalt von höchstens 3% haben. Sonst bildet sich beim Brennen ein verhältnismäßig leicht schmelzbares Glas, in welchem Periklaskristalle schwimmen. Der Erweichungspunkt des Fertigproduktes wird dadurch rasch herabgesetzt.

Das Rohgestein wird durch Brecher zerkleinert und dann in Schacht- oder Rotieröfen bei zirka 1700° gebrannt.

Der Rotierofen verlangt, genau so wie beim Magnesit, eine basische Fütterung, am besten mit guten Veitscher Magnesitziegeln.

Durch das vollständige Totbrennen bildet sich kristallines MgO (Periklas) und CaO. Die Kristalle werden durch ein zähflüssiges Glas zusammengehalten und sintern dabei. Das Kalziumoxyd bleibt hygroskopisch, erzeugt bei der Verwendung leicht Haarrisse, bei längerer Lagerung einen Zerfall. Um diesem für größere Zeitspannen entgegenzutreten, wird das Rohmaterial im Rotierofen besonders scharf gebrannt. Das Sintermaterial wird gemahlen, durch Pressen geformt und durch nochmaligen Brand zu Steinen verarbeitet. Der Magnesit, der zuerst in den achtziger Jahren des vorigen Jahrhunderts aus der Veitsch in Steiermark von der Firma Spaeter auf den Markt gebracht wurde, hat den Dolomit wegen seines unangenehmen Gehaltes an hygroskopischem Kalziumoxyd stark zurückgedrängt. Wenn in den Eisenhütten heute trotzdem noch viel Dolomit verwendet wird, so geschieht dies einerseits wegen der Häufigkeit seines Auftretens in vielen geologischen Formationen und der dadurch erzielten billigen Fracht für das zu beliefernde Werk, anderseits wegen der billigeren steinbruchmäßigen Gewinnung, die gegenüber dem Magnesit nur einen geringen Abraum in Rechnung zu setzen hat.

Magnesit. Der dichte, vor allem aber der kristalline Magnesit liefert totgebrannt eine feuerfeste Masse.

Das Rohmaterial für diesen Zweck soll sich in erster Linie durch einen hohen Magnesiumkarbonatgehalt auszeichnen, der nicht unter 80% sinken soll. Je reiner der Magnesit ist, desto hochwertigere feuerfeste Produkte können aus ihm erzeugt werden, die Sinterung erfolgt aber dann natürlich erst bei sehr hohen

Temperaturgraden und ist daher kostspieliger. Die wertvollste Eigenschaft des gebrannten Magnesits ist sein hoher Schmelzpunkt (2095 bis 2295°). Nach P. Krusch stellt die Carborundum Co. in den Vereinigten Staaten elektrisch geschmolzenen Magnesit mit 95% MgO und weniger als 1% Fe_2O_3 her, dessen Schmelzpunkt bei 2600° C liegt.

Der Idealwert von 100% wird in der Natur nie erreicht, da stets Verunreinigung durch Kalzium-, Eisen-, Mangankarbonat, Tonerde und Kieselsäure auftritt. Hoerhager hat bereits im Jahre 1911 für die chemische Zusammensetzung des kristallinen Rohmagnesits, wie er für die Hüttenindustrie in Betracht kommt, Grenzwerte aufgestellt:

Magnesiumkarbonat	. . 80 bis 95 %	=	38,0 bis 45,0%	Magnesiumoxyd
Kalziumkarbonat	. . . . 5 „ 1 %	=	3,5 „ 0,7%	Kalziumoxyd
Eisenkarbonat	. . . . 8 „ 1,2%	=	4,0 „ 1,0%	Eisen
Tonerde	. . . . 2 „ 1 %		47,0 „ 51,0%	Kohlensäure
Rückstand	. . . . 5 „ 1 %			

Diese Zahlen bedürfen einer kleinen Korrektur beim Eisenkarbonat, das, ohne allzu schädlich zu sein, auf 10% steigen kann, ebenso beim Kalziumkarbonat, welches auch noch bei einer Erhöhung um 2 bis 3% durch die modernen Aufbereitungsmethoden mit Nutzen entfernt werden kann.

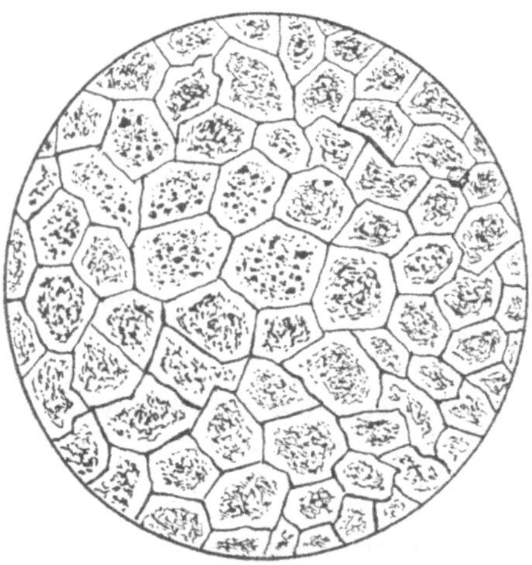

Abb. 93. Totgebrannter Magnesit. Periklaskristalle, von Glas zusammengehalten. In der Mitte der Kristalle sammelt sich Magnesiumferrit an

Das Brennen erfolgt in Schachtöfen mit direkter oder mit Generatorgasfeuerung bei rund 1600°. Den gleichmäßigsten Brand erzielt man im Rotierofen. Der Drehrohrofen benötigt für die tägliche Verarbeitung eine große Menge Rohmaterial. Die Tagesleistung eines Ofens von 70 m Länge beträgt 150 bis 170 Tonnen. Nur große Vorkommen mit einem starken Absatz können sich daher eines solchen bedienen. Der Drehrohrofen hat den Nachteil, daß sich beim Brennen des Materials durch die konstante Bewegung des Ofens eine sehr große Menge Staub bildet, für den sich nicht immer eine Verwendung findet.

Beim Brennen des Magnesits wird zunächst die Kohlensäure ausgetrieben (bei 400 bis 700°) und man erhält ein weiß- bis gelblichbraunes, teils pulveriges, teils stückiges, mürbes Material, die sogenannte kaustische (amorphe) Magnesia. Bei weiterer Steigerung der Temperatur auf zirka 1600° sintert das Brennprodukt zu einer zähen, zusammenhängenden Masse (dem sogenannten Sintermagnesit). Hiebei kristallisiert das Magnesiumoxyd als Periklas, ein Teil des Eisens als schwer schmelzbares Magnesiumferrit aus (Abb. 93).

Die Verunreinigungen Kieselsäure und Tonerde liefern unter Aufnahme von Magnesia und Eisen ein zähflüssiges Glas, in welchem die Periklaskristalle eingebettet sind (F. Cornu).

Nach K. Endell wirkt das Eisen als Flußmittel nur bei Anwesenheit von Kieselsäure und Tonerde. Bei 2% Fe reicht eine Temperatur von 1600 bis 1800° C zum Sinterbrennen kaum aus, bei 2 bis 7% dagegen verläuft dieser Prozeß bereits zwischen 1400 und 1600° C. Da der dichte Magnesit oft nur Spuren von Eisen enthält, wird zur normalen Sinterung 3 bis 4% Eisenkarbonat bzw. reiner Limonit in gemahlenem Zustand zugesetzt. Ein besonderer Feind des Magnesits ist der Kalkgehalt, der nur in geringem Maße von dem Glas aufgenommen wird, während die Hauptmenge als hygroskopischer, totgebrannter Kalk im Sintermagnesit zurückbleibt und, soweit es nur geht, entfernt werden muß. **Gebrannte Magnesitsteine sollen nicht mehr als 3% CaO besitzen**; durch die elektromagnetische Aufbereitung gelingt es, einen zu hohen Kalkgehalt des Sintermagnesits um 2 bis 3% zu vermindern.

Der aus dem Ofen kommende Sintermagnesit wird im Freien gelagert und öfters mit Wasser angefeuchtet, damit der noch vorhandene Kalk abgelöscht und unschädlich gemacht wird. Auf Klaubbändern werden die groben Verunreinigungen wie Quarz-, Dolomitbrocken usw. mit der Hand entfernt, dann das Ganze gemahlen, vermöge seines Eisenoxydgehaltes elektromagnetisch aufbereitet, wobei ein Teil der Talkschüppchen und Kalkkörnchen entfernt wird. In neuester Zeit bedient man sich zur Extraktion der Talkschüppchen der Elektroosmose.

Tabelle 29

Analyse	Veitscher Sintermagnesit		Veitscher Sintermagnesit, elektromagnetisch aufbereitet	
	a	a	b	b
SiO_2	3,26%	3,49%	2,30%	2,08%
Fe_2O_3	8,00%	8,29%	8,36%	9,00%
Al_2O_3	0,73%	0,79%	0,49%	0,59%
CaO	4,75%	5,46%	2,55%	3,38%
MgO	82,38%	81,30%	85,88%	84,56%
Glühverlust	0,88%	0,57%	0,42%	0,37%
MgO glühverlustfrei	83,11%	81,85%	86,24%	84,88%

Das gemahlene und gereinigte Gut wird durchfeuchtet (gemaukt), längere Zeit liegen gelassen und dann erst bei einem Druck von 300 Atmosphären in Formen gepreßt. Die Ziegel, Formsteine usw. werden schließlich im Mentheim- oder Tunnelofen bei zirka 1700° C fertiggestellt.

Die Magnesitwaren haben je nach ihrem Eisengehalt eine gleichmäßige licht- bis schokoladebraune Farbe. Flecken weisen auf schlechten Brand hin. Das Gefüge soll nicht nur dem unbewaffneten Auge eine ebenmäßige Kristallinität zeigen, sondern auch im Mikroskop eine dichte Masse darstellen, die fast keine Hohlräume und Risse besitzt.

Ziegel, die mit Fehlern behaftet sind müssen neuerdings gemahlen und nochmals gebrannt werden. Die Eigenschaften der Magnesitsteine sind am besten aus Tabelle 30 ersichtlich, die H. Hirsch nach eingehenden Versuchen im chemischen Laboratorium für Tonindustrie Prof. Seger-Cramer zusammengestellt hat.

Gegen plötzlichen Temperaturwechsel zeigen Magnesitsteine große Empfindlichkeit.

Nach K. Sorge hielt ein nach seinen Angaben aus Magnesitziegeln und -Stampfmasse hergerichteter Martinofen 500 bis 600 Chargen aus, so daß sich der Magnesitverbrauch auf 25 bis 26 kg für die Tonne erzeugten Stahl stellte.

Neben der durch chemische Analysen gewonnenen Beurteilung des Rohmaterials dürfen wir die Begutachtung der Lagerstätte nicht vernachlässigen. Der Magnesit wird fast immer im Tagbau gewonnen, nur ausnahmsweise wird zum Tiefbau oder zur Kombination beider Abbaumethoden gegriffen.

Der Serpentin-Magnesit zeigt ein meist unregelmäßiges Ganggewirr. Ausgedehnte Aufschlüsse sind daher notwendig, um den prozentuellen Anteil der verwendbaren Masse gegenüber dem tauben Olivin-Serpentin zu berechnen. Die kontinuierlichen Schurfarbeiten bei solchen Betrieben, welche den regelmäßigen Abbau gewährleisten sollen, verteuern die Gestehungskosten oft bis zur Unrentabilität. Nur so große Vorkommen wie die kalifornischen, mazedonischen, griechischen (Euböa) usw. versprechen einen dauernden Erfolg.

Tabelle 30 (nach H. Hirsch)

	Ia	Ib	IIIa	IIId	IVa	IVc	IVe	IVf	Va	VIa	VIId	VIIIa	IXa
Analyse													
In Säure unlöslich ....%	3,0	—	—	—	Sp.	0,1	0,1	Sp.	0,1	—	0,2	0,2	0,1
In Säure löslich													
SiO_2 ....%	5,1	5,4	2,7	3,1	2,3	0,9	1.9	2,2	1,5	9,0	3,0	1,7	0,6
Al_2O_3 ....%	0,9	2,0	1,9	2,2	0,2	1,6	0,6	0,9	1,1	1,3	0,4	0,5	0,5
Fe_2O_3 ....%	4,7	4,3	4,5	2,8	8,6	6,9	7,4	6,7	4,9	0,2	0,9	1,6	0,7
Mn_3O_4 ....%	1,4	1,0	1,0	0,7	0,4	0,7	0,5	0,7	0,8	—	—	0,6	0,3
CaO ....%	1,1	2,3	2,7	1,1	2,1	1,8	0,9	0,4	0,6	1,4	2,2	Sp.	—
MgO ....%	83,7	85,0	87,3	90,1	86,4	88,0	88,6	89,1	91,0	88,1	93,1	95,4	97,6
Wasseraufnahme ....%	12,2	7,3	5,4	8,7	5,9	5,9	9,4	10,2	8,1	7,9	7,1	9,8	dicht
Porosität ....%	26,5	19,3	15,8	22,4	17,0	17,0	25,7	27,6	21,6	—	18,4	25,3	—
Spezifisches Gewicht	3,55	3,57	3,58	3,55	3,63	3,60	3,56	3,59	3,58	—	3,58	3,54	3,62
Raumgewicht	2,18	2,64	2,92	2,57	2,89	2,88	2,73	2,71	2,67	—	2,59	2,58	3,47
Erweichung bei Belastung 2 kg/cm²													
Beginn ....°C	1350	1350	1460	1420	1480	1680	1480	1480	1640	1560	1450	1510	1790
Ende ....°C	1390	1390	1520	1450	1650	1800	1650	1700	1820	1625	1500	1830	?
Bereich ....°C	40	40	60	30	170	?	170	220	180	65	50	320	?
Gesamtausdehnung bei 1300°.....	1,28	1,29	1,83	1,93	—	2,14	1,83	2,17	1,70	—	1,79	—	2,10
Wärmeausdehnungskoeffizient 20 bis 1300°........mm/°C × 10^6	9,9	9,9	14,1	14,9	—	16,4	14,1	16,7	13,1	—	13,8	—	14,5
Längenänderung nach 4maligem Brand bei Segerk. 17........%	—3,2	—2,7	—0,5	—0,4	+0,03	+0,1	—0,4	—0,3	+0,02	—	—	—0,3	—
Abnutzbarkeit........... cm³/cm²	3,68	—	0,45	0,57	0,56	0,60	0,36	0,56	0,58	—	0,91	1,21	—
Druckfestigkeit, kalt ......kg/cm²	98	—	723	—	958	885	353	390	540	332	218	—	—
Druckfestigkeit bei 1200°..kg/cm²	89	—	513	—	430	565	368	240	523	—	170	—	—

Die kristallinen Magnesite sind, entsprechend ihrer Entstehung, der Hauptmasse nach bereits im Muttergestein als unregelmäßig geformte Stöcke anzusprechen. Die in den älteren Formationsgliedern der Ostalpen und Karpathen mit Schiefern als Liegendes und Hangendes aufsetzenden Vorkommen werden überdies durch ihre Sprödigkeit gegenüber dem Nebengestein bei lebhaften tektonischen Störungen in einzelne größere und kleinere Linsen zerteilt, so daß beim Auftreten mehrerer im Streichen gelegener Ausbisse ohne weitgehende Schürfungen nicht von vornherein an ein kontinuierlich fortlaufendes Lager gedacht werden darf, wenn Enttäuschungen ausbleiben sollen.

Die weitere Untersuchung erstreckt sich auf das Ausbringen des verwendbaren Materials aus der umgrenzten Lagerstätte.

Zunächst ist das Verhältnis des Magnesits zu dem stets vorhandenen wertlosen Dolomit festzustellen, das sich in den meisten Fällen, für die ganze Lagerstättenmasse berechnet, auf etwa 1:1 beläuft. Der Dolomit bildet entweder deutlich unterscheidbare dichte, meist graugefärbte Partien, von welchen sich der grobkristalline, lichtere Magnesit deutlich abhebt, oder aber er ist mit dem Magnesit so innig vermengt, daß nur der höhere Glanz des Magnesits dem geübten Auge ein Unterscheidungsmerkmal gegenüber dem matteren Dolomit und dolomitischen Magnesit liefert. Reiner, grobkristalliner Magnesit verwittert in der Natur rascher als dolomitische Partien, weshalb die mehr gerundeten Ausbisse auf gutes, die eckigen auf minderes Material hindeuten.

Auch ein höherer Kieselsäure-Tonerdegehalt läßt sich oft schon bei der geologischen Begehung nachweisen. Derselbe ist gewöhnlich auf einen höheren Talk- bzw. Chloritgehalt oder auf Tonschiefereinschlüsse zurückzuführen. Bildet der Talk mehr oder weniger zusammenhängende stärkere Lagen, was gewöhnlich in den Grenzpartien quarzreicher Schiefer gegenüber der Magnesitlagerstätte der Fall ist, so ist er als wertvolles Nebenprodukt sehr willkommen. Anders liegen die Verhältnisse, wenn er größere Teile der Lagerstätte gleichmäßig durchsetzt. Er wird dann bei schwächerem Brand unverarbeitet zurückbleiben und das Gefüge ungünstig beeinflussen oder aber mit dem stets vorhandenen Eisen schmelzen und die Feuerfestigkeit herabsetzen. Da dieses störende Material nur durch eine komplizierte Aufbereitung (elektromagnetisch oder elektroosmotisch) entfernt werden kann, werden zum mindesten die Gestehungskosten bedeutend erhöht. Lokale Verkieselungen, wie sie an Stellen auftreten, wo der Magnesit an Quarzite grenzt, lassen sich leicht an der größeren Härte des Magnesits erkennen.

Ein höherer Eisengehalt prägt sich in der Natur durch ein intensives Gelb der Verwitterungskruste aus, das bis ins Gelbbraun übergehen kann.

Aus allen diesen äußeren Kennzeichen gelangen wir bereits zu einer bestimmten Erkenntnis der Lagerstätte. Volle Sicherheit über ihre Zusammensetzung wird erst die systematische Probenahme und die auf ihr basierenden chemischen Analysen ergeben. Sie darf sich nicht auf das Material der Oberfläche beschränken, sondern muß durch chemische Analysen der beim Schürfen erhaltenen Bohrkerne ergänzt werden (S. 288).

Namentlich der für Sorrelzement zu verwendende Magnesit muß so weit als möglich kalkarm sein. Der Kalkgehalt darf 2% nicht überschreiten, denn er behindert das Festwerden und kann zu Treiberscheinungen führen. Die übrigen Verunreinigungen, wie Kieselsäure, Eisen und Tonerde, können bei dieser Verwendungsart als mehr oder weniger indifferent betrachtet werden.

Kristallinischer Rohmagnesit kostet ab Werk die Tonne 17 Reichsmark; dichter griechischer Rohmagnesit cif Hamburg die Tonne 40 bis 43 Reichsmark, kaustisch gebrannter und Sintermagnesit loko Werk pro Tonne 70 bis 85 Reichsmark, Veitscher Normalziegel pro Tonne 180 bis 185 Reichsmark.

Talk. Von den Magnesiumsilikaten hat bisher nur der Talk oder Speckstein als feuerfester Stoff praktische Verwendung gefunden. Der Talk hat eine Schmelztemperatur von 1400 bis 1700° C, steht also gerade noch an der Grenze der feuerfesten Materialien. Es werden aus ihm direkt Schmelztiegel geschnitten, Gestell- und Ausfütterungssteine für Herde und Öfen gesägt. Wegen seiner besonderen Alkalienwiderstandsfähigkeit wird er als Ofenstein für Sodaschmelzöfen in der Sulfitzelluloseindustrie verwendet. Reine Talke werden wegen ihres hohen Preises wohl kaum für diesen Zweck benutzt werden, dagegen liegt in den präkambrischen Schiefern Finnlands auf einer Strecke von 4 bis 5 km ein 30 bis 50 m mächtiges, mit Magnesitkristallen durchsetztes Talkschieferlager, sogenannter Topfstein (60% Talk, 40% Magnesit), aus welchem ausgezeichnete Ofensteine (der Abfall dient gemahlen als Papierfüllstoff) geschnitten werden. Der Preis dieser Steine ist fob Wiborg 2700 bis 3300 finnische Mark per Kubikmeter geschnittene Ware.

Asbest. Der Asbest mit einer Schmelztemperatur von 1150° beim Hornblendeasbest und 1550° beim Serpentinasbest kann eigentlich nicht mehr zu den feuerfesten Steinen gerechnet werden.

Spinell ($MgO \cdot Al_2O_3$). Der aus kalzinierter Magnesia und Tonerde im elektrischen Ofen künstlich erzeugte Spinell von Los Angeles in Kalifornien wird gemahlen zu Steinen gepreßt, die einen Schmelzpunkt um 1800° C besitzen. Er kommt unter dem Namen Diamel in den Handel.

Aus einer Mischung von Magnesium- und Aluminiumoxyd erzeugt die Königlich Preußische Porzellanmanufaktur eine Tiegelmasse mit einem Erweichungspunkt von zirka 1825° C.

Chromit. Die aus ihm hergestellten feuerfesten Baustoffe haben eine sehr hohe Feuerfestigkeit, Unempfindlichkeit gegen Säuren, Basen und raschen Temperaturwechsel, ferner setzen sie der mechanischen Abnutzung einen großen Widerstand entgegen. Das aus dem Muttergestein aufbereitete Material wird zerkleinert, mit 10% Kalkmilch und Teer zu Steinen geformt, gebrannt, nochmals gemahlen, unter hohem Druck in seine definitive Form gebracht und bei zirka 1700° C gebrannt. Der Idealwert der Schmelztemperatur ist 2180° C, wird aber wegen der Zusätze und der natürlichen Verunreinigungen, die auch bei der besten Aufbereitung nicht vollständig verschwinden, praktisch kaum erreicht. Chromit wird besonders als Isolierungsschichte zwischen basischen und sauren Steinen verwendet. Der Preis des Rohmaterials stellt sich nach Dammer auf 95 bis 120 Reichsmark für die englische Tonne (1016 kg) bei Zugrundelegung eines Gehaltes von 48% Cr_2O_3, mit einem Aufschlag bzw. Abzug von 2,5 Reichsmark für jedes Prozent Cr_2O_3 mehr bzw. weniger ab europäischem Hafen.

Zirkon. ($ZrSiO_4$) mit 67,12% ZrO_2. Das aus dem gemeinen Zirkon gewonnene Zirkonoxyd ist ein feuerfestes Material, dessen Schmelzpunkt zwischen 2950° und 3000° C liegt. Es wird weder von Säuren, noch von Basen und schmelzenden Alkalien angegriffen und widersteht dem schärfsten Temperaturwechsel. Diese Vorzüge sind um so größer, je reiner das Gut in bezug auf Fe_2O_3, SiO_2 und TiO_2 ist.

Der hohe Preis, zirka 25 Reichsmark pro 100 kg, bei einem Gehalt von 75% Zirkonerde, die teure Erzeugung und die noch geringe Erfahrung bei der Verwendung waren einer größeren Verbreitung bis jetzt hinderlich.

Bornitrid, Borstickstoff (BN). Der künstlich erzeugte Borstickstoff mit einer wahrscheinlich oberhalb 3000° C liegenden Schmelztemperatur kann wegen seiner

Zersetzung durch Wasserdampf und Sauerstoff nur dort verwendet werden, wo ein derartiger Einfluß ausgeschlossen ist.

Literatur: Bischof, C.: Die feuerfesten Tone und Rohstoffe, IV. Aufl. v. Jakob, K. und Weber, E. Leipzig. 1923. (Ausführliche Literaturangabe.) — Endell, K.: Über Silikaquarzite. Stahl und Eisen, Nr. 43 u. 45. 1913. — Endell, K.: Über einige feuerfeste Spezialmassen für chemische und metallurgische Zwecke. Chemikerzeitung, S. 241. 1915. — Endell, K.: Über die Herstellung von Silikasteinen aus Felsquarziten in England, Schweden und Italien. Bericht der Fachausschüsse des Vereines deutscher Eisenhüttenleute, 30/I 924, Nr. 78. — Endell, K. und Harr, R.: Einfluß oxydischer Beimengungen auf die physikalischen Eigenschaften von Silikasteinen. Ber. d. Fachausschüsse d. V. deutsch. Eisenhüttenleute, 16/XVI 25, Nr. 79. — Freyberg, B. v.: Die Tertiärquarzite Mitteldeutschlands und ihre Bedeutung für die feuerfeste Industrie. Stuttgart. 1926. — Wolff, G.: Silica and Magnesite Bricks. Metall und Erz, S. 330. 1928. (Met. Ind. London 32. [28], S. 177, 183, 236.) — Harrassowitz, H.: Laterit. Fortschritte der Geologie und Paläontologie, herausg. v. Prof. Dr. W. Soergel-Breslau, Bd. IV, H. 14. Berlin. 1926. — Harrassowitz, H.: Bauxitstudien. Metall und Erz, XXIV, N. F. XV. Jg., H. 8, S. 181. 1927. — Hibsch, J. E. und Michel, H.: Über das Auftreten von Quarziten südw. des geschlossenen böhm. Mittelgebirges. Annalen d. Nat.-hist. Museums in Wien, S. 180. 1925. — Hirsch, H.: Die Eigenschaften der Magnesitsteine. Mitt. a. d. chem. Labor. f. Tonindustrie Prof. Seger-Cramer. H. 6. 1927. — Dittler, E. und Hibsch, J. E.: Über basaltische Zersetzungsprodukte und die Bildung von Quarzit. Min. u. petr. Mitt., 39. Bd., S. 46. Wien. 1928. — Kopka, G.: Einführungsvortrag über Kaolin in der Umgebung Karlsbads und die fabriksmäßige Herstellung des Porzellans. Karlsbad. 1927. — Niederleuthner, R.: Unbildsame Rohstoffe keramischer Massen. Verlag Julius Springer. Wien. 1927. — Ost, H.: Lehrbuch der chemischen Technologie, XIII. Aufl. Leipzig. 1923. — Rieke, R.: Die Chemie des Porzellans. Doelters Handbuch d. Min., Bd. II, 2. Abt. S. 94. Dresden—Leipzig. 1917. — Rzehulka, A.: Die Tone und ihre Verwendung im Hüttenbetrieb. Berg- und hütt. Abhandlungen, H. 8, Kattowitz. 1927. — Schwarz, R.: Feuerfeste und hochfeuerfeste Stoffe. Braunschweig. 1918. — Stremme, H.: Allgemeines über die wasserhaltigen Aluminiumsilikate. Doelters Handbuch der Mineralchemie. Bd. II, 2. Abt., S. 30. Dresden—Leipzig. 1927. — Wernicke, F.: Die Herstellung der feuerfesten Baustoffe, 2. Aufl. Berlin. 1921. (Ausführliche Literaturangaben.)

C. Bindemittel zur Mörtel- und Betonbereitung

Stoffe, welche mit einer Flüssigkeit angerührt, im feuchten Zustand als Bindemittel zum Verkitten von Bau- und feuerfesten Steinen verwendet oder als selbständiger Verputz aufgetragen werden und infolge physikalisch-chemischer Vorgänge erhärten, heißen Mörtel.

Unhydraulische oder Luftmörtel gelangen nur an der Luft zur Verfestigung, Wasser- oder hydraulische Mörtel dagegen erhärten auch im Wasser.

Unhydraulische Bindemittel. Neben Lehm und dem schon beschriebenen Gips (S. 74) sind das amorphe Kalzium- und Magnesiumoxyd die vorzüglichsten Stoffe für die Luftmörtelbereitung. Im weiteren Sinne können auch die feuerfesten Fugenkitte, wie Schamottemörtel usw., die erst bei hohen Hitzegraden verfestigen, hiehergestellt werden.

a) Ätzkalk, Fettkalk, Weißkalk. Ein sehr großer Teil des gewonnenen Kalksteines dient zur Erzeugung des Ätz- oder gebrannten Kalkes. Die Brenntemperatur beginnt bei 856° C, bei dichten Varietäten liegt der Garbrand zwischen 1100 und 1200° C, bei einigen sehr festen und reinen Sorten bei 1400° C. Das $CaCO_3$ zerlegt sich in $CaO + CO_2$ und bindet dabei nach J. Thomson pro 1 kg $CaCO_3$ 425 Kalorien. Eine Steigerung der angegebenen Brenntemperaturen bewirkt beim reinen Kalziumoxyd keine besonderen Veränderungen. Der Kalk wird in Schacht-, Ring- und Drehrohröfen gebrannt; der Prozeß erfordert im Schachtofen mit ständigem Betrieb zirka 25 bis 30 kg, im Ringofen zirka 16 bis 20 kg Steinkohle für 100 kg Rohkalk.

Der Ätzkalk ist eine weiße, amorphe, mehr oder weniger feste, feuerbeständige Masse, chemisch eine starke Base, die begierig Wasser aufnimmt und sich dadurch in das Kalkhydrat umwandelt. $CaO + H_2O = Ca(OH)_2 + 15{,}5$ W.E. Auf dieser Eigenschaft beruht das Ablöschen des gebrannten Kalkes, den man gelöscht mit Wasser zu einem Brei vermischt und unter Luftabschluß längere Zeit lagern läßt.

Dieser feuchte Kalkbrei nimmt aus der Luft begierig Kohlensäure auf und erhärtet dabei unter Abgabe von Wasser wieder zu kohlensaurem Kalk: $Ca(OH)_2 + CO_2 = H_2O + CaCO_3$. Das reine, so verfestigte Kalkhydrat schwindet sehr stark unter Bildung von Rissen und hat eine geringe Eigenfestigkeit, weshalb es bei der Herstellung von Mörtel mit möglichst staubfreiem, eckigem Sand gemischt wird.

Immer ist der Kalk in der Natur durch verschiedene fremde Mineralstoffe verunreinigt, vor allem durch Magnesiumkarbonat, Eisenhydroxyd, Ton, Kieselsäure, eventuell Alkalien und organische Stoffe (Stinkkalk).

Tonige Kalksteine sintern bereits bei Rotglut unter Bildung von Kalziumsilikaten und Aluminaten. Sie löschen träge ab und geben ein schweres, körniges Hydrat und einen kurzen mageren Teig. Bei hoher Temperatur können sie totbrennen, dann löschen einzelne Teile überhaupt nicht mehr ab und beginnen später oft zu treiben. Als Grenze für Luftkalkbereitung sollte 5% Ton nicht überschritten werden; die deutsche Normenkommission geht bis 10% silikatische Beimengungen.

Alkalien sind starke Sinterungsmittel; in gleicher Weise fördert Eisenoxyd, das auch die weiße Farbe beeinträchtigt, das Zusammenbacken der Teilchen.

Organische Substanzen werden beim Brennen zerstört und sind daher unschädlich.

Rohmaterialien mit 90 bis 95% Kalziumoxyd, 3 bis 4% Magnesiumoxyd und den Silikatbildnern Kieselsäure, Tonerde und Eisenoxyd als Rest liefern den besten Fett- oder Speckkalk, der beim Ablöschen auf zirka das Doppelte seines Volumens aufquillt. Obwohl beim Sinken des Kalziumoxydgehaltes der Ätzkalk immer weniger ausgibt (magerer wird), zählen nach den Normen des deutschen Kalkprüfungsausschusses auch Kalke mit 85% CaO, 5% MgO und 10% kieselig tonigen Bestandteilen noch zu den mehr oder weniger fetten Weißkalken.

b) Magnesia- oder Sorrelzement. In die Gruppe der Luftbindemittel kann man den aus 20% amorph gebrannter Magnesia und 80% Magnesiumchlorid erzeugten selbständig erhärtenden Sorrelzement stellen.

Schon bei 400° C beginnt beim Magnesit die Abgabe der Kohlensäure, die bei heller Rotglut zwischen 800 und 1100° C bis auf 2 bis 3% ausgetrieben wird. Es bleibt die amorphe, abbindefähige Form des MgO (praktisch mit 80 bis 90% MgO) zurück. Bringt man nach Hüppe dieses feingemahlene kaustische Produkt mit einer Lösung von Chlormagnesium zusammen, so nimmt die Magnesia die Lauge zunächst kapillar auf, wirkt dann allmählich auf letztere wasserentziehend ein, wobei unter starker Erwärmung eine Hydratisierung und Quellung, nachfolgend Schrumpfung und schließlich betonartige Erhärtung eintritt. Es bildet sich so eine marmorartige Masse von wasserhaltigem Magnesiumoxychlorid, die als Kitt für Metall und Glas vorzüglich geeignet ist, sich bei Wassereinbrüchen in Salzbergbauen durch ihre rasche Erhärtung und gute Anbindung an Steinsalz sehr bewährt und sich durch Einrühren von Farbstoffen zu marmorähnlichen Steinen verarbeiten läßt. Leider verwittern derartige

Kunststeine leicht unter Bildung von $MgCl_2$, so daß ihre Verwendung zu Außendekorationen nicht möglich ist.

Durch Zumischung von Sägespänen erhält man den Xylolith, der, auf eine aufgerauhte Betonunterlage aufgetragen, einen ausgezeichneten Bodenbelag gibt. Seine Güte hängt in erster Linie von einem erstklassigen, gleichmäßig gebrannten Magnesiumoxyd und sehr sorgfältiger Arbeit ab, sonst erfolgt leicht ein Treiben, oft erst nach tagelanger Erhärtung. Auch mit anderen Füllstoffen, wie Schilf, Holzwolle, Asbest, Kieselgur (Abolithzement), werden Bauplatten verfertigt.

Die aus den Endlaugen der Abraumsalze erzeugte Magnesia hat sich wegen ihrer geringen Dichte nicht so bewährt, wie das kaustisch gebrannte Produkt des Magnesits. Lange Zeit hat man zum Kaustischbrennen nur den dichten Serpentinmagnesit verwendet. L. Jesser hat die experimentellen Grundlagen für die Herstellung gebrannter kaustischer Masse auch aus den mehr oder weniger eisenreichen kristallinen Magnesiten erbracht. Sie bestehen in einer Zerkleinerung des Brenngutes und Verarbeitung unter Zuhilfenahme von überhitztem Wasserdampf im Rotierofen (Oberort in Steiermark, Radenthein in Kärnten).

Die amorphe oder kaustisch gebrannte Magnesia wird bei Erhöhung der Temperatur allmählich in das kristalline Magnesiumoxyd, den Periklas, überführt, bei hohen Hitzegraden beginnt sie zu sintern, das heißt zusammenzubacken, und liefert dann den basischen, feuerfesten Sintermagnesit (S. 211).

Die geologischen und chemischen Vorbedingungen sind für den kaustischen und Sintermagnesit so ähnlich, daß sie gemeinsam behandelt werden können (S. 213).

Literatur: Endell, K.: Das Magnesitwerk in Radenthein (Kärnten). Metall und Erz, S. 597. 1921. — Hüppe: Der kaustische Magnesit, seine Entstehung, sein Wesen und seine technische Verwendung. Vortrag. — Jesser, K.: Die kaustische Magnesia als Mörtelstoff. Öst. Chem. Ztg., IV. Jg. 1924.

Hydraulische Bindemittel. H. Kühl und W. Knothe definieren hydraulische Bindemittel als pulverförmige Mörtelstoffe, die beim Anrühren mit Wasser einen Brei liefern, der nach mehr oder minder langer Zeit sogar unter Wasser erstarrt und dabei unter Bindung von Wasser ein steinartiges, wasserunlösliches, daher wasserbeständiges Produkt ergibt. Schwach hydraulische Bindemittel (z. B. Graukalke) werden erst nach längerer Luftlagerung wasserbeständig, nehmen aber dann auch unter Wasser an Festigkeit zu.

Tabelle 31. Hydraulische Bindemittel (nach H. Kühl und W. Knothe)

A. An sich hydraulische Bindemittel					B. Aus latent hydraulischen Stoffen		
a) ungesintert		b) gesintert		c) geschmolzen	aus natürlichem Puzzolan	aus künstlichem Puzzolan	
löschbare	nicht löschbare	natürlicher Portlandzement	künstlicher Portlandzement			mit Klinkerzusatz	mit Kalkzusatz
Hydraulischer Kalk, Grau-Schwarzkalk	Romanzement, Dolomitzement	Naturportlandzement	Eisenoxydreiche Zemente (Erzzemente), tonerdereiche Zemente, kieselsäurereiche Zemente	Tonerdezement	Traßportlandzement u. dgl., Puzzolan- (Traß-) Zement	Hochofenzement, Eisenportlandzement	Hydraulische Kalke besonderer Fertigung, Schlackenpuzzolanzement

Dieselben Autoren teilen die hydraulischen Bindemittel in zwei große Gruppen ein, je nachdem ob das Rohmaterial durch Brennen hydraulische Eigenschaften erhält, also an sich hydraulisch ist, oder ob, wie beim Puzzolan, seine schlummernden hydraulischen Eigenschaften erst durch Mischen mit einem gebrannten Stoff auf kaltem Wege geweckt werden — „latent hydraulische Stoffe". Innerhalb dieses Rahmens werden die nicht gesinterten, teils löschbaren, teils nicht löschbaren schwach hydraulischen Bindemittel von den gesinterten bzw. geschmolzenen, teils reinen, teils mit Zuschlägen versehenen Stoffen getrennt.

Dolomitzement, Ätzdolomit, Graukalk oder Magerkalk. Beim Brennen des Dolomites, der im Idealfalle aus 54,35% $CaCO_3$ und aus 45,65% $MgCO_3$ besteht, setzt bei 500° die Entsäuerung des Magnesiumkarbonates ein, die bei etwa 730° am lebhaftesten erfolgt. Über 870° erhitzt, beginnt dann auch das Kalziumkarbonat seine Kohlensäure abzugeben. Das Geschwindigkeitsmaximum der Kalkentsäuerung liegt bei über 900°. Diese fraktionierte Kohlensäureabgabe wird gelegentlich benutzt, um nur das Magnesiumkarbonat des Dolomites zu spalten. Weitaus die Mehrzahl aller Dolomite wird aber bei 1000 bis 1300° gebrannt. Das Brennprodukt ist dunkelgrau bis braun und wird Schwarz- oder Graukalk, das vollkommen entsäuerte Produkt wohl auch Ätzdolomit genannt.

Graukalke unterscheiden sich von Weißkalken dadurch, daß sie schwachhydraulische Eigenschaften aufweisen, deren Intensität nicht nur von der Art des Brennprozesses, sondern auch von den silikatischen Verunreinigungen abzuhängen scheint. Mit Wasser angemacht, löschen sie zu einem speckigen weißen Teig ab; sie sind aber weniger ausgiebig als reine Kalke und werden daher den Fettkalken als Magerkalke gegenübergestellt. Ein Raumteil Graukalk gibt gelöscht 1,7 Raumteile Grubenkalk.

Der Vorgang der Lufterhärtung der Magerkalke ist nicht einwandfrei klargelegt. Als Endprodukt bilden sich $CaCO_3$ und $MgCO_3$. Im Anfange der Erhärtung finden Wechselwirkungen zwischen dem Magnesia- und Kalkhydroxyd statt, die nach Donath zur Bildung eines Kalzium-Magnesium-Hydroxydes führen dürften, die eine verhältnismäßig rasche Anfangserhärtung und die hydraulischen Eigenschaften bedingt. Daß auch schon beim Brennen eine chemische Verbindung des CaO mit dem MgO stattfindet, scheint aus den Versuchen von Kühl und Knothe hervorzugehen, die bei Mischungen von CaO mit gebrannter Magnesia eine vollständige Abwesenheit hydraulischer Eigenschaften dartaten. Es dürfte also beim Brennen Kalzium-Magnesium-Oxyd neben Kalziumoxyd entstehen; letzteres bildet beim Erhärten an der Luft mit CO_2 Kalziumkarbonat, während sich ersteres zunächst in Kalzium-Magnesiumhydroxyd umwandelt und erst später in Karbonate übergeht.

Graukalkmörtel können nach 7- bis 21tägiger Lufterhärtung der Einwirkung des Wassers ausgesetzt werden. Zum Brennen eignen sich alle Dolomite und dolomitischen Kalke, deren Silikatanteil, wie beim Weißkalk, eine gewisse Grenze nicht übersteigt.

Ist beim Graukalk bzw. Dolomitzement das Magnesiumoxyd das treibende Agens, welches die Hydratisierung bedingt, so bildet bei den nun folgenden Gruppen das Verhältnis von Kalziumoxyd bzw. Magnesiumoxyd zu den Hydraulefaktoren Kieselsäure, Tonerde und Eisenoxyd die Unterlage für die hydraulischen Eigenschaften.

Aus dem Bimssand des Neuwieder Beckens und Kalkmilch werden die sogenannten Schwemmsteine geformt, die während der drei bis vier Monate andauernden Lufttrocknung unter Kohlensäureaufnahme und Kalksilikatbildung erhärten.

Hydraulischer oder Wasserkalk. Er ist ein unter der Sintergrenze hergestelltes Brennprodukt von Kalkmergeln mit 15 bis 25% Kieselsäure, Tonerde, Eisenoxyd und eventuell Magnesia.

Es bildet sich ein um so größeres Quantum Kalkhydrat, je ärmer an Tonsubstanz das Rohmaterial ist. Zunächst wird infolge des freien Kalziumoxydgehaltes, wie beim gewöhnlichen gelöschten Kalk, unter Aufnahme von Kohlensäure ein langsames Austrocknen stattfinden, das zirka drei Tage in Anspruch nimmt. Erst wenn dieser Prozeß beendigt ist, kann der Verputz unter Wasser gesetzt werden und erfährt dann infolge der durch den Brand aufgeschlossenen kolloidal wirksamen Kieselsäure, hydratfähigen Tonerde bzw. des Eisenoxydes eine weitere Verfestigung unter Bildung von Kalziumsilikaten und Aluminaten. Ist im Ursprungsmaterial Magnesiumkarbonat vorhanden, so wirkt die Magnesia wie bei den Graukalken; den Silikatbildnern gegenüber muß sie zum Kalk addiert werden. Eine große Kalkhydratmenge oder — bei den sogenannten Kieselkalken — ein großer Kieselsäureanteil bei geringem Tongehalt bewirkt ein langsames, mehrere Tage andauerndes Abbinden. Die chemische Zusammensetzung des Fertigmaterials zeigt nach Burchartz große Schwankungen:

Ätzkalk	65,00	bis	88,98%	
Magnesia	Spuren	,,	6,2 %	und mehr
Kieselsäure	3,94	,,	23,11%	
Tonerde und Eisenoxyd	1,22	,,	14,86%	
Schwefelsäureanhydrid	0,13	,,	3,25%	
Unaufgeschlossener Rückstand	Spuren	,,	7,02%	

Hydraulischer Kalk kann zu Luft- und Wasserbauten verwendet werden, die keine hohe Anfangs- und Endfestigkeit erfordern und vor der Berührung mit Wasser eine längere Lufthärtung mitmachen können. Gegen chemische Angriffe durch Säuren, Salzlösungen u. dgl. sind die hydraulischen Kalke wenig widerstandsfähig; eine Sonderstellung nehmen die aus tonerdearmen Kieselkalken erzeugten Sorten insofern ein, als sie sich gegen den Angriff von Meerwasser und Sulfatlösungen bewährt haben.

Da der Wasserkalk billiger als Portlandzement ist, ist er noch immer im Gebrauch.

Romanzement. Das Rohmaterial für Romanzement sind Kalkmergel mit einem Tongehalt von zirka 30%; auch Dolomitmergel können zu seiner Bereitung verwendet werden, da ein recht beträchtlicher Gehalt an Magnesia, im Gegensatz zum Portlandzement, hier kein Treiben bewirkt.

Die Güte der Romanzemente ist wesentlich bedingt durch das Verhältnis des Kalkes zu den Hydraulefaktoren. Nach Michaelis findet man für diesen Quotienten $\frac{\text{Kalk}}{\text{Kieselsäure} + \text{Tonerde} + \text{Eisenoxyd}}$ Werte zwischen 1,2 und 1,7; in der Regel liegt er nahe bei 1,5.

Der Brennprozeß erfolgt, ähnlich wie beim hydraulischen Kalk, unterhalb der Sintergrenze. Da aber kalkarme Mergel verwendet werden, ist nach dem Brennen kein freier Kalk vorhanden, weshalb der Scherben, mit Wasser benetzt, nicht ablöscht und nicht zerfällt. Er wird gemahlen und direkt als hydraulischer Mörtel in Verwendung genommen; es bilden sich auch unter Wasser Silikate und Aluminate des Kalkes, wodurch die Verfestigung eintritt.

Romanzemente sind Schnellbinder; setzt das Abbinden erst nach mehr als 15 Minuten ein, dann gelten sie nach den österreichischen Normen als Langsambinder. Gegen Säuren sind sie wenig widerstandsfähig, gegen Salzlösungen und Gipswasser, wahrscheinlich wegen ihres geringeren Kalkgehaltes, unempfindlicher als Portlandzement bzw. hydraulischer Kalk. Die Druckfestigkeit ist höher als beim hydraulischen Kalk.

Tabelle 32. (Zusammensetzung einiger Romanzemente)

	Schliersee, nach Kühl und Knothe	Perlmoos, nach Hauschild	Porta Westfalika, nach Kühl und Knothe
Glühverlust	3,19	n. b.	4,39
Kieselsäure	28,08	23,67	21,59
Unaufgeschlossenes	6,57	n. b.	4,09
Tonerde	9,43 (Tonerde + Eisenoxyd)	8,83	10,38
Eisenoxyd		5,92	4,75
Kalk	47,79	58,80	49,38
Magnesia	1,17	0,73	1,37
Schwefelsäureanhydrid	1,39	n. b.	1,65
Alkalien	n. b.	1,22	n. b.

Portlandzement. Der ursprüngliche Rohstoff für den Portlandzement ist ein Mergel mit ungefähr 75 bis 78% Kalziumkarbonat und restlichem Ton, bei günstigem Verhältnis von Tonerde + Eisenoxyd zu Kieselsäure. Aus ihm wird der Naturportlandzement gewonnen. Da derartiges Material verhältnismäßig selten angetroffen wird, müssen fehlende Stoffe entweder zugesetzt werden oder es wird der einfachere Weg eingeschlagen, indem man die im Mergel verbundenen Rohstoffe, Kalk und Ton, für sich gewinnt und aus ihnen durch Mischen den künstlichen Portlandzement erzeugt.

Als schädlicher Bestandteil in den Rohstoffen ist vor allem die Magnesia anzuführen, da sie im Fertigprodukt, oft erst nach Jahren, treibend wirkt, weshalb sie nach den Normen 5% nicht übersteigen darf. Kleinere Mengen, wie sie fast immer im Kalk vorkommen, sind dagegen sinterungsfördernd und daher erwünscht.

Die Schwefelverbindungen sind nicht zu übersehen, wenn sie auch durch einen vorsichtigen Fabrikationsbetrieb teilweise paralisiert werden können.

Die Schwefelsäure gehört zu den regelmäßig vorkommenden Bestandteilen der Rohstoffe bzw. des Zementes. Kleinere Mengen sind nützlich, da sie den Zement langsamer bindend machen und festigkeitsfördernd wirken. Je kalk- und tonärmer der Zement ist, z. B. der Erzzement, desto größere Schwefelsäuremengen verträgt er.

Für normale Portlandzemente schreiben die Normen 2,5% Schwefelsäureanhydrid vor.

Der Schwefel kommt seltener als Gips, häufiger als Eisenbisulfid (FeS_2, Schwefelkies) im Kalk und Ton vor. Durch schwefelreiche Kohle kann er nachträglich während des Brandes noch zugeführt werden.

Der Gips gibt Veranlassung zum sogenannten Gipstreiben im fertigen Bau und darf daher entsprechend dem Normenmaß von 2,5% Schwefelsäureanhydrid im Rohmaterial nur bis zirka 3% vorhanden sein. Bis zu dieser Menge wird er sogar, wenn fehlend, oft zugesetzt, und zwar entweder als roher, ungebrannter Gips oder Anhydrit während des Brandes, oder als gebrannter Gips während der Vermahlung des Klinkers; der Zweck dieses Zusatzes von 3% besteht in einer Streckung der Abbindezeit, da der Gips proportional seiner Menge die Abbindung verzögert und gleichzeitig festigkeitssteigernd wirkt.

Das Eisenbisulfid wird im normalen oxydierenden Feuer zu schwefeliger Säure und Schwefelsäure verbrannt, die dann größtenteils entweichen und nur in geringem Maß in den Klinker übergehen. Fehlt aber im Ofen die nötige

Luftmenge für eine vollständige Verbrennung, dann wird sich unter dem reduzierenden Einfluß der Flamme Kalziumsulfit und Schwefelkalzium bilden. Diese Verbindungen sind nicht nur festigkeitsvermindernd, sondern oxydieren vor allem beim Erhärten des Zementes zu Sulfaten und tragen so zur Vermehrung des Gipses im Zemente bei.

Bei dieser Gelegenheit kann nicht genug auf die Schädlichkeit von schwefelsäure- oder sulfathaltigen Wässern bei Betonbauten hingewiesen werden. Sie entstehen durch Auslaugung von Gesteinen mit zersetzten Metallsulfiden, in erster Linie mit Pyrit; sie können auch von Gips oder Anhydrit herrühren, ja sogar aus Fabriksabwässern stammen. Nach Untersuchungen der Baudirektion des Achenseewerkes ist ein Gehalt von gebundener Schwefelsäure bis zu 60 mg im Liter Wasser unschädlich; bedenklich für den Bestand von Portlandzementbeton werden 60 bis 120 mg SO_3, höhere Anteile wirken unbedingt zerstörend (vgl. auch Tunnelgeologie und Einwirkung von Moorwässern).

Die Alkalien sollen nicht über 1,5% ansteigen; wenn sie auch die Sinterung erleichtern, erzeugen sie doch unbeständige Abbindeverhältnisse und geben Anlaß zu Ausblühungen. Freilich ist ihre Menge im Rohstoff meist so gering, daß sie vernachlässigt werden kann.

Größere Mengen von Manganoxyden und Titansäure sollen festigkeitsvermindernd wirken, sind aber nur selten im Rohstein vorhanden (Ton von Brüx enthält nach Fleissner bis 12% TiO_2).

Sandbeimengungen im Ton, welche früher für schädlich gehalten wurden, werden heute infolge der durch die modernen Maschinen erzielbaren Feinmahlung für kieselsäurereiche Sorten sogar erwünscht sein.

Für die Beurteilung der Rohmischung Kalk-Ton ist ihr gegenseitiges Mengenverhältnis ausschlaggebend. Michaelis hat hiefür den Hydraulemodul, das ist das Verhältnis von Kalk zu Kieselsäure + Tonerde + Eisenoxyd, eingeführt, der durch einfaches Einsetzen der Prozentzahlen errechnet wird. Einen weiteren Schritt unternahm H. Kühl durch Zufügung des Silikatmoduls, das ist des Verhältnisses von Kieselsäure zu Tonerde + Eisenoxyd. Der Hydraulemodul soll bei normalen Portlandzementen größer als 1,7 sein $\left(\frac{CaO}{SiO_2+Al_2O_3+Fe_2O_3} > 1{,}7\right)$; als obere Grenze wurden 2,2 festgelegt, da sonst der Kalk nicht mehr vollständig gebunden wird, in der Fertigware ablöscht und späteres Treiben verursacht. Der Silikatmodul bewegt sich beim Portlandzement zwischen 1,2 und 4; unter 1,2 wird der Zement zu rasch bindend, in der Nähe von 4 beginnt bei der Fabrikation die Schwierigkeit des Zerrieselns.

Die Rohmasse wird im Schacht- oder Drehrohrofen zwischen 1350° und 1450° gesintert, nach einer kürzeren oder längeren Lagerung zerkleinert und fein vermahlen.

Mit Wasser verrührt, bindet und erhärtet dann der Zementmörtel zu Kalziumaluminaten und Silikaten. Je nach dem Beginn der Abbindung unterscheidet man den Gießzement mit dem Abbindebeginn von fünf Minuten, Schnellbinder mit dem Abbindebeginn von 15 bis 20 Minuten, Normalbinder mit dem Abbindebeginn von ein bis drei Stunden und Langsambinder mit dem Abbindebeginn von drei bis zwölf Stunden.

Reiner Zement wird nur selten, z. B. als Verputz unter Wasser, verwendet, meistens wird der Zement mit tonarmem, reinem, scharfkantigem Sand versetzt. Sonst wird er als Beton, das ist als Gemisch von Zement, Sand und Zuschlagstoffen (Kies, Schotter oder Steinschlag), unter Wasserzusatz innig gemengt und eingebaut. Wird Walzeisen in Zementbeton derart eingeschlossen, daß beide gegen äußere Beanspruchung gemeinsam Widerstand leisten, so sprechen wir von Eisenbeton.

Portlandzement wird zu Luft-, Wasserbauten und zur Kunststeinfabrikation verwendet. Er ist allen ungesinterten hydraulischen Bindemitteln durch Haltbarkeit beim Lagern, Erhärtungsfähigkeit, Festigkeit, Haftvermögen, Wasserundurchlässigkeit, Widerstandsfähigkeit gegen äußere Einflüsse, Wetterbeständigkeit und Raumbeständigkeit überlegen.

Die Möglichkeit, die Komponenten Kalk, Kieselsäure, Tonerde und Eisenoxyd in verschiedenen Verhältnissen unter Berücksichtigung der schon erwähnten Einschränkungen zu mischen, ergab eine Reihe von Zementarten, welche durch ihre speziellen Eigenschaften verschiedene Anwendungsmöglichkeiten zulassen.

Kieselsäurereiche Zemente bis zur Höchstgrenze des Silikatmoduls sind Langsambinder. Die Verfestigung setzt langsam ein, die Festigkeit nimmt über Jahre hinaus zu. Der kieselsäurereichste „Grappier oder Krebszement" enthält nur ganz geringe Mengen von Tonerde und Eisenoxyd.

Nach Kühl und Knothe ist der kieselsäurereiche Portlandzement von Maltesholm in Schweden ein gutes Beispiel für diese Zementgruppe.

Glühverlust	0,83%	Magnesia	0,59%
Kieselsäure	24,01%	Alkalien	0,65%
Tonerde	4,31%	Schwefelsäure	1,52%
Eisenoxyd	2,25%	Hydraulemodul	2,11
Kalk	65,70%	Silikatmodul	3,66

Tonerdereiche Portlandzemente. Übergangsglieder führen zu den tonerdereichen weißen Portlandzementen. Drei Analysen aus H. Kühl und W. Knothe geben ein gutes Bild von der Zusammensetzung dieser Zemente.

Tabelle 33

	Portlandzement mit einem mittleren Silikatmodul (Thaingen)	Tonerdereicher Portlandzement (Norwohle)	Weißer Zement (Stettin)
Glühverlust	0,95	0,98	5,40
Kieselsäure	21,80	18,51	19,54
Tonerde	5,56	8,27	10,04
Eisenoxyd	2,55	3,68	0,61
Kalk	65,56	63,97	62,07
Magnesia	1,09	2,63	0,67
Alkalien	0,78	0,61	n. b.
Schwefelsäure	1,59	1,31	1,35
Hydraulemodul	2,16	2,07	2,02
Silikatmodul	2,68	1,55	1,83

Die tonerdereichen Portlandzemente sind Schnellbinder; diese Eigenschaft wird durch rasches Abkühlen erhöht, umgekehrt durch längeres Lagern der Klinker erniedrigt. Das rasche Abbinden geht auf Kosten der Endfestigkeit.

Erzzemente. Ein gegen Gips und andere schwefelsaure Salze widerstandsfähigerer Zement ist der von der Firma Krupp in Essen aus kieseligen Kalken, Eisen- und Chromrückständen hergestellte schokoladebraune Erzzement.

Nach Michaelis muß der Kalkgehalt der Erzzemente etwas tiefer gehalten werden, so daß der Hydraulemodul kaum den Wert von 1,9 übersteigt. Je reicher an Kieselsäure sie sind, desto langsamer erhärten sie bei stetig zunehmender Festigkeit. Je nach dem Eisengehalt sind sie schwärzlichgrau bis grünschwarz; ihr spezifisches Gewicht steigt auf 3,3. Sie sind gegen chemische Agenzien sehr widerstandsfähig. Eine Analyse eines Erzzementes aus Hannover ergab nach H. Kühl und W. Knothe:

Glühverlust	2,21%	Magnesia	0,97%
Kieselsäure	24,61%	Alkalien	n. b.
Tonerde	1,35%	Schwefelsäure	1,46%
Eisenoxyd	7,73%	Hydraulemodul	1,81
Kalk	61,91%	Silikatmodul	2,71

Tonerdezement (Bauxit-, Alka-, Lafargezement). Die tonerdereichen Portlandzemente, von welchen R. Grün ein Erzeugnis mit 15% SiO_2, 50% CaO und 30% $Al_2O_3 + Fe_2O_3$ als Kalktonerdezement beschreibt, führen zu den reinen Tonerdezementen über. Diese werden aus kieselsäurearmem Bauxit unter Zusatz von Kalk im wassergekühlten Schachtofen geschmolzen (nicht gesintert!), der abgekühlte Kuchen feingemahlen.

Ihre Zusammensetzung schwankt zwischen folgenden Prozentzahlen:

SiO_2	5 bis 10%	Fe_2O_3	10 bis 15%
Al_2O_3	40 „ 45%	CaO	35 „ 40%

Sie erhärten rasch unter hoher Anfangsfestigkeit zu Kalziumaluminat, weshalb sie für schnell zu entschalende oder rasch in Benutzung zu nehmende Bauten verwendet werden; überdies zeigen sie gegenüber dem Portlandzement sehr große Sulfatbeständigkeit (daher ihre Anwendung bei Anwesenheit sulfathaltiger Wässer). Ihre Widerstandskraft gegen sonstige Säuren, Alkalien und Magnesiumchlorid erfährt nach R. Grün eine starke Einschränkung. Der hydraulische Modul ist nach H. Kühl und W. Knothe 0,68, der Silikatmodul 0,14. Der Tonerdezement ist dreimal so teuer wie der Portlandzement.

Gipszement. Die Farbwerke vorm. F. Bayer & Co. in Leverkusen verarbeiten selbstgewonnenen Gips, den sie mit Ton, gemahlenem Koks und Anthrazit vollständig trocken in richtiger Dosierung in den Rotierofen bringen, zu Zement und Schwefelsäure. Dabei darf nur die Hälfte der Kohle zugesetzt werden, die nötig wäre, alle Schwefelsäure zu schwefeliger Säure zu reduzieren. Die Hälfte des Gipses wird durch den Ton zerlegt, die andere durch Koks; ein Überschuß an Koks würde das Kalziumsulfat zu Kalziumsulfid reduzieren, ein Mangel an Koks zu einer unvollständigen Zerlegung des Gipses führen. Überdies muß mit einem kleinen Überschuß an Sauerstoff gearbeitet werden. Von dem so erhaltenen schwefelfreien Kalziumsilikatklinker werden 30% mit 70% Hochofenschlacke zu Zement vermahlen. Zwei Drehrohröfen erzeugen monatlich 3000 t Zementklinker und 1800 t Schwefelsäure (Riepert: Die deutsche Zementindustrie. 1927).

Hüttenzemente. Durch Vermahlen von gesintertem Portlandzement und granulierter basischer Hochofenschlacke erhalten wir ein ausgezeichnetes hydraulisches Bindemittel.

Die beim Eisenhüttenprozeß dem Hochofen entströmende Schlacke wird durch Luft, Dampf, Wasser oder Wasser und Luft granuliert und zum raschen Erstarren gebracht, so daß die Kalkverbindungen nicht auskristallisieren und zerfallen können. Die so entstehende glasige Masse hat eine dem Portlandzement ähnliche Zusammensetzung, ohne für sich allein hydraulische Eigenschaften zu haben. Man verlangt von ihr hohe Basizität und einen verhältnismäßig großen Tonerdegehalt, Eigenschaften, die sich in den von H. Kühl und W. Knothe angeführten Zahlen ausdrücken.

Kieselsäure	27 bis 36%	Kalk	42 bis 52%
Tonerde	9 „ 25%		

Zur Herstellung von Hochofenzement dürfen nur im Eisenhochofenbetriebe gewonnene Schlacken von folgender Zusammensetzung verwendet werden:

$$\frac{CaO + MgO + {}^1/_3\, Al_2O_3}{SiO_2 + {}^2/_3\, Al_2O_3} > 1$$

Dabei muß die Schlacke weniger als 5% MnO enthalten und phosphorsäurefrei sein. Schwefel ist bei vorsichtiger Fabrikation nicht gefährlich; das gleiche gilt von der Magnesia, die selbst in beträchtlicher Menge den Kalk ersetzen kann, ohne die unangenehme Eigenschaft des Treibens zu haben, die wir beim Portlandzement kennengelernt haben.

Auch Gips verursacht nicht die unangenehmen Begleiterscheinungen, solange der Gehalt an Kalkhydrat oder kalkabspaltenden hydraulischen Zuschlägen unter einer gewissen Grenze bleibt. Der Gipszusatz liegt bei kalkreicheren Arten zwischen 4 bis 6% und kann bei kalkärmeren bis auf 7 und 8% steigen.

Die wichtigsten Abarten der Hüttenzemente sind der Eisenportlandzement, der Hochofenzement und der Schlackenzement.

Eisenportlandzement. Aus einer Mischung von mindestens 70% Portlandzement und höchstens 30% Hochofenschlacke wird der Eisenportlandzement erzeugt.

Seine Zusammensetzung ist nach P. Krais:

Kalk	54 bis 60%	Magnesia	0,6 bis 5%
Kieselsäure	20 „ 26%	Schwefelsäure	0,8 „ 2,7%
Tonerde + Eisenoxyd	9 „ 15%		

Hochofenzement ist ein hydraulisches Bindemittel, das durch Mahlung von 15 bis 30% Portlandzement und 70 bis 85% Hochofenschlacke hergestellt wird.

Schlackenzement ist eine durch Mahlung erzielte Mischung von 15 bis 30% Kalkhydrat und 70 bis 85% Hochofenschlacke. Größere Kalkmengen sind zu vermeiden, da sie sich an der Zementbindung nicht mehr beteiligen. Die Verwendung der aus Hochofenschlacke erzeugten Zemente ist eine ähnliche wie die der Portlandzemente. Wegen ihrer größeren Widerstandsfähigkeit gegen chemische Einflüsse, besonders gegen Lösungen schwefelsaurer Salze, sind sie dem Portlandzement überlegen. Sie eignen sich für Wasserbauten (Schlackenzemente nur, wenn sie nicht direkt unter Wasser betoniert werden). Bei reiner Lufterhärtung bleiben sie in ihrem Festigkeitswerte zurück. Ihre mechanische Abnutzbarkeit ist größer als die der Portlandzemente, doch stellen sich die Kosten der Erzeugung bedeutend billiger.

Puzzolanzement, Traßportlandzement, hydraulische Kalke besonderer Fertigung. Verschiedene vulkanische Tuffe mit glasig-amorpher Grundmasse und zeolithischen Bildungen zeigen dieselben schlummernden Eigenschaften der Hydraulizität wie Hochofenschlacken. Am bekanntesten ist die Puzzolanerde der Gegend von Neapel, die Santorinerde auf der Vulkaninsel Santorin im Ägäischen Meer und der Traß in der Eifel. Sie enthalten reaktionsfähige Kieselsäure, die bei Berührung mit Kalkhydrat mit diesem in Wechselwirkung tritt.

Der Puzzolan- oder Traßzement ist eine Mischung von Naturpuzzolan mit hydraulischem Kalk. Auf 70 bis 80% Traß kommen 26 bis 30% Kalk; überschüssiger Kalk ist zu vermeiden. Er eignet sich besonders für Bauten, bei denen große Mauermächtigkeiten notwendig sind, da er die Fähigkeit besitzt, bei langsamer Abbindung längere Zeit elastisch zu bleiben. Wenn er auch geringere Festigkeit aufweist als der Portlandzement, so kann er ihn infolge seiner Billigkeit dennoch oft aus dem Felde schlagen.

Der Traßportlandzement ist ein Bindemittel, das durch Zusatz von Portlandzement, welcher das für die Erhärtung erforderliche Kalkhydrat abspaltet, zum Traß gewonnen wird. Er eignet sich sehr für Seewasserbauten, da er porenfüllend und dadurch wasserdichtend ist.

An Stelle des natürlichen Tuffes können chemisch und physikalisch ähnliche Kunststoffe treten, denen man den Namen „künstlicher Puzzolan" beigelegt hat und die sich ähnlich wie dieser verhalten.

Zu ihnen rechnet man, außer den schon genannten Hochofenschlacken, die Si-Stoffe, das sind kieselsäurehaltige Abfallstoffe, welche bei der Fabrikation von Alaun und anderen Tonverbindungen gewonnen werden, das Ziegelmehl, den Gichtstaub der Hochöfen, die Kieselgur usw.

Werden diese Materialien mit Kalk oder kalkabspaltenden Rohstoffen gemischt und besitzen sie dann die für hydraulische Mörtel erforderlichen Hydraulefaktoren, so liefern sie Zemente, die von H. Kühl und W. Knothe den Namen „hydraulische Kalke besonderer Fertigung" erhalten haben.

Literatur: Bied, J.: Recherches industrielles sur les Chaux, Ciments et Mortiers. Paris. 1926. — Donath, E.: Die Chemie des Ziegelmauerwerkes. Sammlg. chem. u. chem.-techn. Vorträge, XXX. Bd. Stuttgart. Enke. 1928. — Grün, R.: Der Zement. Berlin. 1927. — Kosmann, B.: Die technische Verwendung des Kalkes. Berlin. 1919. — Krais, B.: Werkstoffe. Leipzig. 1921. — Kühl, H. und W. Knothe: Chemie der hydraulischen Bindemittel. Leipzig. 1915. — Ost, H.: Lehrbuch der chemischen Technologie, XIII. Aufl. Leipzig. 1923. — Rieper: Die deutsche Zementindustrie. 1927.

V. Tektonik und Gebirgsbildung

Von K. A. Redlich, Prag

A. Tektonik

Die Gesteinsschichten liegen entweder so wie sie abgelagert wurden, oder sie können mannigfach gestört sein. Die Lehre von den Störungen der Erdkruste, soweit sie ohne Mitwirkung der Menschen durch Kräfte, welche im Erdinnern ihren Sitz haben, zur Auslösung kommen, heißt Tektonik oder tektonische Geologie.

Außer den lokalen Bewegungen durch vulkanische Ereignisse und durch Einstürze bei Gesteinsauswaschungen kennen wir Verschiebungen der Erdkruste infolge der Schwer- und Tangentialkräfte, welche teils bleibende (plastische), teils vorübergehende (elastische) Formänderungen der Gesteine zur Folge haben. Letztere machen sich nur dann bemerkbar, wenn durch menschliche Eingriffe Gesteinsflächen bloßgelegt werden. Es lösen sich dann mehr oder weniger schalige oder plattige Gesteinsteile, oft unter lebhaftem Knallen, ab (siehe Gebirgsschläge, knallendes Gebirge im Kapitel Tunnelgeologie.

Diese Erscheinung beobachtet man in tiefgelegenen Tunnels und Bergbauen, wo sie meist mit dem Druck der überlagernden Gesteine zusammenhängt, oder aber in oberflächlichen Steinbrüchen, wo sie den Rest von Biegungsspannungen gefalteter Gesteine darstellt.

Die bleibenden Formänderungen, welche durch ihre Häufigkeit und große Ausdehnung die Struktur weiter Teile der Erdkruste bedingen und deshalb für den bauenden Ingenieur von größter Bedeutung sind, werden eingeteilt:

1. Die Störungen können den geologischen Körper in zwei Teile zerlegen, ohne daß eine Verschiebung der beiden Hälften eintritt. Hieher sind die Druckspalten zu rechnen (Diaklasen).

2. Die Störungen erzeugen eine Trennung unter gleichzeitiger Verschiebung der beiden Hälften (Paraklasen).

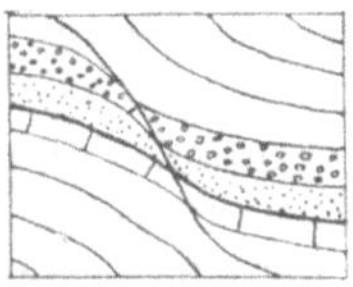

Abb. 94a. Flexur in eine Verwerfung übergehend

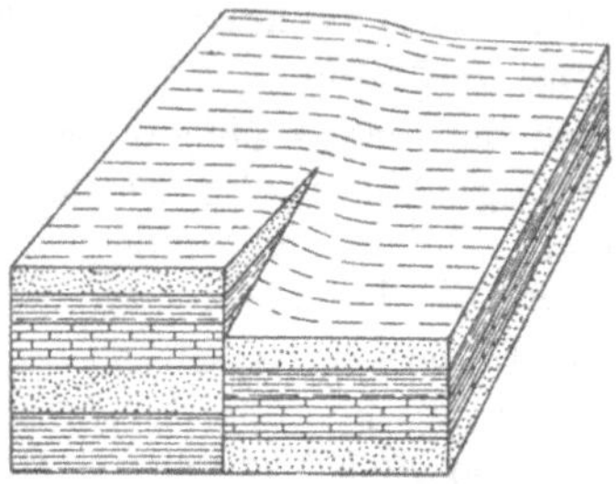

Abb. 94b. Eine in eine Verwerfung übergehende Flexur (nach Chamberlan und Salisbury)

3. Die Störungen erweisen sich, makroskopisch betrachtet, als Verbiegungen von Platten, vorwiegend erzeugt durch tangential wirkende Druckkräfte (Falten).

4. Einen Grenzfall zwischen den Bruchdeformationen (Paraklasen) und den Biegungsdeformationen bilden die Kniefalten oder Flexuren. Sie gehen häufig in die noch zu besprechenden Verwerfungen und Wechsel über (Abb. 94a und 94b).

Die Paraklasen können wir nach der Bewegungsrichtung einteilen. Wird der abgerissene Teil, der Schwerkraft folgend, vorwiegend nach abwärts gesenkt, so liegt eine Verwerfung oder ein Sprung vor (Abb. 95a u. 95b). Wird er auf den stehengebliebenen Teil aufgepreßt, so sprechen wir von einer Aufschiebung

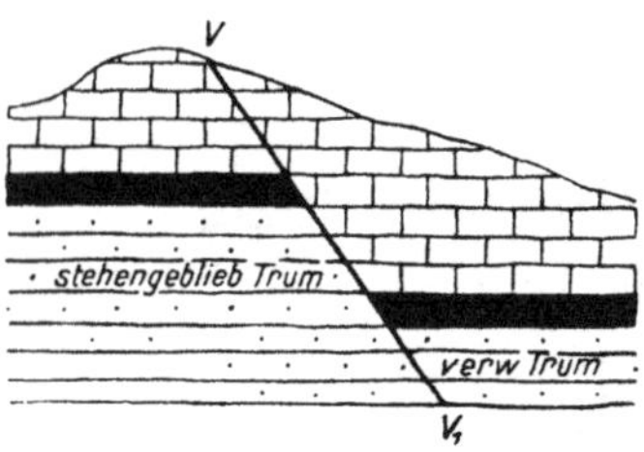

Abb. 95a. Verwerfung bei horizontaler Lagerung

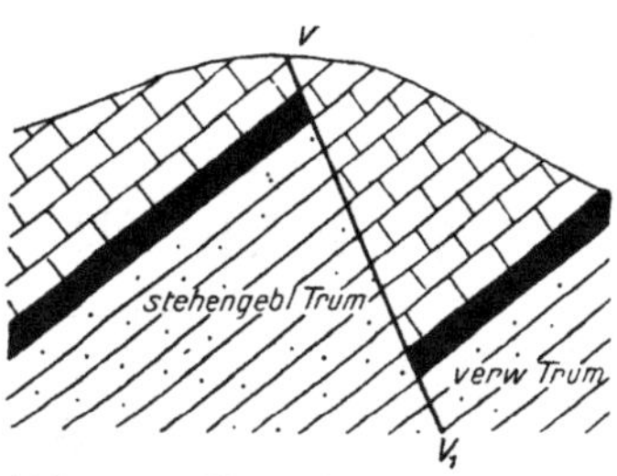

Abb. 95b. Verwerfung bei geneigter Lagerung

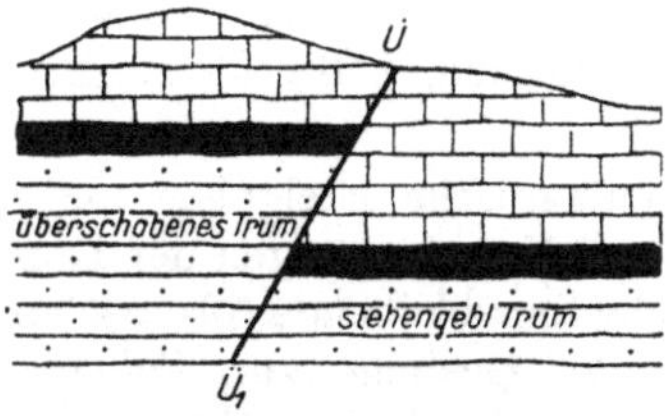

Abb. 96a. Aufschiebung oder Wechsel bei horizontaler Lagerung

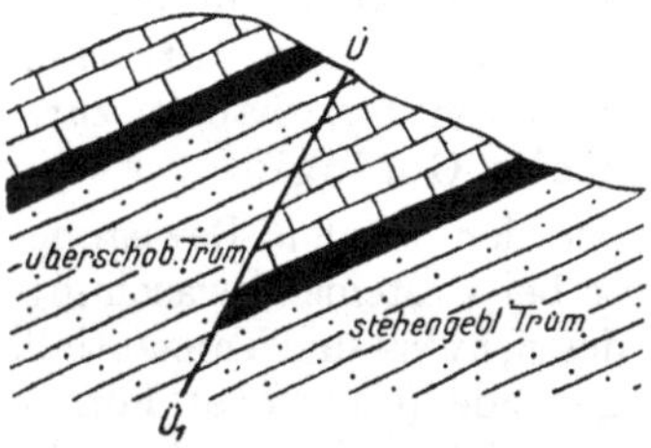

Abb. 96b. Aufschiebung oder Wechsel bei geneigter Lagerung

oder einem Wechsel (Abb. 96a und 96b). Wird er in horizontaler Richtung abgedrückt, so sehen wir eine Seiten-, Horizontal- oder Blattverschiebung, bei diagonaler Verschiebung einen diagonalen Sprung oder diagonalen Wechsel. Durch horizontale Verschiebungsflächen übereinandergelegte Pakete heißen im Siegener Eisenerzbezirk (Westfalen) Deckel.

Oft läßt sich nicht genau feststellen, wie die Verschiebung der Schollen längs der Störungsfläche erfolgt ist, da auch beide Teile gleichzeitig bewegt sein können. Von manchen älteren Autoren wurden alle Paraklasen als Verwerfungen bezeichnet.

Werden durch tangentiale Schubkräfte ganze Schichtenverbände auf weite Strecken fortbewegt, dann gebraucht man statt des Ausdruckes Aufschiebung die Bezeichnung Überschiebung. Es sind dies Störungen höherer tektonischer Ordnung. Ein ausgezeichnetes Beispiel dieser Art ist der von Holzapfel beschriebene „Sutan" im rheinisch-westfälischen Kohlengebirge, der eine Verschiebung im Ausmaß von 1200 m aufweist (Abb. 97).

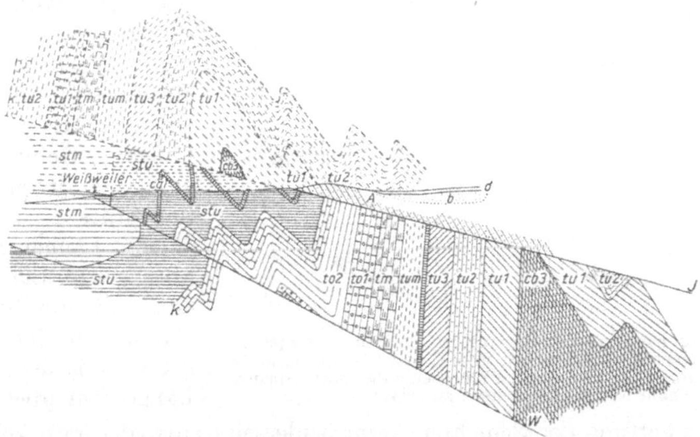

Abb. 97. Zweifache Schollenüberschiebung im gefalteten Gebirge. Sutan im rheinisch-westfälischem Kohlengebirge. *cb* Kambrium, *tu*, *tm*, *to* Devon, *k* Kohlenkalk, *stu*, *stm* unteres und mittleres produktives Karbon, *b* Tertiär, *d* Diluvium, *W* Weißweiler, *J* Jungersdorfer Überschiebung (nach E. Holzapfel aus O. Wilkens, Grundzüge der tekt. Geologie)

Die Abb. 98 zeigt uns die Lage der verschiedenen Dislokationen an. Es braucht nicht erst gesagt werden, daß es Grenzfälle gibt, bei welchen die eine oder die andere Bezeichnung nach subjektivem Gefühl angewendet wird.

Gegenüber dem stehengebliebenen Trum sprechen wir vom gesenkten oder verworfenen, aufgeschobenen, seitenverschobenen Trum. An der Grenze gegen die Störung zeigen die Schichten kurze Umbiegungen (Schleppungen), welche nach dem verschobenen Trum hinweisen (Abb. 196). Der Abstand der beiden Trümmer, senkrecht zur Ebene der Lagerstätte gemessen, heißt kurzweg Sprunghöhe (*n*); der lotrechte Abstand der beiden Trümmer ist die saigere Sprunghöhe (*c*); die Länge der Verbindungslinie der beiden Trümmer in der Bewegungsfläche ist der flache Sprung (*fl*); die Projektion der flachen Sprunghöhe (*fl*) auf die Lagerstättenebene ist die Sprungsohle oder Sprungweite (*m*), die Projektion der flachen Sprunghöhe auf die Grundrißebene die söhlige Sprungsohle oder Sprungweite (*d*) (Abb. 99). Kennt man die Einfallswinkel der Lagerstätte α und der Verwerfung β, ferner die Sprunghöhe *n*, so lassen sich alle übrigen Entfernungen leicht trigonometrisch berechnen.

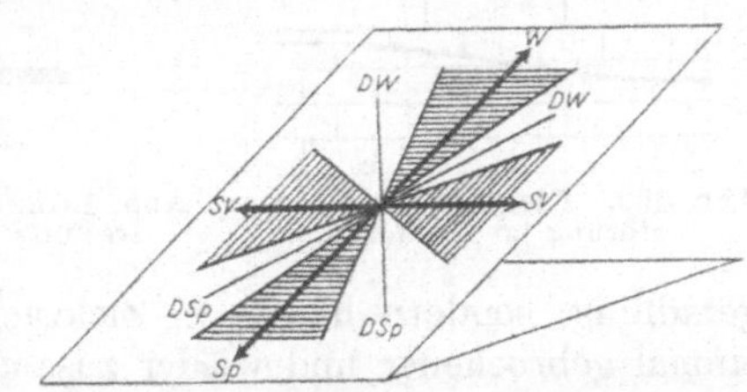

Abb. 98. Richtungen der Dislokationen. *Sp* Verwurf oder Sprung, *W* Aufschiebung oder Wechsel, *SV* Seiten-, Horizontal- oder Blattverschiebung, *DSp* Diagonaler Sprung, *DW* Diagonaler Wechsel

Hat eine Störung die gleiche Streich- oder Fallrichtung wie die betroffene Schichte, dann ist sie gleichsinnig, im entgegengesetzten Falle gegen- oder widersinnig. Im Streichen der Schichten gelegene Störungen werden Längs- oder Parallelstörungen genannt (Abb. 100). Die Ausdrücke Querstörung und Diagonal-

bzw. spießeckige Störung geben die gegenseitige Lage der Streichrichtungen an (Abb. 101a und 101b).

Die streichende Länge und der Verschiebungsbetrag der Dislokationen schwankt von wenigen Zentimetern bis zu vielen Kilometern. Theoretisch können sie sich gegen die Tiefe bis zum plastischen Teil der Erdkruste fortsetzen. Nachsackungen in den Erdschichten, lokale Biegungen von Schichten erzeugen kleine Verschiebungen; Gebirgsbewegungen rufen Störungen größten Stiles hervor bis zu einer Längenerstreckung über ganze Landteile. So hat z. B. die Boskowitzer Furche an der Ostgrenze der böhmischen Masse eine Länge von über 100 km.

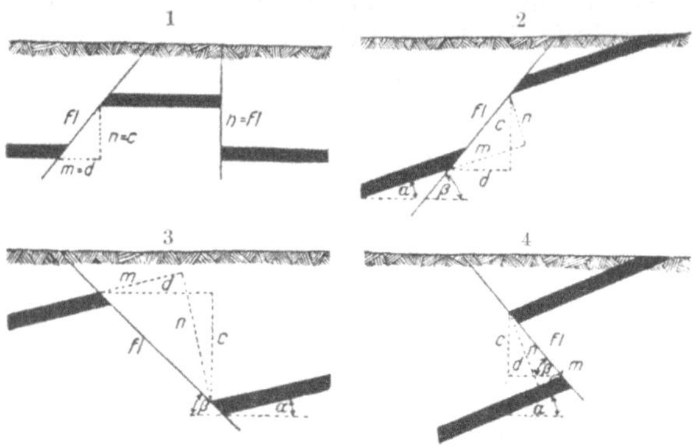

Abb. 99. Erläuterung einiger Begriffe bei Störungen. *n* Sprunghöhe, *m* Sprungsohle, *c* saigere Sprunghöhe, *d* söhlige Sprungweite, *fl* flacher Sprung. 1 bis 3 Sprünge, 4 Wechsel, daher statt Sprunghöhe Wechselhöhe usw. zu setzen

Die Verwerfung der Schichten kann beiderseits entweder mit Abbiegungen beginnen (Abb. 94b) und allmählich größere Sprunghöhen annehmen oder sie kann ohne Übergang von Querstörungen begrenzt sein.

Die Bruchstelle, an welcher die Trennung der beiden Schichtteile erfolgt, heißt Verwerfungs-, Überschiebungs-, Horizontalverschiebungsfläche oder kurzweg Rutschfläche, Harnisch, Schild, ihre Schnittlinie mit der Erdoberfläche Verwerfungs-, Überschiebungslinie usw. Die Bewegung erfolgt nicht immer

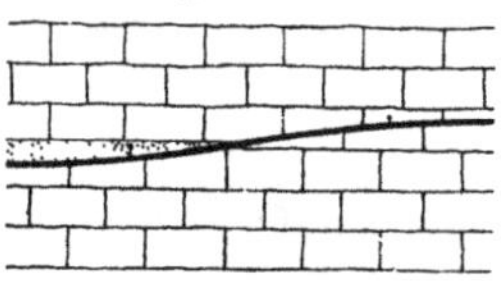

Abb. 100. Gleichsinnige Längsstörung im Grundriß

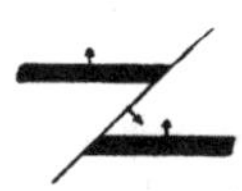

Abb. 101a. Diagonale Verwerfung im Grundriß

Abb. 101b. Diagonaler Wechsel im Grundriß

geradlinig, sondern häufig in Zickzacklinien oder spiraligen Kurven. Wie ein einmal gebrochener und wieder zusammengefügter Körper an der alten Bruchstelle am leichtesten bricht, so findet auch an der Dislokationsfläche sehr häufig eine wiederholte Gleitung statt, die das Bewegungsbild kompliziert. Überdies sind die Störungsflächen selten wirkliche Ebenen, sondern verschiedenartig gebogene Flächen; eine besondere Art sind flache Störungen, die sich nach oben zu versteilen (Schaufel- oder listrische Flächen nach E. Sueß).

Bei der Verschiebung bilden sich auf der Rutschfläche mehr oder weniger parallel verlaufende Rillen, welche Rutschstreifen heißen und den Verlauf der Bewegung anzeigen (Abb. 102a und 102b). Mehrfache Bewegungen verwischen immer stärker die Rutschstreifen, bis eine mehr oder weniger spiegelnde Fläche, daher Harnisch oder Spiegel genannt, übrigbleibt, an der die zwei,- drei- und mehrfache Richtungsänderung der Bewegung mehrfache Systeme von schwachen Streifenandeutungen zurückläßt, die namentlich in der Spiegelung wahrnehmbar sind.

Die Spalte zwischen zwei Schollen kann entweder geschlossen oder, namentlich bei Verwerfungen, mehr oder weniger klaffend sein. Sie kann leer bleiben und den Weg für zirkulierendes Gas und Wasser bilden oder mit losen Nebengesteinstrümmern erfüllt werden, die verkittet eine Breccie geben (Gangbreccie).

Bei Verschiebungen größeren Ausmaßes pflegt das Nebengestein in der Nähe der Störung intensiv zertrümmert und zermahlen zu sein, auch nimmt es

Abb. 102 a. Rutschfläche mit Rutschstreifen (Horizontalbewegung) (nach F. Wähner aus Höfer, Verwerfungen)

hin und wieder einen schwammigen Charakter an. Derartig zerbrochene, oft wieder vollständig verfestigte Gesteine heißen Reibungsbreccien oder Mylonite. Durch Feuchtigkeit erfolgen im gelockerten Gestein Umsetzungen zu beiden

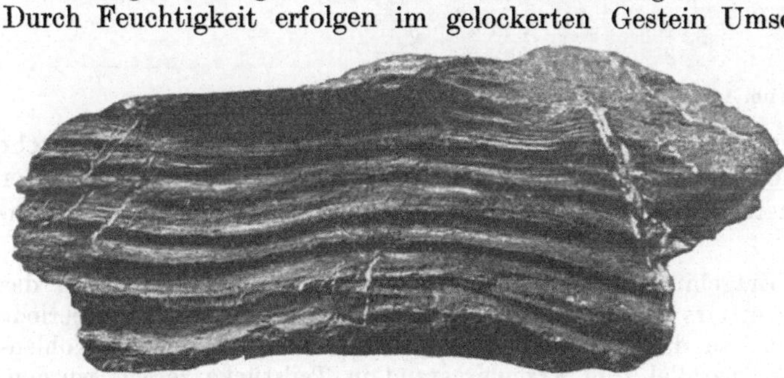

Abb. 102 b. Rutschrillen im Tonschiefer von Andreasberg im Harz (nach H. v. Höfer)

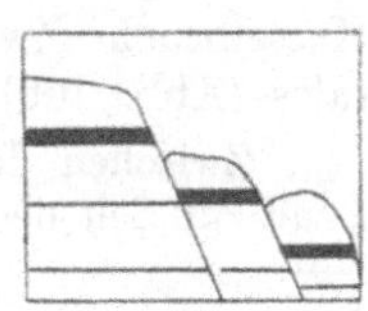

Abb. 103. Staffel- oder Treppenbruch

Seiten der Spalte, das Gebirge wird gebleicht, faul. Dabei werden die feinen Tonteilchen zum Teile ausgewaschen; sie bilden dann im Verein mit den feinen Reibungsprodukten aus der Entstehungszeit der Störung innerhalb der Kluft graue bis dunkle, oft meterstarke Lettenbestege, welche durch Druck in Gangtonschiefer umgewandelt werden. Nur selten treten die Dislokationen vereinzelt auf, meistens ist eine ganze Reihe zu beobachten. Sie laufen entweder wirr durcheinander, oder aber sie behalten, in Gruppen und Systemen angeordnet, die gleiche Richtung für ein ganzes Gebiet. Jüngere Dislokationen durchschneiden ältere Störungen und bewirken Verschiebungen, aus welchen das relative Alter erkannt werden kann.

Laufen mehrere Brüche nebeneinander her, wobei die einzelnen Schollen stufenförmig absinken, so entstehen Staffel- oder Treppenbrüche. Das Senkungsausmaß der einzelnen Stufen bleibt entweder gleich oder es verändert sich (Abb. 103).

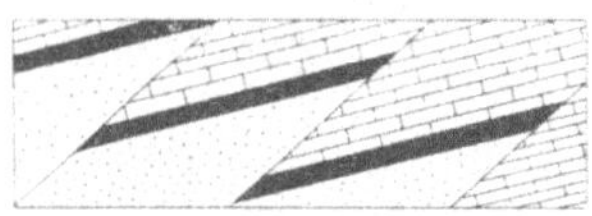

Abb. 104. Durch Überschiebung entstandener Schuppenbau

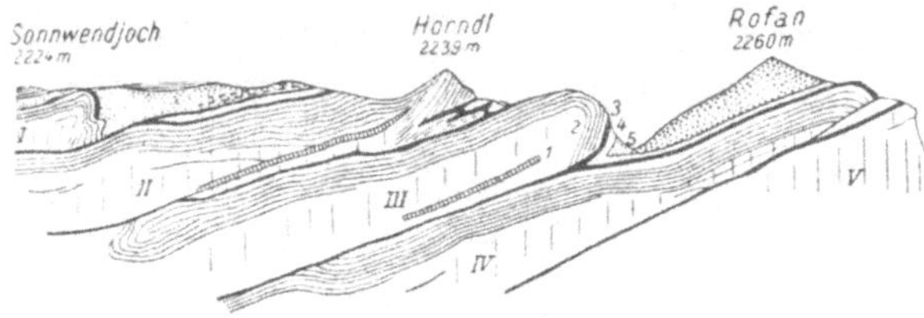

Abb. 105. Schuppenstruktur (I bis V) zwischen Rofan und dem Sonnwendjoch (Ostalpen) (nach F. Wähner)

Eine Verwerfung kann sich durch Abzweigen seitlicher Sprünge verästeln. Legt sich eine Reihe von Schollen infolge von Überschiebungen gleich Schuppen eines Fisches übereinander, so spricht man von Schuppenbau (Abb. 104).

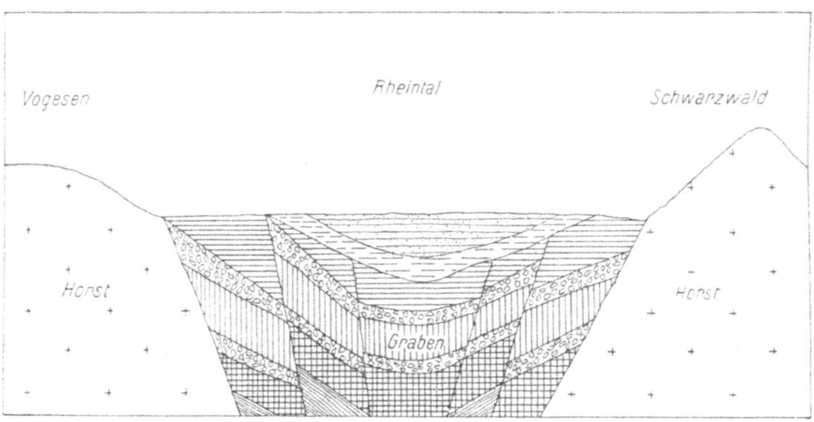

Abb. 106. Der Mittelrheingraben (nach E. Fraas)

Zwischen zwei spiegelbildlich symmetrisch gestellten Staffelbrüchen entsteht ein Graben, bei kreisförmiger Anordnung der Brüche ein Einbruchkessel oder Kesselbruch. Zwischen Schwarzwald und Vogesen liegt der Graben des Rheintales (Abb. 106).

Zwischen dem Erzgebirge und dem böhmischen Zentralplateau begann das Land zur Zeit des Alttertiärs zu sinken und sackte bis in die jüngste Tertiärperiode nach, so daß die in dieser Grabensenke sich bildenden Kohlenflöze parallel zum Erzgebirgsrand in Teilstücke zerlegt wurden, welche staffelförmig angeordnet sind.

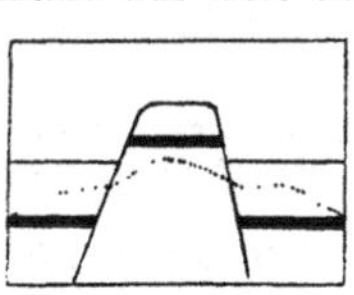

Abb. 107 Plateauhorst

Bleibt ein Schichtstreifen stehen, während zu beiden Seiten Absenkungen stattfinden, so entsteht ein Horst bzw. Staffelhorst; erfolgt die Absenkung konzentrisch um ein Massiv, so daß dasselbe wie eine Insel emporragt, so bildet sich ein Plateauhorst (Abb. 107).

In Europa sind die vielen stehengebliebenen Reste alter Faltengebirge, wie das französische Zentralplateau, Schwarzwald, Vogesen, Harz, böhmische Masse usw., Horste.

Ähnliche Formen zeigen die eigenartigen Salzhorste; es sind dies große Salzansammlungen, deren Entstehung nach Lachmann, Herbst, Seidl usw. so zu erklären ist, daß die Deckschichten auf die plastische Salzmasse drücken, wodurch diese an Rißstellen der Hangendschichten emporgepreßt wird. Hiebei

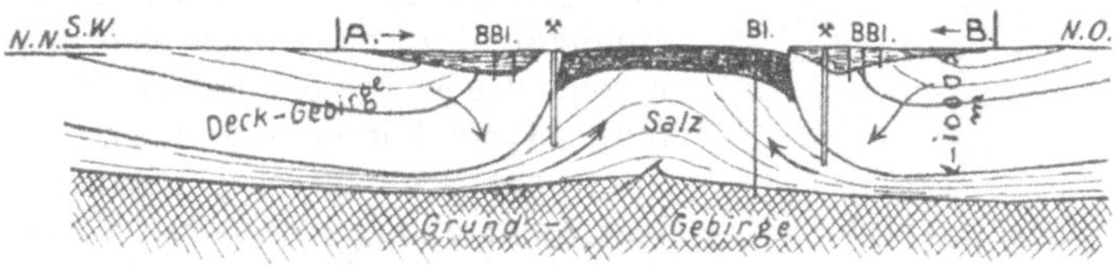

Abb. 108. Salzstock einfacher Bauart, aufgepreßt und Fließstruktur zeigend (nach G. Sachs und E. Seidl)

sinken losgerissene Schollen in die deutliche Fließstruktur zeigende Salzmasse ein. Die stehengebliebenen Ränder der Deckschichten sind infolge des Aufstieges der Salzmasse deutlich aufgebogen (Abb. 108).

Von den mehr oder weniger in radialer Richtung verlaufenden Verwerfungen und Wechseln führen die großen Überschiebungen (S. 229) zu den gleichfalls durch tangentiale Druckspannungen erzeugten mannigfachen Faltungen. Letztere erscheinen im Gegensatze zu jenen als bruchlose Deformationen. Wie ein spröder Körper durch langsame Einwirkung der Kräfte plastisch gebogen werden kann,

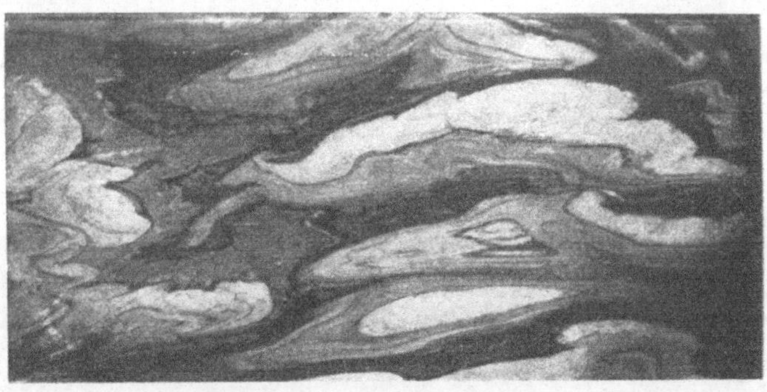

Abb. 109. Deckfaltenartige Verknetung von Kalk (weiß) und chloritisiertem Serpentin (dunkel). Marmor Carystium Euböicum oder Verde antico striato Euböa

ohne zu brechen, wenn die einzelnen Teilchen Zeit finden, sich durch Umkristallisation der neuen Lage anzupassen, ebenso können sich auch die Gesteinsschichten im festen Zustand bruchlos biegen. Unterstützt wird dieser Vorgang durch die erhöhte Temperatur und den gesteigerten Belastungsdruck in größerer Erdtiefe, welche Umstände die Umlagerung der Teilchen begünstigen. In anderen Fällen ist die Umformung nur eine scheinbar plastische und erweist sich bei näherem Zusehen aus zahlreichen kleinen Brüchen zusammengesetzt. Plastische oder dünnbankige Gesteine werden der bruchlosen Umformung leichter unterliegen als sprödes oder dickbankiges Material. Bei Wechsellagerung verschieden plastischer Substanzen werden die spröden Lagen zum größten Teil zerbrochen und in die weichen, bruchlos gefalteten Schichten eingeknetet (z. B. der Kalk im chloritisierten Serpentin von Euböa, Abb. 109). Mangelhaft geschichtete Gesteine bleiben entweder ungefaltet oder legen sich in weitgespannte, wenig gekrümmte Falten.

Bei einer Falte unterscheiden wir, ähnlich wie bei einer Welle, eine bergähnliche Aufwölbung (Sattel oder Antiklinale) und ein talartiges Stück

(Mulde oder Synklinale). Die Bezeichnungen Schenkel und Kern sind aus der nebenstehenden Abb. 110 zu ersehen. In den Scheitelpartien der Falten werden die Gesteine häufig von Rissen durchsetzt. Unter Faltenachse versteht man die Verbindungslinie sämtlicher Scheitel bzw. Muldenpunkte einer einzelnen Schichte in verschiedenen hintereinander liegenden Profilen. Faltenkörper mit langer Achse verlaufen auf weite Strecken parallel. Bei kurzer Längserstreckung der Achse wölbt sich die Antiklinale zur Brachyantiklinale oder zum Gewölbe; die Synklinale wird wannenförmig zur Brachysynklinale vertieft.

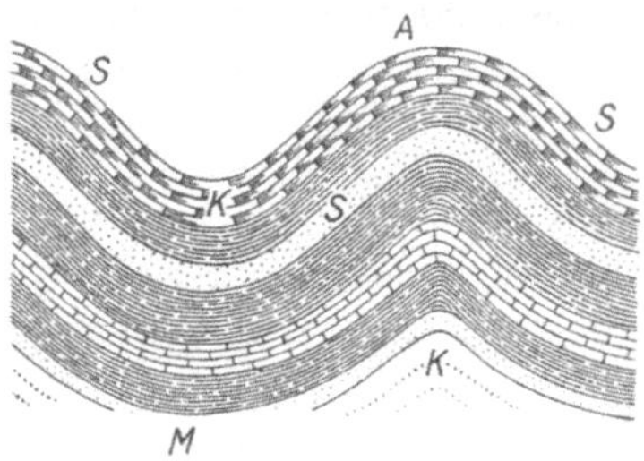

Abb. 110. Bezeichnung der Faltenteile (nach B. Willis)
M Mulde oder Synklinale, *A* Sattel oder Antiklinale, *S* Schenkel, *K* Kern der Syn- und Antiklinale

Bei den symmetrischen Falten läßt sich die Syn- und Antiklinale durch die sogenannte Achsenebene in je zwei spiegelbildlichgleiche Hälften zerlegen; sonst ist die Form asymmetrisch oder schief.

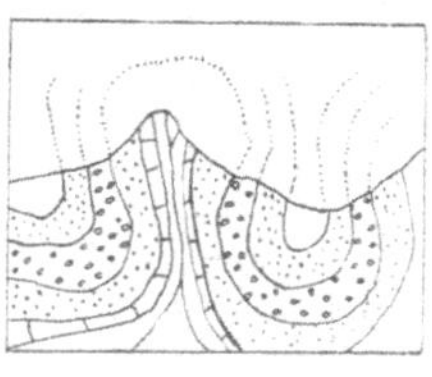

Abb. 111. Fächerfalte

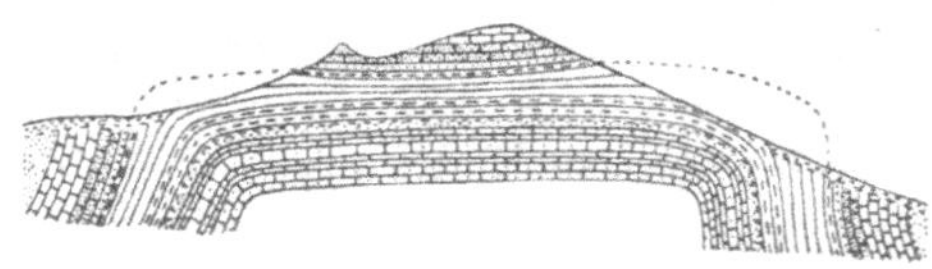

Abb. 112. Kofferfalte mit erodierten Umbiegungen, durch Luftsättel ergänzt. Weißensteinkelle, Schweizer Jura (nach H. Gerth aus O. Wilkens Grundzüge der tekt. Geologie)

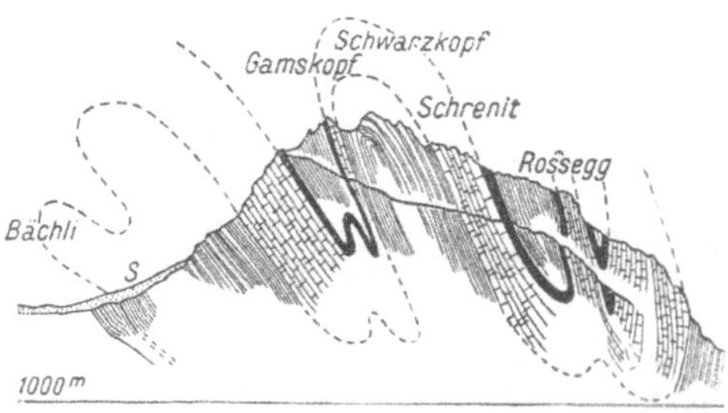

Abb. 113. Überkippte Falten aus dem Säntisgebirge (nach Alb. Heim aus O. Wilkens Grundzüge der tekt. Geologie)

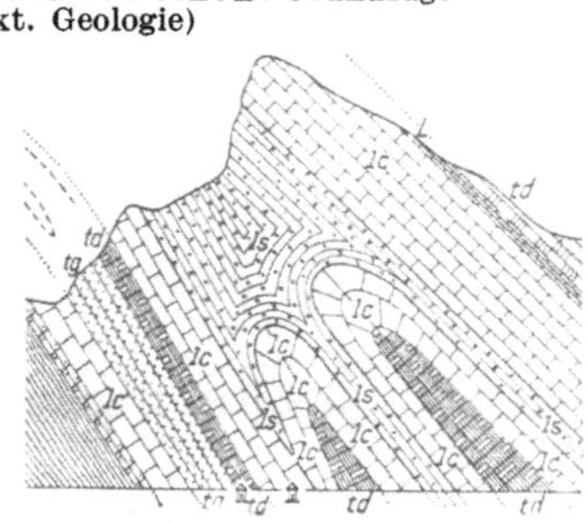

Abb. 114. Erodierte überkippte Mulde im Gebirgsverband, geteilt durch zwei überkippte isoklinale Spezialsättel (*tg*, *td* Trias, *lc*, *ls* Lias). Croise des Têtes (französ. Alpen) (nach Kilian und J. Revil aus O. Wilkens Grundzüge der tekt. Geologie)

Stehen die beiden Schenkel der Falte senkrecht, so haben wir aufrechte Falten vor uns.

Erfolgt eine Zusammenschnürung, die zu einer teilweisen Abquetschung der Schichten führt, so werden Fächerfalten (Abb. 111) gebildet. Bei fast gleich breitem Kopf und Fuß sprechen wir von Kofferfalten (Abb. 112).

Bei geneigter Stellung der Achsenebene haben wir zunächst schiefe, dann überkippte Falten (Abb. 113 u. 114). Ihre Neigung ist fast immer der Herkunft der Schubbewegung abgekehrt (Abb. 115), nur ausnahmsweise strebt sie in die Richtung derselben (Rückfaltung). Sind bei überkippten Falten die Schenkel parallel zueinander gestellt, so spricht man von Isoklinalfalten. Reihen sich mehrere Isoklinalfalten hintereinander an, wobei bei jeder Einheit der Liegendschenkel ausgequetscht bzw. zerrissen ist, so entsteht, ähnlich wie bei starren Schollen, Schuppenbau (Faltenwechsel [Abb. 105 u. 116]).

Falten, welche bis in die horizontale Lage überkippt sind, heißen Liegendfalten, ihre Umbiegungsstellen werden Antiklinal- und Synklinalscharniere genannt (Abb. 117).

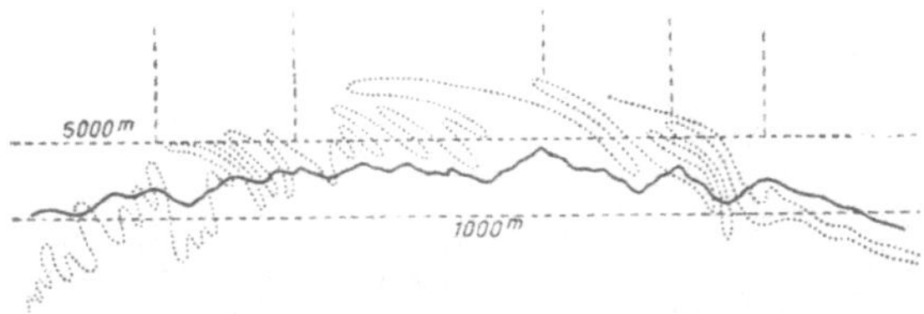

Abb. 115. Faltung, der Herkunft des Gebirgsdruckes abgekehrt. Pelvouxmassiv (französ. Alpen) (nach P. Termier aus O. Wilkens Grundzüge der tekt. Geologie)

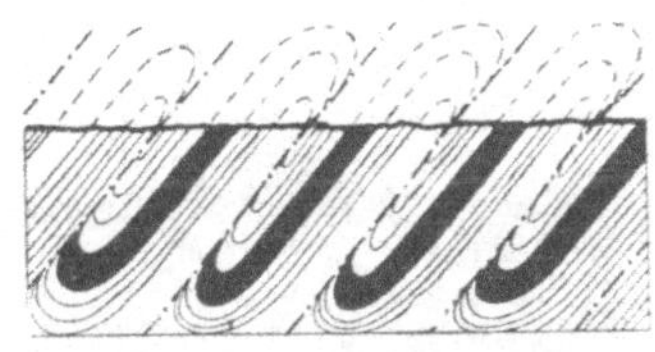

Abb. 116. Aus Isoklinalfalten hervorgehender Schuppenbau (Faltenwechsel)

Eine weit vorgeschobene liegende Falte, die ihren Kopf über den jüngeren Untergrund hinwegschiebt, heißt Deckfalte, ihre Ausgangsstelle Wurzel, ihre vorderste Umbiegungsstelle Stirne (Abb. 118).

Biegt sich die vordringende Stirne nach abwärts, dann erhält man die Tauchfalte. Ein schönes Beispiel hiefür liefern die Tauchfalten des Simplon (Abb. 119).

Bei der Vorwärtsbewegung der Decke verdickt sich die Stirne, während der Liegendschenkel, der auf der Unterlage gleitet, ausgewalzt und verjüngt wird, eventuell auch vollständig zerreißt — Überschiebungsdecke. Derartige Falten ohne Liegendschenkel können weit fortbewegt werden (Abb. 120).

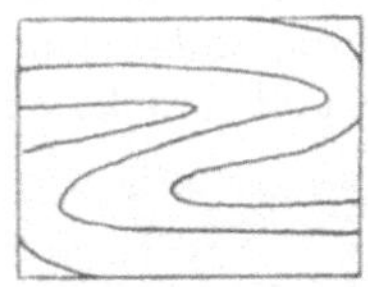

Abb. 117 Liegende Falte

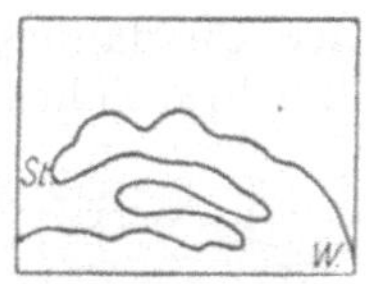

Abb. 118. Schema einer Deckfalte *W* Wurzel, *St* Stirne

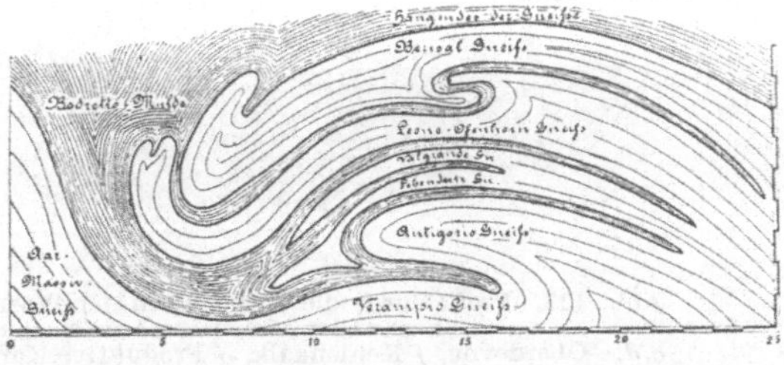

Abb. 119. Schema der Tektonik im Simplongebiet, Schweiz. Deckenfaltung nach C. Schmidt und E. Preiswerk

Mehrere solche Falten geben als Pakete Decken höherer Ordnung, wie sie der Bau des Simplontunnels aufgeschlossen hat. Die Synklinalen oder Wurzeln solcher Falten werden mechanisch stark hergenommen und zu keilförmigen Gebilden zusammengepreßt. Am Gstellihorn im Berner Oberland sehen wir Gneis mit Jurakalk keilförmig verzahnt (Abb. 121).

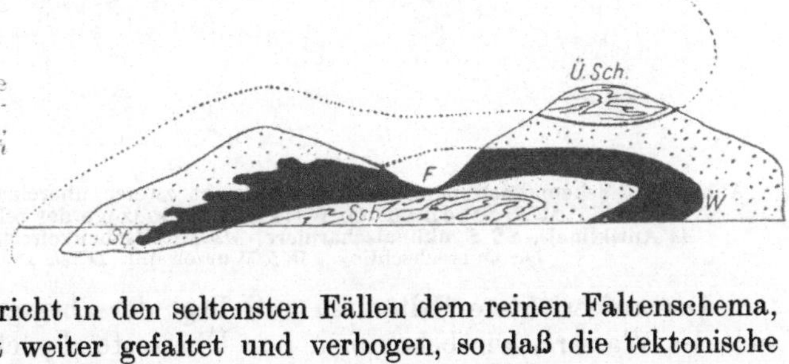

Abb. 120. Überschiebungsdecke mit ausgewalztem Liegendschenkel (*Sch*), *W* Wurzel, *St* Stirne, *F* Fenster, *Ü Sch* Schubscholle

Die Deckfalte entspricht in den seltensten Fällen dem reinen Faltenschema, sie ist in sich selbst oft weiter gefaltet und verbogen, so daß die tektonische Auflösung des Systems nur auf Grund der Altersfolge der Gesteine möglich ist.

Sowohl aufrechte als auch Deckfalten treten in den seltensten Fällen einzeln auf, sondern sie sind meistens in mehreren parallelen Zügen angeordnet, deren Achsen mannigfach auf- und abwogen, sich bald vereinigen, bald büschelförmig

Abb. 121. Das Gstellihorn (Berner Oberland), Gneis licht, Jurakalk dunkel

verzweigen (Abb. 122). Diese Verbiegungen der Achsen führen zu dem Begriff der Querfaltung, die unter anderem auch die Bildung der schon erwähnten Brachyantiklinale und Brachysynklinale erklärt.

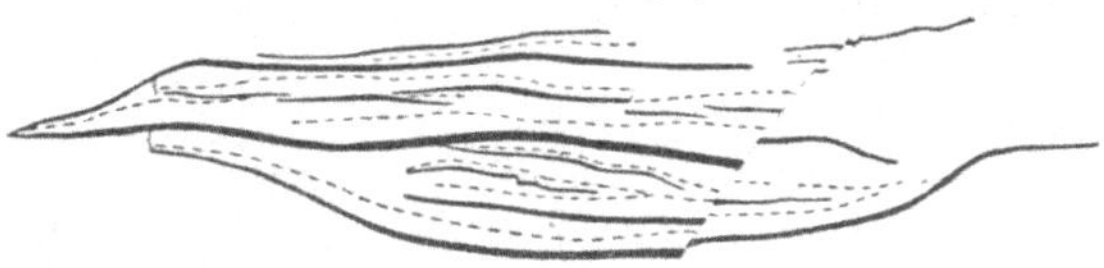

Abb. 122. Faltenbüschel des Säntisgebirges im Grundriß (nach A. Heim aus O. Wilkens, Grundzüge der tekt. Geologie) Schwarze Linien: antiklinale Faltenzüge, gestrichelte Linien: synklinale Faltenzüge, rechts Querverschiebung

Anhangweise mögen hier die Knickfalten eingefügt werden, die, wie schon der Name sagt, nicht durch stetige Verbiegung, sondern durch Schichtenknickung entstanden sind.

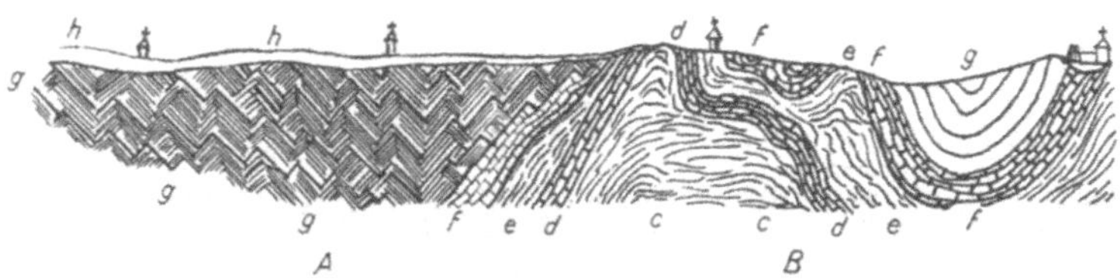

Abb. 123. Profil durch die Knickfalten der Worm- und die stehenden Falten der Eschweiler Mulde bei Aachen (nach H. Credner)
c, d, e Oberdevon, *f* Kohlenkalk, *g* Produktive Karbonformation, *h* transgredierende Kreide- und Braunkohlenformation

In der Nähe von Aachen ist das Wormrevier in Knickfalten gelegt, während die benachbarte Eschweiler Mulde aus stehenden normalen Falten besteht (Abb. 123).

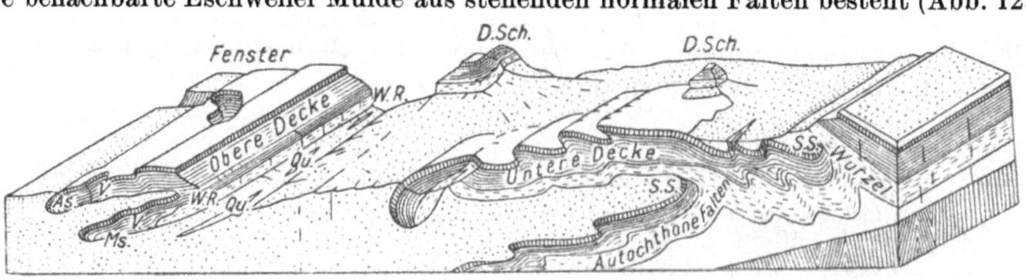

Abb. 124. Schematisch perspektivische Ansicht zweier übereinanderliegender Decken (nach M. Lugeon aus O. Wilkens, Grundzüge der tekt. Geologie)
As Antiklinal-, *SS* Synklinalscharniere, *Ms* Mittelschenkelreste, *V* Deckenverzweigung, *Qu* Quetschschlinge, *WR* Wurzelrand, *DSch* Deckenscholle

Der aufgerichtete Faltenbau unterliegt der abtragenden Wirkung, namentlich des Wassers, wir bekommen nur Überreste des ehemaligen Faltensystems zu sehen. Diese müssen durch hypothetische Linien von größerer oder geringerer

Wahrscheinlichkeit (Luftsättel und -Mulden) ergänzt werden. Im Gebiet des Deckenbaues ergeben sich im besonderen auffallende Erosionserscheinungen, wie Fenster und wurzellose Schubschollen. Das tektonische Fenster entsteht,

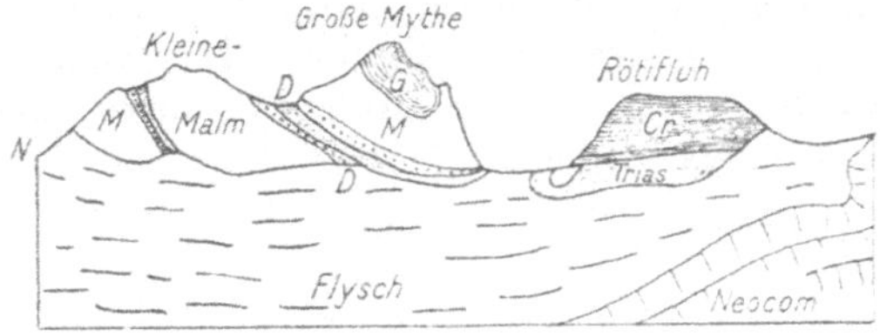

Abb. 125. Profile durch die Schubschollen (Klippen) der Gegend von Schwyz und Quereau. Die älteren mesozoischen Gesteine liegen auf dem jüngeren Flysch (aus E. Kayser, Geologie) *D* Dogger, *M* Malm, *Cr* obere Kreide

wenn eine Schubmasse durch Erosion durchlöchert wird, so daß die früher unsichtbare überwältigte Unterlage zum Vorschein kommt (Abb. 120 u. 124). Die wurzellose Deckscholle ist nichts anderes als der geringe Rest einer fast vollständig abgetragenen Schubdecke, der auf seiner Unterlage als ortsfremder Körper ruht (Abb. 121 u. 125).

B. Gebirgsbildung

Nicht alles, was in der Geographie Gebirge genannt wird, verdankt den beschriebenen tektonischen Vorgängen seine Entstehung.

So baut die aus dem Erdinnern quellende Lava vulkanische Gebirge, z. B. die Albanerberge bei Rom, auf.

Das Wasser schneidet in die Erdoberfläche ein und modelliert aus ihr die Erosionsgebirge mit steilen Hängen und tiefen, engen Tälern. Klassische Beispiele dafür sind die Tafelberge Südafrikas, die Felsen der Kreideformation der böhmisch-sächsischen Schweiz usw.

Der Bau derartiger ungefalteter Gebirge ist verhältnismäßig einfach, ihre innere Struktur wird leicht aus der äußeren Form zu deuten sein.

Die Dislokations- oder tektonischen Gebirge entstehen durch die Kombination verschiedener Störungsgruppen, ihre geologische Auflösung bereitet oft die größten Schwierigkeiten. Es liegt in der Natur der Sache, daß Vulkanismus und Erosion auch hier formengebend mit eingreifen. Überwiegen die Paraklasen, so sprechen wir von Schollengebirgen, spielen die durch tangentiale Kräfte hervorgerufenen Falten und Überschiebungen eine hervorragendere Rolle, so bilden sich die Falten- und Kettengebirge. Große, über viele Kilometer reichende Decken bilden oft ihr Hauptgerüst. Ihr Zerfall durch randliche Absenkungen erzeugt Faltenhorste.

Das Faltengebirge der Karbonzeit in Europa, der armorikanisch-variszische Bogen, welcher sich von England über Frankreich, Deutschland, Böhmen, Mähren bis nach Polen verfolgen läßt, ist in zahlreiche inselförmige Faltenhorste zerfallen (Südengland, Bretagne, französisches Zentralplateau, Ardennen, Schwarzwald, Vogesen, Thüringerwald, Harz, böhmisches Massiv). In den Senkungsfeldern konnten sich vom Perm an jüngere Meeresschichten ablagern.

Über die tieferen Ursachen der großen tektonischen Bewegungen herrscht bis jetzt noch keine Einigkeit.

Wir kennen z. B. in Europa eine Reihe von großen Faltungsepochen, die von der ältesten Zeit an in verschiedenen Intervallen größere oder kleinere Partien dieses Weltteiles erfaßten und zu Gebirgen auffalteten.

Diesen Vorgang müssen wir uns derart vorstellen, daß schmale, rinnenförmige Streifen des Meeresbodens in der Nähe alter Festländer in langsamer Senkung begriffen waren (Geosynklinalen), so daß sich in ihnen mehrere Erdepochen lang ungeheure Sedimentmassen anhäuften; entsprechend der allmählichen Senkung fehlen die Tiefseeablagerungen fast vollständig. E. Haug hat für die jüngeren tertiären Kettengebirge die mesozoischen Geosynklinalen bildlich dargestellt (Abb. 126). Diese verhältnismäßig weichen Gesteinsanhäufungen wurden zur Zeit der Faltung zusammengepreßt, gehoben und zu Gebirgen zusammengeschoben. Die angrenzenden starren Massen dagegen leisteten infolge der Verfaltung in früherer Zeit durch ihre Steifheit der Pressung genügenden Widerstand, so daß sie von der Faltung unberührt blieben.

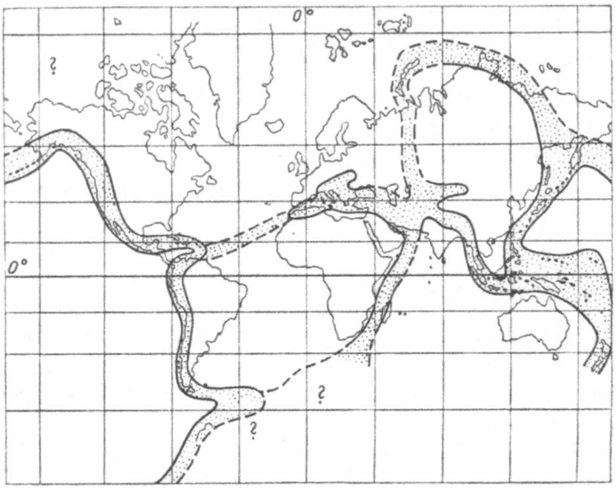

Abb. 126. Die Verteilung der Geosynklinalen (punktiert) während des Mesozoikums (nach E. Haug aus O. Wilkens Grundzüge der tekt. Geologie)

Früher wurde allgemein angenommen, daß die tangentialen Druckspannungen der Erdkruste, welche die Faltung auslösen, auf die Kontraktion des Erdkernes durch Wärmeabgabe zurückgehen.

Gegen die Kontraktionstheorie wurden verschiedene Einwände erhoben, so der Umstand, daß bei weitausladenden Überschiebungen an der Angriffstelle der wirkenden Tangentialkraft die Gesteinsfestigkeit um ein Vielfaches überschritten werden müßte; weiters die Tatsache, daß die gebirgsbildenden Vorgänge auf verhältnismäßig kurze Zeiträume beschränkt sind, zwischen welchen lange Ruhepausen liegen; schließlich daß die großen Überschiebungen und Faltungen der Kettengebirge durch ihre Bildung eine Abnahme des Erdumfanges voraussetzen, die man sich nur schwer vorstellen könne. Diese Schwierigkeiten suchen verschiedene Hypothesen hinwegzuräumen.

Ampferer setzt an einzelnen Stellen Verschluckungen von Teilen der Erdkruste durch eine aufsaugende Wirkung des Erdinnern voraus, wobei die angrenzenden Gesteinsschichten zusammengeschoben werden. Schwinner führt diese Aufsaugungen auf wirbelartige Strömungen im Magma zurück. Wegener faßt die Kontinente als starre Platten auf, die, entsprechend ihrer Zusammensetzung, ähnlich Eisbergen, auf dem Sima schwimmen und durch Kräfte, wie Polflucht und Trägheitswiderstand bei Änderung der Rotationsgeschwindigkeit, Relativbewegungen ausführen, wobei am Bug der schwimmenden Masse durch den Widerstand des Simas tangentiale gebirgsbildende Kräfte auftreten.

Den mit Brüchen und Verbiegungen verbundenen tektonischen Bewegungen, die man als orogenetisch bezeichnet, stehen die sogenannten epirogenetischen Bewegungen gegenüber. Letztere umfassen Hebungen und Senkungen größerer oder kleinerer Teile der Erdkruste, die sich als flache Aufwölbungen bzw. Einwannungen geltend machen (säkulare Hebungen und Senkungen). So zeigen an den Küsten Norwegens hochgelegene Brandungskehlen an Felshängen und stufenförmige Abstürze gegen den Meeresstrand mit Wasserfällen Hebungen, tief unter den derzeitigen Meeresspiegel einschneidende Talfurchen und ertrunkene Täler (Fjorde) Senkungen an. Die tieferen Ursachen derartiger Niveauschwankungen, welche auch heute noch fortwirken, sind noch nicht einwandfrei klargelegt. Unter anderem dürfte die mit dem Abschmelzen des eiszeitlichen Eispanzers verbundene Entlastung der auf dem Magma schwimmenden Kontinentscholle ein Aufsteigen bewirkt haben, während in anderen Fällen die Belastung des Meeresbodens mit Sedimenten eine Niederpressung desselben verursachen kann (Isostasie).

Literatur: Ampferer, O.: Über das Bewegungsbild von Faltengebirgen. Jahrb. d. Geol. Reichsanstalt Wien. 1909. — Andree, K.: Über die Bedingungen der Gebirgsbildung. Berlin. 1914. — Höfer v. Heimhalt, H.: Die Verwerfungen. Braunschweig. 1917. — Herrgesell: Die Abkühlung der Erde und die gebirgsbildenden Kräfte. — Gerland: Beiträge zur Geophysik. 1894. — Kober, L. und Toula, F.: Lehrbuch der Geologie. 1923. — Leuchs, K.: Über Grundfragen alpiner Geologie. Zeitschr. d. D. geol. Gesell. 1922. — Margerie, E. und A. Heim: Die Dislokationen der Erdrinde. Zürich. 1888. — Morath, O.: Theoretische Grundlagen für die Konstruktion geologischer Modelle. Freiberg. 1913. — Stočes, B.: Tektonische Geologie für Montanisten. Leipzig. — Wegener, A.: Die Entstehung der Kontinente. — Wilkens, O.: Grundzüge der tektonischen Geologie. Jena. 1912 u. Allgemeine Gebirgskunde. Jena. 1919.

VI. Erdbeben

Von K. A. Redlich, Prag

Erdbeben bestehen in Erschütterungen, die ihre Ursache in Verlagerungen einzelner Teile der Erdrinde haben. Je nach dem Ort ihres Auftretens unterscheidet man Erd- und Seebeben.

Vulkanische Ausbrüche mit ihren Gasexplosionen erzeugen in einem verhältnismäßig kleinen Verbreitungsgebiet lokale Erdstöße, die man als vulkanische Beben bezeichnet.

Durch Auslaugung von Gesteinsschichten (Steinsalz, Gips, Kalk usw.) entstehen Hohlräume, bei deren Verbruch lokale Einsturzbeben wahrgenommen werden.

Wasserfälle, Stürme und Böen, die Brandung des Meeres, größere und kleinere Rutschungen, ja sogar Fröste können eine kleinere oder größere Bodenunruhe zur Folge haben.

Die meisten und stärksten Erdbeben jedoch stehen im Zusammenhang mit der Großtektonik der Erdrinde; sie werden durch die gebirgsbildenden Kräfte in Begleitung der durch sie erzeugten Bewegungsvorgänge ausgelöst. Ihre Ausbreitung hängt von der Ausdehnung und der Form dieser Dislokationen ab. Sie heißen entsprechend ihrer Entstehung tektonische Beben. Das Entstehen von sichtbaren Verwerfungen bei großen Erdbeben ist nichts Seltenes. Aus der beigefügten Skizze (Abb. 127) ist der deutliche Zusammenhang der Erdbebengebiete mit den jungen Faltengebirgen ersichtlich.

Die aus dem Erdinnern stammende Erschütterung geht von einem Erdbebenherd, dem Hypozentrum, aus; sie breitet sich in Form elastischer Schwingungen radial nach allen Richtungen aus, für welche die Wellengesetze, ähnlich denen des Schalles und des Lichtes, gelten. Es bilden sich zweierlei Wellenarten: longitudinale Wellen, bei welchen die elastische Verschiebung (Schwingung) der Teilchen, wie bei Schallwellen, in der Richtung des Fortschreitens der Wellen, also im Sinne des Stoßstrahles erfolgt; und transversale Wellen, bei denen die Schwingungsrichtung senkrecht zum Stoßstrahl, also quer zur Fortpflanzungsrichtung, liegt. Jene pflanzen sich rascher fort und gelangen daher zuerst an den Beobachtungspunkt; ihnen folgen die transversalen Schwingungen. Beide bilden die sogenannten Vorläufer. Die nun folgenden Wellen des Hauptbebens breiten sich von dem oberhalb des Hypozentrums gelegenen Punkte der Erdoberfläche (Epizentrum) entlang der letzteren aus (Oberflächenwellen). Sie finden hier andere Elastizitätsbedingungen vor als die durch das Erdinnere fortschreitenden longitudinalen und transversalen Wellen, weshalb sie sich verhältnismäßig am langsamsten ausbreiten, jedoch die stärksten Ausschläge

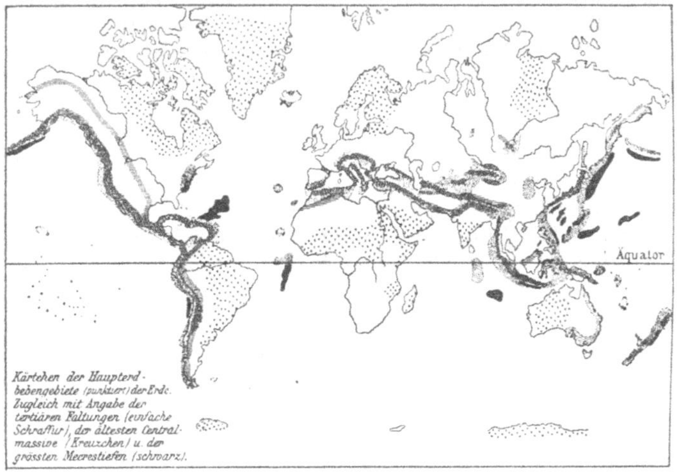

Abb. 127 (nach Neumayr)

besitzen. Bei Nahbeben verfließen Vorläufer und Hauptbeben. Wellen, welche Gesteine von verschiedener Beschaffenheit durchwandern, verändern ihre Richtung und Intensität. Im dichten Gestein ist die seismische Energie zwar größer als im lockeren Boden, trotzdem sind die Verheerungen hier viel stärker als dort, da die elastischen Schwingungen des festen Gesteines beim Übertritt in lockere Sande und Gerölle große Massenverlagerungen erzeugen; die lockeren Teile des Gesteines beginnen auf der festeren Unterlage förmlich herumzuhüpfen und rufen große Zerstörungen hervor.

Erdbeben werden nach Sieberg in größeren Tiefen, z. B. in Bergwerken, weniger gespürt; der Grund ist darin zu suchen, daß in der Tiefe die schwingenden Teilchen infolge des größeren Druckes, unter dem das Gestein steht, nur kleinere Schwingungen machen können, weshalb die aufliegenden Körper weniger stark bewegt werden.

Es wird auch berichtet, daß Erdbeben Schlagwettereinbrüche begünstigen; Chancourtois und Cheneau wollen dies damit begründen, daß sich durch die Bodenbewegung Risse und Spalten im Gestein öffnen, aus welchen die Gase mit größerer Leichtigkeit entweichen können. V. der Borne und Mintrop leugnen diesen Zusammenhang, doch dürften starke Erschütterungen immerhin bereits drohende Gasausbrüche in der Grube zur Auslösung bringen.

Wenn es auch unmöglich ist, sich gegen starke Erdbeben bautechnisch zu schützen, so kennt man doch bereits zahlreiche Mittel, um die Wirkung der Stöße herabzumindern. So wird empfohlen, die Häuser mit ihrer Längsrichtung der in den Schüttergebieten bekannten Stoßrichtung parallel zu stellen, die Objekte womöglich auf gewachsenem Felsen zu fundieren und den Gebäuden neben Druckfestigkeit auch große Zugfestigkeit zu geben. In Japan, dem klassischen Land der Erdbeben, finden vor allem niedere Holzhäuser Aufstellung.

Wenn man auf vielstöckige Gebäude nicht verzichten kann, wird zum Eisenbetonbau gegriffen, der gegenüber dem Ziegelmauerwerk eine größere Elastizität und Zugfestigkeit besitzt. Talsperren sollen aus einem womöglich einheitlichen, dem Untergrund angepaßten Material erbaut, ihr Körper nicht durch eingebaute Kanäle geschwächt werden, soferne ihre Errichtung in Erdbebengebieten nicht überhaupt unterlassen wird.

Durch menschliche Eingriffe in die Erdhaut entstehen zuweilen erdbebenähnliche Erscheinungen. Durch den Bergbau werden Hohlräume geschaffen, die später zu Bruche gehen; Schwimmsandschichten, die entweder in Grubenhohlräume oder bei Bohrungen, durch Überdruck emporsteigend, abfließen, geben Gelegenheit zum Nachstürzen des Deckgebirges in den entleerten Raum; Rutschungen an oberflächlichen Einschnitten, Gesteinsablösungen an Wänden, Sprengungen usw. haben gleichfalls Erschütterungen der Umgebung zur Folge. Auch viele im Betrieb befindliche Maschinen, Transportmittel, wie Eisenbahnen, Autos, usw. erzeugen stoßweise Erdbewegungen.

Sowohl im wissenschaftlichen als auch im praktisch technischen Interesse ist es gelegen, die Stärke und den Umfang der Erdbeben und künstlichen Erschütterungen zu bestimmen.

Punkte gleicher Bebenstärke und gleichzeitiger Erschütterung können durch Linien verbunden werden; die ersteren werden Isoseisten, die letzteren Homoseisten genannt. Diese Kurven werden zu Karten vereinigt, welche die Form und den Umfang des Schüttergebietes angeben. Für ihre Konstruktion werden entweder subjektive Beobachtungen der Erschütterung oder eigene Apparate (Seismographen, Seismometer) verwendet, welche mechanisch Zeit und Stärke des Erdbebens aufzeichnen. Ältere Vorrichtungen einfacher Art waren z. B. tellerartige Gefäße, die mit Quecksilber bis an den Rand gefüllt waren und durch die Wellenbewegung bzw. durch Überlaufen der Flüssigkeit nach einer Richtung das Erdbeben registrierten; auch die Bewegung der Libelle in der Wasserwaage kann zu gröberen Untersuchungen herangezogen werden.

Diese und andere Instrumente dienten mehr oder weniger nur dazu, das Erdbeben als solches festzustellen. Erst durch die Einführung des für alle Gleichgewichtsstörungen so empfindlichen Pendels in die Seismometrie wurde es möglich, auch eine getreue Aufzeichnung der Bewegungsbilder zu bekommen.

Die einfachsten derartigen Apparate, Vertikalpendel (Abb. 128), bestehen aus einer Masse *M*, welche an einem Stabe *L* hängt und mit einem Indikator, der in eine feine Nadel ausgeht (*J*), versehen ist. Letztere berührt einen über zwei Rollen laufenden berußten Papierstreifen *R*, der durch ein Uhrwerk mit bestimmter Geschwindigkeit bewegt wird.

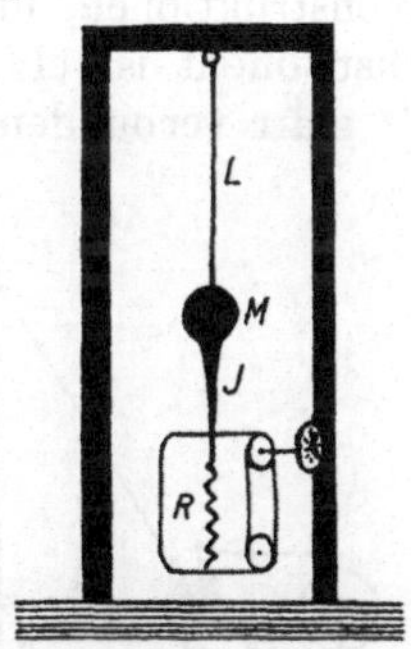

Abb. 128. Schematische Darstellung eines Vertikalpendels als Horizontalseismometer (nach Sieberg)
L Aufhängestab
M Pendelmasse
J Schreibhebel oder Indikator
R Registrierstreifen

Bei auftretenden Erschütterungen wird von der Indikatornadel eine Wellenlinie aufgezeichnet, welche entsprechend der Stärke der Bewegung verschieden große Ausschläge aufweist (Seismogramm). Um störende Schwingungskomponenten vom Schreibapparat fernzuhalten, wird das Pendel nur nach einer Richtung beweglich eingerichtet; will man den senkrecht darauf stehenden Bewegungsanteil erfassen, dann muß ein gleicher Apparat in die Kreuzstellung gebracht werden, oder ein komplizierterer Schreibapparat Verwendung finden.

Ein derartiges Pendelinstrument ist für kurzperiodische Wellen, z. B. für Nahbeben, geeignet, versagt aber bei verhältnismäßig langperiodischen Impulsen entfernter Beben. Der Grund hiefür ist folgender: Erleidet das Instrument gelegentlich einer Erderschütterung eine Bewegung q, dann bleibt das bewegliche Pendel infolge seiner Trägheit um einen bestimmten Betrag zurück, der mittels der Schreibvorrichtung auf dem Papierstreifen aufgezeichnet wird. Sofort trachtet das Pendel dann wieder mit seinem Schwerpunkt unter den Aufhängepunkt zurückzukehren. Je langsamer also die Bewegung q erfolgt, desto leichter vermag das Pendel derselben zu folgen und desto kleiner wird somit der Ausschlag.

Erfolgen nun die Erschütterungen des Bodens periodisch hin- und hergehend, dann führt auch das Pendel hin- und hergehende Bewegungen aus. Beträgt der Zeitraum, den der Boden und der Aufhängepunkt des Pendels zu einer hin- und hergehenden Schwingung benötigt T (Störungsperiode), die durch die Pendellänge gegebene Schwingungsdauer des Pendels (Eigenperiode) aber To, dann errechnet sich der größte Ausschlag des Pendels aus der Formel $A = q \frac{To^2}{To^2 - T^2}$. Man sieht, daß der Ausschlag vom Verhältnis T_o zu T abhängig ist. Ist die Eigenperiode sehr groß im Vergleich zur Störungsperiode, dann nähert sich der Bruch $\frac{To^2}{To^2 - T^2}$ dem Werte 1 und A wird gleich q, das heißt der Ausschlag des Instrumentes wird gleich der Verschiebung des Bodens. Ist T_o gleich T, dann tritt Resonanz ein, der Ausschlag wird theoretisch unendlich groß. Ist die Eigenperiode sehr klein gegen die Störungsperiode, dann nähert sich der Bruch dem Werte Null, das heißt es findet kein Ausschlag statt.

Es müßte daher bei langperiodigen Impulsen (Fernbeben) die Eigenperiode und mit ihr die Pendellänge sehr groß gewählt werden, was aus konstruktiven Gründen nicht möglich ist. Man hilft sich hier durch verschiedene komplizierte Konstruktionen, um die Apparate kompendiöser zu gestalten. Das einfachste Instrument ist ein Horizontal-Schwerependel (Abb. 129). Der mit der Masse M starr verbundene Arm A endigt in einer Stahlspitze L, welche sich in einem

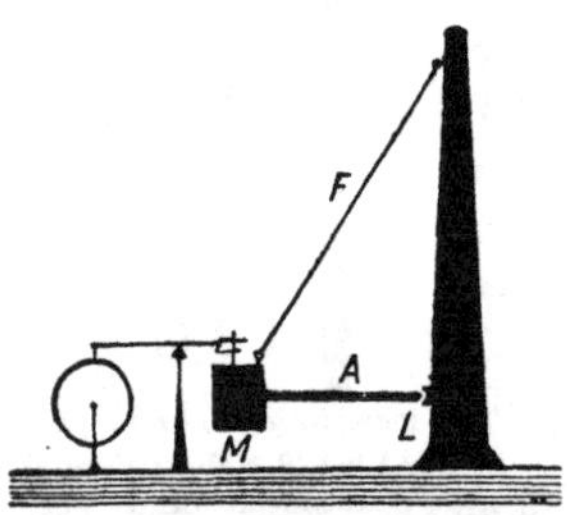

Abb. 129. Horizontalpendelseismometer (nach Ambronn) *M* Masse, *A* Arm, *L* Stahlspitze, *F* Faden

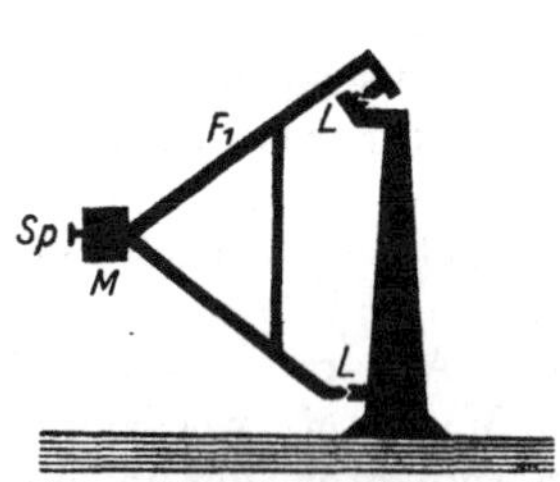

Abb. 130. Horizontalpendelseismometer mit zwei starren Armen (nach Ambronn)

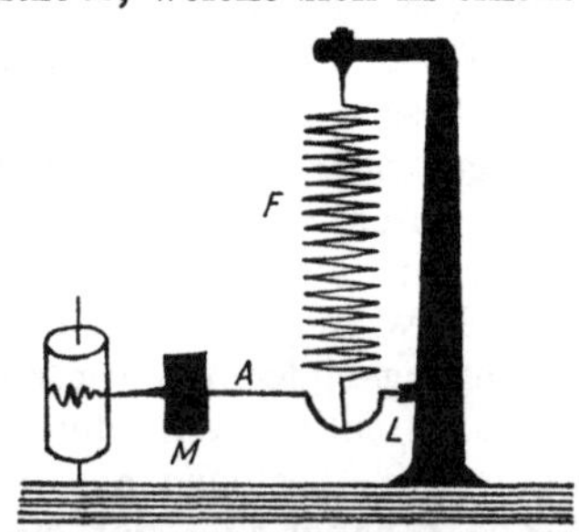

Abb. 131. Vertikalseismograph (nach Ambronn) *M* Masse, *A* in einer Achatschale bei *L* aufsitzender Arm, *F* Feder als Aufhängevorrichtung

Achatnäpfchen des Stativs stützt. Die Lage des Pendels wird durch einen Faden F fixiert, durch dessen Verlängerung oder Verkürzung sich die Schwingungsperiode beliebig ändern läßt. Der Faden kann durch einen festen Arm (Abb. 130) ersetzt werden. Ein horizontaler Stoß wird das Pendel in horizontal schwingende Bewegung versetzen, während es gegen alle Vertikalstöße und jene Horizontalstöße, welche durch seine Aufhängungsebene gehen, unempfindlich bleibt.

Die Erderschütterungen bestehen in Verschiebungen nach den verschiedensten Richtungen, weshalb die bis jetzt beschriebenen, für Horizontalbewegungen konstruierten Messungsapparate nicht genügen, sondern auch Instrumente für vertikale Stoßkomponenten Verwendung finden müssen. Zu diesem Zwecke werden Vertikalseismographen konstruiert, bei welchen die Pendelmasse *M* eine vertikale Führung haben muß. Die Spiralfeder *F* hält das Pendel in seiner Lage (Abb. 131).

Nach den früheren Darlegungen zeichnen die Seismographen nicht die wahre Bodenbewegung auf, sondern eine Resultierende aus Eigenschwingung und Bodenschwingung, die vom Verhältnis der beiden Perioden abhängig ist. Um diese Verhältnisse zu vereinfachen, ist man dazu übergegangen, die Eigenschwingungen des Pendels durch Dämpfungsvorrichtungen, wie Lederpolster, Luftpuffer, Federn usw., entweder völlig zu dämpfen (aperiodisches Pendel), oder doch wenigstens zu reduzieren, ohne die Empfindlichkeit des Apparates gegen Erdbebenwellen allzusehr zu verringern.

Die Übertragung der Pendelbewegung auf den berußten, glatten Registrierstreifen erfolgt mittels feiner Glas- oder Metallspitzen. Die Rußschreiber erfordern wegen der Reibung im Vergrößerungshebelmechanismus und auf dem Papier eine sehr große Pendelmasse. Es wurden daher photographische Registriermethoden eingeführt, welche, bei Verringerung des Gewichtes, empfindlicher arbeiten, dafür aber die Kosten des Registrierens um ein Bedeutendes erhöhen.

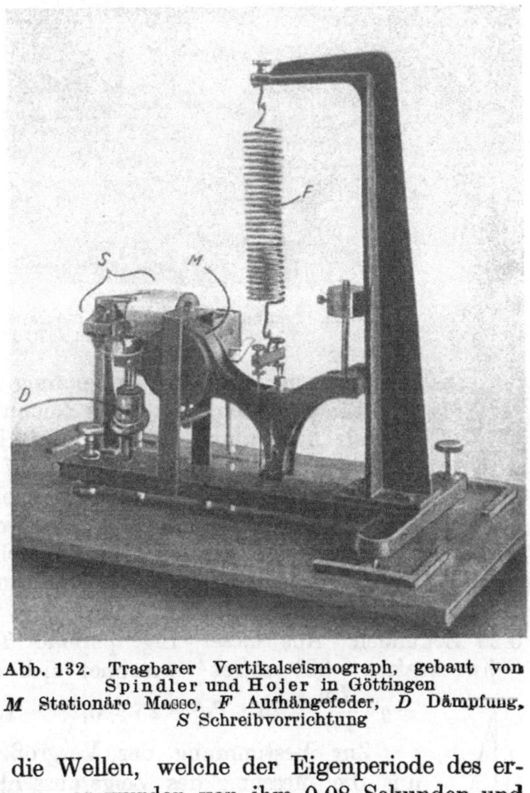

Abb. 132. Tragbarer Vertikalseismograph, gebaut von Spindler und Hojer in Göttingen
M Stationäre Masse, *F* Aufhängefeder, *D* Dämpfung, *S* Schreibvorrichtung

Für technische Erschütterungsmessungen werden Apparate verwendet, welche entsprechend der Kürze der in Betracht kommenden Stöße eine kurze Eigenperiode *To* haben. So besitzt der von Spindler und Hoyer in Göttingen nach Wiechert gebaute Seismograph eine Schwingungsdauer *To* von einer Drittel Sekunde, die verstellbare Vergrößerung ist 50- bis 180fach, die Registriergeschwindigkeit beträgt 1½ mm bis 10 mm für die Sekunde. Die Seismographen nehmen diejenige Erschütterung am klarsten auf, deren Dauer ihrer Eigenperiode entspricht. Da nun nach Wittig z. B. Verkehrsstöße viel kürzer aufeinanderfolgen als die Wellen, welche der Eigenperiode des erwähnten Instrumentes entsprechen — es wurden von ihm 0,08 Sekunden und weniger gemessen —, stellt die aufgezeichnete Kurve nicht den Verlauf der wahren Bewegung des Erdbodens, allgemein gesagt, der Unterlage des Seismographen dar, sondern sie ist eine Vermischung der ankommenden Erschütterungen mit den Eigenschwingungen des Instrumentes. Auch hier muß daher eine Dämpfung eingeschaltet werden, um rechnerisch auswertbare Aufschreibungen zu erhalten; ungedämpfte Instrumente können nur bei Einzelnvorgängen, wie Explosionen, Verwendung finden. Die künstlichen Erschütterungen, namentlich die Verkehrsstöße, sind meistens vertikal gerichtet; sie versetzen die Straßendecke und die Fundamente der Gebäude hauptsächlich in auf- und abgehende Bewegungen, weshalb Vertikalseismographen (Abb. 132) Verwendung finden. Seltener handelt es sich um horizontal gerichtete Bewegungen, wie bei seitlichen Erdverschiebungen, bestimmten maschinellen Einwirkungen usw., in welchem Falle Horizontalseismographen (Abb. 133) zur Anwendung kommen müssen. Die Firma Spindler und Hoyer liefert ein Instrument, bei welchem der Horizontal- und Vertikalapparat auf einer gemeinsamen Unterlage montiert ist.

Abb. 133. Tragbarer Horizontalseismograph, gebaut von Spindler und Hoyer in Göttingen

Die Vorbereitung für die Verwendung solcher Seismographen schildert H. Wittig folgendermaßen: Bei jeder Neuaufstellung des Instrumentes ist es notwendig, seine Konstanten zu bestimmen. Die Bodenplatte des Instrumentes wird zur Verhütung ihres Mitschwingens auf eine Sandschüttung gesetzt und der Fußrahmen mittels einer Dosenlibelle nach beiden Hauptachsen horizontal gestellt. Hierauf bestimmt man bei ausgeschalteter Dämpfung, aber sonst betriebsfertigem Instrument, also bei eingeschaltetem Schreibstift, die Eigenperiode *(To)* der schwingenden Masse durch Messung von 10 Hin- und Herschwingungen mittels Sekundenuhr: sie wäre in einem bestimmten Falle 0,28 Sekunden. Aus dieser Eigenperiode *To* und der Beschleunigung der Schwerkraft $g = 981$ cm/sek² errechnet sich die äquivalente Pendellänge $L = g \cdot \frac{To^2}{4\pi^2} = 25 \cdot To^2 = 25 \times 0{,}28^2 = 1{,}96$ cm.

Abb. 134

Zur Bestimmung der Vergrößerung der Aufzeichnungen dient uns die Messung des Zeigerausschlages bei der Vergrößerung der trägen Masse M des Instrumentes durch eine aufgelegte Zusatzmasse m.

Die Wirkung dieser Zusatzmasse sei aus dem analogen Fundamentalfall des vertikalen Pendels abgeleitet (Abb. 134). Eine Horizontalverrückung des Pendels erzeugt den Ausschlag ζ der Masse M; da die Amplitude i sehr klein ist, können wir annehmen, daß die Spannung des Pendelstabes unverändert $t = M \cdot g$ bleibt. Diese erzeugt in horizontaler Richtung eine Komponente $M \cdot g \cdot \sin i \doteq M \cdot g \cdot \operatorname{tg} i = M \cdot g \cdot \frac{\zeta}{L}$, das bekannte Gesetz harmonischer

Schwingungen: Anziehungskraft zur Ruhelage = proportional der Entfernung der schwingenden Masse von dieser.

Auch das horizontale Pendel (Abb. 135) gerät, aus der Ruhelage gebracht, infolge der Federwirkung in harmonische Schwingungen, so daß die Anziehungskraft zur Ruhelage proportional dem Ausschlag der Masse, gleich $f \cdot \zeta$ gesetzt werden kann. Wir denken uns dieses Federpendel durch ein ideales Schwerkraftpendel der gleichen Wirkung ersetzt, so daß $M \cdot g \cdot \frac{\zeta}{L} = f \cdot \zeta$ (f = Proportionalitätsfaktor) oder $f = \frac{M}{L} \cdot g$, worin L nunmehr eine gedachte Größe, die oben berechnete „äquivalente" Pendellänge vorstellt. J, die Indikatorlänge, bedeutet die Entfernung jenes Punktes am äquivalenten Pendel, welcher den wirklichen Ausschlag z beschreiben würde. Es folgt aus ähnlichen Dreiecken: $\zeta = z \frac{L}{J}$; wäre ζ durch eine Änderung der Schwerkraftsintensität, ausgedrückt durch die Zusatzbeschleunigung $\triangle g$, hervorgerufen worden, so muß im Falle der neuerlichen Ruhelage des Pendels

$M \cdot \triangle g = f\,\zeta$ bestehen, oder weiter

$M \cdot \triangle g = f \cdot z \cdot \frac{L}{J}$, woraus

$z = \frac{M \cdot \triangle g}{f} \cdot \frac{J}{L}$. Durch Einsetzen des Wertes von f wird

$z = \frac{J}{g} \cdot \triangle g.$

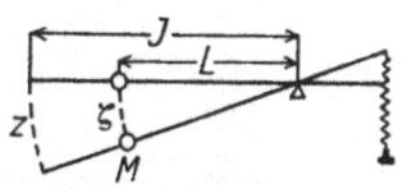

Abb. 135

$\frac{J}{g}$ ist die Neigungsempfindlichkeit des Instrumentes, das heißt der Ausschlag für die Einheit der Beschleunigungsänderung.

Soll derselbe Ausschlag z (statt durch Änderung der Schwereintensität) durch Änderung der Masse M um m hervorgerufen werden, so muß $M\,(g + \triangle g) = (M + m)\,g$ oder $\triangle g = g \cdot \frac{m}{M}$ sein, dann ergibt sich die Indikatorlänge $J = z \cdot \frac{M}{m}$. Wären im speziellen Falle $M = 12$ kg, $m = 100$ g, der erhaltene Zeigerausschlag $z = 0{,}9$ cm, so wird $J = 0{,}9\,\frac{12000}{100} = 108$ cm.

Nun kann man die Indikatorvergrößerung V des Instrumentes in seiner vorhandenen Einstellung aus der Indikatorlänge und der äquivalenten Pendellänge angeben: $V = \frac{J}{L} = \frac{108}{1{,}96} = 55$. Es ist angebracht, die Verminderung des Zeigerausschlages infolge der inneren Reibung und der Reibung am Schreibstift, der Dämpfung usw. durch Reduktion von V zu berücksichtigen, daher V mit 50 anzunehmen, das heißt, daß eine 50fache Vergrößerung angezeigt wird. Nach Feststellung dieser Konstanten wird die Dämpfung eingeschaltet (eine einfache Flüssigkeitsdämpfung mit dem Dämpfungsverhältnis 1:3 bis 1:4); die Einstellung des Schreibstiftes wird, der Härte der zu erwartenden Stöße entsprechend, mittels Laufgewicht geregelt. Dies sind die vorbereitenden Schritte für eine Messung.

Die vom Instrument aufgezeichneten Seismogramme werden folgendermaßen ausgewertet. Ist der größte Zeigerausschlag Z in Millimetern, T die Zeit für eine hin- und hergehende Bewegung des Zeigers an der betreffenden Stelle des Seismogrammes in Sekunden und V die Vergrößerung, dann beträgt die größte Bodenbewegung am Instrumentenstandpunkte $2\,A = \frac{2\,Z}{V}$ und die größte Beschleunigung $\gamma = \frac{4\,A}{T^2}$ mm/sek.^{2}.

H. Wittig hat mit den oben beschriebenen Apparaten die Wirkungen der von verschiedenen Fahrzeugen ausgehenden Erschütterungen auf Gebäude studiert und konnte nachweisen, daß bei dem heutigen intensiven Straßenverkehr Kraftwagen mit Vollgummibereifung von fünf Tonnen Nutzlast bei 25 km Stundengeschwindigkeit bereits größere bauliche Schäden hervorrufen können ($\gamma = 100\,\mathrm{cm/sek}^2$). Bemerkenswert mit Hinblick auf ihre geringe Geschwindigkeit sind auch die von schwerbeladenen ungefederten Pferdefuhrwerken ausgehenden Bodenbewegungen, während die Straßenbahnen trotz des bedeutenden Waggongewichtes und der großen Geschwindigkeit bei guter Beschaffenheit der Schienenstöße nur verhältnismäßig geringe Bewegungen hervorrufen und mit Luftbereifung versehene Personenkraftwagen seismometrisch überhaupt belanglos sind.

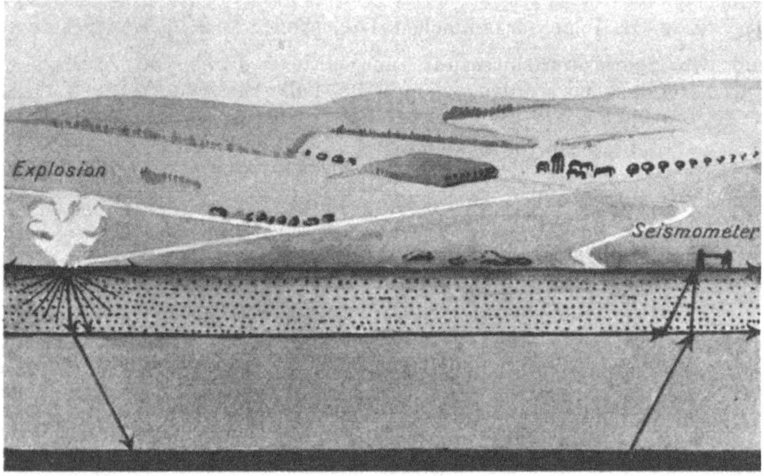

Abb. 136. Seismisches Schürfen (nach Mintrop)

Umgekehrt gibt das Studium der von gleichartigen Fahrzeugen auf verschiedenen Fahrbahnen hervorgerufenen Erschütterungen Auskunft über die Beschaffenheit des Oberbaues derselben und vermag sogar eventuelle Verschiedenheiten des Untergrundes festzustellen.

Neben dieser Verkehrsseismometrie empfiehlt Wittig die Untersuchung der Gebäude in ihren einzelnen Teilen, um festzustellen, wie weit sie, namentlich bei leichter Bauweise, den Erschütterungen des modernen Verkehrswesens widerstehen.

In neuester Zeit wird, namentlich von seiten Dr. Mintrops, durch künstlich erzeugte Erderschütterungen (Explosionen, Wirkung von Fallwerken) die Tiefe, Ausdehnung und Mächtigkeit von Gebirgsschichten und nutzbaren Lagerstätten ermittelt. Der Vorgang ist der, daß die durch die Sprengung erzeugten Erschütterungswellen durch ein seismisches Gerät photographisch registriert werden. Aus den seismographischen Aufzeichnungen mehrerer nacheinander in verschiedenen Entfernungen von dem Seismographen erzeugter Erschütterungen ergeben sich nach der Theorie der Erdbebenwellen die Geschwindigkeiten der Erderschütterungswellen in den verschiedenen Tiefen unter der Erdoberfläche sowie die entsprechenden Tiefen selbst. Da in den verschiedenen Gesteinen bestimmte, von ihrer Elastizität und Dichte abhängige Geschwindigkeiten auftreten, so ist es möglich, durch Beobachtung der von den verschieden dichten übereinanderliegenden Gesteinsflächen reflektierten und in den Seismographen gelangenden Erdbebenwellen Tiefe, Ausdehnung und Mächtigkeit von Lagerstätten zu bestimmen (Abb. 136).

Im folgenden soll das Prinzip der seismischen Erforschung der geologischen Verhältnisse des Untergrundes, ähnlich wie es Sieberg darstellt, an einem vereinfachten Beispiele erklärt werden (Abb. 137).

In der Tiefe h lagert die oberflächlich anstehende Schichte I horizontal auf der älteren Schichte II. In I pflanzen sich die elastischen Wellen mit der Geschwindigkeit v_1, in der Schichte II mit der größeren Geschwindigkeit v_2 fort. **Die Mächtigkeit der Schichte I soll bestimmt werden.**

In E (Erschütterungszentrum) werde — etwa durch Sprengung — eine künstliche Erschütterung hervorgerufen; die in den Punkten 1, 2, 3 usw. aufgestellten Seismographen registrieren das Eintreffen der Wellen. Die Seismogramme gestatten

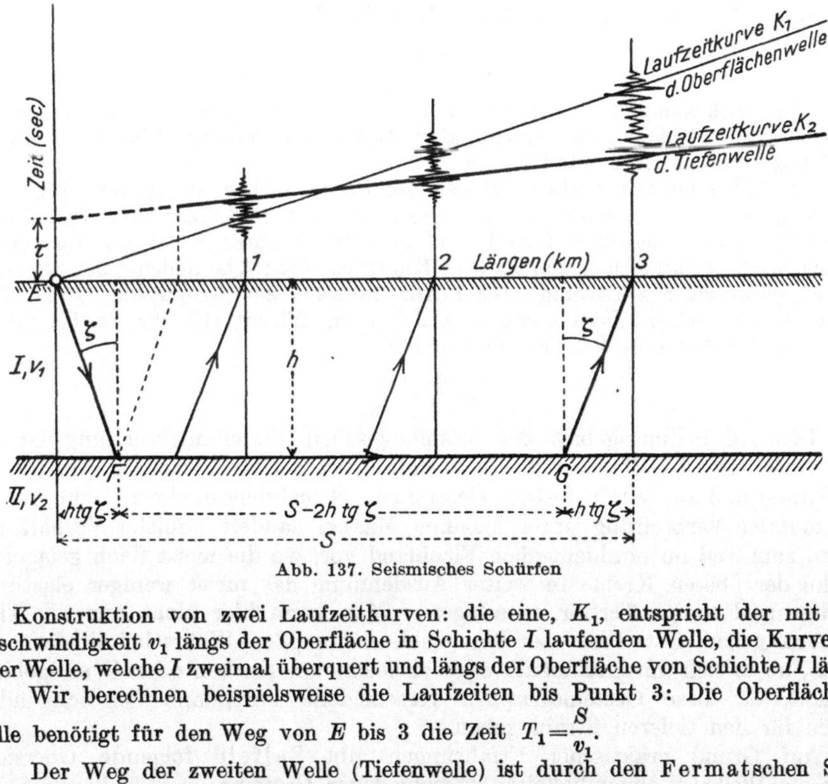

Abb. 137. Seismisches Schürfen

die Konstruktion von zwei Laufzeitkurven: die eine, K_1, entspricht der mit der Geschwindigkeit v_1 längs der Oberfläche in Schichte I laufenden Welle, die Kurve K_2 einer Welle, welche I zweimal überquert und längs der Oberfläche von Schichte II läuft.

Wir berechnen beispielsweise die Laufzeiten bis Punkt 3: Die Oberflächenwelle benötigt für den Weg von E bis 3 die Zeit $T_1 = \frac{S}{v_1}$.

Der Weg der zweiten Welle (Tiefenwelle) ist durch den Fermatschen Satz bestimmt: Der Wellenstrahl nimmt den Weg mit der kürzesten Laufzeit. Diese Bedingung liefert der Grenzstrahl vor der totalen Reflexion, der in der Richtung der Trennungsfläche gebrochen wird. Da in diesem Fall der Sinus des Brechungswinkels = 1 ist, wird nach dem Brechungsgesetz der Sinus des Einfallswinkels $\sin\zeta = \frac{v_1}{v_2}$. Die Laufzeit T_2 der Tiefenwelle setzt sich aus den Teilzeiten über die Strecken EF, FG und $G3 = EF$ zusammen:

$$T_2 = 2 \times \frac{h}{v_1 \cos\zeta} + \frac{1}{v_2}(S - 2\,h\,tg\,\zeta) \tag{1}$$

Substituieren wir in dieser Gleichung den Wert $\sin\zeta = \frac{v_1}{v_2}$, bzw. $\cos\zeta = \sqrt{1 - \left(\frac{v_1}{v_2}\right)^2}$, so erhalten wir

$$T_2 = \frac{2\,h}{\sqrt{1-\left(\frac{v_1}{v_2}\right)^2}} \cdot \frac{1}{v_1} - \frac{2\,h}{\sqrt{1-\left(\frac{v_1}{v_2}\right)^2}} \cdot \frac{v_1}{v_1^{\,2}} + \frac{S}{v_2} = \frac{2\,h}{v_1}\sqrt{1-\left(\frac{v_1}{v_2}\right)^2} + \frac{S}{v_2}.$$

Setzt man in dieser Gleichung S = Null, so erhält man für $T_2 = \tau$ den Abschnitt der rückverlängerten Laufzeitkurve K_2 auf der Ordinatenachse, der sich empirisch konstruieren läßt:

$$\tau = \frac{2h}{v_1}\sqrt{1-\left(\frac{v_1}{v_2}\right)^2} \text{ und hieraus die gesuchte Tiefe } h = \frac{\tau v_1}{2\sqrt{1-\left(\frac{v_1}{v_2}\right)^2}} \qquad (2)$$

Letztere Formel läßt sich ohne weiteres auswerten, wenn man τ mit dem Zirkel abgreift, v_1 und v_2 aber als Tangenten der Neigungswinkel der Kurven K_1 und K_2 berechnet.

Bezeichnet man die Abszisse des Schnittpunktes der Kurven K_1 und K_2 mit S_n, dann erhält man für die gesuchte Tiefe die Formel

$$h = \frac{S_n}{2} \cdot \sqrt{\frac{v_2 - v_1}{v_2 + v_1}}. \qquad (3)$$

Natürlich kompliziert sich der Fall, wenn mehr als eine Trennungsfläche vorliegt und die Flächen nicht horizontal verlaufen, mit anderen Worten, wenn die Schichten gebogen oder gefaltet sind.

Praktiker bestreiten die Gültigkeit des Fermatschen Satzes, der obiger Ableitung zugrunde gelegt wurde, und nehmen an, daß der Stoß unter 90° auf die Unterlage fällt, entlang derselben fortschreitet und wieder unter 90° in das Instrument gelangt (siehe Schweydar und Reich: Künstliche elastische Bodenwellen als Hilfsmittel geologischer Forschung. Gerlands Beiträge zur Geophysik, XVII. Bd., H. 1, S. 121, 1927). Unter letzterer Annahme modifiziert sich die Formel (3) für die Tiefe der dichteren Schichte und es gilt

$$h = \frac{S_n}{2} \cdot \frac{v_2 - v_1}{v_2}. \qquad (4)$$

Das Anwendungsgebiet der seismologischen Bodenuntersuchung ist ein vielfaches. Der Idealfall für dieses Verfahren ist gegeben, wenn es sich um die Tiefenbestimmung eines festen elastischen Schichtenkomplexes von großer horizontaler Verbreitung unter lockeren Massen handelt. Solche Verhältnisse liegen zum Teil im norddeutschen Flachland vor, wo die meist flach gelagerten Kalke der oberen Kreide in weiter Ausdehnung das meist weniger elastische sandige und tonige Tertiär unterlagern. Man kann hier nicht nur die Tiefe ziemlich genau feststellen, sondern auch mit großer Wahrscheinlichkeit angeben, ob es sich um Kreidekalk oder vielleicht um Karbon oder Grundgebirge handelt, da diese Gesteinsgruppen verschiedene Fortpflanzungsgeschwindigkeiten für den tieferen Strahl geben.

Auf Grund praktischer Erfahrungen gibt Salfeld folgende Übersicht über die Wellengeschwindigkeiten verschiedener Gesteine:

Schotter, Kies, Sand, Löß	600	bis	800 m/sek.
Die gleichen Gesteine stark durchfeuchtet		,,	1200 m/sek.
Ton, toniger Sandstein	zirka		1800 m/sek.
Schwach kalkige Mergel und Sandsteine, kieseliger Sandstein	2200	bis	2400 m/sek.
Kalkige Mergel, Kalksandstein, harte Tonschiefer	3200	,,	3800 m/sek.
Kalk, Dolomit, Gips, Salz, Anhydrit, metamorphe und Massengesteine	5000	,,	5600 m/sek.

Unter günstigen Umständen kann man auch mehrere verschieden harte Schichten untereinander feststellen, besonders wenn man die verfeinerte Methode Ambronns benützt, welche größte Empfindlichkeit besitzt und eine genauere Analyse des Seismogrammes ermöglicht.

Handelt es sich um die Feststellung horizontal begrenzter elastischer Körper, wie es z. B. Salzstöcke sind, so bestehen gewisse Grenzen der Anwendbarkeit der seismischen Methode, welche durch die Tiefenlage des Stockes und seine

Horizontalausdehnung und durch den Elastizitätsunterschied gegenüber dem Nebengestein gezogen sind.

Nichtsdestoweniger hat dieses Verfahren an der amerikanischen Golfküste glänzende Erfolge bei der Salzstocksuche erzielt. Auch Antiklinalen mit festeren Kernschichten, Störungen, das Streichen des verdeckten Untergrundes, Mächtigkeiten von lockeren Überlagerungen lassen sich auf diese Weise feststellen.

Auch akustische Wellen werden nach einem Verfahren von J. Königsberger und O. Hecker in ähnlicher Weise wie die Erdbebenwellen zu geophysikalischen Untersuchungen verwendet; dieses Verfahren befindet sich jedoch noch im Versuchsstadium.

Literatur: Ambronn, R.: Methoden der angewandten Geophysik. 1926. — Galitzin, B.: Vorlesungen über Seismometrie, her. v. O. Hecker. 1914. — Hahnemann, W.: Über die seismische Aufschlußmethode und ihre Anwendung in der Praxis. Zeitschr. f. pr. Geol., H. 11, 12. 1927. — Mintrop, L.: Über künstliche Erdbeben. Intern. Kongreß Düsseldorf 1910, Abt. IV, Vortrag Nr. 14. — Schweydar und Reich: Künstliche elastische Bodenwellen als Hilfsmittel geol. Forschung: l. c. — Sieberg, A.: Geologische Einführung in die Geophysik. Jena. 1927. — Wittig, H.: Seismometrische Messung der Verkehrserschütterungen von Gebäuden. Zentralblatt für Bauverwaltung, Nr. 21. 1926.

VII. Die geologische Karte und das Profil

Von K. A. Redlich, Prag

Als Unterlage für jede geologische Karte dient die topographische Aufnahme. Die Größe des Maßstabes derselben richtet sich nach dem Zweck der Arbeit. Bei den im Handel erhältlichen Karten übersteigt das Verhältnis nur selten 1:25000. Dies genügt zwar fast immer für touristische, militärische sowie für rein wissenschaftliche Zwecke, ist aber für technische Arbeiten nur in den seltensten Fällen ausreichend. Auch vergrößert sind derartige Aufnahmen kaum zu brauchen, da durch die Vergrößerung die Ungenauigkeiten nicht ausgemerzt werden. Auch ist die Geländedarstellung zu schablonenhaft, so daß Details oft fehlen oder sich am unrichtigen Platz befinden und die Morphologie nicht so in die Augen springt, wie dies für technische Arbeiten notwendig ist. Nachmessungen werden diese Fehler leicht erweisen.

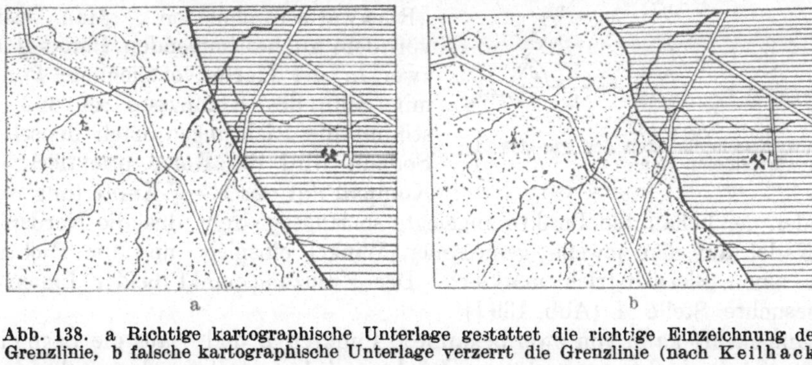

Abb. 138. a Richtige kartographische Unterlage gestattet die richtige Einzeichnung der Grenzlinie, b falsche kartographische Unterlage verzerrt die Grenzlinie (nach Keilhack)

Keilhack gibt ein schönes Beispiel, wie durch eine verzerrte topographische Flußaufnahme eine geologische Grenzlinie anstatt gerade, wellenförmig verläuft, und dadurch eine falsche Vorstellung des Schichtenbaues zustande kommt (Abb. 138). Aus diesen Gründen wird vor allem, wenn es nur irgendwie möglich ist, eine genaue Oberflächenaufnahme zu schaffen sein. Dieselbe kann mit den gewöhnlichen geodätischen Mitteln durchgeführt oder im hügeligen und gebirgigen Terrain photogrammetrisch vorgenommen werden. Das Relief wird am besten durch die Verbindungslinien gleicher Höhen (Isohypsen) dargestellt, wobei die sich scharf abzeichnenden oder für den Zweck besonders wichtigen Geländeformen, wie Racheln, Bacheinschnitte, Schutthalden, Terrassen usw., durch Schraffen, eventuell Schattierung oder Schummerung hervorgehoben werden.

Je nach der Genauigkeit der Karte und der größeren und geringeren Steilheit des Geländes richtet sich der Höhenabstand der Isohypsen. Bei einem Maßstab von 1:25 000 sinkt er im steilen Gelände wohl nicht unter 10 m, während im Flachland noch Höhenunterschiede von 1 m verzeichnet werden können.

Durch hervorstechende Plastik zeichnet sich die Reliefdarstellung aus, die durch schichtenweises Übereinanderkleben der aus Pappe ausgeschnittenen Isohypsen auf einer horizontalen Unterlage oder in neuester Zeit nach einem patentierten Verfahren durch Einpressen in eine Papiermasse angefertigt wird[1]).

Für die anspruchslose Kleinvermessung gelegentlich geologischer Vorarbeiten genügt oft das Kroquis, das ist die Terrainaufnahme mit den einfachsten Hilfsmitteln, dem Meßband, der Meßlatte und dem geologischen oder Bergkompaß. Für diesen Zweck wird der Bergkompaß derart adaptiert, daß man, neben dem schon vorhandenen Klinometer für Vertikalwinkel, einen umlegbaren Diopter zum Anvisieren horizontaler Winkel in der *N—S*-Richtung anbringt. Am Nordende sitzt ein schlitzförmig durchbrochenes Plättchen mit einem Längsfaden in der Mitte, während am Südende ein zugespitztes Stäbchen befestigt ist. Ein Kreuzlibellenpaar oder eine Dosenlibelle gestattet die Horizontalstellung des Instrumentes. Zur bequemeren Handhabung bzw. Ablesung wird das Kompaßgehäuse mit einem Kugelgelenk auf einem eisenfreien Dreifuß, eventuell auf einem Spazierstock mit abnehmbarer Krücke und einer Stahlspitze am anderen Ende befestigt (Abb. 43 b, S. 59).

Mit diesen verhältnismäßig einfachen Apparaten können alle für das Kroquis notwendigen Messungen vorgenommen werden.

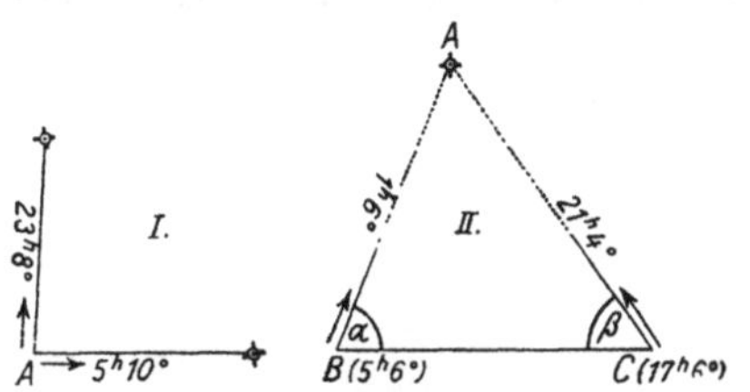

Abb. 139
I. Rückwärtseinschneiden des Punktes *A*,
II. Vorwärtseinschneiden „ „ *A*

Handelt es sich um die Festlegung einzelner Punkte, wie Stollenmundlöcher, wichtiger Aufschlüsse usw., in der Karte, dann verwendet man mit Vorteil das „Rückwärtseinschneiden“. Man visiert von dem zu bestimmenden Punkt *A* aus zwei in der Karte verzeichnete Punkte mit Hilfe des Kompasses an und bestimmt die Richtungen nach denselben. Sodann wird die Karte orientiert, der Kompaß mit der *N—S*-Kante tangierend an jeden der bekannten Punkte angelegt, so lange gedreht, bis die Nordspitze der Nadel auf den jeweils gemessenen Winkel einspielt, und die Richtung durch einen Bleistiftstrich markiert. Der Kreuzungspunkt beider Linien ist die gesuchte Stelle *A* (Abb. 139 I).

Umgekehrt kann von zwei bekannten Punkten *B* und *C* aus die Lage eines in der Karte nicht angegebenen Punktes *A* festgelegt werden, indem man

[1]) Spezialfirmen beschäftigen sich mit diesen Arbeiten. Für photogrammetrische Aufnahmen: Photogrammetrie G. m. b. H., München, Sendlingertorplatz 1, Autokartograph Ltd. (Lichtbild), Prag II, Flezerg. 13. Für Reliefreproduktionen: Kartographische Relief Ges. m. b. H., München, Ludwigstraße 8.

die Richtung zu ihm durch Anvisieren bestimmt (Abb. 139 II [Vorwärtseinschneiden]).

Bei Vermessungen von Wegen, Stollen usw. in der Ebene wird von einem in der Natur leicht erkennbaren Punkt aus, welcher, falls es sich um die Vervollständigung einer Karte handelt, in dieser verzeichnet sein, oder durch Rückwärtseinschneiden aus bekannten Punkten abgeleitet werden muß, ein Polygonzug gelegt, welcher sich dem Verlauf der zu vermessenden, im allgemeinen krummen Linie annähernd anschmiegt. Die Vermessung erfolgt von Punkt zu Punkt, indem man die Richtung und Länge der einzelnen Polygonseiten mit Hilfe des Kompasses und des Meßbandes, in Ermangelung des letzteren auch durch Abschreiten (ein Schritt = 75 cm) fixiert. Zur Bestimmung der Richtung visiert man von der Ausgangsstellung (*I*) den nächsten Polygoneckpunkt (*II*), mit der Nordrichtung des Kompasses voran, an und liest den Winkel, den diese Visur mit der Nordrichtung einschließt, ab. Diese Arbeit wiederholt sich von Punkt zu Punkt. Im horizontalen Stollen wird die brennende Grubenlampe als Lichtsignal beim Anvisieren verwendet (Abb. 140).

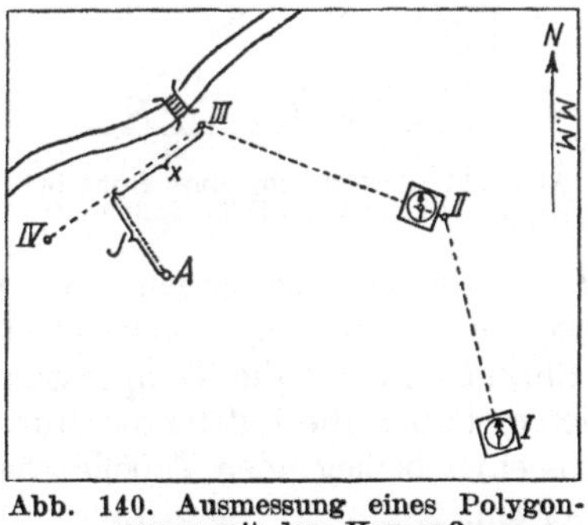

Abb. 140. Ausmessung eines Polygonzuges mit dem Kompaß

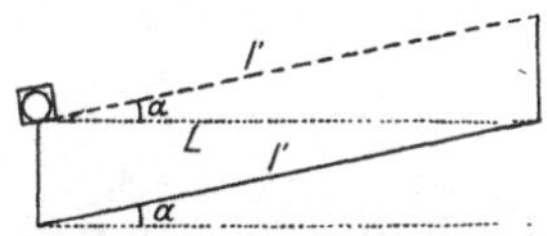

Abb. 141. Bestimmung der Basislänge mit Hilfe zweier Stäbe und des Kompasses

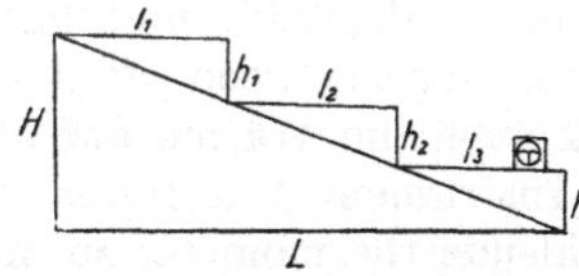

Abb. 142. Bestimmung der Basislänge und Höhe durch Abstaffeln

Im hügeligen Terrain wird bei geringer Neigung die schiefe Länge gemessen, die auf die Horizontale umgerechnet werden muß. Zu diesem Zweck bestimmt man den Neigungswinkel des Terrains, indem man den Kompaß auf einen Stab auflegt und das obere Ende eines im anderen Fixpunkt aufgestellten gleich langen Stabes anvisiert (Abb. 141); es ist dann $L = l' \times \cos\alpha$.

Bei starker Neigung des Geländes kann der Horizontalabstand auch direkt durch Staffeln mit Zwischenstationen ermittelt werden (Abb. 142).

$$L = l_1 + l_2 + l_3.$$

Auf jeder Stufe wird die Horizontalstellung der Meßlatte dadurch erreicht, daß dieselbe mit dem einen Ende am Boden aufgelegt wird, um mit dem anderen an der senkrecht stehenden Stange so lange hin- und hergeschoben zu werden, bis das Klinometer auf Null einspielt. Auf diese Weise kann gleichzeitig durch Summierung der senkrechten Teilabschnitte der Höhenunterschied (*H*) der Endpunkte bestimmt werden.

$$H = h_1 + h_2 + h_3.$$

Vom Polygonzug seitlich liegende Objekte (Abb. 140, Punkt *A*) werden von einer Polygonseite aus durch die Koordinaten *x* und *y* festgelegt[1]).

Die Höhe (*H*) eines Punktes kann bei bekannter Horizontaldistanz durch Anvisieren des Höhenwinkels mit dem Klinometer trigonometrisch bestimmt werden. $H = L \cdot \mathrm{tg}\,\alpha$ (Abb. 143). Hiebei darf nicht vergessen werden, die Augenhöhe des Beobachters zum berechneten Höhenunterschied zu addieren.

---

[1]) In Abb. 140 steht statt *y* irrtümlich *J*.

Im Gelände kann man nur selten die horizontale Basislänge direkt messen, da der Abhang mehr oder weniger steil zum Beschauer fällt und der Fußpunkt der zu bestimmenden Höhe daher unzugänglich ist; man muß dann nach der ersten Höhenwinkelmessung in der Richtung gegen den zu bestimmenden Punkt die Länge eines Teilstückes a der Basis ermitteln und am Ende desselben abermals den Höhenpunkt anvisieren; man erhält dann zwei Dreiecke mit den Basiswinkeln α und β. Aus diesen und dem Stücke a wird, über das Stück x, die Höhe $H = \frac{a \operatorname{tg} \alpha \operatorname{tg} \beta}{\operatorname{tg} \beta - \operatorname{tg} \alpha}$ bestimmt (Abb. 144).

Höhenunterschiede werden auch mit dem Barometer, heute im allgemeinen mit dem Aneroid, gemessen. Von einem Ausgangspunkt, den man gewöhnlich als Nullpunkt annimmt, werden die Barometerstände an den zu bestimmenden

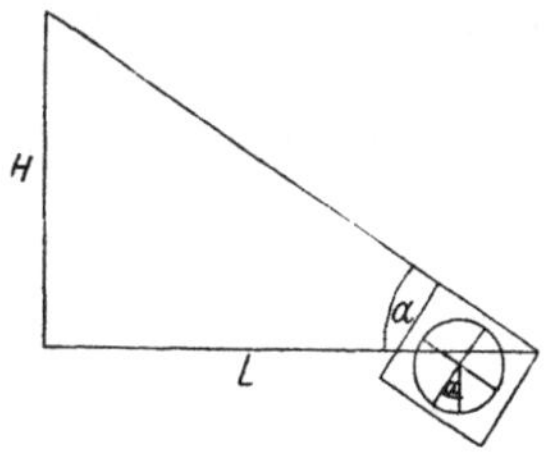

Abb. 143. Bestimmung einer Höhe mit dem Klinometer

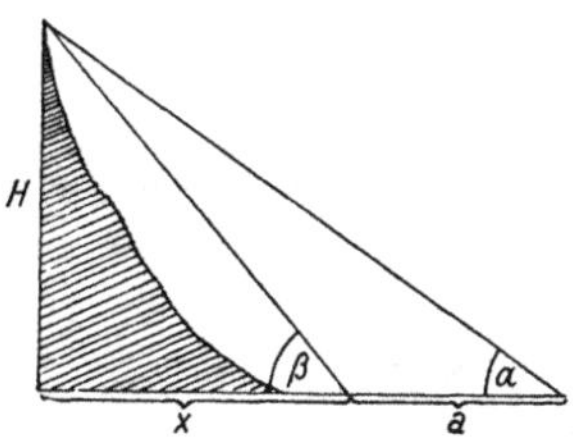

Abb. 144. Bestimmung einer Höhe bei Unzugänglichkeit des Höhenfußpunktes

Höhenpunkten abgelesen und mit genauer Zeitangabe eingetragen. Bei Präzisionsmessungen sind noch verschiedene Korrekturen notwendig. Da bei gleichem Luftdruck auch die Wärme auf die Dose Einfluß hat, ist die Temperatur auf dem am Instrument befestigten Thermometer, ferner die Lufttemperatur mit einem Schleuderthermometer zu messen. Aus einer beiliegenden Tabelle können die Luftdruckablesungen auf 0^0 bezogen werden.

Eine zweite Tabelle befreit die so korrigierte Luftdruckablesung von Instrumentenfehlern, schließlich kann aus einer Tabelle der Luftdruck in Seehöhen umgerechnet werden.

Da der Luftdruck, namentlich bei unsicherer Wetterlage, großen Schwankungen ausgesetzt ist, müssen an einem Ort, dessen Höhe bekannt ist, durch einen Gegenbeobachter an einem zweiten Aneroid in bestimmten Zeitintervallen die jeweiligen Barometer- und Temperaturstände abgelesen und verzeichnet werden; noch besser wird an Stelle dieser unterbrochenen Aufschreibungen der kontinuierlich selbstregistrierende Baro- und Thermograph eingeführt. Die Beobachtungen am Wanderbarometer können dann leicht mit Hilfe der Aufzeichnung des Standbarometers korrigiert werden.

Bei kleinen Aneroiden ist ober der Luftdruckskala ein drehbarer Ring mit einer Höhenteilung angebracht, der, auf die bekannte Höhenlage des Ausgangspunktes eingestellt, bei gleichbleibendem Luftdruck das weitere Steigen des Terrains in den richtigen Höhenzahlen angibt. Für die Orientierung im Gebirge ist ein derartiges Instrument fast unentbehrlich.

Zur graphischen Auftragung des Kroquis wird auf einem Zeichenbrett ein entsprechend dem gewünschten Maßstab rastriertes Papier oder die zu vervollständigende Karte befestigt, nach den Weltrichtungen orientiert und ein- für allemal der astronomische und magnetische Meridian in einer der Ecken angebracht. Zur Auftragung der Polygonzüge wird zunächst, von der Lage des ersten Standpunktes ausgehend, der Winkel eingestellt, den die Visur zum nächsten Punkt *II* mit der Nordrichtung einschließt, sodann mit der *N*—*S*-Kante des Kompasses, Nord voran, ein Strahl gezogen, auf welchem die Länge von

I nach *II* maßstabrichtig aufgetragen wird, wodurch *II* bestimmt erscheint. Auf gleiche Weise werden der Reihenfolge nach alle weiteren vermessenen Punkte ihrer Lage nach in die Karte gebracht. Von der so dargestellten Verzugslinie aus können dann die seitlichen Objekte durch rechtwinkelige Koordinaten festgelegt werden.

Der Vorzug dieser Kroquiermethode besteht, trotz geringerer Genauigkeit gegenüber der Tachymetrie, vor allem in dem einfachen und leicht transportablen Instrumentarium, in der raschen Ausfertigung der Skizze und in dem Umstand, daß die Vermessung sich stets wieder auf die Nordrichtung bezieht, weswegen keine größeren Verschwenkungen der Züge entstehen können.

Liegt ein Netz von Punkten vor, deren Höhe bestimmt wurde, dann können die Isohypsen leicht konstruiert werden, indem man benachbarte Punkte verbindet, die Verbindungslinien der Höhendifferenz entsprechend unterteilt und jene Stellen der Teilung aufsucht, die der Höhe der Isohypse entsprechen. Zwischen den so gefundenen Isohypsenpunkten wird der weitere Verlauf der Schichtenlinien interpoliert (Abb. 145).

Das Unterteilen der Verbindungsstrecke zwischen zwei Punkten *A* und *B* in eine bestimmte Anzahl von Teilen geschieht am bequemsten in der Art, daß man sich, von einem der Fixpunkte ausgehend, einen Strahl zeichnet, auf diesem

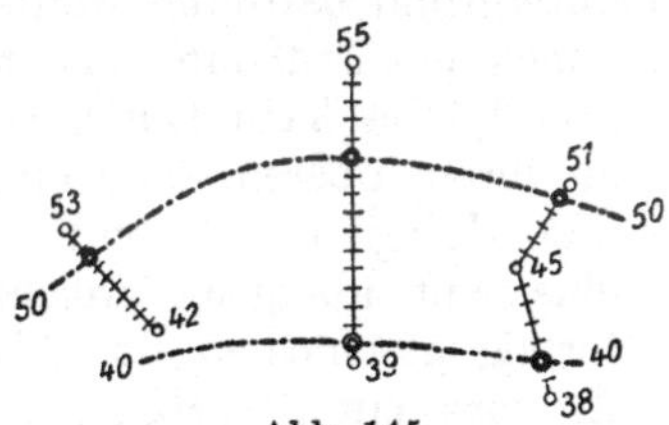

Abb. 145

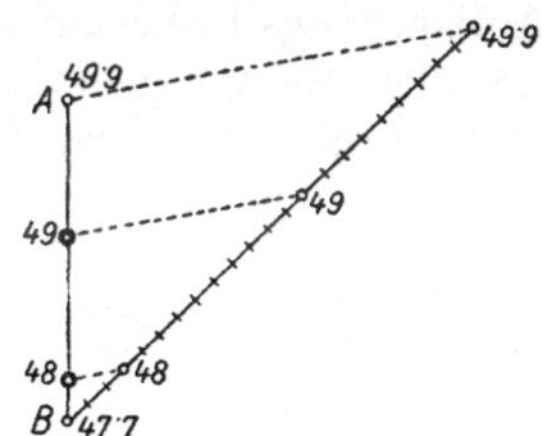

Abb. 146

Konstruktion der Isohypsen durch Interpolation

in einem beliebigen Maßstabe den Höhenunterschied in Teilstücken aufträgt, den Endpunkt der Teilung mit dem zweiten Fixpunkt verbindet und nun parallel zur Verbindungslinie die zu teilende Strecke schneidet (Abb. 146).

Fehlt ein Netz von Höhenpunkten, dann können die Isohypsen mit Hilfe des Horizontalglases und eines Figuranten in der Natur abgesteckt und mittels Kompasses und Meßbandes vermessen werden. Das Horizontglas, welches zur Bestimmung von Punkten gleicher Höhenlagen dient, besteht aus einer ungefähr 20 cm langen Messingröhre, die an einem Ende eine runde Visieröffnung trägt, während am anderen Ende in der Mitte ein Faden gespannt ist. Bei Horizontalstellung der Röhre sieht man durch eine Prismenanordnung in der Mitte die Luftblase einer Libelle stehen, die von einem zweiten, am Prisma angebrachten Faden durchkreuzt wird.

Außer einer guten Karte und den schon erwähnten Gegenständen, wie Meßband, Bergkompaß, Aneroid, Taschenthermometer und Horizontalglas, gehören zur Feldausrüstung des Geologen noch der Hammer, die Lupe, Blei- und Buntstifte, für definitive Eintragungen in eine Reservekarte farbige Tuschen, ein Notizbuch, ein Rucksack, ein Messer, Meißel und eine genügende Menge von Packpapier und Bindfaden. Zwar nicht unbedingt notwendig, aber erwünscht ist ein Zollstab, ein Säurefläschchen, ein Zirkel, ein Meßrädchen, ein Photographenapparat, ein Feldstecher und eine Kartenschutztasche mit durchsichtigen, karierten Zelluloidfenstern.

Der geologische Hammer, aus gutem Werkzeugstahl gefertigt, soll durch seine Form eine genügende Schwungkraft gewährleisten. Das eine Ende ist viereckig, das andere zu einer horizontalen Schneide zugeschärft. Der Stiel, einen halben Meter lang, ist aus trockenem Hickory- oder Eichenholz angefertigt, eventuell mit einigen Zentimetermarken versehen. Die Stielöffnung im Hammer ist oben breiter als unten; der Stiel wird von oben her in das Eisen eingezogen, so daß letzteres beim Gebrauch nicht weggeschleudert werden kann. Der Schurfhammer hat auf einer Seite statt der Schneide eine langausgezogene Spitze, die zum Aufreißen des Bodens dient (Abb. 147).

Die Salzsäure dient zur raschen Unterscheidung des Kalkes von allen übrigen Karbonaten, besonders von dem sehr ähnlichen Dolomit, da der Kalk, zum Unterschied vom Dolomit, bereits mit sehr verdünnter kalter Säure angefeuchtet, aufbraust. Die Aufbewahrung der Flüssigkeit erfolgt in einem säurefesten, gut verschraubbaren Hartgummifläschchen.

Das Packpapier verwendet man zum Verpacken der Belegstücke (Gesteine, Versteinerungen, Mineralien); jedes einzelne Stück erhält eine Nummer und genaue Fundortsangabe, um bei der Heimarbeit die Rekonstruktion des Gesehenen zu erleichtern und eine genaue Beschreibung zu ermöglichen. Kleine Schachteln und Glasröhrchen werden Funde aufnehmen, welche leicht verloren gehen oder zerbrechlich sind.

Werden in losen Ablagerungen Bodenuntersuchungen vorgenommen oder soll ihre Auflagerungsfläche auf dem festen Untergrund bestimmt werden, dann wird, namentlich bei agrogeologischen Aufnahmen, ein Erdbohrer unentbehrlich sein. Dieser besteht aus einer Eisenstange von 1,5 bis 3 cm Durchmesser, die an ihrem oberen Ende einen Ring mit Holzgriff hat und unten in eine Nut übergeht, welche löffelförmig geschlossen ist (Abb. 148). Er wird mit der Hand, bei fester Konsistenz des Bodens mit einem Holzschlägel, eingetrieben, kurz und scharf gedreht, dann herausgezogen. Der im Löffel enthaltene Grus ist die Probe aus der jeweiligen Tiefe, bis zu welcher der Bohrer gestoßen wurde. Aus Bequemlichkeitsgründen werden kurze Bohrer nach Art der bekannten Stockschirme in hohlen Spazierstöcken verwahrt. Vgl. auch die Dachnowskisonde S. 90.

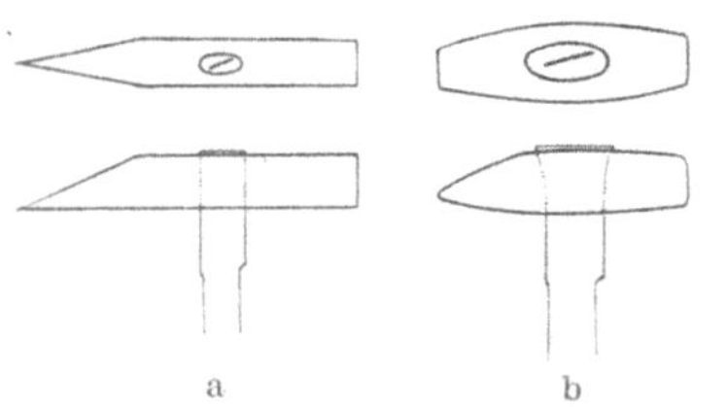

Abb. 147
a Schurfhammer, b geologischer Hammer

Abb. 148
Erdbohrer

Die Beherrschung des topographischen Kartenlesens und die rasche Orientierung im Felde nach der Karte ist die erste Voraussetzung für eine richtige geologische Aufnahme.

Vor der eigentlichen geologischen Feldarbeit liegt das Studium der einschlägigen Literatur und der schon vorhandenen geologischen Karten. Daran schließen sich, an Hand der geographischen bzw. älteren geologischen Unterlagen, Orientierungstouren, am besten profilmäßig in der Richtung quer zum Streichen der Schichten. Wir lernen bei dieser Gelegenheit die Gesteine unseres Gebietes kennen, inwieweit Sedimente, Eruptivgesteine oder kristalline Schiefer vorliegen, und erhalten Einblick in den tektonischen Bauplan.

Die Auffindung von Fossilien lehrt uns das Alter der Sedimente kennen. Sind dieselben in einer Bank nicht durchgehends eingelagert, sondern nur sporadisch anzutreffen, so liefert der petrographische Charakter des Muttergesteines ein Mittel zur weiteren Verfolgung des Horizontes.

Auch ohne Fossilien läßt sich das relative Alter der Schichten auf Grund der Lagerungsverhältnisse bestimmen.

Fehlen Fossilien auf weite Strecken oder vollständig, dann muß sich die Kartenaufnahme auf die Darstellung der Verbreitung der vorhandenen Gesteine beschränken, eine Methode, die für technische Zwecke meist vollständig ausreicht.

Sind die informativen Touren abgeschlossen, dann schreitet man an die eigentliche Aufnahmsarbeit.

Diese erfolgt in der Art, daß man alle natürlichen und künstlichen Aufschlüsse des Gebietes, wie Täler, Grate, Straßen, Wege, Eisenbahnlinien, Steinbrüche usw. begeht, und so ein Netz von Beobachtungen schafft, das in die geographische Karte als geologische Darstellung grundrißmäßig eingetragen wird. Hiefür eignet sich am besten eine Karte mit Höhenschichtenlinien, da diese die Konfiguration des Gebietes am klarsten erkennen läßt und die topographische Zeichnung infolge ihrer Zartheit die geologischen Details am wenigsten stört.

Im kahlen Terrain, wo keine jungen Bedeckungen das Bild verschleiern, ist die Aufnahmsarbeit verhältnismäßig einfach. Wenn aber Pflanzenwuchs oder junge Deckschichten den Einblick sperren, sind wir in erster Linie auf zerstreut liegende Punkte angewiesen, an denen das Gestein zufällig frei zutage tritt.

Alle derartigen Bloßlegungen sind sorgfältig in der Karte zu verzeichnen und, eventuell mit Skizzen belegt, in das Notizbuch einzutragen. Zur Eintragung werden verschiedenfarbige Stifte verwendet, eventuell auch Buchstaben und Nummern, die mit den Aufzeichnungen des Notizbuches korrespondieren. Diese Eintragungen bilden die Hauptfixpunkte, aus deren Verbindung sich die Konstruktion der Grenzlinien ergibt. Fehlen derartige Anhaltspunkte oder sind sie in zu geringer Zahl vorhanden, wie dies namentlich im Flachland bei jüngerer Bedeckung der Fall ist, so müssen sie durch Bohrung oder Grabung geschaffen werden (Abb. 149).

Die Lesesteine des Feldes und die an den Wurzeln der durch Windbruch umgefallenen Bäume anhaftenden Gesteinsstücke werden, wenn sie eckige Formen haben und an nicht zu steilen Abhängen lagern, meist in der Nähe ihres Ursprungsortes liegen. Ihr Zusammenhang mit der versteckten Unterlage ist um so wahrscheinlicher, wenn nur eine Gesteinssorte vorliegt. Findet man am Fuß einer

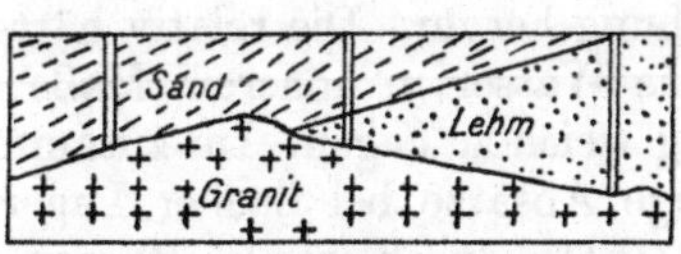

Abb. 149. Aufsuchen von Grenzpunkten durch Bohrung

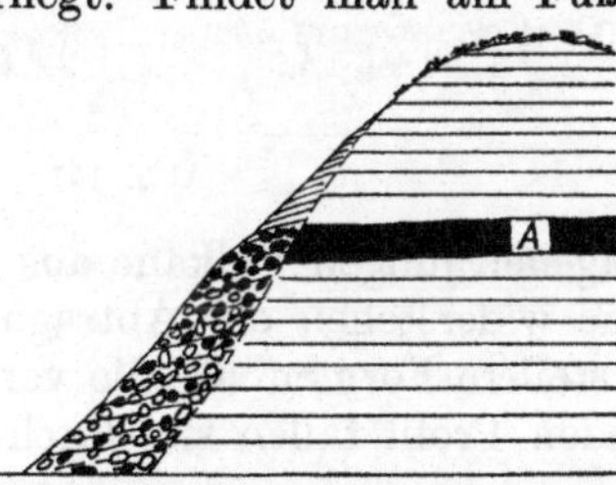

Abb. 150. Durch Schutt verdeckte Schichte *A*, deren Lage durch die Verteilung der Gerölle erkennbar ist

Lehne verschiedenartige Gesteine verstreut und ist man überzeugt, daß ein künstlicher Transport derselben ausgeschlossen ist, dann verfolgt man den Abhang nach aufwärts, bis eine der Gesteinsvarietäten verschwindet, deren obere Grenze an dieser Stelle gelegen sein muß (Abb. 150). In gleicher Art scheidet man alle weiteren Grenzen aus. Dieses Mittel versagt natürlich, wenn die Gesteine auf engem Raum wechsellagern und daher in mehreren Bänken vorkommen.

Runde Gerölle können entweder auf zersetzte Konglomerate oder auf Schotterablagerungen hinweisen. Sie überraschen uns oft, wenn wir sie, manchmal ganz vereinzelt, in höheren Lagen antreffen, wo sie als letzte Zeugen einer einst großen Schotterbedeckung herumliegen. Solche alte Flußschotter führen zuweilen Gerölle von Gesteinen, die im Gebiete des jetzigen Flußsystems nicht anstehen; sie zeigen uns dann an, daß der alte Flußlauf eine von dem jetzigen verschiedene Richtung hatte. Sein Verlauf läßt sich aus dem Gefälle der Schotterterrassen und aus Einkerbungen am Gehänge, welche die alte Talsohle markieren, rekonstruieren.

Viele Gesteine geben eine charakteristische Verwitterungskruste, die sich vor allem in einem spezifischen Pflanzenwuchs, geringerer oder größerer Fruchtbarkeit und einer mehr oder weniger intensiven Färbung äußert. Rote Konglomerate und Sandsteine geben einen weithin sichtbaren roten, gelbe Sandsteine einen gelben Boden. Tonige Gesteine liefern eine lehmige Masse, die entsprechend dem Muttergestein fast alle Farbtöne haben kann. Kalksteine zeigen oft Karrenbildungen, Dolinen und eine geringe Humusbedeckung, weshalb Kalkgebiete häufig unfruchtbar sind. Dolomite zerfallen zu sandartiger Dolomitasche. Eruptivgesteine und kristalline Schiefer geben wegen ihres Reichtumes an leicht zersetzbaren Feldspaten einen lehmigen, von Glimmerblättchen durchsetzten Boden, der bei Mangel an dunklen Gemengteilen geradezu weiß gefärbt ist. Diese Beispiele ließen sich noch um ein Bedeutendes vermehren.

Grundwasseraustritte in Form von Quellen und nassen, mit üppigem Pflanzenwuchs bedeckten Flecken deuten auf den Wechsel von wasserdurchlässigen und undurchlässigen Gesteinen hin und lassen bei ihrer Verfolgung die Grenze der letzteren in der Natur erkennen.

Auch das Studium der durch die verschiedenen auf der Erde wirkenden Kräfte erzeugten Oberflächenformen führt zur leichteren Auffindung von Grenzlinien verschiedenartiger Schichten. Wie Zuckerhüte ragen die noch nicht

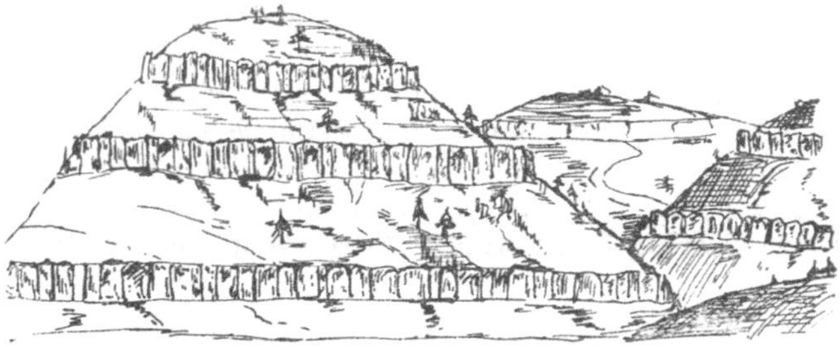

Abb. 151

Abb. 151 und 152. Harte und weiche Gesteine werden durch die Erosion verschieden stark angegriffen. Die harten Bänke bilden teils Steilabfälle, teils oft weithin verfolgbare Kämme

abgetragenen jungen Vulkane aus ihrer Umgebung hervor. Die relativ härteren Gesteine widerstehen der Abtragung durch das Wasser in höherem Maße und bilden steilere Formen als die verhältnismäßig weichen Lagen. Im zusammenhängenden Profil fallen sie durch treppenartige Absätze bei flacher Lagerung (Abb. 151), durch steile Rippen bei geneigter Position auf (Abb. 152); als Einzelerscheinungen sind sie bald als weiche gerundete Sandsteinhügel, bald als steilgezackte Kalk- und Dolomitriffe, bald als harte, mauerartig hervorragende Quarzlagen und -gänge zu verfolgen.

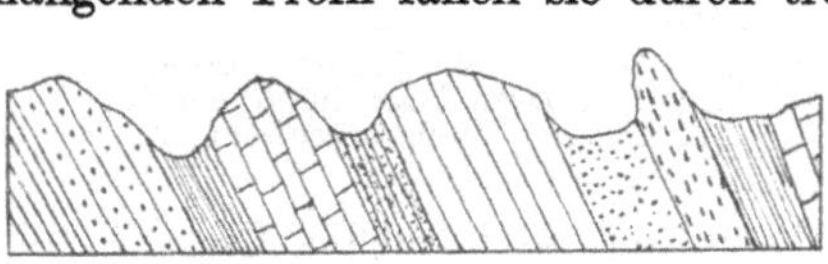

Abb. 152

Die Grenze des anstehenden Gesteines gegen die Schutthalden der Gehänge und gegen die Aufschüttungen der Talböden erkennt man häufig an einem Gefällsbruch des Geländes (Abb. 26).

Die Entzifferung des Aufbaues gestörter (geneigter) Schichtkomplexe geschieht durch Verfolgung ihres Streichens und Fallens, das im Felde mit dem

Bergkompaß gemessen und mit dem gleichen Instrument in die Karte übertragen wird (S. 59).

Gehängeabrutschungen, lokale obertägige Verquetschungen durch den Druck überlagernder Massen, schließlich Hackenwerfen der Schichten (S. 408) erzeugen oft falsche Bilder der Schichtenlagerung, weshalb, namentlich in Tonschiefergebieten, die Möglichkeit solcher Verlagerungen stets in Erwägung zu ziehen ist.

Die Auffindung und Kartierung der Dislokationen ist im Feld ohne große Aufschlüsse sehr schwierig, namentlich wenn es sich um kurze, lokale Störungen handelt, die leicht übersehen werden können.

Das wichtigste obertägige Kennzeichen solcher Störungen ist das Aneinanderstoßen von alters- und wesensverschiedenen Gesteinen. Längs der Spalten treten oft auf weite Strecken hin Quellen auf, die, durch Auslaugen des Bodens mineralisiert, zuweilen Kalkspat, Quarz, Baryt usw. absetzen. Die Änderung des Streichens und Fallens innerhalb eines engen Raumes wird, wenn es sich nicht um eine lokale Verbiegung handelt, Anlaß zu erhöhter Aufmerksamkeit in dieser Richtung geben. Eine Störung wird selten allein auftreten, sondern häufig bündelartig, begleitet von Schleppungen, Knickungen und sogar Faltungen, einen breiteren Gürtel ergreifen. Morphologisch deuten starke Abstürze im Gelände, manchmal auch Taleinschnitte, auf große Einsenkungen hin. Infolge verschiedener Härte der beiden Trümmer kann bald der stehengebliebene, bald der gesenkte Teil mehr abgetragen sein. Ist die Störungsfläche als solche im Felde gut aufgeschlossen, dann kann sie durch genaues Fixieren des Streichens und Fallens in ihrer Fortsetzung eventuell wiedergefunden werden.

Eine große Schwierigkeit für die richtige Deutung gewisser Dislokationen beruht auf der Ähnlichkeit ihres geologischen Bildes mit dem vieler Transgressionen. Eine gradlinigere schärfere Grenze und das häufige Vorhandensein einer Reibungsbreccie erleichtert die Entscheidung zugunsten der Dislokationen. Anderseits werden transgredierende Schichtglieder vielfach mit grobklastischen Sedimenten beginnen, so daß auch dieses Merkmal oft seine Schärfe verliert.

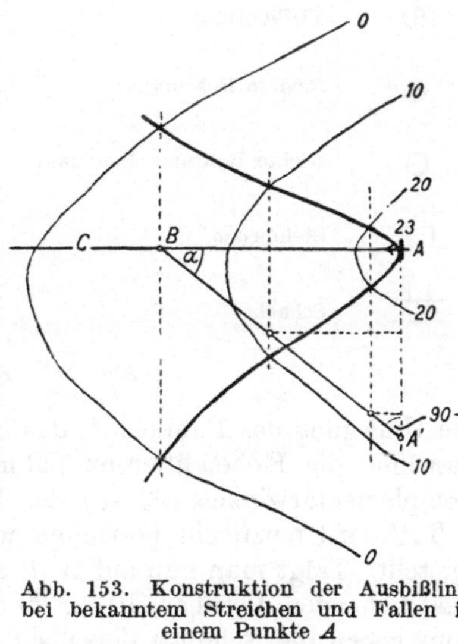

Abb. 153. Konstruktion der Ausbißlinie bei bekanntem Streichen und Fallen in einem Punkte A

Alle bis jetzt beschriebenen Erscheinungen sind nur einzelne Hinweise zur Erleichterung der Auffindung der Grenzlinien und ihrer Eintragung in die Karte. Die große Fülle geologischer Bilder muß von jedem einzelnen bei der Aufnahmsarbeit praktisch kennen gelernt werden. Oft wird die Begehung des Terrains nicht genügend viele Aufschlußpunkte liefern, um die geologischen Grenzlinien unmittelbar in die Karte eintragen zu können. Dann wird man gezwungen sein, den Verlauf derselben auf weitere Strecken hin durch interpolierende Konstruktionen zu ergänzen.

Hiefür genügt bei geschichteten Gesteinen die Kenntnis eines Punktes der Ausbißlinie sowie des Streichens und Verflächens an dieser Stelle. Der bekannte Punkt muß in der Isohypsenkarte grundrißmäßig eingetragen sein. Bei saigeren Schichten schneidet die Grenzlinie, parallel zum Streichen, geradlinig die Höhenschichtenlinien, bei wagrechten Schichten folgt sie dem Verlauf derselben (Abb. 161 u. 162).

Bei geneigter Lage der Schichten ergibt sich der Grenzverlauf durch folgende Konstruktion (Abb. 153). Man denkt sich die Schichte in der Richtung des Verflächens durch eine durch den bekannten Punkt *A* gelegte senkrechte Ebene geschnitten und das so erhaltene Profil in die Bildebene umgeklappt. Die Basislinie dieses Profils *A*—*C* sei im Niveau der tiefsten Schichtenlinie *O* gedacht.

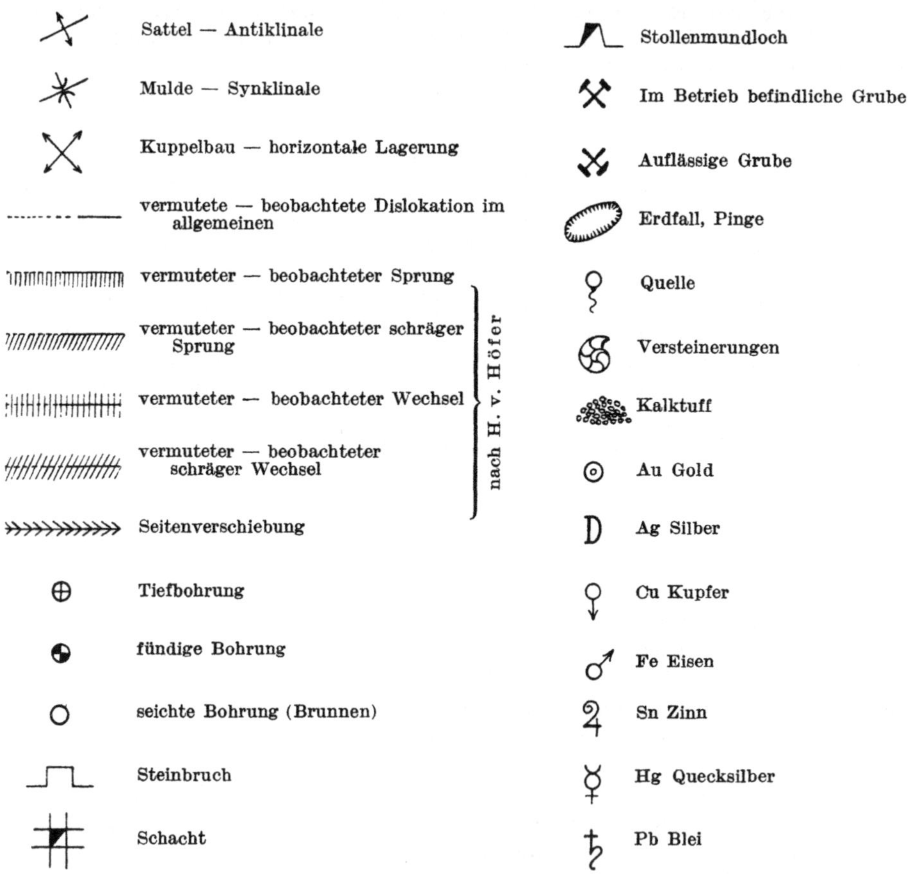

Abb. 154. Konventionelle Zeichen

Die Umlegung des Punktes *A*, das ist *A'*, erhält man, wenn man senkrecht zur Basislinie die Höhendifferenz (23 m) maßstabrichtig aufträgt. Mit Hilfe des Komplementärwinkels (90—α) des Fallwinkels α wird das Verflächungsdreieck *A B A'* der Grenzfläche bestimmt, wobei *A' B* das umgelegte Profil der letzteren vorstellt. Trägt man nun auf *A A'* auch die dem Höhenabstande der Isohypsen entsprechenden Beträge (10 m, 20 m) auf und zieht Parallele zur Profilbasis, dann geben die Schnitte derselben mit der Profillinie *A' B* die Umlegung der in 10 bzw. 20 m Höhe liegenden Punkte der Grenzfläche. Dreht man dieselben in den Grundriß zurück, indem man durch sie, parallel zum Streichen, Linien zieht, dann erhält man die Isohypsen der Grenzfläche. Die Schnittpunkte der Schichtisohypsen mit den entsprechenden Geländeisohypsen ergeben bereits Punkte der gesuchten Grenzlinie, deren Verlauf durch Interpolation zwischen den konstruierten Punkten angegeben wird.

Die Fertigstellung der Karte erfolgt auf Grund der Einzeichnungen und Notizen. Die Grenzlinien werden mit unverwaschbarer Tusche ausgezogen, die ausgeschiedenen geologischen Körper durch verschiedene Farbentöne meist konventionellen Charakters (Kalk blau, Granit rot usw.) oder durch Bezeichnungen, wie Punktierung, Strichlierung usw., eventuell durch Kombination beider Darstellungsarten kenntlich gemacht. Die meisten geologischen Landesanstalten Europas haben für ihre Kartenwerke einen bestimmten Zeichenschlüssel festgelegt.

Die gefundenen Streich- und Fallrichtungen werden mit dem bekannten Streich- und Fallzeichen, eventuell unter Beifügung des Fallwinkels, in die Karte eingetragen.

Sind zu große Teile des Kartenblattes von jungen Schuttablagerungen bedeckt, so ist es für gewisse Zwecke nicht unangebracht, die unter letzteren durch Bohrung ermittelten oder aber vermuteten Grenzen hineinzuskizzieren.

Dislokationen sind im allgemeinen durch dicke Striche, vermutete durch unterbrochene Linien, spezifizierte nach der von Höfer vorgeschlagenen Art zu versinnbildlichen (Abb. 154).

Schutthalden bleiben weiß und werden mit der Farbe des Gesteines, aus dem sie entstanden sind, punktiert.

Die übrigen wichtigsten Beobachtungen, wie Erze, Versteinerungen, Quellen usw., werden nach der beiliegenden Bezeichnungstafel ersichtlich gemacht. Es ist selbstverständlich, daß Spezialarbeiten oft noch weitere auf das Thema bezügliche Vermerkungen in der Karte enthalten (Abb. 154).

Der fertiggestellten geologischen Karte wird neben der Überschrift die Zeichenerklärung und der Maßstab beigefügt. Überdies werden alle die Karte betreffenden geologischen Erscheinungen in Form eines Berichtes erläutert.

Zur Darstellung des Innenbaues eines Gebietes wird der geologische Grundriß durch einzelne Schnitte, Profile, ergänzt (Abb. 155). Die Lage derselben ist in der Karte durch Striche und überdies durch Buchstaben oder Nummern angegeben. Auf Schweizer Hochgebirgskarten finden wir derartige Profile umlegbar an der richtigen Stelle aufgeklebt, wodurch eine Art Reliefkarte entsteht.

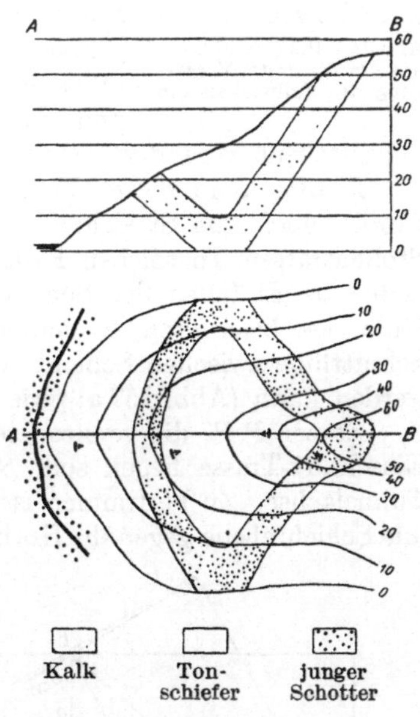

Abb. 155. Geologische Karte und Profil einer Kalk-Tonschiefersynklinale. Bei *A* aufgelagerter junger Schotter. *A—B* Lage der Profilebene

Voraussetzung für ein gutes geologisches Profil ist ein genaues Geländeprofil. Zur Konstruktion des letzteren werden auf den Schnittpunkten der entsprechend gewählten Profilebene mit den Isohypsen die jeweiligen Höhen aufgetragen und die einzelnen Punkte zur Profillinie verbunden. Die geologischen Grenzflächen werden in das topographische Profil entweder bloß in der Nähe der Terrainoberfläche eingetragen oder, falls die Mächtigkeit der Schichten, ihr Einfallen und die Altersverhältnisse genügend bekannt sind, auch nach der Tiefe hin fortgesetzt.

Der durch die Erosion und Denudation abgetragene Teil des gefalteten Gebirges kann im Profil ganz oder teilweise durch Luftfalten ergänzt werden.

Der Anfänger muß besonders beachten, daß er nicht diskordante Ablagerungen in die allgemeine Fallrichtung einbezieht. Sehr häufig geschieht es, daß junge diluviale Schotter nicht als Auflagerung, sondern innerhalb der gefalteten Schichtpakete fortgesetzt gezeichnet werden.

Normalerweise soll für das Profil der gleiche Längen- und Höhenmaßstab wie für die Karte angenommen werden. In der Technik werden häufig überhöhte Profile angewendet. Bei der Einzeichnung der Schichten erleiden dieselben bei Verwendung des gefundenen richtigen Fallwinkels eine Verschiebung ihrer Lage; rechnet man aber den Winkel auf den überhöhten Maßstab um, dann entsteht ein übertriebenes geologisches Bild. (Die Tangente des überhöhten Winkels tg α' ist m tg α, wobei m die angewendete Überhöhung bedeutet. Abb. 156.)

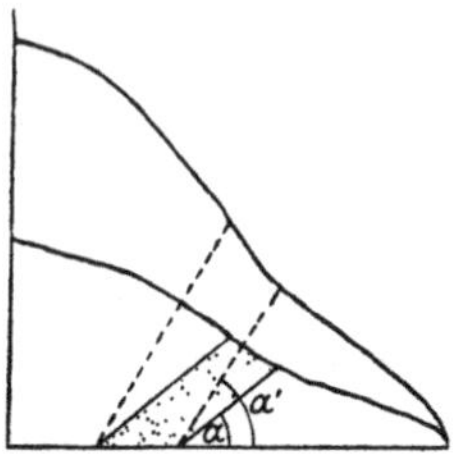

Abb. 156. Bei Überhöhung des Profils tritt Verzerrung des Fallwinkels ein

Die Profile stellt man aus Beobachtungsnotizen zusammen, oder man zeichnet sie auf Grund einer vorhandenen geologischen Karte. In besonderen Fällen wird es angebracht sein, die Profillinie nicht geradlinig zu ziehen, sondern zu knicken. Die Knickstelle ist eventuell mit Angabe der geänderten Himmelsrichtung genau zu bezeichnen. Profile legt man, wenn nur irgend möglich, senkrecht zum Streichen oder Fallen (Quer- und Längsprofile), da sonst der Fallwinkel in der Schnittebene verändert erscheint und Verzerrungen des Bildes entstehen.

Häufig kann dieser Vorgang nicht eingehalten werden, und es muß das Profil schief zum Streichen der Schichten gelegt werden, so bei Tunnel- und Stollentrassen. In solchen Fällen ist oft die Kenntnis des Profilverflächens, das heißt das Einfallen der Schichten in dem schrägen Profil notwendig, das mit Hilfe des bekannten Schichtstreichens und -fallens durch Bestimmung der Schnittlinie zwischen Schicht- und Profilfläche leicht konstruiert und errechnet werden kann (Abb. 157 a), wie es schon Höfer darstellt.

Es sei $P\,P'$ die senkrechte Profilebene, in der die Tunnel-, Stollen- oder Einschnitt-Trasse liegen soll, $S\,S'$ das Streichen der Schichten im Niveau der Tunnelachse. Zu bestimmen ist die Neigung α' der Schnittlinie zwischen Profil- und Schichtebene gegen die Horizontale. Ein Punkt der Schnittlinie ist bekannt; es

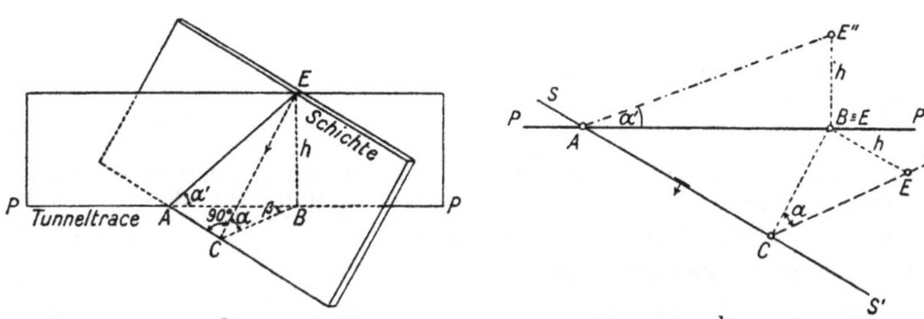

Abb. 157. Konstruktion des Profilverflächens

ist die Kreuzungsstelle von $P\,P'$ und $S\,S'$ (A). Man konstruiert sich (Abb. 157 b) mit Hilfe des bekannten Fallwinkels α ein umgelegtes Profil der Schichte senkrecht zum Streichen derselben ($B\,C\,D$). Eine durch den Punkt B parallel zu S—S' gezogene Gerade ist eine Höhenschichtenlinie der Schichtfläche, die um den Betrag h höher liegt als S—S'. Sie durchstößt im Punkt E, dessen Projektion mit B zusammenfällt, die Hauptprofilebene. E ist ein zweiter Punkt der gesuchten Schnittlinie der Schichtfläche mit der Profilebene, welcher um h Meter höher liegt als S—S' und P—P'. Klappt man ihn mit Hilfe des senkrecht zu P—P' in B aufgetragenen Abstandes h in die Bildebene um (E''), dann erhält man bei A den scheinbaren Fallwinkel α'.

Gleichsam die Umkehrung des geologischen Kartierens ist das geologische Kartenlesen. Die Betrachtung einer geologischen Karte ergibt uns unmittelbar die oberflächliche Verbreitung der einzelnen Gesteine bzw. Formationsglieder. Oft kann auch die Lagerung der Schichten durch Streich- und Fallzeichen abgelesen werden. Geschichtete Gesteine ergeben, falls sie schräggestellt sind, langgezogene Streifen, Eruptivstöcke und flach gelagerte Sedimente unregelmäßig begrenzte Flächen.

Fehlen in der Karte Angaben über das Streichen und Fallen, dann kann dieses bei hügeligem oder gebirgigem Terrain aus der Höhenschichtenkarte erschlossen werden (Abb. 158). Zu diesem Zwecke verbindet man zwei gleich hoch gelegene Schnittpunkte $(A\ B)$ der Ausbiß- und Isohypsenlinie durch eine Gerade und erhält so das Streichen; ebenso kann man das Streichen derselben Schichtfläche im Niveau der nächsten Höhenlinien $(CD,\ EF)$ konstruieren. Der parallele Verlauf dieser Verbindungsstücke weist auf eine ebene, der unregelmäßige Verlauf auf eine gekrümmte Fläche hin. Die Richtung des Verflächens ergibt sich aus der Betrachtung der Höhenlage der in Rede stehenden Verbindungsstücke. Zur Bestimmung des Fallwinkels denkt man sich das Terrain durch eine senkrechte Ebene quer zum Streichen durchschnitten und die Schnittfläche um die Spur M—N derselben profilmäßig in die Bildebene umgeklappt. Die Konstruktion dieses Profils erfolgt folgendermaßen: Wir gehen vom Durchstoßpunkte G der Verbindungslinie $A\ B$ mit der Profilebene aus. Der Durchstoßpunkt von $C\ D\ (H)$ liegt um die Höhendifferenz h der beiden Isohypsen höher.

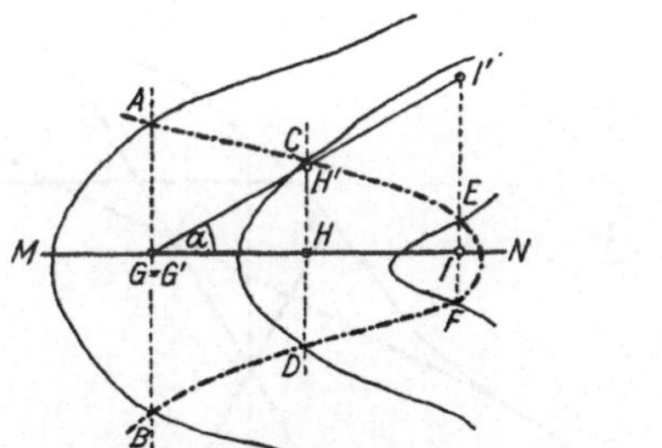

Abb. 158. Konstruktion des Fallens und Streichens aus den Schnittpunkten der Ausbißlinie mit den Isohypsen

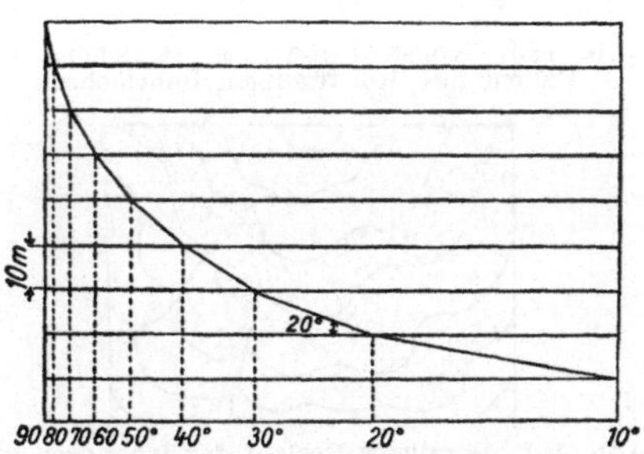

Abb. 159. Böschungsmaßstab

Seine Umlegung H' wird gefunden, indem man von H aus, senkrecht zu M—N, h Meter im Maßstab der Karte aufträgt. In analoger Weise ergibt sich der Umlegungspunkt I' von I in $2\,h$ Metern Entfernung von M—N. $G'\,I'$ ist das umgelegte Profil der Schichtfläche. Der Fallwinkel α wird rechnerisch aus $\operatorname{tg} \alpha = \frac{h}{G\,H}$ ermittelt oder mit dem Transporteur gemessen.

Um in der gleichen Karte den Fallwinkel an mehreren Stellen rasch bestimmen zu können, konstruiert man einen gemeinsamen Böschungsmaßstab (Abb. 159). Auf der Ordinatenachse werden die Höhenabstände der Isohypsen nach dem Maßstab der Karte mehrmals aufgetragen und parallel zur Abszissenachse ein System von Linien gezogen, das die Höhenschichtenlinien versinnbildlicht. Sodann wird mit Hilfe des Transporteurs vom obersten Punkte der Ordinatenachse aus zunächst unter steilem Winkel eine kurze Linie gezogen, bis sie die nächst tiefere Höhenschichtenlinie schneidet. Die zugehörige, auf der Abszissenachse abzugreifende Strecke gibt das Intervall der Schichtenlinien, das dem betreffenden Fallwinkel entspricht. In gleicher Weise werden die Intervalle für alle flacheren Winkel von 10° zu 10° konstruiert. Will man nun rasch den Fallwinkel einer geologischen Schichte bestimmen, dann verbindet man, wie in Abb. 158, 2 Paare von Schnittpunkten der Grenzlinie und der Terrainisohypsen durch Gerade, erspart sich aber die Profilkonstruktion und kann mit Hilfe des mit dem Zirkel abgegriffenen Schichtenlinienabstandes auf der Abszissenachse des Böschungsmaßstabes leicht den dazugehörigen Fallwinkel auffinden.

Im Flachlande, ferner bei Bohrungen bedient man sich zur Bestimmung der Streich- und Fallrichtung des Prinzips, daß die Lage einer Schichte im Raume durch 3 Punkte, also etwa durch 3 fündige Bohrlöcher gegeben ist.

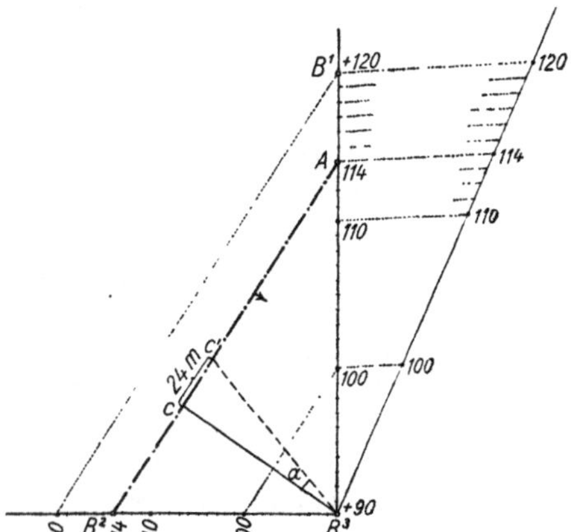

Abb. 160. Konstruktion des Streichens und Fallens aus drei fündigen Bohrlöchern

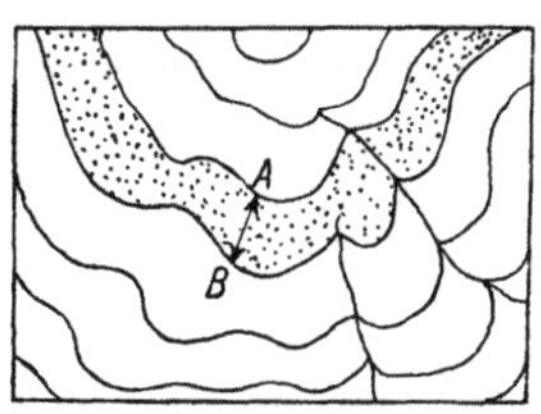

Abb. 161. Paralleler Verlauf der Isohypsen und der Grenzlinien bei horizontaler Lagerung der Schichten

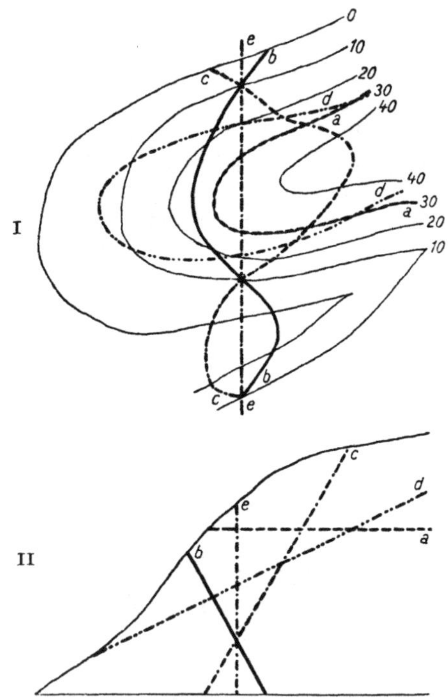

Abb. 162. Verlauf der Ausbißlinie bei verschiedener Lagerung der Schichten I Grundriß, II Aufriß

An ihre Stelle können natürlich 3 Ausbißpunkte oder 2 Ausbiß- und 1 Bohrpunkt, schließlich 1 Ausbiß- und 2 Bohrlochpunkte treten. Bei Bohrlöchern ermittelt man zunächst die Seehöhe der Durchstoßpunkte B^1 B^2 B^3 (Abb. 160). Dann verbindet man den tiefsten Durchstoßpunkt B^3 mit dem höchsten B^1 durch eine Gerade. Diese wird entsprechend dem Höhenunterschied zwischen B^1 und B^3 unterteilt (graduiert), dann wird B^2 mit dem gleich hohem Punkte A der graduierten Geraden B^1 B^3 verbunden. Diese Verbindungslinie ist die Streichrichtung. Senkrecht dazu, in der Richtung des tiefsten Punktes B^3, liegt das Fallen. Um auch den Fallwinkel bestimmen zu können, legt man senkrecht zum Streichen durch den tiefsten Punkt B^3 ein Profil und klappt es in die Bildebene um. Punkt B^3 bleibt bei der Umlegung an Ort und Stelle; die Umlegung des Schnittpunktes C wird erhalten, wenn man von C aus den Höhenabstand zwischen B^2 und B^3 (24 m) senkrecht zur Profillinie B^3 C maßstabrichtig aufträgt (C'). Die Verbindung von C' und B^3 ist die Umlegung des Profils der geologischen Schichte, deren

Neigungswinkel α mit dem Transporteur gemessen oder aus der Beziehung $\operatorname{tg} \alpha = \frac{\text{Höhenunterschied } B^2\, B^3\, (h)}{\text{Abstand } C\text{—}B^3}$ gerechnet werden kann.

Das Graduieren der Geraden B^1—B^3 erfolgt in der Art, daß man sich von B^3 aus einen Strahl zeichnet und auf diesem in einem beliebigen Maßstab eine Höhenteilung aufträgt. Der der Höhe von B^1 entsprechende Punkt dieser Teilung wird mit B^1 durch eine Gerade verbunden. Die weitere Graduierung erfolgt durch paralleles Verschieben der Verbindungslinie 120—B^1.

Abgesehen von den oben besprochenen genaueren Konstruktionen, kann die Lage einer Schichte im Raume rein qualitativ durch die Betrachtung der Ausbißlinie und ihrer Beziehung zu den Höhenschichtenlinien erkannt werden. So verlaufen die Grenzlinien horizontal liegender Schichten, welche durch Erosion aufgeschlossen worden sind, parallel zu den Isohypsen oder decken sich mit ihnen (Abb. 161 und 162, *a*).

Bei senkrecht stehenden Schichten ist der Ausstrich eine Gerade (Abb. 162, *e*).

Bei geneigter Lage der Schichten schneiden sich im hügeligen Terrain die Schichtgrenzen mit den Höhenlinien. Die Form ihrer Ausbißlinie richtet sich nach der größeren oder geringeren Steilheit des Geländes, nach dem Fallwinkel der Schichten und nach ihrer gleichsinnigen oder widersinnigen Lage zum Terrain.

Eine einfache Isohypsendarstellung eines Bergrückens und Tales mit den eingezeichneten Ausbißlinien versinnbildlicht am besten das Gesagte (Abb. 162).

Die Mächtigkeit horizontal gelagerter Schichten wird im steilen Gelände als schmaler Streifen, im flachen Terrain als breites Band erscheinen (Abb. 163). Ähnlich verhalten sich im flachen Terrain geneigte Schichten, die bei steilerem Einfallen einen immer schmäleren Ausstrich zeigen, der schließlich bei senkrechter Stellung die Breite der wahren Mächtigkeit annimmt (Abb. 164).

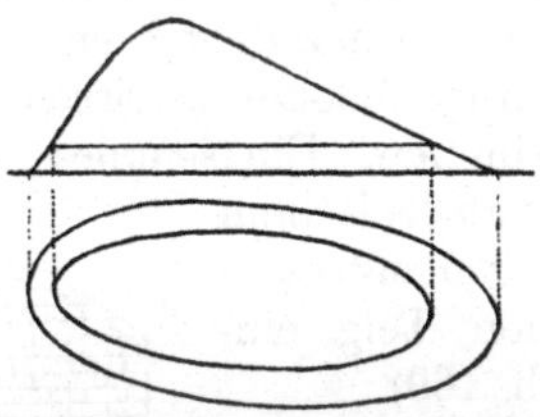

Abb. 163. Der Ausbiß einer horizontal gelagerten Schichte im steilen und flachen Gelände

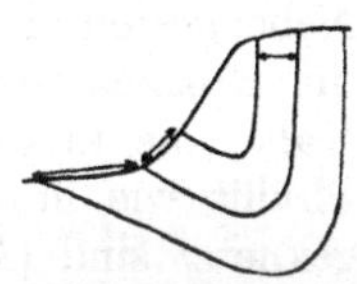

Abb. 164. Ausbisse geneigter Schichten im steilen und flachen Gelände

Die Konkordanz der Schichten wird sich im geologischen Kartenbilde in einer gleichmäßig parallelen Aufeinanderfolge der Grenzlinien äußern.

Die stratigraphische Diskordanz kennzeichnet sich durch das Fehlen einzelner Schichtglieder, die tektonische Diskordanz überdies bei ungestörter

a

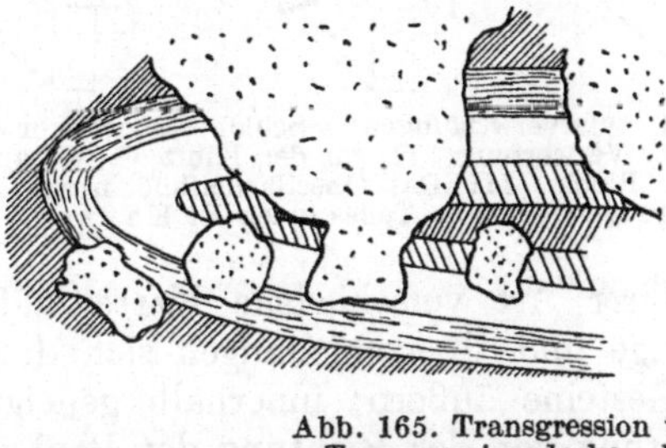

b

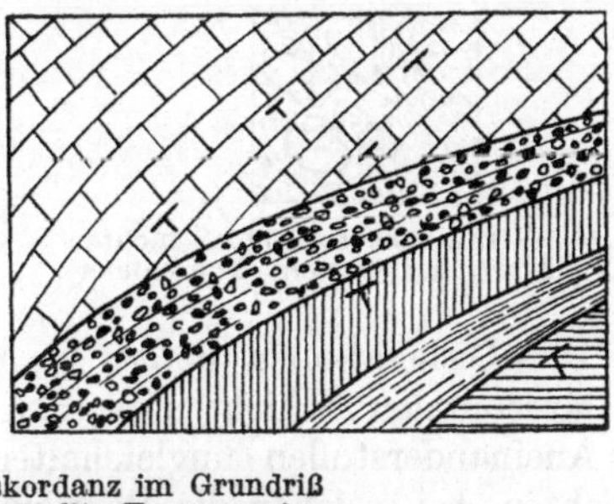

Abb. 165. Transgression und Diskordanz im Grundriß
a Transgressionsdecke, b steil gestellte Transgression

Lagerung der jüngsten Schichten als unregelmäßig lappige Auflagerung auf dem alten Gebirge (Abb. 165 a), bei nachträglicher Störung durch verschiedenes Streichen und Fallen der beiden Schichtgruppen (Abb. 165 b).

Gänge laufen als Lagergänge parallel, als Quergänge mehr oder weniger schief zur Schichtung. Eruptivstöcke und Ströme liefern ein der Transgression ähnliches Bild.

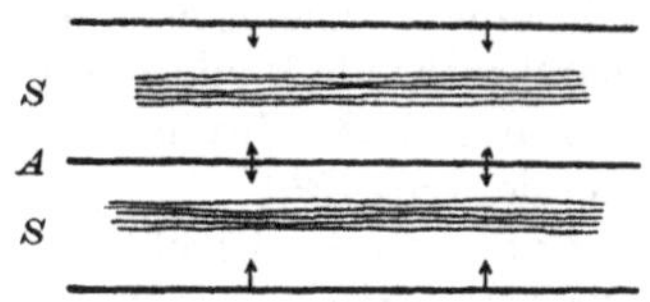

Abb. 166. Offene Falte

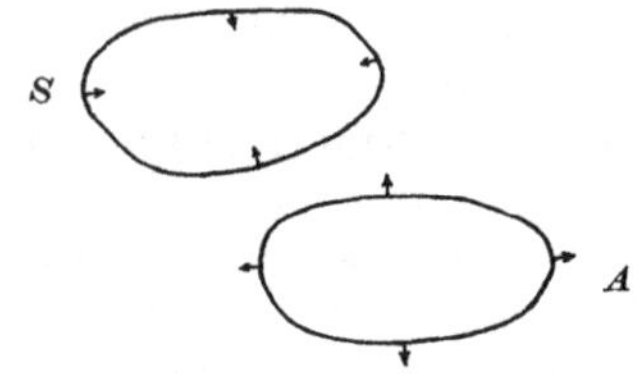

Abb. 167. Geschlossene Falte

A Antiklinale, *S* Synklinale

Die Falten sind teils offen, wenn ihre Schenkel auf längere Strecken parallel verlaufen (Abb. 166), teils geschlossen, wenn sie runde bis ellipsoidische Grundrißbilder geben, deren Fallrichtungen bei den Antiklinalen nach außen, bei Mulden aber nach innen gerichtet sind (Abb. 167). Bestehen die Falten aus größeren Schichtpaketen, dann wiederholt sich bei ruhiger Entwicklung jedes der einzelnen Glieder je zweimal, entsprechend den Sätteln und Mulden; allerdings können durch starke Pressungen einzelne Teile, zuweilen ein ganzer Flügel, verdrückt werden, wodurch schließlich im Kartenbilde starke Verknetungserscheinungen sichtbar werden (Abb. 168).

Tektonisch stark beanspruchte Gesteine werden je nach ihren physikalischen Eigenschaften bei der Auswalzung entweder zu linsenförmigen Körpern zerzogen oder in massige Klötze zerrissen, die ohne Zuspitzung im plastischen Nebengestein schwimmen. Ein schönes Beispiel hiefür bieten in den Ostalpen die Brocken von paläozoischem Kalk, die in den gleichaltrigen Phyllit wie in einen Teig eingeknetet sind (Abb. 169).

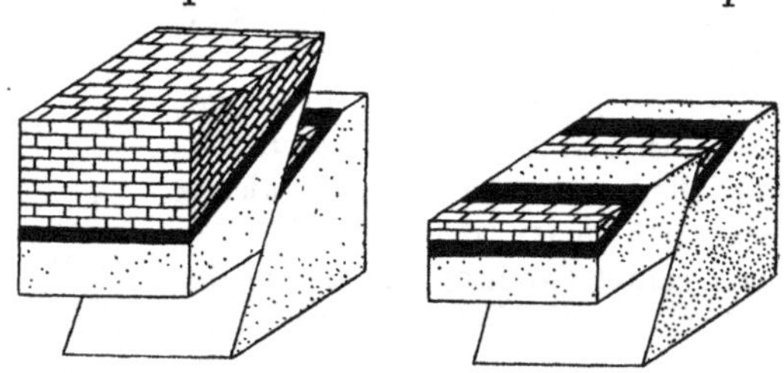

Abb. 170. Schaubild eines streichenden Wechsels bei geneigter Schichtenlage

Abb. 168. Verfaltung unter gleichzeitiger Auswalzung einzelner Schichten

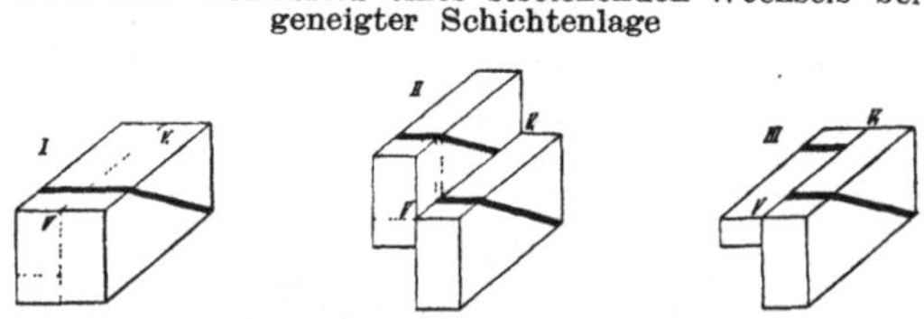

Abb. 171. Querverwerfungen. I Schichtenblock vor eingetretener Verwerfung. II An der Kluft $V - V_1$ abgesunkener Block. III Das Oberflächenbild nach Abtragung des oberen Teiles (nach E. Kayser)

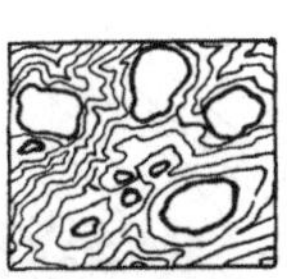

Abb. 169. Verknetungen spröder Schichten (Kalk) im weichen Gestein (Tonschiefer)

Die Dislokationen liefern je nach ihrer Art verschiedene Kartenbilder. Bei horizontalen Schichten werden Sprünge und Überschiebungen sich durch ein Aneinanderstoßen ungleichalteriger Gesteine äußern; innerhalb geneigter Schichten, bei welchen die Bewegungsrichtung von der Richtung der Bankung verschieden ist, verursachen Längsdislokationen eine Wiederholung oder ein Ausfallen einzelner Schichtglieder (Abb. 170). Bei Querdislokationen werden sich, Bewegungen parallel zur Schichtung ausgenommen, nach der Denudation ungleichartige Schichten an der Dislokationsfläche treffen (Abb. 171).

Im gefalteten Gebirge werden sich bei Eingreifen von Dislokationen die Formen komplizieren. Wird eine Falte von einer Querverwerfung getroffen, dann entspricht nach erfolgter Einebnung bei der Synklinale der breitere, bei der Antiklinale der schmälere Teil dem gesunkenen Trum.

Bei auskeilenden Schichten stoßen die Grenzlinien unter mehr oder weniger spitzem Winkel zusammen; die Richtung der Spitzen gibt uns einen Fingerzeig für die weitere Verfolgung und Auffindung der gleichen Gesteinslage im Falle ihres abermaligen Auftretens.

Literatur: Ampferer, O.: Über Methoden der Feldgeologie. Mitt. d. Geol. Ges. Wien, XVIII. Jg., S. 1. 1925. — Farell, J. H.: Practical of Field Geology, 5. Aufl. London. 1902. — Höfer v. Heimhalt, H.: Anleitung zum geologischen Beobachten, Kartieren und Profilieren, 2. Aufl. 1921. — Kahle, P.: Die Aufzeichnung des Geländes beim Kroquieren. Berlin. 1896. — Kahle, P.: Kroquieren für technische und geographische Zwecke. Zeitschr. f. prakt. Geol. 1894, S. 353; 1895, S. 49, 265, 332, 484; 1896, S. 10, 62, 135; 1897, S. 53, 158, 215. — Keilhack, K.: Lehrbuch der praktischen Geologie, I. u. II. Bd., 3. Aufl. Stuttgart. 1916. — Schöndorf, Fr.: Wie sind geologische Karten zu verstehen und zu verwerten? Braunschweig. 1916. — Stutzer, O.: Geologisches Kartieren und Prospektieren. Berlin. 1919. — Tangier Smith, W. S.: Some graphic methods for the solution of geologic problems. Econ. Geology, 10. Bd., S. 25. 1914.

VIII. Untersuchung, Bewertung und obertägiger Abbau von Lagerstätten

Von K. A. Redlich, Prag

A. Allgemeines über Lagerstätten

Unter einer Lagerstätte verstehen wir das Vorkommen eines Minerals, Mineralgemenges oder Gesteines an der Stelle seiner Entstehung bzw. seines Fundpunktes. Werden diese Urprodukte vom Menschen für seine Lebenshaltung verwendet, so heißen ihre Lagerstätten nutzbare. Eine Lagerstätte wird innerhalb des Schichtverbandes derart begrenzt, daß ihre Unterlage ihr Liegendes, die Überlagerung ihr Hangendes genannt wird. Bei Faltungen und anderen Störungen kann die ursprüngliche Liegendschichte zur Hangendschichte werden und umgekehrt; wir sprechen dann von scheinbar Liegendem und scheinbar Hangendem (Abbildung 172).

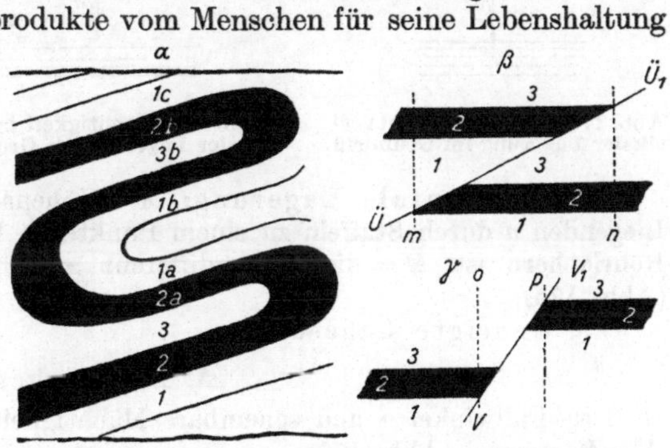

Abb. 172. α Gefaltete Lagerstätte. 3 scheinbar Hangendes, 1 scheinbar Liegendes des Lagerstättenteiles 2. 3 Liegendes, 1a Hangendes des Lagerstättenteiles 2a usw. β Durch Überschiebung $Ü—Ü_1$ wird die Lagerstätte 2 zwischen *m* und *n* verdoppelt. 3 ist Hangendes von 2, gleichzeitig auch teilweise Liegendes des aufgeschobenen Trums. γ Durch eine Verwerfung $V—V_1$ wird die Lagerstätte 2 zwischen *o* und *p* unterbrochen. 1 Liegendes, 3 Hangendes des stehengebliebenen und des verworfenen Trums

Von der Beschaffenheit des Hangenden und Liegenden hängt im Tiefbau sehr häufig der günstige Vortrieb ab. Ein dichtes und festes „stehendes“ Hangendes gestattet im Stollen- und Tunnelbau fast ohne Firstunterstützung zu arbeiten, im Abbau nur mit einigen Sicherheitspfeilern so ziemlich die gesamte Masse herauszunehmen. Bei bröckeligem und zerklüftetem, noch mehr bei lockerem Hangenden genügt oft nicht mehr die kostspielige Zimmerung, man muß zur Ausmauerung des Stollens, beim Abbau zu speziellen Methoden greifen. Solche lose oder poröse Schichten führen nicht selten Gas oder Wasser und veranlassen dadurch Vergasungen bzw. ein starkes Wasserzusitzen in der Grube. Auch können sie zu Zersetzungen in der Lagerstätte führen.

Am Mt. Promina in Dalmatien liegt über der Kohle ein stark zerbrochener, wasserdurchlässiger Kalk. Das Obertagswasser nimmt in diesen Hangendschichten Kalk als Bikarbonat auf; im Kohlenflöz wird durch das Eindringen der Luft und des Wassers nicht nur eine Entgasung, sondern auch eine weitgehende Zersetzung der Kohle zu Staub hervorgerufen, ihr Kalorienwert sinkt von zirka 4500 auf zirka 3500 herab. Bei dieser Gelegenheit bildet das Kalziumbikarbonat mit dem reichlich vorhandenen verwitterten Schwefelkies Kalziumsulfat und verringert so den Gehalt der Kohle an verbrennlichem Schwefel.

Als Liegendes sind alle durch Wasseraufnahme quellenden und fließenden Schichten (Ton, Gips, Anhydrit usw.) gefürchtet, da sie die Stützpfeiler illusorisch machen und die Stollensohle mit ihren Ausförderungsgleisen blähend heben.

Der kürzeste Abstand zwischen Hangend und Liegend einer Lagerstätte heißt die wahre Mächtigkeit. Sie ist bei horizontal und vertikal gelagerten Schichten leicht meßbar. Bei geneigten Schichten ist die Bestimmung insofern umständlicher, als sie rechnerisch bzw. zeichnerisch erfolgen muß.

Die Bestimmung der Mächtigkeit M, unter der Voraussetzung, daß die Schichtflächen parallele Ebenen sind, kann auf folgende Weise erfolgen:

1. Vertikale Lagerung.

a) Beide Ausbißlinien sind sichtbar: M = Abstand der beiden Linien (Abb. 173).

b) Je ein Punkt im Hangenden *(a)* und im Liegenden *(b)*, deren Verbindung nicht senkrecht zum Streichen liegen, ferner das Streichen bekannt. Konstruktion (Abb. 174).

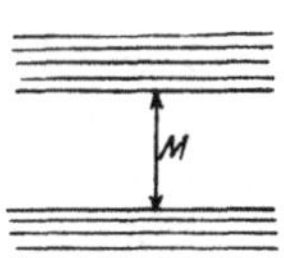

Abb. 173. Mächtigkeit bei vertikaler Lagerung im Grundriß

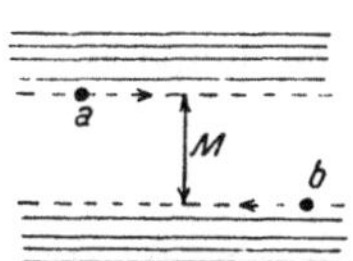

Abb. 174. Mächtigkeit bei vertikaler Lagerung im Grundriß

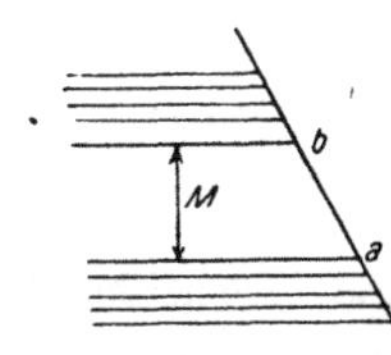

Abb. 175. Mächtigkeit bei horizontaler Lagerung im Profil

2. Horizontale Lagerung: M = Höhenabstand, der von einem Punkt im Liegenden *a* durch Staffeln zu einem Punkte im Hangenden *b* ermittelt wurde. Bei Bohrlöchern ist M = die Höhendifferenz zwischen Hangend- und Liegendpunkt (Abb. 175).

3. Geneigte Lagerung:

A. Bohrlöcher

a) Fallwinkel α und scheinbare Mächtigkeit M^1 bekannt. Wahre Mächtigkeit $M = M^1 \times \cos \alpha$ (Abb. 176).

b) Streichen und Verflächen nicht bekannt: Es müssen 3 Bohrlöcher vorhanden sein oder 2 Punkte des Ausbisses und 1 Bohrloch, oder 2 Bohrpunkte und 1 Ausbißpunkt. Aus diesen 3 Elementen konstruiert man den Fallwinkel α (Abb. 160). Durch geeignete Apparate, Stratameter, kann aus einem Bohrkern Streichen und Fallen bestimmt werden; die wahre Mächtigkeit M ergibt sich dann aus der scheinbaren und aus α wie bei a).

B. Im Terrain

a) Aus der geologischen Karte: Man zeichnet ein Profil quer zum Streichen. Falls der Fallwinkel nicht bekannt ist, konstruiert man ihn aus der Ausbißlinie

(S. 261). Ist a der horizontale Abstand vom Liegenden zum Hangenden, dann ist $M = a \sin \alpha$ (Abb. 177).

b) In der Natur.

α) Ausbißlinie sichtbar, Fallwinkel α bekannt; direkte Messung mit Stock und Kompaß (Abb. 178). Der Kompaß wird auf einem Stock von der Länge l befestigt, der Stock bei A aufgestellt und in der Richtung senkrecht zum Streichen geneigt, bis der Senkel des Kompasses den Fallwinkel anzeigt; dann wird das Terrain anvisiert. Von dem so gefundenen ersten Zwischenpunkt aus wird durch den gleichen Vorgang der nächste Zwischenpunkt gefunden usw., schließlich das Reststück x durch Senken des Kompasses am Stock ermittelt. Mächtigkeit $M = n \times l +$ Reststück x.

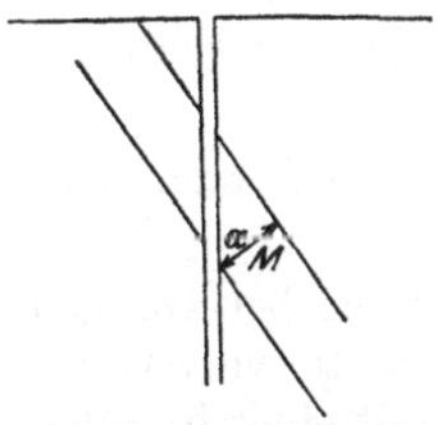

Abb. 176. Mächtigkeit im Bohrloch bei geneigter Lagerung

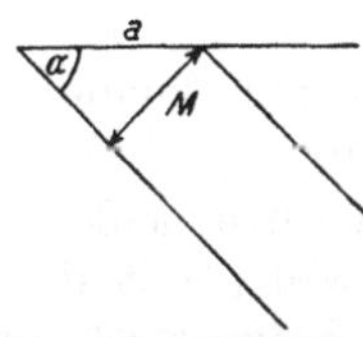

Abb. 177. Mächtigkeit bei geneigter Lagerung

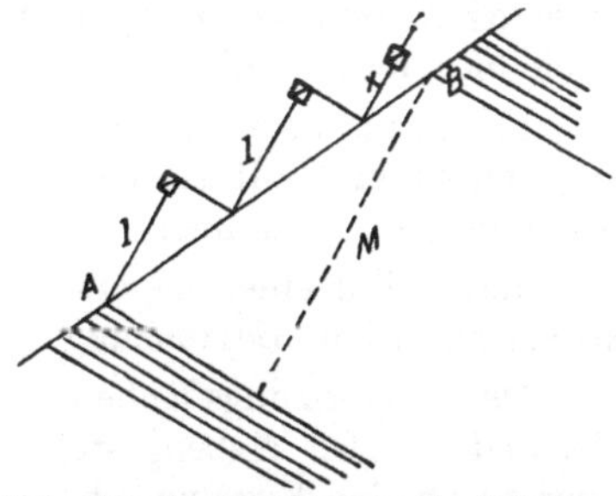

Abb. 178. Direkte Messung der Mächtigkeit mit Stock und Kompaß

β) Ausbißlinie sichtbar, Fallwinkel bekannt, graphische Ausmittelung. Man wählt je einen Punkt im Liegenden (A) und im Hangenden (B), die senkrecht zum Streichen liegen, staffelt den Höhenunterschied von A nach $B = h$ und mißt den direkten (schrägen) Abstand a (Abb. 179a). Man konstruiert sich zuerst den Abstand a',

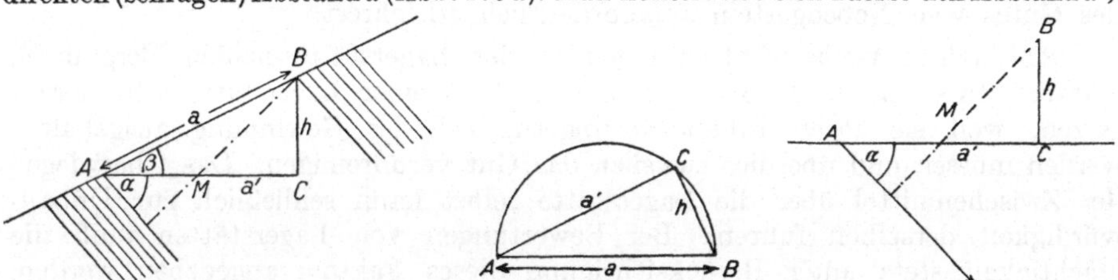

a b c

Abb. 179 a bis c. Graphische Ausmittelung der Mächtigkeit

indem man mit dem Durchmesser a einen Halbkreis schlägt und von dem Endpunkt B aus die Strecke h abschneidet. Hiebei ergibt sich als zweite Kathete des rechtwinkeligen Dreieckes a' (Abb. 179b). Auf Millimeterpapier trägt man sich a', senkrecht dazu h auf, bekommt so B, legt durch A unter dem Fallwinkel α eine Gerade, fällt von B aus das Lot auf dieselbe und erhält so die Mächtigkeit M (Abb. 179c). Rechnerisch kann a' folgendermaßen ermittelt werden: $\frac{h}{a} = \sin \beta$; $a' = h \operatorname{ctg} \beta$.

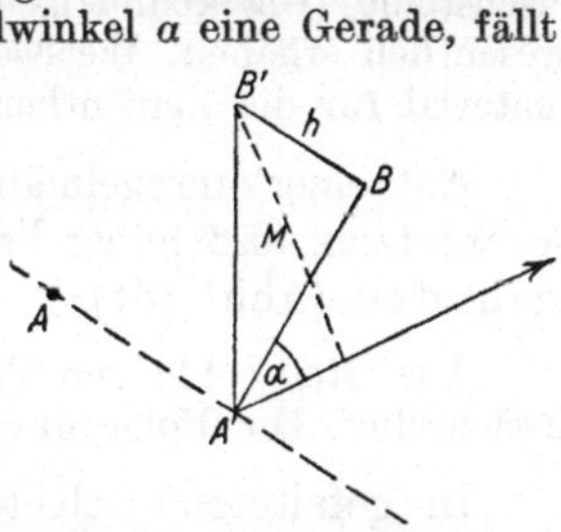

Abb. 180. Bestimmung der Mächtigkeit im Grundriß bei geneigten Schichten

γ) Streichen und Fallen bekannt, ferner zwei Punkte A und B im Liegenden und Hangenden, die nicht in einer Richtung senkrecht zum Streichen liegen (Abb. 180). Man bestimmt durch Kroquis die Lage von A und B in der Karte, ferner durch Staffeln den Höhenunterschied h. Man legt durch A eine Gerade $(A\,A')$ parallel zum Streichen, durch B eine Ebene senkrecht zum Streichen. Diese Ebene denkt man sich um ihre Spur $B\,A'$ in die Bildebene umgeklappt. Zu diesem Zwecke trägt man in B, senkrecht zu $A'\,B$ den Höhenabstand $B—A = h$ auf und erhält B'. Nun zieht man durch A' unter dem Fallwinkel α einen Strahl, fällt von B' aus das Lot auf denselben und erhält so die Mächtigkeit M.

δ) Streichen und Verflächen nicht bekannt. Dasselbe muß aus der Ausbißlinie konstruiert werden (siehe S. 261), wodurch die Aufgabe auf den Fall γ zurückgeführt ist.

Nur selten behält die Lagerstätte auf weite Erstreckung die gleiche Mächtigkeit. Sie kann bald schwächer werden, bald anschwellen (sich auftun). An ihrem Ende keilt sie entweder natürlich aus, oder sie wird tektonisch verdrückt (ausgewalzt). Teilt sie sich in mehrere Lagerstätten, dann gabelt bzw. verästelt sie sich. An Störungen schneidet oder stößt sie ab. Verästelungen sind bei Gängen häufiger als bei Lagern und Flözen, wenn sie auch hier nicht fehlen.

Liegt eine Lagerstätte an einer Lehne parallel zu deren Oberfläche, so heißt sie rechtsinnig, fällt sie entgegengesetzt in den Berg ein, so spricht man von widersinnigem Einfallen.

Jener Teil einer Lagerstätte, der zutage kommt, heißt Ausbiß oder Ausstreichen, seine Begrenzung Ausbißlinie.

Die Begrenzungsflächen der Lagerstätte heißen, namentlich bei Gängen, Salbänder. Das Nebengestein ist entweder mit der Lagerstätte verwachsen oder durch eine Fuge von ihr getrennt. Letztere ist zuweilen mit einer fremden, meist lettigen Masse, welche durch Druck schieferig werden kann und den Namen Besteg führt, erfüllt. Der Besteg ist fast immer ein Reibungsprodukt, das beim Aufreißen der Gesteinsspalte und bei der Bildung des von der Lagerstätte eingenommenen Raumes entstanden ist. Der Besteg wird vom Bergmann meist gerne gesehen, da er bei einer Stärke von einigen Zentimetern die Loslösung des Gutes vom Nebengestein außerordentlich erleichtert.

Schwächere taube Einlagerungen in der Lagerstätte heißen Bergmittel, stärkere Zwischenmittel. Sie können den Wert einer Lagerstätte sehr herabsetzen, weil sie ihren Inhalt verringern, bei der Gewinnung ausgehalten werden müssen und überdies zuweilen das Gut verunreinigen. Das Überwiegen der Zwischenmittel über die Lagerstätte selbst kann schließlich zur Unbauwürdigkeit derselben führen. Bei Bewertungen von Lagerstätten muß die Mächtigkeit stets unter Berücksichtigung dieses Faktors angegeben werden. Sind dagegen die Zwischenmittel ein verwendbares Material, dann erhöhen sie den Wert einer Lagerstätte.

Im Kohlenbezirk von Kladno in Mittelböhmen liefert eine Tonbank, welche die Flöze trennt, einen hochfeuerfesten, wertvollen Ton. In England sind es Toneisensteine (Blackbands), die, mit der Kohle gleichzeitig gefördert, den Gewinn wesentlich erhöhen. Wechsellagernde Mergel- und Kalkbänke geben ein gutes Rohmaterial für die Zementbereitung.

Auf einer unregelmäßigen Unterlage wird sich die Lagerstätte diskordant so absetzen, daß höher liegende Partien des Liegenden als taube Inseln in ihr verbleiben (Abb. 181).

Die Steinkohle von Pilsen liegt unmittelbar auf einem alten unregelmäßigen Bodenrelief. Die Folge davon ist das Fehlen der Kohle auf weiten Strecken.

In gefalteten Gebieten kann der Faltenscheitel der Lagerstätte durch Erosion entfernt worden sein, wodurch ähnliche Formen entstehen (Abb. 182).

Auswaschungen können eine Lagerstätte in einzelne Teile zerlegen (Abb. 183). Werden derartige Auswaschungen in späteren Zeiten durch neue Ablagerungen bedeckt, so finden wir sie beim Abbau als Unterbrechungen der Lagerstätte, die als fehlender Teil nicht nur eine Entwertung bedeuten, sondern bei porösem oder brüchigem Gesteinscharakter auch Wasser und Gas führen können.

Treten mehrere Lagerstätten im Streichen hintereinander auf, so heißen sie Lagerzonen. Ordnen sie sich übereinander an, so nennt man sie Lagerzüge bzw. Gangzüge.

Bei besonders reichlichen Anhäufungen von Erzen sprechen wir von Adel und Adelspunkten, bei einer gewissen Gesetzmäßigkeit von Adelsvorschüben; beim Auslassen der Erze von Vertaubung, bei starkem Wechsel von tauben und edlen Partien von Absätzigkeit. Die tauben Mineralien heißen bei Gängen auch Gangarten; es ist selbstverständlich, daß ein Mineral in der einen Lagerstätte Gangart, in der anderen Edelgut sein kann.

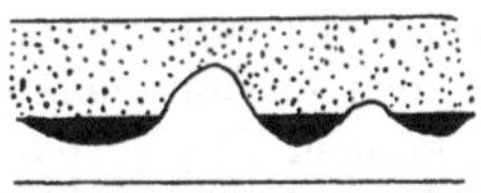

Abb. 181. Bei unregelmäßigem Liegenden wird die Lagerstätte durch Aufragungen des Untergrundes unterbrochen

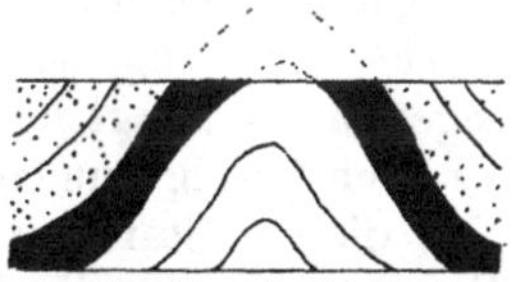

Abb. 182. Durch Erosion entfernter Faltenscheitel

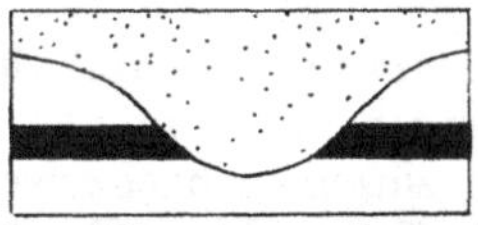

Abb. 183. Auswaschung in einer Lagerstätte, die später wieder bedeckt wurde

Übertags haben wir die Halden, auf welche die tauben Berge gestürzt werden; in manchen Fällen ist es auch notwendig, das geförderte Gut (Erz, Kohle) bei der Grube zu deponieren, das heißt auf vorhandenen Lagerplätzen abzustürzen. In diesem Falle spricht man von Erz- bzw. Kohlenhalden.

B. Einteilung der Lagerstätten

Materialien für die lohnende Gewinnung von Metall und einzelnen Metallverbindungen werden „Erze“, mineralische Stoffe für alle übrigen Verwendungszwecke „Steine“ genannt.

Wollen wir den Inhalt spezieller angeben, so werden wir von Gold-, Eisen-, Kohlen-, Diamantlagerstätten usw. zu sprechen haben.

Die stereometrischen Verhältnisse bedingen Form und Größe der Lagerstätte.

Das Überwiegen einer einzigen Dimension erzeugt bei mehr steiler Stellung Säulen und Schläuche, bei mehr horizontaler Lage Lineale.

Sind zwei Dimensionen bedeutend größer als die dritte, so wird die Gestalt plattenförmig. Bei regelmäßigem (syngenetischem) Absatz in der Schichtfolge spricht man, wenn die Mächtigkeit geringer und die Ausdehnung größer ist, besonders bei Kohle von Flözen, wenn die Mächtigkeit größer und die Ausdehnung kleiner ist, vor allem bei Erz von Lagern. Lagerimprägnationen entstehen, wenn ein Sediment schichtenförmig von Metallösungen durchtränkt wird.

Einen bereits bestehenden, mehr oder weniger ebenen Spaltenhohlraum wird im Nachhinein (epigenetisch) der zweidimensionale Gang erfüllen. Der Quergang folgt einer quer zur allgemeinen Schichtung verlaufenden Spalte, der Lagergang der Schichtung selbst. Schichtenaufblätterungen von beschränkter Ausdehnung können breitere oder schmälere Linealgänge bzw. Ganglinsen bergen.

Gänge können parallel verlaufen oder sich durchkreuzen, wobei das Gangkreuz meist eine Erzanreicherung zeigt. Sie senden Abzweigungen ins Nebengestein (Apophysen), sie gabeln sich mit abgesplitterten Bogen und Quertrümmern. Gänge werden oft durch tektonische Kräfte wieder aufgerissen und bewegt; entweder ist der Vorgang der Erzfüllung noch nicht abgeschlossen, dann kann die Lücke wieder gefüllt und verheilt werden, oder aber es tritt eine Auswalzung und teilweise Zerstörung ein, wobei die Erzmasse in das Nebengestein eingerieben werden kann (Goldgänge der Sieglitz bei Gastein in Salzburg).

Anhäufungen vieler sich kreuzender Gänge werden in manchen Erzdistrikten Stockwerke genannt.

Dreidimensionale, oft unregelmäßig im Gestein verstreute Lagerstätten werden nach ihrer Größe in Stöcke und Butzen geteilt. Auch diese Formen können unter den verschiedensten Bedingungen gebildet worden sein, als magmatische Schlieren, als Ausfüllungen präexistierender Hohlräume oder durch tektonische Zusammenstauchung plattiger Lagerstättenformen.

Vom Standpunkt der Entstehung aus unterscheidet man folgende Typen:

Gleichzeitig mit den Nebengesteinsschichten gebildete Lagerstätten sind syngenetisch (Flöze), später in sie eingedrungene epigenetisch (Gänge).

Der größte Teil aller Erzlagerstätten hängt letzten Endes mit vulkanischen Vorgängen zusammen, wenn es auch häufig unmöglich ist, den Zusammenhang im einzelnen nachzuweisen. Von diesem Standpunkt aus können wir, je nach der Phase des vulkanischen Prozesses, in die die Lagerstättenentstehung fällt, folgende Typen unterscheiden:

Die Lagerstätte ist ein Erstarrungsprodukt des Magmas (magmatische Lagerstätte [Abb. 7]). Sie ist in erster Linie ein Produkt der Tiefe und eine Anreicherung nutzbarer Mineralien an einzelnen Punkten. Beispiele: Die Chromitschlieren in Olivin- und Serpentingesteinen, die intrusiven Kieslagerstätten von Bodenmais in Bayern usw. Entsprechend ihrer Entstehung sind es größere oder kleinere Stöcke, ausnahmsweise Formen von anhaltender Längen- und Tiefenerstreckung, wie die Magnetitlager von Lappland.

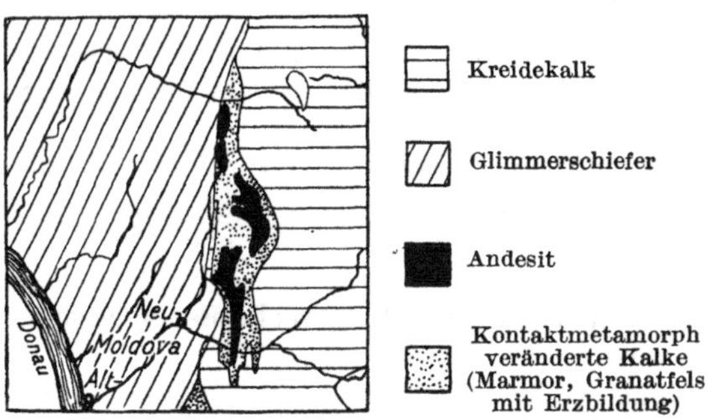

Abb. 184. Kontaktmetamorphe Erzlagerstätte von Neu-Moldava im Banat

Die sich bei der Erstarrung des Eruptivs im Nebengestein bildende epigenetische Erzansammlung heißt kontaktmetamorphe Lagerstätte (Magnetite von Elba, Kupfer, Eisenerze usw. im Banat [Abb. 184]). Sie ist an die Grenze der beiden Gesteine gebunden, wo sich Stöcke und Butzen, selten und untergeordnet Gänge bilden, die wegen ihrer unregelmäßigen, schwer berechenbaren Gestalt bei der Schätzung des Mineralinhaltes große Vorsicht erfordern.

Die heißen Gase des Magmas bilden in den Kontraktionsrissen des bereits erstarrten Gesteines pneumatolytische Gänge (Stockwerke [Abb. 7]); gleichzeitig verdrängen sie, von den Spalten ausgehend, das Nebengestein (pneumatolytische Verdrängungslagerstätten). Beispiel: Die Zinnerzgänge und Greisenbildungen im Granit. Infolge ihrer Bildungsweise liegen die relativ reichsten Erze in den schwachen, oft nur einige Millimeter mächtigen Gängen; im Nebengestein findet eine mehr gleichmäßige Erzimprägnation statt. Bei der Beurteilung derartiger Lagerstätten, namentlich bei der Probenentnahme, muß daher die ganze Zone Berücksichtigung finden, wenn die Masse und ihr Erzgehalt richtig berechnet werden soll.

Unter 350 bis 400° beginnt bereits der Einfluß der heißen wässerigen Lösungen sich geltend zu machen und erzeugt die Absätze der hydrothermalen Lagerstätten (Abb. 7). Präexistierende Spalten werden von hydrothermalen Gängen erfüllt (Eisenerzgänge des Siegener Landes). Das Nebengestein kann bei schwerer Löslichkeit chemisch angegriffen (Bleichung und Erweichung von Tonschiefern) und mit Erz imprägniert, bei starker Löslichkeit in hydrothermal-metasomatische Verdrängungslagerstätten umgewandelt werden (Bleiglanz und Zinkblende nach Kalk in Raibl; Magnesit und Breunerit nach Kalk, Typus Veitsch).

Ergußgesteine pflegen im allgemeinen erzärmer zu sein als Tiefengesteine; sie liefern hydrothermale Gänge und Erzimprägnationen unter gleichzeitiger starker Zersetzung des Nebengesteines (Gold und Silber im propylitisierten Andesit der Karpathen, im kaolinisierten Andesit von Bor in Serbien).

An der Erdoberfläche erzeugen sie Exhalations- und Thermalquellabsätze (Sprudelstein von Karlsbad, Kieselsinter mit Zinnober in den Hotsprings), Imprägnationen von Tuffen usw., die man als Exhalationslagerstätten zusammenfassen kann. Kommt zu dem vulkanischen (juvenilen) Wasser obertägiges (vadoses) Wasser, so entstehen Übergänge zu den normalen Quellabsätzen.

Es ist fast eine Selbstverständlichkeit, daß die eben besprochenen eruptiven Lagerstättentypen ineinander übergehen, so magmatische in kontaktmetamorphe, pneumatolytische in hydrothermale usw.

Der Angriff der Hydro- und Atmosphäre auf die Erdoberfläche (Verwitterung) verursacht einerseits eine chemische, anderseits eine mechanische Zerstörung der Gesteine. Diese Vorgänge führen zu einer Reihe von Neubildungen bzw. Lagerstätten, welche sich leicht von den Eruptivlagerstätten trennen lassen; es sind dies die sedimentären Lagerstätten bzw. ihr spezieller Fall, die Trümmerlagerstätten.

Trümmerlagerstätten sind durch Zertrümmerung präexistierender Lagerstätten entstanden. Liegen sie ohne Bedeckung frei zutage, so werden sie Seifen genannt (Abb. 7). Fluß- und Meerwasser, gelegentlich auch Gletschereis, schleppt die Massen fort und lagert sie an irgend einem Ort ab. Bei diesem Transport erfolgt eine natürliche Anreicherung der schweren Teile — in erster Linie der Erze — gegenüber den leichteren tauben Steinen (alluviale Seifen). Bleibt in regenarmen Gegenden die schwerere Masse an der Stelle ihrer Entstehung liegen, wobei die leichten tauben Partien durch gelegentliche Niederschläge entfernt werden, so sprechen wir von eluvialen Seifen. Infolge der natürlichen Konzentration sind die Seifen oft reicher als die primären Lagerstätten, aus welchen sie entstanden sind. Nur chemisch schwer zerstörbare Edelmaterialien, wie der Diamant, der Rubin, der Topas, der Granat usw., oder Metalle, wie Gold und Platin, Erze, wie Zinnstein, Magneteisenerz, Monazit (ein Thor- und Cermineral) usw., können sich auf Seifen finden.

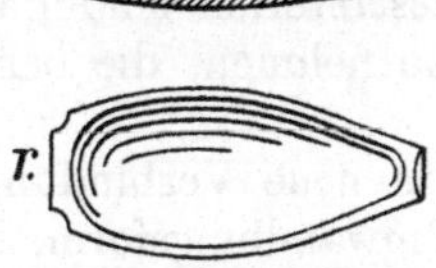

Abb. 185. Freiberger Sichertrog (nach E. Treptow)

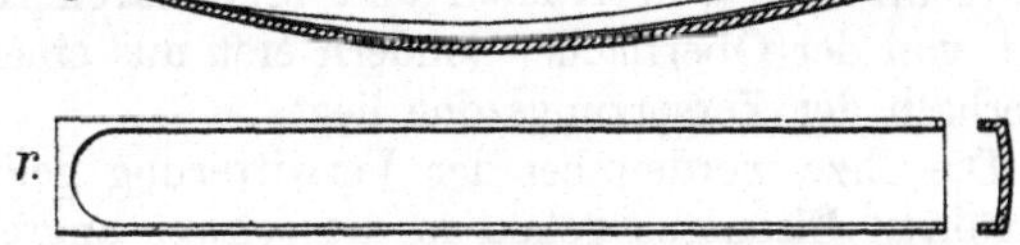

Abb. 186. Salzburger Sichertrog oder Handsachse (nach E. Treptow)

Die Untersuchung der letzteren, aber auch ihr Abbau erfolgt durch einen Schlämmprozeß. Man bringt den zu verwaschenden Schlich mit etwas Wasser auf eine flache Schüssel (Sichertrog, Patena oder Sachse) und schwingt diese durch Stoßen mit der Hand bei *r* so hin und her, daß das Wasser die leichten Bergteilchen auf einer Seite ansammelt, das edle Gut aber auf der anderen Seite zurückläßt (Abb. 185, 186). Im großen wird statt der umständlichen Handwäsche die erste Trennung durch zugeleitetes überfließendes Wasser bewerkstelligt, das grobgesicherte Material dann weiter aufbereitet. Die Ausdehnung der Seifen flußaufwärts kann durch ein systematisches Untersuchungswaschen mit dem Sichertrog bestimmt werden; oft gelingt es schließlich, auf diesem Wege bis zur primären Lagerstätte vorzudringen.

Verfestigte Trümmerlagerstätten, chemische Ausscheidungen (vor allem aus dem Meerwasser, wie das Salz oder die Eisensulfide im Schlamm des Schwarzen Meeres), organogene Bildungen, wie die Kohle und das Erdöl, liegen syngenetisch und konkordant im Schichtenverband (Abb. 187). Wie weit man viele schichtige Erzansammlungen, in erster Linie des Eisens und Schwefelkieses, zu dieser Gruppe stellen soll, ist eine vielumstrittene Frage, da wir jüngere Lagergänge und andere Erzkonzentrationen kennen, welche durch ihre schichtige Gestalt die Sedimentform sicherlich nur vortäuschen (Abb. 187γ). Mit Sicherheit können nur die noch jetzt entstehenden, häufig manganhaltigen Rasen- und See-Eisenerze als sedimentäre Bildung angesehen werden. Sie setzen sich im sumpfigen Gelände unter Mitwirkung des Luftsauerstoffes und gewisser Organismen aus eisenhaltigen Wässern lagenförmig ab.

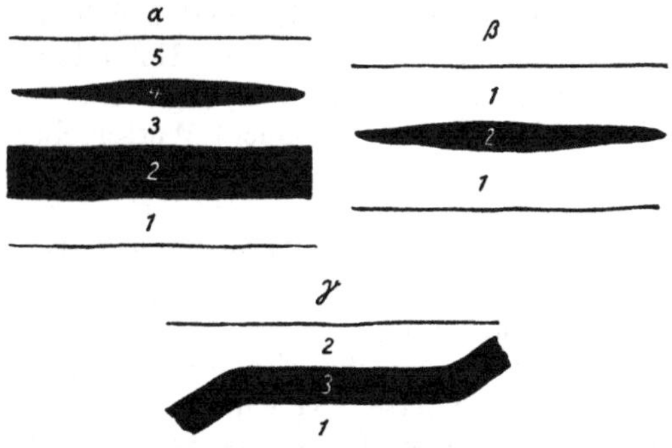

Abb. 187. α Innerhalb einer sedimentären Schichtenfolge 1—5 werden syngenetisch die Lagerstätten 2 und 4 gebildet. — β Jüngere lagenförmige Konzentration (konkretionäre Bildung) 2 im Sediment 1. — γ Scheinbar schichtiges Erz 3 als epigenetischer Lagergang in die Schichtfuge zwischen 1 und 2 eingedrungen

Teufenunterschiede. Die Mineralführung der Lagerstätten ist häufig nicht einheitlich, sondern nach der Tiefe verschieden. Die Unterschiede können entweder ursprüngliche — primäre — oder nachträglich entstandene — sekundäre — sein.

Die primären Teufenunterschiede gehen auf Änderungen der Absatzbedingungen zurück und beschränken sich hauptsächlich auf gangförmige Erzlagerstätten. In Joachimstal z. B. wurden in den oberen Horizonten Silber-, Kobalt- und Nickelerze gewonnen, die in größerer Tiefe durch das Uranerz, die Pechblende, ersetzt wurden.

Von anderer Art sind die sekundären, mit der Verwitterung zusammenhängenden Teufenunterschiede. An der Oberfläche verwittert mit dem Nebengestein auch die Lagerstättensubstanz. Kohlen werden hiebei an der Luft oxydiert und aschenreicher, Erdöl verliert seine leichtflüchtigen Bestandteile. Analysenproben von Kohlen und brennbaren Kohlenwasserstoffen sind daher nicht von der Oberfläche, sondern erst aus einer Tiefe zu nehmen, die bereits außerhalb der Zersetzungszone liegt.

Die Erze werden bei der Verwitterung gelöst und in neue Verbindungen überführt. Eisenerze gehen in die schwer angreifbare Umwandlungsform, den braunen Limonit, die Sulfide in unbeständige Sulfate und in beständigere, oft buntfarbige Karbonate, über. Die letzteren sind namentlich beim Kupfer sehr lebhaft gefärbt (grüner Malachit, blauer Azurit), so daß sie oft eine größere Erzansammlung vortäuschen. Da in fast allen Erzlagerstätten Eisenverbindungen vorhanden sind, welche die Zersetzungszone braun färben, nennt man letztere auch „Eisernen Hut“ (Abb. 7).

Sinken die obenerwähnten wasserlöslichen Sulfate des Eisernen Hutes in die Tiefe, wo sie mit primären Erzen zusammenstoßen, dann wird durch komplizierte physikalisch-chemische Vorgänge der Metallgehalt meist in Sulfidform ausgefällt und eine abnorme Anreicherung, Zementationszone genannt, gebildet. Diese reicht gewöhnlich nicht unter den Grundwasserspiegel. Nach Überschreitung der Zementationszone gelangt der Bergbau zu den ärmeren primären Erzen, die oft nicht mehr abbauwürdig sind und ein Erliegen des Bergbaues zur Folge haben. Solche Anreicherungen spielen namentlich bei Gold-, Silber- und Kupferlagerstätten eine große Rolle.

Vorbehaltene und nicht vorbehaltene Mineralien. Ein wichtiger Einteilungsgrund der nutzbaren Mineralien besteht in ihrer Bedeutung für die Volkswirtschaft und in der Häufigkeit ihres Vorkommens in der Natur.

Die Aufsuchung und Gewinnung wichtiger und verhältnismäßig seltener Mineralien ist aus naheliegenden Gründen in den meisten Kulturstaaten durch besondere Berggesetze geregelt.

Als besonders lehrreiches Beispiel sei hier das heute auch in der tschechoslowakischen Republik geltende österreichische Bergrecht angeführt.

Dieses Berggesetz nennt jene wichtigen und dabei verhältnismäßig seltenen Mineralien „vorbehaltene Mineralien", räumt dem Grundbesitzer rücksichtlich derselben keinerlei Rechte ein und rechnet zu ihnen alle Mineralien, welche „wegen ihres Gehaltes an Metallen, Schwefel, Alaun, Vitriol oder Kochsalz benutzbar sind, ferner die Zementwässer, Graphit und Erdharz, endlich alle Arten von Schwarz- und Braunkohle". In der Slowakei gehört die Kohle nach dem ungarischen Berggesetz bis jetzt dem Grundeigentümer.

Schon das Aufsuchen dieser Mineralien, das „Schürfen", ist gesetzlich geregelt: Wer in bestimmten Gebieten schürfen und das dem Grundbesitzer gegenüber unter Umständen erforderliche „berggesetzliche Enteignungsrecht" erwerben will, läßt sich vom zuständigen Revierbergamte eine „allgemeine Schurfbewilligung" erteilen, und wenn er für bestimmte, ihm hoffnungsvoll erscheinende Flächen das ausschließliche Schurfrecht und noch gewisse Vorzugsrechte bezüglich der Verleihung erwerben will, meldet er überdies „Freischürfe" an, von denen jeder eine Kreisfläche mit 425 m Halbmesser deckt.

Von jedem Freischurfe muß die Lage des Schurfbaues und des Schurfzeichens (Kreismittelpunkt) genau angegeben sein. Zusammenhängende Freischürfe werden regelmäßig so gelagert, daß zwischen ihnen kein freier Raum bleibt, weil solche Lücken von fremden Schürfern besetzt werden und Unannehmlichkeiten bei einer eventuellen späteren Verleihung von Grubenmaßen zur Folge haben können.

Für solche Freischürfe muß jährlich eine Gebühr entrichtet werden; außerdem besteht, wenigstens nach dem Wortlaute des Gesetzes, für sie die Pflicht des steten Betriebes.

Wer vorbehaltene Mineralien gefunden hat und einen Bergbaubetrieb auf sie eröffnen will, muß sich nach einem gesetzlich genau geregelten Verfahren von der Berghauptmannschaft, das ist die zweite Instanz der Bergbehörde, „Grubenmaßen" bzw. in gewissen Fällen „Tagmaßen" verleihen lassen.

Es sei aber an dieser Stelle darauf hingewiesen, daß auf Grund einer Entscheidung des österreichischen Verwaltungsgerichtshofes zum alten österreichischen Berggesetz, welches noch heute für die Sukzessionsstaaten gilt, die Verleihung von Grubenmaßen auch an Personen erfolgen kann, welche nicht Besitzer des geschlossenen Freischurfterrains sind, sondern nur Schurfresultate nachweisen können (Mont. Rundschau, S. 219. Wien. 1927).

Ein einfaches Grubenmaß ist eine rechteckige Fläche von 45116 m², deren Schmalseite nicht kürzer sein darf als 106 m.

Auf einen Aufschluß dürfen höchstens vier einfache, bei Stein- und Braunkohlen höchstens vier Doppelgrubenmaßen verliehen werden.

Die Verleihung erstreckt sich auf die ewige Teufe und auf alle innerhalb des Grubenmaßes vorkommenden vorbehaltenen Mineralien.

Tagmaßen werden nur auf bestimmte oberflächlich vorkommende Mineralien verliehen und dürfen nicht größer als 115000 m² sein.

Auch für Gruben- und Tagmaßen besteht ein gewisser Betriebszwang und muß für sie jährlich eine Gebühr entrichtet werden.

Eine Gewinnung und Verwendung vorbehaltener Mineralien im Zuge der bloßen Schurfarbeiten ist nur mit besonderer Bewilligung des betreffenden Revierbergamtes zulässig.

Wir haben hier also ein vom Grundeigentum vollständig getrenntes selbständiges Schurfrecht und ein besonderes, als Bergwerkseigentum bezeichnetes Gewinnungsrecht, welches, abgesehen von den Tagmaßen, sogar Gegenstand einer besonderen Verbücherung bei bestimmten Kreisgerichten ist. Man bezeichnet die Gesamtheit der einen selbständigen Bergbuchkörper bildenden Grubenmaßen als ein „Grubenfeld".

Die Grundbesitzer können nötigenfalls im Wege eines besonderen berggesetzlichen Enteignungsverfahrens gezwungen werden, gegen eine angemessene Schadloshaltung die zum Bergbaubetriebe nötigen Grundstücke zur Benutzung zu überlassen, und nur Gebäude und gewisse andere im Berggesetz genau bezeichnete Grundflächen sind der berggesetzlichen Enteignung entzogen.

Das Kochsalz ist Gegenstand des Staatsmonopols und unterliegt daher besonderen Bestimmungen.

Sonderbestimmungen gelten auch für Erdharze, deren Begriff in einem Gesetze vom Jahre 1884 genauer festgelegt ist.

Das ungarische Berggesetz hat ganz ähnliche Bestimmungen wie das österreichische, bezieht sich aber nicht auf die Gewinnung von Kohle.

Das „Allgemeine Berggesetz für die Preußischen Staaten", mit dem in der Hauptsache die Berggesetze der meisten ehemaligen deutschen Bundesstaaten übereinstimmen, verlangt für Schurfarbeiten bloß die Zustimmung des Grundeigentümers und sieht nur für den Fall, daß eine solche Zustimmung nicht zu erlangen ist, eine vom Oberbergamte zu erteilende Schurfermächtigung vor. Ein weiterer bergrechtlicher Anspruch entsteht erst durch die sogenannte Mutung, das ist durch die Überreichung des Verleihungsgesuches. Man erwirbt dadurch Anspruch auf Verleihung des im Verleihungsgesuche genau anzugebenden Grubenfeldes. Von diesem Grubenfeld ist bezüglich der Form nur verlangt, daß es geradlinig begrenzt und nicht größer als 2200000 m² bzw. in gewissen Staatsgebieten nicht größer als 110000 m² sei.

Was die Steinkohle, das Kochsalz und einige andere Salze betrifft, hat sich der Staat das Schurf- und Gewinnungsrecht vorbehalten, jedoch so, daß er es an andere Personen übertragen darf bzw. teilweise übertragen muß.

Ein bemerkenswerter Unterschied gegenüber dem österreichischen Gesetz liegt auch darin, daß die Verleihung nur auf die im Verleihungsgesuch angegebenen aufgeschlossenen Mineralien erfolgt, so daß auf einem und demselben Gebiet nacheinander mehrere Verleihungen möglich sind.

Das französische Berggesetz aus dem Jahre 1810 zeigt größere Verschiedenheiten, kennt aber gleichfalls ein besonderes, vom Staate zu verleihendes Bergwerkseigentum bei einer allerdings wesentlich günstigeren Stellung des Grundbesitzers.

In England und allen angelsächsischen Ländern dagegen, wo andere Grundbesitzverhältnisse herrschen, ist dem Grundeigentümer das Recht auf alle innerhalb seines Grundes vorkommenden Mineralien gewahrt.

Eine weitere Beleuchtung der einschlägigen Verhältnisse fällt nicht mehr in den Rahmen dieses Buches. Das bisher Gesagte zeigt deutlich genug, daß es notwendig ist, sich gegebenenfalls rechtzeitig über die Gepflogenheiten und gesetzlichen Bestimmungen des betreffenden Landes zu unterrichten, wenn man nicht zu Schaden kommen will.

Die nicht vorbehaltenen Mineralien werden teilweise in chemischen und anderen Industrien verarbeitet, teilweise decken sie den Bedarf an Bau-, Werk- und Schottersteinen. Sie sind Eigentum des jeweiligen Grundbesitzers, ihr Abbau unterliegt nur insoferne Beschränkungen, als solche für die Sicherheit und Gesundheit des Arbeiters und der Allgemeinheit notwendig sind.

Reicht die Menge eines Minerals, Mineralgemenges oder Gesteines für einen wirtschaftlichen Abbau aus, so liegt eine bauwürdige, sonst eine unbauwürdige Lagerstätte vor. Dies zu bestimmen, ist meistens Aufgabe des Montangeologen.

Die Bauwürdigkeit einer Lagerstätte ist durch die geographische Lage, die geologische Stellung im Schichtenverband, die Menge, Konzentration, Qualität und die jeweiligen Marktverhältnisse des Vorkommens bedingt.

C. Beurteilung von Lagerstätten

Bevor die Lagerstättenuntersuchung beginnt, sind die Besitzverhältnisse (bei vorbehaltenen Mineralien besonders die Richtigkeit der Angaben über die Lage der Freischürfe) zu überprüfen. Ferner ist für eine in einem genügend großen Maßstab hergestellte, genau ausgeführte geographische Karte zu sorgen.

1. Die geographische Lage

Sie ist von besonderem Einfluß bei Massenprodukten, wie Kohle, Eisenerz, Kalk usw. In den kohlenarmen Ländern, wie Schweden oder Italien, wird sich die Ausbeute schwacher Flöze niedrigkaloriger Kohle lohnen, die in England oder Deutschland keine Beachtung finden können. Reiche Eisenerzlager werden in Innerafrika beim Fehlen aller Kommunikationen derzeit wertlos sein, Kalkvorkommen in kalkarmen Gebieten, selbst bei geringer Mächtigkeit, einen gewinnbringenden Abbau erlauben. Die Anlage eines Schotterwerkes, einer Sand- oder Tongrube in der Nähe eines Bergwerkes, welches gleiche Materialien als taube Berge auf die Halde fördert, wird sich nur unter bestimmten Bedingungen lohnen. Zuweilen wird ein vorher wertloser Baustoff, der zum Bau einer neuen Eisenbahn, Straße, Talsperre usw. benötigt wird, plötzlich Wert erlangen.

Die Wichtigkeit einer richtigen Frachtenberechnung vom Gewinnungs- zum Verarbeitungs- bzw. Verbrauchsort (unter besonderer Berücksichtigung des billigen Wassertransportes gegenüber der teuren Landfracht) für die Kalkulation der Rentabilität liegt auf der Hand. Je weiter der Aktionsradius reicht, innerhalb dessen ein gewinnbringender Absatz des Produktes möglich ist, desto besser werden die Aussichten für die Ausbeute. Berühren sich frachtlich zwei Lagerstätten derselben Art, so ist, der Qualität und Gestehung entsprechend, die mögliche Absatzfläche zu berechnen, bis wohin die Sorten des einen oder andern Unternehmens noch vordringen können; diese Aufstellung läßt sich am besten an der Hand von Karten graphisch durchführen.

In der ehemaligen Südsteiermark — heute S. H. S. — liegt bei Cilli das über 100 m anschwellende Moorkohlen-Lignit-Vorkommen von Wöllan mit einer Kohle von rund 3200 Kalorien, zirka 24 km davon entfernt, im Tüfferer Zug, Trifail mit einer Braunkohle von durchschnittlich 4300 Kalorien. Die graphische Darstellung der Frachtspesen nach Isohypsenart ergab, daß die Kurven gleicher Frachtsätze von der besseren Trifailer Kohle überschnitten werden, woraus hervorgeht, daß die schlechtere Kohle von Wöllan in ihrer Urform, ohne Veredlung, nur lokal absatzfähig ist, wenn nicht auf irgendeine Art die Transportkosten herabgesetzt werden.

Auch das Klima, das Vorhandensein genügender Mengen von Wasser, Holz und anderen Urprodukten, ferner die Besiedelungsverhältnisse, welche die Unterbringung der Arbeiter und ihre Versorgung mit Lebensmitteln beeinflussen, dürfen nicht übersehen werden.

2. Die geologische Stellung im Schichtensystem

Die Untersuchung einer Lagerstätte wird sich zunächst auf den Ausbiß derselben erstrecken. Schon die Geländeformen einer Gegend können hier oft Anhaltspunkte geben. Eine weiche Tonschieferschichte wird sich innerhalb harter Gesteine als Graben bzw. Talsenkung abzeichnen, eine der Erosion stärkeren Widerstand leistende Lage eine mehr oder weniger rücken- bis mauerähnliche Erhöhung verursachen; Verwerfungen geben sich im Terrainbild häufig als Stufen zu erkennen (Abb. 103, 151, 152).

Weitere beachtenswerte äußere Kennzeichen sind: Bei Erzen wird häufig die Farbe des eisernen Hutes, neben dieser auch die mit der Lagerstättenbildung zusammenhängende Nebengesteinsveränderung, wie Serizitisierung, Kaolinisierung usw., die Umgrenzung erleichtern. Brennbare Kohlenstoffverbindungen äußern sich durch ihre aus grauer veraschter Kohle bzw. schwer flüchtigen Kohlenwasserstoffen bestehenden Verwitterungsrückstände, Kohlen überdies durch die Bleichung des Nebengesteines, die zum Verlust der bunten Farbtöne führt, ferner zuweilen durch rote, jaspisartige Erdbrandgesteine, welche bei Selbstentzündung der Kohle durch Brennen des tonigen Nebengesteines entstanden sind.

Mitunter gibt auch der Pflanzenwuchs Anhaltspunkte für die Erkennung des unterlagernden Gesteines. A. Schimper beschreibt Salz-, Sand-, Serpentin-, Kalkpflanzen, aber auch Leitpflanzen der Metalle, wie das bekannte Galmeiveilchen usw.

Die eigentliche geologische Arbeit beginnt mit der Altersbestimmung der Schichten. Schon nach dem Alter und dem petrographischen Charakter der Schichten wird es häufig möglich sein zu entscheiden, ob ein bestimmtes nutzbares Mineral vorhanden sein kann oder nicht. Im Karbon lagernde Steinkohlenflöze z. B. können nicht in benachbarte ältere oder jüngere Formationen übergreifen.

Die Unterlage der Pilsener Steinkohlenmulde ist ein präkambrischer Schiefer, die Kohleführung findet daher an diesem ihr Ende; trotzdem lagerten auf der tauben Unterlage durch Jahrzehnte Freischürfe auf Kohle. Die an bestimmte Schichten des Paläozoikums (Porphyroide, schwarze Tonschiefer, Kalke) gebundenen Spateisensteine der Ostalpen werden nur in diesen zu suchen sein.

Wo mehrere Formationsglieder ähnlichen petrographischen Charakter zeigen und dabei dasselbe nutzbare Gestein führen, kann es leicht vorkommen, daß der Altersunterschied nicht erkannt und eine ganz falsche, viel größere Verbreitung der Lagerstätte angenommen wird.

Der Monte Promina in Dalmatien birgt eozäne Kohle; im Süden erfolgt eine Überlagerung des Eozäns durch jüngere, pliozäne Schichten mit einem Lignitflöz. Aus dem Pliozän schauen im Streichen gelegene, nicht zusammenhängende Inseln eozäner Kohle heraus. Sehr häufig wurden die Ausbisse dieser beiden Kohlensorten als zu einem Flöz gehörig angesehen und wurde mit einer bauwürdigen Fortsetzung der Monte-Promina-Kohle nach Süden gerechnet.

Die Ausbildung einer Lagerstätte kann innerhalb der begleitenden Nebengesteinsschichten durch einen Fazieswechsel derselben gehemmt werden. Die ruhige Sumpfbildung — Tonschiefer und Kohlenflöz — kann im Streichen in Absätze des rasch fließenden Wassers — Konglomerate — übergehen, in welchen die Kohle fehlt. Auch können Süßwasserschichten des Ufers von Meeresablagerungen abgelöst und dadurch unproduktiv werden.

Von Fiume bis gegen Triest streicht der mächtige Komplex der eozänen Kosinaschichten, die im Südosten sehr starke Süßwasserablagerungen mit Kohlenflözen (Carpano) bergen. Diese werden gegen Nordwesten in der Richtung gegen Triest aber durch eine marine Fazies verdrängt, so daß die Kohle teils unbauwürdig wird, teils überhaupt fehlt.

Das Auftreten fremder Gesteinseinschlüsse kann den Wert eines Steinbruches bedeutend vermindern. So können Erzeinsprengungen die Wetterbeständigkeit des Materials, Gangdurchtrümmerungen die gewinnbare Gesteinsmenge herabsetzen.

Dies war z. B. in einem Kalksteinbruch des Böhmerwaldes der Fall, wo der Kalk von zahlreichen Eruptivgängen durchbrochen wird, die mitgebrochen und auf die Halde geworfen werden mußten.

Die natürliche Bankung gestattet eine leichtere Ablösung der zu gewinnenden Gesteine von der Unterlage und bestimmt überdies die jeweilige Stärke der gewinnbaren Blöcke und Platten. Die Verwendungsmöglichkeit ist in vielen Fällen von der entsprechenden Mächtigkeit derselben abhängig; bei Bausteinen ist eine gewisse Größe nicht nur erwünscht, sondern für bestimmte Zwecke, z. B. für Trockenmauern des Wasserbaues, unbedingt gefordert, während bei lithographischen Schiefern, Dachschiefern usw. umgekehrt eine gute Spaltbarkeit und geringe Dicke der Platten nötig ist.

In Steinbrüchen ist es vorteilhaft, gegen und nicht in der Richtung des Schichtfallens zu arbeiten. Diesbezügliche Versuche in den Kalksteinbrüchen der Umgebung Prags haben nach Stočes eine 50%ige Ersparnis der Erzeugungskosten erzielt.

Auch die Lage der Bohrlöcher beim Sprengen des Gesteines richtet sich nach der Bankung; die Bohrlöcher sollen nicht in den Schichtfugen liegen, sondern mehr oder weniger senkrecht auf ihnen stehen (Abb. 188). In Stollen und Tunnels werden namentlich die gegen den Hohlraum fallenden Schichten abgefangen werden müssen, da sie durch ihre natürliche Schwere nach innen drücken (Abb. 189).

Noch ausschlaggebender für die Bewertung und den Abbau, besonders des Steinbruchmaterials, ist das Zusammenauftreten von Schichtung, Schieferung und Klüftung (S. 36 und 54). Diese Ablösungen bewirken einen Zerfall des gebrochenen Gesteines in kleinere Stücke, der oft erst bei der Bearbeitung erfolgt. Sprünge, Lassen oder Lose, die vom Haarriß bis zur Spalte reichen, können bald nach der Tiefe aussetzen, bald gesetzmäßig auf weite Strecken verfolgbar sein, oder auch regellos nach allen Richtungen hin auftreten. In unmittelbarer Nähe der Erdoberfläche kommen noch die unregelmäßigen, nur äußerlichen Frostrisse hinzu, die oft nur schwer von den tiefgehenden Zerteilungsspalten zu unterscheiden sind. Im Gegensatz zu den anderen Sprüngen wird bei den Frostspalten durch Abräumung der zersetzten Schwarte meistens bald der gesunde Kern angetroffen.

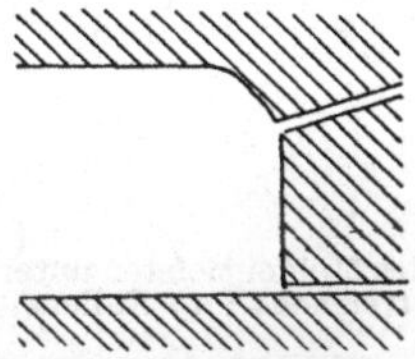

Abb. 188. Richtig angesetzte Bohrlöcher quer zu den Schichtflächen (nach Stočes)

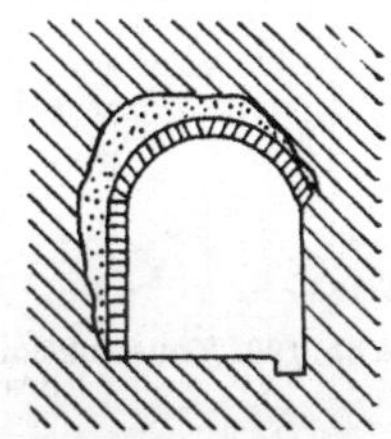

Abb. 189. Ausmauerung eines Stollenteiles am Ulm und in der Firste wegen des Druckes der gegen den Hohlraum einfallenden Schichten (nach Stočes)

Die Schieferung und Klüftung setzt durch Gefügelockerung die Festigkeit der Gesteine herab und führt namentlich in der Nähe von Störungen (Verwerfungen usw.) zu größerer Brüchigkeit, zuweilen bis zur vollständigen Zermalmung. Im Verein mit den Verwitterungsagenzien bewirkt sie das Faulwerden des Gebirges. Ein zu enger Abstand der Klüfte ist ebenso schädlich wie enggestellte falsche Schieferung, da die Gewinnung großer Blöcke verhindert wird und die Sprengstoffe nicht wirtschaftlich ausgenutzt werden können. Nur wo es sich um die Gewinnung verhältnismäßig kleiner Formate handelt, wie bei Steinschlag oder Kohle, kann von einem gewissen Vorteil der Engklüftigkeit gesprochen werden, da die Sprengarbeit vermindert und oft mit der Keilhauarbeit das Auslangen gefunden wird. Weitere Nachteile starker Schieferung und Zerklüftung ergeben sich bei Stollen, Tunnels und Einschnitten durch die große Nachgiebigkeit und geringe Standfestigkeit derartig gelockerter Gebirgsteile. Straßen, Eisenbahnen usw., welche sich unter oder neben zerklüfteten Felsen befinden, unterliegen, namentlich nach den Winterfrösten, der Gefahr des Steinschlages.

Starke Zertrümmerung kann unter Umständen die Unbauwürdigkeit eines sonst nutzbaren Minerals verursachen, zumindest ganze Partien, welche von ihr betroffen wurden, für die Gewinnung ausschalten.

Die geologische Deutung nutzbarer Lagerstätten ist in ungestörten Gebieten verhältnismäßig einfach; viel schwieriger wird sie, wenn Störungen, wie Verwerfungen und Falten, das Bild komplizieren. Die Auflösung der „Tektonik" wurde bereits behandelt, sie soll nur durch spezifische Anwendungsfälle und einzelne Beispiele ergänzt werden.

Die Erkenntnis des relativen Alters der Schichten und die Verfolgung des Streichens und Fallens wird uns im gefalteten Gebirge, namentlich bei konkordant im Schichtverband liegenden syngenetischen Bildungen, öfters den Verlauf der Lagerstätte gegen die Tiefe mehr oder weniger genau anzeigen und die graphische Konstruktion des Muldentiefsten ermöglichen (Abb. 190).

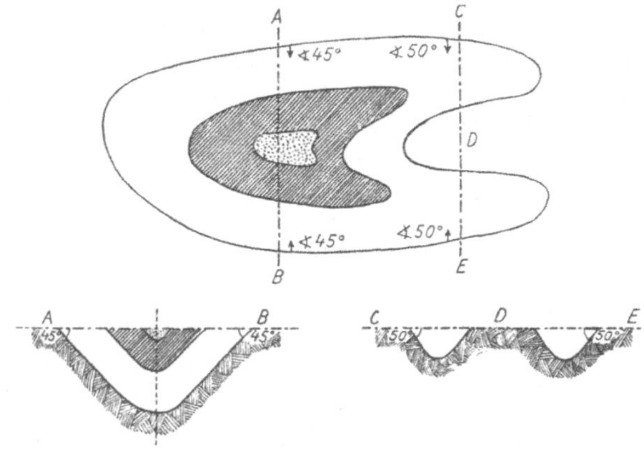

Abb. 190. Konstruktion des Muldentiefsten unter Berücksichtigung des Streichens und Fallens

Die Störungen bringen dem praktisch arbeitenden Ingenieur viele Nachteile und nur selten Vorteile.

Durch Überschiebung wird innerhalb eines bestimmten Raumes der Inhalt einer Lagerstätte verdoppelt; Bohrungen und bergmännische Aufschlüsse in dieser Zone können zu der irrtümlichen Annahme von zwei voneinander unabhängigen Lagerstätten führen (Abb. 172β).

Durch Verwerfungen wird umgekehrt ein flözleerer Raum geschaffen. Bohrlöcher, die hier angesetzt werden, können das Fehlen der Lagerstätte vortäuschen.

Das Auftreten zahlreicher, wenn auch kleiner Störungen kann durch die notwendig werdende fortwährende Ausrichtung derselben die Kosten des Betriebes bedeutend erhöhen; im Bergbau verschlechtern die durch diese Arbeiten entstehenden Stollenverbiegungen überdies die Wetterführung. Große Störungen verwirren das geologische Bild oft derart, daß die von ihnen abgeschnittene Lagerstätte zuweilen trotz eifrigster Untersuchungsarbeiten nicht wiedergefunden werden kann, so daß der Bergbau zum Erliegen kommt.

In Kroatien wurde durch einen tonlägigen Schacht ein zirka 3 m mächtiges, schwach geneigtes Braunkohlenflöz erschürft. Der erste Verwurf gab Veranlassung, die Umgebung abzubohren; dabei zeigte es sich, daß zwischen den einzelnen Abschnitten Sprunghöhen, ohne jedes System, von 30 bis 200 m vorhanden waren, so daß für jedes der dadurch entstandenen Felder ein eigener Schacht nötig gewesen wäre, dessen Kosten in keinem Verhältnis zum Umfang der Kohlenfläche gestanden wären.

Ein Abbau von Lagerstätten längs großer Verwerfungen ist wegen der Gefahr von Rutschungen, Wassereinbrüchen usw. mit Vorsicht durchzuführen.

Der Braunkohlenbergbau von Zillingdorf in Niederösterreich führte seinen Abbau parallel zu einer großen Störung. Als der Abbau in die Nähe derselben kam, brach ein großer Teil des Kohlenstoßes in den Tagbau. Erst die Anlage einer schiefen Abbaufront verhinderte weitere Rutschungen, da sie die Verwerferfläche nur langsam bloßlegte.

Die Dislokationen erzeugen im spröden Gestein breitere Spalten als in milden und zähen Schiefern. Wir sehen daher auch die Erzgänge, wenn sie aus dem einen in das andere Medium treten, sich verengen oder nur als Lettenblatt weitergehen. Nach dem Herausnehmen der Erzmasse finden wir die Rutschstreifen fast immer noch gut an den Dislokationsflächen erhalten. Nur wenn eine Verwachsung des Erzes mit den Salbändern, das heißt ein Vordringen des Erzes in das Nebengestein stattfindet, gehen sie verloren.

Störungen zerrütten das Nebengestein, wodurch letzteres bei der Durchörterung zwar leichter hereingewonnen werden kann, jedoch auch ein starker Druck ausgelöst wird, der neben großen Erhaltungskosten Betriebsstörungen, ja sogar Gefahren für das Leben der Arbeiter zur Folge hat.

Umgekehrt können Zerrüttungszonen, so widersinnig es klingt, zuweilen härter sein als das unversehrte Gestein, wenn sie nachträglich mit einer Mineralsubstanz, wie Kieselsäure, Kalziumkarbonat, durchtränkt und verfestigt wurden.

Kohle wird in der Nähe von Störungen kleinbrüchig, verunreinigt und entgast, wodurch sie ihren Wert verliert. Häufig kommt es bei der Zermürbung bis zur Staubbildung, die furchtbare Staubexplosionen veranlassen kann.

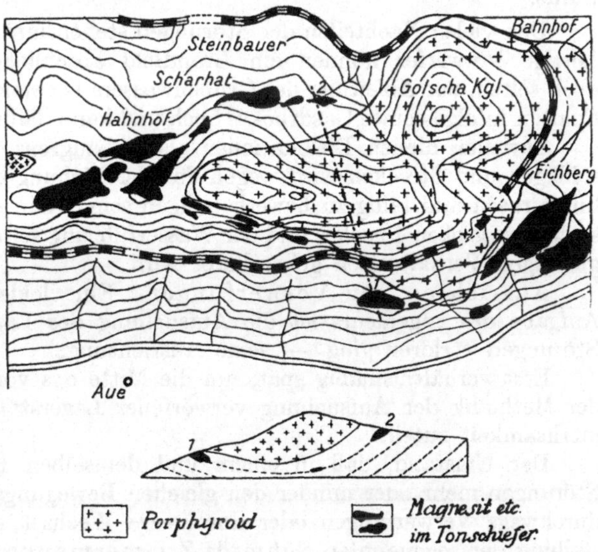

Abb. 191. Durch Faltung zerrissene Kalk-Dolomit-Magnesitbank

Starke faltende Kräfte beanspruchen die Schenkelteile der Syn- und Antiklinalen verschieden. Es entstehen entwertende Verdrückungen und Zerreißungen, die schließlich in eine vollständige Auswalzung des einen oder anderen Faltenschenkels übergehen können.

In den Ostalpen fehlt z. B. in der Grünbacher Kohlenmulde (Niederösterreich) der Südschenkel, im Kohlenvorkommen von Sonnberg in Kärnten der Nordschenkel. Im Semmeringgebiet zwischen Gloggnitz und Payerbach ist um den Golschakogel eine Reihe von Kalk-Dolomit-Magnesitstöcken angeordnet. Diese waren ursprünglich eine einzige Kalk-Dolomit-Magnesitbank im Tonschiefer, welche sich bei der Verfaltung spröder als der Tonschiefer erwies, so daß sie in einzelne Stöcke und Linsen zerrissen wurde (Abb. 191).

Spalten oder Spaltensysteme, auch alle Arten von Dislokationen, sind als Wasser- und Gasbringer im Tunnel- und Tiefbau sehr gefürchtet. Das Wasser kann aus ihnen so plötzlich und mit solcher Gewalt hereinbrechen, daß seine Bewältigung nur schwer möglich, wenn nicht ganz ausgeschlossen ist, wodurch der betroffene Tiefbau zum Erliegen kommen kann. Anderseits können Wassersäcke auch rasch entleert werden. Die aus angefahrenen Störungen in die Grube hereinströmenden Gase können bei Kohlensäure Erstickungs- und Vergiftungserscheinungen, bei Methan Schlagwetterkatastrophen herbeiführen. Kalk- und Dolomitenschichten zeigen, besonders im Karstgebirge, große Störungs- und Bruchzonen; sie sind oft derart von Spalten durchsetzt, daß durch sie ein starker Luftstrom streicht, der sich beim Berg- und Tunnelbau als natürliche Bewetterung angenehm fühlbar macht. Umgekehrt kann bei starken Regengüssen in einem solchen Gebiet eine Schachtanlage in kürzester Zeit bis zum Schachtkranz mit Wasser erfüllt und die Flucht der Mannschaft verhindert werden. Nicht immer wirken geschlossene, mit Ton gefüllte Dislokationen abdichtend, da der Druck der Wassersäule häufig so groß ist, daß das Hindernis überwältigt wird. Katastrophale Wassereinbrüche können erfolgen, wenn ein in wasserundurchlässigem Gestein angesetzter Stollen die Grenze wasserführender Schichten anfährt.

Der Wechsel der Gesteine an Störungen kann an Stelle des festen Baugrundes ein weiches, aufgelöstes Material treten lassen.

So berichtet M. Singer von einem Verwurf im Salzachtal zwischen St. Johann im Pongau und Lend, durch welchen die Verlegung eines ursprünglich geplanten Viaduktes notwendig wurde, da beim Aushub der Baugrube an Stelle eines harten, standfesten Kalkes an der Grenze des Verwurfes aufgeweichte Rauhwacke gefunden wurde.

Den vielen Nachteilen der Störungen stehen nur wenige Vorteile gegenüber. Lettige Verwerfer können ein Brandfeld abschließen, offene Spalten, wenn auch selten, zur Ableitung des Grubenwassers verwendet werden. Erdöl steigt an Spalten infolge seines Gasdruckes hoch und kann dadurch bis zum Tage gelangen.

Zuweilen dienen Dislokationen als Abbaugrenze. Das Treiben von Querschlägen und Strecken wird wegen der Zermürbung des Gesteines an Störungslinien rasch und billig zu bewerkstelligen sein, wenn es auch infolge des oft einsetzenden großen Druckes und der Wasserführung selten und nur unter besonders günstigen Verhältnissen gehandhabt wird.

Ausrichten von Verwerfungen. Eine leider sehr häufig auftretende Aufgabe des Ingenieurs ist die Aufsuchung des Lagerstättenteiles, der durch Störungen verloren ging, — seine Ausrichtung.

Erst verhältnismäßig spät, um die Mitte des vorigen Jahrhunderts, wurde der Methodik der Aufsuchung verworfener Lagerstättenteile eine erhöhte Aufmerksamkeit zuteil.

Der Umstand, daß in einem und demselben Bergbaugebiete häufig alle Störungen mehr oder minder den gleichen Bewegungssinn haben, also entweder durchwegs Verwerfungen oder durchwegs Wechsel sind, gab Anlaß zur Aufstellung der sogenannten Schmidt-Zimmermannschen Regel. Diese stammt aus einer Zeit, als man die Störungen noch durchwegs für Verwerfungen hielt, und besagt, daß man das verworfene Trum im Hangenden zu suchen habe, wenn die Verwerferfläche im Hangenden angefahren worden war (Abb. 192, Fall *a*); umgekehrt ist die Fortsetzung im Liegenden zu suchen, wenn man vom Liegenden aus auf die Verwerfung stößt (Fall *b*). Die kritiklose Anwendung dieser Regel hat viel Unheil angerichtet, denn wie aus Abb. 193 zu ersehen ist, muß bei einem Wechsel die Ausrichtung gerade im umgekehrten Sinn erfolgen. Man wird daher die Zimmermannsche Regel nur dann mit Aussicht auf Erfolg anwenden, wenn man auf Grund ausreichender Erfahrungen

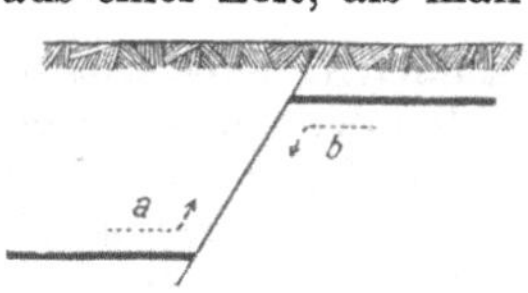

Abb. 192. Nach der Schmidt-Zimmermannschen Regel ausgerichtete Verwerfung (Aufriß)

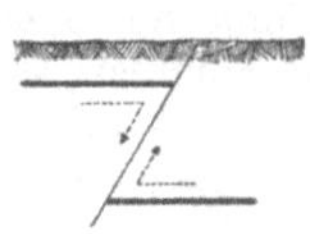

Abb. 193 Ausrichtung eines Wechsels (Aufriß)

in dem betreffenden Gebiete den Bewegungssinn der Störungen mit großer Wahrscheinlichkeit voraussehen kann.

Kann die Zimmermannsche Regel nicht angewendet werden und ist über die Art der Bewegung gar nichts bekannt, dann muß das Aufsuchen des verworfenen Trums nach zwei Seiten hin erfolgen. Man durchbricht die Verwerfung und treibt parallel zu dieser nach zwei Seiten hin Strecken, bis der abgerissene Teil der Lagerstätte gefunden ist. Bei söhligen und flachliegenden Lagerstätten kann die Ausrichtung nur schachtmäßig erfolgen, desgleichen bei streichenden Störungen; eine Ausnahme von dieser Regel bilden nur die widersinnig streichenden Verwerfungen und gleichsinnig streichenden Wechsel, bei welchen auch querschlägige Strecken zum Ziele führen.

Stößt man in der Grube auf eine Dislokation, so wird, wie obertags, vor allem festzustellen sein, ob sich jenseits der Rutschfläche das Hangende oder

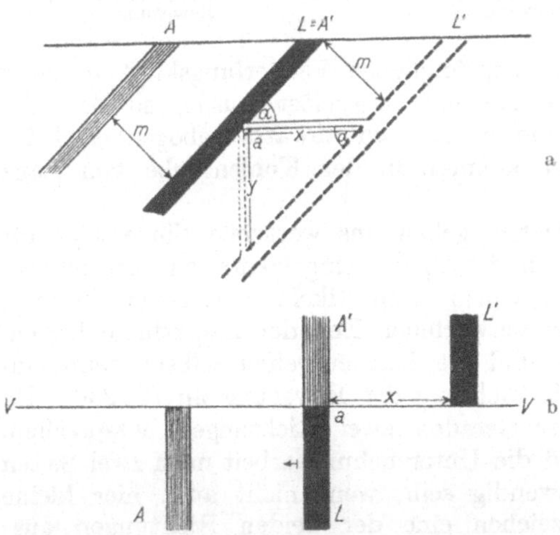

Abb. 194. Aufsuchung der verworfenen Lagerstätte bei bekanntem Nebengestein. a Aufriß, b Grundriß

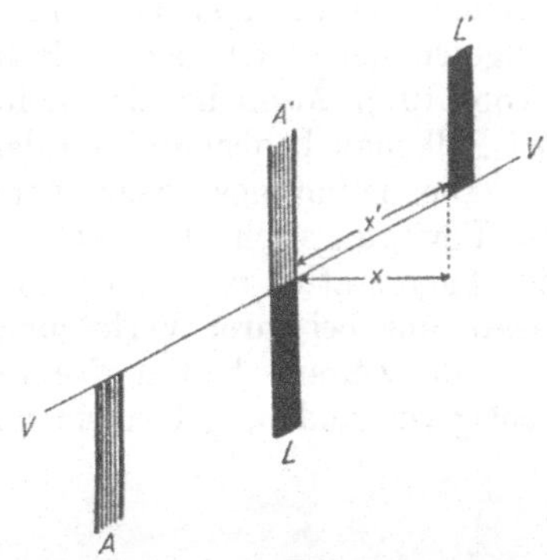

Abb. 195. Aufsuchung der verworfenen Lagerstätte bei bekanntem Nebengestein und schrägem Verlauf der Störung. (Grundriß)

Liegende der Lagerstätte findet, da der verlorene Teil beim Anfahren des Hangenden in der Richtung gegen das Liegende, beim Antreffen des Liegenden aber gegen das Hangende zu suchen ist.

Ist die Nebengesteinsfolge petrographisch oder stratigraphisch feiner gegliedert und gut bekannt, dann kann sogar die ungefähre Länge der Ausrichtungsstrecke gerechnet werden. In Abb. 194 soll ein Beispiel gegeben werden: Ein in der Lagerstätte L getriebener Stollen trifft bei a auf eine Verwerfung. Jenseits derselben steht die verworfene Fortsetzung A' des charakteristischen Hangendgesteines A an. Der Abstand von A und L, senkrecht zur Schichtung, sei bekannt (m). Der Abstand von A' und L' (verworfener Teil der Lagerstätte) ist gleichfalls m, daher die Länge der Ausrichtungsstrecke $x = \frac{m}{\sin \alpha}$. Bei schachtmäßiger Ausrichtung ist die Tiefe des Schachtes $y = x \cdot \operatorname{tg} \alpha = \frac{m}{\cos \alpha}$. Verläuft die Störung nicht senkrecht zum Streichen, sondern schief (Abb. 195), dann kann die Länge des Stollens leicht graphisch bestimmt werden, indem man in der Grundrißprojektion, senkrecht zu L, die Strecke x aufträgt und parallel L, vom Endpunkt der Strecke x aus, L' zeichnet. x' kann dann auf der Verwerferlinie direkt abgemessen werden. Diese Konstruktion gilt für ebene Lagerstätten und Verwerferflächen mit rein parallelen Verschiebungen (translatorischen Bewegungen).

Versagt die stratigraphische Methode, dann geben oft Bewegungsspuren in der Störungsfläche Auskunft über die Lage der verschobenen Lagerstättenteile.

Viele Dislokationen zeigen durch Schleppung der Schichten die Richtung der Bewegung an (Abb. 196a und b). Wohl nur ausnahmsweise kann sich das Bild durch mehrfache Bewegungen derart ändern, daß die Umbiegung nicht die Richtung der ausschlaggebenden Verschiebung anzeigt. So erwähnt Stočes

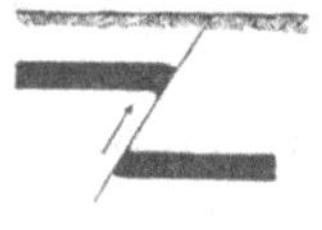

Abb. 196a. Schleppung durch Aufschiebung

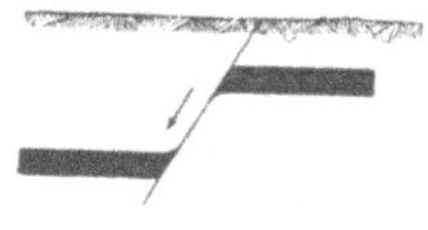

Abb. 196b. Schleppung durch Verwerfung

Abb. 197. Schleppung bei doppelter Bewegung

einen Fall, bei welchem auf einer ursprünglichen Verwerfungskluft in einer zweiten Bewegungsphase eine Überschiebung ausgelöst wurde, so daß der aufgeschobene Teil nach aufwärts und nicht nach abwärts gebogen erscheint (Abb. 197). Ähnliche Erscheinungen konnten in der Kohlengrube von Lanz bei Falkenau beobachtet werden.

Die Trennungs- oder Rutschflächen geben uns wertvolle Fingerzeige für die Bewegungsrichtung. Schon die in der Spalte eingeklemmten Bruchstücke der Lagerstätte, noch mehr die mit feinen Erzpartikeln verriebenen Bestege, lassen uns bei ihrer Verfolgung den verworfenen Teil der Lagerstätte finden.

Die weitaus besten Wegweiser sind die Rutschstreifen selbst; wenn eindeutig vorhanden, geben sie uns die Richtung der Bewegung an (S. 230). Da jeder Geraden zwei Richtungen entsprechen, wird die Untersuchungsarbeit nach zwei Seiten notwendig sein, wenn nicht auch hier kleine Anzeichen eine der beiden Richtungen ausschalten. So weist Höfer darauf hin, daß die mit Bürste und Wasser gereinigte Rutschfläche sich manchmal in einer Richtung glatter anfühlt als in der anderen. Die Richtung der geringeren Rauhigkeit zeigt den Bewegungssinn desjenigen Trums an, in welchem sich der Beobachter befindet.

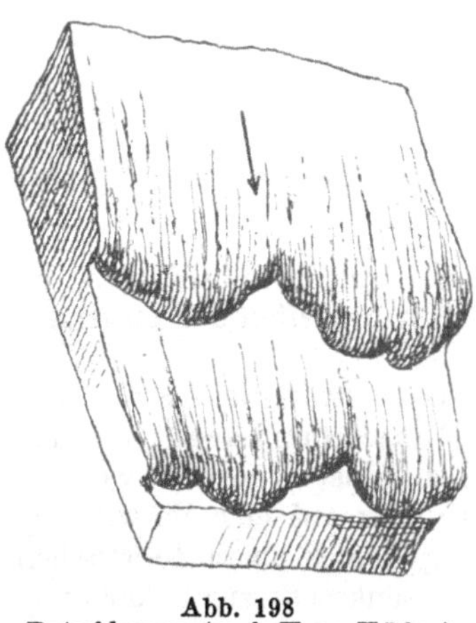

Abb. 198
Rutschlappen (nach H. v. Höfer)

Weitere Anhaltspunkte liefern nach demselben Autor gewisse, durch Auswalzung entstandene, stufenförmige Überlappungen der weichen Spaltenausfüllung (Rutschlappen). Der Stufenfall gibt die Bewegungsrichtung des auswalzenden Trums an (Abb. 198).

Auch harte Mineralkörnchen, die in der Verschiebungsfläche Rillen erzeugen und am Ende der letzteren liegen bleiben, ergänzen das Bewegungsbild.

Bei drehenden und mehrfachen Bewegungen und beim Eingreifen einer späteren Faltung kompliziert sich die Lage der Rutschstreifen und die Ausrichtung der Störung.

Die eben besprochenen Bewegungsspuren geben im Verein mit Lagemessungen der Lagerstättenkörper und der Störungsflächen die Unterlage für geometrisch konstruktive Studien der Störungsbewegungen, doch müssen bei derartigen Aufgaben gewisse vereinfachte Voraussetzungen, wie ebene Flächen, geradlinige Bewegung usw., gemacht werden, weshalb sie vielfach nur theoretischen Wert haben.

Eine bei der Verfolgung vieler Probleme wiederkehrende Grundaufgabe ist die Konstruktion der Scharungslinie, das ist die Schnittlinie zwischen Lagerstätten- und Störungsebene. Voraussetzung hiefür ist die Kenntnis des Streichens und Fallens beider Ebenen und die geodätische Festlegung eines Punktes, der beiden gemeinsam ist (Abb. 199). Die Lagerstätte L werde im Punkt a von der Störung V geschnitten. Der Fallwinkel der Lagerstätte sei x^0, der der Störung y^0. Wir stellen beide Ebenen durch Schichtenlinien dar, indem wir uns dieselben durch Horizontalebenen in der Tiefe von t, $2\,t$, $3\,t$ Metern geschnitten denken. Die Schichtenlinien, welche der Tiefe t entsprechen, werden gefunden, indem man Lagerstätte und Störung durch eine Horizontalebene schneidet, senkrecht zum Streichen je ein Profil legt und dieses in die Bildebene umklappt.

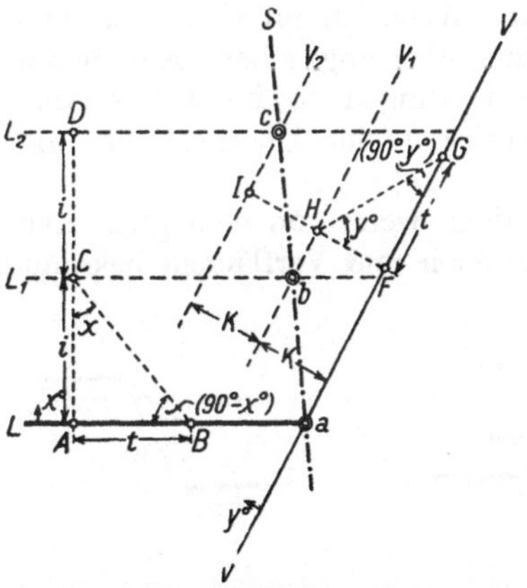

Abb. 199. Konstruktion der Scharungslinie zwischen der Lagerstätte L und der Verwerfung V

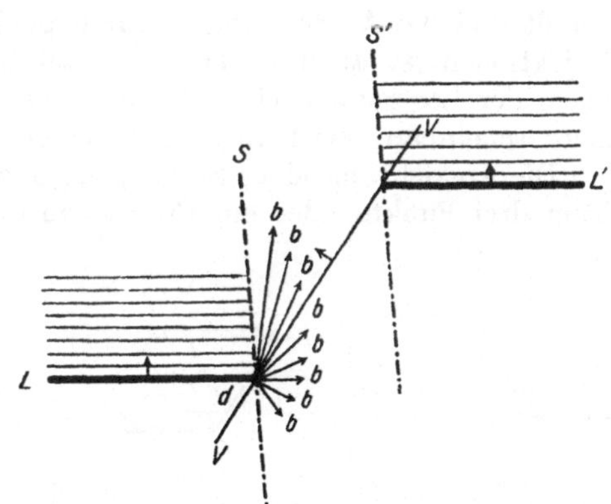

Abb. 200

Zu diesem Zwecke trägt man von dem beliebig gewählten Punkt A bzw. F den Tiefenabstand t maßstabrichtig auf und konstruiert sich mit Hilfe der Komplementärwinkel $(90—x)$ und $(90—y)$ die Verflächungsdreiecke $A\,B\,C$ und $F\,G\,H$. Durch die Spitze C des Verflächungsdreieckes $A\,B\,C$ muß, parallel zu L, die Schichtenlinie L_1 der Lagerstätte gehen; in analoger Weise durch H parallel V die Schichtenlinie V_1 der Störung. Punkt b ist beiden Schichtenlinien gemeinsam, gehört also der Scharungslinie an. Die Schichtenlinien L_2 und V_2 der Tiefe von $2\,t$ Metern sind von den der Tiefe t entsprechenden L_1 und V_1 um die gleichen Beträge i bzw. k entfernt, wie diese von L bzw. V. Ihr Schnittpunkt c ist ein weiterer Punkt der Scharungslinie, die man durch Verbindung von a, b und c erhält.

Nehmen wir eine beliebige schiefe Verwerfung und die Scharungslinien der beiden Trümmer s und s' als gegeben an (Abb. 200). Dem auf der Scharungslinie des Trums L gelegenen Punkt d muß irgendein Punkt b der Scharungslinie s' des Lagerstättenteiles L' entsprechen. Die Wege, welche der dem Punkte d entsprechende Punkt b genommen haben kann, um auf die Scharungslinie s' zu kommen, sind durch die Scharungslinie s begrenzt, es herrscht also in der Bewegungsrichtung eine Freiheit von vollen 180°, wie aus den von d ausgehenden Pfeilen zu sehen ist. Angenommen es handle sich um mathematische Ebenen, und die Bewegung sei ohne Drehung rein in einer Richtung erfolgt, dann sind die Rutschstreifen, welche auf der bloßgelegten Störungsfläche sichtbar werden, durch die Bewegung desjenigen Trums hervorgerufen worden, in dem sich der Beobachter selbst befindet. Die Relativbewegung des gesuchten anderen Trums muß daher gerade entgegengesetzt zum Bewegungssinn der Rutschstreifen stattgefunden haben. Fallen die Rutschstreifen, wie in Abb. 201, in den Raum rechts der Scharungslinie, dann wird die Ausrichtung in horizontaler Richtung parallel V nach links hin zu erfolgen haben, gleichgültig, ob eine Verwerfung oder ein Wechsel vorliegt; im umgekehrten Falle hätte die Ausrichtung nach rechts zu erfolgen.

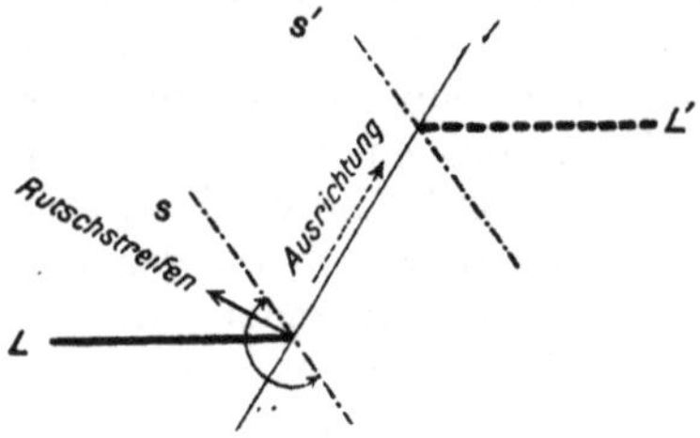

Abb. 201. Ermittelung der Ausrichtungsrichtung aus der Lage der Rutschstreifen zur Scharungslinie

In den folgenden Abbildungen (202a bis h) sind verschiedene Fälle von Verwerfungen und Wechseln im Grundriß dargestellt und die Ausrichtungen durch punktierte Linien angegeben. Aus diesen Projektionen ist auch zu ersehen, daß bei Verwerfungen streifenweises Aussetzen der Lagerstätte eintritt, während bei Wechseln eine Überdeckung und daher scheinbare Verdoppelung Platz greift.

Die Ausrichtung einer Störung ist auch möglich, wenn von dem gesuchten Trum drei Punkte oder ein Punkt und das Streichen und Verflächen bekannt

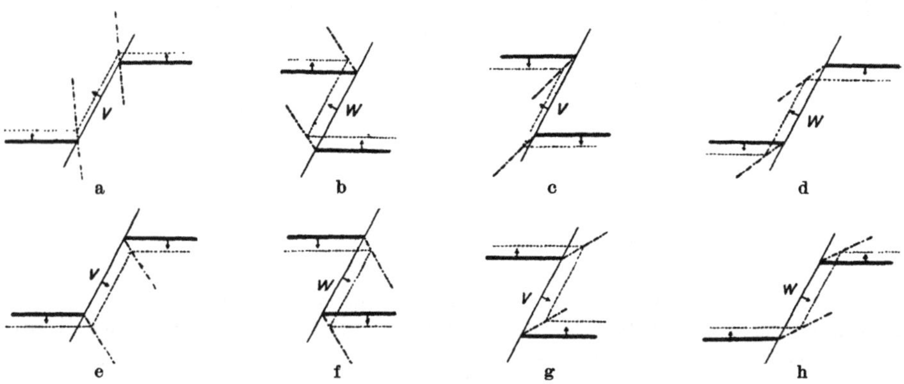

Abb. 202a—h. Verschiedene Fälle von Verwerfungen und Wechseln und deren Ausrichtung

sind (Abb. 203). Die Lagerstätte L_1, die unter x^0 einfällt, wird bei a von der Verwerfung $V—V_1$ abgeschnitten, deren Fallwinkel y^0 beträgt. Vom verworfenen Trum ist das Streichen und Verflächen ($\sphericalangle z$) bekannt, sowie der Punkt A, der um h Meter höher liegt als a. (Ist das Streichen und Verflächen nicht bekannt, dann muß es aus zwei weiteren bekannten Punkten konstruiert werden, S. 262.) Die Länge der Ausrichtungsstrecke von a zum verworfenen Trum ist zu bestimmen. Es soll hier eine ganz allgemeine, mit Drehungen verbundene Störung angenommen werden, bei der die Länge der Ausrichtungsstrecke in jedem Horizont verschieden ist, während bei rein translatorischen Bewegungen der Abstand der beiden Trümmer ein konstanter bleibt. Zunächst konstruiert man mit Hilfe der Fallwinkel x und y und der Verflächungsdreiecke mno und pqr die t Meter tiefer liegenden Schichtenlinien L_2 und V_2 der Lagerstätte und des Verwerfers sowie ihre Scharungslinie s_1. Sodann zieht man durch A parallel zum Streichen des verworfenen Trums eine Gerade, konstruiert mit Hilfe des Fallwinkels z und des Verflächungsdreieckes ikl die um h Meter tiefer liegende Schichtenlinie L'_1, die in gleicher Höhe liegt wie $V—V_1$ und L_1. Der Schnittpunkt d ist schon ein Punkt, der zwischen Verwerfer und verworfenem Trum liegenden Scharungslinie s_2. Die Lage von s_2 wird durch den Schnittpunkt e von V_2 mit der ebenso hoch, also t Meter unter L_1 liegenden Schichtenlinie L_2 bestimmt. Die Länge der Ausrichtungsstrecke im Niveau von $L_1 L'_1$ ist gleich der Strecke von a nach d; t Meter tiefer, im Niveau von L_2 beträgt die Länge nur mehr das Stück von b nach e; im Punkte c wird die Länge gleich Null, das heißt die beiden Trümmer schneiden sich hier. Die entsprechende Tiefe τ kann mit Hilfe einer durch c gelegten Schichtenlinie und des Verflächungsdreieckes muv leicht bestimmt werden.

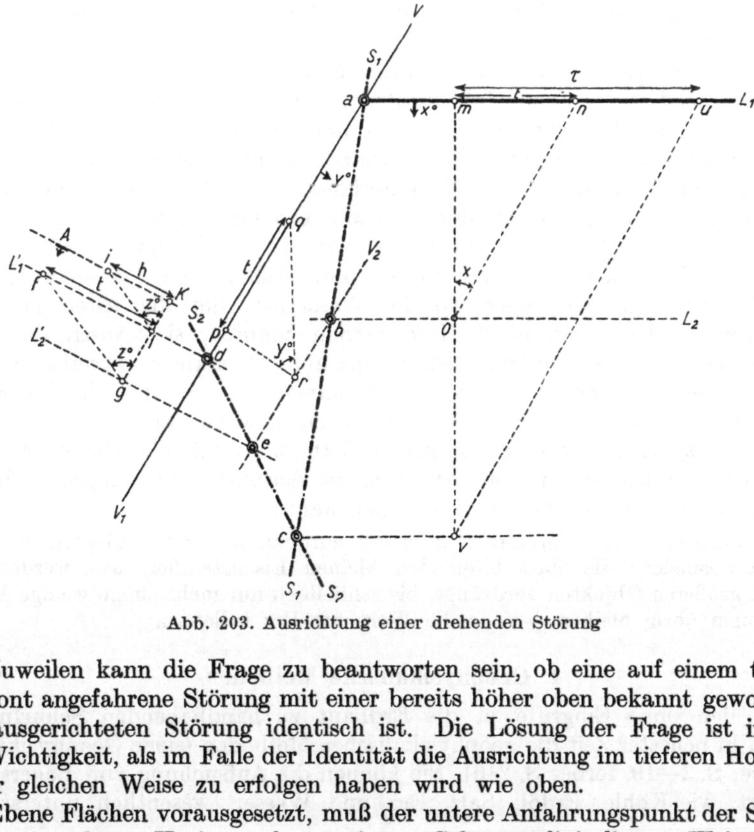

Abb. 203. Ausrichtung einer drehenden Störung

Zuweilen kann die Frage zu beantworten sein, ob eine auf einem tieferen Horizont angefahrene Störung mit einer bereits höher oben bekannt gewordenen und ausgerichteten Störung identisch ist. Die Lösung der Frage ist insofern von Wichtigkeit, als im Falle der Identität die Ausrichtung im tieferen Horizonte in der gleichen Weise zu erfolgen haben wird wie oben.

Ebene Flächen vorausgesetzt, muß der untere Anfahrungspunkt der Störung auf der im oberen Horizonte konstruierten Scharungslinie liegen. Weiters muß die untere angefahrene Störung das gleiche Streichen und Verflächen aufweisen wie die obere. Konstruiert man schließlich mit Hilfe des Höhenunterschiedes die Schichtenlinie der oberen Störung für das Niveau der unteren, dann muß dieselbe durch den Anfahrungspunkt hindurchgehen.

Dem Gefühl des Markscheiders wird es überlassen bleiben, inwieweit er Abweichungen von diesen theoretisch geforderten Verhältnissen noch auf Unebenheiten der Lagerstätten und Störungsflächen zurückführt.

Die hier gegebenen Beispiele sollen die Art und Weise, wie man in solchen Fällen vorgeht, andeuten. Es ließen sich noch viele derartige Kombinationen anführen, von welchen aber abgesehen werden kann, da sie bereits in das Gebiet der Markscheiderei fallen.

Ganz allgemein läßt sich sagen, daß eine für ein Bergbaugebiet gefundene Regel bei einem System gleichgerichteter Dislokationen die weitere Ausrichtung durch Analogie sehr erleichtert.

3. Spuren und Reste alter Bergbaue

Der Schürfer bzw. Begutachter darf die Spuren und Reste alter Bergbaue nicht übersehen. Oberflächliche Grubenarbeit aus der ältesten, oft sogar prähistorischen Zeit hinterließ Erdlöcher (Bingen), welche nach ihrer Anordnung manchmal Rückschlüsse auf weitstreichende Gänge oder Lager, auf gedrungene Stöcke und Butzen oder auf eine unregelmäßige Erzverteilung ziehen lassen. Das Studium solcher Bingenzüge ist stets mit großer Genauigkeit vorzunehmen, da viele derartige Löcher oft nur Schurfzwecken dienten und dann keine Spur der Lagerstättensubstanz enthalten. Das mechanische Verbinden derartiger Reihen hat häufig zu optimistischen Fehlschlüssen geführt.

Das gleiche gilt von alten Stollen und Schächten; an und für sich bedeuten sie nichts, erst die genaue Haldenuntersuchung zeigt, wie weit es sich um Fundpunkte handelt. Wenn befahrbar, können sie, selbst taub, als Einschnitte in die Erdhaut das geologische Bild ergänzen helfen. Derartige Einbaue reizen den Menschen, neuerlich nach Edelmaterialien zu suchen. Doch nur dort, wo durch die Bergwerksgeschichte der Nachweis erbracht werden kann, daß unter den heutigen geänderten Verhältnissen einst vernachlässigte Mineralien, wie Zinkblende, Nickelkies usw., für welche man früher keine Verwendung hatte, wertvoll geworden sind, oder wo die Wassernot, der die Alten mit ihren primitiven Einrichtungen nicht Herr werden konnten, sie zwang, die Grube zu verlassen, oder wo andere, heute reparable Umstände vorwalteten, wird es am Platze sein, sich wieder dieser Vorkommen zu erinnern. Wir dürfen aber nie vergessen, daß der Kleinbetrieb der Alten derartige Erzansammlungen oft lange bebaut, vielleicht sogar ausgebaut hat, und daß die Massenerzeugung der Neuzeit, selbst wenn von dem Edelgut daselbst noch einiges vorhanden ist, damit meistens nichts mehr anfangen kann.

Wir sehen diesen Vorgang sich in der europäischen Eisenindustrie besonders deutlich abspielen; die einst blühenden kleinen Eisensteinbergbaue werden stets von den größeren Objekten verdrängt, bis schließlich nur mehr einige wenige Riesenvorkommen übrig bleiben, welche die Welt mit Erz beliefern.

4. Geophysikalische Methoden

Zu den ohne Eingriffe in die Erdhaut zu handhabenden Schurfmitteln gehören in neuester Zeit die geophysikalischen Methoden (siehe Geophysikalische Geologie, S. 2—19, ferner S. 246). Sie können die Aufsuchung von Lagerstätten aller Art, wie Kohle, Erdöl, Salz, Erz und Wasser, wesentlich unterstützen.

5. Bergmännisches Schürfen

a) Gräben und Röschen. Die Untersuchung einer Lagerstätte durch Eingriffe in die Erdhaut erfolgt am einfachsten durch seichte Gräben, Röschen genannt. Sie müssen so tief angelegt werden, daß sie das über dem zu untersuchenden Lagerstättenteil befindliche Gerölle und Nebengestein entfernen; größere Röschen können bereits so angelegt werden, daß ihr Aushub für die eventuelle Anlage eines Etagensteinbruches Verwendung finden kann (Abb. 204). Würden derartige Gräben zu tief ausfallen, dann werden kleine Schächte oder Seichtbohrungen vorgezogen.

Zu Tiefbohrungen und größeren Einbauen, wie Stollen und Schächten, wird man wegen der hohen Kosten erst nach gründlichen Vorstudien schreiten.

b) Tiefbohrung. Um das gewünschte Ziel zu erreichen, ist vor allem der günstigste Bohrpunkt auf Grund der geologischen Aufnahme des Schurfgebietes zu wählen. In neuester Zeit erfolgt die Wahl des Bohrpunktes häufig unter Rücksichtnahme auf die Resultate der geophysikalischen Schürfungen (Erdöl, Salz). Eine genügende Profilkenntnis in petrographischer und tektonischer Beziehung ermöglicht die mehr oder weniger genaue Angabe jener Gesteine, welche zu durchörtern sein werden, häufig auch der voraussichtlichen Tiefe des Bohrloches. Junge Schotterablagerungen mit ihren harten, zu Verklemmungen des Meißels führenden Geröllen, auch harte Gesteine (Tiefengesteine, Quarzite, besonders Kieselschiefer und zähe Amphibolite) werden durch den erhöhten Bohrwiderstand die Kosten der Bohrung wesentlich erhöhen.

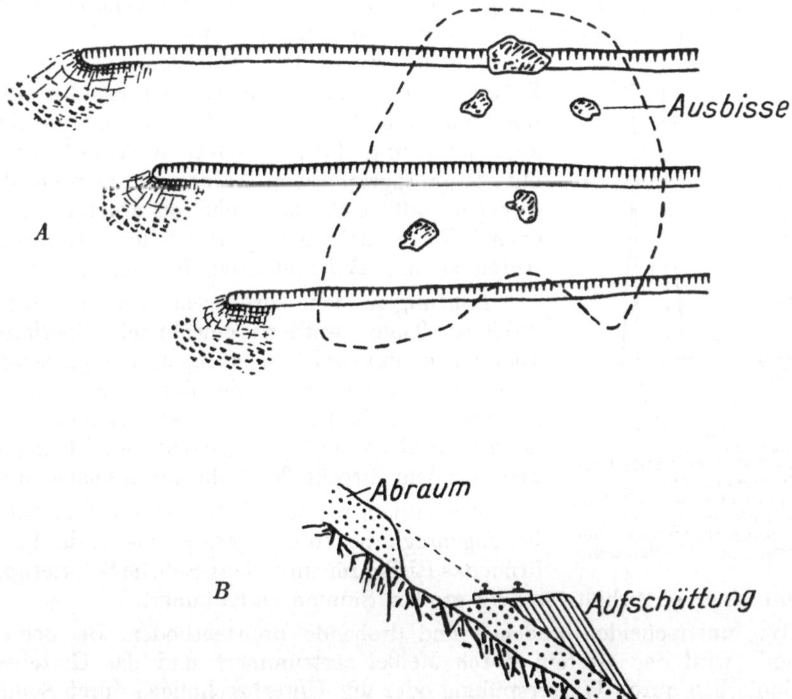

Abb. 204. Beschürfung von Lagerstätten durch Röschen (nach Granigg)
A Beschürfung einer stockförmigen Lagerstätte
B Detail aus dem Beginn des Röschen- (Etagen-) Anreißens

Anhaltspunkte für den Widerstand, den ein Gestein dem Bohren entgegensetzt, vermittelt der Abnutzungsversuch mit der Schleifscheibe nach Bauschinger (S. 152) bzw. die Zähigkeitsprüfung nach Föppl (S. 174). Eine genauere Charakteristik erhält man durch den Bohrversuch. Man bohrt Würfel oder Platten des Gesteines, die auf einer nicht erschütterbaren Unterlage liegen und mindestens 10 cm dick sind, mit Hilfe eines in Führungen arbeitenden Bohrhammers senkrecht zur Oberfläche an und bestimmt entweder die Bohrarbeit in Kilogrammetern, die zur Erbohrung von 1 cm³ Bohrlochinhalt bei 1 cm Bohrlochdurchmesser erforderlich ist (relative Bohrfestigkeit nach Rosiwal), oder die Bohrziffer b, indem man den Bohrlochinhalt B' des zu untersuchenden Gesteines mit dem in gleicher Zeit an einem Standardgestein erzielten Bohrlochinhalt B vergleicht. $b = \frac{B}{B^1}$. Die Bohrlochinhalte werden aus Durchmesser und Tiefe berechnet oder durch Ausfüllung mit Quecksilber gemessen.

Als Prüfungsmaschine wird in Österreich ein Preßluftbohrhammer von 50 mm Zylinderdurchmesser, 22 mm Schaftdurchmesser und 45 mm Schneidenlänge bei 4 Atmosphären Preßluftspannung empfohlen. Das Spülen des Bohrschmandes erfolgt automatisch bei trockenen Gesteinen durch Preßluft, bei wassersatten durch Wasser.

Da die Lage einer Fläche im Raume durch drei Punkte gegeben ist, kann das Streichen und Fallen einer Lagerstätte aus drei fündigen Bohrlöchern bestimmt werden (S. 262).

Da bei Bohrungen häufig eine Abweichung von der geraden Richtung bis zu 10% eintritt, kann die Lage der erbohrten Schichte bei Schiefbohrungen falsch gedeutet werden (Abb. 205). Oft zeigt nach Friedl ein geringer Bohrfortschritt bereits Abweichung von der Senkrechten an. Mittels Kreiselkompasses und Pendels (System Anschütz) oder mittels photographischer Aufnahmen (System A. Anderson) läßt sich das Bohrloch abloten und eine eventuelle Schiefbohrung feststellen (Hlauschek, Aufgaben und Arbeitsweisen der Ölgeologie).

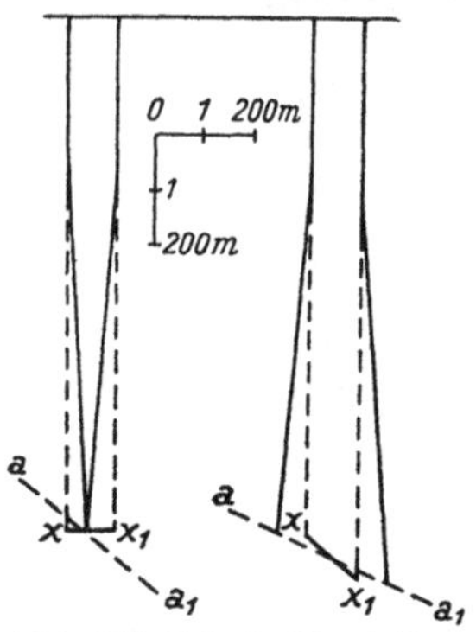

Abb. 205. Falsche Beurteilung der Lagerung infolge Schiefbohrens bei einer Abweichung der Bohrlöcher um 5% von der Senkrechten. $a\,a_1$ richtige, $x\,x_1$ scheinbare Lagerung (aus H. Hlauschek, Aufgaben und Arbeitsweisen der Ölgeologie)

Bohrungen von größerem Durchmesser und größerer Tiefe werden gewöhnlich Spezialfirmen übertragen, mit welchen oft recht komplizierte Verträge zu schließen sind, die nicht allein vom kaufmännisch-juristischen Standpunkt betrachtet werden dürfen, sondern auch von geologischen Überlegungen und von dem Zwecke der Bohrung ausgehen müssen.

Gewöhnlich werden die Kosten des Bohrbetriebes bei Eigenregie bedeutend geringere sein, da die Bohrfirma das Risiko für unvorhergesehene Schwierigkeiten oft mit einer unverhältnismäßig großen Summe einkalkuliert.

Wir unterscheiden stoßende und drehende Bohrmethoden. Bei der ersten Methode wird das Gestein durch Meißel zertrümmert und das Gesteinsmehl kontinuierlich durch Wasserspülung oder mit Unterbrechungen durch Schmandlöffel emporgehoben. Bei verhältnismäßig kleinem Hub und hoher Stoßzahl sprechen wir von Schnellschlagbohrung. Wegen der Kleinheit der Teilchen ist das Bohrmehl nur schwer zu deuten und die Bestimmung der Schichtstellung unmöglich. Im zweiten Falle, bei der drehenden Bohrung, wird ein mehr oder weniger gut erhaltener Gesteinskern an die Oberfläche gebracht, der eine genaue petrographische Untersuchung ermöglicht und dessen Stellung im Bohrloch durch geeignete Apparate fixiert wird, so daß das Streichen und Fallen der Schichten unmittelbar bestimmt werden kann. Wegen der hohen Kosten des Kernbohrens kann ein kombiniertes Verfahren angewendet werden, welches jederzeit gestattet, die stoßende Bohrung zu unterbrechen und einen Kern zu ziehen.

Besondere Maschinen für Horizontal- und Schrägbohrung, die sich in erster Linie für Schurfarbeiten eignen, werden von verschiedenen Firmen auf den Markt gebracht. Da bei solchen Untersuchungsarbeiten die Kerngewinnung unerläßlich ist, wird die Diamantkronenbohrung (bei mildem Gebirge auch Stahl-, in neuester Zeit Volomitkronen) verwendet. Unter anderem baut die Firma Lange, Lorche und Co. in Brieg a. d. O. nach dem System Crälius ein Modell, das sich durch große Handlichkeit auszeichnet und das vom Handbetrieb rasch auf den maschinellen Betrieb umgestellt werden kann (Abb. 206).

Heise und Herbst beschreiben sie folgendermaßen: Soll mit mechanischem Antrieb gearbeitet werden, so braucht nur die Kurbel *b* aus der Kurbelscheibe *a* herausgenommen und auf letztere ein Treibriemen aufgelegt zu werden. Der das Arbeitsrohr *e* und das Gestänge *h* mit dem Diamantbohrer tragende Rahmen ist hier auf einem einfachen Bockgerüst *B* verlagert, und zwar ist er um eine horizontale Achse *c* drehbar, so daß jede beliebige Bohrlochneigung eingestellt werden kann. Die Freigabe des Bohrloches geschieht hier einfach durch Zurückklappen der oberen Hälfte des Rahmens, wie es die Abbildung veranschaulicht, welche auch die Gelenkverbindung beider Rahmenhälften erkennen läßt.

Der Antrieb des Arbeitsrohres erfolgt bei dieser Maschine durch die Schraubenräder *d*. Der Vorschub wird durch ein Zahnrad r_1 vermittelt, das auf der Achse *g* sitzt und in die Verzahnung *f* eingreift. Dieses Zahnrad ist durch den Handhebel *l* mit dem auf letzterem verschiebbaren Gewichte belastet, sucht also die Verzahnung und mit ihr das Gestänge herunterzudrücken. Damit der Hebel *l* immer wieder in die Horizontallage zurückgebracht werden kann, ohne daß das Gestänge dadurch beeinflußt wird, ist er mit dem Zahnrad nicht fest, sondern durch ein Sperrad r_2 verbunden, in dessen Zähne die federnde Klinke *ls* eingreift. Sobald diese durch Andrücken ihres Griffes mit der Hand ausgeschaltet wird, gestattet sie eine beliebige Drehung des Hebels. Dieser kann daher auch um 180° gedreht und gemäß Abb. b auf die andere Seite umgelegt werden, was bei abwärts gerichteten, tieferen Bohrlöchern geschehen muß, um das Gestänge durch Druck nach oben teilweise zu entlasten. Ein Zurückprallen des Gestänges wird durch die in eine zweite Zahnleiste einschnappende Federklinke *m* verhütet. Die Regelung des Druckes auf die Bohrkrone erfolgt einfach durch Verschiebung des Gewichtes auf dem Hebel *l*. Das Spülwasser tritt durch den Schlauch *i* ein. Da die Zahnstange *f* und der Hebel *l* um ihre Achsen beliebig drehbar sind, so kann die geschilderte Regelung des Verschubes auch bei horizontalen und ansteigenden Bohrlöchern durchgeführt werden.

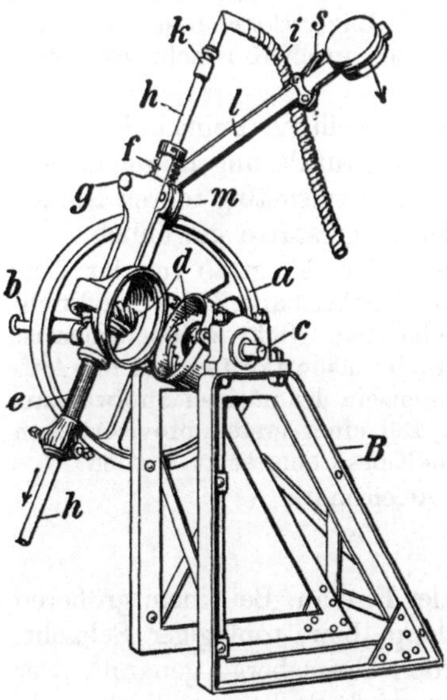

a

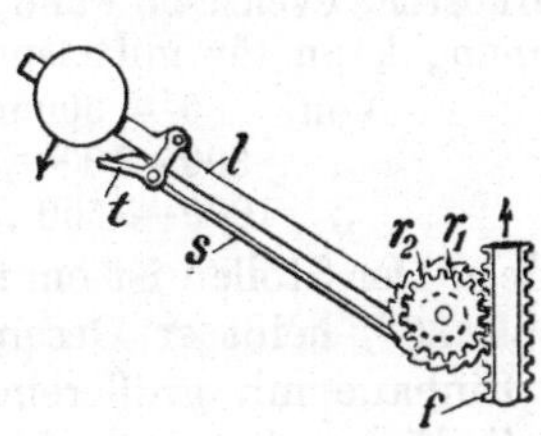

b

Abb. 206. Schurfbohrmaschine System Crälius von Lange, Lorche & Co. (aus F. Heise und F. Herbst, Bergbaukunde)

Die Maschine ist wegen ihres geringen Gewichtes gut transportabel, muß aber wegen der Erschütterungen beim Bohren fest am Boden verankert werden. Für unsere Arbeiten wird sich normalerweise ein Bohrkerndurchmesser von 2 bis 3 cm am besten eignen; Tiefen von 200 bis 300 m können leicht erreicht werden. Es ist dafür Sorge zu tragen, daß das nötige Spülwasser vorhanden ist. Der Wasserverbrauch beträgt bei einem Kronendurchmesser von 30 bis 45 mm bei Diamantbohrung — und diese kommt bei Schurfbohrungen in erster Linie in Betracht — zirka 10 l per Minute, das sind zirka 50 hl per achtstündigen Arbeitstag. Bei Schrottbohrung werden zirka 30 hl, bei Zahnkronenbohrung zirka 70 hl Wasser in der gleichen Zeit gebraucht. Da das Wasser im dichten Gebirge immer wieder zurückkehrt, vorausgesetzt, daß es nicht in Klüften verschwindet, und deshalb nach Klärung wieder Verwendung finden kann, sinkt in diesem Fall der Verbrauch auf 150 bis

200 l pro Achtstundentag. Die Tagesleistung ist bei maschinellem Betrieb im harten Felsen, wie Quarzit, Kieselschiefer, 2 m, in mittelharten Gesteinen, wie Sandstein, Kalk, Magnesit, 4 bis 5 m, im milden Gebirge, wie Tonschiefer, Anhydrit, 8 m; beim Handbetrieb erniedrigt sich die Leistung auf zwei Drittel. Bei schrägen und horizontalen Bohrungen erfolgt bei unaufmerksamer Arbeit öfters eine störende Ablenkung des Gestänges, im klüftigen Gestein kann die Bohrkrone leicht abbrechen und stecken bleiben. Auf Grund einer planmäßigen, nach verschiedenen Richtungen durchgeführten Abbohrung kann oft ohne weitere Aufschlüsse Form, Inhalt und Qualität der Lagerstätte bestimmt werden, wie wir dies in Abb. 207 sehen, die das Profil eines durch Kernbohrung untersuchten Magnesitstockes darstellt.

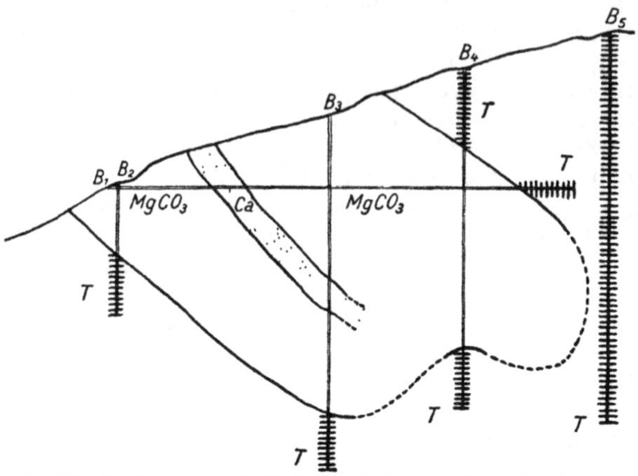

Abb. 207. Profil eines mit Crälius-Bohrmaschinen abgebohrten Magnesitstockes. B_1—B_5 Bohrlöcher, T taubes Nebengestein, Ca Kalk

Die Tiefbohrung gibt nur Aufschluß über den jeweiligen Bohrpunkt, nicht über die Beschaffenheit der weiteren Umgebung; die Aufklärung ist daher eine beschränkte. Im Gegensatz hiezu wird durch die verhältnismäßig teuren Stollen und Schächte das Bild eines größeren Teiles der Lagerstätte gewonnen.

Die Kostenvorausbestimmung für den laufenden Meter hängt ab von der Tiefe des Bohrloches, von der leichteren bzw. schwereren Bearbeitbarkeit des zu durchörternden Gesteines und der Gleichmäßigkeit der Schichten. Nicht zu übersehen ist die Lage der Bohrstelle, welche einen Einfluß auf die Transportkosten und die Aufstellung der Bohrgarnitur ausüben wird, das Vorhandensein des nötigen Spülwassers, die Reparaturkosten, eventuell Fundprämien, usw. Bei einer ersten provisorischen Kostenberechnung kann für mitteleuropäische Verhältnisse eingesetzt werden:

Von	0— 300 m	= 60—100	Reichsmark
„	300—1000 „	= 100—130	„
„	1000—1500 „	= 130—180	„

c) Stollen. Der Stollen ist ein fast horizontaler Einbau. Bei einem größeren Gefälle (25 bis 30°) heißt er Gesenke oder Schlepp- bzw. tonlägiger Schacht. Ansteigende Einbaue mit größerem Gefälle werden Bremsberge genannt. Der am Tage befindliche Ansatzpunkt des Stollens wird Stollenmundloch, sein Boden Sohle, die obere Begrenzung Firste, die seitlichen Wände Ulme genannt. Die Endfläche heißt Brust oder Ort. Er findet Anwendung, wenn Mineralschätze oberhalb der Talsohle anstehen. Je nachdem die Lagerstätte mit ihm streichend oder verquerend aufgefahren wird, sprechen wir von streichenden oder verquerenden Stollen; vom Stollen oder Schacht abzweigende Äste heißen Strecken. Die Sohle wird nach innen langsam ansteigen, um die Abförderung des Materials zu erleichtern und den natürlichen Wasserabfluß zu gestatten. Die Förderung aus dem Stollen geschieht mit durch Hand oder Maschinen gezogenen Wagen (Hunten), im Gesenke mit Seilzug. In neuerer Zeit erfolgt die Weiterbewegung der Wagen auch im Stollen öfters mit Seilzug. In wenig gestörtem und nicht druckhaftem Gebirge wird der Stollen auch ohne Zimmerung dem vorzeitigen Verbruch widerstehen. Um beim Stollenvortrieb das Arbeiten in der einseitig geschlossenen Röhre bei größerer Länge zu ermöglichen, müssen die Wetter entweder durch Aufbrüche nach außen oder durch künstlich hereingedrückte Luft bis vor Ort geregelt werden. Der eingleisige Schurfstollen hat in der Regel trapezförmiges Profil bei einer Höhe von zirka 2 m und bei einer mittleren Breite von 2 m. Bedeutend kleinere Dimensionen erschweren wegen zu engen Raumes die Arbeit.

Der laufende Meter eines derartigen Stollens ohne Sprengarbeit und Zimmerung (Gräberei) stellt sich auf 12 bis 14 Reichsmark. In Hartgesteinen (Eruptiva, Quarzit, Gneis, quarzreicher Glimmerschiefer) ist er bei Sprengarbeit ohne Zimmerung im Durchschnitt mit 80 bis 90 Reichsmark, im milden Gebirge (Kalk, Siderit, Chloritschiefer usw.) mit 50 bis 60 Reichsmark zu veranschlagen.

Die Zimmerung dürfte die Gestehungskosten des laufenden Meters um zirka 5 bis 10 Reichsmark erhöhen; bei dieser Berechnung wurde angenommen, daß ein von einem 15 PS-Elektromotor angetriebener 2 m^3-Kompressor zur Verfügung steht, dessen Anschaffungskosten mit 4500 Reichsmark eingesetzt werden können. Die Leistungen beim Vortrieb sind im Bergbau geringer als im Tunnelbau, da infolge des kleineren Profiles voluminösere Bohrmaschinen nicht Verwendung finden können, und weil die Wirkung der Sprengstoffe bei der verhältnismäßig kleinen bloßgelegten Fläche eine geringere ist. Auch muß der Bergbau mit den Sprengstoffen im allgemeinen wirtschaftlicher umgehen als der Tunnelbau, bei welchem das Zeitmoment die größte Rolle spielt. Im Tunnelbau rechnet man bei maschineller Bohrung in dreißig Tagen, den Tag zu 24 Stunden, als Durchschnittsleistung im milden Gestein (Mergel, weicher Sandstein) zirka 250 m, im Kalk, Dolomit usw. zirka 150 m, im festen Gestein (Eruptivgesteine, hochkristalline Schiefer) zirka 80 bis 100 m; bei besonders harten Gesteinen, wie bei gewissen Kieselschiefern, verquarzten und zähen Massen, kann die Monatsleistung auf 30 m herabsinken. Im Schurfstollen 2×2 m rechnet man bei dem gleichen Zeitaufwand im weichen Gestein, wie Kalk, Dolomit usw., zirka 70 m, im festen Gestein, wie kompakten Eruptivmassen, hochkristallinen Schiefern usw., zirka 30 bis 40 m, in besonders hartem und zähem Material, wie Kieselschiefer, stark verfilztem Hornblendit usw., zirka 20 m.

d) Schächte. An Stelle des Stollens tritt, namentlich in ebenem, flachwelligem Gelände, der schräge oder senkrechte Aufschluß, der Schacht. Der schräge oder tonlägige Schacht findet gewöhnlich dort seine Anwendung, wo man, dem Einfallen der Lagerstätte nachgehend, das Verhalten derselben gegen die Tiefe studieren will und die Arbeit sich ganz oder teilweise durch Mineralgewinnung bezahlt macht. Auch vom Stollen oder der Strecke aus wird die Durchforschung gegen die Teufe durch schräge, nicht zutage gehende Blindschächte — Gesenke — erfolgen. Die senkrechten oder saigeren Schächte werden bei Schurfarbeiten meistens nur für geringe Tiefen Anwendung finden, da bei größerer Tiefe die Leistung rasch sinkt und die Kosten sehr steigen. Anfangs kann das Material von der Schachtsohle aus über Bühnen hinaufgeschaufelt werden, bald aber ist mindestens eine Handhaspelförderung nötig, auch wird die Wetterzufuhr, in wasserführenden Gesteinen die Wasserhebung, mit nicht unerheblichen Auslagen verbunden sein. Schächte werden daher nur dann zur Beschürfung der Lagerstätte herangezogen werden, wenn diese nicht in großer Tiefe liegt und die Terrainverhältnisse dazu zwingen.

Ein Schurfschacht bis zirka 10 m Teufe mit zirka 1 bis 1,5 m^2 Querschnitt in Holzausbau kostet zirka 50 bis 60 Reichsmark per laufenden Meter.

Schächte von größerer Tiefe und mit Ausbau für Förderung kosten 500 bis 800 Reichsmark per laufenden Meter. Der höhere Preis bezieht sich auf ausgemauerte Schächte.

Die Schurfarbeiten werden heute größtenteils maschinell ausgeführt. Zur Bohrung der Sprenglöcher werden pneumatische Bohrhämmer benützt, die ihre Luft von Kompressoren erhalten. Zur Erzeugung der Preßluft genügen kleine Kompressoren mit 2 bis 3 m^3 Leistung pro Minute, die 2 bis 3 Hämmer zu treiben imstande sind. Als Kraftquelle für diese und die notwendigsten anderen Arbeiten kommt, je nach den Verhältnissen, ein Elektro- oder Verbrennungsmotor von 20 bis 30 PS in Betracht. Pro 1 m³ angesaugte Luftmenge in der Minute, die auf 6 Atmosphären gepreßt wird, rechnet man bei größeren Kompressoren 6, bei kleineren 8 PS.

Für schwer zugängliche Gebiete werden von den Firmen Flottmann, Demag usw. fahrbare Schurfeinrichtungen geliefert, welche den Antrieb und Kompressor für 2 bis 4 Bohrhämmer in einem gedeckten Wagen untergebracht haben.

Es ist des öfteren versucht worden, die Gesteine je nach ihrer leichteren oder schwereren Lösbarkeit einzuteilen. Solche Tabellen können natürlich nur einen rohen Vergleich bieten und müssen auf Grund der Erfahrung und durch eventuelle Versuchsbaue stets auf ihre Richtigkeit geprüft werden. Derartige Daten führt Terzaghi in Tabelle 44, für den Tunnel- und Erdbau an.

Für den Bergbau (Tiefbau) gibt Direktor Oskar Rösner in Kotterbach folgende Durchschnittsleistungen an:

Tabelle 34

Gestein	Ortsprofil	Monatsleistung und Aufwand: Ausfahrung	Verfahrene Schichten	Sprengstoff	Kapseln	Zündschnurringe	Leistung auf eine verfahrene Schicht	Bemerkungen
		m	Anzahl	kg	Stück		cm	
Milder, roter, sandiger Tonschiefer, unregelmäßig geklüftet	1,8×2	70	144	385 Dyn. I	1000	136	48,9	Kein Ausbau notwendig. 250 m Förderlänge. $^3/_3$ à 2 Mann, 6 Häuer
Übergang von Gips in Anhydrit	1,8×2	42,7	200	320 Dyn. I	900	144	21	Kein Ausbau, 450 m Förderlänge, Bewetterung nach jeder Sprengung mit Druckluft, 2 Bohrhämmer
Schlamm und lockeres Gerölle (starker Wasserzufluß bis 3 Atm. Wasserdruck)	1,8×2	10,7 in 3 Monaten	616	—	—	—	1,6	Vollgetriebezimmerung, Grundsohle, Ortsbruch mit Keilhaue abgetrieben, Firsten und Seitenstoß voll in Pfählung, sehr matte Wetter, 660 m Förderlänge, 50 m³ Holz
Anhydrit, bankig gelagert	1,8×2	70	230	682 Dyn. I	1400	24	30	Künstliche Bewetterung, kein Ausbau, 550 m Förderlänge, 3 Bohrhämmer mit Wasserberieselung, Staubschutzmasken
Lettig sandiges Gebirge mit großen Geröllblöcken, schwacher Wasserzufluß	1,8×2	46	245	170 Dyn. I	540	70	18	Einfacher Ausbau, Belegung 9 Mann, gute Bewetterung
Grüner, zäher Tonschiefer ohne Klüfte	1,4×1,8	14,8	46	97 Dyn. I	245	31	32	Kein Ausbau, 400 m Förderlänge, matte Wetter, Erschwerung der Förderung durch Fahrt über Drehplatten, 2 Bohrhämmer
Grünschiefer, mittlere Härte (große Nässe)	2,2×2,5	24	100	140	400	58	24	Nasser Ort, 100 m Förderlänge, 2 Bohrhämmer
Spateisenstein	2,3×2,3	30	100	155	400	48	30	Auszimmerung des ganzen Ortes mit vollem Verlag von Firste und einem Ulm, 2 Bohrhämmer

Gestein	Orts-profil	Monatsleistung und Aufwand: Aus-fahrung	Verfahrene Schichten	Spreng-Stoff	Kapseln	Zündschnur-ringe	Leistung auf eine verfahrene Schicht	Bemerkungen
		m	Anzahl	kg	Stück		cm	
Spateisensteingang, im Liegenden Baryt	2,2×2,2	22,5	80	109	250	30	28,1	Wenig Zimmerung, jedoch sorgfältige Kuttung vor Ort inbegriffen, 2 Bohrhämmer
Spateisenstein, sehr fest, quarzig	2,3×2,5	35	190	475	1100	150	18,5	100 m Förderlänge, matte Wetter, Kuttung inbegriffen, 2 Bohrhämmer
Serizitschiefer, mild	2,2×2,2	24	80	95	290	40	30	1 Bohrhammer, Zimmerung, 100 m Förderlänge, matte Wetter
Karbonschiefer, mittlere Härte	2×2,5	27	120	170	400	52	22,5	1 Bohrhammer

Tabelle 35. Im Tagbau:

	1 Mann 8 Stundenschicht Tonnen	Sprengstoff per eine Tonne kg
Im Tagbau: Abraumarbeit, Material sandig lose.	15—20	—
„ „ „ „ sandig fest.	10—15	—
„ „ „ „ lehmig tonig	9,5—10,5	—
„ „ „ „ sehr fest...	8—10	—
Etagenbau: Ton fest, zähe, Großteil mit Keilhaue, kleinerer Teil mit Sprengarbeit, Handbohrer, kurze Löcher..............................	9,6	0,1—0,12
Kalk, Spateisenstein, mit Sprengarbeit zu gewinnen, pneumatische Bohrarbeit, inklusive Abförderung bis 100 m. Leistung per Arbeitsschicht, Sprengarbeit, Zerkleinern, Laden und Fördern..	8—15	0,05—0,1

Graphische Darstellung der Lagerstätten: Die durch Eingriffe in die Erdkruste erzielten Aufschlüsse müssen detailliert registriert werden. Dazu gehört ihre genaue Vermessung, graphische Darstellung bzw. Eintragung in eine genügend große topographische Karte; so entsteht der Grundriß (das ist die Projektion auf die Horizontalebene), der Saigerriß (Projektion auf eine Vertikalebene parallel zum Streichen des Vorkommens), der Kreuzriß (Projektion auf eine Vertikalebene senkrecht zur Richtung des Streichens), der flache Riß (Projektion auf die Lagerstättenebene [nur bei Gängen und Flözen]) und die Profile (senkrecht zum Streichen geführte Schnitte, Querprofile; parallel zum Streichen gelegte Schnitte, Längsprofile).

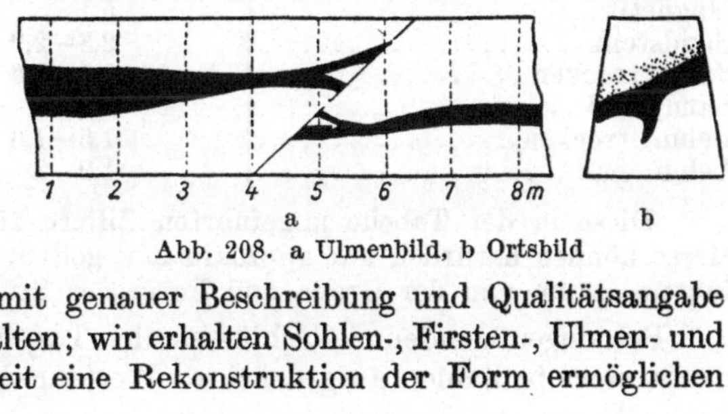

Abb. 208. a Ulmenbild, b Ortsbild

Die in Röschen, namentlich aber in Stollen und Schächten erschlossenen Lagerstättenbloßlegungen, wie sie an den einzelnen Begrenzungsflächen der Einbaue erscheinen, werden mit genauer Beschreibung und Qualitätsangabe in fortlaufenden Bildern festgehalten; wir erhalten Sohlen-, Firsten-, Ulmen- und Ortsbilder, die in ihrer Gesamtheit eine Rekonstruktion der Form ermöglichen und Schlüsse auf das weitere Verhalten der Lagerstätte zulassen (Abb. 208). Derartige Aufzeichnungen sind namentlich dort notwendig, wo die Beschaffenheit und der Inhalt der Lagerstätte rasch wechselt, oder wo lang anhaltende Verdrücke, wie sie in stark gefaltetem Gebirge sehr häufig auftreten, vorhanden sind. Handelt es sich um alte verfallene Bergbaue, in deren Fortsetzung der Abbau der Lagerstätte wieder in Angriff genommen werden soll, so werden noch existierende Grubenkarten derartige Bilder oft ersetzen oder ergänzen, da man aus ihnen häufig nicht nur die allgemeine Form der Lagerstätten erkennt, sondern auch aus den abgebauten und stehengelassenen Partien das Verhältnis des Tauben zum Adel errechnen kann.

6. Masse und Qualität

Bei einer ausreichend aufgeschlossenen Lagerstätte gibt der vierseitig bloßgelegte und meßbare Lagerstätteninhalt die Unterlage für die Berechnung der „sichtbaren Substanz“, die das eigentliche Fundament für eine richtige Schätzung des momentanen Wertes des Vorkommens liefert. Da man unter gewissen Bedingungen annehmen kann, daß eine Lagerstätte nicht plötzlich ihre Fortsetzung verliert, kann namentlich bei zweiseitigem Aufschluß eine „wahrscheinliche Substanz“ angefügt werden. Die Kenntnis der geologischen Verhältnisse und der aus diesen sich ergebenden Form der Lagerstätte erlaubt schließlich eine „mögliche Substanz“ anzunehmen. Diese darf jedoch nur ausnahmsweise in die reale Massenberechnung einbezogen werden, sie wird vielmehr nur dazu dienen, einen Wertfaktor einzuführen, der die nötige Begründung für Schurfarbeiten liefert. Einzelne schichtige Erzlagerstätten der Ostalpen und Karpathen zeichnen sich durch mehr oder weniger linsenförmige Gestalt aus. Bei diesen Vorkommen darf als sichtbare Substanz nur die bis zur tiefsten Sohle reichende aufgeschlossene Masse, höchstens ein weiterer 2 bis 3 m breiter Streifen als sichere Fortsetzung angenommen werden. In größerer Tiefe, vielleicht 5 bis 7 m, ist die Erzführung noch wahrscheinlich, in weiterer Tiefe nur mehr möglich, da sich die genaue untere Grenze bei dieser Form ohne Untersuchungsbauten nicht vorausbestimmen läßt.

Tabelle 36

Substanz	Durchschnittliches spezifisches Gewicht	Durchschnittliches Raumgewicht der geschütteten Masse
Basalt	3	2,6
Granit	2,7	2,3
Kalkstein	2,7	2,2
Dolomit	2,9	2,4
Magnesit-Breunerit	3—3,2	2,5—2,7
Spateisenstein	3,7	2,9 (geröstet 2)
Magnetit	5,1	4,5
Sandstein	2,3—2,9	2
Sand, trocken	1,4—1,6	—
Sand, naß	1,8—2	—
Lehm, trocken	1,5—1,6	—
Lehm, naß	1,9—2	—

Diese in der Tabelle angeführten Ziffern für das Gewicht der geschütteten Masse können natürlich nur approximativ gelten, da der Prozenzsatz an unausgefülltem Raum von der Größe und Form der Stücke abhängt.

Bei ungenügenden Aufschlüssen der Lagerstätte enthalte man sich überhaupt einer in Zahlen ausgedrückten Wertangaben. In einem solchen Fall kann es sich für den Begutachter nur darum handeln, das Minimum an brauchbarer Substanz festzustellen, welche notwendig wäre, um einen lohnenden Abbau einzuleiten, und die Kosten jener Schurfarbeiten zu bestimmen, welche zu einem abschließenden Urteil führen werden.

Die Masse kann in Kubikmetern oder, mit dem spezifischen Gewicht des Stoffes multipliziert, in Tonnen ausgedrückt werden. Dabei ist zu beachten, daß bei porösem und geschüttetem Material das Gewicht der Volumseinheit, entsprechend den Zwischenräumen (Raumgewicht im weiteren Sinne), um einige Zehntel geringer anzusetzen ist als das eigentliche spezifische Gewicht (Tab. 36).

Bei der Berechnung des Lagerstätteninhaltes ist stets des Abbau- und späteren Aufbereitungsverlustes zu gedenken, der selbst bei ökonomischer Betriebsführung nicht unter 5% sinken wird.

Die Proben für die mechanische und chemische Prüfung der nutzbaren Mineralien und Gesteine sollen nicht dem zersetzten Ausbiß entnommen werden. Es ist vielmehr darauf zu achten, daß nur frische Anbrüche zu dieser Untersuchung herangezogen werden. Die Entfernungen, in welchen man die Proben entnimmt, richten sich nach der größeren oder geringeren Regelmäßigkeit des Vorkommens und dem Wert des betreffenden nutzbaren Minerals. Für die chemische Prüfung ist es nötig, den richtigen Durchschnitt der Lagerstätte zu erhalten, was auf folgende Weise erzielt werden kann: Es wird ein Streifen über die ganze Mächtigkeit der Lagerstätte als Schlitz-, Pick- oder Streifenprobe ausgeschlitzt oder als Schußprobe abgeschossen. Das gewonnene Material wird geschlägelt und so lange geviertelt, bis das für die Analyse nötige Quantum zurückbleibt. Bei einiger Sachkenntnis ist es auch möglich, durch richtige Auswahl und Sammeln einzelner kleiner Stücke der zu untersuchenden Erze usw. auf einer großen Strecke einen Durchschnitt zu erhalten (Sackprobe). Beim Abbohren der Lagerstätte kann das Bohrmehl oder der Bohrkern zur Probenahme dienen. Allen diesen Methoden haftet die Unsicherheit der subjektiven Handlung an, weshalb sie eine gewisse Übung erfordern. Die beste Probenahme erfolgt derart, daß streckenweise größere Mengen, etwa 2 bis 10 t des geförderten Gutes gewogen, dann durch einen Steinbrecher zerkleinert, eventuell aufbereitet werden. Nach guter Durchmischung wird die Durchschnittsprobe gezogen, bei einer Aufbereitungsprobe das Analysenresultat auf die ursprünglich gewogene Menge zurückgerechnet. Diese Methode ist namentlich dort zu empfehlen, wo bereits ein geringer Erzgehalt die Bauwürdigkeit bedingt, z. B. bei Zinn, Platin, Gold usw. Über die Probenahme von Gesteinen für bautechnische Zwecke und für Schotter siehe Seite 138.

7. Die Marktverhältnisse

Die Marktverhältnisse beeinflussen die Abbauwürdigkeit einer Lagerstätte derart, daß heute noch blühende Betriebe morgen reduziert, wenn nicht als entwertet eingestellt werden müssen. Das Zinn im Erzgebirge wurde ursprünglich in den reichen Seifen, später in den ärmeren primären Gängen gewonnen. Die an Erzen reiche überseeische Konkurrenz brachte die Werke schließlich zum Erliegen.

Nicht nur auf dem Lokalmarkt wird Nachfrage und Angebot wechseln, sondern auch auf dem Weltmarkt sehen wir große Schwankungen der Konjunktur. Natürliche Umstände, wie das Seltener- oder Häufigerwerden eines Minerals, neuerschlossene Verwendungsmöglichkeiten usw., aber auch künstliche Eingriffe, wie Zollgrenzen, Kriege, Kartelle usw., beeinflussen den Preis des Rohproduktes und damit die Bauwürdigkeit einer Lagerstätte.

D. Abbau einer Lagerstätte

Ist eine Lagerstätte nach den geschilderten Prinzipien untersucht worden und hat sie sich als bauwürdig erwiesen, so wird sie für den Abbau aus- und vorgerichtet. Unter Ausrichtung versteht man die Anlage der Hauptstollen, Grundstrecken usw.; unter Vorrichtung alle übrigen Anlagen, welche zum Abbau notwendig sind. Der Abbau richtet sich nach der Form (Flöz, Lager, Gang, Stock usw.), nach der Mächtigkeit, nach dem Auftreten von Zwischenmitteln, nach der tektonischen Stellung im Gebirge (ob flachliegend, gefaltet, steilstehend) usw.

Je nach der Lage der Lagerstätte gegenüber der Erdoberfläche wird sie tiefbaumäßig oder tagbaumäßig gewonnen.

Die Gewinnung der Erze, der brennbaren Stoffe und leicht löslichen Mineralien erfolgt häufiger im Tiefbau, seltener im Tagbau. Im ersteren Fall wird sie als bergmännischer Grubenbetrieb bezeichnet, ist dann Gegenstand der Bergbaukunde und bedarf des speziellen Studiums des Bergingenieurs.

Die obertägige Gewinnung lockerer Steine wird Gräberei, der Abbau fester Steine Steinbruch genannt. Danach definiert O. Herrmann den Steinbruch „als einen Anbruch im festen, weder brennbaren, noch leicht löslichen, auch nicht zur Verhüttung bestimmten technisch nutzbaren Gestein, der zur Gewinnung desselben offen gehalten wird". Der Steinbruch ist einfacher als der bergmännische Grubenbetrieb, er erfolgt meistens tagbaumäßig, sehr selten unterirdisch und ist für die verschiedensten Zweige der Technik von Interesse.

Die Tätigkeit im Steinbruch besteht, falls nicht schon loses Material vorhanden ist, vor allem im Brechen des festen Gesteines. Dieses erfolgt im bruchfeuchten Zustand verhältnismäßig leicht, wie überhaupt frischgebrochene Steine sich besser und ebener spalten lassen als altes, der Luft längere Zeit ausgesetztes Material. Nur wo es sich um größere Ornamenten- und Bausteine handelt, deren Gefüge durch Sprengarbeit nicht gelockert werden soll, wie dies z. B. bei Gesteinen für Tunnelausmauerungen der Fall ist, werden die Blöcke herausgesägt, geschrämmt oder durch Keile, welche in vorhandene bzw. angelegte Fugen hineingetrieben werden, gelockert. Letzterer Vorgang kann derart modifiziert werden, daß hölzerne Pflöcke in die Fugen getrieben und mit heißem Wasser übergossen werden, wobei durch Quellen des Holzes eine Spalte entsteht, an welcher der Block abgelöst werden kann.

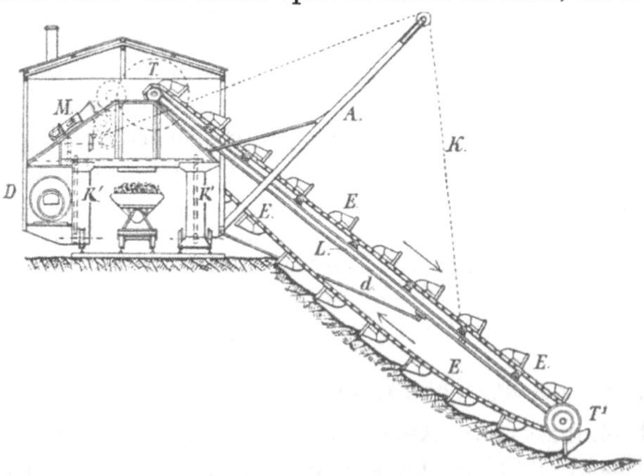

Abb. 209. Eimerkettenbagger (Tiefbagger) der Lübecker Maschinenbaugesellschaft (nach E. Treptow)

Sonst wird die raschere Sprengung angewendet. Das für die Aufnahme der Sprengpatrone nötige Bohrloch wird nur ausnahmsweise mit Handarbeit hergestellt, vielmehr meistens durch auf Gestellen montierte Bohrmaschinen oder durch Bohrhämmer, die von Arbeitern gehalten und geführt werden, niedergebracht. Der Antrieb der Bohrmaschinen erfolgt mittels komprimierter Luft (pneumatisch) oder auf elektrischem Wege, jener der Bohrhämmer bis jetzt nur pneumatisch. Das Sprengen kann mit mehr oder weniger brisanten Sprengmitteln, unter anderem mit flüssiger Luft, vorgenommen werden. In speziellen Fällen findet das Feuersetzen wieder Anwendung. Durch Erhitzen des Gesteines — nach Stočes mittels eines Gebläses, ähnlich der Lötlampe — werden in ihm Spannungen erzeugt, wodurch ein Zerfall erfolgt, der durch Anschlagen mit Hämmern und Übergießen mit Wasser befördert wird. Diese schon den Alten bekannte Methode setzt ein sprödes Gestein, wie Quarz, Schmirgel usw., voraus.

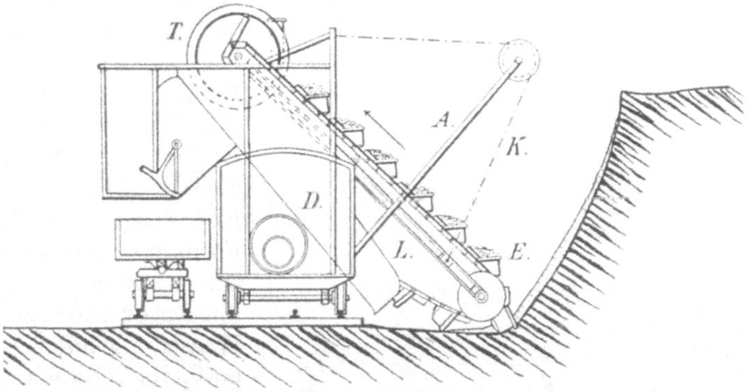

Abb. 210. Eimerkettenbagger (Hochbagger) (nach E. Treptow)

Die aus dem Verband gelösten Gesteinsmassen oder die schon an und für sich losen Massen, wie Sande oder Tone usw., werden entweder mit Spaten, Schaufel, Kratze und Trog in die Fördergefäße gebracht oder aber mittels Bagger gehoben und weggefüllt.

Wir unterscheiden Eimer-, Löffel- und Greifbagger. In einem fahrbaren Gehäuse ist die Betriebsmaschine eingebaut. Beim Eimerbagger sind an einem Paternosterwerk Eimer mit einseitig geschärften und gezähnten Lippen angebracht. Diese Type kann entweder, auf der Oberkante der Abbaustufe stehend, das Material von unten her abscheren und in die Hunte liefern (Tiefbagger, Abb. 209), oder umgekehrt, am Fuß der Etage stehend, in der Richtung nach oben arbeiten (Hochbagger, Abb. 210).

Der Löffel- oder Schaufelbagger arbeitet gleichfalls auf der Sohle stehend, indem er das an einem Hebelarm befestigte, mit geschärften Rändern versehene Gefäß, welches durch Aufwärtsbewegung abgräbt, aufhebt. Eine Seitenbewegung unter gleichzeitiger Öffnung der Bodenplatte bewirkt die Entleerung des Löffels und Füllung des Förderwagens (Abb. 211).

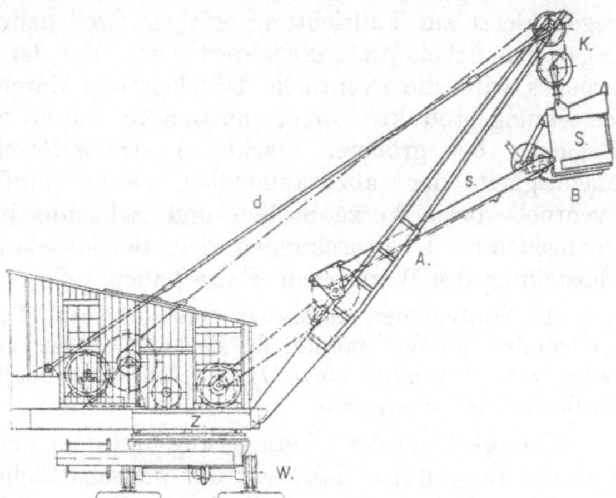

Abb. 211. Elektrisch betriebener Löffelbagger (nach E. Treptow)

Der Greifbagger hat an Stelle des oben beschriebenen, an einem starren Ausleger befestigten, sich von obenher füllenden Löffels einen an einer Kette hängenden Greifer, der sich beim Auffallen unten zangenartig öffnet, beim Aufheben erst das Material zu sich schiebt, dann beim weiteren Heben sich wieder schließt (Abb. 212).

Eimerbagger eignen sich nur für milde Materialien, Greifbagger nur für lose Massen, während Löffelbagger allgemein angewendet werden können.

Die Anlage eines Tagbaues basiert auf den Ergebnissen der vorbereitenden Schurfarbeiten. Diese wurden in genaue topographische Kartenblätter im Maßstab von 1:1000 bis 1:2000 eingetragen. Eine Karte, welche sowohl das Terrain, als auch die Form und Ausdehnung der Lagerstätte in Isohypsen dargestellt enthält, gestattet einen genauen Betriebsplan für den Abbau aufzustellen.

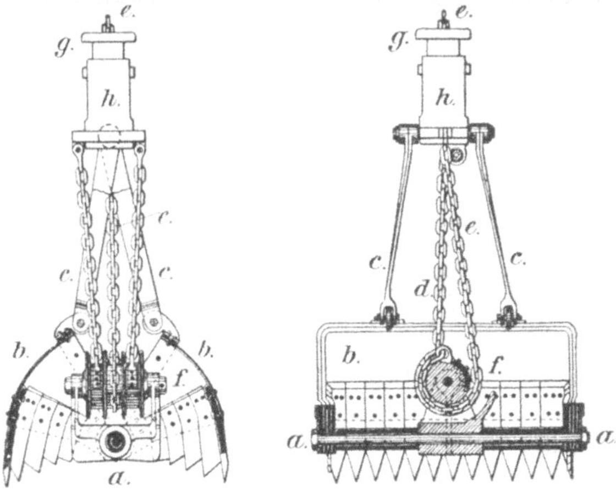

Abb. 212. Greifbagger (nach E. Treptow)

Die Ortslage des Vorkommens bestimmt die Form des Tagbaues. Bei steilem Gehänge wird entweder eine Flanke oder, bei freistehenden Kuppen, der gesamte Umfang als Angriffspunkt dienen (Abb. 213), in der Ebene wird der Bruch die Form eines Kessels erhalten, aus welchem das Material und das eventuell zufließende Wasser gehoben werden muß, im schwach geneigten Terrain wird zu diesem Kessel von außen her ein Einschnitt oder ein Stollen führen, der die Abförderung des Rohproduktes und die Wasserlösung besorgt (Abb. 214). Die einzelnen Etagen werden miteinander durch Sturzschächte oder Bremsberge bis zur tiefsten Sohle verbunden, so daß das gesamte Fördergut hier gesammelt und gemeinsam abtransportiert werden kann (Abb. 215).

Bei aufgerichteten Schichten soll der Steinbruchvortrieb womöglich entgegengesetzt zur Fallrichtung erfolgen, weil dadurch die Ablösung der Platten gegen den Arbeitsplatz erleichtert wird. Vor der eigentlichen Anlage des Steinbruches wird die eventuelle Überlagerung durch fremdes Gestein oder durch Zersetzungsprodukte wenn notwendig durch Sprengung, sonst sofort mit Baggern, bei größerer Stärke in streifenförmigen Scheiben entfernt. Die Mächtigkeit der abzuräumenden Decke muß vorher durch Bohrlöcher, eventuell durch kurze Stollen und Schächte bestimmt werden, wenn nicht unangenehme Überraschungen den Betriebsplan stören, eventuell sogar die Einstellung des Werkes zur Folge haben sollen.

In Nordböhmen nahm man eine horizontale Lagerung eines mächtigen Braunkohlenflözes an und mußte, da sich erst später, bald hinter dem Ausbiß, ein Einfallen von 8° zeigte, vorzeitig zu dem ursprünglich nicht vorgesehenen teuren Grubenbetrieb übergehen.

Entsprechend der Überlagerung und dem Verhältnis derselben zur Mächtigkeit der Lagerstätte läßt sich die wirtschaftliche Grenze des Tagbaubetriebes berechnen. Beim nordwestböhmischen Braunkohlenbergbau stellt sich das Verhältnis der Kohle zum Abraum beiläufig 1:1,5; in Deutschland geht man bei sandiger, flacher Überlagerung in großen Braunkohlenbetrieben bis auf 1:3,5, mit den Abraumförderbrücken schon bis auf 1:6; die gleichen Zahlen gelten für die relativ wertvolle Kohle von Trifail in Südslawien. Genaue Zahlen, bis zu welchen die Rentabilität reicht, werden für jeden einzelnen Fall leicht zu berechnen sein.

Die Abbaumethode des Tagbaues richtet sich nach dem Zweck und der Menge des gewonnenen Materials. Gesteine, welche nur gelegentlich Verwendung finden, wie z. B. zur Zeit eines Baues, können in einfachen Aufschlüssen, welche schließlich bis zur Erreichung einer mehr oder weniger steilen Rückwand führen,

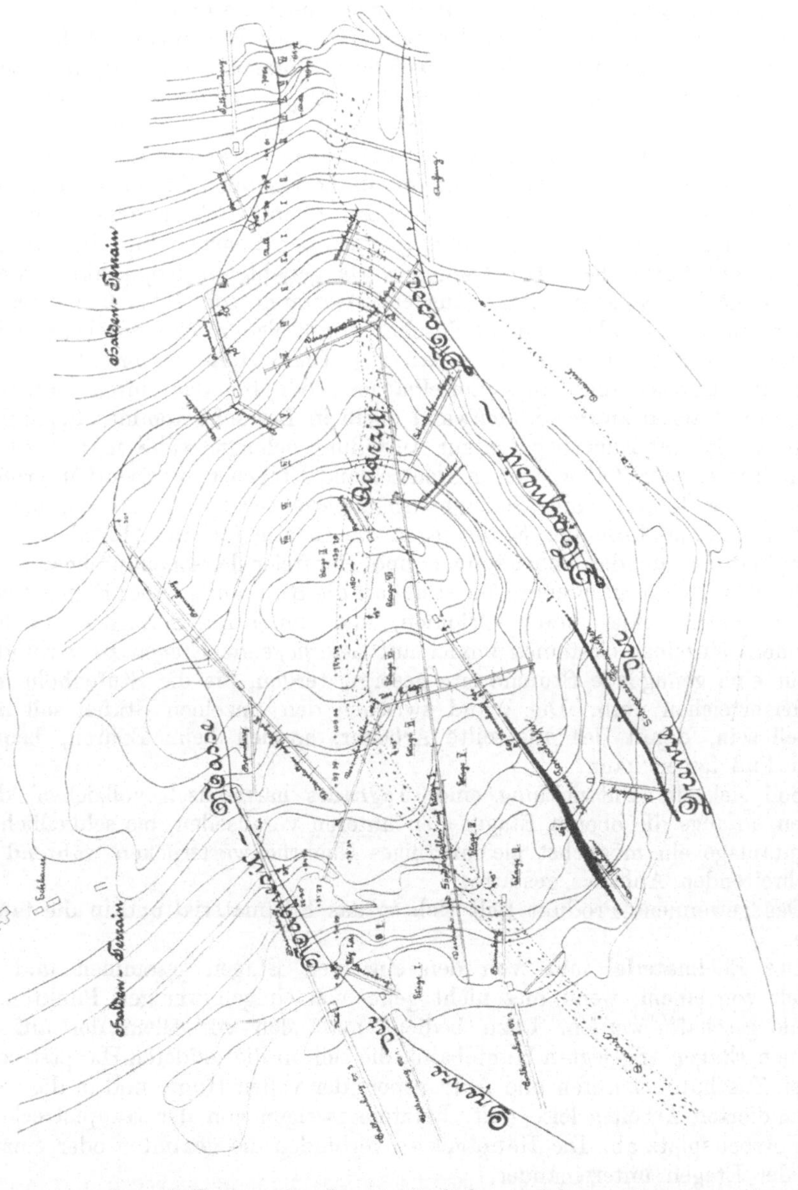

Abb. 213. Etagenförmiger Tagbau im gebirgigen Terrain. Magnesitbruch Veitsch. Die römischen Ziffern geben die einzelnen Etagen an

gewonnen werden. Soll aber eine kontinuierliche, auf lange Zeiträume dauernde Betriebsstätte eingerichtet werden, dann haben derartige Wandentblößungen nur gerade den Vorteil, daß rasch mit der Arbeit begonnen werden kann. Sobald die Wände später immer höher werden, wird die Gewinnung infolge der exponierten Lage der Angriffspunkte immer teurer und gefahrvoller. Auch verhindern unzugängliche Stellen einen reinen Abbau.

Ähnlich steht es mit dem Unterhöhlungs- oder Unterminierungsbau. An der Basis einer großen Wand wird eine Bank ausgehoben, so daß der Oberteil immer mehr seine Stütze verliert, bis er schließlich abbricht. Wegen der Gefahr des vorzeitigen Einstürzens der Wand sollte diese Methode nur ausnahmsweise bei mächtigem Abraum, dessen Entfernung die rentable Gewinnung in Frage stellt, und mit gut geschulten Leuten angewendet werden.

Der rationellste Betrieb ist der Strossen- oder Etagenbau (Abb. 213 bis 215). Er ist anfangs wegen der notwendigen Vorarbeiten teurer, der Beginn der Arbeit wird verzögert; ist jedoch die Anlage fertiggestellt, dann wickelt sich der Abbau reibungs- und gefahrloser ab, wobei als besonderer Vorteil die große Zahl der Angriffspunkte hervorgehoben werden muß. Entsprechend dem Geländeverlauf wird der Platz für die horizontalen Stufen — Etagen — angerissen (Abb. 204). Die Höhe derselben richtet sich, abgesehen von der Gesteinsfestigkeit, nach der Leistungsfähigkeit der Bohrmaschine in bezug auf die Tiefe der Bohrlöcher. Die nach abwärts gerichteten Kopfschüsse, welche von der nächst höheren Etage aus ein Maximum von 7 bis 9 m erreichen, ergeben mit der Vorgabe für den Sohlschuß von 3 bis 5 m eine durchschnittliche Etagenhöhe von 10 bis 12 m (B. Granigg). Diese Höhe entspricht auch beiläufig der Hebeleistung eines Löffelbaggers, der für das durch Sprengung gelockerte Material an der Stufenwand allein in Betracht kommt. Bei weicher Kohle, welche mit Eimerbaggern zur Auffüllung gelangt, wählt man niedrigere Stufen. In neuester Zeit werden in Deutschland Etagen von wesentlich größerer Höhe — bis 40 m — mit Schlagbohrhämmern abgebohrt und abgesprengt.

Auf der Plattform der Stufe liegen die Geleise für die Abförderung, die Preßluftleitung für die Bohrhämmer und ein freier Personendurchgang. Das von der Brust herausgesprengte Material darf die Benützung dieser Einrichtungen nicht behindern. Aus diesen Gründen, und um beim Sprengen ein Fortschleudern einzelner Gesteinstrümmer auf tieferliegende Etagen zu verhindern, soll für eine genügende Stufenbreite gesorgt werden, die die Stufenhöhe mindestens erreichen muß. Die Wand zwischen den einzelnen Stufen soll nicht zu steil sein, damit der angeseilte Arbeiter, speziell beim Bohren, bequem festen Fuß fassen kann.

Soll sich die Entwicklung eines Tagbaues harmonisch vollziehen, dann müssen anfangs die oberen Etagen den unteren vorauseilen, bis schließlich die Gesamtanlage ein möglichst gleichmäßiges Nachrückwärtsrücken während des fortschreitenden Abbaues gestattet.

Das gewonnene Produkt teilt sich in das Edelmaterial und in die tauben Berge.

Das Edelmaterial muß von den einzelnen Etagen gesammelt und womöglich von einem, wenn dies nicht geht, von einigen wenigen Punkten aus zu Tale geschafft werden. Dazu bedient man sich vor allem der auf den einzelnen Etagen angelegten Huntebahn, die sich in die solideren Hauptstrecken für den Zuschub der leeren und Abtransport der vollen Hunte und in die wenig fest fundierten Arbeitsgeleise teilt. Letztere zweigen von der Hauptstrecke zu jedem Arbeitsplatz ab. Die Hauptgeleise verbinden die gesamten oder einzelne Teile der Etagen untereinander.

Kleine Betriebe legen den Abtransport gegen das Tal auf einen, größere auf mehrere Bremsberge. Diese sind von jeder Etage aus durch eine Bühne zugänglich und müssen, um die Entwicklung des Tagbaues nicht zu behindern, womöglich außerhalb der Lagerstätte angelegt werden.

Überdies werden zur einheitlich raschen Abförderung auch unterirdische Wege benützt. Durch Sturzschächte gelangt das Fördergut zwar rasch und

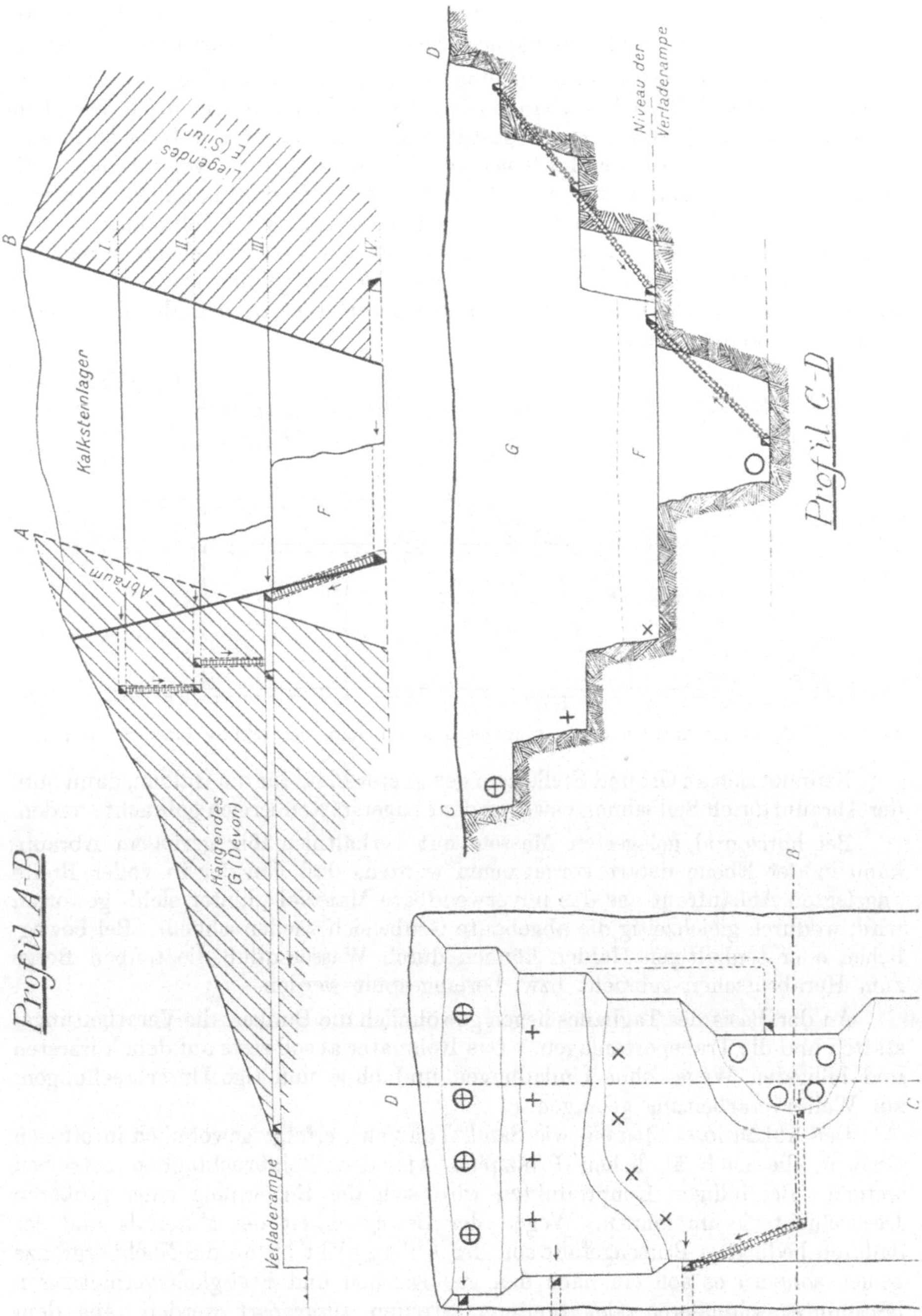

Abb. 214. Tagbau im freien Gelände bzw. unter der Terrainoberfläche. Kalksteinbruch Beraun in Böhmen

billig an sein Ziel, wird aber bei größerer Tiefe stark zerbrechen und viel Kleinfall bilden (Abb. 215). Aus diesem Grunde werden die Sturzschächte häufig durch die teurer arbeitenden tonlägigen Schächte mit Tonnenförderung ersetzt.

Die tauben Berge müssen an eine Stelle gebracht werden, wo Raum für einen langjährigen Betrieb vorhanden ist. Die tauben Halden dürfen vor allem nicht auf die Lagerstätte selbst gestürzt werden, da sie bei fortschreitender Ausdehnung des Bruches kostspielige Umräumearbeiten verursachen. Sie dürfen aber auch nicht zu weit vom Betriebsplatz entfernt sein, da der Transport dahin verteuernd wirkt. Am besten eignen sich dazu nahe Talmulden, welche durch die Huntebahn in horizontaler Richtung von den Etagen aus erreichbar sind; sie werden allmählich mit den tauben Bergen gefüllt, so zwar, daß der untere Haldenteil von dem oberen nicht verschüttet wird, weshalb dieser mehr vorgezogen werden muß.

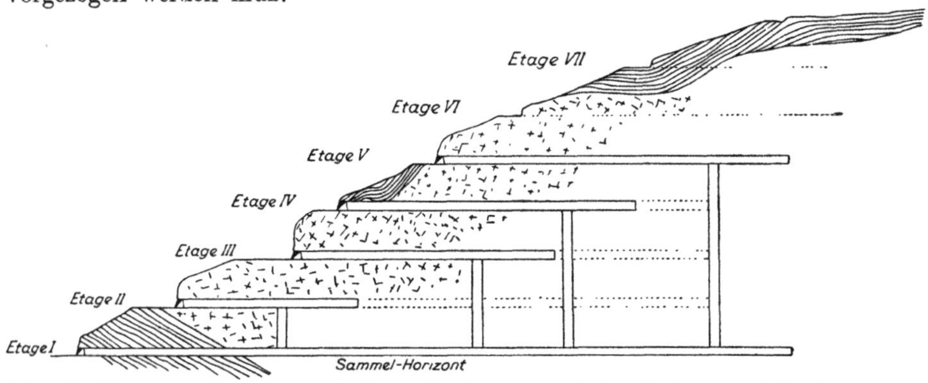

Abb. 215. Schema der Anordnung von Sturzschächten am steirischen Erzberg (nach B. Granigg)

Befindet sich an Ort und Stelle kein geeigneter Platz für die Halden, dann muß der Abraum durch Seilbahnen usw. aus dem Lagerstättenbereich gebracht werden.

Bei horizontal gelagerten Massen mit verhältnismäßig geringem Abraum kann in der Ebene derart vorgegangen werden, daß von der in voller Breite angelegten Abbaufront aus das unverwendbare Material „hinter sich" geworfen wird, wodurch gleichzeitig die abgebaute Grube sich wieder schließt. Bei beweglichen oder tonhaltigen Halden können durch Wasserzufluß die tauben Berge zum Herabrutschen gebracht bzw. hereingespült werden.

An der Basis des Tagbaues liegen gewöhnlich die Bunker, die Verarbeitungsstätten und die Transportanlagen. Das Rohmaterial soll stets auf dem kürzesten und billigsten Wege, ohne Umladungen und ohne unnötige Unterbrechungen, zur Weiterverarbeitung gelangen.

Der Abbau loser Massen, wie Sand, Ton usw., erfolgt gewöhnlich in offenen Gruben, die nach ähnlichen Prinzipien wie der Steinbruchtagbau betrieben werden. Bei billigen Rohprodukten wird sich die Entfernung einer größeren Deckschichte kaum lohnen. Wegen der Beweglichkeit des Materials und der dadurch bedingten Rutschgefahr soll der Abbau nicht bis an die Nachbargrenze gehen, sondern es soll ein nach den geologischen und Festigkeitsverhältnissen bestimmter schmälerer oder breiterer Streifen ausgespart werden; aus dem gleichen Grunde soll die Wandhöhe des Abbaues nicht mehr als 3 bis 4 m betragen und müssen überdies ihre Flanken genügend abgeböscht sein.

Bei Seifen wird ein kräftiger Wasserstrahl gegen die Abbaustöße gerichtet, so daß dieselben unterwaschen werden, losbrechen und beim Abfließen bereits eine Art Aufbereitung mitmachen.

Der moderne Tagbaubetrieb ist bei großer Ausdehnung in erster Linie ein Problem der Massenbewegung, es muß daher laufend auf die rasche Bewältigung des gewonnenen Materials gesehen und gleichzeitig für genügende neue Aufschlüsse gesorgt werden; schließlich müssen rechtzeitig neue Haldenplätze bereitgestellt werden. Geschieht dies nicht, so werden Betriebsstockungen eintreten, welche oft nur schwer und mit großen Opfern zu beseitigen sind.

Untertags werden Steine nur selten gebrochen, und zwar nur wenn wertvoller Marmor, Serpentin, Dachschiefer usw. vorliegt. Ist dies der Fall, so werden, gewöhnlich nach Auffahrung eines Systems sich kreuzender Strecken, einzelne Prismen (Pfeiler) schachbrettartig herausgenommen, die übrigen als Stützen zum Schutz des Daches stehen gelassen (Pfeilerbau).

Wiederholend mögen hier die nach Hirschwald zu beachtenden geologischen Faktoren als Leitsätze für die Beurteilung von Steinbrüchen angeführt werden:

a) Brüche in Schichtgestein (Sandstein, Kalkstein, Tonschiefer und andere). 1. Lagerungsform: horizontal, geneigt, sattel- oder muldenförmig, mehrfach gefaltet; Abraum. 2. Schichtung: ebenflächig oder wellig, dick- oder dünnschichtig, parallelflächig oder diskordant. 3. Bankförmige Absonderung: Mächtigkeit der einzelnen Bänke; unbrauchbare Zwischenlagen. 4. Klüftung: weitscharig, mittel- oder dichtscharig in paralleler oder unregelmäßiger Anordnung, senkrecht oder schiefwinkelig zur Bankabsonderung, nach einer oder mehreren Streichrichtungen, mit oder ohne Verwerfung, das heißt Verschiebung der Bänke gegeneinander, Unterscheidung ursprünglicher Klüfte von Frostklüften. 5. Bestimmung der Gesteinsabmessungen für die zu gewinnenden Werkstücke aus den einzelnen Bänken, nach Maßgabe der Bankmächtigkeit und der Entfernung der Klüfte voneinander. 6. Wasserführung der Klüfte und Lagerfugen in der nassen Jahreszeit und dadurch etwa bedingte Veränderung des Gesteines in der Nähe der Klüfte und Fugen; Bestimmung der Entfernung, bis zu welcher das Gestein dadurch verschlechtert wird (rostgelbe Färbung in Verbindung mit Auflockerung); Grundwasserverhältnisse (ob diese den Abbau unter der Talsohle gestatten). 7. Beschaffenheit des Gesteines in jeder der einzelnen Bänke; Farbe; Größe und Gleichmäßigkeitsgrad der Körnung (feinkörnig, kleinkörnig, mittelkörnig, grobkörnig, gleichkörnig oder ungleichkörnig in verschiedenen Graden); Schichtungsgrad (ohne wahrnehmbare Schichtung, grobschichtig, dünnschichtig); Ursache der Schichtung (durch Farbenunterschiede, Verschiedenheit der Korngröße bzw. der Porosität, Muscheleinlagerungen, Hohlräume, Einlagerung von Nebenbestandteilen); Schieferung (parallelschichtig, transversal); Festigkeitsgrad (weich, mittelfest, fest, sehr fest); Beschaffenheit der Bruchfläche (erdig, glatt, splittrig, muschelig); Spaltbarkeit (mehr oder weniger vollkommen bis schiefrig, parallel der Schichtfläche bzw. senkrecht dazu, nach einer oder mehreren Richtungen, eventuell parallel den Kluftflächen, sogenannte Kopfspaltung). 8. Untersuchung der etwaigen Verwitterungsrinde und der Gesteinsfestigkeit an älteren, stehen gebliebenen Anbruchflächen; Feststellung des Alters derselben. 9. Art des Abbaues, Tagbau, Tiefbau (durch Sprengarbeit, Keilspalten, Unterhöhlen). 10. Vorhandene oder zu beschaffende Einrichtungen zum Abbau, zur örtlichen Verarbeitung und zur Abfuhr. 11. Tägliche oder monatliche Förderung; Gesamtvorrat. 12. Frühere Verwendung des Gesteines und Erfahrungen darüber an Bauwerken, Straßen, Grabsteinen usw., besonders bezüglich der Verwitterung.

b) Brüche im Massengestein (Granit, Basalt, Porphyre und ähnliche). 1. Lagerungsform: Stockförmig, kuppen- oder deckenförmig, strom- oder gangförmig. 2. Absonderung: dick- oder dünnbankig bis plattenförmig; kugelförmig; prismatisch; Unterschied der Ausbildung in den oberen und tieferen Lagen, bei gangförmigen Gesteinen am Rande (Salband) und in der Mitte des Ganges. 3. Klüftung: weitscharig, mittel- oder dichtscharig, in paralleler oder unregelmäßiger Anordnung, senkrecht oder schiefwinkelig zur Bankabsonderung (Frostklüftung, nicht in die Tiefe gehend), nach einer oder mehreren Streichrichtungen, polyedrisch oder vollkommen unregelmäßig. 4. Bestimmung der Gesteinsabmessungen des zu gewinnenden Materials in den verschiedenen Bruchlagen nach Maßgabe der Entfernung der Lager- und Kluftfugen voneinander. 5. Wasserführung der Klüfte in der nassen Jahreszeit und etwaige Veränderung des Gesteines in der Nähe der Klüfte; Bestimmung der Entfernung, bis zu welcher das Gestein dadurch verschlechtert wird (rostgelbe Färbung, mürbe Beschaffenheit usw.), Grundwasserverhältnisse (ob diese den Abbau unter der Talsohle gestatten). 6. Beschaffenheit des Gesteines und Abänderungen desselben in den oberen und tieferen Lagen, in etwaigen schlierenartigen und gangförmigen Durchsetzungen; bei Brüchen in gangförmigem Gestein, am Salband und in der Mitte des Ganges; Farbe, Größe und Gleichmäßigkeitsgrad der Körnung, Festigkeitsgrad, stellenweise Anreicherung einzelner Gemengteile, namentlich des Glimmers; frische Beschaffenheit des Feldspates (glas- oder fettglänzend, mit der Nadel nicht ritzbar) oder Zersetzung desselben (mattes Aussehen, mit der Nadel ritzbar); parallele Struktur durch schichtenförmige Ausscheidung einzelner Gemengteile, Spaltbarkeit usw. 7. Untersuchung der etwaigen Verwitterungsrinde und der Gesteinsfestigkeit an den älteren, stehengebliebenen Anbruchflächen; Feststellung des Alters derselben. 8. Art des Abbaues, Tagbau, Tiefbau (durch Sprengarbeit, Keilspalten, Unterhöhlen). 9. Vorhandene oder zu beschaffende Einrichtungen zum Abbau, zu örtlicher Verarbeitung und zur Abfuhr. 10. Tägliche oder monatliche Förderung; Gesamtvorrat. 11. Frühere Verwendung des Gesteines und Erfahrungen darüber an Bauwerken, Straßen, Grabsteinen usw., besonders bezüglich der Verwitterung.

Literatur: Granigg, B.: Organisation, Wirtschaft und Betrieb im Bergbau. Wien. 1926. — Heise und Herbst: Lehrbuch der Bergbaukunde, I. u. II. Bd., 8. Aufl. Berlin. 1914. — Herrmann, O.: Steinbruchindustrie und Steinbruchgeologie. Berlin. 1916. — Höfer, Heimhalt v.: Die Verwerfungen. Braunschweig. 1917. — Krusch, P.: Untersuchung und Bewertung von Erzlagerstätten, 3., neubearbeitete Aufl. Stuttgart. 1920. — Schneiderhöhn, H.: Lagerstättenkunde auf geochemischer Grundlage. Glückauf, 1927. H. 7 u. 8. — Stočes, B.: Tektonische Geologie für Montanisten. Leipzig. — Treptow, E.: Grundzüge der Bergbaukunde, I. u. II. Bd., 5. Aufl. Wien. 1917.

IX. Bodenkunde

A. Technisch-geologische Beschreibung der Bodenbeschaffenheit für bautechnische Zwecke

Von K. v. Terzaghi, Cambridge, Mass.

1. Aufgabe des geologischen Gutachtens für Bauzwecke

Der Ingenieur verlangt vom Geologen Aufklärung über die Anordnung, Mächtigkeit und Art der im Untergrund vorhandenen Gesteins- und Bodenschichten mit der Absicht, aus den Angaben des Geologen auf die bautechnisch wichtigen Eigenschaften des Geländes zu schließen. In diesem Abschnitt soll erörtert werden, inwieweit diese Angaben beim heutigen Stand der Wissenschaft den Zwecken des Ingenieurs dienen.

Geologisches Profil. Die Ergebnisse der obertägigen Aufnahmsarbeiten des Geologen wurden in einer geologischen Karte dargestellt. Diese Karte ist das Ergebnis mehr oder weniger direkter Beobachtung. Sie ist ein auf empirischem Wege hergestelltes Bild von den der Beobachtung zugänglichen Tatsachen. Im Gegensatz dazu ist das geologische Profil nicht ein Bild beobachteter Tatsachen, sondern eine aus der geologischen Karte mit Hilfe gewisser theoretischer Vorstellungen abgeleitete Konstruktion. Sein Wahrheitsgehalt hängt demnach in hohem Maße von dem Grad der Gesetzmäßigkeit ab, die im Charakter des dargestellten Gebietes herrscht, und von der Schärfe, mit der wir das Wesen dieser

Gesetzmäßigkeit (Faltenbau, Verlauf der Verwerfungen usw.) erfaßt haben. Nachdem sich in Gebieten mit erratischem Schichtenaufbau (Linsen- oder Nesterstruktur) oder in Gebieten mit tiefgreifenden tektonischen Zerrüttungen (Deckenstruktur usw.) die Einzelheiten infolge Abwesenheit einer bekannten Gesetzmäßigkeit jeder A-priori-Beurteilung entziehen, läßt sich in solchen Fällen ein in technischer Hinsicht verläßliches geologisches Profil nur mit Hilfe von Probebohrungen entwerfen. (Siehe geologische Karte und Profil S. 249.)

Aber auch dann, wenn ein verläßliches geologisches Profil zustande gebracht wurde, ist die Aufgabe des Gutachtens noch nicht gelöst, denn es handelt sich noch darum, die geologischen Tatsachen in tiefbautechnischem Sinn auszulegen.

Der Fortschritt auf diesem Sondergebiet der technischen Geologie erfordert systematisches Sammeln von Daten, welche die Wirkung der verschiedenen tektonischen und Strukturelemente auf den Gang der technischen Arbeiten zum Ausdruck bringen. So ist z. B. die Aufgabe der wissenschaftlichen Geologie erledigt, sobald das Vorhandensein einer Verwerfung und der Charakter der zu beiden Seiten der Verwerfung befindlichen Gebirgsschollen festgestellt wurde. Vom technischen Standpunkt kann aber das Vorhandensein einer Verwerfung entweder belanglos oder sehr wichtig sein, je nachdem die Verwerfung lediglich eine glatte Gleitfläche oder aber eine Zone intensiver Zerrüttung darstellt, trocken oder wasserführend ist und schließlich je nach der Art der Unternehmung, die man plant. Wir haben bisher noch keine statistische Zusammenstellung über die Erfahrungen, die man beim Anfahren oder beim Durchfahren von Verwerfungsspalten in Geländen mit verschiedenem tektonischen und petrographischen Charakter gemacht hat. Infolgedessen ist es heute noch schwierig, sich in einem gegebenen Fall ein Bild von den Grenzwerten zu machen, zwischen denen die Beschaffenheit der Verwerfung, ihre Wasserführung und die Breite der zerrütteten Zone liegen kann. Solche und ähnliche Zusammenstellungen dürften gewisse Gesetzmäßigkeiten aufdecken, die heute noch unbekannt sind.

Bodenbeschreibung. Die Gesteins- bzw. Bodenbeschreibung ist vom technischem Standpunkt aus zufriedenstellend, falls die Gleichnamigkeit zweier Materialien auch deren technische Gleichwertigkeit verbürgt. Bei der Beurteilung des derzeitigen Standes der Beschreibungsmethoden muß man zwischen verfestigten und nicht verfestigten Materialien unterscheiden.

Hinsichtlich der verfestigten Materialien steht zum mindesten die petrographische Methode der Gesteinsbeschreibung auf einer ziemlich hohen Stufe. Auf Grund des Ergebnisses optischer Gesteinsuntersuchung kann der Ingenieur über die Struktur des Gesteines, über die Größe, Gestalt und den Zersetzungsgrad der einzelnen Mineralkomponenten unterrichtet werden. Petrographische Identität zweier Gesteine verbürgt zwar keineswegs technische Gleichwertigkeit, aber die fehlenden Daten können auf dem Versuchswege beschafft werden. Jedenfalls ist der Geologe in der Lage, den Ingenieur ziemlich weitgehend über die Natur eines Gesteines aufzuklären, sofern eine Probe vorliegt.

Im Gegensatz dazu ist die herkömmliche Art der petrographischen Beschreibung unverkitteter, kohärenter oder kohäsionsloser Materialien praktisch kaum zufriedenstellender als das Ergebnis der Begutachtung dieser Materialien durch einen erfahrenen Bohrmeister. Infolgedessen wird auch in der Regel die Benennung der beim Bohren durch unverfestigte Sedimente gewonnenen Bodenproben durch den Bohrmeister vorgenommen. Der Bohrmeister benennt die Proben auf Grund seiner Erfahrung, nach vorangegangenem Besichtigen und Befühlen des Materials.

Sowohl die Bodenbegutachtung durch den Geologen, als auch jene durch den Bohrmeister hat wiederholt zu folgenschweren Mißgriffen geführt. Infolgedessen stellt derzeit die Ausarbeitung einer vom Ermessen des Beobachters unabhängigen und den Bedürfnissen der technischen Praxis entsprechenden Methode der Klassifizierung unverkitteter Sedimente die wichtigste und dringendste Aufgabe der technischen Geologie dar. Unter den gegenwärtigen Verhältnissen sind die Ingenieure noch nicht in der Lage, ihre Erfahrungen mit den Angaben des Geologen oder des Bohrmeisters in eindeutige Beziehung zu bringen, und dieses Gebiet der Tiefbauwissenschaft stellt infolgedessen eines der rückständigsten Kapitel der technischen Wissenschaften dar.

Unter den Körperschaften, die sich um die Lösung dieses praktisch ungemein wichtigen Problems bemühen, wären die folgenden zu nennen: U. S. Bureau of Public Roads, Washington, D. C., Soils Committee of the American Society of Civil Engineers, New York, Geotechnische Kommissionen von Schweden und Finnland und die Norwegische geologische Reichsanstalt.

Die künftige Bedeutung der technischen Geologie als Hilfswissenschaft des Tiefbauingenieurs hängt in erster Linie vom Erfolg der Bemühungen um die Klassifizierung der nichtverkitteten Bodenarten ab. Bevor wir jedoch auf die Grundlagen und das Wesen dieser Bemühungen eingehen, sollen einige Bemerkungen über den Schauplatz vorangeschickt werden, auf dem sich die erdbautechnischen Unternehmungen abspielen.

2. Schauplatz und Vorgang der Bodenbildung

Die oberste Erdkruste, auf und in welcher sich die meisten unserer erdbautechnischen Eingriffe abspielen, stellt keineswegs etwas Ewiges, Unveränderliches dar, sondern sie befindet sich im Zustand fortgesetzter Veränderung und bildet den Sitz wirkender oder gebundener Kräfte, die sich beim Anschneiden der Erdrinde oft in ganz überraschender Weise geltend machen. Um die voraussichtliche Wirkung künstlicher Eingriffe richtig einzuschätzen, muß man daher einigermaßen mit den Veränderungen vertraut sein, die sich bereits ohne unser Zutun in der Nachbarschaft der Erdoberfläche abspielen. Sie bestehen hauptsächlich in einer allmählichen Zerstörung der Gesteine, in einer mehr oder weniger weitgehenden Umwandlung der Zerstörungsprodukte und im Abtransport derselben.

Verwitterung. Die meisten der als „Gesteine" bezeichneten Elemente der Erdkruste haben ihren petrographischen Charakter unter Temperatur- und Druckverhältnissen erworben, die von den an der Erdoberfläche herrschenden sehr verschieden sind. Der petrographische Charakter stellt gewissermaßen einen Gleichgewichtszustand zwischen dem chemischen Charakter des Gesteines und seinen physikalischen Existenzbedingungen dar. Solange sich die physikalischen Existenzbedingungen nicht ändern, ist das Gestein gewissermaßen tot, denn es ändert sich nicht. Schneidet man jedoch so ein Gestein an und bringt die Schnittfläche mit der Atmosphäre und dem Regenwasser in Berührung und unterwirft es periodischem Temperaturwechsel, so „belebt" es sich wieder und strebt auf dem Weg über mechanische und physikalische Zustandsänderung neuerdings einem Zustand des Gleichgewichtes entgegen. Dieser Vorgang heißt „Verwitterung" und besteht hauptsächlich in mechanischer Zerkleinerung, in chemischer Umsetzung und in Lösung.

Die mechanische Zerstörung des Gesteines wird hauptsächlich durch Temperaturwechsel und durch Frostwirkung herbeigeführt. Hiezu gesellen sich noch die mechanischen Begleiterscheinungen von chemischen Vorgängen im Bereich der Absonderungsflächen (Schichtflächen, Cleavageflächen, Diaklasen usw.) und, in bewachsenem Gelände, die Sprengwirkung der Pflanzenwurzeln. Die mechanische Wirkung gegebener Temperaturdifferenzen ist um so stärker, je rascher die Temperaturänderung erfolgt, denn die Intensität der Temperaturspannungen hängt von der Geschwindigkeit der Temperaturänderungen und nicht von den Endwerten der Temperatur ab.

Die chemische Verwitterung ist das Ergebnis der chemischen Wechselwirkung zwischen den unter Luftabschluß und hohem Druck gebildeten Mineralien und den Atmosphärilien. Sie besteht hauptsächlich in chemischer Wasseraufnahme und in Oxydation. Noch vor 25 Jahren schrieb man die chemische Verwitterung hauptsächlich der Wirkung der im Sickerwasser enthaltenen Säuren zu. Seither wurde jedoch erkannt (A. D. Cushman und P. Hubbard), daß die überwiegende Mehrzahl der Verwitterungsreaktionen dadurch verursacht werden, daß sich das Wasser zum Teil in dissoziiertem Zustand befindet, das heißt daß diese Reaktionen durch Hydrolyse zustande kommen. Die durch Hydrolyse aufgeschlossenen Silikate bilden mit den im Sickerwasser vorhandenen Säuren (CO_2 usw.) und Basen leicht lösliche Salze und die unlöslichen Bestandteile bleiben als „Eluvialboden" zurück. Nachdem der Dissoziierungsgrad des Wassers mit steigender Temperatur zunimmt, nimmt die Bedeutung der chemischen Verwitterung von den arktischen Gebieten nach dem Äquator zu. Bei Temperaturen von weniger als 0^0 gibt es keine chemische Verwitterung mehr.

Unter gleichen klimatischen Verhältnissen ist die chemische Verwitterung im allgemeinen um so intensiver, je mehr sich die an der Erdoberfläche herrschenden physikalischen Bedingungen von jenen unterscheiden, unter denen sich der petrographische Charakter des Gesteines entwickelt hat. Als typische Vertreter von Gesteinen mit verschiedener chemischer Verwitterbarkeit könnte man nennen: Eruptivgesteine (am verwitterbarsten) — Schiefer — Mergel — Tone — Quarzsande (am wenigsten verwitterbar).

Eine der wichtigsten Eigenschaften der chemischen Verwitterungsreaktionen besteht darin, daß sich die Verwitterungsprodukte der meisten gesteinsbildenden Mineralien in kolloidaler Form, das heißt in so fein verteiltem Zustand bilden, daß sich die Korngröße auf weniger als ein Tausendstel eines Millimeters beläuft. Diese Tatsache verleiht den Verwitterungsrückständen ihr charakteristisches Gepräge. Es sei jedoch schon an dieser Stelle hervorgehoben, daß es einen grundsätzlichen Unterschied zwischen den „Bodenkolloiden" und den gröberen Gesteinselementen nicht zu geben scheint. Infolge Verkennung dieser Tatsache werden heute noch so manche Bodeneigenschaften einer nicht näher definierten „Kolloidwirkung" zugeschrieben, wodurch die Aufmerksamkeit von den wahren, in der Regel viel weniger geheimnisvollen physikalischen Ursachen abgelenkt wird (siehe S. 317, 318 und 339 bis 344).

Die Lösung stellt insbesondere im Kalkgebirge (siehe „Karsterscheinungen", S. 650) den wichtigsten bodenbildenden Faktor dar, ist aber auch bei der Verwitterung anderer Gesteine, z. B. des Granites, von großer Bedeutung.

Selektive Verwitterung. Bei gleicher Exposition[1]), das heißt unter gleichen klimatischen Verhältnissen und bei gleicher Gehängeneigung hängt das Bodenprofil und die Verwitterungstiefe von der Gesteinsart und vom Grade der Klüftung ab. Diese Erscheinung ist besonders auffallend, wenn man ein von Eruptivgängen durchsetztes Kalk- oder Schiefergebirge anschneidet. Trotzdem das Eruptivgestein in frischem Zustande weitaus härter ist als der Kalk oder der Schiefer, kann man nicht selten das Eruptivgestein bis zu einer

[1]) Penck, W.: Die morphologische Analyse, S. 29. Stuttgart: J. Engelhorns Nachf. 1924.

Tiefe von 10 oder 15 m mit Krampen und Schaufel ausheben, während im Nachbargestein unterhalb einer Tiefe von 1 oder 2 m gesprengt werden muß.

Klimatische Bodenzonen. Die Beschaffenheit der Verwitterungsprodukte hängt unter anderem von dem Verhältnis zwischen der Intensität der verschiedenen Faktoren (Temperaturwechsel, Frost, Hydrolyse, Angriff durch CO_2 und durch Humussäuren usw.) ab, durch welche die Verwitterung herbeigeführt wird. Nachdem dieses Verhältnis, wenigstens in großen Zügen, durch das Klima festgelegt ist, spiegelt sich auch das Klima in der Beschaffenheit der Verwitterungsböden wieder. Diese Beziehung wurde zuerst durch E. W. Hilgard für Nordamerika (1893), dann durch K. Glinka für Rußland, E. Ramann für Europa und schließlich durch R. Lang für die ganze Erde nachgewiesen.

Für die Abgrenzung der Klimagebiete ist in morphologischer Hinsicht das Schicksal ausschlaggebend, welches der auf die Landschaft niederfallende Regen erfährt (W. Penck). Je nach diesem Schicksal unterscheidet A. Penck drei Hauptgruppen von Landstrichen:

a) solche mit humidem Klima, in denen mehr Niederschlag fällt als verdunstet, weswegen der Überschuß in Flüssen abwandert;

b) solche mit nivalem Klima, in denen mehr Schnee fällt als abschmilzt, so daß der Abfluß des Überschusses in Eisströmen (Gletschern) erfolgt;

c) solche mit aridem Klima, in denen der gesamte Niederschlag verdunstet. Es fehlen infolgedessen ständig fließende Gewässer.

W. Penck schildert die Abhängigkeit der Bodenderivate vom Klima wie folgt[1]): „Vom Äquator bis zum Rande des landbedeckenden Eises entstehen Aufbereitungsmassen, die zufolge ihrer Art und der klimatischen Umstände, unter denen sie gebildet werden, die größte mögliche Beweglichkeit besitzen. Es sind in allen Klimagebieten Optima der Beweglichkeit der Gesteinsderivate vorhanden. Die Produkte chemischer Verwitterung, die im feuchten Zustand hochbeweglich, im Trockenen bindig-unbeweglich sind, entstehen gerade dort, wo Feuchtigkeit im Laufe eines Jahres reichlich vorhanden ist; die Massen mechanischer Verwitterung, die ihre größte Beweglichkeit im völlig trockenem oder stark durchnäßtem Zustand besitzen, kommen gerade dort zur Entwicklung, wo jene günstigsten Umstände gegeben sind."

Neben diesem einheitlichen Grundzug, der eine der wichtigsten Tatsachen in morphologischer Hinsicht ist, steht die verschiedene Art der Bodenprodukte, die den einzelnen Klimagebieten eigentümlich sind und klimatische Bodenzonen genannt werden. Zieht man nur die Endprodukte der Aufbereitung in Betracht, die sich in einem Klimagebiet günstigstenfalls einstellen und deren Existenzbereich sich dann nach R. Langs Vorgang durch einen bestimmten Zahlenwert des Regenfaktors kennzeichnen läßt, so folgen die Bodenzonen in folgender Reihe vom Pol zum Äquator:

Frostböden mechanischen Zerfalles mit der Farbe des Ursprungsgesteines	nivale Zone (polare Zone)
Schwarzer Rohhumus	subpolares Übergangsgebiet (perhumides Gebiet)
Schwarzerde (dunkelgefärbte Gelberde)	gemäßigt-vollhumides Gebiet
Braunerde („ „)	Übergang
Roterde	semihumides Gebiet
Gelbgraue Steppenböden (Insolationsschutt)	semiarides Gebiet
Isolationsschutt von der Farbe des Ursprungsgesteines	vollarides Gebiet
Steppenböden	semiarides Gebiet

1) Penck, W.: l. c. S. 50.

Roter Laterit / Roterde	semihumid-tropisches Gebiet
Braunerde (dunkelgefärbte Gelberde)	Übergang
Schwarzerde	tropisch-vollhumide Provinz
Rohhumus	tropisch-perhumides Gebiet

E. Ramann teilt die Böden Europas in drei Gruppen: 1. Die südeuropäische Zone der Roterden der mehr trockenen Gebiete (terra rossa) und der Gelberden der mehr feuchten Landstriche. 2. Mitteleuropäische Zone der Braunerden, welche durch das bei der Kohlensäureverwitterung entstandene Eisenoxydhydrat als braun gefärbte Lehm- und Tonböden sich darbieten. Unter mehr ariden Bedingungen entstehen in trockenen Gebieten kastanienbraune Böden, in feuchteren Landkomplexen die Schwarzerden Südrußlands. 3. Die nordeuropäische Zone der Grauerden, das sind stark ausgelaugte, durch Fortführung der Eisenverbindungen gebleichte Böden (Abb. 216).

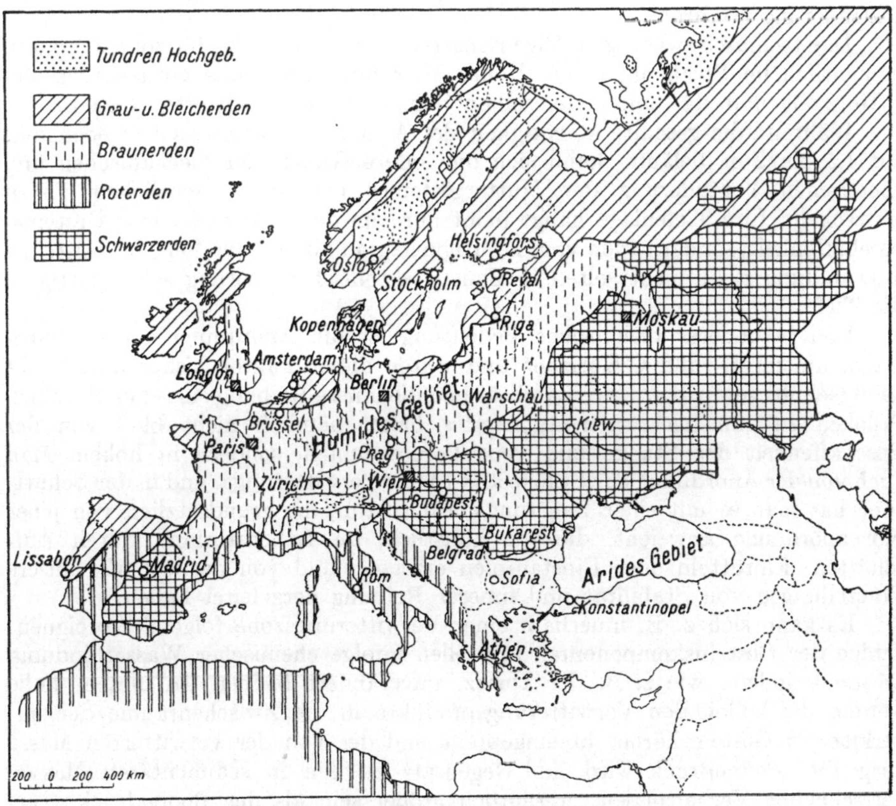

Abb. 216. Bodenkarte Europas (nach Ramann)

„Die Bodenfarbe erweist sich als charakteristisches Merkmal, und wie sich in den Übergangsgebieten jahreszeitliche Farbänderungen bemerkbar machen, wenn im Laufe eines Jahres verschiedenartige klimatische Zustände darüber hinweggehen, so kann in der Überlagerung verschieden gefärbter Bodenarten ein Zeichen eingetretener Klimaänderungen erblickt werden, das gerade in den Übergangsgebieten empfindlich ausschlägt.“

Für den Ingenieur ist es von besonderer Wichtigkeit, daß sich das Klima des Einzugsgebietes der Flüsse und Ströme auch im allgemeinen Charakter der Sedimente spiegelt, die im Aufschüttungsraum gebildet werden.

Tiefe und Struktur des Verwitterungsbodens. Macht man einen Querschnitt durch einen Verwitterungsboden, so erkennt man, daß dieser aus mehreren in Farbe und Zusammensetzung voneinander verschiedenen Lagen besteht, die mehr oder weniger scharf voneinander getrennt sind. In der Bodenkunde werden diese Lagen A-, B- und C-Horizonte genannt und folgendermaßen gekennzeichnet:

A-Horizonte: Die oberste Bodenschichte, welche durch Regenwasser ausgelaugt wurde (top soil, Auslaugungsboden).

B-Horizont: Die mittlere Bodenschichte, in der ein Teil von den aus dem A-Horizont ausgewaschenen Bodenbestandteilen abgesetzt wurde (sub soil, Anreicherungsboden).

C-Horizont: Das Rohmaterial, aus dem der B- und A-Horizont hervorgegangen ist (Substratum). In den meisten Fällen hat der obere Teil des C-Horizontes bereits einen gewissen Grad mechanischer Auflockerung und chemischer Veränderung erfahren.

Die technisch wichtigen Eigenschaften des A- und B-Horizontes spielen namentlich im Straßenbau eine Rolle. Hier interessiert uns vornehmlich der C-Horizont und das unter demselben befindliche unverwitterte Gestein.

Während die gesamte Mächtigkeit des A- und B-Horizontes sich höchstens auf 1,5 bis 2 m beläuft, kann sich die untere Grenze der mechanischen und chemischen Veränderung des Muttergesteines bis zu beträchtlichen Tiefen erstrecken. Ihre Tiefenlage hängt nicht nur von der Exposition und Gesteinsbeschaffenheit, sondern auch vom Klüftigkeitsgrad ab und die Zone der Gesteinsumwandlung zieht nicht selten in Zonen tektonischer Störung schweifartig in die Tiefe.

Von besonderer technischer Bedeutung ist die Anordnung der Gesteinsfragmente im B- und C-Horizont und wurde dieser Faktor bisher noch nicht nach Gebühr gewürdigt. Die Stabilität und die innere Reibung eines aus einzelnen Stücken zusammengesetzten Aggregates hängt nämlich nicht bloß von der Beschaffenheit der Stücke und vom Porenvolumen, sondern in hohem Maß auch von der Anordnung der Stücke ab. In der Verwitterungs- und in der Schuttzone hat man es mit einer Lagerungsform zu tun, die grundsätzlich von jener Kornanordnung abweicht, die wir künstlich, im Laboratorium, durch Aufschütten, Einrütteln oder Einstampfen erzeugen und von der wir alle unsere Vorstellungen von Stabilität und innerer Reibung hergeleitet haben.

Es kann sich z. B. innerhalb einer Verwitterungszone folgendes ereignen: Einige der Gesteinskomponenten schwellen infolge chemischer Wasserbindung, während andere, wie z. B. der Quarz, unverändert bleiben. In diesem Falle werden die kolloidalen Verwitterungsprodukte in die Zwischenräume der unverkitteten Gesteinskörner hineingepreßt und der von der verwitterten Masse ausgeübte Seitendruck wird, im Gegensatz zu den in sedimentären Massen herrschenden Verhältnissen, wesentlich größer sein als der Bodendruck (vertikaler Druck). In diesem Fall ist die Verwitterungszone der Sitz ausgiebiger Schwellspannungen.

Es mag aber auch vorkommen, daß chemische Umsetzung mit einer ausgiebigen Auslaugung verbunden ist. In diesem Fall kann der Verwitterungsvorgang zur Entstehung eines kolloidhaltigen, von makroskopischen, wassergefüllten Hohlräumen durchsetzten Aggregates (Wabenstruktur) führen. Auch diese Struktur unterscheidet sich grundsätzlich von jeder durch Sedimentation erzeugten Bodenstruktur, und das Gestein würde beim Anschneiden eine weitaus größere Beweglichkeit aufweisen als eine durch Sedimentation entstandene Bodenmasse von gleicher chemischer und physikalischer Zusammensetzung.

Es wäre schließlich auch denkbar, daß eine mit ausgiebiger Raumvermehrung verbundene Verwitterungsreaktion von den Diaklasen aus fortschreitet, so daß sich ein Netzwerk von verwittertem Gestein bildet, das die gesunden Gesteinskerne einschließt. In diesem Falle werden die Gesteinskerne durch die Verwitterung aus ihrer ursprünglichen Lage gepreßt werden und ein Haufenwerk bilden, das makroskopische Hohlräume einschließen und beim seitlichen Anschneiden sehr wenig Stabilität aufweisen würde.

Durch diese Bemerkungen sollten bloß die verschiedenen physikalischen Möglichkeiten angedeutet werden. Positive Anhaltspunkte für die Beurteilung der Struktur verwitterter Gesteine könnten nur durch systematisches und vergleichendes Studium dieser Struktur erworben werden, und wie es scheint, wurde bisher noch nicht einmal die Technik für solche Untersuchungen geschaffen. Die Ergebnisse wären sowohl für den Ingenieur als auch für den Geomorphologen von großem Werte.

Auch an der Basis der „abkriechenden“ Bodenschichte liegen Strukturverhältnisse vor, deren statische Eigenschaften noch so gut wie unbekannt sind. Die neuere morphologische Forschung hat überzeugend dargetan, daß sich der Schutthorizont zusammen mit dem auf ihm lagernden Boden auch an sanft geneigten Gehängen langsam, aber unaufhaltsam zu Tale schiebt. Die dem Vorrücken der Gletscher vergleichbare Wälzbewegung führt nicht nur zu einer Abrundung der Gesteinsfragmente und zu einer Vermengung in vertikalem Sinne (die ausnahmslos in allen Schuttmassen stattfindende „Mischbewegung“), sondern auch zu einer mechanischen Abhobelung des Untergrundes durch Abdrücken und Abstemmen.

W. Penck berichtet über seine diesbezüglichen Beobachtungen im Harz und im Fichtelgebirge betreffend den Untergrund der granitischen und dioritischen Blockfelder[1]): „Stets sieht man, daß über zusammenhängendem, festem, klüftigem Gestein eine nach Metern messende Zone (an der Luisenburg, Fichtelgebirge, 10 m mächtig!) folgt, in welcher rundliche Blöcke festen Gesteines in ein weitgehend chemisch zersetztes Verwitterungsprodukt eingebettet sind. Die Struktur ist hier überall unverletzt erhalten, die Blöcke sowohl wie das zersetzte Zwischenmittel — beim Proterobas von Fichtelberg ein lehmiges Endprodukt, beim Granit ein mehr oder weniger lehmiger, feinbröseliger Grus — befinden sich noch unverändert im ursprünglichen Gesteinsverband. Das ist in der darüber folgenden (an der Luisenburg 3 bis 5 m mächtigen) Zone nicht mehr der Fall. Am Verlust der Struktur, an der Zermahlung des lehmreicher gewordenen Granitgruses und an der Packung der übereinandergeschobenen Blöcke ist zu erkennen, daß diese Zone eine solche völliger Umlagerung und Bewegung ist. Noch ortständige Blöcke reichen von unten her in die Bewegungszone hinein, aber sonst ist deren untere Grenze scharf, unregelmäßig taschenreich wie die Sohle eines Flußbettes.“

Eine ähnliche Beobachtung beschreibt K. Redlich[2]) aus der Fleyh bei Teplitz-Schönau (Böhmen). Am flachen Kamm des Erzgebirges sind die Granite zwar tief zersetzt, die Verwitterungskruste konnte jedoch infolge der geringen Geländeneigung der Nordlehne nur eine äußerst langsame Bewegung ohne Aufbereitung mit schwacher Umlagerung mitmachen, wodurch ein dichter, toniger Grus mit großen Granitblöcken sich bildete, der einen trägen Grundwasserträger darstellt. Der Umstand, daß sich in einer Tiefe von wenigen Metern wahrscheinlich in der diluvialen Eiszeit durch stärkeren Abfluß der Wässer eine grobe Schotterschichte bildete, schiebt eine poren- und daher auch wasserreiche Grundwasserschichte ein, über die in jüngerer wasserärmerer Zeit wieder der vorerwähnte dichte Grus mit Blöcken gekrochen ist.

Durch rein mechanische Beanspruchung werden die Gesteinsfragmente in eine Lagerungsform gebracht, die in keiner Weise mit den Lagerungsformen

---

[1]) Penck, W.: Die morphologische Analyse, S. 56. Stuttgart: J. Engelhorns Nachf. 1924.

[2]) Redlich, K. A.: Das Wasserleitungsprojekt für Teplitz-Schönau und Umgebung. Mitt. d. Hauptver. Deutsch. Ing. i. d. Č. S. R., S. 223. Brünn. 1925.

verglichen werden kann, die etwa durch künstliches Aufschütten und nachfolgendes Einwalzen entsteht. Die Fragmente befinden sich mit Bezug auf die reine Schwerkraft in einer unnatürlichen, mehr oder weniger labilen Stellung, und die so sinnfällige Beweglichkeit der Schuttdecken mag in nicht geringem Maß auf diese besondere Lagerungsform zurückgeführt werden. Derselbe Schutt, der am flachen Gehänge nach Regengüssen „fließt", mag als Dammschüttungsmaterial trotz beständiger Durchfeuchtung und teilweiser Sättigung vollkommen stabil sein.

Aufbereitung und Sedimentation durch fließende Gewässer. Die von „fließendem Bodenschutt" (Gekrieche S. 408) bedeckten Abhänge stellen das Nährgebiet der breiten Schuttströme dar, welche die tiefen Teile der Täler ausfüllen und die Wasserläufe mit Sinkstoffen speisen. Diese grundlegende Tatsache wurde deshalb erst so spät erkannt, weil die Abhänge mit ihrer zusammenhängenden Wald- und Grasbedeckung den Eindruck des Starren, Unbeweglichen machen. Die Sinkstoffe werden im Groben der Korngröße nach sortiert und kommen sowohl in den Überschwemmungsgebieten als auch in den Seebecken und im Meer zur Ablagerung. Die Gesetze dieses Vorganges bilden den Gegenstand eines der jüngsten Zweige der Geologie, der „Sedimentgeologie".

Das in den Flußläufen bei sinkendem Wasserstand abgelagerte Material ist in der Regel ziemlich gemischtkörnig (S. 471). Dasselbe gilt von den feinkörnigen, in elektrolytreichen Gewässern gebildeten Absätzen (Seen, welche ihr Wasser aus Kalkgebirgen empfangen, und die Ozeane), weil dort die gröberen Materialien zusammen mit den durch Elektrolytwirkung ausgeflockten Bodenbestandteilen ausgeschieden werden. Im Gegensatz dazu findet in Seen mit elektrolytarmem Wasser eine ziemlich reinliche Scheidung der Sinkstoffe nach der Korngröße statt. In Deltaablagerungen nimmt die Korngröße im allgemeinen von oben nach unten ab. Infolge beständiger Verlegung der Stromrinnen schwankt jedoch die Korngröße auch in wagrechten Zonen innerhalb weiter Grenzen, so daß halbwegs homogene Ablagerungen nur ausnahmsweise und örtlich vorkommen (S. 56, 475 und 654).

Die technisch wichtigen Eigenschaften der Sedimente hängen jedoch nicht bloß von der Materialbeschaffenheit, sondern in hohem Maß auch von der Dichte der Lagerung ab, die ihrerseits von der Sedimentierungsgeschwindigkeit (Sande) und von dem Umstand abhängt, ob das Sediment in einem Seebecken, im Flußschlauch oder in den Inundationsgebieten abgelagert wurde (Tone). Ein unter Wasser abgesetzter und stets unter Wasser verbliebener Ton ist weich. Wenn aber derselbe Ton einmal in seiner geologischen Geschichte, etwa durch Austrocknung oder durch eine späterhin abgetragene Überlagerung vorübergehend verdichtet wurde, dehnt er sich nur teilweise wieder aus und behält einen beträchtlichen Teil seiner Kohäsion. Für diese Tatsache finden sich viele Beispiele in der Natur (siehe „Gründungen auf Tonschichten": S. 481).

Eine solche vorübergehende Verdichtung durch Austrocknung erfahren z. B. die in den Inundationsgebieten zur Ablagerung kommenden Tonschichten. Infolgedessen sind die Flußgebietstone sehr kompakt, können jedoch linsenförmige Toneinlagerungen von gleicher Materialbeschaffenheit enthalten, die sich in weichem Zustande befinden und ausgepreßt werden, sobald man sie in einem Einschnitt bloßlegt. Die weichen Einlagerungen stellen tonige Auffüllungen toter, beständig mit Wasser gefüllter Mulden und Flußarme dar.

Hinsichtlich ihrer Dichte und Zusammensetzung am unberechenbarsten sind wohl die glazialen und postglazialen Ablagerungen (S. 476 und 662).

Manche Forscher betonen den Einfluß des Elektrolytgehaltes der Gewässer auf die Konsistenz und auf die physikalische Beschaffenheit der Tone, die in diesen Gewässern abgesetzt werden. Der Elektrolytgehalt mag wohl innerhalb gewisser Grenzen den Gleichförmigkeitsgrad der Tonablagerungen (Grad der Gemischtkörnigkeit) und die Konsistenz der obersten Tonschichte beeinflussen. Die physikalische Beschaffenheit der für Fundierungszwecke in Betracht kommenden, tiefgelegenen Tonschichten dürfte jedoch vom Elektrolytgehalt des Absatzmediums ziemlich unabhängig sein.

Aufbereitung und Transport durch Luftströmungen. Der im Vorangegangenen behandelte Transport von Bodenteilen durch fließende Gewässer ist auf ein Netzwerk von schmalen Transportadern beschränkt, und kann nur dadurch zustande kommen, daß der Boden den Adern durch das flächenhaft wirkende Gekrieche zugeführt wird. Im Gegensatz zu den Wasserläufen streichen die Luftströmungen über weite Flächen und benötigen keine Speisung. Die ganze Landschaft stellt das Strombett dar. Wo immer die schützende Pflanzendecke fehlt, kommt die Winddenudation (Deflation) und Winderosion (Korrasion) zur Geltung. Sie entspricht also einerseits der abschwemmenden Wirkung des Regenwassers, anderseits der einschneidenden Wirkung der Flüsse auf ihre Sohle. Die Erosionswirkung der Luft nimmt ebenso wie jene des Wassers mit der Konzentration der suspendierten Phase zu.

In Homesick, am Sattel zwischen dem San Bernardino und dem San-Jacinto-Gebirge in Kalifornien werden die Telegraphenstangen im Laufe eines Jahres nahe der Terrainoberfläche von den sandführenden Luftströmungen nahezu durchsägt.

Die von den Luftströmungen geschaffenen Hohlformen und Aufschüttungen entsprechen den Kolken, Sand- und Schlammbänken der Flüsse, nur haben sie infolge der gewaltigen Breite der Luftstrombetten weitaus größere Abmessungen. Trotzdem die Luftströmungen ihre Stärke und Richtung sehr oft ändern, erfolgt die Sortierung des transportierten Bodenmaterials nach der Korngröße durch den Wind vollkommener als die Sortierung durch das Wasser. Infolgedessen zeichnen sich die Windablagerungen durch niedrigere Ungleichförmigkeitsziffern aus. Auch die Abnützung der Bodenkörner erfolgt beim Windtransport ausgiebiger als beim Wassertransport. Die Abnützung der Körner beschränkt sich beim Wassertransport auf den Kies und auf den Schotter, während sich die Abrundung beim Windtransport auf alle Körner erstreckt, die größer sind als etwa 0,1 mm. Infolge der runden Kornform und der Gleichförmigkeit zählen die vom Winde zusammengewehten Sande ihrer Kornbeschaffenheit nach zu den beweglichsten Bodenarten.

Die Korngröße der Windablagerungen nimmt ebenso wie die Korngröße der Flußablagerungen im allgemeinen mit der Entfernung vom Nährgebiet ab. Falls das Nährgebiet aus einem kahlen Gebirgszug besteht, so sind die Hänge des Gebirges kahlgefegt oder mit Gesteinstrümmern bedeckt. Im Vorland des Gebirges setzt sich, wie im Mittellauf der Flüsse, der Sand (Sanddünen) ab und im Randgebiet des Vorlandes erfolgt der Absatz des Staubes (Lößbildung). Daß der Löß eine Landbildung ist, erkennt man an den in ihm sich findenden Landschnecken wie Pupa muscorum, Helix hispida usw. und an der mangelnden Schichtung. Auch in den fast oder ganz kahlen Steppen der humiden Gebiete findet eine der Wüstenbildung ähnliche Aufbereitung des Bodenmaterials durch den Wind statt (S. 61 und 634).

Die Dünen sind ebenso wie die Sandbänke der Flüsse innerhalb des vegetationslosen Gebietes in beständiger Wanderung begriffen, solange sie nicht durch künstliche Mittel festgelegt werden. Die Natur besorgt die Festlegung in humiden Gebieten jenseits des Dünenbereiches durch Bepflanzung der beweglichen Sandmassen mit Strandhafer und Strauchweizen, später durch Aufforstung mit Kiefern. Ähnlich verfährt man auch im Dünenbau. Überdies arbeitet man mit liegenden Bedeckungen und Flechtwerkzäunen, wie dies auch bei der Bekämpfung der Schneeverwehungen geschieht. Beim Eisenbahnbau in Wüsten, wo eine Bepflanzung der Dünenhänge ausgeschlossen ist, verfährt man nach dem Grundsatz, die bestehenden Verhältnisse so wenig als möglich zu ändern und vermeidet sowohl höhere Aufträge als auch tiefere Einschnitte[1]).

Rezente Dünen scheinen locker gelagert zu sein und würden daher eine sehr geringe Tragfähigkeit aufweisen. Auch die von Ramann an einer aus fein- und mittelkörnigem Diluvialsand bestehenden Düne bei Eberswalde bestimmten Porenvolumina sind außerordentlich hoch[2]). Anderseits genießt der im nordwestlichen Teile von Berlin anstehende, trockene Dünensand den Ruf eines vorzüglichen Baugrundes, was bei der großen Gleichförmigkeit und abgerundeten Beschaffenheit der Sandkörner auf äußerst dichte Lagerung schließen läßt. Statistische Angaben über die relative Dichte und die Tragfähigkeit von Dünenböden liegen noch nicht vor.

In den Niederungen auf der Landseite von Küstendünen bilden sich nach Tornquist nicht selten Faulschlammablagerungen mit Moorbedeckung. Wandern dann die Dünen landeinwärts, so werden die Moorablagerungen unter dem Gewicht der Dünen verdichtet und deformiert und die so entstehende nahezu wasserundurchlässige Zwischenlage kann ungewöhnliche Grundwasserverhältnisse verursachen (aufsteigender Grundwasserstrom, Schwimmsandbildung).

In technisch geologischer Hinsicht weitaus mannigfaltiger sind die äolischen Staubböden (Löß), die sich in den Randgebieten ehemals oder heute noch vegetationsarmer Landstriche bilden. Das klassische Gebiet der Lößablagerungen ist China, wo der Staub aus den Wüstengebieten Zentralasiens antransportiert wurde. Die Lößablagerungen Deutschlands bildeten sich nach dem Rückzug des Inlandeises, als das vom Eis befreite Gebiet noch nicht mit Vegetation bedeckt war. Die Lösse des Wiener Beckens und des südlichen Ungarns wurden nach erfolgter Trockenlegung des pontischen Sees zusammengeweht (S. 493).

Infolge der Kleinheit der Bodenteilchen können sich Staubablagerungen auf einer Landoberfläche nur dort bilden, wo sie auf bewachsenes Gelände niederfallen, andernfalls würden sie von den Luftströmungen neuerdings verweht werden. Nachdem nun die Wüstengebiete aus pflanzengeographischen Gründen stets durch einen Steppengürtel vom Waldgebiet getrennt sind, stellt der typische Löß eine Steppenbildung dar. Die wirksame Korngröße des Lösses ist von der Größenordnung 0,005 mm. Das Material ist von gelblicher oder bräunlicher Farbe, besteht aus etwas abgerundeten Quarz-, Glimmer- und Feldspatkörnern und wird in typischer Ausbildung von feinen, lotrechten, mit Kalk ausgekleideten Wurzelröhrchen durchsetzt. Infolge der Kontinuität dieser Wurzelröhrchen ist der Löß in ziemlich hohem Grade wasser- und luftdurchlässig, nur ist die Durchlässigkeit in wagrechtem Sinne wesentlich kleiner als in lotrechtem. Infolgedessen sind die Grundwasserspiegel in Lößgebieten außerordentlich steil[3]). Fluviatile Sand- und Schottereinschwemmungen können wasserreiche und in horizontaler Richtung sehr durchlässige Grundwasserträger abgeben.

---

[1]) Clavenad, M.: Les dunes du Sahara. Possibilité de les traverser en voie ferrées. Ann. des ponts et chaussées, I, S. 696. 1881.

[2]) Ramann: Bodenkunde, 3. Aufl., S. 309. 1911.

[3]) Vatter, H.: Eine Grundwasserstudie im Lößgebiet des Sundgaues (Oberelsaß). Stuttgart. 1919.

Die Anwesenheit der Wurzelröhren verursacht auch eine Neigung zu lotrechter Absonderung, so daß der typische Steppenlöß sehr oft hohe, lotrechte Wände bildet (längs der Donau bei Slankamen in Serbien und am Südufer bei Rustschuk). Die Kohäsion des Lösses ist so bedeutend, daß Hohlräume (Keller, Höhlenwohnungen usw.) dauernd offen bleiben. Auch eine Durchfeuchtung bei unveränderter Struktur hebt die Kohäsion des Lösses nicht auf, weil sie nicht wie die Kohäsion eines steifen Tones durch die Oberflächenspannung des Wassers, sondern durch die wahre Festigkeit des kalkigen Bindemittels erzeugt wird. Zerstört man jedoch die Struktur des Löß (Umschwemmung durch Wasser), so verwandelt sich das Material in Lößlehm, dessen Eigenschaften sowohl hinsichtlich der Kohäsion als auch hinsichtlich der Durchlässigkeit von jenen des Muttermaterials grundsätzlich verschieden sind.

Im Laufe der Zeit kann der Löß durch Sickerwasser entkalkt werden, und so weitgehende Veränderungen erfahren, daß das Endprodukt mit dem typischen Löß so gut wie keine Eigenschaften mehr gemeinsam hat. Umgelagerter Löß ist ebenso wie der Lößlehm oder wie der von vornherein in Wasser abgesetzte Löß (Seelöß und Sumpflöß) eine Schluffablagerung mit den Eigenschaften eines sehr mageren Tones oder eines Quarzschluffes. Infolgedessen führt die Bezeichnung „Löß" in technischen Kreisen nicht selten zu Mißverständnissen.

3. Haupttypen der Untergrundmaterialien

Die Fundamente permanenter Hoch- und Brückenbauten werden grundsätzlich bis unter die Frostgrenze bzw. unter die Grenze jahreszeitlicher Temperatur- und Feuchtigkeitsschwankungen geführt. Infolgedessen beschränken sich die nachfolgenden Ausführungen auf den C-Horizont und auf die unterhalb des C-Horizontes befindlichen Materialien. Der A- und B-Horizont kommt bloß bei der Behandlung der Rutschungen und in der Straßenbaugeologie in Betracht. (Siehe diese.)

Um zunächst eine rohe Vorstellung von der Beschaffenheit der in einem Bohrloch angetroffenen Bodensorten zu bekommen, verfahre man wie folgt:

Man nehme ein Stück der vom Bohrwerkzeug zutage geförderten Probe und lasse es bei Zimmertemperatur trocknen. Nach erfolgter Trocknung stellt die Probe entweder ein kohäsionsloses Pulver oder einen mehr oder weniger festen Körper dar. In letzterem Falle werfe man die getrocknete Probe in ein mit Wasser gefülltes Gefäß, lasse die Probe solange Wasser ansaugen, bis sie sich nicht mehr sichtbar ändert und schüttle dann die Probe mit dem Wasser auf. Beim Aufschütteln löst sich die Probe entweder ganz oder teilweise in ihre Einzelbestandteile auf oder sie bleibt unverändert. Falls sie unverändert bleibt, unterwerfe man sie wiederholter Trocknung und Durchfeuchtung. Im Laufe dieser Behandlung bleibt die Probe entweder neuerdings unverändert oder aber sie zerbricht in kleinere Stücke. Schließlich prüfe man das Verhalten der Probe über einer offenen Flamme.

Je nach dem Ergebnis dieser Versuche kann man die durch Bohrung zutage geförderten Stoffe in sieben Hauptgruppen (a bis g, Tabelle 37) einteilen. Jede von diesen sieben Gruppen erfordert in technisch-geologischer Hinsicht eine besondere Behandlung.

Gruppe a) und f) kommt bloß bei der Fundierung von Straßen, Eisenbahnen und leichten Hochbauten sowie beim Bau von Kanälen in Betracht. Organische Ablagerungen mit geologisch ähnlicher Beschaffenheit sind in der Regel auch hinsichtlich ihrer Zusammendrückbarkeit und ihrer Tragfähigkeit einander so ähnlich, daß eine ausführliche, auf die Ergebnisse von Tiefbohrungen gestützte geologische Beschreibung der Ablagerungen genügt, um ihren technisch-geologischen Charakter zu beurteilen.

Tabelle 37. Haupttypen der Untergrundmaterialien

Nach erfolgter Trocknung	Beim Aufschütteln der getrockneten Probe m. Wasser	Nach wiederholter Trocknung und Durchfeuchtung	Über einer offenen Flamme	Gruppenbezeichnung
Bildet eine zusammenhängende, mehr oder weniger feste Masse	Unverändert	Schrumpft und schwillt	Verbrennt	a) Faserige organische Massen
		Unverändert	Unverändert	b) Wetterbeständiges Gestein
		Zerbricht in kleinere Stücke	—	c) Zerbröckelndes Gestein
	Löst sich nur zum Teil in kleinere Stücke auf	—	—	d) Teilweise verkittete Kornanhäufung
	Zerfällt vollständig in Einzelkörner	—	Unverändert	e) Unverkittete kohärente Kornanhäufung
		—	Verbrennt ganz oder teilweise	f) Amorphe organische Massen
Besteht aus Einzelkörnern	—	—	—	g) Kohäsionslose Kornanhäufung

Gruppe b) und c). Zur Beurteilung der Stoffe der Gruppe b) genügt die Kenntnis der Druckfestigkeit unzerklüfteter Proben und die Kenntnis der Klüftung und Wasserführung. Dasselbe gilt für Gruppe c), soferne bei der Bauherstellung Vorsorge getroffen wird, daß die Oberfläche des Gesteines gegen Witterungseinflüsse geschützt wird und geschützt bleibt. Falls die Stoffe der Gruppe b) und c) als Baumaterialien dienen sollen, ist eine eingehendere petrographische Untersuchung der Gesteine unerläßlich (S. 138).

Gruppe d). Bei „teilweise verkitteten Materialien“ handelt es sich entweder um Gesteine im Zustand fortschreitender Verwitterung (Zerstörung) oder um Zerstörungsprodukte im Zustand der Verfestigung. Im ersten Falle hängt der physikalische und mechanische Charakter des Materials im hohen Maße von der Struktur ab, und es ist daher in solchem Fall unerläßlich, nebst dem Rohmaterial auch die Struktur, das heißt Porosität nach Gesamtinhalt und Größe der Einzelhohlräume zu untersuchen. Im zweiten Falle mag die teilweise Verfestigung entweder durch ein unlösliches Bindemittel oder durch das Altern der im Boden enthaltenen Kolloide herbeigeführt werden. Je nach dem Grade der Verkittung ist das Material in technisch-geologischer Hinsicht entweder als Mitglied der Gruppen b) oder c) oder als Mitglied einer der folgenden Gruppen zu behandeln.

Gruppe e). Diese Gruppe ist in technisch-geologischer Hinsicht weitaus die wichtigste, denn die überwiegende Mehrzahl der Bauschwierigkeiten (Setzungen, Erdbewegungen usw.) stellt sich in Verbindung mit Bodenarten dieser Gruppe ein. Der Bohrmeister unterscheidet innerhalb dieser Gruppe zwischen Schluffsand, Schlamm, Lehm und Ton. Um zwischen Schluffsand (quicksand) und Schlamm (silt) zu unterscheiden, rollen die amerikanischen Bohrmeister das Material in der Hand zu einem wurstartigen Zylinder mit einem Durchmesser von etwa zwei Zentimetern aus. Wenn das aus der Hand hervorstehende Ende der Wurst unter dem Einfluß des Eigengewichtes abbricht, wird das Material als Schluffsand bezeichnet. Falls sich das Ende biegt und streckt, heißt das Material „Schlamm". Der Ton unterscheidet sich vom Schlamm hauptsächlich durch größere Plastizität und durch hellere Farbe. Der „Schlamm" ist zumeist infolge organischer Beimengungen schwärzlich, während die Farbe des Tones blau, grau, gelb, rot oder weißlich ist. Die Konsistenz des Tones wird durch die Bezeichnungen „weich", „mittel" oder „steif" ausgedrückt. Lehm ist ein natürliches Gemenge von Sand und Ton. Manchmal drückt die Bezeichnung „Lehm" auch das Vorhandensein eines gewissen Kalkgehaltes aus. Die häufigsten mit der gebräuchlichen Methode der Begutachtung von Bodenproben verbundenen Irrtümer bestehen in einer Verwechslung von Schluffsand und Schlamm, in unrichtiger Beurteilung der Konsistenz der Tone und in der Gleichstellung von Tonen mit sehr verschiedenem Plastizitätsgrad. Nachdem es nicht selten sogar schwer fällt, feine Schluffsande von Schlamm oder Ton zu unterscheiden, hat die weitere Unterteilung der Böden dieser Gruppe nach rein äußerlichen Merkmalen, in Fließlehm, Letten, Laufletten usw., praktisch wenig Wert. Infolge Abwesenheit einer klaren Definition dieser Sondertypen wirkt die Benützung der Namen dieser Typen in der technischen Literatur nur verwirrend.

Jede der gebräuchlichen Bezeichnungen für Böden der Gruppe e) umfaßt Bodenarten, die in technischer Hinsicht sehr verschiedenwertig sind. Um eine schärfere Deutung der Bohrergebnisse zu ermöglichen, ist es daher unerläßlich, die technisch wichtigen Eigenschaften der hieher gehörigen Bodenarten auf Grund der Ergebnisse von Laboratoriumsversuchen ziffernmäßig festzulegen.

Gruppe f). Zu behandeln wie Gruppe a).

Gruppe g). Kohäsionslose Sande und Schotter. Die Einzelkörner können mit dem unbewaffneten Auge wahrgenommen werden.

4. Eigenschaften der unverkitteten, kohärenten oder kohäsionslosen Bodenarten (Gruppen e und g)

Raumbeständigkeit und Bildsamkeit. Wenn man eine Bodenart der Gruppe e) einer oberflächlichen Prüfung unterwirft, so bemerkt man zunächst, daß dieselbe Bodenart flüssig, zäh oder fest sein kann, je nach der Wassermenge, welche der Boden enthält. Vergleicht man verschiedene Mitglieder dieser Gruppe miteinander, nachdem man sie in gleicher Weise vorbehandelt hat, so sieht man, daß sie außerordentlich verschiedene Eigenschaften aufweisen können. Manche dieser Erdarten schrumpfen, wenn man sie trocknen läßt, und werden hart. Andere sind beinahe raumbeständig. Während des Trocknungsvorganges werden manche Böden vorübergehend plastisch, während andere überhaupt nicht in den plastischen Zustand versetzt werden können. Manche Böden schwellen, wenn man sie nach vorhergegangener Trocknung unter Wasser setzt, andere schwellen nicht. Dieselbe Verschiedenheit in der physikalischen Beschaffenheit verrät sich in der Länge des Zeitraumes, innerhalb dessen eine trockene Probe nach erfolgter Überflutung mit Wasser zerfällt; sie ist für verschiedene Böden sehr verschieden.

Korngröße und die kolloidalen Bodenbestandteile. Auch die mittlere Korngröße und die Ungleichförmigkeit (Verhältnis zwischen den Durchmessern der größten und der kleinsten Körner) sind innerhalb weiter Grenzen veränderlich. Die unverkitteten, kohärenten Bodenarten enthalten durchwegs einen mehr oder weniger beträchtlichen Gehalt an sehr feinen Bodenbestandteilen mit einer Korngröße von weniger als 0,002 mm, den sogenannten Kolloidgehalt des Bodens[1]). Die Eigenschaften der Bildsamkeit, des ausgiebigen Schrumpfens und Schwellens sind so offenkundig mit einem hohen Kolloidgehalt des Bodens verbunden, daß man, besonders in den Vereinigten Staaten, eine Zeitlang die Hoffnung gehegt hat, die Böden für praktische Zwecke auf Grund ihres Kolloidgehaltes zu klassifizieren. Diese Hoffnung hat sich unter anderm auf die irrtümliche Anschauung gestützt, daß der kolloide Bestandteil der verschiedenen Tone eine chemisch eindeutig bestimmte Substanz darstelle.

Mit wachsender Einsicht in das Wesen der Bodenkolloide ist diese Hoffnung geschwunden. Zunächst wurde festgestellt, daß die chemische Zusammensetzung und mit ihr die physikalischen Eigenschaften der Bodenkolloide innerhalb weiter Grenzen veränderlich sind. Die Bodenkolloide stellen ebenso wie die gröberen Teile der Böden eine Mischung chemisch und physikalisch verschiedener, einfacher Kolloide dar. Die Mannigfaltigkeit der in der Natur vorkommenden Mischungen drückt sich in der Veränderlichkeit des Verhältnisses

$$\frac{SiO_2}{Al_2O_3+Fe_2O_3}$$

halbwegs eindeutig aus. Obendrein wurde festgestellt, daß ein und dasselbe Bodenkolloid physikalisch sehr verschiedene Eigenschaften haben kann, je nach dem Humusgehalt und dem Charakter der vom Kolloid adsorbierten Elektrolyte. Die als „Humus" bezeichneten, organischen Bodenbestandteile stellen nach A. P. Dachnowski sehr kleine Teilchen organischer Substanz dar, die den bei Luftzutritt erfolgten Prozeß der Verwesung von pflanzlichen und tierischen Überresten überdauert haben. Die Kolloide der meisten Böden sind als Adsorptionskomplexe zu betrachten, die aus dem Bodenkolloid und den eingelagerten, adsorptiv gebundenen Elektrolyten bestehen. Hiezu gesellt sich in manchen Fällen noch der Humus. Die Wirkung dieser Komponenten auf die physikalischen Eigenschaften des Bodens sind so kompliziert, daß von einer einfachen Beziehung zwischen „Kolloidgehalt" und Bodenbeschaffenheit nicht die Rede sein kann.

Kohäsion und innere Reibung (Schrumpfen und Schwellen). Die Mannigfaltigkeit in der Zusammensetzung der Böden, in der Menge und der Beschaffenheit der in ihnen enthaltenen Bodenkolloide spiegelt sich in einer ebenso großen Mannigfaltigkeit der technisch wichtigen Eigenschaften der Böden wieder. Der Ingenieur interessiert sich vornehmlich für die Stabilität der Böschungen, den Seitendruck des Bodens gegen Stützmauern und für die Tragfähigkeit des Baugrundes.

Die Stabilität der Böschungen hängt von der Kohäsion und von der inneren Reibung ab. Im großen und ganzen nimmt die Kohäsion, das heißt die Scherfestigkeit des Bodens, mit zunehmender Feinheit der Bodenteilchen zu und die innere Reibung nimmt mit zunehmender Feinheit der Bodenteilchen ab. Für lehmfreie, völlig trockene oder völlig wassergesättigte Sande und Schotter (Bodenarten mit makroskopischen Einzelkörnern) ist die Kohäsion gleich Null und die Ziffer der inneren Reibung ist mindestens gleich 0,60 bis 0,65. Für feinkörnige Bodenarten kann die Kohäsion Werte bis zu hundert Kilogramm pro Quadratzentimeter annehmen und die Ziffer der inneren Reibung bis auf 0,20 heruntersinken. Beide Werte sind jedoch für ein und denselben Boden innerhalb weiter Grenzen veränderlich und können sich, innerhalb der obersten Bodenschichten, sogar von Tag zu Tag beträchtlich ändern. Infolge-

[1]) Der Wert von 0,002 mm wurde unter anderm von Atterberg als obere Grenze für den Durchmesser kolloidaler Bodenbestandteile festgelegt. Andere Forscher haben für die obere Grenze viel kleinere Werte vorgeschlagen.

dessen haben Angaben über die Kohäsion und die innere Reibung bindiger Bodenarten nur dann einen Sinn, wenn eine erschöpfende Beschreibung der geologischen und physikalischen Umstände vorliegt, unter denen die Werte ermittelt wurden.

Die einfachste Methode zur rohen Einschätzung der Kohäsion bindiger Böden besteht in der Bestimmung der Druckfestigkeit (per Flächeneinheit) eines aus diesem Boden herausgeschnittenen und im bergfeuchten Zustand geprüften Zylinders bzw. Würfels. Die Kohäsion, das heißt die Scherfestigkeit des Bodens, ist gleich oder größer als die halbe Druckfestigkeit des Zylinders. Läßt man den Zylinder austrocknen, so nimmt die Kohäsion des Materials mit abnehmendem Wassergehalt zu. Nachdem diese Art der Kohäsion nach den Lehren der Bodenphysik durch die Oberflächenspannung des Wassers bewirkt wird, sei sie als „scheinbare Kohäsion" bezeichnet.

Nach Terzaghi kommen die scheinbare Kohäsion und die mit ihr ursächlich verbundenen Erscheinungen folgendermaßen zustande[1]: Die Oberflächenspannung wirkt auf die Bodenprobe wie eine die Probe umgebende Gummihaut. Der von dieser Haut auf die Probe ausgeübte Druck wird als Kapillardruck bezeichnet. Läßt man eine Tonprobe austrocknen, so nimmt die Oberflächenspannung zu und der Ton erfährt eine Raumverminderung, ebenso, wie wenn er eine Zusammendrückung durch äußeren (mechanischen) Druck erführe. Man sagt, der Ton „schrumpft". Zugleich nimmt die scheinbare Kohäsion zu, denn diese scheinbare Kohäsion ist nichts anderes, als die durch den Kapillardruck geweckte innere Reibung (scheinbare Kohäsion = Kapillardruck × Ziffer der inneren Reibung). Je kleiner die Poren, desto größer ist der obere Grenzwert des Kapillardruckes. Für fette Tone kann er sogar Werte von mehreren hundert Atmosphären annehmen. Infolgedessen nimmt auch die mit dem Austrocknen verbundene Raumänderung bei gleicher Kornbeschaffenheit mit abnehmender Korngröße zu. Im selben Sinne wächst die Druckfestigkeit des ausgetrockneten Materials und kann für fette Tone sogar den Wert der Druckfestigkeit eines Magerbetons erreichen.

Setzt man den halb oder ganz ausgetrockneten Boden unter Wasser, so wird die Oberflächenspannung des Wassers und mit ihr der Kapillardruck gleich Null. Der Boden erfährt eine elastische Ausdehnung, wobei er Wasser ansaugt, ebenso wie ein unter Wasser sich ausdehnender Schwamm. Diese Erscheinung wird als „Schwellen" oder „Quellen" bezeichnet. Bei gleichem Maximalwert des Kapillardruckes hängt die mit dem Schrumpfen und Schwellen verbundene Raumveränderung von den Festigkeitseigenschaften des Materials ab, welche ihrerseits durch den Gehalt des Materials an schuppenförmigen Mineralbestandteilen bestimmt sind (siehe S. 339ff.).

Beim Aufquellen des Tones wird seine Kohäsion zwar kleiner, verschwindet aber nicht ganz. Die nach erfolgter Unterwassersetzung noch übrigbleibende Kohäsion rührt nicht von der Oberflächenspannung des Wassers, sondern von einem Zusammenkleben der Bodenteilchen her und sei daher als „echte Kohäsion" bezeichnet. Für ein- und denselben Boden ist die echte Kohäsion um so größer, je dichter die Teilchen vor der Überflutung aneinandergepreßt wurden. Für manche Tone (z. B. Mississippi Gumbo oder die blauen, glazialen Tone in Maine) erreicht die echte Kohäsion so hohe Werte, daß die Erosion nur langsam in die Tiefe dringt.

Die scheinbare Kohäsion (z. B. die Kohäsion ausgetrockneter Erdschollen) kann durch anhaltende Regengüsse bis auf den Wert der echten Kohäsion herab-

[1] Terzaghi: Erdbaumechanik. Wien: Franz Deuticke. 1925.

gemindert werden, und die mit der Kohäsionsverminderung verbundene Raumzunahme führt zur Sprungbildung oder zum Zerbröckeln des Materials. Die echte Kohäsion wird hingegen durch Wasserzutritt in keiner Weise beeinflußt.

Ein klassisches Beispiel für echte Kohäsion findet sich in einem der Berichte der schwedischen geotechnischen Kommission[1]). In diesem Bericht wird ein Fall beschrieben, in dem ein oberflächlich ausgetrocknetes Tonlager im Laufe der geologischen Entwicklung der Landschaft dauernd unter Wasser gesetzt und mit einer mehrere Meter dicken Schichte lockerer Sedimente bedeckt wurde. Innerhalb der Trockenkruste wurde die scheinbare Kohäsion bis auf den Wert der echten Kohäsion reduziert. Die echte Kohäsion ist jedoch infolge der mit der Austrocknung verbundenen Zusammendrängung der Bodenteilchen so groß, daß die ehemalige Trockenkruste heute eine äußerst steife, mehrere Meter mächtige, 8 bis 10 m unter dem Wasserspiegel des Sees (Aspensee) gelegene, von weichen Massen unter- und überlagerte Zwischenschichte bildet[2]).

Die innere Reibung der bindigen Böden läßt sich nur dann verläßlich messen, falls man die Probe während des Versuches unter Wasser hält. Andernfalls wird der wahre Sachverhalt durch scheinbare Kohäsion verschleiert. Aber auch unter Wasser liefert der Reibungsversuch für eine gegebene Bodenart keineswegs unter allen Umständen den gleichen Wert.

Der Reibungsversuch wird derart vorgenommen, daß man den Boden in einen oben und unten offenen Rahmen einbringt, die Oberfläche der Bodenprobe mit einem Gewicht Q belastet und die wagrechte Kraft P bestimmt, die erforderlich ist, um Gleitung zwischen einer rauhen, als Unterlage dienenden Platte und der Unterseite der belasteten Bodenprobe herbeizuführen.

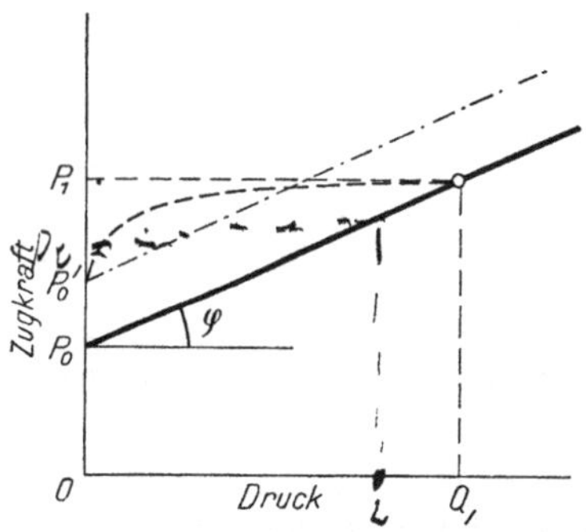

Abb. 217. Schaubild für das Ergebnis eines Reibungsversuches mit bindigem Boden

Trägt man in einem Diagramm die Gewichte Q als Abszissen und die Zugkräfte P als Ordinaten auf, so erhält man ungefähr das in Abb. 217 dargestellte Schaubild. Die zur Herbeiführung der Gleitung erforderliche Zugkraft P wird herkömmlicherweise durch die Formel

$$P = P_0 + Q \cdot \frac{P_1 - P_0}{Q_1} = P_0 + Q \cdot \operatorname{tg}\varphi = P_0 + Q \cdot f \quad (1)$$

dargestellt. In dieser Formel bedeuten P_0 die Kohäsion des Bodens, φ den Winkel der inneren Reibung und f die Ziffer der inneren Reibung. Die Formel wurde zum erstenmal durch Coulomb angeschrieben und bildet auch heute noch die Grundlage der Theorie der bindigen Bodenarten.

In der Praxis sind aber die Verhältnisse keineswegs so einfach, wie sie nach Formel (1) sein sollten. Falls der Versuch unter Wasser vorgenommen wurde, stellt zwar P_0 lediglich die echte Kohäsion dar und ist als solche äußeren Einflüssen weit weniger unterworfen als die scheinbare, durch Oberflächenspannung des Wassers hervorgerufene Kohäsion. Aber auch die echte Kohäsion hat für ein und dieselbe Bodenart keineswegs einen eindeutig bestimmten Wert. Reduziert man z. B. im Versuch Abb. 217 die Last Q vom Wert Q_1 allmählich bis auf Null und wiederholt dann den Versuch, so dürfte man das durch die strichpunktierte Linie dargestellte Versuchsergebnis erhalten. Die echte Kohäsion ist nunmehr gleich $P^1_0 > P_0$. Aber auch der Wert des Reibungswinkels φ kann je nach der

[1]) Statens Järnvägars Geotekniska Commission, 1914 bis 1921, Slutbetänkande, 31 Maj, 1922. Stockholm, S. 138 bis 140 und Tafel 41.

[2]) Über die Mechanik der Krustenbildung siehe Terzaghi: Erdbaumechanik, Wien: Franz Deuticke. 1925.

Art der Durchführung des Versuches innerhalb weiter Grenzen schwanken. Steigert man die Last in rascher Folge von O auf Q_1, Q_2 usw., so erhält man für φ einen Wert, der sich kaum von Null unterscheidet. Je größer der Zeitraum, über den sich der Versuch erstreckt, desto mehr nähert sich der Winkel φ einem oberen Grenzwert, der sich für fette Tone auf etwa 12^0 beläuft. Dieser obere Grenzwert sei als „Reibungswinkel im engeren Sinne des Wortes" bezeichnet, und nur dieser Grenzwert kann als eine von den Umständen halbwegs unabhängige Konstante der Bodenart bezeichnet werden.

Bei künstlichen Eingriffen in die Natur können sich je nach der Art des Eingriffes die im Boden herrschenden Drücke sehr rasch oder sehr langsam ändern. Infolgedessen hängen die zu gewärtigenden Reibungswiderstände nicht bloß von der Art und vom Zustand des ungestörten Bodens, sondern auch von der Art des geplanten Eingriffes ab.

Ein weiterer wichtiger Umstand besteht in dem Einfluß der Gefügestörungen auf die Kohäsion bei unverändertem Wassergehalt und unverändertem Rauminhalt des Bodens. Bloßes Durchkneten einer Tonprobe setzt die Kohäsion des Materials auf einen Bruchteil ihres ursprünglichen Wertes herab und der Betrag der Kohäsionsverringerung ist je nach der Bodenart sehr verschieden. In Abb. 218

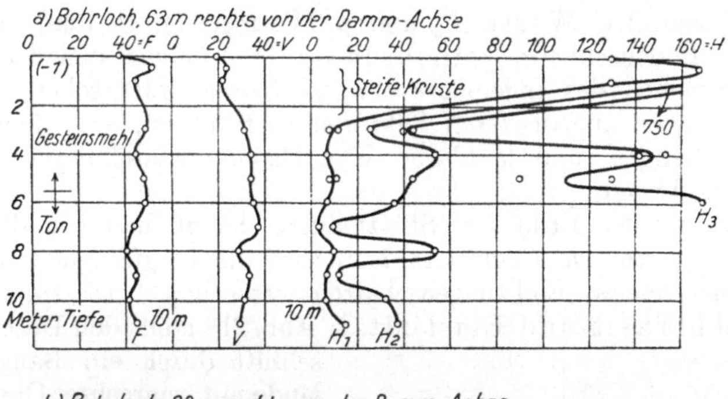

Abb. 218. Schaubild der Herabsetzung der Kohäsion nach Durchknetung des Materials. (Nach den von der Statens Järnvägars Geotekniska Commission veröffentlichten Daten)

F = Normal-Wassergehalt
V = Wassergehalt der Probe (in % des Gesamtgewichtes)
H = Konsistenz-Wert (H_3 ungestörte, H_2 etwas gestörte und H_1 vollkommen durchrührte Probe)

stellen die Abszissen der Kurven H_3 die Kohäsion der Bodenproben in ihrem natürlichen Zustand, H_2 die Kohäsion nach teilweiser Störung des Gefüges und die Abszissen der Kurven H_1 die Kohäsion derselben Proben nach gründlicher Störung dar (Von der schwedischen geotechnischen Kommission durch die Kegelprobe bestimmt. Siehe S. 335.). Die Ordinaten geben die Tiefe in Metern an, in der die Bodenproben aus den Bohrlöchern entnommen wurden. Aus dem Schaubild ist zu ersehen, daß die Kohäsion der gründlich gestörten Bodenproben sogar für scheinbar einander ähnliche Bodenarten, in diesem Fall mit Ton vermischte Gesteinsmehle, zwischen den weiten Grenzen von 26% und 2,6% der Kohäsion der ungestörten Proben schwanken kann. Terzaghi stellte auf Grund der Ergebnisse von Druckfestigkeitsversuchen fest, daß die Kohäsion der blauen, glazialen Tone von Cambridge, Mass., durch Kneten auf 55% bis 25% der Kohäsion ungestörter Tonproben herabgesetzt wurde. Die physikalischen Ursachen dieses gewaltigen Einflusses der Strukturstörung auf die Kohäsion sind noch nicht klargestellt. Die Erscheinung an sich ist jedoch von weitreichender praktischer Bedeutung. Norwegische und schwedische Forscher sind sogar geneigt, die spontane Verflüssigung der bei Erdrutschungen im Glazialen absitzenden Tonmassen ausschließlich auf den kohäsionvermindernden Einfluß der Strukturstörung zurückzuführen. Der Verfasser hatte in Neu-England wiederholt Gelegenheit zu beobachten, daß glaziale Schlufftone durch das Rammen von Pfählen in einen halbflüssigen Zustand überführt wurden, trotzdem der Rammprozeß in manchen Fällen mit einer ausgiebigen Raumverminderung der durchrammten Bodenschichten verbunden war. Im allgemeinen läßt sich sagen, daß der Einfluß einer Strukturstörung auf die Kohäsion mit zunehmendem Plastizitätsgrad des Bodens abnimmt. Am stärksten scheint er sich bei gewissen schwach plastischen, vorwiegend aus feinstem Gesteinsmehl zusammengesetzten glazialen Fließerden und Tonen zu äußern.

Wenn der Ingenieur bei seinen Vorarbeiten für Einschnitte den Geologen zu Rate zieht, so geschieht dies hauptsächlich zu dem Zweck, um auf Grund der Angaben des Geologen die Werte P_0 und φ [Formel (1), S. 320] der zu durchschneidenden Bodenschichten einzuschätzen. Infolgedessen kann der Geologe den Ansprüchen des Ingenieurs um so besser entsprechen, je gründlicher er mit den oben angedeuteten Faktoren vertraut ist, von denen die Werte P_0 und φ abhängen, und je klarer seine Bodenbeschreibung diese Faktoren zum Ausdruck bringt.

Auch der Seitendruck der Erde auf Stützmauern hängt hauptsächlich von den Größen P_0 und φ ab. Im Gegensatz dazu wird die Tragfähigkeit des Untergrundes auch von anderen Bodeneigenschaften wesentlich mitbestimmt.

Zusammendrückbarkeit und Elastizität. Abb. 219 stellt den Durchschnitt durch ein Baugelände mit wagrechter Oberfläche dar. $a\ b$ sind Hilfslinien, die vor der Aufbringung der Last gerade waren und senkrecht nach unten gingen. Wenn man nun die Bodenoberfläche durch einen Gründungskörper $a\ a$ belastet, wird sich der Gründungskörper „setzen". Ein Teil der Setzung $a\ a_1$ rührt vom seitlichen Ausweichen der belasteten Bodenmassen her. Dieser Teil äußert sich in seitlicher Ausbauchung der Hilfslinien $a\ b$. Er tritt unter allen Umständen verhältnismäßig rasch auf und ist lediglich mit einer Formänderung, nicht aber mit einer Dichteänderung des Bodens verbunden. Ein zweiter Teil $a_1\ a_2$ der Setzung wird durch die Zunahme der Dichte der im Raum $a_1\ a_1\ a_2\ a_2$ befindlichen Bodenmassen bewirkt. Falls die Poren dieser Bodenmassen zur Gänze mit Wasser ausgefüllt sind, was bei den meisten feinkörnigen Bodenarten der Fall ist, so ist die Zunahme der Dichte mit einer Ausquetschung

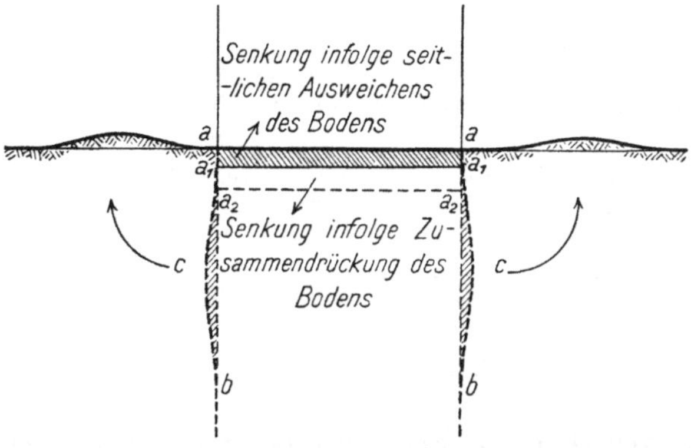

Abb. 219. Belastung eines Baugeländes mit wagrechter Oberfläche durch einen Gründungskörper

von Wasser verbunden, wobei die Zähigkeit des Wassers überwunden werden muß. Je undurchlässiger der Boden, desto langsamer entweicht das überschüssige Wasser. Infolgedessen erfolgt der zweite Teil der Setzung des Gründungskörpers bei geringer Durchlässigkeit des Bodens nicht rasch, sondern langsam, wobei die Geschwindigkeit der Setzung vom Grade der Durchlässigkeit der belasteten Bodenschichten abhängt.

Wenn der Ingenieur von „zulässiger Bodenbeanspruchung" spricht, so meint er damit jene Last pro Flächeneinheit, bei der die Setzung des Bauwerkes unmerklich, das heißt kleiner als ein oder zwei Zentimeter ist. Nach Abb. 219 hängt diese Bodenbeanspruchung von folgenden Faktoren ab:

a) Widerstand des Bodens gegen seitliches Ausweichen;

b) Zusammendrückbarkeit, das heißt von der durch Druck hervorgerufenen Zunahme der Dichte, und

c) Durchlässigkeit, denn diese bestimmt die Geschwindigkeit, mit der die Verdichtung der belasteten Bodenmassen vor sich geht.

Die Eigenschaft *(a)* ist angenähert durch dieselben Faktoren bestimmt, von denen die Stabilität der Böschungen abhängt, das heißt durch die bereits erörterten Werte P_0 (Kohäsion) und φ (Reibungswinkel).

Um die Zusammendrückbarkeit verschiedener Bodenarten miteinander zu vergleichen, unterwirft man die Bodenprobe einem Druckversuch in geschlossenem Gefäß, das heißt einer Zusammendrückung bei verhinderter seitlicher Ausdehnung, wobei man durch die Anbringung einer Filterschichte oder einer porösen Unterlage für den freien Abzug bzw. Zufluß des Wassers zu sorgen hat. Die Ergebnisse dieses Versuches werden in einem Schaubild dargestellt, in dem man auf der wagrechten Achse die Drücke und auf der lotrechten Achse die zugehörigen Wassergehalte aufträgt. Die vollausgezogenen Kurven, Abb. 220, zeigen die Ergebnisse von solchen Druckversuchen, die an typischen Böden aus Nord- und Südamerika vorgenommen wurden. In jedem Schaubild stellt der absteigende Ast die Wirkung einer stetigen Zunahme des Druckes auf den Wassergehalt (fortschreitende Verdichtung) und der aufsteigende Ast die Wirkung einer nachfolgenden stetigen Abnahme des Druckes (Ausdehnung oder Schwellung) dar. Das Schaubild zeigt, daß sowohl die Zusammendrückbarkeit als auch das Schwellvermögen verschiedener Böden außerordentlich verschieden sein kann.

Aber auch die Zusammendrückbarkeit einer und derselben Bodenart ist recht verschieden, je nach der Dichte, die der Boden bei Versuchsbeginn hatte. Abb. 221 zeigt das Ergebnis zweier Druckversuche, die an ein und derselben Sandprobe vorgenommen wurden. Beim ersten Versuch hatte man die Sandprobe in lockerem Zustand in den Druckzylinder eingebracht und beim zweiten wurde der Sand vor Versuchsbeginn im Druckzylinder eingerüttelt. Die Versuchsergebnisse lassen den gewaltigen Einfluß der Dichte der ursprünglichen Lagerung auf die Zusammendrückbarkeit des Materials erkennen, während die mit Druckverminderung verbundene Raumzunahme (Ausdehnungs- oder Schwellkurve) von der ursprünglichen Lagerung nahezu unabhängig ist. Der Unterschied in der Zusammendrückbarkeit wirkt auch auf die Tragfähigkeit der Bodenart zurück (Abb. 222). Auf der wagrechten Achse wurden die Lasten in Kilogramm per cm^2 der belasteten Fläche und auf der lotrechten Achse die zugehörigen Setzungen der Lastplatte in Zentimeter aufgetragen.

In der Natur hängt die Dichte der ursprünglichen Lagerung bei gegebener Beschaffenheit des Sedimentes von den geologischen Umständen ab, unter denen das Sediment gebildet wurde. Ein bei abflauendem Hochwasser abgesetzter Sand ist in der Regel viel lockerer gelagert als ein Sand, der langsam in einem

Seebecken zur Ablagerung kam. Tone, die in Süßwasserbecken gebildet wurden, sind zumeist dichter als marine Tone von ähnlicher Beschaffenheit, voraus-

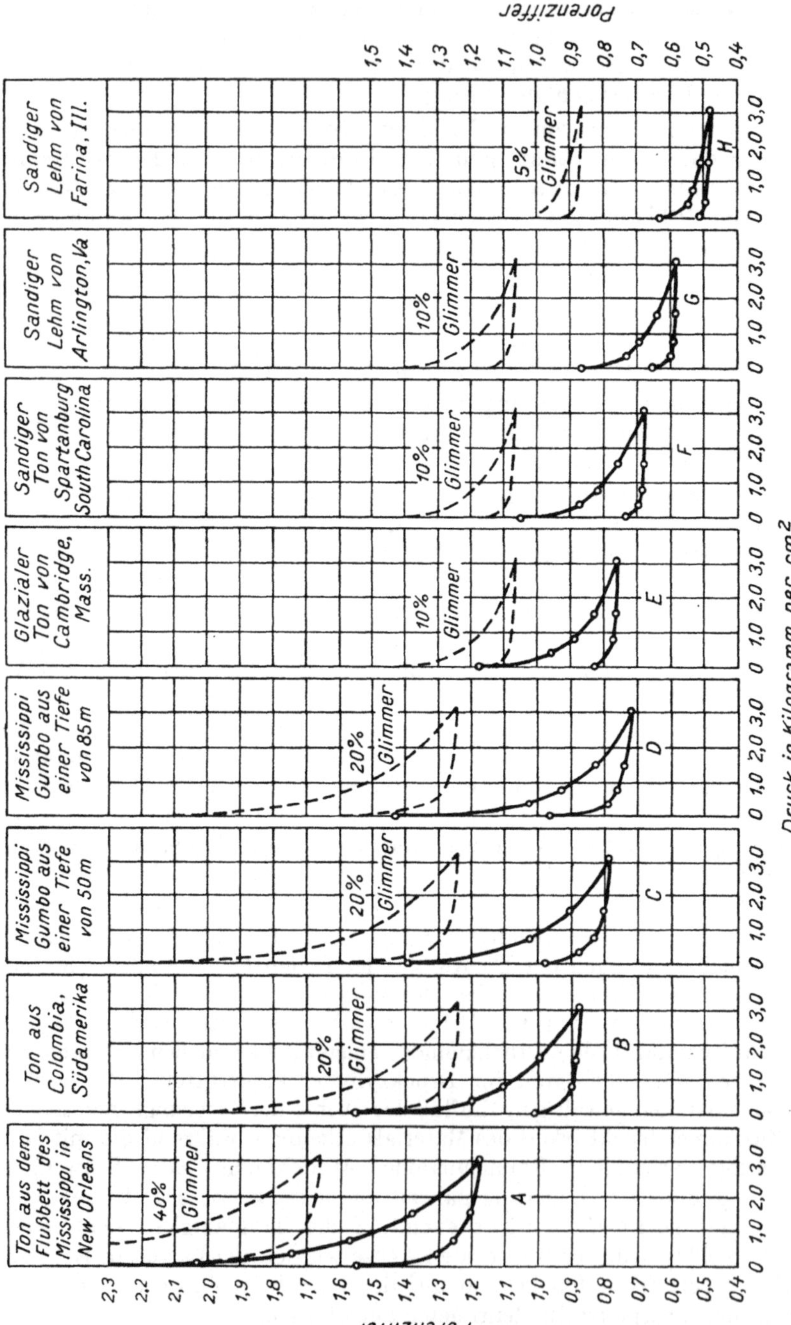

Abb. 220. Schaubilder über Druckversuche an Böden von Nord- und Südamerika

gesetzt, daß beide Tone seit ihrer Entstehung unter Wasser blieben. Die petrographische Identität der Bodenarten verbürgt daher keinesfalls technische Gleichwertigkeit.

Die Struktur des Sandes ist „konservativ“, das heißt, wenn ein Sand locker zur Ablagerung kam, so bleibt sein Gefüge auch dann locker oder „sperrig“, wenn er vorübergehend oder dauernd unter hohem, statischem, durch das Gewicht aufgelagerter Massen verursachtem Druck gestanden ist. Dasselbe gilt von der Struktur mikroskopischer oder submikroskopischer Sande (Fließerden). Je plastischer eine Bodenart, desto weniger konservativ ist ihre Struktur (Terzaghi).

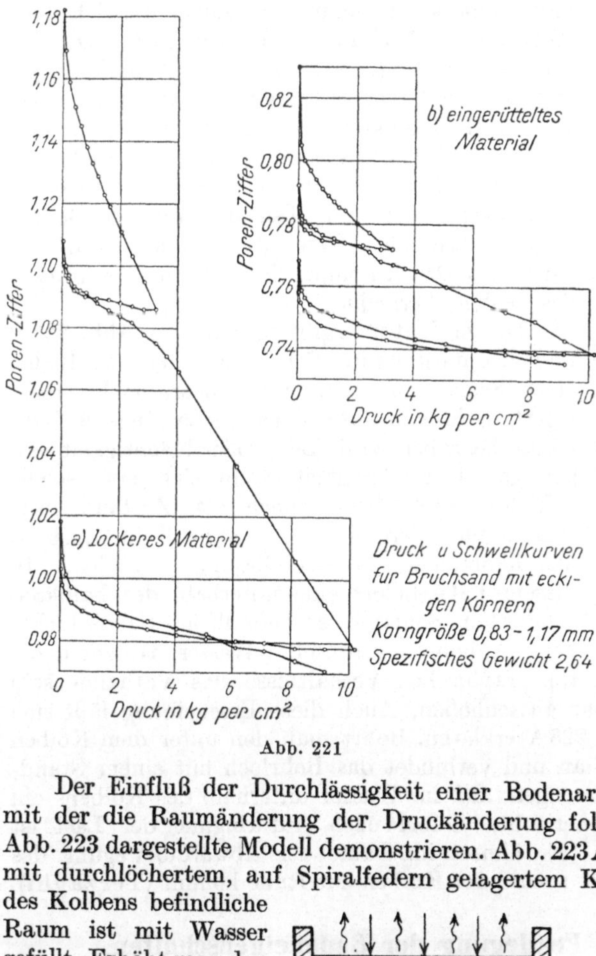

Abb. 221

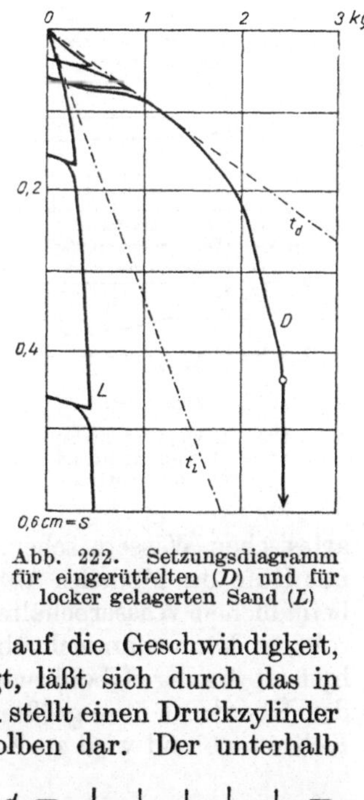

Abb. 222. Setzungsdiagramm für eingerüttelten (*D*) und für locker gelagerten Sand (*L*)

Der Einfluß der Durchlässigkeit einer Bodenart auf die Geschwindigkeit, mit der die Raumänderung der Druckänderung folgt, läßt sich durch das in Abb. 223 dargestellte Modell demonstrieren. Abb. 223A stellt einen Druckzylinder mit durchlöchertem, auf Spiralfedern gelagertem Kolben dar. Der unterhalb des Kolbens befindliche Raum ist mit Wasser gefüllt. Erhöht man den auf den Kolben wirkenden Druck, so ist das Niedersinken des Kolbens mit einem Entweichen des unter dem Kolben aufgespeicherten Wassers verbunden. Je kleiner die Öffnungen, desto langsamer wird der Kolben sinken. Die in Abb. 223B dargestellte, mit Wasser gesättigte Bodenmasse unterscheidet sich von dem Modell Abb. 223A lediglich dadurch, daß die Schläuche (Porenzüge), durch die das Wasser beim Zusammendrücken entweicht, die ganze Masse durchziehen[1]). Abb. 224 zeigt die Beziehung zwischen der Zeit (wagrechte

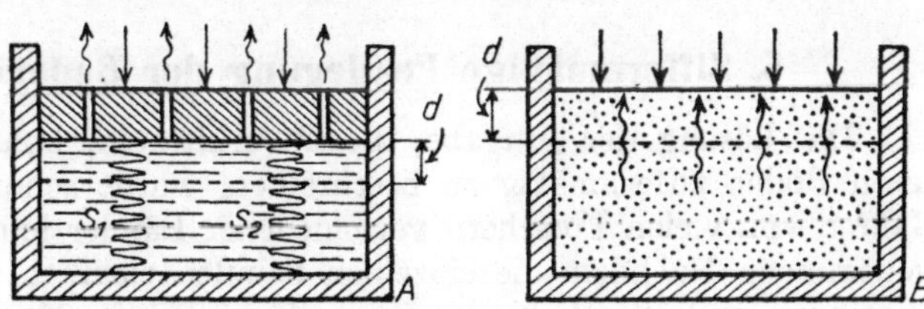

Abb. 223. Modell für die Veranschaulichung des Einflusses der Durchlässigkeit auf die Geschwindigkeit der Bodenverdichtung durch Druck

[1]) Die Theorie des Zusammenhanges zwischen Durchlässigkeit und Setzungsgeschwindigkeit findet sich in Terzaghi: Erdbaumechanik, IV. Hauptstück.

Achse) und deren Zusammendrückung (lotrechte Achse) für drei Bodensorten mit sehr verschiedener Durchlässigkeit. Die Proben waren in einem Zylinder von der Art Abb. 223B eingeschlossen und der Druck wurde in allen drei Fällen von 1,58 auf 3,1 kg per Quadratzentimeter gesteigert. Die Ziffer 100% entspricht der Zusammendrückung, die sich nach Ablauf von 17 Stunden ergeben hatte. Die Zusammendrückung der undurchlässigsten Bodenart strebte dem Grenzwert auch am langsamsten zu. Die Geschwindigkeit des Zustrebens steht in umgekehrten Verhältnis zum Quadrat der Dicke der belasteten Bodenschichte. Vor dem Erreichen des Grenzwertes wird ein Teil des auf der Bodenschichte lastenden Gewichtes durch den hydrostatischen Druck kompensiert, der im Porenwasser des Bodens herrscht.

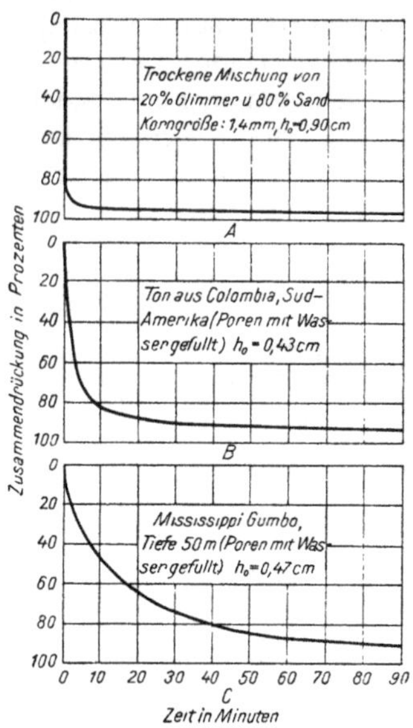

Abb. 224. Beziehung zwischen der Zeit und der Zusammendrückung für drei Bodensorten

In der Natur ergibt sich der in Abb. 223 B und 224 dargestellte Fall, wenn der am Boden eines Seebeckens oder einer Meeresbucht abgelagerte Schlamm unter einer Masse jüngerer Sedimente begraben wird. Bei großer Mächtigkeit und geringer Durchlässigkeit kann sich eine solche Schichte auch heute noch im Zustand fortschreitender Verdichtung, das heißt im Zustand unvollkommener Konsolidierung befinden. In diesem Falle liefert eine unterhalb des halbkonsolidierten Schlammes befindliche Sandschichte beim Anbohren artesisches Wasser, trotzdem die topographischen Verhältnisse das Vorhandensein artesischen Wassers scheinbar ausschließen. Auch diese Erscheinung läßt sich mit Hilfe des Modelles Abb. 223A erklären. Bohrt man den unter dem Kolben befindlichen Wasserbehälter an und verbindet das Bohrloch mit einem Standrohr, so kann man sich überzeugen, daß im Wasser unterhalb des Kolbens ein hydrostatischer Überdruck herrscht. Sofort nach Aufbringung der Last ist der Überdruck am größten. Er nimmt im Laufe der Abwärtsbewegung des Kolbens ab und wird zu Null, sobald der Kolben zur Ruhe kommt (Terzaghi).

5. Ziffernmäßige Festlegung der Bodeneigenschaften

Die Lösung der Aufgabe, die unverkitteten, kohärenten oder kohäsionslosen Böden ziffernmäßig zu beschreiben, wurde schon vor mehr als zwanzig Jahren von vielen Forschern verschiedener Länder und Fachgebiete in Angriff genommen. Nachdem die einzelnen Schulen ziemlich unabhängig voneinander vorgingen und die Wahl der Kennziffern bei der damaligen Lückenhaftigkeit unserer Kenntnis von der physikalischen Bedeutung der verschiedenen Bodeneigenschaften vom persönlichen Ermessen der Forscher abhing, herrscht auf diesem Gebiet eine ziemlich weitgehende Begriffsverwirrung. Im Gesamtbild der Methoden tritt auch heute noch weit mehr die historische Entwicklung des Wissensgebietes in Erscheinung, als ein einheitlicher physikalischer Grundgedanke, und es ist nicht leicht, die in den Fachschriften der verschiedenen Länder und Kontinente enthaltenen Angaben miteinander zu verknüpfen.

Kennziffern der Böden. Die zur Bestimmung von Kennziffern benützten Versuche können zunächst in zwei Hauptgruppen eingeteilt werden:

Versuche, deren Ergebnisse direkte Aufklärung über die technisch wichtigen Eigenschaften der Böden liefern (z. B. über die Kohäsion, die Zusammendrückbarkeit, Durchlässigkeit usw.), und solche Versuche, deren Ergebnis bestenfalls mittelbar mit dem bautechnischen Charakter des Bodens zusammenhängt (mechanische Analyse, Konsistenzgrenzen). In jeder der beiden Hauptgruppen sollte noch zwischen jenen Versuchen, deren Ergebnis bloß vom petrographischen Charakter, und jenen Versuchen unterschieden werden, deren Ergebnis nicht nur vom petrographischen Charakter, sondern auch von dem in der Natur vorhandenen Zustand des Bodenmaterials (z. B. dem Grad der Verdichtung, dem Wassergehalt usw.) abhängt.

Dementsprechend können zur Durchführung der Versuche der Gruppen Ia und IIa durchgeknetete und teilweise ausgetrocknete Bodenproben benützt werden, während die Versuche der Gruppen Ib und IIb entweder am gewachsenen Boden oder an ungestörten (aus dem Boden geschnittenen oder gestanzten, bis zum Versuchsbeginn luftdicht abgeschlossenen) Bodenproben vorgenommen werden müssen.

Tabelle 38 gibt eine Übersicht über die häufigsten, in der einschlägigen Literatur erwähnten Versuchsmethoden und Kennziffern. Die Lage ist jedoch nicht so hoffnungslos, als sie nach Tabelle 38 erscheinen mag, nachdem die Ergebnisse der verschiedenen Bodenversuche untereinander in mehr oder weniger enger Beziehung stehen. Um diese Beziehung zu erkennen, ist es zunächst erforderlich, das Wesen der verschiedenen Versuche und die Bedeutung der Kennziffern klarzulegen. In der folgenden Zusammenstellung entspricht die Numerierung der Versuche der Numerierung in Tabelle 38. Den Namen der Versuche beigesetzt finden sich die Namen der Körperschaften oder der Einzelforscher, die den Versuch in Vorschlag gebracht haben und ausüben[1]).

I. Gruppe (a).

1. Normalisierter Verdichtungsversuch (Terzaghi, U. S. Bureau of Public Roads).

Dieser Versuch dient zur Ermittlung der in Abbildung 220 graphisch dargestellten Beziehung zwischen dem Außendruck, dem Wassergehalt (oder der dem Wassergehalt proportionalen Porenziffer, siehe S. 338) sowie der Verdichtungsgeschwindigkeit, das heißt der Geschwindigkeit, mit der das überschüssige Wasser aus einer an seitlicher Ausdehnung verhinderten Probe bei konstant bleibender Oberflächenbelastung entweicht. Der Wassergehalt der Probe soll vor Versuchsbeginn durch Kneten des Materials mit Wasser bis etwa auf den Wert der Atterbergschen Fließgrenze (siehe S. 335) gebracht werden. Nach erfolgter Beschickung des Apparates wird der Druck stufenweise in Zeitabständen von 4 bis 24 Stunden (je nach der Durchlässigkeit des Materials) von 0 auf etwa 0,4, 0,8, 1,6 und 3,2 kg per Quadratzentimeter gesteigert und dann wieder stufenweise von 3,2 auf 1,6, 0,8, 0,4 und 0 herabgemindert. Bei der Steigerung des Druckes von 0,4 auf 0,8 und von 1,6 auf 3,2 kg per Quadratzentimeter wird je nach der Durchlässigkeit zehn Minuten bis mehrere Stunden lang die Zunahme der Zusammendrückung bei konstantem Drucke beobachtet.

[1]) Eine eingehende Beschreibung der verschiedenen Versuchsmethoden findet sich unter anderm in den folgenden Veröffentlichungen:

Terzaghi: Erdbaumechanik. Wien: Franz Deuticke. 1925.

—, Principles of Final Soil Classification. Public Roads, Vol. 8, Nr. 3, May 1927.

—, Hogentogler und Wintermeyer: The Present Status of Subgrade Testing. Public Roads, Vol. 8, Nr. 9, November 1927.

Statens Järnvägars Geotekniska Commission, 1914 bis 1922, Slutbetänkande, 31. Maj 1922, Stockholm. (Versuche Nr. 12 und 24.)

Krogh, J. v.: Undersokelser over Norske Lerer. Statens Raastofkomite, I u. III, Kristiania. 1923. (Versuch Nr. 14 u. 15.)

Tabelle 38. **Bodenversuche und Kennziffern für unverkittete, kohärente oder kohäsionslose Bodenarten**

a) Ergebnisse lediglich von Bodenart abhängig		b) Von Bodenart und natürlichem Zustand abhängig	
Versuch	Kennziffer	Versuch	Kennziffer
I. Gruppe. Direkte Aufklärung über bautechnisch wichtige Eigenschaften			
1. Normalisierter Verdichtungsversuch	Schwellwert Verdichtungswert Durchlässigkeitskurve Durchlässigkeitsindex Verfestigungskurve	5. Belastungsversuch	Setzungskurve Bettungsziffer
		6. Durchlässigkeitsversuch	Durchlässigkeitsziffer
2. Normalisierter Konsistenzversuch	Echte Normalkonsistenz	7. Konsistenzversuch	Druckfestigkeit Elastizitätsmodul
3. Reibungsversuch	Ziffer der inneren Reibung	8. Scherversuch	Kohäsionsziffer
4. Wasserbeständigkeitsversuch	Zerfallsziffer		
II. Gruppe. Mittelbarer Zusammenhang mit bautechnischem Bodencharakter			
9. Mechanische Analyse	Verteilungskurve Wirksame Korngröße Ungleichförmigkeitsziffer Kornform	23. Wassergehaltsbestimmung	Wassergehalt Porenvolumen Porenziffer Relative Dichte Relative Feuchtigkeit
10. Spezifische Gewichtsbestimmung	Spezifisches Gewicht	24. Kegelprobe	Konsistenzwert
11. Glühversuch	Gehalt an organischem Kohlenstoff		
12. Normalisierte Kegelprobe	Normalwassergehalt		
13. Atterbergsche Grenzbestimmung	Obere Grenze der Dickflüssigkeit Untere Fließgrenze Klebegrenze Ausrollgrenze Plastizitätszahl Schwindungsgrenze		
14. Bestimmung der Sättigungsgrenze	Sättigungsgrenze		
15. Normalkonsistenzversuch	Normalkonsistenz		
16. Mellor-Versuch	Plastizitätswert		
17. Plastizitätsversuch nach Bischoff	Bindevermögen		
18. Feuchtigkeits-Äquivalentversuch	Feuchtigkeits-Äquivalent		
19. Rose-Versuch	Feldfeuchtigkeits-Äquivalent		
20. Kapillarer Wasserkapazitätsversuch	Kapillare Wasserkapazität		
21. Trockenfestigkeitsversuch	Trockenfestigkeit		
22. Adsorptionsversuch	Adsorptionswert		

Das Versuchsergebnis wird in der aus Abbildung 225 ersichtlichen Weise graphisch dargestellt. Bezeichnen e die Porenziffer (Ordinaten von Abb. 225A), p den Druck pro Flächeneinheit (Abszissen), A, C, c_1, c_2, p_c und p_i Konstante, so läßt sich der ab-

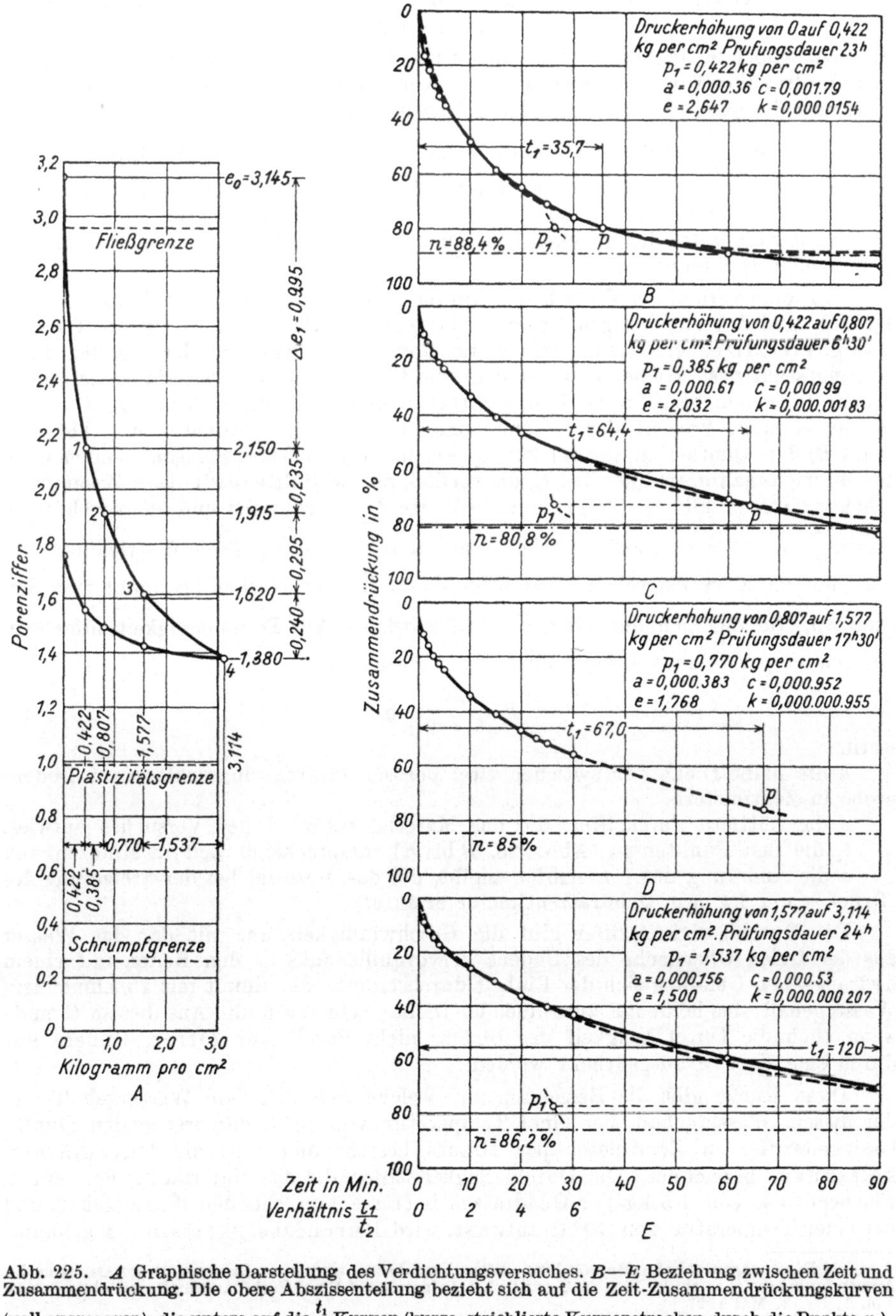

Abb. 225. *A* Graphische Darstellung des Verdichtungsversuches. *B—E* Beziehung zwischen Zeit und Zusammendrückung. Die obere Abszissenteilung bezieht sich auf die Zeit-Zusammendrückungskurven (voll ausgezogen), die untere auf die $\frac{t_1}{t_2}$ Kurven (kurze, strichlierte Kurvenstrecken durch die Punkte p_1).

p_1 = Drucksteigerung in kg/cm², e = Porenziffer, a = Abnahme der Porenziffer bei Steigerung des Druckes um 1 Gramm pro cm², c = Verdichtungsziffer in $g \cdot cm^{-1} \cdot min^{-1}$, k = Durchlässigkeit in cm pro Min.

steigende Ast des Zusammendrückungsdiagramms (Abb. 225A) angenähert durch eine Kurve mit der Gleichung

$$e = -C \ln (p + p_e) + c_1$$

und der aufsteigende Ast (Schwellkurve) durch eine Kurve mit der Gleichung

$$e = -A \ln (p + p_i) + c_2$$

ersetzen, wobei ln den natürlichen Logarithmus bedeutet. Durch Bestimmung des e für je drei Werte von p lassen sich die Konstanten C, p_e und c_1 der Zusammendrückungsgleichung und die Konstanten A, p_i und c_2 der Schwellgleichung berechnen.

Der Wert $\frac{1}{A}$ wird als Schwellwert und der Wert $\frac{1}{C}$ als Verdichtungswert bezeichnet. Je kleiner der Schwellwert bzw. der Verdichtungswert, desto kleiner ist unter sonst gleichen Umständen der Elastizitätsmodul des Materials und desto bedeutender die unter den gleichen Umständen mit einer Druckänderung verbundene Raum- oder Dichteänderung.

Aus dem Verlauf der Verdichtungskurven (Abb. 225, B bis E, Beziehung zwischen der Zeit und der zugehörigen Zusammendrückung) läßt sich die mittlere Durchlässigkeitsziffer ermitteln, welche die Bodenprobe während des Verdichtungsvorganges aufwies. Hiebei verfährt man wie folgt: Man ermittelt für verschiedene Stufen der einem bestimmten Druck entsprechenden Zusammendrückung d ($d = 60$, 70, 80, 90 usw. Prozent der Gesamtzusammendrückung, Ordinaten der Abb. 225 B bis E) den Quotienten aus der Zeit t_1, welche verfloß, bis die Zusammendrückung den Wert d annahm, und der Zeit t_2, die verfloß, bis die Hälfte ($d:2$) dieser Zusammendrückung zustande kam. Trägt man die Werte d als Ordinaten und die zugehörigen Werte $\frac{t_1}{t_2}$ als Abszissen auf, so erhält man die in Abbildung B bis E strichliert eingezeichneten Kurvenstrecken. Auf jeder dieser Kurvenstrecken bestimmt man den Punkt p_1, für den sich der Wert $\frac{t_1}{t_2}$ auf 5,3 beläuft. Die Durchlässigkeitsziffer k in Zentimeter per Minute ergibt sich aus der Beziehung

$$k = \frac{0{,}85\, h^2}{(1+e)\, t_1} \cdot a$$

worin

h die halbe Dicke der zwischen zwei porösen Platten eingeschlossenen Bodenprobe in Zentimetern,

e die mittlere Porenziffer, die das Material während des Versuches aufwies,

t_1 die den Punkten p_1 (Abb. 225, B bis E) entsprechende Zeit in Minuten und

a die Änderung der Porenziffer angibt, die das Material bei der Steigerung des Druckes um 1 g pro Quadratzentimeter erfährt[1]).

Die Durchlässigkeitsziffer gibt die Geschwindigkeit an, mit der das Wasser aus der freien Oberfläche des Bodens hervorquillt, falls es den Boden mit einem hydraulischen Gefälle gleich der Einheit durchströmt. Sie nimmt mit abnehmendem Wassergehalt, das heißt mit zunehmender Dichte, sehr rasch ab. Aus diesem Grunde kann auch die Durchlässigkeit des Bodens nicht durch eine Ziffer, sondern nur durch eine Kurve ausgedrückt werden.

Diese Kurve gibt die Beziehung an, welche zwischen dem Wassergehalt und der diesem Wassergehalt bei einer Temperatur von 10° C entsprechenden Durchlässigkeitsziffer in Zentimeter per Minute besteht und wird als Durchlässigkeitskurve bezeichnet. Die Durchlässigkeitsziffer, die das Material bei dem einem Flächendruck von 1,5 kg per Quadratzentimeter entsprechenden Wassergehalt und bei einer Temperatur von 10° C aufweist, wird Durchlässigkeitsindex genannt.

[1]) Die mathematische Begründung dieses Verfahrens und eine Erörterung der Grenzen des Anwendungsbereiches findet sich in Terzaghi: Principles of Final Soil Classification. Public Roads, Vol. 7, Nr. 3. Mai 1927.

Die Versuchsmethode kann nur für tonreiche, sehr schwach durchlässige Böden verwendet werden. Bei stärker durchlässigen Böden vollzieht sich der Verdichtungsvorgang so rasch, daß er nicht mit der erforderlichen Schärfe beobachtet werden kann. Für solche Materialien gibt der normalisierte Verdichtungsversuch lediglich Aufschluß über die Festigkeitsverhältnisse und die Elastizität. Die Durchlässigkeit wird durch einen unabhängigen Versuch nach dem sub b) erwähnten Verfahren ermittelt.

Dividiert man die einem gegebenen Druck entsprechende Durchlässigkeitsziffer durch das Produkt $a\ (1+e)$, so erhält man die dem Druck entsprechende Verfestigungsziffer. Zum Unterschied von der Durchlässigkeitsziffer ist die Verfestigungsziffer vom Wassergehalt der Probe halbwegs unabhängig und ein brauchbares Maß für die Geschwindigkeit, mit der ein Boden nach erfolgter Druckänderung durch Belastung oder Aushub zur Ruhe kommt. Die Verfestigungskurve stellt die Beziehung dar, die zwischen dem Wassergehalt (oder der Porenziffer) und der zugehörigen Verfestigungsziffer besteht.

2. Normalisierter Konsistenzversuch (Terzaghi, U. S. Bureau of Public Roads). Die mit Wasser gesättigte Bodenprobe wird zuerst 48 Stunden lang bei verhinderter Seitenausdehnung des Materials unter einem Druck von 3 kg per Quadratzentimeter ausgepreßt, wobei das überschüssige Wasser durch die poröse Unterlage entweicht. Dann läßt man die Probe 24 bis 48 Stunden lang Wasser ansaugen. Schließlich schneidet man aus dem so erhaltenen Material einen Zylinder von 2,5 cm Höhe und 2,5 cm Durchmesser heraus.

Die echte Normalkonsistenz ist der Druck in Kilogramm per Quadratzentimeter, welcher erforderlich ist, um den Zylinder bei unbehinderter Seitenausdehnung und bei konstantem Wassergehalt auf $^4/_5$ seiner ursprünglichen Höhe zusammenzudrücken. Die echte Normalkonsistenz ist ein Maß für die echte Kohäsion, die der Boden unter dem Einfluß der oben beschriebenen Vorbehandlung erwirbt.

3. Reibungsversuch. Der Reibungsversuch kann entweder in der auf Seite 320 angedeuteten Weise oder aber derart vorgenommen werden, daß man eine dünne Schichte der bindigen Bodenart zwischen zwei aufgerauhte Platten einbringt, die obere Platte mit einem Gewicht Q belastet und die wagrechte Kraft P bestimmt, die erforderlich ist, um die obere Platte parallel zur unteren zu verschieben, das heißt die zwischen den beiden Platten befindliche Bodenschichte in der Richtung ihrer größten Flächenausdehnung abzuscheren. Manche Forscher haben auch Apparate benutzt, bei denen die Gleitung durch eine Drehung der oberen Platte um ihre lotrechte Achse herbeigeführt wird[1]).

Die Hauptschwierigkeiten beim Entwurf von Versuchsanordnungen bestehen darin, den Abzug des überschüssigen Wassers zu regeln, das heißt diesen Abzug entweder gänzlich zu unterbinden oder gänzlich freizugeben und die Änderung des Wassergehaltes durch Verdunstung zu verhindern. Bei mangelhafter Erfüllung dieser Bedingungen ist es unmöglich, aus den Versuchsergebnissen physikalisch einwandfreie Schlüsse zu ziehen. Die erste Bedingung kann durch geeignete Auswahl des Plattenmaterials und die zweite dadurch erfüllt werden, daß man entweder den Versuch unter Wasser vornimmt oder aber das Versuchsmaterial mit einem geschlossenen, mit Wasserdampf gesättigter Luft erfüllten Raum umgibt. Die Technik der Reibungsversuche läßt infolge der Schwierigkeit, die aufgezählten Bedingungen streng zu erfüllen, noch manches zu wünschen übrig.

Die physikalische Bedeutung der Versuchsergebnisse wurde auf Seite 320 — 321 erörtert.

4. Wasserbeständigkeitsversuch (Slaking value test, U. S. Bureau of Public Roads, aus älteren europäischen Versuchsmethoden ähnlicher Art hervorgegangen).

Die Zerfallsziffer gibt die Zeit in Minuten an, innerhalb welcher ein in steifplastischem Zustande geformter und bei 105° C im Ofen getrockneter Bodenzylinder (2,5 cm hoch und 2,5 cm Durchmesser) nach erfolgter Überflutung mit Wasser zerfällt und durch den Ring, auf dem er lagerte, hindurchfällt. Der Vorgang des Zerfallens stellt sich in physikalischer Hinsicht etwa folgendermaßen dar: Die getrocknete Probe steht unter hohem Kapillardruck. Im Augenblick der Überflutung wird die Oberflächenspannung des Wassers im benetzten Teil der Probe gleich Null und die Probe dehnt sich elastisch aus. Infolge der geringen Durchlässigkeit des dichten Materials dringt die Schwellung nur langsam von der Oberfläche nach dem Innern vor und der Probekörper zerspringt infolge der bei der ungleichmäßigen Ausdehnung

---

[1]) Untersuchungen des amerikanischen Foundation Committee. Siehe Terzaghi: Erdbaumechanik, S. 56.

auftretenden Sekundärspannungen. Die Zerfallsziffer scheint hauptsächlich vom Schwellwert, der Durchlässigkeit und von der echten Normalkonsistenz abzuhängen. Die Zerfallsziffer ist ein Maß für den Widerstand bindiger Böden gegen die erodierende Wirkung von periodischen Wasseradern (z. B. in Straßengräben). (Das Wesen der Wasserbeständigkeit wird zur Zeit untersucht und die Versuchsmethode verbessert.)

I. Gruppe b).

5. **Belastungsversuch.** Eine steife Platte wird auf die abgeebnete Oberfläche der Bodenschichte aufgelegt und durch Aufbringung von Gewichten stufenweise belastet. Zwei oder dreimal unterbricht man den Versuch auf die Dauer eines Zeitraumes von einem oder mehreren Tagen, zwecks Beobachtung der Zunahme der Einsenkung unter konstanter Belastung. Schließlich wird die Last stufenweise entfernt.

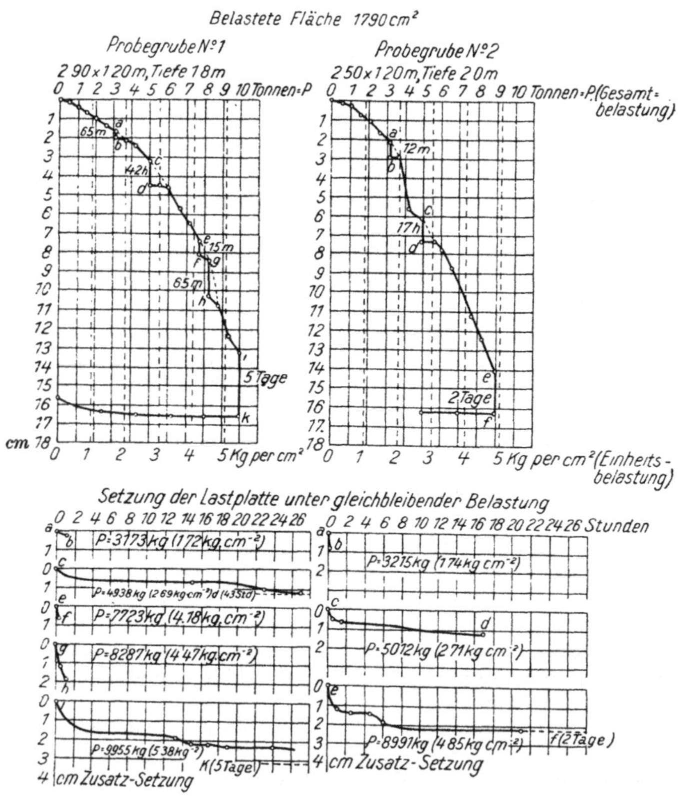

Abb. 226. Belastungsversuch in Pascha-Liman (Kleinasien). Bodenbeschaffenheit: Alte, künstliche, aus Bodenschutt und Lehm bestehende Strandaufschüttung. Grundwasserspiegel in der Höhe des Bodens der Probegrube. Lastplatte 42×42,5 cm, Fläche 1790 cm², Geschwindigkeit der Laststeigerung 2 Tonnen pro Stunde, Übersetzungsverhältnis (Last P: Druck auf die Lastplatte) 1:0,96. Abszissen: Belastung in Tonnen, Ordinaten: Senkung der Lastplatte in Zentimetern

Die Beobachtungsergebnisse werden in Schaubildern graphisch dargestellt (Setzungskurven Abb. 226). In der Regel hat die Platte eine Grundfläche von 30 auf 30 cm. Falls man die Belastungsprobe am Boden einer Grube vornimmt, soll die Grube mindestens fünfmal breiter sein als die Platte.

Die **Bettungsziffer** (**Engesser**) gibt die Last in Kilogramm per Quadratzentimeter an, die erforderlich ist, um eine Setzung der Lastplatte von 1 cm zu bewirken.

Die Belastungsprobe ist nichts anderes als ein Druckversuch bei teilweise verhinderter seitlicher Ausdehnung des belasteten Materials. Infolgedessen ist auch die Setzungskurve ein Mittelding zwischen den Schaubildern, die man für Druckversuche an seitlich völlig umschlossenen und an seitlich vollkommen freien Bodenproben erhält.

Die Ergebnisse liefern einen Anhaltspunkt für die Beurteilung der Tragfähigkeit der obersten Bodenschichte. (Die Dicke dieser Schichte ist etwa gleich dem Durchmesser der belasteten Platte.)

6. Durchlässigkeitsversuch. Die Durchlässigkeitsziffer wurde bereits S. 330 definiert und der Versuch soll Aufklärung über die Durchlässigkeit des Bodens im natürlichen (ungestörten) Zustand liefern.

Zwecks Durchführung des Versuches wird die aus dem Boden geschnittene oder gestanzte, bis zum Versuchsbeginn gegen Austrocknung geschützte Bodenprobe in einen oben und unten offenen Ring übertragen, wobei man vorher sowohl die abgeschabte Mantelfläche des Bodenzylinders als auch die Innenseite des Ringes sorgfältig mit Paraffin bestreicht. Sodann wird der Zwischenraum zwischen der Bodenprobe und dem Ring mit Paraffin ausgegossen, der mit der Probe beschickte Ring in einen Durchlässigkeitsapparat eingebracht und die Wassermenge bestimmt, welche durch das Material unter bekannter Druckhöhe hindurchfiltert.

Die Durchlässigkeitsziffer ist durch den Quotienten aus der Durchflußmenge pro Flächeneinheit der durchströmten Bodenschichte und dem hydraulischen Gefälle (Quotient aus Druckhöhendifferenz zwischen Ober- und Unterseite und dem Sickerweg) bestimmt. Sie hat jedoch nur dann eine physikalische Bedeutung, falls die Strömung des Wassers durch den Boden dem Gesetz von Darcy gehorcht, das heißt, wenn die Strömungsgeschwindigkeit in geradem Verhältnis mit dem hydraulischen Gefälle zunimmt. Für sehr durchlässige, grobkörnige Bodenarten (Grobsande, Schotter) sowie für kohärente Böden im Zustande der Krümelung (Böden im Bereich der jahreszeitlichen Temperaturs- und Feuchtigkeitsschwankungen) trifft dieses Gesetz nicht einmal angenähert zu und kann in diesem Fall die Durchlässigkeit des Materials auch für ein und denselben Dichtegrad nicht durch eine Ziffer, sondern nur durch eine Kurve oder eine Gleichung dargestellt werden, welche die Beziehung zum Ausdruck bringt, die zwischen der Durchflußmenge und dem hydraulischen Gefälle besteht.

7. Konsistenzversuch. Man entnimmt dem Boden mit Hilfe eines Stanzrohres eine ungestörte zylindrische Bodenprobe, versiegelt die beiden Enden der im Rohr enthaltenen Bodenprobe an Ort und Stelle mit Paraffin und führt dann im Laboratorium mit der Probe einen normalen Druckfestigkeitsversuch aus. Während des Versuches soll der Probekörper zwecks Verhinderung der Austrocknung, in einer Feuchtzelle eingeschlossen sein.

Druckfestigkeit und Elastizitätsmodul entsprechen den gleichnamigen Kennziffern für feste Körper.

Zur Entnahme ungestörter Bodenproben aus Bohrlöchern bedient man sich in verschiedenen Ländern verschieden gebauter Stanzrohre (Sampler). Der wichtigste Bestandteil dieser Werkzeuge besteht aus einer zylindrischen Hülse mit zugeschärftem unteren Rand, die am unteren Ende des Bohrgestänges befestigt und in den Boden eingetrieben wird. Der Durchmesser der Proben soll mindestens 3 cm und ihre Länge mindestens 25 cm betragen.

Die durch den Versuch gelieferten Werte für die Kohäsion des Materials sind zweifellos etwas zu niedrig, erstens weil die Struktur des Materials auch bei großer Vorsicht beim Vortreiben des Rohres etwas gestört wird und zweitens, weil die Bodenprobe beim Aufziehen des Gestänges Gelegenheit hat, etwas Wasser aufzusaugen. Ungestörte Proben schwach kohäsiver oder kohäsionsloser Bodenarten können mit den einfachen, für Tiefbauzwecke in Betracht kommenden Bohrwerkzeugen überhaupt nicht beschafft werden.

8. Scherversuch. Für diesen Versuch gelten die über den Reibungsversuch (3) gemachten Bemerkungen.

II. Gruppe a).

9. Mechanische Analyse. Die mechanische Analyse der feineren Bodenbestandteile (Korngröße $< 0,1$ bis 0,07 mm) wird nach dem Schlämmverfahren und jene der gröberen Bestandteile durch Sieben bewerkstelligt. Das Ergebnis der mechanischen Analyse wird am besten in einem Diagramm dargestellt, in dem

man auf der wagrechten Achse die Logarithmen der Korngröße[1]) und auf der lotrechten Achse das Gewicht der Bodenkörner in Prozenten des Gesamtgewichtes aufträgt, deren Korndurchmesser gleich oder kleiner ist als der Durchmesser, welcher der Abszisse entspricht. Abb. 227 gibt ein Beispiel für die Bezeichnung der verschiedenen Bodenfraktionen. Die Korngrößen, welche den Fraktionsbezeichnungen entsprechen, sind heute noch in verschiedenen Ländern etwas verschieden. So gibt z. B. das U. S. Bureau of Soils die Grenze zwischen Schluff und Schlamm mit 0,005 mm an, während man in Europa im allgemeinen am Atterbergschen Wert 0,002 mm festhält.

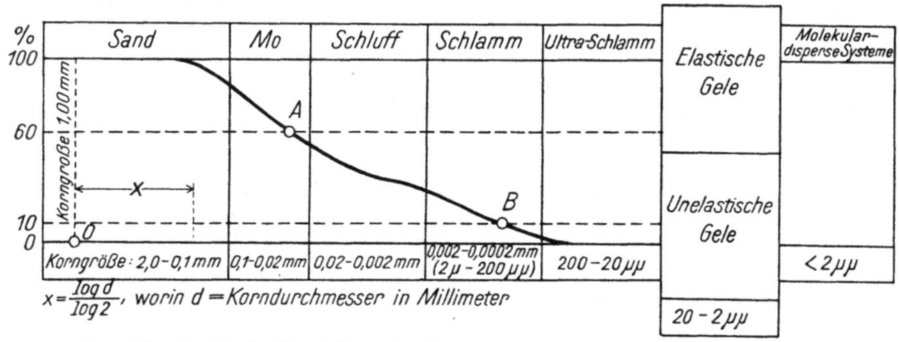

Abb. 227. Graphische Darstellung der Ergebnisse der mechanischen Bodenanalyse

Die „wirksame Korngröße" (Allen Hazen) ist die Korngröße, welche in dem Schaubild, Abb. 227, einer Ordinate von 10 % entspricht. Sie soll die Korngröße einer Bodenmasse mit gleich großen Körnern darstellen, deren Durchlässigkeitsziffer gleich ist jener des ungleichförmigen (natürlichen) Materials. Diese Begriffsbestimmung der „wirksamen Korngröße" ist rein empirischen Ursprungs und keineswegs einwandfrei.

Die Ungleichförmigkeitsziffer stellt das Verhältnis aus den Korndurchmessern dar, die im Schaubild, Abb. 227, den Ordinaten 60 % und 10 % entsprechen. Sie ist ein Maß für die Gemischtkörnigkeit des Materials.

Die mechanische Analyse bindiger Böden hat nur dann einen Wert, wenn sie sich bis auf die Ausscheidung des Schlammes (Bodenteilchen < 0,002 mm) erstreckt. In diesem Fall ist sie jedoch recht zeitraubend.

Die erfolgreiche Durchführung der Schlämmanalyse erfordert physikalische oder chemische Vorbehandlung (Kochen, Auswaschen der Bodenprobe mit destilliertem Wasser oder Behandlung mit Ammoniak) und die Ansichten über die zum einwandfreien Dispersieren des Bodens erforderliche Vorbehandlung sind heute noch geteilt. Böden mit nahezu identischen Verteilungskurven können sehr verschiedene physikalische Eigenschaften aufweisen, woraus man entnehmen kann, daß neben der Korngröße und der Ungleichförmigkeit auch noch andere Faktoren beim Zustandekommen des physikalischen Gesamtcharakters hervorragend beteiligt sind. Unter diesen Verhältnissen kann die mechanische Analyse nicht als eine ideale Versuchsmethode bezeichnet werden. Das Ergebnis mikroskopischer Bestimmung der Kornform läßt sich ziffernmäßig nur unbefriedigend und mit roher Annäherung zum Ausdruck bringen.

10. Spezifische Gewichtsbestimmung. Sie beruht auf der Messung der von den festen Körnern verdrängten Flüssigkeitsmenge (Pyknometermethode, S. 30). Aufkochen der Probe ist bei feinkörnigen Bodenarten zwecks Austreibung der Luftblasen unerläßlich. Das spezifische Gewicht der feinsten Bodenteilchen kann nur mit roher Annäherung bestimmt werden, weil die Teilchen sowohl an der Luft als auch in der Flüssigkeit mit einer adsorbierten Schichte fremden Materials umgeben sind. Je größer die spezifische Oberfläche des Bodens, desto größer ist der durch die

[1]) Die Auftragung erfolgt in logarithmischer Teilung, um das Intervall der kleineren Kornklassen zu vergrößern.

Adsorptionserscheinungen verursachte Fehler. Dies kommt unter anderem in dem Umstand zum Ausdruck, daß man für das spezifische Gewicht feinkörniger Bodenarten verschiedene Werte bekommt, je nach der Flüssigkeit, mit der die Bestimmung vorgenommen wurde.

11. Glühversuch. Nach erfolgter Zersetzung der anorganischen Karbonate mit HCl bestimmt man die Menge des in den organischen Bodenbestandteilen enthaltenen Kohlenstoffes aus der Menge der Kohlensäure, die sich beim Ausglühen entwickelt. Die Anwesenheit organischer Substanzen hat zwar einen großen Einfluß auf die physikalischen Eigenschaften des Bodens, aber das Wesen dieses Einflusses ist im einzelnen noch nicht bekannt.

12. Normalisierte Kegelprobe (Schwedische Geotechnische Kommission). Zur Durchführung dieses Versuches dient ein Messingkegel (Normalkegel) mit einem Öffnungswinkel von 60° und einem Gewicht von 60 g. Vor Beginn des Versuches wird der Kegel durch eine Stellschraube derart in seiner Lage festgehalten, daß seine Spitze die wagrechte Oberfläche der Bodenprobe eben berührt. Der Versuch besteht in der Bestimmung der Tiefe, bis zu welcher der Kegel nach erfolgtem Lüften der Stellschraube in die Bodenprobe einsinkt.

Der Normalwassergehalt (Finlekstalen), ist der Wassergehalt in Prozenten des Trockengewichtes, bei welchem der oben beschriebene Normalkegel 1 cm tief in die Bodenprobe einsinkt. Die Eindringungstiefe des Kegels hängt in erster Linie von der Druckfestigkeit und in zweiter Linie von dem Reibungswiderstand ab, der an der Grenzfläche zwischen Boden und Kegel wirksam ist. Die Druckfestigkeit kommt durch das Zusammenwirken der scheinbaren Kohäsion und der Zähigkeit des Materials zustande. Die gemessene Größe ist demnach in physikalischer Hinsicht keineswegs einfacher Natur. Trotzdem gibt uns das Versuchsergebnis einen Anhaltspunkt zur Beurteilung des Wassergehaltes, bei dem die „Kohärenz" des Materials einen bestimmten Wert aufweist. Dieser Wassergehalt nimmt im allgemeinen mit abnehmender Korngröße zu. Infolgedessen hielten die schwedischen Forscher anfangs den Normalwassergehalt für ein Maß der Feinheit des Bodens, ließen jedoch später diesen Gedanken fallen.

13. Atterbergsche Grenzbestimmung (A. Atterberg, Kolmar). Wenn ein dickflüssiges Gemenge von Wasser und einer bindigen Bodenart durch allmähliches Austrocknen aus der dickflüssigen in festere Konsistenzformen übergeht, so ändern sich die physikalischen Eigenschaften des Bodens in augenfälliger Weise. Zunächst verliert der Boden die Eigenschaft, unter dem Einfluß des Eigengewichtes zu fließen und wird knetbar, klebt jedoch an dem Spachtel, mit dem das Durchmischen vorgenommen wird (Klebhaftigkeit). Bei weiterer Austrocknung verliert der Boden seine Klebhaftigkeit, sodann auch die Knetbarkeit und geht in den halbfesten Zustand über. Schließlich ändert sich der Farbton des Bodens von Dunkel in Hell (Van Bemmelens Umschlagspunkt) und das Material wird spröde. Oberhalb des Umschlagpunktes ist der Austrocknungsvorgang mit einer Raumabnahme (Schrumpfung) verbunden. Nach Überschreiten des Umschlagspunktes bleibt der Rauminhalt der Probe unverändert, trotzdem das Gewicht der Probe auch noch weiterhin bis zur Verdunstung des gesamten, bei Zimmertemperatur verdampfbaren Porenwassers abnimmt. Die Atterbergschen Konsistenzgrenzen geben die Wassergehalte in Prozenten des Trockengewichtes an, bei denen der Boden die Grenzen zwischen den einzelnen Konsistenzformen überschreitet, das heißt die Wassergehalte, bei denen sich im Laufe der Austrocknung die physikalischen Eigenschaften des Bodens scheinbar sprunghaft ändern.

Atterberg definiert die Konsistenzgrenzen wie folgt:

Obere Grenze der dickflüssigen Konsistenzform. Ziehe auf der wagrechten Oberfläche des Bodenbreies mit dem abgerundeten Ende eines Glasstabes eine Furche. An der „oberen Grenze" soll die Furche im Lauf einer halben Minute nahezu verschwunden sein.

Fließgrenze (obere Grenze der plastischen Konsistenzform). Bereite in einer Porzellanschale einen Bodenkuchen mit einem Durchmesser von etwa 4 cm und einer

Dicke von 1 cm und zerlege den Kuchen durch eine Furche in zwei Hälften, deren untere Ränder sich kaum berühren. An der Fließgrenze sollen die beiden Hälften bei wiederholtem Erschüttern der Schale an der Trennungslinie bis zu einer Höhe von 1 mm zusammenfließen. (Ein mechanisches Verfahren in Vorbereitung.)

Klebegrenze. Wassergehalt, bei dem es eben noch möglich ist, die Oberfläche eines Nickelspachtels durch Abstreifen an der glatten Oberfläche eines Bodenkuchens von anhaftenden Bodenteilchen zu befreien.

Plastizitätsgrenze (untere Grenze der plastischen Konsistenzform). Rolle die Bodenprobe zwischen einem Blatt Papier und der Innenfläche der Hand zu einem Draht mit einem Durchmesser von etwa 4 mm aus, biege den Draht in sich zusammen, walze das Material wieder aus usw. Die Plastizitätsgrenze gibt den Wassergehalt an, bei dem die Probe beim Walzversuch in kleinere Stücke zerbricht.

Schrumpfgrenze (untere Grenze der halbfesten Konsistenzform). Wassergehalt, nach dessen Unterschreitung die Probe trotz fortschreitender Austrocknung raumbeständig bleibt. Die Schrumpfgrenze ist ungefähr gleich dem Wassergehalt beim Farbumschlag.

Die physikalische Bedeutung der Konsistenzgrenzen kann etwa folgendermaßen gekennzeichnet werden:

Die obere Grenze der dickflüssigen Konsistenzform scheint angenähert den größten Wassergehalt anzugeben, den der Boden in dünner Schichte haben kann, ohne sich im Laufe der Zeit unter dem Einfluß des Eigengewichtes zu setzen. An dieser Grenze entspricht das Gefüge des bindigen Bodens ungefähr dem Gefüge eines reinen, kohäsionslosen Sandes im Zustand lockerster Lagerung. Der Wert der Grenze hängt offenbar von der Korngröße, Kornform und der Adhäsion zwischen den Bodenteilchen ab.

Die Fließgrenze entspricht etwa der dichtesten Lagerung, in die ein Sand durch bloßes Einrütteln, ohne Ausübung eines statischen Druckes, gebracht werden kann.

Die physikalische Bedeutung der Klebegrenze ist noch nicht bekannt.

Das Vorhandensein einer Plastizitätsgrenze setzt Knetbarkeit voraus und die Knetbarkeit bzw. die Fähigkeit, sich in Drähte ausrollen zu lassen, ist nach Atterberg im Reiche der Böden nur dann vorhanden, wenn der Boden schuppenförmige Bestandteile enthält. Die Plastizitätszahl (Differenz zwischen Plastizitäts- und Fließgrenze) mikroskopischer und submikroskopischer, vollkommen glimmerfreier Sande ist gleich Null, das heißt die Eigenschaft der Plastizität ist an die Anwesenheit schuppenförmiger Gemengteile gebunden (siehe S. 343). Bei gleicher Korngröße nimmt die Plastizitätszahl im großen und ganzen mit zunehmendem Gehalt an schuppenförmigen Gemengteilen zu. Bei gleichem perzentuellen Schuppengehalt wächst die Plastizitätszahl mit abnehmender Korngröße.

Die Schrumpfgrenze ist ein Maß für den größten Grad der Verdichtung, den ein Boden unter dem Einfluß des Kapillardruckes (Einfluß der Oberflächenspannung des Wassers) erfahren kann.

14. Bestimmung der Sättigungsgrenze (J. v. Krogh, Norwegische Rohmaterial-Kommission). Man erhöht den Wassergehalt eines Tonwassergemenges durch allmählichen Wasserzusatz, bis das Material derart beweglich wird, daß die steilen Seiten eines Einschnittes im Zustand der Ruhe eben noch standfest sind, jedoch bei der ersten Erschütterung des Gefäßes zusammenfließen. Die Sättigungsgrenze ist durch den Wassergehalt in Prozenten des Trockengewichtes gegeben, den die Probe in diesem Zustand aufweist.

15. Normalkonsistenzversuch (J. v. Krogh). Man rollt die mit Wasser vermengte Bodenprobe zwischen den Handflächen in eine Kugel aus. Die Normalkonsistenz ist gleich dem Wassergehalt in Prozenten des Trockengewichtes, den die Kugel aufweist, sobald sie aufhört, Tonspuren auf der Handfläche zu hinterlassen.

16. Mellor-Versuch (Dr. I. W. Mellor). Man mißt den Druck, welcher erforderlich ist, um Sprünge in plastischen Bodenkugeln mit verschiedenem Wassergehalt zu erzeugen, und die Zusammendrückung, welche die Kugeln im Augenblick der ersten Rißbildung aufweisen.

Der Plastizitätswert ist durch das größte der Produkte aus Druck und Zusammendrückung gegeben, die man für die verschiedenen Kugeln erhält (Größtwert der bis zum Eintritt der Rißbildung geleisteten Deformationsarbeit). Dieser Größtwert ist nach Mellor ein Maß für den Plastizitätsgrad des Bodens.

17. Plastizitätsversuch nach Bischoff. Man mischt einen Gewichtsteil des Bodens mit 1, 2, 3... Gewichtsteilen reinen Sandes, stellt aus dem Gemenge kleine Bodenzylinder her und bestreicht die Oberfläche der Probekörper nach erfolgter Trocknung mit einem feuchten Pinsel 25mal nach vor- und rückwärts. Die sandreichste Mischung, deren Oberfläche bei dieser Behandlung eben noch deutlich konvex wird, gilt als Maß des Bindevermögens oder der Plastizität. Das „Bindevermögen" ist offenbar ein Maß für die Elastizität (Schwellvermögen) des Bodens und steht zu der Plastizität nur in mittelbarer Beziehung.

18. Feuchtigkeitsäquivalent (Moisture Aequivalent). Ein aus 5 g Boden (Trockengewicht) und Wasser bestehendes, weichplastisches Gemenge wird in einer Zentrifuge ausgeschleudert, deren Umdrehungszahl so bemessen ist, daß die Fliehkraft gleich ist dem Tausendfachen der Schwere. Das Feuchtigkeitsäquivalent ist durch den Wassergehalt der Probe nach einstündigem Zentrifugieren gegeben. Für magere Böden ist das Feuchtigkeitsäquivalent ein Maß für die Durchlässigkeit, für fette Böden ein Maß für die Zusammendrückbarkeit. Das Feuchtigkeitsäquivalent wird durch die Bodenmenge, die Größe der Zentrifugalkraft und die Dauer des Ausschleuderns beeinflußt. Die physikalische Bedeutung dieser Kennziffer ist daher recht komplex.

19. Rose-Versuch (A. C. Rose, U. S. Bureau of Public Roads). Man mischt eine kleine Probe getrockneten und gepulverten Bodens mit Wasser, streicht die Oberfläche der Probe glatt und läßt auf die Oberfläche einen Wassertropfen fallen.

Das Feldfeuchtigkeitsäquivalent (Field Moisture Aequivalent) ist durch den kleinsten Wassergehalt gegeben, bei dem der Wassertropfen auf der Bodenoberfläche verbleibt, ohne allmählich eingesaugt zu werden. Es ist demnach ein Maß für den dichtesten Zustand, in dem der Boden bestehen kann, ohne bei Wasserzutritt aufzuschwellen.

Der Rose-Versuch erfreut sich unter den Straßenbau-Ingenieuren der westlichen Vereinigten Staaten einer großen Beliebtheit.

20. Kapillarer Wasserkapazitätsversuch (U. S. Bureau of Public Roads). Die kapillare Wasserkapazität (capillary moisture) gibt den Wassergehalt in Prozenten des Trockengewichtes an, den eine 10 cm hohe, in eine 25 mm weite Glasröhre eingestampfte, mit dem unteren Ende in Wasser getauchte Probe getrockneten und gepulverten Bodens nach Eintritt des Sättigungsmaximums aufweist. Das Versuchsergebnis hängt in hohem Maße von der Art des Einstampfens und von anderen schwer zu kontrollierenden Faktoren ab.

21. Trockenfestigkeits-Versuch. Die Trockenfestigkeit gibt die Druckfestigkeit in Kilogramm per 1 cm³ von Bodenzylindern an, die in plastischem Zustand hergestellt, erst bei Zimmertemperatur und dann im Ofen bei 105° C getrocknet wurden. Die Trockenfestigkeit stellt das Ergebnis des Zusammenwirkens der wahren Kohäsion und des Größtwertes der inneren Reibung dar, die unter dem Einfluß des Kapillardruckes zustandekommen kann.

22. Adsorptionsversuch (U. S. Bureau of Public Roads). Man läßt eine Lösung von 1 Teil Methylviolett auf 1000 Teile Wasser durch eine Bodenprobe filtern und bestimmt die Wassermenge, die aus der Bodenprobe austritt, bevor sich die erste Spur einer Färbung zeigt.

Der Adsorptionswert (Dye adsorption number) ist der Quotient aus der durch den Boden entfärbten Wassermenge (in Kubikzentimetern) und dem Trockengewicht der Bodenprobe in Gramm. Er hängt von der Korngröße, der chemischen Beschaffenheit der feinsten Bodenteilchen und der Art und dem Grad der adsorptiven Sättigung des Bodens ab. Nachdem die relative Bedeutung des Einflusses dieser Faktoren unbekannt ist, ist es derzeit noch nicht möglich, die physikalische Bedeutung des Adsorptionswertes zu beurteilen.

II. Gruppe (b)

23. Wassergehaltsbestimmung. Durch die Wassergehaltsbestimmung und durch die mit ihr verbundenen Messungen soll der Zustand, in dem der Boden in der Natur angetroffen wurde, quantitativ festgelegt werden.

Der Wassergehalt wird entweder in Prozenten des Trockengewichtes (Atterberg) oder in Prozenten des Gesamtgewichtes der Probe angegeben. Infolgedessen soll man den Wassergehaltsangaben stets hinzufügen, ob sie sich auf das Trocken- oder auf das Gesamtgewicht beziehen.

Das Porenvolumen gibt den Quotienten aus dem Rauminhalt der Hohlräume und dem Rauminhalt der Gesamtprobe an.

Die Porenziffer ist durch den Quotienten aus dem Rauminhalt der Poren und dem von der Trockensubstanz ausgefüllten Raum gegeben.

Zur Bestimmung der relativen Dichte muß man die Porenziffer des Materials im Zustande der lockersten Lagerung (e_0), der natürlichen Lagerung (e) und im Zustande der Lagerung kennen, in die das Material durch gründliches Einrütteln, ohne Ausübung eines statischen Druckes kommt (e_1). Die relative Dichte ist gleich dem Quotienten aus den Differenzen $(e_1 - e)$ und $(e_1 - e_0)$. Sie kommt lediglich für kohäsionslose Materialien mit konservativer Struktur (Sande) in Betracht. Dasselbe gilt für die relative Feuchtigkeit, die durch den Quotienten aus dem von Wasser erfüllten Teil der Poren und dem Gesamtrauminhalt der Poren gegeben ist.

Zwecks Berechnung der oben angeführten Kennziffern muß man durch direkte Messung folgende Daten erheben: Die Größe V des von der Probe eingenommenen Raumes, den Gewichtsverlust W, den die Probe beim Austrocknen erleidet, das Trockengewicht G der Probe und das spezifische Gewicht s der Trockensubstanz. Das Porenvolumen ist nach obigem durch den Ausdruck

$$\frac{V - \frac{G}{s}}{V} = 1 - \frac{G}{V \cdot s}$$

und die Porenziffer durch den Ausdruck

$$\frac{V - \frac{G}{s}}{\frac{G}{s}} = \frac{V \cdot s}{G} - 1 \text{ gegeben.}$$

24. Kegelprobe (Schwedische geotechnische Kommission). Der Versuch wird in der sub 12. angegebenen Weise durchgeführt, wobei jedoch die Bodenprobe mit dem natürlichen Wassergehalt geprüft wird. Man mißt die Tiefe, bis zu welcher der Kegel in die Probe eindringt, und leitet aus dem Messungsergebnis mit Hilfe von empirisch ermittelten Kurven den Konsistenzwert des Bodens ab.

Der Konsistenzwert (Hallfastheten) ist durch den sechsten Teil des Gewichtes (in Gramm) gegeben, das der Normalkegel haben müßte, um 1 cm tief in die Probe einzudringen. Der Konsistenzwert hängt auch bei gleichem Wassergehalt in hohem Maße davon ab, ob die Probe im Zustand ursprünglicher Lagerung, nach teilweiser oder nach gründlicher Zerstörung der ursprünglichen Struktur geprüft wird (siehe Abb. 218).

Nebst den oben angeführten Versuchsmethoden finden sich in der einschlägigen Literatur auch noch Hinweise auf viele andere, die auf gleichen oder ähnlichen Prinzipien beruhen.

Tabelle 39 gibt eine ungefähre Vorstellung von den Werten, welche einige der in Tabelle 38 aufgezählten Kennziffern für die Haupttypen der beim Tiefbau in Betracht kommenden Bodenarten annehmen können. In jeder Kolonne beziehen sich die Zifferwerte auf Böden, deren Charakter durch den Bohrmeister durch die über der Kolonne befindliche Bezeichnung ausgedrückt wurde. Noch viel deutlicher tritt der Unterschied zwischen den Eigenschaften der verschiedenen Bodenarten in der auf Seite 348 besprochenen Abb. 231 in Erscheinung.

Tabelle 39

Bodenkonstante	Feiner Sand	Schluff	Schlamm (Schluff mit Gehalt an organischer Materie)	Sandiger Ton	Ton
Gruppe Ia					
Schwellwert	260—130	130—25	130—25	260—65	70—8
Verdichtungswert	100—15	20—15	20—5	50—15	20—1
Durchlässigkeitsindex in cm per Minute	$1—10^{-5}$	$10^{-4}—10^{-6}$	$10^{-4}—10^{-6}$	$10^{-4}—10^{-7}$	$10^{-5}—10^{-8}$
Verfestigungswert	500—1	10—0,01	1—0,005	10—0,01	0,02—0,001
Kohäsionsziffer in kg per cm^2	sehr klein	0,8—5	0,8—5	2,0—5,0	0,8—10
Zerfallsziffer	0—5 Min.	5 Min. bis 1 St.	1 St. bis mehrere Tage	5 Min. bis 1 St.	10 Min. bis mehrere Tage
Gruppe Ib					
Wirksame Korngröße in mm	0,2—0,02	0,02—0,002	0,02—0,002	0,02—0,002	0,002
Ungleichförmigkeitsziffer	1,5—5 (ausnahmsweise höher)	21—10	2—10	10—200	10—100
Gehalt an organischem Kohlenstoff	0	0	0,5—3,0	0	0
Normal-Wassergehalt	30	30—38	90	?	38—90
Untere Fließgrenze	12—25	23—40	25—80	20—35	30—150
Ausrollgrenze	keine	18—25	20—65	20—25	20—50
Schwindungsgrenze	12—25	10—25	10—25	10—20	8—25
Plastizitätszahl	0	5—15	5—15	0—10	10—100
Feuchtigkeitsäquivalent	5—20	15—25	20—50	12—25	20—100
Trockenfestigkeit	0—5	5—30	5—30	20—40	30—100
Adsorptionswert	0—5	5—30	5—30	10—50	30—250

Das Wesen des Toncharakters und die physikalische Bedeutung der schuppenförmigen Bodenbestandteile. Die in Tabelle 39 und in Abb. 220 dargestellten Unterschiede zwischen Sand und Ton sind so offenkundig, daß sich die Frage nach der physikalischen Ursache derselben geradezu aufdrängt. Die Vorstellung, die wir heute von diesen Ursachen haben, stellen das Ergebnis der Forschungen der letzten zwanzig Jahre dar und haben sich nur langsam entwickelt.

In älteren Schriften wurde die Ansicht vertreten, daß der Toncharakter auf die Eigenschaften einer besonderen, im Ton vorhandenen kolloidalen Substanz zurückzuführen sei. Andere Autoren wollten den Toncharakter der tonigen Böden mit dem Kaolin (Aluminiumhydrosilikat) in ursächliche Verbindung bringen. Demgegenüber nahmen schon Vogt (1897), Orton (1901) und Le Chatelier (1909) an, daß der Toncharakter durch die schuppenförmige Gestalt der Tonteilchen verursacht werde. In beiden Fällen handelte es sich jedoch um reine Hypothesen. Die erste experimentelle Bestätigung erfuhr die Schuppentheorie durch Atterberg[1]), dem es gelang, durch Zermahlen von kristallinen Mineralien mit blättriger Struktur Pulver zu erzeugen, deren Eigenschaften in jeder Hinsicht mit denen typischer Tone übereinstimmten. Am plastischsten erwiesen sich die aus dem

[1]) Atterberg, A.: Die Plastizität und Bindigkeit liefernden Bestandteile der Tone. Intern. Mitt. für Bodenkunde. 1919.

Muskovit und dem Talk hervorgegangenen „Kolloidschlamme". Trotzdem fuhren die Forscher vieler Länder, insbesondere der Vereinigten Staaten, fort, an der „Kolloidtheorie" festzuhalten, nach welcher sich die Bodenkolloide des Tones grundsätzlich von den gröberen Gesteinselementen unterscheiden sollten.

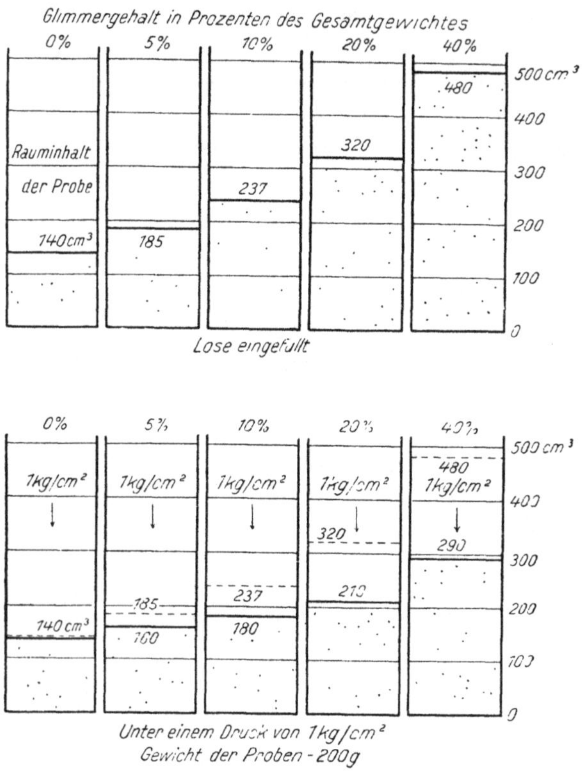

Abb. 228. **Zusammendrückbarkeit und Elastizität grobkörniger Mischungen von Sand und Glimmer**

Im Jahre 1921 wies Terzaghi auf Grund experimenteller Daten auf den gewaltigen Unterschied hin, der zwischen den Festigkeitseigenschaften (Zusammendrückbarkeit, Elastizität) des Sandes einerseits und des Tones anderseits besteht, und führte den Unterschied auf die Schuppenform der Tonteilchen zurück[1]). 1923 veröffentlichte J. van Krogh die Ergebnisse seiner Untersuchungen über das Verhalten des Tones unter hohem Druck bei verhinderter seitlicher Ausdehnung[2]). Bis zu einem kritischen Druck von 80 bis 100 Atmosphären zeigen die Kroghschen Kurven den normalen Verlauf der von Terzaghi veröffentlichten Schaulinien. Nach Überschreitung dieses kritischen Druckes beginnt jedoch das Material zu fließen, so daß der Wassergehalt des Tones bereits bei einem Druck von 160 (magere Tone) bis 340 kg per Quadratzentimeter (fette Tone) gleich Null wird. 1924 wurden in Konstantinopel die rein mechanischen Beziehungen aufgedeckt, die zwischen dem Innendruck (Binnendruck) und den elastischen Eigenschaften der Tone bestehen[3]). 1926 untersuchte G. Gilboy in Cambridge auf Anregung Terzaghis die Zusammendrückbarkeit und Elastizität grobkörniger Mischungen von Sand und Glimmer (Abb. 228). Es zeigte sich, daß die elastischen Eigenschaften dieser Mischungen in jeder Hinsicht mit jenen der Tone identisch sind. Die elastischen Eigenschaften der fettesten, bisher untersuchten Tone entsprechen ungefähr jenen einer grobkörnigen Mischung von 75% Sand und 25% Glimmer. Aus den Ergebnissen von Druckfestigkeitsversuchen mit Ton, der vorher unter Druck bei verhinderter Seitenausdehnung verdichtet worden ist, ging hervor, daß sowohl die Druckfestigkeit als auch die Elastizitätsziffer in der Richtung der vorhergegangenen

[1]) Terzaghi: Die physikalischen Grundlagen des geologischen Gutachtens. Zeitschr. d. österr. Ing.- und Arch.-Ver. 1921.

[2]) J. Krogh, van: Undersokelser over Norske Lerer. Statens Raastofkomite. III. Kristiania. 1923.

[3]) Terzaghi: Erdbaumechanik. Wien: Deuticke. 1925.

Druckwirkung wesentlich größer ist als in der hierzu senkrechten Richtung. Aus dieser Erscheinung wurde geschlossen, daß sich die schuppenförmigen Tonbestandteile während des Verdichtungsprozesses angenähert senkrecht zur Druckrichtung eingestellt haben. Durch diese Untersuchungen war die Frage nach der Ursache der großen Zusammendrückbarkeit und Elastizität der Tone beantwortet.

Ein zweiter Fragenkomplex betraf die Beziehungen zwischen dem Ton und dem Wasser. 1920 veröffentlichte Terzaghi die Ergebnisse einer Beobachtung, aus der hervorging, daß ein zwischen zwei Glasplatten eingeschlossenes Wasserhäutchen bei Zimmertemperatur nicht verdampft, sofern die Dicke des Häutchens kleiner ist als 100 $\mu\mu$[1]).

1921 kam derselbe Autor auf Grund der Ergebnisse von Durchlässigkeitsversuchen zu dem Schluß, daß die Viskosität des Wassers in den Poren des Tones wesentlich größer sein muß als in makroskopischen Hohlräumen[2]). Im gleichen Jahre wies Bouyoucous in Michigan nach, daß ein Teil des in den Poren des Tones enthaltenen Wassers auch bei einer Temperatur von — 78° nicht friere[3]) und W. D. Harkins in Chikago konnte zeigen, daß die Dichte des in sehr kleinen Hohlräumen enthaltenen Wassers wesentlich größer ist als eins[4]). Harkins vertrat die Ansicht, daß die große Dichte des Wassers auf einen gewaltigen, im Wasser herrschenden Druck zurückzuführen sei (Größenordnung dieses Druckes 20000 Atmosphären). Diese Auffassung wurde von Terzaghi auf Grund der Tatsache bestritten, daß ein hoher Druck eine Erhöhung des relativen Dampfdruckes und eine Verringerung der Viskosität bewirkt, während die Eigenschaften des im Ton enthaltenen Wassers in der entgegengesetzten Richtung vom Normalen abweichen. Um die beobachteten Tatsachen miteinander in Einklang zu bringen, sah sich Terzaghi zu der Annahme genötigt, daß sich das Wasser in der Nachbarschaft von festen Körpern, deren Oberfläche es benetzt, im halbfesten Zustand befinde[5]). Diese Verfestigung sei das Ergebnis einer durch die molekulare Wechselwirkung an der Grenzfläche fest gegen flüssig erzeugten Dämpfung der Schwingungen der Flüssigkeitsmoleküle. Die Energie, die beim Übergang des Wassers aus dem normalen in den halbfesten Zustand frei wird, komme in der mit dem Benetzen und Schwellen verbundenen Wärmeentwicklung zum Ausdruck.

Nach dieser Auffassung stellte sich der Ton als ein Gemenge von derben Körnern und schuppenförmigen Mineralbestandteilen dar, dessen Hohlräume mit halbverfestigtem, mit Druck, Zug und Scherfestigkeit begabtem Wasser erfüllt sind. Die Frage nach den molekular-physikalischen Einzelheiten des Vorganges und nach der mineralischen Zusammensetzung der schuppenförmigen Bestandteile blieb offen.

Eine dritte offene Frage betraf die Ursache des geringen Wertes der Ziffer der inneren Reibung der Tone. Die Ziffer der inneren Reibung eines trockenen

[1]) Terzaghi: New facts about surface friction. Physical Review. 1920.

[2]) = [1]) S. 340. Die ziffernmäßigen Daten finden sich in Terzaghi: Versuche über die Viskosität des Wassers in sehr engen Durchgangsquerschnitten. Zeitschr. für angew. Math. und Mechanik. 1924.

[3]) Boyoucos, G. J.: The amount of unfree water in soils at different moisture contents. Soil Science, Vol. XI., No. 4, pp. 255—259. 1921.

[4]) Harkins, W. D. and D. G. Ewing: A high pressure due to Adsorption and the density and the volume relations of Charcoal. Journal Am. Chemical Society. Vol. XLIII, S. 1787 bis 1802. 1921.

[5]) Terzaghi: The Mechanics of Adsorption and the Swelling of Gels. Fourth Colloid Symposium Monograph. 1926.

grobkörnigen Sandglimmergemenges ist ungefähr ebensogroß wie die des Sandes (0,65 und darüber). Nachdem die Ziffer der inneren Reibung des fetten Tones nicht mehr als 0,25 beträgt, muß das Wasser im Ton eine „schmierende" Wirkung ausüben, während es nach W. B. Hardy bei Reibungsversuchen mit makroskopischen Körpern als „Antischmiermittel", das heißt reibungserhöhend, wirkt. Terzaghi erklärte die reibungsvermindernde Wirkung der Schmiermittel durch die Annahme, daß die Moleküle der Schmiermittel bipolar seien und sich mit ihren Achsen senkrecht zu den Reibungsflächen einstellen[1]). Der Grund, warum eine solche Orientierung der Wassermoleküle in den Poren des Tones stattfinde, blieb jedoch unaufgeklärt.

Die eben aufgezählten Lücken wurden vor kurzem durch die Untersuchungen geschlossen, die im Mineralogischen Institut der Universität Oslo, unter Leitung Goldschmidts ausgeführt wurden[2]). Goldschmidt ging von der Tatsache aus, daß die schuppenförmigen Mineralbestandteile durch Schichtgitterstruktur gekennzeichnet sind. Die Spaltflächen bestehen aus besonders aktiven positiven oder negativen Ionen und erzeugen ein kräftiges elektrisches Feld. Sobald eine Flüssigkeit mit bipolaren Molekülen (Wasser, SO_2, NH_3 usw.) in den Feldbereich kommt, ordnen sich die Moleküle mit ihren Achsen senkrecht zu den Spaltflächen an. Falls man das trockene Tonpulver mit einer Flüssigkeit mischt, deren Moleküle keine ausgesprochene Polarität aufweisen (z. B. Tetrachlorkohlenstoff), so bleiben auch die charakteristischen Toneigenschaften aus. Die gesetzmäßige Anordnung der Wassermoleküle erklärt sowohl die niedrige Ziffer der inneren Reibung als auch den von Terzaghi als „Verfestigung" bezeichneten, mit einer Viskositätserhöhung verbundenen Zustand.

Auch die Frage nach der mineralischen Zusammensetzung der Tone wurde durch die norwegischen Forscher für die Tone ihres Arbeitsgebietes aufgeklärt. Auf optisch-chemischem Wege konnte gezeigt werden, daß sich die norwegischen Tone aus folgenden Mineralbestandteilen zusammensetzen:

Schuppenförmige Mineralbestandteile (Chlorit, Talk, Muskovit, Biotit) 12,00 bis 27,68%.

Stengelige Mineralbestandteile (Hornblende, Epidot usw.) 4,53 bis 13,83%.

Derbe Mineralbestandteile (Feldspat, Quarz, Apatit, Ilmenit, Rutil, Limonit) 60,74 bis 72,67%.

Der Maximalgehalt der norwegischen Tone an schuppenförmigen Mineralbestandteilen stimmt in bemerkenswerter Weise mit dem auf S. 340 erwähnten Glimmerquantum überein, das man mit Sand vermengen muß, um eine Mischung mit der Raumelastizität der fettesten amerikanischen Tone zu erhalten.

Die norwegischen Forscher stellten obendrein fest, daß der Gehalt an schuppenförmigen Mineralbestandteilen mit der Feinheit der durch mechanische Analyse aus einem Ton gewonnenen Schlämmprodukte zunimmt, während der Quarzgehalt der Schlämmprodukte mit zunehmender Feinheit abnimmt.

Im gleichen Jahr entwickeln Ross und Shannon in Washington D. C. ein Verfahren zur mineralogischen Bestimmung der Tonbestandteile und zur optischen Analyse des Tongefüges[3]). Aus ihren Untersuchungen ging hervor, daß der Bentonit und die bentonitähnlichen Tone der Vereinigten Staaten aus folgenden Mineralien bestehen: 1. Montmorillonit, 2. Beidellit, 3. Glimmer-

---

[1]) Terzaghi: Erdbaumechanik. Wien: Deuticke. 1925.

[2]) Goldschmidt, V. M.: Undersokelser over lersedimenter. Beretning om Nordiske Jordbrugs forskeres Kongres i Oslo. 1926. Nordisk Jordbrugs forskning 4.—7. Hefte.

[3]) Ross, C. S. and E. V. Shannon: The minerals of bentonite and related clays and their physical properties. Journ. American Ceramic Society, 9, S. 77 bis 96. 1926.

artigem Halloysit, 4. Halloysit und 5. Kaolinit. Von diesen 5 Mineralien treten 1, 2 und 3 in glimmerartigen Schuppen auf, 5 bildet blätterige Aggregate und nur der Bestandteil 4 ist entweder amorph oder submikroskopisch kristallin[1]).

Die Untersuchung der Anordnung der Glimmerblättchen in sedimentären Tonen wurde in Oslo an Dünnschliffen von Tonproben vorgenommen, die vorher bei Temperaturen von 500 bis 550° gebrannt worden waren. Es zeigte sich, daß die Glimmerblättchen parallel zueinander angeordnet sind. Ein eleganter experimenteller Beleg für dieselbe Tatsache wurde vor kurzem durch russische Forscher in Moskau erbracht: Man füllte den Ton vorsichtig in ein lotrecht stehendes, am unteren Ende mit einer durchlässigen Membran verschlossenes Glasrohr, neigte dann das Rohr und tauchte das untere Ende in Wasser. Das vom Ton auf kapillarem Weg aufgesaugte Wasser stieg in der Tonsäule derart empor, daß der Wasserspiegel stets einen rechten Winkel mit der Achse des geneigten Rohres bildete, während der Spiegel des Kapillarwassers in einer ähnlich hergestellten Sandsäule stets horizontal blieb und mit der Rohrachse einen schiefen Winkel bildete[2]).

Als Ergebnis der eben angeführten Untersuchungen haben wir heute schon ein ziemlich klares Bild vom Wesen des Toncharakters. Das Zustandekommen der Plastizität und der geringen inneren Reibung der Tone ist an zwei Bedingungen geknüpft: Das Vorhandensein einer festen Phase mit einem beträchtlichen Prozentsatz von Mineralbestandteilen mit Schichtgitterstruktur (Mineralschuppen) und einer flüssigen Phase mit bipolaren Molekülen.

Die große Zusammendrückbarkeit der Tone, ihre Elastizität und ihr bedeutendes Wasserhaltungsvermögen werden durch eine einzige Bedingung gewährleistet, das Vorwalten der schuppenförmigen Mineralbestandteile, denn die Tone haben diese Eigenschaft mit den grobkörnigen Sandglimmergemengen restlos gemeinsam. Dasselbe gilt vom „Schwellen", denn das Schwellen ist nichts anderes als die mit Wasseraufnahme verbundene rein elastische Ausdehnung eines deformierbaren Gewebes und kann mit dem Aufschwellen verglichen werden, das ein vorher zusammengepreßter, feinporiger Schwamm nach erfolgter Entlastung unter Wasser erfährt.

Auch das Schrumpfen ist nach den auf Seite 319 gemachten Mitteilungen ein rein mechanischer Vorgang, welcher das Ergebnis des Zusammenwirkens der kapillaren Eigenschaften des Tones (geringer Porendurchmesser) und der durch den Schuppengehalt bedingten großen Zusammendrückbarkeit des Materials darstellt. Die Schichtgitterstruktur dürfte den Schrumpfvorgang nur insofern beeinflussen, als sie indirekt eine Erhöhung der Oberflächenspannung des Wassers und damit auch eine Vergrößerung des Maximalwertes des Kapillardruckes herbeiführt. Dasselbe gilt vom Einfluß der Schichtgitterstruktur auf die Viskosität des Porenwassers und damit auch auf die Durchlässigkeit des Tones.

1924 leitete Terzaghi die Formeln ab, durch welche der Einfluß der geringen Durchlässigkeit des Tones auf die Geschwindigkeit der mit einer Druckänderung verbundenen Änderung des Wassergehaltes und der inneren Reibung der Tone

[1]) Der Bentonit scheint das Schlämmprodukt vulkanischer Aschen darzustellen. Er setzt sich beinahe zur Gänze aus kolloidalen Bestandteilen zusammen, und seine Konsistenzgrenzen belaufen sich auf ein Vielfaches der Konsistenzgrenzen der fettesten, normalen Tone der Vereinigten Staaten.

[2]) Krynin, D. T.: Elementary proof of scale likeness of clay particles. Public Roads, Vol. 8, Nr. 11, 1928. Washington D. C.

festgelegt ist[1]). Damit war die Grundlage für die ziffernmäßige Auswertung unserer Einsicht in das Wesen der Tone hergestellt.

Es würde sich auch in der Geologie und Geomorphologie empfehlen, die etwas mystische und häufig irreführende Formel „Kolloidwirkung" durch die Ergebnisse physikalisch-mechanischer Analyse zu ersetzen und sich stets den einfachen Mechanismus zu vergegenwärtigen, durch den die anscheinend so fremdartige Kolloidwirkung zustande kommt. Dadurch könnte so manches Vorurteil aus dem Gebiet dieser beiden Wissenschaften ausgemerzt werden.

6. Auswahl der Kennziffern für technische Zwecke

Es versteht sich von selbst, daß für die Bodenuntersuchung für bautechnische Zwecke nur eine beschränkte Anzahl einfacher Versuche in Frage kommen kann. Je mehr Zeit man auf die Untersuchung der einzelnen Bodenproben verwendet, desto geringer ist die Anzahl der Bodenproben, die man pro Baustelle überprüfen kann. Um ein Bild davon zu bekommen, wie viele Bodenproben man untersuchen muß, um die mittlere Beschaffenheit einer Bodenschichte zu beurteilen, ist es nötig, sich zunächst über den Grad der Ungleichförmigkeit natürlicher Bodenschichten klar zu werden.

Die Erfahrung scheint zu zeigen, daß es vollkommen gleichförmige Bodenschichten in der Natur nicht gibt. Die Beschaffenheit jeder Bodenschichte wechselt sowohl in wagrechtem als auch in lotrechtem Sinne. Dies gilt sowohl für Residualböden, die an Ort und Stelle durch Verwitterung entstanden sind, als auch für sedimentäre Schichten unverkitteten, bindigen oder kohäsionslosen Materials. Diese Tatsache kommt stets in den Ergebnissen sämtlicher Versuche zum Ausdruck, die man mit dem Material durchführen mag.

Tabelle 40 gibt eine Zusammenstellung der Versuchsergebnisse mit Bodenproben, die in Pennsylvanien auf einem Grundstück von 8 ha aus Probeschächten in einer Tiefe zwischen 0 und 3,5 m gewonnen wurden. Das Material war für die Herstellung eines hydraulisch aufzufüllenden Erddammes in Aussicht genommen, und die Versuchsergebnisse zeigten, daß die Güte des Materials trotz scheinbarer Gleichförmigkeit in hohem Grad veränderlich ist.

Die Schwankungen in der Zusammensetzung mächtiger, sedimentärer Bodenschichten hängen offenbar mit der Entstehungsgeschichte dieser Schichten zusammen, indem sich der Wechsel sowohl der Wasserführung des Sinkstoff führenden Wasserlaufes als auch der Strömungsrichtung in der Zusammensetzung der einzelnen Bodenlagen spiegelt. Am sinnfälligsten kommt dieser Wechsel in den eiszeitlichen Bändertonen (varved clays) zum Ausdruck, in denen dünne Lagen schwachplastischen Gesteinsmehles mit Lagen typischen Tones wechseln. Um solche Materialien zu beschreiben, ist es notwendig, die sandigen und die tonigen Lagen gesondert zu untersuchen, denn die Untersuchung eines Gemenges der beiden würde zu irrtümlichen Schlußfolgerungen führen.

Aber auch scheinbar homogene Ton- und Sandlager weisen große Schwankungen in ihrer Zusammensetzung und Struktur auf.

Abb. 218 zeigt die Veränderlichkeit im Normalwassergehalt, im natürlichen Wassergehalt und in der Konsistenz einer postglazialen Ablagerung auf Grund der Ergebnisse von Versuchen mit Bodenproben, die in vertikalen Abständen von 50 cm entnommen wurden. Aber auch innerhalb einer Strecke von 50 cm kann die Bodenzusammensetzung beträchtliche Schwankungen aufweisen, wie dies aus Abb. 229

---

[1]) Terzaghi: Die Berechnung der Durchlässigkeitsziffer des Tones aus dem Verlaufe der hydrodynamischen Spannungserscheinungen. Sitzber. der Akademie der Wiss., math.-nat. Klasse IIb, Wien. 1924.

Tabelle 40

Probe-schacht Nr.	Tiefe in m	Untere Fließgrenze	Ausroll-grenze	Plastizitäts-zahl	Wirksame Korngröße	Ungleich-förmigkeits-ziffer
1	0,6	0,99	0,79	0,20	—	—
1	1,4	—	—	—	—	—
1	1,8	1,00	0,69	0,31	—	—
2	1,2	1,14	0,77	0,37	—	—
2	0,6	0,90	0,75	0,15	—	—
3	—	1,16	0,66	0,50	0,0018	6,1
3	1,8	1,51	0,87	0,64	0,00061	10,7
4	—	0,86	0,54	0,32	0,0027	10,4
5	—	1,12	0,60	0,52	0,00095	11,5
6	—	1,11	0,57	0,54	0,00196	6,1
7	0,3	0,99	0,69	0,30	—	—
7	1,2	0,84	0,58	0,26	—	—
7	2,1	1,19	0,69	0,50	—	—
7	3,0	1,12	0,65	0,47	—	—
8	0,3	0,95	0,64	0,31	—	—
8	1,2	0,95	0,64	0,31	—	—
8	2,1	1,09	0,68	0,41	—	—
8	3,0	0,91	0,62	0,29	—	—
9	0,3	0,88	0,65	0,23	—	—
9	1,2	0,95	0,66	0,98	—	—
9	2,1	0,84	0,58	0,26	—	—
9	3,0	0,89	0,62	0,27	—	—

hervorgeht (postglaziales Tonlager in Hartford, Connecticut). Abb. 230 zeigt die Veränderlichkeit in der Zusammensetzung eines Tonlagers am Lake Erie, von der Baustelle des Grosse Pointe Yacht Clubs, Detroit, Michigan. Trotzdem dieses Tonlager vom Bohrmeister für gleichförmig gehalten wurde, ließen die Ergebnisse der Bodenuntersuchung beträchtliche Schwankungen in der Zusammensetzung und Konsistenz des Bodens erkennen.

Für sandige Bodenschichten sind die Schwankungen in der Zusammensetzung technisch von untergeordneter Bedeutung. Um so wichtiger sind die örtlichen Schwankungen in der relativen Dichte des Sandes infolge des Einflusses der letzteren auf die Tragfähigkeit und die Beweglichkeit (siehe Abb. 222).

Bei der Ausführung von 8 Belastungsproben auf der Oberfläche einer scheinbar ziemlich gleichförmigen

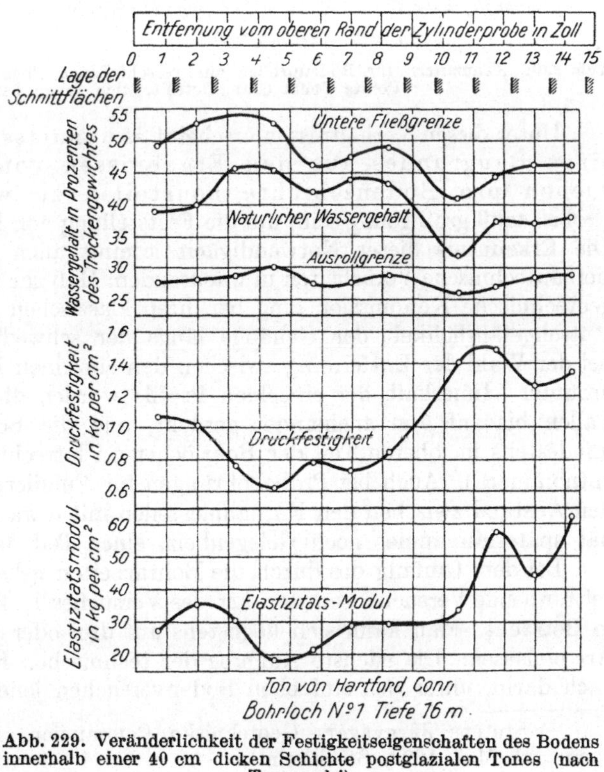

Abb. 229. Veränderlichkeit der Festigkeitseigenschaften des Bodens innerhalb einer 40 cm dicken Schichte postglazialen Tones (nach Terzaghi)

Sandschichte in San Francisco, California, schwankte die Setzung der Lastplatte unter einer Last von 4 kg pro 1 cm² zwischen den Werten von 0,1 und 0,43 cm, Mittelwert 0,25 cm. In Chicago, Illinois, ergaben sich beim Absenken offener Caissons durch eine ziemlich gleichförmige, wasserführende Sandschichte in einigen Caissons gar keine Schwierigkeiten, während in anderen schwer zu bewältigende Sandeinbrüche erfolgten. Diese Verschiedenheit im Verhalten konnte bloß durch eine Verschiedenheit im Grade der Beweglichkeit, das heißt der Dichte der Packung des Materials, erklärt werden.

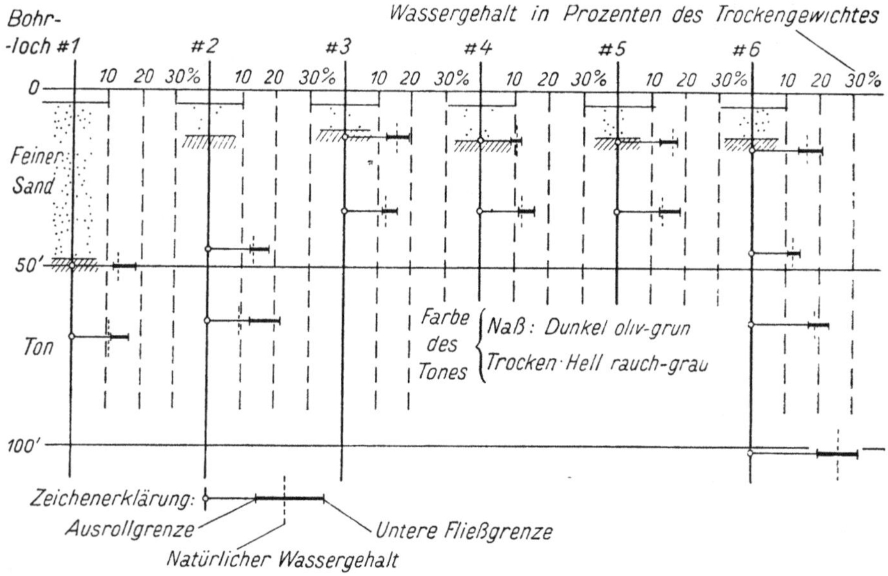

Abb. 230. **Kennziffern für Bodenproben aus verschiedenen Tiefen des Untergrundes des Grosse Pointe Yacht Club, Detroit, Mich. (nach Terzaghi)**

Unter diesen Verhältnissen erscheint es unzulässig, die Eigenschaften eines Baugrundes aus den Ergebnissen von ein oder zwei Versuchen pro Bodenschichte beurteilen zu wollen. Die Anzahl der Proben muß groß genug sein, um die Feststellung von Mittelwerten zu gestatten. Die Erkenntnis dieser Notwendigkeit kommt auch in den Programmen für tiefbautechnische Vorarbeiten in wachsendem Maß zur Geltung. Die Schwedische geotechnische Kommission ging bei ihren klassischen Untersuchungen über die Rutschgefährlichkeit der Gehänge längs der schwedischen Staatseisenbahnen bei der Wahl der Entfernung zwischen den einzelnen Bohrprofilen bis auf 20 m herunter. Innerhalb der einzelnen Profile wurden die Bohrlöcher in manchen Fällen bis auf 5 m aneinander gerückt, und die Bodenproben wurden, zum mindestens im oberen Teil der Bohrlöcher, in lotrechten Abständen von 50 cm entnommen[1]). Auch bei Probebohrungen für Fundierungszwecke ist es ratsam, den Abstand zwischen den Entnahmestellen mit etwa 50 cm zu bemessen. Man hat späterhin immer noch Gelegenheit, einen Teil der Proben auszuscheiden.

Bei dem Umfang des durch die Bohrarbeiten gelieferten Materials kommen zeitraubende Versuche von der Art des Versuches 1, Tabelle 38, praktisch nicht in Betracht. Man kann sich höchstens auf drei oder vier Versuche einfachster Art einlassen. Die nächste Aufgabe der technischen Bodenkunde besteht demnach darin, unter den einfachen Bodenversuchen jene auszuwählen, deren Er-

---

[1]) Statens Järnvägars Geotekniska Commission, 1914 bis 1922, Slutbetänkande, 31. Maj, 1922, Stockholm.

gebnisse bei geringstem Zeitaufwand die verläßlichste Auskunft über die bautechnisch wichtigen Eigenschaften der Böden liefern. Diese Aufgabe kann nur auf halbempirischen Weg gelöst werden und wird dadurch etwas vereinfacht, daß die Ergebnisse ganzer Versuchsgruppen zueinander in halbwegs gesetzmäßiger Beziehung stehen[1]).

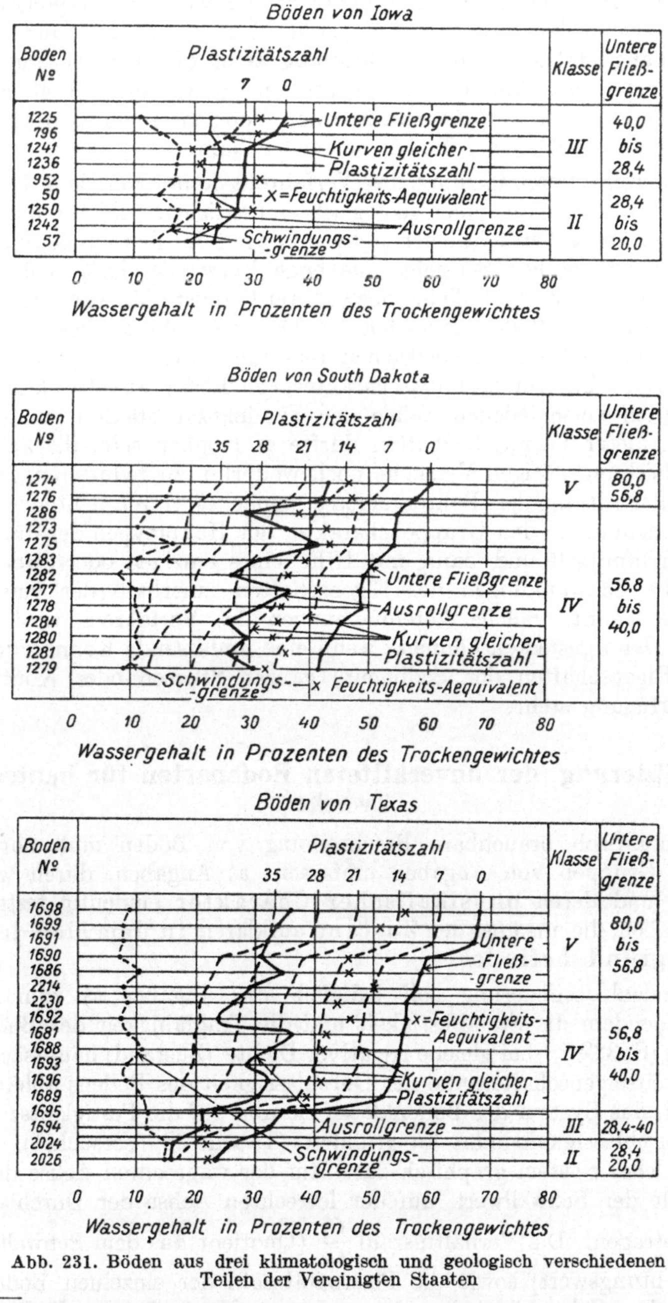

Abb. 231. Böden aus drei klimatologisch und geologisch verschiedenen Teilen der Vereinigten Staaten

[1]) Terzaghi, Hogentogler and Wintermeyer: The Present Status of Subgrade Testing. Public Roads, Vol. 8, Nr. 9, November 1927.

Die einschlägigen Forschungsarbeiten sind noch im Gange, doch scheint es, daß eine abgeänderte Form der Atterbergschen Versuche in Verbindung mit dem Wasserbeständigkeitsversuch (Versuche 13 und 4, Tabelle 38) den technischen Anforderungen einigermaßen genügen dürften. Nachdem die Ergebnisse dieser Versuche ebenso wie jene der meisten einfachen Bodenversuche mit den bautechnisch wichtigen Eigenschaften der Böden (Zusammendrückbarkeit, Elastizität, Durchlässigkeit) nur indirekt in Zusammenhang stehen, wird es notwendig sein, die Versuchsergebnisse der Normalversuche zu kalibrieren, das heißt auf empirischem Wege Schaulinien zu entwerfen, mit deren Hilfe man aus den Versuchsergebnissen die technisch wichtigen Eigenschaften der Böden beurteilen kann.

Eine weitere Vereinfachung des Verfahrens kann von dem Umstand erhofft werden, daß die aus einer geologisch einheitlichen Schichte entnommenen Bodenproben trotz beträchtlicher Schwankungen in Korngröße und Wassergehalt in physikalischer Hinsicht eine enge Verwandtschaft zueinander aufzuweisen scheinen. Eine ähnliche, obzwar weitläufigere Verwandtschaft besteht sogar zwischen den Böden ausgedehnter Gebiete, soferne diese Gebiete geographisch einen halbwegs einheitlichen Charakter aufweisen. Abb. 231 bringt den Unterschied im Durchschnittscharakter von Böden aus drei klimatologisch und geologisch verschiedenen Teilen der Vereinigten Staaten zum Ausdruck.

Infolge dieser Verwandtschaften dürfte es möglich sein, die Zahl der zur Bodenvergleichung nötigen Versuche noch weiterhin zu reduzieren, indem man bei der Aufarbeitung der Bohrergebnisse zunächst durch Untersuchung von wenigen Bodenproben den Gruppencharakter der Haupttypen der durchbohrten Bodenarten ermittelt und dann mit Hilfe eines einzigen oder zweier Zusatzversuche die Schwankungen der Eigenschaften innerhalb der verschiedenen Gruppen bestimmt. Solche Vereinfachungen des Verfahrens wird man sich jedoch erst dann gestatten können, wenn eine umfassende Kenntnis der physikalischen Eigenschaften der Sedimente ganzer Staaten oder Kontinente zu unserer Verfügung steht.

7. Klassifizierung der unverkitteten Bodenarten für bautechnische Zwecke

Eine praktisch brauchbare Beschreibung von Böden muß notwendigerweise zwei Gruppen von Angaben umfassen: a) Angaben, durch welche die Bodenart und deren physikalischer Charakter eindeutig festgelegt ist, und b) Angaben, die uns über den Zustand aufklären, in dem sich der Boden im Untergrund befindet.

Die Bodenklassifizierung soll lediglich die Angaben a) zum Ausdruck bringen. Nachdem die Standfestigkeit und die Tragfähigkeit des Bodens nach Abschnitt 4 (S. 322ff.) bei gleicherrelativer Dichte (Zustand) hauptsächlich von den Festigkeitseigenschaften und der Durchlässigkeit des Bodens abhängt, ist es naheliegend, das System der Bodenklassifizierung auf die Festigkeitsziffern und auf den Durchlässigkeitsindex zu gründen (Tabelle 38, Versuch 1). Abb. 232 stellt ein solches System graphisch dar. Auf der wagrechten Achse des Schaubildes wurde der Schwellwert, auf der lotrechten Achse der Durchlässigkeitsindex aufgetragen. Die Verhältniszahl $\frac{C_1}{C_2}$ (Quotient aus dem Schwellwert und dem Verdichtungswert) sowie die Plastizitätszahl der einzelnen Böden finden sich in der dem Schaubild beigegebenen Liste. Oberhalb jeder Kolonne findet sich ein Schaubild, welches die mittlere Zusammendrückbarkeit und Elastizität

(Schwellvermögen) der in die Kolonne gehörigen Böden unter der Voraussetzung darstellt, daß sich der Wert des Quotienten $\frac{C_1}{C_2}$ auf 3 beläuft. Aus dem Schaubild kann entnommen werden, wie rasch die Zusammendrückbarkeit und die Elastizität der Böden von links nach rechts zunimmt.

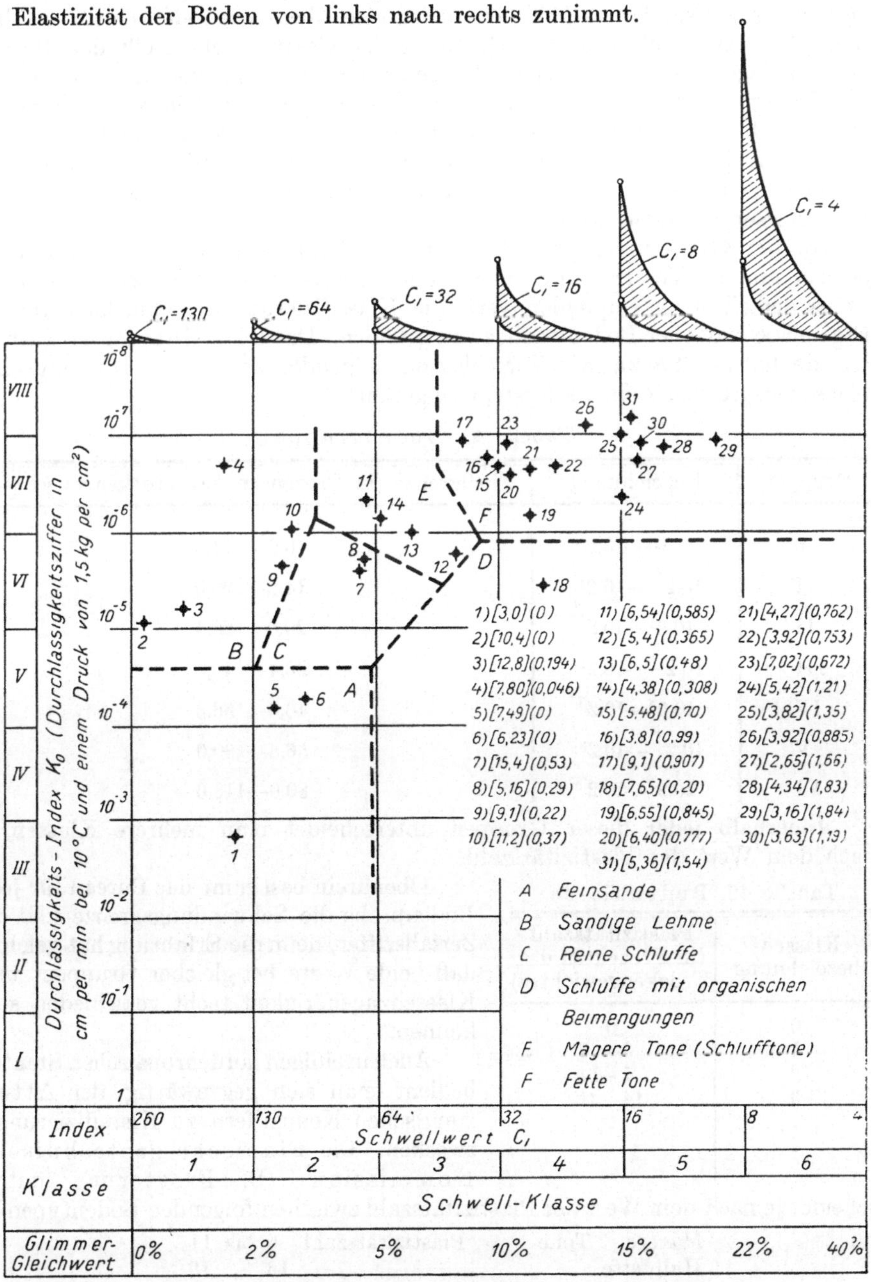

Abb. 232. System der Bodenklassifizierung, gegründet auf Festigkeitsziffern und auf Durchlässigkeitsindices

Kurven oberhalb des Schaubildes: Zusammendrückbarkeit und Schwellvermögen von Böden mit $C_1 = 3\,C_2$, Verdichtungswert $C_2 = \frac{\text{Schwellwert } C_1}{\text{Ziffern in eckiger Klammer}}$, Plastizitätszahl (in Porenziffer) = Ziffern in runder Klammer.

Die von den strichlierten Linien begrenzten Felder *A*, *B*, *C* usw. umschließen die Punkte, welche im Schaubild den überlieferungsgemäß als Feinsand, sandiger Lehm, reiner Schluff usw. zu bezeichnenden Böden entsprechen. Es versteht sich von selbst, daß die einzelnen Bereiche nicht durch scharfe Linien voneinander getrennt sind, sondern allmählich ineinander übergehen oder einander überschneiden. Der rechte, untere Quadrant der Gesamtfläche stellt den Bereich der vorwiegend aus organischen Bestandteilen zusammengesetzten Böden dar.

Leider ist der Versuch, der zur Bestimmung der Klassenzugehörigkeit erforderlich ist (Versuch 1), recht zeitraubend. Infolgedessen bemüht man sich derzeit um das Sammeln der empirischen Daten, die erforderlich sind, um die Klassenzugehörigkeit auf indirektem Weg, aus den Ergebnissen einfacherer Bodenversuche, einzuschätzen.

Bei der Klassifizierung von Böden für Straßenbauzwecke, wo es sich jahraus, jahrein um die Verarbeitung einer großen Anzahl von Bodenproben handelt, ist es derzeit noch empfehlenswert, die Klassifizierung ausschließlich auf die Ergebnisse einfacher Bodenversuche zu gründen. Das U. S. Bureau of Public Roads hat auf Terzaghis Vorschlag das folgende, auf den Atterbergschen Konsistenzgrenzen fußende System eingeführt:

Tabelle 41. Bodengruppe

Gruppen	Bezeichnung	Fließgrenze (in Prozenten des Trockengewichtes)
0	10—$10.2^{\frac{1}{2}}$	10,0— 14,2
I	$10.2^{\frac{1}{2}}$—10.2^{1}	14,2— 20,0
II	10.2^{1}—$10.2^{\frac{3}{2}}$	20,0— 28,4
III	$10.2^{\frac{3}{2}}$—10.2^{2}	28,4— 40,0
IV	10.2^{2}—$10.2^{\frac{5}{2}}$	40,0— 56,8
V	$10.2^{\frac{5}{2}}$—10.2^{3}	56,8— 80,0
VI	10.2^{3}—$10.2^{\frac{7}{2}}$	80,0—113,6

Innerhalb jeder dieser Gruppen unterscheidet man mehrere Klassen je nach dem Wert der Plastizitätszahl.

Tabelle 42. Bodenklasse

Klassenbezeichnung	Plastizitätszahl (in Prozenten des Trockengewichtes)
0	0
1	0— 7
2	7—14
3	14—21
.	.
.	.
.	.

Obendrein bestimmt das Bureau für jede Bodenprobe die Schwindungsgrenze und die Zerfallsziffer, denn die Erfahrung hat gelehrt, daß beide Werte bei gleicher Gruppen- und Klassenzugehörigkeit recht verschieden sein können.

Auch in einigen nordeuropäischen Staaten bedient man sich gegenwärtig der Atterbergschen Kennziffern zu Klassifizierungszwecken. Die Finnische geotechnische Kommission (B. Frosterus) unterscheidet je nach dem Wert der Plastizitätszahl zwischen folgenden Bodentypen[1]:

Magere	Tone	Plastizitätszahl	6	bis	11
Halbfette	„	„	16	„	19
Fette	„	„	20	„	26
Extrafette	„	„	27	„	37

[1]) Krogh, van J.: Undersokelser over Norske Lerer. Statens Raastofkomite, I, II u. III. Kristiania. 1923.

Die Schwedische geotechnische Kommission kennzeichnet die Böden in erster Linie durch den Normalwassergehalt (Tabelle 38, Versuch 12), bestimmt aber auch gelegentlich die Atterbergschen Konsistenzgrenzen.

Die Norwegische geotechnische Kommission hat die Differenz zwischen der oberen Sättigungsgrenze und dem Wassergehalt für Normalkonsistenz als Grundlage für die Klassifikation der norwegischen Tone gewählt. (Versuch 14 und 15). Die Differenz zwischen den beiden Wassergehalten wird als Plastizitätsziffer bezeichnet. Je nach dem Werte der Plastizitätsziffer unterscheidet die Kommission

Extrafette	Tone	Plastizitätsziffer	> 35
Fette	,,	,,	30—35
Mittelfette	,,	,,	20—29
Magere	,,	,,	10—19
Extramagere	,,	,,	5— 9
Sandige	,,	,,	< 5

Der Mangel an Einheitlichkeit in den Klassifizierungsgebräuchen beweist, daß sich das Wissensgebiet noch im Anfangsstadium der Entwicklung befindet. In einigen der eben angeführten Klassifikationssysteme zeigt sich das Bestreben, die Tonarten durch eine einzige Ziffer, z. B. die Plastizitätszahl, zu kennzeichnen. Das mag wohl für die Klassifizierung von Tonen ähnlichen geologischen Ursprunges zulässig sein. Um jedoch die unverkitteten, bindigen und kohäsionslosen Bodenarten eines ganzen Kontinentes in ein System zu bringen, sind mehrere Kennziffern erforderlich, denn die Erfahrung lehrt, daß zwei Böden auch dann sehr verschieden sein können, wenn sie eine Kennziffer, wie z. B. die Plastizitätszahl oder den Normalwassergehalt, gemeinsam haben.

Ein endgültiges Urteil über die Art und die Anzahl der zur eindeutigen Kennzeichnung eines unverkitteten Bodens erforderlichen Ziffern wird erst dann gefällt werden können, wenn ein umfangreicheres empirisches Material zur Verfügung steht.

B. Der Boden als landwirtschaftlicher Faktor

Von Karl Scharrer, Weihenstephan—München

1. Einteilung und Eigenschaften der Böden vom Standpunkt der Landwirtschaft

Nach der Definition E. Ramanns[1]), des Begründers der wissenschaftlichen Bodenkunde als selbständige Disziplin, ist der Boden die obere Verwitterungsschicht der festen Erdrinde. Mitscherlich[2]) definiert den Boden als „ein aus festen, flüssigen und gasförmigen Teilen bestehendes Gemenge, das unter den klimatischen Bedingungen, unter denen es sich befindet, imstande ist, Kulturpflanzen zu tragen". Als Ackerboden wird das von der Landwirtschaft zum Anbau der Kulturpflanzen verwendete Land bezeichnet. Unter Ackerkrume versteht man die vom Pflug bearbeitete, durch Zersetzung der Pflanzenrückstände und Düngung mit Humusstoffen angereicherte oberste Schicht des Ackerbodens. Die Mächtigkeit dieser Ackerkrume ist eine Funktion der tieferen oder flacheren Kultur des Bodens. Da die Beschaffenheit des Untergrundes, der Schicht unterhalb der Ackerkrume, für die Pflanzenernährung wichtig ist, wird auch dieser Untergrund insoweit noch zum Ackerboden gerechnet, als er das Pflanzenleben beeinflußt.

---

[1]) Ramann, E.: Bodenkunde. Berlin. 1911.

[2]) Mitscherlich, E. A.: Bodenkunde für Land- und Forstwirte. Berlin. 1920.

Unter Berücksichtigung der klimatischen Verhältnisse teilt Ramann die Böden in solche des humiden und semihumiden bzw. des ariden und semiariden Klimas ein, wobei es als arid eine Gegend bezeichnet, in der die Verdunstung der vorherrschende Faktor ist, als humid eine solche, bei der die Niederschläge die Verdunstung überwiegen. In semiariden Gebieten unterscheidet Ramann Roterden (humusarm, reich an Eisenoxyhydraten, Mittelmeergebiet); kastanienbraune Böden (wenig Humus; Ungarn, Rumänien); Schwarzerden (viel Humus; Rußland, Ungarn, Böhmen, Mähren, Galizien, Magdeburger Börde); Salzböden (reich an löslichen Verbindungen; überwiegen Natrium- und Magnesiumsulfat bzw. Kochsalz, so spricht man von Weißalkaliböden, ist auch Soda enthalten, von Schwarzalkali- oder Sodaböden). In humiden Gebieten finden sich die Braunerden (ziemlich viel Humus, durch Ferrihydroxyd gelb bis rotbraun gefärbt; Mitteleuropa) und Grauerden oder Podsolböden (viel saurer Humus; kältere Teile Mitteleuropas).

In der landwirtschaftlichen Bodenkunde teilt man die Böden meist nach dem von Albrecht Thaer[1]), dem Schöpfer der wissenschaftlichen Landwirtschaft, eingeführten Ackerklassifikationssystem ein. Als Einteilungsprinzip benützt Thaer dabei die Hauptkonstituenten der einzelnen Bodenarten, also jene Gemengteile, die an der Zusammensetzung des betreffenden Bodens jeweilig vorwalten. Danach ergeben sich folgende Bodengruppen: 1. Steinböden, 2. Sandböden (bis 10% abschlämmbare Teile), 3. Lehmböden (20 bis 30% abschlämmbare Teile), 4. Tonböden (mindestens 30% abschlämmbare Teile), 5. Mergelböden, 6. Kalkböden, 7. Humusböden, 8. Moorböden. Dabei ist aber zu beachten, daß nur bei den Sand- und Kalkböden der den höchsten Prozentanteil ausmachende Gemengteil den Namen hergibt, während im übrigen derjenige Bestandteil, der physikalisch am wichtigsten ist, dem Einteilungsschema zugrunde liegt, ungeachtet dessen, ob er rein prozentual der vorherrschende ist oder nicht. Die Sandböden haben geringes Absorptionsvermögen und einen geringen Gehalt an Pflanzennährstoffen, zeigen aber dafür eine gute Durchlüftung; ihre Wasserkapazität ist klein. Die Lehmböden haben einen mittleren Gehalt an Pflanzennährstoffen, günstige Absorptions- und Wasserverhältnisse und Durchlüftung. Die Tonböden weisen einen hohen Gehalt an Pflanzennährstoffen und ein großes Absorptionsvermögen auf, besitzen jedoch eine schlechte Durchlüftung und eine hohe Wasserkapazität.

Im Anschluß daran ist in der Praxis auch noch die Bodenklassenbezeichnung in der Weise üblich, daß man die Bodenarten nach der auf ihnen jeweilig gebauten Hauptfrucht kennzeichnet. Der Tonboden wird demnach „Weizenboden", der Lehmboden „Gerstenboden", der sandige Lehmboden „Gersten- und Haferboden", der lehmige Sandboden „Hafer- und Roggenboden", der Sandboden „Roggenboden" genannt.

Je nach der Wasserführung, der dadurch erzielten Temperatur und der Raschheit der sich abspielenden chemischen Umsetzungen unterscheidet der Landwirt hitzige bzw. tätige Böden (leichte Sandböden) und kalte bzw. nasse und träge Böden (schwere Lehm- und Tonböden). Während die leichten Böden, wie schon angedeutet, im allgemeinen arm an Pflanzennährstoffen sind, jedoch günstige physikalische und kolloidchemische Eigenschaften besitzen, zeichnen sich die schweren Böden zwar durch einen Reichtum an Nährstoffen aus, weisen dafür aber meist weniger erwünschte physikalische und kolloidchemische Zustände auf.

Da der Landwirt den Boden in erster Linie als Standort für die Pflanzen betrachtet, interessiert ihn vor allem die Fruchtbarkeit seiner Böden. Aufgabe

[1]) Thaer, A.: Versuch einer Ausmittlung des Reinertrages der produktiven Grundstücke. Berlin: Realschulbuchhandlung. 1813.

der Agropedologie und Agrikulturchemie ist es daher, Methoden ausfindig zu machen, um die Böden daraufhin zu untersuchen.

Betrachten wir den Boden als Standort der Pflanzen, so müssen wir uns vor Augen halten, daß neben klimatischen und meteorologischen Faktoren die mechanischen, physikalischen und biologischen Eigenschaften und der Gehalt des Bodens an Nährstoffen für den Pflanzenwuchs von Wichtigkeit sind. Alle jene Substanzen, die die Physiologie als unentbehrliche Nährstoffe erkannt hat, sind für das Gedeihen unserer Kulturpflanzen notwendige Voraussetzung. Nun brauchen die Pflanzen unbedingt Kohlenstoff, Sauerstoff, Wasserstoff, Stickstoff, Eisen, Kalzium, Magnesium, Kalium, Phosphor und Schwefel zu ihrem Wachstum, ganz zu schweigen von geringen Mengen anderer Elemente, die vielleicht immer oder mindestens für gewisse Pflanzenfamilien (z. B. Natrium für die Rübenarten) für das richtige Gedeihen notwendig sind[1]). Mit Ausnahme des Kohlenstoffes nun, den die Pflanze als Kohlensäure der Atmosphäre entnimmt, werden sämtliche aufgezählte Substanzen dem Boden entnommen. Alle diese Körper müssen daher im Boden in ausreichendem Maße vorkommen, was bis auf die sogenannten Kernnährstoffe Kali, Kalk, Phosphorsäure und Stickstoff auch fast immer der Fall ist. Seit Liebigs Gesetz vom Minimum wissen wir, daß der Pflanzenertrag immer durch jenen Nährstoff bestimmt wird, der im Minimum vorhanden ist, und auch die späteren Modifikationen dieses Grundgesetzes besagen im großen und ganzen dasselbe[2]). Um nicht eine empfindliche Einbuße zu erleiden, ist daher der Landwirt gezwungen, sich über den Gehalt seiner Böden an diesen Kernnährstoffen, die sehr oft im Minimum sind, ganz genau zu unterrichten. Dem Kalk kommt noch eine besondere Rolle zu; er ist nicht nur Pflanzendünger, wie die übrigen aufgezählten Stoffe, sondern auch Bodendünger, das heißt er dient nicht nur der Pflanze als Nahrung, sondern muß gleichzeitig den Boden in einem Zustand erhalten, den der Praktiker Bodengare nennt, welcher Begriff im wesentlichen die Summe der Optima der kolloid-chemischen und biologischen Faktoren darstellt. Fehlt der Kalk, so wird die die Bodengare bedingende „Krümelstruktur“ zerstört, die Kolloide werden aus dem Gelzustand in den Solzustand verwandelt und ergeben dann die gefürchtete „Einzelkornstruktur“[3]). Da der Kalkgehalt eines Bodens auch dessen Reaktion bedingt, wird ein Mangel an Kalk eine zu saure Reaktion erzeugen, dadurch die wertvollen Zeolithe des Bodens in ihrem Bestande gefährden und die nützlichen Bodenbakterien in ihrem Wachstum unterdrücken, weil diese Mikroorganismen nur bei neutraler und schwach alkalischer Reaktion entsprechend gedeihen können.

Von „Krümelstruktur“ spricht man dann, wenn sich die einzelnen kleinsten Bodenteilchen gruppenweise zu größeren Aggregaten zusammenhäufen, während bei der „Einzelkornstruktur“ sich die Bodenteilchen lückenlos aneinanderreihen. Ein Boden mit Einzelkornstruktur zeigt infolge dieser dichten Lagerung außerordentlich schädliche physikalische Eigenschaften und ist daher dem Landwirt höchst unerwünscht. Dagegen wirkt die Krümelung des Bodens günstig auf seine Wasserführung sowie auf seine Wärmeverhältnisse und verhindert das übermäßige Auswaschen der Bodensalze bzw. in Zeiten der Trockenheit eine schädliche Ansammlung von Salzen an der Oberfläche. Die Krümelstruktur erleichtert schließlich das Eindringen der Pflanzenwurzeln in den Boden.

2. Untersuchung der Böden für landwirtschaftliche Zwecke

Ist somit neben dem Gehalt des Bodens an den verschiedenen Pflanzennährstoffen dessen Fruchtbarkeit auch durch seine physikalischen Eigenschaften,

[1]) Vgl. z. B. Merkenschlager, F: Tafeln zur vergleichenden Physiologie und Pathologie der Kulturpflanzen. Berlin: O. Schlegel. 1927. — Spiro, K.: Einige Ergebnisse über Vorkommen und Wirkung der weniger verbreiteten Elemente. Ergebnisse der Physiologie, 24, S. 474. 1925.

[2]) Vgl. hiezu Lemmermann, O., Hasse, P. und W. Jessen: Die Beziehungen zwischen Pflanzenernährung und Pflanzenwachstum und die Methode Mitscherlichs zur Bestimmung des Düngerbedürfnisses des Bodens. Ztschr. f. Pflanzenernährung, Düngung und Bodenkunde, B. 7, 49. 1928. — Niklas, H. und M. Miller: Beiträge zur mathematischen Formulierung des Ertragsgesetzes. Ztschr. f. Pfl. und Düngung, A. 1927.

[3]) Ehrenberg, P.: Die Bodenkolloide. Dresden und Leipzig. 1918.

seinen mechanischen und geologischen Aufbau, seine biologische Tätigkeit bedingt, so zerfällt demnach die Bodenanalyse in die mechanische, physikalische, chemische und pflanzenphysiologische, biologische und mineralogisch-petrographische Bodenuntersuchung.

a) Probenahme

Richtige Probenahme ist von außerordentlicher Wichtigkeit und von größter Bedeutung für eine landwirtschaftlich brauchbare Bodenanalyse. Nicht gemischte Durchschnittsproben einer Ackerfläche, sondern stets möglichst viel charakteristische Einzelproben sind auszuwählen. Aus Ackerkrume und Untergrund sind die Bodenproben getrennt zu entnehmen. Die einzelnen Proben dürfen nur dann miteinander vermischt werden, falls sie sich bei der an Ort und Stelle durchzuführenden Voruntersuchung mit Salzsäure auf Kalziumkarbonat als gleich erwiesen haben. Bei verschiedenem Verhalten muß man soviele Mischproben nehmen, als sich Differenzen in den Eigenschaften zeigen. Der Verband der landwirtschaftlichen Versuchsstationen im Deutschen Reich hat folgende Vereinbarungen für die Entnahme von Bodenproben getroffen[1]): „Die Aufnahme der Bodenproben geschieht je nach der Größe der Fläche (eine möglichst gleichmäßige Bodenbeschaffenheit vorausgesetzt) an drei, fünf, neun oder zwölf oder mehr verschiedenen, in gleicher Entfernung voneinander gelegenen Stellen. Die Proben werden durch senkrechten, gleich tiefen Abstich bis zur Pflugtiefe genommen, für etwaige Untersuchung des Untergrundes bis zu 60 bzw. 80 cm Tiefe. Die Einzelproben werden entweder getrennt untersucht oder, wenn es sich um Feststellung eines Durchschnittswertes handelt, sorgfältig gemischt und von der Mischung eine geeignete Menge zur Untersuchung verwendet.“ Die Bodenproben (zur vollständigen Analyse sollen wenigstens 5 kg zur Verfügung stehen) werden an der Luft getrocknet, und zwar im Winter in einem geheizten Zimmer oder bei 30 bis 40° in einem Trockenschrank, im Sommer bei normaler Temperatur, wobei sie gegen Dämpfe, Heizgase, Staub usw. geschützt werden müssen. Größere Steine werden aus dem Boden entfernt und eventuell einer mineralogisch-petrographischen Analyse unterworfen. Notwendig ist, die Lage und Neigung des Feldes, die klimatischen und geologischen Verhältnisse, die Art und Menge der verabreichten Düngung, die Art der Bestellung und Fruchtfolge und den Grundwasserstand bzw. sonst bemerkenswerte Einzelheiten genau zu notieren.

b) Mechanische Untersuchung[2])

Die quantitative Feststellung des Mengenverhältnisses der den Boden zusammensetzenden feineren und gröberen Bestandteile ist Aufgabe der mechanischen Bodenanalyse. Diese zerfällt in α) das Siebverfahren, β) das Absetzverfahren, γ) das Spülverfahren.

Man unterscheidet zwischen den groben Bestandteilen des Bodens, dem Bodenskelett, und der Feinerde. Die Grenze zwischen beiden ist verschieden festgelegt worden; jetzt rechnet man meist die Teilchen unter 2 mm Durchmesser zur Feinerde. Die Feststellung der Korngrößen gestattet zwar einen Rückschluß auf wichtige physikalische Eigenschaften des Bodens; doch wird dabei die Lagerungsart der einzelnen Bodenteile nicht berücksichtigt, was den Wert der mechanischen Bodenanalyse sehr einschränkt und Ergänzungen durch Strukturuntersuchungen wünschenswert macht.

α) Siebverfahren. Zum Sieben dienen entweder Drahtsiebe oder vorteilhafter Lochsiebe mit genau gebohrten Löchern. Das Sieben muß so lange mit jedem Sieb durchgeführt werden, bis keine Teilchen mehr durchgehen. Durch das Sieben können die Bodenteilchen bis zu 0,25 mm getrennt werden. Obwohl eine weitere Trennung bis zu 0,1 mm noch durchführbar ist, benutzt man hiefür andere Methoden, die genauer und rascher zum Ziele führen. Vom Verband der landwirtschaftlichen Versuchsstationen im Deutschen Reich wurde für das Siebverfahren, einem Vorschlag

[1]) Landw. Versuchsst. 38, 293. 1890.
[2]) Vgl. hiezu auch Köhn, M.: Beiträge zur Theorie und Praxis der mechanischen Bodenanalyse. Landw. Jahrb. 67, 485. 1928.

von K. Kühn gemäß, folgende Vereinbarung festgelegt[1]): „Die zu untersuchende Bodenprobe wird in möglichst frischem Zustande so weit locker zerrieben, daß bei dem späteren Sieben auf einem 5-mm-Siebe nur Steine zurückbleiben. Sie wird dann gleichmäßig an einem vor Staub und Gasen geschützten Ort ausgebreitet, bis sie lufttrocken geworden ist. Hierauf wird sie gewogen und durch ein 5-mm-Sieb getrennt. Die auf dem Sieb verbleibenden Steine ($>$ 5 mm) werden durch aufgegebenes Wasser von anhängenden Erdteilen gereinigt und im lufttrockenen Zustand gewogen. Das Gewicht derselben wird in Prozenten des Gesamtbodens ausgedrückt. Der durch das 5-mm-Sieb gefallene Boden besteht aus gröberen Gesteinstrümmern und aus der Feinerde ($<$ 2 mm). Die ersteren werden bei Schwemmlandsböden als Kies, bei Verwitterungsböden als Grus bezeichnet, und zwar:

Tabelle 43

Korngröße (Durchmesser in mm)	Bezeichnung
Über 5,0	Steine (Grus, Kies)
Von 5,0—2,0	Grand
Von 2,0—1,0	sehr grober Sand
Von 1,0—0,5	grober Sand
Feinerde Von 0,5—0,2	mittelkörniger Sand
Unter 0,2	feiner Sand
Abschlämmbare Teile	sehr feiner Sand, Mineralstaub, Ton

β) Das Absetzverfahren. Die Sedimentmethoden eignen sich besonders zur Trennung feinerer Korngrößen, die Spülmethoden sind vorteilhafter zum Abschlämmen der gröberen Teile. Das Absetzverfahren beruht auf dem Absetzen der Bodenkörner in ruhigem Wasser. Durch Schütteln mit Wasser wird der Boden gleichmäßig in einem Zylinder verteilt, es stellt sich dadurch eine Aufschlämmung ein, in der sich kleine und große Teilchen in allen Höhen gleichmäßig befinden. Nach dem Schütteln läßt man die Bodenteilchen eine bestimmte Zeit in dem Zylinder absetzen. Die Zeit des Sedimentierens wird so bestimmt, daß ein Teilchen von einem bestimmten Durchmesser die Entfernung vom höchsten bis zum tiefsten Punkt in der Wassersäule zurückzulegen vermag. Nach Ablauf der bestimmten Zeit wird abgehebert. Dadurch entfernt man alle jene Teilchen, die einen gleich großen oder kleineren Radius haben als die zur Berechnung der Fallzeit zugrunde gelegten Teilchen. Nach dem Abhebern wird wiederum Wasser in der alten Höhe zugefügt, aufgeschüttelt, sedimentiert und nach der gleichen Zeit aufs neue abgehebert. Dies wird so lange fortgesetzt, bis das abgeheberte Wasser vollständig klar ist und somit alle Teilchen abgeschlämmt wurden, deren Querschnitt kleiner ist als die zur Rechnung benutzten Teilchen. Durch verschiedene Wahl der Fallzeiten werden auf diese Weise die Bodenteilchen der verschiedensten Korngröße abgeschlämmt. Bezüglich der Einzelheiten der Ausführung dieses Verfahrens, das sowohl nach der Verbandsmethode mit dem Kühnschen Schlämmzylinder[2]) als auch nach der Methode Atterberg[3]) mit dessen Schlämmzylinder durchgeführt werden kann, muß wegen Raummangel auf die Originalliteratur bzw. ausführlichen Handbücher der Bodenuntersuchung[4]) verwiesen werden.

γ) Das Spülverfahren. Gegenüber dem Absetzverfahren hat diese Methode den Nachteil, daß man mit ihr die Bodenteilchen unter 0,03 mm Korngröße nicht trennen kann; dafür ist es möglich, die Teilchen über 0,05 mm ziemlich genau von-

[1]) Landw. Versuchsst. 42, 154. 1892; 43, 335. 1893.
[2]) Vgl. König, J.: Die Untersuchung landw. wichtiger Stoffe, S. 9. Berlin. 1923.
[3]) Atterberg, A.: Internat. Mittlg. f. Bodenkunde, 2, 312. 1912.
[4]) Fleischer, M.: Die Bodenkunde auf chemisch-physikalischer Grundlage. Berlin. 1922. — Schucht, F.: Entstehung, Eigenschaften und Einteilung der Böden. Handbuch der Landwirtschaft. Berlin. 1928. — Mitscherlich, E.: Bodenkunde für Land- und Forstwirte. Berlin. 1923. — Puchner, H.: Bodenkunde für Landwirte. Stuttgart. 1927. — Ramann, E.: Bodenkunde. Berlin. 1911. — Gedroiz, K. K.: Chemische Bodenanalyse. Berlin. 1926. — Stoklasa, J. und G. Doerell: Handbuch der biophysikalischen und biochemischen Durchforschung des Bodens. Berlin. 1926. — Wahnschaffe, F. und F. Schucht: Anleitung zur wissenschaftlichen Bodenuntersuchung. Berlin. 1924. — Wiegner, G.: Anleitung zum quantitativen agrikulturchemischen Praktikum. Berlin. 1926. — Wießmann, H.: Agrikulturchemisches Praktikum. Berlin. 1926.

einander zu scheiden. Hier wird die Bewegung bzw. die verschiedene Geschwindigkeit des aufwärts strömenden Wassers zur Trennung der einzelnen Bodenteilchen herangezogen, indem es dem Fall der Teilchen entgegenwirkt. Nach diesem Prinzip arbeiten die Schlämmverfahren von Schöne[1]), Kopecky[2]), Hilgard[3]) und G. Krauß[4]). Der Apparat von Kopecky beispielsweise besteht aus drei Schlämmzylindern, deren Durchmesser in dem Verhältnis 30:56:178 stehen. Durch die von Kopecky verwendeten Schlämmgeschwindigkeiten von 0,2 mm, 2,0 mm und 7 mm bekommt man die Korngrößen unter 0,01 mm (Feinstes), 0,01 bis 0,05 mm (Staub), 0,05 bis 0,1 mm (Feinsand), 0,1 bis 2 mm (Sand).

Sowohl das Absetz- als auch das Spülverfahren beruht auf der Berechnung der Teilchengröße aus der Fallgeschwindigkeit nach der Stokesschen[5]) Gleichung:

$$w = 6\,\pi\, r\, \eta\, v.$$

v ist die Geschwindigkeit des Teilchens, w der Widerstand der Flüssigkeit, η die innere Reibung der Flüssigkeit, r der Radius des Teilchens. Wenn das Teilchen seine konstante Geschwindigkeit erreicht hat, muß die Gravitationskraft gleich dem Reibungswiderstand sein. Bedeutet g die Gravitationskonstante, d das spezifische Gewicht des Teilchens, d_1 das spezifische Gewicht der Flüssigkeit, so ist also

$$6\,\pi\, r\, \eta\, v = {}^4/_3\,\pi\, r^3\,(d - d_1)\, g.$$

Daraus errechnet sich $v = {}^2/_9\, g\, r^2 \frac{d - d_1}{\eta}$.

Wird das spezifische Gewicht der Bodenteilchen d im Mittel als 2,65, das von d_1 (Wasser) als 1, die innere Reibung des Wassers als 0,01006 gesetzt und v in Zentimetern für eine Sekunde gemessen, so bekommt man

$$v = 3{,}58 \cdot 10^4\, r^2,$$

$$r = \sqrt{\frac{v}{3{,}58 \cdot 10^4}}.$$

Zur Trennung der Bodenteilchen durch Bestimmung des spezifischen Gewichtes einer Bodenaufschlämmung haben G. Wiegner und H. Gessner[6]) ein Verfahren ausgearbeitet und einen entsprechenden Apparat konstruiert.

c) Physikalische Bodenuntersuchung

Des beschränkten Raumes halber seien im nachfolgenden nur die wichtigsten physikalischen Bodeneigenschaften, die den Landwirt näher interessieren, ganz kurz skizziert. Bezüglich ihrer Bestimmungsverfahren muß zum Teil auf die ausführlichen Handbücher verwiesen werden[7]).

1. Spezifisches Gewicht. Gewöhnlich wird es so bestimmt, daß man ein Pyknometer mit destilliertem Wasser von 15° anfüllt und das Gewicht ermittelt. 10 bis 15 g Boden, dessen Feuchtigkeitsgehalt durch Trocknen bei 105° bestimmt wurde, werden mit wenig Wasser aufgekocht, bis die ganze Luft ausgetrieben ist. Nach völliger Abkühlung befördert man den Bodenbrei in das Pyknometer, fügt soviel destilliertes Wasser von 15° hinzu, bis das Kölbchen wieder ganz gefüllt ist, und wägt hierauf. Das Gewicht des angewandten Bodens minus dem der entsprechenden Menge Wasser, die bei 100° ausgetrieben wurde, zu dem des mit Wasser plus Boden gefüllten Kölbchens addiert und hievon dasjenige des mit Wasser plus Boden gefüllten Kölbchens abgezogen, ergibt das Gewicht des Volumen Wassers, welches demjenigen der angewandten Bodenmenge gleich ist.

---

[1]) Schöne, E.: Über Schlämmanalyse und einen neuen Schlämmapparat. Berlin. 1867.
[2]) Kopecky, J.: Die Bodenuntersuchung zum Zwecke der Drainagearbeiten mit besonderer Berücksichtigung der Ausführung mechanischer Bodenanalysen mittels eines neu kombinierten Schlämmapparates. Prag. 1901.
[3]) Hilgard, E. W.: Forschungen auf dem Gebiete der Agrikulturphysik, 21, 441. 1879.
[4]) Krauß, G.: Compt. rend. Rom. 1924.
[5]) Oden, S.: Ztschr. f. Kolloidchemie, 18, 33. 1916
[6]) Wiegner, G.: Über eine neue Methode der Schlämmanalyse. Landw. Versuchsst., 91, 41. 1918. — Geßner, H.: Der Wiegnersche Schlämmapparat und seine praktische Anwendung. Kolloid. Ztschr., 38, 115. 1926.
[7]) Siehe Fußnote [4]) auf Seite 355.

2. Volumengewicht (scheinbar spezifisches Gewicht, Raumgewicht). Während sich das spezifische Gewicht des Bodens nur auf das von fester Bodensubstanz erfüllte Volumen ausschließlich der Poren bezieht, schließt die Zahl für das Volumengewicht die Bezugnahme auf das gesamte Umfangsvolumen des Bodens, also unter Einrechnung der Bodenhohlräume (der Poren) in sich. Dieses Volumengewicht ist beim gleichen Boden verschieden, je nach der dichteren oder lockeren Lagerung bzw. dem Feuchtigkeitsgehalt des Bodens. Das Volumengewicht wird am besten an Erdsäulen in natürlicher Lagerung und unveränderter Struktur ermittelt. Man verwendet hiezu ein 10 cm^3 langes und ebenso weites Eisenrohr, das nach unten sich etwas verjüngt, und treibt es senkrecht in den Boden ein. Ist das Rohr völlig eingetrieben, so wird es durch einen Deckel geschlossen und hochgezogen; durch Wägung des Bodenzylinders in ungefülltem und gefülltem Zustand, Bestimmung der Bodenfeuchtigkeit an der Entnahmestelle und Ermittlung der meßbaren Volumenabnahme der ausgestochenen Bodenzylinder beim Austrocknen erhält man das scheinbare spezifische Gewicht des trockenen „gewachsenen“ Bodens.

3. Porenvolumen (Porosität). Unter „Porenvolumen“ versteht man das Volumen, welches die eingeschlossene Luft, bezogen auf 100, einnimmt. Vom Porenvolumen oder Hohlraumvolumen hängt die Porosität des Bodens ab und wird die Lagerungsweise der Bodenteile beeinflußt. Das Porenvolumen errechnet sich nach der Formel $\frac{s-v}{s} \times 100$, wobei s das spezifische Gewicht, v das Volumengewicht ist. Die unmittelbare Bestimmung des Porenvolumens erfolgt bei feinkörnigen Mineralböden durch Messung der zur kapillaren Sättigung notwendigen Wassermenge. Da diese Methode bei Torf nicht durchgeführt werden kann, wird der Torf unter Toluol ausgekocht und die verdrängte Luft bestimmt.

4. Wasserkapazität. Die Fähigkeit des Bodens, bei der Berührung mit Wasser davon eine gewisse Menge zurückzuhalten, bezeichnet man als wasserhaltende Kraft oder Wasserkapazität. Sie wird bestimmt, indem man in flache, zylindrische Blechgefäße bekannten Rauminhaltes mit durchlochtem Boden, der mit einem Leinwandläppchen ausgekleidet wird, den trockenen Boden nach Tarierung des Gefäßes einfüllt und so lange in eine flache, wassergefüllte Wanne stellt, bis keine Gewichtszunahme mehr erfolgt. Die aufgenommene Wassermenge wird auf Gewicht oder Volumen des Bodens bezogen.

5. Filtrationsfähigkeit bzw. Wasserdurchlässigkeit. Darunter versteht man die Eigenschaft des Bodens, das Wasser in längerer oder kürzerer Zeit durchsickern zu lassen.

6. Kapillaranziehung (Wasseraufsaugungsvermögen). Das Aufsaugungsvermögen steht in engster Beziehung zur mechanischen Zusammensetzung des Bodens; je feiner die Gemengteile sind, desto mehr kapillare Hohlräume sind vorhanden und desto größer ist naturgemäß das Aufsaugungsvermögen.

7. Wasserverdunstungsfähigkeit des Bodens. Während im Schatten bei gewöhnlicher Zimmertemperatur alle Böden ein fast gleiches Verdunstungsvermögen haben, machen sich die Eigenartigkeiten der verschiedenen Böden deutlich bemerkbar, wenn man diese in hinreichend dicken Schichten im Freien dem wechselnden Einfluß des direkten Sonnenlichtes und des Schattens aussetzt.

8. Durchlüftungsfähigkeit des Bodens. Unter Durchlüftungsfähigkeit versteht man den größeren oder geringeren Widerstand, den verschiedene Bodenarten im nassen Zustand dem Durchgang der Luft entgegensetzen. Nicht nur für hygienische Bodenuntersuchungen ist diese Bestimmung wichtig, sondern auch dafür, ob eine Entwässerung auf dem Felde notwendig ist.

9. Die Absorption des Bodens für Sauerstoff der atmosphärischen Luft. Chemische und physikalische Ursachen bedingen diese Absorption. Die physikalische Absorption wird durch eine Verdichtung des Sauerstoffes auf der Oberfläche der Bodenteilchen bewirkt, die chemische Bindung verläuft durch Oxydation vorhandener Eisenoxydulverbindungen, Humussubstanzen und Sulfide.

10. Die Absorptionsvermögen des Bodens für Wasserdampf bzw. Hygroskopizität des Bodens. Trockener Boden besitzt das Vermögen, je nach der Tempe-

ratur und dem Feuchtigkeitsgehalt der Luft Wasserdampf aufzunehmen und zu verdichten. Mitscherlich-Rodewald[1]) verstehen unter „Hygroskopizität“ die Wassermenge, welche der Boden enthält, wenn seine Oberfläche bzw. die Summen der Oberfläche der einzelnen Bodenteilchen, gerade mit einer Schicht Wasser bedeckt ist, bezogen auf 100 Gewichtsteile des lufttrockenen Bodens. Somit ist die Hygroskopizität eine der Bodenoberfläche proportionale Größe. Da nun die Bodenoberfläche ein für den einzelnen Boden typischer und gleichbleibender Ausdruck ist, durch welche viele landwirtschaftlich wichtige physikalische Eigenschaften mitbedingt werden, ist die Hygroskopizität eine wichtige Bodenkonstante.

11. Wärmeabsorption des Bodens. Die Farbe, Neigung und Wärmekapazität der Bodenarten bedingen die Erwärmungsfähigkeit des Bodens. Von größter Bedeutung für die Wärmeabsorption ist jedoch der größere oder geringere Wassergehalt der Böden, nicht nur deshalb, weil feuchte Böden durch die an ihrer Oberfläche sich abspielende Verdunstung stark abgekühlt werden, sondern auch weil 100 g Wasser 100 Wärmeeinheiten bedürfen, um auf 1° C erhöht zu werden, während dieselbe Gewichtsmenge Ton nur 17,8 und Sand 12,8 Wärmeeinheiten dazu benötigen.

12. Wärmeleitungsfähigkeit. Unter der Wärmeleitungsfähigkeit versteht man die in Kalorien ausgedrückte Wärmemenge, welche durch eine ebene Schicht von 1 cm Dicke und 1 cm^2 Querschnitt in der Sekunde hindurchgeht, falls der Temperaturunterschied zu beiden Seiten der Schicht 1° beträgt. Das Leitungsvermögen der einzelnen Bodenbestandteile ist im allgemeinen gering. Ein kleiner Gehalt an Feuchtigkeit steigert jedoch die Leitfähigkeit des Bodens bedeutend.

13. Benetzungswärme. Benetzungswärme eines Bodens (Bodenenergie) nennt man jene Wärmemenge, die ein Boden bei seiner Benetzung mit Wasser entwickelt. Größe und Form der Oberfläche sowie die spezifischen Adhäsionskonstanten der einzelnen Bestandteile bedingen diese Bodeneigenschaften.

14. Der osmotische Druck des Bodens[2]). Trennt man den Boden vom Wasser durch eine semipermeable Membran, so nimmt er Wasser auf, und zwar ist die Wasseraufnahme um so größer, je höher der Gehalt des Bodens an löslichen Salzen ist. Eine geeignete semipermeable Membran läßt sich in Chamberland-Pasteurschen Filterkerzen in der Weise erzeugen, daß die gereinigten und getrockneten Kerzen mit Gelatine getränkt und diese mit Formaldehyd wasserunlöslich gemacht wird, worauf die Filterkerzen innen mit einer 4,2%igen Ferrozyankaliumlösung getränkt und 48 Stunden in eine 5%ige Kupfersulfatlösung gehängt werden.

15. Die elektrolytische Leitfähigkeit des Bodens ist ein Maß für den Gehalt des Bodens an gelösten Salzen[3]).

d) Chemische und pflanzenphysiologische Bodenuntersuchung

Die chemische Bodenuntersuchung hat die Aufgabe, über den Gehalt des Bodens an Pflanzennährstoffen ein Bild zu liefern.

Zur chemischen Untersuchung wird der Feinboden verwendet, also jener Anteil des Bodens, der durch trockenes Absieben mittels eines 2-mm-Siebes erhalten wird. In dieser Feinerde kann man entweder für rein wissenschaftlich-bodenkundliche Untersuchungen die Gesamtheit aller im festen Boden enthaltenen Stoffe durch eine sogenannte Bauschanalyse ermitteln oder man bestimmt nur jenen Anteil an Nährstoffen, der in gewissen Extraktionsmitteln löslich ist. Bei der Bauschanalyse wird der Boden entweder mit Kaliumnatriumkarbonat oder mit Flußsäure aufgeschlossen; über die Art der chemischen Bindung der bestimmbaren Stoffe sagt uns aber die Bauschanalyse nichts. Betrachtet man den Boden nur als Pflanzenstandort, so werden bei dieser Art der Analyse auch Stoffe mitbestimmt, welche für die Pflanzenernährung belangslos sind.

---

[1]) Mitscherlich: Bodenkunde für Land- und Forstwirte. Berlin. 1923; vgl. auch Landw. Jahrb., 31, 675. 1902, und Landw. Versuchsst., 59, 433. 1904.

[2]) König, J. und J. Hasenbäumer: Ztschr. f. angew. Chem., 22, 1009, 1070. 1909. — König, J., Hasenbäumer, J. und H. Großmann: Landw. Versuchsst., 69, 1. 1908.

[3]) Bezüglich der physikalischen Bodenuntersuchungen vgl. auch Jannert, H.: Neue Methoden zur Bestimmung der wichtigsten physikalischen Grundkonstanten des Bodens, Landw. Jahrb., 66, 425. 1927.

Das Verfahren, die Nährstoffe des Bodens durch Extraktion mit gewissen Lösungsmitteln zu bestimmen, stellt sich mehr in den Dienst der landwirtschaftlichen Praxis. Allerdings ist es noch ein Problem der Agrikulturchemie (und weiter unten soll darauf näher eingegangen werden), einen Weg ausfindig zu machen, der tatsächlich nur die pflanzenaufnehmbaren („wurzellöslichen") Nährstoffe erfaßt. Je stärker das zur Anwendung kommende Extraktionsmittel ist, desto eher ist jedoch die Möglichkeit gegeben, daß das gesamte Nährstoffkapital zur Bestimmung gelangt, also sozusagen der „potentielle" Nährstoffvorrat des Bodens.

Für die Gesamtnährstoffanalyse wird für gewöhnlich Salzsäure, und zwar der verschiedensten Konzentration, vorgeschlagen. Um nicht nur die Karbonate, Sulfate, Phosphate und aufgeschlossenen Silikatbasen (Tonerde, Eisenoxyd und Alkalien), sondern auch die austauschfähigen Silikate (Zeolithe) in Lösung zu bringen, so daß der Rückstand nur mehr aus Quarz, Rohton und Kalisilikaten besteht, arbeitet J. König[1]) so, daß er 100 g Feinboden mit 300 cm^3 rauchender Salzsäure von spezifischem Gewicht 1,19 im Kolben mit Steigrohr drei Stunden auf dem Drahtnetz erhitzt und in kräftigem Sieden erhält. In einer Porzellanschale wird dann der Inhalt des Kolbens auf dem Wasserbad zur Trockne verdampft und der Rückstand zur Zerstörung der organischen Substanzen mehrmals mit Salpetersäure versetzt. Die Lösung wird hierauf filtriert, gründlich ausgewaschen und Filtrat samt Waschwasser in einer Porzellanschale auf dem Wasserbad zur Trockne verdampft, der Rückstand nochmals mit Salzsäure eingedampft, filtriert und das Filtrat in einen Meßzylinder gebracht und auf ein bestimmtes Volumen aufgefüllt. Auf Einzelheiten der weiteren analytischen Trennung kann hier nicht eingegangen werden; es sei nur das Prinzip der Bestimmung der wichtigsten Pflanzennährstoffe (Kalk, Magnesia, Phosphorsäure, Kali) kurz geschildert.

Nach dem Abscheiden der Kieselsäure wird aus einem aliquoten Teile der obigen „Stammlösung" Eisen, Aluminium, Phosphorsäure, Mangan mit Ammoniak ausgefällt (bzw. wenn erforderlich, zuerst voneinander getrennt und jedes für sich bestimmt) und im Filtrat davon das Kalzium mit Hilfe von Ammonoxalat in der Siedehitze als Kalziumoxalat niedergeschlagen. Durch Glühen wird dieses Kalziumoxalat in Kalziumoxyd verwandelt und zur Wägung gebracht. Im Filtrat vom gefällten Kalziumoxalat wird mit Hilfe von Ammonphosphat das Magnesium als Magnesiumammoniumphosphat abgeschieden, durch Glühen in Magnesiumpyrophosphat übergeführt und in dieser Bestimmungsform gewogen.

Die Bestimmung der Phosphorsäure erfolgt in einem aliquoten Teil der „Stammlösung" in der Weise, daß zunächst die Kieselsäure abgeschieden und im Filtrat davon nach dem Vertreiben der Salzsäure durch Salpetersäure in der salpetersauren Lösung die Phosphorsäure mit Ammonmolybdat gefällt wird. Der erhaltene gelbe Niederschlag von Ammonphosphorsäuremolybdat wird in Ammoniak gelöst und mit Hilfe von Magnesiamixtur schließlich die Phosphorsäure als Magnesiumammoniumphosphat niedergeschlagen und durch Glühen in Magnesiumpyrophosphat übergeführt.

Die Bestimmung des Kaliums wird in einem weiteren aliquoten Teile der ursprünglichen „Stammlösung" so durchgeführt, daß es nach verschiedenen analytischen Operationen, die hier nicht im einzelnen geschildert werden können, mit Hilfe von Überchlorsäure in alkoholischer Lösung als Kaliumperchlorat zur Wägung gelangt.

Die Gesamtstickstoffbestimmung wird unmittelbar im lufttrockenen Feinboden nach der Methode Kjeldahl durch Aufschluß mit Schwefelsäure bei Gegenwart von Quecksilber als Katalysator und Überdestillieren des durch Übersättigen mit Natronlauge frei gemachten Ammoniaks in vorgelegte titrierte Salzsäure bzw. Zurücktitrieren der überschüssigen Salzsäure mit Lauge ausgeführt.

Ebenso wird die Bestimmung des mechanisch adsorbierten Wassers bzw. des Humus im lufttrockenen Feinboden durchgeführt. Das hygroskopische Wasser wird durch Trocknen bei 100° bis zur Gewichtskonstanz, die Humusstoffe werden durch Elementaranalyse oder Oxydation mit Chromsäure ermittelt. Diese Humuskörper

[1]) König, J.: Die Untersuchung landw. wichtiger Stoffe. Berlin. 1923.

besitzen schwachsaure Reaktion und vermögen Mineralsalze zu adsorbieren. Von saurem (adsorptiv ungesättigtem) Humus spricht man dann, wenn die Salzmengen zur Sättigung nicht ausreichen. Im Gegensatze dazu versteht man unter neutralem (adsorptiv gesättigtem) Humus einen solchen, der mit Salzen bzw. Basen entsprechend abgestumpft ist.

Obige Ausführungen der chemischen Analyse beziehen sich in erster Linie auf Mineralböden. Bei Moorböden sind zum Teile besondere Untersuchungsmethoden notwendig.

Da die eben geschilderte Gesamtnährstoffanalyse des Bodens unter Verwendung von Salzsäure als Extraktionsmittel uns kein Bild über die von den Pflanzen aufnehmbaren (wurzellöslichen) Nährstoffe gibt, deren Kenntnis aber gerade für den Praktiker zur Feststellung des Düngerbedürfnisses seiner Böden von allergrößter Bedeutung wäre, so ist es schon seit langem ein Problem der Bodenkunde und Agrikulturchemie, Methoden zur Feststellung der leicht aufnehmbaren Nährstoffe ausfindig zu machen.

Dieses Ziel zu erreichen, bemühen sich vor allem eine Reihe rein chemischer Methoden, die mit schwächeren, mehr der Azidität der Wurzelsäfte nahekommenden Lösungsmittel die Nährstoffe zu extrahieren versuchen. So verwenden Biéler-Chatelan[1]) bzw. E. A. Mitscherlich[2]) kohlensäurehaltiges Wasser, andere Forscher Essigsäure, Oxalsäure, Salpetersäure, Zitronensäure, Ammonzitrat, Ammonchlorid, Kalkwasser, Kalziumchlorid usw. J. König versuchte durch Dämpfe unter höherem Druck durch Oxydation des Bodens mit Wasserstoffperoxyd bzw. durch Behandlung des Bodens mit elektrischem Gleichstrom die löslichen Bodenbestandteile zu ermitteln[3]).

König und Hasenbäumer[4]) haben zur Bestimmung des Düngerbedarfes des Bodens ein Verfahren ausgearbeitet, bei welchem als Lösungsmittel eine 1%ige Zitronensäure (bzw. für den Stickstoff eine 1%ige K_2SO_4-Lösung) genommen wird. Der Vorrat eines Bodens an aufnehmbaren Nährstoffen zur Erzielung einer guten Mittelernte ist als ausreichend anzusehen, wenn der Boden 140 bis 150 mg N, 240 bis 250 mg P_2O_5 und 160 bis 170 mg K_2O in 1% Zitronensäurelösung lösliche Mengen Nährstoffe für 1 kg in der 20 cm tiefen Schicht enthält. Um die fehlenden Mengen der drei wichtigsten Nährstoffe berechnen zu können, sind außer der Menge der durch 1% Zitronensäurelösung löslichen Nährstoffe weiter erforderlich die Mengen der durch eine Vollernte von den verschiedenen Kulturpflanzen dem Boden entzogenen Nährstoffe, die Höhe der prozentualen Ausnutzung der leichtlöslichen Nährstoffe der verschiedenen Böden durch verschiedene Pflanzen und die Höhe der Ausnutzung der Nährstoffe des Stalldüngers bzw. der Mineraldünger. Von diesen zur Berechnung des Düngerbedarfes benötigten Werten muß man den Gehalt des betreffenden Bodens an den durch die 1%ige Zitronensäure bzw. Kaliumsulfatlösung löslichen Nährstoffen in jedem einzelnen Fall vorher ermitteln, während die übrigen erforderlichen Größen aus Tabellen entnommen werden können.

Lemmermann[5]) arbeitet mit dem Begriff der relativen Löslichkeit und versteht darunter das Verhältnis von in 1% Zitronensäure löslicher Phosphorsäure zur Gesamtphosphorsäure. Ist diese Relation kleiner als 25, so betrachtet Lemmermann solche Böden als phosphorsäurebedürftig. E. Ramann, S. März und H. Bauer[6]) bestimmen die Pflanzennährstoffe in den Bodenpreßsäften. Sehr beachtenswert zur Ermittlung der Phosphorsäurebedürftigkeit ist auch das Verfahren von M. v. Wrangell[7]), das ebenfalls mit dem Bodenpreßsaft arbeitet.

Zur Bestimmung der Kali- und Phosphorsäurebedürftigkeit der Böden geht H. Neubauer[8]) in der Weise vor, daß er einer großen Anzahl Keimpflanzen eine

---

[1]) Biéler-Chatelan: Compt. rend., 150, 716. 1910

[2]) Mitscherlich, E. A.: Landw. Jahrb., 36, 309. 1907.

[3]) König, J., Hasenbäumer, J. und H. Großmann: l. c. — König, J., Hasenbäumer, J. und C. Hassler: Landw. Versuchsst., 74, 377. 1911; Zeitschr. f. angew. Chem., 34, 2341. 1911.

[4]) König, J.: Ermittlung des Düngerbedarfes des Bodens. Deutsch. landw. Presse, 54, 727. 1927.

[5]) Lemmermann, Einecke und Fresenius: Landw. Versuchsst., 89, 81. 1916.

[6]) Ramann, E., März, S. und H. Bauer: Landw. Versuchsst., 88, 380. 1916; Intern. Mittlg. f. Bodenkunde, 6, 1. 1916.

[7]) Wrangell, M. v.: Landw. Jahrb., 63, 627. 1926; 63, 707. 1926; 63, 739. 1926.

[8]) Neubauer und Schneider: Ztschr. f. Pflanzenernährung und Düngung, 2 (A), 329. 1923.

kleine Menge Boden darbietet, so daß die Wurzeln der darbenden Keimpflanzen die Nährstoffe des Bodens gierig aufsaugen. Neubauer benutzt somit als Aufschließungsmittel für die wurzellöslichen Nährstoffe die Pflanzen selbst. 100 g des zu untersuchenden Bodens werden mit 300 g Glassand vermischt und 100 Roggenkörner eingesät. Nach achtzehn Tagen werden die Pflänzchen geerntet, verascht und die Asche auf Kali und Phosphorsäure untersucht. Von diesen Mengen Kali und Phosphorsäure werden jene Werte an diesen Stoffen abgezogen, die in einem „blinden" Versuch (die gleiche Versuchsanordnung, aber ohne den zu untersuchenden Boden) ermittelt wurden. Falls von den 100 Roggenpflänzchen aus einem Boden 24 mg K_2O und 8 mg P_2O_5 aufgenommen werden, betrachtet H. Neubauer einen solchen Boden als mit Kali und Phosphorsäure genügend versorgt. Eine Flut von Literatur beschäftigt sich in den letzten Jahren mit dieser Methode, insbesondere mit ihren Grenzzahlen.

Im Mittelpunkt lebhaftester wissenschaftlicher Debatte steht auch das Verfahren von E. A. Mitscherlich[1]) zur Bestimmung der Düngebedürftigkeit der Böden. Dieser Forscher verwendet als Versuchspflanze Hafer und stellt das Düngungsbedürfnis eines Bodens für Stickstoff, Phorphorsäure und Kali in Vegetationsgefäßen fest, indem er dem zu untersuchenden Boden auf der Grundlage des Mangeldüngungsversuches systematisch die entsprechenden Düngemittel verabreicht. Wird durch die Zufuhr eines dieser Nährstoffe der Ertrag erhöht, so leidet somit der Boden Mangel an dem betreffenden Nährstoff. Die durch einen bestimmten Nährstoff noch zu erzielende Ertragssteigerung ist um so größer, je steigerungsfähiger die Ernte auf dem jeweiligen Boden überhaupt noch ist, also je mehr noch zur Erlangung eines Maximalertrages fehlt. Bei diesem seinen Gesetz von den physiologischen Beziehungen bzw. Wirkungsgesetz der Wachstumsfaktoren[2]) glaubt nun Mitscherlich annehmen zu können, daß die Wirkung der einzelnen Wachstumsfaktoren (Wasser, Licht, Nährstoff) nicht nur für die gleiche Pflanze, sondern überhaupt für alle Pflanzen unter den verschiedensten Bedingungen konstant ist. Auf Grund dieser Voraussetzung benutzt Mitscherlich die durch die geschilderten Gefäßversuche erzielten prozentualen Ernteerträge zur Berechnung des in der Flächeneinheit enthaltenen Vorrates an Stickstoff, Phosphorsäure und Kali. Die Hauptangriffe gegen die Methode richten sich darauf, ob tatsächlich der einmal festgelegte Wirkungswert eines Pflanzennährstoffes eine unter allen Bedingungen konstante Größe vorstellt, was durch die neueren Forschungen auf diesem Gebiet immerhin sehr problematisch geworden ist[3]).

H. Christensen[4]) und im Anschluß daran H. Niklas haben Wachstum und Art des Gedeihens des Azotobakter chroococcum Beijerinck zur Ermittlung des Kalkbedürfnisses der Böden verwendet, da dieser Mikroorganismus bei einem pH-Wert unter 6,0 nicht mehr gut gedeiht. H. Niklas[5]) hat später auch ein Verfahren ausgearbeitet, um die Phosphorsäurebedürftigkeit der Böden mit Hilfe des Azotobakter festzustellen.

Zahlreiche Forscher bemühten sich, die Ermittlung der aufnehmbaren Nährstoffe des Bodens aus dem Aschengehalt der auf ihm gewachsenen Pflanzen an Kali und Phosphorsäure zu ergründen[6]). Insbesondere bei den Wiesenböden versuchte man, auf Grund der Menge der Dürrfutterasche an Kali und Phosphorsäure des Nährstoffbedürfnisses durch hiefür aufgestellte Grenzzahlen zu errechnen[7]). Doch schwanken diese festgelegten Grenzzahlen sehr und außerdem ist daran zu erinnern,

---

[1]) Mitscherlich, E. A.: Die Bestimmung des Düngebedürfnisses der Böden. Berlin. 1924.
[2]) Mitscherlich, E. A.: Landw. Jahrb., 56, 71. 1921.
[3]) Vgl. hiezu Lemmermann, O., Hasse, P. u. W. Jessen: Die Beziehungen zwischen Pflanzenernährung u. Pflanzenwachstum u. die Methode Mitscherlichs zur Bestimmung des Düngebedürfnisses des Bodens. Ztschr. f. Pflanzenernährung, Düngung u. Bodenkunde, (B), 7, 49. 1928.
[4]) Christensen, H. R.: Untersuchungen über das Kalkbedürfnis des Bodens. Ztschr. f. Pflanzenernährung und Düngung, 1 (A), 265. 1922.
[5]) Niklas, H. und W. Hirschberger: Ztschr. f. angew. Chem., 37, 955. 1924. — Niklas, H.: Ztschr. f. Pflanzenernährung und Düngung, (A), 4. 1925.
[6]) Vgl. in dieser Hinsicht die umfassende Zusammenstellung in König, J.: Untersuchung landw. wichtiger Stoffe, S. 129. Berlin. 1923.
[7]) Wagner, P.: Arbeiten der D. L. G., H. 162, S. 102. 1909; Liechti, P. und E. Ritter: Landw. Jahrb. d. Schweiz, 31, 533. 1917. — Grete, A.: Landw. Jahrbuch der Schweiz, 25, 381. 1911. Zitiert nach Wiegner, G.: Anleitung zum quantitativen agrikulturchemischen Praktikum. Berlin. 1926.

daß die Aufnahme der Nährstoffe nicht proportional der Bildung von Pflanzenmasse erfolgt. In jüngster Zeit verwendet man immer mehr wässerige Bodenauszüge zur Ermittlung der wurzellöslichen Nährstoffe[1]). Vor kurzem hat H. Niklas[2]) eine Methode zur Ermittlung des Stickstoffbedarfes, des Ammoniak- und Nitratgehaltes des Bodens angegeben.

In den letzten Jahren ist immer mehr erkannt worden, wie wichtig es ist, über die Reaktion unserer Böden ein richtiges Bild zu gewinnen, da das Pflanzenwachstum vom Gehalt des Bodens an Wasserstoffionen („Wasserstoffionenkonzentration") weitgehend abhängig und ein optimales Gedeihen unserer Kulturpflanzen an eine ganz bestimmte Bodenreaktion geknüpft ist[3]). Insbesondere haben sich die stark sauren und stark alkalischen Böden als schädlich für die Vegetation erwiesen. Da war es zunächst wichtig, dem Praktiker möglichst einfache Methoden in die Hand zu geben, damit der Landwirt tunlichst auf dem Felde selbst sich über den ungefähren Reaktionszustand seines Ackers orientieren könne. Dazu dienen die Lakmus-, die Salzsäure-, die Rhodanid- und Salizylatprobe. Die Salzsäureprobe wird so durchgeführt, daß man aus dem Aufbrausen des Bodens bei Behandeln mit verdünnter Salzsäure auf seinen Gehalt an Kalziumkarbonat zurückschließt; findet keine Kohlensäureentwicklung statt, so ist der Boden als kalkfrei zu betrachten. Bei der Lakmusprobe wird der Boden mit einer 7,5%igen KCl-Lösung angefeuchtet und je ein Streifen blaues und rotes Lakmuspapier unmittelbar auf den Boden aufgedrückt; aus der Verfärbung erkennt man dann die ungefähre Reaktion. Die Rhodanidmethode von Comber-Hissink[4]) geht von der Tatsache aus, daß eine farblose alkoholische Lösung von Kaliumrhodanid durch saure Böden infolge Beteiligung des Eisens bei solchen Böden am Basenaustausch unter Bildung von Eisenrhodanid rot gefärbt wird. Anderseits entfärben alkalische Böden eine rote Lösung von Eisenrhodanid, da dieses nur in saurer Lösung beständig ist, bei alkalischer Reaktion aber zerstört wird. Leider ist die Rhodanidmethode nur mit lufttrockenen, nicht mit nassen Böden durchzuführen. Diesen Nachteil vermeidet das Salizylatverfahren, bei dem die Eigenschaft der Salizylsäure, mit Eisen rote Färbungen zu liefern, ausgenutzt wird[5]). Sowohl Rhodanid- als Salizylatmethode versagen aber, wenn die sauren Böden, wie dies insbesondere bei Bleicherden der Fall ist, überhaupt kein Eisen mehr enthalten.

Diese qualitativen Verfahren zur ungefähren Orientierung über die Bodenreaktion haben aber nur den Wert von Voruntersuchungen. Stets muß eine genaue quantitative Bestimmung des Säuregrades im Anschluß daran im chemischen Laboratorium von entsprechend geschultem Personal vorgenommen werden, falls man für die Praxis brauchbare Werte gewinnen will. In erster Linie ist es notwendig zu erfahren, wie hoch die tatsächlich vorhandene Wasserstoffionenkonzentration, die sogenannte „aktuelle Azidität", des Bodens ist[6]). Die genaueste Methode zur Bestimmung der Wasserstoffionenkonzentration ist die elektrometrische (potentiometrische) Messung, die entweder mit der Wasserstoff- oder mittels der Chinhydronelektrode durchgeführt wird. Daneben werden auch kolorimetrische Verfahren angewandt[7]). Will man die Kalkgaben errechnen, die zur Neutralisation der Bodenazidität notwendig sind, so muß man die sogenannte „Titrations-" oder „potentielle" Azidität ermitteln, die gewöhnlich nach Daikuhara[8]) durch Behandeln des Bodens mit KCl und Titration dieses Auszuges mit Normallauge erhalten wird. Für Moorboden haben Tacke-Süchting[9]) ein Verfahren zur Feststellung der freien Humus-

[1]) Nemec, A.: Kolorimetrische Kalibestimmung in wässerigen Bodenauszügen als Indikator der Düngungsbedürftigkeit. Biochem. Ztschr., 189, 50. 1927.
[2]) Niklas, H. und F. Grandel: Über die Beziehungen zwischen Pflanzen- und Bodennitraten und deren zweckmäßigste qualitative und quantitative Bestimmung nach zumeist eigenen Methoden. Heft 12 der Sammlung Naturwissenschaft und Landwirtschaft. Freising-München. 1927.
[3]) Mevius, W.: Reaktion des Bodens und Pflanzenwachstum. Heft 11 der Sammlung Naturwissenschaft und Landwirtschaft. Freising-München. 1927.
[4]) The Journal of Agricultural Science, 10, 420. 1920.
[5]) Niklas, H. und A. Hock: Illustr. landw. Ztg., Nr. 45. 1923.
[6]) Michaelis, L.: Die Wasserstoffionenkonzentration. Berlin. 1923.
[7]) Mislowitzer, E.: Die Bestimmung der Wasserstoffionenkonzentration von Flüssigkeiten. Berlin. 1928.
[8]) Daikuhara, G.: Jahresbericht für Agrikulturchemie, 55. 1914.
[9]) Süchting, H.: Landw. Versuchsst., 70, 13. 1909. — Tacke, B.: Chem. Ztg., 21, 174. 1897

säuren ausgearbeitet, das auf der Messung des aus Kalziumkarbonat durch die Humussäuren entwickelten Kohlendioxyds beruht.

Neben der Ermittlung der „aktuellen" und „potentiellen" Azidität ist für die Beurteilung eines Bodens auch die sogenannte „Pufferung" wichtig. Darunter versteht man den Widerstand, den ein Boden der Änderung seiner Reaktion entgegenstellt. Die bereits oben geschilderte Azotobaktermethode nach Christensen-Niklas ist ein ungefährer biologischer Ausdruck für diese Bodenpufferung. Ganz exakt wiedergegeben wird diese Größe durch die elektrometrische Titration, welche Methode darin besteht, daß man nach Bestimmung des p_H-Wertes[1]) eines Bodens systematisch n/50 oder n/100 Lauge bzw. Säure zugibt und jedesmal die veränderte p_H-Zahl mißt. Trägt man auf einer Abszisse die Anzahl Kubikzentimeter zugefügter Lauge bzw. Säure, auf der Ordinate die entsprechenden p_H-Werte auf und verbindet die so gewonnenen Punkte durch eine Kurve, so zeigt deren Verlauf die Bodenpufferung an und läßt außerdem auf die Natur der vorliegenden Säure bzw. Salze einen Rückschluß zu[2]).

Bei der großen Bedeutung für die Fruchtbarkeit eines Bodens bilden die Bodenkolloide derzeit einen Hauptgegenstand bodenkundlicher Forschung. Die früher besprochene physikalische und mechanische Bodenanalyse geben bereits wichtige Anhaltspunkte für den Kolloidgehalt des Bodens. Kolloide bzw. Zeolithe kolloider Beschaffenheit sind die Träger des Nährstoffaustausches in den Böden, indem sie zwar die verschiedenen Substanzen der Bodenlösung absorbieren (bzw. adsorbieren), diese aber wieder gegen andere Stoffe austauschen können. Neben den Methoden von Schlösing, Hilgard und vam Bemmelen ist die Ermittlung der Bodenkolloide durch Elektrolyse (Kataphorese) und durch Adsorption von Farbstoffen wichtig[3]). Die Oberflächenentwicklung der Kolloide wird am besten durch die oben geschilderte Hygroskopizitätsbestimmung von Mitscherlich-Rodewald wiedergegeben.

Die Fähigkeit des Bodens, einzelne ihm in Lösung dargebotene Substanzen zurückzuhalten, nennt man Absorption; diese Bodeneigenschaften dürften mehr auf chemischen als auf physikalischen Vorgängen beruhen (daher nicht Adsorption, sondern Absorption genannt). Da die Absorption zur Fruchtbarkeit der Böden in Beziehung steht, ist ihre Bestimmung nicht ohne Interesse. Ihre Ermittlung erfolgt im Prinzip in der Weise, daß Lösungen von Ammonchlorid, Kaliumnitrat, Kalziumnitrat, Magnesiumsulfat und Monokalziumphosphat mit dem betreffenden Boden eine gewisse Zeit in Berührung gebracht und dann die Menge des aufgenommenen Nährstoffes bestimmt wird.

Einige Forscher meinten, in der Eigenschaft des Bodens, Wasserstoffperoxyd unter Entwicklung von Sauerstoff zu ersetzen („katalytische Kraft"), ein Maß für die Bodenfruchtbarkeit erblicken zu können. Doch haben neuere Forschungen ergeben, daß dies nicht in der erwarteten Weise zutrifft[4]).

In gewisser Hinsicht ist die beste Methode zur Feststellung des Düngerbedürfnisses des Bodens noch immer der exakte Pflanzenversuch. Dabei muß zwischen dem wissenschaftlichen Gefäßvegetationsversuch bzw. dem Feldversuch unterschieden werden. Während der Feldversuch unter den gleichen Voraussetzungen wie die praktische Landwirtschaft arbeitet, können bestimmte wissenschaftliche Fragen der Pflanzenernährung nur durch den Gefäßversuch gelöst

[1]) Unter Wasserstoffionenkonzentration bzw. Wasserstoffzahl ([H^+] oder h), versteht man die Menge der Wasserstoffionen (H^+) im Liter. Diese Wasserstoffionen bedingen auf Grund der Theorie der elektrolytischen Dissoziation das Wesen einer Säure; je größer die Wasserstoffionenkonzentration, das heißt also, je mehr die Säure elektrolytisch gespalten ist, desto „stärker" ist sie. Auch chemisch reines Wasser ist in Ionen aufgespalten nach der Gleichung: $H_2O \rightleftarrows H^+ + OH^-$. Nach den Messungen der Physik befinden sich in solch chemisch reinem Wasser, also bei neutraler Reaktion, 10^{-7} g h im Liter. Bei saurer Reaktion ist $h > 10^{-7}$, bei alkalischer $h < 10^{-7}$. Nach dem Vorschlag von Sörensen führt man den Ausdruck pH = Wasserstoffexponent = — log h ein. Die neutrale Reaktion wird dann durch eine pH-Zahl von 7, die saure durch eine pH-Zahl < 7, die alkalische durch pH > 7 definiert.

[2]) Niklas, H. und A. Hock: Landw. Versuchst., 104, 93. 1925.

[3]) Stollenwerk, W.: Kolloidchemie. Stuttgart. 1927; — Hager, G.: Die Methoden zur Untersuchung der Bodenkolloide und ihrer Eigenschaften. Handbuch der biologischen Arbeitsmethoden, herausgegeben von Abderhalden, E.: Abt. XI, T. 3, H. 2. Berlin u. Wien: Urban & Schwarzenberg.

[4]) Scharrer, K.: Beiträge zur Kenntnis der Wasserstoffperoxyd zersetzenden Eigenschaft des Bodens. Landw. Versuchsst. 107, 143. 1928.

werden, bei dem vor allem gewisse Wachstumsfaktoren, wie insbesondere der Faktor Wasser, genau beherrscht werden[1]).

e) Biologische Bodenuntersuchung

Der Boden ist keine tote Masse, sondern erfüllt von tätigstem Leben. Erst in den letzten Jahren beginnt man langsam damit, der Biologie des Bodens jene Bedeutung zuzumessen, die sie tatsächlich verdient. Neben der allgemeinen Feststellung der im Boden vorhandenen Art von Mikroorganismen ist die Untersuchung jener Mikroben, die an den Umsetzungen des Kohlenstoffs, Stickstoffs, Schwefels, Phosphors beteiligt sind, von Interesse. Auf Einzelheiten hier einzugehen, verbietet der knappe zur Verfügung stehende Raum, weshalb auf die Spezialliteratur verwiesen werden muß[2]).

f) Mineralogisch-petrographische Bodenuntersuchung

Diese Analyse gibt uns nicht nur Aufschluß über die Entstehungsart des Bodens, sondern auch über seinen sogenannten „eisernen Bestand". Darunter versteht man die Nährstoffreserve, die „nachschaffende Kraft", durch welche der Boden befähigt ist, auch ohne Zufuhr künstlicher Nährstoffe seine Fruchtbarkeit eine gewisse Zeit hindurch zu erhalten. Bei der mineralogischen Analyse leistet die auf der Mineraloptik beruhende mikroskopische Untersuchung wertvolle Dienste[3]).

g) Auswertung der Untersuchungsergebnisse

Die Ergebnisse der vorstehend geschilderten Bodenuntersuchung können auch in Bonitätskarten (agrogeologische Karten) eingetragen werden. Neben der Festlegung des Bodenprofils (Mächtigkeit der Bodenschicht), der Tiefe des Grundwasserstandes sind darin zu berücksichtigen der Wassergehalt bzw. Wasserkapazität und Durchlässigkeit, das Hohlraumvolumen, die chemische Analyse der Böden, der Gehalt an organischen Stoffen, an kohlensaurem Kalk, an Stickstoff, Phosphorsäure und Kali, die Menge wurzellöslichen Kali, Phosphorsäure, die Reaktionszahl und das Kalkbedürfnis.

Nach J. König[4]) soll die Zusammenstellung der Untersuchungsergebnisse enthalten:

1. Den geologischen Ursprung des Bodens,
2. die Tiefe der Ackerkrume und den Zustand des Untergrundes und der tieferen Schichten,
3. die klimatischen Verhältnisse und die Angabe der Höhenlage über dem Meeresspiegel,
4. die Art der Bestellung und Fruchtfolge in den vorhergehenden Jahren,
5. die Art und Menge der stattgehabten Düngung,
6. die in den vorhergehenden Jahren wirklich erzielten Ernteerträge (womöglich durchschnittliche Ernteerträgnisse beim Anbau der wichtigeren Kulturpflanzen angeben),
7. die praktische Beurteilung des Bodens, das heißt die Art und Weise, wie er von erfahrenen, in der Gegend ansässigen Landwirten, von ihrem Standpunkt

---

[1]) Pfeiffer, Th.: Der Vegetationsversuch. Berlin. 1922.

[2]) Löhnis, F.: Handbuch der landwirtschaftlichen Bakteriologie. Berlin. 1910; Löhnis, F.: Die Biologie des Bodens. Handbuch der Landwirtschaft. Berlin. 1928; Maassen und Behn: Mittlg. d. Biol. Reichsanstalt, 4, 38. 1907.

[3]) Steinriede, F.: Anleitung zur mineralogischen Bodenanalyse, insbesondere zur Bestimmung der feineren Bodenmineralien. Leipzig. 1921.

[4]) König, J.: Die Untersuchung landwirtschaftlich wichtiger Stoffe. Berlin. 1923.

aus, hinsichtlich Güte und Ertragfähigkeit im allgemeinen beurteilt wird. Besonders ist anzugeben, ob bestimmte Eigentümlichkeiten vorliegen,

8. Grundwasserstand,
9. Neigung des Bodens.

Da eine systematische Düngung und damit eine auf wissenschaftlicher Grundlage aufgebaute Pflanzenernährung nur dann einwandfrei möglich ist, wenn wir über das Düngebedürfnis der Böden völlig orientiert sind, nimmt es nicht wunder, wenn dieses wichtige bodenkundliche Problem heute im Mittelpunkt der agropedologischen und agrikulturchemischen Forschungen steht.

X. Tunnelgeologie

Von K. v. Terzhagi, Cambridge, Mass.

Tunnelgeologische Vorarbeiten sollen uns über jene geologischen Faktoren aufklären, deren Kenntnis zur Wahl der günstigsten Tunneltrasse und zur Einschätzung der Baukosten und der Bauzeit erforderlich ist. Die Baukosten hängen unter anderem von folgenden bautechnischen Faktoren ab: Gewinnungsfestigkeit des Gesteines, Gebirgsdruck, Auftreten örtlicher Zimmerungsbrüche und Wasserzufluß nach der Tunnelröhre. Hiezu können sich noch als erschwerende Faktoren Gaseinströmungen und hohe Temperatur gesellen. Die Aufgabe der Tunnelgeologie besteht demnach in der Aufdeckung der Beziehungen, die zwischen der geologischen Gebirgsbeschaffenheit und den eben aufgezählten bautechnischen Faktoren bestehen.

1. Gewinnungsfestigkeit

Tabelle 44 gibt eine Übersicht über die relative Gewinnungsfestigkeit der wichtigsten Boden- und Felsarten. Eine eindeutige Beziehung zwischen dem petrographischen Charakter eines Gesteines und seiner Gewinnungsfestigkeit besteht nicht, denn jede Gesteinsart (im petrographischen Sinn) umfaßt Mitglieder mit sehr verschiedener Gewinnungsfestigkeit. Dies gilt insbesondere von den Schiefer- und Mergelgesteinen. Obendrein kann die Gewinnungsfestigkeit desselben Gesteines je nach dem Grade der Verwitterung und der Klüftigkeit innerhalb weiter Grenzen schwanken.

Tabelle 44[1])

Bodenklasse	Bezeichnung der Bodenart	Arbeiter Tagwerke pro 1 m³ Aushub	Dynamit I pro 1 m³ Aushub	Gewinnungsfestigkeit in kgm pro 1 m³	Verhältniszahl der Gewinnungsfestigkeit
Ia	Milder Stichboden......	0,08	—	10400	1,0
Ib	Schwerer Stichboden ...	0,12	—	15600	1,5
IIa	Milder Hackboden......	0,16	—	20800	2,0
IIb	Schwerer Hackboden ...	0,20	—	26000	2,6
IIIa	Mildes gebräches Gebirge	0,30	—	39000	3,8
IIIb	Festes „ „	0,50	0,1	72500	7,1
IVa	Festes Sprenggestein ...	0,70	0,2	106000	10,2
IVb	Sehr festes Sprenggestein	1,00	0,3	152500	15,0
IVc	Höchstfestes „	1,60	0,5	245500	24,0

Beim Bau des Druckstollens der Mühlkraftwerke bei Partenstein (5740 m) durchfuhr man den Granit des böhmischen Massivs. In manchen Tunnelstrecken erwies sich der Granit als grobkristallin, standfest und hart, wenig zerklüftet, in anderen

[1]) Nach Rziha: Die Gewinnungsfestigkeit der Erd- und Felsmassen in Einschnitten. Zentralbl. der Bauverw. 1889, S. 176. Rziha bewertet ein Tagewerk mit 130000 kgm und die Nutzleistung von 1 kg Dynamit Nr. I mit 75000 kgm.

war er feinkörnig, zerklüftet, zerrieben und hochgradig wasserführend. Man mußte in den weichsten Strecken mit eisernen Vortriebpfählen arbeiten[1]). Ähnliche Erfahrungen wurden im Gneisgranit bei der Durchtunnelung des Kaskadengebirges in Washington gemacht. In England sind die zersetzten Teile des Granites unter dem Namen „pot grawen" bekannt und genießen infolge ihrer Druckhaftigkeit einen schlechten Ruf. Im Tunnel der Spullerseewerke (1895 m) war der Hauptdolomit streckenweise „standfest, deutlich geschichtet" und dann wieder „sehr stark zerklüftet, stellenweise zermahlen"[2]).

Beim Ton wird die Gewinnungsfestigkeit unter anderem durch die Adhäsion zwischen dem Ton und dem Werkzeug beeinflußt. Die Adhäsion hängt von der Beschaffenheit des Tones und vom Wassergehalt desselben ab. Nach den Versuchen der Rothampstead Versuchsanstalt weist die Adhäsion für die fetten dort untersuchten Tone zwei ausgesprochene Maxima auf (etwa bei 22% und 32% Wassergehalt), zwischen denen die Adhäsion beinahe auf die Hälfte sinkt, während man bei den mageren Tonen nur ein Maximum vorfand (etwa bei 18%)[3]).

Besondere Gewinnungsschwierigkeiten können aus dem Vorhandensein dünner Schmitzen von Quarz (durch Quarzinfiltration verheilte Sprünge, Haarrisse und Schichtaufblätterungen), derber Massen von Hornblendefels oder von Flint erwachsen. Wenn sich die Quarzadern schräg mit der Stollenbrust verschneiden, verursachen sie ein Abgleiten und Verbiegen des Bohrstahles.

Schwierigkeiten infolge von Quarzadern haben sich z. B. im Porcupine Gold Mining District in Canada oder nach Stiny im Gneise des Teigitschgebietes in der Steiermark ergeben. Im Brandleitetunnel der Erfurt-Grimmental-Ritschenhausen-Bahn geriet man in „krystalline Hornsteinporphyrstöcke", und der Baufortschritt ging (bei Handbetrieb) auf 0,4 bis 0,8 m per 24 Stunden herunter[4]). Mächtige, quer über den Stollen sich erstreckende Einsprengungen von Flint verursachten vor wenigen Jahren bei einem Tunnelbau in Kleinasien großen Geld- und Zeitverlust. In Persien scheiterte eine zur Aufschließung eines Ölfeldes ausgerüstete englische Unternehmung am Anfahren einer für die Bohrwerkzeuge undurchdringlichen Lage von Flint. Beim Bau des Rondout-Tunnels der Catskill Wasserversorgungsanlage von New York bestand das am schwierigsten zu gewinnende Gestein aus einem silurischen Konglomerat mit kieseligem Bindemittel (Shawangunkgrit). Das Konglomerat bestand fast ausschließlich aus abgerundeten Quarzkörnern und -geröllen, deren Größe von einem Bruchteil eines Millimeters bis zu 10 cm schwankte. Nachdem die Gewinnungskosten dieses Gesteines im Kostenvoranschlag einen wichtigen Posten darstellten, wurde die Gewinnungsfestigkeit vor Baubeginn durch das Vortreiben eines 30 m langen Probestollens ermittelt[5]).

Beim Durchtunneln unverfestigter eiszeitlicher Ablagerungen kann das Vorhandensein von großen Findlingen die Gewinnungskosten ungünstig beeinflussen.

2. Gebirgsdruck auf Tunnelröhren

Der Druck, den das Gebirge auf die Zimmerung und auf die Tunnelröhre ausübt, hängt von so mannigfaltigen Faktoren ab und ist theoretisch so schwer zu fassen, daß man sich bei der Vorhersage bestenfalls mit einer rohen Schätzung zufriedengeben muß. Genauere Angaben lassen sich nur aus den Erfahrungen

[1]) Randzio: Neuere Stollenbauten. Die Bautechnik, S. 343 bis 374. 1925.

[2]) Ampferer, O. und H. Ascher: Jahrb. der Geol. Bundesanstalt, 75. Bd., H. 3 u. 4. Wien. 1925.

[3]) Haines, W. B.: Studies in the physical properties of soils. I. Mechanical properties concerned in cultivation. The Journal of Agricultural Science, Vol. XV., Part. II, April 1925.

[4]) Der Brandleitetunnel der Eisenbahn Erfurt—Grimmental—Ritschenhausen. Zentralbl. der Bauverw., S. 192, 200. 1881.

[5]) White, L.: The Catskill Watersupply of New York City. New York. 1913. Siehe auch Berkey, Ch. P.: Geology of the New York City (Catskill) Aqueduct. Education Dept. Bulletin 489. Albassy N. Y., S. 45.

ableiten, die man beim Vortreiben des Richtstollens sammelt. Zur Bestimmung des auf die Zimmerung wirkenden Gebirgsdruckes schlägt A. Bierbaumer vor[1]), an den Verbindungsstellen der Grubenhölzer auf Druck kalibrierte Probehölzer einzubauen und die durch den Druck verursachten Einbiß- oder Brucherscheinungen zu beobachten. Tabelle 45 gibt eine Übersicht über die Werte, die der Gebirgsdruck bei verschiedener Gebirgsbeschaffenheit annehmen kann. Diese Werte wurden auf rein empirischem Weg aus den im Tunnelbau gemachten Erfahrungen abgeleitet.

Tabelle 45

Gebirgsbeschaffenheit	Firstdruck während der Minierung (Tonnen per m²)	Firstdruck während des weiteren Bestandes (Tonnen per m²)	Tunnelzimmerung Ausführung	Tunnelzimmerung Inanspruchnahme	Anmerkung
Fels, mehr oder weniger gebräch	0	8—12	schütter und leicht	keine oder unbedeutend	Geringer Auflockerungsdruck
Bindiger Schotter, sehr gebrächer Fels. Mildes Gebirge bei geringer Überlagerung	10	35	schütter und stark	gering	Größere Auflockerungsdrücke, welche während der Minierung nicht bemerkbar werden
Rolliger Schotter, sehr gebrächer Fels (Firstbrüche)	20—25	35	dicht und stark	nicht übermäßig	Größere Auflockerungsdrücke, welche schon während der Minierung bemerkbar werden. Voraussichtlich schwierige Stabilisierung
Mildes Gebirge, größere Überlagerung, druckhaft (auch schwimmend)	35	50	sehr dicht und stark	bedeutend	—
Mildes Gebirge, sehr große Überlagerung, sehr druckhaft	50	120	möglichst dicht und möglichst stark (harte Schwellen)	bis zum Bruch	—

Um jedoch vor Inangriffnahme des Baues aus der geologischen Beschaffenheit des Geländes auf die Größe der zu gewärtigenden Drücke zu schließen, muß man zunächst eine halbwegs klare Vorstellung von der Art des Zustandekommens dieser Drücke haben. Unsere Kenntnis ist auf diesem Gebiet trotz der im Laufe der letzten zwanzig Jahre gemachten Fortschritte noch sehr lückenhaft. Zwecks Erörterung des Wesens des Gebirgsdruckes empfiehlt es sich, in Übereinstimmung

[1]) Bierbaumer, A.: Die Dimensionierung des Tunnelmauerwerkes, S. 25 bis 28. Leipzig: W. Engelmann. 1913.

mit Rziha, die Gebirge in vier Haupttypen einzuteilen, je nach den mechanischen Faktoren, die den Gebirgsdruck bedingen. Diese Typen sind: a) trockenes, rolliges Gebirge, b) schwimmendes Gebirge, c) festes (homogenes) Gebirge und d) plastisches Gebirge (fälschlich auch „blähendes" oder „quellendes" Gebirge genannt).

a) Trockenes, rolliges Gebirge (Trockener Sand oder Schotter). Die Zustände, die in diesem Gebirge herrschen, wurden schon vor vielen Jahren theoretisch erfaßt. Sobald die Firste der Stollenzimmerung nachgibt, verspannt sich das Material automatisch in sich selbst und entlastet die Firste in solcher Weise, daß der Firstdruck einen von der Überlagerungshöhe unabhängigen Wert annimmt (ausgenommen bei sehr geringer Überlagerungshöhe). Als Hauptvertreter der einschlägigen Theorien seien Forchheimer und Bierbaumer genannt. Beide Forscher kommen zu dem Schluß, daß der auf die Flächeneinheit der Firste wirkende Druck in geradem Verhältnis mit der Stollenbreite zunimmt und lediglich vom spezifischen Gewicht γ und vom Winkel φ der inneren Reibung des Hangendmaterials abhängt. Für die Größe des Druckes liefern jedoch die beiden Theorien sehr verschiedene Werte.

Forchheimer nimmt an, daß sich im Sand zwei lotrechte Gleitflächen bilden, deren Abstand gleich ist der Weite 2b des Stollens. Der zum Absturz drängende und von der Zimmerung am Absturz verhinderte Bodenkörper habe demnach die Gestalt einer lotrechten, mit der Schmalseite auf der Firste ruhenden Scheibe. Dem Gewicht der Scheibe wirken die an den Gleitflächen angreifenden Reibungskräfte entgegen. Der Absturz der Scheibe werde durch die Differenz der beiden widerstreitenden Kräfte herbeigeführt. Stellt man diese Differenz als Funktion der Scheibenhöhe dar, so erkennt man, daß ihr Wert für eine bestimmte Scheibenhöhe zu einem Maximum wird. Dieses Maximum p beläuft sich auf

$$p = \gamma \frac{1+2 tg^2 \varphi}{tg \varphi} \cdot \frac{b}{2}.$$

Die Forchheimersche Theorie geht, wie man sieht, von den Zuständen aus, die in einer äußerst locker gelagerten Sandmasse herrschen. Bei dichter Packung fehlt jedoch dem Material die zur Bildung der Forchheimerschen Gleitflächen nötige Beweglichkeit. An Stelle einer Scheibe löst sich aus dem Hangenden zunächst lediglich ein Keil, und der vom Eigengewicht des Keiles herrührende Druck beläuft sich nach A. Bierbaumer auf

$$p = \frac{1}{2} \gamma \, b \, tg \, \varphi_1.$$

Wählt man für γ den Wert 1,6 und für φ_1, den Wert 33°, so erhält man für den Druck auf den First eines Ausbruches mit einer Weite von 8 m

nach Forchheimer .. $p = 9{,}1$ Tonnen per m²
nach Bierbaumer ... $p = 4{,}9$ „ „ „

Zwischen diesen beiden Grenzwerten muß der Firstdruck liegen.

Aus den im Silobau gemachten Erfahrungen ist bekannt, daß sich die in der Füllung herrschenden Druck- und Verspannungsverhältnisse beim langsamen Nachrutschen des Materials in einen Hohlraum nur wenig ändern. Auch das spezifische Gewicht und der Winkel der inneren Reibung der in der Natur vorkommenden Anhäufungen trockener Gesteinsfragmente weichen nur wenig von den gewählten Werten ab. Infolgedessen könnte auch der Firstdruck bei einer Ausbruchsweite von 8 m niemals größer werden als etwa 10 Tonnen per Quadratmeter, falls die statischen Verhältnisse in anderen Gesteinen von ähnlichen Gesetzen beherrscht werden würden, was jedoch nicht zutrifft.

b) Schwimmendes Gebirge. Das schwimmende Gebirge besteht in vielen Fällen lediglich aus reinem, feinem Sand, dessen Poren mit Wasser ausgefüllt sind (Schwimmsand). Bei völlig ungestörter Lagerung würde ein solcher

Sand hinsichtlich der Druckwirkung denselben Gesetzen gehorchen wie ein trockener. Nur hätte man in den Formeln zum spezifischen Gewicht noch den Strömungsdruck hinzuzufügen, der durch das nach dem Tunnel strömende Sickerwasser auf die Sandkörner ausgeübt wird (siehe S. 416). In der Praxis läßt sich jedoch eine bergmännische Gewinnungsarbeit im nassen Sande ohne eine Störung des hinter der Zimmerung befindlichen Materials nicht ausführen. Das durch die Fugen strömende Wasser wäscht Sand in den Ausbruchsraum. Die so entstandenen Hohlräume werden durch nachdrängendes Material gefüllt, wobei die Lockerung des Gefüges vom Ausbruch nach dem Berginnern fortschreitet. Die Poren des aufgelockerten Materials nehmen das nachströmende Wasser in sich auf, und die Ziffer der inneren Reibung einer wasserdurchtränkten, aufgelockerten Sandmasse beläuft sich auf einen kleinen Bruchteil der Ziffer der inneren Reibung derselben Masse in ungestörter Lagerung. Dies geht aus zahlreichen, bei offenen Ausschachtungsarbeiten im Grundwasserbereich gemachten Erfahrungen klar hervor. Aufgelockerter Feinsand fließt im wasserdurchtränkten Zustand auf nahezu wagrechten Flächen, und bei Murgängen weist auch der wassergetränkte Grobschutt dieselbe Eigenschaft auf[1]). Wenn der Wert φ in der Forchheimerschen Formel von $tg\ 33^0 = 0{,}65$ auf 0,2 oder 0,1 heruntersinkt, so nimmt der Wert des Firstdruckes von 9,1 auf 17,3 bzw. 32,6 t pro Quadratmeter zu und der vom zusitzenden Wasser ausgeübte Strömungsdruck führt noch eine weitere Drucksteigerung herbei. Die im schwimmenden Gebirge beobachteten Erscheinungen stehen daher mit der Forchheimerschen Theorie keineswegs im Widerspruch, sofern man die durch Auflockerung im Grundwasserbereich hervorgerufene Herabminderung der Ziffer der inneren Reibung berücksichtigt. Sobald man den Träger der Reibungsverminderung, das tropfbare Wasser, durch Drainage ausschaltet oder durch Gefrieren verfestigt, verfestigt sich auch das Gebirge. Von dieser Tatsache wurde schon vor mehr als einem halben Jahrhundert beim Bau des 286 m langen Habastunnels in Frankreich Gebrauch gemacht.

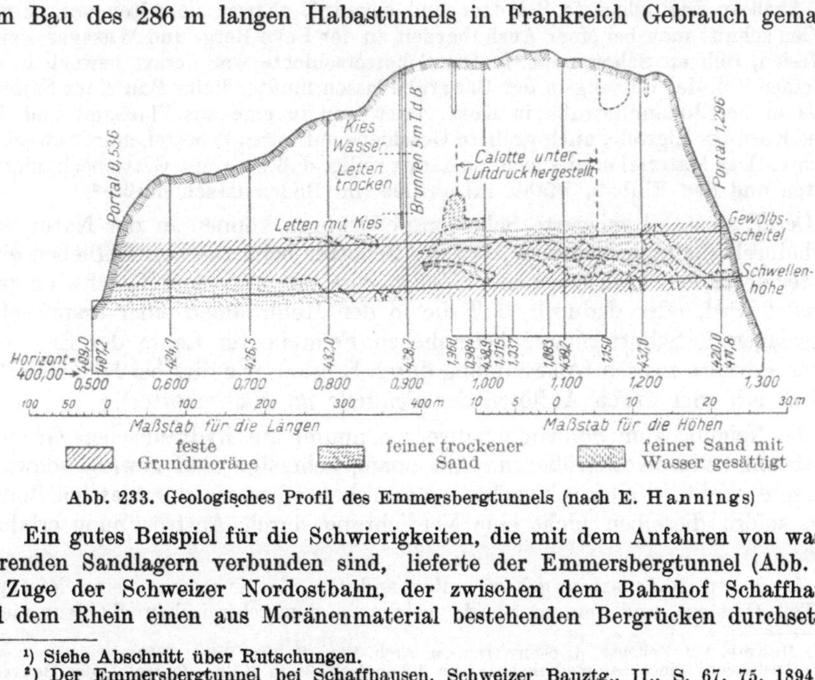

Abb. 233. Geologisches Profil des Emmersbergtunnels (nach E. Hannings)

Ein gutes Beispiel für die Schwierigkeiten, die mit dem Anfahren von wasserführenden Sandlagern verbunden sind, lieferte der Emmersbergtunnel (Abb. 233) im Zuge der Schweizer Nordostbahn, der zwischen dem Bahnhof Schaffhausen und dem Rhein einen aus Moränenmaterial bestehenden Bergrücken durchsetzt[2]).

[1]) Siehe Abschnitt über Rutschungen.
[2]) Der Emmersbergtunnel bei Schaffhausen. Schweizer Bauztg., II., S. 67, 75. 1894 und I., S. 135. 1895.

Die Moräne bestand aus blauem Letten mit eingebackenen, geschrammten Kalkgeschieben und mit großen Nestern teils trockenen, teils wasserführenden Feinsandes. Der Letten war zähe und schießbar. Der trockene Sand war so dicht gelagert, daß er ohne Bölzung mehrere Meter hoch senkrecht abgegraben werden konnte. Der nasse Sand kam jedoch in aufgelockertem Zustand erst bei einer Böschung von 1:10 zur Ruhe. Die Hauptschwierigkeit bestand darin, daß trotz sorgfältigster Getriebezimmerung und Dichtung bei der fortschreitenden Arbeit der Ausfluß des feinen Sandes mit dem Wasser nicht verhindert werden konnte. Der Wasserzufluß stieg auf der Nordseite zunächst auf 160 l pro Minute und nahm dann auf 60 l pro Minute ab. Das Wasser enthielt nach mehrfachen Messungen ein Drittel feinen Sandes. Die Sandausströmung belief sich demnach auf rund 1 m³ Sand pro Stunde, was ein Nachsitzen des oberhalb befindlichen rolligen Kieses und Oberflächensenkungen mit einer Tiefe bis zu 6 m zur Folge hatten. Das Nachsitzen des Materials in die oberhalb der Zimmerung befindlichen Hohlräume erfolgte zuweilen plötzlich, wobei die Zimmerung vorübergehend außerordentlich schweren Druck auszuhalten hatte. An einer Stelle, wo der Sand nicht von Schotter, sondern von festem Letten überlagert war, bildete sich zwischen dem Letten und dem Ausbruch eine 6 m hohe, 16 m lange und 8 m breite Höhle. Um die Bauschwierigkeiten zu bewältigen, versuchte man den Ausbruch unter Druckluft fortzusetzen. Anstatt jedoch den Luftdruck, wie geplant, bis auf eine halbe Atmosphäre zu steigern, konnte man ihn nicht höher als auf 0,1 Atmosphären bringen. Ein Entweichen der Luft durch den Sand fand zwar nicht statt, aber die Luft trocknete den Sand längs der Mauerung aus, öffnete die Fuge durch Herausblasen des Sandes und entwich durch die Spalten des Mauerwerkes in den Tunnel.

Über die Dichte der Lagerung des Sandes in ungestörtem Zustand kann man sich beim Durchörtern schwimmenden Gebirges wohl selten verläßliche Auskunft verschaffen. Aus den im Fundierungswesen gemachten Erfahrungen wäre jedoch zu schließen, daß derselbe Sand größere oder geringere Neigung zum „Schwimmen“ haben dürfte, je nachdem er locker (sperrig) oder dicht gelagert ist.

Auch sperrig gelagerte Schotter sind bekannt, obzwar sie selten vorkommen. In Wien schnitt man bei einer Aushubarbeit an der Ecke Berg- und Wasagasse einen sandfreien, rolligen Schotter an[1]). Die Schotterschichte war derart beweglich, daß man einen Teil der Pölzung in der Baugrube lassen mußte. Beim Bau eines Sammelkanals in der Johannisstraße in Köln geriet man in eine aus Flußsand und -kies (feines Korn bis Eigröße, auch gröbere Geschiebe enthaltend) bestehende, bewegliche Schichte. Das Material erwies sich als derart rollig, daß man mit Getriebezimmerung arbeiten und den Einbau, Pfähle inbegriffen, im Boden lassen mußte[2]).

Derart unstabil gelagerte Schotteranhäufungen können in der Natur wohl nur dadurch zustande kommen, daß der Schotter beim raschen Abfließen eines schotterführenden, katastrophalen Hochwassers mit abnormer Geschwindigkeit abgesetzt wird, oder dadurch, daß die in den Hohlräumen einer ursprünglich dichtgelagerten Schottermasse befindlichen Feinteile im Laufe der Zeit vom Wasser entführt werden (Ausräumung durch Erosion, wie dies bei Feilenbrüchen der Fall ist, oder durch Auflösen der Feinteile im Kalkschotter).

Die Neigung zum Schwimmendwerden nimmt aus hydraulischen Gründen mit abnehmender Korngröße zu. Am unangenehmsten sind gewisse schwachkohärente, nicht — oder schwach — plastische und wenig durchlässige Bodenarten, sofern dieselben nicht eine Verdichtung durch Austrocknung erfahren haben.

Zu diesen Bodenarten gehört unter anderen die Kurżawka, eine Mischung von Ton (Letten) und feinem Sand, welche in den schlesischen Kohlenrevieren

[1]) Dehme, F.: Zeitschr. d. österr. Ing.- u. Arch.-Ver., S. 393. Wien. 1899.
[2]) Ausführung eines Sammelkanals in der Johannisstraße in Köln. Zentralbl. der Bauverw., S. 365. 1893.

vorkommt und an das Können der Grubenzimmerleute die höchsten Anforderungen stellt. Es ist noch nicht klar, ob das Flüssigwerden dieser und ähnlicher Bodenarten in derselben Weise zustande kommt wie das Schwimmen der Sande durch allmähliche, durch Störung verursachte Vergrößerung des Porenvolumens oder durch die mit Strukturstörung verbundene Kohäsionsverminderung bei konstant bleibendem Wassergehalt (nach Abb. 218, S. 321).

Eine besondere Art der Verflüssigung ereignet sich, wenn eine aus tonigen Schichten bestehende, nicht allzu mächtige Gebirgsschichte in der trockenen Jahreszeit infolge der Tunnelarbeiten eine ausgiebige Zerklüftung erfuhr. Im Herbst füllen sich die Spalten mit Regenwasser. Die scheinbare Kohäsion wird zu Null, die zwischen den Spalten befindlichen Blöcke zerbersten, das Material mengt sich mit dem Wasser und das Gebirge wird schwimmend.

Der in den Jahren 1843 bis 1844 erbaute, 500 m lange Stapleton-Tunnel der Eisenbahn Bristol—Gloucester (Kohlenmergel der Steinkohlenformation, 12 m Überlagerung) wurde im Frühsommer begonnen und der Gebirgsdruck war unbedeutend. Im Spätherbst, als Folge anhaltender Regengüsse, nahm der Gebirgsdruck sehr rasch zu, es bildete sich oberhalb des Tunnels eine Mulde, und ein Teil des Tunnels stürzte ein[1]). Auch der Einsturz des Altenbekener Tunnels stand mit dem Niedergehen anhaltender Regengüsse im Zusammenhang[2]).

In normalen Fällen kann das Vorhandensein schwimmenden Gebirges aus den Ergebnissen einer geologischen Geländeaufnahme und den Ergebnissen von ein oder zwei Bohrungen vorhergesagt werden. Eine Ausnahme machen die nicht selten in standfesten, eiszeitlichen Ablagerungen eingeschlossenen Feinsandnester und -adern. Die Form dieser Einlagerungen ist so unberechenbar, daß ihre Anwesenheit und Ausdehnung nur durch ein systematisches Abbohren des Geländes festgestellt werden kann (Abb. 233).

Solche Nester wurden z. B. bei Schachtabteufungen und beim Bau der Wasserversorgungstunnels in Chicago, Ill., wiederholt und überraschend angetroffen. Auch bei Gründungsarbeiten im grauen pleistozänen Ton in Washington, D. C., ist man auf solche Nester gestoßen.

Falls man beim Tunnelbau unerwarteterweise in eine umfangreiche wasserführende Feinsandeinlagerung gerät, sind ausgiebige Kostenüberschreitungen unvermeidlich.

c) Festes (homogenes) Gebirge. Für diese Gebirgsarten haben die für das rollige und schwimmende Gebirge abgeleiteten Formeln keine Gültigkeit, denn die durch den Tunnelausbruch hervorgerufene Spannungsverteilung wird hier nicht durch die Gesetze des Reibungsgleichgewichts, sondern durch jene der elastischen Spannungen und Dehnungen beherrscht. Beim Reibungsgleichgewicht wird die gegenseitige Verschiebung der Teilchen lediglich durch die an den Berührungspunkten wirksamen Reibungskräfte verhindert, deren Größe nur von dem Druck abhängt und durch stattfindende Verschiebungen in trockenen Aggregaten nur wenig oder gar nicht beeinflußt wird. Im Gegensatz zu diesem Sachverhalt werden in elastischen Körpern durch die Formänderung Widerstände geweckt, deren Größe eine Funktion der Formänderung darstellt. Infolgedessen ergeben sich unter gleichen äußeren Verhältnissen sowie unter der Einwirkung identischer Kräfte in kohäsionslosen und in festen, elastischen Massen grundverschiedene Spannungszustände.

Nach den vorbereitenden Arbeiten von Kirsch (1898)[3]), den halbempirischen Darlegungen von E. v. Willmann[4]) und den experimentellen Untersuchungen

[1]) Simms, F. W.: Practical Tunneling, 4. Aufl. New York. 1896.
[2]) Willmann, E. v.: Zur Frage der Tunnelerhaltung. Zentralbl. der Bauverw., S. 521. 1909.
[3]) Kirsch, G.: Die Theorie der Elastizität und die Bedürfnisse der Festigkeitslehre. Zeitschr. d. Ver. Deutsch. Ing., II. 1898.
[4]) Willmann, E. v.: Über einige Gebirgsdruckerscheinungen und ihre Beziehungen zum Tunnelbau. Fortschr. d. Ing.-Wiss., 2. Gruppe, H. 26. Leipzig. 1911.

von F. Willheim und Leon[1]) ist es J. Schmid aus Basel gelungen, das Problem der Spannungsverteilung im gelochten Gebirgskörper theoretisch schärfer zu fassen[2]).

Die Untersuchung geht von den Grundgleichungen der höheren Elastizitätstheorie und von der Airyschen Spannungsfunktion aus und berücksichtigt sowohl die an den Tunnelenden als auch in der Tunnelmitte herrschenden Grenzbedingungen. Auch der Einfluß der Tatsache, daß die Gesteine unvollkommen elastische Körper sind, wird, soweit dies im Rahmen der Elastizitätstheorie geschehen kann, analytisch eingeschätzt. Als Ergebnis seiner Berechnungen erhält der Verfasser eine Reihe von Formeln, mit deren Hilfe man die Spannungsverteilungen ermitteln kann, die in der Umgebung der Tunnelröhre bei gegebener Überlagerungshöhe herrschen, solange die Spannungen noch nicht zu einem Bruch geführt haben (primäre Druckwirkung). Die als Folge vorhergegangener tektonischer Vorgänge herrschenden Sekundär- oder Restspannungen konnten selbstverständlich nicht berücksichtigt werden.

Im allgemeinen geht aus den Formeln in Übereinstimmung mit den älteren Theorien hervor, daß in den Ulmen der Tunnelröhre wesentlich erhöhte Druckspannungen zu erwarten sind, während sowohl in der Firste als auch an der Sohle Zugspannungen auftreten.

Die Einzelheiten der Spannungsverteilung und die Abmessungen des über der Firste befindlichen „gezogenen Körpers" hängen nicht nur von der Überlagerungshöhe, sondern auch in hohem Maße von der Querkontraktionsziffer μ des Gesteines ab.

Letztere stellt den Quotienten aus der Zusammendrückung dar, die der Körper in der Druckrichtung erfährt, und aus der Dehnung in der dazu senkrechten Richtung. Sie kann durch einen Druckversuch an einem freistehenden Gesteinszylinder bestimmt werden. Ihr Wert bestimmt die Größe der mit der Zusammendrückung verbundenen Raumänderung. Nach den im Watertown-Arsenal vorgenommenen Messungen beläuft sich der Wert von μ für Gesteine auf etwa 4 bis 11. Für eine völlig unzusammendrückbare Substanz ist μ gleich 2. Je größer der Wert von μ, desto größer ist die durch Druck hervorgerufene Raumverminderung.

Leider ist bisher noch nichts Bestimmtes über den Wert bekannt, den die Querkontraktionsziffer unter hohem, in drei Hauptrichtungen wirkendem Druck annimmt. Solange die Umschließungsfestigkeit der Gesteine und die elastischen Eigenschaften derselben unter allseitigem Druck nicht eingehender erforscht sind, bewegen sich unsere Berechnungen im Gebiete der Spekulation, und der Wert der Schmidschen Untersuchungen wird erst dann voll zur Geltung kommen, sobald die Werte der in seinen Gleichungen vorkommenden Konstanten genauer bekannt sind. Schmid glaubt aus den spärlichen, bisher vorliegenden Versuchsdaten schließen zu können, daß der Wert von μ mit zunehmender Überlagerungshöhe dem Werte 2 sich nähere, das heißt, daß das Gebirge in größerer Tiefe unzusammendrückbar sei. Er teilt obendrein mit A. Heim die Ansicht, daß sich das Gestein plastisch verforme, wie eine zähe Flüssigkeit, sobald der Unterschied zwischen der größten und der kleinsten Hauptspannung die Druckfestigkeit (Würfelfestigkeit) K des Materials übersteige. Daß die Gesteine unter allseitig wirkendem Druck einer plastischen Formänderung durch Umkristallisation und durch bruchlose Gleitung fähig sind, wurde bereits

---

[1]) Willheim, F. und Leon: Über die Zerstörungen in tunnelartig gelochten Gesteinen. Österr. Wochenschr. f. öffentl. Baudienst, H. 44. 1910; H. 16. 1912.

[2]) Schmid, J.: Statische Probleme des Tunnel- und Druckstollenbaues. Berlin: J. Springer. 1926.

durch zahlreiche Untersuchungen überzeugend dargetan. Anzuzweifeln ist jedoch die Annahme, daß die Druckdifferenz, die zur Herbeiführung der plastischen Formänderung nötig ist, mit der durch einen Druckversuch ermittelten Druckfestigkeit K nahezu identisch sei. Vor kurzem hat A. Brandzaert[1]) im Festigkeitslaboratorium der Staatsuniversität von Illinois Betonzylinder unter allseitigem Druck geprüft. Die beiden wagrechten Drücke wurden durch Öl und der lotrechte Druck durch den Kolben einer Festigkeitsmaschine ausgeübt. Die Druckfestigkeit des Materials belief sich im Mittel auf 175 kg per 1 cm². Durch ein Steigern des wagrechten, auf den Zylindermantel wirkenden Druckes von Null auf 286 und 460 kg per 1 cm² wurde die Druckfestigkeit (Differenz zwischen dem wagrechten und dem lotrechten Druck) des Betons von 175 auf 1260 und 1720 kg per 1 cm² gesteigert. Die Ergebnisse dieser Untersuchungen lassen vermuten, daß die Druckdifferenz, bei der die plastische Umformung der Gesteine einsetzt, in größeren Tiefen des Erdkörpers weitaus höher ist, als man nach der landläufigen Vorstellung von der Festigkeit der Gesteine erwarten sollte.

Um so unverständlicher sind die Tatsachen, die bei der tektonischen Durchforschung der Alpen an das Licht gebracht wurden und welche Heim zu seiner radikalen Stellungnahme zum Problem der Tunnelverkleidung veranlaßten. Tektonische Bewegungen, wie sie etwa an den Querprofilen der Schweizer Zentralalpen zum Ausdruck kommen, sind mit den bisher bekannten mechanischen Eigenschaften der Gesteine schlechterdings unvereinbar, und die Versuche, die tektonischen Züge der Alpen mit Hilfe der klassischen Festigkeitslehre zu erklären, erscheinen ziemlich hoffnungslos.

Diese Feststellung lenkt unsere Aufmerksamkeit auf ein Feld der Festigkeitslehre, auf dem wir bisher noch gar keine Erfahrungen haben. Die herrschenden Begriffe von Festigkeit wurden nämlich ausnahmslos aus Versuchen abgeleitet, während welcher die chemische Natur des Materials unverändert bleibt. In der Tat ist die „Festigkeit" nichts anderes als eine der vielen Äußerungen des Bestehens einer eindeutig festgelegten Anordnung der Moleküle, das heißt einer bestimmten Raumgitterstruktur. Es ist infolgedessen physikalisch denkbar, daß ein Material im Zustand der Änderung seiner Raumgitterstruktur, das heißt bei einer durch Änderung der physikalischen Existenzbedingungen herbeigeführten Änderung seines petrographischen Charakters die Eigenschaft der „Festigkeit" vollkommen einbüßt und sich vorübergehend wie eine Flüssigkeit mit hoher Viskositätsziffer bzw. wie ein vollkommen amorpher Körper verhält. In diesem Falle wäre der Schichtenkomplex im Bereich der petrographischen Zustandsänderung lediglich den Gesetzen der Hydromechanik unterworfen, womit der Widerspruch zwischen der Festigkeitslehre und den Ergebnissen der tektonischen Alpenforschung verschwände. Die Herausbildung der Deckenstrukturen und ähnlicher tektonischer Gebilde würde im Sinne dieser Auffassung ein Gegenstück zur Entstehung der Landformen bilden. Auch die Bodenschichte, welche die Oberfläche der Erdkruste bedeckt, befindet sich nach den Gesetzen der Statik in der Regel sogar dann im Gleichgewicht, wenn sie einen Neigungswinkel von 30° aufweist. Durch die im Boden stattfindenden, kaum merkbaren Umlagerungen der Kleinteile bewegt sich jedoch der Boden auch an sehr flachen Gehängen. Könnte man diese Bewegungen kinematographisch festhalten und mit vervielfachter Geschwindigkeit reproduzieren, so erhielte man das Bild der Bewegung einer zähen Flüssigkeitsschichte und keineswegs das Bild einer Kornanhäufung, die den Gesetzen der Statik gehorcht. Die Gesetze der Statik und der Festigkeitslehre verlieren eben ihre Gültigkeit, sobald es sich um Körper handelt, deren physikalischer und chemischer Zustand während der Dauer der Kraftwirkung eine Änderung erfährt.

Die Überprüfung der Zuverlässigkeit dieser und ähnlicher Hypothesen wird wohl nur auf Grund der künftigen Ergebnisse der von B. Sander aufgebauten,

[1]) Brandzaert, A.: Failure of a material composed of non-isotropic elements. Det kgl. Norske Videnskabers Selskabs Skrifter No. 3 1927. Trondhejm. 1927.

nach streng physikalischen Gesichtspunkten durchgeführten Gefügeanalysen erfolgen können[1]).

Man könnte nun denken, daß die oben angedeutete physikalische Möglichkeit des Herrschens hydrostatischer Zustände im Sinne Heims eine Bedrohung der tiefliegenden Alpentunnels darstellen würde. Das ist aber keineswegs der Fall, denn die hydrostatischen Zustände äußern sich, ebenso wie die Kriechbewegungen des Bodens, nur im Laufe sehr langer Zeiträume. Für praktische Zwecke, das heißt in seinen Beziehungen zum Tunnelbau, würde sich auch das in chemischer Zustandsänderung begriffene Gestein wie ein fester Körper verhalten, ebenso wie ein „kriechendes“ flaches Gehänge beim Anschneiden den Gesetzen der Statik gehorcht. Infolgedessen ist kein Grund vorhanden, bei der Beurteilung der Standfestigkeit der Tunnelgewölbe den aus Laboratoriumsversuchen und aus den Gesetzen der klassischen Festigkeitslehre abgeleiteten Schlüssen zu mißtrauen.

Nachdem die theoretische Lösung des Spannungsproblems bereits vorliegt, wäre die Beibringung der ausständigen empirischen Daten um so wünschenswerter.

Ausgiebige Abweichungen von den theoretischen Ergebnissen sind nur dort zu erwarten, wo die Erdkruste den Sitz unausgeglichener, mit der tektonischen Vorgeschichte des Gebirgsabschnittes zusammenhängender Restspannungen bildet. Das Vorhandensein solcher Restspannungen in tektonisch stark gestörten Gebieten ist nicht nur mechanisch möglich, sondern sogar hochgradig wahrscheinlich, nachdem ein durch Seitenschub beanspruchter Gebirgsabschnitt aus festigkeitstechnischen Gründen bereits bei einem Seitendruck dauernd zur Ruhe kommt, welcher den Schweredruck um ein Vielfaches an Intensität übertrifft. Bei nachfolgender Entspannung (seitlicher Entlastung) der unregelmäßig deformierten Masse ist es geradezu unvermeidlich, daß hier und dort inselförmige Gebiete unter Spannung verbleiben. Diese Restspannungen äußern sich als Bergschläge oder Gebirgsschläge, das heißt in der spontanen, mit lautem Knall verbundenen Ablösung von Gesteinsplatten mit einer Dicke von mehreren Zentimetern. In vollkommen entspanntem Gebirge kann dieses Ereignis nur dort auftreten, wo das Gestein durch den Schweredruck bis hart an die Grenze seiner Druckfestigkeit belastet wird. Nun wurden jedoch Bergschläge wiederholt an Örtlichkeiten beobachtet, in denen an einen ausreichenden Schweredruck gar nicht gedacht werden kann, z. B. in den Porphyrsteinbrüchen von Quenast[2]) in Belgien, in den Gneissteinbrüchen von Monson[3]), Mass. in den U. S., im Granit des Stormking-Drucktunnels der Catskill[4]) Wasserleitung von New York bei einer Überlagerung von nicht mehr als 330 m, usw. Infolgedessen ist an der Möglichkeit örtlichen Auftretens ausgiebiger Restspannungen wohl nicht zu zweifeln. Eine ausführliche Erörterung der Bergschläge und ihrer Ursachen hat man K. A. Weithofer[5]) zu verdanken. Mit Recht nennt K. Rothpletz[6])

[1]) Sander, B.: Zur petrographisch-tektonischen Analyse. Jahrb. d. geol. Bundesanstalt, 74. Bd., H. 3 u. 4. 1923; 75. Bd., H. 1 u. 2. 1925. — Zum tektonischen Festigkeitsverhalten. Neues Jahrb. f. Mineralogie usw., Beilage-Bd. L, II, Abt. B.

[2]) Hanker-Urban: Note sur les mouvements spontanés des roches dans les carrières. Bull. Soc. Belge de Geol., de Pal. et d'Hydrol., T. XIX; Mém. Bruxelles, S. 527 bis 540. 1905; ebenda, Tome XX, S. 56 bis 61. 1906; T. XXI, S. 21 bis 42, usw. 1907.

[3]) Niles, W. H.: Some interesting Phenomena observed in Quarrying. Proc. Boston Soc. of Nat. History, Vol. XIV, S. 80; 1870/71. Boston. 1872; Vol. XVIII, S. 472. 1875/76.

[4]) White, L.: The Catskill Water Supply of New York City, New York. 1913.

[5]) Weithofer, K. A.: Über Gebirgsspannungen und Gebirgsschläge. Jahrb. der Geol. Reichsanstalt Wien, Bd. LXIV, S. 99 bis 142. 1914.

[6]) Rothpletz, F.: Bergschläge im Simplontunnel. Schw. Bauztg. Bd. LXIV, S. 68 bis 70. 1914.

die Bergschläge das „Unheimlichste, was der Tunnelbauer kennt, weil ein Schutz gegen ihre Folgen sehr schwer ist und weil man keine Mittel zu ihrer Verhinderung hat". Die durch Restspannungen verursachten Bergschläge sind um so unheimlicher, weil sich das Vorhandensein solcher Restspannungen bestenfalls nur vermutungsweise vorhersagen läßt.

Die Gleichungen der Elastizitätstheorie liefern lediglich ein Bild von den primären Druckwirkungen. Falls die primären Druckwirkungen in keinem Punkt des durchörterten Gebirges die Druckfestigkeit des Gesteins übersteigen, beschränkt sich die Wirkung des Ausbruches lediglich auf die elastische Ausdehnung des im unverletzten Gebirge unter allseitigem Druck gestandenen Gesteines. Die Firstzimmerung hat schlimmstenfalls das Gewicht des „gezogenen Körpers" zu tragen.

Falls jedoch die Druckspannung an den Ulmen die Druckfestigkeit des Gesteines übersteigt, so wird das Gestein zerpreßt und der Zerstörungsvorgang setzt sich vom Tunnel aus nach dem Gebirgsinnern fort (sekundäre Druckwirkung). Unter solchen Verhältnissen ändert sich das Spannungsbild mit der Zeit, indem sich die Grenzfläche des unverletzten Gesteinkörpers von der Tunnelröhre nach dem Gebirgsinnern verschiebt. Nach Schmid kann man nunmehr in der Gebirgsmasse, die den Tunnel umgibt, vier Zonen unterscheiden: 1. Zone raschen Zerfalls; 2. vordrängende Zone langsamen Zerfalls; 3. plastische, nachrückende Zone ohne Zerfall und 4. ruhendes Gebirge. Falls die Tunnelröhre unversichert bleibt, greift die Zerstörung so lange um sich, bis der Ausbruch mit Gesteinstrümmern ausgefüllt ist. Falls hingegen ein Tunnelgewölbe eingebaut wird, kommt gewissermaßen ein sekundäres Gleichgewicht zustande, wobei der Gebirgsdruck zum Teil durch das Tunnelgewölbe, zum Teil durch Gewölbewirkung innerhalb der zertrümmerten Zone (nach Art der in Sand oberhalb der Tunnelfirste zustande kommenden Gewölbewirkung) aufgenommen wird. Das sekundäre Spannungsbild hat mit dem primären Spannungsbild beinahe ebensowenig gemeinsam wie mit der Spannungsverteilung in einem gelochten, kohäsionslosen Gebirgskörper. Die Zugspannungen im Firstgebiet werden durch Druckspannungen ersetzt, und an den Ulmen nimmt die Intensität des Druckes nach dem Gebirgsinnern zu, während er im primären Zustand in derselben Richtung abnahm. Es fragt sich lediglich: a) Warum überschreiten die von der Trümmerzone auf die Zimmerung ausgeübten Firstdrücke den durch Forchheimers Formel festgelegten Grenzwert so häufig um ein Vielfaches; und b) Wieso kommen die Bewegungen im gestörten Gebirge in vielen Fällen auch dann zur Ruhe, wenn man kein Sohlengewölbe einbaut?

Die erste Frage läßt sich dahin beantworten, daß die Forchheimersche Formel lediglich den unteren Grenzwert angibt, den eine kohäsionslose Masse auf den Tunnel ausüben kann. Falls man einen Teil der Unterlage einer völlig kohäsionslosen Masse durch eine bewegliche Bodenklappe ersetzt, hat diese Bodenklappe zunächst das volle Gewicht der über ihr befindlichen Bodensäule zu tragen (γh pro Flächeneinheit der Klappe), und der Druck sinkt erst dann auf den Forchheimerschen Grenzwert herunter, nachdem das Hangende infolge Nachgebens der Bodenklappe Gelegenheit hatte, sich zu verspannen. Das Verspannen erfordert jedoch ein gewisses Maß der Beweglichkeit der Massenelemente, und im Augenblick der Zerquetschung ist das Porenvolumen der zerquetschten Masse praktisch gleich Null. Bevor das zertrümmerte Gestein imstande ist, sich wie ein Sand in sich selbst zu verspannen, muß es zunächst aus dem porenlosen Zustand in den Zustand relativer Beweglichkeit übergehen. Unter diesen Verhältnissen erfordert das Absinken des Firstdruckes von γh auf den unteren Grenzwert eine Absenkung der Firste um einen großen Betrag. Nachdem nun die Zimmerung eines Stollens im druckhaften Gebirge unmittelbar auf die Minierung folgt, während die Zermalmung des Gebirges aus statischen Gründen erst in größerer Entfernung von der Stollenbrust bis zur vollen Tiefe nach dem Gebirgsinnern vordringt, erscheint es ausgeschlossen, daß die Zimmerung Formänderungen von der zur Herbeiführung des Minimaldruck-Stadiums erforderlichen Größe erleiden könne, und sie bricht, bevor noch der Druck zum Minimaldruck geworden ist. Der Druck wird demnach nicht durch den Grenzdruck, sondern durch einen Zwischendruck herbeigeführt. Hiezu gesellt sich noch folgender Umstand, der im wasserführenden Gebirge ausschlaggebend sein kann[1]). Falls sich das Gestein bei der Zermalmung in Gesteinspulver auflöst, wie dies bei gewissen Schieferarten der Fall ist, verwandelt sich das Gestein innerhalb der Zonen raschen und langsamen Zerfalles infolge des Wasserzutrittes in „schwimmendes Gebirge". Diese Erscheinung bewirkt eine Abnahme des Wertes φ und eine Zunahme des unteren Grenzdruckes p. Nachdem der Zwischendruck eine statisch unbestimmte Reaktion[2]) darstellt, für deren Berechnung derzeit noch die wichtigsten Daten fehlen, so kann er unmöglich nach dem Verfahren Forchheimers oder nach irgendeinem anderen Verfahren berechnet, sondern nur auf empirischem Weg, auf Grund der praktischen Erfahrung, eingeschätzt werden.

Die zweite Frage (Unentbehrlichkeit eines Sohlengewölbes beim Auftreten sekundärer Druckerscheinungen) bildete vor Jahren den Gegenstand einer lebhaften Kontroverse zwischen dem Schweizer Geologen A. Heim[3]) und den schweizerischen Tunnelfachmännern E. Wiesmann[4]) und K. Brandau[5]). A. Heim vertrat die Ansicht, daß die Tunnelgewölbe stark genug konstruiert werden müßten, um der vollen Last der überlagernden Gesteinssäule zu widerstehen. Bei festem Granit sei in einer Tiefe von 500 m ein Sohlengewölbe vielleicht noch nicht erforderlich. Bei größeren Tiefen sei jedoch das Sohlengewölbe unerläßlich. Andernfalls würde das Gebirge im Laufe der Zeit infolge seiner plastischen Eigenschaften allmählich in den Hohlraum hineinwachsen.

Heim bekräftigte seine Darlegungen durch den Hinweis auf die Tatsache, daß die Stollen in alten Bergbaugebieten sich schließen, daß die Widerlager mancher Tunnels (Hauensteintunnel) sich langsam einander nähern und daß die Sohle sich allmählich hebt. In der Tat sind zahlreiche Fälle dieser Art bekannt. Im Salzbergwerk am Dürnberg bei Hallein zeigt man Betriebsstollen, deren Querschnitt durch allmähliches Hereinwachsen des Gebirges auf den Bruchteil eines Quadratmeters reduziert wurde. In den im Betrieb befindlichen Stollen legt man die Verpfählungen bloß ein und verkeilt sie nicht, um dem Gebirge einen gewissen Spielraum zu geben, und die Stempel werden ausgewechselt, sobald die Verbiegungen ein gewisses Grenzmaß überschreiten. Spuren allmählichen Zugehens wurden auch im Jablunkauer (2. Mosty-) Tunnel beobachtet, wo die zerquetschten und überschobenen Schiefer-

[1]) White, L.: The Catskill Water Suppli, of New York City, S. 210 bis 211. New York. 1913.

[2]) Eine Kraft, deren Größe vom Grade der Nachgiebigkeit der Stütze abhängt.

[3]) Heim, A.: Tunnelbau und Gebirgsdruck. Vierteljahrschr. der Naturforscher Ges. Zürich. 1905; Nochmals über Tunnelbau und Gebirgsdruck und über die Gesteinsumformung bei der Gebirgsbildung. Ebenda. 1908; Zur Frage der Gebirgs- und Gesteinsfestigkeit. Schweiz. Bauztg., Bd. 59. 1912; Einiges aus der Tunnelgeologie. Mitt. d. Geol. Ges. Wien. 1908.

[4]) Wiesmann, E.: Ein Beitrag zur Frage der Gebirgs- und Gesteinsfestigkeit. Schw. Bauztg., Bd. 53. 1909; Über Gebirgsdruck. Ebenda, Bd. 60. 1912.

[5]) Brandau, K.: Der Einfluß des Gebirgsdruckes auf einen tief im Erdinnern liegenden Tunnel, Bd. 59. 1912.

tone allmählich in den Tunnelhohlraum gedrängt wurden[1]. Viele dieser Erscheinungen sind zweifellos auf eine Gebirgsdruckwirkung zurückzuführen und lassen auf die Möglichkeit völligen Zuwachsens der Tunnelröhre schließen. Es fragt sich lediglich nach den Kriterien für das Eintreten dieses Ereignisses. Bei großer Überschreitung der Druckfestigkeit eines Gesteines ist ein Sohlengewölbe erfahrungsgemäß notwendig, um ein Aufsteigen der Sohle des Ausbruchsraumes zu verhindern. Bei mäßiger Überschreitung der Druckfestigkeit des Gesteines durch die Wirkung der Überlast wäre jedoch ein Sohlengewölbe nur dann erforderlich, falls das zermalmte Gestein einer Druckaufnahme unfähig wäre. Unter solchen Umständen würde sich die Zerberstung so lange nach dem Gebirgsinnern fortsetzen, bis der Hohlraum mit den Zerstörungsprodukten ausgefüllt ist. Das ist jedoch nicht der Fall. Nach erfolgter Überschreitung der Proportionalitätsgrenze ändert sich die Spannungsverteilung in der Nachbarschaft der Tunnelröhre. Es bildet sich eine „Schutzhülle", welche den größeren Teil der Gebirgslast aufnimmt, und das Tunnelgewölbe dient lediglich zur Aufnahme des Restbetrages der Gebirgslast. Das Vorhandensein solcher Schutzhüllen wurde bereits im Jahre 1909 von E. Wiesmann[2] aus den beim Tunnelbau gemachten Erfahrungen gefolgert. Auf den Spannungsabfall in der Störungszone wurde durch A. Leon und F. Willheim hingewiesen[3]. Terzaghi hat schließlich den Versuch unternommen, die Entstehung der Schutzhüllen unter vereinfachten Annahmen rechnerisch zu verfolgen (Abb. 234).

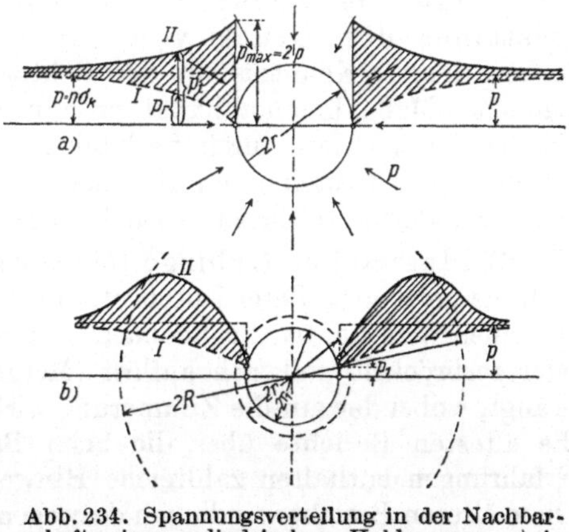

Abb. 234. Spannungsverteilung in der Nachbarschaft eines zylindrischen Hohlraumes. a) in festem elastischem, b) in kohäsionslosem Material bei gleichmäßig verteiltem, in radialer Richtung wirkendem Druck

Zur rechnungsmäßigen Erfassung der im durchörterten Gebirgskörper auftretenden Spannungszustände wurde die Spannungsverteilung in einer unendlich ausgedehnten Platte mit kreisförmiger Bohrung untersucht, die unter dem Einflusse eines in jeder Fahrstrahlrichtung mit gleicher Intensität wirkenden Druckes p steht. Die Lösungen der elastischen Grundgleichungen dieses Spannungszustandes für festes, vollkommen elastisches Material sind in Abb. 234a in einem Diagramm dargestellt. Da der Spannungszustand in der Bildebene zentrisch symmetrisch ist, genügt es, die Spannungen in einem durch den Mittelpunkt der Bohrung gehenden Strahl anzugeben, wodurch der Spannungszustand in jedem beliebigen Punkte der Ebene definiert ist. In Abb. 234 stellen die Ordinaten der strichlierten Kurve I die in jedem Punkte des betrachteten Strahles wirkenden, zum Mittelpunkt der Bohrung gerichteten (radialen) Spannungen dar. Da am Innenrande der Bohrung in der Richtung der Kreisradien keine äußeren Kräfte wirken, muß diese Spannung hier auf Null absinken, während sie im Unendlichen auf den Wert des äußeren Druckes p anwächst. Die Ordinaten der Kurve II in Abb. 234a stellen die in jedem Punkte des Strahles senkrecht zu diesem wirkenden Ringspannungen dar, die für vollkommen elastisches Material am Innenrande den Wert $p_{max} = 2p$ annehmen und im Unendlichen wieder auf den Wert des äußeren Druckes p absinken. Übersteigt die Ringspannung $p_{max} = 2p$ die Druckfestigkeit des Materials, so geht der Tunnel infolge Zerpressung des Gesteines ein.

Eine wesentlich andere Form der Spannungsverteilung ergibt sich, wenn wir ein elastisch und plastisch deformierbares Material der Untersuchung zugrunde legen. Wird hier die Elastizitätsgrenze des Materials am Rande der Bohrung über-

[1] Pollack, V.: Über Unzulänglichkeiten und Rückständigkeiten im praktischen Erd- und Stollenbau. Zeitschr. d. Österr. Ing.- u. Arch.-Ver. 1927.
[2] Wiesmann, E.: Ein Beitrag zur Frage der Gebirgs- und Gesteinsfestigkeit. Schw. Bauztg., Bd. 53. 1909; Über Gebirgsdruck. Ebenda, Bd. 60. 1912.
[3] Willheim, F. und A. Leon: Über die Zerstörungen in tunnelartig gelochten Gesteinen. Österr Wochenschr. f. öffentl. Baudienst., H. 44, 1910; H. 16. 1912.

schritten, so tritt daselbst ein Fließen und damit ein Absinken der Ringspannung ein, während die Ringspannungen in größerer Entfernung von der Tunnellaibung größer werden. Die von der Spannungszunahme betroffene Zone bildet dann eine Schutzhülle, die den Einbruch des Tunnels verhindert. In Abb. 234b ist die Spannungsverteilung für vollkommen kohäsionsloses Material (durch leichten Einbau an der Bohrlochlaibung abgestützt) zur Darstellung gebracht. Auch hier bildet sich diese Schutzhülle im Innern des Gebirges, welche eine Eigenabstützung des Gebirges bedingt. Durch den leichten Einbau wird auch die Radialspannung am Außenrande des Einbaues der von Null verschiedene Wert p_1 erteilt.

Die Rechnung läßt keinen Zweifel übrig, daß die Schutzhüllen einen beträchtlichen Teil des Gebirgsdruckes aufnehmen können[1]).

Die von A. Heim angesetzte Grenze für die Notwendigkeit eines Sohlengewölbes scheint demnach zu hoch gegriffen und läßt die günstigen Umstände unberücksichtigt, die aus den Festigkeitseigenschaften des zerstörten und des im Zustande der plastischen Umformung befindlichen Gesteines erwachsen. Die Regeln für den Entwurf und für die Bemessung der Gewölbe tiefliegender Tunnels können lediglich aus der Tunnelbauerfahrung abgeleitet werden, welche in Übereinstimmung mit der Theorie lehrt, daß die Schutzhüllen bei mäßiger Überanspruchung des Gesteines den Druck von der Tunnelsohle fernhalten. Eine Vertiefung unserer Kenntnis von den Faktoren, von denen die Wirksamkeit unserer baulichen Maßnahmen abhängt, ist nur dann zu erwarten, wenn die geologischen Profile der Tunnels durch verläßliche Angaben über die Druckfestigkeit der durchörterten Gesteine und über deren Raumelastizität (Zusammendrückbarkeit bei verhinderter seitlicher Ausdehnung) ergänzt werden.

d) Plastisches Gebirge (fälschlich auch „blähendes“ oder „quellendes“ Gebirge genannt). Beim Durchörtern von Tonen, Mergeln und weichen Schiefergesteinen wird häufig die Beobachtung gemacht, daß der Boden aufquillt (Ton) oder zerbröckelt und sich auflöst (Mergel, Schiefer) und nach dem Hohlraum drängt, wobei der auf die Zimmerung wirkende Druck gewaltig zunimmt. Schon die ältesten Berichte über die beim Bau von Eisenbahntunnels gemachten Erfahrungen enthalten zahlreiche Hinweise auf Schwierigkeiten ähnlicher Art. Diese älteren Berichte sind auch deswegen lehrreich, weil die durch das Verhalten des Gebirges verursachten Schwierigkeiten als etwas unerhört Neues ausführlich beschrieben wurden.

Beim Bau der ersten englischen Eisenbahnen wurden die „Blähungserscheinungen“, insbesondere im London-Ton und in einem teilweise verhärteten, mergeligen Wälder-Ton („blue bind“) beobachtet. Der London-Ton „schwelle beträchtlich“, sobald er auch nur einige Stunden der Luft ausgesetzt sei. In Richmond wurde ein Brunnen mit einem Durchmesser von 1,2 m über Nacht durch die „schwellenden Massen“ vollkommen ausgefüllt. In den Tunnels der Manchester- und Bolton-Eisenbahn wurde die Zimmerung wiederholt durch den schwellenden Ton zerpreßt, trotzdem das Material „anscheinend ganz trocken war“. Im Box-Tunnel der Great Western Rw. wurde in der Regel zwischen dem Ton und der Zimmerung ein freier Raum mit einer Weite von 15 cm vorgesehen, um dem Ton Gelegenheit zu geben, sich auszudehnen, doch war dieser Spielraum kaum hinreichend. Der im Blechingly-Tunnel angefahrene mergelige Wälder-Ton fühlte sich fettig an und erforderte beim Aushub Sprengarbeit. Im Kontakt mit der Luft blähte er und zerfiel. Der Gebirgsdruck nahm so hohe Werte an, daß Eichenständer mit einem Durchmesser von 35 bis 40 cm geknickt wurden. Die Intensität des Druckes änderte sich von Ort zu Ort. Stellenweise blieb er sogar ganz aus. In der Regel äußerte er sich nahe den Tunnelenden vornehmlich an der Firste, während er in der Tunnelmitte (größte Überlagerung) an den Ulmen überwog. Großer Firstdruck war in der Regel mit der Bildung einer obertägigen Mulde

[1]) Terzaghi: Erdbaumechanik. Wien. 1925. S. 211 bis 215.

verbunden. Beim Absinken der Angriffsschächte wurde beobachtet, daß der Ton von zahlreichen Spalten und Verwerfungen durchsetzt war. Im Primrose-Hill-Tunnel preßte der schwellende Ton den frischen Mörtel aus den Mauerwerksfugen und zerpreßte schließlich die Ziegel. Im Netherton-Tunnel (Tunnel im Zug des Kanals Netherton—Dudley Port, 1856—1858) wurde das Sohlengewölbe auf einer etwa 40 m langen Strecke durch den Auftrieb des „blue bind" (Wälder-Ton) beschädigt. An einer Stelle belief sich die Auftreibung auf 20 cm und war mit einer Zerpressung der Ziegel verbunden[1]). Beim Bau des Milseburg-Tunnels der Nebenbahn Fulda—Tann (1158 m) wurden Wellenkalk (179 m), Röth (700 m) und Buntsandstein (279 m) nebst einigen Basaltgängen durchörtert. Die Gebirgsverhältnisse waren im allgemeinen günstig. „Das vorliegende Röth hatte jedoch die unangenehme Eigenschaft, beim Zutritt von Wasser und Luft in kurzer Zeit zu verwittern und sich vollständig aufzulösen, wodurch infolge der eintretenden Ausdehnung ein unwiderstehlicher Druck entstand." So ist es beispielsweise vorgekommen, daß der voreilende Sohlstollen kaum einer Zimmerung bedurfte. Nach einiger Zeit entwickelte sich jedoch ein derart ausgiebiger Druck, daß die kräftigsten Holzbaue brachen und mehrfaches Auffirsten erforderlich wurde. Die ganze Röthstrecke mußte mit einem Sohlengewölbe versehen werden. Im Gegensatz dazu trat der Druck in dem stellenweise weichen Buntsandstein entweder gar nicht oder sogleich nach dem Ausbruch auf[2]). Bei den Vorerhebungen für die Wiederherstellung des Tunnels von Büdingen (535 m, Linie Gießen—Gelnhausen) zeigte es sich, daß die Überlagerung aus Mergeltonschiefer bestand, der im oberen Teil stark verwittert war und nach der Tiefe zu fester wurde. Der Mergel war „dolomitischen Ursprungs", mit etwa 35% Ton. In Kontakt mit der Luft und dem Wasser zerfiel er in dünne, schiefrige Plättchen, wobei er sehr druckhaft wurde. (Maximale Überlagerung 33 m, Lagerung ziemlich wagrecht und gleichmäßig, mehrere Querklüfte. Der Ausbruch des unverwitterten Gesteines erforderte Sprengarbeit)[3]). Beim Baue des Tunnels Heilbronn—Weinsberg wurden die Druckerscheinungen angeblich durch die mit der Verwandlung des Anhydrites in Gips verbundene Wasseraufnahme herbeigeführt[4]). Beim Bau des Hochstraß-Tunnels im Zuge der Eisenbahn Friedberg—Pinkafeld (523 m, 35 m größte Überlagerung) wurden wasserführender Lehm und „blähender, blauer Tegel" für die Bauschwierigkeiten verantwortlich gemacht. Der Gebirgsdruck wuchs im Laufe des Vortriebes derart an, daß eine Mann-an-Mann-Zimmerung nicht mehr genügte. Nachdem auch ein Versuch, den Ausbruch unter dem Schutz eines Schildes fortzusetzen, mißlang, mußte der Vortrieb von dieser Seite aufgegeben werden. An zwei Stellen erfolgten Tageinbrüche[5]). Nach Stapff „blähte" der zersetzte Glimmergneis im Gotthardtunnel linear 2,9%[6]). Unter den Gebirgsarten, die besonders auf die Einwirkung von Wasser zu reagieren scheinen, im trockenen Zustand aber meist eine normale Tragfähigkeit aufweisen, ist der Liegendletten in den meisten Braunkohlengruben Nordwest-Böhmens (Tertiär), der zersetzte Phyllit in den alpinen Braunkohlengruben Seegraben und Hart bei Gloggnitz sowie „Seifenschiefer" im Liegenden der Braunkohlengrube Fohnsdorf zu erwähnen[7]).

Aus vorstehender Zusammenstellung ist zu entnehmen, daß gewisse weiche Gesteine, insbesondere Ton oder Tongesteine, in der Umgebung der Tunnels weich werden und mit großer Kraft nach dem Hohlraum drängen, wobei sich der Druck in vielen Fällen erst allmählich entwickelt. Schon seit vielen Jahren

[1]) Simms, F. W.: Practical Tunneling. 4. Aufl. New York. 1896.

[2]) Der Bau des Milseburg-Tunnels der Nebenbahn Fulda—Tann. Zeitschr. f. Bauwesen. 1892.

[3]) Walloth: Wiederherstellung und Trockenlegung des Tunnels von Büdingen. Organ für den Fortschritt des Eisenbahnwesens, 50. Bd., S. 415. 1913.

[4]) Tunnel Heilbronn—Weinsberg. Jahresh. des Vereines vaterländ. Naturkunde, XX, S. 165. Württemberg. 1864.

[5]) Randzio: Neuere Stollenbauten. Die Bautechnik, S. 343 bis 347. 1925.

[6]) Pollack, V.: Über Vorbildung in der praktischen Geologie. Die Steinindustrie, Halle a. d. S., nach F. M. Stapff, Jahrb. d. preuß. geol. Landesanstalt für 1888. Nach Stapff stand im Gotthardtunnel von 7478 m bis 7540 m zerrütteter, meist lettig zersetzter Glimmergneis an. Der äußerlich noch frische, jedoch zerrüttete Glimmergneis hatte ein spezifisches Gewicht von 2,71, Glühverlust 0,41%. Er saugte ohne meßbare Volumsänderung 1,95% Wasser an. Der ganz zersetzte hatte ein spezifisches Gewicht von 2,77, Glühverlust 1,87%. Im Kontakt mit Wasser nahm er 11,1% Wasser auf, wobei er sich in der Schieferungsrichtung um 2,9% streckte.

[7]) Pollack, V.: Über Frostwirkung, Quellung (Quellungsdruck) usw. Technische Blätter. Teplitz-Schönau. 1921.

hat V. Pollack, gestützt auf eine umfangreiche Erfahrung im Tunnel- und Erdbau, die Ansicht vertreten, daß die unter den Namen „Quellen" oder „Blähen" bekannten Erscheinungen teilweise, in manchen Fällen sogar zur Gänze eine Äußerung reinen Gebirgsdruckes darstellen[1]). Um zu erkennen, wie solche Erscheinungen durch den Gebirgsdruck hervorgerufen werden können, muß man zunächst das Material in Betracht ziehen, in dem sie aufzutreten pflegen. Diese Materialien sind: 1. Tone, 2. Mergel, 3. zersetzte (verwitterte) Gesteine und 4. Gesteinsarten, die bei Wasserzutritt chemische Umwandlungen erleiden.

1. Druckerscheinungen in Tonlagern. Wenn man in weichem Ton einen offenen Schlitz aushebt, so kommt es nicht selten vor, daß die Sohle des Schlitzes emporsteigt, während die Spreizen lediglich unter dem Einfluß eines normalen Erddruckes (Schwergewichtsdruckes) stehen. Es würde niemandem einfallen, diese Erscheinung als „Blähen" zu bezeichnen. Sie stellt lediglich die Folge einer Überschreitung der Tragfähigkeit des Materials durch das Gewicht der zu beiden Seiten des Einschnittes befindlichen Tonmassen dar. Es gelingt auch in der Regel, das „Aufwölben" durch Wasserzuführung, das heißt durch ein Füllen des Schlitzes mit Wasser, zum Stehen zu bringen. Dies ist der häufigste Fall. In selteneren Fällen kommen auch die Spreizen allmählich unter höheren Druck und man ist dann genötigt, von Zeit zu Zeit die Spreizen durch kürzere zu ersetzen. In diesen Fällen könnte man an ein „Blähen" des Tones denken. Der Begriff des „Blähens" im landläufigen Sinne des Wortes setzt jedoch eine Raumzunahme infolge des Zutrittes feuchter Luft voraus. Löst man ein Stück des Tones aus der Seitenwand und überträgt es in einen Raum mit wasserdampfgesättigter Luft, wie dies Terzaghi gemacht hat, so bleibt sein Rauminhalt unverändert[2]). Infolgedessen ist an ein „Blähen" des Tones nicht zu denken. Die Erscheinung stellt lediglich die durch seitliche Entlastung bewirkte Ausdehnung des Tones dar. Die Elastizitätsziffer eines fetten Tones beläuft sich nach Terzaghi in einer Tiefe von 10 m unter der Oberfläche auf etwa 40 kg per Quadratzentimeter und geht im Laufe der Entlastung noch wesentlich herunter. Der Elastizitätsmodul der Gesteine ist von der Größenordnung 200000 kg per Quadratzentimeter. Wenn die Elastizitätsziffer des Granites ebenso niedrig wäre wie die des Tones, so würde der Granit nach Aussprengen eines Schlitzes oder eines Tunnels ebenso ausgiebig „schwellen" wie dieser. Nur würde die Schwellung nicht langsam, sondern unverzüglich erfolgen. Die Verzögerung des Schwellens des Tones ist aus dem Umstand zu erklären, daß der Ton aus zwei Bestandteilen (Phasen), dem Ton und dem Wasser, besteht, von denen jede beinahe unzusammendrückbar ist. Die elastische Ausdehnung des bergfeuchten Tones besteht nicht aus einer elastischen Ausdehnung seiner beiden Komponenten, sondern in der elastischen, mit Wasseraufnahme verbundenen Ausdehnung des Gefüges, ähnlich wie ein Schwamm beim Ausdehnen Wasser aufnimmt. Das Wasser stammt keinesfalls aus der Luft, sondern es wird von dem der Tunnelröhre nächstgelegenen Wasservorrat abgezogen. Der nächstgelegene Wasservorrat befindet sich in der Regel auf der Tunnelsohle im Abzugsgerinne. Auf diesen folgt der Wasservorrat des Gebirgsinneren. Der Vorgang des Wasseransaugens wurde von Terzaghi in seiner

[1]) Pollak, V.: Über Frostwirkung, Quellung (Blähungsdruck) usw. Technische Blätter. Teplitz-Schönau. 1921. — „Über Quellung oder Blähen". Verh. d. Geol. R. A. Wien. 1916. S. 106. — Über Unzulänglichkeiten und Rückständigkeiten im praktischen Erd- und Stollenbau. Ztschr. d. österr. Ing.- u. Arch.-Ver. 1927. — Über Vorbildung in der praktischen Geologie. Die Steinindustrie. Halle a. d. Saale. 1925.

[2]) Terzhagi, K.: Erdbaumechanik. Wien: Franz Deuticke. 1925. S. 215.

Abhängigkeit von Raum, Zeit und Durchlässigkeit rechnerisch dargelegt[1]) und gleicht im Prinzip dem in Abb. 235 dargestellten Vorgang.

Ein feinporiger Schwamm, dessen unterer Teil unter Wasser steht, werde durch eine Druckplatte in zusammengequetschtem Zustand erhalten. (Abb. 235b). Öffnet man in der Druckplatte ein Loch (235c), so quillt der Schwamm durch das Loch nach oben, wobei er das Wasser aus dem unterhalb befindlichen Wasservorrat ansaugt.

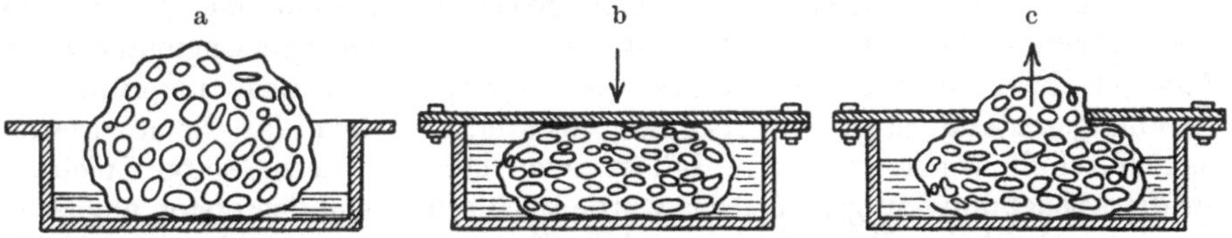

Abb. 235. Der Vorgang des Wasseransaugens des Tones, dargestellt durch einen Schwamm a) ohne Druckplatte, b) mit Druckplatte, c) Öffnung in der Druckplatte

Je feinporiger der Schwamm, das heißt je geringer seine Durchlässigkeit, desto mehr Zeit nimmt das Schwellen in Anspruch, denn der Schwamm ist durch die Oberflächenspannung des Wassers gezwungen, sich derart auszudehnen, daß die Raumvergrößerung mit dem Wassernachschub genau gleichen Schritt hält[2]). Das Hereindrängen des Tones in die Hohlräume ist demnach nichts anderes als das Ergebnis des Zusammenwirkens der Schwere (reiner Gebirgsdruck) und der durch Strömungswiderstand verzögerten elastischen Ausdehnung des Materials. Je weicher die Konsistenz des Tones, desto mehr überwiegt das Drängen infolge reinen Gebirgsdruckes über die durch elastische Ausdehung bewirkten Bewegungen. Der energisch „schwellende" Londoner Ton ist zugleich als nachgiebiger Baugrund bekannt. Bei einer Bodenbeanspruchung von 4 bis 5 kg pro Quadratzentimeter erleiden die auf Londoner Ton errichteten Bauwerke recht oft schädliche Setzungen, deren Größe mit der Zeit zunimmt. Ein solcher Ton „wächst" auch selbstverständlich in den Tunnel, wenn er unterhalb der Ulmen durch das Gewicht des Hangenden mit 10 kg pro Quadratzentimeter und mehr belastet wird. Die Vorstellung, daß das Schwellen des Tones durch den Kontakt mit der feuchten Grubenluft verursacht werde, muß in das Reich der Fabel verwiesen werden.

In Anbetracht der geringen Druckfestigkeit und des niedrigen Elastizitätsmoduls der Tone bedarf es einer Erläuterung, daß die Tone im Tunnel nicht ausgiebiger „schwellen" und kräftiger drücken, als dies im Tunnelbau beobachtet wird. Die Erklärung ist nach Terzaghi darin zu suchen, daß sich der Ton oberhalb des Tunnels gewölbeartig in sich selbst verspannt, sofern die Überlagerungshöhe groß genug ist.

Die alte Wasserversorgungsanlage von Memphis, Tennessee, bestand unter anderem aus einem System von Wasserleitungstunnels mit einem lichten Querschnitt von etwa 1,2 × 0,9 m, die in einer Tiefe von etwa 30 m unter der Oberfläche aus einem hochplastischen, lettenartigen Ton ausgehackt wurden. Die Fließgrenze des Tones liegt etwa zwischen 50 und 90, die Plastizitätszahl (Tabelle 38, Nr. 13) zwischen 25 und 60. Die Stollen sind mit etwa 4 cm starken Eichenbrettern verkleidet, die Rahmenhölzer haben einen Querschnitt von 25 × 8 cm. Die Tunnels dienten 25 Jahre lang als Wasserleitung und stehen heute noch. Die Memphis Light- and Power-Co. benützte ein ähnliches, in einer Tiefe von etwa 68 m unterhalb der Oberfläche angelegtes Tunnelsystem[3]). Auch beim Minieren der Wasserwerkstunnels von Chicago ergaben sich im allgemeinen im steifen, blauen, glazialen Ton keine nennenswerten Schwierigkeiten, ausgenommen dort, wo man unerwarteterweise Triebsandnester anfuhr. Bei Ausschachtungsarbeiten im blauen Ton von Chigaco kommt man zuweilen in Tonschichten, deren Oberfläche sich auf der Grubensohle

[1]) und [2]) Terzaghi, K.: Erdbaumechanik. Wien: Franz Deuticke. 1925.
[3]) Nach einer brieflichen Mitteilung des Stadt-Ingenieurs Mr. Wm. B. Fowler vom 11. Aug. 1927.

emporwölbt. Derselbe Ton würde selbstverständlich auch im Tunnel schwellen. Physikalisch sind die weichen und die steifen Tonschichten so gut wie identisch. Der Unterschied liegt nur in der vom Wassergehalt abhängenden Konsistenz.

Bei unzureichender Überlagerungshöhe kann es zu obertägigen Setzungen oder Tageinbrüchen kommen, die ebenfalls lediglich eine Wirkung des reinen Gebirgsdruckes darstellen. In solchen Fällen empfiehlt es sich, die Zimmerung satt an das Gebirge anzulegen. Wenn hingegen ein Tageinbruch infolge großer Überlagerungshöhe ausgeschlossen ist, sind die Quellungserscheinungen eine Begleiterscheinung des Überganges des Gebirges aus dem ursprünglichen Spannungszustand in jenen Spannungszustand, in dem das Nachbargestein als Schutzhülle wirkt. In diesem Fall ist es vorteilhafter, dem Gebirge Spielraum für die Ausdehnung zu geben. Dies wurde auch schon von den ersten englischen Tunnelbauern beim Durchörtern toniger Formationen erkannt (siehe S. 378, Box-Tunnel). Im schwellenden Gebirge wurde zuweilen beobachtet, daß die Zimmerung und die Geleise beim Einbau von Grundschwellen bedeutendere Formänderungen erleiden, als wenn man die Sohle dem Auftrieb überläßt.

2. Druckerscheinungen in Mergelschichten. Mit dem Namen Mergel (Tonmergel, Kalkmergel usw.) werden Gesteine mit weitgehender petrographischer und physikalischer Verschiedenheit belegt. Terzaghi hatte Gelegenheit, einen dunklen, festen Mergel zu untersuchen, der in einem Tunnel angeblich Schwellungserscheinungen veranlaßt hatte. Der Mergel änderte sein Volumen weder beim Trocknen noch beim langen Liegen im Wasser und konnte zehnmal getrocknet und wieder durchnäßt werden, ohne zu zerbrechen. Das andere Extrem wird durch einen Mergel dargestellt, welcher unter Wasser ausgehoben wurde. In seiner natürlichen Lagerung befand sich dieser Mergel unter dem Druck einer beträchtlichen Gebirgsauflast. Eine frisch gewonnene Probe erfuhr beim Trocknen eine Schrumpfung von 10%, wobei sie zerbrach. Eine andere, ebenfalls frisch gewonnene Probe erfuhr bei längerem Liegen im Wasser eine Raumvergrößerung von 12%[1]). Infolge dieser Vieldeutigkeit des Ausdruckes „Mergel" sind auch die an Mergelgesteinen beobachteten Erscheinungen außerordentlich mannigfaltig. Nachdem die petrographische Untersuchung eines Mergels umständlich ist und die Ergebnisse obendrein in technischer Hinsicht nicht eindeutig sind, würde es sich empfehlen, die Mergel für tunnelbau-technische Zwecke durch ihre Druckfestigkeit, die durch Austrocknung und Wasserlagerung erzeugten Raumänderungen, die Art und Geschwindigkeit des Zerfallens bei abwechselnder Trocknung und Durchfeuchtung und bei sehr elastischem Material durch die Ergebnisse eines Druckversuches bei möglichst verhinderter Seitenausdehnung zu beschreiben. Vorläufig liegen solche Daten noch nicht vor.

Auch über die Vorgänge, die zum Zerfallen gewisser Mergel führen, wissen wir heute noch wenig. Diesbezüglich bemerkt Deecke: „Es fehlt an jeder Beobachtung darüber, inwieweit bei der heutigen Auflockerung solcher Gesteine nicht nur das Wasser, sondern auch die Luftkohlensäure durch Zerstörung von Kalkaluminaten mitwirkt. Auffällig bleibt die Standfestigkeit mancher Tone und Mergel in trockenen Hohlräumen (Kellern, Tunnel), sobald jedoch Feuchtigkeit hinzutritt, das Zerfallen unter Ausscheidung von vielen, auf allen Schicht- und Blätterfugen auftretenden Kalkkrusten. Nicht das Wasser allein bewirkt die Quellung, sondern auch ein derartiger chemischer Vorgang. Das Ganze ist dem Vorgang vergleichbar, der durch den Sauerstoff in eisenkiesreichen Lagen (Alaunschiefer, Septarienton usw.) ausgelöst wird, wobei die Sulfat-, besonders die

---

[1]) Untersuchungen in den Laboratorien der Columbia-Universität in New York. Nach einem Brief an die Schriftleitung des Engineering News-Record, Vol. 95, 10. Dezember 1925, von Daniel E. Moran.

Gipsbildung, eine völlige Aufblätterung der Schiefer in die feinsten Lamellen bewirkt. An diesem Beispiel können wir in der Zufuhr des Sauerstoffes unmittelbar den Anlaß der Volumsvermehrung sehen[1]). Ein typischer (unverkitteter oder reversibler) Ton erleidet beim „Quellen" keine chemische Veränderung (Terzaghi). Wohl aber mag dies bei gewissen Mergeln der Fall sein.

Am unangenehmsten sind offenbar jene Mergel, die sich bei Wasserzutritt auflösen, das heißt deren Festigkeit hauptsächlich durch scheinbare Kohäsion bewirkt wird. Durch den Tunnelausbruch wird das Gefüge der Mergel zerrüttet und die Zahl der im Mergel vorhandenen Klüfte vervielfacht. Bei Wasserzutritt verwandelt sich die Masse infolge der außerordentlich vergrößerten Angriffsfläche des Wassers in Brei (S. 371, Einsturz des Stapelton-Tunnels infolge Aufweichung der Kohlenmergel durch Regengüsse und Einsturz des Altenbekener Tunnels).

Aber auch bei bloßer Neigung des Mergels, unter dem Einfluß des Gebirgsdruckes in kleine Stücke zu zerbrechen, kann das Gebirge bei gleichzeitigem Wasserzutritt schwimmend werden. Das rasche Zerbröckeln der Mergel im Tunnel dürfte in vielen Fällen eine Folge des Gebirgsdruckes darstellen, denn über Tag greift die Zerstörung derselben Mergel viel langsamer in die Tiefe, trotzdem die Bedingungen für rasche Verwitterung dort günstiger liegen.

3. Druckerscheinungen in verwitterten oder zersetzten Gesteinen. Bei der Beurteilung der Druckhaftigkeit verwitterter Gesteine hat man zu berücksichtigen, ob der Verwitterungsvorgang eine nennenswerte Änderung des Substanzgehaltes des Gesteines bewirkt hat oder nicht.

Falls die Verwitterung mit keiner nennenswerten Anreicherung oder Abwanderung von Material verbunden ist, verliert das Gebirge lediglich seinen Zusammenhalt und verhält sich dann wie ein lockerer Gebirgskörper mit sehr geringem Porenvolumen. Die Druckhaftigkeit stellt sich bei der mit der Ausbrucharbeit verbundenen Auflockerung bei gleichzeitigem Wasserzutritt in ähnlicher Weise ein wie im schwimmenden Gebirge.

Der Vorgang läßt sich z. B. aus den anläßlich der Wiederherstellung des Mühltaler Tunnels der Brennerbahn gemachten Beobachtungen entnehmen (größte Überlagerungshöhe 150 m). „Der Tonschiefer, welcher vom Tunnel durchfahren wurde, besitzt eine wechselnde Beschaffenheit. Oft fand man in einem Tunnelraum in unmittelbarer Nähe von festen Schichten solche, welche genau dieselbe Struktur besaßen, aber porös und so bröcklig waren, daß sie mit der Spitzhaue leicht gewonnen werden konnten. An der Luft zerfiel diese Masse und bei Zutritt von Wasser und unter Druck verwandelte sie sich in einen lehmartigen Brei fast ohne alle Kohäsion. Die weichen Tonschieferschichten waren in der Regel nur bruchfeucht, ohne eigentlich Wasser zu führen, und erforderten sofort nach ihrer Bloßlegung nur eine schwache Zimmerung. Stand jedoch eine anfangs trockene Wand durch längere Zeit, so begann sie naß zu werden, sich an der Oberfläche aufzulösen und auf die Zimmerung zu drücken."... „Wenn nun die so entstandene breiige Masse durch die Ritzen der Verpfählung abfließt, so entstehen hinter der Zimmerung Hohlräume, welche Nachstürze und somit Zerstörung des Gebirges veranlassen, wodurch zunächst ein heftiger Druck auf die Zimmerung ausgeübt wird."[2])

Diese Beschreibung spricht für sich selbst. Die anscheinende Trockenheit der frisch angeschnittenen Wand rührte offenbar von ihrer geringen Durchlässigkeit her. Auch ein steifer Ton scheint in der Grube trocken zu sein, trotzdem

---

[1]) Deecke: Vier Kapitel aus der petrographischen Geologie, S. 32 u. 33ff. 1919, zitiert in Pollack, V.: Über Vorbildung in der praktischen Geologie und Wetterbeständigkeit sowie Quellung der Gesteine. Die Steinindustrie, H. 10, 11. 1925.

[2]) Die Rekonstruktion des Mühltaler Tunnels an der Brennerbahn. Zeitschr. d. Österr. Ing. u. Arch.-Ver., S. 29. 1878.

seine Poren zur Gänze mit Wasser ausgefüllt sind. Sobald jedoch das Gebirge in Bewegung gerät, nimmt sein Porenvolumen zu, und es saugt aus seiner Umgebung Wasser an, wie der Schwamm in Abb. 235c, und der verwitterte Fels verwandelt sich in „schwimmendes Gebirge". Auf ähnliche Vorgänge sind wohl auch die Druckerscheinungen in den verwitterten Phylliten der Steiermark zurückzuführen.

Bei einer mit Auslaugung verbundenen Verwitterung von Massengesteinen (Granit, Andesit usw.) kann es vorkommen, daß die Masse infolge Substanzverlustes porös und durchlässig wird. Es ist aber auch denkbar, daß eine durch juvenile Gewässer verursachte, mit einer Substanzzuwanderung verbundene Tiefenverwitterung stattfindet. Nachdem die verwitterte Masse durch die Biegungsfestigkeit der überlagernden, gesunden Gesteinsschichten an der freien Ausdehnung verhindert ist, würde sich der Einschluß zersetzten Gesteines in diesem Fall unter einem Druck befinden, der den aus der Gebirgsschwere errechneten Druck weit übersteigt. In physikalischer Hinsicht gleicht das Ergebnis der Verwitterung eines Massengesteines einem mit Sand vermengten Ton. Im Falle des Substanzverlustes würde jedoch das Verwitterungsprodukt infolge der bei der Verwitterung entstandenen Textur Neigung zum „Schwimmen" aufweisen, während er bei Substanzvermehrung gewaltige, durch elastische Ausdehnung verursachte Druckwirkungen ausüben könnte. Das von Stapff beschriebene Verhalten des verwitterten Glimmergneises des Gotthardtunnels mag in diese Klasse gehören. Systematische Beobachtungen liegen über diesen Gegenstand noch nicht vor.

In einigen nordamerikanischen Bergbaubetrieben wurde die Beobachtung gemacht, daß verwitterte Feldspatgesteine, deren Kaolin teilweise in Serizit verwandelt wurde, wenig schwellen, während kaolinreiche Verwitterungsprodukte ähnlicher Art sehr stark „treiben".

4. Druckerscheinungen infolge chemischer Umsetzungen. Am häufigsten wird die Umwandlung von Anhydrit in Gips für derartige Erscheinungen verantwortlich gemacht, und die als Schlangen- und Gekrösegips bekannten Stauchungsprodukte beweisen, daß der Quelldruck des Anhydrites sehr bedeutend sein kann. Es fragt sich jedoch, ob sich die Umsetzung des Anhydrites in Gips im Tunnel mit solcher Geschwindigkeit vollziehen kann, daß sie im Laufe weniger Jahre ausgiebige Quellerscheinungen hervorrufen kann. Tatsache ist, daß man in alten Sinkwerken und auf Stollenhalden körnige und blättrig-kristallisierte Anhydrite vorgefunden hat, die trotz jahrzehntelangem Kontakt mit Luft und Wasser noch nicht in Gips verwandelt wurden. Nach V. Pollack findet sich sogar in der Natur anstehender Anhydrit[1]). Unter diesen Verhältnissen müssen Angaben über druckerzeugende chemische Umsetzungen mit Vorsicht aufgenommen werden.

Dichter, toniger Anhydrit quillt nach Mayer[2]) rascher; in den Ostalpen sieht man dies besonders schön, wo er, mit Ton und Salz gemischt, das sogenannte Haselgebirge bildet, das trocken in der Regel standfest ist, durchfeuchtet vor allem durch den Tongehalt starke Druckwirkungen ausübt, bei großem Wasserzudrang zu Schlammeinbrüchen führt.

Damit soll aber keineswegs gesagt werden, daß der Anhydrit an sich niemals treibt (S. 75).

---

[1]) Pollack, V.: Über Frostwirkung, Quellung (Quellungsdruck) usw. Technische Blätter, Teplitz-Schönau. 1921. — Über Quellung oder „Blähen". Vortrag Verh. d. Geol. R. Anst. Wien, S. 106. 1916.

[2]) Mayer, F.: Berchtesgaden. Geogr. Jahresheft f. 1912, S. 129ff. München. 1913.

Im Kapellisbergtunnel[1]) bei Gaildorf, der bei einer Überlagerung von 80 m eine nahezu söhlig gelagerte Folge von Gipsmergeln, Anhydrit und Gips durchfährt, konnte, obwohl zwecks Abhaltung des Wassers eine Entwässerungsanlage eingebaut wurde, eine Durchfeuchtung des Anhydrites nicht verhindert werden. Gleich nach Beendigung des Baues im Jahre 1880 fing sich das Gewölbe zu heben an. Die Hebung betrug 1889 37 cm, 1898 55 cm, 1923 bereits 64 cm. Die Sohle des Tunnels mußte jährlich etwa 25 cm tiefer gelegt werden.

Die große Löslichkeit des Gipses und Anhydrites bewirkt auch das Auftreten von Sulfatwässern, welche der Ausmauerung der Tunnel- bzw. Stollenröhre große Schwierigkeiten entgegensetzen, da sie den normalen Beton, aber auch andere Ausmauerungsmaterialien leicht angreifen. Ähnliche säureführende Wässer entstehen bei der Zersetzung und Auslaugung pyritführender Gesteine.

Diese Zerstörungen können verhindert werden, wenn man die Gipswasser isoliert abführt und überdies zwischen Gebirge und Ausmauerung eine säurebeständige Isolierschichte schiebt; ferner empfiehlt sich die Anwendung der sulfatbeständigen Tonerdezemente (Lafarge usw. S. 223 u. 225)[2]).

An der von H. E. Gruner in Basel in den Jahren 1912 bis 1914 gebauten Hochdruckanlage „Flamisell Supérieur" in den spanischen Pyrenäen traten nach zirka 1½ bis 2 Jahren in gewissen Partien des Zulaufstollens (Freilaufstollen) und des Wasserschlosses Längsrisse von bis 20 m Länge und einigen Zentimetern Breite auf. Nähere Untersuchungen zeigten, daß es sogenannte Treibrisse waren, in deren Nähe, hauptsächlich auf der Außenseite gegen das Gebirge hin, der Beton und in den gemauerten Partien der Mörtel des Mauerwerkes vollständig morsch und zerfressen waren. Als Ursache dieser Erscheinung wurde kalziumsulfathaltiges Sickerwasser festgestellt, teilweise allerdings auch das Vorhandensein von Pyritkristallen im Betonkies und Sand, aus welchen sich beim Zutritt von Wasser die zerstörende Schwefelsäure bildete. Immerhin trat die Erscheinung auch in Partien ohne Pyritvorkommen auf, so daß es zweifelsfrei feststeht, daß auch Gips allein die vorerwähnte Wirkung auf den Beton hat. Die Gegenmaßnahmen bestanden in erster Linie im Öffnen und Freilegen der hinter den zerstörten Stellen vermuteten Sickerungen von gipshaltigem Wasser. Die Sickerungen wurden sauber gefaßt und durch galvanisierte Eisenröhren nach den nächsten Stollenfenstern abgeleitet. Hierauf wurde das zermürbte Mauerwerk sektionsweise ausgebrochen und durch einwandfreies neues ersetzt. Seither (das heißt seit 1916) haben sich in den rekonstruierten Teilen des Stollens keine weiteren Schädigungen mehr gezeigt.

3. Gebirgsdruck auf Schachtauskleidungen

Bei der Besprechung des Gebirgsdruckes auf Tunnelröhren wurde auf die Entlastung hingewiesen, welche die Tunnelauskleidung unter bestimmten Voraussetzungen, insbesondere in völlig kohäsionslosem Gebirge, infolge der im Gebirge auftretenden Verspannungserscheinungen erfährt. Eine ähnliche Entlastung erfahren auch die Auskleidungen vertikaler Schächte, nur ist der statische Charakter der in der Umgebung der Schächte stattfindenden Verspannungen etwas anders.

Als sinnfälligstes Beispiel für die Wirksamkeit der Verspannungen im Schacht- oder im Bohrlochbereich seien die Erfahrungen erwähnt, die man beim hydraulischen Bohren durch lockere Sande und Tone in Texas gemacht hat. Um die Wandung des (unverrohrten) Bohrloches während des Bohrens vor dem Einstürzen zu bewahren, wird das Spülen nicht mit reinem Wasser, sondern mit einer Lehm- oder Tonsuspension vorgenommen, wobei der Ton die Bohrlochwände verschlämmt. Nach erfolgter Hochnahme der Bohrgestänge

[1]) Tunnelumbau im quellendem Gebirge. Bautechnik, S. 437, 452. 1926.
[2]) Bodenseer, E.: Die Ausbesserung des durch Gipsquellen zerstörten Wasserstollens. Schweiz. Bauztg., S. 127. 1927.

bleiben die Wandungen der 15 bis 20 cm weiten, 200 bis 240 m tiefen Bohrlöcher auch in lockerem Sand unverkleidet stehen[1]).

Das Wesen des Verspannungsvorganges, der Bohrlöcher und schwach verkleidete Schächte unter günstigen Verhältnissen vor dem Eingehen bewahrt, ist in Abb. 236 schematisch dargestellt. Die vor dem Niederbringen des Loches im Gebirge herrschende Druckverteilung ist durch das Dreieck *4—3—2* (wagrechte Drücke) und durch das Rechteck *1—2—5—6* (lotrechte Drücke *p*, in der Höhe der Schachtsohle) gegeben. Nach erfolgter Abteufung verspannt sich die den Schacht umgebende Bodenmasse innerhalb des zylindrischen Raumes *a b c d* ähnlich wie der Inhalt einer Silozelle, und die wagrechten Drücke sinken innerhalb dieses Raumes auf die durch die Abszissen der Kurve *3—2'* gegebenen Werte herunter. Zugleich ändert sich der im Schnitt *c d* wirkende Bodendruck um die durch schraffierte Flächen angedeuteten Beträge. Der Inhalt des zylindrischen Raumes *a b c d* kann als eine Folge von Domen betrachtet werden, die sich rings um den Schacht ungefähr ebenso verspannen wie eine gemauerte Kuppel rings um eine Scheitelöffnung. Sobald jedoch das Gebirge aus einer von den im vorangegangenen Abschnitt angeführten Ursachen schwimmend wird, so hört die Verspannung im gestörten Bereich oder, unter ungünstigen Verhältnissen, im ganzen Schachtbereich auf, und die Schwierigkeiten, mit denen man dann zu kämpfen hat, sind die gleichen wie beim Tunnelbau im schwimmenden Gebirge, das heißt man muß nicht nur die Ausbruchsstrecke, sondern auch die Angriffsfläche, in unserem Fall die Schachtsohle, verkleiden, um das Eindringen des Materials in den Ausbruchsraum zu verhindern (Getriebezimmerung, Türverschluß, in verzweifelten Fällen das kostspielige Gefrierverfahren). Vergegenwärtigt man sich die bei Senkbrunnengründungen in lockerem Sand auftretenden Schwierigkeiten, so kann es nicht überraschen, daß bei der Schachtabteufung bei gleichzeitiger Wasserhaltung durch Sümpfung jeder halbwegs locker gelagerte Feinsand schwimmend wird.

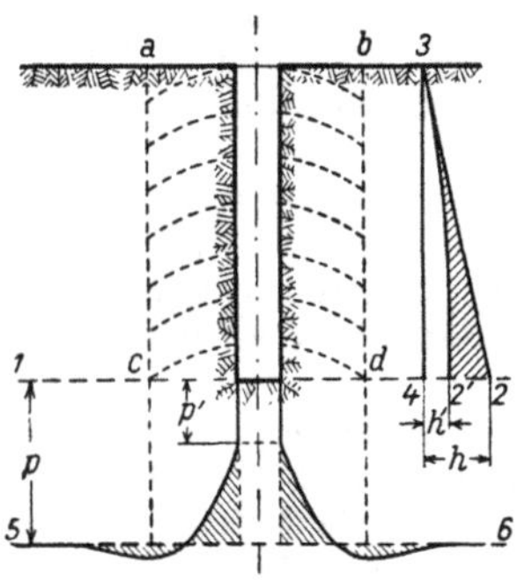

Abb. 236

Hinsichtlich des Aufquellens der Tunnelsohle liegen die Verhältnisse im Schacht etwas günstiger als im Stollen, weil die Druckverteilung in der Nachbarschaft einer rechteckigen Entlastungsstelle günstiger ist als bei einer streifenförmigen. Unter gleichen geologischen Verhältnissen sollten die Druckverhältnisse und Bauschwierigkeiten mit der Größe der Querschnittsfläche des Schachtes sehr rasch zunehmen. Die beim Schachtbau durch Wasser- und Gaseinbrüche verursachten Schwierigkeiten sind von derselben Art wie im Tunnelbau und werden auch durch ähnliche Mittel bekämpft.

4. Beanspruchung der Auskleidung von Druckstollen und Druckschächten

Theorie des Druckstollenproblems. Beim Entwurf von Druckstollen kommt zu der Forderung der Standfestigkeit des Tunnelgewölbes unter äußerem Druck (Gebirgsdruck, leerer Stollen) auch noch die Forderung hinzu, daß die Tunnelverkleidung in Verbindung mit dem Gebirge dem Innendruck standhalte und bei zerklüftetem Gebirge übermäßige Wasserverluste verhindere.

[1]) Bowman, J.: Welldrilling Methods. Water Supply Paper, 257. U. S. Geological Survey, S. 74. Washington. 1911.

In technischer Hinsicht gehört der Druckstollenbau zu den schwierigsten Aufgaben des Tunnelbaues, und die Rechenverfahren für die Dimensionierung der zur Erfüllung obgenannter Forderungen nötigen Stollenverkleidung sind mindestens ebenso unsicher wie die Verfahren für die Dimensionierung des Mauerwerkes einfacher Tunnels in druckhaftem Gebirge.

Die nächstliegende Methode für die rechnerische Behandlung des Druckstollenproblems besteht darin, das Gebirge zusammen mit der Stollenverkleidung als ein unter Innendruck stehendes Rohr mit sehr dicker Wandung aufzufassen. Dieses Verfahren dürfte wohl schon seit langem in Gebrauch stehen. Es wurde z. B. 1909 von Terzaghi bei der Berechnung einer Druckschachtvariante für das von der Adriatique Électricité geplante Gačka-Kraftwerk in Kroatien angewendet (Druckhöhe 400 m, Wellblechauskleidung). Die Rechnungsergebnisse waren derart entmutigend, daß die Schachtvariante ausgeschaltet wurde. 1921 veröffentlichten J. Buechi[1]) und L. Mühlhofer[2]) die Ergebnisse ihrer auf ähnlichen Annahmen fußenden theoretischen Untersuchungen. Die Methode weist jedoch eine Anzahl von Fehlerquellen auf, deren Tragweite sehr schwer einzuschätzen ist. Diese Fehlerquellen bestehen unter anderen in der Nichtberücksichtigung des Spannungszustandes, der im Gebirge durch den Ausbruch des Tunnels geschaffen wurde, und in der Unsicherheit, mit der die grundlegenden Annahmen hinsichtlich der Zugfestigkeit des Gebirges behaftet sind.

Vor dem Ausbruch herrschen im Gebirge lediglich Druckspannungen (Abb. 237, strichlierte Kräfte), deren Intensität von der Überlagerungshöhe abhängt und von Ort zu Ort verschieden sein kann. Der Ausbruch bewirkt nach einer zylindrischen Fläche (der Umfangsfläche des Stollens) die Ausschaltung der radial gerichteten Gegendrücke des ausgebrochenen Kernes. Infolgedessen verformt sich die Tunnelröhre. Setzt man späterhin den Tunnel unter Innendruck (vollausgezogene Kräfte, Abb. 237), so schafft man im Gebirgskörper Spannungen, welche die Wirkungen des Ausbruches teilweise kompensieren, das heißt die Tendenz haben, den im ungestörten Gebirgskörper herrschenden Spannungszustand teilweise wiederherzustellen. Falls der vor dem Ausbruch im Gebirge herrschende Druck ähnlich einem hydrostatischen Druck in allen Richtungen gleich stark wäre, so hätte der Innendruck lediglich die Wirkung, die durch den Ausbruch erzeugten Störungen teilweise wieder auszuschalten. Nun ist aber jedenfalls im ungestörten Gebirge der Horizontaldruck wesentlich kleiner als der Vertikaldruck. Infolgedessen ist die durch den hydrostatisch wirkenden Innendruck hervorgerufene Entlastung an den Seiten bedeutend ausgiebiger als die Entlastung der Firste. Noch viel unübersichtlicher liegen die Verhältnisse in einem Lehnenstollen, in dem der Ausbruch einen unsymmetrischen Spannungszustand erzeugt.

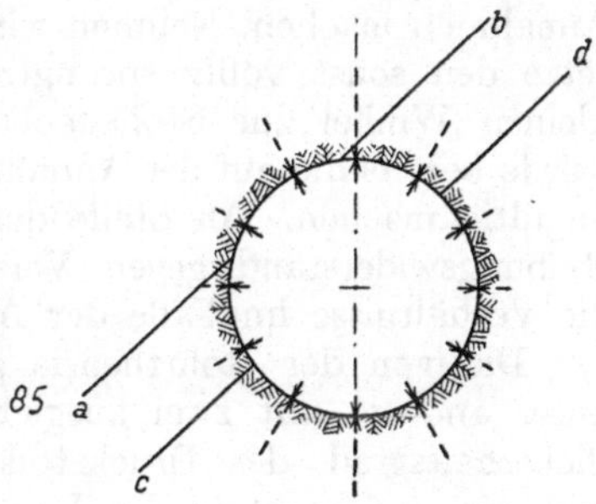

Abb. 237

[1]) Buechi, J.: Zur Berechnung von Druckschächten. Schweiz. Bauztg., I, S. 61, 73, 88. 1921.

[2]) Mühlhofer, L.: Die Berechnung kreisförmiger Druckschachtprofile unter Zugrundelegung eines elastisch nachgiebigen Gebirges. Zeitschr. d. österr. Ing.- u. Arch.-Ver., S. 101, 170, 181. 1921. Siehe auch Theoretische Betrachtungen zum Problem des Druckstollenbaues. Schweiz. Bauztg., II, S. 245. 1921. und Posch, E. v.: Kontroverse über die „Spannungsverhältnisse in Druckstollen." Wasserkraft, S. 61, 91. 1923.

Jedenfalls ist der im Gebirge tatsächlich herrschende Spannungszustand günstiger als der Spannungszustand, der aus der Wirkung des Innendruckes auf ein dickwandiges, ursprünglich spannungsloses Rohr errechnet wird. Diese Abweichung der theoretischen Werte nach der sicheren Seite hin dürfte jedoch mehr als kompensiert werden durch die optimistischen Annahmen der Theorie hinsichtlich der Zugfestigkeit des Gebirges. Fast alle Gesteine sind in größeren oder geringeren Entfernungen von Ablösungsflächen durchsetzt, nach denen die Kohäsion ganz oder teilweise aufgehoben ist, auch dann, wenn das Gebirge bei der Durchörterung trocken erscheint (siehe auch Gründung von Staumauern). Diese Behauptung steht im Einklang mit der Tatsache, daß beinahe alle Druckschächte oder Druckstollen bei der Abpressung unter hohem Druck in unverkleidetem Zustand meßbare Wasserverluste aufweisen.

Um die Wasserverluste zu messen, baut man in den zu prüfenden Stollen zwei dicht an die Stollenverkleidung anschließende Abschlußdeckel ein und füllt mit Hilfe einer Pumpe die zwischen den Deckeln befindliche Stollenstrecke mit Wasser, wobei die Luft durch das einen Deckel durchsetzende Luftablaßrohr entweicht. Sodann setzt man die Probestrecke unter Druck. Die zufließende Wassermenge wird durch eine in die Pumpenleitung eingebaute Wasseruhr und die Druckhöhe durch ein Manometer gemessen. Bei der Berechnung der Wasserverluste muß man die Wassermenge berücksichtigen, die durch die Deckel und durch undichte Stellen des Deckelanschlusses entweicht[1]).

Ein Wasserverlust beweist die Existenz einer wasserführenden Verbindung zwischen dem Stollen und der Gebirgsoberfläche. Auf jede Spalte, die sich durch Wasserabführung bemerkbar macht, entfallen zweifellos viele andere, welche lediglich Ablösungsflächen darstellen, ohne eine meßbare Wassermenge ableiten zu können. Wie diese beinahe unsichtbaren Ablösungsflächen im Gebirge verlaufen, läßt sich in der Regel nicht einmal durch Kernbohrung verläßlich feststellen. Infolgedessen muß man bei der Berechnung hinsichtlich ihres Verlaufes die mit den geologischen Verhältnissen eben noch vereinbaren ungünstigsten Annahmen machen. Nehmen wir an, eine einzige Diaklase *a b* (Abb. 237) durchsetze den sonst völlig sprungfreien Gesteinkörper, parallel oder unter einem kleinen Winkel zur Stollenachse. Die Anwesenheit dieser einzigen Diaklase würde bereits die auf der Annahme eines zugfesten Gesteines fußende Rechnung ungültig machen. An Stelle der Zugfestigkeit wäre lediglich ein geringfügiger Reibungswiderstand gegen Verschiebung wirksam. Noch ungünstiger wären die Verhältnisse im Falle der Anwesenheit einer Diaklase *c d*.

Die von der Rohrtheorie gelieferten Rechnungsergebnisse sind demnach unter anderm mit zwei ausgiebigen Fehlern behaftet, welche das Bild vom Sicherheitsgrad des Druckstollens in entgegengesetztem Sinn beeinflussen, und wir sind nicht in der Lage zu beurteilen, ob die Fehlerdifferenz positiv oder negativ ist. Es würde sich daher empfehlen, die Rohrtheorie fallen zu lassen, von einer Berücksichtigung der Zugfestigkeit des Gesteines abzusehen und an deren Stelle die den Ringzugspannungen entgegenwirkenden Schwerkraftsdruckspannungen des Gebirges einzuführen. Der Weg für die analytische Behandlung dieses Problems wurde durch J. Schmid gewiesen[2]). Damit würde sich auch die Aufmerksamkeit dem Einfluß der Überlagerungshöhe auf den Widerstand der Stollen gegen Innendruck zuwenden, einem Faktor, dessen Bedeutung bisher nicht nach Gebühr geschätzt worden ist.

Ein erfolgreicher Ausbau der Schmidschen Theorien würde allerdings eine wesentliche Vertiefung unserer Kenntnisse von den elastischen Eigenschaften

[1]) Siehe z. B. Ornig, J.: Der Stollen des Teigitsch-Kraftwerkes. Zeitschr. d. österr. Ing.- u. Arch.-Ver., S. 385 bis 389. 1924.
[2]) Schmid, J.: Statische Grenzprobleme in kreisförmig durchörtertem Gebirge.

der Gebirge (nicht nur der Gesteinsproben) erfordern. Eine solche Vertiefung läßt sich nur von den Ergebnissen von Druckstollenversuchen[1]), nach dem Vorbild der Versuche am Stollen von Amsteg, erwarten.

Im Druckstollen von Amsteg wurden die Abdrückungsversuche derart vorgenommen, daß man zwei satt an gegenüberliegenden Stollenwandungen anliegende Druckplatten mit einem Flächeninhalt von je 1 m² gegeneinander verspreizte und durch zwei hydraulische Winden mit je 100 t Druckkraft an ihren Sitz anpreßte. Die durch den Druck bewirkte Vergrößerung der Entfernung zwischen den Druckplatten wurde durch Amslersche Dehnungsmesser mit einer Genauigkeit von 0,01 mm gemessen und gab das Doppelte der durch den Druck bewirkten Zusammendrückung der durch die Druckplatten beanspruchten Gesteinspartien an. Das Zusammendrückungsdiagramm, das die Ergebnisse des Abdrückens des Serizitschiefers von Amsteg darstellt, ähnelt dem Bild, das man beim Abpressen dicht gelagerten Sandes oder Schotters unter ähnlichen Verhältnissen bekommen würde. Die Dehnung, welche der Stollendurchmesser der unverkleideten Stollenstrecken unter dem Einfluß des Innendruckes erfuhr, setzt sich leider aus zwei verschiedenartigen Komponenten zusammen, von denen die eine auf die Zusammendrückung des zerschossenen und die andere auf die Zusammendrückung der gesunden Gesteine zurückzuführen ist. Um diese beiden Komponenten zu trennen, wäre es notwendig, wenigstens zwei von den Meßpunkten durch 1 bis 1,5 m tiefe, den zerschossenen Gesteinsabschnitt durchsetzende Bohrlöcher mit dem gesunden Fels zu verbinden. Ein solcher Versuch würde uns auch darüber aufklären, ob die „Plastizität" im Sinne der Auffassung der Amsteger Druckstollen-Kommission lediglich eine Eigenschaft der Sprengzone oder aber eine Eigenschaft der Gesteine im allgemeinen darstellt. Bei der geringen Dehnung der Biotitgneisstrecke und der Art der verwendeten Meßinstrumente ist es denkbar, daß sich die Plastizität des Biotitgneises der Beobachtung entzogen hat.

Nach einer Mitteilung des Herrn Ing. H. E. Gruner in Basel wurde für den Achenseestollen von Prof. Joye in Freiburg in der Schweiz ein Meßapparat konstruiert, welcher es ermöglichte, die Bewegungen in dem gepanzerten Druckschacht des Achenseewerkes an drei Stellen zu beobachten. Das Prinzip dieses Meßapparates liegt darin, daß an dem inneren Umfang auf die Blechverkleidung des Stollens eine Reihe von Rollen aufgenietet wird. Über diese Rollen wird ein Stahlmeßband gezogen, das in einem sorgfältig verschlossenen Apparat einen Drehhebel bewegt. Der Drehhebel wird durch die beiden Enden des Stahlbandes aus seiner Lage gebracht. Alles dies befindet sich im Innern des geschlossenen Druckschachtes. Durch elektrische Übertragung kann nun die Bewegung des Drehhebels von außen beobachtet werden.

Es ist dies eine neue Einrichtung, die bei ihrer ersten Verwendung allerdings noch gewisse Nachteile aufwies, aber leicht zu verbessern wäre. Immerhin ist schon mit dieser Meßvorrichtung nachgewiesen worden, daß beim Unterdrucksetzen Spannungen von der Blechhaut auf den Berg zum größten Teil übertragen werden können, da sich die Blechverkleidung und der dahinterliegende Beton gleichmäßig zurückziehen. Bei Druckabnahme dagegen eilt die Blechverkleidung im Zusammenziehen etwas voraus, so daß sie also unter einen größeren Druck kommt. Die Versuche haben aber im Prinzip gezeigt, daß in diesem speziellen Fall $^1/_3$ des Druckes von der Blechverkleidung und $^2/_3$ vom Berg aufgenommen werden.

Die vorstehenden Ausführungen gelten in noch höherem Maße für Druckschächte. Bei der geringen Überlagerungshöhe und der gewaltigen Innendruckbeanspruchung der Druckschächte versteht es sich von selbst, daß man an die Ausführung solcher Schächte nur bei vorzüglicher Gesteinsbeschaffenheit denken kann. Es ist wohl kaum anzunehmen, daß ein Druckschacht jemals gebaut worden ist, ohne daß die verantwortlichen Ingenieure und Geologen die Über-

[1]) Kurzer Bericht über die Druckstollenversuche der S. S. B. (Ing. A. Schrafl, Generaldirektor S. S. B.). Schweiz. Bauztg., I, S. 7, 27. 1924.

zeugung gehabt hätten, es handle sich um erstklassiges, zugfestes und kluftfreies Gestein.

Unter den Druckschächten, die sich seit der Inbetriebsetzung bewährt haben, wären zu erwähnen:

Töllwerke der Städte Bozen und Meran, Durchmesser 3,0 m, Druckhöhe 69 m. Harter Porphyr und Gneis[1]).

Kraftwerk Lend, Aluminium Ind. A. G., Durchmesser 2,8 bis 2,6 m, Druckhöhe 65 m. Granit[1]).

Achenseewerke, Durchmesser 2,4 m, Druckhöhe 41,7 m. Dolomit und Kalk.

Diesen Erfolgen wären als teilweise oder gänzliche Mißerfolge gegenüber zu stellen:

Biaschino-Werk am Bodio, Tessin. Durchmesser 2,8 m, Druck 180 m. Granit. Rißbildung, Abdichtung durch geteerte Jutestreifen[2]).

Sand Creek Syphon, Los Angeles Aquädukt. Durchmesser 2,74 m, Druck 140 m. Granit. Übermäßige Wasserverluste, als unbrauchbar aufgelassen[3]).

Herlandsfossen in Christiana, dunkelgrünes Hornblendegestein. Unter etwa 130 m Druck übermäßige Wasserverluste. Längsriß im wagrechten Teil, nach Trockenlegung des Stollens noch 5 mm weit und wasserführend[4]).

Es wäre gewagt zu behaupten, daß der Unterschied zwischen den erfolgreichen und den gerissenen Druckschächten lediglich in der Qualität der Projekte und der Bauausführung begründet sei. Bei den heute noch in Gebrauch stehenden Berechnungsmethoden, die einerseits eine Zugfestigkeit des Gesteines voraussetzen und anderseits die von der Überlagerungshöhe abhängenden Schwerkraftsverhältnisse außer acht lassen, können sich zwei gleich gewissenhaft entworfene und ausgeführte Druckschächte bei der Abpressung sehr verschieden verhalten. Wir werden einer ähnlichen Situation bei der Besprechung der Fundierung von Stauwerken auf durchlässiger Unterlage begegnen.

Praxis im Druckstollenbau (von H. E. Gruner in Basel). Die theoretischen Erwägungen über den Druckstollenbau und die im fertigen Stollen durchgeführten Versuche können die geologischen und technischen Untersuchungen nur unterstützen, nie ersetzen, um so mehr als selbst den Abpreßversuchen große Fehlerquellen anhaften, da unvermeidlich durch die Deckel und auch durch das Mauerwerk selbst, welches den Abschluß des Probestollens bildet, größere Wassermengen verlorengehen. So haben die Druckversuche im Partensteinwerk keine positiven Resultate ergeben, und auch ein speziell angelegter Versuchsstollen am Achensee hat zu sehr relativen Resultaten geführt. Ein erfolgreicher Druckstollenbau bleibt bis jetzt in erster Linie ein praktisches Problem, welches ein enges Zusammenarbeiten von Geologen und Ingenieuren erfordert. Damit sich beide verstehen, ist es aber wichtig, das Problem genau zu formulieren. Wenn wir einen Druckstollen betrachten, so müssen wir in erster Linie berücksichtigen, daß sich entsprechend dem im Druckstollen befindlichen Wasserdruck um den Druckstollen herum eine gefährdete Zone bildet, das heißt eine Zone, in welcher das Wasser, wenn es einen Durchpaß findet, einzudringen versucht. Es ist nun die Aufgabe von Ingenieuren und Geologen zu untersuchen, welches Gestein und welcher Widerstand das Wasser in dieser gefährdeten Zone antrifft. Die nebenstehenden Abbildungen geben einige solcher Druckbilder. (Abb. 238, a—d.)

---

[1]) Mühlhofer, L.: Die Berechnung kreisförmiger Druckschachtprofile. Zeitschr. d. öst. Ing.- u. Arch.-Ver., S. 101, 170, 181. 1921.

[2]) Zeitschr. f. d. gesamte Turbinenwesen, X. Jg., 1 bis 4. 1913.

[3]) Engin. Record, Bd. 67, 23. 1913.

[4]) Schjerven, H.: Tryktunnellen ved Herlandsfossen. Teknisk Ukeblad, 32. 1921; Vogt, J. H. L.: Tryktunneller og Geologi. Kristiania, 1922; Auszüge in Mühlhofer, L.: Wasserkraft, S. 91ff. 1923.

Der erste Fall ist der einfachste und sicherste. Hier läuft der Stollen unter einem großen Hochplateau durch, der Druck ist kleiner als die Distanz zwischen Stollen und Erdoberfläche. Wasserverluste werden sich hiebei überhaupt nicht zeigen, denn die Quellen können nicht zutage treten.

Der zweite Fall ist derjenige, wo der Stollen längs eines Bergabhanges läuft, aber auch so weit in das Berginnere gerückt ist, daß die gefährliche Zone die Oberfläche des Berges nicht mehr schneidet. Auch hier werden in den meisten Fällen Quellen nicht auftreten, es sei denn, daß eine undurchlässige Schicht unterhalb des Stollens durchschneidet und noch über der Talsohle ausmündet.

Der dritte Fall ist derjenige, wo die gefährliche Zone die Oberfläche des Hochplateaus schneidet, wo also im Hochplateau selbst Quellen auftreten können, und der vierte, der gefährlichste Fall, ist derjenige, wo an einem Bergabhang der Stollen so weit herausgerückt ist, daß die gefährliche Zone diesen schneidet. Dieser Fall ist besonders dann gefährlich, wenn auf dem Abhang loses Material aufgelagert ist; dann werden sich unter diesem losen Material bei Austritt des Wassers Quellen bilden und diese können das lose Material in Bewegung bringen. Es ist dies der Fall des bekannten Druckstollens vom Ritomwerk.

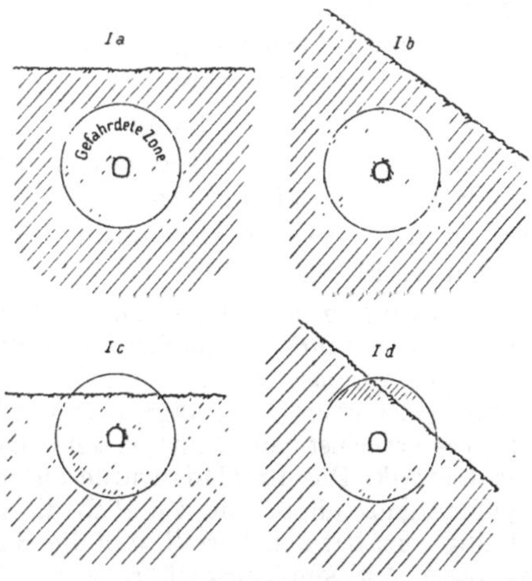

Abb. 238. Die vier Fälle der Lage eines Druckstollens im Gelände

Der Druckstollen des Ritom zeigte von Anbeginn an erhebliche Risse und Wasserverluste. Er liegt in Augengneis, Dolomit und Bündnerschiefer. Zur Erläuterung der obigen Ausführungen ist jedoch der nachfolgende Abschnitt aus dem Gutachten über die Schäden am Druckstollen von Bedeutung:

Am 28. und 29. Juni schritt man zu einer neuen Stollenfüllung bis zur Kote 1838,50. Diese Kote entspricht ziemlich genau dem maximalen Wasserstand im Ritomsee. Der Wasserverlust betrug noch 262 lit/sek. Sichtbare Wasseraustritte am Berg wurden nicht konstatiert. Messungen der umliegenden Quellen wurden allerdings nicht vorgenommen. Man ließ den Stollen so unter Druck und begann mit der probeweisen Stromabgabe aus dem Kraftwerk. 55 Stunden nach der Füllung erfolgte am 1. Juli 1920 ein Wasserausbruch aus dem Hang ob Altanca. Die Ausbruchsstelle liegt zirka 200 m vom Wasserschloß entfernt und zirka 30 m unterhalb der Dienststraße Wasserschloß bis Piora. Das Wasser brach dort aus dem nur leicht von Schutt überdeckten Felsen aus und verursachte eine Rutschung dieses Schuttes mit einem Teil der darauf stehenden Tannen. Darauf wurde der Stollen sofort abgestellt und besichtigt. Diese Besichtigung zeigte eine große Menge von feinen Rissen im Druckstollen, Wasserschloß und Verbindungsstollen.

Zum Schluß sei bemerkt, daß im Jahre 1925 eine kreisrunde Eisenbetonmanschette in den Stollen eingezogen wurde. Seitdem arbeitet der Stollen unter dem vollen Betriebsdruck ohne Anstand.

Beim Druckstollenbau ist es also eine Hauptaufgabe des Ingenieurs, den Stollen wenn möglich so zu disponieren, daß er den ersten oder zweiten Fall erfüllt. Ist es ganz unmöglich, diese Bedingungen zu erfüllen, so sind von vornherein schon besondere Vorkehrungsmaßregeln zu treffen.

Ist nun die Lage des Stollens festgelegt, so ist das Nebengestein einer Untersuchung zu unterziehen, und zwar ist zu untersuchen, ob dasselbe

a) 1. standsicher oder
2. nicht standsicher ist;

b) ob das standsichere oder nicht standsichere Gestein
1. undurchlässig,
2. undurchlässig, aber klüftig oder
3. durchlässig ist;

c) ob es
1. schwer verwitterbar und
2. leicht verwitterbar ist.

Das Bauverfahren hängt von der Kategorie ab, in die das Gestein gehört. Ist das Gestein standsicher und undurchlässig, und liegt der Stollen im Innern des Berges, so daß der erste Fall oder der zweite Fall erfüllt wird, so kann der Stollen entweder ganz unverkleidet bleiben oder er wird mit einer Gunitschicht verkleidet.

So wird zur Zeit der Grimselstollen, der das Wasser von der Grimselsperre zur Gelmersperre führt, ausgeführt. Der Stollen führt durch die wunderbaren Granitbänke des Aarmassivs. Auch am Stollen der Barberine ist eine 600 m lange Strecke in unverkleidetem Gneis abgepreßt worden. Es zeigte sich dort in den ersten Tagen ein Wasserverlust von 2 lit/sek. und nach ein bis zwei Tagen nur noch ein solcher von 1 lit/sek. Das Ergebnis wurde als so günstig beurteilt, daß man von einer Verkleidung ganz absah und lediglich die Sohle glättete. Ein einfacher Verputz oder Gunitanwurf hat den Vorteil, daß die Rauhigkeiten des Felsens ausgeglichen werden. In dieser Art sind ausgeführt worden die spanische Wasserkraftanlage Cala in Andalusien, die ebenfalls durch Granit- und durch Dioritbänke führt, und der Stollen, welcher zur Zeit in der Nähe von Madrid durch den Granit der Sierra del Credo am Altesche geführt wird. In beiden Fällen ist der Felsen nur mit einer einfachen Gunitschicht angespritzt worden. Die Anlage von Cala, die unter einem Druck bis zu 30 m arbeitet, ist seit dem Frühjahr 1927 in Betrieb, und hat sich der Stollen als vollständig dicht gezeigt.

Ein interessanter Fall einer einfachen Gunitverkleidung ist auch der Stollen von Klosters-Küblis, der im Bündnerschiefer liegt. Der Bündnerschiefer ist an und für sich standsicher und wasserdicht. Durch einen Gunitanwurf war es möglich, das Abbröckeln von äußeren Teilen vollständig zu verhindern, und arbeitet auch dieser Stollen jetzt seit einigen Jahren nur mit einer Gunitverkleidung vollständig befriedigend. Eine im Frühjahr 1928 vorgenommene Revision hat ergeben, daß sich der Gunitverputz in der Hauptsache gut gehalten hat.

Der ungünstigere Fall a) 1., b) 2., c) 2., also standsicher, undurchlässig, aber klüftig und verwitterbar, liegt beim Stollen des Achenseewerkes vor, dort, wo dieser Stollen durch den Wettersteinkalk geführt ist. Der Kalkstein selbst ist undurchlässig, dagegen zeigen sich Klüfte, die so ausgewaschen sind, daß man daraus auf Wasserwege schließen kann. Da er unverwittert ist, so wäre es an und für sich denkbar gewesen, den Stollen unverkleidet zu lassen und nur die Klüfte zu schließen. Die Bauleitung und die Unternehmung haben sich jedoch entschlossen, diesen Stollen mit einer dünnen Betonschicht von 20 bis 25 cm Dicke zu verkleiden und durch Injektionen vollständig zu dichten. Der lichte Querschnitt des Stollens ist 3,60 m und arbeitet unter einem Druck von 30 bis 40 m. Auch dieser Stollen hat sich im Betrieb gut bewährt.

Handelt es sich nun um einen Stollen, der durch standsicheres [a) 1.], jedoch durchlässiges [b) 3.] und schwer verwitterbares [c) 1.] Material führt, so ist dafür zu sorgen, daß die Wasserverluste keinen zu großen Umfang annehmen und hauptsächlich, daß sich nicht so schädliche Quellen bilden, wie dies beim Ritom der Fall war.

Ein typisches Beispiel eines solchen Stollens ist das letzte Stück des Stollens von Broc und des Wasserschlosses in Broc. Dieser Stollen liegt an und für sich im oberen Jura, er schneidet jedoch in eine tiefe, mit Kies gefüllte Erosionsrinne ein, die selbstverständlich durchlässig und auch wasserführend ist. Der Stollen und das Wasserschloß wurden in Eisenbeton hergestellt, wobei Stollen und Wasserschloß so gerechnet sind, daß sie, wenn sie frei stehen würden, den vollen Druck aufnehmen könnten. Der innere Druck ist zirka 40 m, und arbeitet die Anlage seit 1921 ohne Anstand.

Ein Beispiel eines Stollens, der an und für sich standsicher ist, dessen Nebengestein auch undurchlässig, jedoch in hohem Grade verwitterbar ist, bietet ein anderer Teil des Brocer Stollens. Dieser Teil führt durch die Neokommergel. Nachdem der Stollen durchgeschlagen war, zeigte es sich, daß der Felsen beim Zutritt von Luft und Feuchtigkeit außerordentlich rasch verwittert und in größeren und kleineren Platten sich ablöst. Es konnte der Stollen kurz vor der Verkleidung auf sein volles Profil ausgebrochen werden. Der Stollen ist alsdann mit einer Betonschicht von zirka 25 cm Dicke verkleidet worden und erhielt sorgfältige Injektionen. In der Sohle wurde eine Dränageleitung eingelegt, die durch ein Fenster zutage führt. Bei der Inbetriebsetzung zeigten sich in der Dränageleitung erhebliche Wasserverluste. Der in der Dränageleitung vorgesehene Schieber wurde nun geschlossen und traten am Talabhang nirgends Quellen aus. Als man nach einiger Zeit den Schieber wieder öffnete, trat aus der Dränageleitung kein Wasser hervor. Der Vorgang war also ohne Zweifel wie folgt: Durch den Wasserzutritt ist der Mergel im Felsen aufgequollen und hat sich dicht an das Verkleidungsmauerwerk angelegt. Dadurch sind alle Wasserwege verschlossen worden und ein weiterer Austritt des Wassers ist unterblieben.

Ganz anders liegen die Verhältnisse, wenn man mit einem nicht standsicheren Gestein zu arbeiten hat. In diesem Falle empfiehlt es sich, zwei Verkleidungen in den Stollen einzulegen, eine äußere Verkleidung, welche die äußeren Druckkräfte aufnimmt, und eine innere Verkleidung, welche den Wasserdruck aufnimmt und Wasserverluste verhindert.

Als Fall a) 2., b) 1., c) 1., also nicht standsicher, undurchlässig und unverwitterbar, sind gewisse Teile des Partensteinstollens von Interesse. Es wird in dieser Hinsicht auf die „geologischen Untersuchungen der Wasserkraftstollen im oberösterreichischen Mühlviertel" von Kölbl und Beuerle (Bd. 75 der Geologischen Bundesanstalt Wien, Heft III und IV, 1925) verwiesen. Der Druckstollen des Partensteinwerkes liegt in der Randzone der böhmischen Masse, und bestand das Gestein in der Hauptsache aus grobporphyrischem Granit oder Gneisgranit, durch den ein mächtiger Gang Blöckinger Granit durchgebrochen ist. Die Geologen hatten schon darauf aufmerksam gemacht, daß in der Randzone des Durchbruches erhebliche Störungen sich zeigen werden. Die größte Störung war in der südlichen Randzone, also gegen Ende des Stollens zu; dort war auf eine Strecke von 30 m das Gestein nahezu zermürbt, so daß es in einzelnen Teilen herausbrach und der Stollen nur mit schwerster Pölzung gehalten wurde. Es wurde in diesem zermürbten Gestein zuerst ein Ring von 40 cm Stärke in Betonsteinen ausgeführt, der genügte, um den Gebirgsdruck auszuhalten. Dieser Ring wurde sehr rasch eingezogen, so daß es möglich war, das Verhalten des ausgemauerten Stollenstückes während eines Jahres zu beobachten. Durch Bolzen und sorgfältige regelmäßige Höhenaufnahme wurde festgestellt, daß sich der Mauerwerksring gar nicht bewegte. Hierauf wurde in diesen gemauerten Ring eine wasserdichte Eisenbetonmanschette eingezogen, die selbstverständlich an beiden Enden in einem bestimmten Maß über die gefährdete Zone hinausreichte. Das Resultat ist ein durchaus befriedigendes. Es sei nur noch das Folgende beigefügt: Für den Fall des Auftretens von Bewegungen im äußeren Mauerwerksring war geplant, in den gemauerten Ring, auf entsprechenden Sätteln gelagert, ein Eisenrohr einzuziehen.

Der Fall a) 2., b) 2., c) 2., nicht standsicher, undurchlässig, aber klüftig und verwitterbar, ist bei einer Wasserkraftanlage in Frankreich am Tarn bei Pinet deutlich zu beobachten. Dort führen zwei Stollen von 5 m Durchmesser durch einen Gebirgsstock, der zum Teil aus Granit, Gneis und aus Urtonschiefern besteht. Die

Gesteine sind stark verwittert, so daß auch große Kaolinbänke durchfahren wurden. Auch hier ist zuerst ein äußerer Betonmantel, zum Teil auch gemauerter Mantel bis zu 50 cm Stärke eingezogen worden und kommt in denselben für die Wasserführung und für die Aufnahme des 10 bis 20 m hohen Wasserdruckes eine Eisenbetonmanschette.

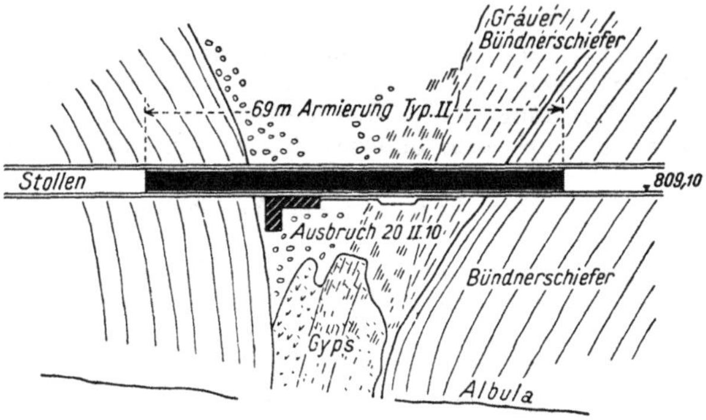

Abb. 239. Druckstrecke bei Solis, Albulawerk. Kreuzung des Stollens mit einer tiefgründigen Schlucht

Als interessanter Fall a) 2., b) 3., c) 2., also nicht standsicher, durchlässig und sehr stark verwitterbar, ist die Druckstrecke bei Solis des Albulawerkes zu bezeichnen, deren Durchführung aus der untenstehenden Beschreibung hervorgeht:

Etwas oberhalb Solis liegt der Stollen auf eine Länge von zirka 45 m zum Teil in Gips, zum Teil in Rauhwacke und Serizitschiefer. Die Abb. 239 zeigt das geologische Längenprofil durch diese Stollenstrecke. Beim Bau erwies sich diese Felspartie als etwas druckhaft, weshalb stärkere Profiltypen von 35,45 und 60 cm Mauerstärke angeordnet worden sind.

Nachdem der Stollen zirka eineinhalb Monate in Betrieb stand, erfolgte 250 m abwärts von Fenster *g*, gerade beim Übergang des harten Dolomitfelsens zur Rauhwacke, eine Senkung der Sohle um zirka 15 cm auf eine Länge von 4 m. Die Erklärung für diese Senkung der Sohle ist darin zu suchen, daß infolge des inneren Wasserdruckes kleine Risse im Mauerwerk entstanden, durch welche Wasser austreten konnte, das den in der Rauhwacke eingelagerten Gips in verhältnismäßig kurzer Zeit auflöste und so Hohlräume unter der Stollensohle bildete. Beim Ausbrechen des defekten Mauerwerkes fand man eine durch das Wasser ausgeschwemmte Kluft von mehreren Metern Tiefe und einer größten Breite von 2 m.

Bei den Rekonstruktionsarbeiten wurde diese Kluft bis 5 m unter die Stollensohle freigelegt und ausbetoniert, nachdem die vom Wasser gebildeten Hohlräume mit Zementmilch und dünnflüssigem Mörtel ausgegossen waren.

Zur Überbrückung der Einbruchsstelle dient eine armierte Betonplatte von 1,05 m Dicke. Als Armierungseisen verwendete man Rollbahnschienen von 6,6 kg Gewicht pro laufenden Meter. Die Eiseneinlagen pro Quadratmeter der Platte betrugen 63 kg. Diese Arbeiten konnten ausgeführt werden, ohne daß das Widerlager- und Gewölbemauerwerk dieser Strecke in ihrer Lage eine Veränderung erfahren haben.

Von Meter 240 bis Meter 309 von Fenster *g* abwärts wurde hierauf sämtlicher Verputz abgespitzt und der Stollen 5 cm dick mit armiertem Beton ausgekleidet. Die Armierung ist ausgeführt nach Type II und berechnet für Aufnahme des ganzen inneren Wasserdruckes mit möglichster Annäherung des Profiles an die Kreisform. Durch diese nachträglich ausgeführte Armierung trat eine Profilverkleinerung um 0,676 m² ein, was jedoch bei einer sekundlichen Wassermenge von 16 m³/sek. den Druckverlust bloß um 25 mm erhöht.

Die Wasserführung des durch den Druckstollen zu durchörternden Gebirges birgt ähnliche Gefahren, wie sie beim Bau von Tunnelröhren auftreten. Über Wassereinbrüche beim Durchfahren von Klüften im Granit unter gleichzeitiger Senkung des Grundwassers, welche die Brunnen des Ortes Kleinzell in Oberösterreich, trotz einer Überlagerung von im Mittel 110 m, beim Bau des Partensteindruckstollens zum Versiegen brachten, berichtet Beuerle l. c. Bei einem Anzapfen von Quellen in der Stollenröhre empfiehlt es sich, den Druck festzustellen, unter welchem die Quellen in das Stolleninnere austreten. Liegt der Druck in der Nähe des Wasserdruckes, der später im Stollen herrschen wird, so können die Quellen ohne Bedenken in das Innere des Stollens eingelassen werden. Dies ist z. B. beim Partensteinwerk der Fall, wo gewisse Quellen in den Stollen eingeleitet wurden, und wo die ersten Druck- und Meßversuche im Stollen zeigten, daß die Wassermenge im Stollen zunimmt anstatt sich zu vermindern.

5. Zimmerungsbrüche

Zimmerungsbrüche treten auf, wenn der Tunnelbauer von einer ausgiebigen, örtlichen Steigerung des auf die Zimmerung wirkenden Druckes überrascht wird. Sie verursachen zeitraubende und kostspielige Wiederherstellungsarbeiten und werden in der Regel durch geologische Einzelheiten veranlaßt, die aus dem geologischen Profil entweder gar nicht oder nur vermutungsweise vorhergesagt werden können. Je nach ihrer Veranlassung kann man die Zimmerungsbrüche in vier Gruppen einteilen:

a) Firstbrüche infolge der Ablösung von Gesteinsmassen oberhalb der Firste (Nachbruch). Die Gefahr einer solchen Ablösung besteht insbesondere in Schichtgesteinen, in denen die einzelnen Gesteinsbänke voneinander durch dünne Lagen von Ton oder Schiefer getrennt sind und die obendrein von zahlreichen Klüften mehr oder weniger senkrecht zu den Schichtflächen durchsetzt sind. Sattelbrüche beim Durchörtern von Sätteln im Muschelkalk (Wellenkalk) und Grauwacke. Firsteinbrüche in dünnbankigen, söhlig gelagerten, von lotrechten Klüften durchsetzten Gesteinen. Abbrechen von Gesteinsbänken, die nach dem Tunnel einfallen (Abb. 189).

Beim Bau des Tunnels der Central Railroad of Alaska durch harte, jedoch stark gestörte und zerklüftete Schiefer belief sich die Menge des in den Tunnel herabgestürzten Gesteine auf etwa 27% des Gesamtausbruches. Beim Bau eines Eisenbahntunnels in Philippsville (Algier) durch Quarzschiefer ereignete sich ein Firstbruch, bei dem 50 m³ Felsen niedergingen und der über der Firste einen 10 m hohen Hohlraum hinterließ. Eine ähnliche Erscheinung ist das Herausfallen von „Kernen“ eruptiver Gesteine, die nicht am Nachbargestein haften.

b) Zimmerungsbrüche beim Anfahren von schutterfüllten Hohlräumen oder beim Einsturz der Decke solcher Hohlräume unterhalb des Tunnels. Sie ereignen sich vornehmlich beim Durchörtern des Kalkgebirges.

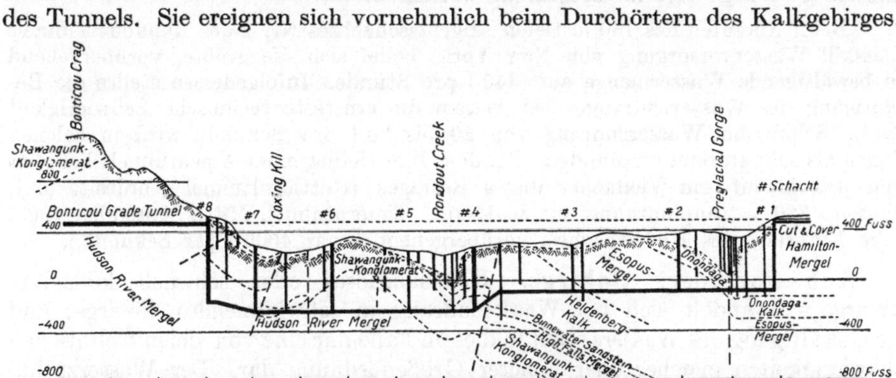

Abb. 240. Geologischer Längsschnitt des Rondout Drucktunnels (nach Lazarus White)
Dünne, lotrechte Striche, Probebohrungen; starke Striche, Schächte

Beim Bau des Watford Tunnels (England) durch die obere Kreide wurde eine mit Rundschotter angefüllte Kluft angefahren. Der Schotter sauste mit solcher Gewalt in den Tunnel, daß er zehn Mann erschlug und an den Ulmen tiefe Scheuerspuren hinterließ. Beim Durchörtern des Helderberg-Kalkes zwischen Schacht Nr. 3 und 4 (Abb. 240) wurden Hohlräume angefahren, die vollständig mit weichem gelbem Ton ausgefüllt waren. Diese Höhlen stellten erweiterte Sprünge und Schichtfugen der Verwerfungszonen dar, und der Ton war so weich, daß er floß, falls der Abschnitt nicht vorher durch Pumpen in tiefergelegenen Horizonten trocken gelegt wurde[1]).

c) Zimmerungsbrüche beim unerwarteten Anfahren schwimmenden Gebirges. Anfahren von wasserführenden Feinsandnestern beim Durchörtern eiszeitlicher Tonlager oder Moränenablagerungen.

Beim Bau des Kanaltunnels von der Oise nach der Aisne erfolgte ein solcher Einbruch durch die Firste und zwang zur Fortsetzung des Baues mit Luftdruckbetrieb. Schlammeinbruch beim Bau des Lötschberg-Tunnels. Beim Bau des Simme-Stollens der Vereinigten Kander- und Hagneck-Werke A.-G. ereignete sich ein Schlammeinbruch bei einer Überlagerung von 20 bis 25 m[2]).

Zimmerungsbrüche harmloserer Art können sich auch dann ereignen, wenn man sich, aus dem härteren Gestein kommend, der nach dem Berg zu fallenden Formationsgrenze gegen eine weicheres Gestein (z. B. Muschelkalk gegen weichen Keuper) nähert.

d) Zimmerungsbrüche infolge Nachbrechens im schwimmenden Gebirge. Solche Nachbrüche ereignen sich im schwimmenden Gebirge, falls sich hinter der Zimmerung infolge des Ausfließens eines Gemenges von Wasser und Gesteinsmaterial Hohlräume bildeten.

Eine schwere Katastrophe solcher Art drohte beim Bau des Emmersbergtunnels, wo sich über der First eine 6 m hohe Höhle gebildet hatte (siehe S. 369). Bei der Erweiterung des Lindal Tunnels (Furness Rr., England) geriet man beim Durchörtern fester Tone und Schotter in eine 20 m hohe Höhle, die offenbar beim Bau des ersten Tunnels entstanden ist und sich vier Jahre lang, bis zur Inangriffnahme der Erweiterungsbauten, erhalten hatte[3]).

Der Einsturz solcher Hohlräume trägt im schwimmenden Gebirge wesentlich zur weiteren Verflüssigung der Gebirgsmassen bei.

6. Wasserzudrang

Der Wasserzudrang macht sich insbesondere bei jenen Tunnels unangenehm bemerkbar, die entweder von Hilfsschächten in Angriff genommen oder aber mit einheitlichem Gefälle hergestellt werden müssen.

Beim Abteufen des 150 m tiefen Angriffsschachtes Nr. 4 des Rondout Tunnels (Catskill Wasserversorgung von New York) belief sich die größte, vorübergehend zu bewältigende Wassermenge auf 140 l pro Stunde. Infolgedessen stellte die Bewältigung des Wasserzudranges bei weitem die ernsteste technische Schwierigkeit dar[4]). Schon ein Wasserzudrang von 20 bis 30 l pro Sekunde wird in solchen Fällen als sehr störend empfunden. Bei dem Bau tiefliegender Alpentunnels belief er sich jedoch auf ein Vielfaches dieses Betrages (Gotthardtunnel Nordseite 33 l, Südseite 330 l, Simplontunnel bis zu 1200 l, Tauerntunnel, Mitte September 1903, beim Einbruch des Hickarbaches, vorübergehend sogar 4000 l per Sekunde.).

Kohäsionsloses Gebirge. Kohäsionsloses oder schwach kohäsives Gebirge verwandelt sich bei Wasserzudrang in schwimmendes Gebirge, und die Gewältigung des Wassers stellt in diesem Falle nur eine von vielen technischen Schwierigkeiten gleicher oder höherer Größenordnung dar. Der Wasserzufluß hängt von der Gefällshöhe und von der Durchlässigkeit des Schichtenkomplexes ab.

---

[1]) White, L.: The Catskill Watersupply of New York City, S. 292. New York. 1913.
[2]) Wasserkraftanlagen der Vereinigten Kander- und Hagneck-Werke A.-G. in Bern. Schw. Bauztg., Bd. 52. 1908.
[3]) Simms, F. W.: Practical Tunneling, 4. Aufl. New York. 1896.
[4]) White, L.: The Catskill Watersupply of New York City, S. 272 bis 279 und Abb. 91, S. 295. New York. 1913.

Festes, allgemein zerklüftetes Gebirge. Im festen Gebirge ist die Wasserzirkulation an die Gesteinsklüfte gebunden (ausgenommen in grobkörnigen, sehr porösen Sandsteinen). Die Wasserführung hängt ab: von der Größe des Einzugsgebietes, des Ausbisses der durchlässigen Schichten und von der Zahl und Weite der Klüfte.

Bei ausgiebiger, allgemeiner Zerklüftung verhält sich auch das feste, homogene Gebirge wie ein Grundwasserträger.

Bei hydrologischen Vorerhebungen durch Beobachtungen an Probebrunnen südlich von Leningrad wurde gefunden, daß die Grundwasserschwankungen im gleichmäßig durchklüfteten devonischen Kalk ebenso regelmäßig verlaufen wie in einer Schotterschichte. Die Basaltdecke des Snake-River Plateaus in Idaho ist so ausgiebig durchklüftet, daß einige von den aus dem Norden kommenden Wasserläufen beim Übertritt vom Granitgebirge auf den Basalt versiegen. Das von den Wasserläufen gespeiste Grundwasser fließt über einer zwischen zwei Basaltdecken eingeschalteten Siltschichte ab und kommt im Snake-River Cañon oberhalb des Ausbisses der Siltschichte in der Gestalt einer langen Reihe von Schichtquellen zum Vorschein. Die Dränage der südlich vom Snake-River gelegenen bewässerten Ländereien erfolgt durch Einleitung des überschüssigen Wassers in Sinkschächte, durch die es in den zerklüfteten Basalt eingeleitet wird.

Beim Bau des Druckstollens der Mühlkraftwerke bei Partenstein (5740 m) erwies sich der zerklüftete, feinkörnige Granit im Gegensatz zum kompakten, grobkörnigen Granit als derart durchlässig, daß die oberhalb der Tunnelstrecke gelegenen Quellen versiegten. Die dort gelegene Ortschaft mußte von den Besitzern des Tunnels mit einer Ersatzwasserleitung versehen werden[1]). (Siehe Kapitel: Grundwasser — Unterirdische Wasserläufe).

Wasserzufluß aus Bruch- und Störungszonen. In den meisten Fällen ist jedoch der Wasserzufluß auf verhältnismäßig schmale Zerrüttungszonen, an mehr oder weniger offene Verwerfungsspalten oder an Formationsgrenzen zwischen geklüfteten und zwischen verhältnismäßig undurchlässigen Schichten gebunden.

Eine mustergültige Darstellung der bei einem Tunnelbau angetroffenen Klüftungs- und Wasserverhältnisse findet sich in dem von Ing. H. Ascher aufgenommenen Profil (Abb. 241) des Hauptstollens des Spullerseewerkes im Maßstabe 1:200[2]). Dieses Profil in Verbindung mit Abb. 242 liefert obendrein ein gutes Beispiel für die Tatsache, daß unsere auf Grund von Aufnahmsergebnissen konstruierten geologischen Profile

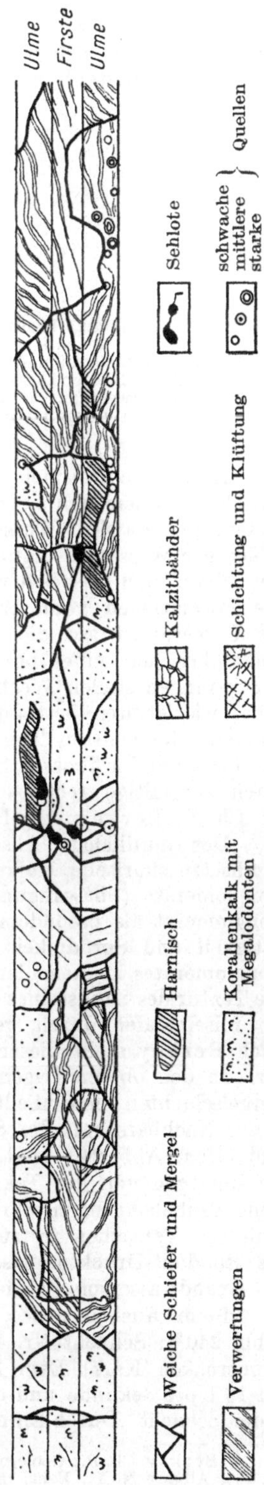

Abb. 241. Profil des Hauptstollens der Spullerseewerke von m 470 bis m 550. Maßstab 1:400 (nach H. Ascher)

---

[1]) Randzio: Neuere Stollenbauten. Die Bautechnik. 1925. S. 343—347.

[2]) Ampferer O. und Ascher, H.: Über geologisch-technische Erfahrungen beim Bau des Spullerseewerkes. Jahrb. der geologischen Bundesanstalt. 15. Bd., H. 3 u. 4. 1925.

bei halbwegs komplizierten Lagerungsverhältnissen bestenfalls ein weitgehend vereinfachtes Bild der Natur darstellen können. Was im Profil als einfache Linie erscheint, erweist sich im Tunnel als ein kompliziertes Gebilde, dessen Einzelheiten im vorhinein bestenfalls vermutet werden können.

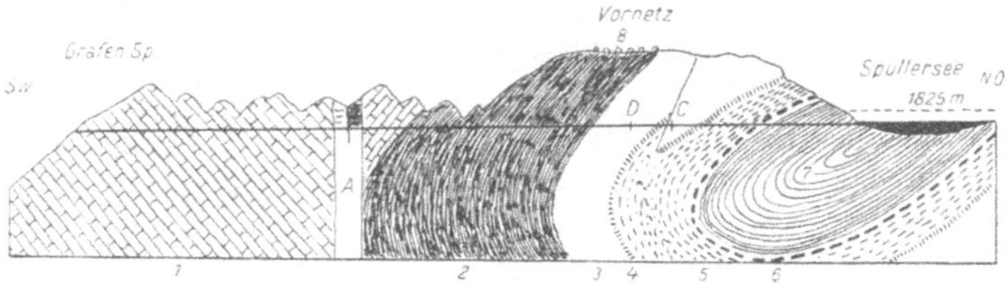

Abb. 242. Profil für den Hauptstollen des Spullerseewerkes 1:16700 (nach einem unveröffentlichten Profil von O. Ampferer)
1 Hauptdolomit und Plattenkalk. *2* Kössener Schichten. *3* Oberrhätischer Riffkalk. *4* Bunter Liaskalk. *5* Fleckenmergel. *6* Hornsteinkalk. 7 Kreideschiefer. *8* Blockwerk aus *3*. *A* Störungszone der Formarin-Verwerfung. *C—D* Die in Abb. 241 abgebildete Teilstrecke m 470 bis m 550 (von m 490·6 bis m 500·6 eingeschaltete Liaskalk und Mergel)

Lehrreiche Beispiele für die Grenzen und Möglichkeiten diesbezüglicher geologischer Vorhersagen liefert der Bau der zum größten Teil aus Tunnelleitungen bestehenden Catskill Wasserversorgungsanlage der Stadt New York. Das Einzugsgebiet der Wasserversorgung ist in den Catskill Mountains südwestlich von Albany, New York, und westlich vom Hudsonstrom gelegen, und die Tunnels durchsetzen alle Formationen vom Archaikum bis einschließlich Mitteldevon. Die Tektonik des Gebietes ist auf die Wirkung dreier Aufstauchungen zurückzuführen: Einer präkambrischen, einer postordovizischen und einer postdevonischen. Die meisten Verwerfungen stellen Wechsel oder Überschiebungsverwerfungen dar. Die Tunnelbauschwierigkeiten bestanden fast ausschließlich in der Bewältigung des Wassers, nachdem die meisten Tunnels von Schächten aus in Angriff genommen wurden. Bei der Wahl der Trassen hatte man freie Hand. Infolgedessen wurden die Arbeiten durch sorgfältige technisch-geologische Vorerhebungen unter der Leitung von Dr. Ch. P. Berkey eingeleitet[1]).

Der nördlichste Abschnitt der Tunnelleitung (der Rondout-Drucktunnel), durchsetzt silurische Kalke, Helderberg-Kalk, Sandstein (Binnewater Sandstone), Konglomerate (Shawangunk Grit) und Mergel. Von diesen Gesteinen wurde das Konglomerat als besonders ungünstig betrachtet, infolge sehr großer Gewinnungsfestigkeit und Sprödigkeit (Auftreten offener Klüfte). Um die Eigenschaften des Konglomerates kennenzulernen, wurde ein 30 m langer Versuchsstollen vorgetrieben. Die Textur des Sandsteines erwies sich als „schwammig, mit vielen kleinen Öffnungen, die miteinander durch gewundene Kanälchen verbunden waren" (L. White). Nach Berkey stellt dieser Sandstein einen deutlich geschichteten Quarzsandstein dar. In den oberen Lagen ähnelt er einem Quarzit, während er im unteren Teil Mergelschichten einschließt. Manche der Sandsteinschichten sind, insbesondere in der Nachbarschaft der Schichtfugen, durchlässig, und die Sprünge im Sandstein sind offen. Abb. 243 zeigt die allmähliche Entwicklung der Vorstellungen, welche die Geologen von der Tektonik des Rondout-Abschnittes hatten (1906 bis 1908). Ohne Probebohrungen wäre es unmöglich gewesen, auch nur die wichtigsten tektonischen Tatsachen festzustellen. Abb. 240 zeigt einen geologischen Längsschnitt des Rondout-Drucktunnels. Die Tunnelachse befand sich etwa 120 m unterhalb des Grundwasserspiegels der Talauffüllung.

Beim Ausbruch des Tunnels wurden die folgenden Erfahrungen gemacht (Abb. 240[2]): Schacht Nr. 4 (links von der Verwerfung) war bis zu einer Tiefe von 80 m trocken (Kalk). Beim Anfahren des Sandsteines stieg der Wasserzufluß zunächst auf 15 l pro Sekunde und etwas tiefer kamen durch ein Bohrloch 38 l pro Sekunde in den Schacht. Durch Einpressen von Zementmörtel in das klüftige Gestein (27 Bohr-

[1]) Berkey, Ch. P.: Geology of the New York City (Catskill) Aqueduct. Education Dpt. Bulletin, Nr. 489, Albany N. Y., Febr. 15, 1911.
[2]) Whithe, L.: The Catskill Water Supply of New York City. New York. 1913.

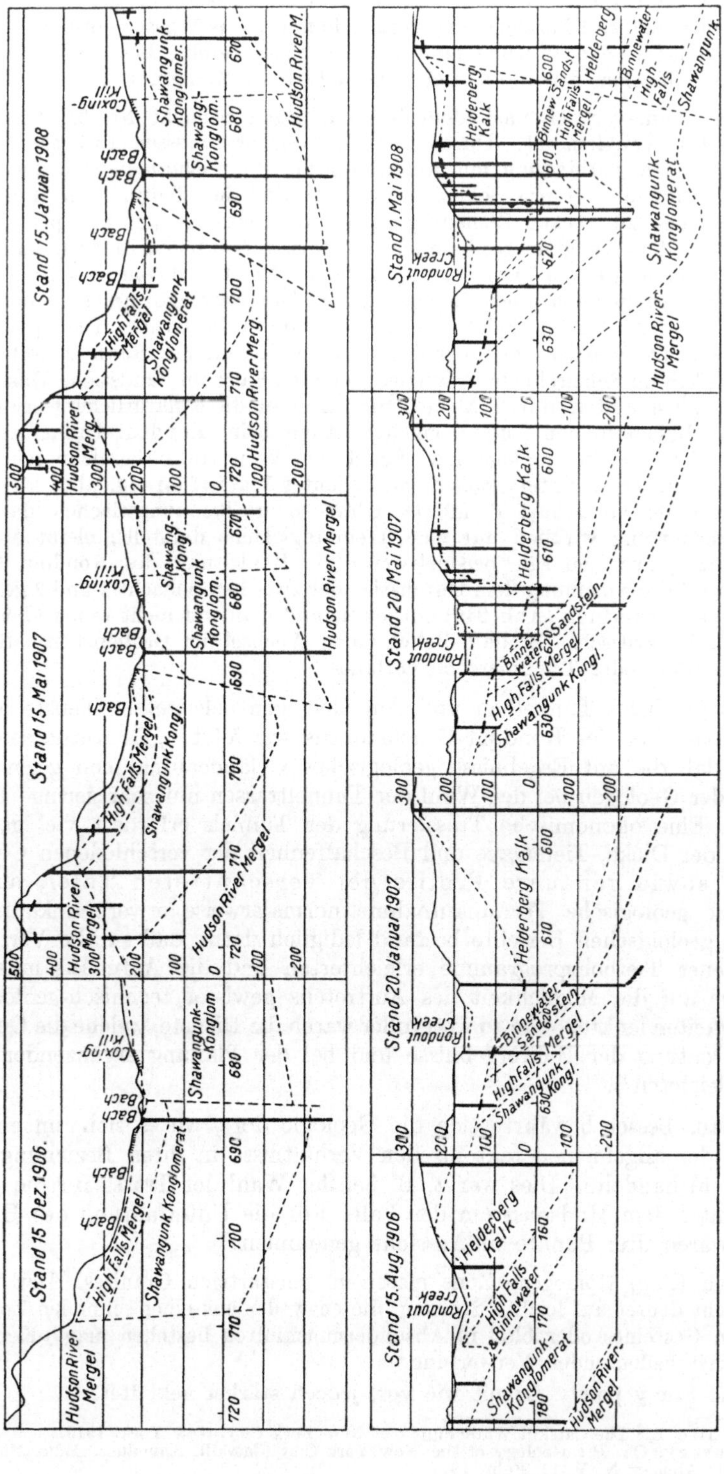

Abb. 243. Schrittweise Aufdeckung der geologischen Verhältnisse im Rondout-Abschnitt von 1906—1908 (nach L. White)

löcher, 2900 Säcke Zement) wurde der Sandstein abgedichtet. Beim Anfahren des Konglomerates ergab sich ein Wasserzufluß von 54 l pro Sekunde, der durch Zementeinspritzungen auf 22 l herabgesetzt werden konnte. Das Wasser enthielt H_2S, was den Aufenthalt im Schacht sehr unangenehm machte. Infolge dieser Schwierigkeiten dauerte das Absinken des 150 m tiefen Schachtes 18 Monate.

Beim Tunnelvortrieb nach dem Norden, gegen Schacht Nr. 3, durchörterte man zunächst Konglomerat. Durch zwei Bohrlöcher schossen 18 l pro Sekunde in die Grube. In Verbindung mit weiteren sechs Bohrlöchern lieferte die wasserführende Kluftzone 55 l pro Sekunde und beträchtliche Mengen von H_2S. Nach Einpressen von 320 Säcken Zement ging die Wassermenge auf 22 l pro Sekunde herunter. Aus dem Konglomerat kam man in stark verworfenem Mergel, der anfangs trocken war, dann aber 20 l pro Sekunde lieferte. Nicht weit von dem Gefällsbruch zwischen der wagrechten und der geneigten Tunnelstrecke brachen nach dem Abfeuern aus einer Gesteinsspalte 38 l pro Sekunde in die Grube. Die Spalte hatte einen Querschnitt von 60×20 cm und erwies sich als offener Raum zwischen zwei Gesteinsbänken im Scheitel einer schmalen, schiefen Falte im Sandstein. Das Wasser schoß von allen Seiten durch kleine Öffnungen in diese natürliche Gerinne und wurde von diesem in den Tunnel geleitet. Auch beim Rondout-Tunnel zeigte es sich, daß sich die im geologischen Profil als Verwerfung bezeichneten Linien zumeist als stärker zerrüttete Zonen mit erhöhter Wasserführung, aber keineswegs notwendigerweise als scharf definierte Kluft- oder Trennungsflächen darstellen. Wo die Verwerfung wirklich nur eine Trennungsfläche darstellt, bleibt auch der Wasserzudrang aus. So sah beispielsweise die Bauleitung des Rondout-Tunnels mit einer gewissen Spannung dem Durchstich der zwischen Schacht 1 und 2 gelegenen bedeutenden Verwerfung (Abb. 240) entgegen, und man war nicht wenig überrascht, als man an der kritischen Stelle lediglich einen Wechsel der Gesteinsbeschaffenheit, aber keine Kluft oder Trümmerzone vorfand.

Über die beim Tunnelbau von den Geologen geleisteten Dienste äußerte sich der Bauleiter des Rondout-Druckstollens wie folgt: „Es wurde sehr bald erkannt, daß die auf Ergebnisse geologischer Geländeaufnahmen gegründeten Berichte der Geologen bei der Wahl der Tunneltrassen nur sehr geringe Dienste leisteten. Eine ökonomische Trassierung der Tunnels erfordert viel genauere Kenntnis der Dicke, Tiefenlage und Beschaffenheit der verschiedenen Gesteinsschichten sowie genauere Profile der verschütteten Täler, als man durch eine geologische Terrainaufnahme normalerweise erwerben kann. Der Wert der geologischen Berichte bestand lediglich darin, daß sie die Verfassung angemessener Tiefbohrprogramme erleichterten und die Aufmerksamkeit der Ingenieure auf die Möglichkeit des Auftretens gewisser technisch-geologischer Schwierigkeiten lenkten. Um so wertvoller waren die Dienste, welche die Geologen bei der Deutung der Bohrergebnisse und bei der Planung ergänzender Bohrarbeiten leisteten[1]).“

Weitaus besser bewährte sich die Geologie dort, wo es sich um eine Beurteilung der allgemeinen tektonischen Verhältnisse in ihren Beziehungen zur Trassenwahl handelte. Dies war z. B. bei der Wahl der Trasse für die Heberleitung unter dem Hudsonstrom der Fall. Für die Unterfahrung des Hudsonstromes waren drei Punkte in Aussicht genommen:[2])

Storm King. Homogene Zone massiven, gneisartigen Granites. Der Verlauf der Schlucht deutet auf leichte Störung, die entweder aus einer schmalen Zone zerquetschten Gesteines oder bloß in Absonderungsklüften bestehen mag. Keine Anzeichen einer bedeutenden Verwerfung.

Little Stony point. Granit wie vor, jedoch stärker geklüftet.

---

[1]) White, L.: The Catskill Watersupply of New York City. New York. 1913.

[2]) Berkey, Ch. P.: Geology of the New York City (Catskill) Aqueduct. Education Dept. Bulletin 489. Albassy N. Y. 15. Febr. 1911.

West Point. Gneis mit Einlagen von Kalk, Quarzit und Schiefer. Am Ostufer Anzeichen ausgiebiger Zerquetschung und Verwerfung. Ungünstige Unterfahrungsstelle.

Auf dieses Gutachten hin wurde die Storm King-Trasse durch schräge Bohrlöcher eingehender erforscht und genehmigt. Die Tunnelachse befindet sich 330 m unterhalb des Wasserspiegels. Die Schächte wurden ohne Schwierigkeit bis zu dieser Tiefe abgeteuft. Der größte Wasserzudrang belief sich auf 10 l pro Sekunde im Ost- und auf 2 l pro Sekunde im Westschacht. Im unteren Teil des Westschachtes und in dem anschließenden Tunnelabschnitt traten im grünlichen Granit Bergschläge auf. In den rötlichen Varietäten und im Diorit blieben sie aus. 75 m westlich vom Ostschacht wurde eine wenige Zoll dicke Lage zermahlenen Gesteines angefahren, die etwa 10 l Wasser pro Sekunde lieferte. Nach Abdichtung dieser Zone durch Zementeinspritzung gab es keinen störenden Zwischenfall mehr.

Im vorangegangenen wurden die Verwerfungen lediglich in ihrer Eigenschaft als Wasserbahnen betrachtet. Sie können aber auch dadurch im Tunnelbau eine unangenehme Bedeutung erlangen, daß die Gebirgsbewegungen, denen sie ihre Entstehung verdanken, noch nicht zur Ruhe gekommen sind.

Der Gunnison-Tunnel in Colorado wurde durch Bewegungen längs einer von ihm durchsetzten Verwerfung beschädigt. In Kalifornien haben sich im Laufe der letzten Jahrzehnte an Verwerfungen wagrechte und lotrechte Verschiebungen ereignet, die bis zu 3 m betrugen.

Wasserführung des Kalkgebirges. Ungewöhnliche Wasserverhältnisse sind im Kalkgebirge mit frühreifen Kluft- und Höhlensystemen zu erwarten (Höhlensysteme erst im Entstehen begriffen, durch spaltenreiche Störungszonen miteinander verbunden). Die Wasserkapazität der zerklüfteten Zonen ist ganz außerordentlich (siehe Karsterscheinungen).

Im Vlaškopolje in Kroatien wurde eine solche Zone beim Bau eines kurzen Entwässerungsstollens durchfahren; sie stellte sich im Tunnel als eine aus großen Blöcken bestehende Breccie dar. Der Tunnel ist unverkleidet, und das ganze in den Tunnel eintretende Wasser verschwindet in der Störungszone, trotzdem sich die Wassermenge in den Herbstmonaten auf 2 m^3 pro Sekunde beläuft. Terzaghi hat in dieser Gegend mehrere Störungszonen untersucht und in keinem Fall durchgehende Höhlenzüge finden können. Die Hochwässer erlitten beim Strömen durch solche Störungszonen auf einer Strecke von etwa 30 km und bei einem Gefälle von beinahe 500 m eine Verzögerung von etwa sechs Wochen[1]).

Die Oberfläche solcher „Karstgebiete" ist oft auf weite Strecken hin mit abflußlosen Hohlformen (Dolinen) bedeckt. Falls man unterhalb einer solchen Dolinenlandschaft im Tunnel eine wasserführende Störungszone anbricht, ist man genötigt, das Wasser viele Kilometer weit bis zum nächsten offenen Flußlauf zu leiten, denn wenn man es in eine Doline pumpt, kehrt es auf dem kürzesten Weg in den Tunnel zurück. Bei der Projektierung von Tunnels in solchen Gebieten ist es daher unerläßlich, die Grundwasserverhältnisse durch Probebohrungen aufzuklären, sofern auch nur die Möglichkeit des Anfahrens einer wasserführenden Störungszone vorliegt.

Beim Bau des Grenchenberg-Tunnels (8565 m), welcher zwei west-östlich streichende, durch das Chalnet-Tal voneinander getrennte Juraketten durchsticht, wurde ein gefaltetes, aus Kalken, Mergeln, Opalinuston, Keuper und Anhydrit bestehendes Schichtensystem durchörtert[2]). Die Kuppen der beiden Bergketten werden durch eine Dolinenlandschaft gebildet, wobei die Dolinenzüge den Ausbissen der Kalkschichten folgen. Im Südabschnitt des Tunnels stieß man beim Bohren der Sprenglöcher auf eine Wasserader. Das Wasser schoß aus zwei Bohrlöchern in armdicken, 5 m langen Strahlen, wobei das sandführende Wasser die Bohrlöcher allmählich erweiterte, so daß der Wasserausfluß von 100 auf 180 l pro Sekunde stieg.

---

[1]) Terzaghi, K.: Beitrag zur Hydrographie und Morphologie des kroatischen Karstes. Mitteilungen aus dem Jahrbuch der kgl. ungar. geol. Reichsanstalt, XX. Bd., 6. Heft. Budapest. 1913.
[2]) Custer, M.: Quellen und Klüfte im Grenchenberg-Tunnel. Schw. Bauztg., Bd. 62. 1913.

Zur Beschleunigung des Abflusses wurde die Firste gesprengt. Die Wassermenge verdoppelte sich unter Einschwemmen von feinem Sand und Lehm und man war schließlich genötigt, den Stollen durch eine von einer Abzugsleitung durchsetzte Betonmauer zu schließen, um eine Abnahme des Zuflusses abzuwarten. Nachdem der Zufluß im Laufe von zwei Monaten von 809 auf 574 l pro Sekunde abgenommen hatte, wurde der Vortrieb fortgesetzt. Wenige Tage später ereignete sich ein neuer, heftiger, mit dem Einschwemmen von Sand, Lehm und Felsblöcken verbundener Wassereinbruch. Bei den nachfolgenden Untersuchungen wurde gefunden, daß die Wassermengen aus mächtigen Wasseradern stammten, die oberhalb und seitlich des Tunnels in Höhlen zirkulierten. Im Laufe von vier Monaten sind sechs Millionen Kubikmeter Wasser aus dem unteren Tunnel geflossen, trotzdem über Tage lediglich eine einzige, unbedeutende Quelle versiegt ist.

7. Gaseinströmungen

Von den Gasen, die eine Störung des Tunnelbetriebes hervorrufen können, wären vor allem die Kohlensäure (CO_2), der Schwefelwasserstoff (H_2S), insbesondere aber das Grubengas (Methan CH_4) zu erwähnen.

Die örtliche Ausströmung von CO_2 ist auf postvulkanische Exhalationen, auf die Nähe von Kohlenflözen, aber auch auf Verwerfungen, die das Gas von weither heranbringen können (Gasbläser), zurückzuführen.

Beim Bau eines der Wasserleitungstunnels von Los Angeles, Kalifornien (Sandstein), strömte auf einer 45 m langen Strecke CO_2 aus Spalten des Gesteines. Um den Arbeitsbetrieb fortsetzen zu können, wurde eine 220 m lange Strecke mit Beton verkleidet. Das Gas wurde in der Mitte der Strecke in einem ringförmigen, zwischen dem Fels und dem Betonmauerwerk befindlichen Raum gesammelt und durch einen Ventilator abgesaugt.

H_2S entsteht bei der Verwesung mancher organischer Substanzen, findet sich aber auch in manchen Quellen als Ergebnis der Einwirkung von Wasser auf Sulfide und der Umsetzung von Gips.

Beim Absinken des Schachtes Nr. 4 des Rondout-Tunnels (siehe S. 398) und späterhin, beim Vortrieb gegen Schacht Nr. 3, entwichen beträchtliche Mengen von H_2S aus dem Wasser. Das Gas griff die Augen der Arbeiter an und verwandelte Hautabschürfungen in eitrige Wunden. Die Arbeiter weigerten sich daher, den Schacht Nr. 4 zu befahren, und die Arbeitszeit mußte in diesem Schacht herabgesetzt werden.

Das Grubengas verursacht, mit Luft gemischt, Schlagwetterexplosionen. Es findet sich häufig in öl- und kohleführenden sowie in bituminösen Schichten. Hat der Tunnel Kohlengebirge, Ölhorizonte oder auch Salzgebirge (siehe S. 96, 108 u. 112) zu durchörtern, dann sind diese Teile als gasverdächtig zu bezeichnen.

Solche explosible Ölgase wurden in den salzführenden Werfner Schichten des Pyrhn-Tunnels angefahren, wo sie, da mit offenem Geleuchte gearbeitet wurde, den Tod eines Teiles der Mannschaft zur Folge hatten,

Falls das Auftreten von CH_4 im Bereiche der Möglichkeit liegt, müssen Sicherheitslampen bereitgestellt werden; beim tatsächlichen Auftreten des Gases ist die zur angemessenen Ventilation des Tunnels erforderliche Luftmenge weitaus höher als die normale.

Im Tunnel- und Bergbau kommen häufig Vergiftungen durch die Auspuffgase von Benzinmotoren vor; solche Unglücksfälle werden dann irrtümlicherweise auf Gasausströmungen des Gebirges zurückgeführt.

Schließlich sei auch der Stickstoff erwähnt, der zuweilen bei der Durchörterung jüngerer Eruptivgesteine auftritt (Creede und Clearcreek, Col., Conopah,

Nev.). Falls der Stickstoff zusammen mit Kohlensäure vorkommt, so sammelt sich die Kohlensäure an der Sohle und der Stickstoff an der Firste an.

8. Die Temperatur

Die im Tunnel herrschende Temperatur ist durch die geothermische Tiefenstufe (siehe S. 6 und 8) bestimmt. Dieselbe beläuft sich unterhalb der Ebenen auf etwa 35 m. Unterhalb der Bergketten ist sie wesentlich größer, hängt jedoch nicht nur vom Querschnitt des Gebirges, sondern auch von der Wasserführung und der Schichtstellung ab. Schwierigkeiten infolge hoher Temperatur stellen sich nur beim Bau tiefliegender Gebirgstunnel ein. Beim Bau des Simplontunnels stieg die Temperatur in der Tunnelmitte bis auf 55° C, während sie mit Rücksicht auf die Leistungsfähigkeit der Arbeiter nicht mehr als 25 bis 28° betragen sollte. Hohe Temperatur erfordert daher ausgiebige Ventilation.

9. Das geologische Gutachten

Der relative Wert eines geologischen Gutachtens über einen geplanten Tunnel hängt in hohem Maße von den Umständen ab;

a) Von der Erfahrung, die man bei Tunnelbauten in der Nachbarschaft in ähnlichen Schichtensystemen gesammelt hat. Bei Tunnelbauten in der Schweiz wird man die Bauschwierigkeiten verläßlicher vorhersagen können als, unter ähnlichen geologischen Verhältnissen, in Zentralasien.

b) Vom tektonischen Charakter des Gebirges. Schon im ruhigen Faltengebirge stellen sich geologische Störungslinien beim Anfahren im Tunnelbereich zum Teil als recht verwickelte Störungszonen dar. Im Gebiete der Deckenstruktur oder im Bereich großer Überschiebungen gibt auch das genaueste geologische Profil nur einen schwachen Begriff von den Störungsbildern, die man im Tunnel antreffen wird, und die Einzelheiten entziehen sich gänzlich der Vorhersage.

c) Von den stratigraphischen Verhältnissen. Falls die Schichtensysteme aus Schichten von ziemlich beständiger Dicke und Beschaffenheit bestehen, läßt sich ein Profil viel verläßlicher konstruieren als bei einer Anhäufung von Schichten, die rasch anschwellen und auskeilen. Die oft ganz unberechenbar gestalteten Einlagerungen von Schotter oder Schwimmsand in glazialen Moränen oder Tonen entziehen sich jeder verläßlichen Beurteilung. Der Geologe kann bestenfalls die Möglichkeit des Vorkommens solcher Einlagerungen vorhersagen.

d) Von der Art der Faktoren, die voraussichtlich für die Kosten des Tunnelbaues maßgebend sein werden. Falls es sich um die Abgrenzung von festem gegen schwimmendes Gebirge handelt, sind vom geologischen Gutachten wertvollere Aufschlüsse zu erwarten als bei der Projektierung eines Tunnels durch eine Folge technisch ziemlich gleichwertiger Gesteinsschichten.

Unter den vielen Regeln, die zur Beurteilung der Gebirgsbeschaffenheit aufgestellt wurden, seien die folgenden hervorgehoben:

α) Einfluß tektonischer Faktoren. In den Schenkeln der Antiklinalen ist größerer Druck zu erwarten als unter der Sattelmitte.

In Sätteln, die unterhalb von Terrainmulden gelegen sind, kann sich großer Wasserandrang einstellen.

Je steiler die Schichten stehen, desto geringer ist der Firstdruck. Bei mehr oder weniger söhligen Schichten überwiegt der Firstdruck den Seitendruck. Bei steilgeneigten Stollen (Bremsbergen u. dgl.), die in der Fallrichtung angelegt werden, kann der Druck so groß werden, daß er keilartig auf die Sohle wirkt und diese in großen Schollen aufhebt. Diese Regeln wurden aus Erfahrungen im Kohlenbergbau abgeleitet[1]).

Lehnentunnels sind besonders dann gewagt, wenn die Schichten talwärts fallen und das Talgehänge schneiden.

Falls die Tunnelachse mit einer Hauptverwerfung zusammenfällt, ist großer, mitunter auch unsymmetrischer Druck zu erwarten.

β) Einfluß der Gesteinsbeschaffenheit. Kieselschiefer, Hornfelse und alte Gesteine im allgemeinen neigen infolge kleinklüftiger Absonderung zur Nachbrüchigkeit[2]).

Dolomit ist auffallend stark zerklüftet und zermürbt und ist in der Regel wesentlich ungünstiger als die im selben Schichtverband befindlichen Kalke.

Beim Bau der tiefliegenden Alpentunnels ließ das Verhalten aller Gesteine bei der mechanischen Bohrung auf unbedingte Standfestigkeit schließen. An Härte und Kompaktheit überwogen die Gneise und Glimmerschiefer weitaus den Kalk und Marmor; trotzdem bedurften erstere Gesteine des Holzeinbaues und stärkerer Mauerung mit Sohlengewölbe, während die Kalke auch ohne Einbau standen. Diese Erscheinung wurde durch die Annahme erklärt, daß Gneise und Glimmerschiefer tektonisch zerbrochen und zerquetscht wurden und in diesem Zustande verblieben, während die in gleicher Weise entstandenen Bruchstücke der Triaskalke durch Umkristallisation in körnigen Kalk umgebildet wurden[3]).

In den im Stadtbereich von New York von seichtliegenden Tunnels durchörterten kambrischen Schichten erwiesen sich außerhalb der Verwerfungszonen die Gneise und kristallinen Schiefer als wesentlich günstiger als die mit ihnen verbundenen Kalke und Dolomite[4]).

In gefaltenen Schichtkomplexen sind die spröderen Schichten kluftreicher als die milderen.

γ) Einfluß des Alters der Gesteinsformation. Im großen und ganzen nehmen die beim Tunnelbau zu gewärtigenden Schwierigkeiten mit abnehmendem Alter der Formation zu. Jedoch ist diese Beziehung zwischen Alter und Schwierigkeit rein statistischer Natur. Die meisten Schwierigkeiten wurden in den eiszeitlichen Ablagerungen (Quartär, Diluvium) und in den unverkitteten Ablagerungen des Tertiärs angetroffen. Am günstigsten gestalteten sich die Tunnelbauverhältnisse nach Ržiha im geschlossenen Rotliegenden, Buntsandstein, Juradolomit, Quadersandstein, Plänerkalk und in den verfestigten Tertiärgesteinen, denn diese Gesteine sind sowohl standfest als auch leicht zu gewinnen. Die Schiefer und Mergel der Juraformation sind in der Regel äußerst druckhaft und wasserführend. Auch in den tonigen und mergeligen Fazies der Kreide haben sich ernste Schwierigkeiten ergeben. Unter den Triasgesteinen haben das Haselgebirge (großer Druck und Wasser), der untere Muschelkalk (Wellenkalk, Mulden mit Wasser, Brüche), der obere Muschelkalk (großer Druck, wenn dünnbankig und wechsellagernd mit Mergelschichten) und der Keuper (bunte Mergel mit weichen Bänken „faulen“ Gesteines) einen üblen Ruf. Der lettige

---

[1]) Wolff: Grubenausbau in: Die Entwicklung des Niederrheinisch-Westfälischen Steinkohlenbergbaues in der zweiten Hälfte des 19. Jahrhundertes, S. 349. 1902.

[2]) Stiny, J.: Technische Geologie, S. 753. Stuttgart. 1922.

[3]) Brandau, K.: Das Problem des Baues tiefliegender Alpentunnels und die Erfahrungen beim Bau des Simplontunnels. Schw. Bauztg., II. 1909.

[4]) Berkey, Ch. P.: Geology of the New York City (Catskill) Aqueduct. Education Dpt. Bulletin. N. 489, Albany N. Y., Febr. 15, 1911.

Keuper gehört zu den schwierigsten Gesteinsarten und erfordert zumeist den Einbau eines Sohlengewölbes[1]).

δ) Einfluß der Oberflächengestaltung. Die Wasserführung durchlässiger Schichten nimmt mit der Ausdehnung des Einzugsgebietes des Ausbisses dieser Schichten zu.

Englische Tunnelbauer warnen vor dem Durchstich von Gebirgsnasen, die aus mergeligen oder tonigen Gesteinen bestehen (großer Druck, Gefahr von Tageinbrüchen)[2]).

An Gebirgslehnen erstreckt sich die Gesteinsverwitterung nicht selten bis in beträchtliche Tiefen.

Zu allen diesen empirischen Regeln gibt es jedoch so viele Ausnahmen, daß wohl jeder Fall individuell behandelt werden muß. Jedes Gestein ist je nach seinem Erhaltungszustand und seiner tektonischen Vorgeschichte sowohl hinsichtlich der Gewinnungsfestigkeit als auch hinsichtlich seiner Standfestigkeit und Wasserführung innerhalb weiter Grenzen veränderlich. Die Verwerfungen können die Schichtensysteme entweder als feine, glatte, technisch belanglose Trennungsfugen oder als breite, druckhafte und wasserführende Bruch- und Quetschzonen durchsetzen. Die Klüftigkeit der einzelnen Schichten kann bei gleicher Gesteinsbeschaffenheit unter scheinbar identischen, tektonischen Bedingungen sehr verschieden sein. Die Natur hat demnach dem Genauigkeitsgrad der geologischen Vorhersage gewisse Grenzen gezogen, die trotz wachsender Einsicht nicht überschritten werden können. Die Leistung des Geologen ist auf das Erfassen des tektonischen Gesamtbildes, auf das Identifizieren der Gesteinshorizonte und auf das Bestimmen des Verlaufes der Hauptstörungslinien beschränkt.

Sobald das geologische Profil entworfen worden ist, sind die vom Tunnelbauer zu lösenden Probleme nicht mehr geologischer, sondern physikalischer und technischer Natur. Das Gestein stellt sich in seinen Beziehungen zum Tunnelbau nicht als ein Granit oder Jurakalk, als Keuperletten oder miozäner Süßwasserton, sondern entweder als homogener, elastischer Körper mit einer bestimmten Druckfestigkeit und Elastizität, oder als eine plastische Masse mit einer bestimmten Konsistenz und Plastizitätszahl dar. In festigkeits-technischer Hinsicht kann der Unterschied zwischen Granit und Granit im selben Tunnel viel größer sein als zwischen Granit und Kalk und der Unterschied zwischen einem verwitterten Glimmerschiefer und einem druckhaften Schiefermergel viel kleiner als der zwischen Glimmerschiefern im Zustand verschieden weit fortgeschrittener Verwitterung. Zwecks Beantwortung der technisch wichtigen Fragen werden die im Profil dargestellten Gesteine zunächst in verläßliche, zweifelhafte, sehr zweifelhafte und ausgesprochen gefährliche Gesteine eingeteilt. Es ist dann die Sache des Ingenieurs, entweder durch Versuchsstollen oder durch Bohrungen eingehendere Auskunft über die Gebirgsbeschaffenheit einzuholen oder das auf Grund des geologischen Gutachtens abzuschätzende Risiko in Kauf zu nehmen und bei der Abfassung des Kostenvoranschlags zu berücksichtigen. Der künftige Fortschritt hängt nicht so sehr von der Verfeinerung unserer geologischen Aufnahmsmethoden, sondern von der Vervollkommnung unserer Verfahren für die Untersuchung und Beschreibung der rein physikalischen Eigenschaften der Bohrproben ab.

---

[1]) Ržiha, F.: Lehrbuch der gesamten Tunnelbaukunst, II. Bd., 2. Aufl. Berlin. 1872. Enthält eine gute Zusammenstellung der in den verschiedenen geologischen Formationen, insbesondere Deutschlands, angetroffenen Schwierigkeiten.

[2]) Simms, F. W.: Practical Tunneling. 4. Aufl. New York. 1896.

Schöne Beispiele für die sachgemäße Beurteilung eines Geländes durch die Geologen und für die Art der Vorteile, die dem Ingenieur aus dem Gutachten erwuchsen, finden sich in den Berichten über die im Stadtgebiet von New York herrschenden Gesteinsverhältnisse[1]). Bei der Wahl der Trasse für den Wasserleitungstunnel der Catskill Wasserleitung hatte die Bauleitung freie Hand und überließ daher die generelle Trassierung dem beratenden Geologen Dr. Berkey. Der Geologe studierte im Stadtbereich zunächst drei Tunnelvarianten, A, B und C und äußerte sich wie folgt (auszugsweise)[2]):

Die in Betracht kommenden Gesteine sind:

Manhattan-Schiefer, das verbreitetste Gestein, hauptsächlich Glimmerschiefer mit gelegentlichen Einlagerungen von Hornblendeschiefer und mit zahlreichen Pegmatitlinsen und -adern.

Inwood-Kalk, im frischen Zustande ein weißer, dolomitischer Marmor, stellenweise glimmerführend.

Fordham-Gneis, mit Übergängen aus feinst geschiefertem oder quarzitischem Gestein in gebänderte oder massive, stark durchbewegte Varietäten. Das älteste Gestein des Gebirges.

Yonkers-Gneis, ein in Gneis verwandelter intrusiver Granit. Jünger als der Fordham-Gneis.

Ravenswood-Granodiorit (von den Ingenieuren als Granit bezeichnet), ein durch Druckmetamorphose in ein gneisartiges Gestein verwandelter intrusiver Granit.

Der Manhattan-Schiefer, der Inwood-Kalk und der Fordham-Gneis wurden von Gängen und Adern eines grobkristallinen Granits (Pegmatit) durchsetzt. Diese Gänge sind unregelmäßig verteilt und in technischer Hinsicht belanglos. Die Faltenzüge streichen NO—SW, die Schichten sind fast durchwegs steil aufgerichtet. Die Achsen der Falten fallen unter einem kleinen Winkel nach dem Süden. Die Tiefenlinien der Oberflächentopographie folgen im allgemeinen den Kalkausbissen. Anzeichen von Verwerfungen.

In technischer Hinsicht wurden diese Gesteine eingeteilt in:

1. Gesteine erster Klasse (günstigste Gesteine). Fordham-Gneis, Manhattan-Schiefer außerhalb der Verwerfungszonen, Zerquetschungszonen und der Verwitterungszonen.

2. Gesteine zweiter Klasse (minder günstig). Gut aufgeschlossene Kalkgesteine außerhalb der Verwerfungszonen.

3. Gesteine dritter Klasse (ungünstig). Die von quartären Schichten überlagerten Kalkgesteine. Störungs- und Zerquetschungszonen in sämtlichen Gesteinen.

Auf Grund dieser Klassifikation wurden die Varianten B und C als unvorteilhaft ausgeschieden, und man ging an das vergleichende Studium von vier Untervarianten der Linie A heran, wobei die Vergleichung unter folgenden Gesichtspunkten vorgenommen wurde:

1. Höhenrücken sind günstiger als Mulden.
2. Härtere Gesteine sind den weicheren vorzuziehen.
3. Vermeidung des Durchsetzens von Formationsgrenzen.
4. Fernhaltung von den Kontaktzonen zwischen zwei Formationen.

Nach endgültiger Festlegung der Tunneltrasse wurde versucht, die geologischen Einzelheiten der fünf ungünstigsten Tunnelstrecken durch Tiefbohrung aufzudecken. Als Beispiel seien die Ergebnisse der Bohrungen an der Stelle der Unterfahrung des Harlem Rivers (Nordende des Stadtgebietes) angeführt (Abb. 244). Der Fluß folgt dem Ausbiß steil aufgerichteter Inwood-Kalke. Am Ostufer findet sich Fordham-Gneis und am Westufer Manhattan-Schiefer. Die schwächste Stelle wurde längst des Kontaktes zwischen Schiefer und Kalk vermutet, und ließen die Aufnahmsdaten auf das Vorhandensein einer Verwerfung schließen. Die Zahl der Bohrlöcher belief sich auf 12 und ihre Tiefe wechselte zwischen 15 und 50 m.

---

[1]) Berkey, Ch. P.: Geology of The New York City (Catskill) Aqueduct. Education Dept. Bulletin Nr. 489, Albany N. Y., 15. Februar 1911.

[2]) = [1]), S. 215 bis 270.

Das tiefste Bohrloch lieferte das folgende Ergebnis:

1. Von 0 bis 14 m Fluß-Silt. 2. Von 14 bis 24 m lockere, eiszeitliche Ablagerungen. 3. 24 bis 30 m schwerer Geschiebelehm. 4. 30 bis 35 m ungewiß. 5. 35 bis 41 m glimmerhaltige Verwitterungsprodukte des Inwood-Kalkes. 6. 41 bis 49 m verwitterter, kalkhaltiger Übergangsschiefer, der Schieferserie angehörig. 7. 49 bis 50 m noch kalkreicherer Schiefer. 8. 50 bis 53 m typischer Manhattan-Schiefer.

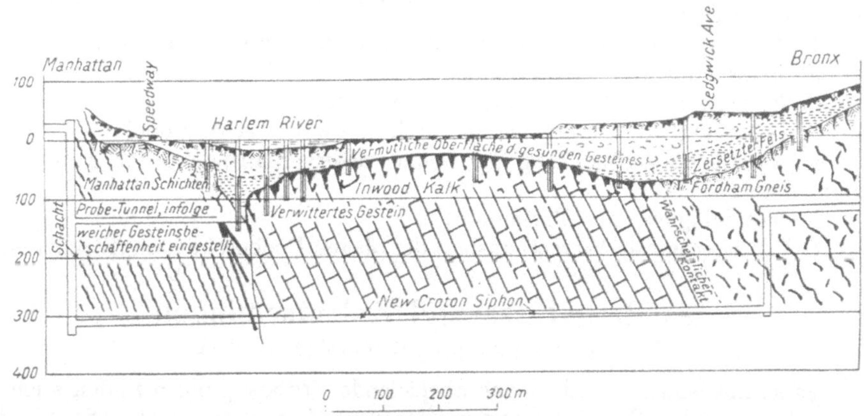

Abb. 244. Unterfahrung des Harlem River im Stadtgebiet von New York

Aus diesem Befund wurden folgende Schlüsse gezogen:

Von 0 bis 35 m jüngere Bildungen, einschließlich Diluvium. Zwischen den Tiefen 35 und 50 m findet sich zunächst ein zersetztes Gestein, das der Inwood-Serie anzugehören scheint. Dieses Gestein geht nach unten zu in den Manhattan-Schiefer über. Die Verwerfungsspalte scheint steil nach Osten einzufallen (Wechsel). Zu beiden Seiten der Verwerfung ist das Gestein stark zersetzt. Die Befunde wurden in dem geologischen Profil (Abb. 244) dargestellt.

Durch die eben geschilderten und durch ähnliche Untersuchungen konnte die Tunneltrasse derart gewählt werden, daß man ernsteren Schwierigkeiten aus dem Wege ging und die Tunnelarbeiten ohne Zwischenfall durchgeführt werden konnten. Die Art der hiebei vermiedenen Schwierigkeiten wurde offenbar, als sich die Astoria Light, Heat and Power Co. von New York genötigt sah, bei der Unterfahrung des East River eine der Störungszonen zu durchfahren, vor denen die Geologen gewarnt hatten. Die in dieser Zone angesetzten Bohrungen durchstießen nämlich eine verhältnismäßig dünne Dolomitschichte, welche offenbar der Inwood-Serie angehörte. Nachdem sich jedoch die gesamte Dicke der Inwood-Serie normalerweise auf etwa 210 m beläuft, wurde geschlossen, daß es sich beim durchbohrten Dolomit um ein Fragment der Inwood-Serie handelte, das durch Überschiebung und Einfaltung in das Gneisgebiet gelangt war. Infolgedessen wurde die Zone in technischer Hinsicht als verdächtig bezeichnet, doch ließ sie sich unter den gegebenen Verhältnissen nicht umgehen. Beim Bau des Tunnels geriet man in die nahezu wagrechte Kontaktzone (Schleppungszone) zwischen hartem Gneis und zermürbtem Dolomit. In einem beträchtlichen Teil dieser Kontaktzone war das Gestein außerordentlich porös. Der Dolomit schien in Stücke von 2 bis 5 cm zerbrochen, die mit der Hand herausgenommen werden konnten. Während des Durchschneidens dieser Zone ereigneten sich 16 Wassereinbrüche mit einer Wassermenge von 20 bis 600 l pro Sekunde, und das Wasser spülte im Laufe von 6 Wochen etwa 1700 m^3 Sand und Gesteinsfragmente in den Tunnel. Die Schwierigkeiten wurden hauptsächlich durch Zementeinspritzungen bekämpft. Nördlich von der Schleppungszone fand sich längs des Kontaktes zwischen dem Gneis und dem Dolomit eine 0,5 cm dicke Schmitze weichen, braunen Schlammes und südlich davon eine 1 bis 1,3 m dicke Lage festen, graublauen Tones[1]).

[1]) Davies, J. V.: The Astoria Tunnel under the East River for gas distribution in New York City. Transact. Am. Soc. of Civ. Eng., Vol. LXXX, paper Nr. 1359, S. 628. 1916.

XI. Erd- und Grundbaugeologie

Unter diesem Titel sollen die Veränderungen dargelegt werden, die der Baugrund infolge obertägiger erdbautechnischer Eingriffe erfährt, und die Rückwirkungen, welche diese Veränderungen auf den Baugegenstand ausüben. Die bautechnischen Eingriffe, welche hier in Betracht kommen, lassen sich in folgende Gruppen einteilen:

A. Störung des Gleichgewichtes der Erdrinde durch Aushub (Bergstürze und Erdrutschungen);

B. Störungen durch bergbauliche Tätigkeit;

C. Belastung des Untergrundes durch Bauwerke (Grundbau);

D. künstliche Veränderung der Grundwasserverhältnisse durch Aufstauung (Dammbau);

E. Tragfähigkeit der Torfmoore;

F. Veränderung im Wasserhaushalt der oberen Bodenschichten (Straßenbau).

A. Bergstürze und Erdrutschungen

Von K. v. Terzaghi, Cambridge, U. S. A.

Langsame sowie plötzlich sich abspielende Erdbewegungen finden auch an unberührten, sich selbst überlassenen Gehängen fortgesetzt statt. Die mit den Namen A. und W. Penck, Davis, Götzinger, Passarge, Sapper, Behrmann und vielen anderen verknüpfte Geomorphologie hat den Bodenbewegungen unter den bei der Entstehung der Landformen wirksamen Faktoren eine führende Stellung eingeräumt. Die über sämtliche Kontinente sich erstreckenden Beobachtungen der Geomorphologen haben in der Tat gezeigt, daß die Bodenbewegungen beinahe immer und überall an der Arbeit sind, die Topographie der Erdoberfläche zu verändern.

In den regenfeuchten Tropen kriecht der Boden zwischen der Wurzeldecke und dem verwitterten Gestein an den Gehängen talwärts. In den Wüstenzonen schiebt sich der trockene Bergschutt langsam, aber unaufhörlich von den Denudationszentren ausgehend radial auf Entfernungen von mehreren hundert Kilometern über das flache Vorland und kommt erst dann zur Ruhe, wenn sich der Böschungswinkel auf 2 bis 3^0 ermäßigt hat. In der feuchten gemäßigten Zone werden die oberhalb der Baumgrenze befindlichen Teile des Gebirges durch Temperatur- und Frostwirkung allmählich zermürbt und durch die als Folgeerscheinungen der Zermürbung auftretenden Steinablösungen und Bergstürze in Ruinen mit scharf gegliedertem Profil umgewandelt.

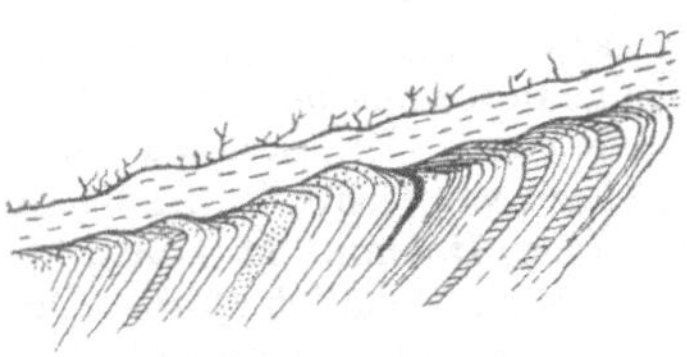

Abb. 245. Hackenwerfen unter dem Gekrieche

Unterhalb der Baumgrenze kriecht der Gehängeschutt langsam talwärts, wo immer die Neigung der Gehänge 4 oder 5^0 überschreitet. Die Bewegung der Schuttströme gleicht jener der Gletscher. Geschiebe werden geschrammt, abgerundet und miteinander vermengt. Diese Bewegung der zersetzten Erdoberfläche erzeugt auch eine Verbiegung der steiler gestellten Schichten (Hackenwerfen, Abb. 245). In derartig bewegten Erdlagen sind Druckstollen, Rohrleitungen usw. gefährdet, da leicht Rohrbrüche entstehen, wie dies Lugeon[1]) von der großen Wasserleitung in Lausanne berichtet, wo ständig

[1]) Lugeon, M. und Oulianoff, N.: Sur le balancement des couches et sur les erreurs que ce phénomène peut faire commettre. Bull. de laboratoire geol. de Lausanne, N. 32, 1922.

Rohrbrüche erfolgten, obwohl die Leitung auf Betonpfeilern verlegt war. Als die Rohrleitung aus den bewegten oberen Flyschschichten tiefer gelegt wurde, trat Ruhe ein. Bachgerinne werden durch die von beiden Seiten vorrückenden Schuttmassen langsam, aber unaufhaltsam geschlossen, falls sie nicht durch beständige Erosionsarbeit des fließenden Gewässers offen gehalten werden. Die Schuttströme beanspruchen den festen Untergrund auf Abscherung, erzeugen an der Grenze zwischen bewegtem Schutt und ruhendem Gestein Kolke, ähnlich den durch fließendes Wasser erzeugten, vertiefen die Täler und verlegen die Quellgebiete weiter bergeinwärts (Korrasionstäler).

Aus diesen Gründen verdanken die Landschaften ihren Charakter fast ausschließlich den Bodenbewegungen. In den polaren Gebieten tritt die mit dem Frieren verbundene Volumensvermehrung des Wassers als treibender Faktor bei der Erzeugung der Bodenbewegung in den Vordergrund und erzeugt die als „Solifluktion" bekannte Erscheinung. Sogar im Bereich der Ozeane, unterhalb des Meeresspiegels, finden sich Spuren ausgedehnter Massenbewegungen, die auf Gleichgewichtsstörungen durch das Gewicht aufgelagerter Sedimente zurückzuführen sind.

Die meisten dieser Bewegungen vollziehen sich äußerst langsam, so daß W. Penck als Zeiteinheit für die Messung der Bewegungsgeschwindigkeit das Jahr vorschlägt[1]). Im Gegensatz zu der universellen Verbreitung der unmerklichen Bewegungen stellen die weitaus sinnfälligeren spontanen Fels- und Bodenbewegungen örtliche Erscheinungen dar. Ihr Charakter und ihre Häufigkeit hängen unter anderem vom Entwicklungsstadium der Landschaft ab, in der sie auftreten. Nach O. Davis durchläuft jede Landschaft einen „Zyklus", indem sie aus dem jungen in den reifen und schließlich in den alten Zustand übergeht[2]). Je nach den Faktoren, welche für das Gepräge der Landschaft vorwiegend verantwortlich sind, unterscheidet Davis zwischen einem Zyklus der einfachen Erosion, der glazialen Erosion, dem ariden Zyklus usw. (siehe Morphologie der Erdoberfläche). Mit zunehmender Reife einer Landschaft treten die spontanen Bewegungen mehr und mehr in den Hintergrund und werden durch unmerkliche, aber keineswegs weniger wirksame Bodenbewegungen abgelöst.

Die durch unsere Einschnitts- und Aufschüttungsarbeiten ausgelösten Bodenbewegungen sind demnach lediglich eine Naturerscheinung, die sich auch ohne unser Zutun überall in unabsehbarer Mannigfaltigkeit abspielt.

Durch die oben angedeuteten Forschungsarbeiten hat sich unsere Kenntnis von der Morphologie der Bodenbewegungen in ungeahnter Weise erweitert und unsere Einsicht in die geomorphologische Bedeutung dieses Faktors vertieft. Sobald wir jedoch den Versuch unternehmen, die Ergebnisse dieser Forschungsarbeiten der Technik dienstbar zu machen, stoßen wir auf ähnliche Schwierigkeiten wie beim Tunnelbau oder im Fundierungswesen: Mangel an Schärfe der physikalischen Begriffsbestimmung. Trotzdem die Geomorphologie im Laufe der letzten 20 Jahre in wachsendem Maß die Ergebnisse der physikalischen Forschung in Berücksichtigung zog, sind die grundlegenden Begriffe auch heute noch bei weitem nicht so einwandfrei und klar formuliert, daß sie den Anforderungen des Technikers entsprechen[3]). Infolgedessen ist es bei der technischen Erörterung der Bodenbewegungen notwendig, über das von der geomorphologischen Wissenschaft Gebotene hinauszugehen, ebenso wie dies im Abschnitt

[1]) Penck, W.: Morphologische Analyse. Stuttgart. 1924.

[2]) Davis, A.: Erklärende Beschreibung der Landformen.

[3]) Pollak, V.: Versuch einer Übersicht der Massen- oder Bodenbewegungen. Jahrb. d. geol. Bundesanstalt, 75. Bd., H. 1 u. 2. Wien. 1925.

über die physikalische Klassifizierung der unverkitteten Bodenarten geschehen ist, und die physikalisch-mechanische Betrachtungsweise in den Vordergrund zu rücken.

1. Gleichgewichtsbedingungen

Bei einer Untersuchung der Wirkung der Schwerkraft auf den Gleichgewichtszustand der Böden empfiehlt es sich, in erster Linie zwischen kohäsionslosen und kohärenten, in zweiter Linie zwischen trockenen und nassen Böden zu unterscheiden. Die für das Gleichgewicht maßgebenden physikalischen Größen sind nach Kapitel IX A die beiden Werte φ (Winkel der inneren Reibung) und P_s (Kohäsion oder Scherfestigkeit des Bodens, S. 320).

Ein kohäsionsloser Bodenkörper ist sowohl oberhalb als auch unterhalb des Wasserspiegels im Gleichgewicht, falls die Neigung seiner Böschung den Winkel φ nicht überschreitet und falls er obendrein keine spontanen Setzungen (Kornumlagerungen) erfährt. Die Anwesenheit des Wasser scheint den Wert φ von kohäsionslosen Sanden im Ruhezustand so gut wie gar nicht zu beeinflussen. Eine Böschungsneigung $> \varphi$ ist aus statischen Gründen nicht bestandfähig.

Ein kohärenter Bodenkörper kann auch mit steiler oder senkrechter Böschung stehen, sofern die Höhe der Böschung eine gewisse „Grenzhöhe" h nicht überschreitet. Je flacher der Böschungswinkel i, desto größer ist h und für $i = \varphi$ wird $h = \infty$. Bei einer Neigung von $i \lessgtr \varphi$ herrschen in allen Teilen der Böschung Druckspannungen. Die Bildung von Schrumpf- oder Trockenrissen wäre daher in diesem Falle für das Gleichgewicht belanglos, wenn sich nicht in diesen Rissen Wasser sammelte. Bei steileren Böschungen treten in der Bodenmasse Zugspannungen auf, das heißt das Gleichgewicht wird zum Teil durch die Zugfestigkeit des Materials aufrechterhalten. In diesem Falle wird demnach die Stabilität des Geländes durch die Bildung von Schrumpfrissen auch dann beeinträchtigt, wenn die Risse trocken bleiben.

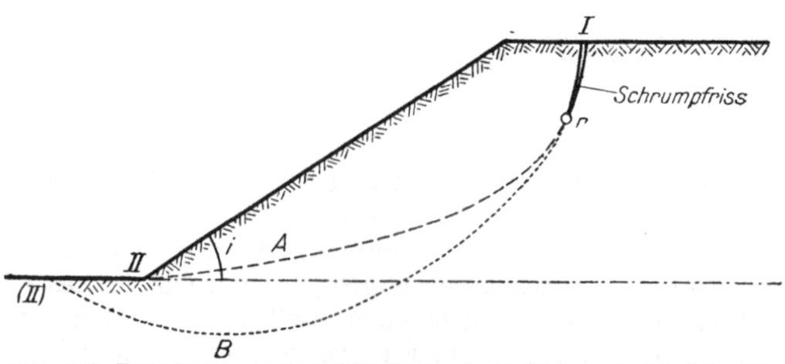

Abb. 246. Rutschung an einer Böschung, deren Neigungswinkel i größer ist als der Winkel der innern Reibung φ

In Abb. 246 wurde dieser Sachverhalt für eine Böschung graphisch dargestellt, deren Neigungswinkel i größer ist als der Winkel φ. I bis II stellt die theoretische Form der Gleitfläche dar. Falls es nicht zur Bildung von Schrumpfrissen oder Zugrissen käme, wäre die Kohäsion auf der ganzen Länge I bis II wirksam. Durch Rißbildung wird der Gesamtwiderstand der Böschung gegen Gleitung um die vorher auf der Strecke I—r wirksam gewesene Kohäsion vermindert.

Kohärente, unterhalb des Wasserspiegels gelegene Bodenmassen unterscheiden sich von denselben Bodenmassen oberhalb des Wasserspiegels nur durch die Abwesenheit scheinbarer Kohäsion und durch das Wegfallen der Möglichkeit der Bildung von Schrumpfrissen.

Die in geböschten kohärenten Massen herrschenden Spannungen wurden von Résal[1]) untersucht, und zwar mit Hilfe der Grundgleichungen der Rankineschen Erddrucktheorie und auf Grund der Coulombschen Annahme, daß sich der Gleitwiderstand an jedem Flächenelement aus zwei Teilen zusammensetzt: aus der Kohäsion P_o (Scherfestigkeit) und dem Produkt aus der Ziffer der inneren Reibung tg φ und dem auf diesem Flächenelement herrschenden Flächendruck P. Die Gleitung erfolgt nach jener Fläche, an der die Gleitungstendenz ein Maximum ist. Résal beschränkte sich jedoch auf die Untersuchung der Grenzzustände und auf die Aufstellung der Differentialgleichung der Gleitflächen.

Frontard löste die Résalschen Gleichungen und bewies in Übereinstimmung mit den beobachteten Tatsachen, daß die Gleitung nach einer Kurve stattfinden muß[2]). Für $i > \varphi$ stellt diese Kurve eine deformierte Zykloide dar, deren unteres Ende die Böschung unter einem Winkel von $\frac{90-\varphi}{2}$ schneidet.

Leider sind die Ergebnisse der Frontardschen Theorie infolge der Natur der grundlegenden Voraussetzungen mit einem erheblichen inneren Widerspruch behaftet[3]).

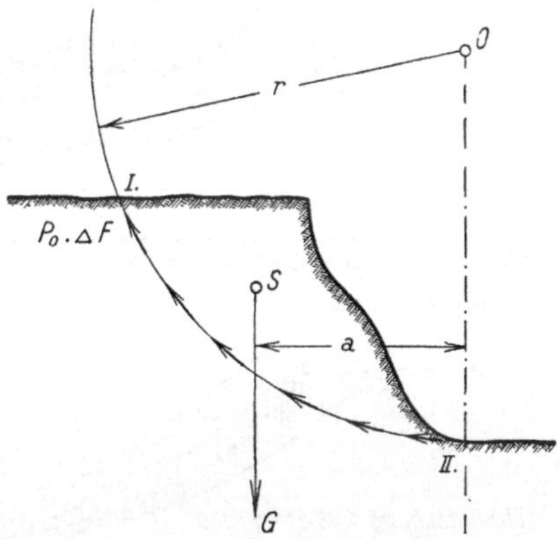

Abb. 247. Schematische Darstellung einer Rutschung

Bei der Beurteilung der Standfestigkeit eines gegebenen Geländeabschnittes läßt sich jedoch weder mit den Résalschen, noch mit den Frontardschen Gleichungen sehr viel machen. Es empfiehlt sich vielmehr, mit K. E. Petterson[4]) eine kreisförmige Gleitfläche anzunehmen und die Kräfte miteinander zu vergleichen, die einerseits das Abgleiten herbeizuführen trachten (Schwerkraft), anderseits dem Abgleiten entgegenwirken. Die letzteren setzen sich aus der Kohäsion P_o und aus der Summe aller Reibungskräfte $\Sigma P \cdot \Delta F \cdot \mathrm{tg}\varphi$ zusammen. Bei halbwegs steifen Tonen kann man jedoch die Reibungskräfte vernachlässigen, und es bleibt lediglich die Kohäsion übrig. Letztere (P_o) läßt sich unter einfachen Verhältnissen folgendermaßen berechnen: Abb. 247 stellt schematisch eine Rutschung dar, bei der das Abgleiten angenähert nach einer Kreiszylinderfläche stattfand. Der Krümmungsradius r des Zylinders, das Gewicht G eines 1 m breiten Streifens abgerutschter Masse und der Schwerpunkt S der letzteren lassen sich leicht bestimmen. Im Augenblick des Abrutschens müssen sich sämtliche Kräfte bzw. Drehmomente das Gleichgewicht halten. Das zur Abrutschung drängende Drehmoment des Gewichtes G ist gleich $G \cdot a$. Die

[1]) Résal, J.: Poussée des terres. 2me Partie. Théorie des terres cohérantes. Paris. 1910.

[2]) Frontard: Cycloides de glissement des terres. Comptes rendus hebdomadaires de l'Académie des Sciences, p. 526—529, 1922; Frontard: Logoides de glissement des terres, p. 740—742; Frontard: Loi de la hauteur dangéreuse des talus argileux. p. 930—933.

[3]) Terzaghi: The mechanics of structural clay slides and of retaining wall movements. Public Roads, 1929.

[4]) Fellenius: Erdstatische Berechnungen. Literaturangaben und kurzgefaßte Darstellung in Krey, H. Erddruck, Erdwiderstand und Tragfähigkeit des Baugrundes, 3. Aufl. Berlin. 1926.

gleichmäßig über die Gleitfläche (Zylinderfläche) verteilten Kohäsionskräfte P_0 wirken der Rutschung entgegen. Ihre Summe ist gleich $P_0 \cdot F$ und ihr Drehmoment $P_0 \cdot F \cdot r$. Gleichgewicht erfordert

$$G \cdot a = P_0 \cdot F \cdot r$$

$$\text{woraus } P_0 = \frac{G \cdot a}{F \cdot r}.$$

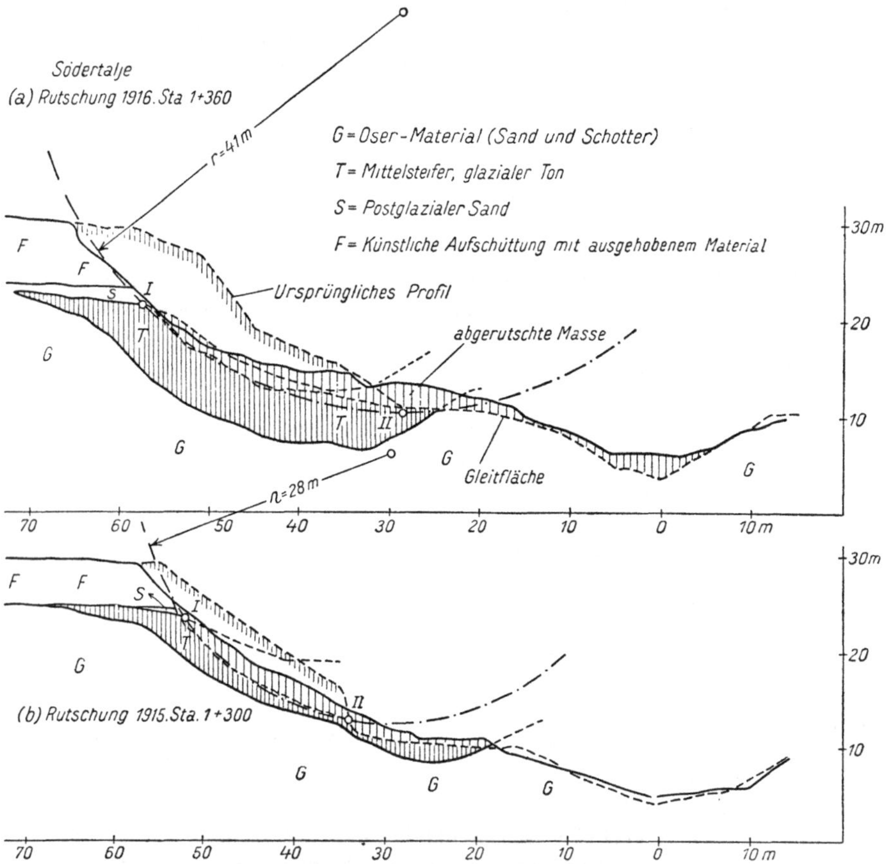

Abb. 248. Rutschungen am Södertaljekanal in Schweden

Abb. 248 *a* und *b* stellen Querschnitte durch zwei Einschnittsrutschungen dar, von denen sich die eine (*a*) im Jahre 1916, die andere (*b*) im Jahre 1915 bei den Erweiterungsarbeiten am Södertaljekanal in Schweden ereignet hatte[1]). In beiden Fällen erfolgte der Abbruch zur Gänze in einer von Eskermaterial umgebenen Linse steifen glazialen Tones. Um die Kohäsion des Tones zu berechnen, wurden die tatsächlichen Gleitkurven durch kreisförmige ersetzt. Die Kohäsion wurde im Falle *a* mit 4,1 Tonnen pro 1 m² und im Falle *b* mit 4,5 Tonnen pro 1 m² berechnet.

Abb. 249 zeigt den Querschnitt durch die Rutschung von Vita Sikudden (1. Oktober 1918), durch die ein Zug zur Entgleisung gebracht und 41 Menschen getötet wurden. Der Untergrund des Geländes bestand aus einer flach abgeböschten Masse dichtgepackter glazialer Sande und Schotter. Die Böschung dieser festen Unterlage war mit fein geschichteten glazialen und postglazialen Tonen, Sanden und Schottern bedeckt, deren gesamte Mächtigkeit sich im Fußbereich der Rutschung auf 7 m belief, während sie nach dem Kopfende der Rutschung zu auf Null abnahm.

---

[1]) Die Rutschungsprofile Abb. 248 und 249 wurden aus dem Bericht Statens Järnvägars Geotekniska Commission, 1914 bis 1922, Slutbetänkande 31. Maj 1922, Stockholm, entnommen.

An der Basis dieser keilförmigen Auflage befand sich eine dünne Schicht glazialen Tones mit einem Normalwassergehalt von 56 bis 68 und mit einem Wassergehalt von 26 bis 41, deren Konsistenz nach dem Seeufer hin steifer wurde.

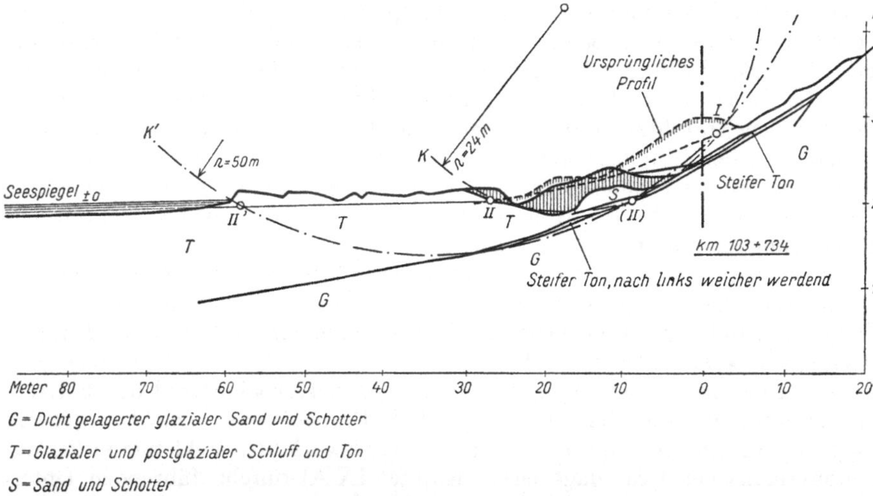

Abb. 249. Rutschungen von Vita Sikudden

Das Geleise ruhte auf der Krone eines niedrigen, dem Gehänge entlang führenden Dammes. In diesem Falle konnte man von einer Gleitzone sprechen, die von zwei kreisförmigen Gleitkurven *k* und *k'* begrenzt war. Vernachlässigt man die Reibung, so ergibt sich für die Gleitkurve *k*, Strecke I—II, der Kohäsionswert von $P_0 = 2{,}2$ t pro 1 m², für die Gleitkurve *k'*, Strecke I—II, der Wert 1,4 t pro 1 m². Es ist wohl kaum anzunehmen, daß die Kohäsion längs der Rutschfläche *k'* um soviel kleiner war als die Kohäsion längs der Rutschfläche *k*. Infolgedessen liegt es nahe zu vermuten, daß die Bewegung nach *k'* erst dann auftrat, als die Kohäsion auf der den Flächen *k* und *k'* gemeinsamen Strecke I—(II) bereits überwunden und die Masse in Bewegung war. Die Rutschung erfolgte nach einer Periode anhaltender Regengüsse, die zur Durchnässung des Dammkörpers führten.

Auch Dammeinbrüche können in ähnlicher Weise stattfinden wie die Einschnittsrutschungen, nur scheint in diesen Fällen die Form der Gleitfläche etwas erheblicher von der Kreisform abzuweichen.

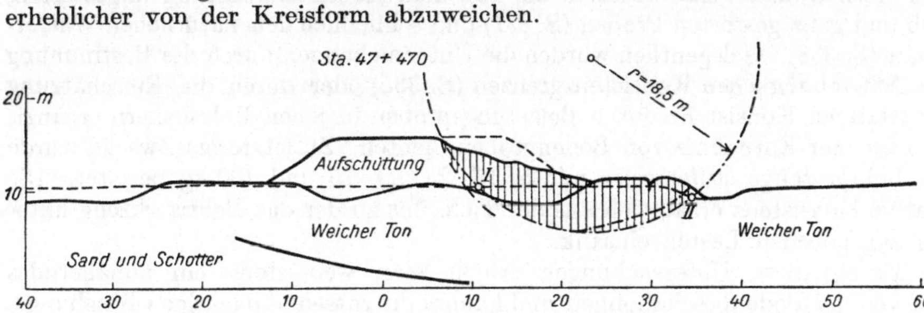

Abb. 250. Dammrutschung in Jaerna[1])

Abb. 250 zeigt einen Durchschnitt durch die Dammrutschung des auf weichen Ton gelagerten Dammes von Jaerna. Der Normalwassergehalt des Tones belief sich auf 47 bis 74, der Wassergehalt unterhalb der steiferen, 2 bis 5 m dicken Kruste auf 38 bis 42% (des Gewichtes der feuchten Proben) und der Konsistenzwert der gestörten Bodenproben im selben Bereich auf 3,9 bis 6,5. Die auf der Strecke I—II

[1]) Das Rutschungsprofil Abb. 250 wurde aus dem Bericht Statens Järnvägars Geotekniska Commission, 1914 bis 1922, Slutbetänkande, 31. Maj 1922, Stockholm, entnommen.

der Gleitkurve zur Aufrechterhaltung des Gleichgewichtes erforderliche Kohäsion berechnete sich unter Vernachlässigung der im Dammkörper wirksamen Reibungswiderstände mit $P_0 = 2$ t pro 1 m².

Der durch Rückschluß aus dem Querprofil eines Erdrutsches ermittelte Wert P_0 kann dann auch benützt werden, um den Stabilitätsgrad einer in ähnlichem Material anzulegenden Böschung zu untersuchen. Zu diesem Zweck nimmt man nach K. E. Petterson mehrere kreisförmige Gleitflächen an und berechnet den Stabilitätsgrad aus jener Gleitfläche, für welche die Rechnung die ungünstigsten Stabilitätsverhältnisse ergibt. Man kann sich leicht davon überzeugen, daß die Steilheit der eben noch stabilen Böschung einer kohärenten Bodenmasse bei gegebenem Kohäsionswert P_0 mit zunehmender Gesamthöhe der Böschung abnimmt.

Um jedoch die Stabilitätsberechnung durchführen zu können, muß man in der Lage sein, den Kohäsionswert des Geländes durch Vergleich mit einem in bodenphysikalischer Hinsicht gleichwertigen Gelände einzuschätzen, in dem sich Rutschungen bereits ereignet haben.

Es werden zwar Anstrengungen gemacht, den Kohäsionsgrad durch Laboratoriumsversuche zu bestimmen, doch sind die Ergebnisse noch nicht spruchreif. Infolgedessen liegt der Schwerpunkt der Aufgabe vorläufig nicht nur in der auf bodenphysikalischer Grundlage (siehe Kapitel IX A) durchzuführenden Untersuchung des Geländes, sondern auch in der Vergleichung des zu begutachtenden Geländes mit bekannten, geologisch und physikalisch gleichwertigen Rutschgebieten.

Der erste großzügige Versuch, die Frage nach der Rutschgefährlichkeit auf bodenphysikalischer Grundlage und durch Vergleichung zu behandeln, wurde von der geotechnischen Kommission der Schwedischen Staatsbahnen unternommen. Die Untersuchungen erstreckten sich auf 333 Örtlichkeiten und umfaßten das Abbohren von 2366 Querprofilen. Die Bohrlöcher wurden je nach dem Grad der Gleichförmigkeit des Untergrundes in gegenseitigen Abständen von 2 bis 10 m angesetzt und die Bodenproben wurden in den oberen Teilen der Bohrlöcher von 0,5 zu 0,5 m, in den unteren Teilen von 1,0 zu 1,0 m entweder mit Löffel- oder mit Zylinderbohrern entnommen. Die Klassifizierung der Böden erfolgte zunächst nach geologischen Gesichtspunkten, sodann nach dem Normalwassergehalt (Tabelle 38, 12), dem Konsistenzwert der ungestörten, halb und ganz gestörten Proben (S. 321) und schließlich dem natürlichen Wassergehalt (S. 338). Gelegentlich wurden die Untersuchungen durch die Bestimmung der Atterbergschen Konsistenzgrenzen (S. 335) oder durch die Einschätzung der relativen Konsistenz durch Belastungsproben in jenen Bohrlöchern ergänzt, die nicht zur Entnahme von Bodenproben dienten. Zu letzterem Zwecke wurde das Bohrgestänge stufenweise mit 5, 15, 25, 50, 75 und 100 kg belastet. Die relative Konsistenz ergab sich aus der Tiefe, bis zu der das Bohrwerkzeug unter den angegebenen Lasten einsank.

Durch diese Untersuchungen erhielt man wenigstens ein annäherndes Bild von der Bodenbeschaffenheit und konnte die rutschverdächtigen Böschungsabschnitte weitaus zuverlässiger mit den abgerutschten vergleichen, als dies auf Grund der üblichen Bohrprotokolle geschehen könnte. Trotzdem ist auch das schwedische Verfahren noch weit davon entfernt, eine zufriedenstellende Lösung darzustellen. Zunächst ist der Normalwassergehalt keineswegs zur Identifizierung zweier Bodensorten hinreichend. Ferner ist die Entnahme der Bodenproben verbesserungsbedürftig und schließlich ist die Bestimmung der relativen Konsistenz durch Gestängebelastung in physikalischer Hinsicht etwas unklar. Trotzdem bedeutet der schwedische Versuch einen großen Schritt vorwärts, und es ist zu erwarten, daß man auf dem von den Schweden gewiesenen Weg zu einer rationelleren Methode des Studiums der Rutschgebiete kommen wird.

Aus den schwedischen Ergebnissen scheint hervorzugehen, daß der Sicherheitsgrad der Böschungen von vielen unserer Dämme und Einschnitte weit hinter dem Sicherheitsgrad unserer Kunstbauten zurückbleibt. Anderseits ist jedoch an eine bedeutende Erhöhung des Sicherheitsgrades durch Abflachen der Böschungen aus wirtschaftlichen Gründen nicht zu denken. Infolgedessen beschränkte sich die schwedische Kommission auf die Umgehung oder auf die Sanierung jener Gehänge, an denen Rutschungen früher oder später unvermeidlich erschienen (36 Örtlichkeiten). An den übrigen Örtlichkeiten wurde entweder eine Herabsetzung der Fahrgeschwindigkeit der Züge veranlaßt oder ein automatisch wirkendes Blocksystem eingebaut, das im Falle einsetzender Erdbewegungen automatisch Haltesignale auslöst.

2. Klassifizierung der Bodenbewegungen

Die Bodenbewegungen können entweder durch eine Änderung der Kraftbilanz (Belastungs- oder hydrostatische Verhältnisse) bei ungeänderter Widerstandsbilanz (Struktur, Reibungs- und Kohäsionsverhältnisse) oder durch eine Änderung in der Widerstandsbilanz bei ungeändertem Spiel der angreifenden Kräfte verursacht werden. In vielen Fällen ist es jedoch sehr schwer, zu entscheiden, welches der beiden Elemente des Gleichgewichtes die ausgiebigere Änderung erfahren hat. Diese Schwierigkeit der Entscheidung macht sich bei gerichtlichen Streitfällen recht unangenehm bemerkbar.

Sowohl die verschiedenen Ursachen als auch die möglichen Veranlassungen sind durch so viele Übergänge miteinander verbunden, daß jeder Versuch einer Klassifizierung der Bodenbewegungen unvermeidlicherweise einen Gewaltakt darstellt. Aus diesem Grunde fehlt auch den vielen Systemen der Klassifizierung der Bodenbewegungen sowohl der Zug des Einheitlichen als auch das Gepräge des Überzeugenden.

A. Heim[1]) unterscheidet sechs Haupttypen von Bodenbewegungen: 1. Gleitende Schuttbewegung, 2. Schuttsturz, 3. gleitende Felsbewegung (Felsbruch), 4. rollende oder stürzende Felsbewegung (Felssturz), 5. gemischte Felsbewegung, 6. besondere Bergstürze. Diese Einteilung ist allzusehr den in einem kleinen Sondergebiet, den Alpen, herrschenden Verhältnissen angepaßt. G. Braun[2]) benützt als Kriterium die Geschwindigkeit, mit der sich die Bodenbewegungen vollziehen. W. Penck[3]) legt das Hauptgewicht auf die Zusammensetzung der bewegten Massen und unterscheidet zwischen 1. Bewegung loser Einzelkörner und 2. Abwandern akkumulativer Massen. Innerhalb der Gruppe 2 führt er an: a) freie, b) gebundene Massenbewegung und Korrosion. Terzaghi[4]) wählte als Grundlage für seine Klassifizierung die physikalischen Faktoren, die beim Zustandekommen der Bodenbewegungen die führende Rolle spielen. V. Pollack[5]) lieferte eine etwas unübersichtliche Zusammenstellung aller in der Natur vorkommenden Massenbewegungen, die jedoch eine gute Vorstellung von der außerordentlichen Mannigfaltigkeit der in Betracht kommenden Erscheinungen gibt. Die schwedische geotechnische Kommission[6]) klassifizierte die von ihr studierten Bodenbewegungen nach drei verschiedenen Gesichtspunkten: nach der Art der Bruchcrscheinung, nach der wirksamen Ursache und nach dem Verlauf der Bewegung.

[1]) Heim, A.: Über Bergstürze. Zürich. 1882.
[2]) Braun, G.: Über Bodenbewegungen. XI. Jahresbericht d. Geogr. Gesellsch. Greifswald, 1907/08, S. 17 bis 37.
[3]) Penck, W.: Morphologische Analyse. Stuttgart. 1924.
[4]) Terzaghi: Erdbaumechanik, 1925.
[5]) Pollack, V.: Versuch einer Übersicht der Massen- oder Bodenbewegungen. Jb. der Geol. Bundesanstalt, 75. Bd. Wien. 1925.
[6]) Lehmann: Die Verheerungen in der Sandlinggruppe (Salzkammergut). Denkschrift der Akademie der Wissenschaften in Wien, Math.-naturwiss. Klasse, 100. Bd. Wien. 1926.

Unter den geschilderten Verhältnissen scheint es sich zu empfehlen, zunächst von einer Klassifizierung abzusehen und sich auf eine Analyse der physikalischen Faktoren zu beschränken, die beim Zustandekommen und dem Verlauf der Massenbewegungen in Wirksamkeit treten können. Auf Grund der gewonnenen Einsicht kann dann die Beschreibung der Bodenbewegungen in freier Form, nach dem morphologischen Charakter der Rutschungen, den wirksamen Faktoren und dem Verlauf der Bewegungen erfolgen. Nur auf solche Weise dürfte es möglich sein, der außerordentlichen Vielseitigkeit des Gegenstandes einigermaßen gerecht zu werden.

3. Das Wesen der Bodenbewegungen und die Bekämpfung derselben

Unter diesem Titel sollen die verschiedenen mechanischen und physikalischen Vorgänge erörtert werden, die zum örtlichen Zusammenbruch des Gleichgewichtes des Bodens führen können, die sichtbaren Wirkungen dieser Vorgänge und die Mittel zu ihrer Bekämpfung.

Änderung in den statischen Verhältnissen. Neben den Änderungen in den statischen Verhältnissen durch Aushub (Unterschneidung) oder durch Aufbringung künstlicher Belastungen (Dammschüttung oder durch sonstige Gewichtsaufbringung) wären noch folgende Änderungen in Betracht zu ziehen:

Erhöhung des Gewichtes feinkörniger Bodenarten durch Sättigung infolge anhaltender Regengüsse. Bei einem Porenvolumen von 50% erhöht sich das Raumgewicht eines feinen lehmigen Sandes von 1,33 auf 1,83, demnach um 0,5 t pro 1 m³.

Scheinbare Erhöhung des Gewichtes bei Absenken des freien Wasserspiegels. Legt man die Böschung einer feinkörnigen Bodenmasse durch Senkung des Seespiegels teilweise trocken, so erleidet das Gewicht dieser Masse eine scheinbare Zunahme, deren Größe gleich ist dem hydrostatischen Auftrieb, welcher im Bereich der trockengelegten Zone vor Absenkung des Wasserspiegels auf die Bodenkörner wirkte. Es läßt sich ohne weiteres rechnerisch ermitteln, sofern das spezifische Gewicht der Bodenkörner und das Porenvolumen bekannt ist. Hiezu gesellt sich noch die Gewichtsvermehrung infolge des Gewichtes des beim Absenken des Wasserspiegels in den Hohlräumen des Bodens verbleibenden Kapillarwassers. Beim Absenken des freien Wasserspiegels folgt nämlich die obere Grenze des Kapillarwassers dem Grundwasserspiegel nicht sofort, sondern um so langsamer, je kleiner die Hohlräume des Bodens sind. Infolgedessen vergrößert sich beim Absenken des Wasserspiegels die Dicke der kapillargesättigten Schichte, wobei die Dickenzunahme unter sonst gleichen Umständen mit der Geschwindigkeit der Spiegelsenkung zunimmt. Bei einem Porenvolumen von 50% erhöht sich das Gewicht des Bodens im Bereich der Spiegelabsenkung infolge des Wegfallens des hydrostatischen Auftriebes um etwa 0,5 t pro 1 m³ und innerhalb des Bereiches der vorübergehenden, zusätzlichen kapillaren Durchfeuchtung sogar um 1 t pro 1 m³.

Hydrostatische Seitendruckwirkungen. Wenn sich das Wasser innerhalb einer Sand- oder Schotterschicht in Ruhe befindet, so beschränkt sich sein Einfluß auf den lotrecht nach oben wirkenden hydrostatischen Auftrieb. Falls es jedoch strömt, übt es obendrein auf die durchströmten Bodenschichten einen in der Strömungsrichtung wirkenden Druck aus, dessen Größe durch das hydraulische Gefälle bestimmt ist. Dieser Druck läßt sich nach Terzaghi als Massenkraft auffassen, die in jedem Punkt des durchströmten Bodens in der Richtung der Tangente an die Stromlinie wirkt, die durch den betrachteten Punkt hindurchgeht. Die Größe dieser Massenkraft pro Raumeinheit des durchströmten Bodens ist gleich dem Produkt aus dem Gewicht des Wassers pro Raumeinheit und dem **hydraulischen Gefälle**, das im Boden an der betreffenden Stelle herrscht[1]). Bei einem **hydraulischen Gefälle** gleich der Einheit beläuft sich der Strömungsdruck auf 1 t pro 1 m³. Da aber das Gewicht von 1 m³ Sand sich ebenfalls auf etwa 1 t pro 1 m³ beläuft, hat das strömende Wasser im vorliegenden Fall bei wagrechter Strömungsrichtung denselben Effekt, wie wenn die auf 1 m³ Boden wirkende Schwerkraft (abzüglich hydrostatischen Auftrieb) um 45° stromabwärts gedreht und von 1 t auf $1 \cdot \sqrt{2} = 1{,}41$ t pro 1 m³ erhöht worden wäre. Diese Tatsache spielt insbesondere beim Zustandekommen der Einschnittsrutschungen im feinen Sand eine wichtige Rolle. Abb. 251 stellt den Querschnitt einer solchen Böschung dar. Der Buchstabe i bezeichnet das hydraulische Gefälle (Tangens des Neigungswinkels der Tangente PT an den Grundwasserspiegel). Nach Vorangegangenem wirkt auf jeden in der Lotrechten PP_1 gelegenen Kubikmeter Boden eine wagrechte Kraft von der Größe i Tonnen. Mit Annäherung an den Böschungsfuß O nimmt der Wert i sehr rasch zu. Infolgedessen wird dort der Boden durch den Strömungsdruck nach außen gedrängt. Nach schweren Regengüssen wird der Grundwasserspiegel steiler. Infolgedessen erhöht sich die Gefahr der Einschnittsrutschung. In feinen Sanden kann es vorkommen, daß die Böschung durch das austretende Wasser unter Vermittlung des Strömungsdruckes unterhöhlt wird. In diesem Falle führt schließlich der Einsturz der Höhlung einen Sandschlipf herbei.

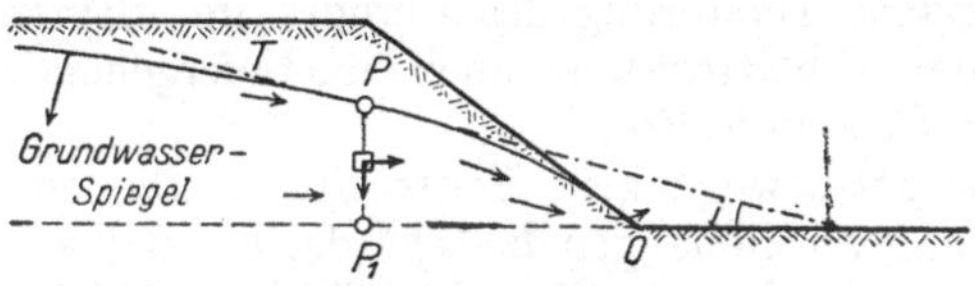

Abb. 251. Hydrostatische Druckwirkungen in durchströmten Böschungen

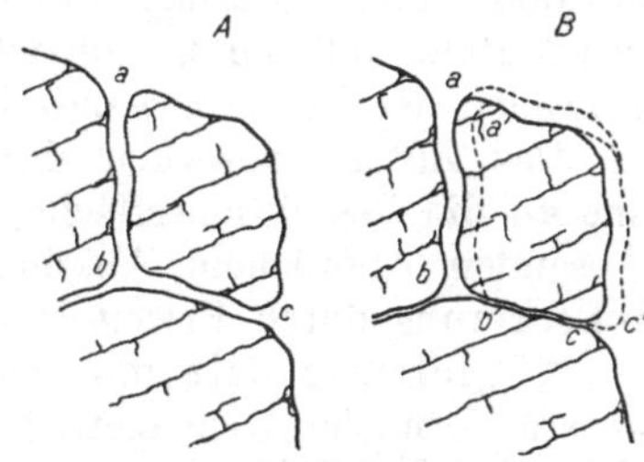

Abb. 252. Hydrostatische Druckwirkungen in Gesteinsspalten

Wichtig können auch die hydrostatischen Druckwirkungen sein, die beim Versickern des Wassers in den Spalten eines Gesteines auftreten. In Abb. 252 stellt *a b c* eine das Gestein in der Nachbarschaft eines Steilrandes durchsetzende Spalte dar. Falls die Spalte sehr eng ist, wird bei trockenem Wetter der Gesteinsblock durch die Oberflächenspannung des Wassers mit einer (allerdings sehr kleinen) Kraft gegen seinen Sitz gepreßt, das heißt die Gegenwart des Wassers ist in diesem Falle belanglos. Wenn bei Regenwetter das obere Ende der Spalte von Wasser überflutet wird, fließt das Wasser bei *c* aus der Spalte aus und die vom Wasser ausgeübten Druckkräfte können ebenfalls geringfügig sein (Abb. 252A). Falls jedoch der Teil *b c* der Spalte wesentlich enger ist als der Teil *a b* (Abb. 252B), so übt das Wasser auf die Seitenfläche *a b* des Blockes nahezu den vollen hydrostatischen Druck aus, der sich bei einer Spaltentiefe von 3 m im Mittel auf 1,5 t pro 1 m³ beläuft. Die vom Spaltwasser ausgeübten Druckwirkungen hängen demnach in hohem Maße nicht nur von den Niederschlagsverhältnissen, sondern auch von der Beschaffenheit des Spaltensystems ab.

Auflockerung des Gesteinsgefüges durch Temperaturwechsel, Frosteinwirkung und Feuchtigkeit. Ch. **Davison**[2]) hat durch Versuche gezeigt, daß

[1]) Das hydraulische Gefälle ist gleich dem Druckhöhenverlust, welchen das Wasser pro Längeneinheit des Strömungsweges erfährt.

[2]) **Davison**, Ch.: Note on the movement of scree material. Quarterly Journal of the geological Society of London, Vol. 44, S. 232. 1888.

ein der abwechselnden Bestrahlung und Beschattung ausgesetzter, auf einer unter 17° geneigten Unterlage ruhender Sandstein mit einer Geschwindigkeit von etwa 1 cm pro Jahr abwärts wandert. Diese Beobachtung lieferte die Erklärung sowohl für die flachen Böschungen gewisser Steinströme (Anden oder Falklandinseln), als auch für die auflockernde Wirkung der periodischen Sonnenbestrahlung. Falls der Felsblock in Abb. 252 von der Sonne bestrahlt wird, dehnt er sich aus, wobei die Kante *b* infolge des starken Gefälles der Fläche *bc* nahezu in ihrer Lage verbleibt, während sich *c* nach *c'* verschiebt. Bei nachfolgender Abkühlung wird *c'* seine Lage beibehalten, während *b* nach *b'* vorrückt. Eine ähnliche, aber noch viel ausgiebigere Schubwirkung übt das in den Spalten beim Frieren sich ausdehnende Wasser aus (Spaltenfrost). Auch die Wurzeln von Bäumen und Sträuchern sind imstande, Gesteinsklüfte durch Sprengwirkung zu erweitern.

Schließlich sei noch die mit abwechselnder Durchfeuchtung und Austrocknung der Gesteine verbundene Raumänderung erwähnt. Die Tatsache, daß diese Raumänderung mit einer Festigkeitsänderung verbunden ist, scheint anzudeuten, daß sie in physikalischer Hinsicht mit dem Schrumpfen und Schwellen der Tone verwandt ist (siehe Erweichbarkeit S. 153).

Das Zusammenwirken der oben aufgezählten Faktoren erzeugt sowohl eine an die Gesteinsoberfläche gebundene Zerstörung des Gefüges im kleinen (Absanden, Abbröckeln, Abschälen oder Abblättern), als auch eine tiefergehende Auflockerung durch Erweiterung der Gesteinsklüfte.

Abgleitung (Heims gleitende Felsbewegungen, Felsschlipfe). Die einfachste Form der Gleichgewichtsstörung an Gehängen besteht darin, daß ein Abschnitt des Gehänges nach einer bereits bestehenden Gleitfläche (Schichtfläche oder Kluftfläche) als mehr oder weniger geschlossener Körper abrutscht. Diese Art der Bodenbewegung tritt in ihrer reinsten Form in geschichteten Gesteinen auf, deren Schichtflächen nach der Böschung zu einfallen.

Sie ereignete sich beispielsweise im Kalk bei Hohtenn an der Lötschbergbahn[1]) und im Gneis des Tessintales an der Gotthardbahn („Piottinen")[2]). Einer Abgleitung gigantischen Maßstabes fiel im Jahre 1806 die Ortschaft Goldau in der Schweiz zum Opfer. Die abgleitende Felsmasse bestand aus einer 1500 m langen, 300 m weiten und 32 m dicken aus Nagelfluh bestehenden Gesteinsplatte mit einem Rauminhalt von etwa 15 Millionen Kubikmetern. Die Platte ruhte auf einer Schichtfläche mit einem Neigungswinkel von 30°. Das Weggebiet bestand ebenfalls aus einer Schichtfläche und hatte einen Neigungswinkel von 20°. Die Felsbewegung tötete 451 Menschen und zerstörte 111 Gebäude[3]).

Auch manche Rutschungen in Tonmassen wurden auf die Existenz vorgebildeter Gleitflächen zurückgeführt, doch handelt es sich bei solchen Angaben in der Regel um eine Verwechslung von Ursache und Wirkung. Auch dann, wenn ein Ton von alten Gleitflächen durchsetzt ist, scheinen sich nachfolgende Rutschungen in den meisten Fällen auf neu gebildeten Gleitflächen abzuspielen.

Bei einer Beurteilung von Gleitungen nach Schichtflächen oder Formationsgrenzen hat man zu unterscheiden, ob die Schichtflächen rein oder mit einem Letten- oder Tonbeschlag überzogen sind. Bei reinen Schichtflächen ist ein Abgleiten infolge Aufbringung einer Zusatzbelastung nicht möglich, weil eine Erhöhung der Belastung sofortige Zunahme des Reibungswiderstandes bewirkt. Bei Anwesenheit eines Lettenbeschlages führt jedoch die Aufbringung einer Zusatzbelastung nach Terzaghi eine vorübergehende Verminderung der

---

[1]) Rutschung bei Hohtenn auf der Südrampe der Lötschbergbahn. Schweizer Bauzeitung, Bd. 61, S. 147. 1913, I.

[2]) Gerlich, E.: Die Gotthardbahn, Zentralblatt der Bauverw., S. 177, 188, 202, 212. 1882.

[3]) Heim, A.: Über Bergstürze. Zürich. 1882. Vgl. auch Dr. Zay: Die lebendige Beschreibung der Katastrophe Goldau und seine Gegend, wie sie war und was sie geworden. Zürich. 1807.

Reibungsziffer herbei (Phasendifferenz zwischen Druckzunahme und der ihr entsprechenden Reibungserhöhung) und kann infolgedessen zu einer Abgleitung führen. Unter den Ursachen, die zur Abgleitung nach reinen, tonfreien Schichtflächen führen können, sei als wichtigste der hydrostatische Seitendruck des Spaltenwassers erwähnt. An Schichtfugen mit Lettenbeschlag kann aber die Gleitung nach obigem auch infolge bloßer Aufbringung einer Zusatzbelastung entstehen. Die Angaben, daß Abgleitungen lediglich durch „Wasserschmierung" des Lettenbeschlages erzeugt werden, sind aus physikalischen Gründen mit Mißtrauen aufzunehmen. Falls sich die Gleitmasse schon vor dem Abgehen an der Grenze des Gleichgewichtes befindet, kann die Gleitung durch Umstände von sekundärer Bedeutung hervorgerufen werden, z. B. bei Hohtenn durch Sprengschüsse, im Tessintal durch die Erschütterung infolge Niedergehens von Lawinen usw.

Physikalisch noch nicht ganz aufgeklärt sind die Reibungsverhältnisse, die an den Grenzflächen zwischen Sand und Ton herrschen. Wir wissen, daß die Reibungsziffer zwischen Ton und Quarz kleiner ist als die Ziffer der Reibung zwischen Ton und Ton. Nachdem obendrein im Grenzbereich die Poren des Sandes mit weichem, eingequetschtem, unter keinem nennenswerten Druck stehendem Ton ausgefüllt sind, ist es denkbar, daß die Grenzfläche zwischen Sand und Ton eine Fläche kleinsten Widerstandes darstellt. Ob dies jedoch wirklich der Fall ist, ließe sich nur durch Versuche entscheiden.

In statischer Hinsicht lassen sich die „Abgleitungen" rechnerisch ziemlich leicht erfassen. Die Vorbedingung zu einer Beurteilung der Standsicherheit besteht in der genauen Bestimmung der Lage der möglichen, das heißt bereits existierenden Gleitflächen und in der halbwegs richtigen Einschätzung sowohl der Größe der angreifenden Kräfte als auch der Reibungsziffern. Um ein Abgleiten zu verhüten, muß man den Fuß der gleitgefährlichen Massen entweder durch Anker oder durch gemauerte Pfeiler abstützen.

Niederbruch unregelmäßig geklüfteter Gesteinsmassen (Auflösungsniederbruch. Heims rollende oder stürzende Felsbewegung, Felssturz, Felsfall). Der Niederbruch wird durch Auflockerung vorbereitet und durch reine Schwerkraftswirkung ausgelöst. Kennzeichnend für den typischen Auflösungsniederbruch ist die Tatsache, daß die Stabilitätsverminderung des Gesteines allmählich vor sich ging. Als Urbild mag die Nischenbildung in steilen, durch Aushubarbeit hergestellten Felswänden gelten. Die Böschung mag sich jahrelang gehalten haben, bis schließlich nach einem ausgiebigen Regenguß oder bei Tauwetter eine segmentförmige Gesteinsmasse sich ablöst und eine unter etwa 40^0 geneigte Schutthalde bildet. Ein angeschnittener, klüftiger Fels kann als eine „Trockenmauer" aufgefaßt werden, welche ihre Stabilität nicht so sehr dem Charakter als vielmehr der Anordnung ihrer Elemente verdankt. Durch allmähliche Störung des Verbandes verringert sich auch der Stabilitätsgrad, bis endlich, beim Erreichen der Stabilitätsgrenze, die Gesteinsmasse aus der Mauerform in die „Haldenform" übergeht. Der „gewachsene Verband" der Gesteinselemente spielt beim Zustandekommen des Gleichgewichts eine ähnliche Rolle, wie die Kohäsion beim Gleichgewicht der Tone, und ist mit dem wesentlich lockereren „Haldenverband" in der Natur durch keine Übergänge verbunden. Infolgedessen ähneln die Niederbrüche der geklüfteten Gesteine in morphologischer Hinsicht den durch Überwindung der Kohäsion erzeugten Niederbrüchen von Tonbänken.

Die Neigung zum Niederbruch hängt nicht nur vom Grad (Intensität) der Zerklüftung, sondern auch von der tektonischen Veranlagung (Lage der Schicht- und Cleavagefugen, Anordnung der Verwerfungen usw.) ab.

Von zahllosen Spalten und Trennungsfugen durchzogene Ton- und Mergelschiefer verhalten sich wie nahezu kohäsionslose Haufwerke von kleinbrüchigen Gesteinsfragmenten[1]).

Beim Zustandekommen der Auflösungsniederbrüche spielen die Lehm- und Lettenbeschläge eine Rolle, die sich in manchen Gesteinen, besonders im Kalk (Lösungsrückstände) und in Schiefern (Verwitterungsprodukte), an den Kluftwänden vorfinden. Die Gegenwart dieser Beschläge setzt die an den Berührungsstellen der Gesteinselemente wirksamen Reibungswiderstände herunter und wirkt daher rutschungsfördernd.

Bei der Beurteilung der Einwirkung von Regengüssen auf lettendurchsetzte Gesteine sind folgende bodenphysikalische Tatsachen zu berücksichtigen: Erweichung einer Lettenschichte durch Wasser kann aus physikalischen Gründen nur dann auftreten, wenn die Schichte vorher zum Teil oder gänzlich ausgetrocknet war. Die Austrocknung erfolgt um so langsamer, je kleiner die Verdunstungsoberfläche und je größer die relative Luftfeuchtigkeit ist. Eine Reibungsverminderung kann nur dort wirksam sein, wo die Lettenschichten den Träger des Reibungswiderstandes bilden, das heißt von beiden Seiten von Gestein begrenzt sind. Die Austrocknung einer halbwegs ausgedehnten, zwischen dichten Gesteinsflächen eingeschlossenen, in einer Tiefe von mehr als 1 m unter der Erdoberfläche befindlichen Lettenschichte würde mehrere vollkommen regenlose Jahre erfordern. Ebenso würde auch die Erweichung der ausgetrockneten Schichte einen langen Zeitraum in Anspruch nehmen. Aus diesen Gründen sind die physikalischen Bedingungen für die Verminderung des Reibungswiderstandes durch Erweichung von Lettenschichten in der Natur sehr selten vorhanden. Zumeist wirkt der Regen nur insoferne rutschungsbefördernd, als er die Spalten mit Wasser füllt. Das Wasser übt hydrostatischen Seitendruck aus und befördert die einleitende Störung des Gleichgewichtes. Sobald die Bewegung beginnt, kommen Gesteinsflächen mit weichen Lettenlagen in Berührung, die vorher nicht zwischen Gesteinsflächen eingeschlossen waren, und die „Schmierung" wird wirksam. Die Schmierung ist in solchen Fällen nicht als Ursache, sondern als Folge zu betrachten. Die kleinklüftigen, von Tonbeschlägen geradezu durchsetzten Gesteine und die Überreste alter Felsstürze im Schiefergebiet stellen einen Übergang vom geklüfteten Gestein zu den Tonen dar.

Die Ursache der Niederbrüche liegt in der Regel in der tektonischen Veranlagung und in der allmählichen Auflockerung des Gesteinsverbandes. Die Veranlassung, das heißt den letzten Anstoß bildet ein Regenguß oder Tauwetter. In Ausnahmefällen wird der Niederbruch durch Ausschachtungsarbeiten verursacht, durch welche das Gestein bis hart an die Grenze des Gleichgewichtes gebracht wurde.

Als Beispiel wäre der Bergsturz von Elm zu erwähnen, der durch die Steinbruch- und Stollenarbeiten im dortigen Schieferbergwerk Riesikopf verursacht wurde[2]). Die Schichten des (eozänen) Schiefergesteins fielen bergeinwärts und wurden durch die Unterschneidung ihres Haltes beraubt. Das Gestein wurde als „außerordentlich zerklüftet und zerrissen" beschrieben, und der Niederbruch kündigte sich schon einige Tage vorher durch Rißbildung an den Gehängen an.

Die Stabilität eines zum Auflösungsniederbruch neigenden Gesteinskörpers läßt sich in den meisten Fällen wohl nur aus den tektonischen Verhältnissen

[1]) Pollack, V.: Über Bewegungen des anstehenden Bodens bei Erd- und Felsarbeiten. Zentralblatt der Bauverw., 47. Jg., H. 37 und 38, S. 474 bis 477, und S. 487 bis 488. Erwähnt Lupkow—Palota, Unterstein, Monte Piottino.

[2]) Der Bergsturz bei Elm in der Schweiz. Deutsche Bauzeitung, S. 448. 1881.

und aus der engklüftigen Beschaffenheit der vom Kernbohrer gelieferten Proben mit einiger Sicherheit voraussagen. Jeder Sprung im Gestein entspricht einem Sprung im Kern. Gesunde, das heißt vollkommen standfeste, kluftfreie Gesteine liefern unzerbrochene Bohrkerne.

Heim hebt hervor, daß sich sowohl die Abgleitungen als auch die Auflösungsniederbrüche stunden- wenn nicht tagelang vor dem Eintreten der Katastrophe durch Knistern, Steinfall, Klufterweiterung u. dgl. ankündigen[1]). Eine vortreffliche Beschreibung der Vorzeichen und des Verlaufes eines mit Tonausquetschung verbundenen Auflösungsniederbruches (Zusammenbruch eines 200 m hohen, aus Kalkfels bestehenden Gesteinsturmes, des Pulverhörndl in der Sandlinggruppe der österreichischen Kalkalpen) wurde vor kurzem durch O. Lehmann geliefert[2]). Der Rauminhalt des Turmes belief sich auf etwa 200000 m^3, doch die beim Zusammenbruch in Bewegung gesetzten Massen umfaßten 6 bis 9 Millionen m^3.

Die Mittel zur Verhütung von Niederbrüchen hängen von der Gesteinsbeschaffenheit ab. Bei weitklüftigen Gesteinen mag es genügen, die Böschung mit der Brechstange von losen Felsstücken zu befreien und den Eingang der offenen Spalten mit Zement zu verschließen, um dem Absprengen durch Wurzeldruck vorzubeugen. Die nach dem Einschnitt sich öffnenden Ausgänge der Spalten spielen als Sickeröffnungen eine wichtige Rolle und sollen daher offen bleiben. Bei Gesteinen, die im Bereich des Temperatur- und Feuchtigkeitswechsels eine nennenswerte periodische Raumänderung erfahren und zerfallen (manche Mergel- und Schiefergesteine), ist es jedoch notwendig, die Steilböschungen mit Futtermauern zu verkleiden.

Eine Abart kleinen Maßstabes der „Auflösungsniederbrüche" ist unter dem Namen „Ausschälen und Ausfrosten" bekannt. Durch den Wechsel von Trocknung und Durchfeuchtung sowie durch den Spaltenfrost wird die an der Böschung bloßgelegte Bodenmasse allmählich in ein Haufwerk von Krümeln verwandelt, dessen Gleichgewicht bei der Schneeschmelze oder nach andauernden Regengüssen in ähnlicher Weise niederbricht wie das einer aufgelockerten Gesteinsmasse. Die Rutschung hinterläßt an der Böschung eine muschelförmige Narbe. Falls die Krümel aus tonigem Material bestehen, stellt das Ausschälen einen Übergang zu den Fließungen dar. Bei der Bekämpfung handelt es sich vornehmlich darum, die Böschung durch Bepflanzung zu befestigen und im Falle des Vorhandenseins von Wasseradern Drainagen anzulegen.

Gleitflächenbrüche. Die Gleitflächenbrüche entstehen streng im Sinne der Theorie des Gleichgewichtes kohärenter Bodenmassen durch Überwindung des Gleitwiderstandes nach scharf ausgeprägten, zylindrischen Bruchflächen, die nach erfolgter Gleitung als glänzende Harnische erkennbar sind[3]). Die Lage der Gleitflächen ist durch die Reibungs- und Kohäsionsverhältnisse statisch bestimmt. Falls das Material bereits von älteren Gleitflächen durchsetzt ist, kommt es häufig vor, daß sich die neuen Gleitflächen mit den bereits vorhandenen verschneiden.

Am reinsten treten die Gleitflächenbrüche in ungestörten, homogenen Tonmassen auf (siehe z. B. Rutschung von Södertalje, Abb. 248). Aber auch die

---

[1]) Heim, A.: Über Bergstürze. Zürich. 1882.

[2]) Lehmann: Die Verheerungen in der Sandlinggruppe (Salzkammergut.) Denkschriften der Akademie der Wissenschaften in Wien, Math.-naturwiss. Klasse. 100. Bd. Wien. 1926.

[3]) Siehe z. B. die photographischen Aufnahmen von Gleitflächen in Backofen, K.: Gleitflächen bei Rutschungen im Ton. Zentralblatt d. Bauverw., 47. Jg., S. 388 bis 390 u. 404 bis 406. 1927

Gleitflächenbrüche in zerklüfteten Tonen unterscheiden sich zuweilen von den Erscheinungen, die man nach der Theorie der Brüche in homogenen Massen erwarten würde.

„Zerklüftete“, das heißt von Absonderungsflächen durchsetzte Tonmassen wurden z. B. im Einschnitt von Rosengarten bei Frankfurt a. M. angeschnitten[1]. Das dortige, von außergewöhnlich schwer zu bewältigenden Rutschungen betroffene Schichtsystem besteht nach Keilhacks Gutachten[2] aus folgenden Gliedern:

a) Eine dünnere Oberflächenschicht von nur wenigen Metern Mächtigkeit, mit unregelmäßig geformten Einlagen von Sand, Kies, sandigem Geschiebelehm und Geschiebemergel.

b) Darunter lagerte sehr fetter Tonmergel mit einer Mächtigkeit bis zu 20 m.

c) Eine darunter folgende Masse, aus mittelkörnigen Sanden bestehend, mit Einlagerungen von Kies und sandigem Kies, nach unten in einen gelben, locker verkitteten Sand übergehend.

d) Eine äußerst mannigfaltig zusammengesetzte Schichtenfolge von interglazialen Ablagerungen, bestehend aus hellem Süßwasserkalk, kalkfreiem oder kalkhaltigem Ton von heller und dunkler Farbe und zwischengeschalteten teils kalkhaltigen, teils kalkfreien Sanden und Kiesen (etwa 3 m).

e) Als ältestes bekannt gewordenes Schichtenglied ein dunkler, sehr fetter Tonmergel, der dem unter b) genannten ähnlich erscheint. Er ist jedoch im Gegensatz zum Mergel (b) dadurch gekennzeichnet, daß er von zahllosen Gleitflächen, sogenannten Harnischen, durchsetzt ist, so daß er in kleine, von glänzenden Flächen begrenzte Stücke zerfällt, die P. Krusch als Quetschlinsen bezeichnet hat[3]. Die Schichte (a) ist nahezu söhlig. Die anderen sind gestört, und zwar derart, daß sie etwa ostwestlich streichen und unter Winkeln bis zu 45° nach dem Norden fallen. Der Tonmergel (b) ist nach Backofen im unverwitterten Zustand zäh und hart und muß mit der Spitzhaue genommen werden. Frische Bruchflächen sind im Gegensatz zu den Bruchflächen des Tonmergels (e) matt. Trotz der verschiedenen Beschaffenheit der einzelnen Gebirgsglieder und dem Vorhandensein vorgebildeter Rutschflächen durchsetzten die neuen Gleitflächen an manchen Stellen (z. B. km 75,5 + 50, Ref. 3, Tafel XV a) das Schichtensystem unabhängig vom Verlauf der Formationsgrenzen und vom Verlauf der alten Gleitflächen.

Die Tatsache, daß die Lage der Gleitflächen sowohl von der Lage der Formationsgrenzen als auch von der Lage älterer Gleitflächen unabhängig sein kann, wurde auch in anderen Rutschgebieten festgestellt, so bei Zaruba, im Hultschiner Ländchen (Linie Annaberg—Dt. Krawarn). Der Einschnitt durchschneidet diluviale und miozäne Ablagerungen, wobei die Formationsgrenze durch einen Quellenhorizont gekennzeichnet ist. Der Ton ist von zahllosen Absonderungsflächen durchsetzt und die neuen Gleitflächen durchsetzen den Ton unabhängig von den bestehenden Fugen[4].

Es ist lehrreich, die Gleitflächenbrüche in zerklüftetem Ton mit jenen im homogenen Ton zu vergleichen. In den Abb. 248 bis 250 wurden einige der Rutschungen dargestellt, die von der schwedischen geotechnischen Kommission studiert und beschrieben worden sind. Die Rechnung zeigte, daß sich die

---

[1]) Der Einschnitt ist etwa 2,5 km lang und 24 m tief. Die Bahnstrecke hat südlich Rosengarten einen ostwestlichen Verlauf (etwa parallel zum Streichen der Schichten). Die Bewegungen sind zuerst an der südlichen Einschnittsböschung aufgetreten. Der erste, am Lärmstangenberg während des Baues niedergegangene Erdrutsch ereignete sich im Jahre 1911 (40000 m^3); der zweite 1913 am Fichtenberg (60000 m^3). Am 26. Mai 1914 brachen vom Lärmstangenberg in den beinahe fertigen, täglich von 100 Zügen durchfahrenen Einschnitt etwa 150000 m^3 Sand und Ton herunter. Im Lauf der letzten fünfzehn Jahre beliefen sich die Rutschmassen insgesamt auf etwa 1 Million m^3.

[2]) Auszugsweise in Pollack, V.: Über Rutschungen im Glazialen und die Notwendigkeit einer Klassifikation loser Massen. Jb. der Geol. Reichsanstalt, Bd. 67, H. 3 u. 4. Wien. 1917.

[3]) Nach V. Pollack treten solche „Quetschlinsen im Mostytunnel (Jablunkapaß) massenhaft bis zur Kleinheit von Gemüselinsen in den dortigen schwarzen Tertiär- oder Kreideschiefern auf“. Heim hat in seinem Säntiswerk die Entstehungsfrage unter Beigabe schematischer Skizzen behandelt.

[4]) Backofen, K.: l. c. S. 421, Fußnote 3.

Kohäsion dieser Tone trotz ihrer Weichheit im Mittel auf 2 bis 4 t pro 1 m^2 belaufen haben muß. Um so überraschender ist das Mißverhältnis zwischen der hohen Gewinnungsfestigkeit und der großen Neigung zu Gleitflächenbrüchen, das man in manchen deutschen und schweizerischen Tonablagerungen antrifft. Petrographisch sind wohl diese Tone mit den schwedischen ziemlich eng verwandt. Infolgedessen liegt es nahe, den Unterschied in der Stabilität in dem Umstand zu suchen, daß viele von den eben erwähnten mitteleuropäischen Tonen verübergehend eine ausgiebige Zerrüttung und Zerpressung erfahren haben. Es wurde bereits im Abschnitt IX A hervorgehoben, daß die Zerrüttung des Gefüges bei unverändertem Wassergehalt eine bedeutende Herabminderung der Kohäsion bewirken kann (Abb. 218). Obendrein mag auch die Zerrüttung Restspannungen im Ton hinterlassen, die beim Öffnen eines Einschnittes zur Auslösung kommen. Ein klares Bild von den wirksamen Ursachen wird man erst dann erhalten, wenn eine große Anzahl von Gleitflächenbrüchen sowohl statisch als auch bodenphysikalisch eingehend studiert worden ist.

Terzaghi hat in Houston, Texas, eine etwa 6 m dicke Lage völlig ungestörten steifen, rostbraunen, offenbar quartären Tones untersucht, die ebenfalls in allen Richtungen von glänzenden Harnischen durchsetzt war und ihrerseits auf einer spaltfreien, von Wurzelröhren durchsetzten Lage weißlichen Tones aufruhte. Handstücke des roten Tones zerbrachen in eckige, von spiegelnden Flächen begrenzte Fragmente von Haselnuß- bis Eigröße. In diesem Fall scheint kein Zweifel zu bestehen, daß die Harnische ihre Entstehung nicht etwa einer Druckwirkung, sondern einer anderen, bisher noch nicht aufgeklärten Ursache, z. B. den mit einer chemischen Umsetzung verbundenen Raumänderungen verdanken.

Bei den Gleitflächenbrüchen handelt es sich offenbar um reinen Bruch in einem Material mit gegebener, mehr oder weniger unveränderlicher Festigkeit. Infolgedessen muß sich das Gelände vor dem Eintreten der Rutschung nahe der Bruchgrenze befunden haben. Die Veranlassung der Gleitung ist in einer geringfügigen Verschiebung in dem Verhältnis zwischen den angreifenden Kräften und den vorhandenen Widerständen zu suchen. Die Verschiebung in den Kraftverhältnissen kann z. B. durch Gewichtserhöhung infolge Durchtränkung einer am Gehänge aufruhenden Schüttung erfolgen (Abb. 249). Die Verschiebung in den Widerstandsverhältnissen wird wohl zumeist durch örtliche Aufhebung der Kohäsion infolge der Bildung von Schrumpf- oder Zugrissen herbeigeführt (Verringerung der Länge der Strecke $I\,r$, Abb. 246). Obendrein erzeugt der hydrostatische Seitendruck des in den Rissen sich ansammelnden Wassers eine Vergrößerung der zum Abriß drängenden Kräfte. Unter diesen Verhältnissen kann man den Rutschungen nur durch eine auf die Ergebnisse einer konservativen, statischen Berechnung gestützte Abflachung der Böschung vorbeugen. Drainage ist als Vorbeugungsmittel gegen Gleitflächenbrüche im homogenen Ton wirkungslos, da der Ton auch in weichplastischem Zustand praktisch wasserundurchlässig ist.

Die bei Gleitflächenbrüchen recht oft beobachtete Aufwölbung der Sohle deutet lediglich an, daß die Gleitflächen in solchen Fällen nicht durch den Fuß der Böschung hindurchgehen, sondern sich mit der Sohle verschneiden. Aus statischen Gründen wäre eine Verschneidung der Gleitfläche mit der Einschnittsohle (aufsteigende Gleitfläche) dann zu erwarten, wenn das Material im Bereich B der Abb. 246 weicher wäre als im Bereich A. Da Tonablagerungen recht oft nach unten hin weicher werden, ist die Häufigkeit des Sohlenauftriebes begreiflich.

Das Zustandekommen der Sohlenaufwölbung ist aus Abb. 246 und 249 zu ersehen und lenkt unsere Aufmerksamkeit auf jene Gleitflächenbrüche, die durch Überlastung von Tonschichten mit wagrechter Oberfläche herbeigeführt werden. Von diesen Gleitflächenbrüchen führen Übergänge zu der reinen Verdrängung weichplastischer Massen, wie sie im Abschnitt „Moore" eingehender behandelt wird.

Verdrängung weichplastischer Massen. Der Unterschied zwischen dem reinen Gleitflächenbruch und der reinen Verdrängung besteht in den physikalischen Gesetzen, die den Vorgang beherrschen. Beim Gleitflächenbruch ist das Material so steif, daß es von den Gesetzen der Festigkeitslehre beherrscht wird. Nach diesen Gesetzen zieht die Überwindung der Kohäsion eine Herabminderung des Gleitwiderstandes nach sich. Bei der reinen Verdrängung erfolgt hingegen die Bewegung nach den Gesetzen der Hydrodynamik, nach welchen der Reibungswiderstand mit zunehmender Gleitgeschwindigkeit nicht ab-, sondern zunimmt. Infolgedessen kommt es in einer Flüssigkeit überhaupt nicht zur Gleitflächenbildung. Je mehr sich das bewegte Medium dem Zustand der Flüssigkeit nähert, desto zahlreicher scheinen die bei der Rutschung auftretenden Gleitflächen zu werden, bis endlich in sehr weichen Massen die Gleitflächenbildung gänzlich ausbleibt.

Bei den sogenannten „Rutschungen" von Rapperswyl in der Schweiz handelt es sich um eine 15 m dicke Schicht weichen Moränenschlamms, auf deren Oberfläche zunächst eine 2 m dicke Schicht von blauem, festem Moränenschlamm mit Findlingen, 1 m gelben, sandigen Lehms und schließlich 2,5 m Sand und Kies lagerten. Nach erfolgtem Durchschneiden der festen Oberschicht brachen die dem Einschnitt benachbarten Streifen der festen Decke auf 60 m Breite nieder und der weiche Moränenschlamm wurde im Einschnitt emporgepreßt (Abb. 253). In diesem Falle handelt es sich offenbar um eine plastische Formänderung (Verdrängung) ohne Gleitflächenbildung. Die Gleichgewichtsstörung wurde durch den Einbau eines konkaven Sohlengewölbes behoben[1]).

Bei den von Mac Donald als „Strukturbrüche" (Structural slides[2]) bezeichneten Abarten der Panamarutschungen (Culebra Cut) handelt es sich offenbar um plastische Fließerscheinungen, die durch Rißbildung und Erweichung des Materials eingeleitet werden.

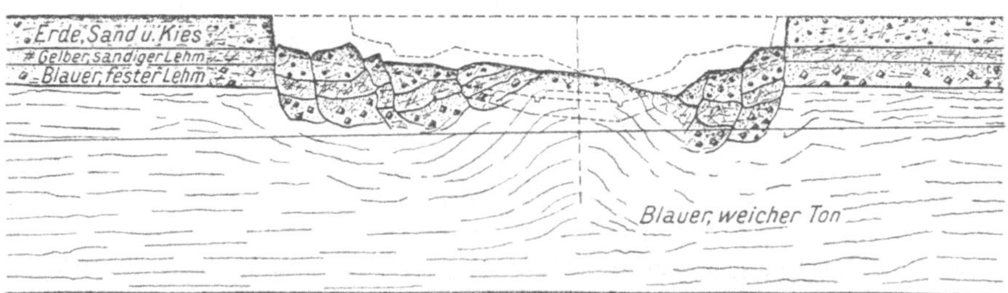

Abb. 253. Profil durch den Einschnitt von Rapperswyl in der Schweiz

Berstungsfließung. Terzaghi hat bei einer größeren Tonrutschung in Thrazien beobachtet, daß der Wassergehalt der Rutschmasse wesentlich größer war als der Wassergehalt des in der Ausrißnische anstehenden Tones. Er hat die Erscheinung dadurch zu erklären versucht, daß in diesem Falle große Wassermengen vor dem Niedergehen der Rutschung in Spaltensystemen aufgespeichert waren, und daß der Zusammenbruch des Gleichgewichtes durch

[1]) Die sogenannten Rutschungen in Rapperswyl. Schweizer Bauztg. 1894. II. S. 40. Dieser Quelle wurde auch Abb. 253 entnommen.

[2]) Mac Donald, D. F.: Excavation Deformations. Compte rendu XII. Congrès geologique internat. Canada. 1913. Ottawa. 1914.

—: Report of geologist (on the slides of the Panama Canal); Panama Canal Governor, Annual Report, 1916.

eine von den Spalten ausgehende und durch ungleiche Schwellung verursachte Zermürbung des Materials eingeleitet wurde. Im Sinne dieser Auffassung wäre die Rutschung solcher Tonmassen als Auflösungsniederbruch zu bezeichnen. Die Erklärung trifft keinesfalls für die Rutschungen von der Art des Gleitflächenbruches in Södertalje zu (Abb. 248), ließ sich jedoch bei der Analyse der thrazischen Rutschung nicht umgehen. Das vor der Rutschung in den Spalten sich bildende, beinahe flüssige Tonsediment diente während der Rutschung als Schmiermittel.

Rutschungen im Ton mit wasserführenden Sandeinlagen. Weniger leicht sind die Rutschungen zu verstehen, die aus einer Folge söhlig gelagerter oder schwach geneigter Ton- und Sandschichten bestehen.

Beschreibungen von vielen Rutschungen dieser Art finden sich in den Berichten über die ersten französischen Eisenbahnen, die zum Teil in tertiärem Hügelland angelegt und von vielen Bodenbewegungen heimgesucht wurden[1]). Es mag auch auf die Rutschungen verwiesen werden, die sich auf dem 20 m hohen Plateau ereigneten, welches zwischen Chlumec und Geiersberg, nahe bei Častolovic, beim Bau der österreichischen Nordwestbahn durch einen etwa 300 m langen und 6 m tiefen Einschnitt gequert wurde[2]). Das Plateau wird von einer 10 m mächtigen Schotter- und Sandschicht gebildet, die auf der leicht geneigten Oberfläche einer 5 m starken, mit Muscheln und vegetabilischen Resten durchsetzten Lettenschichte aufruht. Unterhalb des Lettens befand sich Kalk und längs der Formationsgrenze gegen den Schotter kamen beim Bau starke Quellen zum Vorschein. Beim Anschneiden des Geländes wurde die Schotterdecke „schwimmend", wobei auf der ganzen Lehne bis zum Plateaurand unzählige klaffende Risse entstanden. Beim Bau des Entwässerungsstollens mußte mit Getriebezimmerung gearbeitet werden. Außerdem ereigneten sich zwei Tageinbrüche.

Bei der statischen Untersuchung von Rutschungen dieser Art versagen bereits die der klassischen Erddrucktheorie entlehnten Begriffe. Es handelt sich hier offenbar um eine spontane Herabsetzung des im Sande herrschenden inneren Widerstandes (siehe das Kapitel „Reine Setzungsfließung", S. 431). Da das Zustandekommen dieser Widerstandsverminderung die Anwesenheit von Wasser erfordert, lassen sich derartige Gleichgewichtsstörungen durch gründliche Entwässerung der Sandschicht unschwer beheben. Die Entwässerungsanlage des oben erwähnten Einschnittes von Častolovic lieferte nach ihrer Fertigstellung 8,3 m³ Wasser pro Stunde, eine verhältnismäßig sehr kleine Wassermenge.

Noch viel unübersichtlicher gestaltet sich der Vorgang in jenen Fällen, in denen der Ton von unregelmäßigen Adern und Nestern wasserführenden Sandes durchsetzt ist.

In besonders typischer Ausbildung wurden solche Verhältnisse beim Bau der ungarischen Ostbahn, zwischen Schäßburg und Kronstadt, sowie bei Kaibach, im Millionenloch, beim Bau der Allgäu-Eisenbahnstrecke Kislegg—Wangen, angetroffen.

An der Linie Schäßburg—Kronstadt bestand das Gelände aus steilen, aus grauen, zerklüfteten tertiären Mergeln zusammengesetzten Bergnasen, die voneinander durch Mulden getrennt waren, welche offenbar die Ausrißnischen alter Rutschungen darstellten[3]). Der Untergrund der Mulden bestand aus gelbem Lehm. „Trotzdem der gelbe Lehm wasserundurchlässig ist, finden sich bei der Aufschließung nur selten bedeutendere trockene Stellen darin, teils fühlt sich der Lehm weich und plastisch an, teils enthält er das Wasser in feinen Tropfen, in ausgebildeten Wasseradern,

[1]) Lallour, E.: Travaux de consolidation dans les Pyrénées. Annales de Génie Civil, IV, p. 217—224. 1865.
Aufsätze von Bruère und De Sazilly über die Linien Paris—Lyon und Paris—Cherbourg in Annales des Ponts et des Chaussées. Paris. 1875.
[2]) Tiefenbacher, L. E.: Die Rutschungen, S. 205 bis 214. Wien. 1880.
[3]) Gerstel, G.: Über Entwässerungsanlagen im Lehmgebiet. Allgemeine Bauzeitung, 1874.

Wassersäcken oder in permanent oder längere Zeit fließenden Quellen.“ Das Wasser gelangte nach Gerstel durch 2 bis 3 m tiefe Schrumpf- oder Trocknungsrisse in den Lehm. Sowohl der wasserführende Lehm der Senken als auch der ihm entsprechende geklüftete Mergel der Bergsporne ruhte auf massivem, blauem Tegel. An anderer Stelle wurde das Material folgendermaßen beschrieben: „Oft findet sich als Zwischenstufe (zwischen dem stark kalkhaltigen, sonst aber reinen gelben, 2 bis 14 m mächtigen Lehm und dem massiven Tegel) oder aber unter völliger Verdrängung des Lehmes ein stark zerklüfteter, daher zum Teil wasserdurchlässiger, an der Luft rasch zerfallender grauer, mergeliger Ton, der selten eine scharfe Scheidung gegen den massigen Tegel besitzt, sondern häufig in denselben übergeht.“ Das zerklüftete Material scheint das Ergebnis älterer, auf natürlichem Weg entstandener Rutschungen darzustellen. Die beim Bau aufgetretenen Rutschungen griffen niemals in den massiven Tegel hinein, so daß man bei den Vorerhebungen zunächst immer die Lage der Oberfläche des festen, unzerklüfteten Tegels festzustellen trachtete. Auch standen die bei den Rutschungen auftretenden Gleitflächen weder zur Bodenoberfläche noch zur Formationsgrenze gegen den Tegel in einem erkennbaren Zusammenhang.

Als der 3,4 m tiefe Einschnitt bei km 28 + 450 ausgehoben wurde, setzte sich die ganze flachgeneigte Berglehne in Bewegung. Die Probebohrungen zeigten, daß sich unterhalb einer 2 m dicken Schicht trockenen Lehms ein blauer, ausnehmend stark mit Sand und Wasser vermengter, oft breiartig aufgeweichter Mergel befand, in dem der Schaufelbohrer nichts zutage förderte, wohl aber zuweilen auf feste Knollen und Steine stieß. Zwischen einer Tiefe von 8 und 20 bis 24 m enthielt der Lehm weniger Sand und infolgedessen weniger Wasser. Um die Rutschung zu stabilisieren, wurde eine aus Schächten und Stollen bestehende Entwässerungsanlage hergestellt, wobei die Sohle der Stollen 50 bis 75 cm unter die Oberfläche des festen Tones verlegt wurde. Drei Wochen nach Fertigstellung der Drainage war das vorher beinahe flüssige Material vollständig stabilisiert und an manchen Stellen sogar steinhart.

Im Millionenloch von Kislegg—Wangen erfolgten die Rutschungen im Grenzgebiet zwischen alten, gründlich verwitterten und jungen (frischen) Moränen. Der Einschnitt war etwa 3 km lang und 30 m tief. Die ältere Moräne enthielt zerdrückte und zerrissene Fragmente von tertiärem Sand, Schotter und Tonschichten, die durch den Eisdruck in ihre unnatürliche Lage gebracht worden sind[1]). Das Wasser schoß aus zahlreichen Öffnungen in den Einschnitt und das ausgehobene Material floß gletscherartig ab.

Auch in den Berichten über die Rutschungen an der Linie Treysa—Malsfeld und an der Linie Hadamar—Westerburg wurde die Anwesenheit von Sandnestern und Adern hervorgehoben. Im ersten Fall (Leimsfelder Einschnitt) bestand der obere Teil des rutschenden Geländes aus einem Gemisch von tertiärem Lehm und Ton und wasserführenden Sandadern und Nestern. Darunter lag schwarzer Ton[2]). Im zweiten Fall erwiesen sich beim Aushub der Entwässerungskanäle die von sandigen Adern durchzogenen Tonpartien als ganz besonders beweglich und druckhaft[3]).

Die eben aufgezählten und ähnliche Fälle der Rutschungen im sanddurchsetzten Ton sind dadurch gekennzeichnet, daß sich die Störungen ähnlich wie in sehr zähen Flüssigkeiten vom Einschnitt ausgehend nach beiden Seiten fortpflanzen. Bei einer zähen Flüssigkeit und beim zähflüssigen Ton handelt es sich jedoch um Stoffe, deren Festigkeitseigenschaften vor und nach erfolgtem Eintritt der Bewegung ungefähr dieselben sind. Bei den Rutschungen im sanddurchsetzten Ton scheint hingegen die Bewegung durch eine ausgiebige Kohäsionsverminderung eingeleitet zu werden. Eine der Hauptursachen der gesteigerten

---

[1]) Fraas, O.: Briefliche Mitteilung „Glaziales“, Stuttgart, 2. Dez. 1879. Neues Jahrbuch für Mineralogie, Geologie und Paläontologie, Jahrg. 1880, I. Bd., S. 268 bis 273.

[2]) Die Rutschungen auf der Teilstrecke Treysa—Malsfeld (Nordhausen—Wetzlar) im Zuge der Berlin-Coblenzer Eisenbahn. Zeitschr. für Bauwesen, S. 209. 1885. Leimsfelder Einschnitt 9 m tief. Im Herbst 1876 begonnen, infolge großer Rutschungen vorübergehend bis Juni 1877 eingestellt.

[3]) Bräuler: Sicherung eines Eisenbahndammes durch Entwässerungsstollen. Zentralblatt der Bauverw., 1890, S. 60. Linie Hadamar—Westerburg—Altenkirchen der Westerwaldbahn, 1884 bis 1886.

Beweglichkeit besteht im Schwimmendwerden des Sandes (siehe „reine Setzungsfließung"). Hiezu gesellen sich noch folgende Umstände:

1. Durch die beim Aushub des Einschnittes stattfindende Absenkung des Grundwasserspiegels vergrößern sich die zum Absturz drängenden Kräfte, während die Scherfestigkeit des Tones infolge geringer Durchlässigkeit keine entsprechende Erhöhung erfährt.

2. Infolge der zusammengesetzten Beschaffenheit des Materials ist auch die Konsistenz des Tones in verschiedenen Punkten der Bodenschichten zweifellos verschieden, indem an Stellen größten örtlichen Druckes auch die steifste Konsistenzform zu gewärtigen ist. Sobald in der Masse infolge örtlichen Anschneidens eine Änderung der Druckverteilung eintritt, verlegen sich die Stellen größter Beanspruchung an Stellen geringeren Widerstandes und die Masse wird beweglich. Schließlich wäre noch zu erwähnen, daß die Kontaktflächen von Sand und Ton Flächen geringsten Widerstandes darstellen, weil dort die Hohlräume des Sandes mit weichem, unter sehr geringem Druck stehendem Tonmaterial ausgefüllt sind, das im Falle einer Bewegung als Schmiermittel wirkt (siehe S. 419).

Die Rutschungen in den aus Sand und Ton zusammengesetzten Bodenmassen lassen sich wohl nur durch ausgiebige Entwässerung, durch Sickerschlitze und Stollen bekämpfen, wie dies an der Linie Schäßburg—Kronstadt und an vielen anderen Stellen erfolgreich geschah. Durch Entwässerung der Sandadern wird zunächst dem Ton Gelegenheit gegeben, einen Teil des überschüssigen Wassers abzugeben. Die wichtigste Wirkung besteht jedoch in der Stabilisierung des Sandes, denn im entwässerten Zustand weist der Sand eine hohe Ziffer der inneren Reibung auf und seine Gegenwart wirkt auf das Bodengerüste versteifend.

Nachdem man an der Linie Schäßburg—Kronstadt bereits einige Erfahrungen gesammelt hatte, wurden die Entwässerungsarbeiten schon vor Inangriffnahme der Einschnitte durchgeführt und der Erfolg war durchaus zufriedenstellend. Die Aushebung des Einschnittes in km 28 + 450 begann erst drei Wochen nach beendigtem Einbau der Entwässerungsstränge. „Das vordem breiige Material war in überraschender Weise, wenn auch noch etwas feucht, doch schon vollkommen konsistent und erhärtet binnen wenigen weiteren Wochen auch an tiefer gelegenen nachgegrabenen Stellen gänzlich wie zu Stein."

Rutschungen im lehmigen Bergschutt (Schuttrutschungen). Zu den auffallendsten und zugleich zu den häufigsten Erscheinungen, mit denen der Ingenieur im Erdbau zu tun hat, zählen wohl die Rutschungen, die in porösem, hauptsächlich aus Gesteinsschutt zusammengesetztem Gehängeschutt (Verwitterungsboden) auftreten. Diese Rutschungen ereignen sich beinahe in allen Ländern (ausgenommen jenen der ariden Zone) bei Einschnitten sowie an unberührten Gehängen, treten jedoch in manchen Gegenden geradezu massenhaft auf. Zu diesen Gegenden gehören in den Vereinigten Staaten das östliche Ohio, westliche West-Virginia, nördliche Pennsylvania und in Europa die Schweiz. Nach A. Heim ereigneten sich im Jahre 1846 im Abschnitt Utznach—Weesen nicht weniger als 30 bis 40 Rutschungen dieser Art[1]).

Schneidet man so eine Schuttmasse an, so hat man anfangs den Eindruck, daß auch eine unter 60 oder 70° geneigte Böschung stabil sein müsse. Nichtsdestoweniger setzen sich solche Massen im Frühjahr oder nach anhaltenden Regengüssen in Bewegung und fließen sogar bei einer Gehängeneigung von 10° und weniger ab. Die Topographie der Berghänge jener Gegenden, deren

[1]) Heim, A.: Über Bergstürze. Zürich. 1882.

Schuttmassen zu Rutschungen neigen, weisen nicht selten eine wellige Form auf (Rutschtopographie) und auch die Kammformen scheinen zuweilen durch die Verschneidung rutschender Gehänge zustande gekommen zu sein.

In dem oben erwähnten Teil der Vereinigten Staaten besteht das Gestein aus einer sehr schwach gefalteten, fast gar nicht verworfenen Folge von Mergelschichten, Kalken und Sandsteinen der Steinkohlenformation (Monogahela und Conemaugh Series), deren Oberfläche mit einer 2 bis 4 m dicken Schicht von ortständigem oder abgekrochenem, mit Feingrus und Verwitterungslehm vermengtem Bergschutt

Abb. 254. Rutschung im lehmigen Bergschutt. (Aufnahme des Bureau of Public Roads, Washington, D. C.)

bedeckt ist[1]). Abb. 254 gibt ein Bild von der geringen Neigung der Gelände, an denen solche Rutschungen auftreten können, und Abb. 255 stellt einen Längeneinschnitt durch eine doppelte Rutschung dar, die sich an einem solchen Gehänge ohne äußere Veranlassung ereignet hat. Auch die aus dem Bergschutt durch bloße Aufschüttung hergestellten Aufträge haben die Neigung, sich in Bewegung zu setzen. Nachdem

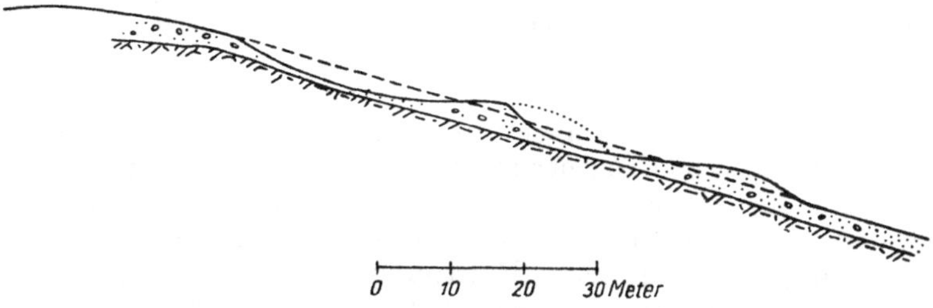

Abb. 255. Doppelte Rutschung im lehmigen Bergschutt

die Betonstraße, Abb. 256, infolge Ausfließens der Unterlage in eine Brücke verwandelt worden ist, hat man den Versuch unternommen, sie durch Eisenbetonpfeiler abzustützen. Aber auch die Fundamente der Pfeiler wichen aus, wie aus dem Bild zu ersehen ist.

Eine große Zahl instruktiver Schuttrutschungen wurde durch A. Heim beschrieben. Bei der Schuttrutschung am Abhang des Rigi, bei Wäggis, bildeten sich die ersten Sprünge im Frühjahr 1795. Am 15. Juli desselben Jahres setzte sich ein etwa 1 km breiter Streifen des Abhanges mit gewaltigem Lärm in Bewegung und floß 14 Tage lang seewärts[2]). Auch die Schuttrutschungen, mit denen sich V. Pollack

[1]) Ladd, G. E.: Landslides and their relations to highways. Public Roads. 1927.
[2]) Heim, A.: Über Bergstürze. Zürich. 1882.

beim Bau und bei der Erhaltung der Arlbergbahn auseinanderzusetzen hatte, liefern lehrreiche Beispiele[1]).

Vergleicht man die in verschiedenen Gegenden gesammelten Erfahrungen miteinander, so erkennt man, daß sich die meisten dieser Rutschungen in leicht verwitterbarem Schiefergebirge ereignen, während die bei der Verwitterung in druckfeste, kantige Fragmente zerfallenden Gesteine wenig oder keine Neigung zu solchen Bewegungen aufweisen. Tabelle 46 gibt eine Übersicht über einige Schuttrutschungen und die von ihnen betroffenen Gesteine. Eine Zwischenstellung zwischen den aus ortständigem Bergschutt und den aus sanddurchsetzten sedimentären Tonmassen bestehenden Rutschgeländen nehmen gewisse wasserführende und von Steinen durchsetzte Moränenablagerungen ein.

Abb. 256. Abfließen des lehmigen Bergschuttes unter einer Betonstraße. (Aufnahmen des Bureau of Public Roads, Washington, D. C.)

Tabelle 46. Schuttrutschungen

Örtlichkeit	Gestein	Art der Rutschung
Arlberg[1])	Glimmerschiefer	Schutt mit Nestern und Lagen von nassen, wasserundurchlässigen Verwitterungsprodukten. Zahlreiche größere und kleinere Rutschungen. Entwässerung wirksam, falls die Sickerschlitze nicht verschlämmt werden
Brenner[2])	Chloritschiefer und Tonschiefer bis zu großer Tiefe verwittert	Zahlreiche Gehängerutschungen, unsymmetrischer Druck auf den Mühltaler Tunnel

[1]) Pollack, V.: Über Projektierung und Bau der schwierigeren Strecken der Arlbergbahn. Allgemeine Bauzeitung, S. 45, 53. 1886.

[2]) Geschichte der Eisenbahnen Österreichs.

Örtlichkeit	Gestein	Art der Rutschung
Salzburg—Tiroler Bahn[1])	Ton-, Chlorit- und Talkschiefer	Das Material wurde nach der Schneeschmelze „schwimmend“. Entwässerung erfolgreich
Chur—Arosa[2])	Stark gestörter und verwitterter Bündnerschiefer mit Tonnestern	Vorpressen von Stützmauern. Entwässerung nicht überall erfolgreich. Umgehung schwer zu stabilisierender Stellen durch Galerien und Brücken. Ein sechs Monate alter Schuttkegel, äußerlich trocken, im Innern mit Wasser gesättigt, setzte sich plötzlich in Bewegung
Kahlenberg bei Wien[3])	Verwitterter Schieferton und -mergel	Zerklüftet, quellenreich. Rutschung 100 m breit, 10 bis 12 m tief, nach Schneeschmelze. Einem Murgang vergleichbar. Aus Rutschmasse tritt mächtige Quelle
Venezuela[4])	Verwitterter Gneis und Tonschiefer	Zahlreiche Schuttrutschungen (derrumbes)
Ohio, West-Virginia[5])	Dünnplattige Mergel und Tonschiefer	Zahlreiche Schuttrutschungen an sanft geneigten Gehängen. Entwässerung zumeist erfolgreich

Daß die bloße Anwesenheit tiefgründig verwitterter Schiefer für sich noch nicht ausreicht, um ein Gelände beweglich zu machen, geht aus zahlreichen Beobachtungen hervor.

Beim Bau der Linie Ilanz—Disentis (Verrukano, Hornblendegneis, Hornblendeschiefer und Glimmerschiefer) ergaben sich bei der Herstellung der Einschnitte keine nennenswerten, durch Beweglichkeit des Schieferschuttes verursachten Schwierigkeiten[6]).

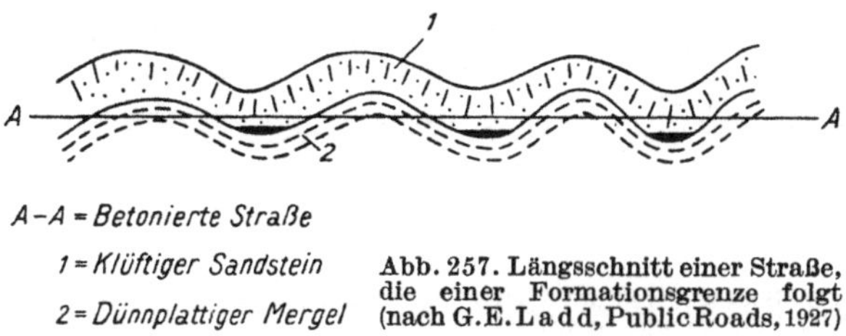

Abb. 257. Längsschnitt einer Straße, die einer Formationsgrenze folgt (nach G. E. Ladd, Public Roads, 1927)

Terzaghi hat gefunden, daß viele Gehänge im mittleren Pennsylvanien keine Spuren von Rutschungen aufweisen, trotzdem der dort anstehende Mergel den Mergeln der rutschgefährlichen Teile von Ohio und Westvirginia vollkommen ähnelt. Bei den Stabilisierungsarbeiten in den letzterwähnten Gebieten wurde festgestellt, daß sich die Rutschungen mit Vorliebe an jenen Punkten ereignen, wo Wasseradern aus dem Berginneren in die Schuttmassen treten, ohne an die Oberfläche zu kommen. Abb. 257 zeigt den Längsschnitt durch eine Straße, die ungefähr der Formationsgrenze zwischen zerklüftetem Sandstein und wasserdurchlässigem Mergel folgte. Die Rutschungen in der Seitenanschüttung traten nur dort auf, wo die Formationsgrenze unterhalb der Sohle des bergseitigen Straßengrabens verlief.

Diese Tatsachen liefern den Schlüssel zum Verständnis der Erscheinungen. Die einzelnen Gesteinsfragmente berühren einander nur nach Punkten oder

[1]) **Wagner**, C. S.: Absitzungen und Rutschungen an Schutthalden von Gesteinen älterer Formationen. Allgemeine Bauzeitung, S. 21. 1881.
[2]) Vom Bau der Eisenbahn Chur—Arosa. Deutsche Bauzeitung, 1915.
[3]) **Wolf**, H.: Die Rutschung am Kahlenberggehänge längs der Donau. Wochenschrift für öff. Baudienst, S. 149. 1876.
[4]) Brückenunfall in Venezuela. Zentralblatt der Bauverw., S. 320. 1899.
[5]) **Ladd**, G. E.: Landslides and their relations to highways. Public Roads, 1927 sowie Beobachtungen **Terzaghis**.
[6]) Die neue Linie der rhätischen Bahn Ilanz—Disentis und Bevers—Schulz. Schweizer. Bauzeitung, 59. Bd. 1912.

sehr kleinen Flächen. Der übrige Teil der Oberflächen ist mit einer Lehm- oder Tonschicht überzogen. Falls mit fortschreitender Verwitterung der Gesteinsfragmente hier oder dort ein Stück bricht, wirkt die an den neuen Berührungsflächen vorhandene nasse Lehmschicht als Schmierungsmittel. Falls obendrein die Hohlräume der Masse mit Wasser ausgefüllt sind, kommt auch das Wasser unter Druck und verringert noch weiterhin den Widerstand der inneren Reibung. Der beim Zusammenbruch von Gesteinsstücken entstehende Stoß führt das Zerbrechen anderer mürber Fragmente herbei, und der Schutt verwandelt sich in einen mit nassem weichem Lehm und mit Druckwasser geschmierten Brei. Der Vorgang kann demnach als eine durch die Brüchigkeit und die Kleinklüftigkeit der Schuttbestandteile herbeigeführte Berstungsfließung bezeichnet werden und tritt aus diesem Grund mit Vorliebe in Schiefer- und Mergelgebieten auf. Als wesentliche Faktoren sind die Anwesenheit des Wassers und die Beschaffenheit der Gesteinsfragmente zu betrachten. Verläßliche Anhaltspunkte zur Vorhersage der Schuttrutschungen wären nur durch ein vergleichendes Studium der Festigkeitseigenschaften und der Verwitterungsgeschwindigkeit der Fragmente rutschender und nichtrutschender Bergschutte zu gewinnen. In vielen Fällen läßt sich übrigens die Rutschsüchtigkeit der Lehnen schon aus der Topographie des Geländes ablesen.

Bei der Bekämpfung der Schuttrutschungen handelt es sich in erster Linie um die Abfassung und Ableitung der Wasseradern. Die nächste Maßregel besteht in der Abstützung des Fußes der Rutschmassen durch Widerlager. Schon Pollack hat hervorgehoben, daß Bergschuttrutschungen (wohl nach erfolgter Entwässerung) durch verhältnismäßig schwache Mauern zum Stehen gebracht werden können[1]). Ähnliche Erfahrungen wurden in den Vereinigten Staaten gemacht, nur mit dem Unterschied, daß man dort sehr oft, anstatt Mauern zu errichten, Pfähle oder Stahlrohre in größeren Abständen voneinander durch den Schutt in den verwitterten Felsen treibt. Die Stahlrohre werden nach erfolgtem Eintreiben und Ausbohren mit Beton ausgefüllt. Falls die erste Pfahlreihe ihrem Zweck nicht entspricht, treibt man in die Zwischenräume weitere Pfähle ein[2]). Abb. 258 zeigt die Anwendung dieser Maßregel zur Abstützung einer abrutschenden Seitenschüttung. Die erste (im Hintergrund sichtbare) Pfahlreihe war nicht widerstandsfähig genug und wurde durch den Druck der bewegten Massen talwärts gepreßt.

Reine Setzungsfließung. Die Auflösungs- und die Gleitflächenbrüche sind als reine Brucherscheinungen aufzufassen, die dem Bruch fester Körper vergleichbar sind. In den Rutschungen im klüftigen, von wasserführenden Sandadern durchsetzten Ton und in den Schuttrutschungen haben wir Bewegungen kennengelernt, die durch mehr oder weniger spontane Herabsetzung des inneren Widerstandes eingeleitet werden. Am reinsten tritt diese vorbereitende Widerstandsverminderung bei der reinen Setzungsfließung auf. Die reine Setzungsfließung ist dadurch gekennzeichnet, daß sich ein kohäsionsloses Material mit eindeutig bestimmtem natürlichen Böschungswinkel plötzlich in Bewegung setzt und sich hiebei ebenso verhält, als ob die Ziffer der inneren Reibung unvermittelt von ihrem normalen Wert auf einen kleinen Bruchteil desselben herabgesunken wäre.

Um das Wesen dieser merkwürdigen Erscheinung richtig zu erfassen, muß man sich zunächst vergegenwärtigen, wie das Gleichgewicht derbkörniger Massen,

[1]) Pollack, V.: Über Bewegungen des anstehenden Bodens bei Erd- und Felsarbeiten. Zentralblatt der Bauverw., 47. Jg., H. 37 u. 38.

[2]) Protecting West Virginia Highways from sliding hill damage. Eng. News-Record, Vol. 94, p. 30, 1925.

z. B. der Sande, zustande kommt. Jedes Korn ist gegen seine Nachbarn abgestützt. Es befindet sich in einem „Kornverband“ und hat infolgedessen sehr beschränkte Bewegungsmöglichkeiten. Infolge dieser beschränkten Bewegungsmöglichkeiten können die Körner nur dann aus einem gegebenen Kornverband durch Umgruppierung in einen neuen übergehen (Fließen des Sandes), wenn sich das Gefüge vorübergehend ausgiebig auflockert. Diese Tatsache wurde bereits 1885 von Osborne Reynolds festgestellt[1]). Dieser Forscher beobachtete, daß man die Form eines mit trockenem Sand gefüllten Kautschuksäckchens ohne nennenswerten Kraftaufwand ändern kann. Wenn man jedoch das Säckchen versiegelt, nachdem man vorher die in den Poren des Sandes enthaltene Luft zur Gänze durch Wasser verdrängt hat, ohne die Dichte der Lagerung des Sandes zu ändern, so fühlt sich das Säckchen so hart an, wie ein Stein. Es ändert seine Gestalt nicht einmal unter einer Belastung von mehreren hundert Pfunden, nachdem das Wasser in Verbindung mit der Gummihaut die zur Gefügeänderung erforderliche vorübergehende Vergrößerung des Porenvolumens verhindert.

Abb. 258. Bekämpfung der Schuttrutschungen durch Eintreiben von Pfählen oder Stahlröhren (Aufnahme des Bureau of Public Roads, Washington D. C.)

Nehmen wir nun an, daß die Gefügeänderung eines feinkörnigen Sandes durch Ausfließen, z. B. durch das Freigeben einer Öffnung in einer Stollenzimmerung ausgelöst worden sei. Falls der Sand trocken war, kommt das Material im Stollen zur Ruhe, sobald die Böschung einen Wert von etwa 32° angenommen hat. Das Aufhören der Bewegung ist mit einer Abnahme des Porenvolumens verbunden, das heißt das Material „setzt“ sich. Falls jedoch das gleiche Ereignis bei reichlichem Wassernachfluß aus dem Berginnern stattfindet, fließt das Material auf der Stollensohle, bis seine Böschung nur mehr 10° oder weniger beträgt. In diesem Falle wird nämlich die zur Stabilisierung erforderliche Verringerung des Porenvolumens durch die Anwesenheit des Wassers verhindert, und das Material bleibt so lange flüssig, bis die Böschung auf den Wert des Winkels der inneren Reibung des Breies herabgesunken ist.

[1]) Phil. Magazine, Vol. 20, S. 469, 1885.

Ein natürlicher Vorgang großen Maßstabes dieser Art ist unter dem Namen „Mure“ bekannt. Nach heftigen Regengüssen oder zur Zeit der Schneeschmelze setzt sich im Einzugsgebiet eines Gebirgsbaches eine Schutthalde in Bewegung und wälzt sich „als zähflüssige Masse, aus Wasser, Erde, Sand, Schotter, Blöcken und Holz in buntem Durcheinander bestehend, einem Lavastrom gleich, zu Tal“. „Typisch für herannahende Muren ist bloß das teilweise oder gänzliche Versiegen des Wassers im Gerinne; tritt nämlich unter sonst die Murenbildung begünstigenden Umständen (und bei Vorhandensein von vorgenannten mehrdeutigen Anzeichen) eine deutlich wahrnehmbare Verminderung der Wasserführung ein, dann läßt das Erscheinen einer Mur mit unfehlbarer Sicherheit nicht mehr lange auf sich warten“[1]). Diese Beobachtungsergebnisse in Verbindung mit dem Vorgegangenen klären uns über das Wesen der Erscheinung auf. Der erste Teil des Vorganges besteht in einer Vergrößerung des Porenvolumens bis zu einem Wert, bei dem die Körner vollkommen beweglich werden. Bei Stinys Feilenbrüchen erfolgt die Vergrößerung des Porenvolumens dadurch, daß ein Hochwasser im Bett eines Wildbaches den Sand und den Kies zwischen den Felsblöcken hervorspült und die Blöcke notdürftig gegeneinander abgestützt stehen läßt. Bei den Uferbrüchen wird der Fuß des aus einem Haufwerk von Schutt und Felsblöcken bestehenden Uferhanges unterspült; die Masse gerät in Bewegung und bricht in die Erosionsrinne ein. Falls die Hohlräume der Masse leer wären, würde sich die Masse bei gleichzeitiger Herabminderung des Porenvolumens „setzen“, sobald ihr Böschungswinkel dem Wert des natürlichen Böschungswinkels gleichkommt. Wenn jedoch während des einleitenden Auflockerungsvorganges Wasser in die sich erweiternden Poren hineingepreßt wird, so verzögert sich die Setzung und die Bewegung geht in eine „Setzungsfließung“ über, während welcher sich das Material wie ein Brei mit sehr geringer innerer Reibung verhält.

Ein zweiter am Zustandekommen mancher Setzungsfließungen beteiligter Vorgang besteht in den spontanen Umlagerungen, die von Zeit zu Zeit in locker gelagerten Sandmassen durch geringfügige äußere Ursachen ausgelöst werden. So hat man in Holland an Bauwerken, die auf künstlichen Sandschüttungen errichtet wurden, plötzliche Setzungen im Ausmaße von 17 bis 216 mm beobachtet[2]). Sie wurden angeblich durch das Ansteigen des Grundwasserspiegels über das Niveau der Schüttungsbasis ausgelöst und sollen sich in rundkörnigem Sand häufiger ereignen als in scharfkörnigem. In kleinem Maßstab äußert sich die Neigung des locker gelagerten Sandes zu spontanen Umlagerungen bei Laboratoriumsversuchen in mehr oder weniger ruckweisem Verlauf der Zusammendrückung des Materials unter konstantem Druck[3]). Die spontane Setzung deutet an, daß sich ein Teil der Masse in labilem Zustand befunden hat, und daß die Stabilisierung mit einer Verringerung des Porenvolumens verbunden ist. Falls nun die Poren des Materials mit Wasser gefüllt sind, verzögert sich der Übergang in den stabilen Zustand und das in Setzung befindliche Material wird vorübergehend flüssig.

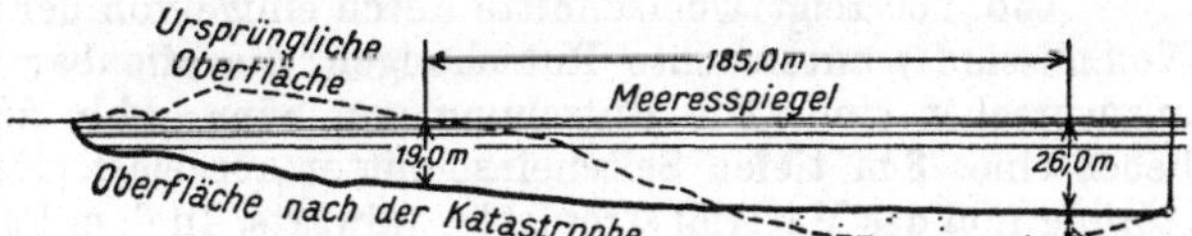

Abb. 259. Setzungsfließung-Sandfall am Noord-Beveland Polder, Holland (nach Müller)

[1]) Stiny, J.: Die Muren. Innsbruck. 1910.

[2]) Über den Einfluß des Grundwasserstandes auf die Tragfähigkeit von Sandbettungen. Zeitschr. d. Österr. Ing.- u. Arch.-Vereines, S. 445. 1903.

[3]) Terzaghi: Erdbaumechanik. Abschnitt 15d und Abb. 19a, S. 103.

Ein typisches Beispiel einer reinen Setzungsfließung ist in Abb. 259 dargestellt (Sandfall am Noord-Beveland Polder). Das Gelände besteht in der gefährdeten Zone (Küste von Zeeland, Holland) aus einer Schicht diluvialen Sandes, deren Dicke von 20 m im Süden auf 40 m im Norden zunimmt. Die Sandkörner sind farblos, abgerundet und haben einen Durchmesser von 0,25 bis 0,75 mm. Die geologischen Untersuchungen haben gezeigt, daß der Sand ursprünglich in einem weiter südlich gelegenen Seebecken abgesetzt wurde[1]). Im Laufe des Diluviums stieg der Spiegel des Seebeckens bis an die Wasserscheide empor, durchschnitt dieselbe, und das durch die Erosionsrinne abströmende Wasser spülte den Sand in das Meer. Im geologischen Bericht wird hervorgehoben, daß sich das Ereignis mit katastrophaler Geschwindigkeit vollzogen habe, denn die Fossilien sind zerquetscht oder zerbrochen. Die Sandfälle werden durch ein dumpfes, donnerartiges Geräusch eingeleitet. Sodann schießt der Sand mit großer Geschwindigkeit in nahezu wagrechter Richtung seewärts. Die gewaltigste Katastrophe dieser Art ereignete sich 1874 unweit Borssele, wobei 1600000 m³ Sand in Bewegung kamen. In den Berichten wird erwähnt, daß sich die Sandfälle stets bei Ebbe und zumeist nach besonders hoher Flut ereignen.

Eine ähnliche Erscheinung hat sich nach J. D. Justin an einer künstlichen Sandschüttung in den Vereinigten Staaten gezeigt (ohne Ortsangabe)[2]). Das im Bereich eines künftigen Staubeckens gelegene Eisenbeton-Widerlager einer Eisenbahnbrücke wurde vor der ersten Füllung des Beckens bis zu einer Höhe von 18 m über der Bodenfläche mit grobem Sand hinterfüllt, wobei die Böschung die äußerst flache Neigung von 1:4 erhielt. Der Untergrund bestand aus feinem, festgelagertem Sand. Als die Füllung des Beckens mit Wasser bis zu einer Höhe von 6 m unter Höchstwasserspiegel gediehen war, floß die grobe Sandhinterfüllung plötzlich aus und die auf etwa 20000 m³ sich belaufende Sandmasse schoß mehr als 100 m weit in das Staubecken hinaus.

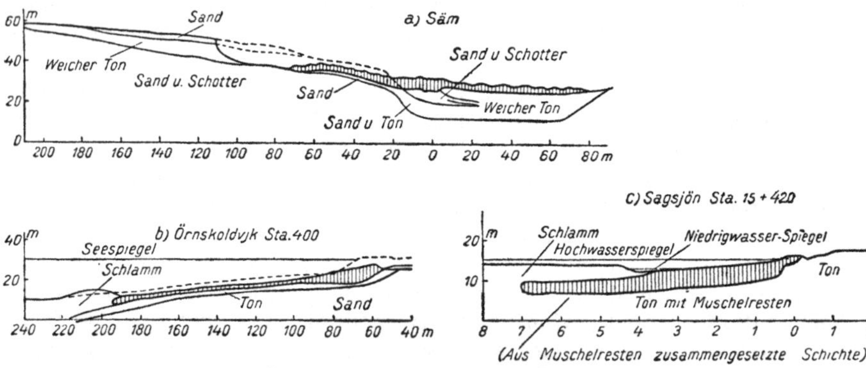

Abb. 260. Rutschungen durch Setzungsfließung in Schweden

Abb. 260 zeigt Querschnitte durch einige von der schwedischen geotechnischen Kommission[3]) untersuchte Rutschungen, die offenbar auch als Setzungsfließungen anzusprechen sind. Die Rutschung von Säm, Abb. 260a, wurde durch das Ausheben eines 3 m tiefen Seiteneinschnittes ausgelöst. Nach erfolgter Gleichgewichtsstörung floß das Material stromartig talwärts. In dem Fall Abb. 260b handelte es sich um einen aus Schotter bestehenden Damm, der in einer 4 m tiefen, gebaggerten Rinne bis zu einer Höhe von 5 m über die ursprüngliche Bodenoberfläche geschüttet wurde. Die Böschungen hatten eine Neigung von 1:1,5. Infolge Nachgebens der wasserseitigen Böschung des gebaggerten Grabens erfuhr der Schotter eine spontane Setzung (Kornumlagerung) und das im Zustande vorübergehender „Verflüssigung" befindliche Material schoß auf dem etwa 1:10 geneigten Seeboden 100 m weit nach außen,

---

[1]) Müller, Fr.: Das Wasserwesen der Provinz Zeeland. Berlin. 1898.
[2]) Justin, J. D.: The Design of Earth Dams. Transact. Am. Soc. of Civ. Eng., Vol. 87, S. 44. 1924.
[3]) Die Daten für Abb. 260 stammen aus dem Schlußbericht der schwedischen geotechnischen Kommission, 1914 bis 1922.

wobei es die den Seeboden bedeckende, 1 m dicke Schlammschichte vor sich herschob und zu einem die Zunge der Rutschung umgebenden Wall aufstaute.

In Sagsjoen (Abb. 260c) floß das Dammschüttungsmaterial nahezu wagrecht in Form einer 70 m langen, 4 m dicken Zunge aus, wobei es der Grenzfläche zwischen dem ziemlich steifen Ton und dem darüberliegenden Schlamm folgte und den Schlamm um etwa 40 m nach außen drängte. Die ausgeflossene Dammstrecke hatte eine Länge von etwa 200 m. Auch hier ist die Ursache offenbar in einer spontanen Setzung des geschütteten Dammes zu suchen.

Nachdem die reine Setzungsfließung nur als Folgeerscheinung einer örtlichen Kornumlagerung stattfinden kann, dürfte auch die Neigung einer Sandmasse zur Setzungsfließung unter sonst gleichen Umständen mit zunehmender Dichte der Lagerung rasch abnehmen. Außerdem scheint die Setzungsfließung durch runde Kornform und durch große Gleichförmigkeit (Ungleichförmigkeitsziffer zwischen 1 und 5, Versuch 9, Seite 334) begünstigt zu werden. Schließlich nimmt die Beweglichkeit auch mit abnehmender Korngröße zu[1]). Die wichtigste Gegenmaßregel besteht in der Entwässerung durch Dränage. Wo eine solche nicht möglich ist, dürfte sich eine Verdichtung des Gefüges und eine Unterbrechung der Kontinuität der Masse durch Rammen von Piloten empfehlen.

Unterirdische Sandströme. Das unterirdische Strömen des Sandes bildet das Bindeglied zwischen der Setzungsfließung und den Bewegungserscheinungen, die in der Nachbarschaft von Tunnels in schwimmendem Gebirge auftreten und sich folgendermaßen kennzeichnen lassen: Falls eine im Grundwasserbereich befindliche Sandschichte unterhalb des Grundwasserspiegels angeschnitten wird, setzt das abströmende Grundwasser den Sand an der Austrittsstelle in Bewegung. Die Bewegung wird ebenso wie bei der Setzungsfließung durch eine ausgiebige Zunahme des Porenvolumens eingeleitet und der bewegliche Zustand wird durch das Nachströmen von Wasser aufrechterhalten. Die Verflüssigung schreitet von der Ausflußstelle bergeinwärts fort und erstreckt sich die Verflüssigung in der Regel nur auf einen schlauch- oder kanalartigen Raum. Die rückschreitende Entwicklung des Sandstromes ist durch den Umstand bedingt, daß die Verflüssigung eine bedeutende Zunahme des Porenvolumens erfordert und eine solche kann an jeder Stelle erst dann erfolgen, nachdem die Ausdehnungsmöglichkeit durch teilweises Abströmen des Nachbarmaterials bereits geschaffen worden ist. Die Tragfähigkeit eines im Zustand der Verflüssigung befindlichen Sandes ist so gering, daß sich das oberhalb des Sandstromes befindliche Erdreich senken würde, falls es sich nicht oberhalb des Stromes gewölbeartig verspannt. Es ist noch eine offene Frage, ob die Sandströme ihre Gerinne vollkommen ausfüllen, oder ob sich allmählich zwischen den Sandströmen und dem Dach ihrer Gerinne ein lediglich mit Wasser gefüllter Raum bildet. Das letztere scheint wenigstens in manchen Fällen vorzukommen.

Wenn nun im Laufe der rückschreitenden Entwicklung des Sandstromes die Verflüssigung an irgendeinem Punkt bis nahe an die Erdoberfläche kommt, bricht das über dem flüssigen Sand befindliche Erdreich entweder infolge ungenügender Unterstützung oder infolge Unterhöhlung ein, und es bildet sich ein Tageinbruch.

Abb. 261 zeigt einen Längenschnitt durch ein Talgehänge in einer Moränenlandschaft bei Framingham, Conn. Bei *A* wurde zum Zwecke der Trockenlegung einer Baugrube zwischen Spundwänden gepumpt. Trotzdem die Spundwand 4 m tief unter die Baugrubensohle reichte, geriet der Sand in Bewegung. Zunächst

[1]) Terzaghi: Erdbaumechanik, S. 344 bis 347. Wien. 1925.

stürzte der dem Pumpensumpf benachbarte Gebäudeteil ein. Nach einiger Zeit bildete sich in einer Entfernung von etwa 100 m von der Störungsstelle und in einer Höhe von etwa 20 m über dem abgesenkten Wasserspiegel ein trichterförmiger Tageinbruch *(B)* mit einem Durchmesser von etwa 6 m und einer Tiefe von 1 m. Der Sand bestand nach Terzaghi hauptsächlich aus durchsichtigen, eckigen Quarzkörnern, gemengt mit etwas Glimmer. Der wirksame Korndurchmesser belief sich auf 0,02 mm und die Ungleichförmigkeitsziffer auf etwa 3 (Versuch 9, Seite 334). Die Erscheinung wäre so zu erklären, daß sich der Sand vom Sumpfe bergeinwärts fortschreitend längs eines schmalen Streifens verflüssigte und als Sandstrom unterhalb der steiferen Decke nach der Störungsstelle floß.

Abb. 261. Tageinbruch B, entstanden durch Pumpen von Schwimmsand bei A. 1. Grober Sand mit Einlagen von Ton und verhärtetem Schotter. 2. Feiner Sand

Noch bemerkenswerter war der in Abb. 262 dargestellte Tageinbruch von Memphis, Tennessee, der zur völligen Zerstörung einer Kohlungsanlage führte. Am 25. Juli 1927 fing der in der Abbildung im Querschnitt dargestellte Bodenstreifen (Länge 200 m, Breite im Mittel 30 m) mit einer Geschwindigkeit von etwa 30 cm pro Stunde zu sinken, bis sich die Absenkung auf etwa 10 m belief. In diesem ersten Stadium des Absinkens blieb der Bodenstreifen zusammen mit dem ihn teilweise bedeckenden Pflaster nahezu intakt und war allseitig von sehr steilen, glatten Gleit-

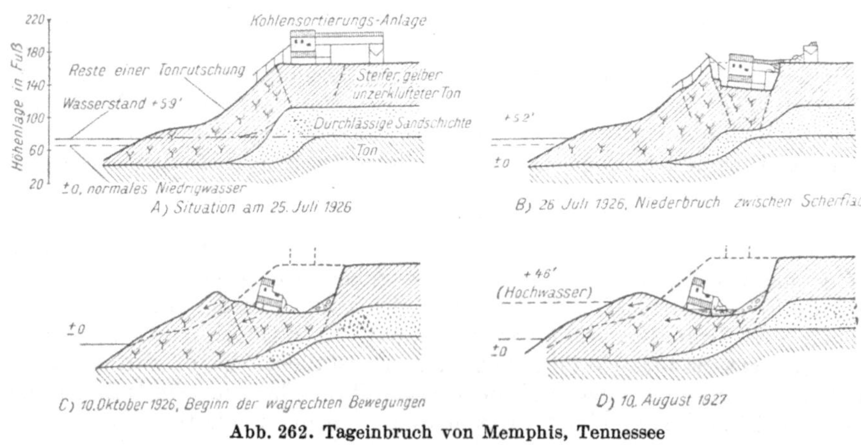

Abb. 262. Tageinbruch von Memphis, Tennessee

flächen (Scherflächen) begrenzt (Abb. 263). Im weiteren Verlauf der Katastrophe verbreiterte sich die Mulde und der zwischen dem Mississippistrom und dem Senkungsfeld stehengebliebene Grat flachte sich ab, wobei sich das Gebäude um weitere 10 m senkte und um etwa 15 m flußwärts rückte. Die erste Absenkung erfolgte bei einem Wasserstand von etwa 1,8 m über Pegel Null. Zusätzliche Bewegungen ereigneten sich nach der Hochflut von 1927 (Wasserstand 12 m über Pegel Null), während sich der Wasserspiegel etwa um 30 cm pro Tag senkte.

Die Stelle, an welcher der Sand ausgeflossen ist, muß sich in einer Entfernung von mindestens 100 m vom südlichen Ende des (etwa rechteckigen) Senkungsfeldes befunden haben. Die Senkung wurde offenbar dadurch eingeleitet, daß der Strom die Sandschichte an dieser Stelle anschnitt und dadurch das in der Sandschichte aufgespeicherte, unter einem Überdruck von etwa 10 m Wassersäule befindliche Grundwasser anzapfte. Vor dem Anschneiden der Sandschichte war das Grundwasser durch die mächtige, den Hang bedeckende Tonschichte am Abfließen gehindert. Nach dem Anzapfen wurde der Sand vom Grundwasserstrom durch die Austrittsöffnung herausgewaschen, und die Verflüssigung des Sandes setzte sich von der Austrittsöffnung rückschreitend längs einer Linie kleinsten Widerstandes nach der Kohlungsanlage fort. Die durchlässige Schichte bestand aus einem sehr reinen, gleichförmigen Feinsand mit abgerundeten, durchsichtigen Quarzkörnern und einer wirksamen Korngröße von etwa 0,2 mm. Sie war von steifplastischem, braunem Ton (leicht verwittertem Gumbo) überlagert[1]).

Abb. 263. Ansicht des Senkungsfeldes am 27. Juli 1926

Einige hundert Meter stromabwärts vom Senkungsfeld hatte Terzaghi Gelegenheit, einen ähnlichen Tageinbruch kleinsten Maßstabes zu beobachten, der den Vorgang dem Verständnis etwas näher bringt. An dieser Stelle hatte sich während des Hochwassers von 1927 in einer seichten muldenförmigen Rinne eine gleichförmige Sandablagerung mit einer größten Mächtigkeit von etwa 4 m gebildet. Der Untergrund der Sandschicht bestand aus einer im Januar 1927 vom Hochufer abgerutschten Tonmasse. Wie aus Abb. 264 ersichtlich, hatte sich auf der Oberfläche dieser Sandschichte ein breiter, von niedrigen lotrechten Stufen eingefaßter Grabenbruch gebildet, der sich nach dem Ufer zu in einer engen, seichten Mulde fortsetzte.

Die unterirdische Erosion wurde durch das in der Regenzeit von den Hängen kommende, im Sand auf dem wasserundurchlässigen Boden der Mulde als Grundwasser sich sammelnde und durch den Sand nach dem Strom abfließende Sickerwasser erzeugt. Die Austrittsstelle des Miniaturgrundwasserstromes war am Ufer durch eine 1,5 m hohe, das Zungenende der Sandablagerung bildende Stufe mit ausgezacktem Steilrand bezeichnet. Vom Fuße des Steilrandes erstreckte sich ein Sandfächer bis an das Ufer des Stromes (siehe Abb. 264). Aus der Topographie des Senkungsgebietes ging klar hervor, daß der Sand aus einem breiten Einzugsgebiet unterirdisch längs eines schmalen Streifens an der Grenzfläche zwischen Sand und Ton nach der Austrittsstelle geflossen ist. Nachdem die Oberfläche außer den lotrechten Stufen und der seichten, muldenförmigen Rinne keinerlei Störung aufwies, muß sich die Verflüssigung auf die tieferen Teile des Sandlagers beschränkt haben.

[1]) Nach einem unveröffentlichten, durch Terzaghi an die Stadtverwaltung von Memphis, Tennessee, erstatteten Bericht.

Ein weiteres Beispiel für die Streifenform der Verflüssigungszonen wird durch die Beobachtungen geliefert, die bei den Baggerarbeiten im Schiffahrtskanal von

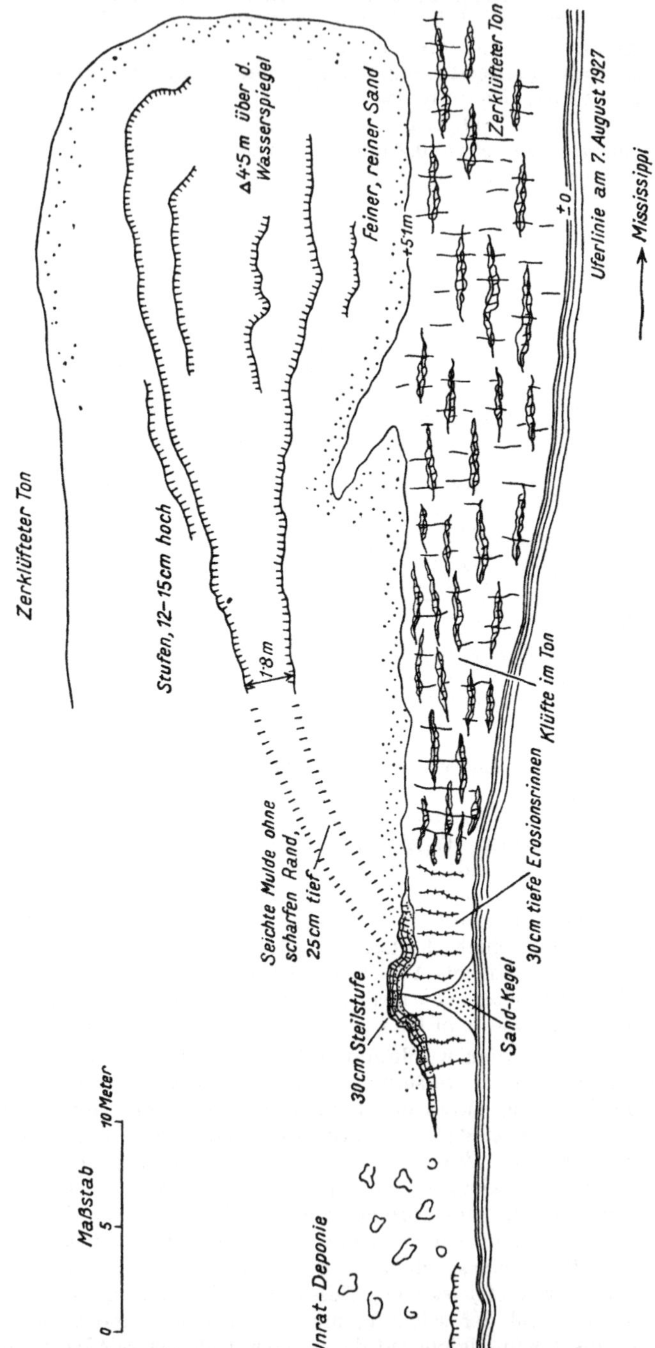

Abb. 264. Tageinbruch am Mississippiufer

Houston, Texas, gemacht wurden. Südlich von Houston besteht der Untergrund aus einem äußerst feinen, weißlichen Schwemmsand, der auch an vielen anderen

Stellen des Mississippigebietes und der Küstenebene bei Bohrungen angetroffen wurde und der beim Bau der Kanalisation von Houston infolge seiner Beweglichkeit große Schwierigkeiten bereitete. An einer Stelle dieses 9 m tiefen Kanals arbeitete der Spülbagger eine Woche lang und förderte zirka 50000 m³, ohne eine merkliche Vertiefung der Sohle zu bewirken und ohne in der Nachbarschaft des Kanals Senkungserscheinungen zu verursachen. Woher die gewaltige Sandmenge kam, blieb unbekannt. An einer anderen Stelle befand sich in einer Entfernung von etwa 100 m von der Kanalachse eine Kaimauer. Die Höhendifferenz zwischen der Kanalsohle und der Mauerkrone belief sich auf etwa 15 m. Während der Schlauchbagger in der Nachbarschaft der Kanalachse arbeitete, senkte sich ein scharf begrenztes, 90 m langes Stück der Kaimauer um 3 m[1]). Es ist in diesen Gegenden bekannt, daß sich die Beweglichkeit des Sandes streifenweise äußert. Eine petrographische Untersuchung von beweglichen und nichtbeweglichen Feinsanden des Brazos-Distriktes in Texas hat gezeigt, daß ein petrographischer Unterschied zwischen diesen Materialien nicht zu bestehen scheint[2]). Alle diese Tatsachen scheinen Terzaghis Auffassung zu stützen, daß die Beweglichkeit des Sandes an eine durch rasche Ablagerung verursachte, besonders lockere Lagerung zurückzuführen sei.

Die Verflüssigung des Sandes scheint mit Vorliebe längs der Kontaktflächen zwischen dem Sand und einem wesentlich vom Sand verschiedenen Material (Schotter, Lehm oder Ton) fortzuschreiten, wie dies auch bei der Lassenbildung im durchströmten Untergrund von Stauwerken beobachtet worden ist.

Das Erdbeben von Neu-Madrid, das im Dezember 1811 das Mississippital zwischen St. Louis und Memphis heimsuchte und an Intensität das Erdbeben von San Franzisko übertraf, war mit der Bildung zahlreicher Grabenbrüche und mit örtlichen Sanderuptionen verbunden. Die Senkungsfelder sind heute noch als seichte Seen erhalten und stellen offenbar Zonen unterirdischen Sandabflusses dar[3]). Prof. E. M. Shepard ging sogar so weit, dieses und andere Erdbeben dem Einbruch von Hohlräumen zuzuschreiben, die sich über ausgeflossenen Sandlagern gebildet haben[4]). Schließlich wären noch die von Backofen als „Schlauchrutschungen" bezeichneten Tageinbrüche zu erwähnen. Sie erinnern zum mindesten in morphologischer Hinsicht an die eben geschilderten Vorkommnisse. Leider wurde keine Beschreibung des ausgeflossenen Materials geliefert[5]).

4. Verlauf der Rutschungen

Im vorhergegangenen Abschnitt wurde lediglich das erste Stadium der Erdrutschungen in Betracht gezogen, das heißt der Vorgang, durch den die Rutschung eingeleitet wird. Der weitere Verlauf der Rutschungen hängt in hohem Grad von der physikalischen Beschaffenheit des abrutschenden Materials ab. Im günstigsten Fall bleibt die abgerutschte Masse schon nach Zurücklegung einer kurzen Wegstrecke stecken.

Eine solche im Verwitterungslehm devonischer Kalkschiefer in Pascha Liman niedergegangene Rutschung wurde im Frühjahre 1923 vermessen und zwei Jahre lang beobachtet. Die Masse blieb sogar zur Zeit der Schneeschmelze im Gleichgewicht (Abb. 265).

Von diesen trägen Massenbewegungen führen Übergänge bis zu jenen katastrophalen Tonrutschungen, bei denen sich die Tonmassen nach erfolgtem Niederbruch in einen gletscherartigen Strom verwandeln und auf nahezu wagrechtem Gelände talwärts drängen. Die Ursache dieser Verflüssigung abgerutschten Materials ist sicher nicht bei allen Rutschungen die gleiche.

---

[1]) Nach mündlichen Mitteilungen von R. L. Cummins, Consulting Engineer, Houston, Texas.

[2]) Burt, F. G.: The quicksands of Brazos County, Texas. The Journal of Geology, Vol. 35, Nr. 7. 1927.

[3]) Fuller, M. L.: The New Madrid Earthquake. U. S. Geol. Survey, Bull. Nr. 494, 1912.

[4]) Shepard, E. M.: The New Madrid Earthquake. Journal of Geology. Vol. 13, S. 45 bis 62. 1905.

[5]) Backofen, K.: Gleitflächen bei Rutschungen im Ton. Zentralbl. der Bauverw. 47 Jg. Heft 31 und 32, S. 388 bis 390, 404 bis 406.

Bei vielen der nordischen Rutschungen im homogenen Ton dürfte die mit der Strukturänderung (Durchknetung) des Materials verbundene, in Abb. 218 (S. 321) dargestellte Kohäsionsverminderung eine gewisse Rolle spielen.

Zu diesen Massenbewegungen gehört die Rutschung von Vaerdalen, bei der sich etwa 55 Millionen m^3 auf flach geneigtem Talgrund 11 km weit talabwärts wälzten und einen 12 m tiefen Schlammstrom bildeten[1]).

Die Durchknetung (Verformung) ist jedoch zum mindesten im Anfangsstadium der Fließbewegung nicht so ausgiebig, daß sie allein für das „Flüssigwerden" verantwortlich gemacht werden kann. Es kommt noch ein anderer Faktor hinzu, dem bisher noch nicht genügende Aufmerksamkeit geschenkt worden ist. Nachdem die Gleitflächen niemals genau kreisförmig sind, sondern talwärts flacher werden, zerbrechen halbwegs steife Tonmassen während des Niedergleitens, wobei sich die Schollen gegeneinander verschieben und der Flächeninhalt ihrer Berührungsflächen auf einen kleinen Bruchteil des Flächeninhaltes der Schollenquerschnitte verringert wird. Infolge dieser Verringerung des Flächeninhaltes der scherfesten Kontaktflächen sinkt auch der Stabilitätsgrad der ganzen Masse auf einen kleinen Bruchteil des Ursprungswertes herab. Die Art, wie eine Tonmasse beim Abrutschen zerbricht, dürfte daher beim Verlauf der Rutschung in vielen Fällen mindestens ebenso wichtig sein wie die bei der Verformung der Bruchstücke eintretende Kohäsionsverminderung.

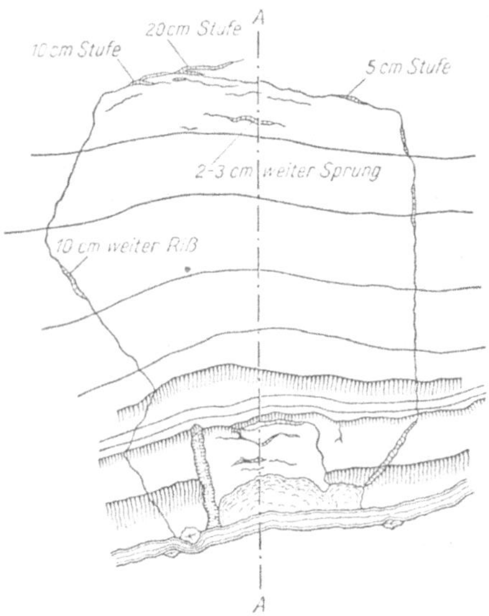

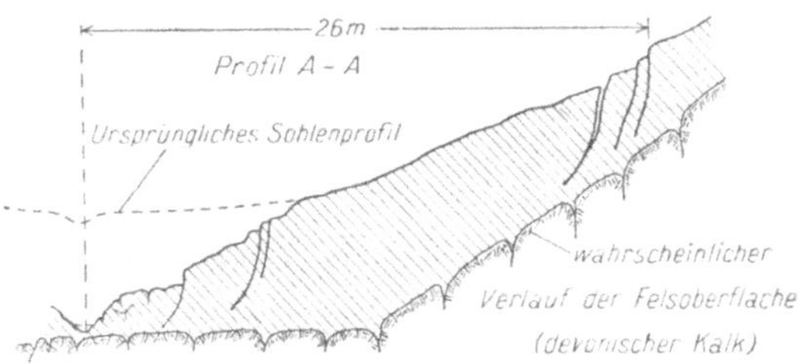

Abb. 265a Abb. 265b
Rutschung in Pascha Liman

Bei dem periodischen Vorrücken der Zunge abgerutschter Lehm- oder Tonmassen spielen wohl auch die mit wechselnder Austrocknung und Durchfeuchtung verbundenen Umlagerungen eine entscheidende Rolle, so daß der Mechanismus dieser Bewegungen in gewisser Hinsicht mit jenem der Schuttrutschungen verglichen werden kann.

Die Drynoch-Rutschmasse in Kanada, ein aus Lehm bestehender Erdgletscher mit einer Breite von 450 m und einer Länge von 2,5 km, rückt pro Jahr um etwa 3,3 m vor. In manchen Monaten steht die Masse still[2]). Eine beim Bau der Franz-Josefs-Bahn, Strecke Ziersdorf—Eggenburg, niedergegangene Rutschmasse bewegte sich auf einer unter 1:12 geneigten Fläche mit einer mittleren Geschwindigkeit von 0,75 m pro Monat. Nach starken Regengüssen nahm die Strömungsgeschwindigkeit zu[3]). Der Schlammstrom, der sich vom Pulverhörndl in der Sandling-Gruppe talwärts wälzte, bedeckte eine Fläche von 40 ha und war am Zungenende 10 m dick.

[1]) Die Rutschung in Vaerdalen, Norwegen, Schweizer Bauzeitung, 23. Bd., I., S. 17 u. 25. 1894.
[2]) Landslides. Engin. Record, I, S. 737. 1909.
[3]) Raschka, H.: Die Rutschungen im Abschnitt Ziersdorf—Eggenburg der Kaiser-Franz-Josefs-Bahn (Hauptstrecke). Zeitschr. d. Österr. Ing.- und Arch.-Verein, S. 561. 1912.

Die Zunge bewegte sich mit einer Geschwindigkeit, die vom 13. September bis 1. Oktober von 50 m pro Stunde auf etwa 1 m pro Stunde abnahm und am 15. Oktober vollkommen aufhörte[1]).

Bei Rutschungen in Tonen, die mit wasserführenden Sandschichten wechsellagern oder von Sandadern durchsetzt sind, spielt die Vermengung des Tones mit dem im Sand enthaltenen Wasser eine große Rolle.

Über die Ursachen der von Pollack wiederholt hervorgehobenen besonderen Beweglichkeit der Verwitterungsprodukte basischer Eruptivgesteine, insbesondere der Basalte, wissen wir noch nichts Bestimmtes.

In Großpriesen-Auscha setzten sich die Bodenmassen beim Aushub eines 1 m tiefen Einschnittes auf einer breiten Zone in Bewegung[2]). Auch in Bebra-Hanau und an der Eisenbahnstrecke Legenye—Mihaly—Homona zeichneten sich die Basalterden durch große Beweglichkeit aus[3]). Anderseits hat Terzaghi nördlich von Konstantinopel und in den angrenzenden Teilen von Kleinasien beobachtet, daß die Verwitterungsprodukte der dort anstehenden Diabase und Andesite keine nennenswerte Neigung zu Rutschungen aufwiesen.

Vorläufig liegen noch keine Anhaltspunkte vor, die Beweglichkeit der Basalterden auf eine physikalische Eigenschaft des Bodenmaterials zurückzuführen. Es scheint sich vielmehr um die Wirkung der auf S. 310 erörterten Strukturverhältnisse und um die Wirkung der durch die Klüftigkeit mancher Basaltgesteine bedingte Wasserführung der Felsunterlage zu handeln.

5. Erörterung einiger Sonderfälle

Seeuferbewegungen. Dieser besonderen Art von Rutschungen wurde im letzten Jahrzehnt infolge der Nutzbarmachung natürlicher Seebecken zu Stauzwecken wachsende Bedeutung geschenkt.

Eine große Anzahl von Seeuferbewegungen wurde in der Schweiz und im nördlichen Italien untersucht. Die Bewegungen ereignen sich mit Vorliebe an den Rändern von Deltaablagerungen, kommen aber auch an Seestrandterrassen vor.

Am Wolfgangsee schoß ein Abschnitt der aus grobem Sand und Schotter bestehenden Deltaablagerung eines Wildbaches mit donnerartigem Getöse seewärts und führte eine Strecke der Straße und der Eisenbahn mit sich[4]). Die am Iseosee stattgehabten Rutschungen wurden in der italienischen Literatur beschrieben und klassifiziert[5]). Die Deltaablagerungen von Tavernola bestehen hauptsächlich aus Kalksand und Kalkschotter, mit einer Böschungsneigung von etwa 35°. Nach dem Seeboden zu wird die Neigung der Gehänge flacher. Die Pfeilhöhe der Rutschungen (größte Breite des abgesunkenen Segmentes), die sich in diesem Material ereignet haben, schwankt zwischen wenigen Metern und 30 m. Die Bewegungen waren dadurch gekennzeichnet, daß sie sich ausschließlich auf die Ausrißstelle beschränkten. Nach Pollack bestand die Ursache der Bewegungen in der Belastung der Deltaoberfläche durch Gebäude, in der Belastung des Deltarandes mit Abraum (Kehricht) und in der bei niedrigem Seespiegelstand erfolgten Durchtränkung des Deltamaterials mit Schmelzwasser[6]).

Auch am Ritomsee und in Davos ereigneten sich die ausgiebigsten Seeuferrutschungen in Deltaablagerungen. Am Ritomsee gingen sie nieder, als man den

[1]) Lehmann: Die Verheerungen in der Sandling-Gruppe (Salzkammergut). Denkschriften der Akademie d. Wissenschaften in Wien, Math.-naturwiss. Klasse, Bd. 100, S. 287.

[2]) Pollack, V.: Über Bewegungen des anstehenden Bodens bei Erd- und Felsarbeiten. Zentralblatt der Bauverw., 47. Jg., S. 474 bis 477 und 487 bis 488.

[3]) Pollack, V.: Technisch-Geologisches über den Durchstich von Wasserscheiden. Zeitschr. d. Österr. Ing.- u. Arch.-Ver., H. 4 bis 9. 1918. Siehe auch Pollack, V.: Zur Frage der Bodenbeweglichkeit und Druckfestigkeit der Tongesteine und verwandter Materialien. Kolloid-Zeitschr., 20. Bd., H. 1. 1917.

[4]) Pollack, V.: Über Seeuferbewegungen. Österr. Wochenschr. f. öffentl. Baudienst, 1912.

[5]) Salmojraghi, F.: L'avvallamento di Tavernola sul lago d'Iseo con un cenno sulla instabilità delle rive lacuali. 1907 (Estrato degli Atti della Soc. Ital. di Science Naturali, Vol. XLVI).

[6]) = [2]).

Wasserspiegel bis auf 18 m unter die normale Spiegeloberfläche abgesenkt hatte. Die Böschungsneigung belief sich auf 17° bis 20°[1]). In Davos floß am 7. Februar 1923 ein Teil des aus feinem Serpentinsand und etwas Schotter bestehenden Deltas des Todalpbaches in den See hinaus, nachdem vorher der Seespiegel um 42 m abgesenkt worden war. Das abgerutschte Segment hatte eine Länge von 300 m, eine Pfeilhöhe von 80 bis 90 m und die abgerutschte Masse belief sich auf 900000 m³. Die 80 cm dicke Eisdecke des Sees wurde zertrümmert und die Rutschmasse trieb eine 3 m dicke Schlammschichte vor sich her[2]).

Die eben erwähnten und viele andere Seeuferbewegungen stellen sich als reine Setzungsfließungen dar und lassen sich als solche nur schwer rechnerisch behandeln, weil die im Augenblick des Ausfließens im Sand herrschende innere Reibung nicht bekannt ist. Als vorbereitende Umstände dieser Setzungsfließungen hätte man die folgenden zu bezeichnen: Den in der Entstehungsgeschichte der Deltas begründeten Umstand, daß sich an der Basis dieser Ablagerungen sehr häufig eine Schluff- oder Schlammschichte vorfindet, und der Umstand, daß bei der Absenkung des Seespiegels der auf die Schlammschichte wirkende Druck zunimmt. Infolge der geringen Durchlässigkeit des Schlammes besteht eine große Phasendifferenz zwischen der Zunahme des auf den Schlamm wirkenden Druckes und der ihr entsprechenden Zunahme des Reibungswiderstandes. Infolgedessen kann es bei der Absenkung des Wasserspiegels oder bei einer Vergrößerung der auf der Schlammschichte ruhenden Last zu örtlichen Umlagerungen und Setzungserscheinungen kommen, die ihrerseits, wie auf S. 431 dargelegt wurde, die Setzungsfließung auslösen. Die von Mayer-Peter berechnete, mit der Absenkung des Wasserspiegels verbundene Zusatzpressung zählt wohl ebenso wie die Aufbringung zusätzlicher Belastung oder die Ansammlung von Schmelzwässern zu den Veranlassungen[3]); der Schwerpunkt der Ereignisse dürfte jedoch in der die ganze Masse ergreifenden spontanen Herabminderung des Widerstandes der inneren Reibung zu suchen sein. Dies wird unter anderem durch die Tatsache nahegelegt, daß ähnliche Rutschungen auch dann auftreten können, wenn weder eine Schlammschichte vorhanden ist noch eine Absenkung des Wasserspiegels stattfindet (siehe S. 434).

Neben der reinen Setzungsfließung können sich an Seeufern auch noch alle anderen Arten der Rutschungen bis hinauf zum Gleitflächenbruch ereignen. Bei der Begutachtung stattgefundener Rutschungen und bei der Untersuchung der Standfestigkeit vorhandener Seeufer müssen sowohl die mit der Wasserspiegelsenkung verbundenen Druckänderungen als auch die von strömendem Grundwasser ausgeübten Seitendrücke als rutschungfördernde Faktoren in Betracht gezogen werden. Das wichtigste Element der Stabilitätsgefährdung — die Neigung zum Flüssigwerden — ist jedoch vorläufig noch der Rechnung unzugänglich und dürfte, ebenso wie die Neigung zur Schwimmsanderscheinung und zur Schlauchrutschung, mit der geologischen Vorgeschichte der Ablagerung zusammenhängen.

Dammrutschungen. Die Dammrutschungen sind entweder auf eine Überschreitung der Tragfähigkeit des Untergrundes oder auf ungenügende Stabilität der Schüttungskörper zurückzuführen.

Bei der Überschreitung der Tragfähigkeit des Untergrundes handelt es sich um einen einfachen Gleitflächenbruch (Abb. 250), um bruchlose Verdrängung (Abschnitt „Moore“) oder um die Abrutschung nach einer mehr oder weniger parallel zur Geländeoberfläche verlaufenden Gleitfläche oder

[1]) Roth: Schweizer Bauzeitung, 74. Bd., S. 51. 1919.
[2]) Moor, R.: Der Uferabbruch am Davoser See. Schweizer Bauzeitung, 82. Bd. 1923.
[3]) Meyer-Peter, E: Über die Ursachen der Bodensetzungen bei Grundwasserabsenkungen und von Uferabbrüchen bei der Absenkung von Seespiegeln. Schweizer Bauzeitung, 82. Bd., S. 55. 1923.

Formationsgrenze. Im letzteren Falle spielt wohl die wiederholt erwähnte Phasendifferenz zwischen der Zunahme des auf den Ton wirkenden Druckes und der ihr entsprechenden Zunahme des Reibungswiderstandes die ausschlaggebende Rolle (siehe S. 320). Nehmen wir an, ein Ton mit einer Ziffer der inneren Reibung von $\mathrm{tg}\ 14^0 = 0{,}25$ sei vor der Schüttung des Dammes mit einer 3 m dicken, mehr oder weniger durchlässigen Bodenschichte bedeckt. Das Gewicht der Auflast beläuft sich auf etwa $3 \times 1{,}6 = 4{,}8$ t pro 1 m^2 und der Widerstand gegen Abgleitung längs der Tonoberfläche auf $0{,}25 \times 4{,}8 = 1{,}2$ t pro 1 m^2. Falls die Zunahme des auf den Ton wirkenden Druckes mit einer sofortigen Zunahme des Gleitwiderstandes verbunden wäre, so könnte die Abgleitung nur dann erfolgen, wenn sich der Neigungswinkel der Tonoberfläche auf mindestens 14^0 ($\mathrm{tg}\ 14^0 = 0{,}25$) (1:4) beliefe. Dies ist jedoch nicht der Fall. Schüttet man nämlich auf die Oberfläche dieser Bodenschichte einen 12 m hohen Damm, so steigt zwar der auf die Tonoberfläche wirkende Druck sofort auf das Fünffache des ursprünglichen Wertes; der Widerstand gegen Gleitung von Boden auf Ton nimmt jedoch erst dann seinen normalen Wert von $5 \times 1{,}2 = 6$ t pro 1 m^2 an, wenn die der Druckerhöhung entsprechende Wassermenge aus dem Ton in den durchlässigen Boden entwichen ist. Infolge der geringen Durchlässigkeit des Tones geht die Wasserabgabe nur sehr langsam vor sich. Gleich nach erfolgter Fertigstellung des Dammes verhält sich die Tonschichte ebenso, wie wenn die Reibungsziffer zwischen Boden und Ton von 0,25 auf $\frac{1}{5} \times 0{,}25 = 0{,}05$ gesunken wäre. Infolgedessen kann der Damm nebst der ihn unterstützenden Bodenschichte auch dann auf der Tonoberfläche ins Rutschen kommen, wenn die Oberfläche der Tonschichte eine Neigung von nicht mehr als 3^0 (1:20) aufweist. Je höher der Damm, desto geringer ist die kritische Neigung der Tonoberfläche. Für diese Tatsache finden sich in der Rutschungsliteratur zahlreiche Belege.

Im Brenttal bei Hattwell, England, wurde ein 15 m hoher Damm auf einer beinahe wagrechten, wenige Meter dicken Lage von Londoner Ton aufgeschüttet[1]). Der Ton ruhte auf wasserführendem Kies und die Achse des Dammes befand sich in einer Entfernung von etwa 90 m vom Ufer des seichten, in den Londoner Ton eingetieften Brentflusses. Infolge der oben geschilderten physikalischen Umstände rutschte die flußseitige Hälfte des Dammes ab und schob den ganzen, zwischen dem Damm und dem Ufer gelegenen Geländestreifen vor sich her, wobei die Grenzfläche zwischen dem Ton und dem Kies als Gleitfläche fungierte. Das Ufer des Brentflusses verschob sich um etwa 1,5 m.

Im Herbst 1875 rutschte ein Damm der Salzburg-Tiroler Bahn nebst seiner Unterlage auf einer „seifigen Gleitfläche", deren Neigungswinkel sich nur auf 4^0 ($\mathrm{tg}\ 4^0 = 0{,}07$) belief, um mehrere Zentimeter talwärts. Im folgenden Frühjahr wiederholte sich die Bewegung, offenbar infolge der Gewichtserhöhung, die der Damm zur Zeit der Frühjahrsniederschläge erfuhr. Aus dieser Beobachtung wurde der irrtümliche Schluß gezogen, daß der normale Wert der Ziffer der Reibung von Lehm auf Tegel 0,07 betrüge[2]). Hätte der Damm nur die halbe Höhe gehabt, wäre die Gleitung jedenfalls unterblieben.

Besonders bemerkenswert ist ein Dammrutsch, der sich 1910 am Limburger Damm, nach erfolgter Herstellung eines zweiten Gleises auf der Strecke Ziersdorf—Eggenburg ereignete (Kaiser-Franz-Josefs-Bahn, Niederösterreich, Rampe, die von der Donauniederung zur niederösterreichisch-böhmischen Hochfläche emporführt). Der Ausbau des zweiten Gleises erfolgte im Jahre 1903. Der Untergrund besteht aus Lehm und Letten, in größerer Tiefe Ton, auch Sand und Schotter. Diese Ablagerungen sind rezent bis tertiär und überlagern in wechselnder Mächtigkeit das

---

[1]) Försters Bauzeitung, X., S. 257. 1845. Siehe auch Kaven: Der Wegebau.
[2]) Ballif: Ein Versuch zur Bestimmung des Reibungskoeffizienten von Lehm auf Tegelschichten. Wochenschr. d. Österr. Ing.- und Arch.-Ver., S. 289. 1876.

Urgestein, zumeist Granit, das nur an wenigen Stellen zutage tritt[1]). Der Damm war 300 m lang, im Mittel 5 m hoch (Maximum 7 m) und ruhte auf einer Lehne mit einer Neigung 1:6. Im Herbst des niederschlagreichen Jahres 1910 wurde wahrgenommen, daß die talseitige Hälfte des Dammes sich von der bergseitigen zu lösen und talwärts zu gleiten begann. Die Gleitfläche befand sich in einer Tiefe von etwa 5 m unter der Oberfläche, an der Grenze zwischen ziemlich trockenem, „stark verworfenem" und etwas festerem, jedoch feuchtem gelben Lehm und hatte eine Neigung von 1:12 (Tangente des Neigungswinkels gleich 0,083). Die Bewegungen erfaßten auf der Talseite der Lehne einen Geländestreifen mit einer Länge von 150 m und einer Breite von 50 m. Dieser Streifen bewegte sich gletscherartig, mit einer mittleren Geschwindigkeit von etwa $^3/_4$ m pro Monat talwärts. Nach starken Regengüssen nahm die Bewegungsgeschwindigkeit zu. Der Vorgang war offenbar wie folgt: Die Lehne befand sich schon mit der Aufschüttung des zusätzlichen Dammkörpers im Jahre 1903 hart an der Grenze des Gleichgewichtes, wie dies aus zahlreichen kleineren, am Durchlaßobjekt beobachteten Bewegungen entnommen werden konnte. Die im Jahre 1910 stattgefundene Durchnässung erhöhte das Gewicht des Dammkörpers und führte zur Bildung einer ausgedehnten Gleitfläche. Die hiebei einsetzende Bewegung führte eine Zerklüftung des talseitigen Geländes herbei, und der zerklüftete Geländestreifen verhielt sich nach erfolgter Füllung der Klüfte mit Regenwasser wie eine abgerutschte Tonmasse (siehe „Verlauf der Rutschungen"). Nachdem die Wirksamkeit einer Entwässerungsanlage unter den gegebenen Verhältnissen bezweifelt wurde, entschloß man sich, den Damm durch einen Viadukt zu ersetzen.

Die Dammrutschungen infolge ungenügender Stabilität der geschütteten Masse lassen sich ihrem Wesen nach sehr wohl mit den Rutschungen an Einschnittsböschungen vergleichen und weisen eine ebenso große Mannigfaltigkeit auf. Am häufigsten sind die reinen Gleitflächenbrüche, bei denen ein Teil der Böschung nach einer konkaven Gleitfläche ausrutscht.

Als Beispiel des anderen Extrems, der reinen Setzungsfließung, sei die Dammrutschung von Ronheide an der Eisenbahnlinie Aachen—Herbestal erwähnt[2]). Der Damm war 12 m hoch und bestand hauptsächlich aus feinem Sand. Vierzig Jahre nach seiner Herstellung floß dieser Damm nach heftigen Regengüssen plötzlich aus, während ein Zug über den Damm fuhr. Als Gegenstück zu den Schuttrutschungen sei der aus tonigem Cyprisschiefer bestehende Damm von Grasseth (Linie Eger—Karlsbad) erwähnt, der im Frühjahr als Schlammstrom talwärts floß[3]).

Viele Ingenieure haben ein Vorurteil gegen den reinen Ton als Dammschüttungsmaterial. Demgegenüber wäre hervorzuheben, daß der Ton unter Umständen ein vorzügliches Dammschüttungsmaterial abgeben kann.

Bei Memphis, Tennessee, am Westufer des Mississippistromes bestehen die Hochwässerdeiche aus reinem, fettem Tone mit einer Fließgrenze von 75 und einer Plastizitätsgrenze von 35 (Terzaghi). Innerhalb des Inundationsgebietes sind sowohl die Eisenbahn- als auch die Straßendämme zum großen Teil aus demselben Material hergestellt. Die Dämme sind bis zu 12 m hoch und die Neigung der Böschungen beläuft sich auf 1:1,5 bis 1:2,5. Im Frühjahr 1927 befanden sich die Dämme bis zur Krone unter Wasser. Trotzdem haben sich außer einigen oberflächlichen Ausschälungen keine Schäden ergeben.

Die Stabilität der Dammkörper hängt ebenso wie die Stabilität der Einschnittsböschungen nicht nur von den gegebenen Kohäsionsverhältnissen, sondern auch von der Möglichkeit langsamer oder plötzlicher Kohäsions- oder Reibungsverminderung ab. In dieser Hinsicht erweisen sich leicht verwitterbare Gesteine als Dammschüttungsmaterialien weitaus ungünstiger als fette Tone. Viele Mißgriffe im Dammbau sind auf das Vorurteil zurückzuführen, daß die Böschung, die ein steifer, gebaggerter Ton beim Aufschütten annimmt,

---

[1]) Raschka, H.: Die Rutschungen in dem Abschnitt Ziersdorf—Eggenburg der Kaiser-Franz-Josefs-Bahn (Hauptstrecke). Zeitschr. d. Österr. Ing.- und Arch.-Ver., 1912.
[2]) Kaven: Der Wegebau.
[3]) Hochstetter: Rektoratsrede.

in statischer Hinsicht mit der natürlichen Böschung des Sandes vergleichbar sei. Die Stabilität solcher Böschungen hängt nicht nur von der Reibung, sondern auch von der Kohäsion ab. Infolgedessen nimmt der Sicherheitsgrad der Böschung eines aus Ton bestehenden Dammes im Gegensatz zu jenem einer Sandböschung mit zunehmender Höhe der Schüttung ab.

6. Linienführung an Gehängen und der Durchstich von Wasserscheiden

Bei der Linienführung handelt es sich darum, die in diesem Abschnitt erörterten Möglichkeiten aus dem geologischen und morphologischen Charakter des Geländes herauszulesen und den Bewegungen entweder vorzubeugen oder die kritischen Stellen zu umgehen.

Die Anhaltspunkte für die Beurteilung dieser Möglichkeiten werden durch die Ergebnisse der geologischen Geländeaufnahme geliefert. Im Bergland wird man die Talhänge vermeiden, an denen die Gesteinsschichten angenähert im selben Sinne streichen und fallen wie der Talhang. Dasselbe gilt von den geologischen Störungszonen (Verwerfungszonen), weil dort die Gehänge zu Auflösungsbrüchen neigen und das Gestein bis zu beträchtlicher Tiefe verwittert sein kann. Die Neigung zu Erd- und Schuttrutschungen verrät sich nicht selten im welligen Verlauf des Geländes und im Vorhandensein feuchter Stellen (unterirdische Quellenaustritte). Reichlicher Schotterabsatz im Mündungsgebiet von Wildbächen kann in kurzer Zeit zum Höherlegen des Planums nötigen. Im Gebiet der Talsohlen und im Flachland hat man bei der Linienführung hauptsächlich auf die Anwesenheit und auf die Mächtigkeit weicher Ton-, Schlamm- und Torfablagerungen zu achten. Aufschluß über diesen Faktor kann in der Regel nur durch Bohrung erhalten werden. Nach beendigtem Studium der technischen Bedeutung der durch die geologische Aufnahme aufgedeckten Tatsachen kann an die Einschätzung der Baukosten der zu begutachtenden Trassenvarianten geschritten werden, wie dies bereits im Abschnitt „Tunnelgeologie“ dargelegt wurde.

Unter schwierigen Verhältnissen ist die Beurteilung der beim Bau zu gewärtigenden Zwischenfälle selbst nach sorgfältigem Studium der Geländebeschaffenheit mit einem gewissen Grad der Unsicherheit behaftet. Dieser Unsicherheit soll bei der Projektverfassung derart Rechnung getragen werden, daß man die aus den ungünstigsten Möglichkeiten erwachsenden Kosten veranschlagt und auf Grund der Ergebnisse den oberen Grenzwert der Baukosten berechnet, der bei der Bauherstellung eben noch in Betracht kommt. Es hängt dann vom Finanzplan der Unternehmung ab, ob auch der obere Grenzwert der Bausumme in wirtschaftlicher Hinsicht noch gebilligt werden kann, oder ob es sich empfiehlt, durch zusätzliche Schürfung und Bohrung die Grenzen der Unsicherheit des Voranschlages einander näher zu bringen. In manchen Fällen entscheidet man sich sogar, die Möglichkeit späterer Mängel des Bauwerkes in Kauf zu nehmen, und versucht in solchen Fällen, die aus der Erhaltung und gelegentlichen Wiederherstellung der Objekte erwachsenden Maximalkosten im vorhinein zu berechnen. Dieses Verfahren wird beispielsweise beim Straßenbau in den ausgedehnten Rutschgebieten in Ohio und West Virginia befolgt. Zur Vertiefung in diesen Gegenstand empfiehlt sich das Studium der Monographien, die über den Bau von schwierigen Eisenbahnstrecken erschienen sind. Eine Auswahl lehrreicher Beispiele wurde durch M. Singer veröffentlicht[1]).

---

[1]) Singer, M.: Die Bodenuntersuchungen für Bauzwecke. Siehe auch Wegele, H.: Erdrutschungen, Handbuch der Ingenieurwissenschaften, 1. Teil, Bd. 2. Leipzig. 1905.

Der Durchstich von Wasserscheiden unterscheidet sich von der gewöhnlichen Einschnittsherstellung nur dadurch, daß man mit Rücksicht auf die Gefällsverhältnisse der Linie bei der Überschreitung der Wasserscheiden in der Regel besonders tief ausheben muß; daß das Gelände vom Einschnitt nach beiden Seiten hin ansteigt und daß infolge der topographischen Verhältnisse bedeutendere Wasserzuflüsse vorkommen, als dies bei Lehneneinschnitten unter gleichen Verhältnissen der Fall ist. Die bösen Erfahrungen, die man beim Durchstich von Wasserscheiden, insbesondere in Panama, gemacht hat, sind hauptsächlich auf den Umstand zurückzuführen, daß man sich bei der Bemessung der Neigungswinkel der Böschungen auf die in seichteren Einschnitten gemachten Erfahrungen stützte, anstatt den Einfluß der Einschnittstiefe auf den Stabilitätsgrad der Böschungen nach den Regeln der Statik in Betracht zu ziehen.

B. Bewegungen der Oberfläche infolge des Bergbaubetriebes und ihr Einfluß auf obertägige Bauwerke

Von H. Apfelbeck, Falkenau

Durch den Bergbau werden untertags Hohlräume erzeugt und die Spannungszustände in der Erdrinde verändert.

Sind die ihrer Unterstützung beraubten Flächen verhältnismäßig klein, bzw. ist die Festigkeit der Gebirgsschichten ausreichend, so kann die Überlagerung den hervorgerufenen Mehrbeanspruchungen dauernd standhalten und der Hohlraum auch ohne Ausbau bestehen bleiben, z. B. bei Stollen in festem Gestein. In anderen Fällen werden Stollen und Tunnels mit Stein- oder Ziegelgewölben oder in Eisenbeton so ausgebaut, daß dadurch der ausgelöste Gebirgsdruck aufgenommen wird und das verbleibende lichte Profil dauernd offen bleibt.

Hohlräume, wie sie nach erfolgtem Abbau nutzbarer Bodenschätze zurückbleiben, für deren Offenhaltung kein Anlaß vorliegt, verbrechen durch Niedergehen des Deckgebirges von selbst, sobald ihre Größe ein gewisses, durch die Festigkeit der Gebirgsschichten bedingtes Ausmaß überschreitet und es können sich die Bruchwirkungen bei ungenügender Überlagerung bis obertags fortsetzen und dort als Senkungen, Risse oder Pingen in Erscheinung treten. Durch künstliches Zufüllen der unterirdischen Räume mit tauben Massen (Abbau mit Versatz) knapp nach erfolgtem Abbau können Wände und Decken wieder teilweise gestützt und dadurch das Zubruchegehen vermieden oder in seinen Wirkungen vermindert werden; es erfolgt dies meist, wenn für unvermeidlich mit hereingewonnenes Nebengestein der Transport auf die Halde erspart oder wenn wertvolleres Obertagsgelände vor Schaden bewahrt werden soll.

Über die beim Vortriebe von Tunnels vor sich gehenden Störungen in der Verteilung des Gebirgsdruckes liegen eingehende Studien vor, und seien im folgenden Ausführungen v. Willmanns[1]) wiedergegeben:

Vor dem Ausbrechen eines Stollens herrscht auf einer Horizontalebene durch die Stollenachse überall der gleiche Druck, dessen spezifische Größe durch die Ordinate p (Abb. 266) dargestellt sei.

Wenn der Stollen ausgebrochen ist, kann der Druck von der Fläche $B\,B'$ nicht unmittelbar auf die Fläche $A\,A'$ übertragen werden. Der Normaldruck auf die Ulme $B\,A$ und $B'\,A'$ wird sich daher verstärken. Das Gestein über $B\,B'$ bzw. unter $A\,A'$ ist frei, kann sich elastisch ausdehnen und verliert dadurch die Möglichkeit, Druck zu übertragen. Der sich bildende spannungslose Körper über der First und

[1]) v. Willmann: Über einige Gebirgsdruckerscheinungen in ihren Beziehungen zum Tunnelbau. Leipzig: W. Engelmann. 1911.

unter der Sohle (Abb. 267) steht nur noch unter der Wirkung seines Eigengewichtes; der Firstdruck ist gleich dem Eigengewichte des parabelförmig begrenzten Körpers. Dieser Körper bleibt in dieser Größe, wenn die Ulme imstande sind, die Drucksteigerung ohne Formänderung aufzunehmen. Ist das Gestein aber nachgiebig, so wird sich der Druck nicht nur an den Ulmen selbst, sondern auf eine größere Erstreckung durch das Nebengestein übertragen.

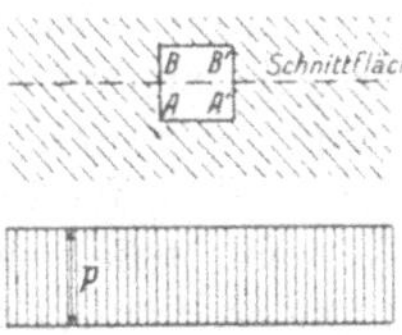

Abb. 266

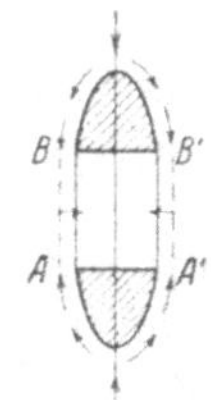

Abb. 267

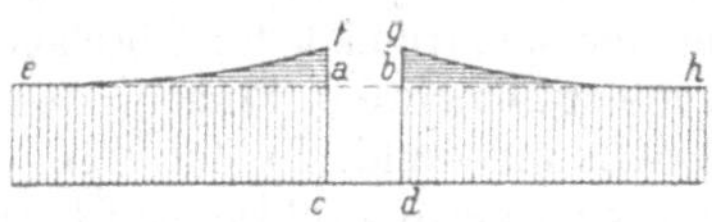

Abb. 268

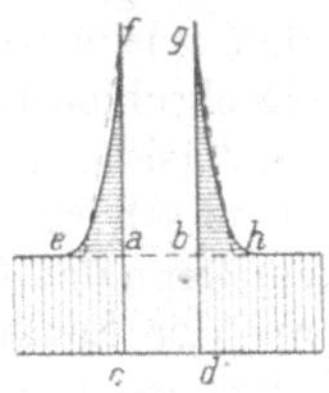

Abb. 269

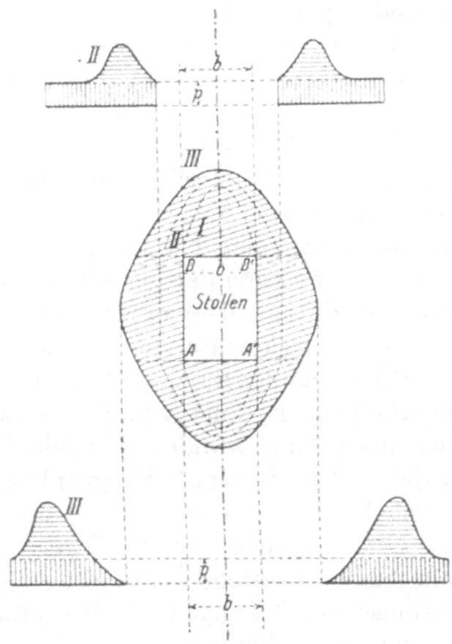

Abb. 270

Angenommen, der Druck verteilt sich in weicherem Gebirge beiderseits auf die dreifache Stollenbreite, so erhalten die Kanten eine um ein Drittel höhere Pressung (Abb. 268). In sprödem Gestein dagegen wird sich der Druck nur auf eine geringere Breite verteilen, z. B. wie in Abb. 269 auf eine halbe Stollenbreite hinter den Ulmen, wogegen aber die Kantenpressung sich verdreifacht.

Auch wenn der normale Druck noch nicht hinreicht, um das Gebirge an einer freien Wand zu zerstören, so kann doch an den Stellen solcher Drucksteigerungen die Bruchfestigkeit überschritten werden. An den Ulmen treten daher im festen Gestein unter Umständen Bergschläge auf, das heißt es lösen sich Schalen parallel zu den Stollenulmen ohne Rücksicht auf eine eventuelle Schieferung ab (S. 374).

Besitzt das Gestein von vornherein eine elastische Deformation, indem es z. B. durch den Gebirgsdruck zusammengepreßt ist, so wird es diese an den Ulmen verlieren, indem es sich in den Stollenhohlraum ausdehnt. Das Gestein an den Ulmen hat sich dabei von der Belastung befreit und die Drücke müssen von den rückwärts liegenden Gesteinspartien übernommen werden, welche sich ihrer Zusammenpressung, da sie allseitig eingeschlossen sind, nicht entziehen können. Abb. 270 zeigt diese Druckverteilung, wobei Kurve *II* einen Zwischenzustand und Kurve *III* das Endstadium vorstellt.

Aus der Senkung der Firste, die bis zum Einbringen des endgültigen Einbaues auftritt, berechnet Kommerell[1]) die Höhe des spannungslosen Körpers und gewinnt daraus die Grundlagen für die Bemessung des Einbaues.

Im spannungslosen Körper ist das Gebirge „tot“. Treibt man über oder unter dem ersten Stollen einen zweiten, so steht dieser nicht unter Gebirgsdruck; wird hingegen einige Zeit nach Ausbrechen des ersten Stollens, das heißt nachdem sich

[1]) Kommerell, O.: Statische Berechnung von Tunnelmauerwerk. Berlin: W. Ernst & Sohn. 1912.

der spannungslose Körper ausgebildet hat, ein Hohlraum in solcher Entfernung vom ersten Stollen ausgebrochen, daß er in die Zone der größten Drücke zu liegen kommt, so zeigt sich in ihm ein bedeutend höherer Gebirgsdruck als beim Ausbruche des Stollens.

Die Überlegungen v. Willmanns decken sich mit den praktischen Erfahrungen beim Bergbau und beim Tunnelbau und haben zur Erklärung mancher eigenartiger Erscheinungen geführt; vielfach lassen sich auch Nutzanwendungen ableiten.

Bei der Herstellung von Abbauhohlräumen im Bergbaubetriebe wird sich die Druckverteilung in der gleichen Weise vollziehen. Da jedoch für den Bergmann in der Regel kein Anlaß vorliegt, diese Hohlräume offen zu halten, und die in Betracht kommenden freigelegten Flächen so groß sind, daß die Deckgebirgsschichten ihr Eigengewicht nicht mehr frei tragen können, gehen sie in den Abbauraum nieder. Diese Bewegung der Deckgebirgsschichten pflanzt sich im allgemeinen bis an die Tagesoberfläche fort, wo je nach der Höhe und Flächenerstreckung der verfüllten Hohlräume, der Mächtigkeit der Überlagerung und den Festigkeitseigenschaften der Deckgebirgsschichten, Pingen, das sind steile Senkungstrichter, oder weitgespannte Senkungsmulden entstehen.

Die Senkungsvorgänge sind in erster Linie vom petrographischen Charakter des Hangenden abhängig, das selten einheitlich, vielfach ganz unregelmäßig oder doch zum mindesten schichtenweise verschieden zusammengesetzt ist, so daß jedes einzelne petrographische Element der Deckschichten besonderen physikalischen Gesetzen folgt, die sich aus seiner Kohäsion, Festigkeit und Plastizität ergeben, welche Eigenschaften noch durch verschiedenen Feuchtigkeitsgehalt bedeutend verändert werden können. Zudem kann das Auftreten von tektonischen Störungen die Richtung und Ausdehnung der Senkungsvorgänge vollständig verändern. Neben den geologischen Verhältnissen wird auch die Art und Schnelligkeit des Abbaues die Bewegungen des Hangenden beeinflussen.

Diese große Zahl von Komponenten, deren Einfluß nicht zahlenmäßig zu erfassen ist, macht es erklärlich, daß die rechnerische Behandlung der Senkungsvorgänge nur Näherungswerte schaffen kann, um so mehr als die Bewegungen der Deckschichten nur an dem Verhalten der Firste über den Abbauhohlräumen und an den Senkungserscheinungen der Tagesoberfläche beobachtet werden können, während die Bewegungen innerhalb der ganzen Mächtigkeit der Deckschichten sich der Beobachtung entziehen.

Aus diesem Grunde ist es verständlich, daß über das Niedergehen der Deckgebirgsschichten verschiedene Theorien bekannt wurden, die je nach den verschiedenen geologischen Verhältnissen der betreffenden Bergbaureviere und je nach den theoretischen Voraussetzungen voneinander Abweichungen zeigen.

Unstreitig ist man seit der ersten Behandlung dieser Fragen durch Gonot im Jahre 1839 der Wirklichkeit näher gekommen. Da aber bisher keine dieser Anschauungen allgemeine Geltung erlangt hat, seien im folgendem einige in der letzten Zeit in größeren Bergbaurevieren aus verschiedenen theoretischen Betrachtungsweisen entstandene Theorien sowie noch einige zur tieferen Klärung angestellte Versuche wiedergegeben, die den heutigen Stand der Erkenntnis auf diesem Gebiete darstellen.

Diese Betrachtungen können schließlich als Leitfaden für die Beurteilung spezieller Fälle dienen.

An erster Stelle seien die Ausführungen Padours[1]) über die Senkungserscheinungen im nordwestböhmischen Braunkohlenrevier mitgeteilt, da in

[1]) Padour, A.: Flur- und Gebäudeschäden. Führer durch das nordwestböhmische Braunkohlenrevier. Teplitz-Schönau. 1908.

diesem Revier die Bewegungsvorgänge an den zahlreichen Tagesbrüchen leicht studiert werden können.

Vorausgeschickt sei, daß das 10 bis 30 m mächtige Braunkohlenflöz dieses Revieres von Letten (Tonschiefern) verschiedener Mächtigkeit überlagert wird. Nur die obersten, wenige Meter mächtigen Schichten, bestehen aus Schotter, Lehm oder Sand.

Padour bestimmte die Druckfestigkeit des Hangendlettens verschiedener Teufe und fand, daß diese von 46 kg/cm² bei 90 m bis 138 kg/cm² bei 400 m Teufe zunimmt.

Der Verbruch eines ausgekohlten Abbaues erfolgt je nach der Stärke der zurückgelassenen Kohlenschutzdecke bei einer den lokalen Druck- und Festigkeitsverhältnissen entsprechenden Grundfläche des Abbaues und setzt in glocken- bzw. paraboloidartiger Form in das Deckgebirge fort. Die Höhe dieses Aufbruches hängt von der Festigkeit des Lettens ab. Bei geringer Überlagerung und großer Höhe und Grundfläche des Abbaues reicht ein solcher Aufbruch bis zur Tagesoberfläche, woselbst er eine fast kreisrunde, meistens scharf abgeränderte, einige Meter tiefe Pinge deswegen verursacht, weil das aus dem glockenartigen Aufbruche herrührende, in den Abbauhohlraum einstürzende Verbruchsmaterial zur Ausfüllung des Abbau- und Aufbruchshohlraumes nicht genügt. In solchen Fällen arten die Flurschäden in gänzliche Devastierung der Oberfläche aus. Offenbar müssen ähnliche Aufbruchserscheinungen auch bei größeren Überlagerungen eintreten, wenn sie auch nicht zu Tagesbrüchen führen, sondern nur als Senkungen im Tagterrain wahrnehmbar werden, und zwar entweder als schüsselförmige Einsenkungen, die etwa den einzelnen Abbaukammern entsprechen, oder als flachverlaufende Mulden ohne sichtbare Begrenzungen der Abbaue und Pfeiler.

Angenommen, es verbricht eine kreisrunde Abbaukammer (Abb. 271) vom Durchmesser B und von der Höhe h, und der Aufbruch erfolgt paraboloidartig, so kann der Aufbruch, eine genügend große Überlagerungshöhe $\ddot{U}$ vorausgesetzt, nur so weit gegen die Oberfläche sich fortpflanzen, bis die abgerissenen Aufbruchsmassen sowohl den ausgekohlten Abbau als auch den Aufbruchsraum selbst vollfüllen.

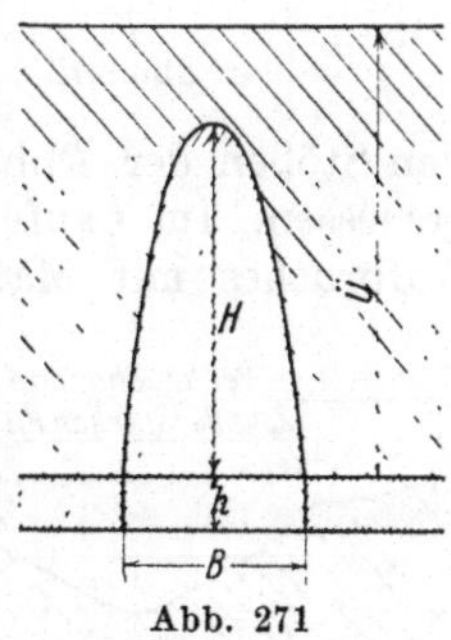

Abb. 271

Unter der Annahme, daß das in den Hohlraum einstürzende Verbruchsmaterial eine Auflockerung von p% erfährt, berechnet Padour die Höhe desparaboloidartigen Aufbruchsraumes mit

$$H = \frac{200\,h}{p}.$$

Die Volumsvermehrung p ist abhängig von der Stückigkeit und Festigkeit des Verbrauchsmaterials und vom Wasserzutritt und ist um so kleiner, einem je größeren Druck es durch darüberliegende Massen ausgesetzt ist. Für das Brüxer Kohlenbecken setzt Padour daher die Volumsvermehrung p unter Verwendung eigener Messungsergebnisse in Beziehung zur Höhe der darüber lastenden, hereingebrochenen Massen und zur Zusammenpressung durch die dynamischen Wirkungen während des Verbruchsvorganges und ermittelt danach die Höhe des Aufbruchsraumes lediglich als Funktion der Abbauhöhe mit

$$H = 46\sqrt[3]{h^2}.$$

Ist die Mächtigkeit der Überlagerung gleich oder größer als H, so sollten überhaupt keine Bodensenkungen eintreten (schadlose Teufe), was allerdings mit den Beobachtungen nicht übereinstimmt, weshalb Padour dieses rechnerische

Ergebnis so auslegt, daß in diesem Falle wohl Bodensenkungen entstehen, Tagesbrüche hingegen ausgeschlossen sind.

Erfahrungsgemäß hören in diesem Reviere bereits dann die Tagesbrüche auf, wenn die Überlagerungshöhe größer ist als die acht- bis elffache Abbauhöhe, das ist bereits bedeutend vor der von Padour genannten Grenze. Dagegen ist ein Totlaufen der Senkung selbst dann nicht zu erwarten, wenn die Überlagerung weitaus mächtiger ist, weil die über den niedergebrochenen Massen befindlichen Gesteinsschichten in einer gewissen Höhe über dem Abbau auf dem Verbruchsmaterial auflasten und sich, dieses komprimierend, durchbiegen werden, wobei sie keine Volumsvermehrung erfahren müssen.

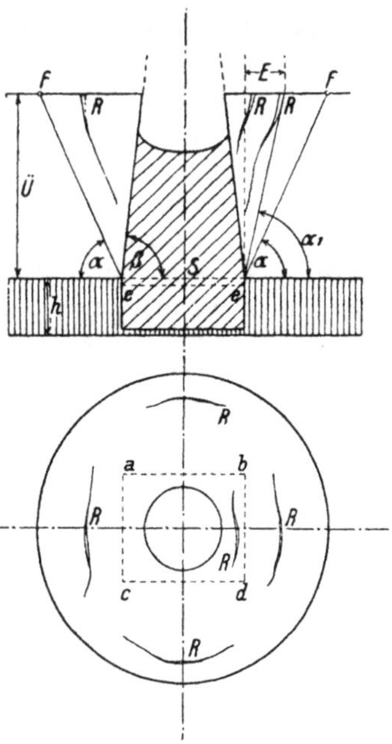

Abb. 272

Das Entstehen eines Tagesbruches beschreibt Padour folgendermaßen:

„Fast gleichzeitig mit dem Hereinbrechen der zurückgelassenen Kohlenschutzdecke S erfolgt das Nachbrechen des Hangenden und es entsteht schließlich früher oder später im Terrain eine nahezu kreisrunde Vertiefung von einigen Metern Durchmesser (Abb. 272). Die Wände dieser Vertiefung sind, sobald das Hangende aus Letten besteht, überhängend. In der Umgebung dieser Pinge sieht man sehr oft Rißbildungen *(R)*, deren Stärke mit ihrer Entfernung von der Abbaukammermitte abnimmt. Diese bis einige Dezimeter starken Risse treten innerhalb einer bestimmten Zone auf, welche bis auf eine Entfernung von $E = \ddot{U} \operatorname{ctg} \alpha_1$ von den Stößen der Abbaukammer reicht. Der Winkel α_1 wurde mit 76^0 bis 78^0 gemessen. Im Laufe der Zeit wird zuerst der unausgefüllt gebliebene Teil des Aufbruches mit Material teilweise verfüllt, welches von den oberen Partien der Aufbruchwände sich abtrennt und in den Hohlraum einstürzt; später lösen sich die noch anstehenden Gebirgsmassen bis zu einer bestimmten Begrenzung *(FF)* ab, sinken infolge der Schwerkraft gegen den Verbruchsraum und pressen das dort befindliche Verbruchsmaterial weiter zusammen. Erfahrungsgemäß kommen die Senkungen innerhalb zwei bis drei Jahren nach erfolgtem Abbau zur Ruhe. Nach dieser Zeit erfolgen nur mehr unbedeutende Bewegungen und man kann annehmen, daß nach acht bis zehn Jahren die Bodenbewegungen vollständig abgeschlossen sind."

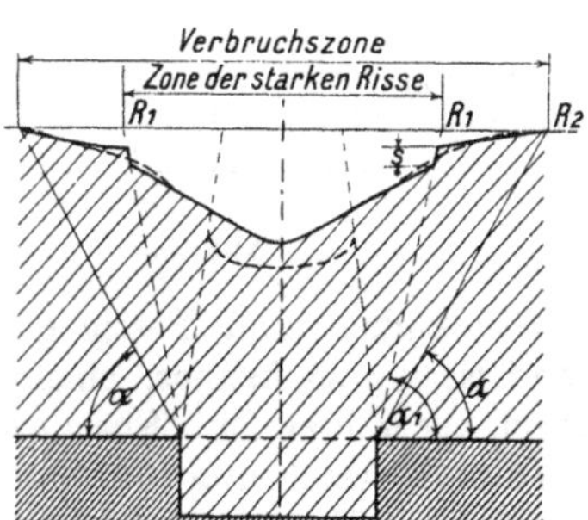

Abb. 273

Vor Beendigung des Abböschens kann man an der Peripherie der Zone der starken Risse einige Dezimeter hohe Terrainstufen s (Abb. 273) wahrnehmen, ebenso daß der zwischen der Grenze der Verbruchszone und der Zone starker Risse befindliche Terrainteil nur wenig abgesenkt ist. Die Terrainstufen verschwinden schließlich und die zur Ruhe gekommene Pinge nimmt etwa die in Abb. 273 punktierte Form an.

Der Grenzwinkel (Bruchwinkel) α der Bodensenkung wurde für das nordwestböhmische Braunkohlenrevier bei söhliger Flözablagerung und bis 100 m Decke mit 68° bis 70°, bei größerer Überlagerung mit bis zu 72° angegeben.

Spätere genaue Nivellements haben allerdings ergeben, daß geringe, praktisch unbedeutende Senkungen auch noch darüber hinaus auftreten können.

Den Einflüssen des Verflächens β ist in folgender Weise Rechnung zu tragen (Abb. 274):

Grenzwinkel im Ansteigen $\alpha_2 = \alpha + \frac{\beta}{5}$,

„ „ Verflächen $\alpha_3 = \alpha - \frac{\beta}{3}$.

Sobald jedoch $\beta > 27°$, ist $\alpha_3 = 90 - \beta$. Der Bruchwinkel ist also im Ansteigen des Flözes steiler als im Fallen.

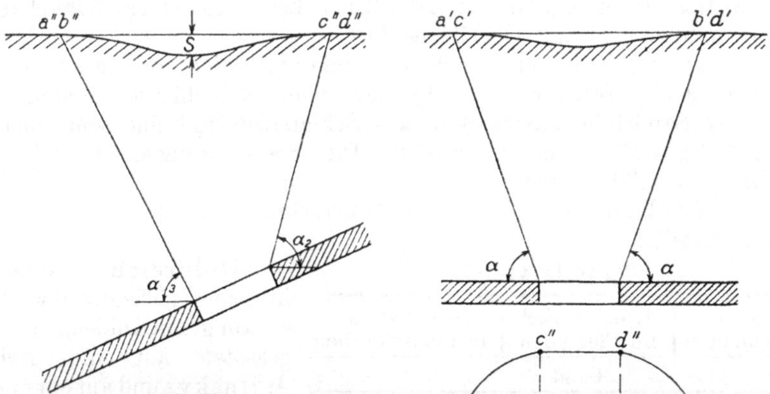

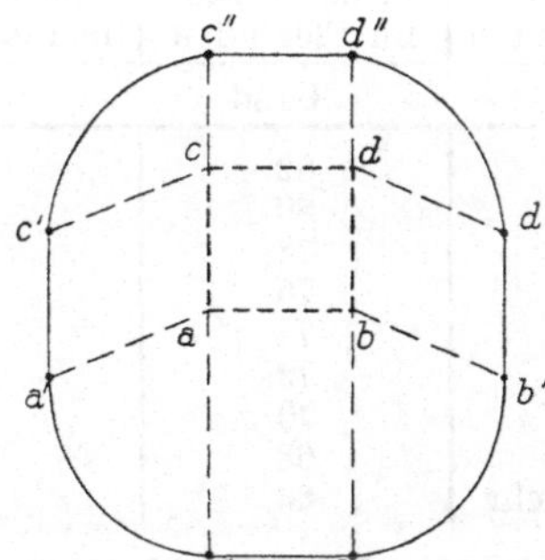

Abb. 274

Für die Streichrichtung gelten die für söhlige Lagerung angegebenen Grenzwinkel.

Für die annähernde Größe s der Einsenkung gibt **Padour** folgende Formel an:

$$s = \frac{3fh}{[F + f + \sqrt{Ff}]},$$

worin bedeuten:

f = Fläche des abgebauten Feldes, F = Fläche der kleineren Verbruchszone (α_1),

h = theoretische Abbauhöhe $= \frac{\text{Ausbringen}}{\text{spez. Gewicht}}$ [1]).

Wenn auch die hiemit vorgebrachte Theorie **Padours** mit genaueren Messungen nicht stets vollständig übereinstimmt und sich Gegensätze zu den allgemein gehaltenen Ausführungen v. **Willmanns** und **Eckardts** zeigen, so ist sie doch für das nordwestböhmische Braunkohlenrevier das wertvollste Hilfsmittel zur Beurteilung von Bergschäden geblieben.

[1]) In Abb. 274 ist auch die theoretische Form der Begrenzung der Senkungsmulde angegeben. Bei den geringen Abmessungen der üblichen Abbaukammern im Vergleiche zur Teufe nähert sich jedoch die Begrenzung im allgemeinen der Kreis- oder Ellipsenform.

Ohne auf den Mechanismus der Senkungsvorgänge näher einzugehen, hat das Oberbergamt Dortmund[1]) unter Benutzung einer großen Zahl beobachteter Senkungsfälle im rheinisch-westfälischen Kohlengebiete für seinen Verwaltungsgebrauch die folgenden Bruchwinkelkonstruktionen angegeben:

1. Im Steinkohlengebirge ist der Bruchwinkel:

a) An der unteren Abbaugrenze bei ganz flachen Flözen bis etwa 15^0 Einfallen zu höchstens 75^0 anzunehmen, er nähert sich aber bei stärkerem Einfallen mehr dem natürlichen Böschungswinkel, ohne jedoch selbst auf steilstehenden Flözen unter 55^0 bei normalen Verhältnissen herabzusinken. Bei einer Flözneigung von 15 bis 35^0 steht die Bruchebene der unteren Abbaugrenze senkrecht zum Flözfallen, so daß also bei 35^0 Flözneigung der Bruchwinkel $180-(90+35)=55^0$ den angenommenen geringsten Wert erreicht hat.

b) An der oberen Grenze des Abbaues ist der Bruchwinkel im Steinkohlengebirge für jedes Flözeinfallen zu 75^0 beibehalten worden.

2. Im Mergelgebirge pflanzt sich die Bruchebene unter einem Winkel von 70^0 zur Horizontalen nach der Oberfläche fort.

O'Donahue[2]) berichtet aus dem Steinkohlenrevier von Lancashire über wesentlich steilere Bruchwinkel. Die karbonen Deckschichten bestehen dort zu 20% aus Sandstein und zu 80% aus Schieferton und sind von einem nur 15 m mächtigen Diluvium überdeckt. Die Beobachtungen erstrecken sich auf Teufen von 170 bis 900 m.

Die von O'Donahue gemessenen Bruchwinkel sind in folgender Tabelle zusammengestellt:

Tabelle 47

Einfallen der Schichten	Bruchwinkel im Flözfallen	Bruchwinkel im Flözschweben
	Grad	
0	82	82
3	80	83
6	78	84
9	76	85
12	74	86
15	72	87
18	70	88
21	68	89
24 und mehr	66	90

Goldreich veröffentlicht in seiner „Theorie der Bodensenkungen in Kohlengebieten"[3]), gestützt auf die Arbeiten Jičinskys und auf ein umfangreiches Beobachtungsmaterial, das an Bahnsenkungen gewonnen wurde, Betrachtungen über die Bruch- und Grenzwinkel und die lotrechten Senkungsmaße im Ostrauer Revier, die im folgenden auszugsweise wiedergegeben werden.

Das Ostrauer Steinkohlenbecken enthält vorwiegend schwache Flöze, die in karbone Schieferton- und Sandsteinbänke eingelagert sind, über welchen diskordant mehr oder weniger plastische Tegel der Kreide und des Tertiärs lagern.

Nach Goldreich verlaufen die Senkungsvorgänge im Karbon und im Tertiär in grundsätzlich verschiedener Weise, und auch in den Karbonschichten selbst ist die Art des Senkungsvorganges verschieden, je nachdem ob eine mächtige Tertiärüberlagerung vorhanden ist, oder ob das Karbon zutage ansteht.

---

1) Über die Einwirkung des unter der Mergelüberdeckung geführten Steinkohlenbergbaues auf die Erdoberfläche im Oberbergamtsbezirke Dortmund. Zeitschr. f. d. Berg-, Hütten- und Salinenwesen im preuß. Staate. 1897.

2) O'Donahue: Royal Commission on mining subsidence. Coll. Guard., S. 793. 1924. Referat Weissner: Glückauf, S. 723. 1924.

3) Goldreich, A. H.: Die Theorie der Bodensenkungen in Kohlengebieten. Berlin: J. Springer. 1913.

Der Berg- und Hüttenmännische Verein in Mährisch-Ostrau konstatierte in einem Gutachten vom Jahre 1881, daß bei den oft mehrere hundert Meter langen und ebenso breiten Abbauen sich die Firste im ganzen unter Einbiegung der Deckschichten bruchlos niedersenkt. Die von Rziha[1]) vermutete paraboloidartige Form des Aufbruches, wie sie auch in Nordwestböhmen die Regel ist, soll also in diesem Reviere nicht beobachtet worden sein.

Goldreich beobachtete an den Bahnsenkungen, daß die Senkungsmulden um so mehr nach stetigen Kurven verlaufen, je mächtiger die Tertiärdecke ist, daß sie dagegen im Profil polygonal sind, wenn das Karbon zutage ansteht, offenbar weil die spröderen Karbonschichten an Sprüngen in die Tiefe gehen, während die Tegel des Tertiärs (Schlier) sich plastisch einbiegen.

Es wird zwischen den Begriffen Bruchwinkel und Grenzwinkel unterschieden. Längs der Bruchrichtungen soll eine Störung des Zusammenhanges der Deckgebirgsschichten stattfinden, die Grenzwinkel bezeichnen die Grenze der Bewegung der Schichten überhaupt.

Bei söhliger Flözablagerung bricht das Deckgebirge längs lotrechter Ebenen in den ausgekohlten Hohlraum nieder, und wenn keine tertiäre Überlagerung vorhanden ist, so findet gleichzeitig mit der Entstehung dieses Hauptbruches ein Nachsinken der seitlichen Erdprismen, der Nachbruch, statt (Abb. 275).

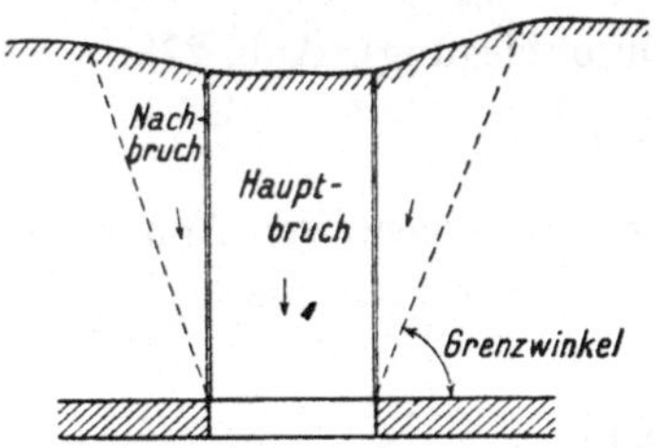

Abb. 275

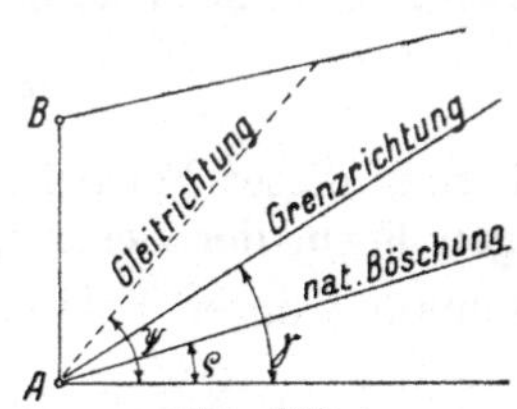

Abb. 277

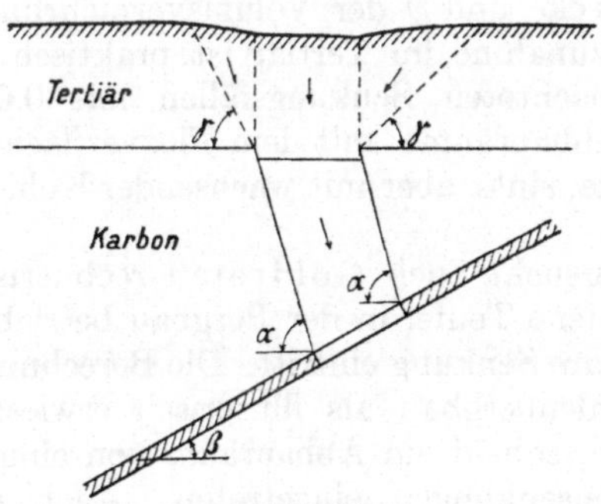

Abb. 276

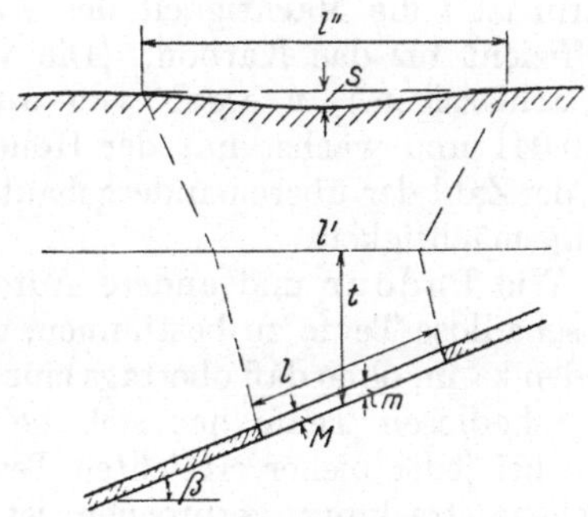

Abb. 278

Bei geneigter Flözablagerung findet der Hauptbruch zwischen parallelen Ebenen statt, die im Streichen lotrecht stehen, im Verflächen den Bruchwinkel α mit der Horizontalen einschließen.

Für ein Flözverflächen β von 0 bis 45° beträgt der Bruchwinkel $\alpha = 90^0 - \frac{\beta}{2}$, für ein Flözverflächen von 45 bis 90° ist $\alpha = 45^0 + \frac{\beta}{2}$; bei 45° Flözneigung ist der Bruchwinkel am kleinsten.

Ist das Karbon von plastischen Tertiärschichten überlagert (Abb. 276), so pflanzt sich der Hauptbruch in das Tertiär nach lotrechten Ebenen fort.

[1]) Rziha, F.: Österr. Zeitschr. f. Berg- u. Hüttenwesen. 1882.

Der einsinkende Tertiärblock verhindert das Nachbrechen der Karbonschichten nach Grenzwinkeln. Gleichzeitig mit dem Einsinken des mittleren Tertiärblockes rutschen unter den Grenzwinkeln γ die seitlichen Tertiärprismen nach. Für die Lage der Grenzwinkel im Tertiär gewinnt Goldreich aus dem Rebhannschen Satz über den aktiven Erddruck Angaben, und zwar ist die Größe des Grenzwinkels abhängig von der natürlichen Böschung und von der Kohäsion der Tertiärmassen. Ist ϱ der natürliche Böschungswinkel des Materials, so ist der Winkel ψ, den die Gleitrichtung mit der Horizontalen einschließt, ohne Rücksicht auf die Kohäsion $\psi = 45 + \frac{\varrho}{2}$ (Abb. 277).

Ist die Kohäsion der Erdmassen so groß, daß sie sich unter dem Winkel ψ ohne Stützwand halten können, so ist die Gleitrichtung zugleich die Grenzrichtung der Bodenbewegung γ. Ist die Kohäsion aber geringer, so liegt die Grenzrichtung γ zwischen der natürlichen Böschung ϱ und der Gleitrichtung ψ, und ist die Kohäsion gleich Null (Sand), so fällt die Grenzrichtung γ in die natürliche Böschung ϱ.

Je größer die Mächtigkeit des Tertiärs ist, desto größer ist seine Kohäsion und desto steiler sind die Grenzwinkel.

Für das lotrechte Senkungsmaß entwickelt Goldreich Formeln, und zwar für:

1. Senkung ohne Volumsvermehrung (Durchbiegung), Abb. 278.

$$m = \frac{M}{\cos\beta} \qquad s = 2\,\frac{l}{l''}\,m.$$

Die Ableitung dieser Formel erfolgt unter der näherungsweisen Annahme einer dreieckigen Form der Senkungsmulde.

2. Senkung unter Volumsvermehrung.

$$s = \frac{l'}{l''}\left(\frac{l}{l'}\,m - v\,t\right).$$

Hierin ist t die Mächtigkeit der Karbondecke und v der Volumsvermehrungskoeffizient für das Karbon. (Die Volumszunahme im Tertiär ist praktisch zu vernachlässigen.) v ergab sich aus beobachteten Senkungsfällen mit 0,000 bis 0,041 und wächst mit der Höhe der Abbauräume, mit dem Flözverflächen, mit der Zahl der übereinandergebauten Flöze, sinkt aber mit wachsender Kohlengebirgsmächtigkeit.

Wie Padour und andere Autoren versucht auch Goldreich rechnerisch die schadlose Teufe zu bestimmen, das ist jene Teufe, in der Bergbau betrieben werden kann, ohne daß obertags eine merkbare Senkung eintritt. Die Berechnung der schadlosen Teufe hat sich beim Kohlenbergbau als illusorisch erwiesen, denn bei jeder bisher erreichten Teufe sind, sobald ein Abbauraum von einiger Flächenerstreckung verbrochen ist, Bodensenkungen eingetreten. Auch die Einführung des Spülversatzes hat bisher Bodensenkungen nicht gänzlich zu verhindern vermocht. Bei bestem Spülversatz senkt sich das Hangendgestein mitunter nur um 5 bis 10% der Abbauhöhe; dieses Niedergehen erfolgt aber bruchlos, so daß an der Tagesoberfläche weitgespannte regelmäßige Senkungsmulden von geringem lotrechten Senkungsmaß entstehen.

Goldreich berichtet auch von Hebungen am Rande von Senkungsmulden, die vereinzelt beobachtet wurden; ebenso beschreibt Buntzel[1]) aus Oberschlesien beim Abbaue mächtiger Flöze mit Spülversatz derartige Erscheinungen. Goldreich führt sie auf Wirkungen des passiven Erddruckes zurück.

[1]) Buntzel: Über die in Oberschlesien beim Abbau mit Spülversatz beobachteten Erdsenkungen. Zeitschr. f. d. Berg-, Hütten- u. Salinenwesen, S. 293. 1911.

Für die horizontalen Verschiebungen und die Bodenspannungen gibt Goldreich[1]) folgende schematische Darstellung (Abb. 279). Die seitlichen Erdprismen B_1 und B_2 treffen auf den mittleren Erdblock A und erzeugen an der Berührungsstelle Pressungen der Erdmassen, die ihr Höchstmaß in den Punkten b und c erreichen. Die Erdprismen B_1 und B_2 lösen sich von den benachbarten Schichten längs der Flächen $a\,m$ und $d\,n$ los und verursachen Zerrungen, die an den Punkten a und d ihr Höchstmaß erreichen. Zwischen a und b und zwischen c und d liegt je ein Punkt, an dem die Bodenbeanspruchungen Null sind; diese spannungslosen Punkte sind zugleich die Punkte der größten horizontalen Bodenverschiebungen.

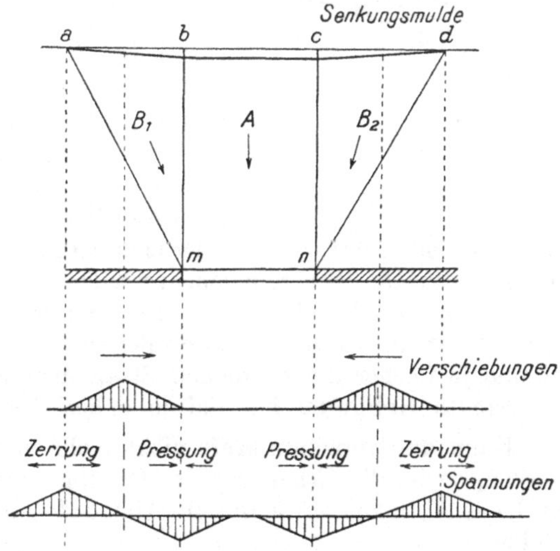

Abb. 279

Unter eingehender Beachtung der Festigkeitseigenschaften, die die verschiedenen Gesteinsschichten des Deckgebirges besitzen, gewinnt Eckardt[2]) eine grundsätzlich andere Vorstellung von dem Bewegungsmechanismus sich senkender Gebirgsschichten.

Von den Gesteinen, die für den Aufbau von geschichtetem Gebirge in Betracht kommen, ist allein der Sandstein einer genaueren Untersuchung auf seine Festigkeitseigenschaften unterzogen worden.

C. Bach fand, daß mit steigender Zugbeanspruchung des Sandsteines sein Elastizitätskoeffizient sinkt. Wenn man annimmt, daß sich der Sandstein gegenüber Druckbeanspruchungen ähnlich verhält, so ergibt sich, daß sich Sandstein bei zunehmender Druckbeanspruchung stärker zusammenpressen läßt, als der Steigerung der Belastung entspricht; ferner daß er bei einem Aufhören der Belastung um so weniger die erlittene Formänderung rückgängig machen kann, je höher die Belastung war. Diese Eigenschaft nennt man bei Gesteinen Plastizität.

Sämtliche Gesteine werden hochplastisch, wenn ein genügender Druck auf sie ausgeübt wird.

Für plastisch deformierbare Körper ist die Zeitdauer der Belastung von Bedeutung. Die Widerstandsfähigkeit eines über die Streckgrenze belasteten Körpers wird unter dem Einfluß einer dauernden Belastung geringer. Allerdings kommt es bei einem Nachgeben der Schichten zu Entlastungen und zur Neueinstellung von Gleichgewichten.

Auf dieser Grundlage erklärt Eckardt die Druckverteilungen beim Entstehen von Hohlräumen folgendermaßen:

Vor der Entstehung eines Hohlraumes lastet auf jedem einzelnen Teilchen das Gewicht der darüber lagernden Schichten. Dieser Druck wirkt nicht nur

[1]) Goldreich, A. H.: Die Bodenbewegungen im Kohlenrevier und deren Einfluß auf die Tagesoberfläche. Berlin: J. Springer. 1926.

[2]) Eckardt, A.: Die mechanischen Einwirkungen des Abbaues auf das Verhalten des Gebirges. Glückauf, S. 353ff. 1913; Eckardt, A.: Der Einfluß des Abbaues auf die Tagesoberfläche. Glückauf, S. 449ff. 1914; Zuschriften, S. 1172, 1176.

in lotrechter, sondern auch in wagrechter Richtung. Jedes Teilchen des Deckgebirges ist der Ausgangspunkt von unendlich vielen Stützlinien, mittels deren die oberhalb liegenden Gebirgsteile auf ihm lasten, und ist auch der Endpunkt der Stützlinien aller unter ihm liegenden Gebirgsteile (Abb. 280).

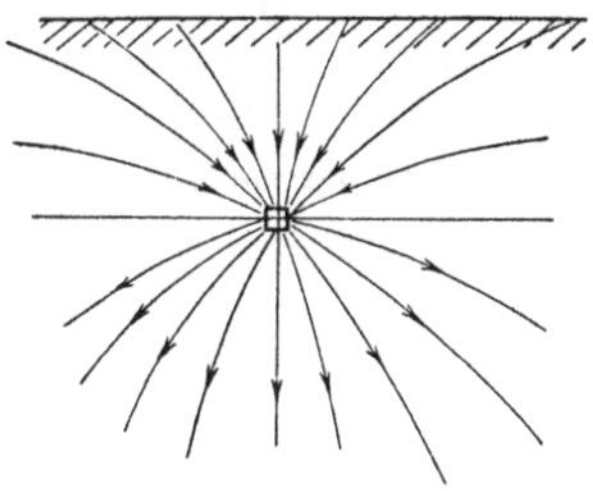

Abb. 280

Die Summe sämtlicher Drücke an den Stützlinien ergibt die dem Gewicht der Gebirgssäule entsprechende Druckbelastung.

Mit der Entstehung eines Hohlraumes fallen sämtliche durch ihn hindurchgehende Stützlinien fort, die benachbarten aber werden entsprechend stärker belastet (Abb. 281).

In jedem Teilchen oberhalb des Hohlraumes entsteht eine wagrecht wirkende Druckkraft H (Abb. 281) als Resultierende der in der Richtung jeder Stützlinie wirkenden horizontalen Druckkraftkomponenten. Während sich aber die Horizontalkräfte H vereinigen, verteilen sich die nach den Kämpferpunkten gerichteten Druckkräfte nach allen Seiten in das umgebende Gestein. Die Kraft H ist um so größer, je größer die Höhe der überlagernden Gebirgssäule ist und je flacher die möglichen Stützlinien verlaufen, das heißt je größer der hergestellte Hohlraum ist und je näher das Teilchen dem Hohlraume liegt.

Kann die Horizontalkraft nicht mehr in dem Scheitelpunkt aufgenommen werden, so ist die Erhaltung des Gleichgewichtes nicht mehr möglich, und es wird ein Absinken etwa des in Abb. 281 senkrecht schraffierten Teiles stattfinden.

Je größer die Druckfestigkeit und die Mächtigkeit der einzelnen Gebirgsschichten ist, in desto flacheren Stützlinien pflanzt sich der Druck fort und verteilt sich daher auf eine größere Fläche hinter den Abbaustößen. Je geringer dagegen die Festigkeit und Mächtigkeit der Deckschichten, je weiter der Hohlraum und je größer der der Überlagerungshöhe entsprechende Normaldruck ist, desto steiler verlaufen die Stützlinien, desto mehr drängen sie sich in die Nähe der Abbaustöße und desto höher werden dort die Auflagerdrücke.

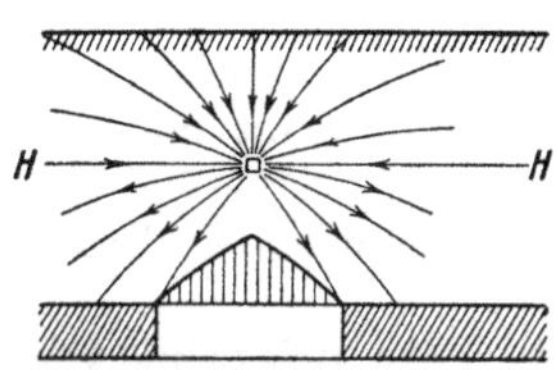

Abb. 281

Abb. 282

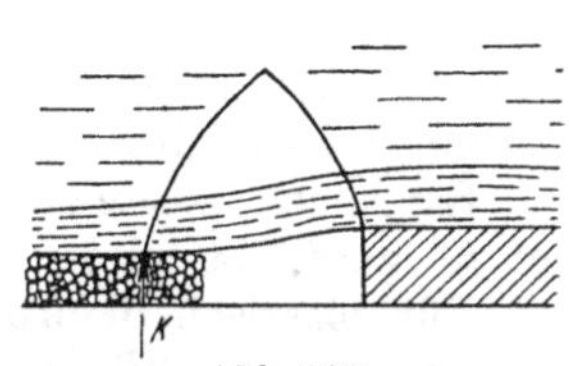

Abb. 283

Der Verlauf einer Bodensenkung läßt sich derart darstellen, daß ein Punkt E (Abb. 282) über dem Abbau angenommen wird, in dem die sich aus den Stützlinien ergebende Horizontalkraft bereits aufgenommen werden kann, wodurch die Schichten unterhalb, zwischen den angenommenen Kämpferstützlinien, dem Gebirgsdruck entzogen sind und sich wie eingespannte Platten unter dem Einfluß ihres Eigengewichtes verhalten. Sie können sich durchbiegen, bekommen Zugspannung und sind als gebogene Platten imstande, einem weiteren Absinken Widerstand zu leisten. Mit dem Fortschreiten des Abbaustoßes wird allerdings die Stützweite größer, so daß für den sich biegenden Balken eine Unterstützung in Form von Versatz eingebracht werden muß, wenn er nicht unter der steigenden Belastung brechen soll (Abb. 283).

Infolge der Plastizität der Gesteine wachsen die Dehnungen mit steigender Belastung sehr rasch und die Durchbiegung kann große Werte erreichen. Außerdem bleiben die Schubspannungen, die jeden unplastischen Schichtbalken von einiger Mächtigkeit zerstören würden, in plastischem Material gering.

Weiterhin bringt die Plastizität eine Verschwächung der Schichten an der Einspannstelle mit sich (Abb. 284). Die Schubspannungen suchen im Verein mit den Zugspannungen an der Oberseite des Balkens Material herauszuziehen, während auf der Unterseite des Balkens Material angestaucht wird.

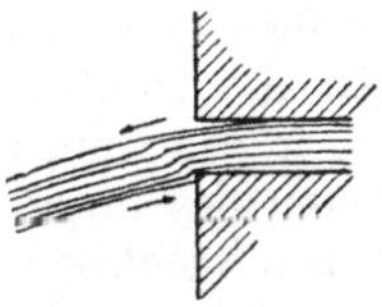

Abb. 284

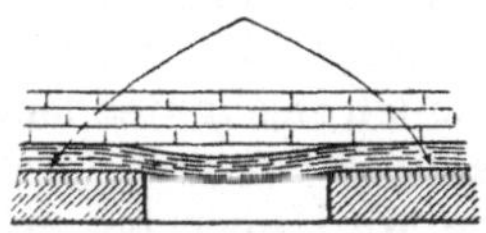

Abb. 285

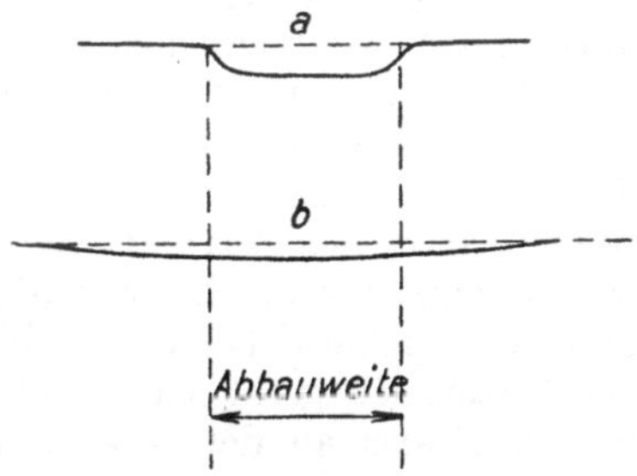

Abb. 286

Wird eine weniger druckfeste Schicht von einer festeren, die meist auch eine geringere Durchbiegung zeigt, überlagert, so entsteht zunächst ein hohler Raum zwischen beiden Schichten (Abb. 285). Wird jedoch der Querschnitt des unteren Balkens an der Einspannstelle durch die zuvor beschriebene Erscheinung geschwächt, so rücken die Auflagerpunkte des oberen Balkens nach rückwärts, wodurch dessen Durchbiegung und Auflagerdrücke weiter zunehmen. Dies zieht eine vermehrte Druckwirkung auf den unteren Balken nach sich, daher wieder eine vermehrte Materialnachpressung an den Einspannstellen gegen den Abbau zu usw., bis sich endlich bei genügender Durchbiegung des oberen Balkens ein Gleichgewichtszustand einstellt. Beim Vorhandensein abwechselnd starrer und plastischer Schichten erfolgt also die Ergänzung des Materialdefizits oft aus größerer Entfernung vom Abbau und diese Materialwanderung führt dann zu flachen, weit gespannten Senkungsmulden. Dies insbesondere, wenn die Durchbiegung auch der untersten Schichten nur sanft erfolgt, also bei Abbau schwacher Flöze oder bei Abbau mit Versatz. Beim Bruchbau mächtigerer Flöze erfahren die Hangendschichten eine scharfe Durchbiegung und behindern dadurch den Materialnachschub aus größerer Entfernung; es führt dies also zu kleineren, aber tieferen Senkungen. In Abb. 286 stellt *a* die Senkungsmulde bei Bruchbau, *b* bei Abbau mit Versatz dar.

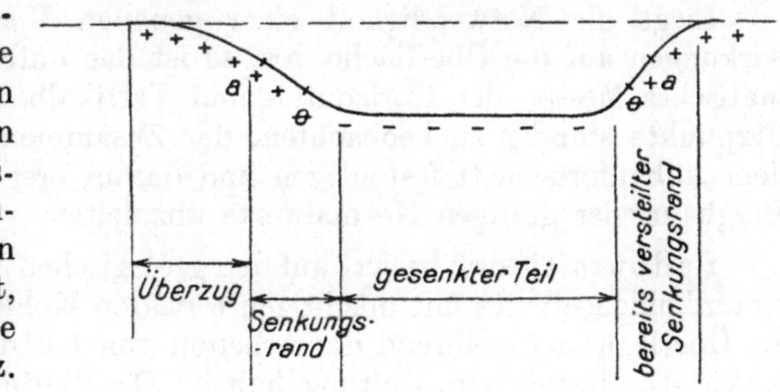

Abb. 287

An der obertägigen Senkungsmulde wird man im allgemeinen zwischen dem gesenkten Teil, dem Senkungsrand und dem sogenannten Überzug, das ist dem Übergang zur unbeeinflußten Umgebung, unterscheiden können. In Abb. 287 ist die Senkungsmulde bei einem fortschreitenden Abbaubetrieb mit den auftretenden Pressungen und Zerrungen dargestellt. Die Punkte *a* zeigen die für Gebäudeschäden gefährlichsten Zonen der größten Zugwirkung.

Kommt der Abbau zum Stehen, so haben die Deckgebirgsschichten Zeit, sich plastisch zu deformieren, die Auspressung plastischer Bänke wird bis zur Erreichung des Gleichgewichtszustandes fortgesetzt, die elastischen Linien der Schichten werden über dem Abbaurande steiler und Hand in Hand damit geht eine Versteilung und Vertiefung des Senkungsrandes an der Tagesoberfläche.

Wird das Gebirge von Störungen, Verwerfern z. B., durchsetzt, so werden die Senkungsvorgänge insoferne hievon beeinflußt, als die Verwerferkluft im allgemeinen wohl Druck-, aber keine Zugspannungen übertragen kann, die elastische Nachwirkung auf das jenseits der Störung liegende Gebirgstrum unterbrochen ist und der Senkungsrand sich bei der Annäherung an den Ausbiß der Störung schneller und steiler ausbilden wird. Schließlich kann sich dieser Ausbiß unter der Zerrung öffnen, dies auch dann, wenn der Abbau den Fuß des Verwurfs noch nicht erreicht hat. Der Ausbiß der Störung ist also vorübergehend ein gefährlicher Punkt, bis er mit fortschreitendem Abbau in das Gebiet der Pressungen gerät und wieder geschlossen wird. Ein Abgleiten des unterbauten Trums an der Störungsfläche wird aber bei einigermaßen mächtiger Überlagerung nicht zu befürchten sein. Die Abbausenkungen erfahren also in ihrem Fortschreiten durch Gebirgsstörungen nur vorübergehend eine abweichende Ausbildung, vorausgesetzt, daß diese Störung nicht zugleich das Fortschreiten des Abbaues verhindert.

Entgegen der Ansicht Eckardts weisen einzelne Autoren darauf hin, daß Verwerfer mit großer Sprunghöhe insoferne einen Einfluß auf den Bruchwinkel haben können, als an ihnen Rutschungen eintreten, namentlich wenn sie einen feuchten Lettenbesteg haben.

Eckardt vermeidet die Angabe sogenannter Bruch- und Grenzwinkel und hält diese Winkelgrößen weitgehend abhängig von der Höhe der Abbauräume, der Abbaumethode (Bruchbau, Abbau mit Versatz, Güte des Versatzes) und der Schnelligkeit des Abbaufortschrittes.

Liegt die Notwendigkeit einer genauen Vorausbeurteilung von Abbauwirkungen auf die Oberfläche vor, so ist das unterbaute Gelände durch systematisches Messen der Horizontal- und Vertikalbewegungen netzartig verteilter Fixpunkte ständig zu beobachten, der Zusammenhang der Meßergebnisse mit dem Abbaufortschritt festzulegen und daraus erst sind die für das betreffende Bergbaurevier gültigen Normalwerte abzuleiten.

Padours Theorie basiert auf den geologischen Verhältnissen des böhmischen Braunkohlengebietes mit mächtigen tertiären Kohlenflözen und mit Schieferton als Überlagerung, während die Arbeiten von Goldreich und insbesonders von Eckardt allgemeinere Geltung haben. Goldreich geht von der Theorie des Erddruckes aus und erklärt die Senkungsmulden durch das Absinken prismatischer Erdkörper, ohne die Festigkeitseigenschaften zusammenhängender Gesteinsbänke zu berücksichtigen. Der Schwerpunkt der Eckardtschen Anschauungen liegt in der Beachtung dieser Festigkeitseigenschaften, in der Annahme, daß unter dem Einfluß der Kämpferdrücke Gesteine plastisch werden können, und daß in plastischen Bänken Materialwanderungen gegen Hohlräume zu stattfinden, wodurch sich das Übergreifen der Senkungsmulde über die Abbauränder auch bei bruchloser Durchbiegung zwanglos erklärt. Solche Materialwanderungen demonstrierte Eckardt[1]) auch an einem Versuche in kleinem Maßstab, bei dem er Schichten von trockenem Sand und Bolus über einem Hohlraum niedersinken ließ.

---

[1]) Eckardt: Glückauf, S. 489. 1914.

Es sei hiezu bemerkt, daß bereits 1885 Fayol[1]) die Senkungsvorgänge an Modellversuchen studierte.

Da die Beweiskraft dieses Eckardtschen Versuches von Goldreich bezweifelt wurde, und da nur an Versuchskörpern der Verlauf der Deformation im Innern der Schichten ausreichend studiert werden kann, wurden vom Verfasser Druckversuche im kleinen durchgeführt, die geeignet sind, die Beobachtungen in der Natur zu ergänzen und Widersprüche in den einzelnen Bodensenkungstheorien klären zu helfen. Nachstehend sei je ein Versuch mit sehr plastischem und mit fast vollkommen elastischem Material dargestellt.

A. Plastischer Hangendton aus dem tertiären Falkenauer Kohlenbecken wurde in gleichen Schichten übereinandergestampft, wobei je eine dünne Lage Farberde dazwischen gestreut wurde. Diese Zwischenlage dient sowohl zum späteren Erkennen der stattgefundenen Bewegungen als auch um die Kontinuität der Festigkeitseigenschaften ähnlich wie in der Natur an den Schichtflächen zu unterbrechen.

Zwischen zwei derartige das Hangende und Liegende vorstellende Platten wurde ein mit quadratischer Lochung versehenes Hartholzbrett zur Darstellung des Kohlenflözes mit Abbauhohlraum gebracht und dieser Körper seitlich und unten mit einer Umkleidung versehen, damit ein von allen Seiten gleichmäßig eingesetzter hydraulischer Druck sich auf die Tonschicht nur als gleich verteilter Druck von oben auswirken kann. Dieser Versuchskörper wurde hierauf in einem Druckgefäß unter Öl langsam unter Druck gesetzt und nach beendigter Deformation zerschnitten. Abb. 288 stellt einen solchen Querschnitt dar und zeigt die bruchlose Einpressung der plastischen Hangendschichten und auch des Liegenden in den Hohlraum. Es ist aus der verringerten Höhe der untersten Schichte U und über den Abbaurändern klar zu sehen, daß von dort plastisches Material zur Verfüllung des Hohlraumes herausgepreßt wurde, und noch deutlicher ist diese Materialwanderung bei der zweiten Schicht V zu sehen, wo die Verschwächung der Höhe schon vom Abbaurand zurücktritt. Über dem Abbau selbst wird die Schichtenmächtigkeit größer als ursprünglich. Weiter in das Hangende nehmen die Deformationserscheinungen ab, dagegen hat auch das plastische Liegende teilweise an der Ausfüllung des Hohlraumes teilgenommen.

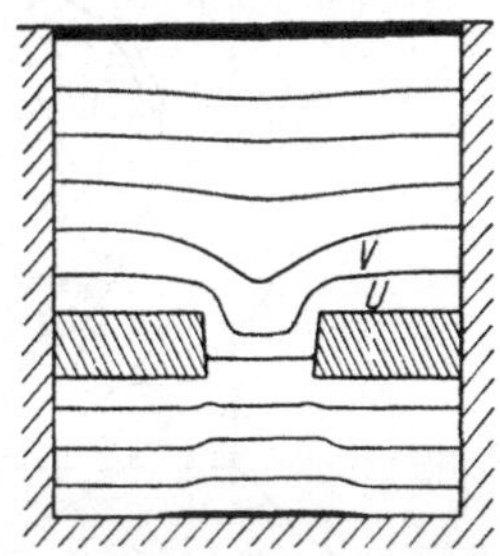

Abb. 288

B. Als Beispiel eines praktisch vollkommen elastischen Materials wurde Glas gewählt und aus zusammengekitteten Glasplatten ein ähnlicher Probekörper, nur von geringerer Höhe, erzeugt und unter Druck gesetzt.

Abb. 289 zeigt in einer Draufsicht und in einem Schnitte die entstandenen Brüche. Über dem Hohlraum ist ein paraboloidförmiger Einbruch entstanden und das zertrümmerte, in den Hohlraum gepreßte Glas bildet ein eigenartiges Mosaik, das vorwiegend von konzentrischen und radialen Sprüngen durchzogen ist; aber auch außerhalb des kreisrunden Aufbruchsrandes verlaufen konzentrische und einige radiale Sprünge, die auch über den Abbaurand hinausreichen.

Diese beiden Versuche stellen hinsichtlich der Festigkeitseigenschaften Grenzfälle dar, der erste Fall entspricht plastischen Ablagerungen, wie Schieferton,

[1]) Fayol: Note sur les mouvements de terrain provoqués par l'exploitation des mines. Bulletin de la société de l'industrie minerale, II. Serie, Tome XIV. St. Etienne. 1885; Referat Pollack: Zeitschr. d. Österr. Ing.- u. Arch.-Vereines, S. 264. 1919.

der zweite starren Gesteinsschichten, wie Sandstein, aber auch teilweise Tonschiefer u. dgl., solange die auftretenden Drücke noch zu gering sind, um die Plastizität zu steigern. Die Versuchsergebnisse entsprechen im wesentlichen den Eckardtschen Überlegungen.

Nach dieser vergleichenden Darstellung der Bodensenkungstheorie und der Versuche seien nunmehr die Veränderungen der Erdoberfläche selbst betrachtet, die durch Messungen verfolgt werden können und zum Teile den Ausgangspunkt der vorbehandelten Theorien bildeten.

Verursacht der Bergbau eine vollkommene Devastierung der Oberfläche, z. B. durch Abbau mächtiger Flöze ohne Versatz in geringer Teufe, so werden die Abbaufolgen nur insoweit von Interesse sein, als obertägige Objekte vor der Zerstörung zu schützen sind und unter ihnen ein Schutzpfeiler, das ist ein Flözfeld abgegrenzt wird, in dem kein Abbau betrieben werden darf.

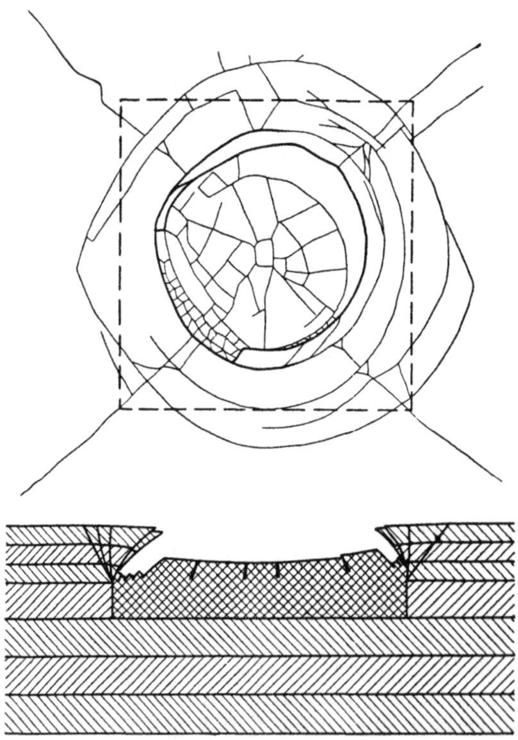

Abb. 289

Sind jedoch die Verhältnisse (Flözmächtigkeit, Teufe und Abbaumethode) derart, daß die Deckschichten nur allmählich und ohne wesentliche Störung ihres Zusammenhanges absinken, wie beim Abbau einer Anzahl von wenig mächtigen Steinkohlenflözen in größerer Tiefe, so kann, sofern dies bergrechtlich zulässig ist, der Betrieb unter Einhaltung der vorgeschriebenen Sicherheitsmaßnahmen auch unter bebauter Oberfläche, unter Städten, Flüssen und Kunstobjekten, wie Bahnen usw., erfolgen. In diesem Falle besitzen die Bewegungen der Erdoberfläche bei den großen Werten der obertägigen Objekte und der stets bestehenden Schadenersatzpflicht der Bergbautreibenden erhöhte Bedeutung und werden daher fortlaufend verfolgt.

Um die möglichen Bergschäden an Beispielen zu besprechen, seien im folgenden Beobachtungen[1]) aus dem Bergbaugebiete links des Rheins wiedergegeben.

Die Fixpunkte waren in einer Geraden quer zum Streichen des Flözes in Abständen von 50 m versetzt. Nach erfolgtem Abbau eines Flözfeldes von etwa 500 m Erstreckung im Flözverflächen zeigten sich die in Abb. 290 in einer Kurve dargestellten lotrechten Senkungen, sowie horizontale Wanderungen der Festpunkte, die ebenfalls in einer Kurve als Verlängerung der Fixpunktabstände nach aufwärts, als Verkürzungen dieser Abstände nach abwärts eingetragen sind. Die Senkungsmulde hat sich zwischen den Festpunkten 10 und 25 ausgebildet.

[1]) Lehmann, K.: Bewegungsvorgänge bei der Entstehung von Pingen und Trögen. Glückauf, S. 933. 1919.

Das abgesenkte Gebiet kann, wenn sich der Grundwasserspiegel nahe unter der Erdoberfläche befand, nach der Absenkung unter diesen zu liegen kommen und dadurch versumpfen, wodurch die Bewirtschaftung des Gebietes bzw. der Wert beeinträchtigt wird. Durch am Rande der Mulde entstehende Risse kann das Niederschlagwasser eindringen. In welligem Gelände und bei tonigem oder lehmigem Boden kann dadurch das Material aufgeweicht werden und in späterer Folge ins Rutschen geraten.

Bauwerke am Rande der Senkungsmulde werden an ihren Ecken ungleich tief gesenkt, was eine Schiefstellung des aufgehenden Mauerwerkes zur Folge hat.

Abb. 290 zeigt, daß zwischen den Fixpunkten 12 und 13 ein Maximum der Längung eingetreten ist, woraus man auf ein Maximum der Zugspannung schließen kann. Bei der Bewegung aller Festpunkte gegen die Mitte des Abbaues

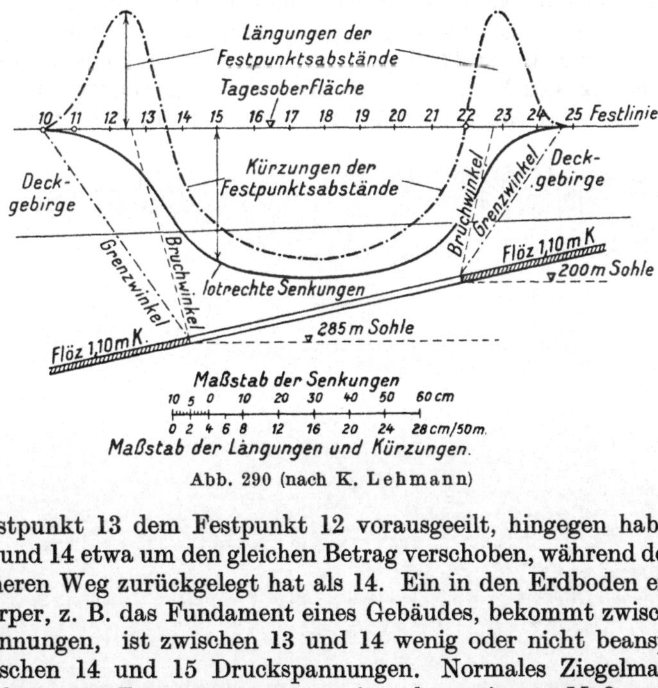

Abb. 290 (nach K. Lehmann)

ist der Festpunkt 13 dem Festpunkt 12 vorausgeeilt, hingegen haben sich die Punkte 13 und 14 etwa um den gleichen Betrag verschoben, während der Punkt 15 einen kleineren Weg zurückgelegt hat als 14. Ein in den Erdboden eingesenkter starrer Körper, z. B. das Fundament eines Gebäudes, bekommt zwischen 12 und 13 Zugspannungen, ist zwischen 13 und 14 wenig oder nicht beansprucht und erhält zwischen 14 und 15 Druckspannungen. Normales Ziegelmauerwerk in Kalkmörtel vermag Zugspannungen nur in sehr geringem Maß aufzunehmen. Wird seine Zugfestigkeit überschritten, so zerreißt es, was bei Häusern vor allem an den Fensteröffnungen erfolgt. Gegenüber Druckbeanspruchungen sind die meisten Baumaterialien widerstandsfähiger, doch können immerhin Scherrisse und Überschiebungserscheinungen vorkommen. Kommt ein Bauwerk innerhalb der Senkungsmulde zu liegen und ist die primär entstehende Senkungsmulde genügend weit gespannt, so wird es bei dem Senkungsprozeß am wenigsten geschädigt werden.

Nähert sich der Abbau einem Bauwerke, so gelangt das Haus der Reihe nach in das Gebiet des Überzuges, in dem das Bauwerk im wesentlichen Zerrungen ausgesetzt ist, dann kommt es in das Gebiet des Senkungsrandes und erfährt eine Neigung gegen den Abbau, später gelangt es in das Gebiet der Pressungen und endlich in das abgesenkte Gebiet, wo seine ursprüngliche Vertikalstellung wiederhergestellt wird. Im allgemeinen wird ein Gebäude, das den Zerrungen Widerstand geleistet hat, auch die übrigen Veränderungen schadlos überstehen. Die Gebäudeschäden werden um so kleiner, je rascher und mit je besserem

Versatz der Abbau geführt wird. Eine Einstellung der Abbautätigkeit in dem Augenblick, wo der Senkungsrand bereits das Gebäude erreicht hat, kann die Schäden vervielfachen, da zu den Zerrungen noch die Wirkung der Schiefstellung des Senkungsrandes hinzutritt. Ebenso ist ein unreiner Abbau wenig mächtiger Flöze für die Tagesoberfläche von Nachteil. Ein Gebäude, das über einen zurückgelassenen Kohlenpfeiler geringer Breite zu stehen kommt, wird den Zerrungen der beiderseits liegenden Senkungsmulden und damit besonders großen Beanspruchungen ausgesetzt.

Die Bahnkörper von Eisenbahnen sind den gleichen Erscheinungen unterworfen. Infolge der lotrechten Verschiebungen werden die ursprünglich bestandenen Niveauverhältnisse verändert und machen Gleishebungen erforderlich. Horizontale Verschiebungen der Deckgebirgsschichten äußern sich, sofern sie rechtwinkelig zur Gleisachse verlaufen, in Veränderungen der Krümmungsradien und seitlichen Verschiebungen der Gleisachse, während Verschiebungen in axialer Richtung die Stoßlücken vergrößern bzw. verkleinern. Jedoch sind die wagrechten Verschiebungen bei Eisenbahnen von geringerer Bedeutung und treten gegenüber den Neigungsveränderungen der Bahntrasse zurück.

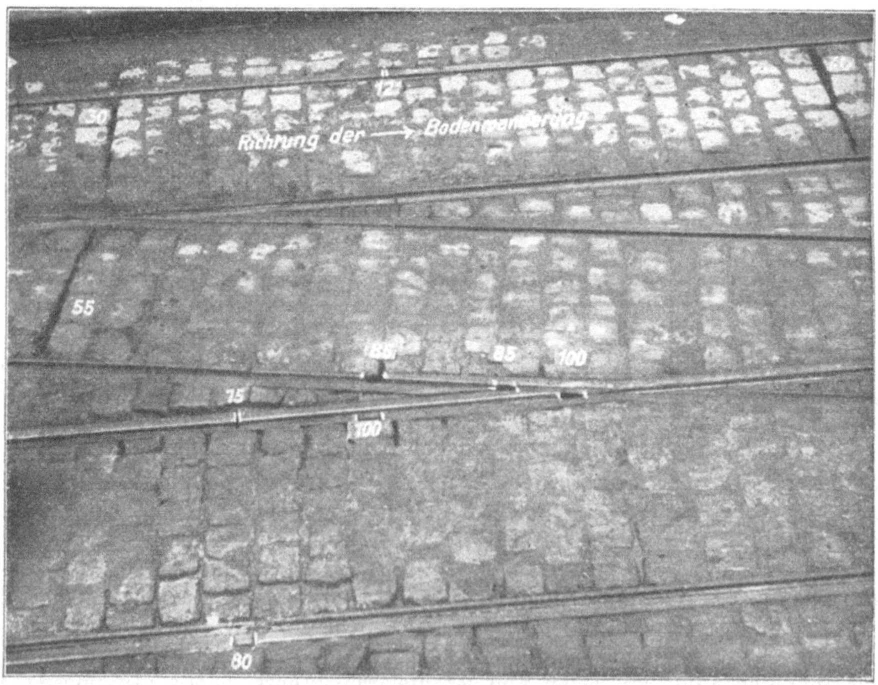

Abb. 291 (nach Goldreich)

Anders ist es hingegen bei Straßenbahnen[1]), deren Gleise mit der Straßendecke in gutem Verband stehen. Hier sind wagrechte Bodenwanderungen in der Richtung der Gleisachse von großem Einfluß. Gelangt ein Straßenbahngleis in das Zerrungsgebiet der Abbaumulde, so werden die einzelnen Schienen so weit auseinander gezogen, als es die Stoßkonstruktion erlaubt (Abb. 291). Die weiter

[1]) Goetz, F.: Dissertation; Referat Goldreich. 1926 und Nolden: Zeitschr. Elektrische Kraftbetriebe und Bahnen. 1913; Referat Goldreich. 1926.

wandernden Schichten verbiegen dann die Spurstangen und rufen Spurverengungen hervor.

Abb. 291 zeigt einen infolge Bergbau stark gezerrten Gleiswechsel mit deutlich erkennbaren Stoßlücken und Pflasterspalten neben den Spurstangen.

Im Pressungsbereich werden die Schienen bis zum Verschwinden der Stoßlücken einander genähert. Ist beim Schließen der Stoßlücken die Bodenbewegung noch nicht beendet, so biegen sich die Schienen seitlich aus oder werden über die Straßendecke emporgepreßt. So zeigt Abb. 292 ein durch Pressung schlangenförmig verbogenes Gleis in Altenessen.

Die Bergschäden können gemildert oder vermieden werden einerseits durch Belassung eines ausreichenden Kohlenschutzpfeilers unterhalb der zu schützenden Objekte oder durch eine entsprechende Führung des Abbaues, anderseits durch eine angemessene konstruktive Durchbildung der Bauwerke, die sie befähigt, die auftretenden Beanspruchungen schadlos zu überstehen, oder durch geeignete Lagerung, welche eine Beanspruchung des Gebäudes infolge der Bodenbewegungen unmöglich macht. Die Belassung eines entsprechenden Schutzpfeilers ist dann berechtigt, wenn der Wert der dadurch der Gewinnung entzogenen Mineralschätze geringer ist als der Wert der zu schützenden Objekte; häufig kann aber aus volkswirtschaftlichen Gründen auf die Gewinnung der Mineralschätze nicht verzichtet werden. Für solche Fälle gelten die schon früher beschriebenen Grundsätze des reinen Flözabbaues mit Verfüllung der Abbauhohlräume durch Versatz. Sind besonders wertvolle Objekte zu schützen, so ist der Abbau unter dem zu schützenden Objekt zu beginnen und mit möglichster Schnelligkeit nach allen Seiten fortzuführen, damit das Objekt in die Mitte einer weitgespannten Senkungsmulde zu liegen kommt. Diese Grundsätze kommen beim Kohlenbergbau unter anderem unter den Städten Essen, Gelsenkirchen und Herne zur Anwendung (vgl. Goldreich 1926).

Abb. 292 (nach Goldreich)

Hinsichtlich der konstruktiven Durchbildung von Hochbauten, die voraussichtlich bergbaulichen Senkungen unterworfen sein werden, ist zu erwähnen, daß ein Bauwerk um so größeren Schäden ausgesetzt sein wird, je größer seine Grundrißerstreckung ist. Kleine Bauwerke können durch biegungsfeste Fundierungsplatten aus Eisenbeton widerstandsfähig gemacht werden. Bauwerke mit großer Grundrißerstreckung sind aber vorteilhaft zu trennen und die nötigen Verkehrsverbindungen durch gelenkig gelagerte Verbindungsglieder herzustellen.

Statisch überbestimmte Konstruktionen, speziell Gewölbe, sind zu vermeiden. Besteht die Möglichkeit, ein Bauwerk in drei Punkten beweglich zu lagern, so können die Bodenbewegungen keine Beanspruchungen der tragenden Konstruktion hervorrufen. Zum Beispiel wurde in Gladbeck[1]) ein Schwimmbecken aus Eisenbeton in drei Punkten auf Stahlrollen gelagert. Bei einer Ruhrstraßenbrücke in Speldorf-Styrum wurde eine weitgehende Unterteilung in einzelne

---

[1]) Emperger, F.: Handbuch für Eisenbetonbau, 8. Bd.; Kögler: Die Verwendung von Eisenbeton zur Sicherung von Bauwerken gegen Bergschäden. Berlin: W. Ernst & Sohn. 1922; Elwitz: Über die Durchbildung von Bauten zur Verhütung von Bergschäden. Glückauf, S. 278. 1913.

voneinander unabhängige Längsträger ausgeführt und jeder einzelne Träger nur an drei Punkten unterstützt.

Schließlich sei noch erwähnt, daß in Ausnahmefällen auch in größerer Entfernung von Abbaubetrieben Bruchwirkungen obertags entstehen können, wenn in den benachbarten Gebirgsschichten wassergesättigte Ton- oder Sandschichten (Schwimmsand) vorkommen und einen Weg durch Sprünge oder Klüfte in die Hohlräume finden, so daß sie unter dem Einfluß des Gebirgsdruckes oder ihres Eigengewichtes dorthin ausfließen können. Solcherart erfolgte z. B. in der Stadt Brüx im Jahre 1895 der Einsturz einer Anzahl von Häusern als Folge eines über 1000 m entfernten Kohlenabbaues.

In Bergbaugebieten ist man häufig versucht, für vorkommende Flur- und Gebäudeschäden in erster Linie die benachbarten Bergbaubetriebe verantwortlich zu machen. Für den Gutachter ergibt sich in solchen Fällen die Aufgabe, natürliche Schäden und Bergschäden zu unterscheiden, eventuell beim Zusammenwirken beider Ursachen die Schadensanteile zu schätzen.

Besonders bei Gebäudeschäden wird vielfach von Gutachtern der Ausdruck „typischer Bergschaden" gebraucht, der wie die folgenden Ausführungen zeigen, nur mit äußerster Vorsicht zu verwenden ist.

Spackeler und Marx[1]) beobachteten eine große Zahl von Gebäudeschäden in bergbaufreiem Gebiet (Breslau und Liegnitz), die größtenteils auf schlechten Baugrund, unzulängliche Gründung der Gebäude und in einem Fall auf die Umwandlung einer Kühlhalle in einen Eiskeller (Volumszunahme des Bodens infolge Gefrierens der Bodenfeuchtigkeit) zurückzuführen waren. Die Gebäude zeigten die Erscheinungen der Abscherung, Zerrung und Pressung, als ob sie unter dem Einfluß bergbaulicher Senkungen stünden, und diese Ähnlichkeit wurde dadurch verstärkt, daß die beschädigten Häuser in Zonen lagen, die ganze Stadtteile durchziehen. Diese Zonen sind in Breslau und Liegnitz durch langgestreckte Linsen von Schlick (Ablagerungen alter eingeebneter Flußarme) gegeben, die einen sehr unsicheren Baugrund bilden.

Ferner ist auf das Vorkommen von zu Rutschungen neigenden Gesteinen zu achten. Es gibt z. B. im Falkenauer Kohlenbecken der Cypristonschiefer bei etwas erhöhtem Wasserzutritt Anlaß zu Gehängerutschungen, für die mitunter versucht wird, bergmännische Arbeiten verantwortlich zu machen.

Niemczyk[2]) verfolgte an der Hand von Höhenfeinmessungen und Triangulationen, die während eines Zeitraumes von über 40 Jahren mehrmals wiederholt wurden, die tektonische Absenkung und horizontale Wanderung der Beuthener Mulde sowohl innerhalb als auch außerhalb des dortigen Bergbaugebietes.

Er konstatierte dabei auch im bergbaufreien Terrain kleinere Senkungen und Horizontalverschiebungen, die zeitlich unregelmäßig verlaufen und auch an benachbarten Punkten sich mit verschiedener Intensität äußern, und kommt daher zu dem Schlusse, daß auch in vom Bergbau unterbauten Gebieten nicht alle Senkungen ausnahmslos dem Bergbau zur Last fallen müssen, sondern daß dies nur für Bodenbewegungen von größerem Ausmaß von vornherein wahrscheinlich sei.

Es sei nicht zu erwähnen unterlassen, daß nicht selten ein indirekter Zusammenhang zwischen Gebäudeschäden und Bergbautätigkeit vermutet wird, insoferne, als durch die Wasserhebung von Bergbauen das Grundwasser beeinflußt bzw. gesenkt werde, was wieder eine Austrocknung und damit eine Schwindung des Bodens zur Folge habe, wodurch darauf ruhende Gebäude gesenkt und beschädigt würden. Solche Möglichkeiten sind im allgemeinen unwahrscheinlich[3]). Sandige Schichten, deren Hohlräume von Wasser erfüllt

[1]) Spackeler, G. und W. Marx: Bergschadenähnliche Beschädigungen an Gebäuden in bergbaufreien Gebieten. Glückauf, S. 1409. 1927.
[2]) Niemczyk: Die tektonische Absenkung des Beuthener Erz- und Steinkohlenbeckens und ihre Bedeutung für die Beurteilung von Bergschäden. Glückauf, S. 928. 1923.
[3]) Kegel: Bergmännische Wasserwirtschaft.

sind, ändern nach der Meinung mancher Autoren ihr Volumen nicht, wenn reines Wasser aus ihnen abgezogen wird, weil die gegenseitige Lage der Sandkörner unverändert bleibt und nur der Zwischenraum, statt wie bisher von Wasser, späterhin von Luft erfüllt wird. Tonige Schichten lassen ihr Wasser aber nicht frei ausfließen, auch wenn unter ihnen Hohlräume geschaffen werden, weil das Wasser festgehalten ist und nur durch Austrocknung, also bei Zutritt von Luft und Wärme zur Verdunstung gebracht werden kann; eine solche Verdunstung kann also nur von der Oberfläche her stattfinden und in besonders trockenen Sommern in konstatierbarem Maß auf einige Meter unter den Rasen hinabreichen. Da Tone durch Lufttrocknung lineare Schwindungen bis 10% und mehr erfahren, kann solche durch Trocknung bewirkte Schwindung Setzungen im Ausmaß von mehreren Zentimetern zur Folge haben und können infolgedessen Gebäude mit ungleich tiefen Fundamenten ungleiche Setzungen erfahren und dadurch Risse und Schäden erleiden. Nicht selten sind solche Fälle konstatierbar bei Gebäuden an Bergabhängen, wo die Fundamente an der Bergseite genügend tief auf einer Bodenschicht aufruhen, die durch Austrocknung von oben her nicht mehr beeinflußt wird, während an der Talseite die Fundamente knapp unter dem Rasen liegen und daher die durch Austrocknung bewirkte Bodensenkung mitmachen. Ähnlich verhalten sich Gebäude, die nur zum Teil unterkellert sind, wobei der unterkellerte Teil dauernd unbeweglich bleibt, während der nicht unterkellerte, seicht fundierte Gebäudeteil die Bodenbewegungen mitmacht, was zu Rissen an der Grenze zwischen beiden Gebäudeteilen Anlaß gibt.

Hin und wieder können aber Gebäudeschäden doch mit einer künstlichen Senkung des Grundwasserspiegels zusammenhängen, z. B. wenn Gebäude mittels Holzpfählen in feuchtem Terrain gegründet sind. Diese Holzpfähle können bei Luftzutritt nach erfolgter Senkung des Grundwasserspiegels faulen, wodurch dem Boden die Tragfähigkeit genommen wird und die Gebäude in ihren schwerer belasteten Fundamentteilen sich senken, so daß von dort aus eine Zerstörung einsetzt. Gleiche Erscheinungen können auftreten, wenn in Baugebieten seicht liegende, moorige Schichten vorkommen, die in ständiger Berührung mit dem Grundwasserspiegel dauernd naß bleiben und eine gewisse Tragfähigkeit haben. Sinkt der Grundwasserspiegel, so kann aus ihnen der nicht festgehaltene Anteil der Feuchtigkeit allmählich abfließen bzw. unter Mitwirkung des Druckes der Auflagerung abgepreßt werden und daraus eine Senkung entstehen.

C. Tragfähigkeit des Baugrundes und die Setzungserscheinungen

Von K. v. Terzaghi, Cambridge, Mass.

Im Fundierungswesen handelt es sich darum, den größten Druck abzuschätzen, den eine Fundierung auf den Baugrund ausüben darf, ohne eine schädliche Setzung zu erleiden (Grenzbelastung). Eine vollkommen gleichmäßige Setzung ist unschädlich. Die Gleichmäßigkeit des Setzungsvorganges läßt sich jedoch besonders in jenen Fällen nicht erzwingen, in denen die beweglichen Lasten (Menschengedränge, Waren usw.) einen bedeutenden Bruchteil der Gesamtbelastung ausmachen. Infolgedessen geht unser Bestreben dahin, die gesamte Setzung unserer Bauwerke innerhalb gewisser Grenzen zu halten, wobei stillschweigend — aber nicht immer berechtigterweise — vorausgesetzt wird, daß die Setzungsdifferenzen einen mehr oder weniger bestimmten Bruchteil der Gesamtsetzung darstellen.

1. Mechanik der Setzungen

Um die voraussichtliche Setzung eines geplanten Fundamentes abzuschätzen, muß man zunächst über die Faktoren im klaren sein, von denen der Setzungsbetrag abhängt. Um sich diese Klarheit zu verschaffen, empfiehlt es sich, von den einfachsten Fällen auszugehen: Vollkommen homogener Untergrund und vollkommen kohäsionsloses oder gleichmäßig kohärentes Material (reiner Sand oder plastischer Ton).

a) Sand. Im reinen Sand nimmt die Grenzbelastung nach den Lehren der Erdbaumechanik in geradem Verhältnis mit dem Durchmesser der Lastfläche zu, das heißt je größer die Lastfläche, desto größer ist die Belastung, die man pro Flächeneinheit aufbringen muß, um die Tragfähigkeit des Sandes zu überwinden[1]), daß heißt um einen solchen Zustand herbeizuführen, bei dem eine geringe Zusatzbelastung eine ausgiebige Zusatzsetzung hervorbringt (Abb. 293). Bei mäßigen Belastungen, das heißt bei solchen Belastungen, bei denen die Setzungen noch halbwegs in geradem Verhältnis mit dem Bodendruck zunehmen, ist der Setzungsbetrag, bei gleicher Belastung pro Flächeneinheit, von der Größe der belasteten Fläche ziemlich unabhängig. Der Einfluß, den die Größe der Lastfläche bei gegebener Belastung q pro Flächeneinheit auf die Setzung und auf die Grenzbelastung q_1 bzw. q_2 ausübt, kann aus der schematischen Abb. 293 entnommen werden. Nimmt man an, daß C_1 die Setzungskurve für eine auf kohäsionslosem Sand ruhende Lastfläche mit einem Halbmesser r darstellt, so würde die Setzungskurve für eine Lastfläche mit einem Halbmesser $3r$ bei gleich beschaffenem Untergrund nach C_2 verlaufen. Beläuft sich die Grenzbelastung für die ersterwähnte Fläche auf q_1, so würde sie für die zweite Fläche ungefähr 3 q_1 betragen. Die bei gleicher und mäßiger Belastung q auftretenden Setzungen s_1 und s_2 wären jedoch nur wenig voneinander verschieden[2]).

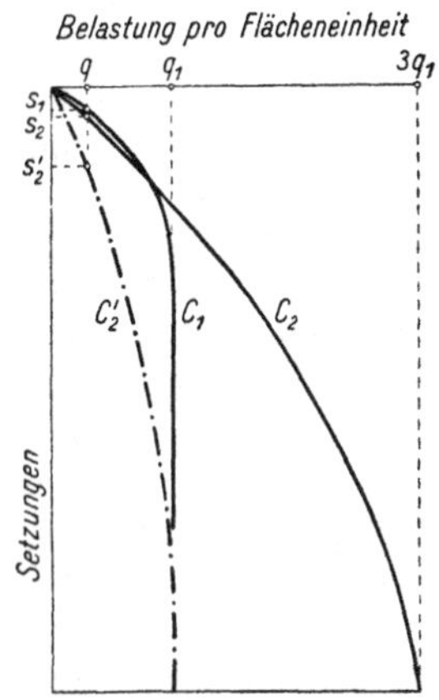

Abb. 293. Einfluß des Kohäsionsgrades auf die Beziehung zwischen der Setzung kleiner und großer belasteter Flächen. (Kurvenpaar C_1 C'_2 für sehr kohärenten und C_1 C_2 für kohäsionslosen Boden)

Die Setzung besteht nach Abb. 219 aus zwei Teilen: a) Setzung infolge Zusammendrückung des Untergrundes und b) Setzung infolge seitlichen Ausweichens. Die ausgiebigste Seitenbewegung des belasteten Grundes tritt bei einer geschlossenen Flachgründung in einer Tiefe auf, die etwa der halben Gründungsbreite gleichkommt. Die Setzung einer seichten Flachgründung auf tragfähigem (nicht allzu locker gelagertem) Sand liegt bei einer Belastung von 1 kg per 1 cm² etwa zwischen den Grenzen von 0,05 und 0,5 cm, vorausgesetzt, daß die Last eine ruhende ist. Bei einer Erschütterung der Fundamente durch schwere, in Dauerbetrieb befindliche Maschinen sind die Setzungen größer, und zwar dürfte sich das Verhältnis zwischen der Setzung bei bewegter und bei ruhender Last mit zunehmender Dichte des Sandes dem Werte 1 nähern.

Vorstehende Angaben beziehen sich auf trockenen Sand. Im Bereich des Grundwassers sollte nach den Regeln der Erddrucktheorie die Grenzbelastung um etwa 33% kleiner sein als jene des trockenen Sandes, denn die beiden Grenz-

[1]) In Abb. 293 entspricht die Grenzbelastung jener Belastung, bei der die Setzungskurve nahezu lotrecht wird.

[2]) Terzaghi: Closure of the discussion of the paper „Science of foundations". Proc. Am. Soc. of Civ. Eng. Februar 1929.

belastungen sollten sich zueinander ebenso verhalten wie das Einheitsgewicht des trockenen Sandes und das um den hydrostatischen Auftrieb verminderte Gewicht desselben Materials (etwa 1,5:1,0). In Wirklichkeit ist jedoch der Einfluß der Gegenwart des Wassers auf die Grenzbelastung bedeutend größer, und die bisher angestellten Versuche scheinen anzudeuten, daß die in Prozenten der Grenzbelastung ausgedrückte Abweichung vom theoretischen Wert sowohl mit zunehmender Feinheit des Sandes als auch, bei gleicher Feinheit, mit der Geschwindigkeit zunimmt, mit der man die Belastung steigert[1]).

Mit zunehmender Gründungstiefe nimmt die Grenzbelastung sehr rasch zu. Die relative Zunahme der Grenzbelastung hängt jedoch nicht von dem absoluten Wert der Gründungstiefe, sondern von dem Wert des Quotienten aus der Gründungstiefe und der mittleren Breite der Gründung ab[2]). Die von den verschiedenen Baubehörden als zulässig erachtete Beanspruchung des Sandes liegt je nach der Dichte der Lagerung und nach den örtlichen Gepflogenheiten zwischen 1 und 5 kg pro 1 cm^2. Bei dicht gelagerten Schottern geht man zuweilen sogar bis auf 7,5 kg, per 1 cm^2 hinauf.

b) Homogener Ton. Bei vollkommen homogenem, kohärentem Untergrund ist die Grenzbelastung von der Größe der Lastfläche unabhängig und die durch eine gegebene Einheitsbelastung bewirkten Setzungen nehmen in geradem Verhältnis mit dem Durchmesser der belasteten Fläche zu, soferne der vom Eigengewicht bewirkte Widerstand der inneren Reibung gegenüber der Kohäsion vernachlässigt werden kann.

Dieser Sachverhalt kann ebenfalls aus Abb. 293 entnommen werden. Nimmt man nämlich an, daß C_1 diesmal die Setzungskurve für eine auf homogenem Ton ruhende Lastfläche mit einem Halbmesser r darstellt, so würde die Setzungskurve für eine Lastfläche mit einem Halbmesser $3r$ bei gleich beschaffenem Untergrund nicht etwa nach C_2, sondern nach C'_2 verlaufen. Beläuft sich die Grenzbelastung für die ersterwähnte Fläche auf q_1, so ist sie auch für die andere Fläche ungefähr gleich q_1, das heißt die Belastung pro Flächeneinheit, bei der die Lastfläche im Untergrund versinken würde, wäre vom Durchmesser der Lastfläche nahezu unabhängig. Die Setzungen s_1 und s'_2, die sich bei gleicher und mäßiger Belastung q pro Flächeneinheit ergeben würden, stünden zueinander im Verhältnis 1:3.

Durch diesen Umstand unterscheidet sich der homogene Ton grundsätzlich vom kohäsionslosen Sand. Je mehr die Kohäsion gegenüber der Reibung in den Hintergrund tritt, desto geringer wird der Einfluß der Größe der Lastfläche auf die Setzung, das heißt desto mehr nähert sich die Gestalt unserer Kurve C_1 (Abb. 293) der entsprechenden Setzungskurve für eine Lastfläche mit einem Halbmesser $3r$ der voll ausgezogenen Kurve C_2. Es sei jedoch schon an dieser Stelle ausdrücklich hervorgehoben, daß sich die durch Kurve C_1 und C'_2 festgelegten Setzungen auf einen Zeitpunkt beziehen, da die Setzungen nicht mehr zunehmen. Für große, auf steifplastischem Ton ruhende Lastflächen mag es Jahrhunderte dauern bis dieser Zustand eintritt.

Die Größe des Teiles *(a)* der Setzung von Gründungen läßt sich auf Grund der durch Versuch Nr. 1 (Tabelle 38, S. 327) zu bestimmenden und in Abb. 220 und 225 dargestellten Druckkurven mit einiger Sicherheit vorhersagen. Für die reinen Sande stimmt das Rechnungsergebnis mit den in der Praxis beobachteten Setzungen der Größenordnung nach überein. Falls man

[1]) Bisher unveröffentlichte Versuchsergebnisse aus dem Erdbaulaboratorium des Mass. Inst. of Techn., Cambridge, Mass.

[2]) Terzaghi: Erdbaumechanik.

jedoch dieselbe Berechnung für einen mittelsteifen Ton durchführt, kommt man für den Bruchteil *(a)* der Setzungen, infolge der großen Zusammendrückbarkeit der Tone, zu Ziffern, welche sogar die in der Praxis auftretenden Gesamtsetzungen $(a+b)$ der Fundamente um ein Vielfaches übertreffen. Der Schlüssel zur Auflösung dieses scheinbaren Widerspruches liegt in der geringen Durchlässigkeit der Tone. Die Daten, welche notwendig sind, um den Einfluß der Durchlässigkeit auf den Teilbetrag *(a)* der Setzungen einzuschätzen, werden ebenfalls durch den Versuch Nr. 1 (normalisierter Verdichtungsversuch, S. 327) geliefert.

Nehmen wir an, eine auf tiefgründigem, weichem Ton mit den in Abb. 225 dargestellten Eigenschaften ruhende Fundamentplatte 30 auf 30 m übe auf den Boden einen Druck von 1 kg per 1 cm² aus. Die Porenziffer des Tones ändere sich mit der Tiefe nur wenig und belaufe sich im Mittel auf 1,52. Aus dem Diagramm, Abb. 225 *A*, wird entnommen, daß eine Porenziffer von 1,52 einer Belastung von 2 kg per 1 cm² entspricht. Diese theoretische, dem Diagramm entnommene Druckkraft stellt das Äquivalent der im Ton auf natürlicher Lagerstätte herrschenden Kapillar- und Kohäsionskräfte dar, wobei es belanglos ist, auf welche inneren oder äußeren Ursachen diese Kräfte zurückzuführen sind. Fügt man nun dieser im Boden bereits herrschenden „Anfangskraft" einen weiteren Druck von 1 kg per 1 cm² hinzu, so geht die Porenziffer nach Abb. 225 *A* von 1,52 auf etwa 1,39 herunter. Der durch die Auflast im Untergrund hervorgerufene Druck nimmt nach den Lehren der Mechanik von der belasteten Oberfläche nach unten hin gesetzmäßig ab, macht sich jedoch theoretisch bis zu einer Tiefe unendlich fühlbar. Aus der Theorie der im belasteten Untergrund herrschenden Druckverteilung geht hervor, daß die durch die Belastung herbeigeführte Gesamtzusammendrückung des Untergrundes ungefähr ebenso groß ist, wie wenn sich der auf die Oberfläche wirkende Druck nach unten hin mit unverminderter Intensität, jedoch nur bis zu einer Tiefe fortpflanzen würde, welche etwa dem 1,2fachen des Durchmessers der Lastfläche gleichkommt. Diese Tiefe sei als „Dicke der äquivalenten Bodenschichte" bezeichnet. In unserem Falle beläuft sich diese Dicke auf $30 \times 1{,}2 = 36$ m, der durch die Last auf die Oberfläche ausgeübte Druck auf 1,0 kg per 1 cm² und die der Lastaufbringung entsprechende Herabminderung der Porenziffer des Untergrundes auf $1{,}52 - 1{,}39 = 0{,}13$. Nachdem die Porenziffer des Untergrundes vor Aufbringung der Last unserer Annahme gemäß 1,52 betrug, so ergibt sich für die durch das Fundament bewirkte Zusammendrückung des Untergrundes der Wert

$$s = \frac{3600 \text{ cm}}{1+1{,}52} \times 0{,}13 = 186 \text{ cm}.$$

Hiebei wurde vorausgesetzt, daß sich die der Druckerhöhung entsprechende Raumverminderung sofort einstellen würde. Nun kann aber das in den Poren enthaltene überschüssige Wasser infolge der geringen, nach Abb. 225 *E* bei einer Porenziffer von 1,50 auf $k = 0{,}000\,000\,207$ cm pro min sich belaufenden Durchlässigkeitsziffer nur äußerst langsam entweichen. Infolgedessen wird sich auch die oben rechnungsmäßig ermittelte Setzung infolge Zusammendrückung nur sehr langsam einstellen. Um den zeitlichen Verlauf des Zusammendrückungsvorganges aus der Verfestigungsziffer des Materials abzuleiten, verfährt man ähnlich wie bei dem auf Seite 327 (Versuch Nr. 1) angedeuteten Verfahren zur Berechnung der Durchlässigkeitsziffer aus dem zeitlichen Verlauf der Zusammendrückungen unter konstantem Drucke[1]). Die Theorie führt zu dem Ergebnis, daß die Zeiten t_1 bzw. t_2 in Jahren, welche verstreichen müssen, bis 0,05 bzw. 0,1 der Gesamtsetzung $s = 186$ cm zustande kommen, durch die Beziehungen

$$t_1 = 0{,}40 \times 10^{-8} \times \frac{h^2}{c\,(1+e)^2}$$

bzw.

$$t_2 = 1{,}55 \times 10^{-8} \times \frac{h^2}{c\,(1+e)^2}$$

[1]) Terzaghi: Erdbaumechanik.

festgelegt sind, worin h die Dicke der äquivalenten Bodenschichte in Zentimetern (in unserem Falle 3600 cm), c die Verfestigungsziffer in Zentimetern g min und e die mittlere Porenziffer $e = \frac{1,52 + 1,39}{2} = 1,455$ bedeuten. Die Verfestigungsziffer beträgt nach Abb. 225 E $c = 0,00053$.

Führt man diese Sonderwerte in unsere Gleichungen ein, so erhält man

$$t_1 = 0,40 \times 10^{-8} \times \frac{3600^2}{0,00053 \times 2,455^2} = 0,40 \times 40,6 = 16,2 \text{ Jahre},$$

$$t_2 = 1,55 \times 10^{-8} \times \frac{3600^2}{0,00053 \times 2,455^2} = 1,55 \times 40,6 = 63,0 \text{ Jahre}.$$

Aus diesen Daten geht hervor, daß es 16,2 Jahre dauern würde, bis die Setzung einen Betrag von $0,05\ s = 0,05 \times 186 = 9,3$ cm und 63,0 Jahre, bis die Setzung einen Betrag von $0,10\ s = 18,6$ cm erreicht haben würde.

Die geringe, der Setzung entsprechende Wassermenge entweicht durch die betonierte Grundplatte nach oben und verdunstet, ohne sich irgendwie bemerkbar zu machen.

Die rechte untere Ecke des Schaubildes (Abb. 232) entspricht den grobkörnigen, mit einem hohen Prozentsatz von organischen Bestandteilen vermengten Bodenarten. Diese Böden sind ebenso zusammendrückbar wie der Ton, aber weitaus durchlässiger als dieser. Infolge des Zusammentreffens dieser beiden Eigenschaften kann man auch auf solchen Böden keine schweren Bauwerke errichten. Abb. 294 zeigt die durch das Gewicht einer 5 m hohen Dammaufschüttung bewirkte, 2,5 m betragende Zusammendrückung einer 11 m

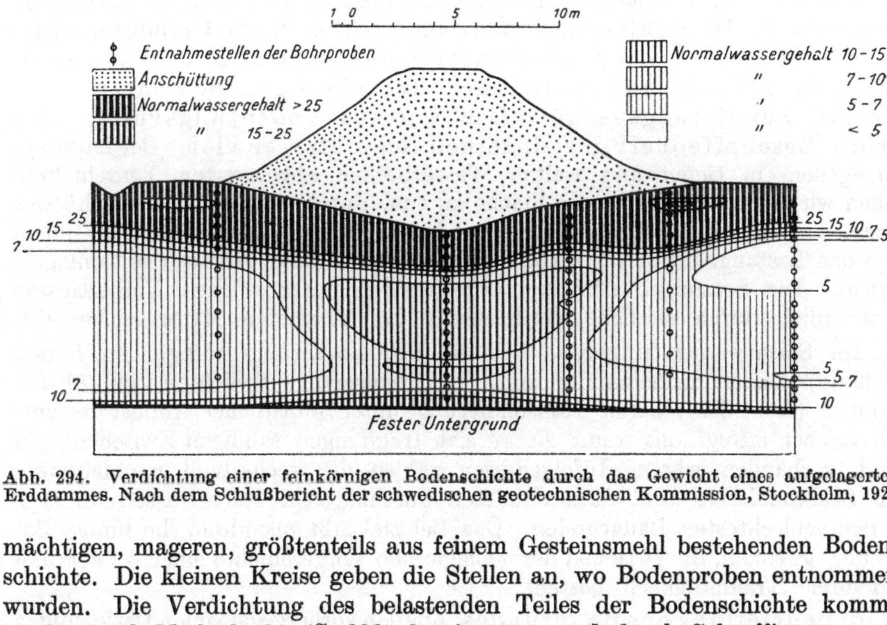

Abb. 294. Verdichtung einer feinkörnigen Bodenschichte durch das Gewicht eines aufgelagerten Erddammes. Nach dem Schlußbericht der schwedischen geotechnischen Kommission, Stockholm, 1922

mächtigen, mageren, größtenteils aus feinem Gesteinsmehl bestehenden Bodenschichte. Die kleinen Kreise geben die Stellen an, wo Bodenproben entnommen wurden. Die Verdichtung des belastenden Teiles der Bodenschichte kommt in der nach Methode 24 (S. 338) bestimmten und durch Schraffierung zum Ausdruck gebrachten Konsistenz des Materials zum Ausdruck. Aus dem Verlauf der Kurven gleicher Konsistenz ist zu entnehmen, daß der größere Teil des Wassers nach oben hin und der kleinere Teil nach unten hin entwichen ist. Der Normalwassergehalt des Bodens belief sich auf 40 bis 50 (Tabelle 38, Versuch 12), der Wassergehalt (in Prozenten des Gesamtgewichtes) auf 30 bis 39%. Die obersten 2,5 m der Bodenschichte bildeten schon vor der Aufschüttung des Dammes eine steifere, durch Oberflächenverdunstung entstandene Kruste, deren Wassergehalt bedeutend niedriger war, als oben angegeben wurde[1]).

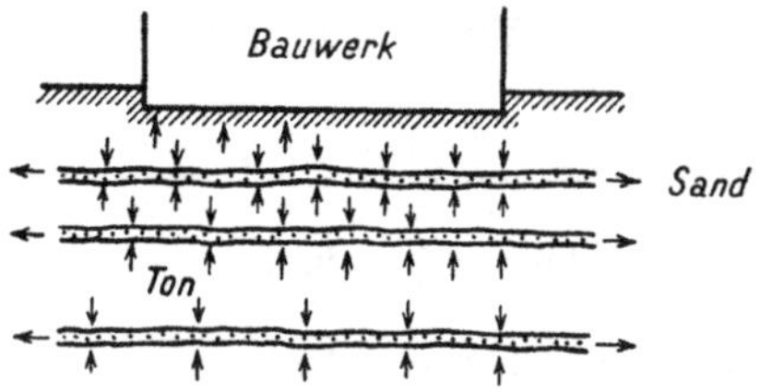

Abb. 295. Verdichtung einer Tonmasse mit Sandzwischenlagen

Fetter Ton ist wesentlich zusammendrückbarer als die in Abb. 294 dargestellte Bodenschichte, aber er ist zugleich um ein Vielfaches undurchlässiger. Die Wirkungen dieser beiden Eigenschaften heben einander teilweise auf, so daß der Ton bei hinreichend steifer Konsistenz als guter Baugrund betrachtet werden kann. Die behördlicherseits als zulässig erachtete Beanspruchung der Tone beläuft sich für die steifsten Tone und liberalsten Behörden auf 8 kg per 1 cm² und geht für weiche Tone bis auf 1 kg per 1 cm² und weniger herunter.

c) Ton mit Sandzwischenlagen. In obigen Darlegungen wurde vorausgesetzt, daß der Ton tiefgründig und homogen sei. Nehmen wir nun an, daß die Tonmasse von drei dünnen, wagrechten Schichten dicht gelagerten Sandes durchzogen sei (Abb. 295), welche irgendwo an die Erdoberfläche kommen oder in eine mächtigere Sandmasse einstreichen. In diesem Falle haben wir anstatt einer einzigen Fläche, durch die das überschüssige Porenwasser entweichen kann, sieben solcher Flächen. Infolgedessen werden die nach einem und nach zehn Jahren stattgehabten, durch Raumverminderung verursachten Setzungen siebenmal so groß sein, als dies unter gleichen Verhältnissen bei homogenem Ton der Fall wäre, trotzdem die Sandschichten an sich beinahe zusammendrückbar sind. Diese Betrachtung führt uns zu einem für die Grundbaugeologie sehr wichtigen Schluß: Die Schichtenfolge, das heißt die Art des Wechsels zwischen stärker und schwächer durchlässigen Schichten, mag für die Fundierungsverhältnisse weitaus bedeutungsvoller sein als die Beschaffenheit der einzelnen Schichten an sich. Bei halbwegs homogenen, in tiefen und weiten Wasserbecken abgelagerten Tonschichten haben wir es mit einer einzigen Fläche zu tun, durch welche das überschüssige Wasser entweichen kann, und auch diese Fläche kann umgangen werden, indem man den Lastangriff mit Hilfe von Pfählen in ein tieferes Niveau des Tonlagers verlegt. Die Setzungen der Bauwerke werden unter solchen Verhältnissen vornehmlich durch seitliche Verdrängung des belasteten Materials bewirkt.

Im Seichtwasser hingegen, wo die Sedimentierungsbedingungen häufig wechseln, können nacheinander tonige und feinsandige Schichten zum Absatz kommen (Abb. 295), deren Konsolidierung unter künstlicher Auflast wesentlich rascher erfolgt, als wenn die an sich tragfähigen sandigen Zwischenlagen nicht vorhanden wären. Infolgedessen zählen die wechselvoll geschichteten, von Schlammlassen und Sandschmitzen durchzogenen Seichtwassersedimente zu den schlechtesten Baugründen. Das Beispiel läßt obendrein die innige Beziehung erkennen, die zwischen der geologischen Vorgeschichte einer Ablagerung und ihrer „Tragfähigkeit" besteht.

d) Beurteilung des Baugrundes. Aus den vorhergegangenen Darlegungen geht hervor, wie mannigfaltig die Faktoren sind, die bei der Beurteilung der Gründungsverhältnisse in Betracht gezogen werden müssen. Angaben über die „zulässige Belastung" des Untergrundes würden uns selbst dann im Stich lassen, wenn die Bodenbezeichnungen petrographisch und physikalisch vollkommen eindeutig wären. Auch der Versuch, die Lösung der Fundierungs-

[1]) Schlußbericht der schwedischen geotechnischen Kommission, Stockholm, 1922.

frage durch „genormte“, auf der Sohle der Baugrube durchgeführte Belastungsversuche kleinen Maßstabes zu lösen, streift kaum die Oberfläche des Problems, denn der Sitz des Übels kann sich in einer Tiefe von 20 oder 30 m unter der Sohle des Fundamentes befinden. Eine sachgemäße Beurteilung der Fundierungsverhältnisse kann nur auf Grund der Kenntnis der physikalischen Bodenbeschaffenheit, des Schichtenbaues und der Mechanik der Setzungsvorgänge erfolgen. Die Lagerungsverhältnisse müssen durch Bohrung und die Bodenverhältnisse durch Laboratoriumsversuche mit frischen, wenig deformierten Bodenproben aufgeklärt werden. Die generelle Vergleichung zweier Baugründe läßt sich allerdings in manchen Fällen auf Grund einer bloßen geologischen Begutachtung der Gelände mit hinreichender Genauigkeit bewerkstelligen.

2. Haupttypen der Baugründe

Die Gesetze, welche die Tragfähigkeit der kohäsionslosen und der stark kohärenten Bodenarten beherrschen, sind so grundverschieden, daß man zunächst diese beiden Haupttypen auseinanderhalten muß. Innerhalb der Gruppe der kohärenten Baugründe empfiehlt es sich, die massiven Tone von den mit Sandschmitzen durchsetzten Seichtwasserablagerungen zu trennen, weil die Setzungen der ersteren hauptsächlich durch seitliche Bodenverdrängung verursacht werden, während bei den Setzungen der letzteren auch die Raumverminderung eine wichtige Rolle spielt.

a) Vorwiegend kohäsionsloser Baugrund. Die kohäsionslosen Ablagerungen, mit denen man in der Praxis zu tun hat, lassen sich in vier Gruppen einteilen:

In fließenden Gewässern abgelagerte Talauffüllungen,
Deltabildungen,
Strandbildungen und schließlich
Sand- und Schotterablagerungen im Rückzugsgebiet des Inlandeises (aufbereitetes Moränenmaterial).

Bei der technisch-geologischen Beurteilung der Mitglieder dieser Gruppen hat man folgende Faktoren in Betracht zu ziehen: relative Dichte, Gleichförmigkeitsgrad, Kornform, wirksame Korngröße und Schichtungsverhältnisse. Die Bedeutung der relativen Dichte wurde durch Abb. 221 und 222 erläutert. Gleichförmigkeitsgrad, Kornform und wirksame Korngröße bestimmen bei gleicher relativer Dichte die Beweglichkeit. Die wirksame Korngröße und die Schichtungsverhältnisse kommen im Durchlässigkeitsgrad der Schichtenkomplexe zur Geltung.

Flußablagerungen. Die Dichte und Lagerungsverhältnisse der von fließenden Gewässern abgelagerten Talauffüllungen hängen in hohem Maße vom hydrographischen Charakter des Flusses ab, von dem das Material herangeschafft wurde, und spiegeln in ihrer Zusammensetzung auch die Änderung der hydrographischen Verhältnisse wieder, unter denen der Absatz erfolgte. Je rascher sich der Wasserstand eines Flusses ändert und je größer die vom Fluß mitgeschleppte Sinkstoffmenge ist, desto rascher werden die Sedimente abgesetzt und desto geringer ist ihre relative Dichte.

Die von den torrentiellen, sinkstoffreichen Strömen von Texas und Neu Mexiko abgelagerten Sandmassen sind so locker, daß man Pfähle bis zu einer Tiefe von 17 m ohne Wasserspülung rammen kann, während in dicht gelagerten Sanden von gleicher Beschaffenheit der Rammwiderstand schon in einer Tiefe von wenigen Metern größer wird als die Druckfestigkeit des Holzes. Die dichte Lagerung der altalluvialen Talsande des Berliner Bodens legen die Vermutung nahe, daß sie in sehr langsam strömendem Wasser zum Absatz gekommen sind.

Im allgemeinen nimmt die Korngröße der Sedimente vom Quellgebiet nach der Mündung der Ströme ab. Das größte Geschiebe ist in den Oberläufen anzutreffen. Die Erfahrung lehrt, daß die aus einem Haufwerk von Blöcken, Schutt und Silt bestehenden Auffüllungen dieser Talstrecken nur wenig wasserdurchlässig sind. Im Kalkgebirge vollzieht sich die Abdichtung der Talauffüllungen durch die Einschlämmung der aus den Lösungsrückständen des Kalkes stammenden Feinstoffe, wozu noch das von den Gletscherbächen mitgeführte Gesteinsmehl und das Aufbereitungsprodukt glazialer Ablagerungen kommen kann. In ähnlicher Weise geht auch die Abdichtung der am Ausgang der Seitentäler sich bildenden Schwemmkegel vor sich. Nur der junge, grobblockige Schutt, der in den Hochtälern den Gehängefuß begleitet, besitzt eine größere Wasseraufnahmefähigkeit.

Nach Max Singer[1]) sind die Auffüllungen der Täler der inneren Ostalpen nahezu wasserdicht. Dasselbe gilt von den Alluvionen der Ober- und Mittelläufe vieler Flüsse in den westlichen Vereinigten Staaten. In der grobblockigen, sand- und silthaltigen Talauffüllung des Rio Grande, Neu Mexiko, konnte das in eine Baugrube mit einer Grundfläche von 1000 m² und einer Tiefe von 15 m eindringende Wasser mit insgesamt drei Zentrifugalpumpen von 10″, 6″ und 4″ bewältigt werden. Ebenso einfach gestaltete sich die Wasserhaltung in der Baugrube des Arrowrock-Dammes in Idaho. Die relative Dichte dieser grobblockigen Talauffüllungen scheint jedoch ziemlich gering zu sein, nachdem die Bestandmassen durch katastrophale Hochwässer in regelloser Weise abgesetzt werden.

In den Mittelläufen der Flüsse wiegt der Schotter vor. Der Schotter besteht aus mehr oder weniger flachen, abgerundeten Geschieben, die mit Kies und Sand vermengt sind. Die Ergebnisse der mechanischen Analyse deuten auf große Ungleichförmigkeit. Die Ungleichförmigkeitsziffer ist von der Größenordnung 100. Bei der Ablagerung werden die flacheren Geschiebe dachziegelartig übereinandergeschichtet, so daß die sich ergebenden Schotterlager in der Regel eine große relative Dichte aufweisen und nur schwierig durchrammt werden können. Doch gibt es zu dieser Regel Ausnahmen (S. 370). Die Durchlässigkeit der Talauffüllungen weist im Schotterbereich ein Maximum auf (Größenordnung der Durchlässigkeitsziffer 0,05 bis 5,0 cm pro Sekunde).

Folgt man dem Fluß noch weiterhin, so kommt man in den Sandbereich. Auch der Flußsand zeichnet sich in der Regel durch Gemischtkörnigkeit aus und eignet sich infolgedessen zur Betonbereitung (Größenordnung der Ungleichförmigkeitsziffer 20). Die Durchlässigkeitsziffer ändert sich sprunghaft infolge wechselnden Siltgehaltes. Die Körner der Flußsande sind im Gegensatz zu den Flußgeröllen und zu den Körnern der Dünensande zumeist eckig.

Bei der Beurteilung der voraussichtlichen relativen Dichte und der Lagerungsverhältnisse eines kohäsionslosen oder schwach kohärenten Flußsedimentes soll man sich vergegenwärtigen, daß sich die Strömungsverhältnisse und die Sedimentierungsbedingungen sogar im selben Querschnitt und bei gegebenem Wasserstand von Ort zu Ort ändern. Von der gesamten Masse der im Querschnitt gelegenen Sedimente ist nur ein Bruchteil im eigentlichen Flußschlauch abgesetzt worden, denn die Flußschlauchsedimente sind gewissermaßen nur auf der Durchreise begriffen und begeben sich zur Zeit des Hochwassers wieder auf die Wanderschaft. Der andere Teil wurde von den Hochwassern am Talboden zu beiden Seiten des Flußschlauches abgelagert. Er ist infolgedessen dichter und feinkörniger. Infolge dieser Entstehungsgeschichte setzen sich die Talauffüllungen aus unregelmäßig begrenzten Massen mit verschiedener relativer Dichte und verschiedener Feinheit zusammen.

[1]) Singer, M.: Über Flußregime und Talsperrenbau. Zeitschr. d. Österr. Ing.- u. Arch.-Ver., S. 803. 1909.

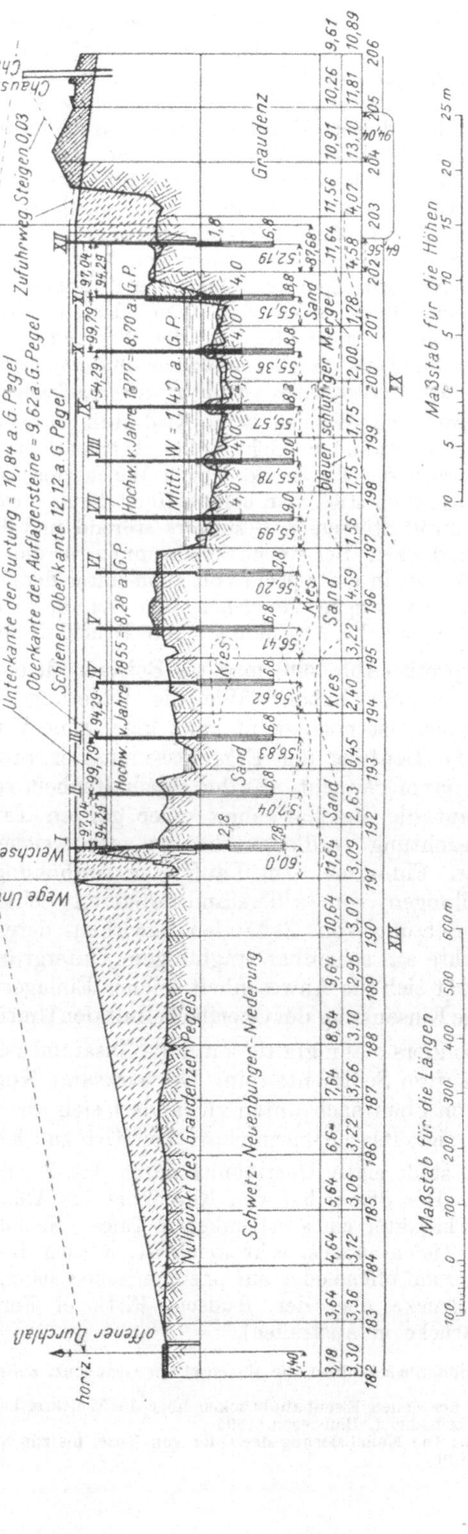

Abb. 296. Durchschnitt durch eine sandige Talauffüllung (Zeitschrift für Bauwesen, 1882)

Abb. 296 zeigt einen Querschnitt durch die Talauffüllung der Weichsel bei Graudenz. Der Untergrund besteht in den höheren Lagen aus größtenteils feinem, mehr oder weniger mit Schlick durchsetztem Sand, innerhalb dessen sich auf der Kämpe Nester von Kies, im Flußbett und namentlich in der Nähe des rechten Ufers ziemlich große Mengen von Feldsteinen vorfinden[1]). Etwa in der Tiefe von 9,0 m zieht sich eine wenig mächtige Kiesschichte durch, welche allmählich wieder in feines Material übergeht, dessen Unterlage eine durchschnittlich in Ordinate 12,5 m erbohrte Schichte von blauem Tonmergel bildet. Aus den beim Rammen gemachten Beobachtungen scheint hervorzugehen, daß der Sand im Flußschlauchgebiet schon in einer Tiefe von 4 m ziemlich dicht, aber nicht sehr dicht gelagert war. Die Landpfeiler wurden auf offenen Senkbrunnen gegründet, die durch „leichten, wasserdurchzogenen Sand" bis zu einer Tiefe von 7 bis 8 m durch Baggern abgesenkt wurden. Beim Niederbringen von einem der Brunnen stieß man auf einen Baumstamm mit einem Durchmesser von 60 cm, dessen Beseitigung bedeutenden Zeit- und Kostenaufwand verursachte. Bei den Versuchen, den Stamm zu beseitigen, erwies sich der Sand als „leicht beweglich und immer wieder nachstürzend", war also unterhalb des Flußgebietes ziemlich locker gelagert.

Baumstämme verursachen beim Niederbringen von Senkbrunnen und beim Rammen von Spundwänden nicht selten beträchtliche Schwierigkeiten (Eichenstämme im Bereich der Pfeiler der neuen Weichselbrücke in Dirschau)[2]). Bei der Kanalisierung der Oder stieß man bei der Herstellung der Spundwand für eine einzige Baugrube auf zwölf Stämme[3]). Besonders störend sind die in tropischen Alluvionen begrabenen Harthölzer. Bei einem Senkbrunnen für die Jumna-Brücke in Britisch-Ostindien stieß man in einer Tiefe von 10 m unter dem Wasserspiegel auf so einen Stamm. Nach langwierigen Versuchen, den Stamm zu entfernen, mußte man die Bauweise ändern und die Absenkung unter Druckluft fortsetzen.

Das Querprofil (Abb. 296) mag als Beispiel für eine halbwegs gleichförmige Talauffüllung gedient haben. Wie die Lagerungsverhältnisse im einzelnen zustande kommen, ist noch nicht ganz klar. Eine Vertiefung unserer Einsicht würde auch die Deutung der Ergebnisse unserer Probebohrungen erleichtern. Jedenfalls sei davor gewarnt, aus der Beschaffenheit von einem halben Dutzend Bohrproben auf die Beschaffenheit einer ganzen Talauffüllung zu schließen. Besondere Beachtung verdienen die oft sehr weichen, schlammreichen Auffüllungen toter Flußarme. Im Laufe der Aufhöhung des Talbodens können solche Auffüllungen von widerstandsfähigeren Schichten überlagert werden und örtliche Setzung von Gebäuden bewirken, deren Fundamente innerhalb der Deckschichte auf scheinbar tragfähigem Untergrund hergestellt wurden. In der Regel verrät sich die Anwesenheit solcher Einlagerungen durch eine seichte, muldenförmige Einsenkung der Oberfläche mit den Umrissen des toten Flußarmes.

Ganz besonders mannigfaltig kann die Zusammensetzung der in ertrunkenen Tälern angehäuften Sedimente sein. Die wirksame Korngröße nimmt im großen und ganzen von oben nach unten zu, ändert sich aber im einzelnen ebenso wie der Gleichförmigkeitsgrad sprunghaft von Ort zu Ort.

Abb. 297 stellt einen Querschnitt durch das Tal des Hudson-River bei New Hamburg dar. Der Strom hat von New York bis Albany, auf einer Strecke von 210 km, den Charakter eines ertrunkenen Tales. Nachdem der Flußgrund bis zu beträchtlichen Tiefen zumeist sehr weich ist, werden die Brückenpfeiler in solchen Tälern entweder auf offene oder auf pneumatische Caissons gestellt (offene Caissons: Poughkeepsie-Brücke über den Hudson, Firth of Forth-Brücke in Schottland, Hawkesbury-Brücke in Australien).

[1]) Die Eisenbahnbrücke über die Weichsel bei Graudenz. Zeitschr. f. Bauwesen, Jg. XXXII, S. 243. 1882.

[2]) Der Bau der neuen Eisenbahnbrücken über die Weichsel bei Dirschau und über die Nogat bei Marienburg. Zeitschr. f. Bauwesen, 1895.

[3]) Mohr, E.: Die Kanalisierung der Oder von Kosel bis zur Neißemündung. Zeitschr. f. Bauwesen, S. 361. 1896.

Deltabildungen. Die relative Dichte der Deltaablagerungen dürfte wohl im hohen Maße von der Geschwindigkeit abhängen, mit der das Material abgelagert wurde. Die Schotterkegel, welche von den Wildbächen in den Alpenseen aufgebaut werden, scheinen lockerer gelagert zu sein als die Schotterablagerungen der Flußschläuche. Dies geht aus der Häufigkeit der an solchen Schotterdeltas sich ereignenden Seeuferbrüche hervor und läßt sich dadurch erklären, daß die Anordnung der flachen Geschiebe in Deltas mit steiler Stirnfläche weniger gesetzmäßig ist als im Flußschlauch. Die sandigen Deltabildungen zeichnen sich jedoch häufig durch sehr dichte Lagerung aus.

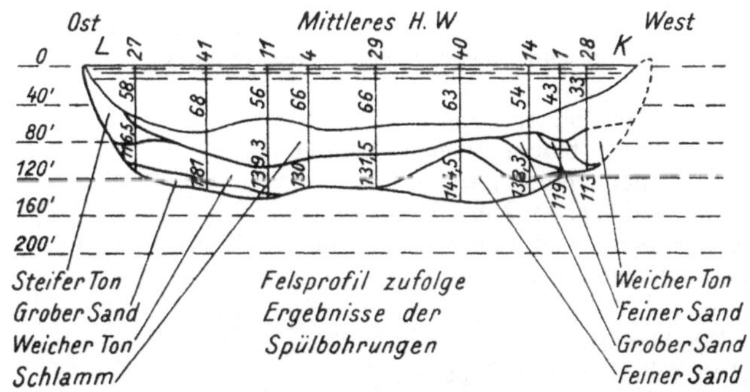

Abb. 297. Querschnitt durch den Untergrund des Hudson-River bei New Hamburg (nach Prof. Ch. P. Berkey)

Dies traf z. B. bei den von Terzaghi untersuchten, spätglazialen, fein- bis grobkörnigen Deltaablagerungen von Chicopee Mass. (Abb. 320), südlich vom Kensington-Staubecken in New York und in den White Mountains, New Hamburg, zu. Veitmayer fand am Müggelsee einen Sand mit dem erstaunlich kleinen Porenvolumen von 26,6%[1]. Im Untergrund des Mississippistromes bei New Orleans befinden sich zwei Sandschichten (feiner, weißer Sand), welche in einer Tiefe von etwa 50 m unter N. W. durch eine wenige Meter dicke Schichte steifen, blauen Tones (Gumbo) voneinander getrennt sind. Die obere Sandschichte stellt eine Flußablagerung dar und ist so locker gelagert, daß sie als Baugrund für Brückenpfeiler nicht in Betracht kommt. Die untere Sandschichte wurde in stehendem Wasser abgesetzt und ist dicht gepackt.

Nachdem die Sinkstoffe im stehenden Wasser eine ziemlich weitgehende Aufbereitung erfahren, zeichnen sich die Bestandmassen der aus Sanden bestehenden Deltas durch große Gleichförmigkeit aus (Ungleichförmigkeitsziffer 1,5 bis 5). Die Zwischenräume der groben Geschiebe der Deltaschotter sind jedoch ebenso wie jene der Flußschotter mit feineren Bestandteilen ausgefüllt. Mechanische Analyse von Schotterproben aus verschiedenen Teilen von Schotterdeltas und eine eingehendere Untersuchung der Kornanordnung in solchen Deltas würde einen wertvollen Beitrag zu unserer Kenntnis von der Stabilität dieser Ablagerungen bilden.

Strandbildungen. Die kohäsionslosen Strandbildungen sind in der Regel ziemlich dicht gelagert. Dies gilt sowohl von den Nehrungen als auch von den Strandwällen und vom Vorstrand. Die Erfahrung lehrt, daß man lange Pfähle zumeist nur mit Wasserspülung in solche Ablagerungen eintreiben kann. Trotzdem kommt es zuweilen vor, daß man, insbesondere an der Landseite der Nehrungen, gelegentlich locker gelagerte Partien antrifft. Die unstabilen Sandmassen, welche die Küste von Zeeland bilden, können nicht als Strandbildungen bezeichnet werden. Sie stellen Sandmassen dar, die von fließendem

[1] Veitmayer: Vorarbeiten zur Wasserversorgung der Stadt Berlin. 1871.

Wasser mit großer Geschwindigkeit angeschwemmt wurden und an denen sich erst später ein Strand herausgebildet hat (siehe S. 434). Die Ungleichförmigkeitsziffer der sandigen Strandbildungen ist ebenso niedrig wie jene der Deltasande. Die Körner sind vorwiegend glatt und rund. Tabelle 48 stellt die Ergebnisse von Probebohrungen durch einen typischen Strandwall dar. Eine nahe der Oberfläche entnommene Probe wies nach Terzaghi eine Ungleichförmigkeitsziffer von 1,72 und eine wirksame Korngröße von 0,076 mm auf. Die Probe bestand aus einem Gemenge von abgerundeten Quarzkörnern und von zerriebenen Muschelschalen, wobei die Quarzkörner weitaus überwogen.

Tabelle 48. Ergebnisse einer Probebohrung durch den Strandwall von Galveston, Texas, unweit vom Ostende der Hafenmauer (Regierungsbohrung, Oberst Shley)

Von oben nach unten:

5,1 m	feiner, reiner Sand,
0,6 ,,	steifer, blauer Meeresschlamm,
4,5 ,,	feiner, reiner Sand,
0,6 ,,	feinkörniger Mergel (shale),
9,0 ,,	feiner Sand und weicher, blauer Meeresschlamm,
3,0 ,,	weicher, gelber Ton.
22,8 m	

1 km östlich hievon:

5,1 m	feiner, reiner Sand,
0,9 ,,	steifer, blauer Meeresschlamm,
7,5 ,,	feiner, reiner Sand,
0,6 ,,	grober, reiner Sand mit zerriebenen Muschelschalen,
4,5 ,,	feiner Sand und weicher, blauer Meeresschlamm.
18,6 m	

Ablagerungen im Rückzugsgebiete des Eises. Am unberechenbarsten in jeder Hinsicht sind die Sandmassen, die zur Zeit des Rückzuges des Inlandeises im Vorland des Eisrandes abgesetzt wurden und zum großen Teil Aufbereitungsprodukte der Grundmoräne darstellen. Nachdem sich die Abfluß- und Sedimentierungsverhältnisse in diesen Gebieten bis zur Herausbildung reiferer Talzüge fortsetzten und mit großer Geschwindigkeit änderten, trifft man auch in den während der Übergangsperiode abgelagerten Sandmassen alle Grade der relativen Dichte und der Ungleichförmigkeit an. Obendrein greifen an manchen Orten die Grundmoräne und die ihr aufgelagerten fluvio-glazialen Sedimente in so verwickelter Weise ineinander ein, daß es beinahe unmöglich ist, zwischen diesen beiden Ablagerungen eine scharfe Grenze zu ziehen.

b) Schwimmsand. Das Wort „Schwimmsand" wird nach dem Sprachgebrauch der technischen Praxis auf alle Sandmassen angewendet, die sich beim Versuch, zu baggern oder die Baugrube durch Pumparbeit trocken zu legen, in Bewegung setzen. Hiebei wird häufig gar nicht darauf geachtet, ob die Bewegung durch die Beschaffenheit des Sandes, durch die Lagerungsverhältnisse oder durch die Art der baulichen Maßnahmen herbeigeführt wurde. Das Schwimmendwerden der Sande ist stets an den Zustand vollkommener Sättigung gebunden und verschwindet bei Entzug des Wassers.

Um den Begriff des Schwimmsandes schärfer zu fassen, muß man zunächst zwischen Sanden unterscheiden, welche eine Neigung zum Flüssigwerden aufweisen, und zwischen Sanden mit stabilerem Charakter. Dann aber muß man sich noch darüber klar werden, daß derselbe Sand, je nach seiner Lagerung, sehr stabil oder sehr unstabil sein kann.

Abb. 298a bis e zeigt die Ergebnisse der mechanischen Analyse von Sanden, bei deren Anschneiden ungewöhnliche technische Schwierigkeiten aufgetreten

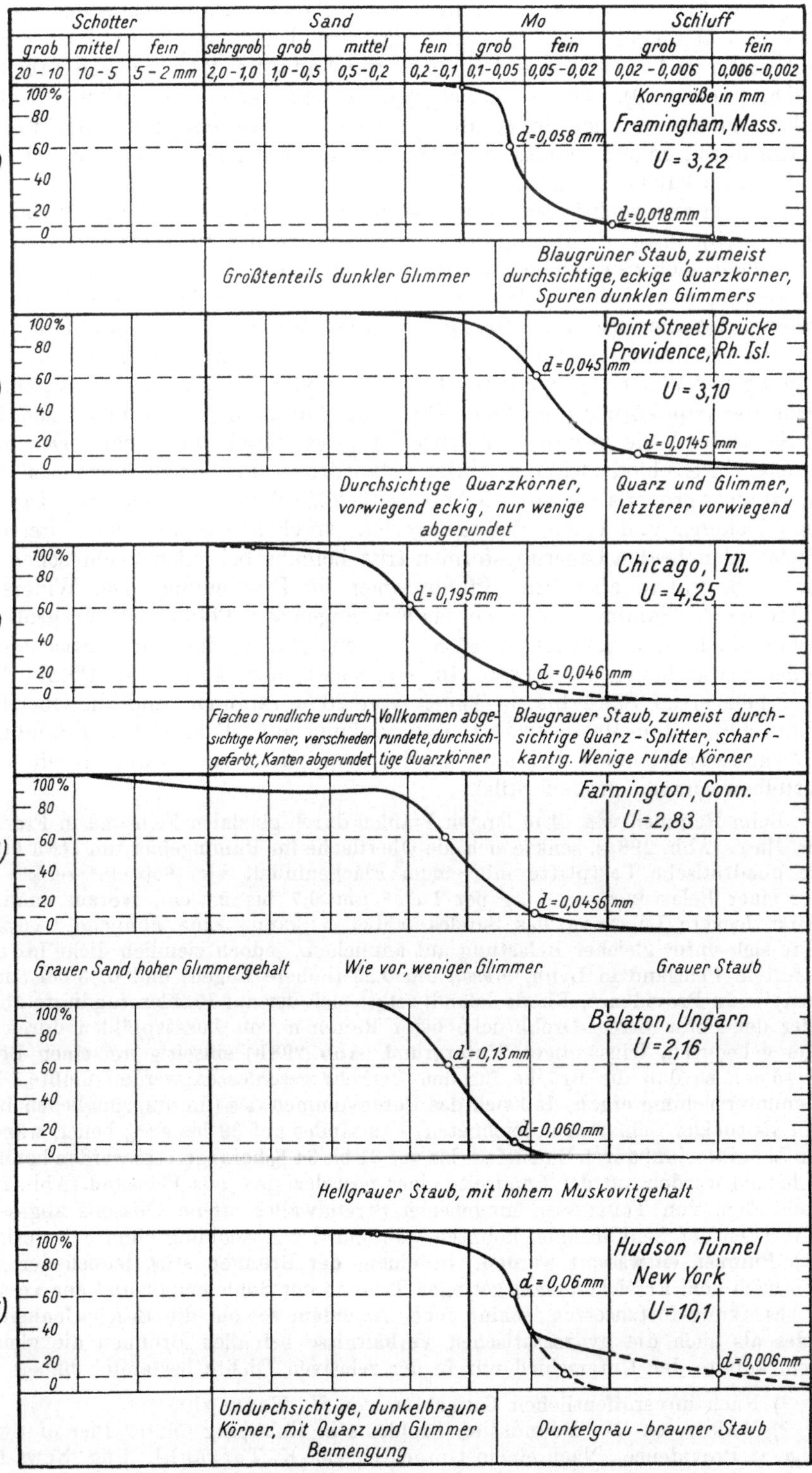

Abb. 298. Siebanalysen typischer Schwimmsande (nach K. Terzaghi)

sind (Auswahl aus etwa zwanzig untersuchten Fällen). Das gemeinsame Merkmal dieser und ähnlicher Sande besteht in geringer Teilchengröße (wirksame Korndurchmesser 0,01 bis 0,06 mm, Ungleichförmigkeitsziffer 2 bis 5 (siehe Tabelle 38, S. 328, Versuch 9). Der Glimmergehalt scheint keine wesentliche Rolle zu spielen, soferne er sich innerhalb bescheidener Grenzen hält. Wichtiger ist die Kornform, indem rundkörnige Quarzsande beweglicher sind als gleichfeine Sande mit scharfen Körnern.

Der weitaus wichtigste Faktor ist jedoch die relative Dichte (Tabelle 38, Versuch 23). Ein dichtgelagerter, seiner Kornzusammensetzung und -beschaffenheit nach beweglicher Sand ist viel leichter zu behandeln als ein weniger bewegliches, aber locker gelagertes Material. Manche Autoren vertreten die Meinung, daß die lockere Lagerung nur unter dem Einfluß eines aufsteigenden Grundwasserstromes zustande kommen könne. Andere sprechen von Übersättigung mit Wasser („supersaturated sand") oder von „dicken Wasserhüllen", welche die Sandkörner umgeben. Die erste Auffassung trifft nicht den Kern der Sache, und die zweite und dritte ist physikalisch unhaltbar. Der physikalische Unterschied zwischen einem gefährlichen und einem harmlosen Feinsand ist nicht größer als der durch Abb. 221 u. 222 erläuterte Unterschied zwischen einem lockeren und einem dichtgelagerten, trockenen Sand. Der Unterschied zwischen den beiden Lagerungsformen tritt beinahe bei jedem technischen Eingriff, insbesondere aber beim Pfahlrammen, in Erscheinung. Der Widerstand dichtgelagerter Sandmassen gegen das Eindringen von Pfählen ist sehr groß, und die Oberfläche der Sandmasse ist nach beendigter Rammarbeit zwischen den Pfählen etwas höher als vorher. Im Gegensatz dazu kann man Pfähle durch locker gelagerten Sand bis zu Tiefen von 20 m rammen, und die Oberfläche der durchrammten Masse erfährt eine Senkung auf. Falls sich die Sandmasse im Grundwasserbereich befindet, wird sie im Laufe der Rammarbeit weich (Rüttelbewegungen großen Stils).

Beim Rammen von 14 m langen Pfählen durch glazialen Feinsand in Framingham, Mass. (Abb. 298a), senkte sich die Oberfläche im Rammgebiet um etwa 90 cm. Eine quadratische Lastplatte mit einem Flächeninhalt von 900 cm² senkte sich unter einer Belastung von 1 kg per 1 cm² um 0,7 bis 2,4 cm, woraus man auf äußerst lockere Lagerung des Sandes schließen kann. Eine ähnliche Lastplatte senkte sich unter gleicher Belastung auf ähnlichem, jedoch ziemlich dicht bis dicht gelagertem Feinsand in Lynn, Mass., um 0,23 (höhere Lagen) und 0,13 cm (tiefere Lagen)[1]. In Providence, Rhode Island, setzte sich der auf Pfählen fundierte Mittelpfeiler der Point Street-Drehbrücke beim Rammen von Zusatzpfählen durch den locker gelagerten, feinsandigen Untergrund (Abb. 298b) einseitig um einen Betrag von 15 cm, so daß die Brücke für den Verkehr geschlossen werden mußte. Eine Bodenuntersuchung ergab, daß sich das Porenvolumen des (im ursprünglichen Bohrprofil als toniger Schlamm bezeichneten) Feinsandes auf 39 bis 42% belief, während es im Laboratorium durch Einrütteln bis auf 31 bis 34% herabgesetzt werden konnte[2]. In Chicago wurden auf der Landseite eines postglazialen, aus Feinsand (Abb. 298c) bestehenden, von Tonmassen umgebenen Strandwalles offene Caissons abgesenkt. Die meisten der Senkbrunnen konnten während der Absenkung ohne Schwierigkeit durch Pumpen entwässert werden. In einem der Brunnen stieg jedoch der Sand schon nach dem Erreichen einer geringen Tiefe an der Sohle empor und der Versuch, die Absenkung fortzusetzen, schlug fehl. Nachdem sowohl die Beschaffenheit des Sandes als auch die hydrostatischen Verhältnisse bei allen Brunnen die gleichen waren, konnte der Unterschied nur in der relativen Dichte bestanden haben.

[1]) Nach unveröffentlichen Gutachten von K. Terzaghi.

[2]) Maker, G. W.: Foundation Problems in Enlarging Center Pier of Swing-Bridge at Providence. Nach einem Gutachten von K. Terzaghi. Eng. News-Rec., Dez. 8, 1927.

Die Bedeutung aufsteigender Grundwasserströme besteht lediglich darin, daß solche Ströme auch einen ursprünglich dicht gelagerten Sand völlig auflockern können. Die geringe Tragfähigkeit der vom aufsteigenden Grundwasser durchströmten Sande erklärt sich zwanglos aus der durch den Strömungsdruck bewirkten scheinbaren Abnahme des spezifischen Gewichtes[1]). Sobald die Strömung aufhört, wird auch die Tragfähigkeit wieder größer. Die Lagerung des Sandes bleibt jedoch locker. In der Praxis drückt sich diese Tatsache in der lockeren Beschaffenheit des Sandes an der Sohle offener Caissons aus, die unter Wasserhaltung durch dicht gelagertes Material abgesenkt wurden.

Die einzigen Mittel, über die wir gegenwärtig verfügen, um zu unterscheiden, ob ein gegebener Sand dicht oder locker gelagert (tragfähig oder nachgiebig, standfest oder beweglich) ist, besteht in der Belastungsprobe und im Rammen von Probepfählen. Beide Mittel sind kostspielig, können aber nicht umgangen werden, solange wir noch keine Werkzeuge zur Entnahme ungestörter Sandproben haben. Derselbe Sand, der beim Ausschachten von Fundamentgruben den Charakter eines gefährlichen Schwimmsandes annimmt, würde uns im Tunnelbau als schwimmendes Gebirge und im offenen Einschnitt als unstabile Lehne entgegentreten.

Die Bekämpfung des Schwimmsandes erfolgt entweder durch Absenken des Grundwassers oder durch Gefrieren des Wassergehaltes oder schließlich, mit wechselndem Erfolg, auch durch Einspritzen von Zementmilch[2]).

c) Grundwassersenkung durch Brunnenreihen. Die Bedeutung dieser Methode der Wasserhaltung beruht darauf, daß man durch eine allgemeine Senkung des Grundwasserspiegels auch den unstabilsten Sand für die Dauer der Bauzeit in ein harmloses, wenig druckhaftes Material verwandeln kann. Obendrein schaltet man durch Anwendung dieser Methode die mit der offenen Wasserhaltung unvermeidlicherweise verbundene Auflockerung der Baugrubensohle aus.

Abb. 299 ist ein Beispiel für eine mit primitiven Mitteln durchgeführte Grundwasserabsenkung. Der Untergrund bestand aus einer aus ziemlich wagrechten Lagen zusammengesetzten Schichte postglazialen Feinsandes. Im lotrechten Sinne wurde

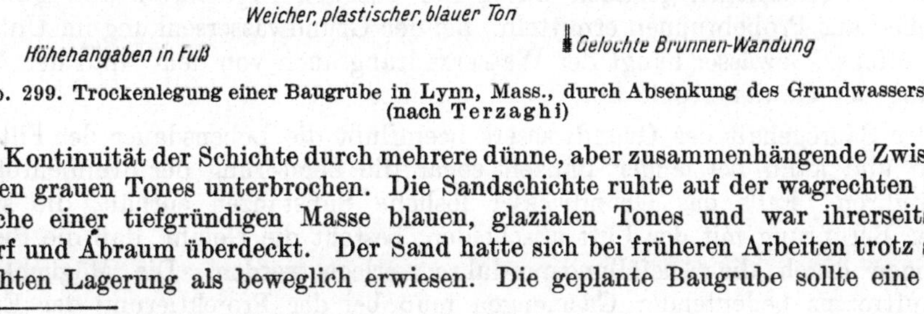

Abb. 299. Trockenlegung einer Baugrube in Lynn, Mass., durch Absenkung des Grundwasserspiegels (nach Terzaghi)

die Kontinuität der Schichte durch mehrere dünne, aber zusammenhängende Zwischenlagen grauen Tones unterbrochen. Die Sandschichte ruhte auf der wagrechten Oberfläche einer tiefgründigen Masse blauen, glazialen Tones und war ihrerseits mit Torf und Abraum überdeckt. Der Sand hatte sich bei früheren Arbeiten trotz seiner dichten Lagerung als beweglich erwiesen. Die geplante Baugrube sollte eine Tiefe

[1]) Terzaghi: Erdbaumechanik, S. 128.

[2]) Vgl. Kapitel Grundwasser, ferner Gross, W.: Schachtabteufen durch Schwimmsandschichten mit Hilfe eines neuen Versteinerungsverfahrens, Glückauf, 60. Jg., S. 559. 1924.

von 9 m bekommen und war nur durch einen 12 m breiten Rücken vom Ende eines gebaggerten, nach dem offenen Hafen führenden Einschnitt getrennt. Infolgedessen schien es ratsam, die Trockenhaltung durch Grundwasserabsenkung zu bewerkstelligen. Nachdem die Anwesenheit der Tonzwischenlagen dem Bohrmeister bei der Spülbohrung entgangen war, hatte man beim Entwurf der Einrichtung der Baustelle nicht mit der Anwesenheit mehrerer Grundwasseretagen gerechnet und half sich nachträglich, indem man die Rohrbrunnenanlage durch einen mit Filtermaterial ausgefüllten, innerhalb der Baugrube gelegenen Sammelbrunnen ergänzte. Trotzdem wurde die Sandschichte so gründlich entwässert, daß sie mit steiler Böschung ohne Pölzung stand und daß die Lagerung des Sandes dicht blieb (siehe Belastungsprobe, S. 332 und 479). An den wenigen Stellen, wo sich der abgesenkte Grundwasserspiegel mit dem Rande der Baugrube verschnitt, floß der Sand in die Grube und mußte durch kurze Spundpfähle abgedämmt werden[1]).

Die aus dem Vorhandensein schwach durchlässiger Zwischenlagen erwachsenden Schwierigkeiten werden in der modernen deutschen Praxis der Grundwasserabsenkung dadurch umgangen, daß man Rohrbrunnen verwendet, deren Wandung auf mehrere Meter Länge durchlässig ist, so daß jede durchlässige Zwischenschichte mit einem durchlässigen Rohrabschnitt in Berührung steht.

Unter den physikalisch-geologischen Faktoren, welche die Kosten und den Erfolg der Absenkungsanlage bestimmen, wären in erster Linie die Korngröße, Durchlässigkeit und Lagerungsverhältnisse des Untergrundes und in zweiter Linie der Säuren- und der Gasgehalt des Grundwassers hervorzuheben. Je feiner das Material, desto größer wählt man den Brunnendurchmesser und desto kleiner den Brunnenabstand. In grobkörnigem Material ordnet man in Abständen von 10 bis 14 m Brunnen mit einem Durchmesser von 15 cm an. In feinkörnigen Schichten geht man mit den Brunnendurchmesser bis auf 25 cm hinauf und mit dem Brunnenabstand bis auf 5 bis 8 m herunter[2]). Obendrein muß man die durchlässige Rohrstrecke mit einem Sandfilter umgeben, um eine Verstopfung der Sieböffnungen zu vermeiden. Von der Durchlässigkeit des Untergrundes hängt sowohl die Länge des bis zum Eintreten des hydraulischen Gleichgewichtes verstreichenden Zeitraumes als auch die Anzahl der zur Bewältigung des Wassers nötigen Pferdestärken ab. Die ersten Anhaltspunkte für die Beurteilung der Durchlässigkeit kann man mit Hilfe von Durchlässigkeitsversuchen bekommen. Erfahrene Fachleute können die Durchlässigkeit auch ohne Versuch, auf Grund der Besichtigung der Bohrproben mit einiger Sicherheit einschätzen. Nachdem jedoch die Durchlässigkeit des zu entwässernden Schichtensystemes nicht bloß von der Durchlässigkeit der einzelnen Schichten, sondern in hohem Maß auch von deren Anordnung abhängt, lassen sich die zur Verfassung des endgültigen Entwässerungsprojektes erforderlichen genauen Daten nur aus den Ergebnissen von Pumpversuchen aus Probebrunnen ermitteln. Bei der Grundwassersenkung im Untergrund offener Gewässer hängt der Wasserzudrang auch von dem Grad der Abdichtung der Gewässersohle ab.

Der Säuregehalt des Grundwassers beeinflußt die Lebensdauer der Filtertressen und kann bei langer Bauzeit sogar die Zerstörung der Brunnenrohre herbeiführen. Falls das Grundwasser lösliche Substanzen enthält, die sich bei der Berührung mit der Luft abscheiden, besteht die Gefahr, daß die Sieböffnungen durch die Ausfällungsprodukte verlegt werden. Die Möglichkeit des Auftretens bedeutender Gasmengen muß bei der Projektierung der Entlüftungsanlagen berücksichtigt werden.

[1]) Terzaghi: Wellpoint Method for handling excavation of foundation pit at new sewage pumping station Lynn, Mass., Journal of Boston Soc. of Civ. Eng., Vol. XIV, 1927.

[2]) Schultze, J.: Die Grundwasserabsenkung in Theorie und Praxis. Berlin: J. Springer, 1924.

Bei der generellen geologischen Begutachtung von Entwässerungsprojekten kommen demnach die Grundwasserverhältnisse, die ungefähre Korngröße und Durchlässigkeit der Einzelschichten, die Lagerungsverhältnisse mit besonderer Berücksichtigung des Verlaufes schwach durchlässiger Zwischenschichten und schließlich die chemische Beschaffenheit des Grundwassers in Betracht. Die Beschaffenheit des Materials der einzelnen Bodenschichten wird am besten durch Diagramme und Kennziffern (Tabelle 38, S. 328) beschrieben, wie dies in Abb. 230 (S. 346) geschehen ist. Es würde sich empfehlen, die bei Absenkungsarbeiten gesammelten Erfahrungen nach geologischen Gesichtspunkten zu verarbeiten und systematisch darzustellen.

d) Gründungen auf Tonschichten. Die Beschaffenheit des Sandes ist infolge der konservativen Struktur dieses Materials bei gegebener Beschaffenheit durch die Umstände festgelegt, unter denen der Sand abgesetzt wurde[1]). Sobald einmal die Sandkörner auf ihrer künftigen Lagerstätte eingetroffen sind, hört ihre Geschichte auf. Die Beschaffenheit einer Sandschichte ist etwas Gegebenes und kann höchstens durch ungewöhnliche Ereignisse (unterirdische Erosion, aufsteigenden Grundwasserstrom, fortdauernde künstliche Erschütterung usw.) ausgiebig geändert werden. Nicht einmal die vorübergehende Belastung einer Sandschichte durch Überlagerung und nachfolgende Abräumung des Hangenden durch Erosion vermag eine lockere Lagerung in eine dichte zu überführen und die Verhältnisse, unter denen ein Sand zur Ablagerung gekommen ist, lassen sich sogar aus der Struktur eines Sandsteines ablesen, der aus dem Sand im Laufe geologischer Zeiträume hervorgegangen ist. Die Struktur des Sandes ist eben konservativ.

In sinnfälligem Gegensatz dazu kann sowohl die chemische als auch die physikalische Beschaffenheit der Tonlager nach erfolgter Bildung eine ganze Anzahl tiefgreifender Veränderungen erleiden, so daß das Endprodukt in technisch-geologischer Hinsicht mit dem Anfangsprodukt recht wenig gemeinsam hat. Die chemischen Veränderungen werden hauptsächlich durch Reduktions- und Oxydationsvorgänge herbeigeführt. Ein Teil dieser Vorgänge dürfte sich ziemlich rasch vollziehen. Dies geht aus der Tatsache hervor, daß manche Flüsse das See- oder Meerwasser im Mündungsgebiet auf weite Entfernungen hin gelb färben, während die im selben Bereich abgesetzten Schlamme dunkelgrau oder schwarz sind (Reduktion der Eisenverbindungen durch organische Gemengteile). Ein anderer Teil des Vorganges dürfte sich im Laufe längerer Zeiträume abspielen. So ist es z. B. auffallend, daß man schon im Jungtertiär keine kohärenten Bodenschichten mehr antrifft, die in physikalischer und chemischer Hinsicht mit den Schlammschichten verglichen werden können, die sich unter unseren Augen im Mündungsgebiet der fließenden Gewässer bilden. Auch harnischartige, spiegelglatte Absonderungsflächen scheinen in manchen Fällen durch die mit Raumvergrößerung verbundenen chemischen Änderungen verursacht zu werden. So fand sich z. B. in Houston, Texas, ein scheinbar vollkommen ungestörter Flutgebietston, dessen oberer, dunkelrostroter Teil von zahllosen, spiegelglatten Harnischflächen durchsetzt war, während sich der untere, grünlichgelbe Abschnitt als vollkommen rißfrei erwies. An der nahezu wagrechten Grenze zwischen diesen beiden Abschnitten glich das Material einer aus roten und aus blaßgelben, scharfkantigen Stücken zusammengesetzten Breccie, die sich bereits unter leichtem Druck in ihre Teilstücke auflöste (Terzaghi). Die Harnischbildung schien dadurch zustande gekommen zu sein, daß die chemische Umsetzung in verschiedenen Punkten der gleichen

[1]) Terzaghi: Erdbaumechanik, S. 89.

Zone zu verschiedenen Zeiten eingesetzt hat, wobei sich an den Grenzflächen zwischen dem veränderten und dem unveränderten Material Scherflächen herausbildeten. Über das Wesen der chemischen Umsetzungen, welche die Tonböden im Laufe der Zeit erfahren, ist vorläufig noch wenig bekannt. Wird die Oberfläche einer blauen Tonmasse trocken gelegt, so geht die Farbe des Tones im Laufe der Zeit durch Oxydation der sauerstoffarmen Eisenverbindungen in Gelb über. Die physikalischen Veränderungen betreffen hauptsächlich die durch Oberflächenverdunstung oder durch vorübergehende Belastung sich ergebenden Wassergehalts- und Konsistenzänderungen.

Je nach ihrer geologischen Vorgeschichte sind unter den Tonen zwei Haupttypen zu unterscheiden: Tone, welche im Inundationsgebiet der Flüsse und Tone, die in größerer Küstenentfernung in Wasser-, See- und Meeresbecken abgelagert wurden (Flutgebiets- bzw. Tiefwassertone). Hiezu gesellen sich als dritte Type die rezenten, in der Küstennähe zur Absetzung kommenden, häufig von Feinsand durchsetzten und mit organischen Bodenbestandteilen vermengten Schlick- und Schlammassen.

Flutgebietstone. Als Beispiel für die Flutgebietstone sei der zähe, blaue Ton (Gumbo) erwähnt, der im Überschwemmungsgebiet des Mississippistromes vorkommt. Dieser Ton hat eine Fließgrenze bis zu 75 und eine Plastizitätsgrenze von der Größenordnung 30, ist also als fetter, hochplastischer Ton zu bezeichnen. Falls dieser Ton in tieferem, stehendem Wasser abgelagert wurde, verbleibt er jahrzehntelang in halbflüssigem Zustand und würde trotzdem infolge seiner Beschaffenheit nahezu wasserundurchlässig sein. Nach A. M. Shaw kann das Material in diesem Zustand gepumpt werden und strömt wie eine zähe Flüssigkeit auf beinahe wagrechtem Grund[1]). Im Gegensatz dazu ist derselbe Ton innerhalb des Inundationsgebietes bis an die Oberfläche steif, und wenn man in den Ton ein Loch bohrt, so schießt das Wasser unterhalb des Grundwasserspiegels von allen Seiten in dünnen Strahlen aus Wurzelröhren und kleinen Spalten in den Hohlraum. Die Ergebnisse von Tiefbohrungen lassen erkennen, daß der Untergrund stellenweise Schmitzen oder Lagen sehr feinen Sandes und linsen- oder streifenförmige Einlagerungen von weichem Ton enthielt. Letztere stellen offenbar das Ergebnis der Verschlämmung toter Flutarme (Bayous) dar[2]). Die steife Konsistenz der Flutgebietstone ist offenbar darauf zurückzuführen, daß jede neu abgesetzte Tonlage während der Niedrigwasserperiode durch den Kapillardruck (teilweise Austrocknung) verdichtet wird. Infolge verhältnismäßig geringer Raumelastizität behält dieser Ton nach erfolgter Verdichtung die dichte Lagerungsform auch bei nachträglicher Überflutung größtenteils bei. Die relativ gute Beschaffenheit des Baugrundes von New Orleans, La., ist darauf zurückzuführen, daß die im Untergrund der Stadt befindlichen Tonschichten Flutgebietstone darstellen (siehe S. 503).

Tiefwassertone. Viel wechselvoller ist das Schicksal der Tiefwassertone. Im Ausgangszustand, das heißt sogleich nach erfolgter Absetzung, ist der Ton so locker, daß sich sein Wassergehalt oberhalb der Fließgrenze (Tabelle 38, Versuch 13) befindet. Dies gilt von den Meerwassertonen in höherem Maß als von den Tonen, die im elektrolytarmen Süßwasser abgelagert wurden. Im Laufe des Sedimentationsvorganges wird jede neugebildete Schichte von dem nachfolgenden Material überlagert. Infolge der geringen Durchlässigkeit des feinkörnigen Sedimentes kann das überschüssige Wasser nur äußerst langsam entweichen.

[1]) Nach einer brieflichen Mitteilung vom 9. Januar 1928. Die Beobachtung wurde an der Südküste des Lake Pontchartrin, La., gemacht.

[2]) Nach einem unveröffentlichten Gutachten von K. Terzaghi.

Infolgedessen kommt das Porenwasser der tiefergelegenen Tonschichten unter Druck und der Wassergehalt dieser Schichten bleibt auf eine lange Zeit hinaus größer, als dem Schwergewichtsdruck entsprechen würde, unter dem sich die Schichten befinden. Der „Konsolidationsvorgang" läßt sich mit Hilfe der durch Versuch Nr. 1 (S. 327) zu bestimmenden Bodenkonstanten rechnerisch verfolgen und die Rechnung führt in Übereinstimmung mit der Erfahrung zu der Erkenntnis, daß sich kolloidreiche, rezente oder geologisch sehr junge Schlammablagerungen auch heute noch im Zustand unvollkommener Konsolidation befinden können. Solange im Porenwasser ein Überdruck herrscht, ist der Schlamm noch in Verdichtung begriffen und die Oberfläche der Schlammablagerung würde sich infolgedessen auch im Falle der Abwesenheit einer künstlichen Zusatzbelastung allmählich senken.

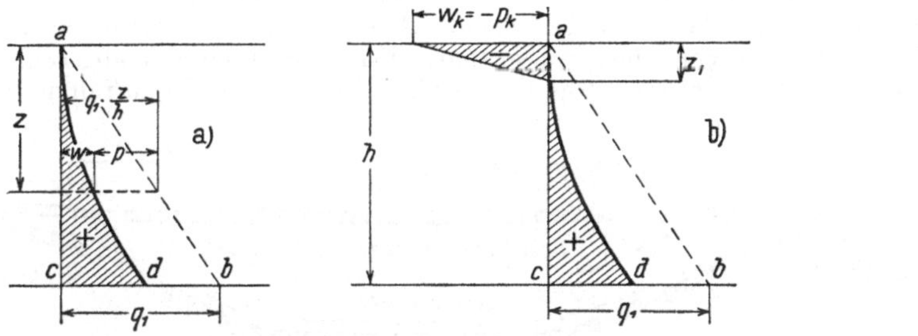

Abb. 300. Spannungsverhältnisse in einer im Zustand fortschreitender Verdichtung befindlichen Schlammschichte. Im Fall *(a)* ist vorausgesetzt, daß die Schlammoberfläche beständig überflutet und im Fall *(b)*, daß die Oberfläche trocken und der Verdunstung ausgesetzt sei. In beiden Fällen geben die Dreiecke *a b c* die vom Eigengewicht der Ablagerung herrührenden Gesamtdrücke und die schraffierten Flächen jene Teile dieser Gesamtdrücke an, welche durch das Wasser aufgenommen werden

In Abb. 300 a sind die in einer solchen Schlammablagerung herrschenden Druckverhältnisse dargestellt. Der gesamte, vom Eigengewicht der Masse herrührende Druck beläuft sich in der Tiefe h auf q_1 pro Flächeneinheit. Nachdem dieser Druck offenbar in geradem Verhältnis mit der Tiefe zunimmt, beläuft er sich in einer Tiefe z auf $q_1 \cdot \frac{z}{h}$. Von diesem Druck wird ein Teil w vom Strömungsdruck des langsam aus der sich setzenden Schlammasse nach oben entweichenden, überschüssigen Wassers aufgenommen und nur der Restbetrag $p = q_1 \cdot \frac{z}{h} - w$ überträgt sich von Korn auf Korn nach unten. Das Dreieck $a\ b\ c$ stellt die gesamten vom Eigengewicht des Schlammes herrührenden Drücke und die schraffierte Fläche $a\ c\ d$ die vom entweichenden Porenwasser nach oben hin ausgeübten Drücke dar. Mit zunehmender Konsolidation nimmt auch die pro Zeiteinheit aus dem Schlamm entweichende Wassermenge ab. Mit der Strömungsgeschwindigkeit verringert sich auch der Druck, den das entweichende Wasser nach oben hin ausübt, bis endlich, nach dem Eintreten hydrostatischen Gleichgewichtes, dieser in Abb. 300 a durch die schraffierte Fläche dargestellte Druck gänzlich verschwindet. In diesem Endzustand des Konsolidationsvorganges ist der Wassergehalt in jedem Punkt der Schlammablagerung gleich dem Wassergehalt, welcher dem in diesem Punkt herrschenden Gesamtdruck $q_1 \cdot \frac{z}{h}$ entspricht.

Solange sich noch überschüssiges Wasser in den Schlammporen befindet, steht dieses unter positivem hydrostatischem Druck und entweicht daher nach der Zone geringsten Überdruckes, das heißt nach oben. Die Schlammasse wird dadurch verdichtet, und zwar schreitet diese Verdichtung in den tieferen Schichten etwas rascher fort als in den darüber liegenden.

Die Hauptbedeutung derartiger Berechnungen, wie sie Terzaghi in seiner Erdbaumechanik S. 177 bis 178 durchführt, liegt keineswegs in den Ziffern, die sie liefern. Die Zahlenwerte können bloß der Größenordnung nach richtig sein, weil es vollkommen homogene Schlammablagerungen in der Natur nicht gibt. Die Bedeutung der Rechnung liegt vielmehr darin, daß die Rechnungsergebnisse den Schlüssel zum Verständnis vieler Erscheinungen bilden, die andernfalls entweder unverständlich wären oder aber unrichtig gedeutet werden könnten. Unrichtige Deutung beobachteter Erscheinungen aber führt zu nutzlosen oder schädlichen technischen Maßnahmen.

Als Beispiel für die bodenphysikalische Deutung stattgehabter Setzungsvorgänge sei ein Fall erwähnt, in dem die aus Schlamm von der Schwellklasse 2, Durchlässigkeitsklasse VI bestehende Auffüllung eines ertrunkenen Tales unweit Konstantinopel von einer wasserführenden, jedoch allseits abgeschlossenen Sandschichte unterlagert war. Das Querprofil, Abb. 301, der Talauffüllung läßt erkennen,

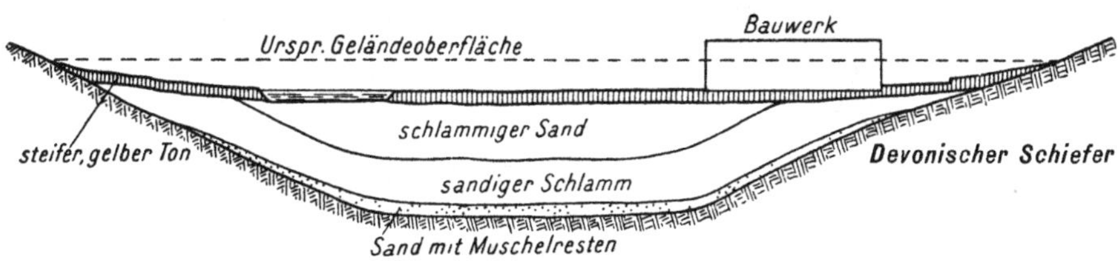

Abb. 301. Querschnitt durch eine Talauffüllung bei Konstantinopel (nach Terzaghi)

daß die Oberfläche des Schlammes ursprünglich einige Meter oberhalb der gegenwärtigen Oberfläche gelegen und durch Konsolidierung der Masse in ihre neue Lage gekommen war. Als man die Sandschichte anbohrte, stieß man auf artesisches Wasser. Zugleich mit dem Einsetzen des mit einer ausgiebigen Absenkung des Wasserspiegels verbundenen Pumpbetriebes fing das ganze Gelände nebst den auf dem Gelände befindlichen Bauten und Deponien an sich zu setzen, und eine Näherungsrechnung ergab, daß der Rauminhalt des aus den Brunnen geschöpften Wassers der Größenordnung nach dem zwischen der ursprünglichen und der neuen Geländeoberfläche eingeschlossenen Raum gleichkam.

Nachdem sich die mit der Konsolidierung einer Schlammablagerung verbundenen natürlichen Setzungen infolge ihrer relativen Geringfügigkeit der direkten Beobachtung entziehen, dürfte so mancher Setzungsvorgang ausschließlich dem Gewicht neuerrichteter Bauwerke zugeschrieben werden, während er tatsächlich in schwächerem Maß schon vor der Aufstellung der Gebäude stattgefunden hat. Um die Ursachen der Setzungen aufzuklären, empfiehlt es sich, die am Gebäude angebrachten Fixpunkte des Nivellements mit anderen Punkten einzubinden, die sich in beträchtlicher Entfernung vom Gebäude, auf der unbelasteten Geländeoberfläche befinden. In dem oben beschriebenen Fall setzte sich ein Teil der Umfriedung des Grundstückes beinahe ebenso ausgiebig wie die Gebäude selbst.

Krustenbildung und Konsistenz der Tonlager. Bei der im vorangegangenen gebrachten Besprechung der in Abb. 300a im Querschnitt dargestellten Schlammablagerung wurde vorausgesetzt, daß die Oberfläche der Ablagerung mit Wasser bedeckt sei. Unter dieser Voraussetzung sind im Porenwasser nur die durch die schraffierte Fläche *a c d* dargestellten positiven hydrostatischen Drücke physikalisch denkbar. Sobald jedoch die Schlammoberfläche infolge Hebung des Landes oder Senkung des Wasserspiegels mit der Luft in Berührung kommt, setzt die Verdunstung ein und erzeugt in der Nachbarschaft der Verdunstungsoberfläche im Wasser eine Zugspannung, das heißt einen negativen hydrostatischen Druck, ähnlich wie er im Innern eines Bündels von Haarröhrchen herrscht, an dessen oberem Ende das Wasser verdunstet[1]). Die Intensität w_k (Abb. 300b), welche diese Zugspannung an der Schlammoberfläche aufweist, und die Tiefe z_1, bis zu der sich die Verdunstung nach unten hin fühlbar macht, hängt von der Materialbeschaffenheit, von der Verdunstungsgeschwindigkeit und von dem Zeitraum ab, der seit dem Einsetzen des Verdunstungsvorganges verstrichen ist. Infolge Gleichheit von Druck und Gegendruck ist die im Porenwasser herrschende, durch Verdunstung hervorgerufene Zugspannung w_k an der Schlammoberfläche (Schwergewichtsdruck $= 0$) mit einer gleich großen, im Schlamm auftretenden Druckspannung (Kapillardruck) $p_k = - w_k$ verbunden. Das durch die Verdunstung hervorgerufene Kräftespiel setzt sich mit dem bereits erörterten Druckzustand zusammen, der durch das Eigengewicht des Schlammes in Verbindung mit der geringen Durchlässigkeit erzeugt wird. Abb. 300b (schraffierte Fläche) gibt die negativen und positiven Drücke an, die im Porenwasser durch das Zusammenwirken von Verdunstung und Eigengewicht zustande kommen.

Die untere Grenze der steifen Kruste wäre in dem tiefsten Niveau z_1 zu suchen, in welchem der im Porenwasser herrschende Druck noch negativ ist.

Die universelle Verbreitung der steifen Krusten geht unter anderem aus dem wiederholt erwähnten Schlußbericht der schwedischen geotechnischen Kommission hervor. Durch die zahlreichen Wassergehalts- und Konsistenzbestimmungen der Kommission wurde die physikalische Beschaffenheit dieser Krusten in quantitativer Hinsicht aufgeklärt. Unter den mitteleuropäischen Beispielen mögen die Krusten erwähnt werden, die beim Baue der bayrischen Eisenbahnlinie von Kempten nach Immenstadt[2]) sowie bei der Querung des Talbodens zwischen Badgastein und Hofgastein tragfähigen Baugrund vorgetäuscht haben.

Aus der oben angedeuteten Theorie des Vorganges der Konsolidierung durch Eigengewichtswirkung geht hervor, daß sowohl während des Konsolidierungsvorganges als auch nach Beendigung desselben die Konsistenz des Tones mit der Tiefe zu-, der Wassergehalt mit der Tiefe abnehmen sollte.

Diese Regel wurde z. B. bei der bodenphysikalischen Untersuchung der Bohrproben bestätigt gefunden, die aus dem Untergrund des 750 m breiten Meeresarmes „Kleiner Vaertan" zwischen Stockholm (Ropsten) und der Insel Lidingö entnommen wurden (feiner, weicher, blauer Lehm, nach W. Kranz mariner Schlick)[3]). Abb. 302 gibt ein schematisches Bild von den Verhältnissen, welche an einer der Stellen größter Mächtigkeit der Ablagerung vorgefunden wurden.

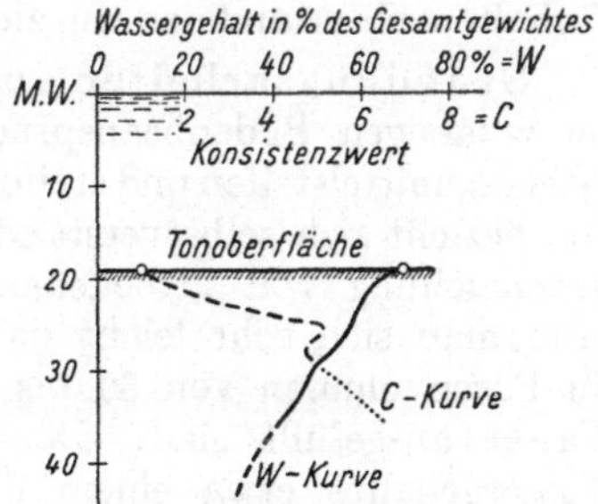

Abb. 302. Ergebnisse der an Bohrproben aus dem kleinen Vaertan vorgenommenen Wassergehalts- und Konsistenzbestimmungen (nach Olsson)

In anderen Fällen scheint jedoch so gut wie gar keine Gesetzmäßigkeit in der Beziehung zwischen der Konsistenz und der Tiefenlage zu bestehen. Dies gilt insbesondere von Tonlagern, die eine Austrocknungskruste tragen (siehe z. B. die Bodenprofile in dem mehrfach erwähnten Schlußbericht der schwedischen

[1]) Terzaghi: Erdbaumechanik, S. 161 bis 169.

[2]) Die Heubachbrücke zwischen Kempten und Immenstadt auf der königl. bayrischen Süd-Nordbahn. Försters Bauzeitung, S. 269. 1855.

[3]) Nach Kranz, W.: Die Geologie im Ingenieurbaufach, S. 352, wurden die Untersuchungen von der schwedischen Brückenbauverwaltung unter der Leitung J. Olssons ausgeführt. Siehe Abb. 28, S. 353, im Kranzschen Buch.

geotechnischen Kommission, Stockholm 1922) und von solchen, die durch vorübergehende oder dauernde Auflagerung durchlässiger Schichten teilweise steifer gemacht wurden. Die durch örtlichen und zeitlichen Wechsel in den Sedimentierungsbedingungen (Konzentration der Aufschlämmung, Elektrolytgehalt des Wassers), durch Verschiedenheit in der Korngröße, in der mineralischen Zusammensetzung und durch nachträgliche chemische Umsetzungen verursachten Unterschiede in der Konsistenz scheinen in diesen Fällen die mit dem Konsolidierungsvorgang verbundene Gesetzmäßigkeit vollkommen zu verschleiern. Das Studium der Konsistenzverhältnisse hat nicht bloß eine große praktische Bedeutung, sondern sie stellt auch das einzige Mittel dar, die Entstehungsgeschichte der Tonlager physikalisch und geologisch aufzuklären. Erfolgreiches Betreiben solcher Studien setzt allerdings eine gründliche Bekanntschaft mit der Festigkeitslehre und der Bodenphysik voraus.

Nachdem die Konsistenz der Tone beim Durchkneten bei unverändertem Wassergehalt in unberechenbarer Weise abnimmt (Abb. 218), ist es unerläßlich, die Konsistenzbestimmung an ungestörten Tonproben (Zylinderproben) vorzunehmen. Falls man darauf achtet, den zur Probeentnahme dienenden Bohrzylinder nicht etwa in den Boden einzudrehen, sondern einzupressen, so scheint man das Material in ungestörtem Zustand zutage zu fördern. (Siehe z. B. die Regelmäßigkeit der Schichtflächen der in Abb. 303 dargestellten Bodenprobe.)

Beim gegenwärtigen Stand unserer Einsicht in die Beziehungen zwischen der Tragfähigkeit kohärenter Böden und der Druckfestigkeit zylindrischer Bodenproben lassen sich die Ergebnisse der Konsistenzbestimmung vorläufig nur zum Vergleich der zu begutachtenden Baugründe mit solchen Baugründen verwerten, deren Tragfähigkeit bereits aus dem Verhalten der auf ihnen ruhenden Bauwerke bekannt ist. Durch bodenphysikalische Identifizierung der Konsistenz und der Beschaffenheit der Tone wird die Gefahr vermieden, aus den bei einem Bau gemachten Erfahrungen unzulässige Schlüsse auf das voraussichtliche Verhalten eines anderen zu ziehen.

Gründungsarbeiten auf homogenen Tonlagern. Bei der Bemessung der zulässigen Bodenbeanspruchung unterscheiden die Baubehörden zwischen weichen, mittelsteifen und steifen („trockenen") Tonen. Der Ausdruck „trockener" Ton bezieht sich selbstverständlich nur auf das Aussehen des Materials. Durch Untersuchung von „trockenen", aus größerer Tiefe stammenden Tonproben kann man sich sehr leicht davon überzeugen, daß auch der „trockene" Ton ein Porenvolumen von 30 bis 40% aufweist, wobei die Poren zur Gänze mit Wasser ausgefüllt sind. Der „trockene" Ton entspricht hinsichtlich seines Wassergehaltes etwa einem dicht gelagerten, mit Wasser gesättigten Sand.

Die weichen Tone sind, wie bereits hervorgehoben wurde, sehr oft im Oberflächenbereich bedeutend steifer, ein Umstand, der den Ingenieur über die geringe Tragfähigkeit des Materials hinwegtäuschen kann. Die als zulässig erachtete Bodenbeanspruchung schwankt zwischen 1 und 2, auch 2,5 kg per 1 cm². Den mittelsteifen Ton belastet man mit 1,75 bis 3, zuweilen sogar mit 4 kg per 1 cm². Steife Tone finden sich hauptsächlich unter den tertiären und vortertiären Bildungen. Die steife Konsistenz kann entweder das Endergebnis eines Austrocknungsvorganges darstellen, welcher in der normalen Weise mit einer Krustenbildung begonnen hat, oder durch das Gewicht von Bodenmassen verursacht worden sein, die im Laufe der geologischen Vorgeschichte zuerst aufgebracht und dann wieder entfernt worden sind. Tone dieser Art zeichnen sich häufig durch gleichmäßige, von der Tiefe nahezu unabhängige Konsistenz aus. Unter den jüngeren Tonen beschränkt sich die steife Konsistenz in der

Regel auf die Flutgebietstone, auf glaziale Tone, die durch Eisdruck verdichtet worden sind, und auf das Krustengebiet weicher oder mittelsteifer Tonablagerungen.

Als Beispiel sei ein Tonlager erwähnt, das bei den Fundierungsarbeiten für die Potomac Power-Station in Washington D. C. angeschnitten wurde. Der Untergrund bestand in Tiefen von 0 bis etwa 12 m aus steifem, graublauem Ton, von 12 m bis 15 m aus steifem, gelbem Ton, darunter aus dicht gelagertem, braunem Sand. Für den blauen Ton lieferten die Bodenversuche nach Terzaghi folgende Ergebnisse: Fließgrenze 52, Plastizitätsgrenze 24, Schrumpfgrenze 12, Wassergehalt 31%, Druckfestigkeit frischer, zylindrischer Proben 3,4 kg per 1 cm^2, Schwellklasse VII. Die Fundierung erfolgte auf einfachen Sockeln, mit einer Bodenbeanspruchung von 4 kg per 1 cm^2 (Gründungstiefe 6 m). Es schien sich bei diesem Material um eine im Überschwemmungsgebiet abgelagerte, durch Austrocknung in die steife Konsistenzform übergeführte Tonschichte zu handeln. Im gleichen Schichtverband befand sich eine Schichte groben Schotters und eine linsenförmige Einlagerung weich verbliebenen, blauen Tones (Toter Flußarm).

Steife Tone werden in der Praxis mit Drücken von 4 bis 6 kg per 1 cm^2 beansprucht. Es wäre jedoch ein großer Fehler, diese und ähnliche Ziffern kritiklos hinzunehmen. Infolge der Abwesenheit allgemein gültiger Beziehungen zwischen der Setzung und dem Ausmaß der belasteten Flächen stellen Angaben über die zulässige Bodenbeanspruchung nur einen dürftigen Notbehelf dar. Die Setzungen, die sich bei der „zulässigen Beanspruchung" des Tones ergeben, belaufen sich nicht selten auf das Zehnfache der größten Setzung von Fundamenten, die einen sandigen Untergrund ebenfalls mit dem Größtwert des zulässigen Druckes beanspruchen. Obendrein nehmen die Setzungen der auf Ton ruhenden Fundamente aus den auf S. **468f.** geschilderten Gründen im Laufe der Jahre beständig zu (allmähliche Zusammendrückung des Untergrundes), während die auf Sand ruhenden Fundamente schon nach kurzer Zeit zur Ruhe kommen.

Schließlich wären noch die schwerflüssigen, hochkolloidalen, aus einem Gemenge von Schluff, Ton und organischen Substanzen bestehenden, tiefgründigen Schlammassen zu erwähnen, die sich in größerer Küstendistanz oder in größerer Entfernung von der Mündung sinkstoffführender Gewässer bilden. Die in den ersten Jahren nach erfolgter Herstellung der Gebäude auftretenden Setzungen sind wohl fast ausschließlich auf ein „Fließen" des Materials bei nahezu unverändertem Wassergehalt zurückzuführen. Nachdem sich jedoch solche Schlammablagerungen sehr oft noch im Zustand unvollkommener Konsolidierung befinden, setzen sich die auf ihnen erbauten Stadtteile im Laufe der Jahrzehnte um beträchtliche Beträge (einen halben Meter und darüber).

Bei der Ausschachtung tiefer und weiter Fundamentgruben in Tonablagerungen ist zu beachten, daß die Beanspruchung des Baugrundes durch das Gewicht der seitlich der Baugrube stehen gebliebenen Bodenmassen nach Erreichung der vorgeschriebenen Tiefe zuweilen viel ungünstiger ist als die Beanspruchung durch das fertige Gebäude.

Bei der Ausschachtung der Baugrube für den Pfeiler XVI der Weichselbrücke bei Thorn hob sich die Baugrubensohle um etwa 0,31 m, wobei die Gründungspfähle samt dem zugehörigen Rüstzeug um 0,1 m emporstiegen. Der Untergrund bestand aus festem Ton[1]). In dem auf Abb. 299 dargestellten Fall wurde ein Aufsteigen der Baugrubensohle befürchtet. Infolgedessen wurde am oberen Ende eines Probepfahles ein Fixpunkt angebracht und während der Ausschachtungsarbeiten von Zeit zu Zeit eingemessen. Es konnte jedoch keine Bewegung festgestellt werden. In Detroit, Mich., wurde beim Ausschachten einer Baugrube von ähnlichen Abmessungen durch steifen, stellenweise mit kleinen Geröllen vermengten glazialen Ton eine weich ver-

[1]) Eisenbahnbrücke über die Weichsel bei Thorn. Zeitschr. f. Bauwesen, S. 35. 1876.

bliebene Einlagerung angetroffen. In dem Baugrubenabschnitt, in dem sich das Anschneiden ereignete, hob sich die Sohle um 2,4 m. Beim Ausheben des Einschnittes für einen Sammelkanal in Jersey drängte der schwerflüssige Ton so energisch nach oben, daß man schließlich genötigt war, die Baugrube mit Wasser zu füllen und die Aushubarbeit durch Baggerung zu vollenden. Nachdem der Ton nahezu wasserundurchlässig war, mußte das zur Füllung erforderliche Wasser von außen zugeleitet werden.

Unter den Zwischenfällen, die sich bei der Herstellung von Fundierungen auf Ton ereignen können, sei das unerwartete Anschneiden von Feinsandnestern erwähnt.

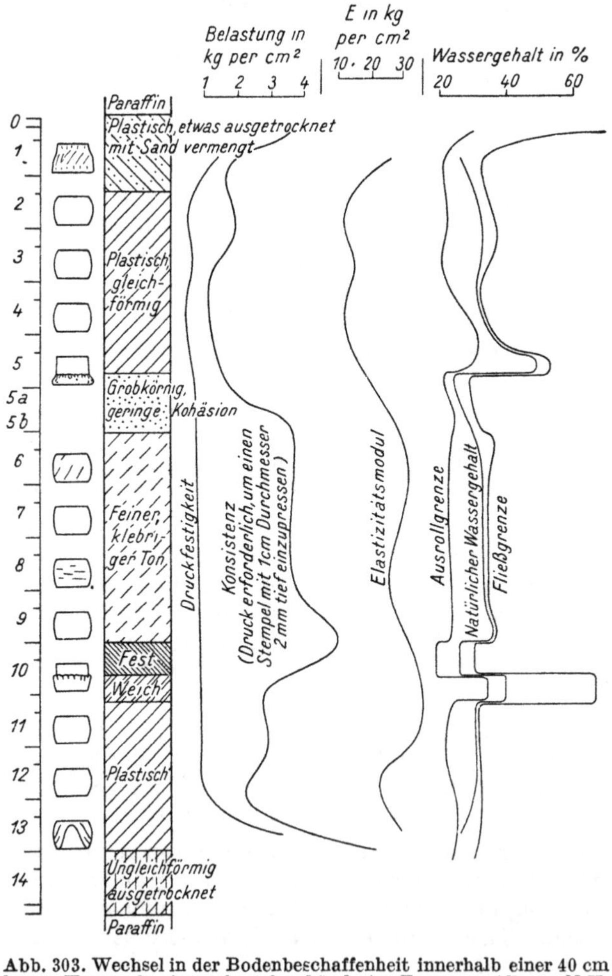

Abb. 303. Wechsel in der Bodenbeschaffenheit innerhalb einer 40 cm langen Kernprobe eines schwach gebänderten Tones von Albany, N.Y. (nach Terzaghi)

Bei den Brunnengründungen in Chicago wurden zuweilen solche Nester angetroffen und verursachten erheblichen Geld- und Zeitverlust. Nach erfolgter Ausschachtung der etwa 6 m tiefen Baugrube, in dem auf Seite 487 beschriebenen Ton (Fundierung der Potomac Power-Station), brachen plötzlich aus der Baugrubensohle durch lotrechte zylindrische Öffnungen Quellen hervor, die ein Gemenge von Wasser und Feinsand lieferten (etwa 40 l pro Minute, Weite der Schläuche 5 cm). Das Wasser kam aus einer streifenförmigen, in einer Tiefe von etwa 1 m quer zur Baugrubenachse und zwischen den abgebohrten Stellen verlaufenden Feinsandeinlagerung. Die Quellen mußten vor Inangriffnahme der Betonierungsarbeiten mit Filtern überbaut und die durch Sandausspülung entstandenen Hohlräume durch Zementeinspritzungen geschlossen werden.

S e i c h t w a s s e r t o n e m i t S a n d z w i s c h e n l a g e n. Im Verbreitungsgebiet des diluvialen Inlandeises findet man nicht selten Tone, welche einen Übergang von den fetten Tonen zu den mikroskopischen Sanden darstellen (Schwellklasse 2 bis 3, Gebiet *E*, Abb. 232) und sich recht oft durch dünnbankige Schichtung auszeichnen.

Abb. 303 zeigt die Ergebnisse der Versuche, die mit einer ungestörten, zylindrischen Probe eines solchen Tones vorgenommen wurden. Die Probe stammte aus einer Tiefe von etwa 10 m, aus einem Bohrloch unweit vom State Capitol in Albany, N. Y. (Untergrund des City Office Building). Nach oben hin ging das Material in einen typischen, glazialen Bänderton (varved clay) über. Auf der linken Seite der Abbildung ist die Gestalt zu ersehen, welche die einzelnen Abschnitte der Bodenprobe nach erfolgter Zusammendrückung um 20% ihrer ursprünglichen Höhe aufwiesen. Die sandigen Zwischenlager ermöglichen, ähnlich wie die Sandschmitzen in Abb. 295, das seitliche Entweichen des im Ton enthaltenen überschüssigen Porenwassers. Infolgedessen stellen sich bei der Belastung solcher Tonmassen bedeutende Setzungen ein, die vornehmlich auf eine Zusammendrückung (Raumverminderung oder Verdichtung) der tonigen Zwischenlagen zurückzuführen sind. Beim Ausschachten der Baugrube, in deren Bereich die Probe, Abb. 303, entnommen wurde, sickerte Wasser aus den sandigen Zwischenlagen. Die Nachbargebäude setzten sich trotz sorgfältigster Absteifung der Baugrubenwände unregelmäßig. Die durch das Rammen der Gründungspfähle erzeugte Bodenverdichtung belief sich auf etwa 20% des von den Pfählen eingenommenen Raumes. Manche der bereits gerammten Piloten stiegen während der Rammarbeit um etwa 90 cm empor, woraus man auf durchgreifende Strukturänderung des Bodens schließen kann. Die Baubehörden der Städte, deren Untergrund gebänderte Tone beherbergt, bezeichnen in der Regel 2 kg per 1 cm² als höchste zulässige Bodenpressung. Aber auch unter dieser Last setzen sich schwere Gebäude mit großer Grundrißfläche recht erheblich.

Als Beispiel für die im Küstenbereich gebildeten, mit Fein- und Grobsand abwechselnden Ton- und Schlammablagerungen sei der Querschnitt, Abb. 304, durch einen schmalen Küstenstreifen bei Cleveland, Ohio, am Erie-See wiedergegeben. Die Ablagerung besteht offenbar aus den Aufbereitungsprodukten der im Küstenbereich und im Hinterland anstehenden Grundmoräne, vermengt mit organischen Bestandteilen. Schachtet man in einer solchen Ablagerung unter Wasserhaltung eine tiefe Baugrube aus, so kommt in der Nachbarschaft der Baugrube der unter normalen Verhältnissen wirksame hydrostatische Auftrieb in Wegfall. Die dadurch im Baugrund entstehende Zusatzbelastung bewirkt eine Setzung der Nachbargebäude, nachdem das überschüssige Porenwasser der tonigen Schichtenglieder durch die Sandadern nach der Baugrube entweichen kann. Eine aus 11 m Tiefe (Baugrubensohle) stammende Bodenprobe hatte nach Terzaghi eine Fließgrenze von 33, eine Plastizitätsgrenze von 22, einen Wassergehalt von 34% und enthielt 0,92 Gewichtsprozente organischen Kohlenstoffes (Schwellklasse 3, Durchlässigkeitsklasse VII). Aus dem Verhalten der Baugrubenzimmerung konnte geschlossen werden, daß sich der vom Material ausgeübte Seitendruck etwa auf die Hälfte des in gleicher Tiefe herrschenden Schwergewichtsdruckes belief. Die Gründungspfähle konnten von der Sohle der 11 m tiefen Baugrube ohne Wasserspülung bis zu einer Tiefe von weiteren 14 m gerammt werden, wobei der dynamische Rammwiderstand von der Rammtiefe nahezu unabhängig war. Die Fundamente eines etwa 20 m vom Baugrubenrand entfernten Maschinenaggregates verschoben sich und der Betonfußboden des Maschinenhauses entwickelte Sprünge mit einer Weite bis zu 3 cm. Die zulässige Bodenbeanspruchung beläuft sich für derartige Schichtenfolgen auf 1 bis 2 kg per 1 cm².

Abb. 304 mag auch als Beispiel dienen für die weitgehenden Vereinfachungen, die wir vornehmen müssen, um in ähnlichen Fällen aus den Bohrergebnissen ein geologisches Profil abzuleiten.

3. Regionale Behandlung der Grundbaugeologie

Aus den vorangegangenen Abschnitten und aus den Abb. 307 u. 308 (S. 500) geht hervor, daß die bodenphysikalische Untersuchung einer beschränkten Anzahl von Bohrproben nur einen Bruchteil der Daten liefern kann, die zur Beurteilung eines Baugrundes erforderlich sind. Um die Stabilität, Durchlässigkeit und die voraussichtliche Zusammendrückbarkeit des Untergrundes halbwegs zutreffend einzuschätzen, muß man in erster Linie den geologischen Gesamtcharakter richtig erfaßt haben; die Ergebnisse der Laboratoriumsversuche sind nur eines der Mittel zum Zweck, allerdings ein sehr wichtiges

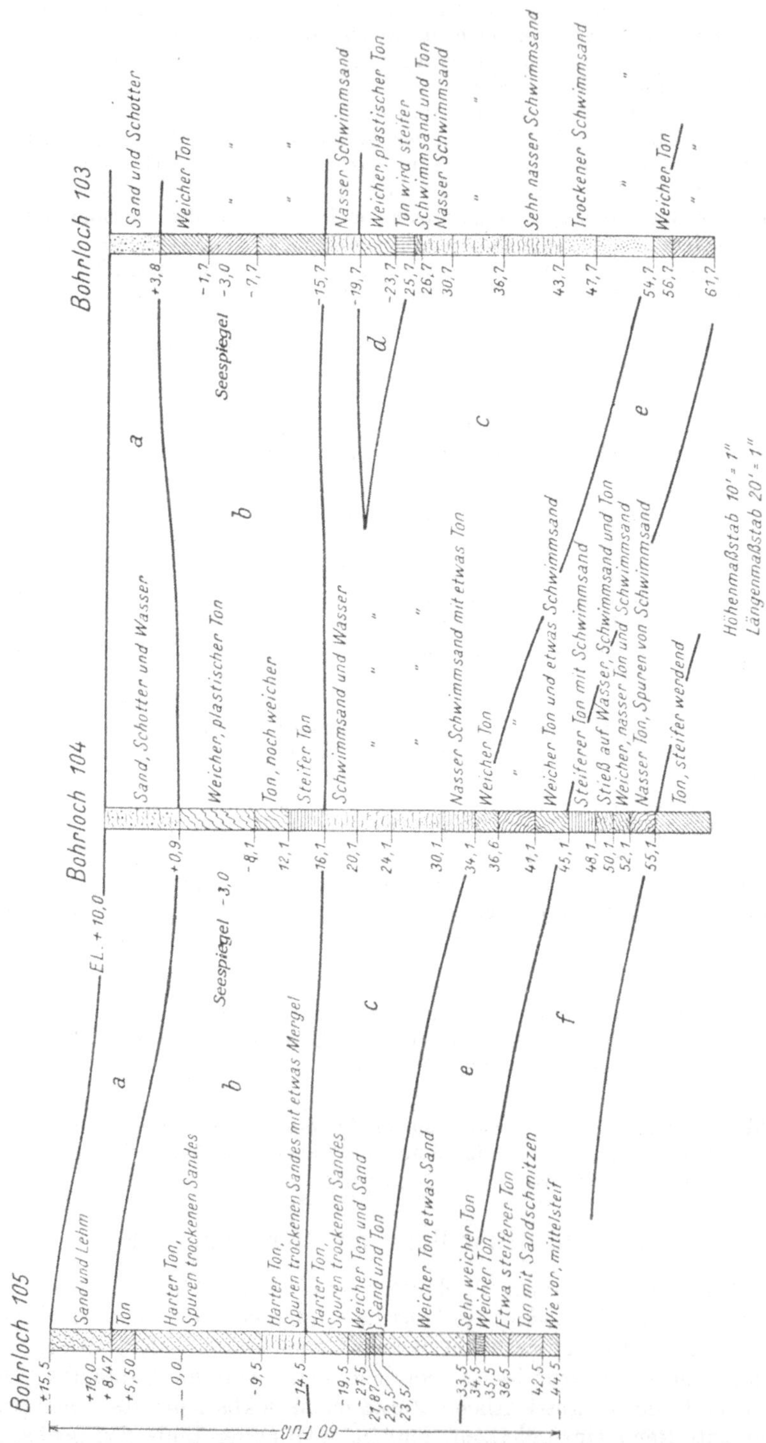

Abb. 304. Vereinfachtes geologisches Profil einer Strandablagerung am Ufer des Erie-Sees bei Cleveland, Ohio (Tiefen in Fuß)

Der geologische Gesamtcharakter eines Baugrundes ist das Ergebnis der geologischen Vorgeschichte. Infolgedessen sollte man in Landstrichen mit ähnlicher geologischer Vorgeschichte auch ähnliche Erd- und Grundbauverhältnisse erwarten. Dies ist auch tatsächlich der Fall. So besteht z. B. eine enge Verwandtschaft zwischen den Verhältnissen, die man bei der Fundierung von Brückenpfeilern am Hudsonstrom und an der Nordküste der Bretagne, am Goldenen Horn, in der Bucht von San Francisco und in den engen Meeresarmen von New South Wales in Australien vorfindet. In allen diesen Fällen handelt es sich um reif zertalte Landschaften, die im letzten Abschnitt ihrer Geschichte unter die Meeresoberfläche gesunken und mit tiefgründigem Weichschlamm überlagert worden sind. Die Korngröße dieser rezenten Talauffüllungen nimmt im allgemeinen von oben nach unten ab. Gewisse Bauschwierigkeiten, die sich bei der Fundierung von Brückenpfeilern in den Schwemmlandsgebieten des östlichen China ergeben haben, erinnern an ähnliche Vorkommnisse in der ungarischen Tiefebene (Sumpflöß). Die Schwierigkeiten, die mit der Anlegung von Staubecken im Kalkgebiet verbunden sind, wiederholen sich mit geringen Abänderungen in den verschiedensten Teilen der Welt: kroatischer Karst, Griechenland, Nordafrika, Mexiko, Virginia, Westindische Inseln. Sowohl in den Schweizer Alpen als auch im Kaskaden-Gebirge wurde das Problem gelöst, Breschen in Stirnmoränen zu schließen, um die hinter den Moränen gelegenen natürlichen Seen hochzustauen. Das Verfahren, Fundamentverbreitungen durch Ausweitung des unteren Endes offener Schächte herzustellen, wurde ungefähr gleichzeitig, jedoch unabhängig, im Verbreitungsgebiet der glazialen Tone in der Schweiz und in Neu-England entwickelt.

Unter diesen Verhältnissen empfiehlt es sich dringend, die Bauerfahrungen nach geologischen und geomorphologischen Gesichtspunkten in Gruppen zusammenzufassen und auf diese Weise organische Beziehungen aufzudecken, die bei der bisher üblichen, rein technischen Betrachtungsweise unbeachtet geblieben sind. Eine solche Zusammenfassung würde uns ein Mittel an die Hand geben, bei der Projektierung und Veranschlagung von Bauarbeiten in bisher unberührtem Gelände nach erfolgter Begutachtung herauszufinden, in welchen Teilen der Welt bereits unter ähnlichen Verhältnissen gearbeitet wurde und die dort gesammelten Erfahrungen in weit höherem Maß zu verwerten, als dies bisher möglich war. Die konsequente Durchführung des angedeuteten Gedankens würde zur Schaffung einer regionalen technischen Geologie führen. Die folgenden Angaben sollen bloß als Beispiele dienen für die Art und Weise, wie bautechnische Fragen regional zu behandeln wären.

Miozäne Meeresbucht, örtlich pleistozäne Schotter und Löß: Wien[1]). Wien ist am Westrand eines Senkungsfeldes gelegen, das von zwei bei Gloggnitz sich verschneidenden Verwerfungen mit einer Sprunghöhe von etwa 1000 m begrenzt wird. Die westlich von Wien sich erhebenden Berge gehören der Wiener Sandstein- oder Flyschzone (jüngere Kreide und Alttertiär) an. Der Sandstein ist leicht verwitterbar und lieferte das Rohmaterial für die jüngeren Bildungen. Im mittleren Tertiär erfolgte der Einbruch des alten Mittelmeeres in das Senkungsfeld, das bis dahin einen Süßwassersee beherbergt hatte. Die Sedimente, die sich in der Meeresbucht ablagerten, stellen eine 500 m mächtige, aus Tegeln und Sanden bestehende Schichtenfolge dar und umfassen Ablagerungen der mediterranen (Salzwasser-), sarmatischen (Brackwasser-) und pontischen (Süßwasser-) Stufe. Die höchstgelegenen Strandbildungen befinden sich ungefähr 270 m über dem heutigen Donauspiegel.

Als der pontische See seinen Höchststand erreicht hatte, fing ein aus dem NW kommender Strom, der Vorläufer der heutigen Donau, an, im Seebecken seine

[1]) Schaffer, F. X.: Der geologische Bau von Wien in seiner erdgeschichtlichen Entwicklung. Zeitschr. d. Österr. Ing.- u. Arch.-Ver., 1907.

Sand- und Schotterfracht abzusetzen. Die Schotterschichte, deren Oberfläche sich seinerzeit in einer Höhe von etwa 200 m über dem Donauspiegel befand, wurde späterhin durch Erosion größtenteils wieder entfernt. Trotzdem war der Schottereinbruch für die Fundierungsverhältnisse von Wien von einschneidender Bedeutung, denn die Schottermassen setzten den miozänen Ton durch ihr Eigengewicht für die Dauer eines langen Zeitraumes unter einen Druck von 20 kg per 1 cm², wodurch sich der Ton dauernd in ein dichtes, tragfähiges Material mit großer, wahrer Kohäsion verwandelte (vgl. S. 486).

Der weitere Verlauf der Geschichte des schotterführenden Stromes wurde durch das Studium der Terrassenbildungen aufgeklärt, auf denen die westlichen und inneren Stadtteile liegen. Die höchstgelegene Terrasse (Nußbergterrasse) befindet sich in einer Höhe von etwa 200 m über dem Donauspiegel, die nächstfolgende (Burg-

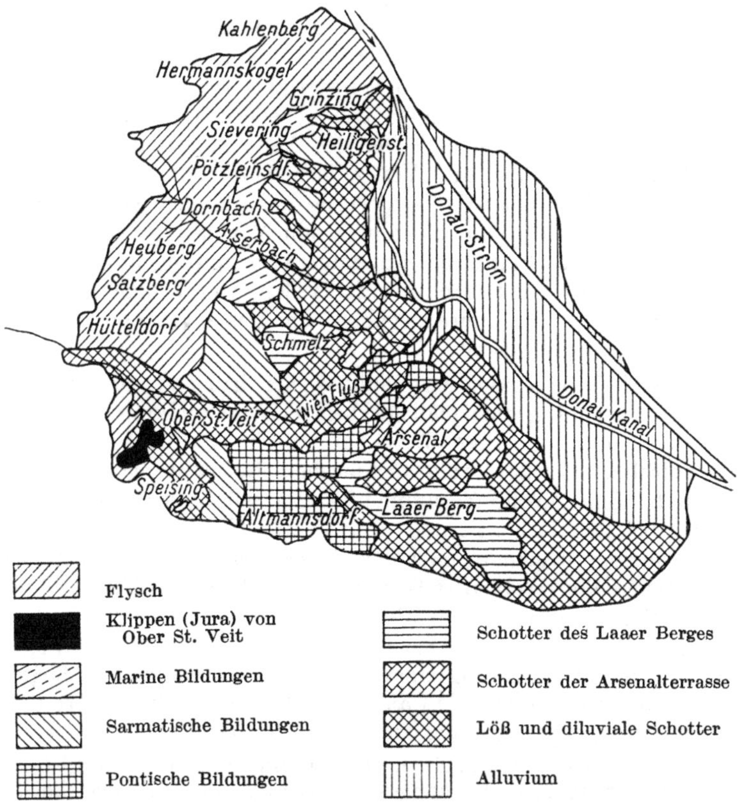

Abb. 305. Untergrund von Wien (nach F. X. Schaffer)

stallterrasse) in 155 m. Auf der Laaerbergterrasse (100 m) liegen die bis zu 7 m mächtigen Donauschotter in einem rostroten Zersetzungslehm eingebettet auf erodiertem Untergrund und sind oft konglomeratartig verfestigt. Auf der 50-m-Terrasse liegen einige der dichtest verbauten, neueren Stadtteile. Der Untergrund der auf dieser Terrasse abgelagerten Schotter besteht aus Tegel und dem Terrassenrand entspricht im Untergrund eine stufenartige Absenkung der Oberfläche des Tegels. Die Bildung der 15-m-Terrasse, auf welcher sich der Bezirk Simmering ausdehnt, fällt in die Eiszeit. Die Terrasse besteht aus einer im Durchschnitt 15 m mächtigen, sandreichen Schotterdecke. Der älteste Stadtteil (Innere Stadt) steht auf Schottern, welche nicht von der Donau, sondern von Seitenflüssen, insbesondere dem Wienfluß, in Gestalt eines flachen Schuttkegels aufgehäuft wurden. Sie bestehen aus eckigen, oberflächlich zersetzten Geschieben von Wiener Sandstein und werden, zum Unterschied vom Rundschotter der Donau, als „Lokal-“ oder Plattelschotter bezeichnet (siehe auch S. 370).

Als die Donau von dem verlassenen Becken des pontischen Sees Besitz ergriff, war die Gegend von Wien Steppe und Buschwald. Auf dem Steppenboden bildete sich eine aus dem Zersetzungslehm der Flyschgesteine abgeleitete Ablagerung äolischen Ursprungs, der Wiener Löß, deren Mächtigkeit an einzelnen Punkten des Stadtgebietes bis zu 10 m beträgt und welche in den niedriger gelegenen Stadtgebieten eine ziemlich zusammenhängende Decke bildet. Der Löß ist, wie die meisten Ablagerungen dieser Art, trotz seiner Feinkörnigkeit hochgradig wasserdurchlässig, ausgenommen an jenen Stellen, an denen er in stehenden Gewässern (Tümpeln der toten Flußarme) abgesetzt wurde (Sumpflöß). Der Wiener Sumpflöß ist seiner Zusammensetzung nach mit dem Wiener Tegel verwandt. Abb. 305 gibt eine Übersicht über die Verbreitung der oben genannten Bodenarten. Infolge der eben skizzierten geologischen Vorgeschichte zeichnet sich der Wiener Baugrund unter den Baugründen der Weltstädte durch ungewöhnlich günstige Beschaffenheit aus. Auf dem Wiener Löß wurden im Jahre 1915 vom Österreichischen Ingenieur- und Architekten-Vereine unter der Leitung Empergers Belastungsversuche durchgeführt, welche wertvolle, allerdings nur für eine bestimmte Type des Lößes gültige Ergebnisse lieferten[1]).

Die im Wiener Stadtgebiet herkömmlicherweise als zulässig erachteten Bodenbelastungen sind nachfolgend zusammengestellt. Trotzdem einige von diesen Ziffern im Normenblatt Nr. 605 vom Jahre 1902 des Wiener Stadtbauamtes enthalten sind, entsprechen sie keiner festen Amtsvorschrift (nach freundlicher Mitteilung von Dr. Ing. R. Tillmann). Man nimmt an, daß man bei den in der Tabelle enthaltenen Bodenpressungen keine Setzungen von mehr als 3 cm zu erwarten habe, sofern sich die Gründungstiefe auf mindestens 1 m beläuft und die Bodenschichten hinreichende Mächtigkeit aufweisen.

Übliche Bodenbeanspruchung im Wiener Stadtgebiet (nach R. Tillmann):

		kg/cm²
1.	Alluvialer Wellsand, sehr feinkörnig, wenig feucht, je nach Lagerung	1,0 bis 1,5
2.	Lehm (Ton und feiner Sand), eisenschüssig, trocken	2,0
3.	Sand, stark lehmig, trocken	2,0
4.	Sand (Korn bis 5 mm ⌀), rein, sehr feucht	2,0
5.	Sand (Korn bis 5 mm ⌀), rein, trocken, gut gelagert	4,0
6.	Lehm, weiche Konsistenz	1,0
7.	Löß, trocken oder naturfeucht	3,0
8.	Alluvialer und diluvialer Schotter, rein, gemischten Kornes, je nach der Lagerung	4,0 bis 8,0
9.	Diluvialer, stark tonhaltiger Schotter a) Arsenalschotter (hellgelb), b) Laaerbergschotter (rostrot), trocken oder mäßig feucht, je nach Feuchtigkeitsgehalt und Lagerung	2,0 „ 4,0
10.	Blauer Tegel der (pontischen) Kongerienstufe, trocken oder naturfeucht	4,0
11.	Grauer, teilweise verfärbter Tegel der sarmatischen Stufe, trocken oder naturfeucht	4,0
12.	Konkretionäre, marine Sande	5,0
13.	Verwitterungsprodukte des Flyschsandsteines: Roter und grauer oder grünlicher Tegel, trocken oder naturfeucht, je nach der Lagerung	2,0 bis 3,0
14.	Bunte Flyschmergel, naturfeucht	5,0

15. Folgenden Bodenarten wird keine nennenswerte Tragfähigkeit zugeschrieben:
a) Nasser Wellsand,
b) schmieriger Feinsand (sarmatische Stufe),
c) nasser Löß und Lehm,
d) nasser Tegel,
e) Schließ (nasser, sandhaltiger Tegel).

[1]) Nach einem von Dr. Emperger verfaßten Manuskript.

Altalluviale Sand-, rezente Schlamm- und Moorbildungen: Berlin[1]). Das Stadtgebiet von Berlin liegt größtenteils auf der Oberfläche von Sedimenten, die in dem ONO verlaufenden Urstromtal der Elbe abgelagert wurden. Die Ebene, die sich zu beiden Seiten des Urstromtales ausbreitet, besteht aus diluvialen Ablagerungen, unter welchen im weiteren Umkreis der Stadt stellenweise ältere Bildungen (braunkohlenführendes Tertiär, tertiärer Septarienton, Zechsteingips und Muschelkalk) sichtbar werden. Das Urstromtal wurde durch die Schmelzwässer ausgewaschen, die sich zur Zeit des Rückzuges der skandinavischen Eisdecke längs des OW streichenden Eisrandes ansammelten und sich zur Urelbe vereinigten. Die Stromrinne ist 40 m bis 120 m tief und mit einem altalluvialen Talsand ausgefüllt, dessen Korngröße von oben nach unten zunimmt. Im nordwestlichen Teil der Stadt (Delta zwischen der Pauke und der Spree) befindet sich auf der Oberfläche des Talsandes eine Auflagerung trockenen Dünensandes, der einen vorzüglichen Baugrund darstellt. In den übrigen Stadtteilen ist jedoch der Talsand unter jüngeren Alluvionen begraben, welche infolge ihrer geringen Tragfähigkeit einen Baugrund von zweifelhafter Güte darstellen: Torf und humusreicher Sand, Moorerde, kalkhaltiger Moormergel im Süden der Friedrich-Stadt und im Gebiete des Lehrter und Anhalter Bahnhofes; Infusorienlager zwischen der Kronprinzenbrücke und dem Kupfergraben, alte Bauakademie bis zur Gertraudenbrücke und Waisenbrücke; Wiesen- und Sumpfboden im Gebiete des botanischen Gartens, zwischen der Hasenheide und Rixdorf. Die jungalluvialen Bildungen füllen Mulden und verlassene Stromrinnen aus, so daß sich ihre Mächtigkeit in unberechenbarer Weise von Ort zu Ort ändert.

Die Berliner Fundierungsschwierigkeiten stehen zumeist mit dem örtlichen Auftreten ungewöhnlich mächtiger, jungalluvialer Bildungen im Zusammenhang. Beim Baue der Berliner Stadteisenbahn fand sich der tragfähige Talsand auf einzelnen Strecken, z. B. zwischen der Louisenstraße und dem Lehrter Bahnhof sowie am Humboldthafen erst in einer Tiefe von 18 m[2]), so daß die Fundierung in der Viaduktstrecke je nach der Lage des Grundwasserspiegels und des tragfähigen Sandes auf Sockeln, durch Schüttung von Beton zwischen Spundwänden, auf Senkbrunnen oder auf Pfahlrosten erfolgte. Hinsichtlich der Tragfähigkeit der Pfähle wurde auf Grund der Erfahrung festgestellt, daß 30 cm starke Holzpfähle mit 20 bis 25 t belastet werden können, falls sie unter einem 1 t schweren Bär bei 1 m Fallhöhe bei den letzten Schlägen nicht mehr als 1 cm pro Schlag gezogen haben. Um dieser Bedingung zu genügen, braucht man die Pfähle in der Regel nicht tiefer als 3 m in den Talsand zu rammen. Aus dieser Tatsache sowie aus den Ergebnissen der beim Baue der Stadtbahn und späterhin von K. Bernhard durchgeführten Probebelastungen[3]) scheint hervorzugehen, daß der Talsand außerordentlich dicht gelagert und sehr wenig zusammendrückbar ist. Wenn sich die Fundamente der Berliner Stadtbahn während des halben Jahrhunderts ihres Bestehens um Beträge, welche sich im Laufe von Jahrzehnten auf Zentimeter belaufen, gesetzt haben und noch weiterhin setzen, so ist dies wohl auf Vorgänge im tieferen Untergrund zurückzuführen, welche mit der steten Zunahme der auf das Sandlager wirkenden Gesamtlast, mit den fortgesetzten, auf den Sand wirkenden Erschütterungen und schließlich mit der Wirkung temporären Absenkens des Grundwasserspiegels zusammenhängen dürften.

Als Beispiele für die Gründungsschwierigkeiten, die im Berliner Stadtgebiet aus dem örtlichen Auftreten tiefgründiger, jungalluvialer Bildungen erwachsen, seien der Museumneubau und die Fundierung des Sammlungsgebäudes des Pathologischen Institutes der Universität[4]) erwähnt. Bei den Bohrungen für den nördlichen Flügelbau des Museums zeigte es sich, daß der gute Baugrund, welcher sich in der Nachbarschaft im Durchschnitt 6 bis 7 m unter der Geländeoberfläche befindet, an der Baustelle auf eine Breite von 30 m bis auf 50 m unter den mittleren Spree-

[1]) Berlin und seine Bauten. Geologische Beschaffenheit des Bodens von Berlin. Berlin. 1896.
[2]) Die Berliner Stadteisenbahn. Zeitschr. f. Bauwesen, S. 1 und 113. 1884. Siehe auch Rammarbeiten beim Bau der Berliner Stadteisenbahn. Zeitschr. f. Bauwesen, S. 267. 1880.
[3]) Brennecke-Lohmeyer: Der Grundbau, S. 28 und 29. Berlin. 1927.
[4]) Das neue Sammlungsgebäude des Pathologischen Institutes der Universität Berlin. Zentralblatt der Bauverwalt., S. 212. 1900.

spiegel absinkt. Diese Depression wurde durch ein schiefes, massives Gewölbe überbrückt, dessen Kämpfer den Gewölbeschub auf dicht gelagerten Sand übertragen. Vor Herstellung des Gewölbes wurde die in größerer Tiefe an sich schon halbwegs kompakte Schlammauffüllung der Rinne durch Pilotierung und Sandaufschüttung noch weiterhin verdichtet[1]).

An der Baustelle des oben erwähnten Sammlungsgebäudes bestand der Baugrund von oben nach unten aus 3 m Kulturschichte, 2 bis 3 m Torf und Infusorienerde, 12 m Moorboden, 3 bis 5 m weichem Sand und dann erst aus tragfähigem Talsand. Die Tiefenlage der Oberfläche des Talsandes belief sich im Mittel auf 19,5 m, im Maximum auf 22 m. Das Durchrammen der Moorschichte gestaltete sich sehr schwierig, weil sich die Pfähle bei jeder Unterbrechung des Rammbetriebes im Moorboden festsaugten. Die Anwesenheit der Moorschichte hatte jedoch den Vorteil, daß der Wasserzudrang nach der Baugrube von unten her abgeschnitten war.

Größere Tiefgründungen werden heutzutage im Berliner Sandboden nur mehr durch Absenkung des Grundwasserspiegels vorgenommen. Das Absenkungsverfahren wurde zum Teil innerhalb des Berliner Stadtgebietes beim Bau der Untergrundbahn konstruktiv durchgebildet und vervollkommnet.

Ertrunkene Täler mit Schlammauffüllungen, fluvio-glaziale Ablagerungen: New York[2]). Die Entstehung der heutigen Topographie des Stadtgebietes beginnt mit der im Jungtertiär erfolgten Aufstauchung des appalachischen Faltengebirges. Im Zusammenhang mit diesem gebirgsbildenden Vorgang wurde die Fastebene von New York (Schooley Plain) domartig hochgewölbt. Nachdem die Lage der Erosionsbasis, des Atlantischen Ozeans, unverändert blieb, durchsägten der Hudson- und der East-River die Schwelle und veranlaßten auf diese Weise die Entstehung der tiefen Rinnen, welche sich zu beiden Seiten des inneren Stadtgebietes (Manhattan Island) befinden. Die beiden Ströme vereinigten sich südlich von der Südspitze des heutigen Manhattan Island und flossen gemeinsam in südöstlicher Richtung durch die Narrows dem Atlantischen Ozean zu, dessen Küste sich in einer Entfernung von etwa 150 km von der heutigen Küstenlinie befunden haben dürfte. Während der Eiszeit drang die von Labrador ausgehende Eismasse über Manhattan bis an die Narrows vor (Abb. 306) und die vom Eise nach dem Süden verschleppten Gesteinsfragmente häuften sich zu einer Stirnmoräne an, deren Überreste uns in den

Abb. 306. Richtung der Eisbewegung im Stadtgebiet von New York (nach U. S. Geological Survey, New York Folio)

[1]) Gründungsarbeiten bei den Museumsneubauten in Berlin. Deutsche Bauzeitung, II., 46. Bd., S. 738, 760 und 775. 1912.

[2]) New York Folio, U. S. Geological Survey. Siehe auch Berkey, Ch. P.: Areal and Structural Geology of Southern Manhattan Island. Annals of the New York Academy of Sciences, Vol. XIX, Nr. 11, Part II, pp. 247—282, 21. April 1910, sowie Berkey, Ch. P. and J. R. Healy: The Geology of New York City and its relations to Engineering Problems. The Municipal engineers of the City of New York. Proceedings for 1911.

Inseln Staten Island und Long Island entgegentreten. Als sich das Eis zurückzog, blieb der weitaus größte, nördliche Teil von Manhattan Island blank gescheuert und weist nur hier und dort Überreste einer dünnen Schichte von Grundmoräne auf. Der Central-Park, ein Naturpark, welcher den Mittelpunkt des Wohnungsviertels im nördlichen Teil von Manhattan Island bildet, stellt eine typische Rundhöckerlandschaft dar. Die Mulden dieser Landschaft beherbergen entweder kleine Wasserbecken oder Moor- und Torfablagerungen von geringer Tiefe. Der kleinere, südliche Teil der Insel wurde beim Rückzug des Eises mit einer äußerst unregelmäßig zusammengesetzten Schichte fluvio-glazialer Sedimente überlagert, deren Gesamtmächtigkeit sich im Maximum auf etwa 30 m beläuft. Sowohl die Mächtigkeit als auch die Korngröße und die Dichte der Lagerung der fluvio-glazialen Ablagerung wechselt im Verbreitungsgebiet derselben von Ort zu Ort. Stellenweise finden sich zwischen Tonschichten und Schichten gröberer Sande und Schotter Einlagerungen von äußerst feinkörnigem, gleichförmigem, locker gelagertem Sande (Quicksand). Die Oberfläche dieser fluvio-glazialen Ablagerung scheint ursprünglich uneben gewesen zu sein, mit Hügeln bis zu 30 m hoch[1]). Die von feinkörnigen Sedimenten umgebenen Felsblöcke sind wohl auf schwimmenden Eisschollen an ihre derzeitige Lagerstätte gekommen und an der Basis der Ablagerung findet sich stellenweise Grund moräne.

Die Täler, welche Manhattan Island auf beiden Seiten begrenzen, scheinen im Stadtbereich tektonischen Störungszonen (Verwerfungsspalten mit Gesteinzertrümmerung) zu folgen. Als sich die Landoberfläche zu einem derzeit noch nicht verläßlich bestimmten Zeitpunkt um einen Betrag von etwa 60 m senkte, verwandelten sich die Täler sowohl des Hudson- als auch des East-River in tiefe Ästuarien, in denen fortan nur die feinkörnigen Sedimente (Schluffe und Schlamm) zum Absatz kamen.

Im Laufe der Entwicklung der Stadt erweiterte man das Inselgebiet sowie die Küstenstreifen des benachbarten Festlandes durch künstliche Aufschüttungen, welche in den meisten Fällen auf den Schluff- und Schlammablagerungen der Ästuarien aufruhen. Der Baugrund von New York umfaßt demnach folgende Haupttypen: im nördlichen Teil von Manhattan Island gewachsenen, blankgescheuerten Fels, stellenweise dünne Auflagen von Grundmoräne oder Moorboden. Im südlichen Teil fluvio-glaziale Ablagerungen mit sprunghaft wechselnder Beschaffenheit, zum größten Teil aus Feinsand und Grobsand bestehend. In den Küstengebieten künstliche, von weichem Schluff und Schlamm unterlagerte Aufschüttungen.

Das Geschäftsviertel mit den bekannten, bis zu 60 Stockwerke enthaltenden Wolkenkratzern befindet sich am Südende der Insel, im Verbreitungsgebiet der fluvio-glazialen Ablagerungen und ist von den Wohnvierteln der ärmeren Stadtbevölkerung umgeben. Die behördlich zugelassene Beanspruchung der fluvio-glazialen Ablagerung schwankt je nach den örtlichen Verhältnissen zwischen 1 und 4 kg per 1 cm². Der Neubau eines zwanzigstöckigen Gebäudes im Downtown District (Südende von Manhattan), unweit vom Woolworth Building, wurde auf streifenförmigen Sockelfundamenten gegründet. Die Fundierungstiefe belief sich auf 6 m. Der Untergrund bestand aus halbwegs dicht gelagertem Sand und wurde mit 4 kg per 1 cm² beansprucht. Das Gebäude setzte sich gleichmäßig um 4,5 cm, einen an sich geringfügigen Betrag. Als Begleiterscheinung traten jedoch an den in der Nachbarschaft befindlichen siebenstöckigen, in gleicher Tiefe fundierten Gebäuden geringere, jedoch ungleichmäßige, schädliche Setzungen auf, so daß die Eigentümer gegen den Besitzer des Neubaues eine Klage einbrachten.

Infolge der verhältnismäßig geringen Tragfähigkeit der fluvio-glazialen Ablagerungen müssen die Fundierungen der schweren Hochbauten bis auf den gewachsenen Fels niedergeführt werden. Im Randgebiet (geringe Mächtigkeit) geschieht dies vielfach durch Einrammen von Stahlrohren, welche nach erfolgter Einbringung durch Druckluftstrahlen leer geblasen und mit Beton verfüllt werden. Im Geschäftsviertel, wo sich die Dicke der lockeren Auflagerung bis auf 20 m und mehr beläuft, bedient man sich ausschließlich der Druckluftgründung. Durch die

[1]) Cozzens, J.: A Geological history of Manhattan or New York Island. New York. 1843.

Einführung des automatisch wirkenden Moranschen Materialaufzuges wurde die zur Absenkung der Caissons erforderliche Zeit derart abgekürzt, daß sich beispielsweise bei der Gründung des Knickerbocker Buildings (27 Caissons, Gründungstiefe 15 bis 20 m) der Zeitaufwand pro Caisson auf nicht mehr als 28 Stunden belief. Bei der Gründung von Hochbauten mit mehreren unterirdischen Geschossen umgibt man die Baugrube mit rechteckigen Caissons mit einer Weite von 5 bis 8 m und einer Breite von 1,8 m. Die Ausschachtung der etwa 30 cm weiten Zwischenräume erfolgt ebenfalls unter Druckluft.

Die Herstellung der breiten Einschnitte für den Bau neuer Strecken der Untergrundbahn (Subway) geschieht auch heute noch mit offener Wasserhaltung. In Verbindung mit dem Ausbau der Subways entwickelte sich die Kunst der Unterfangung von Fundamenten zu einem hohen Grad der Vollendung, so daß eine Beschädigung der Nachbargebäude trotz der ungleichartigen Baugrundbeschaffenheit nur in seltenen Ausnahmefällen vorkommt. Nach dem Whiteschen Pretest-System werden die Unterfangungspfeiler erst durch hydraulische Pressen mit dem Drucke belastet, den sie später aufzunehmen haben, und das Füllmauerwerk wird eingefügt, solange sich der Pfeiler noch unter Druck befindet. Dadurch wird auch die aus der rein elastischen Zusammendrückung des Bodens erwachsende Setzungsmöglichkeit ausgeschaltet[1]).

Schwierig gestaltete sich die Untertunnelung des East und des Hudson River. Nachdem sich die alte Talsohle in allzugroßer Tiefe befindet, mußten die Tunnels durch die jungen Schluff- und Schlammablagerungen hindurchgetrieben werden, aus denen die Talauffüllungen bestehen. Der Bau erfolgt durch Schildvortrieb unter Druckluft. Die East-River-Tunnels der Pennsylvania RR. haben eine Länge von 1200 m, kreisförmige Querschnitte mit einem inneren Durchmesser von 6,9 m, und das Geleise befindet sich an der tiefsten Stelle 27 m unter dem Wasserspiegel. Während des Vortriebes durch das weiche Material wurden die Tunnels stellenweise deformiert oder durch Bewegungen im umgebenden Material aus ihrer Richtung abgelenkt. Die Behebung der Defekte wurde zum Teil unter Druckluft, zum Teil nach dem Gefrierverfahren vorgenommen. Das ausgehobene Material wurde in den Veröffentlichungen als Schwimmsand bezeichnet, hat jedoch den Charakter eines äußerst locker gelagerten Schluffes mit organischen Beimengungen[2]). Eine typische, durch die Wand eines der Tunnels aus der Nachbarschaft der Tunnelröhre entnommene Probe hatte nach Terzaghi folgende Eigenschaften: Farbe (naß) dunkelgrüngrau, Fließgrenze 49, Plastizitätsgrenze 32, Wassergehalt 62% (der Trockensubstanz), Schwellklasse 3, Durchlässigkeitsklasse VI, Kohlenstoffgehalt 1,5%, fällt also nach Abb. 232 (S. 349) in das Gebiet der reinen Schluffe. Aus der Verteilungskurve, Abb. 298f, ist zu entnehmen, daß das Material offenbar aus zwei Komponenten besteht: einem regelrechten Schwimmsand, mit einer Ungleichförmigkeitsziffer von 1,5 und einer wirksamen Korngröße 0,04 mm, der durch Vermengung mit feinsten Bodenbestandteilen und mit organischem Material in einen dunklen, schwach plastischen Schluff verwandelt wurde. Nachdem der Wassergehalt um 13% höher ist als die Fließgrenze, hat sich das durchörterte Material offenbar im Zustand der Zähflüssigkeit befunden und die beobachteten Erscheinungen sind nicht überraschend. In manchen Strecken des Hudson-Tunnels wurde überhaupt keine Aushubarbeit geleistet. Man beschränkte sich darauf, den zähen Schlamm durch Vorpressen des völlig geschlossenen Schildes seitlich zu verdrängen, ähnlich wie dies beim Einpressen eines Pfahles geschieht. Die hiebei erzielte Tagesleistung belief sich auf 12 bis 15 m. In etwas steiferem Boden ließ man das Material während des Vortreibens durch einige Öffnungen des Schildes in bereitgehaltene Fördergefäße fließen. Bei Anwendung der ersten Methode hob sich das Flußbett oberhalb des Tunnels um 2,1 m, bei der zweiten

[1]) White, L. und E. A. Prentis: Modern Underpinning. 2nd ed. New York: Joh. Wiley. 1928.

[2]) The East River Tunnel for the New York City Terminus of the Pennsylvania and Long Island Rr. Enging. Record, II., S. 11, 29, 32, 66, 97, 572, 1906; New York Tunnel Extension of the Pennsylvanie Ra., Trans. Am. Soc. C. E. Vol. LXVIII, Sept. 1910; Jacobs, Ch. M.: The Nord River Division; Noble, A.: The East River Division; Lavis, F.: The Bergen Hill Tunnels; Hewett, B. H. M. and W. L. Brown: The North River Tunnels; Brace, J. H. and F. Mason: The Crosstown Tunnels; Brace, J. H. and F. Mason and S. H. Woodard: The East River Tunnels, Trans. Am. Soc. C. E., Vol. LXIX, Oct. 1910.

Methode um etwa 0,9 m. Beim Vortrieb mit geschlossenem Schild erfuhr die Tunnelachse eine Ablenkung nach oben und beim Vortrieb mit halboffenem Schild eine Ablenkung nach unten. Die Kenntnis dieser Zusammenhänge machte es möglich, Abweichungen von der geplanten Richtung zu korrigieren.

Die Schwierigkeiten, die beim Tunnelbau im felsigen Untergrund des Stadtgebietes auftreten können, wurden auf Seite 407 an der Hand einer Beschreibung des Astoria-Tunnels erörtert.

Infolge der Weichheit der Flußschluffe und -schlamme herrschen auch an jenen Stellen, wo der Schlamm zwecks Gewinnung von Baugrund künstlich überschüttet worden ist, die denkbar ungünstigsten Fundierungsverhältnisse. In einer seichten, künstlich aufgefüllten Bucht (Flushing Creek) wurde der betonierte Unterbau für einen Signalturm mit einer Grundrißfläche von 10,5 auf 7,5 m hergestellt. Er wurde von 120 9 bis 12 m langen Pfählen unterstützt. Als man den Unterbau noch vor der Herstellung des Turmes mit einer 3,6 m hohen Anschüttung umgab, brach er in Stücke, die sich ungleich setzten und gegeneinander verschoben. Im Vorland des Böschungsrandes der Aufschüttung bildete sich eine von Längsrissen durchzogene, etwa 1 m hohe Bodenwelle. Auch die quer über die Bucht führende Hochbahnstrecke, deren Pfeiler auf 21 m langen, an sich tragfähigen Pfählen ruhen, erleidet bei jeder in der Nachbarschaft vorgenommenen Änderung der Belastung des Geländes schädliche Verschiebungen und Risse.

Ertrunkene Langhöcker- (Drumlin-) Landschaft mit glazialen bis rezenten Süßwasserablagerungen: Boston, Mass.[1]). Das Landschaftsbild von Boston und Cambridge bildete sich im Laufe der Ereignisse heraus, welche sich während und nach der letzten (Wisconsin) Vereisung abgespielt haben. Die Gegend wird von Drumlins beherrscht (S. 662), zwischen denen die jüngeren Bildungen in ungleicher Mächtigkeit sowie unter örtlich sehr stark wechselnden Sedimentierungsverhältnissen abgesetzt wurden. Der etwa 15 km lange und 10 km weite äußere Hafen umschließt eine große Anzahl von Inseln, die das Hafenbild außerordentlich beleben und von denen beinahe jede den höchsten von der Brandung angenagten Teil eines Drumlins darstellt. Der Drumlin (Beacon Hill), auf dem sich der älteste Stadtteil befindet, war ebenfalls ursprünglich eine Insel, die nur durch eine schmale, niedrige Brücke mit dem Festland verbunden war und erst im Laufe der Jahrzehnte nach erfolgter Herstellung einer breiten, künstlichen, zum größten Teil aus gebaggertem Schlamm und Feinsand bestehenden Aufschüttung zu einem Teile des Festlandes wurde.

Da sich der Eisrand im Stadtgebiet rascher zurückzog als westlich und östlich davon, sammelten sich die durch einen Moränenwall im Süden am freien Abfluß verhinderten Schmelzwässer im Vorland des Eisrandes zu einem See (Lake Shawmut), dessen Wasserspiegel sich in einer Höhe von etwa 20 m über dem Meeresspiegel befand. In diesem Wasserbecken wurden die blaßblauen, schwach plastischen glazialen Tone abgesetzt, die im größten Teil des Stadtgebietes die Grundmoräne überlagern. Dünne, von Ton unterlagerte, örtlich auftretende Zwischenschichten von Grundmoränen deuten auf vorübergehende Vorstöße des Eises. Nachdem die Wässer des Shawmut-Sees einen Abfluß gefunden hatten, schnitten die Wasserläufe ihre Täler in den noch weichen Ton ein. Die höchstgelegenen Teile des Tonlagers ragten in diesem Stadium über die Wasserfläche empor und wurden durch Oberflächenverdunstung in ihren oberen Teilen in eine steifere Konsistenzform gebracht (Krustenbildung, siehe S. 484), stellenweise sogar bis zu einer Tiefe von mehreren Metern durch Oxydation gelb gefärbt. Die tiefer gelegenen Teile verblieben in der weichen Konsistenzform. Im Laufe der nachfolgenden Senkung des Landes lagerten die Wasserläufe ihre Sand- und Schotterfracht auf der Oberfläche der Tonschichte ab. Die Mächtigkeit dieser Schichte wechselt von Ort zu Ort. Die Schwellen in der Schotteroberfläche sind stets mit ähnlich verlaufenden Senken in der Tonoberfläche verbunden, da der weiche Ton unter dem Einfluß der konzentrierten Schotterlasten seitlich auswich.

---

[1]) Crosby, W. O.: A study of the Geology of the Charles River Estuary and Boston Harbor. Technology Quarterly, Vol. XVI, S. 2, June 1903; Emerson, B. K.: Geology of Massachusetts and Rhode Island. U. S. Geological Survey Bulletins, S. 597. 1917; Alden, W. C.: The Physical features of Central Massachusetts. U. S. Geological Survey Bulletin, S. 760. 1925.

Im weiteren Verlauf der Senkung des Landes blieb auch der Nachschub an Sand und Schotter aus und die Sand- und Schotterschichte wurde ihrerseits unter einer Decke von feinsandigem, schwärzlichem Schluff mit reichlichen organischen Beimengungen begraben, deren Dicke je nach der Örtlichkeit zwischen den Grenzen von 0,6 und 7,5 m schwankt. Wo immer die Schlammoberfläche den Wasserspiegel erreichte, siedelten sich torfbildende Gewächse an. Nachdem sich die Torfschichten stellenweise in beträchtlicher Tiefe unter dem Meeresspiegel befinden, scheint sich die Landschaft seither noch weiterhin gesenkt zu haben. Als jüngstes Glied in der Schichtenfolge kamen die künstlichen Aufschüttungen hinzu, durch die ein beträchtlicher Teil des heutigen Stadtgebietes den seichten Meeresbuchten abgewonnen wurde.

Die Grundmoräne einschließlich Drumlins bildet einen vortrefflichen Baugrund und wird in der Regel mit 10 kg per 1 cm² belastet. Der Schluff, Schlamm und die auf ihm ruhende Aufschüttung kommen als Baugrund nicht in Betracht. Infolgedessen müssen die Fundierungen im Aufschüttungsgebiet durch diese Auflagerungen hindurch entweder auf den Sand oder in dessen Abwesenheit auf den Ton geführt werden. Je nach der Tiefenlage der tragfähigen Schichte stellt man die Gebäude entweder auf Pfähle oder man geht mit offenen, zylindrischen Schächten bis zur gewünschten Tiefe und hebt am unteren Ende dieser Schächte kegelstutzförmige Kammern aus, die mit Beton verfüllt werden (Gow-Zylinder). Ausnahmsweise wird auch Druckluftgründung verwendet.

Tonproben, welche aus Bohrlöchern in Cambridge in Tiefen von 10 bis 30 m entnommen wurden, wiesen nach Terzaghi folgende Eigenschaften auf: Fließgrenze 42 bis 50, Plastizitätszahl 20 bis 27, Mittel 22. Während sich nach diesen Ziffern die Beschaffenheit des Materials als bemerkenswert gleichförmig erwies, zeigte die Druckfestigkeit (Konsistenz) in den gleichen Bodenprofilen ganz bedeutende, von der Tiefenlage nahezu unabhängige Schwankungen auf (0,5 bis 2,5 kg per 1 cm²). Je nach der mittleren Konsistenz des Tones gestattet die Bauvorschrift eine Beanspruchung von 5 (bei steifem), 4 (mittlerem) und 2 kg per 1 cm² (weichem Ton).

Bemerkenswert ist die Tatsache, daß sich ein von weichem Ton unterlagerter Teil des Stadtgebietes (der südöstliche, von einer etwa 4 km weiten Kurve des Charles River umflossene Teil von Cambridge, Abb. 307) im Laufe der Jahre um bedeutende Beträge unregelmäßig setzt. Abb. 308 zeigt einen Längsschnitt durch eine der Hauptstraßen von Cambridge sowie die Setzungen, die das Gelände in diesem Abschnitt seit dem Jahre 1869 erfahren hat[1]). Diese Setzungen sind höchstwahrscheinlich auf Raumverminderung durch Wasserauspressung zurückzuführen, die der Ton unter dem Einfluß des Gewichtes der neuerbauten Stadtteile erfahren hat. Hiezu gesellt sich der Umstand, daß sich der Ton im Zustand unvollkommener Konsolidation zu befinden scheint und infolgedessen auch unter dem Einfluß des bloßen Eigengewichtes wenigstens um einen Teilbetrag der tatsächlich auftretenden Setzungen eingehen dürfte. Unabhängig von der allgemeinen Setzung des Baugeländes erfahren noch die einzelnen, insbesondere die schweren, Bauwerke Zusatzsetzungen, die sich unter den gegebenen Verhältnissen bloß durch kostspielige, bis auf den gewachsenen Fels niedergeführte Fundierungen verhindern lassen und bei der konstruktiven Durchbildung des Oberbaues berücksichtigt werden müssen. Bei einem auf Pfählen fundierten, weitläufigen, bei *A* (Abb. 307) gelegenen Monumentalbau wurde die Beanspruchung der Einzelpfähle auf Grund zahlreicher Versuche derart bemessen, daß sich keiner der Pfähle unter dem Einfluß der ihm zugewiesenen Maximalbelastung um mehr als 2 mm setzen würde. Trotzdem senkte sich das Gebäude im Laufe von zehn Jahren um Beträge, die zwischen den Grenzen von 2,5 und 20 cm liegen. Die Oberfläche des Tones befindet sich an der Baustelle in einer Tiefe von 4 bis 10 m und die Mächtigkeit der Sandschichte, welche auf der Tonoberfläche lagert, schwankt zwischen den Grenzen von 0,7 und 8 m. Die Dicke der aus Schluff und Schlamm bestehenden künstlichen Aufschüttung beläuft sich auf 2 bis 6 m. Das Gewicht der Gebäude berechnet sich mit 0,9 bis 1,1 kg

[1]) Carter, F. H.: Progressive subsidence near Main-Street, Cambridge, Mass., and the design of the Main Street Subway. Enging. News, II., Vol. 64, S. 246. 1910.

per 1 cm² der verbauten Grundrißfläche. Der Boden des Kellergeschosses liegt 2,5 m unter der Geländeoberfläche. Je nach der Dicke der tragfähigen Sandschichte wurden die Pfähle entweder in den Sand (kurze Pfähle, 6 bis 8 m) oder durch den Sand hindurch in den weichen Ton gerammt (lange Pfähle, 12 bis 15 m). Die ausgiebigsten Senkungen ergaben sich innerhalb einer streifenförmigen Zone, in welcher die Dicke der Sandschichte ein Minimum und jene der künstlichen Aufschüttung ein Maximum ist (altes Bachbett). Die Setzungen sind wohl zum größten Teil auf Wasserverlust infolge Druckerhöhung und nur zum geringeren Teil auf seitliches Ausweichen zurückzuführen.

Abb. 307. Lageplan von Cambridge, Mass. (nach F. H. Carter)

Beim Bau des East Boston-Tunnels, durch welchen die städtische Untergrundbahn den zwischen Boston und East Boston gelegenen Meeresarm unterfährt, durchörterte man ebenfalls auf einer längeren Strecke den weichen, blauen Ton. Die durch den Tunnelbau verursachten Setzungen der Nachbargebäude erstreckten sich bis auf eine Entfernung von 25 m von der jeweiligen Tunnelbrust, trotzdem der Tunnelvortrieb unter Druckluft erfolgte. Im selben Stadtgebiet traten auch schädliche Setzungserscheinungen auf, als man in der Nachbarschaft bestehender Gebäude pneumatische Caissons für die Fundierung des Mitteltraktes des Zollgebäudes niederbrachte. In diesen Fällen handelte es sich offenbar nicht um eine Änderung des Wassergehaltes, sondern um plastische Formänderung des durch die Fundamente der Nachbargebäude belasteten Tones. Die Druckluft kompensierte wohl das Gewicht des Wassers, aber nicht das Gewicht des Tones und der Gebäude. Die in den Mitteilungen über die Setzungserscheinungen ausgesprochene Ansicht, daß die Setzungen durch Austrocknung des mit der Druckluft in Berührung gebrachten Tones hervorgerufen wurden, ist physikalisch unhaltbar[1]).

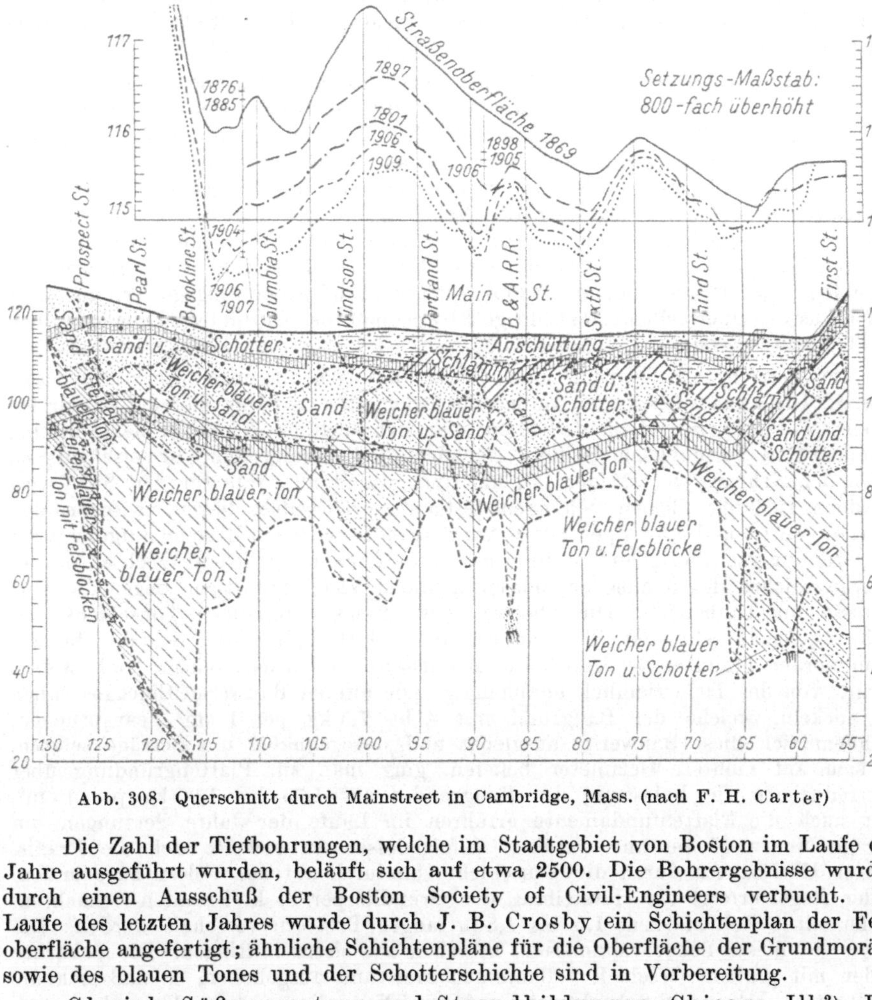

Abb. 308. Querschnitt durch Mainstreet in Cambridge, Mass. (nach F. H. Carter)

Die Zahl der Tiefbohrungen, welche im Stadtgebiet von Boston im Laufe der Jahre ausgeführt wurden, beläuft sich auf etwa 2500. Die Bohrergebnisse wurden durch einen Ausschuß der Boston Society of Civil-Engineers verbucht. Im Laufe des letzten Jahres wurde durch J. B. Crosby ein Schichtenplan der Felsoberfläche angefertigt; ähnliche Schichtenpläne für die Oberfläche der Grundmoräne sowie des blauen Tones und der Schotterschichte sind in Vorbereitung.

Glaziale Süßwassertone und Strandbildungen: Chicago, Ill.[2]). Der Untergrund von Chicago verdankt ebenso wie jener von Boston seine Physiognomie vornehmlich den Ereignissen, die sich während und nach der letzten (Wisconsin) Vereisung abgespielt haben. Die Stadt liegt am SW-Ende des Michigan-Sees, auf einer segmentförmigen Küstenebene mit einer größten Breite von etwa 30 km, deren landseitige Umrandung durch eine Stirnmoräne, die Valparaiso-Moräne, gebildet wird. Hier, ebenso wie in Boston, ist der anstehende Fels mit einer dünnen Schichte von Grundmoräne überdeckt, auf welcher ein blaugrauer, zäher bis weicher plastischer Ton aufruht. Zur Zeit des Höchststandes des Lake Chicago (Glenwood Stage), welcher nach dem Rückzug des Eises die Mulde zwischen dem Eisrand und der Stirnmoräne ausfüllte, befand sich der Seespiegel etwa 18 m über dem Niveau des heutigen. Das Wasser floß durch eine seichte Einsenkung des Moränenkammes nach dem

[1]) Worcester, J. R.: Boston Foundations. Journal Boston Soc. of Civ. Eng., January 1914. Vol. I., 1, p. 1. Diskussion Ch. R. Gow.
[2]) Goldthwait, J. W.: Physical Features of the Desplaines Valley. Illinois State Geologicial Survey, Bulletin, 11.

SW ab und schnitt in die Moräne eine Kerbe, die Desplaines Gorge, deren Vertiefung eine Absenkung des Seespiegels bewirkte. Als das Eis auch die nördlich vom heutigen See gelegenen Gebiete freigab, fanden die Wässer des Sees eine noch niedriger gelegene Ausflußöffnung im Norden, wodurch die Desplaines Gorge trockengelegt wurde. Erst in jüngster Zeit hat man künstlich, durch die Herstellung des Chicago-Drainagekanales, einen kleinen Teil der Wässer des Sees wieder durch die alte Bresche nach dem Süden abgeleitet.

Der einzige Unterschied zwischen der Entwicklung des Untergrundes in Chicago und in Boston besteht darin, daß die Sande und Schotter, welche in Chicago auf der Oberfläche des Tones aufruhen, nicht durch Flüsse, sondern durch Wellenwirkung aus der Grundmoräne gewaschen und nach dem Süden transportiert werden, wo sie sich zu einer Nehrung anhäuften, deren Überreste im allgemeinen dem Ostrand der Küstenebene folgen. Zwischen der Nehrung und der Stirnmoräne besteht der Untergrund lediglich aus Ton, dessen Oberfläche stellenweise mit Torf und mit jüngeren Kulturschichten überlagert wird. Das Geschäftsviertel von Chicago einschließlich des 50 Stock hohen Administrationsgebäudes der Chicago Tribune liegt an der Küste in einer Schleife des Chicago River (Loop District) und wird ausschließlich von Ton unterlagert.

Im Bereich der Nehrung sind die Gründungsbedingungen verhältnismäßig günstig. Die Fundamentsockel werden entweder auf den Sand oder auf Pfahlroste gestellt. Für schwerere Gebäude bedient man sich auch der Seichtbrunnengründung nach dem Gow-System (siehe S. 499). Nachdem die Lagerungsdichte in verschiedenen Teilen der Nehrung verschieden ist, hat auch die Baubehörde für den Sand verschiedene zulässige Beanspruchungen festgelegt. Dieselben liegen zwischen den Grenzen von 1,5 und 2,5 kg per 1 cm². Auf Seite 478 wurde ein Beispiel aufgezeigt für die Gründungsschwierigkeiten, die aus unerwartetem örtlichen Wechsel in der Lagerungsdichte des Sandes erwachsen können. Viel ungünstiger liegen die Verhältnisse im Tonbereich. Die oberste, etwa 2 bis 3 m dicke Tonschichte ist erfahrungsgemäß sehr steif (Trocknungskruste). Unterhalb dieser Schichte bis zur Grundmoräne hinunter ist jedoch die Konsistenz wesentlich weicher und, wie es scheint, von der Tiefe ziemlich unabhängig. Die älteren Bauwerke Chicagos ruhen auf Sockeln, welche den Baugrund mit 4 bis 7,5 kg per 1 cm² beanspruchen. Nachdem sich diese Bauwerke ausgiebig und unregelmäßig um Beträge setzten, die sich auf mehrere Dezimeter beliefen, ging man zur Plattengründung über und reduzierte die Belastung des Baugrundes auf 1,75 bis 1,00 kg per 1 cm². Aber auch die Plattenfundamente erfuhren im Laufe der Jahre Setzungen um Beträge bis zu 50 cm und darüber. Infolgedessen entwickelte sich die Praxis, schwere Hochbauten durch die Tonschichte hindurch auf den Felsen zu gründen. In der Regel erfolgt die Herstellung der Grundkörper in kreisrunden Schächten, welche mit 3 Zoll starken, 1,5 bis 1,8 m langen Brettern verschalt werden. Die „Gevierte“ dieser Schachtzimmerung bestehen aus eisernen Ringen. Die Schächte werden mit großem Geschick vollkommen kreisrund ausgehoben, so daß sich die Schalbretter satt an die Schachtwand anfügen. Neuerdings werden Versuche unternommen, den Handausschachtungsbetrieb durch Maschinenbetrieb zu ersetzen. An jenen Stellen, wo der Ton Schwimmsandnester enthält, oder wo die zwischen dem Ton und dem Fels gelegene Grundmoränenschichte stark wasserdurchlässig ist, erfolgt die Abteufung der Schächte unter Druckluft. Die Tiefe der Schächte wechselt je nach der Mächtigkeit der Tonschichte und beläuft sich stellenweise bis auf 30 m. Leichte Gebäude erhalten nach wie vor Seichtgründungen, wobei der Ton nach den behördlichen Vorschriften mit 1,75 bis 2,5 kg per 1 cm² beansprucht werden darf.

Nachdem es an manchen Stellen sehr schwierig ist, die Grundmoränenschichte (Hardpan) zu durchgraben, um den festen Felsen zu erreichen, ließen sich die Gründungsarbeiten an solchen Stellen sehr verbilligen, wenn man die Gründungskörper nur bis zur Moränenoberfläche niederführte. Nach den behördlichen Vorschriften von Chicago beläuft sich die zulässige Beanspruchung des Hardpán bloß auf 3 kg per 1 cm². Um für die Fundierung eines Neubaues der Chicago Union

Terminal Co. eine höhere zulässige Beanspruchung zu erwirken, führte die Partei Belastungsproben an zwei zylindrischen Gründungskörpern mit einer Tiefe von 20 m und Durchmessern von 1,3 bzw. 2,6 m aus. Die Setzungen beliefen sich bei einer Belastung von 10 kg pro 1 cm² auf 3 bzw. 16 mm[1]).

Flutgebietstone im Deltabereich: New Orleans, La.[2]). Die älteren Stadtteile einschließlich des Geschäftsviertels fügen sich einer halbkreisförmigen Schleife des Mississippistromes ein, deren Weite etwa 8 km beträgt. Der Strom ist etwa 600 m breit und stellenweise bis zu 50 m tief. Von den inneren Bezirken ausgehend, dehnte sich die Stadt allmählich nach dem Norden bis an das Ufer der seichten Lagune Pontchartrain aus. Das mittlere Straßenniveau befindet sich etwa in der Höhe des mittleren Niedrigwasserspiegels und 5 m unter dem Hochwasserspiegel. Der Grundwasserspiegel muß daher innerhalb des Stadtgebietes auf künstlichem Wege durch ein System von Pumpenanlagen unterhalb des Straßenniveaus erhalten werden.

Der Untergrund besteht bis zu einer Tiefe von mehreren hundert Metern aus den Deltaablagerungen des Mississippistromes. Zu oberst kommt eine mehrere Meter mächtige, nicht sehr tragfähige, aus Schlick, Feinsand und Sumpfablagerungen (Cyprus Swamps) zusammengesetzte Bodenlage. Nach Durchbohrung dieser Schichte kommt man in eine tiefgründige, aus feinen, hellen Sanden und aus graublauen, steif plastischen Tonen (Gumbo) zusammengesetzte Ablagerung. In den oberen Teilen dieser Ablagerungen erscheinen der Sand und der Gumbo in mächtigen, ziemlich scharf voneinander geschiedenen Schichtengliedern, wobei im Bohrloch je nach der Örtlichkeit entweder der Sand oder der Gumbo überwiegt. In größerer Tiefe (unterhalb 100 oder 120 m) tritt eine gleichmäßig gebänderte, aus dünnen Sand- und Gumbolagen zusammengesetzte, äußerst tragfähige Bodenart auf. Die bei den Bohrungen für die Fundamente einer projektierten Mississippibrücke aus Tiefen von 30, 45 und 75 m geförderten Gumboproben hatten nach Terzaghi folgende Eigenschaften und Kennziffern:

Tiefe von 30 m (Flußgrund): Fließgrenze $F = 90$, Plastizitätsgrenze $P = 27{,}8$, Schrumpfgrenze 13,2, Wassergehalt der frischen Probe $W = 39{,}2\%$, Druckfestigkeit $Q = 0{,}45$ kg per 1 cm². Farbe dunkelolivgrün, Spuren organischer Beimengungen.

Tiefe von 45 und 75 m. $F = 50{,}6$ bis $52{,}3$, $P = 19{,}0$ bis $23{,}0$, $W = 23{,}0$ bis $27{,}7$, Druckfestigkeit 2,3 bis 2,7 kg per 1 cm². Farbe dunkelgraublau.

Die im Stadtgebiet in mäßigen Tiefen anstehenden Gumboschichten sind steifplastisch und von feinen Wurzelröhren und Absonderungsflächen durchsetzt („buckshot"), scheinen also ein Flutgebietssediment darzustellen. Infolge dieses günstigen Umstandes lassen sich im Stadtbereich von New Orleans auch für schwere Gebäude tragfähigere Fundamente herstellen als im Verbreitungsgebiet der glazialen Tone in Chicago oder Boston. Die vielstöckigen Kanzleigebäude werden ausnahmslos mit Pfahlfundierungen versehen. So ruht z. B. das vierzehnstöckige Hibernia-Gebäude mit seinem zwanzigstöckigen Mitteltrakt auf einer Eisenbetonplatte, welche ihrerseits von 15 m langen Pfählen unterstützt wird. Die Pfähle werden mit 18 t pro Stück beansprucht (Grenzbelastung 60 t). Das Gebäude setzte sich insgesamt um 4,5 cm und kam schon nach etwa sechs Jahren völlig zur Ruhe. Beim Rammen von Pfählen in gegenseitigen Abständen von 75 cm hat man mit einem Hochtreiben des Bodens um 90 bis 120 cm zu rechnen, woraus man schließen kann, daß der Boden sehr dicht gelagert und der Ton praktisch unzusammendrückbar ist. Der schlechte Ruf, welchen der Baugrund von New Orleans genießt, stammt aus der Zeit, da man die Gebäude in dieser Stadt noch auf Sockeln fundierte, welche auf der wenig tragfähigen Oberschichte aufruhten.

Feinkörnige Deltabildungen: Shanghai[3]). Als Gegenstück zu New Orleans seien die Fundierungsverhältnisse erwähnt, mit denen der Ingenieur in

[1]) D'Esposito, in Journal of the Western Society of Engineers, February 1924, sowie briefliche Mitteilungen seitens dieses Herrn.

[2]) Nach mündlichen Mitteilungen der Herren J. F. Coleman, A. M. Shaw sowie nach einem unveröffentlichten Gutachten Terzaghis.

[3]) Whangpoo Conservancy Board, S. H. J. Series 1, Nr. 7. Various reports to the Engineer in Chief on Special Investigations, Shanghai 1921, sowie briefliche Mitteilungen der Herren Herbert Chatley und F. H. R. Hansen. Bodenuntersuchungen durch K. Terzaghi und F. Y. Tsai.

Shanghai zu rechnen hat. Der Untergrund besteht bis zu einer Tiefe von 30 bis 70 m vorwiegend aus Ton mit Schichten oder nesterförmigen Einlagen von feinem Sand oder Schluff. Unterhalb des Tones kommt eine abwechslungsreiche Folge von Schotter-, Sand-, Schluff- und Tonschichten, die einander in ziemlich unberechenbarer Weise ablösen. Der Fels wurde auch in dem 130 m tiefen Bubbling Well-Bohrloch nicht erreicht. In dieser Tiefe blieb das Bohrwerkzeug nach Durchbohrung einer sehr feinkörnigen, grauen Sandschichte in zähem, plastischem Tone stecken.

Zum Unterschied von New Orleans befindet sich Shanghai nicht an der landseitigen Grenze eines vorgeschobenen Deltas, sondern im Randbereich einer Deltaablagerung. Der Flußarm des Yangtsestromes, der sich in einer Entfernung von etwa 9 km von der Stadt in das Gelbe Meer ergießt, hat an dieser Stelle bereits eine Breite von etwa 16 km. Die Stadt selbst liegt am Westufer eines kleinen Seitenflüßchens, des Whangpoo River, der sich nördlich von Shanghai in den Yangtse ergießt. Die Oberfläche der Straßen von Shanghai befindet sich im Mittel etwa 0,9 m über dem Hochwasserspiegel des Whangpoo River und das Grundwasser wird in einer mittleren Tiefe von 2,5 m unter der Straßenoberfläche erreicht. Die schwereren Gebäude ruhen entweder auf durchgehenden Eisenbetonplatten (zulässige Bodenbelastung etwa 0,75 kg pro 1 cm^2) oder auf Pfahlrosten.

Die Tragfähigkeit der Einzelpfähle sowie der Einfluß der Form und Länge der Pfähle auf die Tragfähigkeit wurde von den Ingenieuren des Whangpoo Conservancy District durch eine große Anzahl von Pfahlversuchen in mustergültiger Weise erforscht. Nach den in Pheasant Point, an der Küste des Yangtse River nördlich von Shanghai, an 3 bis 9 m langen Pfählen vorgenommenen Versuchen belief sich die durch Zugversuche ermittelte Seitenreibung für runde, konische Holzpfähle (Foo Chow-Pfähle) im Mittel auf 2,5 t und für nichtverjüngte, vierkantige Pfähle auf 1,8 t pro 1 m^2. Der Untergrund bestand aus einem bräunlichgelben Gemenge von äußerst feinem Sand und Silt. Für die aus einer Tiefe von 3 m unter der Bodenfläche entnommenen Proben waren nach Terzaghi die Fließgrenze und Plastizitätsgrenze beinahe identisch und beliefen sich auf 28.

Die Pfahlversuche von Chang Hua Pang lieferten für die auf den Quadratmeter Pfahlumfang bezogene Grenzbelastung die Werte 2,9 bis 4,8 t per 1 m^2 (runde, konische) und 2,0 bis 3,65 t per 1 m^2 (vierkantige Pfähle). Der Untergrund bestand in Chang Hua Pang aus blauem, plastischem Ton.

Sowohl in Pheasant Point als auch in Chang Hua Pang wurde festgestellt, daß sich die durch Zugversuche bestimmte Seitenreibung auf etwa 0,8 der oben angegebenen Werte beläuft. Die Belastung, bei der die Senkung des Einzelpfahles einen Wert von 15 mm erreichte, betrug in beiden Fällen für die runden, konischen Pfähle 2,7 und für die vierkantigen 1,4 t pro 1 m^2 der Pfahloberfläche. Eine Senkung von 6 mm entspricht einer Belastung von 1,75 bzw. 1,00 t per 1 m^2 (zulässige Belastung). Hervorzuheben ist die Tatsache, daß die mittlere Seitenreibung pro Flächeneinheit des Pfahlumfanges mit der Länge der Pfähle nicht zu-, sondern abnimmt. In kausalem Zusammenhang mit diesem Umstand steht wohl die Tatsache, daß sich die Gebäude in Shanghai auch dann um bedeutende Beträge setzen, wenn sie auf Pfahlrosten stehen. Die Setzungsgeschwindigkeit nimmt mit der Zeit ab und zehn bis fünfzehn Jahre nach der Baubeendigung kommen die Gebäude in der Regel vollkommen zur Ruhe. Ein Teil der Setzungen ist zweifellos auf elastische Formänderung des Untergrundes zurückzuführen, denn die Entlastung des Grundes ist mit einer wenn auch geringfügigen, rasch sich einstellenden Hebung der Oberfläche verbunden. Mit der Verlegung des Schwerpunktes der beweglichen Last ändert sich auch die Lage der Fundamentplatten. Ein zweiter und beträchtlicher Teil wird jedoch zweifellos durch die Konsolidation des weichen Tones unter Druck verursacht.

Rückblick. Bei Versuchen, die in verschiedenen Städten gesammelten Fundierungserfahrungen zusammenfassend darzustellen, springt es in die Augen, wie lückenhaft in allen Städten die Kenntnis von den Setzungen ist, die innerhalb der verbauten Gebiete stattgefunden haben. In den meisten Fällen unterlassen es die Architekten, am Unterbau ihrer Gebäude sorgfältig einnivellierte Fixpunkte anzubringen, und in jenen Fällen, in denen man infolge des Auftretens von Rißbildungen und anderen Beschädigungen der Bauwerke genötigt war, Setzungsbeobachtungen vorzunehmen, liegen in der Regel keine Angaben über die Setzungen vor, die vor dem Auftreten der ersten Risse stattgefunden haben. Von jenen Gebäuden, die keine Rißbildung aufweisen, wird einfach ausgesagt, daß sie sich nicht gesetzt haben.

Als drastisches Beispiel für die Bedeutung der ungleichmäßigen Setzungen, die ein Gebäude unter günstigen Umständen vertragen kann, ohne Risse zu bekommen, sei das Anstaltsgebäude der montanistischen Hochschule in Mexiko City erwähnt, bei dem sich die Setzungsdifferenzen zwischen den Enden und der Mitte auf nahezu 1 m belaufen (Abb. 309). Der absolute Setzungsbetrag ist unbekannt. Das Gebäude wurde vor 200 Jahren errichtet, und der Untergrund besteht aus feinkörnigen, vulkanischen, in einem Seebecken zur Ablagerung gekommenen Aschen. Solange nicht die Stadtbauverwaltungen im Interesse einer Vervollkommnung der Bauvorschriften die Setzungsbeobachtungen selber in die Hand nehmen, ist an eine durchgreifende Besserung nicht zu denken.

Abb. 309. Setzung der montanistischen Hochschule in Mexiko City (nach einer phot. Aufnahme durch Laz. White)

Beim Vergleichen der in verschiedenen Städten geltenden Bauvorschriften erkennt man, wie willkürlich diese Vorschriften vielfach sind. Sie verdanken ihre Entstehung nicht etwa, wie man logischerweise erwarten sollte, dem auf ziffernmäßige Daten und auf geologische Tatsachen gestützten Abwägen der zwischen Ursache und Wirkung, Kostenaufwand und Gewinn bestehenden Beziehungen, sondern sie sind das Ergebnis einer lokalhistorischen, von Meinungsströmungen beeinflußten Entwicklung. Die auf den Baugrund bezugnehmenden Kapitel der Vorschriften stellen durchwegs einen Versuch dar, eine der wichtigsten Projektierungsgrundlagen im Verordnungsweg zu schaffen, ohne sich vorher der Mühe unterzogen zu haben, die Wirkung der vorgeschlagenen Maßnahmen mit der auf allen übrigen Gebieten der Technik üblichen Sorgfalt durch Beobachtung und Messung zu erheben.

Lehrreich ist in dieser Hinsicht ein Vergleich zwischen Boston und Chicago. Nachdem die Entwicklung von Boston im Verbreitungsgebiet der Grundmoräne und der steifen Tone ihren Ausgang genommen hat, übertrug man die ersten mit Gründungen auf Ton gemachten Erfahrungen mit geringen Abänderungen auf die von weichem Ton unterlagerten Stadtteile und kann sich auch heute noch nicht zu der Erkenntnis durchringen, daß man in diesen Stadtteilen etwas mehr Kapital in den Fundierungen anlegen muß als in den anderen, um zufriedenstellende Ergebnisse zu erzielen. In Chicago hat man auf weichem Ton mit übermäßigen Bodenbeanspruchungen begonnen. Unter dem Eindruck der ersten Mißerfolge verfiel man in das andere Extrem und geht z. B. bei der Bemessung der zulässigen Beanspruchung für die vom Ton überlagerte Grundmoräne und für den dichtgelagerten Sand hinsichtlich der Sicherheit zu weit. In Shanghai beläuft sich die zulässige Pfahlbeanspruchung auf etwa 50% und in New Orleans, La., nur auf 30% der Grenzbelastung. In Wien sind die Fundierungsverhältnisse ungewöhnlich günstig. Wenn dort, im Verbreitungsgebiet der ungünstigeren Bodenarten, trotzdem Fehlgründungen vorkommen, so ist dies auf eine Nichtberücksichtigung der Erfahrungen zurückzuführen, die man in Großstädten mit durchaus ungünstigen Baugründen gesammelt hat.

Von besonderem Interesse sind die Städte, in denen ganze Stadtteile als Folge der Bebauung und vielleicht zum Teil infolge unvollkommener Konsolidierung des tieferen Untergrundes (Boston, Chicago, Shanghai) eine allgemeine Senkung erfahren. Um eine solche Situation erfolgreich und wirtschaftlich zu behandeln, benötigt man in erster Linie eine verläßliche statistische Zusammenstellung aller Senkungen, welche im Stadtgebiet aufgetreten sind (Abb. 308). Man müßte ferner die Beziehung untersuchen, die zwischen der Belastung der Einzelfundamente und ihrer Senkung besteht, und schließlich für eine größere Anzahl von typischen Einzelfällen die Beziehung zwischen der Belastungsverteilung, der Baugrundbeschaffenheit, der Gesamtsenkung und der Setzungsdifferenzen klarlegen. Nur auf Grund solcher Daten könnte man entscheiden, ob es wirtschaftlicher ist, die Fundierungsart zu verändern oder die ungleichmäßigen Setzungen bei der konstruktiven Durchbildung des Oberbaues zu berücksichtigen. Andernfalls läuft man Gefahr, die Erscheinung durch unzweckmäßige Maßnahmen zu bekämpfen, wie dies z. B. in der älteren Baugeschichte von Chicago beim Übergang vom Einzelfundament zum Gruppenfundament der Fall war. Gegenwärtig haben wir noch so gut wie gar keine Anhaltspunkte zur angenäherten Beurteilung der Setzungsdifferenzen, die bei gegebener Belastungsverteilung und Baugrundbeschaffenheit zu erwarten sind, und haben infolgedessen auch keine Möglichkeit, die Bedeutung der Sekundärspannungen einzuschätzen, die in den Konstruktionsgliedern der Oberbauten auftreten.

Schließlich sei noch auf die innigen Beziehungen hingewiesen, die nach dem Inhalt der vorangegangenen Abschnitte zwischen der Tragfähigkeit der Baugründe und ihrer geologischen Vorgeschichte bestehen. Bei einem Versuch diese Beziehungen praktisch auszuwerten, lassen uns jedoch sowohl die Angaben der Ingenieure als auch jene der Geologen im Stich. Die Angaben der Ingenieure sind unzureichend infolge der Seltenheit und der geringen Verläßlichkeit der an fertigen Gebäuden angestellten Setzungsbeobachtungen. Die Angaben der Geologen lassen uns unbefriedigt, weil technisch brauchbare sedimentpetrographische Studien nur in inniger Verbindung mit gründlichen bodenphysikalischen Untersuchungen ungestörter Bohrproben erfolgreich betrieben werden können. Die modernen bodenphysikalischen Untersuchungsmethoden haben bisher in der Werkstatt des Geologen noch keinen Eingang gefunden. Als Beispiel sei die völlig unzureichende Kenntnis erwähnt, die wir von der Struktur und der Entwicklungsgeschichte des Mississippi- und des Yangtse-Deltas haben. Aus den wenigen Bodenuntersuchungen, die wir bisher mit Bodenproben aus diesen Deltas vorgenommen haben, und aus den spärlichen Angaben der Ingenieure über beobachtete Setzungserscheinungen läßt sich mehr über diese beiden Deltas lernen, als aus den im Laufe des letzten halben Jahrhunderts von geologischer Seite veröffentlichten Daten. Es gibt wohl wenige Gebiete der Geologie, auf denen ein Zusammenarbeiten des Geologen und des Ingenieurs wissenschaftlich und praktisch wertvollere Resultate zeitigen könnte als auf dem Gebiet des Studiums der unverfestigten Sedimente.

D. Gründung von Stauwerken

Von K. v. Terzaghi, Cambridge, Mass.

Bei der Beanspruchung des Baugrundes der Stauwerke tritt die Bedeutung der reinen Druckbeanspruchung durch das Gewicht des Bauwerkes in den Hintergrund gegenüber den mannigfaltigen Beanspruchungen des Bodens durch das hinter dem Stauwerk aufgespeicherte Wasser. Die Unfallstatistik scheint zu zeigen, daß unsere Vorhersagen betreffend die Fundierungsverhältnisse der Stauwerke mit einer noch größeren Unsicherheit behaftet sind als unsere Vorhersagen betreffend die Gründung von Hochbauten. Nachdem obendrein die mit dem Einsturz von Stauwerken verbundenen Verluste an Kapital und

Menschenleben die aus Fehlgründungen auf dem Gebiet des Hochbaues erwachsenden Schäden im Durchschnitt weit übertreffen, verdient die Geologie der Stauwerksfundamente besondere Beachtung.

Vergleicht man die relative Bedeutung der Posten, aus denen sich der Preis eines Stauwerkes zusammensetzt, so kommt man zu folgendem Schlusse: Am billigsten ist das Studium der geologischen Vorgeschichte des Tales durch einen erfahrenen Fachmann an der Hand der natürlichen Aufschlüsse und der bereits vorliegenden, die weitere Umgebung des Baugeländes betreffenden fachgeologischen Abhandlungen. Kostspieliger sind die Probebohrungen, aber auch noch billig im Vergleich mit den aus unzureichenden Vorarbeiten erwachsenden Mehrkosten an Aushub und an Mauerwerk. Weitaus am kostspieligsten gestaltet sich jedoch die Behebung der Folgen eines Einsturzes. Unter diesen Verhältnissen sind auch die gründlichsten Vorarbeiten eben noch gründlich genug und wirtschaftlich ausnahmslos gerechtfertigt.

1. Wahl der Baustelle

Die Talstrecken, welche für die Errichtung eines geplanten Stauwerkes in Betracht kommen, sind in der Regel durch rein technische und wirtschaftliche Faktoren festgelegt. Die Aufgabe des geologischen Gutachtens besteht darin, innerhalb der gewählten Strecken den Punkt oder die Punkte aufzusuchen, an denen die Fundierungsverhältnisse am günstigsten sind. Auf die Klarlegung des Streichens und Fallens der Gesteinsschichten an der Talsperrenstelle macht J. Stiny besonders aufmerksam. Als günstig kann das Verflächen in der Richtung des Tales angesehen werden, da dadurch die Aufstützung des Bauwerkes erleichtert und ein Wasserverlust unwahrscheinlich ist. Als ungünstig gilt namentlich steiles Einfallen der Felsbänke nach einer der beiden Talflanken, besonders bei Wechsellagerung, weil es den Austritt des Wassers unter der Sperrstelle erleichtert und bei Schichtwechsel von harten und weicheren Gesteinen der Untergrund ungleiche Zusammendrückbarkeit aufweist.

Falls eine Möglichkeit oder die technische Notwendigkeit vorliegt, mit den Fundamenten bis auf festes Gestein zu gehen, vereinfacht sich die Aufgabe dahin, die Stellen zu bezeichnen, wo der Querschnitt der unverfestigten Talauffüllung ein Minimum ist. Hiebei scheidet man von vornherein die Strecken aus, an denen aus geologischen Gründen eine offenkundig ungünstige Gesteinsbeschaffenheit zu erwarten wäre. Die Anhaltspunkte für die Lösung der Aufgabe werden durch das geomorphologische Studium des Talzuges geliefert (S. 668). Sobald man die Hauptzüge der Entwicklungsgeschichte des Talsystems einmal richtig erfaßt hat, ist man auch in der Lage zu beurteilen, wo es sich empfiehlt, die zwecks Aufsuchung der Felssohle vorzunehmenden Probebohrungen anzusetzen, eventuell Schurfschächte auszuheben. Die mit Freifallbohrern erzielten Bohrergebnisse sind oft unklar, da das Material durch das Werkzeug zu Sand zertrümmert wird. Die Schürfungen sollten daher mit der wenn auch kostspieligeren Kernbohrung durchgeführt werden, durch die das Bohrgut als Zylinder zutage gefördert wird (S. 288).

Namentlich innerhalb des Gebietes ehemaliger Vereisung haben die Abfluß- und die Sedimentationsverhältnisse während und nach der Eiszeit so durchgreifende Wandlungen erfahren, daß man weder aus dem Längenprofil der heutigen Talsohle noch aus der Beschaffenheit und der Neigung der Talhänge verläßliche Rückschlüsse auf den Querschnitt und auf die Tiefe der unverfestigten Talauffüllung ziehen kann. Um die in einer gegebenen Talstrecke zu gewärtigenden Untergrundverhältnisse halbwegs zutreffend beurteilen zu können, ist es daher unerläßlich, die einzelnen Phasen der postglazialen Entwicklungsgeschichte des ganzen Talzuges zu studieren.

Lehrreiche Beispiele für die in den Ostalpen herrschenden Verhältnisse finden sich unter anderen in den Schriften von M. Singer und V. Pollack. Diese Autoren weisen besonders auf die Verlegung der Flüsse und die dadurch geänderten Untergrundverhältnisse hin (S. 674), wobei man in den meisten Tälern dieses Gebirgsabschnittes mit sehr großen Gründungstiefen rechnen müsse. Die Tiefe der Talauffüllung nimmt keineswegs gesetzmäßig mit der Entfernung vom Quellgebiet zu, sondern sie kann in den aufeinanderfolgenden Talabschnitten sehr verschieden sein.

Bei Tälern mit weniger wechselvoller Geschichte werden die Änderungen im Querschnitt und in der Tiefe der Talauffüllung hauptsächlich durch die Härte der Gesteine sowie durch den Verlauf und die Beschaffenheit der tektonischen Störungszonen bestimmt, welche der Talzug kreuzt.

Besondere Beachtung verdienen jene Talstrecken, deren Verlauf durch Verwerfungen vorgezeichnet ist (tektonisch veranlagte Talstrecken). In solchen Talstrecken kann der Fels bis zu großer Tiefe unter der Felssohle derart zertrümmert und verwittert sein, daß er für die Gründung eines Stauwerkes nicht in Betracht kommt. Das Stadtgebiet von New York liefert für die Beschaffenheit solcher Störungszonen sehr lehrreiche Beispiele (Abb. 244, S. 407). Nachdem die Flüsse nicht selten in unberechenbarer Weise von den Störungszonen auf gesundes Gestein abspringen, zählt das Aufsuchen der tektonischen Störungslinien im Gelände zu den wichtigsten Aufgaben der geologischen Begutachtung. Diese Aufgabe wird in der Regel auf indirektem Weg durch geologische Aufnahmsarbeit auf Grund obertägiger Befunde gelöst. In neuester Zeit bemüht man sich, wie es scheint mit Erfolg, auch geophysikalische Untersuchungsmethoden beim Aufsuchen von Störungslinien zu benutzen.

Im Abschnitt Tunnelgeologie wurde darauf hingewiesen, daß die Verwerfungsspalten unter Umständen vollkommen wasserdicht und aus diesem Grund vom technischen Standpunkt aus belanglos sein können (S. 388 u. 396). Infolgedessen soll die Anwesenheit einer Verwerfungsspalte lediglich zu größerer Sorgfalt bei der späteren Untersuchung der Gesteinsbeschaffenheit durch Kernbohrung mahnen.

Bei den nachfolgenden Ausführungen sei zunächst angenommen, daß sich auf Grund des geomorphologischen Befundes die Erreichung der Felssohle als technisch und wirtschaftlich möglich erwiesen habe. Die nächste Aufgabe besteht dann darin, die vom Gutachter gelieferten Daten durch die Ergebnisse von Probebohrungen zu ergänzen, die nicht nur bis zum Fels, sondern auf größere Tiefe in den Fels sich erstrecken. In den Oberläufen der Flüsse gestaltet sich die Aufgabe einfach. Bei grobschottriger Talauffüllung ist es schon schwieriger und kostspieliger, den Felsgrund zu erreichen. Um das Bohrloch bis zu nennenswerter Tiefe durch den Schotter niederbringen zu können, muß sich der Durchmesser des Futterrohres mindestens auf 20 bis 25 cm belaufen. Am widerwärtigsten können sich jedoch die Verhältnisse in den in ehemaligen Vereisungsgebieten befindlichen Talstrecken gestalten, soferne man Bodenarten anfährt, die mit großen Gesteinsblöcken vermengt sind. Aber auch in diesem Falle muß, falls es sich um ein Bauwerk von Bedeutung handelt, der Zutritt zur Felssohle etwa durch Sprengen der Blöcke oder durch Anwendung schwerer Meißelbohrer erzwungen werden, um dann durch das Futterrohr den Kernbohrer einzuführen. Das Unterlassen dieser Vorsichtsmaßregel kann zu folgenschweren Mißgriffen führen. Bei der Durchsinkung der Talauffüllung soll auf den Grad der Wasserdurchlässigkeit des durchfahrenen Materials geachtet werden, falls man nicht von vorneherein Druckluftgründung ins Auge faßt. Bei einer Durchlässigkeitsziffer des Untergrundes von mehr als etwa 0,5 cm per Sekunde (wirksamer Korndurchmesser etwa 0,8 mm) ist eine Trockenlegung der Baugrube durch Sümpfung aus technischen Gründen bereits äußerst schwierig und kostspielig.

Wichtig, namentlich im Gebirge, ist es, die Geschiebe- und Sinkstoffmenge der Flüsse zu messen, in welche Staumauern bzw. Dämme eingebaut werden sollen, denn der Sinkstoffgehalt des Gewässers bestimmt die Geschwindigkeit, mit welcher das Staubecken verlandet (S. 637).

2. Beschaffenheit der Felssohle

Mit der Erbohrung der Felssohle ist der erste Teil der Vorarbeit erledigt. Der zweite Teil besteht in der Begutachtung der Gesteinsbeschaffenheit. Die Druckfestigkeit des Gesteines, das heißt seine Widerstandsfähigkeit gegen Zerpressung durch den vom Bauwerk ausgeübten statischen Druck, läßt sich aus der Beschaffenheit der Kernproben verhältnismäßig leicht und sicher feststellen.

Wichtig ist auch die Bedingung, daß der Elastizitätsmodul des Gesteines[1]) nicht viel niedriger sein soll als jener des Mauerwerkes, andernfalls treten im Bauwerk infolge der Nachgiebigkeit des Untergrundes Beanspruchungen auf, mit denen der Konstrukteur nicht gerechnet hat.

So führten z. B. die Kronen der in den Jahren 1830 bis 1883 erbauten Talsperren von Grotbois und Chazilly wagrechte Bewegungen aus, die durch den Wechsel des im Staubeckenbereich auf die von zahlreichen Spaltrissen durchzogenen Liastone wirkenden Wasserdruckes verursacht wurden. Die Bewegungen erzeugten im Laufe der Jahre örtliche Rißbildungen und Verformungen des Mauerwerkes[2]).

Am ungünstigsten liegen die Verhältnisse, wenn sich der Untergrund in wagrechtem Sinn aus härteren und weicheren Gesteinsarten zusammensetzt. In diesem Fall liegt die Gefahr vor, daß sich oberhalb der Grenze zwischen den ungleichen Gesteinen Scherrisse im Mauerwerk bilden[3]). Doch ist es in der Praxis recht oft schwierig, den Einfluß der Verschiedenheit der Gesteinsbeschaffenheit auf die im Stauwerk herrschenden Spannungsverhältnisse halbwegs zutreffend einzuschätzen.

Ebenso schwierig zu beurteilen und von ebenso grundlegender Bedeutung für die Standfestigkeit und Dauerhaftigkeit des geplanten Bauwerkes sind schließlich die Klüftungsverhältnisse sowie die Veränderungen, welche das Gestein unter dem Einfluß der durch den Anstau geschaffenen hydrologischen Verhältnisse erfahren kann.

Aus diesen Ausführungen geht hervor, wie wichtig es ist, den Untergrund geplanter Talsperren zu erforschen und von den Geologen einen genauen

[1]) Der Elastizitätsmodul des Gesteines berechnet sich aus dem Ergebnis eines Druckversuches mit einer zylindrischen oder würfelförmigen Gesteinsprobe, indem man den Druck pro Flächeneinheit durch die zugehörige Zusammendrückung pro Höheneinheit der Gesteinsprobe dividiert. In der Regel nimmt der Elastizitätsmodul des Gesteines ebenso wie jener des Betons mit zunehmendem Druck etwas ab.

[2]) Annales des ponts et chaussées, III. 1905. Siehe auch Ziegler, P.: Die tatsächlichen Gefahren des Unterdruckes. Zeitschr. für Bauwesen, S. 408. 1916 und S. 147 und 670. 1917.

[3]) Leppla, A.: Die geologischen Voraussetzungen für die Errichtung von Talsperren in Deutschland und die Durchführung geologischer Vorarbeiten bei ihrer Planung. Deutsche Wasserwirtschaft, 2 (19), S. 55 bis 58. 1924.

Schichtenplan des Untergrundes zu erhalten. Es ist jedoch die Aufzeichnung des Schichtenplanes nur dann möglich, wenn der Geologe nach seinen Angaben Sondierbohrungen vornehmen lassen kann. Ein geologisches Gutachten über eine Talsperre ohne Sondierbohrungen hat in der Regel ebensowenig Wert wie Sondierbohrungen, die nicht unter der wissenschaftlichen Leitung eines Geologen durchgeführt werden.

Als Beispiel einer sorgfältig durchgeführten geologischen Studie seien die Untersuchungen von M. Lugeon in Lausanne für den Bau des Stauwehres von Chancy Pougny an der Rhone erwähnt, die uns Herr H. E. Gruner in Basel mitteilt.

Die Rhone fließt unterhalb Genf auf den Glazialschottern des Rhonegletschers. In den Terrassen finden sich große erratische Blöcke und auch Fetzen von Moränenlehm, darunter stehen Molasseschichten an, und zwar bunter Molassemergel und Molassesandstein. Schon die Vorerhebungen zeigten, daß die Molassesandsteine, auf welchen das Wehr zu gründen war, nur mittels Druckluftgründung zu erreichen seien. Die Aufgabe des Geologen war deshalb, die Form und Lage der Oberfläche des Sandsteines zu bestimmen. Auf Grund der Ergebnisse der von Lugeon geleiteten Schlagbohrungen war es möglich, die Oberfläche so genau zur Darstellung zu bringen, wie dies aus der beigegebenen Zeichnung hervorgeht (Abb. 310). Die Bauarbeiten bestätigten die Richtigkeit des geologischen Planes auf den Dezimeter genau.

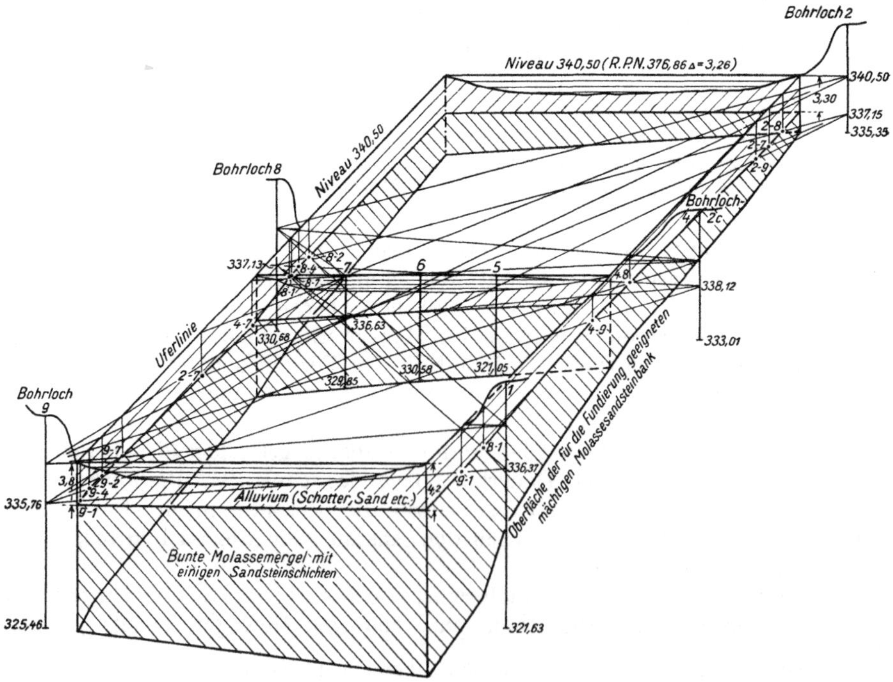

Abb. 310. Geologisches Blockprofil, konstruiert auf Grund von Bohrungen für den Staudamm von Pougny-Chancy an der Rhône (nach M. Lugeon)

Die Baugruben der Kraftzentrale liegen im Bereich des Grundwasserstromes. Bei den Voruntersuchungen wollte man die Dichtigkeit des Rhonebettes bestimmen, um danach die Bauinstallationen zu planen — Lösung der Frage nach der Umfassung der Baugrube. An Hand von Temperaturmessungen des Wassers in einer ersten Probepumpengrube und an Hand von Bestimmungen der Härte des Wassers war es möglich nachzuweisen, daß der Anteil an Rhonewasser ein sehr geringer ist. Das Grundwasser hatte eine ziemlich konstante mittlere Temperatur von 12° C und eine Härte von 14 französischen Graden, während das Rhonewasser eine schwankende Temperatur und einen bedeutend geringeren Härtegrad aufwies. Die Beobachtungen ermöglichten auch die Abschätzung des Sickerfaktors nach Bligh (siehe S. 534). Dieser Faktor war wichtig, da damit das Einbinden der Flügelmauern in die Schotterterrasse festgelegt werden konnte. Dieser Sickerfaktor wurde nach den Beobachtungen mit 1 : 12 angenommen. Ferner wurden dadurch die Vorstudien für die Anlage eines Grundwasserbrunnens zur Beschaffung des Kühlwassers der Transformatoren erhalten.

Hydrographische und statische Bedeutung der Gesteinszerklüftung. Sieht man von den Zellendolomiten und von gewissen Sandsteinen ab, so können die festen Gesteine an sich als praktisch wasserundurchlässig betrachtet werden. Das Entweichen des aufgestauten Wassers erfolgt daher bei einem auf Felsen fundierten Stauwerk in der Regel nur durch die Klüfte des Gesteines. Die Strömungsgeschwindigkeit ist durch die Abmessungen der Klüfte und durch die zwischen dem Ober- und dem Unterwasserspiegel bestehende Höhendifferenz bestimmt.

In engen Klüften wächst die durch sie abströmende Wassermenge, ebenso wie in Haarröhrchen und in feinem Sand, in geradem Verhältnis mit dem hydraulischen Gefälle, in weiteren Klüften hingegen, ebenso wie in offenen Gerinnen, etwa mit der Quadratwurzel aus dem Gefälle, das heißt vervierfacht man in letzerem Fall die Stauhöhe, so verdoppelt sich die abströmende Wassermenge.

Bei der Strömung des Wassers durch die Klüfte wird die Druckhöhe allmählich aufgezehrt und sinkt vom Größtwert h ($h =$ Stauhöhe) am Eingang der Klüfte auf *0* beim Ausgang derselben. Die an jedem Punkt der Kluft herrschende Druckhöhe äußert sich als ein auf die Decke der Kluft wirkender Auftrieb von gleicher Intensität. Um die Wirkung des Auftriebes auf die Standfestigkeit des Stauwerkes schärfer zu fassen, sei ein Kluftsystem betrachtet, das sich aus wagrechten und lotrechten Strecken zusammensetzt (Abb. 311). Nehmen wir zunächst an, die Strömung erfolge auf dem Weg aa' $b'b$. Falls die drei Kluftstrecken genau gleich weit sind, so wirkt auf die oberhalb a' b' befindliche, das Stauwerk tragende Gesteinsplatte der durch das Trapez *1—2—3—4* dargestellte Auftrieb. Schließen wir die Wegstrecke aa' vollkommen, so verschwindet der Auftrieb zur Gänze. Schließen wir anderseits die Kluftstrecke bb', so steigt der Auftrieb auf mehr als das Doppelte seines vorherigen Wertes, und wir erhalten die Drucklinie *2'—5*. Verschieben wir die Kluft $b\,b'$ nach *(b) (b')*, so verwandelt sich das Drucktrapez *1—2—3—4* in das Trapez *1—2'—(3)—(4)*.

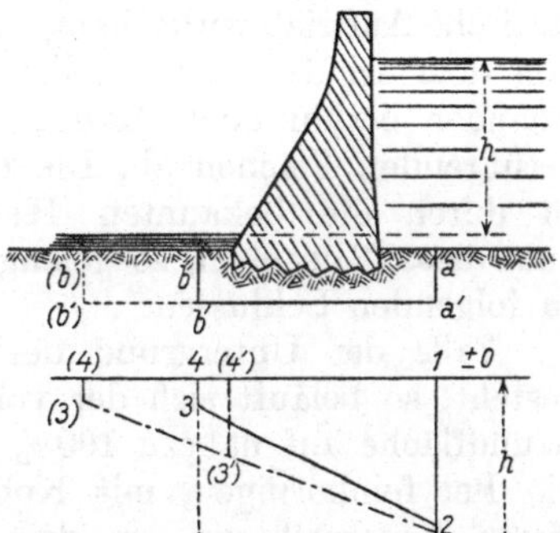

Abb. 311. Hydrostatische Auftriebswirkungen in offenen Spaltsystemen

Die zwischen dem Stauwerk und dem Punkt *(b)* gelegene Gesteinsplatte kommt unter den Einfluß des Auftriebes *(3')—(4')* bzw. *(3)—(4)* und kann, falls sie nicht stark genug ist, durch den Auftrieb gesprengt und hochgeblasen werden. In allen diesen Fällen handelt es sich um gewaltige Druckkräfte. Was wir bei sorgfältigster Vorarbeit bestenfalls feststellen können, ist der allgemeine Verlauf und das ungefähre Schluckvermögen der weitesten Wasserbahnen. Ob sich jedoch die größten Strömungswiderstände auf der Land- oder der Wasserseite des Stauwerkes befinden, hängt vom Zufall ab und bleibt uns dauernd verborgen. Infolgedessen können wir niemals wissen, ob der Auftrieb durch die Ordinaten der Geraden *2—3*, *2—(3)* oder *2'—5* gegeben ist, trotzdem die Wahrscheinlichkeit besteht, daß die Auftriebslinie eine mittlere Lage aufweist, etwa die Lage *1—2—3—4* (Abb. 311). Wir lernen obendrein aus unserem Beispiel, daß der Sicherheitsgrad zweier Staumauern, die auf gleich beschaffenen, ähnlich geklüfteten Gesteinen unter technisch scheinbar identischen Bedingungen erbaut worden sind, sehr verschieden sein kann. Aber auch im Untergrund ein und derselben Staumauer ändert sich die Größe und die Verteilung des Auftriebes von Querschnitt zu Querschnitt je nach den unterirdischen Abflußverhältnissen, wodurch in der Mauer Sekundärspannungen entstehen können.

Eine weitere Unsicherheit betrifft die Größe des Bruchteiles der Fundamentfläche, auf welche der hydrostatische Auftrieb wirkt. Diese Größe hängt von der Minimalweite der Fugen ab, in denen der hydrostatische Auftrieb eben noch zur Wirksamkeit kommen kann, und von der Größe der Flächen, an denen im zerklüfteten Untergrund eine direkte Druckübertragung von Kluftwand auf Kluftwand stattfindet. An den Stellen direkter Druckübertragung ist eine Auftriebswirkung aus physikalischen Gründen ausgeschlossen.

Nach dem gegenwärtigen Stand unseres Wissens läßt sich die Minimalweite der Fugen, in denen der Auftrieb eben noch wirken kann, mit etwa 200 $\mu\mu$ (ein Fünftausendstel eines Millimeters) angeben. Fugen mit solcher Weite stellen kaum wahrnehmbare Haarrisse dar. In noch engeren Spalten hat das Wasser nach Terzaghi Eigenschaften, welche weit mehr denen eines amorphen, festen Körpers als jenen einer Flüssigkeit ähneln[1]).

Die Größe des Bruchteiles der Fundamentfläche, auf welche der hydrostatische Auftrieb wirkt, hängt von der Zahl der Druckstellen pro Flächeneinheit, von dem an den Druckstellen wirksamen Druck, dem Elastizitätsmodul der einander berührenden Materialien und vom Krümmungsradius der einander berührenden Flächen ab. Die Beziehung zwischen den letzterwähnten Größen ist durch die bekannten Hertzschen Formeln festgelegt. Berücksichtigt man diese Tatsachen, so gelangt man hinsichtlich der Wirkung des Auftriebes zu folgenden Schlüssen:

Falls der Untergrund des Stauwerkes aus reinem kohäsionslosen Sand besteht, so beläuft sich der vom hydrostatischen Auftrieb getroffene Teil der Grundfläche auf nahezu 100% der Gesamtfläche.

Bei feinkörnigen, mit Kohäsion begabten Böden (Schluffen, Tonen) ist dieser Bruchteil um so kleiner, je größer die Kohäsion ist. Ziffernmäßig läßt sich die Beziehung zwischen der Größe der Kohäsion und dem vom Auftrieb getroffenen Bruchteil der Grundfläche heute noch nicht feststellen, doch erscheint es wahrscheinlich, daß dieser Bruchteil bei steifplastischen Tonen weniger als 30% beträgt.

Bei unregelmäßig und gleichförmig geklüfteten Gesteinen dürfte der dem Auftrieb ausgesetzte Bruchteil der Sohle 30 bis 40% nicht überschreiten. Bei nicht entwässerter Sohle empfiehlt es sich anzunehmen, daß der hydrostatische Auftrieb unterhalb der wasserseitigen Kante der Fundamentfläche der vollen und unterhalb der lichtseitigen Kante der halben Stauhöhe gleichkommt. Falls jedoch gründliche Entwässerung des Untergrundes sichergestellt wurde, kann man den Auftrieb für die talseitige Kante gleich Null setzen.

Bei wagrecht geschichteten Gesteinen hat man mit der Möglichkeit zu rechnen, daß sich der Bruchteil für ganze Abschnitte der Stauwerkssohle auf 100%

---

[1]) Terzaghi: Diskussion zu H. de B. Parson: Hydrostatic Uplift in pervious Soils. Proc. Am. Soc. of Civ. Eng., August 1828.

beläuft. Die Hauptgefahr scheint in der Wirkung des Auftriebes auf die talseits von der Staumauer gelegenen Gesteinspartien zu bestehen, weil dort infolge der geringen Auflast der Widerstand gegen das Aufklaffen der Gesteinsfugen am geringsten ist. Insbesondere bei wagrecht geschichteten Gesteinen muß die in Abb. 311 durch die Auftriebslinie (*3'*) — (*3*) dargestellte Auftriebsgefahr ernstlich in Erwägung gezogen werden. Einige der folgenschwersten Dammbrüche, wie z. B. jener in Austin, Texas, scheinen durch das Hochtreiben des Gesteines talwärts vom Staumauerfuß verursacht worden zu sein. Die in den Vereinigten Staaten herrschende Gepflogenheit, den vom Auftrieb getroffenen Teil der Grundfläche ohne Rücksicht auf die örtlichen geologischen Verhältnisse gleich einem Drittel der Gesamtfläche zu setzen, ist bei wagrechter Schichtung als bedenklich zu bezeichnen.

Untersuchung der Klüftungsverhältnisse und die künstliche Abdichtung der Gesteinsfugen. Für diesen Gegenstand gelten dieselben Betrachtungen, die im Abschnitt „Wasserzudrang" („Tunnelgeologie", S. 396) angestellt wurden. Die beim Tunnelbau zu gewärtigenden Wasserverhältnisse lassen sich auch nach gründlichem Studium der Gebirgsverhältnisse nur in großen Zügen vorhersagen und die stärksten Wassereinbrüche treten bisweilen an Punkten auf, die in tektonischer Hinsicht in keiner Weise ausgezeichnet sind. Völlig trockene Tunnelstrecken zählen bei tiefer liegenden Tunnels zu den Seltenheiten, woraus man auf die allgemeine Verbreitung der Gesteinszerklüftung schließen kann. Diese Bemerkungen lassen sich ohne weiteres auf die im Bereich geplanter Stauwerke zu erwartenden Versickerungsverhältnisse übertragen, mit der Einschränkung, daß sich an den Talsohlen zu der normalen Klüftigkeit der Gesteine auch noch die Wirkung örtlicher Entlastungsauflockerung hinzugesellt.

Die Talsohlen und Talflanken stellen nämlich Gebirgsabschnitte dar, die sich vor der Ausräumung des Talzuges durch den Wasserlauf unter dem Gewicht

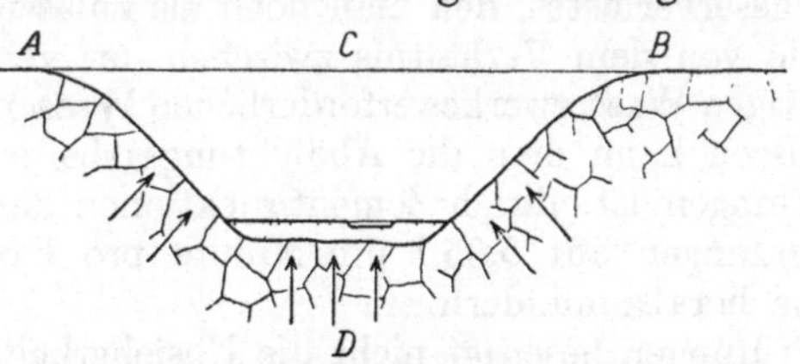

Abb. 312. Entlastungsauflockerung in klüftigem Gebirge

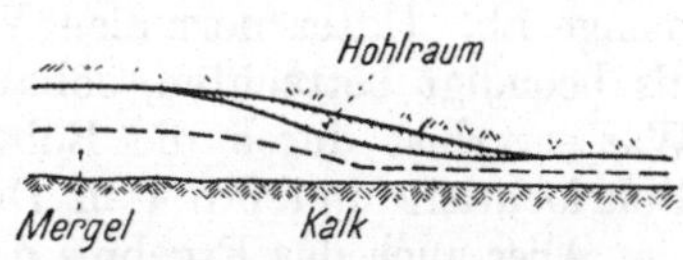

Abb. 313. Aufblätterung von Mergelbändern infolge Druckentlastung

des auflagernden Gesteines sowie im Bereich nahezu konstanter Gesteinstemperatur befunden haben. Die Änderung in den Druck- und Temperaturverhältnissen führt zu einer gegenseitigen Verschiebung der von Kluftflächen begrenzten Gesteinsstücke und zu einer Auflockerung des Gefüges (Abb. 312). Häufig kommt es auch vor, daß die einzelnen Lagen eines dünnbankigen Kalkgesteines durch Mergelbänder voneinander getrennt sind. Die Ausdehnungsziffer mancher Mergel ist wesentlich größer als jene des Kalkgesteines. Wird das Schichtensystem durch Bildung eines Erosionstales im Bereich der Talsohle entlastet, so kann bei wechselnder Dicke der Mergelbänder die in Abb. 313 dargestellte Aufblätterung stattfinden.

Die durch örtliche Entlastung und durch Temperaturänderung hervorgerufene zusätzliche Auflockerung des Gesteinskörpers beschränkt sich naturgemäß auf die Nachbarschaft der Entlastungsstelle. Falls sich die Klüftung des Gesteines gleichmäßig bis in große Tiefen erstreckte, hätte eine bis zu Tiefen von 15 oder 20 m vorgenommene künstliche Abdichtung der Gesteinsklüfte auf den Gesamtbetrag der Sickermengen rechnungsmäßig nur einen bescheidenen Einfluß. In den meisten in der Praxis vorkommenden Fällen gelingt es jedoch, durch solche Abdichtungsmaßregeln die Sickerverluste auf einen kleinen Bruchteil zu reduzieren.

Selbstverständlich lassen sich die Klüftungsverhältnisse auf Grund des Ergebnisses einer geologischen Terrainaufnahme nur mit rohester Annäherung abschätzen. Das geologische Gutachten darf hinsichtlich dieser Verhältnisse nur als Grundlage für die Ausarbeitung eines Bohrprogramms betrachtet werden. Aber auch die Kernbohrung klärt uns günstigstenfalls nur über die Anzahl, nicht aber über das Schluckvermögen der im Untergrund vorhandenen Risse und Sprünge auf. Das Schluckvermögen kann nur auf Grund einer Prüfung der relativen Durchlässigkeit der Bohrlochwandungen beurteilt werden. Das einfachste Verfahren zur Bestimmung dieser Durchlässigkeit besteht darin, daß man am Talhang, etwa in der Höhe des künftigen Stauspiegels, einen Wasserbehälter aufstellt und durch eine Rohrleitung mit einem Rohrstutzen verbindet, welcher wasserdicht in den oberen Teil des zu prüfenden Bohrloches eingebaut wurde. Der Wasserdruck wird durch einen nahe an der Bohrlochmündung in die Rohrleitung eingeschalteten Druckmesser und die Wassermenge durch einen am Hochbehälter angebrachten Schwimmpegel angegeben. Falls die Herstellung eines Wasserbehälters untunlich ist, setzt man das im Bohrloch befindliche Wasser mit Hilfe einer Luftpumpe unter Druck. Um die Schluckfähigkeit einzelner Spalten oder eines kurzen Abschnittes der Bohrlochwandung zu messen, bringt man in das Bohrloch Gummipackungen ein, welche die zu prüfende Bohrlochstrecke wasserdicht abschließen. Das Druckrohr wird an eine in der oberen Packung ausgesparte Öffnung angeschlossen. In den Vereinigten Staaten bilden diese Prüfungsverfahren schon seit mehr als zwei Jahrzehnten einen wesentlichen Teil der engeren Vorarbeiten für den Bau größerer Stauwerke. Die untere Grenze des Wasserverlustes, den man noch als zulässig betrachten kann, hängt in erster Linie von dem Verhältnis zwischen der verfügbaren und der zum Betrieb des künftigen Wasserwerkes erforderlichen Wassermenge ab. Unter normalen Verhältnissen kann man die Abdichtungsarbeiten als beendigt betrachten, sobald es gelungen ist, durch Zementinjektionen den Wasserverlust durch die Bohrlochwandungen auf 0,05 l pro Minute pro 1 m Bohrlochtiefe und pro 1 m Druckhöhe herabzumindern.

Aber auch das Ergebnis dieser Prüfungen beseitigt nicht die Unsicherheit, welche in Abb. 311 zum Ausdruck gebracht wurde. Sie liefert jedoch einen Anhaltspunkt für die Beurteilung der Wasserverluste, die man zu gewärtigen hat, des Verlaufes der schluckfähigsten Spalten und für die Aussichten einer Herabminderung der Wasserverluste durch Zementeinpressung.

Es liegt in der Natur der Sache und geht auch aus den bisher vorliegenden Beobachtungsergebnissen hervor, daß man durch Zementeinspritzung die Wasserverluste zwar bedeutend herabsetzen, aber nicht völlig ausschalten kann. Nachdem die Zementeinlagen der Bewegung des Wassers einen bedeutenden, jedoch auf eine schmale Zone konzentrierten Bewegungswiderstand entgegensetzen, bewirkt die Zementeinspritzung, ähnlich wie eine Spundwand, eine bedeutende Herabminderung des Auftriebes stromabwärts von der abgedichteten Zone. Infolgedessen sollen die Einspritzungen in der Nachbarschaft des wasserseitigen (bergseitigen) Mauerfußes angeordnet werden. Nachdem die Erfahrung zeigt, daß sich die schluckfähigsten Wasserbahnen zuweilen in einer Tiefe von 20 und mehr Metern unterhalb der Felssohle befinden (vgl. z. B. Talsperre von Brüx, S. 527), so sollen in stark zerklüftetem Gestein zum mindesten einige der Probebohrungen bis auf 30 m in den Fels getrieben und abschnittweise auf Wasserdichtigkeit geprüft werden.

Bei der Beurteilung des Einflusses der Zementeinspritzungen auf die Auftriebsverhältnisse muß man sich vergegenwärtigen, daß die Zementpartikeln eine Korngröße von mindestens 0,05 mm aufweisen. Nachdem sich die Weite der engsten Spalten, durch die der hydrostatische Druck noch weitergeleitet werden kann, auf etwa 0,0002 mm (200 $\mu\mu$) beläuft, bleibt die Verbindung zwischen dem Stauweiher und dem Unterwasser trotz der Zementeinspritzung in hydrostatischer Hinsicht aufrecht. Falls der Untergrund von schluckfähigen, der Zementbehandlung zugänglichen Spalten durchsetzt ist, wirken die Spalten auf der Landseite der abgedichteten Zone als Sammeldräns und ihre Gegenwart setzt den Auftrieb unter der Staumauer herab. Ungünstiger liegen die Auftriebsverhältnisse in feinklüftigen, der Zementbehandlung wenig oder gar nicht zugänglichen Gesteinen. In diesen Fällen empfiehlt es sich, den Auftrieb auch dann weitgehend in Berücksichtigung zu ziehen, wenn zwar die Druckwasserproben verhältnismäßig dichtes Gestein anzeigen, die Bohrkerne hingegen auf ausgiebigere Zerklüftung schließen lassen. Herr H. E. Gruner in Basel fügt diesen Betrachtungen seine Erfahrungen mit Injektionen hinzu.

„Es ist überhaupt angezeigt, auf die verschiedenen Arten von Klüften und Rissen bei der Gründung einer Talsperre hinzuweisen. Es muß hervorgehoben werden, daß auch das festeste und dichteste Gestein durch die Sprengarbeit eine ziemlich tiefgreifende Schädigung erfährt. Es ist meist nicht möglich, die Herdmauer selbst so tief zu treiben, daß man außerhalb dieses Zerstörungsbereiches mit dem Mauern anfangen kann, weshalb bei fast allen Talsperren die Vornahme von Injektionen angezeigt ist. Auch die Injektionen selbst sind vom physikalischen Standpunkt aus wohl zu überlegen. Werden Injektionen mittels Druckluft vorgenommen, so hat die Luft natürlich das Bestreben, sich einen Ausweg zu verschaffen. Wenn man die Luft auf dem injizierten Wasser oder Mörtel lasten läßt, so entstehen im Mörtel selbst neue Wege. Anders bei hydraulischen Injektionen; hier ruht die Wassersäule auf dem Injektionsgut und drückt dieses zusammen. Darum führen in wirklich kritischen Fällen nur hydraulische Injektionen zu einem befriedigenden Resultat. Auch der Überdruck der Injektionen ist von Bedeutung. Es ist ein Irrtum, sich nur mit einem Überdruck gleich dem zu erwartenden Wasserdruck zu begnügen. Das Injektionsgut muß sich den Weg in die Spalten bahnen und dazu ist ein erheblicher Überdruck notwendig. Außerdem ist zu berücksichtigen, daß beim Austritt aus dem Injektionsrohr in den Felsspalt ein gewisser Prozentsatz des Überdruckes verlorengeht. Das beigegebene Diagramm (Abb. 314) zeigt die direkte Aufnahme eines solchen Injektionsvorganges mit hydraulischen Injektionen. Das plötzliche Fallen des Druckes entspricht dem Öffnen einer neuen Spalte, in welche das Injektionsgut abfließen konnte.

Wenn nun die oberflächlichen Sprengschäden durch Druckluftinjektionen und Bohrung mittels pneumatischer Hämmer verstopft werden können, so kann man den tieferen Spalten und Rissen im Gestein nur durch Bohrungen mittels Diamantbohrung oder Stahlschrotbohrung beikommen. Ein typisches Beispiel der sorgfältig durchgeführten Abdichtung eines Fundamentes gibt der Bau der Barberinesperre.

Die Sperre steht auf einem schönen autochthonen Granit des Montblancmassivs; trotzdem zeigte der Granit auch die Risse der Sprengzone, denen durch kurze Bohrlöcher beigekommen wurde, und die Verwitterungsklüfte der Oberfläche eines harten und spröden Gesteines, die, durch Diamantbohrung bis 25 m aufgeschlossen, unter erheblichem Druck ausgefüllt wurden. Die Oberfläche der Barberinesperre beträgt

7250 m², und wurden dort zweierlei Arten von Injektionen ausgeführt: 1. Die Hochdruckinjektionen, welche nur zur Dichtung der Herdmauer und des darunterliegenden Felsens dienten. In diesem Teile wurden im ganzen 58 Bohrungen mit einer Gesamtlänge von 812 m ausgeführt. Die Bohrlöcher schwankten zwischen 12 und 25 m und schluckten im Mittel 12 Sack Zement. Das Fassungsvermögen konnte jedoch zwischen 0 bis 78 Sack schwanken. 2. Die Niederdruckinjektionen waren auf die ganze Oberfläche der Fundamente verteilt. Im ganzen wurden 435 m ausgefüllt; das Schluckvermögen schwankte zwischen 0 bis 68 Sack.

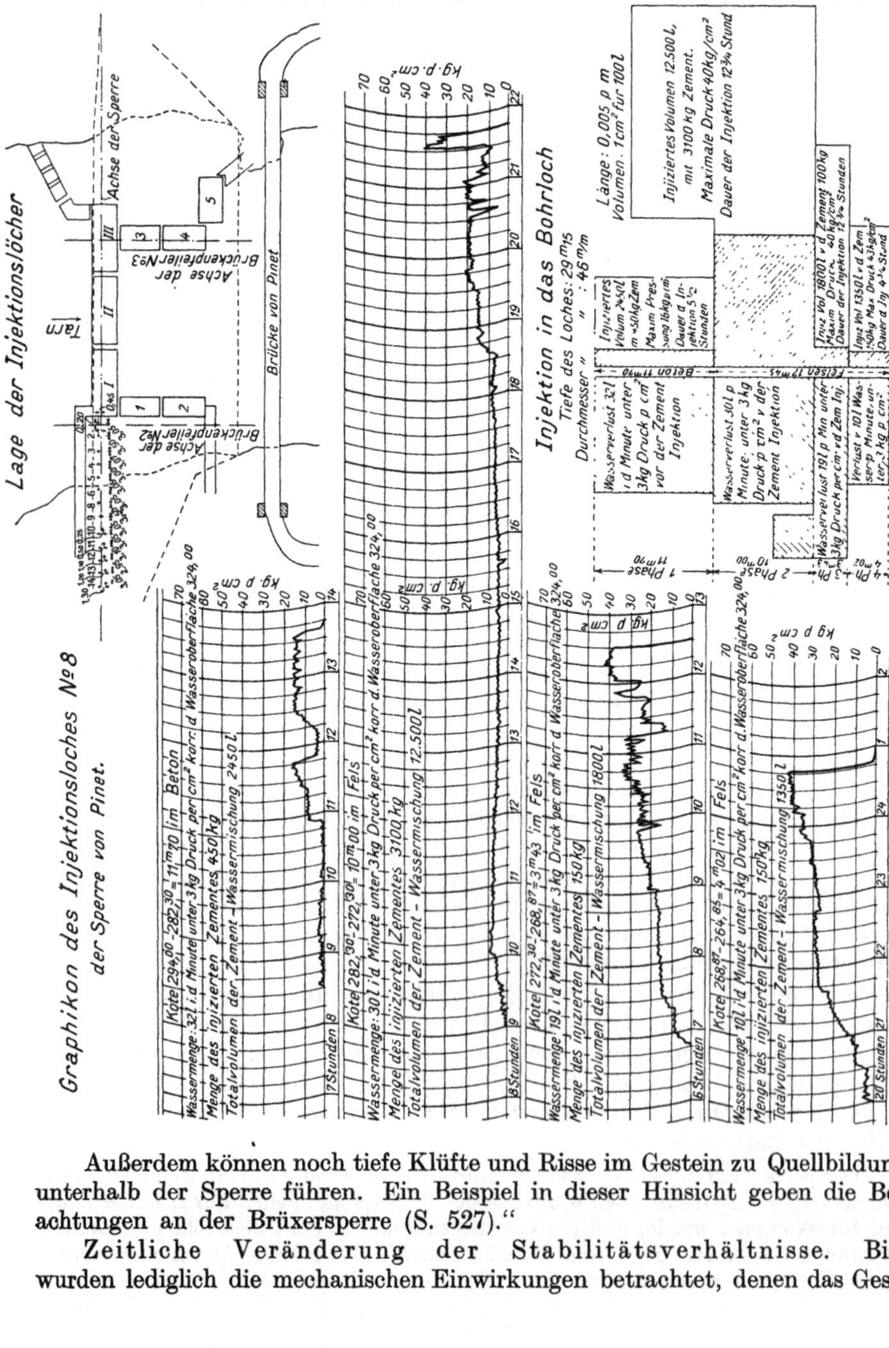

Abb. 314. Diagramm eines Injektionsvorganges mit hydraulischer Injektion an der Barrage de Pinet nach einem Plan von H. E. Gruner in Basel

Außerdem können noch tiefe Klüfte und Risse im Gestein zu Quellbildungen unterhalb der Sperre führen. Ein Beispiel in dieser Hinsicht geben die Beobachtungen an der Brüxersperre (S. 527)."

Zeitliche Veränderung der Stabilitätsverhältnisse. Bisher wurden lediglich die mechanischen Einwirkungen betrachtet, denen das Gestein sofort nach erfolgter Herstellung des Stauwerkes unterworfen ist. Für solche Gesteine, welche unter dem Einfluß dauernder Belastung und bei der Berührung mit dem strömenden Wasser keine nennenswerte Veränderung erfahren, ist mit dieser Betrachtung unsere Aufgabe erledigt. Falls jedoch das Gestein oder das Kluftsystem im Laufe der Zeit eine Veränderung erleiden, so ändern sich auch die Stabilitätsverhältnisse und können schließlich den Zusammenbruch eines Stauwerkes herbeiführen, welches am Tage der Inbetriebsetzung anscheinend einwandfrei war.

Die Gefahren welche aus langsam fortschreitenden Veränderungen im Baugrund erwachsen können, sind seit Jahrzehnten bekannt und gefürchtet. Um so bemerkenswerter ist der Mangel an ziffernmäßigen, aus der Erfahrung abgeleiteten oder im Versuchsweg gewonnenen Daten für die Beurteilung der Art und des Umfanges der möglichen Veränderungen, so daß auch der erfahrene Geologe auf diesem Gebiet höchstens Vermutungen aussprechen, aber keine positiven Auskünfte liefern kann. Die Veränderungen können auf vierfache Weise vor sich gehen: a) Chemische Veränderungen durch Stoffumsatz oder durch Lösung. b) Physikalische Änderungen im Rauminhalt, im Wassergehalt und in der Festigkeit der Gebirgsglieder. c) Langsame Formänderung des Untergrundes unter dem dauernden Einfluß wechselnder Belastung. d) Änderung in der Weite der Wasserbahnen durch mechanischen Angriff des strömenden Wassers.

a) Nachdem das durchströmte Gestein in den meisten Fällen schon im Laufe geologischer Zeiträume einer Durchfeuchtung mit Sickerwässern ausgesetzt war, sind chemische Änderungen durch Stoffumsatz nur in bescheidenstem Maße zu erwarten (größerer Sauerstoffgehalt des Sickerwassers). Wichtiger ist die an manchen Gesteinen bei der Sättigung mit Wasser stattfindende Abnahme der Druckfestigkeit (siehe „Erweichbarkeit“, S. 153 u. 518) und die Lösungsvorgänge, nachdem die Lösungsgeschwindigkeit bei rascher Durchströmung der Klüfte wesentlich größer ist als bei langsamer und überdies der erhöhte Druck mitwirkt. Aus diesem Grunde soll man bei der Abdichtung der Gesteinsfugen löslicher Gesteine durch Zementeinpressung mit besonderer Sorgfalt verfahren.

Über den chemischen Einfluß des Wassers auf die Felssohle teilt H. E. Gruner in Basel mit:

„Hier steht in erster Linie der Einfluß des Wassers auf Anhydrit und Gips. Eigentlich sollte gesagt werden, daß es nicht möglich ist, eine Sperre auf Gips oder Anhydrit zu gründen. Trotzdem ist dies schon vorgekommen.

So war in der Nähe von Basel an der Birs ein Wehr auf Triasschiefer gegründet. Man hatte beim Bau übersehen, daß darunter Gipsschichten anstehen. Bald zeigten sich Risse und Senkungen im Wehr. Dieser Gefahr konnte man durch Unterfangung des Wehres und Abteufung einer bis unter die Gipsschicht reichenden Herdmauer auf pneumatischem Wege beikommen.

Einen ähnlichen Fall, aber mit katastrophenartigem Ausgang, zeigt der Zusammensturz der Francissperre bei Los Angeles[1]). Dort waren im Schiefer des rechten Talabhanges Gipsschichten, allerdings nur von wenigen Zoll Dicke, sie wurden aber durch das durchsickernde Wasser ausgelaugt. Außerdem trat eine allgemeine Erweichung der den Ostflügel des Dammes unterlagernden Gesteinsmassen auf. Die Sperre senkte sich und stürzte zusammen.

Ein weiterer physikalischer oder chemischer Einfluß ist das Auflösen des Kalksteines durch das Wasser.

Als Beispiel in dieser Hinsicht sei die Camarasasperre erwähnt. Dort waren vor dem Stau im Staubecken einige Klüfte im Kalkstein, denen von der Bauleitung

---

1) St. Francis Dam Catastrophe. Eng. News-Rec, I, S. 466. 1928.

wenig Beachtung geschenkt wurde. Bald nach erfolgtem Aufstau nahm die durch die Klüfte abfließende Wassermenge zu und hat heute 10 m³/sek überschritten, ohne daß eine Dichtung geglückt wäre.

Auf die Dichtung eines Kalksteinfelsens wird bei der Beschreibung der Wäggitalsperre im Schräh hingewiesen werden. Diese Injektionen wurden allerdings von Spezialisten mittels hydraulischer Injektionen durchgeführt.

Aber auch die chemische Veränderung des Gesteines durch Verwitterung kann zu Schwierigkeiten bei der Gründung von Talsperren führen. Besonders in den alten abgetragenen Gebirgen, welche wenig durch das Wasser erodiert werden, bleibt die Verwitterungsschicht auf dem Gestein liegen und bildet eine Schicht, auf welche in den seltensten Fällen ein Fundament gesetzt werden kann.

Solche Verhältnisse trifft man z. B. in Spanien in der Sierra Morena, in der Sierra del Gredo, der Sierra Guaderama, ferner im südlichen Appenin und zum Teil auch im Gebiete der böhmischen Masse. Diese alten, im Silur, Karbon oder Perm gebildeten Gebirge haben ihre Urgesteine in einem dichten Mantel von Verwitterungsprodukten eingehüllt. Diese Verwitterungsschichte kann wasserdurchlässig sein, wie das Verwitterungsprodukt des Granites (Flinz), das ein Gemisch von Quarzkörnern, Glimmer und halbverwittertem Feldspat bildet. Bei der Fundation der Sperre Charco del Cura am Alberche in der Sierra del Gredo mußte eine solche Flinzschichte bis auf 12 und 15 m Tiefe durchfahren werden, ehe man einen zuverlässigen Felsen für die Fundation antraf. In der Toskana ist ein Wehr begonnen worden, bei dem auf 30 m der für die Fundation zulässige Felsen noch nicht erreicht wurde.

Der Gneis und Urschiefer kann sich auch in eine ganz undurchlässige Masse verwandeln. Hier ist es unter Umständen möglich, das Wehr auf angewitterten Felsen zu setzen.

Ein solches Wehr ist die Sperre von Cala in ihren äußersten Ausläufen. Das Fundament hat sich als zuverlässig und wasserdicht gezeigt, aber derartig verwitterter Felsen ist sehr wenig widerstandsfähig gegenüber dem Angriff des Wassers. Felsen, der unterhalb des Überfalles der Talsperre von Cala anstand, war schon nach wenigen Stunden weggewaschen und nur die im Felsen anstehenden Dioritbänke gaben ihm noch ein festes Gerippe.

Es kann auch vorkommen, daß auf dem soliden Urgestein eine Verwitterungsschicht liegen geblieben ist, welche dann von jüngeren geologischen Schichten überdeckt wurde.

Ein solches Beispiel gibt der nachstehende Querschnitt einer europäischen Talsperre.

Die Lehmschicht, welche auf dem Melaphyr liegt, wird nach und nach ausgewaschen und das Wasser tritt unterhalb der Sperre jetzt schon mit Druck aus. Es bleibt hier nichts anderes übrig, als eine Herdmauer bis auf den Melaphyrfelsen zu führen (Abb. 315).“

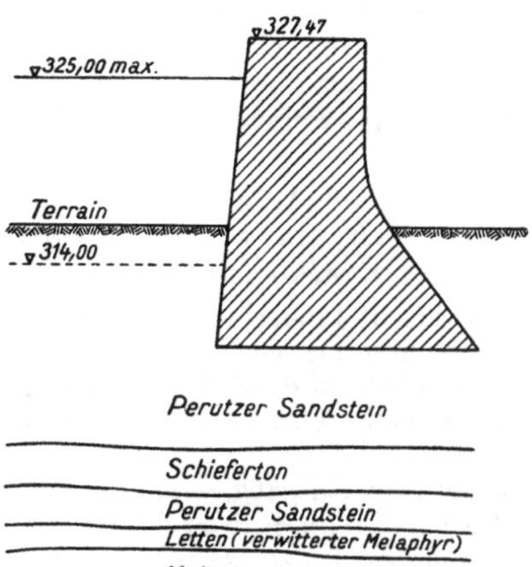

Abb. 315. Querschnitt durch eine nordböhmische Talsperre (nach H. E. Gruner)

b) Die physikalischen Veränderungen, welche das Gestein im Bereich der Sickerwasserströmung erfahren kann, werden überlieferungsgemäß durch die Worte „Schwellung“ (von Tonen, Mergeln usw.) und „Erweichung“ (Tonzwischenlagen) beschrieben. Beide Worte bedeuten im Grunde genommen dasselbe, weil eine Erweichung ohne gleichzeitige Zunahme des Wassergehaltes

(Schwellung) physikalisch nicht gut möglich ist. Der Schwellvorgang wurde bereits auf Seite 319 behandelt. Sobald man den dort erörterten Zusammenhang zwischen der Schwellung und den elastischen Eigenschaften des Materials erkannt hat, drängt sich die weitere Frage auf, warum denn der Schwellvorgang erst nach erfolgter Herstellung der Stauanlage einsetzen soll. Das Gestein hat sich weitaus in den meisten Fällen bereits vor der Errichtung des Stauwerkes im Grundwasserbereich befunden. Nachdem die Errichtung des Stauwerkes die von obenher auf das Gestein wirkenden Drücke nicht etwa verringert, sondern vergrößert, sollte man an Stelle einer Auflockerung durch Schwellung eine Raumverminderung durch Zusammendrückung erwarten. Eine Klarstellung dieses wichtigen Sachverhaltes kann nur durch eine Betrachtung der Vorgänge im einzelnen erfolgen. Nehmen wir zunächst an, daß eine dünne, aus fettem Ton bestehende Zwischenschichte zwischen zwei ebenflächig begrenzten Gesteinsplatten eingeschlossen sei, die an gegenseitiger Verschiebung verhindert sind. Die Schichte befinde sich unter Wasser. Erzeugt man zwischen den auf die beiden Schichtenden wirkenden Wasserdrücken eine Druckdifferenz (*b*—*a*) (Abb. 316a), so wird der Ton durch die an den Gesteinsflächen wirksame Adhäsion an der Bewegung in der Druckrichtung gehindert, und die durch das Druckgefälle erzeugte Bewegung beschränkt sich auf eine äußerst langsam erfolgende Strömung des Wassers durch den Ton. Auf der Strecke *AC* erzeugt die Strömung des Wassers eine, allerdings äußerst geringfügige, Verdichtung des Tones. Auf der Strecke *CB* wird das Gefüge des Tones durch den Strömungsdruck aufgelockert. Verfolgt man diesen Vorgang rechnerisch unter Einführung der für plastische Tone gültigen Ziffernwerte, so kommt man zu dem Schlusse, daß die Veränderungen, welche die Tonschichte unter dem Einfluß des Druckgefälles erleidet, praktisch gar nicht in Betracht kommen. An eine „Aufweichung" der durchströmten Tonschichte ihrer ganzen Breite und Länge nach oder an ein langsames Herauspressen der Tonschmitze ist überhaupt nicht zu denken. Die Versuche, gewisse Stauwerksbrüche (z. B. die Zerstörung der Staumauer in Austin, Texas) indirekt mit einer Erweichung toniger Zwischenlagen in Verbindung zu bringen, sind daher mit Vorsicht aufzunehmen. In Wirklichkeit dürfte es sich in solchen Fällen um eine allmähliche Ausräumung der Tonschmitze durch sinkstoffhaltiges Wasser (feine Mineralsplitter) handeln (siehe S. 521).

Etwas ausgiebiger gestaltet sich die Wirkung des strömenden Sickerwassers auf den Ton, falls der Staukörper seiner ganzen Breite nach auf der Oberfläche einer tiefgründigeren, plastischen Tonmasse aufruht (Abbildung 316). In diesem Fall erzeugt das strömende Sickerwasser an der Luftseite im Bereich des Staukörperfußes auch dann eine Schwellung und Erweichung der Tonmasse, wenn sich der Ton bereits vor der Herstellung des Staukörpers dauernd unter Wasser befunden hat.

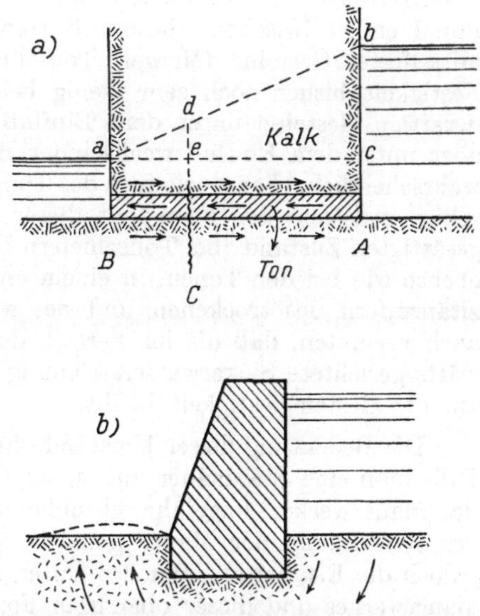

Abb. 316. Wirkung des strömenden Sickerwassers a) auf eine dünne, zwischen Gesteinsflächen eingeschlossene Tonschichte und b) auf eine durch das Gewicht einer Staumauer belastete Tonmasse

Diese Schwellung ist als rein mechanische Wirkung des strömenden Sickerwassers zu betrachten, indem das unter Druck nach oben strömende Wasser die Tonteilchen nach oben drängt und auf diese Weise das Gefüge des Tones lockert. Die Lockerung des Tongefüges und die damit verbundene Erweichung des Tones erzeugt eine Herabminderung der Tragfähigkeit im luftseitigen Abschnitt des Stauwerkfundamentes. Nachdem die Erweichung an der Stelle auftritt, wo die Fundamentpressung bei gefülltem Stauweiher am größten ist, besteht die Gefahr des Aufklaffens der Gründungsfuge auf der Wasserseite, die Gefahr einer Rißbildung infolge ungleichmäßiger Setzung und jene eines örtlichen Durchbruches des Wassers vom klaffenden Teile der Gründungsfuge aus. Ein solches Zusammentreffen von Umständen hat im Jahre 1911 zur Zerstörung des Macdonaltondammes in Pennsylvania geführt[1]).

Um den geschilderten Übelständen zu begegnen, empfiehlt es sich, den wasserseitigen Dammfuß durch eine tief in den Ton getriebene und in den Wehrkörper eingebundene Spundwand zu sichern. Die Spundwand bewirkt eine bedeutende Herabminderung des im talseitigen Abschnitt vom Sickerwasser ausgeübten Strömungsdruckes und verhindert obendrein die Möglichkeit eines katastrophalen Wasserdurchbruches längs einer Linie kleinsten Widerstandes.

c) Die Formänderungen, welche die Felssohle unter dem Einfluß der künstlich aufgebrachten Belastung erfährt, hängt unter sonst gleichen Umständen von der Elastizitätsziffer des Gesteines ab. Der Elastizitätsmodul (das heißt der Quotient aus dem Druck pro Flächeneinheit und der durch ihn hervorgerufenen Zusammendrückung pro Längeneinheit) beläuft sich für die harten, wasserbeständigen Gesteine (Granit, dichter Kalkstein usw.)[2]) ebenso wie jener des Betons und des Mauerwerkes auf 100000 bis 300000 kg pro 1 cm^2. Die Elastizitätsziffer eines steifen, fetten Tones[3]) liegt zwischen 50 und 100 kg pro 1 cm^2. Zwischen diesen Extremen befindet sich eine große Anzahl mittelfester Gesteine (Mergel, Tonschiefer usw.) über deren Elastizität und Festigkeit bisher noch sehr wenig bekannt ist. Die Formänderungen, welche derartige Gesteine unter dem Einfluß örtlicher Dauerbelastung, insbesondere aber unter dem Einfluß wechselnder Beanspruchung erleiden, nehmen höchstwahrscheinlich, ebenso wie jene des Tones, im Laufe der Zeit zu. Der große Unterschied zwischen der Festigkeit dieser Gesteine im trockenen und im wassergesättigten Zustand (bei Tonschiefern bis zu 60%)[4]) drückt sich wahrscheinlich, ebenso wie bei den Tonen, in einem entsprechenden Unterschied in den Elastizitätsziffern des trockenen und des wassergesättigten Materials aus. Er läßt auch vermuten, daß die im Bereich des luftseitigen Staumauerfußes nach aufwärts gerichtete Sickerwasserströmung bei diesen Gesteinen nicht ohne Einfluß auf die Gesteinsfestigkeit bleibt.

Die Bedeutung dieser Umstände für den Staumauerbau liegt auf der Hand. Falls man eine Staumauer auf einem Gestein errichtet, dessen Elastizität jener des Mauerwerkes ungefähr gleichkommt, so treffen die Annahmen, die bei der Berechnung der Mauer gemacht wurden, beinahe vollkommen zu. Falls jedoch die Elastizitätsziffer des Untergrundes wesentlich kleiner ist als jene des Mauerwerkes und dieser obendrein Formänderungen erleidet, deren Größe mit der Zeit zunehmen, so treten im Mauerwerk Sekundärspannungen auf, welche

---

1) Eng. Rec. 1911, II., S. 581.

2) Förster: Taschenbuch für Bauingenieure.

3) Terzaghi: Erdbaumechanik.

4) Hirschwald: Handbuch der bautechnischen Gesteinsprüfung, S. 196. Berlin. 1911.

im Laufe der Zeit zur Zermürbung und Rißbildung führen. Lehrreiche Beispiele für derartige Beschädigungen wurden durch P. Ziegler aufgezeigt[1]).

d) Die rein mechanische Ausräumung der Spalten, welche mit Sand oder mit locker gelagerten Schwemm- und Verwitterungsprodukten angefüllt sind, ist ohne weiteres verständlich. Weniger leicht zu begreifen ist die Ausweitung von Hohlräumen, die ganz oder teilweise mit plastischem Ton ausgefüllt sind. Die Erfahrung lehrt, daß solche Tone sogar in weichplastischem Zustand den mechanischen Angriffen des Wassers sehr erfolgreich widerstehen, und es liegt kein Grund vor anzunehmen, daß sich der Ton im Kontakt mit dem strömenden Spaltenwasser anders verhalten sollte. Falls jedoch das Spaltenwasser gröbere Sinkstoffe führt, so kann es seine Bahnen im Ton durch allmähliches Abscheuern der mit dem strömenden Wasser in Berührung stehenden freien Tonoberflächen erweitern, ähnlich wie dies durch ein Sandstrahlgebläse geschieht.

Wie sorgfältig auch mit Lehm gefüllte Klüfte selbst bei verhältnismäßig geringem Druck zu behandeln sind, zeigen die Beobachtungen H. E. Gruners in Basel während des Betriebes am Wehr im Rhein bei Augst-Wyhlen.

„Auf Seite 523 findet sich eine eingehende Schilderung der Gründungsverhältnisse dieses Wehres. Eine Spalte in Wehröffnung 5 gab zu besonderen Schwierigkeiten Anlaß, denn dort wurde eine tiefgründige, mit Lehm dichtgefüllte Fuge angetroffen. Mittels Druckluftgründung ging man der Fuge nach, bis sie in einer dünnen, durch Lehm ganz verstopften Kluft endete und ein weiteres Eindringen aus technischen Gründen nicht mehr möglich war. Untersuchungen, welche zehn Jahre nach der Inbetriebsetzung des Wehres mittels Taucherglocke unterhalb des Wehres vorgenommen wurden, zeigten, daß durch diese Kluft mehr als 1 m³ Wasser in der Sekunde unter Druck ausströmt. Die Kluft hat sich also mit der Zeit geöffnet."

Für die Bildung der Spaltenkeime mag in manchen Fällen der Wechsel in der Beanspruchung des stark zusammendrückbaren Tones verantwortlich sein.

Anhaltspunkte für die Beurteilung der Art und Weise, wie sich die Wasserbahnen im Ton ausbilden, lieferte der auf Seite 488 erwähnte Zwischenfall in Washington D. C. Die Quellbildung wurde offenbar durch die Bildung eines feinen Zugrisses eingeleitet, welcher sich unter dem Einfluß des auf die Baugrubensohle oberhalb des Feinsandlagers wirkenden Auftriebes bildete. Sobald das sandführende Wasser seinen Weg durch den Zugriß gefunden hatte, scheuerte es den Riß an der weitesten Stelle zu einem röhrenförmigen Schlot mit einem Durchmesser von etwa 5 cm aus, während der übrige Teil des Zugrisses keine Erweiterung erfuhr, sondern möglicherweise sich sogar schloß. Nach erfolgter Überbauung der ersten Quelle bildeten sich in der Nachbarschaft weitere Quellen heraus, doch waren in keinem Falle die ersten Risse weit genug, um mit dem Auge wahrgenommen werden zu können.

Einfluß der Felsgrundbeschaffenheit auf die Standsicherheit der Stauwerke. Aus den vorangegangenen Betrachtungen lassen sich hinsichtlich der Beziehung zwischen der Felsgrundbeschaffenheit und der Standsicherheit der Stauwerke folgende Schlüsse ziehen:

Die Gründungsfuge ist bei sorgfältiger Bauherstellung weit weniger gefährdet als das über ihr befindliche Mauerwerk oder der Felsgrund. Der im Gestein unterhalb der Gründungsfuge wirksame hydrostatische Auftrieb läßt sich auch bei sorgfältigster Baugrunduntersuchung nur ganz roh abschätzen. Der auftriebvermindernde Einfluß der Zementeinspritzungen kommt in stark zerklüftetem, von schluckfähigen Spalten durchsetztem Gestein ausgiebiger zur Geltung als bei Gesteinen mit sehr engen Klüften. Die größte durch den Auftrieb verursachte Gefahr besteht nicht in einer Gleitung längs der Gründungsfuge, sondern in einer Gleitung innerhalb des Gesteines. Falls die Klüfte das

[1]) Ziegler, P.: Die tatsächlichen Gefahren des Unterdruckes. Ztschr. f. Bauwesen, S. 408. 1916 und S. 147 und 670. 1917.

Gestein unregelmäßig durchsetzen, kann die Gleitung nur nach vorhergegangenem Abscheren der Gesteinsvorsprünge zustande kommen. Infolgedessen haben sich die meisten Dammbrüche, deren Zustandekommen indirekt durch den Auftrieb veranlaßt wurden, auf Gesteinskörpern mit mehr oder weniger wagrechten, ebenflächig begrenzten Schichtgliedern ereignet. Bei der Beurteilung derart beschaffener Felsunterlagen soll mit der Möglichkeit starken Auftriebes auf die talabwärts vom Mauerfuß gelegenen Gesteinsschichten gerechnet werden (Abb. 311).

Bei den schädlichen Veränderungen, die der Baugrund im Laufe der Jahre nach erfolgter Inbetriebsetzung des Stauwerkes erleiden kann, scheinen folgende Faktoren die führende Rolle zu spielen: Zunehmende Formänderung weicher Gesteine unter dem Einfluß wechselnder Druckbeanspruchung und die Erweiterung bestehender Hohlräume durch den Angriff sinkstofführender Spaltenwässer. Eine schärfere Beurteilung der Bedeutung des ersten Faktors ist derzeit infolge mangelhafter Kenntnis der physikalischen und der Festigkeitseigenschaften der Mergelgesteine und der weicheren Tonschiefer noch nicht möglich. Die Formänderungen, welche diese Gesteine unter dem Einfluß wechselnder Beanspruchung erfahren, führen eine Rißbildung im Mauerwerk herbei, und die Zerstörung erfolgt in der Regel durch einen Bruch in der Mauer. Die Bedeutung des zweiten Faktors läßt sich durch sorgfältige Abdichtung der offenen Spalten wesentlich herabsetzen.

Die Klassifikation der Gesteine nach ihrer Eignung als Unterlage für hohe Stauwerke hat, ebenso wie dies in der Tunnelgeologie der Fall ist, nur eine statistische Bedeutung. Die in Deutschland gesammelten Erfahrungen wurden durch Leppla zusammengestellt[1]).

3. Stauwerke mit Felssohlengründung

Zwecks Schärfung des Urteils auf dem Gebiet der Stauwerksgründungen empfiehlt es sich ebenso wie auf den Gebieten der Rutschungs- und der Tunnelgeologie, die Beschreibungen bemerkenswerter Bauausführungen zu studieren und an der Hand solcher Beispiele zu erfahren, wie die grundlegenden geologischen und physikalischen Tatsachen in der Praxis in Erscheinung treten. In diesem Abschnitt soll die Aufmerksamkeit auf einige der wichtigsten neueren Arbeiten gelenkt werden.

Nachbarschaft von Verwerfungen. Es wurde bereits an der Hand der Tunnelbauerfahrungen gezeigt, daß weder die Sprunghöhe noch der Einfallswinkel verläßliche Anhaltspunkte für die Schluckfähigkeit der im Verwerfungsgebiet auftretenden Gesteinsspalten liefern.

Im allgemeinen scheinen junge Verwerfungen in schwach gestörtem Gebiet hinsichtlich ihrer Wasserleitungsfähigkeit bedenklicher zu sein, als Verwerfungen, die in ausgiebig durchbewegtem Gebirge zu einer Zeit stattgefunden haben, da sich die Gesteinsmasse noch unter dem Schwergewichtsdruck einer hohen Überlagerung befunden hat. Unzulässig ist die Errichtung von Staumauern oberhalb von Verwerfungen, an denen heute noch entweder langsame oder ruckartige, durch Erdbebenstöße sich verratende Verschiebungen sich vollziehen.

Falls sich eine Verwerfung in einer Entfernung von einigen Kilometern von der Baustelle mit einer anderen überschneidet, an der sich in historischen

[1]) Leppla, A.: Geologische Vorbedingungen der Staubecken. Zentralbl. für Wasserbau und Wasserwirtschaft, 3, 1908. Die geologischen Voraussetzungen für die Errichtung von Talsperren in Deutschland und die Durchführung geologischer Vorarbeiten bei ihrer Planung. Deutsche Wasserwirtschaft, 2 (19), S. 55 bis 58. 1924.

Zeiten ausgiebige Verschiebungen ereignet haben, wie dies z. B. in den Vereinigten Staaten an einigen der Hauptverwerfungen der Fall war, die parallel zum Hauptkamm der Sierra Nevada streichen, so muß man sie für bedenklich halten und soll sie nicht durch einen gemauerten Staudamm überbrücken. Wie berechtigt eine solche Vorsichtsmaßregel ist, geht unter anderem aus der Tatsache hervor, daß die Tunnelröhre des eine solche Hauptspalte querenden Gunnison-Tunnels in Colorado nach Fertigstellung infolge gegenseitiger Verschiebung der Spaltenwände eine Zerreißung erfuhr. In den mitteleuropäischen Bebengebieten dürfte es allerdings genügen, die Querung der als Erdbebenspalten bekannten Hauptverwerfungen zu vermeiden.

Als extreme Beispiele für die Erfahrungen, die man beim Stauwerksbau in Verwerfungsgebieten gesammelt hat, seien die Gründungsarbeiten für das Stauwehr der Wasserkraftanlage Augst-Whylen am Rhein und jene für die Staumauern der Spullersee-Werke erwähnt.

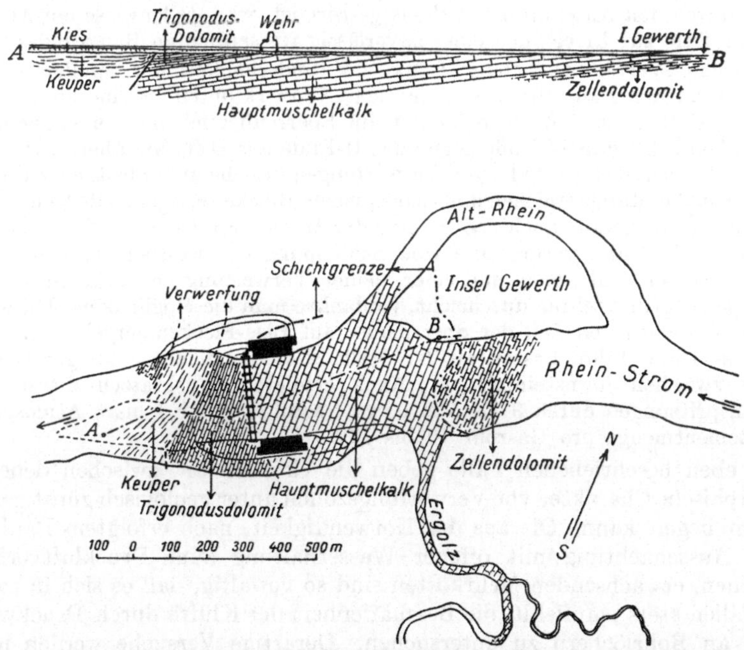

Abb. 317. Geologische Karte und Profil der Baustelle des Stauwehres Augst-Whylen (Schweizerische Bauzeitung, Bd. 61)

Augst-Whylen. Stauhöhe 8,4 m, Länge 213 m, Druckluftgründung der Wehrschwelle durch 3 m Schotter bis auf festen Fels[1]). An der Grenze zwischen Dolomit und dem darüberliegenden Muschelkalk, 100 m stromabwärts von der Baustelle, die Begrenzungslinie eines unter schiefem Winkel den Rheinstrom übersetzenden Grabenbruches, nach welchem der sonst hochliegende Keuper tief unter den Muschelkalk abgesunken ist (Abb. 317). Die Wahl der Baustelle wurde durch die Absicht bestimmt, die Objekte zur Gänze auf den Hauptmuschelkalk zu stellen. Nach Bloßlegung der Felssohle zeigten sich im Grenzgebiet zwischen Dolomit und Hauptmuschelkalk zahlreiche kleine Verwerfungen. Dolomitfels, mürbe, als Baugrund ungeeignet. Tiefe der Verwerfungsgräben gering. In der Nachbarschaft der Verwerfungen war jedoch das Gestein „locker und spaltig und die Löcher teilweise mit Lehm zugesetzt“. Große Schwierigkeiten bei der Beseitigung des klüftigen Gesteines und bei der Reinigung der mit Lehm erfüllten Schluchten unterhalb der

[1]) Die Wasserkraftanlage Augst-Whylen. Schweizer. Bauzeitung, Bd. 61.

Arbeitskammern. Änderung des Bauprogramms infolge der Unmöglichkeit, die Baugrube für die Wehrschwelle zwischen den beiden unter Druckluft hergestellten Außenmauern durch Pumpen trockenzulegen. Ähnliche Schwierigkeiten bei der Herstellung der Baugrube am NW-Ende des Stauwehres. In beiden Fällen gewaltiger Wasserzudrang von unten her, durch Gesteinsklüfte. Fangdamm mußte wider Erwarten unter Druckluft hergestellt werden.

Spullersee-Werk (Abb. 242, S. 398)[1]. Nördliche Sperrmauer auf Lias-Fleckenmergeln, im Bereich einer geologischen Mulde. Der nach N überkippte Südflügel wenig gestört. Der liegende Nordschenkel durch Scher- und Stauchkräfte in zahllose, eng aneinander gestauchte Schuppen zerlegt, die den zähen Fleckenmergeln eine deutliche Druckschieferung aufprägten. Die Verwerfungen und Verbiegungen der kalzilitischen Kluftausfüllungen gestatteten die Ablesung einer ganzen Reihe zeitlich verschiedener Bewegungsphasen. Gangunterschiede von wenigen Dezimetern bis zu 40 m. Infolge der Zähigkeit des Gesteines sind die Schuppen trotz aller Durchbewegung „so eng aneinandergepreßt, daß die den Fleckenmergeln eignende Wasserdichtigkeit nicht verloren ging. Nur im Osten des Sperrgrundes, wo die fließende Tektonik durch den Anschub des Tithons gestört ist, war stellenweise ein Ausbruch bis zu 5 m Tiefe zur Erreichung eines zuverlässig wasserdichten Baugrundes nötig".

Südliche Sperre, am tiefsten Punkt des Südschenkels der Spullersee-Mulde. Dieser geht an der Baustelle aus einer nach N überkippten in eine steil nördlich fallende Lage über, so daß die Schichten im Sperrenbereich nahezu saiger stehen. Das Streichen geht vom W-Ende gegen das O-Ende aus O in NO über. „Der Übergang vollzieht sich in einer Reihe von Verwerfungen, welche in nordöstlicher Richtung das Gesteinspaket durchstreichen und es in einzelne Blöcke zerlegen. Die bedeutendste Verwerfung streift gerade noch das O-Ende der Mauer. Sie hat einen Verschiebungsbetrag von 250 m und verursachte eine Schleppung des westlich gelegenen Teiles gegen NO. Dieser Schleppung und einer kleinen Verwerfung von 12 m Sprunghöhe, die den Sperrengrund schräg durchzieht, verdankte man die Möglichkeit, den weitaus größten und wichtigsten Teil der Sperrmauer auf Lias-Fleckenmergel zu gründen." Stellenweise lehmerfüllte Lassen an der Stelle des Ausstreichens toniger Gesteinsschichten zwischen hornsteinreichen. Nach erfolgtem Auskratzen dieser Fugen Zementeinspritzungen durch 3 bis 5 m lange Gasrohre unter 4 bis 5 Atmosphären. Größte Zementmenge pro Gasrohr 10 bis 15 l.

Die eben beschriebenen Fälle geben die Grenzen an, zwischen denen der hydrographische Charakter von Verwerfungszonen unter geologisch günstigen Verhältnissen liegen kann. Die aus der Notwendigkeit, nach erfolgtem Baubeginn von der Ausschachtung mit offener Wasserhaltung zum Druckluftverfahren überzugehen, erwachsenden Mehrkosten sind so gewaltig, daß es sich in zweifelhaften Fällen stets empfiehlt, die Beschaffenheit der Klüfte durch Druckwasserversuche an Bohrlöchern zu untersuchen. Derartige Versuche werden in den Vereinigten Staaten so häufig ausgeführt, daß man bereits für die meisten in der Praxis vorkommenden Fälle in der Literatur die Beschreibung von Vorläufern findet. Der günstige Befund hinsichtlich der Beschaffenheit der Gesteinsspalten im Untergrund der Spullersee-Sperren schließt jedoch keineswegs ungünstige Auftriebsverhältnisse aus, denn nach Seite 512 besteht ein gewaltiger Unterschied zwischen der Weite der engsten Spalten, die bei der Beurteilung der Wasserdurchlässigkeit des Untergrundes in Betracht kommen, und der Weite der engsten Spalten, durch welche hydraulische Druckwirkungen übertragen werden können.

Die Richtigkeit dieser Auffassung scheint durch die Ergebnisse der nachahmenswerten Auftriebsmessungen bestätigt zu werden, die Schaefer an der Ostertal- und Borchardt an der Neyetalsperre vorgenommen haben. Die Messungen erfolgten mit Hilfe von Manometern und gaben Aufschluß über die

[1]) Ampferer, O. und H. Ascher: Über geologisch-technische Erfahrungen beim Bau des Spullersee-Werkes. Jahrb. d. Geolog. Bundesanstalt, 75. Bd. Wien. 1925.

Wasserdrücke, die in kleinen, im Mauerwerkskörper oberhalb der Gründungsfuge eingebauten, durch Rohrleitungen mit einer Inspektionsgalerie verbundenen Kammern herrschten. Sie zeigten, daß der Wasserdruck oberhalb des scheinbar spaltenfreien, gesunden Gesteines weitaus größer war als an jenen Stellen, an denen bei der Ausschachtung der Fundierungsgrube Quellen aufgetreten sind. Auch die durch Standrohrbeobachtungen ermittelten Auftriebe im zerklüfteten und durch Zementinjektionen abgedichteten Untergrund des Willwood- und des American Falls-Dammes sind derart, daß sie als ungewöhnlich günstig bezeichnet werden müssen[1]).

Messungen dieser Art liefern nicht nur wertvolle Anhaltspunkte für künftige Projektierungen, sondern sie geben auch Aufschluß über etwaige Veränderungen, die im Untergrund des beobachteten Bauwerkes vor sich gehen, und sollten daher grundsätzlich an jeder Staumauer vorgenommen werden.

Felsgrund mit nahezu wagrechten Schichtfugen. Dieser Fall ist besonders wichtig, nachdem wagrechte Lage der Schichtfugen eine Zerstörung des Bauwerkes durch Gleitung begünstigt. In der Tat haben sich einige der folgenschwersten Dammbruchkatastrophen auf derart beschaffenem Untergrund ereignet.

Olive Bridge-Damm, Catskill Wasserversorgung von New York, 66 m hoch. Söhlig gelagerte, mehrere Meter dicke Kalksteinbänke, durch dünne Einlagen von Schiefer und Mergel voneinander getrennt. Schichtfugen in den obersten 20 m offen, wohl aus dem in Abb. 312 und 313 (S. 513) dargestellten Grund. Kerngraben bis 12 m unter die Oberfläche des gesunden Gesteines. Von der Grabensohle 15 Bohrlöcher, 12 bis 30 m tief, von 30 auf 30 cm auf ihre Wasserdichtigkeit geprüft. Schließen der offenen Schichtfugen durch Einpressen von Zementmörtel[2]).

Talsperre Gotha, 22 m hoch[3]). Festes Konglomerat im Rotliegenden. Nahezu wagrechte Schichtung, offene Schichtfugen, zahlreiche senkrechte Verwerfungen. Bei der ersten Füllung, bei einer Stauhöhe von 5 m, Wasserverluste im Versuchsstollen allein 215 l pro Sekunde. Zementeingießung durch Bohrlöcher mit 30 cm Durchmesser, 13 bis 30 m tief. Zementverbrauch pro Bohrloch 80 bis 1530 Sack Zement. Aufsuchen der Wasseradern durch E. Döll mit Hilfe der Wünschelrute. Die nach den Döllschen Angaben durchgeführten zusätzlichen Dichtungsarbeiten setzten die Wasserverluste von 120 auf 8 l pro Sekunde herunter.

Austin, Pa., 14 m hoch[4]). Dünnbankiger Sandstein (Schichtendicke 20 bis 29 cm). Zwischen den Sandsteinbänken befanden sich dünne Lagen von Mergel und von verwittertem Sandstein. Lotrechte Fugen spärlich. Herdmauer 1,2 m dick, 1,2 m tief, bis auf „gesunden" Fels. 21. Januar 1910 Hangrutschungen am Ostufer, unterhalb des Dammes. 22. Januar Gleitung des Mittelstückes um 45 cm talwärts. 30. September 1911 Zerstörung des Dammes zum Teil durch Gleitung auf der Gründungssohle, zum Teil durch Gleitung von Fels auf Fels. 260 m oberhalb der Unfallsstelle befindet sich ein anderer, noch mangelhafter konstruierter Damm, an dem sich bisher noch keine ernsten Mängel gezeigt haben. Der Baugrund des eingestürzten Dammes wurde vor Baubeginn durch 3 bis 4,5 m tiefe Bohrlöcher aufgeschlossen und als dicht befunden.

Nashville, Tennessee. Umfassungsmauer eines Trinkwasserbehälters, 9 m hoch, dünne, durch Tonschmitzen voneinander getrennte Kalkbänke, unter 3 bis 4° talwärts geneigt. 1912, 25 Jahre nach Erbauung der Mauer, brach ein Stück derselben aus und glitt samt der Felsscholle auf der sie stand, talwärts[5]).

[1]) Hinds, J.: Upward Pressures under Dams. Proc. Am. Soc. of Civ. Eng., März 1928, und K. Terzhagi: Diskussionen hiezu, loc. cit., August 1928.

[2]) Testing Diamond Drill Borings at the site of the Olive Bridge dam, Ashokan Reservoir. Eng. Rec., II. 1908. Siehe auch White, L.: The Catskill Water Supply of New York City. New York. 1913.

[3]) Götte: Die Dichtungsarbeiten an der Gothaer Talsperre. Journal für Gasbeleuchtung und Wasserversorgung (55), S. 561, 654. 1912.

[4]) The partial failure of a concrete dam at Austin, Pa. Eng. News, II., S. 417. 1911. Siehe auch Mattern, E.: Die Zerstörung der Austin-Talsperre in Pennsylvanien. Zentralblatt der Bauverwaltung, S. 25, 1912, und Link, S. 36.

[5]) Failure of the City Reservoir Wall, Nashville, Tenn. Eng. News, II., S. 922 bis 925. 1912.

Ohio Regierungs-Stauwehr Nr. 26. Größte Stauhöhe 4,3 m, 180 m lang. Bear trap Type. Harter Mergel, Fundierungstiefe 0,9 bis 1,3 m unter Gesteinsoberfläche. Gleitung von Fels auf Fels, auf eine größte Entfernung von 45 m[1]).

Die eben angeführten Unfälle lenken die Aufmerksamkeit auf die Gefahren, welche bei wagrecht geschichteter Felssohle aus der Wirkung des Auftriebes auf die talwärts vom Stauwerk befindlichen Gesteinsbänke erwachsen (siehe Abb. 311). Ein weiteres Gefahrenmoment liegt in der teilweisen Ausräumung von Schichtfugen mit Lettenbeschlag durch Sinkstoff führendes Sickerwasser. Infolge der außerordentlichen Langsamkeit, mit welcher die Ziffern der Reibung von Fels auf Ton bei einer Belastungssteigerung ihrem normalen Wert zustrebt (siehe S. 320), erzeugt die Ausräumung einer Fuge auf einer Flächenausdehnung von $p\%$ ihres Flächeninhaltes eine Herabminderung des Gleitwiderstandes um beinahe den gleichen Prozentsatz. Für die Geschwindigkeit, mit welcher eine solche Ausräumung erfolgen kann, hat die Quellenbildung in der Baugrube der Potamac-Kraftanlage (S. 521) ein Beispiel geliefert. Das Ausmaß dieser Gefahren läßt sich weder aus der Beschaffenheit der Bohrkerne noch aus den Ergebnissen der Druckwasserproben vorhersagen und muß man daher bei der Projektverfassung die ungünstigsten Annahmen machen, die unter den gegebenen geologischen Verhältnissen eben noch gerechtfertigt sind.

Bemerkenswert sind die Erfolge, die man durch Benutzung der Wünschelrute bei den Dichtungsarbeiten sowohl an der Gothaer als auch an der Brüxer Talsperre (S. 525 u. 527) gemacht hat. Nachdem es sich hier offenbar um eine rein physiologische Wirkung der durch das rasch fließende Kluftwasser geweckten Erdströme auf den Rutengänger handelt, scheint es im Bereiche der Möglichkeit zu liegen, ähnliche Resultate durch geophysikalische Messungsergebnisse zu erzielen.

Unregelmäßig zerklüftetes Gestein. Bei der Beurteilung derart beschaffener Felssohlen hat man zu unterscheiden, ob es sich um grobklüftiges oder um feinklüftiges Gestein handelt. Im ersten Fall besteht die Aufgabe des Ingenieurs vornehmlich in der Herabsetzung der Wasserverluste. Die Dichtungsarbeiten führen zugleich die teilweise Sanierung der Auftriebsverhältnisse herbei (siehe S. 514). Im zweiten Fall kommen die Wasserverluste nicht in Betracht. Man hat dann aber auch kein Mittel, die Auftriebsverhältnisse auf künstlichem Wege zu regeln und muß daher beim Entwurf des Stauwerkes mit ausgiebigerem Auftrieb rechnen. Allerdings kommt bei unregelmäßig zerklüftetem Felsgrund sowie bei größerer Fundierungstiefe die Gefahr eines Dammbruches durch Gleitung innerhalb des Gesteines in Wegfall.

Lahontan-Damm, Nevada, 36 m hoher Erddamm[2]). Rötliche Sandsteinschichten mit tonigem Bindemittel, unter flachem Winkel vom rechten Ufer des Carsonflusses nach dem linken fallend. Von rechts nach links: Sehr feinkörniger, harter Sandstein, mittelharter, grobkörniger Sandstein, schließlich ein unvollkommen verhärtetes Tongestein. In allen Richtungen von Sprüngen durchzogen, 0 bis 1,5 cm weit, offen, mit Quarz oder mit weichem Ton ausgefüllt. Bohrlöcher 10 cm Durchmesser am Grund eines 9 m tiefen Kerngrabens, etwa 9 m tief, in zwei Reihen mit gegenseitigem Abstand von 60 cm, Abstand der Bohrlöcher in jeder Reihe 90 cm. Prüfung auf Wasserdichtigkeit unter 3,6 Atmosphären. Wasserverluste pro 1 m Druckhöhe und 1 m Bohrlochtiefe in Liter pro Minute: Vor Beginn der Dichtungsarbeiten 0,69 bis 0,13 l, im Mittel 0,40 l; nach Beendigung derselben 0,04 bis 0,02 l, im Mittel 0,03 l (linker Abschnitt). 1,06 bis 0,55 l, im Mittel 0,84 und 0,21 bis 0 l, im Mittel 0,075 l (rechter Abschnitt). Zementverbrauch pro Bohrloch 1 bis 25 Sack Zement. Bei der Vornahme der Zementeinspritzungen ging man von der talseitigen Bohrlochreihe aus. Hiebei wurde zunächst jedes zweite Bohrloch übersprungen (primäre Bohrlöcher), dann folgten die übersprungenen (sekundäre) und schließlich

[1]) Failure of Ohio dam Nr. 26, Ohio River, Eng. News, 1912. II., S. 366.
[2]) Unveröffentlichter Bericht über die Abdichtung der Talsohle.

die Bohrlöcher der zweiten Reihe (tertiäre Bohrlöcher). Dieses Verfahren machte es möglich, den Fortschritt der Abdichtung durch Wasserdruckversuche Schritt für Schritt zu verfolgen.

Brüxer Talsperre[1]). Mauerhöhe 53 m, Kronenlänge 220 m, Gestein: Gneis, von zahllosen, regellos verlaufenden Spalten durchsetzt, macht stellenweise den Eindruck eines Haufwerkes von Gesteinstrümmern. Keine ausgesprochene Verwerfung zu konstatieren. Sohlendränage. Erste Füllung, 37 m Stauhöhe, Sickerverluste 132,3 l pro Sekunde durch die Sohlendränage sowie aus Gesteinsspalten am linken Talhang. 1914 am luftseitigen Fuß 60 Bohrlöcher, 8 bis 10 m tief, 4 cm Durchmesser, Einpressung von 968 Sack Zement unter 6 Atmosphären Druck. Keine Abnahme der Sickerung. Sodann Begehung durch Döll mit der Wünschelrute. Konstatierung wasserführender Klüfte in einer Tiefe von 11 bis 30 m unter der Gründungssohle. Zementeinpressung durch 10 Bohrlöcher, 2157 Sack Zement. Abnahme der Sickerverluste von 132 auf 28 l pro Sekunde.

Östertalsperre[2]). Feste Grauwackenbänke wechseln am linken Hang mit kleinbröckeligem Schiefer, am rechten mit stärkeren, aber rissigen Schieferbänken, deren Risse mit fettem Lehm ausgefüllt waren. Streichen der Schichten ungefähr parallel zur Talrichtung, sehr steiles Einfallen. Größte Kluft am linken Hang mit blauem Ton ausgefüllt, der teilweise schon in festen, blauen Schiefer übergegangen ist. Messung des Auftriebes (Wasserdruckes) in glockenförmigen Räumen, welche im Mauerwerk oberhalb der Gründungssohle ausgespart und durch Rohrleitungen mit den Inspektionsgalerien verbunden waren. An den in der Nachbarschaft der Quellen befindlichen Stellen ergab sich ein geringerer Auftrieb als an Stellen, die nach erfolgter Bloßlegung des Gesteines trocken gewesen sind. In einem der Meßprofile erfuhr der Auftrieb bei einer Zunahme der Stauhöhe um 1,11 m eine Zunahme um 10 bzw. 4,2 und 3 m. Diese Anomalie wurde durch die Annahme eines teilweisen Aufklaffens der Gründungsfuge erklärt. Die größten Auftriebe ergaben sich an den Stellen geringster Gründungstiefe. Die Sickerverluste nahmen seit der Inbetriebsetzung in 1907 stetig ab. (Rechter Hang 1,4 l pro Sekunde in 1910 gegen 2,8 l pro Sekunde in 1907.)

Neyetalsperre[3]). Kräftige Bänke von Grauwacken und Tonschiefer. Streichen senkrecht zur Talrichtung, Fallen unter 15° bis 35° talwärts. In der Mitte der Baugrubensohle Klüfte, die mit Manganmulm gefüllt waren. Gründungstiefe 8 m. Messung des Auftriebes. Die Entfernung der Meßstellen von den Klüften hatte keinen merkbaren Einfluß auf die Größe des Auftriebes. Dasselbe galt von der über einen Zeitraum von 84 Tagen sich erstreckenden Schließung der Sohlendräns.

Die Ergebnisse der am Lahontan-Damm vorgenommenen Abpressung der Bohrlöcher lassen auf außerordentliche Durchlässigkeit des Gesteines schließen. Wenn es trotzdem bei diesem Damm und bei anderen Dämmen gelungen ist, mit Hilfe von Zementeinpressungen durch seichte Bohrlöcher die Sickerverluste auf ein erträgliches Maß herabzumindern, so kann dies nur dadurch erklärt werden, daß die Wasserkapazität der Klüfte im Sinne der Abb. 312 mit dem Abstand von der Erdoberfläche abnahm. Die Sickerverluste pro Bohrloch und pro 1 m Druckhöhe liefern eine brauchbare Grundlage für den Vergleich einer zu begutachtenden Felssohle mit Felssohlen, deren Dichtung erfolgreich bewerkstelligt wurde.

Die Ergebnisse der Auftriebsmessungen an der Östertal- und Neyetalsperre zählen zu den wertvollsten empirischen Daten, die bisher auf dem Gebiete der Staumauerfundierungen erhoben wurden. Sie bestätigen die auf Seite 511 auf Grund theoretischer Erwägungen gemachten Angaben und scheinen die Nutzlosigkeit des Einbaues von Sohlendränagen darzutun. Die von R. Schaefer beobachtete Anomalie dürfte sich zwangloser durch das Aufklaffen von Gesteinsfugen unterhalb des bergseitigen Staumauerfußes erklären lassen.

---

[1]) Marquard: Die Sickerungserscheinungen an der Brüxer Talsperre und ihre Aufdeckung mit der Wünschelrute. Der Bauingenieur, S. 995 bis 1003. 1926. Enthält auch Angaben über den Erfolg von Zementeinpressungen an anderen Talsperren.
[2]) Schaefer, R.: Unterdruck bei Staumauern. Zeitschr. f. Bauwesen, S. 101 bis 118. 1913.
[3]) Schaefer, R.: Unterdruck bei Staumauern. Zeitschr. f. Bauwesen, S. 101 bis 118. 1913.

Gründung von Staumauern auf Kalkfels. Der Kalk zählt hinsichtlich seiner Klüftigkeit zu den unberechenbarsten Gebirgsarten. Streckenweise praktisch wasserdicht, kann er in einem benachbarten Abschnitt desselben Gebirgskörpers ein ganz unglaubliches, durch örtliche Auflösung des Gesteines und Hohlraumbildung hervorgebrachtes Schluckvermögen aufweisen. Mit Vorliebe folgen die unterirdischen Wasserbahnen den geologischen Störungszonen. Diese Zonen können jedoch miteinander durch Kluftsysteme und Höhlenzüge verbunden sein, deren Verlauf sich jeder obertägigen Beurteilung entzieht. Überstaut man die Sohle eines Tales in zerklüftetem Kalkgebirge, so bricht die dünne Schichte von Verwitterungslehm, welche den Talboden bedeckt, an einzelnen Stellen durch und das Wasser strömt durch die Klüfte nach unten ab. Falls es gelingt, die Saugstellen zu finden und zu schließen, so bricht in der Regel die dichtende Bodenschichte an anderen Stellen durch, weil durch die Schließung der Sauglöcher der hydrostatische Gegendruck ausgeschaltet wird, der bis dahin die Nachbarabschnitte der Decke in unverletztem Zustand erhalten hat (siehe „Karstphänomen"). Unter diesen Verhältnissen stellt die Abdichtung eines Staubeckens im Kalkgebiet eine kostspielige, unter Umständen sogar unlösbare Aufgabe dar. Verläßliche Auskunft über die Beschaffenheit des Gesteines kann in der Regel nur durch Tiefbohrung und Wasserdruckversuch erworben werden. Nicht zu übersehen ist die chemisch-auflösende Wirkung des Wassers auf den Kalk (S. 517).

Als Beispiele für die große Verschiedenheit in der Beschaffenheit des Kalkgebirges seien die Fundierungsverhältnisse erwähnt, die man beim Bau des Keokukdammes quer über den Mississippi und bei jenem des Hales-Bar-Dammes quer über den Tennesseefluß gemacht hat. In beiden Fällen handelte es sich um dickbankige, nahezu söhlig gelagerte, von keiner Verwerfungslinie durchzogene Gesteine.

Stauwerk Keokuk, Ja., Länge 1300 m, Stauhöhe 9,5 m. Blauer, dichter Kalk. Bohrlöcher 10 cm Durchmesser, 10 m tief. Unter Anwendung komprimierter Luft unter einem Drucke von 4 Atmosphären abgepreßt und wasserdicht befunden[1]). Keine Zwischenfälle bei den Gründungsarbeiten.

Hales-Bar-Damm. Kronenlänge 360 m, Stauhöhe 20 m[2]). Bangorkalk. Versuche, die Baugrube zwischen Fangdämmen durch Sümpfung trockenzulegen, schlugen infolge des Wasserzudranges von unten her fehl. Gründung größtenteils auf pneumatischen Eisenbeton-Caissons von 9 auf 9 bis 16 auf 22 m. Nachdem der Damm unter großem Kostenaufwand nach achtjähriger Bauzeit im Jahre 1913 fertiggestellt war, erwiesen sich die Wasserverluste trotz der vor Einbringung des Mauerwerkes durchgeführten Zementeinspritzungen als derart ausgiebig, daß eine zusätzliche Dichtung der Sohle unternommen werden mußte. Diese Arbeit dauerte weitere dreizehn Jahre. Zunächst versuchte man es mit der Einschüttung von Ton. Dann wurden die Saugstellen aufgesucht, mit Matten überdeckt und mit Beton belastet. Das Abdichten der Saugstellen bewirkte jedoch immer wieder das Auftreten anderer, trotzdem dieses Auftreten an örtlich eng begrenzte, inselförmige Abschnitte der Beckensohle gebunden war. Bei der Untersuchung der durchlässigen Gesteinsstrecken durch Bohrung wurden Spalten mit einer Tiefe bis zu 90 cm angefahren, durch die das Wasser mit einer Geschwindigkeit von 1,8 m pro Sekunde dahinschoß. Schließlich gelang die Abdichtung des Untergrundes durch Einpressen von flüssigem Asphalt[3]). Der Asphalt wurde innerhalb der Bohrlöcher durch erhitzte Widerstandsdrähte, welche bis auf die Bohrlochsohle reichten, in flüssigem Zustand erhalten. Unter einem Druck von 14 Atmosphären drang der Asphalt durch 5 bis 7 cm weite Spalten bis auf eine Entfernung von 100 m vom Bohrloch. Die Abdichtung der Dammsohle erforderte 68 Bohrlöcher mit einer mittleren Tiefe von 27 m und etwa

---

[1]) Waterpower Development on the Mississippi River at Keokuk, Jowa. Eng. News, Vol. 66, II., S. 355. 1911.

[2]) Eng. News, II., S. 949. 1913.

[3]) Christians, G. W.: Asphalt Grouting under Hales Bar Dam. Eng. News-Rec., I. 1926. Enthält auch eine Beschreibung der Werkzeuge, die zur Vermessung des Spaltensystems benutzt wurden.

2850 Tonnen Asphalt. Vor kurzem wurde das Asphaltverfahren auch bei der Abdichtung des Dix-River-Dammes in Kentucky erfolgreich verwendet.

Nachgiebige Felssohle. Über die Wirkung dieses Faktors ist bisher noch sehr wenig bekannt. P. Ziegler[1]) führt unter anderem folgende Beispiele an:

Staumauern von Grosbois und von Chazilly siehe S. 509.

Sperrmauer von Bouzey, Kronenlänge 472 m, Stauhöhe 15 m. Schiefer mit Tongallen und quarziger Buntsandstein. „Die Mauer trennte sich trotz einer größten Gründungstiefe von 17 m unter Talsohle drei Jahre nach ihrer Vollendung von der noch 2 bis 6 m tiefer reichenden Herdmauer. Der Stauspiegel lag 3,3 m unter der Krone, als die Mauer auf 135 m Länge, auf der Sohle gleitend, mit einem Pfeil von 0,28 m im mittleren Teil ausbauchte. Trotzdem der quarzige Sandstein eine geringe eigene Festigkeit besaß und das Bindemittel der wagrechten, von Spalten und Toneinlagerungen durchsetzten Schichten noch viel weniger widerstandsfähig war, gelang es, den Bewegungen (durch Strebenmauerwerk) eine Grenze zu setzen." Fünf Jahre später stürzte der mittlere und obere Teil der Mauer halb stürzend, halb kantend ein.

Habratalsperre in Algier. Stauhöhe 27 m. „Sandsteinschichten von geringer Mächtigkeit mit einem Einfallen von 15° talabwärts überlagerten im Habratal Tonschieferschichten mit einem gleichgerichteten Einfallen von 45°. Aus der Gründungsfläche der Mauer mußten Toneinlagerungen bis zu großer Tiefe entfernt werden. Beträchtliche Durchsickerungen am rechten Hang, begünstigt durch eine Verwerfungsspalte, verursachten eine Lockerung und ein Nachgeben in der Gründungsmauer, hauptsächlich am Zusammenstoß der Flügelmauer mit der Hauptmauer. Der Ton erweichte (?) in Berührung mit dem Sperrenwasser und wurde durch zahlreiche Quellen hinweggeführt. Das überanstrengte, geschwächte, unterspülte Mauerwerk eines sehr schlanken Querschnittes aus wenig widerstandsfähigem Material wurde elf Jahre nach Inbetriebnahme von einer Hochflut in einer Bresche von 140 m Länge und 18 m Tiefe hinweggefegt."

Grands Cheurfas (Stauhöhe zirka 30 m) erhebt sich auf dem Rücken einer antiklinalen Falte miocänen Kalksteines mit abwechselnden tonigen und mergeligen Schichten. Am rechten Talhang war die Schichtung gestört und von sandgefüllten Spalten durchsetzt. Diese gaben gleich bei der Füllung im Januar 1885 zu Quellbildungen und schon am 8. Februar zum Einsturz des Talhanges und einer Mauerlänge von 10 m Veranlassung.

Über die Ursache dieser Einstürze ist kein Zweifel möglich. Schwierig ist jedoch, zwischen verläßlichen und bedenklichen Felssohlen, etwa zwischen der Bausohle der Östertalsperre und der Habratalsperre oder der Gothaer Talsperre und der Sperre von Grands Cheurfas, eine halbwegs scharfe Grenze zu ziehen. Solange man sich nicht eingehender mit den elastischen Eigenschaften der Tonschiefer, Schiefertone und Mergel befaßt, werden diesbezügliche Entscheidungen stets einen mehr oder weniger willkürlichen Charakter haben.

Stauwerke mit Schwemmlandgründung

Falls es technisch oder wirtschaftlich nicht möglich ist, das Stauwerk nach untenhin mindestens durch eine wasserdichte Wand an die Felssohle anzuschließen, besteht in erster Linie die Gefahr der Zerstörung des Stauwerkes durch Grundbruch (Unterspülung) und in zweiter Linie die Gefahr empfindlicher Wasserverluste. Bei gleichem Talquerschnitt und bei gleicher konstruktiver Durchbildung des Stauwerkes hängt die Größe beider Gefahren in hohem Maß von den Schichtungsverhältnissen in der unverfestigten Talauffüllung ab.

---

[1]) Ziegler, P.: Die tatsächlichen Gefahren des Unterdruckes. Zeitschr. f. Bauwesen, S. 408. 1916 und S. 147 und 670. 1917.

Einen interessanten Fall teilt in dieser Hinsicht H. E. Gruner in Basel mit; er betrifft die Fundation des Wehres Pointis an der Garonne. Unter der Garonne fließt an der betreffenden Stelle ein kräftiger Grundwasserstrom quer zum Flußbett hindurch. Die obere Herdmauer bzw. eiserne Spundwand wird bis in das Grundwasser hinuntergetrieben und damit ein Auftrieb unter dem Wehr trotz des Kiesuntergrundes verhindert. Die Versuche auf die Richtigkeit der Annahme wurden wie folgt gemacht: Eine Baugrube hatte unter starkem Zudrang von Garonnewasser zu leiden. Als man in dieser Grube einen Schacht bis zum Grundwasser hinuntertrieb, verschwand das ganze Wasser der Baugrube dorthin.

Mechanik des Grundbruches. Um den Einfluß der Baugrundbeschaffenheit auf die Grundbruchgefahr einschätzen zu können, muß man sich zunächst völlig über die Vorgänge im klaren sein, welche den Grundbruch im einfachsten Fall, das heißt bei völlig ebener Felssohle und bei vollkommen homogener, gleichmäßig durchlässiger Talauffüllung, herbeiführen. Diese Vorgänge hat Terzaghi sowohl experimentell als auch, gestützt auf Forchheimers Theorie der Grundwasserströmungen nach isothermischen Kurvenscharen, theoretisch untersucht und mathematisch dargestellt. Nach den Ergebnissen dieser Arbeiten besteht die letzte Ursache des Grundbruches darin, daß der nach oben gerichtete und der Schwerkraft entgegenwirkende Strömungsdruck des Sickerwassers örtlich die Schwerkraft überwindet. In dem Augenblick, da dieses Ereignis eintritt, geht die dichte oder halbwegs dichte Lagerung der Bodenkörner im Bereich der Schwerkraftsüberwindung in die lockerste über und das Material wird, von der Stelle der ersten Auflockerung rückschreitend, beweglich.

Die Stelle, an welcher die Gefahr des Eintrittes einer örtlichen Auflockerung am größten ist, hängt unter anderem vom Querschnitt des Stauwerkes ab und läßt sich aus dem Verlauf der Stromlinien ablesen (Abb. 318). Die Stromlinien geben die Wege an, welche die Wasserteilchen nach erfolgtem Eintritt aus dem Stauraum in den durchlässigen Untergrund bis zum Austritt in das Unterwasser zurücklegen. Aus dieser Definition der Stromlinien geht ohne weiteres hervor, daß die zwischen zwei Stromlinien durchfließende Wassermenge auf der ganzen Strecke zwischen Stauraum und Unterwasser dieselbe ist. Wählt man obendrein die Stromlinien derart, daß die zwischen jedem Stromlinienpaar hindurchfließende Wassermenge die gleiche ist, so ist die Dichte der Stromlinien, das heißt die Anzahl der Stromlinien pro Längeneinheit der Kurven gleichen hydrostatischen Druckes (strichlierte Kurven in Abb. 318), ein Maß sowohl für die Strömungsgeschwindigkeit des Sickerwassers als auch für den vom Sickerwasser ausgeübten Strömungsdruck. Je geringer die Entfernung zwischen den Stromlinien, desto rascher strömt das Sickerwasser und desto größer ist der vom Sickerwasser ausgeübte Druck.

Abb. 318a und b stellen solche Stromlinienbilder für die beiden einfachsten Fälle dar, für die Spundwand und für den Staukörper mit wagrechter Grundfläche. Die punktierten Linien geben die Linien gleichen hydrostatischen Druckes an, das heißt, treibt man in den Untergrund Standrohre mit undurchlässiger Wandung derart ein, daß ihre offenen unteren Enden auf einer punktierten Kurve liegen, so steigt das Wasser in allen Standrohren zu gleicher Höhe empor. Nach der Theorie der Grundwasserströmung verschneiden sich die Stromlinien und die Linien gleichen hydrostatischen Druckes unter rechten Winkeln (isothermische Kurvenscharen). Sämtliche Begrenzungsflächen undurchlässiger Einbauten (Spundwände, Mauerflächen) sowie die Oberfläche des undurchlässigen Untergrundes stellen Stromlinien und die Oberflächen der durchlässigen Talauffüllung stellen Linien gleichen hydrostatischen Druckes dar. Je nach dem Verlauf der Stromlinien (nach abwärts, wagrecht oder nach aufwärts) preßt der Strömungsdruck das Material nach unten (stauseitiger Fuß), drängt es wagrecht talwärts (unter dem Mauerkörper) oder er hat das Bestreben, das Material hochzutreiben (talseitiger Fuß).

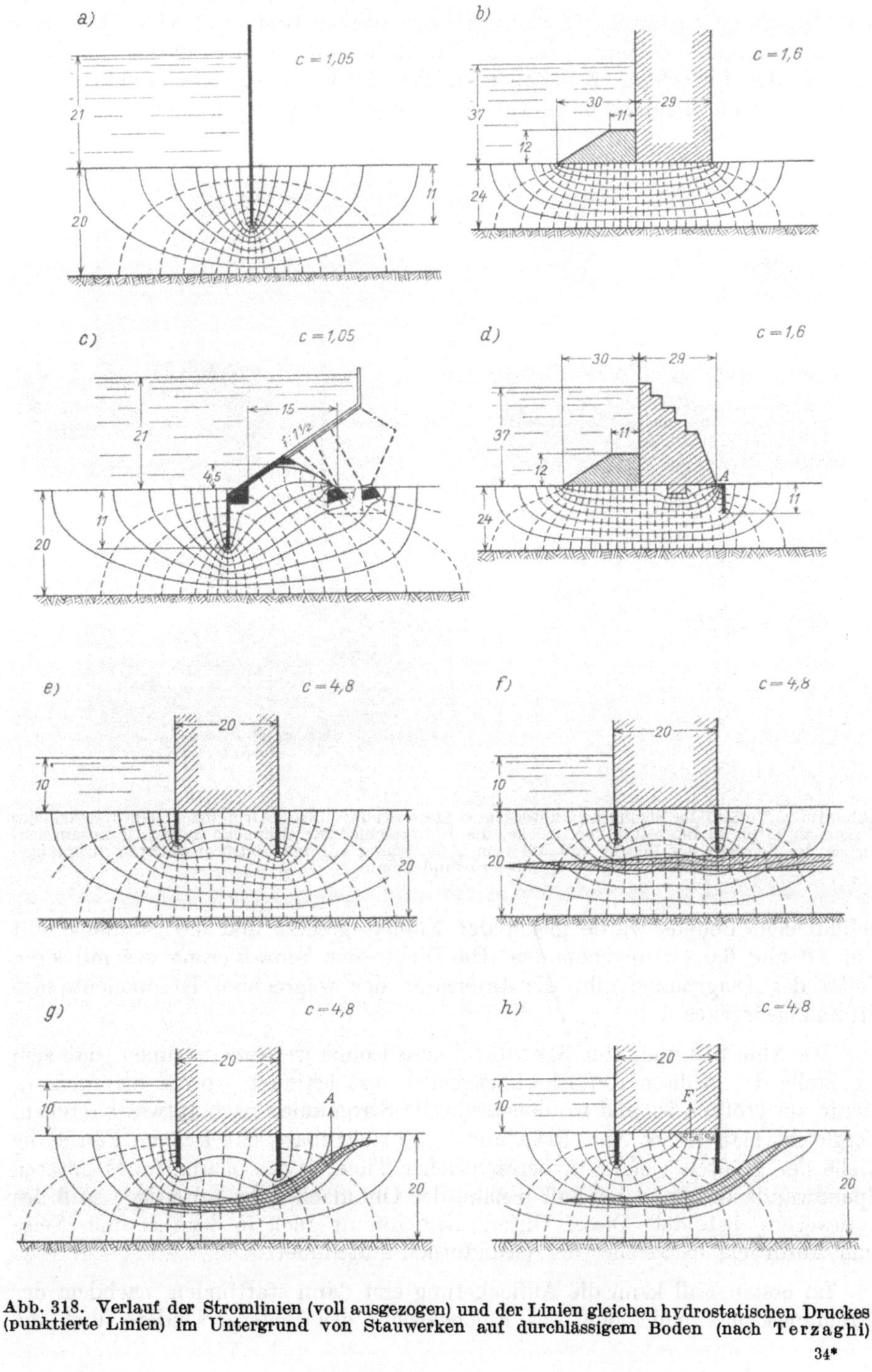

Abb. 318. Verlauf der Stromlinien (voll ausgezogen) und der Linien gleichen hydrostatischen Druckes (punktierte Linien) im Untergrund von Stauwerken auf durchlässigem Boden (nach Terzaghi)

Dieser Strömungsdruck läßt sich an jedem Punkt des Untergrundes in eine lotrechte und eine wagrechte Komponente zerlegen. Je nachdem die lotrechte Komponente in gleichem oder in entgegengesetztem Sinn wirkt wie die Schwerkraft, erzeugt sie entweder eine scheinbare Erhöhung oder eine scheinbare Herabminderung des Raumgewichtes des Bodens. Abb. 319a stellt den Verlauf der Stromlinien unter einem Stauwerk mit flacher Basis und Abb. 319b bis d die scheinbaren Änderungen dar, die das Raumgewicht des Bodens unter dem Einfluß der lotrechten Komponenten des Strömungsdruckes erfährt. Das Gewicht der Raumeinheit des in ruhendem bzw. in wagrecht strömendem Wasser

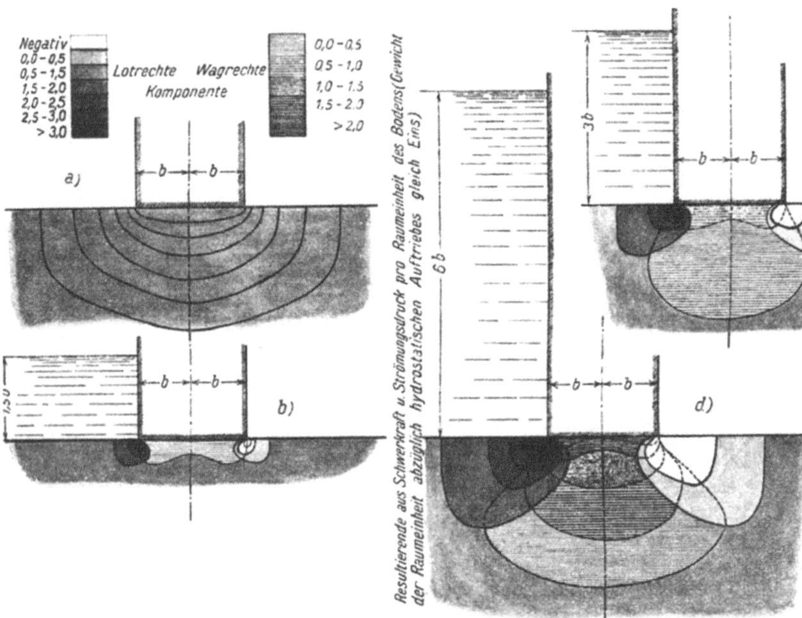

Abb. 319. a) Verlauf der Stromlinien unter einem Stauwerk mit flacher Grundfläche mit durchlässiger Unterlage. b) bis d) Intensität der Drücke, die bei verschiedener Stauhöhe durch das Zusammenwirken der Schwere des Bodens und des vom Sickerwasser auf den Boden ausgeübten Strömungsdruckes zustandekommen

befindlichen Bodens wurde gleich der Einheit gesetzt und die Stauhöhe mit 1,5, 3,0 und 6,0 × b angenommen. Die Dichte der Schraffierung des mittleren Teiles der Diagramme gibt die Intensität der wagrechten Komponente des Strömungsdruckes an.

Die Abb. 318 und Abb. 319b bis d lassen ohne weiteres erkennen, daß sich die Stelle der größten Auflockerungsgefahr dort befindet, wo die Stromliniendichte am größten ist und wo obendrein die Stromlinien nach aufwärts streben. Vergleicht man ferner Abb. 318a und b, so sieht man, daß sich im Fall a die Stelle der größten Gefahr in beträchtlicher Tiefe, etwas oberhalb des unteren Spundwandendes, und im Fall b nahe der Oberfläche, am talseitigen Fuß des Stauwerkes, befindet. Dieser Unterschied kommt auch in der Art und Weise zum Ausdruck, in welcher der Grundbruch stattfindet.

Im ersten Fall kann die Auflockerung erst dann stattfinden, nachdem der Strömungsdruck nicht bloß das Eigengewicht des Bodens, sondern auch die

Schwere der oberhalb der Stelle größter Stromliniendichte befindlichen Bodenmassen überwunden hat. Sobald dieses Ereignis eingetreten ist, vergrößert sich die Durchlässigkeit des Materials im Auflockerungsbereich. Die Stromfäden drängen sich an der Auflockerungsstelle zusammen. Damit vervielfacht sich die örtliche Auftriebswirkung und sollte daher zu einem plötzlichen Zusammenbruch des Gleichgewichtes führen. Dieser gewaltsame Charakter des Vorganges ließ sich auch in der Tat beim Modellversuch sehr schön beobachten. Bis zur Erreichung der kritischen Stauhöhe befand sich die durchströmte Masse im Zustand vollkommenen Gleichgewichtes und aus den Sickerungsbeobachtungen war zu entnehmen, daß die Struktur des Sandes völlig unverändert blieb. Als jedoch die kritische Stauhöhe überschritten wurde, wölbte sich das Material auf der Talseite der Spundwand in breiter Zone nach oben und wenige Augenblicke später wurde der Boden aus dem Stauraum unter der Spundwand hindurch talwärts gerissen. Nachdem der Zusammenbruch des Gleichgewichtes durch eine Überwindung des Erddruckes unaufgelockerter Bodenmassen eingeleitet wird, hat Terzaghi diesen Fall als „Erddruckgrundbruch“ bezeichnet.

Im zweiten Fall (Abb. 318b) beginnt der Grundbruch mit der Bildung kleiner, am talseitigen Fuß des Stauwerkes hervorbrechender Einzelquellen. Im ersten Stadium der Quellenbildung tanzen die Bodenkörner an den Quellpunkten auf und nieder. Bei weiterer Zunahme der Stauhöhe bilden sich an den Quellpunkten kleine Sandhügel, deren Auftreten auf rückwärtsschreitende Erosion schließen läßt. Der Grundbruch erfolgt plötzlich und mit großer Gewalt, wobei sich unter dem Stauwerk eine breite Erosionsrinne mit muldenförmigem Querschnitt bildet (Erosionsgrundbruch[1]). Das beim Modellversuch beobachtete plötzliche Eintreten der „Grundbrüche“ wurde auch von Augenzeugen von Grundbruchskatastrophen großen Maßstabes widerholt hervorgehoben.

Einfluß der Lagerungsverhältnisse auf die Grundbruchgefahr. Die soeben auszugsweise mitgeteilte Theorie des Grundbruches führt in völliger Übereinstimmung mit den Ergebnissen der mit gleichförmig gelagertem Sand durchgeführten Laboratoriumsversuche unter anderem zu folgenden Schlüssen: Bei gleicher relativer Dichte des durchlässigen Untergrundes ist die kritische Stauhöhe, das heißt die Stauhöhe, bei welcher der Grundbruch eintritt, von der Korngröße des Untergrundes nahezu unabhängig. Im übrigen nimmt die kritische Stauhöhe mit der relativen Dichte des Bodens ab. Die kritische Stauhöhe beläuft sich für die einfache Spundwand (Rammtiefe t) auf 2,4 bis 3,5 t und für den Staukörper mit wagrechter Grundfläche (Breite 2 b) auf 0,95 bis 1,4 b. Bis die Stauhöhe den kritischen Wert erreicht, bleibt die Lagerung des Untergrundes vollkommen unverändert. Unterirdische Erosion findet unter diesen Verhältnissen nicht statt.

Viele Jahre bevor die Theorie des Grundbruches ausgearbeitet wurde, hat W. G. Bligh aus den an Dammbrüchen in Indien und in den Vereinigten Staaten gesammelten Erfahrungen eine empirische Regel für die Länge abgeleitet, welche die Grenzlinie zwischen Wehrfundament und Boden im Querschnitt mindestens haben muß, um dem Sickerwasser ein Unterspülen des Bau-

[1]) Eine ins einzelne gehende Darstellung der Theorie des Grundbruches findet sich in Terzaghi: Erdbaumechanik, S. 128 bis 131 und S. 369 bis 377. Wien. 1925. In Abb. 62 zu S. 370 dieses Buches ist ein Fehler, auf den der Verfasser liebenswürdigerweise durch Herrn Ministerialrat A. Bierbaumer aufmerksam gemacht wurde. Die Wassermenge, die unter dem dort dargestellten Wehrkörper bei einer Stauhöhe von 5 m hindurchsickert, beläuft sich nicht auf 640, sondern auf 2230 l pro Minute, und die zwischen zwei Stromlinien hindurchfließende Wassermenge ist 250 l pro Minute. Alle übrigen Angaben sind richtig.

werkes unmöglich zu machen[1]). Bezeichnen $t = t_1 + t_2 + t_3 + \ldots$ die Summe der Tiefe der den Untergrund des Stauwerkes durchsetzenden Spundwände,

b die gesamte Breite der Grundfläche des undurchlässigen Teiles des Stauwerkes,

h die Stauhöhe und $c = \frac{2t+b}{h}$ den „Sickerfaktor", so soll der Sickerfaktor nach **Bligh** für die verschiedenen Bodenarten mindestens folgende Werte haben:

Feiner Sand und Schluff	18
Feiner glimmerhaltiger Sand	15
Grober Sand	12
Schotter und Sand	9
Blockwerk mit Schotter und Sand	4 bis 6

Berechnet man hingegen den Sickerfaktor, bei dem nach der Theorie des Grundbruches sowie nach den bei Versuchen mit völlig gleichartig beschaffenem Sand die Durchbruchskatastrophe eintreten sollte, so erhält man für die einfache Spundwand $c = 0{,}57$ bis $0{,}85$ und für die Wehre mit flacher Basis $c = 1{,}43$ bis $2{,}1$, wobei der Wert von c von der Korngröße unabhängig ist und lediglich eine Funktion der relativen Dichte darstellt. Dies würde bei vierfacher Sicherheit für Spundwände die Werte $c = 2{,}3$ bis $3{,}4$ und für Wehre mit flacher Basis die Werte 5,7 bis 8,4 ergeben.

Ein Teil des offenkundigen Widerspruches zwischen Theorie und Erfahrungsregel mag dadurch erklärt werden, daß die Theorie ein sachgemäß projektiertes und tadellos hergestelltes Bauwerk voraussetzt, während **Bligh** seine Daten zum Teil aus Dammbrüchen an Bauwerken ableitete, welche in konstruktiver Hinsicht ebensowenig einwandfrei waren wie Abb. 318c und d. Je feinkörniger und insbesondere je gleichförmiger der Untergrund (niedriger Ungleichförmigkeitsgrad), desto leichter wird der Boden beweglich und desto verheerender sind die Wirkungen von Konstruktionsfehlern. Eine weitere Ursache des Widerspruches liegt jedoch in dem Umstand, daß sich sowohl die Theorie als auch die experimentellen Untersuchungen ausschließlich auf vollkommen homogene Untergründe bezogen, während der Untergrund in der Natur niemals homogen, sondern aus Lagen mit verschiedener Durchlässigkeit zusammengesetzt ist. In einem solchen Boden vollzieht sich die Strömung des Sickerwassers von vornherein in verhältnismäßig eng begrenzten Bahnen. Hiezu gesellt sich noch der Umstand, daß an der Grenze zwischen feinkörnigen und grobkörnigen Bodenlagen Erosionswirkungen auftreten können, die in vollkommen oder nahezu gleichförmig beschaffenem Material aus rein mechanischen Gründen unmöglich sind. Der Verlauf dieser Wirkungen und die Rolle, welche die Luftblasen bei ihrem Zustandekommen spielen, wurde von A. **Läufer** im Versuchsweg studiert[2]).

Die bei ungleichförmigem Untergrund bestehende Möglichkeit allmählicher Änderung der Bodenstruktur und der Durchlässigkeitsverhältnisse infolge Materialverschleppung und -ablagerung ist ein Umstand von weittragender Bedeutung. Ein vollkommen gleichmäßiger, z. B. aus Sand bestehender, satt an die Grundfläche des Bauwerkes anschließender Boden wird bei gegebener Stauhöhe entweder durchströmt, ohne im Laufe der Zeit auch nur die geringste Veränderung zu erleiden, oder er wird sofort nach dem Erreichen dieser Stauhöhe unter dem Stauwerk hindurchgerissen. Ein Zwischending gibt es nicht,

[1]) **Bligh**, W. G.: Dams, barrages and weirs on porous foundation. Engin. News, II., S. 708. 1910.

[2]) Lassenbildung und deren Verheilung. Die Wasserwirtschaft, Jg. 1927, Heft 24.

die Zeit kommt als Faktor nicht in Betracht. Dies geht aus rein theoretischen Betrachtungen hervor und wurde auch durch den Versuch bestätigt.

Im Gegensatz hiezu ändern sich sowohl die Struktur als auch die Durchlässigkeit eines aus verschiedenen Bodenarten zusammengesetzten Untergrundes im Laufe der Zeit, wobei die Grenzflächen zwischen den einzelnen Bodenarten die Flächen ausgiebigsten Materialtransportes darstellen. Der Untergrund wird, wenigstens im Laufe der ersten Jahre des Bestandes des Stauwerkes, entweder besser oder schlechter und ein stationärer Zustand stellt sich nur allmählich ein. Die im Boden vor sich gehenden Änderungen spiegeln sich in den Ergebnissen von Staurohrbeobachtungen wider, wie solche z. B. vom U. S. Reclamation Service an zwei auf durchlässigen Böden errichteten Stauwerken angestellt wurden[1]).

Angesichts der Unsicherheit der Annahmen, auf denen die Projektverfassung von Stauwerksfundamenten fußt, und infolge der großen Wahrscheinlichkeit des Auftretens allmählicher Änderung der Durchlässigkeitsverhältnisse sollten alle auf durchlässigen Böden errichteten Stauwerke mit Beobachtungsstandröhren ausgerüstet und bis zum Eintritt eines halbwegs stationären Zustandes überwacht werden.

Um zu zeigen, wie tiefgreifend die Schichtung des Untergrundes die Größe der Grundbruchsgefahr beeinflussen kann, sei auf die Abb. 318e bis g verwiesen. Im Fall e handelt es sich um einen vollkommen homogenen Untergrund. Im Fall f wurde angenommen, daß der Untergrund eine nahezu wagrecht verlaufende und im Fall g eine talwärts aufsteigende Lage gröberen Adermaterials enthält. Die Stromlinienbilder haben in diesen drei Fällen beinahe gar nichts miteinander gemeinsam und das gleiche gilt von der Sicherheit gegen Grundbruch. Im ersten Fall ist die Stelle der größten Durchbruchsgefahr hart neben der Spundwand, im zweiten Fall erstreckt sie sich über eine breite Zone, wobei obendrein die Gegenwart der gröberen Schichte den Wert der Breitenentwicklung des Stauwerkes nahezu aufhebt. Im dritten Fall dürfte der Grundbruch an der Stelle *A* in beträchtlicher Entfernung vom talseitigen Fuß des Stauwerkes und bei einer weit geringeren Stauhöhe eintreten als in den beiden anderen Fällen.

Um die Grundbruchsgefahr herabzusetzen, hat Terzaghi den Vorschlag gemacht, an geschützter Stelle unterhalb des Stauwerkes einen Filter *(F)* einzubauen und auf diese Weise einen Teil des Sickerwasserstromes von den gefährdeten Stellen nach einem Abschnitt abzulenken, in welchem der Strömungsdruck durch das Gewicht des Bauwerkes kompensiert wird[2]). Abb. 318h zeigt die Wirkung eines solchen Filters auf das Strömungsbild Abb. 318g. Sie besteht vornehmlich in der Verringerung der Stromliniendichte in jenen Teilen des Untergrundes, in denen der Strömungsdruck gefährlich werden könnte. Diese Wirkung ist unabhängig von den Schichtungsverhältnissen und kommt daher in einer perzentuellen Herabminderung der Grundbruchsgefahr zum Ausdruck. Obendrein kann man sich durch wiederholtes Einmessen der Wasserstände in den Filterstandröhren Auskunft über die im Untergrund des Stauwerkes herrschenden hydrostatischen Druckverhältnisse verschaffen und aus einer Änderung dieser Druckverhältnisse rechtzeitig auf eine im Untergrund des Stauwerkes eventuell vor sich gehende Ausspülung schließen. In Österreich wurden das Stauwehr der Gratweiner Papierfabrik, das Stauwehr der Kellner-Partington Paper

---

[1]) Hind, J.: Upward Pressure Under Dams. Proc. Am. Soc. of Civ. Eng., März 1928. Diskussion, Terzaghi, loc. cit., August 1928.

[2]) Österreichisches Patent. 1923.

Pulp Co. in Hallein und die rekonstruierte Erlaufklause mit Grundbruchs filtern ausgerüstet.

Bei der konstruktiven Durchbildung von Filteranlagen muß man jedoch einerseits die Gefahr der Ausspülung von Feinteilen durch die Filterporen und anderseits die Möglichkeit einer Verlegung der Filterporen durch chemische Neubildungen in Erwägung ziehen. Die erste Gefahr kann durch passende Abstufung der Korngröße umgangen werden. Die zweite Gefahr ist dann zu gewärtigen, falls das Wasser eine beträchtliche Menge gelöster Substanzen enthält. Beim Bau der Schleppzugschleuse Hemelingen—Bremen wurde zwecks Ausschaltung des hydrostatischen Auftriebes unterhalb der Schleusensohle eine Filterschichte angeordnet[1]). Drei Jahre nach der Inbetriebsetzung wurde der Schleusenboden durch den Auftrieb hoch gewölbt und gesprengt. Die nachfolgende Untersuchung ergab, daß die Poren des Filters zur Gänze mit rötlichem Eisenschlamm erfüllt waren. Der Eisenschlamm hatte sich bei der im Filter stattgehabten Vermengung des eisenhaltigen Grundwassers mit dem lufthaltigen Weserwasser gebildet. Bei Stauwerken hat eine solche Möglichkeit insoferne weniger zu bedeuten, als der Filter lediglich als Sicherheitsmaßregel zur Behebung der hydraulischen Wirkung grobkörniger Zwischenlagen zu dienen hat. Falls sich im Filter Eisenschlamm bilden sollte, bildet er sich auch in den natürlichen grobkörnigen Schichten, denn die grobkörnigen Adern sind ja nichts anderes als Filtereinlagen, die im Untergrund von der Natur gegen unseren Willen und häufig auch ohne unser Wissen an ungünstiger Stelle eingebaut wurden und die Sicherheit des Bauwerkes gegen Grundbruch in mehr oder weniger unberechenbarer Weise gegenüber der Sicherheit eines auf gleichförmiger Unterlage aufruhenden Stauwerkes herabsetzen. Falls auch die Poren dieser natürlichen Filter mit Schlamm verlegt werden, wird unsere Vorsichtsmaßregel automatisch überflüssig. Aus den eben angeführten Gründen ist ein sachgemäß angeordneter und durchgebildeter Filter ungünstigstenfalls ohne Einfluß auf die Durchbruchsgefahr. Schädlich ist er unter keinen Umständen, soferne kein konstruktiver Mißgriff vorliegt.

Beispiele für Grundbruch. Infolge der großen, in der Unmöglichkeit einer genauen Vorherbestimmung der Lagerungs- und Durchlässigkeitsverhältnisse begründeten Unsicherheit unserer Berechnungen des Grades der Sicherheit gegen Grundbruch liefert jede Grundbruchskatastrophe einen wertvollen Beitrag zu unserer Kenntnis dieses Gegenstandes. Im nachfolgenden findet sich eine Zusammenstellung lehrreicher Fälle.

Puentes-Staudamm am Guadalantin-Fluß in Spanien, 1792. Stauhöhe 50 m, Basisbreite 46 m, mit anschließendem, gemauertem, 40 m breitem Sturzbett. Der Untergrund bestand aus der Grobschotterauffüllung einer 20 m breiten Felsschlucht. Sturzbett und Mauer wurden von 6,7 m langen Pfählen getragen. Bald nach der Herstellung traten im Spülkanal Durchsickerungen, später im Flußbett Quellen auf. Fünf Jahre nach der Inbetriebsetzung ging das Bauwerk durch Erosionsgrundbruch zugrunde. Die Bresche wurde vom Mauerwerk des Dammes bogenartig überbrückt[2]).

Pittsfield, Mass. Aufgelöste Eisenbetonbauweise, Stauhöhe 12 m, Basisbreite 14,4 m, stauseitige Herdmauer 2,1 m, talseitige Herdmauer 2,7 m tief, Untergrund bis etwa 10 m Tiefe aus Kies und lehmigem Sand bestehend. Erosionsgrundbruch, Erosionsrinne 7 m tief, 16 m breit, vom Dammkörper überbrückt[3]).

Hauserlake-Damm. Stauhöhe 21 m, Untergrund bis zu 20 m Tiefe aus Schotter bestehend. Wasserseitige Spundwand 11 m tief. Talwärts ansteigende Eisenbetonplatte, durch Eisenkonstruktion mit Sockelgründung abgestützt (Abb. 318c). 15 m breite, 4,5 m hohe Schotterschüttung in dem zwischen Platte und Talsohle befindlichen Raum. Grundbruch im April 1908, ein Jahr nach Inbetriebsetzung,

[1]) Franzius, O.: Der Unfall an der Schleppzugschleuse Hemelingen—Bremen, dessen Ursachen und die Wiederherstellung der Schleuse. Zentralbl. d. Bauverwalt., S. 146, 159. 1914.

[2]) Ziegler, P.: Die tatsächlichen Gefahren des Unterdruckes. Zeitschr. f. Bauwesen, S. 408. 1916 und S. 147 und 670. 1917.

[3]) Ziegler, P.: Ebendort.

nach vorhergegangener Quellbildung am talseitigen Fuß des Schotterdammes. Grundbruchsrinne mindestens 15 m tief[1]).

Elwha-Damm bei Fort Angeles, Wash. (Abb. 318d). 30 m lang, Stauhöhe 32 m, Basisbreite 29 m. Felsgrund 25 m unter der Talsohle. Grober, hochgradig durchlässiger Schotter. Infolge Wasserzudranges Seichtgründung ohne Spundwände. Erosionsgrundbruch 1912, nach erfolgter Rammung einer 9 bis 12 m tiefen Stahlspundwand, in einer Entfernung von 2,4 m vom talseitigen Dammfuß. Durchbruchsrinne mindestens 20 m tief[2]).

Dansville. Festgelagerter Kies, Eisenbetonbauweise. Stauhöhe 3,8 m, Basisbreite 4,36 m, bergseitige Herdmauer 0,97 m, talseitige Herdmauer 1,52 m tief. Sickeröffnungen in der Grundplatte. Zerstörung Dezember 1909, zwei Tage nach erfolgtem Einstau, durch Auftrieb (Bruch der Grundplatte)[3]).

Die Ursachen der Grundbrüche am Hauserlake- und am Elwha-Damm sind aus den Abb. 318c und d sowie aus dem Vergleich dieser Abbildungen mit Abb. 318a und b ohne weiteres zu ersehen. Die Stromlinien wurden durch fehlerhafte technische Maßnahmen örtlich zusammengedrängt und die künstlich geschaffenen Stellen größter Stromliniendichte bildeten den Ausgangspunkt für die Katastrophen. Der Dansville-Damm liefert ein Beispiel für die Tatsache, daß einzelne Entlastungsöffnungen weit davon entfernt sind, die Wirkung eines flächenhaften Filters zu ersetzen.

Als Beispiele für Grundbrüche an Stauwerken mit tonigem Untergrund wären der Stony River-Damm in West-Virginia und der Macdonalton-Damm in Pennsylvania zu erwähnen.

Stony River-Damm. Aufgelöste Eisenbetonbauweise. Größte Höhe 15 m, größte Tiefe der Herdmauer 12 m, größte Basisbreite etwa 22 m. An der Stelle des Durchbruches wurde der Fels auch in 10 m Tiefe noch nicht angetroffen. Der Untergrund, bestand aus „Hardpan“, einem äußerst dicht gelagerten Gemenge von Ton, Sand und Schotter. Kernmauer 0,9 m dick, 1,5 m tief. 2,4 m unterhalb der Kernmauer befand sich eine 0,5 bis 15 cm tiefe, 1,2 m weite, wagrechte, mit Kohle und tonigem Sand ausgefüllte Spalte. Der Unfall scheint durch eine von der Spalte ausgehende Erweichung des Untergrundes eingeleitet worden zu sein (siehe Abb. 316b). Der Hardpan war in der Nachbarschaft der Durchbruchstelle völlig zerweicht und beinahe kohäsionslos[4]).

Macdonalton-Damm, Pa.[5]), massiver Mauerwerksdamm. Stauhöhe 5 m, Basis 4,5 m. Zwei Drittel des 130 m langen Bauwerkes ruhten auf steifem Ton, ein Drittel auf Mergel. Gründungstiefe 1,4 m, ohne Spundwand. Hinterfüllung des Bauwerkes mit Schlamm und Ton. Ein und einhalb Monate nach der Inbetriebsetzung Rißbildung im Mauerwerk und kurz danach Grundbruch. Erosionsrinne 7,5 m breit und 1,8 m tief, vom Mauerwerkskörper überbrückt. Die Rißbildung wurde jedenfalls durch Erweichung des Tones nach Abb. 316b verursacht und die Erosion erfolgte durch rückschreitende Auswaschung längs einer das Mauerwerk durchsetzenden Fuge (siehe S. 519).

Wasserverluste durch Sickerung. Die Möglichkeit, die Wasserverluste zu berechnen, welche durch den Eintritt des Wassers aus dem Stauraum in den durchlässigen Untergrund verursacht werden, verdanken wir den grundlegenden Arbeiten Forchheimers[6]). Die Forchheimerschen Formeln setzen jedoch ebenso wie unsere Formeln für die Berechnung der Sicherheit gegen Grundbruch vollkommen homogene Beschaffenheit des Untergrundes voraus.

---

[1]) Engin. News, April 30, 1908.
[2]) The accident to the dam at Fort Angeles, Wash. Engin. News, Dec. 26, 1912. Rekonstruktion: Engin. Record, 28. März 1914, S. 372.
[3]) Ziegler, P.: Die tatsächlichen Gefahren des Unterdruckes. Zeitschr. f. Bauwesen, S. 408. 1916 und S. 147 und S. 670. 1917.
[4]) Failure of Stony River Dam. Engin. Record, I., S. 115. 1914.
[5]) The failure and repair of low masonry dam. Engin. Record, II., S. 581. 1911.
[6]) Forchheimer, Ph.: Zur Grundwasserbewegung nach isothermischen Kurvenscharen. Sitzber. Akademie der Wissenschaften, Abt. IIa, 126. Bd., 4. Heft. Wien. 1927.

Um den Schritt von der Theorie zur Praxis vornehmen zur können, handelt es sich in erster Linie darum, aus den Ergebnissen der geologischen und bodenphysikalischen Vorarbeiten einen Mittelwert für die Durchlässigkeit des Untergrundes abzuleiten, das heißt die Durchlässigkeitsziffer eines völlig homogenen

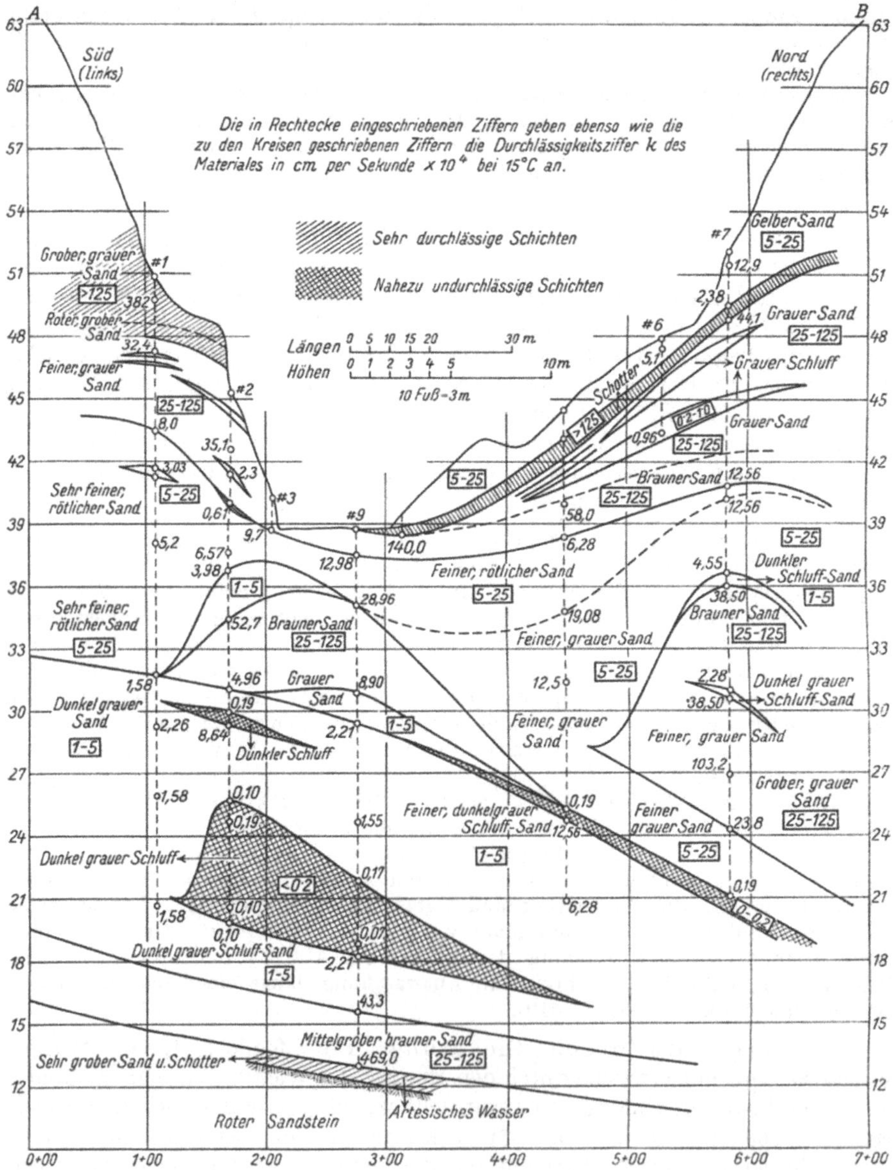

Abb. 320. Durchlässigkeitsschaubild für den Untergrund des Staudammes von Chicopee, Mass. (nach Terzaghi)

Untergrundes, der sich hinsichtlich der Durchlässigkeit ungefähr ebenso verhält wie die im Gelände angetroffene unregelmäßig geschichtete Ablagerung. Um diese Aufgabe zu lösen, ist es notwendig, das Gelände entweder durch Probebohrungen oder durch Probeschächte aufzuschließen, die Schichtenfolge festzustellen, mit Hilfe von Durchlässigkeitsversuchen die Durchlässigkeit der einzelnen Schichten zu bestimmen und schließlich aus den Versuchsergebnissen den Mittelwert der Durchlässigkeit der Schichtenfolge abzuleiten. Abb. 320 und 321 dienen zur Erläuterung des Verfahrens.

In dem Fall Abb. 320 handelte es sich um die Projektierung eines 18 m hohen Staudammes für die Wasserversorgung von Chicopee, Mass. Der Untergrund bestand bis zu einer Tiefe von etwa 25 m unter der Talsohle aus feinkörnigen, dicht gelagerten, jedoch sehr beweglichen Sanden. Geologisch stellte der Schichtenkomplex eine Deltaablagerung des postglazialen, aus dem Osten kommenden Chicopee-Flusses dar. Der Wasserspiegel des Springfield-Sees, in dem das Delta gebildet wurde, befand sich etwa 50 m oberhalb der gegenwärtigen Talsohle. Zwischen der Basis der Deltaablagerung und der Oberfläche des festen Gesteines befand sich eine etwa 1 m dicke, artesisches Wasser führende Sand- und Schotterschichte. Nach erfolgter Untersuchung der Talhänge mit Hilfe von Probegruben, wurden die Bohrlöcher 1 bis 9 niedergebracht. Sooft die Beschaffenheit des Untergrundes wechselte, wurde das Bohrwerkzeug hochgenommen und durch ein Werkzeug ersetzt, welches die Sandproben in unausgewaschenem Zustand an die Oberfläche beförderte. Die mit den Proben vorgenommenen Durchlässigkeitsversuche lieferten die zum Entwurf des Durchlässigkeitsprofils Abb. 320 erforderlichen ziffernmäßigen Daten. Aus dem Profil wurden zunächst die zur Berechnung erforderlichen Mittelwerte abgeleitet und sodann mit Hilfe der Forchheimerschen Formeln die Tiefe abgeschätzt, bis zu der man die Spundwand treiben muß, um die Wasserverluste innerhalb zulässiger Grenzen zu halten. Bei der Berechnung wurden selbstverständlich die ungünstigsten Annahmen gemacht, die bei den vorliegenden geologischen Verhältnissen eben noch in Betracht kommen. Der Damm wurde bereits gebaut, und die Wassermessungen zeigten, daß sich die Wasserverluste beträchtlich unterhalb der als zulässig angenommenen Grenze halten[1]).

Abb. 321 zeigt eine Ansicht des Westhanges eines Tales in Massachussetts. Der Talhang sollte die westliche Begrenzung eines Stauweihers und zugleich das Auflager für den Westflügel des 30 m hohen Staudammes bilden. Die Ablagerung, aus welcher der Talhang besteht, stellt ein Oser-Delta dar und geht im Norden in einen typischen Oser über. Die Zusammensetzung der Ablagerung ändert sich besonders in lotrechtem Sinne, in der unberechenbarsten Weise. Obendrein enthielt die Ab-

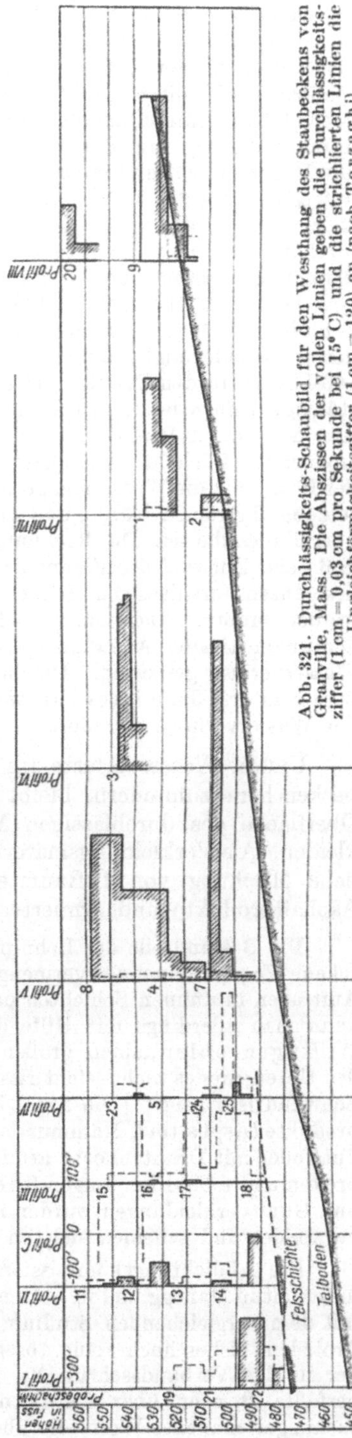

Abb. 321. Durchlässigkeits-Schaubild für den Westhang des Staubeckens von Granville, Mass. Die Abszissen der vollen Linien geben die Durchlässigkeitsziffer (1 cm = 0,03 cm pro Sekunde bei 15° C) und die strichlierten Linien die Ungleichförmigkeitsziffer (1 cm = 120) an (nach Terzaghi)

[1]) Terzaghi, K.: Unveröffentlichtes Gutachten.

lagerung eine große Anzahl von Granit- und Gneisblöcken, die offenbar während der Bildung der Ablagerung von schmelzenden Eisschollen abfielen und zu Boden sanken. Die Oberfläche des niedrigen Plateaus, welches den projektierten Stauraum vom westlichen Nachbartal trennt, ist mit dolinenartigen Senken bedeckt, welche die Stellen bezeichnen, an denen Eisberge gestrandet, von Sedimenten überlagert wurden und schließlich schmolzen. Die Vorerhebungen bezweckten das Aufsuchen der günstigsten Stelle für die Einbindung des Staudammes sowie die Abschätzung der Wasserverluste durch Sickerung vom Stauraum unter dem Plateau hindurch nach dem Nachbartal. Die Bohrarbeiten mußten wegen der zahlreichen, im Boden befindlichen Hindernisse aufgegeben werden. Die Entnahme der Bodenproben erfolgte in Probeschächten, welche am Talhange längs der Profile I bis VIII angeordnet wurden. Die mechanische Analyse zeigte deutlich, daß die Richtung und Geschwindigkeit der Strömung während der Deltabildung fortwährend und innerhalb der weitesten Grenzen veränderlich war. Während der Ungleichförmigkeitswert der Sande und Schluffe des Deltas (Abb. 320) zwischen den engen Grenzen von 1,5 und 4 lag, ging der Ungleichförmigkeitswert der Sande und Schotter in Abb. 321 von 1,5 bis auf 100 hinauf. In den Profilen III und IV fehlen die durchlässigen Schichten fast vollständig. Infolgedessen wurde die Einbindungsstelle nach diesem Abschnitt verlegt. Aus den Daten Profil V bis VIII wurde der Mittelwert der Durchlässigkeit des trennenden Rückens eingeschätzt und mit Hilfe dieses Mittelwertes nach den Regeln der Hydraulik die Wassermenge bestimmt, die nach dem Nachbartal unter der Voraussetzung abströmen würde, daß die mittlere Durchlässigkeit des trennenden Rückens überall dieselbe sei. Die Rechnung ergab für die Sickerverluste einen so hohen Wert, daß beim Entwurf des Finanzplanes der Unternehmung eine künstliche Abdichtung des ganzen durchlässigen Hanges als möglicherweise erforderlich in Betracht gezogen werden mußte. Nachdem jedoch die Berechnung der Wasserverluste auf Grund der ungünstigsten Annahmen erfolgte, wird zunächst der Damm gebaut und der Wasserverlust gemessen. Die zur Abdichtung erforderliche Summe steht bereit, wird aber erst dann investiert, wenn der steigende Wasserbedarf eine Einschränkung der Wasserverluste erfordert.

Um die Wasserverluste aus bestehenden oder aus neu zu schaffenden Staubecken herabzumindern, bleibt nichts anderes übrig, als die gesamte benetzte Oberfläche des durchlässigen Materials mit einer wasserdichten Haut zu verkleiden. Als Verkleidungsmaterialien kommen insbesondere Lehmpuddle (künstliche Mischung von 1 Raumteil Lehm auf 1 Teil Sand und 2 Teile Kies), Asphaltprodukte und armierter Beton oder Gunit in Betracht.

Die Bestandteile des Lehmpuddle müssen in einer Mischtrommel auf mechanischem Wege miteinander vermengt werden, was die Kosten wesentlich erhöht. Beim Auftragen in dünnen Schichten und Einwalzen oder Einstampfen mit Preßhämmern kann man allerdings mit Hilfe des Puddles eine Verkleidung herstellen, die nach W. Hugentobler „einem großen Wasserdruck gewachsen ist, bei kleiner Bewegung des Untergrundes nicht leicht rissig wird und beim Austrocknen keine tiefgreifenden Schwundrisse zeigt“. Die für Dichtungszwecke in Betracht kommenden Asphaltprodukte (Asphaltoid, Mammut- und Saurierbelage) bestehen aus einer mit englischer Jute oder mit Drahtgeflecht armierten, 2 bis 10 mm dicken Asphalthaut, die in 1 m breiten und 6 bis 10 m langen Streifen in den Handel kommen. Die armierten Beton- und Gunitverkleidungen wurden insbesondere in den Vereinigten Staaten wiederholt verwendet und scheinen sich im allgemeinen zu bewähren.

Die Abdichtungskommission des Schweizerischen Wasserwirtschaftsverbandes unterhält in Manegg und in Letten bei Zürich Versuchsanstalten, die sich vornehmlich mit dem vergleichenden Studium verschiedener Abdichtungsverfahren beschäftigen. Trotzdem bisher noch keine abschließenden Ergebnisse zu verzeichnen sind, enthält der in der Verbandsschrift Nr. 15, 1927, veröffentlichte, von W. Hugentobler verfaßte Bericht über die in den Jahren 1915 bis 1926 durchgeführten Untersuchungen manches Wertvolle über die Eigenschaften der verschiedenen Dichtungsmaterialien.

Erddämme. Abgesehen von den durch Überströmung der Dammkrone herbeigeführten Dammbrüchen, kann die Zerstörung von Erddämmen durch die Sickerung des Wassers quer durch den Dammkörper, durch die Sickerung aus dem Untergrund in den Dammkörper oder durch reinen Grundbruch verursacht werden. Die ersterwähnte Ursache hat nichts mit der technischen Geologie zu tun, denn es gibt nur wenige Erdarten, aus denen sich nicht bei sachgemäßer Projektierung und bei gebührender Berücksichtigung der physikalischen Eigenschaften des Materials ein standfähiger Damm herstellen ließe. Die Ursache des Zusammenbruches trocken geschütteter und gerollter Dammkörper liegt entweder in der übermäßigen Steilheit der Böschungen (Erddamm von Charmes, 15 m hoch)[1]); oder aber in der durch das Abwalzen des Schüttungsmaterials erzeugten Schichtung des Dammkörpers, infolge welcher zwischen den Flächen stärkster Zusammenpressung zahlreiche Sickerhorizonte entstehen (Anina-Dammsperre in Südungarn, Weiße Desse in Nordböhmen[2]). Am unberechenbarsten sind hinsichtlich ihrer Standsicherheit die in den Vereinigten Staaten wiederholt zur Ausführung gekommenen hydraulisch gespülten Dämme. Nach Allen Hazen soll die wirksame Korngröße des Dammkernes den Wert von 0,01 mm nicht unterschreiten[3]). Befolgt man diese Regel, so besteht die Gefahr, daß der Dammkern sandigere Zwischenlagen enthält, die den Kern der ganzen Dicke nach durchsetzen und den Ausgangspunkt für die Zerstörung des Dammkörpers durch rückschreitende Erosion bilden können. Ist anderseits die wirksame Korngröße wesentlich kleiner als der Hazensche Grenzwert, so geht die Verfestigung des Kernes außerordentlich langsam vor sich. Terzaghi hatte Gelegenheit, die Kerne von drei hydraulisch aufgeschütteten Dämmen zu untersuchen. Alle drei Dämme waren mehr als zehn Jahre alt und wurden von ihren Besitzern als vollkommen konsolidiert betrachtet. In allen drei Fällen war der Wassergehalt der ungestörten Proben höher als die Fließgrenze[4]). Es scheint, daß die Böschungen eines hydraulisch aufgeschütteten Dammes wesentlich flacher sein müßten als die eines gerollten Dammes mit gleichem Sicherheitsgrad, und daß die mit der Anwendung des Spülverfahrens verbundene Ersparnis durch eine Einbuße an Sicherheit erkauft werde. Jedenfalls wäre es heute noch verfrüht, ein abschließendes Urteil über den Wert dieses Bauverfahrens zu fällen.

Als Beispiel für den zweiterwähnten Zerstörungsvorgang mag der Zusammenbruch des Hatchtown-Dammes in Utah erwähnt werden[5]). 18 m hoch, wasserseitige Böschung 2 : 1, landseitige 2,5 : 1. Untergrund 0,6 bis 2,4 m feiner Sand und Schotter, östlicher Hang geschichtete Folge von Sanden und Schottern. 1910, nach erfolgter Füllung, sichtbare Wasseraustritte und Rutschungen am Osthang. Wurden durch Steinwürfe behoben. Westliche Talseite infolge künstlicher Bewässerung des anschließenden Tafellandes mit Wasser gesättigt. 1914 Auftreten einer starken Quelle am talseitigen Dammfuß, unweit vom Ablaßrohr. Zwei Stunden später Dammbruch durch rückschreitende Erosion, verbunden mit dem Nachrutschen der oberhalb der Erosionsstelle gelegenen Erdmassen. Nach erfolgtem Bruch war am westlichen Talhang, 12 m oberhalb der Sohle und 30 m von der Stelle der ersten Quellenbildung, eine Quelle sichtbar, welche 7 l pro Sekunde lieferte.

---

[1]) Résal, J.: Poussée des terres, 2me partie. Paris. 1910.

[2]) Schaffernack, F.: Über die Standsicherheit durchlässiger, geschütteter Dämme. Mitt. der Versuchsanst. für Wasserbau im k. k. Min. f. öffentl. Arbeiten. 3. Folge, Wien, 1918. Siehe auch Allgemeine Bauzeitung, Heft IV, 1917.

[3]) Terzaghi: Erdbaumechanik, S. 378 bis 382.

[4]) Unveröffentlichte Gutachten.

[5]) Jenson, J.: Break in Hatchtown dam. Engin. Record, I., S. 726. 1914.

Der dritte Vorgang (reiner Grundbruch) ereignet sich an Erddämmen ebenso häufig wie an gemauerten Stauwerken und nimmt auch einen ähnlichen Verlauf.

Abb. 322 zeigt die Wirkung eines Grundbruches auf den Langewald-Damm. Der Dammbruch ereignete sich in einem Paralleltal zu dem Graben, dessen Querschnitt in Abb. 320 dargestellt ist. Der Grundbruch wurde durch Quellenbildung am talseitigen Dammfuß eingeleitet und ereignete sich mehrere Jahre nach erfolgter Füllung des Stauweihers. Die Baustelle ist durch den Rest der Kernmauer überbrückt.

Abb. 322. Grundbruch am Langewald-Damm bei Chicopee, Mass. (nach Terzaghi)

Jumbo-Damm bei Sedgwick, Colorado. 15 m hoch, auf wagrecht gelagerten Sandsteinschichten. Sandnester in den Schichtfugen. Dammbruch durch Auftrieb innerhalb des Gesteines am talseitigen Fuße des Dammes. Kubikinhalt der hochgepreßten Sandsteinblöcke bis zu 30 m³.

Ähnlich war auch die Ursache des Dammbruches am Horse Creek-Damm in Colorado (12 m hoch, Wasserseite 1,5 : 1, Landseite 2 : 1). Untergrund: Wagrecht geschichteter Sandstein. Grundbruch bei der ersten Füllung, Stauhöhe 5,1 m. Der Grundbruch riß in den Untergrund eine 55 m breite und 9 m tiefe Bresche[1]).

Nachdem die zweite und dritte der erwähnten Zerstörungsmöglichkeiten in hohem Maß von der Struktur des Untergrundes, das heißt von der Art der Aufeinanderfolge durchlässigerer und undurchlässigerer Schichten, abhängt, erfordert die Projektierung der Sicherheitsmaßnahmen eine sorgfältige Beachtung der örtlichen geologischen Verhältnisse. Sobald man sich jedoch ein klares Bild von der Durchlässigkeits- und den Strukturverhältnissen gemacht hat, ist man auch in der Lage, den drohenden Gefahren wirksam vorzubeugen.

Als Beispiel sei der auf dem Untergrund Abb. 320, nach den Angaben Terzaghis erbaute Staudamm erwähnt[2]). Der Untergrund war derart beweglich, daß die Baugrube für die Fundamente des Sperrschieberturmes zweimal infolge Hochtreibens der Sohle einging. Sogar auf der 15 m über dem Talboden befindlichen Sohle der Leihgrube traten infolge aufsteigender, vom Hang her gespeister Quellen Schwimmsanderscheinungen auf. Das für die Dammherstellung verfügbare Material bestand ebenfalls aus äußerst gleichförmigem, zum Flüssigwerden neigendem Feinsand. Um die Sickerung des Wassers quer durch den Damm zu verhindern, wurde der 18 m hohe Damm mit einer 30 cm starken Eisenbeton-Kernmauer versehen, die sich unterhalb der Talsohle in einer mit ihr zugfest verbundenen, 6 m tiefen Stahlspundwand fortsetzte. Die Spundwandtiefe wurde nach dem auf Seite 537 erläuterten Verfahren, mit Rücksicht auf die zulässigen Sickerverluste festgelegt. Unabhängig davon wurden die Vorkehrungen zur Sicherheit des Dammkörpers gegen den Angriff

---

[1]) Hall, N. L. und J. E. Field: Failure of Horse Creek Dam in Colorado. Eng. Record, I., S. 205. 1914.

[2]) Mansfield, M. G.: Sand Ebankment impounding dam at Chicopee, Mass. Journal of the New England Water Works Assoc., S. 244. 1927.

des Sickerwassers und gegen Unterspülung getroffen. Aus der Anordnung der Schichten im Talhange wurde geschlossen, daß die größte Gefahr der Quellenbildung am linken Hang an der Grenze zwischen dem feinen grauen und dem groben roten Sand besteht. Infolgedessen wurden von vorneherein im Grenzgebiete zwischen diesen beiden Sandarten Drainagen eingebaut. Ferner wurden die bei den Aushubarbeiten an der Talsohle angetroffenen Quellen gefaßt und in Dränröhren abgeleitet. Der ganze talseitige Abschnitt des Dammes wurde aus dem gröbsten verfügbaren Sand hergestellt, so daß der Dammkörper an jeder Stelle durchlässiger ist als der Boden, auf dem er ruht. Schließlich, nach erfolgter Füllung des Weihers, wurde das talseitige Vorland abgebohrt, um Gewißheit zu bekommen, daß in keiner der Bodenschichten ein hydrostatischer Überdruck herrsche. An einer Stelle hatte die Bauleitung versäumt, die rings um die Dränröhren angeordneten Filter vorschriftsgemäß der Korngröße nach abzustufen. An dieser Stelle ereignete sich ein Tageinbruch, der von der Dammkrone bis an die Basis des Dammes sich erstreckte und die große Beweglichkeit des Materials deutlich zum Ausdruck brachte. Alle anderen Maßnahmen erfüllten ihre Aufgaben, ganz wie erwartet wurde.

Aus den Darlegungen dieses Abschnittes geht hervor, daß der Sicherheitsgrad zweier identischer Stauwerke, die auf geologisch scheinbar identischen Baugründen stehen, sehr verschieden sein kann. Die Projektsverfassung muß auf Grund der ungünstigsten Möglichkeiten erfolgen, die sich unter den gegebenen geologischen Bedingungen ergeben können. Die Beurteilung dieser Möglichkeiten erfordert in erster Linie gründliche Vertrautheit mit den Theorien des Strömungsdruckes und des Grundbruches und in zweiter Linie die Vornahme ausgiebiger Aufschlußarbeiten durch Bohrung und Preßwasserversuch.

E. Gründungsarbeiten auf Moorböden

Von K. v. Terzaghi, Cambridge, Mass.

Die als Torf- oder Moorablagerungen bezeichneten organischen Bodenarten zählen zu den ungünstigsten Baugründen, weil sie eine große Zusammendrückbarkeit mit relativ hoher Wasserdurchlässigkeit verbinden. Beinahe ebenso ungünstig sind die recht häufig unterhalb der Moorablagerungen auftretenden tonigen Sedimente (Faulschlamm). Diese Sedimente befinden sich zumeist im Zustand unvollkommener Konsolidation und verhalten sich unter dem Einfluß örtlicher Belastung beinahe wie zähe Flüssigkeiten. Zu der geringen Tragfähigkeit der Moorschichten gesellt sich noch die Gefahr schädlicher Einwirkung der Moorwässer auf den Beton.

Die Entstehung der Moore wurde bereits behandelt (S. 90). Infolge der Gleichartigkeit der Entstehungsursachen sind die Moorablagerungen der verschiedenen Zonen und Länder hinsichtlich ihrer physikalischen Beschaffenheit einander so ähnlich, daß sich die in einer Moorgegend gesammelten Bauerfahrungen fast unverändert auf alle anderen Moorgegenden übertragen lassen.

1. Klassifizierung der Moorböden

Zur Bezeichnung der Moorböden für technische Zwecke empfiehlt sich die in Tabelle 49 wiedergegebene Klassifizierung der Moorböden nach A. P. Dachnowski[1]).

Breiartiger Torf. Bildet sich in stehenden Gewässern (Sediment mit organischen Einzelteilen). Zumeist ungeschichtet, weist jedoch große Schwankungen in der Zusammensetzung auf. Wassergehalt 70 bis 95% des Gesamtgewichtes.

Fasertorf. Wassergehalt 85 bis 95%. Häufig geschichtet. Übergänge zum breiartigen Torf.

[1]) Dachnowski, A. P.: Stratigraphic Study of Peat Deposits. Soil Science, Vol. XVII., Nr. 2, Februar 1924.

Tabelle 49. Klassifikation der Moorböden nach Dr. A. P. Dachnowski

Moorbildende Vegetation	Bodentype	Beschaffenheit	Farbe	Zerteilungsgrad	Struktur
Wasserpflanzen	breiartig, kollodial	breiartig	olivgrün, braun bis schwarz	grobkörnig bis kollodial	kompakt, undurchlässig, steif, plastisch bis äußerst locker
Sumpfgewächse	Schilfrohr, Binsen, braunes Moos	faserig	grau, rot oder gelbbraun bis rotbraun	fein bis grobfaserig	dicht und filzartig bis porös und schwammartig
Moorgewächse	Torfmoos				
	Heidekraut	holzig	dunkelbraun bis schwarzbraun	grobkörnig oder stengelig	kompakt und körnig bis locker und grobfaserig
Baumvegetation	Weiden und Erlen, Laubwald, Nadelwald				

Holziger Torf. Tritt lagenweise auf oder er bildet ganze Torflager von bedeutender Mächtigkeit. Alle Zwischenglieder zwischen sägemehlartigem Pulver bis zu grobfaserigen, aus Zweigen zusammengesetzten Aggregaten. Bildet sich auf feuchten, periodisch überschwemmten Waldböden. Zuweilen lösen längere Perioden von Waldwuchs und Torfbildung einander ab.

Seekreide. Kolloidaler oder feinkörniger Moorboden mit wechselndem Gehalt an kalkreichen Pflanzen- und Schalenresten.

Faulschlamm. Ungeschichtet, zum größten Teil aus kieselsäurereichen Mineralteilchen und aus Kieselgur bestehend. Grau bis graublau, plastisch und klebrig, hoher Wassergehalt.

2. Straßen- und Eisenbahndämme auf Moorgrund

Infolge der geringen Tragfähigkeit der Moore pressen sich auch niedrige Anschüttungen bis tief in den Untergrund oder verdrängen die Moorschichte vollständig, so daß der Rauminhalt des unterhalb der ursprünglichen Geländeoberfläche befindlichen Teiles der Dammkörper jenen des oberirdischen Teiles in der Regel weit übertrifft.

Als klassisches Beispiel seien die durch Fuelscher vortrefflich beschriebenen Deichbauten zu beiden Seiten des Kaiser-Wilhelm-Kanales erwähnt[1]). In Österreich hat man auf diesem Gebiet beim Bau der Eisenbahn von Bregenz nach Götzis in Vorarlberg Erfahrungen gesammelt. Bodenphysikalische Daten über Moorablagerungen finden sich in dem bereits mehrfach erwähnten Schlußbericht der Schwedischen geotechnischen Kommission. Anläßlich der Einschätzung des in den amerikanischen Eisenbahnen angelegten Kapitals wurden die auf Bodenarten mit geringer Tragfähigkeit ruhenden Eisenbahndämme planmäßig abgebohrt, um Anhaltspunkte für die Berechnung der Gesamtkubatur der Dämme zu bekommen. Der Schlußbericht der Schätzungskommission enthält wertvolle Daten über diesen Gegenstand[2]). Angaben über die Erfahrungen im Eisenbahnbau auf tropischen Mooren können aus einer Veröffentlichung von Hehl entnommen werden[3]).

Beim Überqueren der brasilianischen, zumeist von Faulschlamm unterlagerten Küstenmoore wurde die Mooroberfläche vor Aufbringung der Anschüttungen mit

[1]) Fuelscher: Der Bau des Kaiser-Wilhelm-Kanales. Zeitschr. f. Bauwesen. 1897.
[2]) Subsidence of Earthfills as a factor in Valuation. Eng. News-Rec., S. 434. March 10. 1921.
[3]) Hehl, D. R. A.: Eisenbahnen in den Tropen. Berlin. 1902.

Holzrosten abgedeckt, die in Abständen von 1,5 bis 2 m auf Langschwellen ruhten. Nach erfolgter Abbindung der Roste durchschnitt man zu beiden Seiten des abgedeckten Geländestreifens die zugfeste, von Wurzeln durchsetzte Deckschichte der Moorablagerung und versenkte den Rost durch allmähliche Aufbringung der Anschüttung. Größere Schwierigkeiten bereiteten die an den Gehängefüßen befindlichen, aus organischen und anorganischen Feinteilen bestehenden Moorablagerungen, weil sie infolge äußerst ungleichartiger Konsistenz keine einheitliche Behandlung zuließen.

Zuweilen ist man genötigt, auch Staudämme auf Moorböden zu errichten. Dies war z. B. bei der Anlage des Sammelweihers für das Elektrizitätswerk Andelsbuch der Fall[1]). Der Untergrund bestand aus einer 1 bis 4 m dicken Torfschichte, die vom tragfähigen Untergrund durch eine Ablagerung von Seekreide getrennt war. Der 6 m hohe Damm bestand aus Kies und war mit einem in dünnen Schichten gestampften, in die Seekreide einbindenden Lehmkern versehen. Der Damm erfuhr spontane und ausgiebige Setzungen. Die Weihersohle stieg am Dammfuß empor und Gleichgewicht trat erst dann ein, als man die Grundfläche des Dammes durch Abflachen der Böschungen verbreiterte.

An dieser Stelle sei bemerkt, daß die Höhe, die man einer Anschüttung auf weichem Boden eben noch geben kann, ohne ein Versinken der Schüttung zu riskieren, mit abnehmender Steilheit der Böschungen des Auftrages sehr rasch zunimmt. Diese Tatsache läßt sich theoretisch begründen und geht aus vielen Beobachtungen in der Praxis hervor.

Der Ingenieur interessiert sich in erster Linie für Daten, mit deren Hilfe die zur Herstellung von Dämmen auf Moorböden erforderlichen Mehrkubaturen veranschlagt werden können, und für Methoden, die es erlauben, die Setzung der aufgebrachten Erdmassen zu beschleunigen. Angaben dieser Art verdanken wir den Arbeiten der Straßenbauverwaltung des Staates Michigan. Die Untersuchungen dieser Verwaltung umfaßten unter anderem das Niederbringen von 83 bis 20 m tiefen Bohrlöchern in acht verschiedenen Moorablagerungen und das Studium der auf diesen Ablagerungen hergestellten Dämme[2]).

Die Moorablagerungen füllen Rinnen und Mulden fluvioglazialer Ablagerungen im Rückzugsgebiet der nordamerikanischen Eiskappe westlich vom Michigansee aus. Die Untersuchungen ergaben zunächst, daß die Setzungen der Dämme nur in geringem Maße von der Zusammensetzung der Torfablagerungen abhängen. Bei der Zusammenfassung der Ergebnisse beschränkte man sich daher darauf, die Bodensorten in vier Gruppen zusammenzufassen: Moorboden, weiche Seekreide, weicher Faulschwamm (lake clay) und reine, steife Seekreide. Die auf den Ablagerungen aufgeschütteten Dämme hatten eine Breite von 7,2 bis 9,0 m. Die Höhe der Anschüttung schien erst dann einen Einfluß auf die Größe der Setzungen zu haben, falls die Dicke der Moorschichte einen Wert von 3 m überstieg. Bei einer Mächtigkeit des Moores von 3 bis 7,5 m wurde die Größe der Setzungen von der Höhe der Anschüttung merklich beeinflußt und in Moorschichten mit einer Dicke von mehr als 7,5 m sank die Anschüttung in der Regel durch die Moorschichte hindurch bis auf den festen Untergrund. Abb. 323a) und b) zeigen den Querschnitt durch Anschüttungen, deren Unterfläche durch das Moor hindurch den festen Grund erreicht hat. Die Abbildung lenkt obendrein die Aufmerksamkeit auf die Notwendigkeit, die Moorablagerungen vor der Festlegung der Trasse abzubohren, um Rinnen oder muldenförmigen Vertiefungen des Moores auszuweichen. In jenen Fällen, in denen die feste

[1]) Das Elektrizitätswerk Andelsbuch im Bregenzerwald. Schweizerische Bauzeitung, I (Bd. 55), S. 1, 15, 33, 61, 78. 1910.

[2]) Burton, V. R.: Fill Settlements in peat marshes. Proceedings of the Sixth Annual Meeting of the Highway Research Board, S. 93 bis 113. 1926.

Unterlage unterhalb der Anschüttung eine steile Neigung aufwies, ergaben sich in der Regel wesentlich größere Setzungen als bei wagrechtem Untergrund in gleicher Tiefenlage.

Die Setzungen erstreckten sich in der Regel über einen Zeitraum von mindestens fünf Jahren. Dies geht auch aus den schwedischen Berichten hervor. Das Gleichgewicht wird von den Ingenieuren in Michigan als erreicht betrachtet, sobald die jährlichen Setzungsbeträge geringer werden als 18 cm. Falls die Aufschüttung im Herbst beendigt wird, so erfolgt in der Regel im nächsten Frühjahr eine vorübergehende, beträchtliche Zunahme der Setzungsgeschwindigkeit. Auf Grund der Beobachtungsergebnisse wurde für die Berechnung der Setzungen von Anschüttungen mit einer Breite von 7,2 bis 9,0 m das in Abb. 324 dargestellte Setzungsdiagramm entworfen. Die Abszissen geben die Tiefe der Moorablagerung und die Ordinaten die Größe der Setzungen an. Bei einer Tiefe der Moorablagerung von weniger als 8 m hat die Anwesenheit einer Faulschlammunterlage auf die Größe der Setzungen wenig oder gar keinen Einfluß. Bei größerer Tiefe des Moores preßt sich die Anschüttung nicht nur durch das Moor bis auf den Faulschlamm durch, sondern verdrängt auch in manchen Fällen den Faulschlamm (Abb. 325). In anderen Fällen erzeugt sie nur eine muldenförmige Einsenkung. Die Tiefe, bis zu welcher die Anschüttung in den Faulschlamm eindringt, kann auf Grund der Beschaffenheit der Schlammproben eingeschätzt werden. Die größten Abweichungen von den durch Abb. 324 bestimmten Senkungswerten beliefen sich in Michigan bei einer geschätzten Senkung von 1,5 m auf 100%, bei 3,0 m auf 60%, bei 6,0 m auf 30%, bei 7,5 m auf 20% und bei 9,0 m auf 10%. In der Regel sind jedoch die Abweichungen viel geringfügiger.

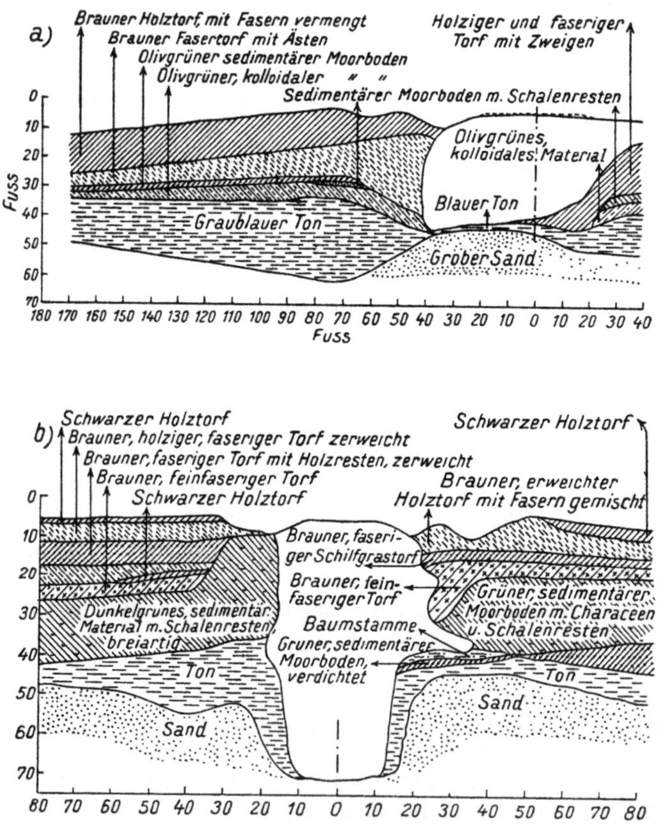

Abb. 323. Versinken künstlicher Aufschüttungen in Moorböden (nach V. R. Burton)

Die Berechnung der zur Herstellung einer Anschüttung erforderlichen Erdmasse erfolgt nach dem Schema Abb. 325. Bedeutet F die Höhe des Dammes oberhalb der Geländeoberfläche, H die aus Abb. 325 entnommene voraussichtliche

Tiefe des versenkten Teiles, W die Breite der Dammkrone und $\frac{F}{3F} = 1:3$ das Böschungsverhältnis, so beläuft sich die Gesamtkubatur pro Längeneinheit der Schüttung auf $(W + 3F) \times (F + H)$.

Zwecks Verringerung der zur Herstellung der Anschüttung erforderlichen Erdmassen sowie zur Beschleunigung der Setzungen verfährt man nach folgenden, aus den in Michigan gesammelten Erfahrungen abgeleiteten Regeln:

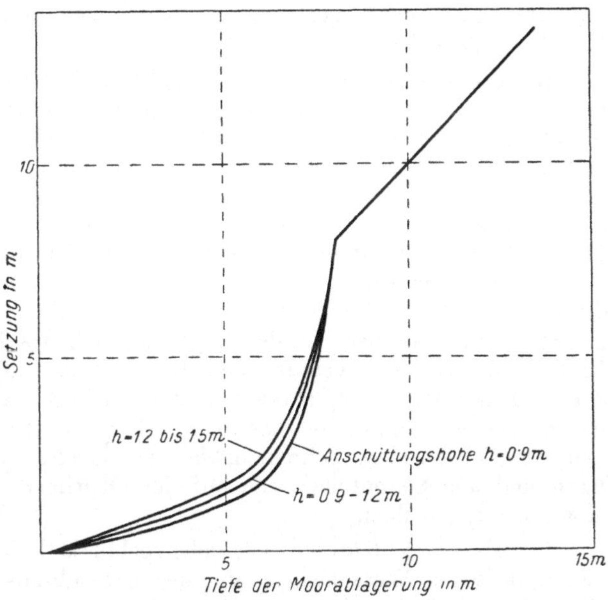

Abb. 324. Beziehung zwischen Tiefe der Moorschichte und Eindringungstiefe künstlicher Aufschüttungen (nach V. R. Burton)

1. Tiefe der Moorschichte weniger als 1,8 m. Länge der Anschüttung weniger als 90 m. 9 bis 12 m breite Fahrbahn, Böschungen 1:4, 3 m Berme, 0,6 m weiter, 0,3 m tiefer Straßengraben mit Böschungen 1:1,5.

2. Tiefe der Moorschichte 1,8 bis 6,0 m. Dieser Fall ist erfahrungsgemäß am schwierigsten zu behandeln. Man schüttet zunächst zwei parallele Erddämme mit einem Abstand von 4,8 m und einer Kronenbreite von je 2,4 m auf und bringt diese Aufschüttungen durch Abfeuern von Sprengschüssen zum Versinken. Die dadurch an der Stelle der Schüttungen entstehenden Gräben werden neuerdings aufgefüllt, wobei man das Erdreich in 1,2 m dicken Lagen aufbringt. Sobald die Setzungsgeschwindigkeit der Aufschüttungen merklich abnimmt, ordnet man unterhalb der Achsen der Dämme Sprengladungen in gegenseitigen Abständen von 1,2 m und in einer Tiefe von 0,6 bis 0,9 m unterhalb der Grundfläche der Anschüttungen an und feuert sie auf Strecken mit einer Länge von mindestens 30 m gleichzeitig ab. Dann wartet man wieder, bis die Senkungen langsamer werden und setzt hierauf die Anschüttung durch Aufbringung von 1,2 m dicken

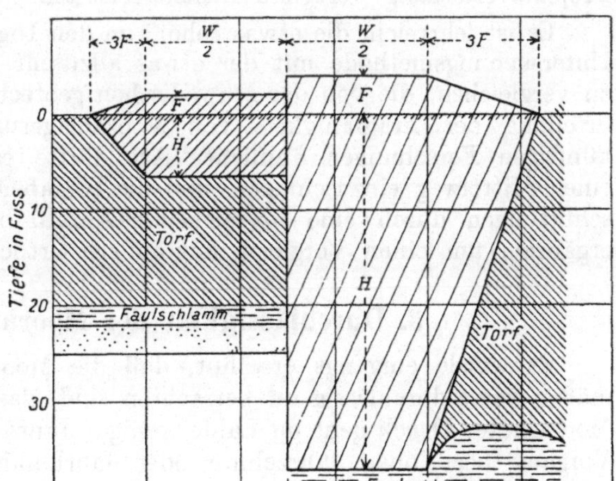

Abb. 325. Schema zur Veranschlagung des Materialbedarfes für die Herstellung von Anschüttungen und Erddämmen auf Moorböden (nach V. R. Burton)

Bodenlagen fort, wobei man die Krone der Hilfsdämme innerhalb einer lotrechten Entfernung von 30 cm von der vorgeschriebenen Kronenhöhe erhält. Der mittlere Teil der Anschüttung wird erst dann aufgebracht, wenn die Setzungsgeschwindigkeit der Seitendämme unter das Maß von 1,5 cm pro Monat gesunken ist.

3. Dicke der Moorschichte mehr als 6 m. Zerstörung der steiferen Decklage des Moores durch das Abfeuern von Sprengschüssen längs der Achse der Anschüttung. Herstellung einer Anschüttung mit einer Kronenbreite von 3,6 m, in Schichten mit einer Dicke von 1,2 m, bis zur vorgeschriebenen Kronenhöhe, quer über das ganze Moor. Man erhält die Kronenhöhe durch zusätzliche Anschüttung auf diesem Niveau, bis die Setzungen kleiner werden als 1,5 cm pro Monat. Sodann bringt man neuerdings eine 1,2 m dicke Bodenlage auf, wartet bis die Setzungen auf das eben angegebene Maß heruntersinken und stellt dann die seitlichen Teile des Dammes unter Verwendung des von der Krone abgegrabenen Materials her. In der Regel hat sich das Moor bis dahin unter dem Einfluß des von der versunkenen Bodenmasse ausgeübten Seitendruckes in der Nachbarschaft dieser Masse soweit verdichtet, daß es das Gewicht der seitlichen Teile des Dammes ertragen kann. Der Schüttungskörper besteht demnach in diesem Fall aus einem schmalen, bis auf den festen Boden des Moores reichenden Kern und aus Seitenteilen, die auf der Oberfläche des teilweise verfestigten Moorbodens aufruhen.

Die eben angedeuteten Versuchsergebnisse liefern ein gutes Beispiel für den praktischen Wert eines planmäßigen Studiums der Wirkung technischer Eingriffe auf Bodenschichten mit geologisch halbwegs eindeutig bestimmter Beschaffenheit. Untersuchungen ähnlicher Art, in verschiedenen Teilen der Welt durchgeführt, würden in kurzer Zeit zur Aufstellung empirischer Regeln mit bekanntem Gültigkeitsbereich führen, die bei der Veranschlagung und Projektsverfassung wertvolle Dienste leisteten.

Es ist lehrreich, die etwas rohe, von den Ingenieuren in Michigan befolgte Untersuchungsmethode mit der etwas allzusehr ins Detail gehenden Methode zu vergleichen, die von der schwedischen geotechnischen Kommission zur Beurteilung der Tragfähigkeit von Moorablagerungen verwendet wurde. Bei künftigen Forschungen ähnlicher Art dürfte es sich jedenfalls empfehlen, einen Mittelweg einzuschlagen und die Angaben über das Verhalten der Anschüttungen durch eine hinreichende Anzahl bodenphysikalischer Daten zu ergänzen, um einen Vergleich mit andern Örtlichkeiten zu ermöglichen.

3. Durchlässigkeit der Moorablagerungen

Es wurde eingangs erwähnt, daß die Moorablagerungen als verhältnismäßig wasserdurchlässig zu betrachten sind, das heißt die Konsolidation der Moore unter Druck geht im Laufe weniger Jahre vor sich, während der gleiche Vorgang bei Tonen Jahrzehnte oder Jahrhunderte beansprucht. Vergleicht man jedoch den Moorboden mit dem Feinsand, so kann man ihn als sehr wenig wasserdurchlässig bezeichnen. Infolgedessen bereitet auch die Trockenhaltung der Baugruben in Moorböden gar keine Schwierigkeiten und kann in vielen Fällen mit Handpumpen besorgt werden.

Bei der Fundierung des Trockendocks in Kiel geriet man in einer Tiefe von etwa 21 m unter dem Wasserspiegel in Moorschichten. Der Aushub erfolgte unter der Taucherglocke[1]). Der über dem Moor befindliche Schlamm stellte einen derart

[1]) Franzius, O.: Der Bau des neuen Trockendocks auf der kaiserlichen Werft in Kiel. Zeitschr. f. Bauwesen, S. 201 und 497. 1903.

luftdichten Abschluß her, daß man den Moorboden unterhalb der Glockenschneide 2 m tief senkrecht abgraben konnte.

4. Gründung von Hochbauten und Brücken auf Moorboden

Bei der Gründung wichtigerer Bauwerke müssen die Fundamente unbedingt bis auf die tragfähige Unterlage der Moorablagerungen geführt werden. Wie dies geschieht, wurde gelegentlich der Besprechung der Bodenverhältnisse von Berlin (S. 494) angedeutet. Dasselbe gilt von Bauten auf an sich tragfähigem Grund, sofern dieser Grund moorige Zwischenlagen enthält.

Als Beispiel für die geringe Tragfähigkeit solcher Schichten seien die Erfahrungen erwähnt, die bei der Fundierung der Stickereifabrik Hohenems im Rheintal gemacht wurden[1]). Der Untergrund bestand aus einer Folge von Torf- und Lettenschichten, welche nach unten in einen sehr weichen Lauffletten überging. Nachdem sich der tragfähige Grund erst in einer Tiefe von 20 m befand, stellte man das Gebäude auf eine durchgehende Eisenbetonplatte. Trotzdem sich die Bodenbelastung nur auf 0,35 kg belief und die Torfschichten ihr Wasser infolge der geringen Durchlässigkeit des Lettens nicht nach oben abgeben konnten, erfuhr das Gebäude unregelmäßige Setzungen, die jedoch infolge der konstruktiven Durchbildung des Oberbaues keine nennenswerte Rißbildung verursachten.

Bei Hochbauten von untergeordneter Bedeutung läßt sich eine Seichtgründung auch dann nicht vermeiden, wenn der Untergrund bis zu beträchtlicher Tiefe ganz aus Moorboden besteht. In solchen Fällen bedient man sich eines der Gründungsverfahren, die sich in Moorgegenden im Laufe der Jahrhunderte aus der Erfahrung herausgebildet haben.

Gute Beispiele für solche Verfahren finden sich in Ostpreußen, wo sowohl Hoch- als auch Flachmoore vorkommen und weite Landstrecken bedecken[2]). Falls das Moor, wie dies bei vielen Hochmooren der Fall ist, eine halbwegs zugfeste Decke aufweist, so vermeidet man es, die Decke zu verletzen und setzt das Gebäude, ohne Rücksicht auf die frostfreie Tiefe, auf die Oberfläche der Decke. Andernfalls wird durch verschiedene Mittel versucht, den oberen Teil der Moorablagerung tragfähiger zu machen. Falls dies durch Sandschüttung geschieht, geht man mit der Schüttung von der Peripherie des Bauplatzes allmählich gegen die Mitte vor. Leichte Fachwerkshäuser stellt man auf verbreiterte Fundamentsockel (Oldenburg) oder auf Holzroste mit 25 bis 30 cm starker Sandunterlage. Auf dem 4 bis 5 m tiefen Markardsmoor in Hannover hat sich für die Gründung von Massivbauten die Praxis herausgebildet, an der Stelle der künftigen Mauern 1 m breite und 2 m tiefe Gräben auszuheben, mit Sand zu verfüllen und über ihnen 2 m lange Querschwellen in Abständen von 1,3 m anzuordnen. Der Schornstein wird auf besonderem Schwellrost fundiert und ohne Verband stumpf an die Wand angebaut. Trotz dieser Gründungsmaßregel kommt es vor, daß sich einstöckige Gebäude im Laufe weniger Jahre um 1,5 m senken. Infolgedessen stellt man die Gebäude nicht selten auf einer Terrasse her, die aus getrockneten und mit Sand verfugten Moorziegeln besteht und deren Höhe der zu gewärtigenden Gesamtsenkung gleichgemacht wird.

Nachdem die eben aufgezählten Bauverfahren lediglich ein Auflager für die Mauern schaffen, kommt es häufig vor, daß der Boden unterhalb der Diele wegsackt. Um diesen Übelstand zu vermeiden, werden am Augstumalmoor bei Heydekrug die zu bebauenden Flächen zunächst durch 1,2 m tiefe, 0,4 m weite Lattendrainagegräben entwässert[3]). Im nächsten und übernächsten Jahr belastet man das zu bebauende Grundstück mit je einer 1 m starken Sandschüttung, die man künstlich belastet. Die erste Schichte dringt zur Gänze in den Moorboden ein, die zweite wird leidlich standfest, geht aber auch noch herunter. Die Dränage bewirkt eine

[1]) Heimbach, M.: Flachgründungen auf Schlamm und Moorboden und Rekonstruktionen mit Hilfe dieses Verfahrens. Beton und Eisen, S. 343, 370, 386. 1913.

[2]) Anlage und Bauart freistehender Gebäude in Ostpreußen. Zentralbl. d. Bauverwalt. S. 329. 1909.

[3]) Paulsdorf: Moorboden. Zentralbl. d. Bauverw., S. 423. 1904.

Senkung der Mooroberfläche um etwa 1 m und die Belastung durch Sandschüttung erzeugt eine zusätzliche Senkung um etwa 80 cm. Auf die zweiterwähnte Sandschichte kommt eine dritte, 0,5 m starke Lage, die nach vorübergehender künstlicher Belastung als Unterlage für ein brunnenkranzartiges, die Mauern unterstützendes, betoniertes Rahmenfundament dient. Ähnlich verfährt man am Augstumalmoor bei der Herstellung der Straßen (Kiesschüttung zwischen Lattendränagegräben).

Im großen Moorbruch, Kreis Labian (Südostende des Kurischen Haffes), beläuft sich die Tiefe der Moorablagerung auf 7 bis 8 m. Die Hochbauten werden dort auf Pfahlroste gesetzt und die Erfahrung hat gezeigt, daß die Holzpfähle auch oberhalb des Grundwasserspiegels nicht vermodern, sofern sich die Pfahlköpfe in einer Tiefe von 30 bis 50 cm unter der Mooroberfläche befinden[1]).

Besondere Beachtung verdient die Fundierung von Brücken auf tiefgründigen Mooren. Um die Gefahr einer nachträglichen Verschiebung der im Moorboden steckenden Gründungspfähle zu vermeiden, ist es unerläßlich, zunächst die Schüttung der Zufahrtsrampen vorzunehmen und die Schüttung über den Bauplatz der künftigen Fundamente hinaus gegen die Brückenmitte fortzuführen, so daß der Aushub für die Widerlager im angeschütteten Material stattfindet.

Nichtbeachtung dieser wichtigen Maßregel verursachte 1916 in Michigan den Einsturz der auf 15 m langen Pfählen ruhenden Widerlager einer Brücke mit 12 m Spannweite. Die Brückenpfeiler wurden vor Beginn der Schüttarbeiten hergestellt. Der durch das Gewicht der Schüttung hervorgerufene Seitendruck erzeugte zunächst eine bedeutende Verschiebung der Fundamente und schließlich deren Zusammenbruch. Die Reste verschwanden in der weichen Masse. Ein weiteres Beispiel wurde gelegentlich der Besprechung der Bodenbeschaffenheit New Yorks (S. 498) angeführt.

5. Künstliche Verdichtung von Moorablagerungen

Infolge ihrer unvollkommenen Elastizität dehnen sich die organischen Bodenarten ebenso wie die Tone nach erfolgter Verdichtung durch Belastung oder Austrocknung auch dann nur in geringem Maß aus, wenn sie späterhin entlastet oder unter Wasser gesetzt werden. Aus diesem Grund konnten z. B. beim Bau des holländischen Rheinkanales (20 m Sohlenbreite und 3,3 m Wassertiefe) die bis zu 4 m hohen Deiche aus dem an Ort und Stelle gewonnenen Material hergestellt werden[2]). Der Boden bestand aus weichem Moor oder Darg (wohl Dachnowskis breiartiger Moorboden, Tabelle 49), hatte einen Wassergehalt von 80% und schrumpfte beim Austrocknen auf ein Viertel seines ursprünglichen Rauminhaltes zusammen. Um die Wasserdichtigkeit sicherzustellen, versah man die Deiche mit einem Tonkern. Weitere Erfahrungen zeigten jedoch, daß die aus dem getrockneten Moorboden hergestellten Dammkörper auch ohne Tonkern bei einem Wasserdruck von 1,45 m beinahe wasserdicht sind.

Von der Verdichtungsfähigkeit der organischen Böden macht man zuweilen auch bei der Fundierung von Kunstbauten Gebrauch.

In Berlin mußte ein Gasbehälter mit einem Durchmesser von 38 m auf einem Untergrund errichtet werden, der von oben nach unten aus 1 m Feinsand, 3 bis 6 m sehr weichen Moorbodens und schließlich aus scharfem, dicht gelagertem Sand bestand[3]). Die Gründung erfolgte nach dem System Kompressol. Die Löcher hatten eine Tiefe von 7 m, einen oberen Durchmesser von 0,75 m und waren in gegenseitigen Entfernungen von 3 bis 4 m angeordnet. Sie wurden zuerst mit fettem Ton ausgestampft, um den Wasserzufluß zu unterbinden. Diese Operation gelang, trotzdem sich der Grundwasserspiegel 0,3 m unter der Geländeoberfläche befand. Die Verfüllung der Löcher geschah in bekannter Weise mit Steinen und Beton. Der Kubik-

[1]) Schurzholzbauten im großen Moorbruch (Kreis Labian). Zentralbl. d. Bauverw., S. 585. 1899.
[2]) Dämme und Deiche aus Moorboden. Zentralbl. d. Bauverw., S. 153. 1894.
[3]) Anwendung neuer Gründungsarten. Deutsche Bauzeitung, S. 303. 1905.

inhalt der eingebrachten Materialien belief sich auf das Fünffache des Inhaltes der Löcher. Der zwischen den Pfählen befindliche Boden war so dicht geworden, daß er nur schwer mit dem Spaten zu lösen war, während er vor der Pilotierung bis auf die Sandunterlage mit der Sondierstange durchstoßen werden konnte. Die Fundierungen für eine Brücke für die Breslau-Schweidnitz-Freiburger Eisenbahn im Odertal bei Stettin mußten auf einer „halb schwimmenden, zum Teil torfigen Moorschichte errichtet werden", welche in 8 bis 10 m Mächtigkeit auf tragfähigem Sand lagerte[1]). Um die Gefahr des seitlichen Ausknickens der durch das Moor in den Sand getriebenen Pfähle zu vermeiden, verfiel man auf das Mittel, die zwischen den Holzpfählen befindlichen Moormassen durch Sandpfähle zu verdichten. Zu diesem Zwecke wurden Blechhülsen mit einem Durchmesser von 40 cm in den Boden eingeschraubt und die so entstandenen Löcher nach erfolgter Herausnahme der Hülsen mit Sand verfüllt. Die Zahl der Sandpfähle richtete sich nach dem Widerstand des Materials. Die Festigkeit der Moorschichte wurde schließlich so groß, daß man die Hülsen nicht mehr einschrauben konnte[2]).

Günstiger gestalten sich die Verhältnisse, wenn die Natur bereits vor Inangriffnahme der Bauarbeiten die Verdichtung des Moorlagers besorgt hat.

An der Baustelle der Hafendämme für einen Fischereihafen auf der Insel Urk im Zuidersee bestand der Baugrund aus einer 4 m dicken, von Sand und Kies unterlagerten Moorschichte. Die unterhalb des Wasserspiegels befindliche Moorschichte erwies sich derart tragfähig, daß keine Veranlassung vorlag, dieselbe auszubaggern oder durch Sand zu verdrängen[3]). Die Verfestigung erfolgte offenbar durch Austrocknung während einer Periode vorübergehender Hebung des Landes, ähnlich wie die auf S. 485 erwähnte Bildung der „fossilen" Tonkrusten in Schweden.

6. Einwirkung der Moorwässer auf den Beton

Beim Bau des Abwassersammelkanales von Osnabrück (2300 m lang, Eiprofil 170 auf 130 cm bzw. 180 auf 140 cm, linkes Haseufer) wurden Sandschichten mit örtlichen Mooreinlagerungen von mäßiger Stärke durchschnitten[4]). Mischungsverhältnis der Sohle und Wangen 1:4:7, Gewölbe 1:4:6. Die Baugrube wurde nach erfolgter Betonierung mit dem Aushubmaterial verfüllt. Der Kanal kam im September 1903 in Betrieb. Im Mai 1904 entdeckte man am Innenputz stellenweise braune Flecken und Längsrisse. In der Nachbarschaft der Längsrisse war der Beton gänzlich zerstört, schillerte in allen Farben und konnte mit dem Messer geschnitten werden. Die Zerstörung ist von außen nach innen vor sich gegangen. Wäßrige Auszüge der neben und über dem Kanal entnommenen Bodenproben reagierten sauer und enthielten beträchtliche Mengen von schwefelsaurem Eisenoxydul und freier Schwefelsäure.

In der Schweiz hat die Zerstörung der Zementrohre in manchen Meliorationsbezirken einen solchen Umfang angenommen, daß eine Kommission mit der Untersuchung der Ursachen beauftragt wurde. „Die chemische Untersuchung stellte beinahe ausnahmslos für die Schädigungen in den Böden Stoffe fest, die chemische Angriffe auf Beton zeigen mußten. Als schädliche Stoffe sind erkannt worden:

1. Saure Reaktion der Böden infolge der vorhandenen ungesättigten Humusstoffe. Diese Böden reagieren auf Zement wie schwache Säuren. Kohlensäure in höheren Konzentrationen in Grundwässern führt zur vollständigen Zersetzung des Zementes, indem alles vorhandene Kalzium in Kalziumbikarbonat überführt und gelöst wird.

---

[1]) Dichtung und Tragbarmachung lockeren, aufgeschütteten Baugrundes. Zentralbl. d. Bauverw., S. 485. 1899.

[2]) Im Widerspruch mit diesen Erfahrungen versagte das Verfahren bei den Gründungsarbeiten für Durchlässe auf der Eisenbahnlinie d'Abberville nach Eu und für den Bahnhof von St. Omer zwischen Calais und Dunquerque vollständig, wohl infolge ungenügender Durchlässigkeit des Schlammbodens.

[3]) Fischereihafen auf der Insel Urk im Zuidersee. Zentralbl. d. Bauverw., S. 161. 1904.

[4]) Lehmann, F.: Der Bau des Abwassersammelkanales in Osnabrück und die in demselben beobachteten Zerstörungserscheinungen. Zentralbl. d. Bauverw., II., S. 466, 473, 511, 522. 1908.

2. Hoher Gipsgehalt in Flachmoortorfen führt zum Gipstreiben im Zement und damit zur Zerstörung.

3. Ein hoher Magnesiumgehalt in kalkreichen Böden (über 2% MgO) führt zu Betonschädigungen, deren Ursache nicht restlos aufgeklärt ist[1]."

Die Betonqualität hat nur einen Einfluß auf die Geschwindigkeit der Reaktion, aber nicht auf die Richtung derselben. Auf Grund dieser Untersuchungsergebnisse wird von der Kommission vorgeschlagen, für größere Dränageprojekte Bodenuntersuchungen zu fordern, die eine Beurteilung der für den Beton bestehenden Zerstörungsgefahr erlauben. Das beim Bau verwendete Gesteinsmaterial soll frisch sein. Als Mörtelstoff kommen nur tonerdereiche, säurefeste Zemente (Tonerdezemente, S. 225) in Betracht.

F. Straßenbaugeologie

Von Karl v. Terzaghi, Cambridge, Mass.

Die Straßenbaugeologie bildet den jüngsten und zugleich einen der schwierigsten Zweige der technischen Geologie. Ihr Ausbau wurde bisher nur in den Vereinigten Staaten von Nordamerika und von den Vereinigten Staaten von Sowjetrußland planmäßig in Angriff genommen. Die Aufgabe dieses Wissenszweiges besteht in der Untersuchung und Klassifizierung des Bodens hinsichtlich seiner Eignung als Unterlage für Kunststraßen und in der Auswahl der billigsten Straßentype, welche unter den gegebenen geologischen und klimatischen Bedingungen den Anforderungen, insbesondere des Automobilverkehres, eben noch entspricht.

Ältere Erfahrungen und Faustregeln

Die amerikanischen Bemühungen um schärfere Beurteilung der Güte des Straßenuntergrundes erstrecken sich bereits über einen Zeitraum von etwa fünfzehn Jahren. Unter den Erfahrungen, die während dieses Zeitraumes gemacht wurden, wären etwa die folgenden hervorzuheben: In Cleveland, Ohio, gingen Ziegelstraßen mit 15 cm starkem, betoniertem Unterbau auf Ton im Laufe weniger Jahre zugrunde, während sich ähnlich konstruierte Straßen auf tonarmen Böden, mit 10 cm starkem Unterbau sehr gut bewähren. Eine Zustandsanalyse in Kalifornien (2000 km) hat ergeben, daß sich sämtliche auf Sandböden fundierte Straßen in tadellosem Zustand befinden. 76% der mit Defekten behafteten Straßenlänge liegen auf Tonböden und auf sehr feinkörnigen Sandböden (Adobe) und 24% auf Lehm. Aus diesen und ähnlichen Erfahrungen glaubte man den Schluß ziehen zu können, daß die Güte des Untergrundes in erster Linie von der Menge und der Beschaffenheit der feinsten Bodenbestandteile abhänge und gelangte auf Grund dieser Voraussetzung zu gewissen empirischen Regeln, mit deren Hilfe man aus den Ergebnissen von Laboratoriumsversuchen auf die Güte des Straßenuntergrundes zu schließen versuchte. Diese Regeln werden heute noch in manchen Teilen der Vereinigten Staaten befolgt. So kam man z. B. im nordwestlichen Teil der Vereinigten Staaten zu dem Schluß, ein Untergrund sei gut, zweifelhaft oder schlecht, je nachdem sich sein Feuchtigkeitsäquivalent auf 20, 20 bis 30 oder mehr als 30 belaufe. Falls es den Wert 30 überschreitet, hält man es für nötig, Sand, verwitterten Granit oder ähnliche grobkörnige Materialien mit dem Untergrund der künftigen Straßendecke zu vermengen. Auch die Eignung eines Bodens für den Auftrag wird auf Grund des Feuchtigkeitsäquivalentes beurteilt (Kalifornien). Auf Böden mit hohem Feuchtigkeitsäquivalent und

[1]) Wiegner G. und Geßner: Der heutige Stand der schweizerischen Forschungen über die Korrosionserscheinungen an Zementröhren in Meliorationsböden. Auszüge der Verhandlungen des Ersten Internationalen Kongresses für Bodenkunde, Washington D. C., Juni 1927. VI. Kommission, S. 19.

mit hohen Schrumpfwerten werden betonierte Straßendecken armiert (Oregon). Auf Böden mit linearen Schrumpfwerten von mehr als 5% erhält die feste Straßendecke eine aus Grobsand bestehende Unterlage, deren Dicke je nach dem Feuchtigkeitsäquivalent 6 bis 25 cm beträgt (Hogentogler).

Neuere Erfahrungen und Arbeitsmethoden

Die Erfahrungen der letzten Jahre haben einwandfrei dargetan, daß die Lebensdauer der Straßen nicht nur vom Rohmaterial des Untergrundes, sondern auch in hohem Maße von dem Zustand, in dem sich der Boden in der Natur befindet, und von den Grundwasserverhältnissen abhängt. Dieser Zustand ändert sich nicht nur mit der Art der Vegetationsbedeckung, sondern auch mit den Jahreszeiten.

An einer Straße des Staates New York wurde die Beobachtung gemacht, daß die Straßendecke in den Einschnitten des aus Ton bestehenden Geländes gänzlich zerbrochen ist, während sie auf den mit Aushubmaterial hergestellten Anschüttungen unversehrt blieb. An einigen anderen Straßen, die ebenfalls „toniges“ Gelände durchziehen, wurde die entgegengesetzte Erfahrung gemacht.

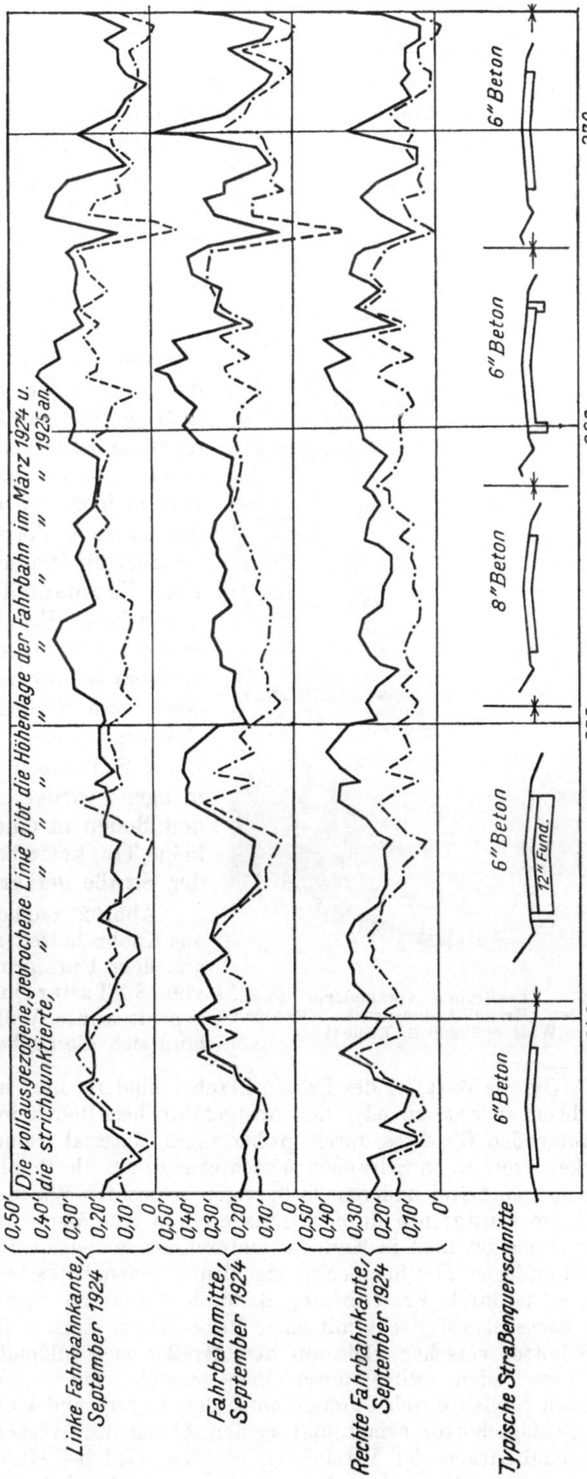

Abb. 326. Hebung und Verformung einer betonierten Kunststraße durch Frostwirkung. (Lanesboro-Versuchsstraße bei Albany, N. Y. Maximale Hebung 14 cm.) (Nach N. S. Bureau of Public Roads)

Nachdem uns die Laboratoriumsversuche nur über das Rohmaterial des Bodens aufklären, müssen die Versuchsergebnisse durch Beobachtungen im Gelände ergänzt werden.

So kann z. B. derselbe Ton in der Natur nahezu wasserdicht oder aber von Wurzelröhren und anderen Öffnungen durchsetzt sein, in denen das Wasser frei zirkulieren kann.

Abb. 327. Erweiterung vorhandener Fugen durch den Kristallisationsdruck frierenden Wassers (nach S. Taber)

Eine wichtige Rolle spielen die von der Beschaffenheit des Rohmaterials unabhängigen Existenzbedingungen des Bodens auch beim Zustandekommen der Frostwirkung auf Straßen[1]).

In manchen Teilen der nördlichen Vereinigten Staaten hebt sich die Straßendecke unter dem Einfluß des Frostes um Beträge bis zu 30 cm (Abb. 326). Die im Gang befindlichen Forschungen haben bereits gezeigt, daß diese Hebung nur zum kleinen Teil auf die Raumzunahme des in den Poren des Bodens aufgespeicherten Wassers zurückzuführen ist. Der Hauptanteil des in Form von wagrechten Eisschichten verschiedener Stärke und Ausdehnung eingelagerten Wassers ist von unteren Bodenschichten oder vom Grundwasser während des Gefrierprozesses hochgesogen worden. Beim Schmelzen werden diese Wassermengen wieder frei und verwandeln den Boden in eine breiartige Masse, die keine Tragkraft besitzt und den Bestand der Straße gefährdet.

Abb. 327 zeigt die Aderbildung an einem aus Kaolin bestehenden Bodenzylinder, der aus dem Untergrund herausgestanzt und von S. Taber in ungestörtem Zustand geprüft wurde. Während des Versuches befand sich die Probe in einem zylindrischen

[1]) Um die Wirkung des Frostes herabzumindern, muß man entweder den Boden hinreichend entwässern oder den frostgefährlichen Boden in der Nachbarschaft des zu schützenden Objektes durch grobkörniges Material (reinen Sand, Schotter oder Schlacke) ersetzen. In Schweden schachtet man um die Fundamente Gräben aus, die mit Asche, Torf und anderen großporigen schlechten Wärmeleitern gefüllt sind und die an der Frostgrenze durch Dränageröhren entwässert werden. Bei Eisenbahnbauten vermeidet man in Kanada, undurchlässiges neben durchlässiges Schüttungsmaterial zu legen. Die Straßenbauingenieure Neuenglands behaupten, die Zerstörung der Straßen durch Frostwirkung dadurch bedeutend verringern zu können, daß sie die harte Straßendecke mit einer 10 bis 30 cm starken Unterlage von Grobsand oder Schotter versehen. Die auf den Straßen sich bildenden Frostbeulen werden durch verschiedene Mittel unschädlich gemacht, indem man an den als kritisch bekannten Stellen durch Sprengschüsse den Untergrund lockert oder in den Untergrund Schlagschotter bringt und so den Abzug des Wassers fördert. In manchen Straßenbaubezirken der Vereinigten Staaten wird bei einsetzendem Tauwetter in sandigen Böden Wasserdampf in den Untergrund geleitet.

Behälter mit wärmeisolierender Wandung. Das untere Ende der Probe tauchte in ungefrorenes Wasser, während das obere Ende der Probe in einem Kälteraum eingebaut war. Das zur Bildung der dicken Eiszwischenlagen erforderliche Wasser wurde offenbar aus dem Wasserbehälter durch den Ton hindurch nach den Kristallisationszentren gesogen (S. Taber).

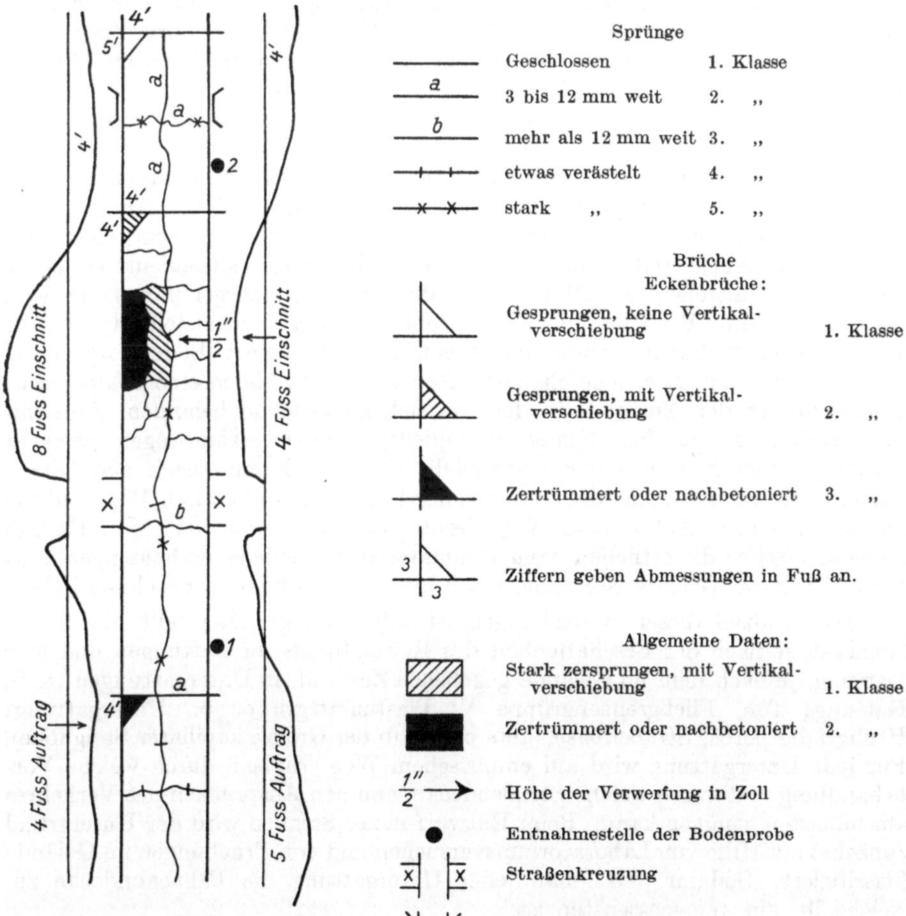

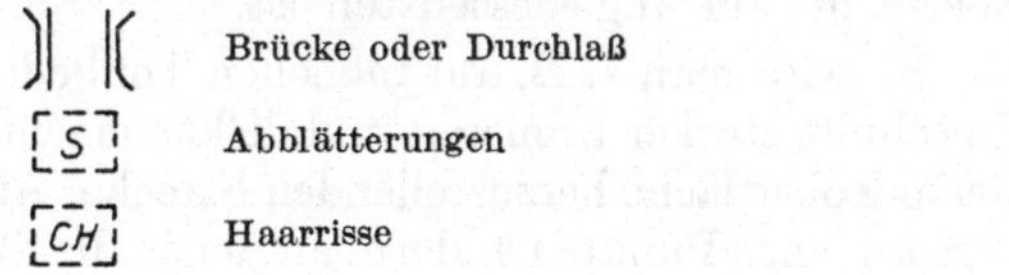

Abb. 328. Konventionelle Zeichen zur Darstellung von Defekten an Betonstraßen (nach U. S. Bureau of Public Roads)
Ausdehnungsfugen sind im Plan durch gerade Querstriche dargestellt

A. Casagrande (Bureau of Public Roads, U. S. A.) konnte zeigen, daß bei sandigen Böden der Betrag der Hebung der Straßendecke ungefähr der Gesamtsumme der Dicke der einzelnen Eislagen gleichkommt. Die Kristallisationszonen werden aus dem Grundwasservorrat durch kapillaren Wassernachschub gespeist. Falls daher die Gefrierzone oberhalb der Grenze kapillarer Steigung liegt oder falls infolge geringer Durchlässigkeit des Bodens ein freies Grundwasser überhaupt nicht vorhanden ist, können sich übermäßige Frosthebungen nicht einstellen.

Unter den eben geschilderten Verhältnissen kann von einer eindeutigen Beziehung zwischen der Güte des Straßenuntergrundes und den Ergebnissen der an gestörten Bodenproben vorgenommenen Versuchen gar nicht die Rede sein. Um den Einfluß der im Gelände herrschenden Bedingungen (Zustand des Bodens im Gegensatz zur Beschaffenheit des Bodenmaterials) auf die Beanspruchung der Straßen kennen zu lernen, bedient man sich der „Zustandsanalyse“ (condition survey). Man wählt geeignete Straßenzüge mit bekannter Vorgeschichte und Beanspruchung, stellt bis ins einzelne den Erhaltungszustand der Straße fest (Abb. 328) und registriert alle Faktoren, die den Zustand der Straße beeinflußt haben könnten (Bodenprofil, physikalische Eigenschaften des Rohmaterials der einzelnen Bodenhorizonte, Bodenstruktur, Grundwasserverhältnisse, Niederschlags-, Temperatur- und Frostverhältnisse usw.). Die Analyse führt zu einer Arbeitshypothese hinsichtlich der Ursache der an der Straße wahrgenommenen Änderungen und die Hypothese wird entweder bei der nächsten Analyse oder im Versuchsweg, an Versuchsstraßen, überprüft und berichtigt. Obendrein sichert man sich zusätzliche Daten auf folgendem Weg: Die Sektionsingenieure berichten nach der Zentralstelle über auffallende, an ihren Straßen wahrgenommene Defekte und belegen ihre Berichte mit Bodenproben. In der Zentralstelle werden die Bodenproben im Laboratorium untersucht und klassifiziert. Böden, welche im Laboratorium nahezu gleiche Eigenschaften aufweisen, bilden eine Klasse, ohne Rücksicht auf den Zustand, in dem sie sich im Gelände befanden. Falls mit zwei Böden der gleichen Klasse verschiedene Betriebserfahrungen gemacht wurden, sendet man von der Zentralstelle einen Fachmann nach den betreffenden Strecken und stellt die Ursachen der Verschiedenheit durch Beobachtung im Gelände fest. Auf diesem Wege lernt man nach und nach den Einfluß kennen, welchen die örtlichen, vom Rohmaterial des Bodens unabhängigen Faktoren (Struktur, Grundwasserstand usw.) auf die Straßenbeanspruchung haben.

Das Endziel dieser Bestrebungen ist offenkundig. Man teilt die Böden zunächst, je nach der Beschaffenheit des Rohmaterials, in Gattungen und jede Gattung, je nach dem im Gelände gegebenen Zustand, in Untergattungen (z. B. Gattung: Ton, Fließgrenzengruppe V, Plastizitätsgruppe 6. Untergattung: Hochgradig porös, Straßenbasis stets oberhalb der Grenze kapillarer Steighöhe). Für jede Untergattung wird auf empirischem Weg erhoben, durch welche Vorbehandlung und durch welche Straßendecke man den Ansprüchen des Verkehres am billigsten genügen kann. Beim Entwurf neuer Straßen wird der Untergrund zunächst mit Hilfe von Laboratoriumsversuchen und von Erhebungen im Gelände klassifiziert. Sodann weist man jeder Untergattung die Fahrbahndecke zu, welche ihr am angemessensten ist.

So wird man z. B. auf manchen Tonböden eine betonierte Straßendecke im Einschnitt stärker armieren und dicker machen als in der benachbarten, auf der Geländeoberfläche herzustellenden Strecke. Auf Siltböden wird man die Straßentype an jenen Punkten ändern, an denen die Straßenbasis in das Gebiet möglicher kapillarer Steigung des Grundwassers gelangt. Bei betonierten Straßen beziehen sich die Änderungen der Type nicht bloß auf die Dicke der Betondecke und den Perzentsatz der Armierung, sondern auch auf den Maximalabstand der Querfugen.

Organisation. In der Straßenbaugeologie besteht die Leistung des Einzelforschers lediglich in der Festlegung der Richtlinien für die Kollektivarbeit und im Ziehen der Schlußfolgerungen. Der Schwerpunkt der Arbeit liegt jedoch in der gewissenhaften Erhebung einer großen Zahl von Einzeltatsachen durch Organisationen, deren Tätigkeit sich über das Straßennetz des ganzen Landes erstreckt und die bei ihren Untersuchungen nach einheitlichem Programm verfahren.

In den Vereinigten Staaten liegt die Oberleitung der Forschungsarbeit in den Händen des Regierungsamtes für öffentliche Straßen (Bureau of Public Roads). Das

Bureau unterhält in Arlington, Va., ein bodenkundliches Laboratorium für die Durchführung der laufenden Bodenuntersuchungen, während die bodenkundliche Forschungsarbeit in den Laboratorien des Massachusetts Institute of Technology in Cambridge, Mass., geleistet wird. Die Arbeitsprogramme für die Arbeiten im Gelände werden von der Zentralstelle in Washington unter Mitwirkung des Ausschusses für Straßenbauforschung (Highway Research Board) des nationalen Forschungsrates (National Research Council) ausgearbeitet.

Die vom Ausschuß genehmigten Arbeitsprogramme werden zunächst an Straßenzügen und Versuchsstraßen in der Nachbarschaft von Washington D. C. durch Vertreter des Bureaus ausprobiert und dann in den verschiedenen Staaten durch die Ingenieure der staatlichen Straßenbauverwaltungen unter Mitwirkung geschulter Arbeitskräfte der Zentralstelle ausgeführt. Die Zustandsanalyse bestehender Straßenzüge umfaßt folgende Arbeitsleistungen:

1. Vorerhebung. Begehung der wichtigsten Straßenzüge durch Vertreter der Zentralstelle und Auswahl der Strecken, die sich für die Zustandsanalyse am besten eignen.

2. Begehung der ausgewählten Strecke durch den Straßenbauingenieur und den Bodenkundler, Verfassung eines Vorberichtes über den Erhaltungszustand der Straße, über die geologischen und hydrographischen Verhältnisse im Straßenbereich.

3. Einmessung und Registrierung der Straßendefekte, Abbohren des Untergrundes zu beiden Seiten der Straße bis zu einer Tiefe von 1,5 m, Herstellung der Bodenprofile und Verpacken der Bodenproben.

4. Bodenuntersuchung im Laboratorium, Verarbeitung der Beobachtungsergebnisse.

Bei der Verfassung des Vorberichtes (2) sowie bei der Herstellung der Bodenprofile (3) bedient man sich unter anderem der Daten, welche in den Bodenkarten des Amtes für Bodenkunde (Bureau of Soils) niedergelegt sind. Nachdem die weitgehende Berücksichtigung der geologischen Verhältnisse des Straßenbaugeländes erst seit etwa zwei Jahren datiert, sind die Arbeitsmethoden noch nicht im einzelnen festgelegt. Sie werden derzeit in Verbindung mit einer Zustandsanalyse in Maryland und mit einer Versuchsstraße in Virginia (Crane Highway) durchgebildet.

In Rußland liegt die geologische Straßenbauforschung in den Händen des im Jahre 1924 gegründeten Straßenbau-Forschungsbureaus der völkischen Zentralstelle für Verkehr und Verkehrswege. Dieses Bureau umfaßt Abteilungen für Bodenuntersuchung, wirtschaftliche Erhebungen, straßenbautechnische Forschung und Zustandsanalysen. Während man jedoch in den Vereinigten Staaten das Hauptgewicht auf das Studium der kostspieligen Automobilstraßen erster Ordnung legt, beschäftigt man sich in Rußland vornehmlich mit den billigeren Straßentypen (Khmyznikow).

In Deutschland scheint sich die Aufmerksamkeit der Straßenbauingenieure noch ziemlich ausschließlich auf die konstruktive Durchbildung der Fahrbahn zu beschränken. Die Versuchsstraßen dienen vornehmlich dem Zwecke der Beurteilung der relativen Güte verschiedener Deckenbauten.

Literatur: Eine zusammenfassende Darstellung des gegenwärtigen Standes der straßenbaugeologischen Forschung findet sich in Hogentogler, C. A. und Terzaghi, Ch., Interrelationship of Load, Road and Subgrade. Public Roads, 1929. Siehe auch: Terzaghi: Concrete Roads — a problem of foundation Engineering. Journal Boston Society of Civ. Eng., Mai 1927. — Terzaghi: The methods and possibilities of Road Soil Investigations. Proceedings of Sixth Annual Meeting of Highway Research Board, National Research Council. Washington. 1926. — Rose, A. C.: Practical Tests for Subgrade Soils. Public Roads, August 1924. Siehe auch Terzaghi: Simplified Soiltests for Subgrades and their physical Significance. Public Roads, November 1926. — Terzaghi: The first International Soil Congress and its Message to the Highway Engineer. Public Roads, 1927. — Terzaghi, C. A.: Hogentogler und A. M. Wintermyer, Present Status of Subgrade Testing, Public Roads, 1928. — Bates experimental road. State of Illinois, Dept. of Public works, Division of Highways, Bulletin Nr. 18. 1922. — Report on Highway Research at Pittsburgh, California, 1921/22. — Report of a Study of the California Highway

System by the U. S. Bureau of Public Roads to the California Highway Commission and Highway Engineer. 1920. — Hogentogler, C. A., Mullis, J. B. and A. C. Benkelmann: Subgrade Studies of the U. S. Bureau of Public Roads. Proc. of the sixth ann. Meeting of the Highway Research Board, Washington D. C. 1926, S. 113—133. — Khmyznikov, P. K.: Verfahren für die Kartierung der Bodenformationen für Straßenbauzwecke. Geomorphologische und Pedobotanische Karten der Saratov Kolonie bei Leningrad, für Straßenbauzwecke. — Makarevitch, V. S.: Die Straße als Studienobjekt des Geographen. Vergleiche auch die Schriften der Herren D. P. Krynine, A. E. Nazarenko (Über die Wahl der Zuschlagsstoffe für die Verbesserung ungünstigen Untergrundes), B. V. Gervais und V. V. Nikitin. — Straßenbauhefte 1 bis 4 der Zeitschr. des Österr. Ing.- und Arch.-Ver., 1926 und 1927.

Angaben über Frostwirkung finden sich unter anderem in folgenden Veröffentlichungen: Ingersoll-Zobel: Mathematical Theorie of Heatconduction. Ginn and Co. Boston. 1913. Angaben über die im Boden herrschenden Temperaturverhältnisse finden sich in der bodenkundlichen Literatur. Siehe z. B. Ramann, Bodenkunde, 3. Aufl. 1911. S. 403, Wärmeaustausch im Boden. — Gründungsarbeiten in Sibirien, Zeitschr. d. Ver. deutsch. Ing., 1905, I., S. 535. — Wintermyer, A. M.: Percentage of water freezable in soils. Public Roads, Vol. 5. 1924, Nr. 12. — Boyoucos, G. J.: The amount of unfree water in soils at different moisture contents. Soil Science, Vol. XI., Jan. — June 1921, S. 255—260. — Taber, S.: Ice Formation in Clay Soils will lift Surface Weights. Eng. News-Rec., Bd. 80, S. 262—263. Siehe auch Pressure Phenomena accompanying the growth of crystals. Proc. of the Nat. Academy of Sciences. Vol. 3, S. 297—302, April 1917. — The Growth of Crystals under external Pressure. American Journal of Sciences, 4th Series. Vol. 41, S. 532—556. — Surface Heaving caused by Segregation of Water, forming Ice Crystals. Eng. News-Rec., Vol. 81, S. 683—684. — Terzaghi: The Science of foundations, its present and future. Proc. of the Am. Soc. of Civ. Eng., November 1927. — Gilkey, H. J.: Freezing Ground acts like hydraulic jack. Eng. News-Rec., Vol. 79, S. 360—361. — Wykoff, L. B.: Some Observations on Effect of Frost in raising Weights. Eng. News-Rec., Vol. 80, S. 627—628. — Norton, C. D.: Water Expansion in Ground Cause of Heaving in Winter. Eng. News-Rec., Vol. 80, S. 1058. — Cready, Mc.: Action of Frost in Heaving Concrete Pier. Eng. News-Rec., August 30, 1923, S. 360. — Dahlbert, G.: Action of Frost on Fundation. Eng. News-Rec., Vol. 91, 8. Nov. 1923, S. 776. — Rosenwald, W. F.: Minnesota Fights „frostboils“ with live steam Eng. News-Rec., 1927, I., Vol. 98, S. 29.

XII. Das Wasser

Von R. Kampe, Karlsbad-Prag

Alles Leben stammt letzten Endes aus dem Wasser und Wasser ist eine der wichtigsten Voraussetzungen für den Fortbestand des Lebens. Der menschliche Körper besteht zu mehr als 60% aus Wasser, es ist der Vermittler seines Stoffwechsels, des Lebensprozesses. „Wir leben in Wasser, und zwar in fließendem“ (Haidenhein). Der stete Ersatz des verbrauchten organischen Wassers ist eines unserer stärksten Bedürfnisse. Aber weit über dieses Bedürfnis hinaus benötigt der Kulturmensch Wasser; im Dienste der Hygiene, als Land- und Forstwirt, zu zahlreichen Zwecken der Industrie usw.

Das Wasser hat durch den hervorragenden Anteil, den es bei der Entwicklung der Erdrinde nahm, auf den Charakter der leblosen Natur sowohl, als auch der organischen Welt im weitestgehenden Maße bestimmend gewirkt. Hiebei spielten seine eigentümlichen physikalisch-chemischen Eigenschaften die gleich wichtige Rolle wie noch heute für alles Naturgeschehen: Die Abhängigkeit des Wasservolumens von der Temperatur zeigt ein von ähnlichen Verbindungen völlig abweichendes Gesetz. Wasser besitzt bei 4° C ein Dichtemaximum; sinkt die Temperatur unter diesen Wert, so erleidet es eine Volumenzunahme, beim Übergang in den festen

Aggregatzustand sprungweise um 9,1%. Die hiedurch erzeugte Sprengwirkung (mit maximal 2500 Atmosphären Druck) des gefrierenden Porenwassers der Gesteine ist eine der Ursachen der Verwitterung derselben und damit der allmählichen Abtragung der Gebirge. Dieses abnorme Dichte-Temperatur-Gesetz ermöglicht auch die Bildung der Eisdecken der Gewässer und verhindert das Erstarren vom Grunde auf, war also eine Voraussetzung für die Entstehung alles Lebenden.

Das Wasser besitzt gegenüber anderen Stoffen eine sehr hohe spezifische Wärme (die zehnfache des Eisens, dreißigfache des Quecksilbers). Alle Wasseransammlungen, insbesondere die Ozeane, bilden daher Wärmespeicher, ohne deren regulierende Wirkung die Temperaturschwankungen der Erdoberfläche viel schroffer wären. Auch die außerordentlich hohe Schmelzwärme (80 Kalorien) und Verdampfungswärme (536 Kalorien) des Wassers haben an dieser Klimaregulierung Anteil. Auf der Tatsache, daß der Schmelzpunkt des Eises bei steigendem Drucke sinkt, beruht die als „Regelation" bekannte Erscheinung, welche die Gletscherbildung und -bewegung mit ihren zahlreichen Auswirkungen auf die Erdkruste erklärt.

Das Wasser ist eines der allgemeinsten Lösungsmittel für die verschiedensten festen und gasförmigen Stoffe. Daher ist das in der Natur vorkommende Wasser nie rein, sondern enthält stets mineralische und auch organische Stoffe und Gase in Lösung; infolgedessen spielt es häufig den Vermittler chemischer Umsetzungen. Auch durch diese Eigenschaft nimmt es großen Anteil an der Abtragung, aber auch am Wiederaufbau neuer Erdschichten.

Der Gesamtreichtum unseres Planeten an Wasser wird auf 13 bis 1500000000 Kubikkilometer geschätzt, das ist auf zirka $^1/_{730}$ des Erdvolumens[1]). Hievon bildet der größte Teil die Ozeane und Meere und nur zirka $^1/_{4000}$ (nach Halbfaß) die in den Flußläufen bewegte Menge. Doch ist dieses „Oberflächenwasser" für viele menschliche Bedarfszwecke nicht geeignet oder örtlich nicht erreichbar; man mußte sich daher jenes Wasser nutzbar machen, das die weitestgehende örtliche Verbreitung mit geeigneter Qualität verbindet: das Bodenwasser. Aufgabe des Ingenieurs ist es, dieses Untergrundwasser zu suchen und durch geeignete Fassungs- und Gewinnungsanlagen dem menschlichen Bedarfe zuzuführen.

A. Chemie der natürlichen Wässer

Das Wasser ist eines der allgemeinsten Lösungsmittel. Es gibt daher kein natürlich vorkommendes chemisch reines Wasser, denn in der Natur bietet sich ihm überall Gelegenheit, Stoffe zu lösen.

1. Meteorwässer

Selbst das durch den Verdunstungsprozeß gereinigte Wasser der Atmosphäre nimmt bei seiner Kondensation allsogleich feste und gasförmige Stoffe derselben in Lösung. Die Gase sind im Niederschlagswasser nicht entsprechend ihrem Mischungsverhältnis in der Atmosphäre, sondern nach ihrem Absorptionskoeffizienten gelöst; während in der Luft Stickstoff, Sauerstoff, Argon und Kohlensäure im Raumverhältnisse 1 : 0,27 : 0,012 : 0,00038 gemischt sind, enthält sie ein mit der Luft im Lösungsgleichgewicht stehendes Niederschlagswasser bei normaler Temperatur im Verhältnisse 1 : 0,55 : 0,029 : 0,025, die Kohlensäure also in der 66fachen Menge.

1 l Wasser von 10° C, der mit der atmosphärischen Luft bei 760 mm Barometerstand im Gleichgewicht steht, enthält (nach Grünhut) rechnungsmäßig:

	14,5 cm^3	= 17,5 mg	Stickstoff,
	7,97 „	= 11,00 „	Sauerstoff,
	0,42 „	= 0,73 „	Argon,
	0,36 „	= 0,68 „	Kohlensäure;
ferner	0,00007 cm^3		Helium,
	0,00002 „		Wasserstoff,
	0,1mal 10^{-16} cm^3		Radiumemanation.

[1]) Krümmel, Penck, Wagner usw.

In verhältnismäßig großen Quanten finden sich im Niederschlagswasser:

Ammoniak, und zwar in den Grenzen 0,1 bis 5 mg/l, meist zwischen 1 bis 2 mg/l,

Salpetersäure bis zu 1 mg/l,

Schwefelsäure normal 2 mg/l, in der Nähe von Industriezentren jedoch 20 bis 30 mg/l, ausnahmsweise mehrere 100 mg/l.

Auch feste Stoffe gehen aus den in der Luft schwebenden Teilchen in Lösung, so insbesondere Lösungsbestandteile des Meerwassers; endlich enthält auch schon das Meteorwasser lebende Keime (Bakterien, Schimmelpilze usw.).

2. Chemische Beschaffenheit des Bodenwassers

Während des Versickerns und der Zirkulation im Boden erfährt das Niederschlagswasser weitgehende Veränderungen. Der Gehalt an Ammoniak geht rasch zurück; er wird von den meisten Bodenarten adsorbiert und von den nitrifizierenden Bodenbakterien in Nitrat-Ion umgewandelt. Der Kohlensäuregehalt erfährt eine Anreicherung, da die Porenluft des Bodens viel reicher an Kohlensäure ist als die atmosphärische; Smolensky fand im Untergrund von München 102, v. Fodor unter Klausenburg bis 143 Raumtausendstel Kohlensäure.

Die innige Berührung des Bodenwassers mit den Gesteinen des Untergrundes bietet ihm Gelegenheit zur weiteren Aufnahme gelöster Bestandteile, wobei die absorbierten Gase die Lösung durch chemische Umwandlungen begünstigen können.

Auch organische Stoffe nimmt das Bodenwasser in Lösung, insbesondere aus Moor- und Torfböden und jüngeren Braunkohlen, aus welchen auch eine Anreicherung mit Ammoniak erfolgen kann. Alle Bodenwässer enthalten fast ausnahmslos: Kieselsäure, Natrium-, Kalzium-, Magnesium-, Chlor-, Sulfat- und Hydrokarbonat-Ion, nur das gegenseitige Verhältnis der Bestandteile schwankt erheblich je nach dem Gesteinscharakter des Trägers. Wir finden z. B.:

im Salzgebirge	vorwiegend	Natrium- und Chlor-Ion,
,, Gips	,,	Kalzium- und Sulfat-Ion,
,, Kalk	,,	,, ,, Hydrokarbonat-Ion,
,, Dolomit	,,	,, , Magnesium- und Hydrokarbonat-Ion.

Das Bodenwasser in vorgenannten Gesteinen ist immer reich an Mineralstoffen; man findet durchschnittlich Konzentrationen von 300 bis 500 mg/l Abdampfrückstand, oft auch viel höhere, während die Wässer der Silikatgesteine, Quarzite, Sandsteine mineralärmer sind (höchstens 100 mg/l Abdampfrückstand). Steigt der Mineralgehalt eines Wassers über 1000 mg/l, so bezeichnet man es als Mineralwasser (siehe S. 610). Über die Veränderungen, welche das Bodenwasser unter bewohnten Gebieten durch menschliche und tierische Ausscheidungen, Abfallstoffe gewerblicher Anlagen usw. erleidet, siehe Kapitel Wasserversorgung, S. 630.

Hinsichtlich des Bakteriengehaltes des Bodenwassers ist die Unterscheidung in „Unterirdische Wasserläufe“ und „Grundwasser“ von Wichtigkeit. Während bei den ersteren die Möglichkeit eines Keimgehaltes immer vorausgesetzt werden muß, ist das Grundwasser nur nahe der Oberfläche reich an Bakterien. In der Tiefe — die Grenze liegt bei unberührten Schichten zirka 1,5 m, bei gestörtem Boden etwas tiefer — ist der Boden und das von ihm getragene Grundwasser keimfrei. Alles vorstehend über den Chemismus des Bodenwassers Gesagte gilt, da Quellen nichts anderes sind als oberflächliche Ergußstellen von Bodenwasser, auch für den chemischen Charakter des Quellwassers.

3. Flußwasser

Der chemische Charakter des Flußwassers unterscheidet sich von dem des Bodenwassers um so mehr, je wasserreicher der Fluß und je länger der vom Wasser an der Oberfläche zurückgelegte Weg ist. Da sich größere Flüsse meist aus petrographisch verschiedenen Gebieten ernähren, besitzt ihr Wasser weniger regionären Charakter. Flußwasser enthält verhältnismäßig viel suspendierte Teilchen, die eine mehr oder weniger intensive Trübung erzeugen; der Gehalt an organischen

Substanzen ist verhältnismäßig groß. Hochwasser vermindert infolge der Verdünnung durch Meteorwasser, Schneeschmelzwasser, die Konzentration, während durch die erhöhte Geschwindigkeit die Menge der Schwebestoffe und durch die Überflutungen der Gehalt an organischen Stoffen erhöht wird. Unter den Lösungsstoffen wasserreicher Flüsse herrscht zumeist Kalziumkarbonat vor; des weiteren findet sich Kalziumsulfat, Chlornatrium, Magnesiumsulfat und -karbonat. In wasserarmen Gebieten tritt der Kalkgehalt zurück. Flußwasser ist relativ arm an Kalium und Kieselsäure.

Charakteristisch ist der hohe Sauerstoffgehalt des Flußwassers; es ist mit diesem Gase zumeist entsprechend seinem Partialdruck in der Atmosphäre gesättigt, öfters übersättigt. Ursache hiefür ist die Ausscheidung von Sauerstoff durch die chlorophyllhaltigen Pflanzen, insbesondere der Algen, während des Assimilationsprozesses. Da dieser wiederum von der Lichtintensität abhängig ist, steigt der Sauerstoffgehalt der Flüsse bei heiterem Wetter erheblich. (In der Oder bei Breslau erreicht er nach mehrtägiger Sonnenbestrahlung den fünffachen Wert des Minimums.) Durch den Sauerstoffverbrauch der oxydierbaren organischen Substanzen findet ein beständiger Abbau des Sauerstoffgehaltes statt; der Sättigungsgrad ist daher ein Kriterium der Reinheit des Wassers. Da der Oxydationsprozeß auch noch nach der Entnahme vor sich geht, verringert sich allmählich der Sauerstoffgehalt der Wasserproben. Diese auf die Zeit bezogene „Sauerstoffzehrung" dient als ungefähres Maß der Verunreinigung.

Eine Hauptquelle der Verunreinigung bilden die in den Fluß geleiteten Abwässer verschiedener Herkunft. Unter diesen haben die Abwässer aus Ortschaften im allgemeinen noch geringen Einfluß auf die chemische Zusammensetzung; nach Spitta läßt sich dieser erst nachweisen, wenn das Abwasser mehr als $^1/_{100}$ der Flußwassermenge beträgt. Frank fand im Spreewasser ober- und unterhalb Berlins im Jahre 1906 folgende Extremwerte:

Tabelle 50

	Abdampfrückstand	Ammonium-Ion	Chlor-Ion	Kaliumpermanganatverbrauch[1])
Spreewasser vor Berlin, Minimum und Maximum	137,5—200	Spur—1,75	14,5—28,4	13,7—34,1
In und unterhalb Berlin, Maximum	200—235	0,75—4,0	17,4—36,3	18,0—38,1

[1]) Der Verbrauch des Oxydationsmittels Kaliumpermanganat gibt ein Maß der enthaltenen organischen Bestandteile.

Ganz erheblich aber vermehren die Abwässer der Ortschaften den Gehalt an organischen Keimen. Schon reines Flußwasser besitzt verhältnismäßig hohen Keimgehalt; unterhalb größerer Orte steigt derselbe ins Vielfache. Frank fand schon 1886 in der Spree oberhalb Berlins 750 bis 170000, in Berlin 5400 bis 154000 Keime im Kubikzentimeter.

Die Flüsse besitzen das Vermögen, die Verunreinigungen in gewissem Grade abzubauen („Selbstreinigung"). Die Selbstreinigung beruht teils auf gewissen chemischen Prozessen („chemische" Selbstreinigung), teils wird sie durch den Lebensprozeß der Wasserorganismen bewirkt („biologische" Selbstreinigung). Zur chemischen Selbstreinigung gehört die Neutralisierung freier Säuren durch die gelösten Alkali- und Erdalkalikarbonate, die Oxydation löslicher Eisenoxydul- zu unlöslichen Eisenoxydulverbindungen usw. Als Beispiel der chemischen Selbstreinigung dienen die Untersuchungen des Oderwassers bei Breslau von Fr. Hulwa:

Tabelle 51

	Gesamter Rückstand	Ammoniak	Albuminoid-Ammoniak	Permanganatverbrauch
Oberhalb Breslau	169	0,07	0,24	16,7
Nach Einmündung der Kanäle	533	10,34	2,98	98,2
14 km unterhalb Breslau.....	194	0,17	0,30	23,1

Von größerer Bedeutung ist die biologische Selbstreinigung. Eine große Zahl der im Wasser lebenden mikroskopisch kleinen Pflanzen und Tiere schöpfen ihre Nahrung aus faulenden organischen Substanzen und veranlassen auf diese Weise ihre Zerstörung. Für jeden Grad der Verunreinigung bzw. der Reinigung sind gewisse Arten dieser Lebewesen charakteristisch, so daß das Vorkommen dieser „Leitorganismen" Rückschlüsse auf die Qualität des Wassers erlaubt. Kolkwitz und Merson haben auf diese Tatsache eine Zonenteilung im normalen Fortschritt der biologischen Selbstreinigung aufgebaut. Sie unterscheiden:

1. Die Abwässerzone, reich an Spaltpilzen (Bakterien), auch Schwefelbakterien und gewissen Protozoen (Flagellaten, Ziliaten). Die Zahl der Bakterien kann mehrere 100 000 im Kubikzentimeter betragen. Abbau der hochzusammengesetzten organischen Verbindungen: Eiweiß, Fette, Kohlehydrate. Es bilden sich Kohlensäure, Schwefelwasserstoff, der Schlamm enthält daher Schwefeleisen. Starker Sauerstoffmangel, keine Fische. Längere Flußstrecken dieses Charakters sind selten.

2. Die Übergangszone. In ihrer ersten Hälfte treten zu den vorigen Organismen chlorophyllführende Pflanzen, die durch Sauerstoffabgabe Oxydationsprozesse einleiten. Bakteriengehalt noch mehrere 100 000 im Kubikzentimeter. Eiweißstoffe sind abgebaut. In der zweiten Hälfte dieser Zone sinkt die Bakterienzahl unter 100 000. Von Pflanzen treten Grünalgen und Kieselalgen (Diatomeen) in großer Mannigfaltigkeit auf, die Fauna belebt sich mit Wurzelfüßlern, Rädertierchen, Würmern, Krebschen und Mollusken. Das reiche Kleinleben bietet Fischen Nahrung. Je nach der Belichtung viel Sauerstoff, daher rege Oxydation; als Produkt derselben Salpetersäure.

3. Die Reinwasserzone. Die Organismen der ersten Zone sind gänzlich verschwunden. Der Bakteriengehalt sinkt unter 1000 im Kubikzentimeter. Charakteristisch ist das Vorkommen von Eisenbakterien, Grünalgen (Spirogyra, Ulothrix), ferner bestimmter Ziliaten, Rädertierchen und Krebschen. Der Gehalt an organischem Stickstoff beträgt höchstens 1 bis 2 mg/l, Permanganatverbrauch gering, Sauerstoffgehalt gleichmäßig hoch. Fische. Nachstehende Tabelle der Keimzahlen des Rheinwassers bei Köln nach Stutzer und Knublauch gibt ein gutes Beispiel der biologischen Selbstreinigung. Den Keimgehalt oberhalb Kölns = 100 gesetzt, fanden sich in:

Tabelle 52

Ort	Entfernung in Kilometern	Relative Keimzahl
Marienburg oberhalb Köln	0	100
Mühlheim am Rhein (Abwässer Kölns)	8	1295
Stammheim-Niehl	11	616
Wiesdorf-Merkmich	17	418
Rheindorf	19,5	315
Langel	22	354
Zons	34	186
Volmersmerth	47,5	122

4. Das Wasser der Binnenseen

gleicht, je nachdem der See nur von Grundwasser gespeist wird oder sich in einen Flußlauf einfügt, in seinem chemischen Charakter mehr dem Boden- oder dem Flußwasser. Die Schwebestoffe des Flußwassers gelangen wegen der geringen Fließgeschwindigkeit zur Ablagerung; das Seewasser ist daher klarer als Flußwasser, sein Bakteriengehalt geringer. Doch ist es reicher an selbständig schwebenden kleinen Organismen (Plankton). Abflußlose, von Flüssen gespeiste, aber nur durch Verdunstung entwässerte Seen reichern sich beständig mit Mineralstoffen an. Das bekannteste Beispiel ist das Tote Meer, das einen Gehalt bis zu 278 g in 1 kg an festen Bestandteilen besitzt und dessen spezifisches Gewicht mit maximal 1,256 mehr als das Hundertfache der Konzentration gewöhnlichen Seewassers bedeutet.

5. Meerwasser

Das Wasser der Ozeane ist in seiner Zusammensetzung viel gleichmäßiger als jenes der Binnenseen. Sein Salzgehalt beträgt im großen Durchschnitt 3,5%. Meeresteile, die mit dem offenen Ozean geringe Kommunikation haben und viel Flußwasser aufnehmen, besitzen niedere, wenn sie hingegen wenig Süßwasser empfangen und in Zonen intensiver Verdunstung liegen, höhere Konzentration. So haben:

Ostsee	0,50%	Mittelländisches Meer (max.)	3,93%
Schwarzes Meer	1,77%	Rotes Meer	4,00%
Nordsee	3,44%	Atlantischer Ozean	4,26%
Stiller Ozean	3,67%		

Salzgehalt (S. 73).

Die insgesamt im Ozean gelöste Salzmenge ist so groß[1]), daß sie durch Anreicherung aus den im Flußwasser zuströmenden Salzen allein kaum erklärt werden kann. Es dürfte das Urmeer bereits aus der heißen Atmosphäre Salze aufgenommen haben. Der chemische Charakter der Meersalze unterscheidet sich wesentlich von der Mineralisation der Flüsse. Während in den letzteren kohlensaure Salze bis 60% ihrer Konzentration ausmachen, führt das Meerwasser weniger als 0,2% Karbonate. Ursache hiefür ist der Kalkbedarf vieler Meeresorganismen zum Aufbau ihrer Gehäuse und Skelette (Korallen, Muscheln, Foraminiferen usw.). Auch die Armut an Kieselsäure ist auf diese Ursache zurückzuführen (Diatomeen, Radiolarien, Kieselschwämme usw.). Clarke berechnet das jährliche Quantum dieser Ausscheidungen mit über zwei Milliarden Tonnen. Andere Bestandteile des Flußwassers bleiben gelöst, insbesondere das Chlornatrium, mit dem sich das Meerwasser beständig anreichert.

Während die Gesamtkonzentration der einzelnen Meere gewisse Unterschiede zeigt, ist das gegenseitige Verhältnis der im Meerwasser gelösten Stoffe fast überall konstant. Nach Clarke enthalten 100 Teile Meersalz:

30,2 bis 30,8	Teile	Na-Ion	55,0 bis 55,5	Teile	Cl-Ion
11,1	,,	K-Ion	0,2	,,	Br-Ion
1,2	,,	Ca-Ion	7,5 ,, 7,9	,,	Sulfat-Ion
3,7	,,	Mg-Ion	0,2	,,	Karbonat-Ion

Das Meer erleidet trotz seiner großen Wassermenge durch Einleitung von Abwässern stellenweise stärkere Verunreinigung als Binnenseen; die Ursache hiefür dürfte seine geringe Selbstreinigung, das Schwimmen des Abwassers an der Oberfläche des spezifisch schwereren Meerwassers, endlich das Zurücktreiben desselben durch die Flut bilden.

B. Das Bodenwasser

Das Bodenwasser ist alles unter der Erdoberfläche in flüssiger Form vorkommende Wasser (Weyrauch). Es sind hauptsächlich zwei Formen des Bodenwassers wohl zu unterscheiden: Das Grundwasser und die unterirdischen Wasserläufe (Prinz, bei Höfer: „Felswasser"). Bestimmend für die Unterscheidung dieser beiden Typen ist die Form, Größe und Anordnung der unterirdischen Hohlräume, welche sie erfüllen. Die weiteren Charakteristika sind hiedurch bedingte Folgeerscheinungen.

Das Grundwasser erfüllt die relativ kleinen und zahlreichen, in unregelmäßigem wechselseitigen Zusammenhange stehenden Hohlräume von losen Haufwerken, wie Schotter, Kiesen und Sanden. Seine Stromlinien sind im kleinen an die durch den Zusammenhang der Hohlräume des „Grundwasserträgers" gebotenen unregelmäßigen Wege gebunden, welche gleichsam eine erzwungen turbulente Bewegung erzeugen, folgen aber im großen frei den aus den Druck- und Gefällsverhältnissen resultierenden Bahnen.

[1]) Sie würde nach v. Richthofen die Erdoberfläche mit einer 40 m mächtigen Schicht bedecken.

Die vom Grundwasser bespülte Oberfläche der Teilchen des Grundwasserträgers ist im Verhältnisse zur Wassermenge sehr groß und die „äußere Reibung" längs dieser großen Benetzungsfläche im Verein mit den zahlreichen Querschnittsänderungen und Richtungswechseln der einzelnen Stromfäden ruft einen namhaften Bewegungswiderstand hervor, der infolge seiner gleichmäßigen Verteilung im ganzen „Grundwasserkörper" ähnliche Erscheinungen zeitigt wie eine große „innere Reibung". Im Grundwasser wird daher — wie in Flüssigkeiten mit hoher Viskosität, in zähen Medien — relativ viel potentielle Gefällsenergie zur Erzeugung der Bewegungsenergie, der Fließgeschwindigkeit, verbraucht. Der Spiegel des bewegten Grundwassers zeigt aus diesem Grunde verhältnismäßig steile Gefälle bei geringen Geschwindigkeiten.

Infolge dieser kleinen Geschwindigkeit ist das Grundwasser nicht imstande, suspendierte Teilchen auf längeren Wegen zu transportieren. Dieser Umstand in Verbindung mit der direkten Filterwirkung der Poren des Grundwasserträgers bewirkt eine natürliche Reinigung des Grundwassers, so daß dieses in der Mehrzahl der Fälle hinsichtlich seiner Qualität selbst strengen Anforderungen entspricht.

Die unterirdischen Wasserläufe bewegen sich — im Gegensatze zum Grundwasser — in Hohlräumen von verhältnismäßig größerem Querschnitte, Spalten, Klüften oder durch Auswaschung oder Lösung des Gesteines entstandenen Kanälen. Die Bewegung dieser Bodenwässer ist im Prinzip der Strömung in offenen Gerinnen oder in Rohrleitungen zu vergleichen. Die Bahn des einzelnen Stromfadens besitzt eine gewisse Freiheit, benachbarte Bahnen daher einen gewissen Parallelismus, der ganze Strom ist aber hinsichtlich seiner Bewegungsrichtung und Geschwindigkeit an die Form, Querschnitts- und sonstigen Widerstandsverhältnisse des Wasserweges gebunden. Das Wasser besitzt nur die seinem geringen Zähigkeitskoeffizienten entsprechende kleine innere Reibung, es treten daher bei relativ geringem Druckgefälle größere Geschwindigkeiten auf. Schwebende Teilchen können dauernd in Suspension erhalten bleiben, und da auch die Filterwirkung fehlt, ist bei den unterirdischen Wasserläufen wenigstens mit der Möglichkeit einer für den menschlichen Gebrauch weniger geeigneten Qualität zu rechnen.

In der Natur finden sich zwischen echtem „Grundwasser" und „unterirdischen Wasserläufen" alle möglichen Übergänge; trotzdem ist es für den Praktiker wichtig, diese beiden Typen des unterirdischen Wassers auseinanderzuhalten. Hinsichtlich der Benennung des Untergrundwassers und seiner Formen herrscht unter den Hydrologen keine Übereinstimmung. So lehnt beispielsweise Koehne[1]) die Bezeichnung „Bodenwasser" ab, weil er unter „Boden" im pedologischen Sinne nur die oberste, belebte Schicht der Erdrinde versteht; die Bezeichnung „unterirdische Wasserläufe" schließt er aus dem Grund aus, weil dieselbe im preußischen Wassergesetze mit anderer Bedeutung angewendet erscheint, usw.

So wünschenswert eine einheitliche Bezeichnung wäre, so ist doch die Verwendung verschiedener Ausdrücke nicht so folgenschwer, wenn sie die aus wissenschaftlichen und technischen Gründen zu trennenden wichtigen Begriffe durch scharfe Definition erfassen.

Entstehung des Bodenwassers

Für die Entstehung und Ergänzung des Bodenwassers kommen drei Möglichkeiten in Betracht:

1. Die Versickerung von Wasser in die Oberfläche.
2. Die Kondensation von Wasserdampf im Boden.
3. Das Aufsteigen von Wasser aus dem Erdinneren.

---

[1]) Grundwasserkunde. Stuttgart. 1928.

Da die letztere Art der Herkunft wohl nur in ganz vereinzelten Fällen auftritt, teilt sich Versickerung und Kondensation in die Erzeugung der Hauptmasse des Bodenwassers. Dieses spielt im allgemeinen Kreislauf des Wassers eine wichtige Rolle. Das durch die Niederschläge auf die Erdoberfläche gekommene Wasser verdunstet wieder zu einem Teile, ein anderer Teil fließt in den Gerinnen oberflächlich ab und ergießt sich ins Meer, ein dritter Teil versickert in die Oberfläche und wird zu Bodenwasser, welches letzten Endes wiederum die Oberflächengewässer speist. Infolge seiner langsamen Bewegung und der Größe der von ihm erfüllten Räume übt es hiebei die Pufferwirkung eines Ausgleichsreservoirs, welches durch Speicherung in niederschlagsreicher Zeit die Flußhochwässer vermindert und durch langsame Abgabe des Wassers in trockenen Perioden die Austrocknung der Wasserläufe hintanhält. Der Kreislauf wird zum Teil auf kurzem Wege überbrückt, indem atmosphärischer Wasserdampf direkt zu Bodenwasser kondensiert wird, bzw. wenn auch in geringem Maße, letzteres direkt verdunstet. Eine ganze Reihe von Faktoren nimmt auf die Verteilung der Niederschlagsmenge auf die drei Konsumenten: Verdunstung, Versickerung und Ablauf, Einfluß.

Der zur Verdunstung gelangende Teil der Niederschlagsmenge hängt vor allem vom jeweiligen Sättigungsgrade der Luft mit Wasserdampf ab; je größer das Sättigungsdefizit, das ist jene Wassermenge, die zur absoluten Sättigung der Luft fehlt, um so intensiver die Verdunstung. Da die Luft um so mehr Wasser zur absoluten Sättigung benötigt, je höher ihre Temperatur ist, so wächst bei gleichem Wassergehalt das Sättigungsdefizit mit der Temperatur. Die Verdunstungsintensität nimmt daher mit der Temperatur erheblich zu und erreicht im Sommer ihr Maximum. Daher gelangt in dieser an Niederschlägen reichsten Periode weniger Wasser zur Versickerung als in der kälteren Jahreszeit.

Luftbewegung, Wind, fördert die Verdunstung, indem fortlaufend neue, minder gesättigte Luftmassen an Stelle der gesättigten treten können. Ist der Sättigungszustand in größeren Gebieten ein hoher, so entfällt diese Wirkung, daher nimmt die Verdunstungsintensität bei längeren Regenperioden ab.

Auch die Bodenbeschaffenheit nimmt auf die Lebhaftigkeit der Verdunstung Einfluß. Je welliger, unebener die Erdoberfläche, um so stärker die Verdunstung, je gröber das Bodenkorn, um so geringer ihre Intensität; Hacken, Pflügen des Bodens schützen daher den Boden gegen Austrocknen. Dieses schreitet nicht gleichmäßig in die Tiefe fort, sondern läßt mit sinkendem Bodenwasserspiegel rasch nach.

Endlich ist die Vegetation für die Verdunstung von größter Bedeutung. Eser und Meister fanden, daß ein mit Rasen, Klee, Getreide usw. bewachsener Boden die 2,5- bis 3fache Wassermenge zur Verdunstung bringt wie ein kahler, ebener und glatter Boden. Risler bestimmte (nach Höfer) den täglichen Konsum der Pflanzen, gemessen in Millimeter Regenhöhe, wie folgt:

Wiesen und Kleefelder ...	3,1 bis 7,3 mm		Tannenwald ...	0,5 bis 0,1 mm
Hafer	3,0 „ 5,0 „		Eichenwald	0,5 „ 0,8 „
Getreide	2,26 „ 2,8 „			

Da die Wälder mit ihrer großen Oberfläche einen erheblichen Teil der Niederschläge auffangen und direkt zur Verdunstung bringen, einen weiteren Teil im Wege der Wurzeln aufsaugen, der gleichfalls verdunstet, so ist die Gesamtverdunstung der Waldkulturen eine bedeutende. Nach den Beobachtungen v. Seckendorffs verdunstete bei einem dreitägigen Landregen im Bereiche der:

Fichten	68,4%	Eichen.......	31,1%
Buchen	38,3%	Ahorn	30,6%

des gesamten Niederschlages.

Die verbreitete Ansicht, daß der Waldbestand die Ergänzung des Bodenwassers begünstige, wird heute stark bestritten. Nach den Untersuchungen von Erlenmeyer, Otzotzki und Stappenbeck entzieht die Waldkultur dem Boden mehr Wasser als Wiesenkultur; es empfiehlt sich daher nicht, Schutzgebiete um Trinkwasserfassungen als Wald zu kultivieren. Ney sieht in 400 m Seehöhe eine wichtige Grenze, unter welcher er der Waldkultur, soweit sie auf durchlässigem Boden steht, eine Bedeutung für die Bodenwasserverhältnisse abspricht; dagegen hält er im Interesse des Fortbestandes von Quellen auf undurchlässigem Boden und über der 400 m-Grenze das Verbot der Waldrodung gerechtfertigt.

Die große Zahl der auf die Verdunstung Einfluß nehmenden Faktoren sowie ihr wechselndes Auftreten gestattet nicht, den wieder zur Verdunstung gelangenden Prozentsatz der Niederschlagsmenge mit einer bestimmten Zahl zu fixieren. Nach Weyrauch dürfte in unserem Klima die jährliche Verdunstungshöhe über festem Boden bis zu 60 und mehr Prozent der Niederschlagshöhe ansteigen. Die Messung der Verdunstungsmenge geschieht durch Verdunstungsmesser (Admometer).

Der nicht verdunstete Rest der Niederschlagsmenge fließt zum Teil oberflächlich ab, zum Teil speist er durch Versickerung das Bodenwasser. In welchem Verhältnisse diese Teilung erfolgt, wird durch die Bodenbeschaffenheit reguliert. Je lockerer ein Boden, je mehr nichtkapillare Hohlräume er enthält, um so intensiver die Versickerung. Trümmerhaufwerke von Gesteinen, Gerölle, Schotter, Sande begünstigen dieselbe. Horizontale Bodenflächen fördern Versickerung und Verdunstung auf Kosten des Abflusses. Bereits durchfeuchteter Boden nimmt das Wasser schneller auf als trockener; gefrorener Boden schließt die Versickerung aus. Die Versickerung erfolgt nicht gleichmäßig über größere Flächen, sondern an einzelnen bevorzugten Punkten - intensiver als in den Zwischenräumen. Mit Recht weist daher Koehne die Auffassung Metzkers zurück, daß eine luftdicht geschlossene Zone von Sickerwasser die darunter befindliche Porenluft abschließen und zusammenpressen könnte.

Bewachsener Boden, obwohl zumeist locker, läßt infolge der lebhafteren Verdunstung weniger Wasser versickern als kahler. So vermindert (nach Wollny) Rasen die Versickerung in Sand und Torf auf $^1/_{25}$, in Lehm auf $^1/_{25}$ des Wertes für kahlen Boden. Nach Höfer versickert auf horizontalem Boden in Prozenten der Niederschlagshöhe:

Tabelle 53

	Im Mittel	Kleinste Menge
In sand- und kieshaltiger Ackererde	23,5	9,6
„ Tonboden	38,3	25,9
„ Lehmboden	51,2	33,0
„ lehmigem Sandboden	40,5	26,6
„ Sand	83,2	—

Bei ein und derselben Fläche ändert sich die Versickerungsgröße mit dem Charakter des Niederschlages und der Jahreszeit. Mäßiger, länger andauernder Regen begünstigt die Versickerung und erzeugt mehr Bodenwasser als kurze Sturzregen der gleichen Niederschlagshöhe. Bedeutenden Anteil an der Ergänzung des Bodenwassers durch Versickerung nimmt der Schnee, jedoch nur wenn der Boden vor den ersten Schneefällen nicht gefroren war. Höfer gelangt auf Grund der Angaben Iszkowskis zu dem Ergebnis, daß in Mittel- und Westeuropa im großen Durchschnitte 19,4%, maximal 26,6% und minimal 16,1% der gesamten Niederschläge versickern, daß also durchschnittlich kaum $^1/_5$ der Niederschlagshöhe für Erzeugung des Bodenwassers in Betracht kommt.

Auf die Kondensation von atmosphärischem Wasserdampf in den Bodenporen als Faktor für die Bodenwasserergänzung wurde die allgemeine Aufmerksamkeit zuerst von O. Volger im Jahre 1877 gelenkt, welcher der Ansicht, daß die Ergänzung des Bodenwassers ausschließlich durch Versickerung erfolge, die Behauptung gegenüberstellte, daß alles Wasser in der Erde durch Kondensation des Wasserdampfes der Porenluft im kühlen Untergrunde entstünde. Die damals einsetzende Diskussion widerlegte Volgers Theorie in ihrer ursprünglichen Form: Die Tatsache der Versickerung ist einwandfrei nachweisbar, die zur Versickerung gelangenden Mengen durch geeignete Apparate (Lysimeter) meßbar. Die durch Luftströmung in Dampfform den Bodenporen zugeführte Wassermenge ist zu gering, um die gesamte Bodenwasserergänzung bestreiten zu können (Krüger). Das Wärmedefizit des Untergrundes ist für die Kondensation derart großer Wassermengen zu klein, es würde durch die abgegebene Dampfwärme bald verschwinden, wodurch jede weitere Kondensation aufhörte (Hann). Da anderseits die Erkenntnis des großen Abganges, den die Niederschlagsmenge durch Verdunstung erleidet, auch die Versickerungsmenge für die Ergänzung des Bodenwassers allein für unzureichend erscheinen ließ, erwuchsen der Volgerschen Theorie in entsprechend abgeänderter Form eine Reihe von Anhängern. Meygenbauer verlegt die Kondensation in die Atmosphäre und überläßt dem Untergrunde nur mehr die Funktion eines Filters, der die in der Luft schwebenden, bereits flüssigen Wassertröpfchen aus der im Boden zirkulierenden Luft zurückbehält. Höfer spricht den Gebirgsnebeln (Anhäufung solcher Schwebetropfen) eine Bedeutung für die Speisung gewisser Quellen zu (Gipfelquellen). Mezger endlich verzichtet auch auf die Luftströmung, da der Wasserdampf innerhalb der Luft und unabhängig von deren Bewegung von Punkten höherer Dampfspannung zu solchen niederer strömen kann.

Es dürfte daher — während die Tatsache der Versickerung zweifelsfrei erwiesen ist — auch der Kondensation ein gewisser Anteil an der Ergänzung des Bodenwassers zukommen.

1. Das Grundwasser

Mit „Grundwasser" bezeichnet man jenes Bodenwasser, welches die relativ kleinen und zahlreichen, in unregelmäßigem wechselseitigen Zusammenhange stehenden Hohlräume vorwiegend loser Haufwerke, wie Schotter, Kiese, Sande und Erdreich, aber auch verfestigter klastischer Gesteine erfüllt. Die aus dieser Begriffsbestimmung ergehenden charakteristischen Eigenschaften des Grundwassers wurden schon entwickelt (S. 564).

Vom Grundwasser sind die als Bergfeuchtigkeit, Bodenfeuchtigkeit, Haftwasser bezeichneten Bodenwässer zu trennen, welche an der Oberfläche der Bodenteilchen und in den kapillaren Hohlräumen des Bodens durch Adhäsionskräfte festgehalten werden, also an der Bodenwasserbewegung nicht teilnehmen können. Wir halten es mit Weyrauch nicht für zweckmäßig, zur Definition des Grundwassers die Qualitätsfrage heranzuziehen, also beispielsweise nach Steuer das von der Erdoberfläche zur Tiefe sinkende Bodenwasser, insolange es noch qualitative Eigenschaften des Oberflächenwassers besitzt, als „Sickerwasser" vom Grundwasser zu unterscheiden.

Bedeutung des Bodens für das Grundwasser

Jene in ihrer ganzen Masse wasserdurchlässigen Bodenarten, deren nichtkapillare Poren das Grundwasser erfüllt, nennen wir Grundwasserträger, undurchlässigen Boden oder Gesteine, welche die Ausbreitung des Wassers im Boden begrenzen, Grundwasserstauer. Für das Verhalten eines Bodens gegenüber dem Grundwasser ist die Größe, Form und Lagerung seiner Körner maßgebend. Bei einem idealen, aus durchwegs gleich großen, kugelförmigen Körnern gedachten Boden beträgt das Porenvolumen bei gedrängtester Lagerung 26,18% des Gesamtvolumens und ist von der Korngröße unabhängig. Je nach der Beschaffenheit der natürlichen Böden ist ihr Porenvolumen größer oder kleiner als diese Idealzahl; nach Höfer kann man den „Porenquotienten",

z. B. für Flußalluvionen mit 30 bis 35% annehmen. Messungen an natürlichen Böden ergaben eine Zunahme des Porenvolumens mit abnehmender Korngröße. Doch entspricht dieser Zunahme des Hohlrauminhaltes keine wachsende Wasserdurchlässigkeit, da einmal die Zahl der kapillaren Poren, die für die Grundwasserbewegung ausscheiden, zunimmt und überdies in den kleineren Poren die benetzte Oberfläche, also die Wandreibung des Wassers größer ist. Die Wasserdurchlässigkeit nimmt vielmehr mit wachsender Korngröße zu. Nach Prinz sind mittlere Korngrößen unter 0,01 bis 0,03 mm für praktische hydrologische Zwecke (Grundwassergewinnung) nicht mehr geeignet, während nach den Versuchen von Atterberg schon Sande von 0,1 bis 0,2 mm fast undurchlässig wären. Ton, Mergel und ähnliche Böden sind trotz ihres oft 50 und mehr Prozent betragenden Porenvolumens praktisch undurchlässig, da sie nur kapillare Hohlräume besitzen. Je gleichmäßiger die Korngröße, um so durchlässiger ist der Boden, da andernfalls die kleineren Teilchen die Hohlräume zwischen den größeren ausfüllen. Aus diesem Grunde setzt ein Lehmgehalt des Sandes dessen Wasserführung bedeutend herab. Nach Gennerich vermindert ein solcher von 10, 20 und 30% die Wasseraufnahmsfähigkeit des Sandes auf 26,4, 7,2 und 0,75% ihres Wertes. Von Interesse sind die Beobachtungen G. Thiems, daß die Wasserdurchlässigkeit von geschichteten Kiesen parallel zu den Lagerflächen 3,68 mal so groß sein kann wie senkrecht zu dieser Richtung.

Gleichmäßige Korngrößen von rundlicher Form weisen vor allem jene Grundwasserträger auf, welche als Sedimente fließenden Wassers entstanden sind. Da die Größe der im Wasser noch schwebend erhaltenen Teilchen von der Fließgeschwindigkeit abhängt und diese im allgemeinen vom Ursprung gegen die Mündung der Ströme abnimmt, zeigen die Sedimente des Oberlaufes das gröbste Korn, und die Korngröße nimmt längs des Flußlaufes allmählich ab. Die Schwebekörper erfahren auf diese Weise eine natürliche Sortierung und an ein und derselben Stelle gelangen nur Körper einer bestimmten Durchschnittsgröße zur Ablagerung. Diese so entstandenen fluviatilen Grundwasserträger besitzen daher ein relativ großes Wasseraufnahms- und Leitungsvermögen. Für die Zwecke der Grundwassergewinnung haben sie überdies den Vorteil, daß sie sich zumeist ungestört gleichmäßig über größere Flächen erstrecken, so daß die zu ihrer Erforschung nötigen Sonden verhältnismäßig weit auseinandergerückt werden können.

Ähnliche Verhältnisse zeigen die durch Windkraft transportierten und aufgebauten Böden. Zu diesen volatilen oder äolischen Grundwasserträgern zählen hauptsächlich die Meeres- und Binnenlanddünen und gewisse vulkanische Tuffe. Der Löß, eine äolische Bildung im Steppenland, der Hauptsache nach aus Mineralstaub von 0,1 bis 0,5 mm Korngröße bestehend, mit einem Kalkgehalt von 10 bis 25% (Keilhack) gehört zu den schwer durchlässigen Böden (siehe S. 314). Im Gegensatz zur Gleichförmigkeit der fluviatilen und äolischen Sedimente stehen die durch die Tätigkeit des Gletschereises erzeugten glazialen Böden. Während deren Neubildung heute kaum mehr in Betracht kommt, kam es durch die gewaltigen Vereisungen auf der nördlichen Erdhälfte während der Diluvialzeit zur Ablagerung ausgedehnter und mächtiger glazialer Sedimente. Die schürfende Tätigkeit des Eises auf der Gletschersohle sowie der Transport der Schuttmassen durch den Gletscher (Grund- und Endmoränen) schuf Ablagerungen, die sich aus allen Korngrößen, vom feinsten Staub bis zu den größten Findlingen, zusammensetzen; diese glazialen Sedimente sind daher minderwertige Grundwasserträger. Insbesondere ist es der hohe Gehalt an Tonsubstanz, der ihre Poren ausfüllt und die Wasserdurchlässigkeit stark vermindert oder gänzlich aufhebt. Zudem fehlt diesen diluvialen Böden häufig die gleichmäßige Erstreckung.

Ein Teil dieser diluvialen Moränen wurde durch die Schmelzwasserströme der Gletscher aufgeschwemmt, transportiert und wieder abgelagert; diese fluvioglazialen sind, obwohl sie stellenweise Unregelmäßigkeiten und tonige Einschlüsse aufweisen, zumeist ausgezeichnete Grundwasserträger. So dienen heute die (in der Hauptsache fünf) „Urstromtäler" Deutschlands, die schottererfüllten Talfurchen des Schmelzwasserstromes, der sich, dem zurückweichenden Rande der Inlandvereisung folgend, ruckweise gegen Norden verlegte, der Wasserversorgung einer ganzen Reihe deutscher Städte.

Zu erwähnen wäre noch als Grundwasserträger das „Eluvium", das ist die an Ort und Stelle entstandene Verwitterungszone von Gesteinen. Diese eluvialen oder sedentären Grundwasserträger zeigen je nach der Art des verwitterten Gesteines und dem Grade der Ausschwemmung verschiedenen Aufbau. Sie werden häufig — als örtlich einzige Möglichkeit der Beschaffung von Bodenwasser zu erschwinglichen Kosten — zur Wasserversorgung herangezogen, doch ist hiebei, mit Rücksicht auf ihre oberflächliche Lagerung, geringe Mächtigkeit und oft mangelhafte Filterwirkung, hinsichtlich der Qualität des Wassers Vorsicht geboten (siehe S. 310).

Wasserundurchlässig, also Grundwasserstauer, sind Tone, Letten, fette Mergel, Sandsteine mit tonigem Bindemittel, ferner alle nicht klüftigen kristallinen Sedimentgesteine und Eruptivgesteine.

Erscheinungsformen des Grundwassers

Das Grundwasser ähnelt hinsichtlich seiner Formen und Bewegung dem Oberflächenwasser. Gleich diesem erfüllt es, der Schwerkraft folgend, die verfügbaren Hohlräume (Grundwasserträger) bis zu den begrenzenden Wandungen (Grundwasserstauer) und bildet seine der Schwerkraft abgewendete Fläche, soweit sie nicht durch die Form undurchlässiger Deckschichten vorgeschrieben wird, zu einem freien Spiegel, der im Ruhezustand eine Niveaufläche der Schwerkraft, bei bewegtem Grundwasser eine von Stromlinien erzeugte Grenzfläche konstanten Druckes darstellt. Wir finden ruhende Grundwasseransammlungen, „Grundwasserseen", und in beständiger Fließbewegung befindliche: „Grundwasserströme". Bei den letzteren kann mangels des genetischen Zusammenhanges (Erosion!) der Parallelismus zwischen Stromspiegel und Bettsohle fehlen; sie können im einzelnen selbst entgegengesetztes Gefälle besitzen, der Grundwasserstrom folgt der allgemeinen Gefällsrichtung des Grundwasserstauers (siehe Abb. 329), bestimmt durch dessen höchste Erhebungen, und überbrückt oft ausgedehnte Tiefenräume des Trägers. Obgleich der Inhalt solcher von Höfer als „Stau" bezeichneten Räume für die Ergiebigkeit des Stromes ohne Bedeutung ist, da sie bei ausbleibender Ergänzung und Versiegen des Stromes als ruhende Ansammlungen zurückbleiben, sind sie doch, wie eingehende Untersuchungen ergeben haben, durch Ausbreitung der Stromfäden über den gesamten Querschnitt an der Fließbewegung und Filterwirkung beteiligt. Da die bei der Grundwasserbewegung auftretenden erheblichen Reibungswiderstände verhältnismäßig mehr potentielle Energie vernichten, besitzen die

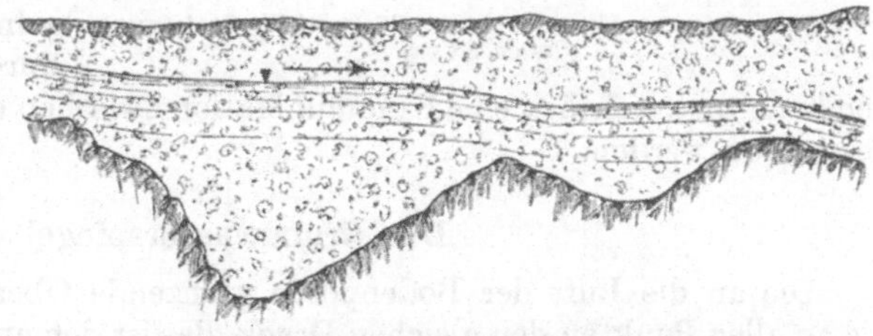

Abb. 329. Gefälle des Grundwasserspiegels

Grundwasserströme gegenüber den Oberflächengewässern stärkere Spiegelgefälle bei viel kleineren Fließgeschwindigkeiten. Anderseits übertreffen sie die letzteren häufig durch ihre größeren Dimensionen.

Tabelle 54. Ausdehnung einiger Grundwasserströme (nach Prinz)

Grundwasserstrom	Tiefe in Metern	Breite in Metern
Muldetal bei Naunhof	12—18	4000—5000
Elstertal bei Leipzig	5—20	5000—6000
Muldetal bei Wurzen	8—9	4000
Hochebene von München, zwischen Johanniskirchen und Pliening		11000
Elbetal zwischen Karany und Melnik	5—18	25000
Elbetal (Fiener Bruch)	25—40	15000

Ein einfaches Grundwasservorkommen, ruhend oder bewegt, bezeichnet man als Grundwasserhorizont. Durch Wechsellagerung von Wasserträgern und undurchlässigen Schichten kann es zur Bildung mehrerer übereinander schwebender Grundwasserhorizonte kommen. Stur beschreibt das Vorkommen sieben solcher Stockwerke unter dem Orte Fürstenfeld in Steiermark (Abb. 330). Die einzelnen Grundwasserstockwerke können untereinander in Verbindung stehen oder völlig unabhängig sein. Im letzteren Falle ist oft die Qualität des Wassers der einzelnen Horizonte verschieden; durch Brunnen oder Bohrungen kann unabsichtlich eine Kommunikation zwischen den einzelnen Stockwerken geschaffen werden.

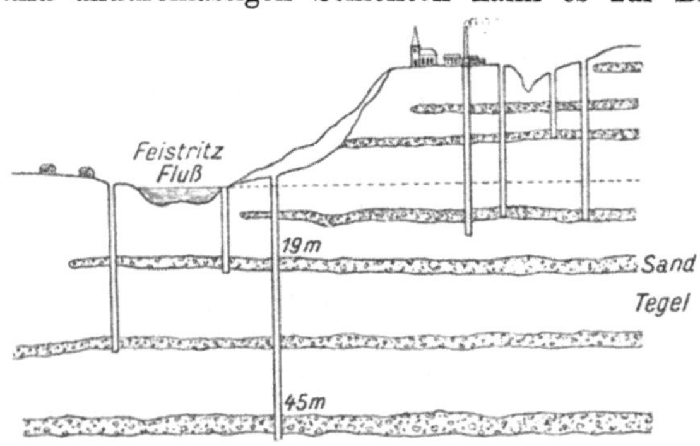

Abb. 330. Grundwasserstockwerke, Fürstenfeld (Steiermark) (nach Stur)

Der Grundwasserspiegel

Die an die Luft der Bodenporen grenzende Oberfläche des Grundwassers, die an allen Punkten den gleichen Druck, das ist den atmosphärischen Luftdruck, besitzt, nennt man freien Grundwasserspiegel. Er bildet in der Natur keine einfache geschlossene geometrische Fläche; er stellt vielmehr ein durch die Teilchen des Grundwasserträgers getrenntes unregelmäßiges Netzwerk dar, das in vertikaler Beziehung infolge der wechselnden Kapillarkräfte mannigfaltige Unebenheiten aufweist. Der Ingenieur ersetzt diese zerteilte unregelmäßige Fläche für seine Berechnungen durch jene ideale geometrische Fläche, in die sich der durch ein enges Bohrloch erschrotene freie Wasserspiegel einstellt; der freie Grundwasserspiegel bleibt bei seiner Erschrotung in dem Niveau, in welchem er erbohrt wird, stehen.

Das Grundwasser kann auch im Hangenden von undurchlässigem Material begrenzt sein; in solchem Falle ist die Form des Spiegels durch die Fläche des Grundwasserstauers vorgeschrieben. Das Wasser ist wie in einem Gefäße eingeschlossen und übt nach den Gesetzen der Hydraulik einen Druck auf den Grundwasserstauer. Man spricht in diesem Falle von gespanntem Grundwasser und Grundwasserspiegel. Der Druck in den Punkten des gespannten

Grundwasserspiegels ist nicht gleich groß (wie beim freien!), sondern von der Höhenlage der Punkte und den Bewegungsverhältnissen abhängig. Der erbohrte gespannte Grundwasserspiegel bleibt nicht im Erschrotungsniveau stehen, sondern steigt im Bohrloch hoch, bis der statische Druck der Wassersäule dem Drucke im gespannten Spiegel das Gleichgewicht hält. Diese Ruhelage des Spiegels, das piezometrische Niveau, wird, zur Oberfläche in Beziehung gebracht, als „negativ" bezeichnet, wenn es unter derselben gelegen, als „positiv", wenn das Wasser über die Erdoberfläche steigt.

Gespanntes Grundwasser mit positivem piezometrischen Niveau wird auch artesisches Wasser genannt. Die piezometrischen Niveaus aller Punkte des gespannten Grundwasserspiegels bestimmen eine Fläche, den idealen freien Spiegel des Grundwassers (Abb. 331).

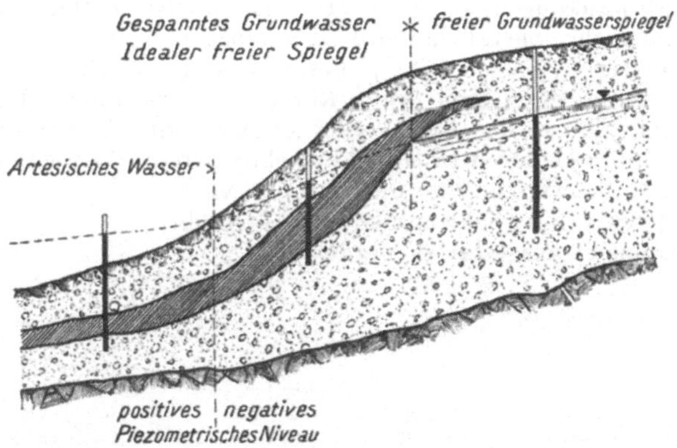

Abb. 331. Freier und gespannter Grundwasserspiegel

Die Erforschung der Lage und Form des Grundwasserspiegels und der Grundwassersohle, das ist der Oberfläche des Stauers, bildet eine der wichtigsten Vorarbeiten für die Gewinnung von Grundwasser. Anhaltspunkte hiefür können natürliche Austrittspunkte, Quellen, ferner bereits vorhandene künstliche Aufschlüsse (Brunnen, Schächte, Bohrlöcher u. dgl.) geben, sonst müssen Spiegel und Sohle durch Bohrung erschürft werden. Brunnen, aus welchen Wasser entnommen wird, geben nicht nur selbst eine unrichtige Spiegellage, sondern senken auch in ihrem Umkreis den Wasserspiegel.

Sondierungsbohrungen stößt man in solchen Entfernungen ab, daß sich die Verhältnisse zwischen den Sonden ohne Gefahr einer größeren Abweichung von der Natur interpolieren lassen. Die ersten Bohrresultate geben hiefür die besten Fingerzeige. Im allgemeinen werden Entfernungen von 100 bis 500 m in Betracht kommen. Ist aus einigen Bohrungen die Fließrichtung des Grundwasserstromes festgestellt, trachtet man, die weiteren Bohrungen reihenweise in Stromlinien zu setzen. Alle Bohrlöcher sind bis auf den Grundwasserstauer zu teufen. Über die Bohrtätigkeit sind genaue Protokolle zu führen, von dem erbohrten Material reichliche Proben in vorbereiteten Kistchen aufzubewahren. Für die Feststellung von gespanntem Grundwasser ist es wichtig, das Niveau der ersten Erschrotung des Wassers festzulegen und die Spiegellage beim weiteren Bohrfortschritt zu beobachten. Die Verrohrung des Bohrloches soll im allgemeinen so gelocht sein, daß es in allen Höhen mit dem Grundwasser Kommunikation besitzt. Die sicherste Gewähr hiefür bieten reichlich gelochte und mit Drahtnetzfilter umhüllte Gasrohre. Sie werden in das mit größerem Durchmesser gebohrte Loch eingesetzt, der Zwischenraum mit feinem Kies ausgefüllt, sodann die Verrohrung gezogen. Zur Verhinderung zufälliger oder böswilliger Störungen erhalten sie eine verschließbare Kappe.

Die Spiegelmessung legt die Tiefenlage des Spiegels unter Oberkante des Beobachtungsrohres fest. Von den hiefür benützten Apparaten besteht der einfachste aus einem rauhen Eisenstab, der am Meßbandende so befestigt ist, daß eine Längenänderung durch Verdrehung ausgeschlossen ist. Der Stab wird mit Schreibkreide eingerieben und mittels des Meßbandes so versenkt, daß er sich zuletzt nur abwärts bewegt; die am Rande des Beobachtungsrohres abgelesene Meßbandlänge, vermehrt um die Strecke Meßbandnull—Tauchmarke, gibt die Spiegellage. In engen Rohren bewirkt der getauchte Stab durch Wasserverdrängung eine Spiegelhebung; die Ablesung ist dann um die Korrektur $\frac{f}{F}\cdot l$, worin f und F die Querschnitte von Stab und Rohr, l die Tauchlänge bezeichnen, zu vermehren.

Zur Vermeidung dieser Korrektur verwendet G. Thiem statt des Eisenstabes ein Senkel mit eingeschraubter dünner Stahlnadel. Die Nadel wird vor der Messung in eine Aufschwemmung von Schlämmkreide in Äthyläther getaucht.

Pettenkofer versah das Meßband mit einem 50 cm langen dünnen Stab, an welchem kleine Messingschälchen mit Randabständen von 1 cm verlötet sind; die Anzahl der vollen Schalen gibt die Tauchtiefe.

Mit den beschriebenen Behelfen ist ein rasches Einmessen zahlreicher Beobachtungsrohre nur möglich, wenn die ungefähre Spiegellage bekannt ist und die Schwankungen gering sind; anderenfalls häufen sich die Fälle, daß der Stab gänzlich eingetaucht wird oder trocken bleibt. Rang behob an seinem Brunnenmesser („Wasserpfeife") diesen Übelstand. Die Schälchen sitzen an einem Rohr; die aus demselben beim Eintauchen verdrängte Luft läßt ein Pfeifchen ertönen und gibt so das Signal zum Anhalten des Meßbandes.

Besonders wichtige Beobachtungsrohre können zur fortlaufenden Registrierung der Schwankungen des Grundwasserspiegels mit Schwimmer und Schreibtrommel ausgestattet werden.

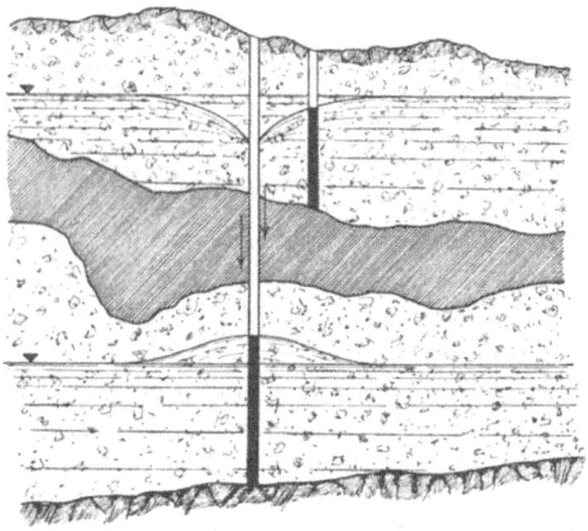

Abb. 332. Falsche Grundwasserspiegel durch Wasserverlust vom oberen zum unteren Stockwerk (nach Prinz)

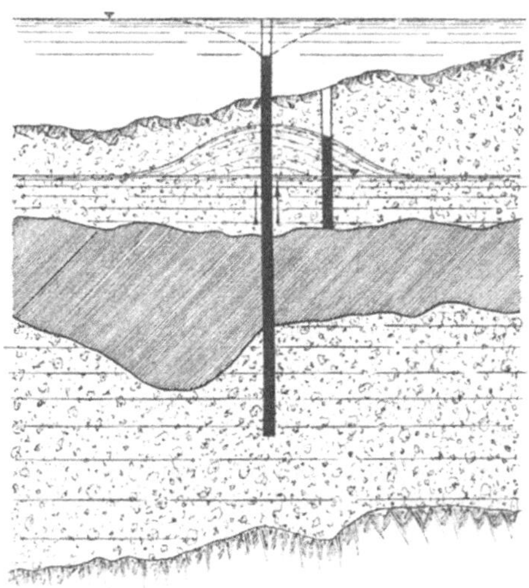

Abb. 333. Falsche Grundwasserspiegel durch Aufströmen gespannten Wassers (nach Prinz)

Eine Reihe von Umständen können bei Außerachtlassung der nötigen Vorsicht unrichtige Vorstellungen der Grundwasserverhältnisse zeitigen. Prinz bezeichnet solche Fehlresultate, je nachdem sie durch Eingriffe in das Grundwasser oder besondere natürliche Eigenheiten des Untergrundes verursacht werden, als falsche oder unechte Grundwasserspiegel. Falsche Spiegel zeigen alle Brunnen, denen Wasser entnommen wird. Bohrlöcher, welche mehrere Grundwasserhorizonte durchteufen, können bei undichter Verrohrung Kommunikationen zwischen den einzelnen Stockwerken schaffen und hiedurch die Spiegel ändern (Abb. 332 und 333).

Unechte Grundwasserspiegel können ihre Ursache in Unstetigkeiten der Durchlässigkeit des Grundwasserträgers haben; A. Thiem beschrieb eine Anzahl derartiger Fälle aus seiner Praxis. Von diesen sei hier nur die Wirkung eines tischförmigen undurchlässigen Einschlusses wiedergegeben (Abb. 334). Die Räume R_1 und R_2 besitzen, da in denselben keine Strömung herrscht, horizontalen Spiegel mit dem Niveau des Anschlußpunktes an den Strom.

Die stetige Wasserdurchlässigkeit des Grundwasserträgers kann aber auch durch Gebiete größerer Durchlässigkeit gestört sein (Spaltenzonen, Schottereinschlüsse usw.). Solche Partien fördern die gleiche Wassermenge bei geringerem Spiegelgefälle und bewirken eine örtliche Depression des Spiegels.

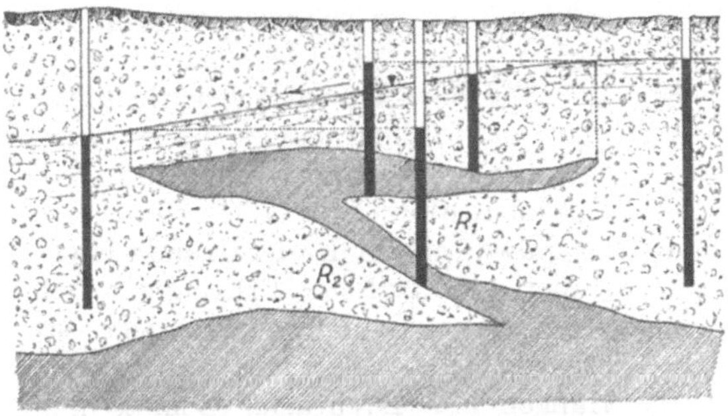

Abb. 334. Unechte Grundwasserspiegel durch undurchlässige Einlagerungen (nach A. Thiem)

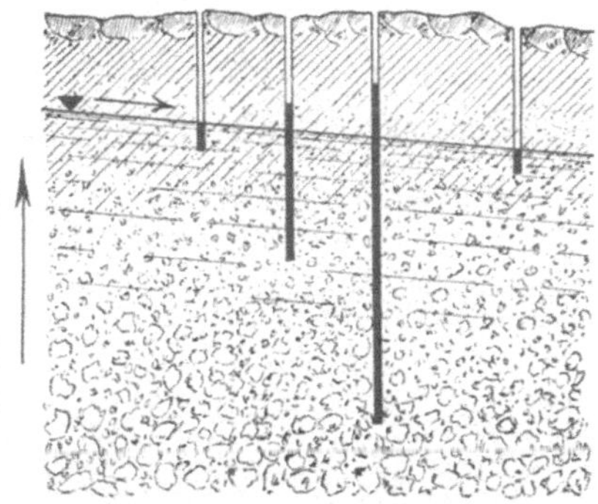

Abb. 335. Grundwasserträger mit nach aufwärts abnehmender Durchlässigkeit

Natürliche Gasquellen oder stetige Gasentwicklungen, welche einen Grundwasserkörper durchströmen, bewirken eine Hebung des Spiegelniveaus nicht selten bis zur Erdoberfläche. Das durch Verteilung der Gasblasen entstehende Gas-Flüssigkeits-Gemisch besitzt geringeres spezifisches Gewicht, also auch kleineren spezifischen Druck als das Wasser; das Gemisch stellt sich daher mit dem umgebenden Grundwasser durch Erhöhung seines Niveaus ins Gleichgewicht. (Kommunizierende Gefäße mit verschieden schweren Flüssigkeiten; siehe auch das Kapitel: Gasführende Quellen.) Verfasser hatte Gelegenheit, bedeutende Erhöhungen von Grundwasserspiegeln durch Kohlensäurequellen zu beobachten. Das Maß der Spiegelerhebung hängt hierbei vor allem vom Gasgehalt des Wassers pro Kubikmeter ab, dieser aber nicht nur von der Ergiebigkeit der Gasquelle, sondern auch von der Geschwindigkeit, mit der die Gasblasen das Grundwasser durcheilen; daher stellt sich ein derartig durch das Gas gehobener Spiegel im Brunnen mit großem Querschnitt, den die Blasen mit maximaler Geschwindigkeit durcheilen, viel tiefer ein als im Erdreiche.

Der Irreführung durch die beschriebenen und andere unechte Spiegel kann der Ingenieur nur durch sorgfältige Beobachtung der unterirdischen Verhältnisse und Häufung der Bohrungen in zweifelhaften Gebieten begegnen.

Es kann der Fall eintreten, daß der erbohrte Grundwasserspiegel zunächst im Erschrotungsniveau stehen bleibt, beim Weiterteufen des Bohrloches aber allmählich höher ansteigt. Dieser Umstand zeigt immer das Vorhandensein einer aufwärts gerichteten Strömungskomponente an, deren Druckgefälle in dem ansteigenden Spiegel zum Ausdrucke kommt. Die Erscheinung kann noch dadurch verstärkt werden, daß die Durchlässigkeit des Grundwasserträgers gegen aufwärts abnimmt; wir haben es dann mit gespanntem Grundwasser zu tun, ohne daß ein gespannter Spiegel vorhanden ist (Abb. 335).

Mit Änderungen des idealen freien Grundwasserspiegels ist keinerlei Entleerung oder Anfüllung von Porenräumen verbunden, es handelt sich hier nur um Druckänderungen; daher pflanzen sich Störungen solcher Spiegel mit großer Geschwindigkeit fort.

Spiegelmessungen an einem genügend dichten Netz von Beobachtungsrohren gestatten die Konstruktion eines Höhenschichtenplanes des Grundwasserspiegels, der über die Strömungsverhältnisse des Grundwassers das anschaulichste Bild bietet. Die Konstruktion der Schichtenlinien, der Hydroisohypsen, geschieht nach den bekannten Regeln der kotierten Projektion durch geradlinige Interpolation (S. 253). Die Interpolation soll tunlichst nur in der

Stromrichtung des Grundwassers, also senkrecht zu den Hydroisohypsen, erfolgen (Abb. 336). Zur Vermeidung von Irrtümern durch die Schwankungen des Grundwasserspiegels empfiehlt es sich, die Konstruktion des Schichtenplanes nur auf Messungen aufzubauen, die an demselben Tage vorgenommen wurden. Vertikalprofile in der Fließrichtung und senkrecht zu ihr ergänzen wirksam den Schichtenplan.

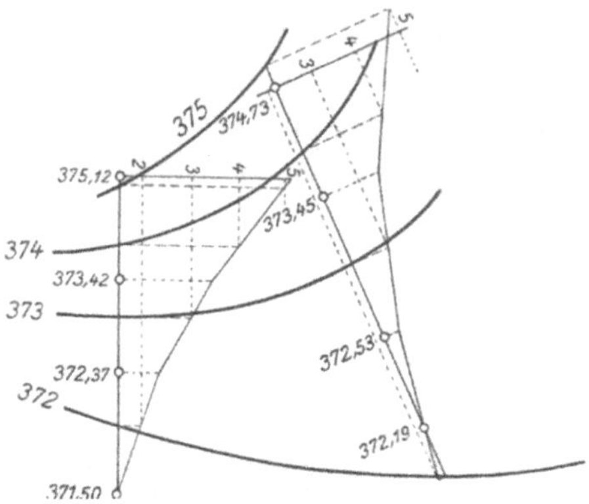

Abb. 336. Konstruktion der Hydroisohypsen

Aus solch einem Höhenschichtenplan des Grundwasserspiegels kann entnommen werden: zunächst das Vorhandensein und Fehlen des Grundwassers; bildet der Grundwasserstauer unterirdische Erhebungen bis über den Grundwasserspiegel, so brechen die Isohypsen an deren Hängen ab. Eventuelle Gebiete gespannten Grundwassers werden durch Teilung der Schichtlinien in je eine den gespannten Spiegel angehörende und eine des idealen freien Spiegels gekennzeichnet, überdies die Grenzen des Überganges markiert. Durch sukzessives Fällen von Normalen auf die Isohypsen erhält man als orthogonale Trajektorien derselben die Stromrichtungen und Stromlinien des Grundwassers. Die Entfernung der Schichtenlinien gibt das Maß für das Spiegelgefälle; gleichbleibende Distanz bedeutet konstantes Gefälle. Der Spiegel eines Grundwasserstromes von konstanter Breite stellt sich zur ebenen undurchlässigen Sohle parallel. Gefällsänderungen im Laufe einer Stromlinie können entweder durch die Form des Grundwasserstauers oder Wechsel in der Durchlässigkeit des Trägers, eventuell durch beide Ursachen zugleich, hervorgerufen sein. Hierüber entscheidet der Schichtenplan der undurchlässigen Sohle. In Abb. 337 sind die einfachsten bezüglichen Fälle dargestellt. Der Schichtenplan, genügend weit erstreckt, gibt Aufschluß über das Einzugsgebiet des Grundwasserstromes, welches mit dem des Oberflächenwassers nicht identisch sein muß. Wie die Wechselwirkung zwischen Grundwasser und obertägigen Wasserläufen in den Hydroisohypsen zum Ausdrucke kommt, zeigen die Abb. 338a, b. Störungen der Grundwasserbewegung, z. B. durch Wasserentziehung im Bergbau, machen sich in der Form der Isohypsen bemerkbar. Der Schichtenplan des Grund-

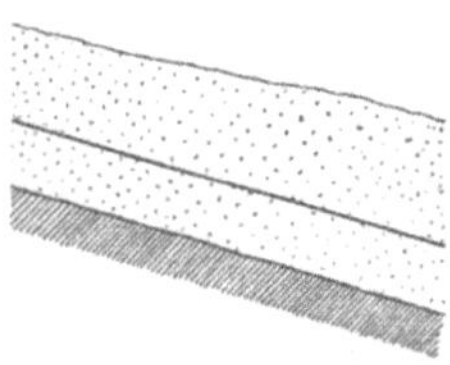
Abb. 337 a. Grundwasserträger gleichmäßiger Durchlässigkeit auf ebener Sohle

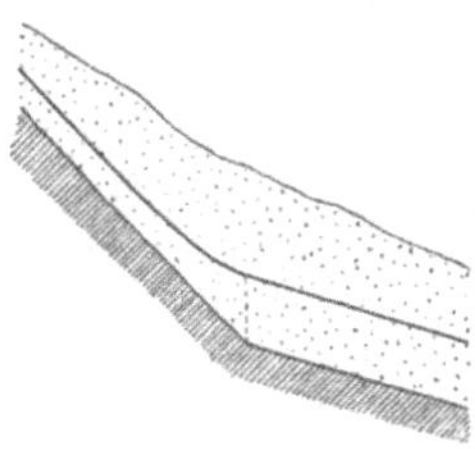
Abb. 337 b. Verminderung der Sohlenneigung

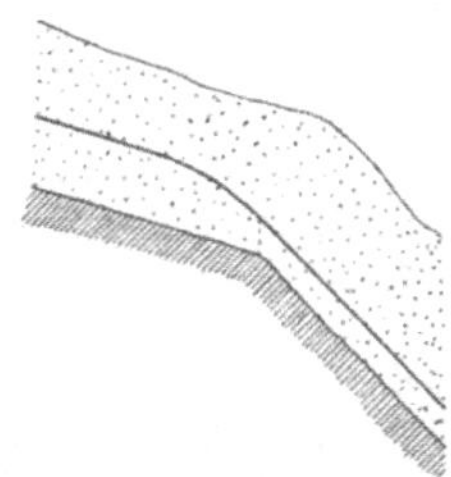
Abb. 337 c. Zunahme der Sohlenneigung

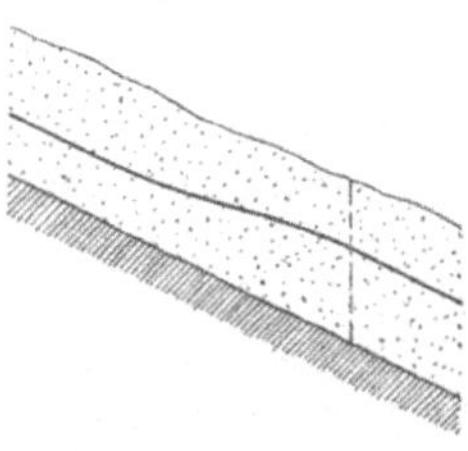
Abb. 337 d. Sprunghafte Abnahme der Durchlässigkeit

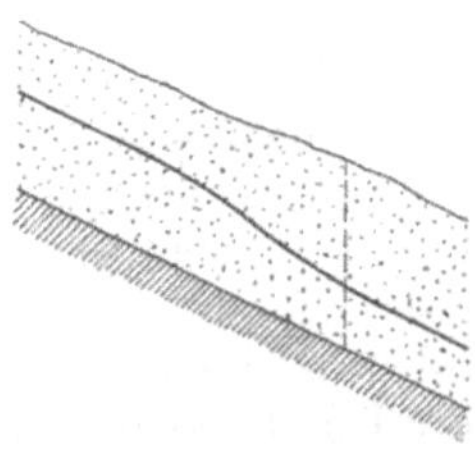
Abb. 337 e. Sprunghafte Zunahme der Durchlässigkeit

wasserspiegels erlaubt keine Rückschlüsse auf die absoluten Werte der Fließgeschwindigkeit und Grundwassermenge.

Schwankungen des Grundwasserspiegels. Bei der Erforschung der Grundwasserverhältnisse darf nicht außeracht gelassen werden, daß der Spiegel natürlichen Schwankungen unterworfen ist. Deshalb sind zur Konstruktion eines Spiegelplanes tunlichst nur zeitlich aufeinanderfolgende Messungen, am besten solche eines Tages, heranzuziehen. Da die Spiegelschwankungen mit Mengenschwankungen des Grundwassers parallel gehen, sind sie für den praktischen Hydrologen von Bedeutung und bei den Vorarbeiten für die Grundwassergewinnung mindestens über ein Jahr zu verfolgen; am wichtigsten ist hiebei die tiefste Lage des Spiegels, entsprechend dem Ergiebigkeitsminimum des Stromes. Man unterscheidet tägliche, jährliche und säkuläre Schwankungen des Grundwasserstandes.

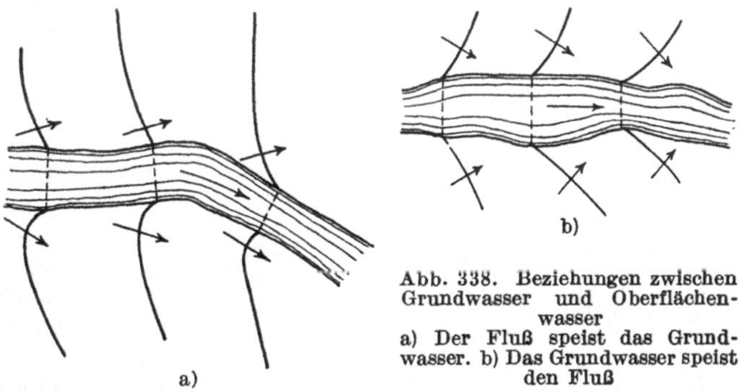

Abb. 338. Beziehungen zwischen Grundwasser und Oberflächenwasser
a) Der Fluß speist das Grundwasser. b) Das Grundwasser speist den Fluß

Natürlich nehmen alle jene Faktoren, deren Bedeutung für die Entstehung des Grundwassers wir kennen lernten, auf diese Schwankungen vornehmlich Einfluß. Wir finden daher einen ausgesprochenen Parallelismus zwischen den Niederschlagsmengen und Spiegelbewegungen. Da die Verdunstung die Grundwassermenge direkt und indirekt vermindert, ist auch der Einfluß des Sättigungsdefizits — in negativem Sinne — bemerkbar. Wenn auch selbst ein hohes Sättigungsdefizit den vermehrenden Einfluß großer Niederschläge nicht aufheben kann, so tritt in niederschlagsarmen Zeiten sein Einfluß deutlich in Erscheinung. Eingehende bezügliche Beobachtungen und deren Auswertung finden sich bei Soyka[1]). Grundwasserströme, welche oberflächliche Wasserläufe speisen oder von diesen durch Versickerung Wasser empfangen, zeigen mit deren Spiegel parallele Schwankungen. Hiebei kann sich das Speisungsverhältnis verkehren, so daß ein Fluß, der bei Mittel- und Niederwasser vom Grundwasser gespeist wird, bei Hochwasserstand an dieses Wasser abgibt (Abb. 339a, b).

Grundwasserspiegel in Meeresnähe machen die Gezeitenschwankungen mit. Endlich wird in der Literatur ein Einfluß des Luftdruckes auf den Grundwasserspiegel behauptet und auf diesem Wege die Tatsache zu erklären versucht, daß Grundwasserspiegel-Hebungen bisweilen den Niederschlägen voraneilen. Mezker behauptet einen merklichen Einfluß der Außentemperatur auf die Schwankungen des Grundwasserspiegels und führt diesen auf die Wirkung der in den „kapillaren Wasserhaltungen“ im Grundwasserträger oberhalb des Spiegels eingeschlossene „Grundluft“ zurück. Die durch Temperaturzunahme bewirkte Expansion der Grundluft dränge kapillar gehaltenes Wasser nach abwärts und speise so das Grundwasser. Mezker[2]) führt auch einen Teil der Schwankungen von Brunnenspiegel auf die Volumsänderungen der Grundluft zurück, wobei der Brunnen die Rolle eines offenen Manometers spielen soll (siehe auch S. 566). Den Schwankungen der Grundwasserspiegel kommt auch in hygienischer Beziehung Bedeutung zu. Wie Pettenkofer für das Münchener Gebiet nachgewiesen hat, bewirkt der sinkende Spiegel Zunahme der typhösen Krankheiten, während gleichmäßig hoher oder tiefer Stand keinen Einfluß nimmt.

[1]) Die Schwankungen des Grundwassers, Geogr. Abhandl., Bd. II, Wien, großenteils wiedergegeben bei Keilkack: Grundwasser- und Quellenkunde.

[2]) Mezker, Chr.: Die Grundwasserbildung in ihrer Abhängigkeit von der Grundluft.

Mit der wachsenden Erkenntnis der Bedeutung des Bodenwassers in der gesamten Wasserwirtschaft wird dessen Beobachtung stetig mehr Aufmerksamkeit und Tätigkeit gewidmet. In einer Reihe von Staaten ist die Beobachtung des Bodenwassers durch die geologischen Landesanstalten, hygienischen Institute oder eigene Anstalten für Gewässerkunde (z. B. „Landesanstalt für Gewässerkunde“ in Preußen) organisiert. Beobachtungen der Spiegellage und -schwankungen im Verein mit meteorologischen Beobachtungen liefern, durch Jahrzehnte fortgesetzt, kostbares Material für die Zwecke der Wasserversorgung, der Landwirtschaft, des Bergbaues usw.

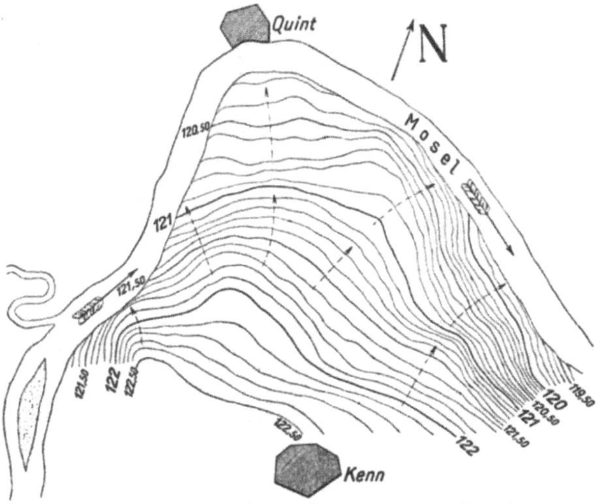

Abb. 339 a. Mosel bei Kenn. Speisung durch Grundwasser (nach Wahl)

Häufig ist die Aufgabe zu lösen, vor Inangriffnahme einer größeren Störung des unterirdischen Wasserhaushaltes (Gewinnung von Bodenwasser für Zwecke der Wasserversorgung, Abteufen von Schächten usw.) als Unterlage zur Beurteilung aller Folgen dieser Eingriffe den bestehenden Zustand „zum ewigen Gedenken“ festzustellen. In solchen Fällen bieten die sichersten Daten Einmessungen der ungestörten Spiegel (im Beharrungszustand), ausgedehnt über tunlichst lange Beobachtungszeit (mindestens ein Jahr!) und verbunden mit Messungen der Niederschläge und oberflächlichen Abflußverhältnisse.

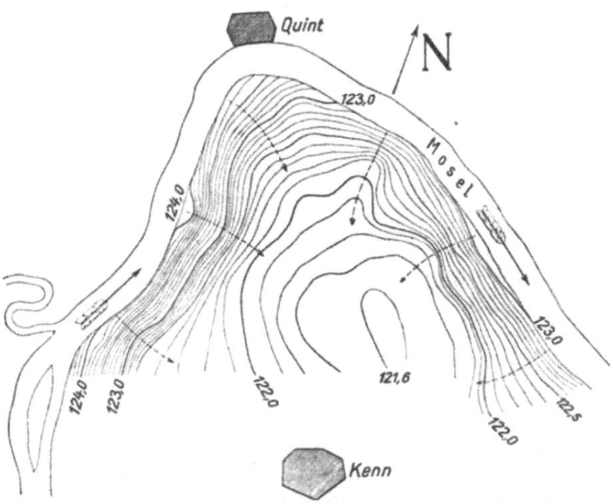

Abb. 339 b. Mosel bei Kenn. Umkehrung der Speisung bei Hochwasser (nach Wahl)

Mengenmessungen des Grundwassers (Pumpversuche an Brunnen, Bestimmung der spezifischen Ergiebigkeit usw.) sind nur dann von Wert, wenn sie wirklich einwandfrei durchgeführt werden (Beharrungszustand!), und dann gewöhnlich sehr kostspielig. Mangelhaft durchgeführte Messungen können aber viel Unheil stiften.

Die Temperatur des Grundwassers

Die innige Berührung nach großen Flächen zwischen dem Grundwasser und Grundwasserträger hat bei der geringen Fließgeschwindigkeit einen intensiven Wärmeaustausch beider zur Folge. Die Temperatur des Grundwassers weicht daher im allgemeinen wenig von der Bodentemperatur seines Gebietes ab. Die täglichen Temperaturschwankungen obertags wirken sich, je nach dem Gesteinsmaterial, höchstens bis 0,5 bis 1,0 m aus. Unterhalb dieser Tiefe vollführt die Bodentemperatur Schwankungen mit dem Jahreszeitenwechsel, deren Amplitüde mit der Tiefe abnimmt. In 20 bis 30 m Tiefe ist die Temperatur fast konstant und ungefähr gleich der mittleren Jahrestemperatur der Oberfläche. Unter dieser „neutralen Schichte“ wächst der Wärmegrad des Bodens mit zunehmender Teufe. Das Temperaturgefälle ist hiebei, je nach den geologischen Verhältnissen, verschieden steil und beträgt 10 bis 70 m für 1° C. In Unkenntnis der örtlichen Verhältnisse rechnet man mit einer geothermischen Tiefenstufe von 33 m/° (siehe S. 6). Die Temperatur des Grundwassers hängt daher wesentlich von der Tiefenlage seines Stromweges ab, wobei die Dauer seines Aufenthaltes in dem betreffenden Niveau eine Rolle spielt.

Eine bekannte Erscheinung ist die Widersinnigkeit des Temperaturverlaufes mancher Grundwässer mit der Jahreszeit, welche in der Undurchlässigkeit des gefrorenen Bodens ihre Erklärung findet.

Im allgemeinen zeigen Grundwässer geringe Temperaturschwankungen. Werden solche konstatiert, so besteht die Möglichkeit, daß der Stromweg vom Einzugsgebiet zur Entnahmestelle ein sehr kurzer ist oder daß längere Strecken des Stromes nahe der Oberfläche verlaufen oder daß die Fließgeschwindigkeit sehr rasch und daher die Filterwirkung gering ist (unterirdische Wasserläufe!), endlich daß Oberflächenwasser auf kurzem Wege zusitzt — alles Umstände, die auf die Qualität des Wassers ungünstig wirken können. Das Thermometer bildet daher für alle Vorarbeiten für Grundwasserbeschaffung ein wichtiges Werkzeug; doch soll die Bedeutung seiner Angaben insofern nicht überschätzt werden, als konstante Temperatur noch keine sichere Gewähr für eine gute Qualität des Grundwassers bietet.

Gewinnung von Grundwasser ändert seine Strömungsverhältnisse und kann daher auch seine Temperatur beeinflussen. Dies wird insbesondere dann auffallend in Erscheinung treten, wenn ein Grundwasserstrom, der im ungestörten Zustand einen Fluß speiste, durch die künstliche Absenkung Flußwasser konsumiert. Dann kann das Thermometer nicht nur den Augenblick bzw. das Absenkungsniveau angeben, in welchem das Flußwasser einzudringen beginnt, sondern es gestattet auch, für verschiedene Absenkungstiefen das Mischungsverhältnis beider Wässer zu berechnen. Vorausgesetzt, daß x l Flußwasser der Temperatur t_f^0 C mit y l Grundwasser von t_g^0 C vermischt, die Temperatur T besitzen, so drückt sich die Bedingung, daß die Summe der Wärmeinhalte der beiden Komponenten gleich dem Wärmegehalt der Mischung sein muß, durch die Gleichung aus:

$$x \cdot t_f \,(\text{Kal.}) + y \cdot t_g \,(\text{Kal.}) = (x+y) \cdot T \,(\text{Kal.}),$$

woraus sich mit

$$\frac{x}{y} = \frac{T - t_g}{t_f - T} \qquad (1)$$

das gesuchte Mischungsverhältnis ergibt.

Wenn wir von der Geschwindigkeit eines Grundwasserstromes in einem bestimmten Querschnitte sprechen, so ist dies nur ein Hilfsbegriff, dem keine einheitliche Größe in der Natur entspricht. In Wirklichkeit besitzen die einzelnen Stromfäden in den beständig wechselnden Porenquerschnitten verschiedene und wechselnde Geschwindigkeiten. Man legt daher den Berechnungen eine mittlere Geschwindigkeit zugrunde. Strömt durch den Querschnitt F des Grundwasserträgers in der Sekunde die Wassermenge Q und sei μF der durchschnittliche Porenquerschnitt ($\mu < 1$), so ist die Durchschnittsgeschwindigkeit $v = \frac{Q}{\mu F}$.

Ferner rechnet man mit einer ideellen Geschwindigkeit, $c = \mu v = \frac{Q}{F}$, welche der Geschwindigkeit v proportional ist (Faktor μ) und einer Bewegung der Menge Q durch den gesamten Querschnitt F entsprechen würde.

Zur direkten Messung der tatsächlichen Durchschnittsgeschwindigkeiten wurden verschiedene Methoden in Anwendung gebracht, so die Messung des Fortschrittes einer Grundwasserwelle, die Beobachtung der Bewegung einer durch ein Bohrloch eingebrachten Salzlösung und andere mehr. Gegen diese Meßverfahren lassen sich jedoch so schwerwiegende Bedenken erheben, daß ihre praktische Anwendung kaum in Frage kommt. Die Resultate derartiger Geschwindigkeitsmessungen bewegen sich (von abnormalen Einzelwerten abgesehen) zumeist zwischen 0,3 bis 5,0 m/Tag. Gewähr für eine der Wirklichkeit nahekommende Geschwindigkeits- und Mengenbestimmung bietet nur der Quantitätsversuch (siehe S. 586).

Die Bewegung des Grundwassers

In einem ruhenden Grundwasserkörper stehen die Spiegel der Piezometerrohre aller Punkte in einer Horizontalebene bzw. Niveaufläche der Schwerkraft, dem freien Spiegel des Grundwassers. Im bewegten Grundwasser liegt der Piezometerspiegel jedes in der Stromrichtung folgenden Punktes tiefer als die vorhergehenden. Der Druckhöhenunterschied ΔH zwischen den Endpunkten des Stromfadens von der Länge ΔL stellt den Verlust an potentieller Energie längs ΔL dar, der, da die Geschwindigkeiten und ihre Änderungen sehr klein sind, fast gänzlich zur Überwindung des Reibungswiderstandes verbraucht wird. Den Druckverlust pro Längeneinheit $\frac{\Delta H}{\Delta L}$ nennt man das Druckgefälle.

Für die Berechnungen der Praxis macht man die vereinfachende Voraussetzung, daß das Spiegelniveau gleichzeitig Druckniveau aller in derselben Vertikalen liegenden Punkte ist. Abweichungen von dieser Annahme siehe S. 580.

Für die rechnerische Untersuchung von Grundwasserbewegungen benötigt man die Funktionsbeziehung zwischen dem Druckgefälle und der Geschwindigkeit, das „Filtergesetz“; in demselben muß der Einfluß der Eigenart des Bodens auf die Geschwindigkeit zum Ausdrucke kommen; die theoretische Hydrodynamik konnte daher dieses Gesetz nicht liefern, es mußte vielmehr auf empirischem Wege eine Funktion ermittelt werden, die den Beobachtungsdaten in der Natur und den Versuchen im Laboratorium mit möglichster Annäherung entspricht. Als solche Funktion galt bis vor kurzem das Gesetz von Darcy, welcher die Geschwindigkeit proportional dem sie erzeugenden Gefälle setzt:

$$C = \mu \cdot v = \frac{Q}{F} = k \cdot \frac{h}{l} \qquad (2)$$

worin $\frac{h}{l}$ das Spiegelgefälle und k einen dem Boden eigentümlichen konstanten Faktor, nämlich die in dem betreffenden Boden beim Spiegelgefälle l herrschende ideelle Geschwindigkeit, bedeuten. Der Wert von k schwankt vom feinsten Dünensand bis zu Kies (von 4 bis 7 mm Durchmesser) zwischen 0,002 bis 0,03 m/sek. Dieses Darcysche Gesetz findet sich noch heute in allen Lehrbüchern und bildet die Grundlage fast aller praktischen Berechnungen von Grundwasserströmungen.

Smreker[1]) brachte in Erinnerung, daß Darcy den Geltungsbereich seines Gesetzes auf feine Sande und geringe Geschwindigkeiten beschränkt hatte, und wies an den Versuchresultaten Darcys nach, daß selbst für diesen Bereich das Gefälle nicht der ersten Potenz der Geschwindigkeit proportional ist, daß sie vielmehr die Beziehung $\frac{h}{l} = \frac{\mu}{k} \cdot v^{1,1}$ liefern, daß aber für Grund-

[1]) „Das Grundwasser, seine Erscheinungsformen usw.“ 1914.

wasserträger gröberen Kornes und für größere Geschwindigkeiten — also in vielen Fällen der Praxis — das Darcysche Gesetz von der Wirklichkeit wesentlich abweicht und daher nicht verwendet werden sollte.

Smreker setzt an seine Stelle die Beziehung

$$\frac{h}{l} = \frac{\alpha}{2g} \cdot v + \frac{\beta}{2g} \cdot v^{3/2} \tag{3}$$

bzw. unter Vernachlässigung des ersten Gliedes

$$\frac{h}{l} = \frac{\gamma}{2g} \cdot v^{3/2}, \tag{4}$$

welche Gleichung sich den durchschnittlich vorfindlichen natürlichen Verhältnissen so weit nähert, daß sie für die praktische Verwendung geeignet ist. Der Beiwert γ, welcher die Durchlässigkeit des Bodens charakterisiert, muß im speziellen Falle durch den Versuch bestimmt werden.

Die Veröffentlichungen Smrekers riefen eine lebhafte Diskussion hervor, doch konnten die Anhänger des Darcyschen Gesetzes die schwerwiegenden Einwände Smrekers gegen dessen Anwendung nicht entkräften. So verlockend daher auch die durch Zugrundelegung des Darcyschen Gesetzes resultierenden einfachen Formeln für den praktischen Gebrauch sind, so ist doch bei deren Anwendung Vorsicht geboten und dem Ingenieur zu raten, sich bei wichtigen Berechnungen des Smrekerschen Gesetzes zu bedienen.

Einfluß der Temperatur auf die Grundwasserbewegung. Da die Zähigkeit („Viskosität“) des Wassers bei steigender Temperatur abnimmt, ist die Grundwassergeschwindigkeit auch eine Funktion der Temperatur[1]). Wohl wird dieser Umstand bei praktischen Fällen meist keine Rolle spielen, da sich die Temperaturschwankungen des Grundwassers innerhalb enger Grenzen bewegen. Er kann jedoch bei Thermalwässern Bedeutung erlangen. Slichter[2]) hat das Darcy-Gesetz durch Aufnahme eines Viskositätbeiwertes, der mit steigender Temperatur abnimmt, erweitert; nach seiner Formel steigt die Grundwassergeschwindigkeit in den Temperaturintervallen: 5 — 10 — 15 — 20° C um 16 — 33 — 50%.

Der ungestörte Grundwasserstrom

Bewegt sich das Grundwasser in einem homogenen Grundwasserträger auf ebener Sohle konstanter Neigung in konstanter Strombreite, so stellt sich der Spiegel — bei genügend langer Erstreckung — parallel zur undurchlässigen Sohle. In diesem Fall ist das Gefälle durch das Sohlengefälle vorgeschrieben, mithin die Fließgeschwindigkeit nach dem einfachen Smrekerschen Gesetze:

$$v = \sqrt[3]{\left(\frac{2g}{\gamma}\right)^2 \cdot \left(\frac{h}{l}\right)^2}, \tag{5}$$

nach Darcy:

$$v = \frac{k}{\mu} \cdot \frac{h}{l}.$$

Es wird sich die Tiefe des Stromes so einstellen, daß der Querschnitt für die Durchflußmenge genügt; ein Knick im Sohlengefälle bewirkt eine Änderung der Geschwindigkeit und infolgedessen der Stromtiefe. In gleicher Weise wirkt eine Änderung der Durchlässigkeit des Bodens, also der Größe γ bzw. k (siehe die Abb. 337, S. 574).

Speist der Grundwasserstrom ein offenes Gewässer, dessen Sohle in gleicher Tiefe oder tiefer als die des Stromes liegt, so tritt (Abb. 340), je nach der

[1]) Die „innere“ Reibung des Wassers sinkt von 0 bis 100° C auf weniger als $^1/_6$ ihres Betrages.
[2]) Näheres in Luedecke: Über die Wasserbewegung im Boden. Kulturtechniker. Breslau. 1909. Auch Prinz: Hydrologie.

Mächtigkeit des Stromes, bei der Mündung eine Absenkung (Depression, I) oder ein nach oben konkaver Stau (III) ein; den Grenzfall bildet der direkt in den Rand des Flußniveaus schneidende ebene Grundwasserspiegel (II). (Die Berechnung der Gleichungen dieser Spiegelkurven — jedoch unter Zugrundelegung des Darcyschen Gesetzes — findet man in Weyrauch: „Die Wasserversorgung der Städte", I. Bd.) Liegt die Sohle des Grundwasserträgers unter dem durchlässigen Bette des gespeisten Gewässers, so erfolgt auch eine Speisung durch die Sohle des letzteren. Hierüber wurden nach Thien insbesondere von Pennink[1]) interessante Versuche angestellt. Wir geben in Abbildung 341 das Stromlinienbild dieses

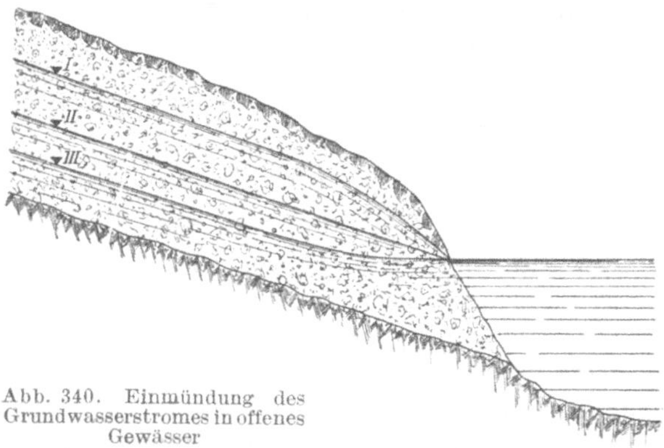

Abb. 340. Einmündung des Grundwasserstromes in offenes Gewässer

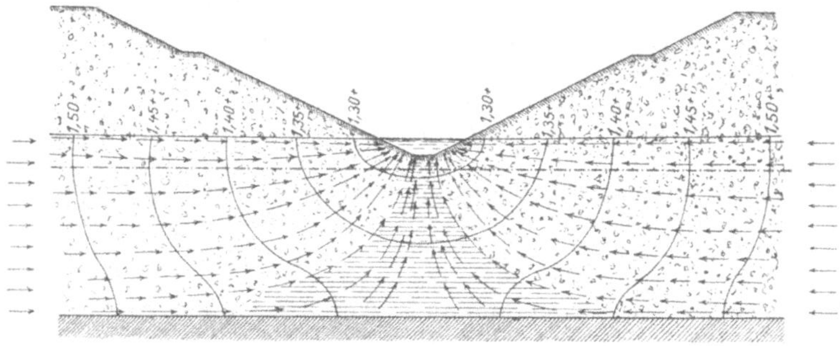

Abb. 341. Speisung eines Wassergrabens im durchlässigen Boden (nach Pennink)

Falles nach Pennink wieder. Es zeigt, daß hier die Annahme gleichen Gefälles in Vertikallinien (siehe S. 578) nicht gestattet ist; ungelochte Piezometerrohre zeigen je nach der Versenkungstiefe verschiedene Spiegel an.

Wirkungen der Grundwasserentnahme

Vor allen anderen erheischen jene Bewegungsvorgänge im Grundwasser das besondere Interesse des Ingenieurs, welche durch künstliche Entnahme von Wasser hervorgerufen werden. Abgesehen davon, daß sie bei der Grundwassergewinnung als Dauerzustand eintreten und daher in ihrer Auswirkung vorher bekannt und berechnet werden müssen, dienen probeweise Grundwasserentnahmen, „Quantitätsversuche", als sicherstes Instrument zur Erforschung der Eigenart eines Grundwasservorkommens und Beurteilung seiner Eignung für bestimmte Zwecke.

Der Schachtbrunnen im Grundwassersee (Abb. 342). Aus diesem in Wirklichkeit nie vorkommenden einfachsten Normalfalle lassen sich alle übrigen Grundwasserabsenkungsformen ableiten. *S—S* stelle den freien Spiegel eines ruhenden Grundwassersees von unendlicher Erstreckung in einem homogenen Grundwasserträger über horizontaler Sohle dar. Ein kreisrunder Schacht-

[1]) De Ingenieur, No. 30. 1905.

brunnen mit vollkommen durchlässiger Wandung durchteufe das Grundwasser bis zur Sohle. Durch fortgesetztes Sümpfen aus dem Brunnen werde der Spiegel des Brunnens um die Höhe s unter den ursprünglichen Ruhespiegel dauernd abgesenkt. Hiebei entleert sich der Grundwasserträger rings um den Brunnen, indem der Spiegel durch Vermittlung einer trichterförmigen Depressionsfläche an den gesenkten Brunnenspiegel anschließt. Dem radial zur Brunnenachse gerichteten Gefälle des Trichters entspricht ein allseitiges Zuströmen des Grundwassers zum Brunnen. Ist der Beharrungszustand erreicht, was oft erst nach tagelangem Sümpfen eintritt, so verharrt der Depressionsspiegel in einer stationären Lage bzw. vollführt um dieselbe bei konstanter Fördermenge nur mehr die normalen Schwankungen des Grundwasserspiegels.

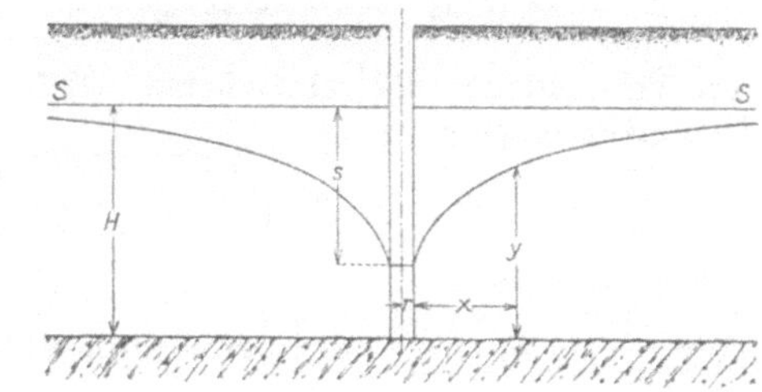

Abb. 342. Schachtbrunnen im Grundwassersee

Die Fließquerschnitte des Speisestromes des Brunnens sind Zylindermäntel, mit dem Brunnen konaxial, deren Fläche mit der Annäherung zu diesem rasch abnimmt. Da im Beharrungszustande durch alle diese Zylinderflächen in gleicher Zeit dieselbe Menge fließt, nimmt die Geschwindigkeit gegen den Brunnen stetig zu. Das Tangentialgefälle im axialen Schnitt der Absenkungsfläche muß daher am Brunnen am steilsten sein und mit der Entfernung von ihm stetig abnehmen. Theoretisch nähert sich der Depressionsspiegel asymptotisch der Spiegelruhelage; in Wirklichkeit läßt sich in einer von der Entnahmemenge und Bodendurchlässigkeit abhängenden Entfernung die Absenkung nicht mehr feststellen („Wirkungsbereich" des Brunnens).

Die bei Beharrungszustand bestehenden Beziehungen zwischen Brunnenergiebigkeit und Absenkungsfläche lassen sich unter Anwendung des Filtergesetzes mathematisch untersuchen und sind für die Praxis der Grundwassergewinnung von großer Bedeutung. Der Fließquerschnitt im Radialabstand x ist der Zylindermantel vom Radius x und der Erzeugenden $y: F = 2\pi xy$. Das Spiegelgefälle in irgendeinem Punkt ist gegeben durch den jeweiligen ersten Differentialquotienten der Absenkungskurve $\frac{dy}{dx}$. Das Darcysche Gesetz der Proportionalität von Gefälle und Geschwindigkeit würde sich daher wie folgt ausdrücken:

$$\frac{dy}{dx} = \frac{\mu}{k} \cdot v = \frac{Q}{2 k \pi x y}.$$

Die Integration dieser Gleichung ergibt:

$$y^2 = \frac{Q}{\pi k} \ln x + C. \tag{6}$$

Wie besonders Smreker aufmerksam gemacht hat, zeigt gerade diese Gleichung die Unstimmigkeit des Darcyschen Gesetzes. Substituiert man die Grenzbedingungen $x = \infty$, $y = H$, so erhält man in $C = H^2 - \infty$ einen unmöglichen Wert für die Konstante C. Die in (6) erhaltene Kurve kann die Depressionskurve nicht darstellen, da sie sich dem ursprünglichen Grundwasserspiegel nicht asymptotisch nähert, sondern ihn in der Entfernung $X = e^{\pi k \frac{H^2 - C}{Q}}$ schneidet. Bezüglich weiterer Unstimmigkeiten sei auf die Untersuchungen von Henneberg[1]) verwiesen. Das Darcysche Gesetz ist daher zur Ableitung der Absenkungskurve ungeeignet. Smreker erhält aus seiner Gleichung (3) unter Anwendung einer für das Resultat belanglosen Änderung zur Ermöglichung der Integration als Gleichung der Absenkungskurve:

[1]) Journal für Gasbeleuchtung und Wasserversorgung, 1. 1919.

$$y=\sqrt[5]{\left[H^{5/2}-\frac{5}{4g}\left(\frac{Q}{2\pi}\right)^2\cdot\frac{\alpha}{\mu^2}\cdot\frac{1}{x\cdot\sqrt{H}}-\frac{5}{2g}\left(\frac{Q}{2\pi}\right)^{3/2}\cdot\frac{\beta}{\mu^{3/2}}\cdot\frac{1}{\sqrt{x}}\right]^2} \tag{7}$$

oder nach Einsetzen der Werte von g (Erdbeschleunigung) und π:

$$y=\sqrt[5]{\left[H^{5/2}-\left(0{,}003227\,Q^2\,\frac{\alpha}{\mu^2}\cdot\frac{1}{x\sqrt{H}}+0{,}016181\cdot Q^{3/2}\cdot\frac{\beta}{\mu^{3/2}}\,\frac{1}{\sqrt{x}}\right)\right]^2},$$

Bei Verwendung der einfacheren Gleichung Smrekers erhält man für die Depressionskurve:

$$y=\sqrt[5]{\left[H^{5/2}-\frac{5}{2g}\left(\frac{Q}{2\pi}\right)^{3/2}\frac{\gamma}{\mu^{3/2}}\cdot\frac{1}{\sqrt{x}}\right]^2} \tag{8}$$

beziehungsweise

$$y=\sqrt[5]{\left[H^{5/2}-0{,}016181\,Q^{3/2}\cdot\frac{\gamma}{\mu^{3/2}}\cdot\frac{1}{\sqrt{x}}\right]^2}.$$

Die Gleichung (8) gestattet uns, das Ergiebigkeitsgesetz eines Brunnens, das heißt die funktionelle Beziehung zwischen Wasserhebung und Spiegelsenkung aufzustellen. Setzen wir $x=r$, dem Brunnenradius, und $y=H-s$, wobei s die Absenkung des Spiegels im Brunnen darstellt, so erhalten wir in

$$Q=\sqrt[3]{r\left[\frac{H^{5/2}-(H-s)^{5/2}}{0{,}016181\,\frac{\gamma}{\mu^{3/2}}}\right]^2} \tag{9}$$

das Ergiebigkeitsgesetz. Gleichung (8) zeigt uns auch den Einfluß des Brunnendurchmessers auf die Wassermenge: Bei gleicher Absenkung s wächst der Durchmesser in der dritten Potenz der Menge, das heißt: Um die zwei-, drei-, vier-, n-fache Menge aus dem Brunnen zu heben, muß man bei gleicher Spiegellage den Brunnen 8-, 27-, 64-, n^3-mal so weit herstellen. Da die Herstellungskosten der Brunnen mit deren Durchmesser rasch wachsen, ist es wirtschaftlicher, mehrere enge Brunnen herzustellen als einen größeren.

Der Schachtbrunnen im Grundwasserstrom. Während bei dem zuletzt behandelten Idealfall in allen Voraussetzungen und daher notwendigerweise auch in allen Folgerungen axiale Symmetrie herrschte, existiert beim Grundwasserstrom eine ausgezeichnete Richtung: die Gefälls- und Fließrichtung des Stromes. Die Absenkungserscheinungen zeigen daher in diesem Falle — vorausgesetzt, daß die undurchlässige Sohle eine Ebene und der Grundwasserträger homogen ist — nach einer in dieser Richtung durch die Brunnenachse gelegten Ebene Symmetrie. Wir können uns den Strömungszustand zusammengesetzt denken aus der Radialströmung zum Brunnen und dem vorhandenen Grundwasserstrom. Sehen wir von den Vertikalkomponenten der Strömung ab, so läßt sich dieselbe als zweidimensionale ebene Strömung in einer zur Sohle parallelen Ebene mit Hilfe von Stromlinien untersuchen. Die Stromlinien stellen Wege von Wasserteilchen dar, die in der Stromfläche Streifen mit der Ergiebigkeit 1 begrenzen. Sei e die Entfernung der Stromlinien, v die Fließgeschwindigkeit, so besteht die Gleichung $e\cdot v=1$. Je näher die Stromlinien, um so größer die Geschwindigkeit, welche durch den reziproken Wert ihrer Entfernung ausgedrückt ist. Eine einfache Untersuchung ergibt, daß sich die Stromlinien der Resultierenden zweier durch solche Linien bestimmter Bewegungen als Diagonalenzug der Schnittparallelogramme darstellen lassen. Nach dieser Methode wurden in Abb. 343b die Stromlinien während des Brunnenbetriebes konstruiert. Die Darstellung zeigt vor allem, daß alles Wasser des Streifens B des Stromes dem Brunnen zufließen muß. B ist die „Entnahmebreite“ des Brunnens (für eine bestimmte Entnahmemenge!). Die Linien außerhalb B werden von ihrer Bahn abgelenkt, fließen aber am Brunnen vorüber.

Die Grenze bildet der „neutrale Wasserweg“ oder die „Entnahmegrenze“. Die beiden Äste des neutralen Wasserweges besitzen zwei Stromlinien als Asymptoten, deren Entfernung die Entnahmebreite darstellt. Ein vertikal projizierender Zylinder mit der Entnahmegrenze als Leitlinie umfaßt alles dem Brunnen zuströmende Wasser. Da wir die Stromlinien in Annäherung auch für die Oberfläche gelten lassen können, erhalten wir in ihren orthogonalen Trajektorien Schichtenlinien des Absenkungsspiegels. Abbildung **343a** stellt einen Schnitt vertikal durch die Fließrichtung und senkrecht dazu dar. Im Schnitte *N—N*, senkrecht zur Fließrichtung, besitzt die natürliche Grundwassergeschwindigkeit keine Komponente, das Gefälle ist nur durch die radiale Strömung zum Brunnen bedingt. Die Depressionskurve dieses Schnittes ist daher gleich jener im Grundwassersee. Der Schnitt *O—U* zeigt die Zusammenwirkung

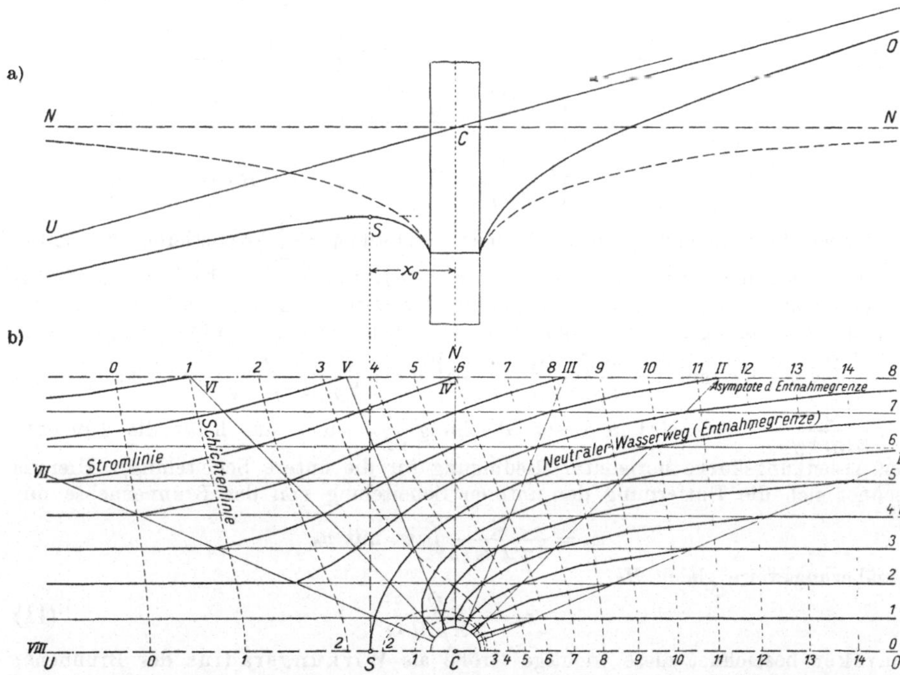

Abb. 343 a) und b). Schachtbrunnen im Grundwasserstrom. Strom- und Schichtenlinien

beider Bewegungen. Oberhalb des Brunnens besitzen die natürliche Grundwassergeschwindigkeit und die Zuströmung zum Brunnen gleiche Richtung, sie summieren sich daher; der resultierenden großen Geschwindigkeit entspricht ein größeres Spiegelgefälle gegenüber der *N—N*-Kurve. Unterhalb des Brunnens ist die Resultierende die Differenz mit der Richtung der größeren Komponente. Da die Radialströmung von *U* gegen *C* zunimmt, existiert ein Punkt, in welchem sich beide Geschwindigkeiten aufheben. Dieser Punkt, die „untere Scheitelung“, ist der Schnittpunkt des neutralen Wasserweges mit der Symmetrieebene. Da seine Geschwindigkeit Null ist, besitzt die Absenkungskurve bei *S* kein Gefälle, die Tangente ist hier horizontal. Unterhalb *S* überwiegt die natürliche Grundwasserströmung um so mehr, je größer die Entfernung vom Brunnen; das Gefälle der Depressionskurve nimmt dementsprechend zu.

Zur rechnerischen Behandlung der Absenkung im Strom bringen wir die Resultate Smrekers. Es sei ε der Neigungswinkel des ungestörten Spiegels und der Sohle gegen den Horizont, $\tau = \operatorname{tg} \varepsilon$ das Spiegelgefälle, φ' der Winkel einer beliebigen Ebene *E* durch die Brunnenachse mit der Symmetrieebene S, φ der Winkel der Schnittlinien der Ebenen E und S mit dem ungestörten Spiegel. φ' kann annähernd gleich φ gesetzt werden. ω sei der Winkel der Schnittlinien von E und dem Spiegel mit dem Horizont. $\tau_1 = \operatorname{tg} \omega$ das relative Spiegelgefälle in der Ebene E, x, y die schiefwinkeligen Koordinaten eines Punktes der Absenkungskurve in der Ebene E, H die vertikale Mächtigkeit des Grundwasserstromes, c die Geschwindigkeit des Grundwasserstromes, Q die Entnahme aus dem Brunnen, α, β dem Boden eigentümliche Beiwerte.

Dann gilt für alle $\varphi \begin{smallmatrix} > 0 \\ < \frac{\pi}{2} \end{smallmatrix}$ und $\varphi \begin{smallmatrix} > {}^3\!/_2\,\pi \\ < 2\pi \end{smallmatrix}$, also das Gebiet oberhalb des Schnittes $N - N$, die Gleichung der Depressionsfläche:

$$y^{5/2} = H^{5/2} - \frac{5}{2} H^{3/2} \cdot x \cdot \sin\omega + \frac{5\alpha}{4g\sqrt{H}} \left[-\left(\frac{Q}{2\pi\mu}\right)^2 \cdot \frac{1}{x} + \frac{Q}{\pi\mu} \cdot H \cdot c \cdot \cos\varphi \cdot \ln x + \right.$$
$$\left. + (H \cdot c \cdot \cos\varphi)^2 \cdot x \right] + \frac{5\beta}{4g} \left[\left(H \cdot c \cdot \cos\varphi \cdot x - \frac{Q}{\mu\pi} \right) \sqrt{\frac{\frac{Q}{2\pi\mu} + H \cdot c \cdot \cos\varphi \cdot x}{x}} + \right.$$
$$\left. + \frac{3Q}{4\pi\mu} \sqrt{H \cdot c \cdot \cos\varphi} \cdot \ln \left\{ \frac{\sqrt{\frac{Q}{2\pi\mu} + H \cdot c \cdot \cos\varphi \cdot x} + \sqrt{H \cdot c \cdot \cos\varphi \cdot x}}{\sqrt{\frac{Q}{2\pi\mu} + H \cdot c \cdot \cos\varphi \cdot x} - \sqrt{H \cdot c \cdot \cos\varphi \cdot x}} \right\} \right]. \qquad (10)$$

Lassen wir diese Gleichung mit den Ebenen $\varphi = O$ und $\varphi = \frac{\pi}{2}$ koexistieren, so erhalten wir die Gleichungen der Absenkungskurven $O - B$ und $N - N$. Im Bereiche stromabwärts von $N - N$ wird die Berechnung der Depressionsfläche sehr kompliziert. Für die Absenkungskurve in der Symmetrieebene gilt die Differentialgleichung:

$$d\,y - d\,x \cdot \sin\omega = \frac{\alpha}{2g} \left[\frac{Q}{2\pi\mu x y} - c \right]^2 d\,x + \frac{\beta}{2g} \left[\frac{Q}{2\pi\mu x y} - c \right]^{3/2} \cdot d\,x.$$

Für $\frac{Q}{2\pi\mu x y} - C = O$ wird in dieser Gleichung $\frac{dy}{dx} = \sin\omega$, das heißt die Tangente der Absenkungskurve horizontal (Bedingung für die untere Scheitelung). Hieraus rechnet sich die Entfernung der unteren Scheitelung von der Brunnenachse mit

$$x_0 = \frac{Q}{2\pi\mu y_0 \cdot c} \text{ bzw. mit } y_0$$

annäherungsweise gleich H

$$x_0 = \frac{Q}{2\pi\mu H \cdot c}. \qquad (11)$$

Smreker bezeichnet diese wichtige Größe als Wirkungsradius des Brunnens; sie ist nach (11) proportional der Fördermenge. Die Entnahmebreite B liefert dem Brunnen die Wassermenge

$$Q = \mu \cdot c \cdot H \cdot B. \qquad (12)$$

Aus den Gleichungen (11) und (12) resultiert die wichtige Beziehung

$$B = 2\pi x_0 \qquad (13)$$

Der Wirkungsradius ist demnach proportional der Fördermenge und Entnahmebreite; die Entnahmegrenzen für verschiedene Fördermengen sind ähnliche Figuren.

Der Schachtbrunnen im gespannten Grundwasser. Abb. 344 stellt den Fall dar, daß der Brunnen eine undurchlässige Schichte durchteufe und Grundwasser mit gespanntem Spiegel in der Mächtigkeit m erschließt. Smreker verwendet zur Berechnung der Depressionskurve dieses Falles sein vereinfachtes Filtergesetz, welches die explizite Lösung der Absenkungsfunktion nach den wichtigen Größen gestattet:

$$\text{Depressionskurve: } y = H - \frac{\gamma}{g} \left(\frac{Q}{2\pi\mu m} \right)^{3/2} \cdot \frac{1}{\sqrt{x}}; \qquad (14)$$

$$\text{Wassermenge: } Q = 2\pi\mu m \left(\frac{g}{\gamma} \right)^{2/3} \sqrt[3]{r} \cdot s^{2/3} = \text{Konst.}\ s^{2/3}; \qquad (15)$$

Die Wassermenge erhöht sich demnach mit der Potenz $^2/_3$ der Absenkung.

Gleichung (15) stellt in Q und s (Absenkung) als Variable eine parabelähnliche Kurve dar, die sich der Geraden nähert. Tatsächlich ergeben Pumpversuche an gespannten Grundwässern, daß die Ergiebigkeit annähernd proportional der Absenkung zunimmt. Dies hier Gesagte gilt natürlich auch für den Fall gespannter Spiegel mit positivem piezometrischem Niveau, für artesische Wässer.

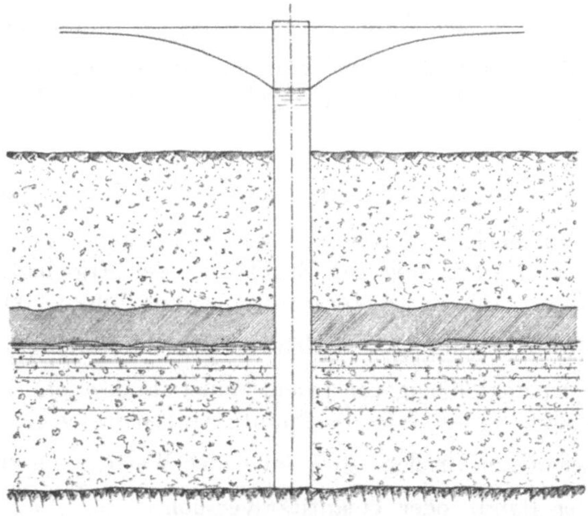

Abb. 344. Schachtbrunnen in gespanntem, artesischem Wasser

Bei Zugrundelegung des Darcy-Gesetzes ergeben sich die Gleichungen

Depression:

$$y = H - s + \frac{Q}{2\pi k m} \ln \frac{x}{r} \qquad (14\text{a})$$

Wassermenge:

$$Q = \frac{2\pi k m}{\ln \frac{R}{r}} \cdot s \qquad (15\text{a})$$

worin R die Wirkungsweite des Brunnens bedeutet, die sich aus (14a) mit $y = H$ für x ergibt.

Stollen- und Streckenfassungen. Die Entnahmebreite eines Schachtbrunnens läßt sich durch Auffahren von Strecken von der Brunnensohle aus, im Streichen der undurchlässigen Sohle, beliebig vergrößern. Fassungen mittels Stollen und Strecken finden auch Anwendung, wenn ein Grundwasserstrom am Ausbiß der undurchlässigen Sohle an einem Steilhange austritt (siehe auch „Schichtquellen"). Abb. 345 zeigt die durch solche Fassung bewirkte Absenkung. Eine brauchbare rechnerische Erfassung dieser Depression unter Zugrundelegung des Smrekerschen Filtergesetzes ist nur unter gewissen vereinfachenden Voraussetzungen näherungsweise durchführbar; insbesondere unter Vernachlässigung der Eigengeschwindigkeit des Grundwassers. Es ergibt sich dann die Gleichung der Absenkungskurve

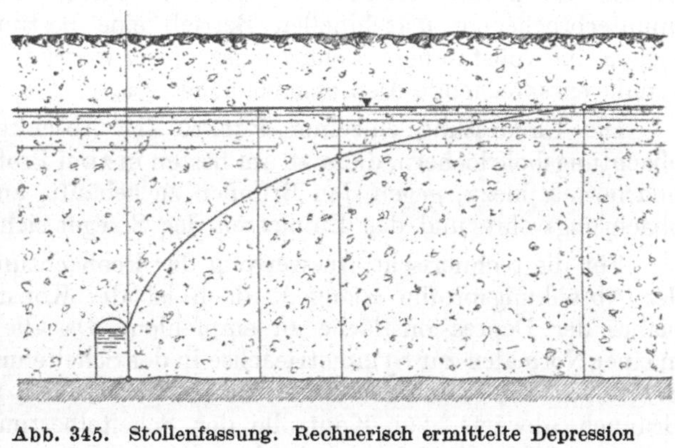

Abb. 345. Stollenfassung. Rechnerisch ermittelte Depression

$$y^{5/2} = h^{5/2} + \frac{5}{4}\left(\frac{\gamma}{g}\right)\left(\frac{Q}{\mu B}\right)^{3/2} \cdot x \qquad (16)$$

worin B die Länge der Entwässerungsstrecke und h die Wasserhöhe im Stollen bedeuten. Diese näherungsweisegeltende Kurve schneidet in der Entfernung

$$x_0 = \frac{H^{5/2} - h^{5/2}}{\frac{5}{4}\,\frac{\gamma}{g}\left(\frac{Q}{\mu B}\right)^{3/2}}$$

den Ruhespiegel; die theoretisch richtige Senkungslinie müßte sich ihm asymptotisch nähern.

Bei Anwendung des Darcyschen Filtergesetzes erhält man die Depression

$$y^2 = h^2 + \frac{2Q\,x}{B\,k} \tag{16a}$$

welche in der Form $k = \frac{2Q\,x}{(y^2 - h^2)\,B}$ zur Bestimmung der Konstanten k dienen kann. (16a) stellt eine Parabel dar, schneidet also auch das ungestörte Spiegelniveau im Endlichen. (Eingehender besonders bei Weyrauch, Wasserversorgung der Städte.)

Ermittlung der Grundwassermenge durch den Pumpversuch

Die in den vorstehenden Abschnitten entwickelten Ergebnisse finden ihre Hauptanwendung zur Ermittlung der Ergiebigkeit eines Grundwasserstromes; diese kann unter Voraussetzung des Smrekerschen Gesetzes auf dem Wege der Bestimmung des Beiwertes γ oder wenigstens der Funktion $\frac{\gamma}{\mu^{3/2}}$ erfolgen oder unabhängig von jedem Widerstandsgesetz durch Ermittlung des Wirkungsradius x_0 für eine bestimmte Grundwassermenge Q. Zur Beschaffung dieser wichtigen Größen sowie auch der Werte $\frac{\alpha}{\mu^2}$ und $\frac{\beta}{\mu^{3/2}}$ der obigen Formeln dient der Pump- oder Quantitätsversuch.

An einer Stelle, die nach den vorliegenden Bohrergebnissen den Durchschnittsverhältnissen des Gebietes am nächsten kommt, und welche die spätere definitive Verwendung des Brunnens gestattet, wird ein Versuchsbrunnen bis auf die undurchlässige Sohle geteuft. Diesem Brunnen entnimmt man in ununterbrochenem maschinellen Betrieb eine bestimmte sekundliche Wassermenge, bis vollständiger Beharrungszustand eintritt, und stellt die diesem Zustande entsprechende Depressionsfläche fest.

Die Einmessung einzelner Punkte der Absenkungsfläche erfolgt in Beobachtungsbohrlöchern, die man am besten in zwei Profilen, in der Stromrichtung und normal hiezu, gegen den Brunnen zu gehäuft, anordnet. (Über solche Beobachtungsrohre und das Einmessen der Spiegel siehe S. 571.)

Für die rechnerische Auswertung der Beobachtungen würde die Aufnahme der Absenkungsprofile genügen, doch ist die Konstruktion eines Schichtenplanes der Depressionsfläche zu empfehlen. Da alle Stromlinienwendepunkte in einer Normalen zur Symmetrieachse in der Scheitelung liegen (siehe Abb. 343b, S. 583), ist die Aufnahme eines dritten Profils, etwa unter 45° zur Achse vom Brunnen abwärts, zur Kontrolle der Scheitelbestimmung von Vorteil. Von Bedeutung für die Richtigkeit der aus der Depression abgeleiteten Schlüsse ist die Erreichung eines wirklichen Beharrungszustandes. Zu diesem Zwecke sind für den Brunnen und alle Beobachtungsrohre Diagramme anzulegen, welche die Spiegelbewegung in der Zeit darstellen. Erst bis die fallende Tendenz aller Spiegel aufhört und diese in eine neue Ruhelage bzw. in Plus-Minus-Schwankungen um eine solche übergegangen, ist Beharrungszustand eingetreten. Der Vergleich mit einem vom Brunnen genügend entfernten, nicht mehr beeinflußten Beobachtungsrohre verhütet, daß man ein natürliches Fallen für weitere Absenkung ansieht oder bereits Beharrungszustand vermutet, wenn die Absenkung durch eine natürliche Hebung ausgeglichen wird.

Zur Berechnung der Beiwerte aus den Beobachtungsresultaten des Pumpversuches dient uns die Formel

$$H^{5/2} - y^{5/2} = \frac{a}{x} + \frac{b}{\sqrt{x}}. \tag{17}$$

worin

$$a = 0{,}003227 \frac{\alpha}{\mu^2} \cdot \frac{Q^2}{\sqrt{H}},$$

$$b = 0{,}016181 \frac{\beta}{\mu^{3/2}} \cdot Q^{3/2}.$$

H wurde als die Durchschnittsmächtigkeit des Grundwasserstromes durch die Abbohrung des Grundwasserterrains ermittelt. Drei zusammengehörige Wertepaare von x und y lassen sich aus den Depressionskurven normal zur Symmetrieebene entnehmen, so daß sich die Größen a und b aus der Gleichung (17) bestimmen lassen. Benützt man zwecks Erzielung größerer Genauigkeit alle verfügbaren Wertepaare von x, y, so rechnen sich nach der Methode der kleinsten Quadrate

$$a = \frac{\Sigma\left(\frac{1}{x}\right)\Sigma\left(\frac{H^{5/2}-y^{5/2}}{x}\right)-\Sigma\left(\frac{1}{x^{3/2}}\right)\Sigma\left(\frac{H^{5/2}-y^{5/2}}{\sqrt{x}}\right)}{\Sigma\left(\frac{1}{x}\right)\Sigma\left(\frac{1}{x^2}\right)-\left[\Sigma\left(\frac{1}{x^{3/2}}\right)\right]^2},$$

$$b = \frac{\Sigma\left(\frac{1}{x^2}\right)\Sigma\left(\frac{H^{5/2}-y^{5/2}}{\sqrt{x}}\right)-\Sigma\left(\frac{1}{x^{3/2}}\right)\Sigma\left(\frac{H^{5/2}-y^{5/2}}{x}\right)}{\Sigma\left(\frac{1}{x}\right)\Sigma\left(\frac{1}{x^2}\right)-\left[\Sigma\left(\frac{1}{x^{3/2}}\right)\right]^2}$$

und aus diesen Gleichungen

$$\frac{\alpha}{\mu^2} = a\sqrt{H} \cdot \frac{1}{0{,}003227\, Q^2};$$

$$\frac{\beta}{\mu^{3/2}} = b \cdot \frac{1}{0{,}016181\, Q^{3/2}}.$$

Aus der Gleichung (8) erhält man für n-Paare x, y.

$$\frac{\gamma}{\mu^{3/2}} = \frac{1}{0{,}016181\, Q^{3/2}} \cdot \frac{1}{n} \sum_0^n \left[\sqrt{x}\,(H^{5/2} - y^{5/2})\right]. \tag{18}$$

Diese Größen genügen zur Auswertung der obigen Formeln; wollte man die Werte α, β, γ selbst bestimmen, so ist die Kenntnis des μ vonnöten. Dieser Durchflußbeiwert kann nur durch die Messung der wirklichen Grundwassergeschwindigkeit während des Pumpversuches, beispielsweise durch Färbung, bestimmt werden. Ist t die Zeit, die ein Wasserteilchen zum Zurücklegen der Strecke $x_2 - x_1$ benötigt, so ist nach Smreker in genügender Näherung

$$\mu = \frac{Q}{\pi H} \cdot \frac{t}{x_2{}^2 - x_1{}^2}.$$

Es ist jedoch zu bemerken, daß solche Weg-Zeit-Messungen durch Färbung oder Salzung durch Inhomogenitäten des Grundwasserträgers erheblich beeinflußt werden können; ihre Resultate sind mit großer Vorsicht zu verwenden.

Der Wirkungsradius x_0 läßt sich aus der Absenkungslinie in der Symmetrieebene direkt entnehmen; er vermittelt nach Gleichung (13): $B = 2\,\pi\, x_0$ die Entnahmebreite des Brunnens für die Ergiebigkeit Q. Die Gesamtbreite L des Grundwasserstromes liefert

$$Q_{max} = Q\, \frac{L}{2\,\pi\, x_0}; \tag{19}$$

Mit Hilfe des Beiwertes $\frac{\gamma}{\mu^{3/2}}$ läßt sich die Grundwassermenge auch aus der vereinfachten Geschwindigkeitsgleichung (5) berechnen:

$$v = \sqrt[3]{\left[\frac{2\,g}{\gamma}\,\mathrm{tg}\,\alpha\right]^2}; \quad \mathrm{tg}\,\alpha = \text{Spiegelgefälle}$$

und die gesamte Wassermenge des Stromes der Breite L

$$Q_{max} = F\mu \cdot v = H \cdot L\mu \cdot v = H \cdot L \sqrt[3]{\left(2\,g\,\frac{\mu^{3/2}}{\gamma}\,\mathrm{tg}\,\alpha\right)^2}. \tag{20}$$

Die spezifische Ergiebigkeit

Den Begriff der „Spezifischen Ergiebigkeit" führte A. Thiem in dem Bestreben ein, die Leistungsfähigkeit von Brunnen, insbesondere zu Vergleichszwecken, auf einfache Weise und rasch zu ermitteln. Ist Q die Wassermenge, welche ein Brunnen bei der Absenkung s im Beharrungszustande liefert, so ist $X=\frac{Q}{s}$ die Ergiebigkeitszunahme pro 1 m Senkung, die spezifische Ergiebigkeit. Diese so definierte Größe hätte nur einen Sinn, wenn $Q=s \cdot X$, das heißt die Ergiebigkeit proportional der Absenkung wäre; wie uns Gleichung (15) lehrt, trifft dies annähernd nur bei gespanntem Grundwasserspiegel zu, während die Ergiebigkeitshöhenfunktion bei freiem Spiegel [Gleichung (9)] auch nicht näherungsweise linear ist. Die spezifische Ergiebigkeit ist daher für ein und denselben Brunnen keine Konstante, sondern abhängig von der Fördermenge. Ihre unbeschränkte Anwendung hat in der Praxis vielfach zu Irrtümern geführt. Nur zwischen Brunnen mit gleichem Durchmesser und bei Pumpversuchen mit gleicher Fördermenge oder gleicher Absenkung gestattet sie einen rohen Vergleich der Leistungsfähigkeit.

Das Thiemsche ε-Verfahren

Mit dieser vielfach verwendeten Methode wollte A. Thiem bei Vermeidung langwieriger und kostspieliger Pumpversuche näherungsweise die Gesamtergiebigkeit eines Grundwassergebietes ermitteln. Die „Einheitsergiebigkeit" ε ist die Konstante des Darcyschen Gesetzes $v=\frac{\varepsilon}{\mu} \cdot \frac{h}{l}$. Um ε für einen Punkt des Stromes zu ermitteln, wird ein Bohrbrunnen bis zum Beharrungszustand abgepumpt und bei zwei in der Ebene normal zur Fließrichtung gelegenen Beobachtungsrohren mit den Koordinaten x_1 und x_2 die Ordinaten y_1 und y_2 der Depressionskurve gemessen. Mit Hilfe der Gleichung (6) ergibt sich dann die Beziehung

$$\varepsilon=\frac{Q}{\pi} \frac{\ln x_2-\ln x_1}{y_2^2-y_1^2}.$$

Smreker[1]) zeigte, daß ε keine Konstante ist, sondern mit wachsendem x zunimmt; daß jedoch näherungsweise richtige Werte für ε und mit dessen Anwendung für v und Q erhalten werden, wenn die Entfernungen x_1 und x_2 den Wirkungsradius einschließen.

Grundwasserentziehung und Bodensenkung

Werden größere Räume eines Grundwasserträgers entwässert, so ist die Frage von Wichtigkeit, ob hiedurch eine Volumsänderung des Grundwasserträgers und durch sie eine Deformation der Oberfläche (Setzung) erfolgen kann. Diese Frage ist nicht nur im Falle der Gewinnung größerer Grundwassermengen von Bedeutung, sondern auch bei Entwässerungen des Untergrundes aus anderen Ursachen, z. B. durch die Wasserhaltung von Bergwerken, und besonders in bebautem Terrain (z. B. bei Untergrundbahnen in Großstädten usw.).

Bei der Ablagerung eines Grundwasserträgers unter Wasser drücken die einzelnen Körnchen mit ihrem um die Schwere des gleichen Wasservolumens (Auftrieb) verminderten Gewichte auf die Unterlage. Durch Entziehung des Grundwassers fällt der Auftrieb weg und die Teilchen drücken nunmehr mit ihrem vollen Gewichte, das ist beinahe mit der doppelten Kraft, auf die Unterlage. Wenn die Bodenkörner zum Teil sperrig gelagert wären, das heißt, nicht in der dichtmöglichsten Gruppierung, so könnte durch die Druckvermehrung eine Umlagerung mit Volumsverminderung gezeitigt werden. In der Literatur

[1]) Journal für Gasbeleuchtung und Wasserversorgung. 1918.

wird die Möglichkeit solch lockerer Lagerung bestritten (Bernhardi, Höfer, Kegel, Keilhack usw.). Durch Ausschwemmung tonigen Materials (als Trübung) kann nur dann eine Setzung eintreten, wenn dieses in einer das Porenvolumen der gröberen Bestandteile überschreitenden Menge vorhanden ist. Endlich ist durch Transport von feinkörnigem Material in die Poren von tiefergelegenem, grobem eine Volumsverminderung denkbar.

Tatsächlich treten in der Praxis Fälle von Oberflächensenkung im Gefolge von Grundwasserdepressionen auf. Einen interessanten derartigen Fall teilt uns Herr Ing. H. E. Gruner, Basel, mit. Bei Engelsberg ist durch wasserdichtes Bergsturzmaterial als Riegel in einem ehemaligen Seebecken ein Talboden mit einem großen Grundwasserstau entstanden. Es bestand die Absicht, zur Verstärkung der Wasserkraft des Elektrizitätswerkes Luzern dieses Wasserreservoir durch einen tiefgelegenen Stollen anzuzapfen. Beim Probepumpen aus zehn Bohrlöchern erfolgten bereits bedeutende Senkungen. Das vorhandene Schlicksand- und Seeschlammaterial dürfte durch den Wasserentzug (es wurde reines Wasser gepumpt) zum Teil in die Poren des gröberen Materials umgelagert worden sein; überdies verursachte die Schrumpfung der im Untergrunde befindlichen Torfschichte durch die Wasserentziehung eine Senkung. Beweis dafür war eine teilweise Wiederhebung der gesenkten Objekte durch Quellen des Torfes beim Anstau des Grundwassers.

Es wird daher im speziellen Fall eine Beantwortung dieser wichtigen Frage nur auf Grund genauester Kenntnis der Bodenverhältnisse möglich sein.

2. Grundwasserfassungen

Die Grundwasserfassungen dienen der dauernden Gewinnung von Grundwasser. Sie vermitteln zu diesem Zwecke den Übergang des Grundwassers aus den Bodenporen in freies Wasser, welches, je nach den örtlichen Verhältnissen, durch Gefälls- oder Heberleitungen oder durch künstliche Hebung abgeleitet werden kann. Zu den Grundwasserfassungen zählen auch die Fassungen jener Quellen, die von Grundwasser gespeist werden. Die unterirdischen Wasserläufe verlangen bei ihrer Fassung individuelle Behandlung; je nach ihrer Eigenart wird diese mehr den für Grundwasserfassungen oder Quellfassungen charakteristischen Typen ähneln. Gefaßt kann immer nur der Grundwasserstrom werden, die Ergiebigkeit des ständigen Zulaufes; unterirdische Wasseransammlungen (Grundwasserstau, -see) können keine dauernde Entnahme speisen, doch können diese bei geeigneter Anlage der Fassung als Reserve für stärkere Beanspruchung dienen.

Man unterscheidet vertikale und horizontale Grundwasserfassungen. Die vertikalen Fassungen schaffen sich durch die bei der Entnahme eintretende Depression ihren Wirkungsbereich; sie sind dort von Vorteil, wo dieser Wirkungsbereich genügend groß, die notwendige Anzahl von Fassungen daher klein wird. Das ist der Fall bei Grundwasserströmen von größerer vertikaler Mächtigkeit bei geringem Gefälle in gut durchlässigem Boden. Steilere Grundwasserströme geringer Mächtigkeit, eventuell noch in schwer durchlässigem Material, bilden um vertikale Fassungen nur kleine Depressionstrichter, diese müssen daher in größerer Zahl dicht beieinander situiert werden, um den Strom verlustlos abzufangen; bei ihnen ist die horizontale Fassung, die den Grundwasserstrom bei richtiger Anlage in ihrer Gesamtlänge gewinnt, aber nur eine oder wenige Entnahmestellen benötigt, wirtschaftlicher. Die Entscheidung ist daher auf Grund der Sondierungsbohrungen und des Pumpversuches (S. 586) ein Resultat der Kalkulation.

Vertikale Grundwasserfassungen. Die vertikalen Fassungen unterscheiden sich vor allem nach dem Durchmesser und, zum Teile im Einklange hiemit, nach dem Herstellungsmaterial. Vom Gesichtspunkte der Herstellungskosten ist ein kleinerer Durchmesser ratsam, da die Entnahmemenge bei gleicher Absenkungstiefe weit langsamer wächst als der Fassungsdurchmesser (S. 582). Fassungen in Dimensionen von 0,05 bis 0,6 m werden durch Bohrung hergestellt und verrohrt („Rohrbrunnen"), solche größeren Durchmessers, bis einige Meter, als Brunnen abgeteuft und meist gemauert oder betoniert („Kesselbrunnen"). Für die Wahl der Fassungsdimension sind noch folgende Gesichtspunkte maßgebend:

1. Ein erfolglos angelegter Bohrbrunnen bedeutet geringeren Verlust, um so mehr als das Rohrmaterial weiter verwendbar bleibt.

2. Zur Gewinnung der gleichen Wassermenge benötigt man zwar mehr Rohrbrunnen als Kesselbrunnen, jedoch geringere Spiegelabsenkung (Förderhöhe).

3. Die Rohrbrunnen lassen sich im Bedarfsfalle leicht vertiefen und, wenn notwendig, vermehren, beides mit mäßigem Kostenaufwand.

4. Der Kesselbrunnen ist zugänglich zum Zweck der Reinigung und Reparatur; er erlaubt nötigenfalls die Versenkung umfangreicher Pumpanlagen.

5. Die Eintrittsgeschwindigkeit des Grundwassers in den Kesselbrunnen ist geringer als beim Rohrbrunnen, daher die Gefahr des Mitreißens von Teilchen des Grundwasserträgers, Trübung des Wassers, Verschlämmung der Eintrittsöffnungen geringer.

6. Der Kesselbrunnen wirkt mit seinem wassererfüllten Volumen bei stoßweiser Entnahme als Ausgleichsbehälter.

Häufig führt man eine Kombination von Kessel- und Rohrbrunnen aus; sie gestattet bei versenkter Pumpe mit verhältnismäßig geringem Aufwand die Tiefersenkung des Spiegels um die Saughöhe.

Man trachtet, wenn möglich, den Brunnen bis zur undurchlässigen Sohle abzuteufen. Bei Kesselbrunnen, welche den Grundwasserstauer nicht erreichen, ist zur Erhöhung der Ergiebigkeit die Sohle durchlässig zu gestalten. Brunnenserien werden reihenweise, senkrecht zur Strömungsrichtung des Grundwassers, angeordnet. Der Pumpversuch ergibt den Wirkungsbereich der einzelnen Brunnen und damit ihre maximale Entfernung. In der Praxis läßt man jedoch die einzelnen Entnahmezonen übergreifen.

Die Entnahme erfolgt entweder direkt aus den Brunnen durch Abpumpen oder aus einem Sammelbrunnen, der mit den einzelnen Brunnen durch Heberleitungen verbunden ist.

Rohrbrunnen. Zur raschen provisorischen Beschaffung von Grundwasser mit geringem Kostenaufwand, ohne Vorarbeiten (z. B. für militärische Zwecke, Forschungsreisen, aber auch für Einzelversorgungen), leistet der „Rammbrunnen" (Abessinierbrunnen, „Nortonbrunnen") gute Dienste. Er besteht aus einem entsprechend steifen, aus einzelnen Touren zusammengesetzten, schmiedeeisernen Rohr mit Stahlspitze, das durch eigene, leicht transportable Rammvorrichtungen in den Boden getrieben oder auch eingedreht wird, in welch letzteren Fall an Stelle der Spitze ein nach Art der Erdbohrer geformtes Gewinde tritt. Das unterste Rohrstück, eventuell auch eine andere Rohrtour ist durchlocht und gestattet das Ansaugen des Grundwassers durch eine obertags dicht aufgesetzte Handpumpe. Ein Kugelventil oberhalb der durchlochten Rohrtour hindert die Entleerung des Rohres und erleichtert das neuerliche Ansaugen (Abb. 346). Durch Umwickeln der durchlochten Rohrtour mit engmaschigem Gewebe aus verzinktem Kupferdraht verringert man das Verschlämmen des Rohres. Die Verwendung des Nortonbrunnens setzt Bodenschichten voraus, die dem Einrammen nicht zu großen Widerstand entgegensetzen;

größere Steine — wenn denselben durch Wechseln des Ansatzpunktes nicht ausgewichen werden kann — verhindern seine Anwendung. Die Rammbrunnen werden vielfach auch als Beobachtungsrohre zur Einmessung des Grundwasserspiegels verwendet; mit Rücksicht auf die Möglichkeit der Verschlämmung verdienen jedoch gebohrte, mit der auf Seite 571 beschriebenen Einrichtung versehene Rohre den Vorzug.

Rohrbrunnen für dauernde Gewinnung größerer Grundwassermengen werden gebohrt. Vor dem Ziehen der Bohrverrohrung setzt man ein eigenes Filterrohr ein, das dem Eindringen des Wassers geringsten Widerstand leistet, die Versandung des Brunnens aber verhindern soll. Diesen Zweck trachtet man durch verschiedene Konstruktionssysteme zu erreichen. Einige verwenden engmaschige Siebe und Gewebe als Filter, bei anderen wird vor dem Ziehen der Bohrrohre zwischen diese und das Filterrohr ein Kies- und Sandfilter eingefüllt. Da die Versandung mit der Eintrittsgeschwindigkeit zunimmt, suchen manche Konstruktionen diese tunlichst zu verringern; andere erzwingen die Einströmung in vertikaler Richtung, um den Sand außerhalb des Filterrohres zur Ablagerung zu bringen[1]).

Die Hebung des Wassers erfolgt durch eigene in das Filterrohr eingeführte, meist schmiedeeiserne Rohre. Für die Filterrohre verwendet man Gußeisen, besser Kupfer-, Bronze- und auch Steinzeug- und Tonrohre[2]).

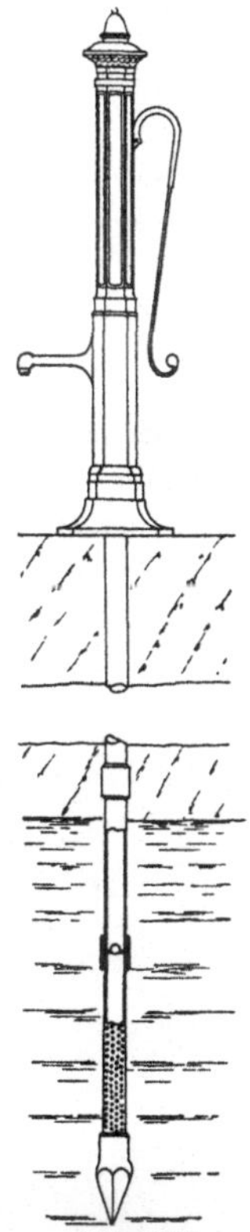

Abb. 346. Nortonbrunnen

Die **Kesselbrunnen** werden zumeist als kreisrunde Schächte nach dem Senkverfahren in Zementmörtel gemauert. Die Durchlässigkeit erzielt man durch offene Stoßfugen, eingemauerte Rohrstutzen, Lochsteine. Bei feinkörnigem Bodenmaterial ist eine Hinterfüllung mit Kies ratsam, die gleich mit dem Brunnen versenkt wird. Dichte Ausführung des Mantels mit Wasserzutritt lediglich an der Sohle hat den Nachteil großer Eintrittsgeschwindigkeit (Versandung, Senkung des Mantels). Bei durchlässigen Brunnenwandungen geht man wegen der Schwächung durch die Öffnungen nicht unter 0,6 m als Wandstärke herunter; für undurchlässige Mäntel (Beton) haben sich die folgenden Wandstärken bewährt; in Metern:

Durchm.	Wandst.	Durchm.	Wandst.	Durchm.	Wandst.
1,0	0,25	2,5	0,38	4,0	0,64
1,5	0,25	3,0	0,51	5,0	0,64
2,0	0,38	3,5	0,51	6,0	0,75

Horizontale Grundwasserfassungen. Sie sind bei Grundwasserströmen geringer vertikaler Mächtigkeit, schwerer durchlässigem Boden, stark geneigter Sohle am Platze. Sie kommen als Sickerschlitze, Sickerrohre und begehbare Stollen zur Ausführung. Typen solcher Sammelstränge zeigen die Abb. 347 und 348. Auch die Fassung absteigender Schichtquellen stellt nichts anderes dar als horizontale Grundwasserfassungen. Löst sich der Grundwasserstrom einer solchen vor dem Austritt in einzelne „Adern" auf, so benötigen die Fassungen keine größere Längenausdehnung.

[1]) Über die vielen diesbezüglichen Ausführungsarten und Patente siehe Weyrauch: „Die Wasserversorgung der Städte", I., und Prinz: Hydrologie, 2. Aufl.

[2]) Selbst bei einer erfolglosen Bohrung soll unter Umständen das wasserleere Bohrloch nicht verlassen werden, ohne vorher die Umgebung durch das sogenannte „Torpedieren" untersucht zu haben. In wasserdurchlässigem, aber teilweise zerklüftetem Gestein kann die Bohrung die in nächster Nähe gelegenen wasserführenden Klüfte überfahren haben, Tonanreicherungen den Wasserzutritt zum Bohrloch verhindern. Durch Sprengschüsse im Bohrloch kann es unter Umständen gelingen, eine Verbindung mit der benachbarten Wasserführung zu schaffen. Wenn die geologische Schichtfolge auf die vorerwähnte Möglichkeit hinweist, werden zunächst die Bohrröhren 5 bis 8 m über der Stelle, wo die Sprengung erfolgen soll, gehoben, unter die Stelle Sand gebettet, dann die Dynamitladung daraufgesetzt (zirka 10 kg bei einer Tiefe von 20 bis 30 m, zirka 15 kg Dynamit bei einer Tiefe von 50 m des Bohrloches), der restliche Bohrlochteil mit Sand verfüllt und mit elektrischer Zündung die Explosion herbeigeführt. Hat der Schuß Erfolg gehabt, ist die zusitzende Wassermenge jedoch zu gering, so kann der Versuch wiederholt werden.

Man setzt eine „Quellstube“ auf die undurchlässige Schichte, so daß das Grundwasser durch die durchlässige Rückwand einströmen kann, und zwar soweit bergwärts, daß bei Wiederherstellung der Hangfläche eine genügende Überlagerung vor dem Eindringen ungenügend filtrierten Sickerwassers direkt in die Fassung schützt; also mindestens 3 bis 5 m geschlossener Boden ohne Risse. Der Schutz vor dem Zusitzen ungenügend filtrierten Wassers gestaltet sich um so schwieriger, je flacher die Oberfläche ansteigt. Bei Fassungen in wenig geneigten Hängen mit gut durchlässigem Boden wird man nötigenfalls das Terrain bergseits oberhalb der Fassung künstlich abdichten müssen. Die

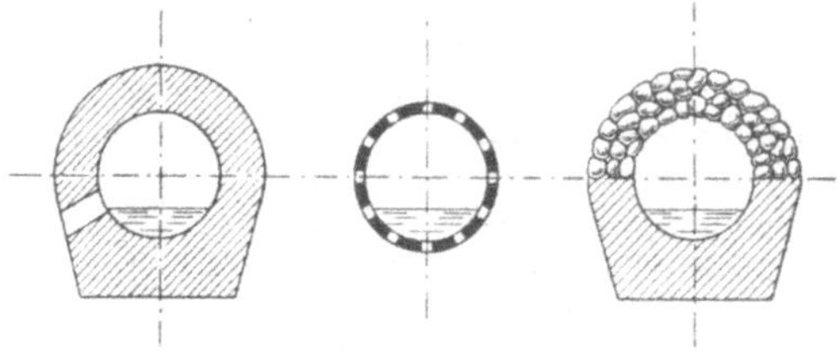

Abb. 347. Sickerstränge

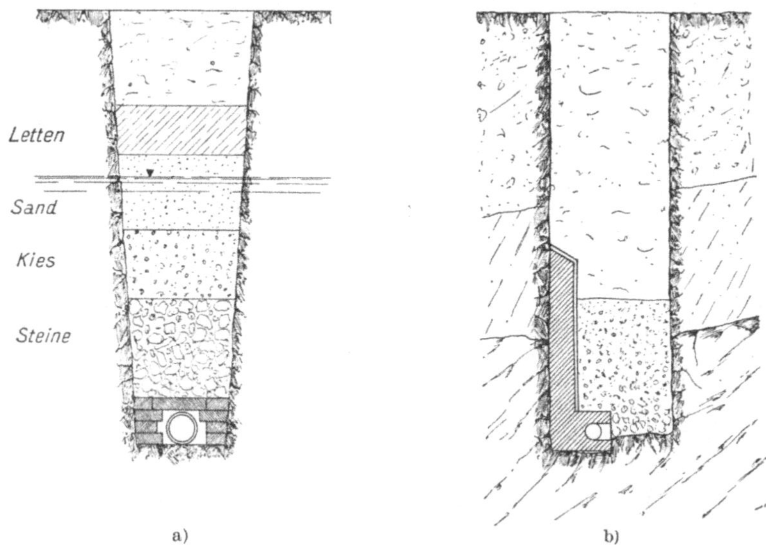

Abb. 348. Fassungsdränagen (nach Weyrauch)
a) Dränrohr in Steinpackung b) Betonstauwand (Baden-Baden)

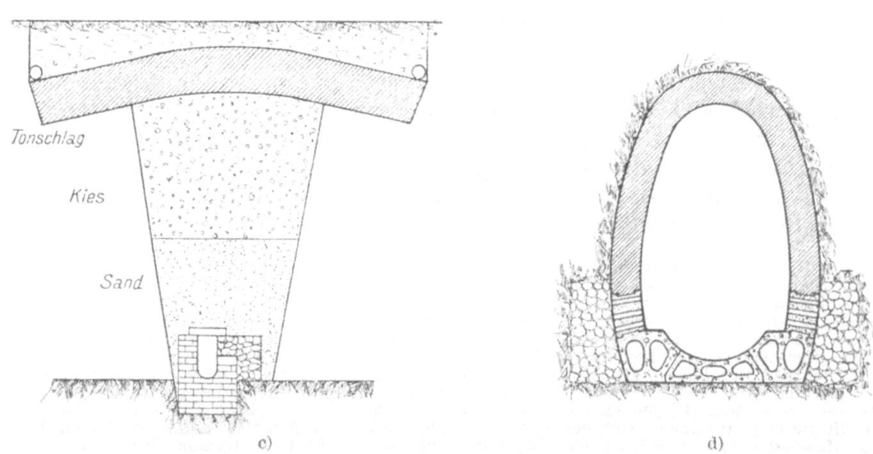

Abb. 348. Fassungsdränagen (nach Imbeaux [b. Prinz])
c) Mauerwerkskanal mit seitlichen Einlässen d) Begehbarer Stollen mit Laufstegen

Abb. 349 und 350, zeigen Brunnenstuben in einfacher und vollkommener Ausführung. Bei derartigen Fassungen wird man die Erfüllung der nachstehenden Forderungen je nach dem Maße der verfügbaren Mittel anstreben:

1. Das Zusitzen ungenügend filtrierten Oberflächenwassers ausschließen.

2. Die Fassung soll die Möglichkeit für das Absetzen mitgerissener Schwebeteilchen bieten.

3. Die Brunnenstube soll einerseits zugänglich sein, doch muß anderseits die Möglichkeit böswilliger Verunreinigungen usw. ausgeschlossen sein, auch die Einwirkung der Außentemperatur verhindert werden.

4. Der Raum über dem Wasserspiegel ist gut zu ventilieren.

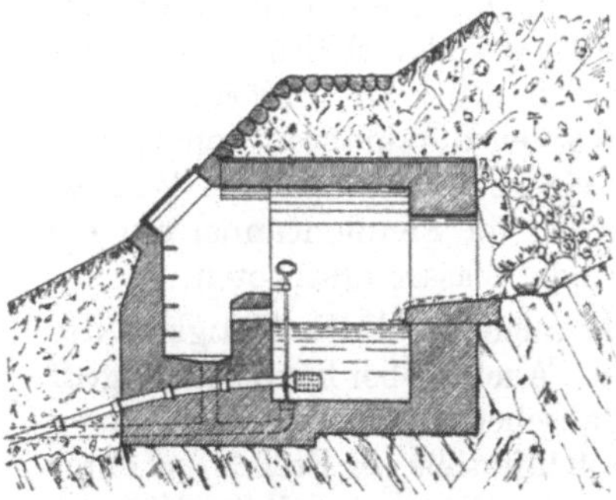

Abb. 349. Einfache Brunnstube (Schichtquellfassung) (nach Weyrauch)

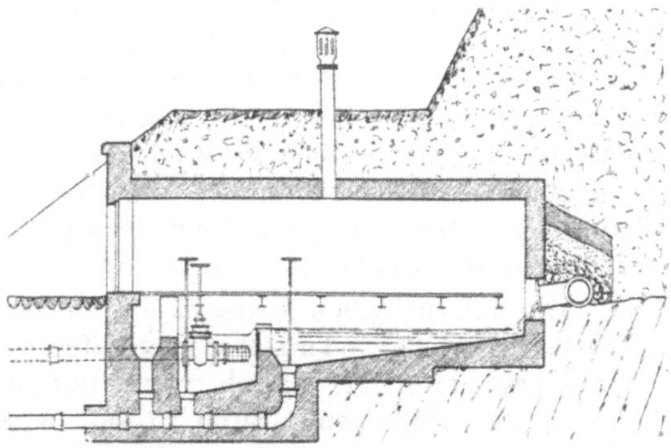

Abb. 350. Brunnstube, vollkommene Ausführung (nach Weyrauch)

5. Unter dem Entnahmerohr muß sich noch ein Schlammsack befinden, dessen Entleerung durch ein mit der Sohle bündiges Leerlaufrohr die zeitweise Reinigung der Fassung gestattet. Ein in den Leerlauf mündender Überlauf verhindert die Überstauung der Kammer.

Im Rahmen des Kapitels über Grundwasserfassungen seien endlich auch jene Anlagen erwähnt, welche umgekehrte Zwecke verfolgen wie diese, freies Oberflächenwasser versickern zu lassen, also künstlich Grundwasser zu erzeugen, um es dann wieder nach genügender natürlicher Filtration in Fassungsanlagen zu gewinnen. Derartige Anlagen stellen Filter ohne Reinigungsmöglichkeit dar, müssen daher mit der Zeit an Leistungsfähigkeit einbüßen.

3. Unterirdische Wasserläufe

Charakteristik und Entstehung

Im Gegensatz zum Grundwasser steht jenes Bodenwasser, das in Hohlräumen von verhältnismäßig größerem Querschnitte, Spalten, Klüften usw., zirkuliert, die „Unterirdischen Wasserläufe", nach Höfer: „Fels-, Spalten-, Höhlenwasser". Seine Bewegung ähnelt jener der offenen Gerinne und Rohrleitungen, kompliziert durch die Unregelmäßigkeit der natürlichen Wasserwege hinsichtlich des Verlaufes, der Querschnitte und Kommunikationen.

Während für die Beurteilung eines Grundwasserträgers hauptsächlich seine Entstehungsweise maßgebend ist (Wasser, Wind, Eis), spielt für die Charakteristik der unterirdischen Wasserläufe die Art des Gesteines neben den die Zerklüftung verursachenden Kräften eine große Rolle (Prinz).

In Sedimentgesteinen können die Lagerfugen wasserleitend sein, doch tritt deren Wasserführung zumeist gegen jene der Spalten und Klüfte tektonischen Ursprunges zurück. Es finden sich daher unterirdische Wasserläufe in Sedimenten, welche starken Dislokationen, Faltungen usw. ausgesetzt waren.

Eruptivgesteine bilden in ihren „Absonderungsklüften“ die Wege für unterirdische Wasserläufe. Selten sind diese Klüfte in ihrem ursprünglichen Zustande erhalten geblieben. Die nachträgliche Änderung kann der Wasserführung günstig oder ungünstig sein. Gebirgsdruck kann die Spaltenstöße gegeneinander gepreßt, den Hohlraum vernichtet haben. Chemische oder mechanische Absätze aus Wasser können die Hohlräume versetzen; so sind aus ehedem wasserführenden Spalten einerseits Erz-, Kalk-, Aragonit-, Hornsteingänge, anderseits Lettenklüfte entstanden. Die wasserführenden Klüfte bieten dem Wasser nur selten längs ihrer gesamten Flächenausdehnung Bewegungsmöglichkeit; abgesehen von den durch Gebirgsdruck oder Verwerfungsbreccien geschlossenen Teilen, versetzt das Wasser die Gebiete, in denen es sich mit geringerer Geschwindigkeit bewegt, mit Sedimenten und beschränkt sich allmählich auf den durch Zufälligkeiten der Querschnitts- und sonstigen Widerstandsverhältnisse oft sehr unregelmäßig gestalteten Stromstrich („Wasseradern“). So erklärt es sich, daß der Bergmann einen Verwurf des öfteren trocken durchfahren konnte und bei einem neuerlichen Anhieb desselben von einem katastrophalen Wassereinbruch überrascht wird. Nach Schardt wurden im Simplontunnel auf ein und derselben Spalte aufsteigende und absteigende Wässer erschroten.

Die unterirdischen Wasserläufe können aber auch durch die Tätigkeit des Wassers vergrößert oder selbst geschaffen werden. Auch hiebei kann der Angriff des Wassers mechanisch erfolgen oder auf physikalischer oder chemischer Lösung des Gesteines beruhen. Durch Erosion werden Kluftstöße an Stellen erhöhter Fließgeschwindigkeit erweitert; im Wasser schwebend transportierte Mineralteilchen erhöhen diese Wirkung beträchtlich. Durch Lösung des Gesteines kann aus dem feinsten Haarrisse ein unterirdischer Wasserlauf geschaffen werden. Lösliche Gebirge, Kalk, Dolomit, Gips, Steinsalz sind daher häufig Träger unterirdischer Wasserwege. Für mächtige Kalk- und Dolomitformationen ist deren Ausbildung typisch und ihre Auswirkung auf die Oberfläche und den Charakter der Gegend unter der Bezeichnung „Karstlandschaft“ bekannt[1]) (siehe S. 650). (Abb. 351 und 352.)

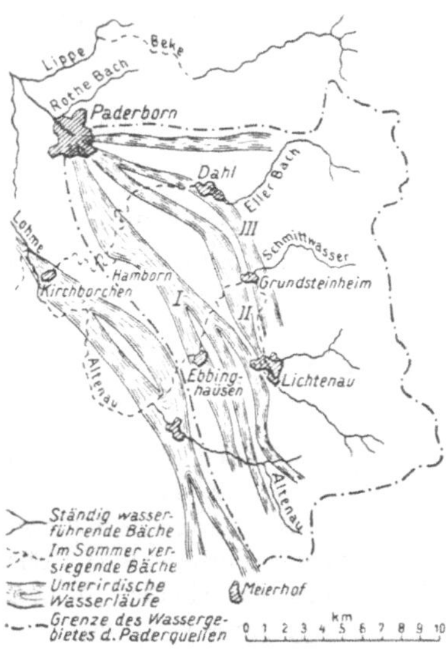

Abb. 351. Unterirdische Wasserläufe bei Paderborn (nach Stille)

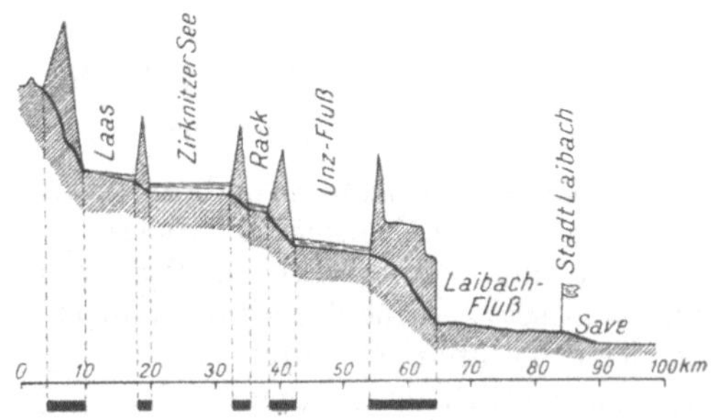

Abb. 352. Längsprofil des Laibachflusses (nach Schenkel)

Zur Identifizierung von durch unterirdische Wegstrecken unterbrochenen oberirdischen Wasserläufen ist die Kenntlichmachung des Wassers durch gelöste oder suspendierte Stoffe erforderlich. Da derartige Identitätsnachweise dem praktischen Hydrologen auch bei Wechselbeziehungen von Grundwässern

[1]) Katzer F.: Karst und Karsthydrographie, Sarajevo. 1909.

untereinander und mit Quellen wertvolle Dienste leisten können, sei deren Technik kurz gestreift (siehe auch Bestimmung der Grundwassergeschwindigkeit, S. 578 und 587).

Von wasserlöslichen Stoffen zur Kennzeichnung kommen in Betracht:

a) Farbstoffe. Diese müssen hohe Färbekraft besitzen, um bei starker Verdünnung noch erkennbar zu bleiben, und sollen vom Boden weder chemisch verändert noch absorbiert werden. So werden (nach Trillat) Auranin, Safranin, Kongorot, Neutralfuchsin, Pariserviolett und Methylenblau durch gelöste Kalkverbindungen ausgefällt. Man verwendet heute meist Fluoreszein ($C_{20}H_{12}O_5 + H_2O$) und sein Natriumsalz Uranin ($C_{20}H_{10}O_5 \cdot Na_2$). Fluoreszeinlösung erscheint im durchscheinenden Lichte rot, im auffallenden grün. Die Färbung ist bis zur Verdünnung 1:200000000 erkennbar, bei Vergleich mit destilliertem Wasser in Standgläsern von 100 cm Höhe mit weißem Boden (Fluoroskop von Trillat) noch bei der Verdünnung 1:500000000. Durch Anwendung besonderer Untersuchungsmethoden (z. B. nach Ohlmüller, Mayrhofer) lassen sich Verdünnungen bis zum Viermilliardfachen noch erkennen. Uranin hat den Nachteil, im sauren Boden leicht absorbiert zu werden. Es eignet sich daher (nach F. Cornu[1]) nicht für Braunkohlengebirge, Bitumen und Tone. Auch kann es bei Höhlenforschungen versagen, da der Höhlenlehm sauer reagiert. In solchen Fällen wird die Anwendung von Säurefuchsin empfohlen.

b) Ein billiges und brauchbares lösliches Mittel zur Kennzeichnung ist das Kochsalz. Es läßt sich durch die Chlorreaktion (Ausfällen von AgCl mit $AgNO_3$-Lösung) noch in der Verdünnung 1 : 250000 sicher feststellen. Für solche Versuche kommen Mengen von 50 bis 100 kg Kochsalz in Betracht; übrigens wird man die notwendige Menge aus der zu erwartenden Verdünnung zu errechnen trachten.

c) In praktischen Fällen ist es oft von Wichtigkeit, ob durch einen nachgewiesenen Konnex zweier Wässer auch schädliche Schwebestoffe, Miasmen, passieren können, bzw. ob sie abfiltriert werden. Für solche Zwecke setzt man dem Wasser unschädliche Bakterien zu, besonders solche Arten, die durch ihre Färbung im Mikroskop leicht erkennbar sind (B. violaceus, B. prodigiosus, B. rubrus, B. pyocyaneus, B. aceti usw.). Passierende Bierhefe (nach Miquel) zeugt, da sie größere Individuen besitzt, von besonders geringer Filterwirkung.

Diese Identitätsversuche können aus verschiedenen Ursachen mißlingen; die gelösten Stoffe können ausgefällt oder vom Boden absorbiert, die Schwebestoffe abfiltriert werden; endlich kann durch Passieren unterirdischer Reservoire eine Verdünnung unter die Erkennungsschwelle oder unerwartet große Verzögerung eintreten. Tatsächlich haben in Fällen, in denen der Konnex fast bestimmt vorausgesetzt werden konnte, die Nachweisversuche versagt. Daher ist es ratsam, wichtige Konsequenzen nur auf positiv ausgefallene Versuche zu basieren.

Die Bewegung des Wassers in unterirdischen Wasserläufen

Die Bewegung des Wassers in unterirdischen Wasserläufen ist von der des Grundwassers prinzipiell verschieden. Die Einzelströmung durch eine Bodenpore ist für die Strömung des Grundwassers von verschwindender Bedeutung, es kann als einheitliches Ganze betrachtet und in seiner Bewegung, Spiegelbildung und seinen Druckverhältnissen durch eine freifließende Flüssigkeit von höherer Zähigkeit ersetzt gedacht werden. Hingegen sind die speziellen Verhältnisse der einzelnen unterirdischen Wasserläufe, ihre Form, Querschnitts- und Widerstandsverhältnisse für die Bewegung von Bedeutung. Der Wasserweg kann unter Druck ausgefüllt sein oder ein Gerinne mit freiem Spiegel bilden. Spiegel benachbarter Wasserläufe können große Niveaudifferenzen zeigen und müssen sich nicht in eine einheitliche geometrische Fläche einordnen.

[1]) Zeitschr. f. prakt. Geologie, S. 144. 1909.

Die Fließgeschwindigkeit, fallweise abhängig von den Wegverhältnissen, kann stellenweise große Werte annehmen; es wurden Geschwindigkeiten bis zu 24 km/Tag gemessen. Die Spiegel schwanken oft innerhalb weiter Grenzen (der Reka-Spiegel steigt in der Grotte von Trebič nach Boegan bei reichlichen Niederschlägen um 92,9 m).

Künstliche Erschrotungen aus unterirdischen Wasserläufen, z. B. durch Bohrung, unterliegen im hohen Maße dem Zufall; benachbarte Bohrlöcher ergeben oft widerstreitende Resultate, und örtliche Ergebnisse erlauben keinen Schluß auf die weitere Umgebung. Auch die künstlich erzeugte Depression, abhängig von den Widerständen der einzelnen Zuführungswege, bildet gleich dem ungestörten Spiegel keine einheitliche geometrische Fläche; ein Entnahmebereich läßt sich in den seltensten Fällen begrenzen. Der Pumpversuch erlaubt daher keinen Schluß auf die Gesamtergiebigkeit des Gebietes. Rücken aber die wasserführenden Klüfte bei inniger Kommunikation näher aneinander, so ähnelt die Wasserzirkulation immer mehr jener des Grundwassers, so daß in der Natur alle Übergänge, bis zum Charakter des echten Grundwassers vorkommen. Doch begründet dies keineswegs den in der Literatur vorfindlichen Irrtum, daß zwischen unterirdischen Wasserläufen und Grundwasser kein grundsätzlicher Unterschied bestünde.

C. Quellen

Definition und Allgemeines

Den dauernden Übergang von Bodenwasser in Oberflächenwasser nennen wir Quelle. Die Speisung der Quelle kann durch Grundwasser und aus unterirdischen Wasserläufen erfolgen. Quellwasser ist daher keineswegs ein Qualitätsbegriff und als solcher ein Gegensatz zu Grundwasser; die qualitativen Eigenschaften einer Quelle sind vielmehr durch die Eigenart des speisenden Bodenwasserstromes bedingt. Quellen, die ihr Wasser aus Grundwasserströmen beziehen, welche in gut filterndem Boden in genügender Tiefe lange Wege zurücklegen, oder die von unterirdischen Wasserläufen gespeist werden, deren Einzugsgebiet unkultiviert ist, die große unterirdische Speicher durchströmen, werden in hygienischer Beziehung bessere Eigenschaften besitzen als solche, deren Bodenwasser sich aus bewohnten oder bebauten Gebieten ergänzt und nach kurzem, der Oberfläche nahem Wege mit ungenügender Reinigung an die Oberfläche tritt. Der topographische Punkt des Übertrittes aus dem Boden über die Oberfläche ist der Quellort. Das Produkt der Quelltätigkeit, das Quellgut, ist Wasser, mehr oder minder reich an gelösten und suspendierten Stoffen, in besonderen Fällen ein mechanisches Gemisch von Wasser und Gasen. (Die Bezeichnung „Quelle“ findet auch Anwendung für Austrittsstellen anderer natürlich vorkommender Flüssigkeiten und Gase: Erdöl, Erdgas usw.) Die der Quelle in der Zeiteinheit entströmende Wasser- bzw. Gasmenge ist ihre Ergiebigkeit oder Schüttung. Stehen einzelne Quellen durch gemeinsame Entstehungsursache in hydraulischem Zusammenhang, so spricht man von einem Quellsystem; ist dieser Konnex speziell durch den Ausbiß einer wasserstauenden Schichte bedingt, von einem Quellhorizont. Die Gesamtheit jener geologischen und morphologischen, hydraulischen und meteorologischen Faktoren, welche den Bestand der Quelle bedingen, nennen wir den Quellmechanismus.

Einteilung der Quellen

Für die Einteilung der Quellen läßt sich kein natürliches System aufstellen. Man kann sie nach bestimmten Gesichtspunkten gruppieren, wobei jedoch Quelltypen, die nach anderen Gesichtspunkten nahe verwandt sind, getrennt werden. Auch finden sich Übergänge zwischen den einzelnen Charakteren und Mischtypen. Sehr richtig sagt Heim[1]): „Die Quellen sind unendlich mannigfaltig. Jeder einzelne Fall will studiert sein. Sie sind so individuell verschieden, daß man fast so wenig zwei Quellen von ganz gleichem Charakter als zwei Menschen von ganz gleichem Gesichte findet, und jede Gegend hat wieder ihre besonderen Typen."

Nach der Herkunft des Wassers teilen sich die Quellen in vadose und juvenile (diesbezüglich siehe S. 615).

Entsprechend den beiden Typen des Bodenwassers ließen sich die Quellen in Grundwasserquellen und solche, die von unterirdischen Wasserläufen gespeist werden, scheiden. Ein weiteres Unterscheidungsprinzip bietet der chemische Charakter der gelösten Mineralsubstanzen; alle Quellwässer, deren Mineralgehalt (einschließlich des Gehaltes an Gasen) 1‰ übersteigt (Ausnahme siehe unten!), vereinigen wir in der Kategorie Mineralwässer. Höherer Gehalt an Radiumemanation charakterisiert die Gruppe der radioaktiven Quellen; Quellen, deren Temperatur die mittlere Jahrestemperatur des Quellortes übersteigt, gehören zu den Thermen.

Nach der Eigenart des Quellmechanismus teilen wir die Quellen in

1. absteigende Quellen,
2. aufsteigende Quellen,
3. Überlaufquellen.

Das Wasser der absteigenden Quellen bewegt sich vom „Einzugsgebiete" zum Quellorte vorwiegend nach abwärts. Es erreicht auf seinem Wege selten Tiefen, in welchen infolge des Temperaturgefälles der Erdrinde höhere Wärmegrade als an der Oberfläche herrschen. Da die Speisung dieser Quellen zumeist durch Grundwasser oder unterirdischen Wasserlauf mit luftberührtem Spiegel erfolgt, gleicht sich ihre Temperatur mehr oder weniger der Lufttemperatur an.

In den aufsteigenden Quellen vollführt das Wasser im letzten Teile seines Weges bis zur Quelle eine Bewegung mit vertikaler Komponente. Der Speisungsstrom der aufsteigenden Quellen steht daher durchwegs unter höherem als Atmosphärendruck und besitzt keinen freien Spiegel. Sein Druckgefälle mit der Tiefe muß überdies die rein statische Druckzunahme um so mehr überschreiten, je größer die Fließgeschwindigkeit und die Bewegungswiderstände sind. Der Mechanismus einer aufsteigenden Quelle setzt daher einen wasserdicht begrenzten Quellweg (Quellschlot, Quellader) voraus, dessen Hohlräume vom Wasser unter Druck restlos erfüllt werden. Die Temperatur dieser aus tieferen Erdschichten emporsteigenden Quellen ist — je nach der Länge des Weges zwischen Einzugsgebiet und Quellort — von der Oberflächentemperatur mehr oder weniger unabhängig. Die Temperatur aufsteigender Quellen, deren Schlot in größere Tiefe hinabreicht, übersteigt die mittlere Jahrestemperatur des Quellortes (Thermen).

Die Überlaufquellen nehmen eine Mittelstellung zwischen den ab- und aufsteigenden Quellen ein. Sie werden von einem Bodenwasserkörper größerer Ausdehnung, zumeist von echtem Grundwasser, gespeist, dessen Stromlinien in den Quellort teils abfallend, teils aufsteigend einmünden. In der Literatur findet man sie vielfach zu den absteigenden Quellen gezählt, doch hat O. Lehmann[2]) mit Recht die Sonderstellung dieser (von ihm als „Überfließquellen" bezeichneten) Quellen betont.

[1]) Heim, A.: Die Quellen. Basel. 1885.
[2]) Über Quellen und Grundwasser.

1. Absteigende Quellen

Die absteigenden Quellen lassen sich in folgende Hauptgruppen einordnen:

1. Durch Endigung des Grundwasserträgers bedingte Quellen.
2. Quellen, deren Ursache die Abnahme des Leitungsvermögens des Bodenwasserträgers bildet.
3. Absteigende Spalten- und Kluftquellen.

Durch Endigung des Grundwasserträgers bedingte Quellen. Wird ein grundwasserführendes Bodenmaterial bis auf das wasserstauende Liegende von der Erdoberfläche durchschnitten, und fällt die Lagerfläche zur Schnittlinie zu ein (einschließlich der horizontalen Lagerung), so muß der in der Schicht fließende Grundwasserstrom bei deren Endigung als Quelle zutage treten. Nach dem geologischen Charakter der wassertragenden Schicht können wir hiezu zählen:

a) Lavaquellen. Die Lavaströme der Vulkane bewegen sich, den Linien größten Gefälles folgend, in den vom Eruptionskrater ausgehenden Talmulden. Da die erstarrten Laven sowohl wie die aus den festen Auswurfprodukten des Vulkans (Aschen usw.) abgelagerten Tuffe überaus klüftig und wasserdurchlässig sind, verwandelt sich der frühere offene Wasserlauf des Tales in einen Grundwasserstrom, der an der Endigung des Lavastromes als Quelle zutage tritt. Quellen solcher Art am französischen Zentralplateau beschreibt Glangeaud im Bulletin du Service de la carte geologique de la France, 1913. Aus den Lavagebieten Islands (Vulkane Hekla, Brunahraun) treten solche Quellen in großer Anzahl und in solcher Ergiebigkeit aus, daß ihr Ablauf sogleich ansehnliche Flüsse speist (Keilhack).

b) Quellen aus oberflächlich verwittertem Gestein. Häufig löst sich die Oberfläche von Gesteinen, die an sich wasserundurchlässig sind (Granit usw.), durch Verwitterung in einen Grundwasserträger auf. Diese an Ort und Stelle entstandenen, oft mehrere Meter mächtigen Verwitterungszonen (Eluvium) bleiben auf schwach geneigten Berglehnen stabil liegen, endigen aber an den Rändern stärker geneigter Talhänge, wo dann der austretende Grundwasserstrom Quellen bildet (siehe S. 569).

Abb. 353. Schuttquelle

c) Schuttquellen. Die am Fuße der Gebirge angehäuften Schuttmassen stellen einen ausgezeichneten Grundwasserträger dar, unter welchem der Gebirgsfels oder eine eingeschwemmte Schlickerlage als undurchlässiger Abschluß wirkt. Die Schutthalden saugen fast die gesamte Niederschlagsmenge auf, besitzen aber nur geringes Retentionsvermögen. Die an ihrer talseitigen Endigung austretenden Schuttquellen schwanken daher in ihrer Schüttung zumeist erheblich mit den Niederschlagsmengen. Schuttquellen mit konstanterer Ergiebigkeit lassen den Schluß ziehen, daß an ihrer Speisung außer den direkten Niederschlägen auch Zuflüsse aus dem Berghange beteiligt sind (in Abb. 353 bei *O*).

d) Absteigende Schichtquellen. Ist eine wasserdurchlässige, von wasserstauendem Material unterlagerte, grundwasserführende Schicht durch Erosion bis zum Liegenden angeschnitten und lagert sie horizontal oder im Gefälle zum Ausbiß, so tritt der in ihr fließende Grundwasserstrom am Ausbiß der Lagerfläche als „Schichtquelle" zutage. Die Schichtquellen gehören zu den häufigsten Quellentypen[1]). Reicht die wasserführende Schicht durchwegs bis zutage, so wirkt sie in ihrer ganzen Flächenausdehnung als Einzugsgebiet der Quellen; ist sie zwischen undurchlässigen Schichten eingeschlossen, so kann als Einzugsgebiet nur ein eventueller oberer Ausbiß mit bergseitigem Einfall wirken, allenfalls noch eine Speisung durch Kluftwasser der Hangendschichten in Frage kommen (Abb. 354). Höfer bezeichnet den ersten Typus als „Grenz-

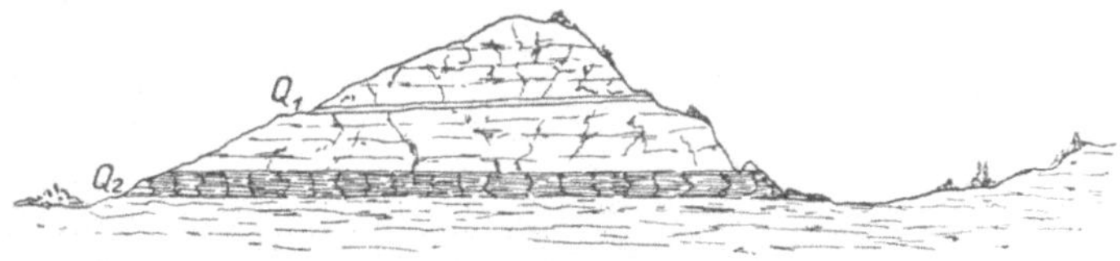

Abb. 354. Schichtquellen. Q_1 Schichtfugenquelle, Q_2 Flözquelle (nach Höfer)

schichtquelle", den letzteren als „Flözquelle" und fügt noch als dritten Typ die „Schichtfugenquelle" an, bei der eine offene Lagerfuge die Rolle des Grundwasserträgers übernimmt, also eigentlich ein in die unten behandelte Gruppe der absteigenden Spalten- und Kluftquellen einzureihender Fall.

Je nach der Beschaffenheit der wasserführenden Schichte und der stauenden Basisfläche und der gegenseitigen Lage von Schichte und Ausbißhang zeigen die Schichtquellen verschiedene Erscheinungsformen. Die Abb. 355a, b, c zeigen ohne weitere Erläuterung, daß die Quellbildung, je nachdem ob die

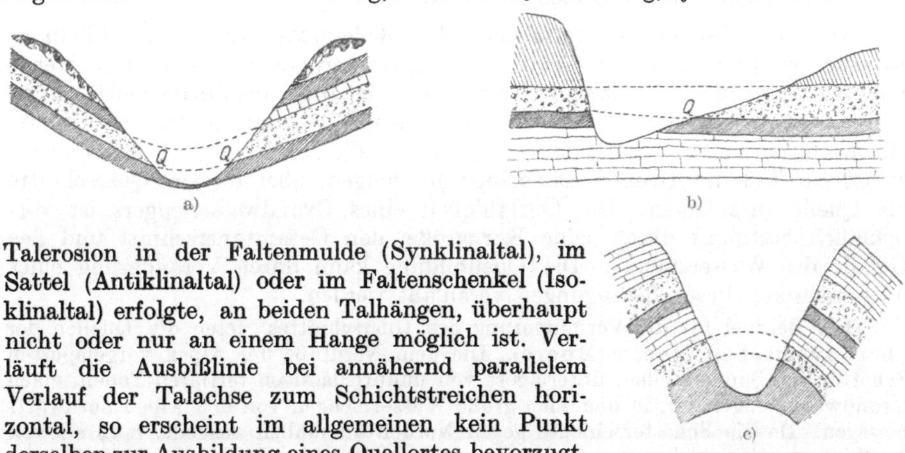

Talerosion in der Faltenmulde (Synklinaltal), im Sattel (Antiklinaltal) oder im Faltenschenkel (Isoklinaltal) erfolgte, an beiden Talhängen, überhaupt nicht oder nur an einem Hange möglich ist. Verläuft die Ausbißlinie bei annähernd parallelem Verlauf der Talachse zum Schichtstreichen horizontal, so erscheint im allgemeinen kein Punkt derselben zur Ausbildung eines Quellortes bevorzugt, der Grundwasserstrom kann längs der ganzen Linie austreten und wegen der geringen örtlichen Ergiebigkeit allenfalls nur als Nässung der Ausbißzone oder durch stärkere Vegetation längs derselben in Erscheinung treten. In den meisten Fällen konzentriert sich jedoch der Austritt auf einzelne in einem „Quellhorizont" gelegene Quellpunkte. Hiefür kann eine wellenförmige Gestaltung der Lagerfläche die Ursache bilden, die ein verstärktes Zuströmen des Grundwassers zu den Wellentälern verursacht, andernfalls kann der ungleichmäßige Aufbau des Grundwasserträgers das Auftreten gewisser Zonen mit größerem Porenvolumen (Schotterstreifen, Sand mit geringerem Tongehalt) die Bevorzugung einzelner Wasserwege oder selbst die Auflösung des Stromes in einzelne Grundwasseradern bewirken. Endlich ziehen in das Haupttal einmündende Seitentäler den Grundwasser-

Abb. 355. Schichtquellen. a) Synklinaltal, b) Isoklinaltal, c) Antiklinaltal

[1]) Eine besonders eingehende Behandlung derselben mit zahlreichen Beispielen aus Deutschland findet sich bei Keilhack.

strom gern an sich und veranlassen dessen Austritt, ehe er das Haupttal erreichen kann.

Fallen die Schichten in der Richtung der Talachse oder in spitzem Winkel zu ihr ein, so fallen die Ausbißlinien am Talhange gleich- oder widersinnig zur Talsohle. Während am oberen Hange die Stromlinien in ungestörter Distanz austreten, nähern sie sich gegen die Talsohle, da hier die gesamte restliche Ergiebigkeit des Stromes austreten muß. Es sind daher die tiefsten Austritte einer solchen Quellinie die ergiebigsten (Abb. 356). Ist die Talsohle mit durchlässigen Alluvionen bedeckt, so wird ein Großteil des Grundwassers ohne sichtbare Quellbildung in den Grundwasserstrom dieser Schichten übertreten.

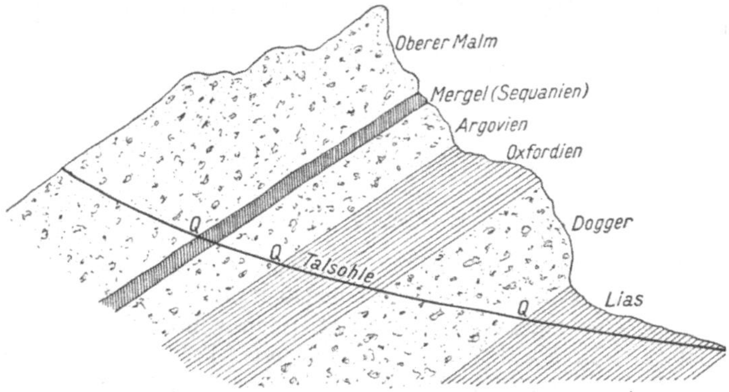

Abb. 356. Schichtquellen im gefalteten Jura (nach Heim)

Abnahme des Leitungsvermögens des Bodenwasserträgers als Bildungsursache der Quellen. Jeder Grundwasserträger vermag eine bestimmte Menge von Wasser in der Zeiteinheit weiterzuleiten. Ist diese maximale Leitfähigkeit von einem Grundwasserstrom voll in Anspruch genommen und treten von einem Querschnitte an Verhältnisse ein, welche die Leitfähigkeit herabmindern, so ist ein Teil der Grundwassermenge gezwungen, über diesem Querschnitte als Quelle auszutreten. Die Leitfähigkeit eines Grundwasserträgers ist vornehmlich bestimmt durch seine Korngröße, den Gesamtquerschnitt und das Gefälle des Wasserstauers. Die Quellbildung kann durch Veränderung einer oder mehrerer dieser Bedingungen veranlaßt werden.

Ein Beispiel für die Verminderung des Querschnittes bieten die Quellen der oberbayerischen Moose (Moore). Die dem Nordfuße der Alpen vorgelagerten Schotter und Sande stellen, unterlagert von undurchlässigen tertiären Tonen, einen Grundwasserträger dar, in dem sich große Wassermengen von den Alpen nordwärts bewegen. Da die Schotterschichte gegen Norden allmählich auskeilt, muß sie von der Linie an, in welcher der Grundwasserspiegel die Oberfläche schneidet, Wasser abgeben, so daß es zur Bildung der erwähnten Quellen und Moore kommt (Abb. 357). Abnahme der Korngröße und des Gefälles sind (nach G. Berg, bei Keilhack) die Ursachen für die Entstehung des Urlebrunns im Rabental bei Liebau (Schlesien). Die Alluvionen des Rabentals bestehen aus Porphyrschotter, der von der Stelle an, in welchem sich das Talgefälle vermindert, mehr mit erdigen Bestandteilen vermischt und daher minder wasserdurchlässig ist. Hier tritt ein großer Teil des Grundwasserstromes als starke Quelle zutage.

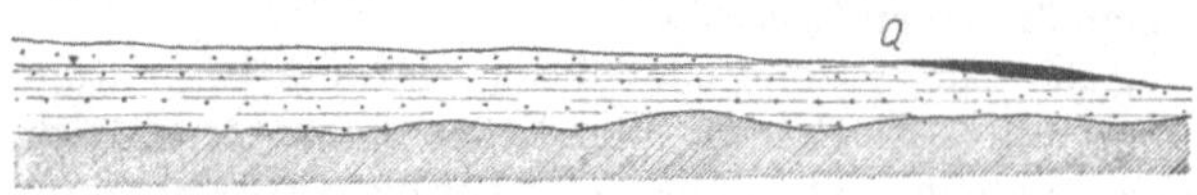

Abb. 357. Quellen der oberbayerischen Moose (nach Keilhack)

Absteigende Spalten- und Kluftquellen. Während die vorstehend beschriebenen Quellen vorwiegend von Grundwasser gespeist werden, bezieht diese Type ihre Ergiebigkeit aus unterirdischen Wasserläufen. Wird in einem undurchlässigen Gebirge, in dessen Klüften und Spalten ein Netz unterirdischer Wasserläufe besteht, durch Erosion eine Kluft unter dem Druckniveau angeschnitten, so findet ein Abströmen des Kluftwassers statt, dessen Kontinuität und Ergiebigkeit von der Größe des Einzugsgebietes und Retention des Spaltennetzes abhängt, es kommt zur Bildung einer „absteigenden Spaltenquelle". Voraussetzung ist also das von zahlreichen kommunizierenden Klüften durchsetzte, für sich undurchlässige Gestein; wir finden daher diesen Quelltypus häufig im Kalkgebirge, in eruptiven Gesteinen, kristallinen Schiefern usw. Auch in geschichteten Gesteinen können offene Lagerfugen in Verbindung mit Querspalten die Entstehung unterirdischer Wasserläufe begünstigen und Spaltenquellen speisen („Schichtfugenquellen" Höfers). Endlich sind die „Gletscherquellen" am Talende der Gletscher, in welchen das aus dem Spaltennetz derselben an der Basis zusammenströmende Schmelzwasser (aus dem „Gletschertor") austritt, hieher zu zählen.

2. Überlaufquellen

Die Überlaufquellen werden von einem durch die besondere Form des Grundwasserstauers beckenförmig gestalteten Bodenwasserkörper gespeist, der bei stetiger Ergänzung die überschüssige Wassermenge an den tiefsten Stellen des Beckenrandes als Quelle abgibt. Als typisches Beispiel dieser Quellbildung dienen die „Seesteinquelle" und der „Mühlborn" am „Meißner" in Hessen (Abb. 358). In eine aus gestörten Schichten der Trias aufgebaute Mulde schmiegen sich diskordant tertiäre Sedimente, als jüngstes ein undurchlässiger Ton. Die

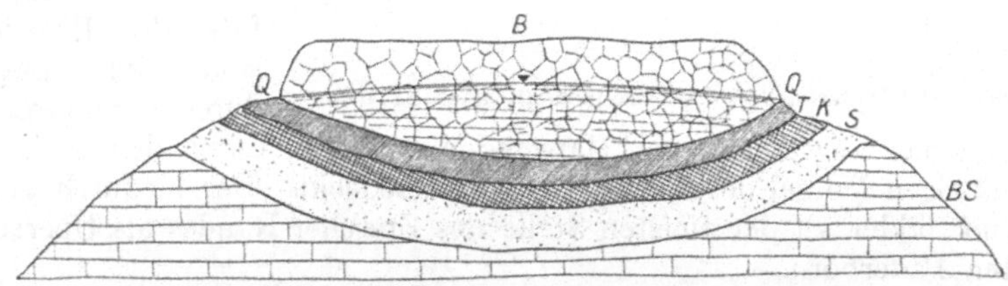

Abb. 358. Seesteinquelle und Mühlborn am Meißner
(*B* Basalt, *T* Ton, *K* Kolli, *S* Sand) Tertiär, *BS* Buntsandstein

Mulde ist ausgefüllt und überlagert von einer stark zerklüfteten Basaltmasse. Die in die Bergoberfläche sickernden Niederschläge füllen den muldenförmigen basaltischen Grundwasserträger und gelangen an den zwei tiefsten Stellen des Muldenrandes als Quellen mit je zirka 14 l/sek Ergiebigkeit zum Überlauf. Da die Bewegung des Grundwassers zu den Quellorten ein entsprechendes Spiegelgefälle voraussetzt, muß der in der Basaltmasse stehende Spiegel gegen das Innere ansteigend gewölbt sein. An der Bewegung und Quellspeisung nimmt aber nicht bloß der über der Horizontalfläche *Q—Q* gelegene Wasserkörper teil. Das Druckgefälle bewirkt vielmehr auch ein Fließen des in der Mulde befindlichen Wassers, gemäß den in Abb. 359 angedeuteten Stromlinien, also mit vertikaler Bewegungskomponente. Dieser Quelltypus wird daher mit Unrecht zu den absteigenden Quellen eingereiht; da das Speisewasser zum Quellort teils absteigende, teils aufsteigende Wege nimmt, gebührt ihm eine Mittelstellung.

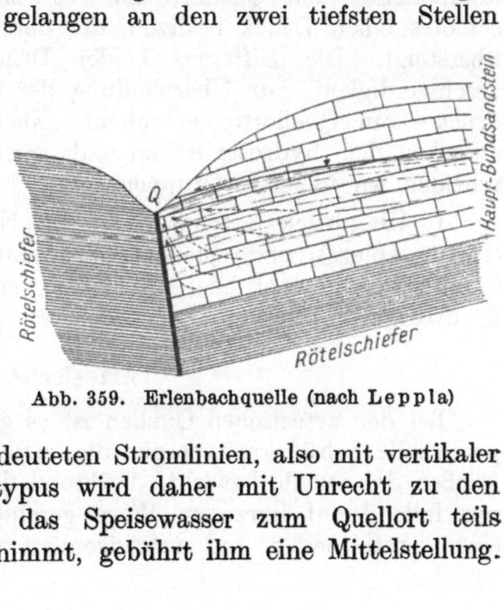

Abb. 359. Erlenbachquelle (nach Leppla)

Hieher gehören auch die durch Verwerfer bedingten Überlaufquellen, in der Literatur meist als „absteigende Verwerfquellen" bezeichnet. Die Grundwassermulde entsteht hier durch Abstoßen eines Grundwasserträgers an verworfene undurchlässige Schichten. Als Beispiel bringen wir ein Profil der „Erlenbach-Quelle" in den Vogesen (nach A. Leppla) in Abb. 359 und der Thermen bei Sclafani (nach Giordano, Daubree: „Les eaux souterraines"), Abb. 360. Aber auch konkordante Wechsellagerung von wasserführenden und undurchlässigen Schichten kann zur Bildung von Grundwassersäcken mit Überlaufbildung führen, bei den Barrierenquellen. Ein typisches Beispiel hiefür bilden die Paderquellen in Paderborn (Abb. 361). Die flach einfallenden wasserführenden Plänerkalke und Mergel am Westfuße des Eggegebirges sind im Liegenden durch undurchlässige Cenomanmergel abgedichtet, im Hangenden zum Teil durch den auskeilenden undurchlässigen Mergel des Emscher (Senon) bedeckt. Der hiedurch gebildete Wassersack bildet an der tiefsten Stelle des Emscher-Randes als Überlauf den berühmten Paderborn.

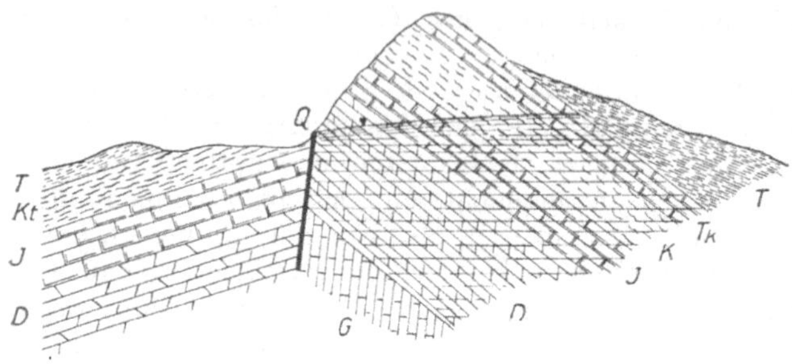

Abb. 360. Thermen bei Sclafani (nach Giordano aus Daubree) *T* Tertiärer Ton, *Kt* Kreideton, *K* Kreidekalk, *J* Jurakalk, *D* Triasdolomit, *G* Undurchlässiges Liegende

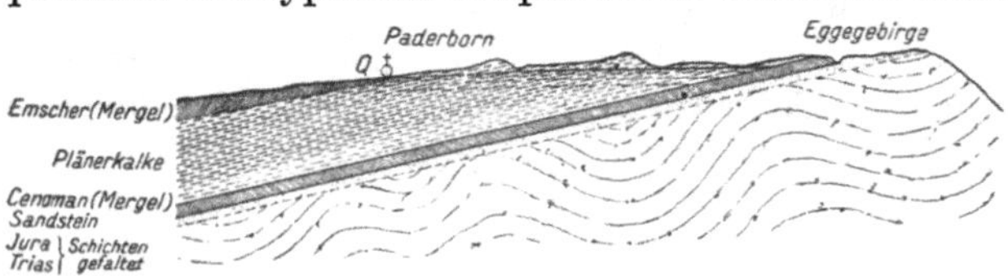

Abb. 361. Die Paderquellen (Barrierequellen) (nach Stille)

3. Aufsteigende Quellen

Die aufsteigende Quelle fließt aus der Tiefe mit vertikaler Bewegungskomponente dem Quellorte zu. Sie muß daher an jeder Stelle des Quellschlotes einen Druck besitzen, der den rein statischen Druck der Quellsäule übersteigt. Die Differenz beider Drücke wird zur Erhaltung der Fließgeschwindigkeit, zur Überwindung der Bewegungswiderstände und des Luftdruckes am Quellorte verbraucht. Nach der Herkunft dieser Druckdifferenz zwischen dem hydrostatischen und -dynamischen Druck im Quellschlot unterscheiden wir folgende Gruppen:

1. Überdruck, erzeugt durch die Niveaudifferenz zwischen Einzugsgebiet (Einzugsspiegel) und Quellort: Artesische Quellen. 2. Der Überdruck wird durch Wasserdampf oder Quellgase verursacht: Geiser und gasführende Quellen.

Artesische Quellen

Bei den artesischen Quellen ist es gleichwie bei den absteigenden Quellen potentielle Schwerkraftenergie, die, sich in kinetische Energie umsetzend, das Fließen der Quelle bewirkt. Während dies aber bei den absteigenden Quellen nur fallend auf kürzerem Wege geschieht, besitzen die artesischen Quellen einen absteigenden und aufsteigenden Wegast. In Abb. 362 sei eine solche

Quelle schematisch dargestellt. E ist das Druckniveau des Einzugsgebietes, Q der Quellort, v — o ihre Niveaudifferenz. Von der Wirkung des Luftdruckes kann hier, da er auf Einzugsgebiet und Quellgebiet annähernd gleich stark wirkt, abgesehen werden. Wäre der Quellschlot bei u geschlossen, so wären die Linien Q—o und E—v die statischen Drucklinien der beiden Äste, bis zu welchen in einer Bohrung, z. B. bei B, der Wasserspiegel ansteigen würde. Im Fließzustande tritt an ihre Stelle die Drucklinie E—b—s—Q. Der hydrodynamische Druck ist im absteigenden Aste geringer als der statische (er trägt in der Bohrung B nur die Wassersäule P—b), im Steigschlote größer (Spiegel f im Bohrloche F). Der Vertikalabstand zwischen der Drucklinie E—Q und dem Niveau E—N (z. B. B—b) gibt die bis zum betreffenden Punkte zur Überwindung des Widerstandes verbrauchte Druckhöhe. Die Form der Linie E—b—S—Q ist daher von den Widerständen des Quellweges (Querschnitt, Rauhigkeit, Krümmungen) abhängig.

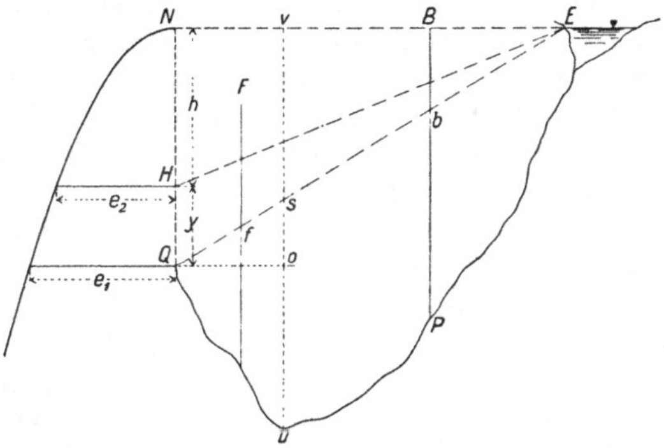

Abb. 362. Schema einer aufsteigenden Quelle

Läßt sich die Quelle bei Q dicht fassen, so kann man sie in Rohren hochleiten („spannen"). Geschieht dies z. B. bis zum Punkte H, so schwenkt die Drucklinie nach E—H, das Druckgefälle wird geringer und infolgedessen die Fließgeschwindigkeit und Ergiebigkeit kleiner. Bei völlig dichter, verlustloser Fassung könnte man bis N anstauen, in welchem Niveau dann die Quelle abflußlos „stagniert". Die Ergiebigkeit ist also eine Funktion der „Spannungshöhe". Erfolgt die Speisung der Quelle durch unterirdische Wasserläufe, so ist das Quadrat der Ergiebigkeit proportional dem Druckhöhenverluste: $Q^2 = c \cdot h$, c = Leitungszahl.

Die Ergiebigkeitsfunktion ist eine Parabel mit dem Scheitel im piezometrischen Niveau. Da eine solche durch zwei Punkte bestimmt ist, genügen zwei Messungen in verschiedenem Niveau zur Berechnung oder Konstruktion der Ergiebigkeitslinie und des piezometrischen Niveaus.

Geschieht die Speisung durch Grundwasser, so ist die Schüttung in erster Potenz proportional dem Druckhöhenverlust, die Ergiebigkeitsfunktion eine Gerade, also gleichfalls durch zwei Messungen in verschiedenem Niveau bestimmt.

Nach den tektonischen Entstehungsursachen des Quellweges unterscheiden wir die artesischen Quellen in

1. aufsteigende Schichtquellen,
2. aufsteigende Spaltenquellen.

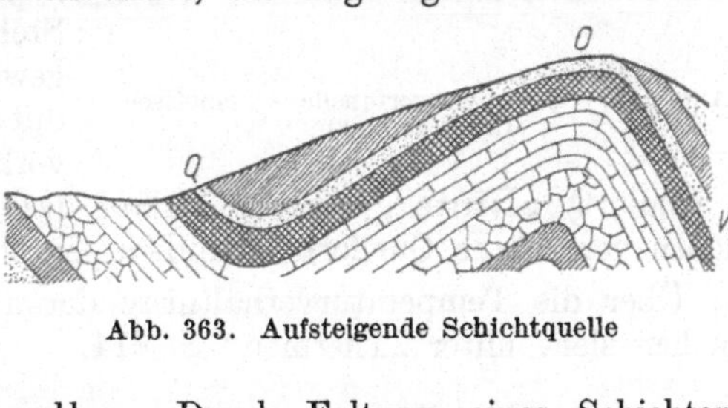

Abb. 363. Aufsteigende Schichtquelle

1. Aufsteigende Schichtquellen. Durch Faltung eines Schichtenkomplexes und Denudation der Faltensättel können die zur Bildung einer aufsteigenden Quelle notwendigen Voraussetzungen geschaffen sein. In Abb. 363 sei der übriggebliebene Teil eines solchen Schichtensystems dargestellt. Die Schicht W, selbst wasserführend, sei zwischen wasserundurchlässigen Schichten eingeschlossen. Ihr oberer Ausbiß O wird ein um so ergiebigeres Einzugsgebiet

darstellen, je flacher das Einfallen ist. Die Schichte bildet durch ihre Stauchung selbst den absteigenden und aufsteigenden Ast, und es kommt beim unteren Ausbiß *Q* zur Bildung der aufsteigenden Schichtquelle. Fehlt die zur Entstehung der Quelle nötige Niveaudifferenz zwischen den Ausbissen, so findet sich doch in der Faltenmulde gespanntes Grundwasser (siehe S. 571), welches, wenn es ein positives piezometrisches Niveau besitzt, durch Erbohrung als „artesischer Brunnen“ erschlossen werden kann. Diese uralte Methode der Wasserbeschaffung („artesisch“ nach der Grafschaft Artois, wo Karthäusermönche im 12. Jahrhundert die ersten derartigen Brunnen in Europa anlegten) ist für viele wasserarme Landstriche von der größten Bedeutung (Pariser Becken, Sahara, die Staaten Dakota und Nebraska in Nordamerika usw.).

2. Aufsteigende Spaltenquellen. Die Rolle eines oder beider Äste des Quellweges der aufsteigenden Quelle kann auch von einer wasserführenden Spalte übernommen werden. Tritt eine solche mit einer wasserführenden Schichte als absteigendem Ast in Funktion, sprechen wir von einer Schichtverwurfquelle (Abb. 364), sind beide Äste durch Spalten gebildet, von Spaltenquellen (Abb. 365). Nicht immer vermögen Spalten und Verwerfer Wasser zu leiten; häufig enthalten letztere als „Besteg“ eine durch Reibung der Spaltenstöße unter Druck erzeugte wasserundurchlässige Ausfüllung („Reibungsbreccie“). Nur Spalten, die infolge Unebenheiten ihrer Stöße oder geklemmter Steintrümmer klaffen, und bestegfreie, offene Verwerfer können aufsteigenden Quellen als Weg dienen; sind die dem Verwerfer benachbarten Gesteinszonen durch den Reibungsdruck zertrümmert, so können auch sie an der Wasserführung teilnehmen. Im übrigen gilt auch hier das über die Wasserbewegung auf Klüften (unterirdische Wasserläufe, „Wasseradern“, S. 594) Gesagte.

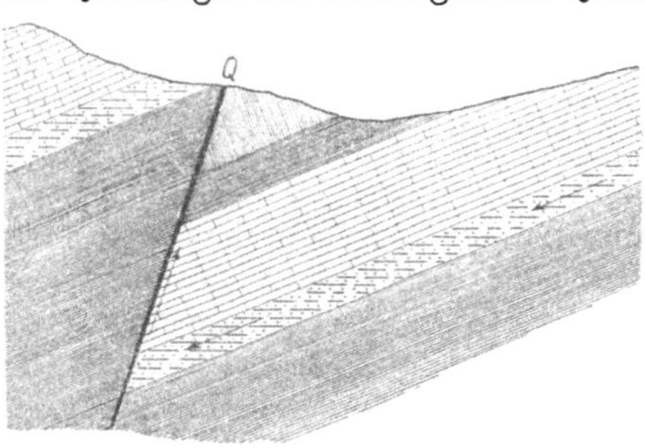

Abb. 364. Schichtverwurfquelle (nach Keilhack)

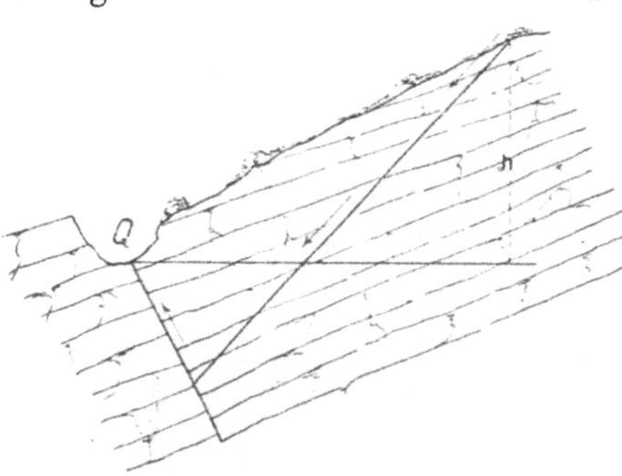

Abb. 365. Spaltenverwurfquelle, schematisch (nach Höfer)

Der Quellort liegt an der tiefsten Stelle des offenen Spaltenausbisses, gewöhnlich im Schnittpunkte desselben mit einer Talachse; sind mehrere solcher vorhanden, so fügen sich die Quellpunkte in eine „Quellinie“, die den Verlauf des Ausbisses anzeigt und zum Aufsuchen verdeckter Quellorte behilflich sein kann.

Über die Temperaturverhältnisse der aus größeren Tiefen aufsteigenden Quellen siehe unter „Thermen“ S. 614.

Geiser und gasführende Quellen

Bei den vorher behandelten aufsteigenden Quellen wird der Energiebedarf für das Emporfließen durch Umsetzen potentieller Schwerkraftsenergie von Wasservorräten eines höheren Niveaus in Bewegungsenergie erzeugt. Nachstehend seien Quellen besprochen, bei denen das Aufsteigen des Wassers durch die Expansionsarbeit von Dampf oder Quellgasen bewirkt wird. Der Mechanismus dieser Quellen zeigt zwei prinzipiell verschiedene Typen:

A. Geiser.

B. Gasführende Quellen.

Geiser. Notwendig für die Entstehung eines Geisers ist ein vertikaler oder schwach geneigter Schlot, der durch seitliche Zuflüsse relativ geringeren Querschnittes gespeist wird, deren piezometrisches Niveau negativ oder positiv sein kann. Im ersten Falle bildet sich im Ruhezustande ein unter dem Oberflächenniveau stagnierender Spiegel, anderenfalls gelangt das Wasser in den Pausen zum gleichmäßigen Überlauf. Durch periodische plötzliche Expansion von Dampf- oder Gasmengen innerhalb des Schlotes wird sein Wasserinhalt verdrängt und eruptionsartig über die Oberfläche geworfen. Die Geiser besitzen daher kein kontinuierliches Fließen, sondern periodische Eruptionen, von Pausen unterbrochen, in welchen sie entweder abflußlos stagnieren oder nach erfolgter Wiederfüllung des Schlotes gleichmäßig überlaufen.

Für die Dampf-Geiser ist unter den zu ihrer Erklärung aufgestellten Theorien die von Bunsen aufgestellte die einfachste und wahrscheinlichste. Der von vadosen Zuflüssen im Schlote gespeicherte Wasserinhalt wird durch Zufuhr von Wärme vulkanischen Ursprunges erhitzt und nähert sich allmählich dem Siedepunkt. Infolge des Siedeverzuges durch Druck liegt dieser um so höher, je tiefer der Schlotquerschnitt gelegen ist. Bunsen stellte durch Messungen mittels eines im Schlote des großen Geisers in Island versenkten Thermometers Temperaturen bis zu 127,5° C fest. Sobald in einem Schlotquerschnitt das Sieden beginnt, wird die Wassersäule durch die sich bildenden Dämpfe gehoben; der einsetzende Überlauf verkürzt die Wassersäule, vermindert hiedurch in allen Querschnitten den Druck und bewirkt das plötzliche Einsetzen des Siedeprozesses in den überhitzten Schlotzonen. Die momentan gebildeten großen Dampfmengen verursachen die Eruption. Wahrscheinlich besitzen nicht alle Geiser im einzelnen den genau gleichen Mechanismus; möglicherweise spielen bei manchen auch unterirdische, mit dem Schlote kommunizierende Hohlräume eine Rolle. Die Erwärmung könnte durch Kontakt des Wassers mit den Schlotwänden erfolgen, wenn dieser in noch heiße vulkanische Gesteine hinabreicht, dürfte aber wahrscheinlicher auf Einströmung von überhitztem Wasserdampf vulkanischen Ursprunges zurückzuführen sein. Zu den bekanntesten Dampf-Geisern gehören jene auf der Insel Island, ferner die großartigen Geiserphänomene im Yellowstone-Park in Nordamerika (Staaten Wyoming und Montana).

Daß das Geiserphänomen auch durch periodische Gasexhalationen erzeugt werden kann, beweist der — künstlich erbohrte — Namedy-Sprudel bei Andernach a. Rh. Altfeld erklärt seine durch expandierendes Kohlensäuregas verursachten, nach drei- bis sechsstündigen Pausen eintretenden Eruptionen wie folgt: Das Bohrloch wird durch kleine Zuflüsse gespeist, welche zu seiner Füllung mehrere Stunden benötigen; überdies münden in das Bohrloch kohlensäureführende Spalten, deren Druck in größerer Tiefe durch einen engen Querschnitt abgedrosselt ist. Bei entleertem Bohrloch bläst der gesamte Gasinhalt der Kohlensäurespalten, einschließlich eventuell kommunizierender Hohlräume oberhalb der Drosselstelle, bis zu niederem Druck ab. Das den Schlot füllende Wasser dringt nun in die Gaswege ein und sperrt sie ab. Der Gasdruck oberhalb der Drosselstelle nimmt infolge der steten Zuströmung allmählich zu, doch hält ihm die ansteigende Wassersäule während der Pause noch das Gleichgewicht. Die schließlich einsetzende Gasausströmung vermindert durch Wasserverdrängung den Druck im Bohrloch, die gasgefüllten Hohlräume beginnen zu expandieren, es kommt zur Eruption. Altfeld hat die Möglichkeit seiner Theorie durch einen Demonstrationsapparat bewiesen. Von einer ähnlichen Periodizität der Schüttung bei der kohlensäurereichen Ekatherinen-Quelle in Borschom (Kaukasus) berichtet Fr. Moldenhauer[1]).

Gasführende Quellen. Die gasführenden Quellen unterscheiden sich prinzipiell von den Geisern. Lassen sich letztere mit dem Überströmen einer

[1]) Rudolph: Petermanns Mitteilungen. 1913.

Seltersflasche vergleichen, so haben erstere ein gutes Analogon in den „Mammut-Pumpen" (Patent Borsig), in welchen die Flüssigkeit ohne Kolben oder Ventiltätigkeit durch Einpressen von Luft in das Steigrohr von niederem zu höherem Niveau gehoben wird. Die genaue Kenntnis des Mechanismus der gasführenden Quellen ist von großer praktischer Bedeutung, da die Mehrzahl der bedeutendsten und wertvollsten Heilquellen diesem Typus angehören.

In dem aufsteigenden Schlote dieser Quellen bewegt sich ein mechanisches Gemisch von Wasser und Gasblasen, für dessen Bildung es zwei Möglichkeiten gibt. In den steigenden Ast einer aufsteigenden Quelle mündet eine Gasquelle; das Wasser absorbiert entsprechend Druck und Temperatur einen Teil des Gases, während sich der Überschuß mechanisch beimengt. In dieser Weise dürfte sich die Bildung der meisten Kohlensäuerlinge vollziehen. Das Gas kann aber auch infolge hohen Druckes in der Tiefe im Wasser völlig gelöst sein (z. B. bei den juvenilen gasführenden Quellen, siehe S. 615) und sich erst infolge der Druckabnahme beim Aufsteigen allmählich aus der Lösung ausscheiden. In den weitaus überwiegenden Fällen der gasführenden Quellen bildet Kohlensäure den gasförmigen Bestandteil; der Umstand, daß sich trockene Kohlensäureausströmungen (Mofetten), sowie Kohlensäure führende Quellen häufig in Gegenden jungvulkanischer Eruptionen vorfinden, macht es wahrscheinlich, daß es sich dabei um Exhalationen unterirdischer erkaltender Magmaherde handelt (S. 22 und 24). In Naphthagebieten finden sich auch gasführende Quellen und Gas-Geiser mit Kohlenwasserstoffen als gasförmigem Bestandteil, zumeist künstlich erschroten bei Bohrungen auf Petroleum. Die gasführenden Quellen fließen kontinuierlich; sie müssen daher ein die statische Druckzunahme überschreitendes Druckgefälle mit der Tiefe besitzen. Doch erzeugt die Natur diese Druckdifferenz hier nicht durch größeren Speisungsdruck von einem höheren Niveau wie bei den gewöhnlichen aufsteigenden Quellen, sondern durch Verminderung des statischen Druckes im aufsteigenden Quellschlote. Das spezifische Gewicht des Gas-Wasser-Gemisches ist kleiner als das des Wassers und um so geringer, je größer der volumperzentuelle Gasgehalt des Gemisches ist. Da der statische Druck einer Flüssigkeitssäule mit dem spezifischen Gewichte abnimmt, wird durch die Anwesenheit des Gases der Druck vermindert und so der für die Aufwärtsbewegung nötige Überdruck erzeugt. Nach dem Gesagten ist die statische Druckzunahme mit der Tiefe im Mechanismus der gasführenden Quellen, gleichsam als bewegungshinderndes Moment, von Bedeutung. In inkompressiblen Flüssigkeiten ist der spezifische Druck, bestimmt durch das Produkt aus dem spezifischen Gewicht mal der vertikalen Höhe der Flüssigkeitssäule, infolge der Unveränderlichkeit des Gewichtes proportional der Tiefenlage. Graphisch dargestellt, ergibt für solche Flüssigkeiten die Druck-Tiefen-Funktion eine Gerade, deren Neigungswinkeltangente zur Vertikalen das spezifische Gewicht ausdrückt. Das Gas-Wasser-Gemisch ist eine kompressible Flüssigkeit. Das Gasvolumen nimmt bei höherem Drucke ab, einmal infolge seiner elastischen Zusammendrückbarkeit, ein zweites Mal infolge der erhöhten Absorption im Wasser. Das spezifische Gewicht des Gemisches ist daher eine Funktion des Druckes und nimmt mit der Tiefe zu, der Neigungswinkel der Drucklinie desgleichen, die Druck-Tiefen-Linie ist daher eine Kurve, deren Tangenten-Neigungswinkel zur Vertikalen nach oben zu abnimmt.

Unter bestimmten vereinfachenden Voraussetzungen läßt sich die Gleichung der statischen Drucklinie (gleichsam als „Normalfall") wie folgt ableiten[1]):

[1]) Ausführlicher in der Arbeit des Verfassers: Zur Mechanik gasführender Quellen. Ing.-Zeitschr. Teplitz-Schönau. 1922.

Es sei:

G das Gewicht der die Gewichtseinheit Wasser begleitenden Gasmenge,
η das spezifische Gewicht des Gases beim Drucke 1 und der herrschenden Temperatur,
λ die Ostwaldsche Löslichkeitszahl des Gases im Wasser bei der herrschenden Temperatur,
p der jeweilige spezifische Druck,
h die Tiefe eines Fließquerschnittes unter dem Auslaufe.

Dann ist das spezifische Gewicht des Gas-Wasser-Gemisches beim Drucke p

$$\gamma = \frac{\text{absolutes Gewicht}}{\text{Volumen}} = \frac{1+G}{1+\frac{G}{\eta\cdot p}-\lambda}.$$

Das G im Zähler können wir vernachlässigen (siehe oben).

Für $\frac{G}{\eta}$ setzen wir die Konstante r, das ist das gesamte Gasvolumen, welches die Gewichtseinheit Wasser begleitet, gemessen beim Drucke 1, und erhalten

$$\gamma = \frac{1}{1+\frac{r}{p}-\lambda}. \tag{21}$$

Innerhalb eines Höhendifferentials dh lassen wir Proportionalität des Druckes mit der Tiefe gelten, da der hiebei begangene Fehler bei der Integration verschwindet. Es ist also der unendlich kleine Druckzuwachs von der Tiefe h zu $h+dh$

$$dp = \gamma\cdot dh \tag{22}$$

Wir lösen (22) nach dh auf und setzen γ aus (21) ein:

$$dh = \frac{dp}{\gamma} = dp - \lambda\, dp + r\frac{dp}{p}.$$

Integrieren wir zwischen den Grenzen $p=p$ und $p=b$ (Luftdruck):

$$\int dh = \int dp - \lambda\int dp + r\int\frac{dp}{p} + \text{Const.} \qquad \text{oder}$$

$$h = p - b - \lambda(p-b) + r\cdot\log\text{nat}\,\frac{p}{b}; \tag{23}$$

die Gleichung $h=p-b$ entspräche der Drucklinie im reinen Wasser; die Glieder $r\cdot\log\text{nat}\,\frac{p}{b} - \lambda\,(p-b)$ besagen, um wieviel tiefer erst derselbe Druck in der gasführenden Quelle auftritt.

Bei einem bestimmten Mindestdruck P, den wir als „Grenzdruck“ bezeichnen wollen, ist alles Gas vom Wasser absorbiert; unterhalb der Grenzdruckzone nimmt der Druck also wie in gewöhnlichen Wasserquellen, das ist proportional der Tiefe, zu. Der Grenzdruck rechnet sich aus der Gleichung: Gasvolumen = Absorptionsvolumen, also

$$\frac{G}{\eta P} = \lambda \text{ mit } P = \frac{G}{\eta\lambda}. \tag{24}$$

In Abb. 366 seien nun die Druck- und Ergiebigkeitsverhältnisse einer durch unterirdischen Wasserlauf gespeisten gasführenden Quelle graphisch dargestellt. $A-B$ ist der Luftdruck im Quellorte A, $B-W$ die Gerade der statischen Druckzunahme im Wasser, $B-E$ die Drucklinie im ruhend gedachten Gas-Wassergemisch.

In der Tiefe T herrscht der Grenzdruck P; hier ist noch alles Gas in Lösung, die Drucklinie geht tangentiell in eine Gerade über. $U-D$ sei der Innendruck in der Tiefe U. Da $U-D < U-W$, würde er zum Antrieb einer gewöhnlichen artesischen Quelle nicht hinreichen; die Quelle würde mit negativem piezometrischen Niveau bei S stagnieren. Durch Pumpen gehoben, gäbe sie bei Absenkung bis M bzw. R die Ergiebigkeiten e_2 und e_1, welche, die Speisung durch unterirdischen Wasserlauf vorausgesetzt, als Ordinaten eine Parabel mit D als Scheitel erfüllen müssen.

Machen wir die Fußpunkte dieser Ordinaten zu Ausgangspunkten von Drucklinien der gasführenden Quelle, so ergeben deren obere Endigungen die zu den betreffenden Schüttungsmengen gehörenden Spannungshöhen, also die „Ergiebigkeits-Höhen-Kurve" der gasführenden Quelle, in diesem Falle auch eine Parabel. In der fließenden Quelle folgt der Druck natürlich einer dynamischen Druckfunktion (Linie $D — B$), in welcher das allmähliche Verzehren des Überdruckes $E — D$ durch die Bewegungswiderstände Ausdruck findet; ihre Gestalt ist von den Schlotverhältnissen abhängig und entzieht sich der Berechnung.

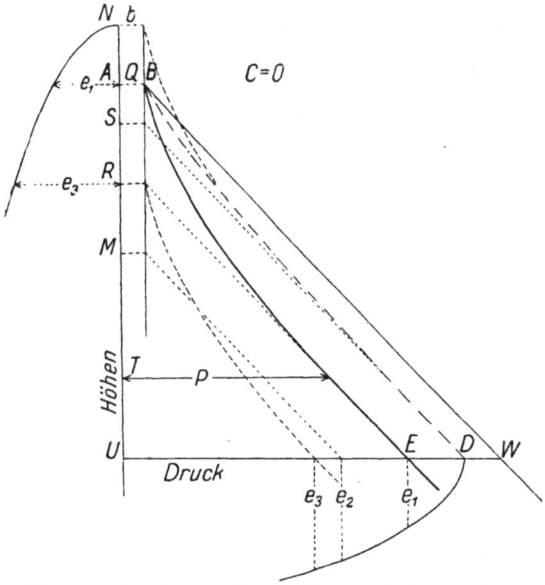

Abb. 366. Druck- und Ergiebigkeitsverhältnisse einer gasführenden Quelle

In Gleichung (23) fehlt eine Querschnittsgröße; die statische Druckfunktion in gasführenden Quellen müßte demnach — wie bei reinen Flüssigkeiten — unabhängig von der geometrischen Form des Fließquerschnittes sein. Die Natur lehrt uns jedoch anderes: Die Querschnittsverhältnisse des Quellweges üben tatsächlich auf das Verhalten der gasführenden Quelle einen weitgehenden Einfluß. Die Ursache dieses Widerspruches ist die bisher und insbesondere bei Entwicklung der Gleichung (23) gemachte Voraussetzung gleicher Geschwindigkeiten von Gas und Wasser, welche Bedingung in der Natur nur in besonderen Fällen annähernd erfüllt erscheint.

Im allgemeinen besitzt das Gas eine relative Geschwindigkeit gegenüber dem Wasser. Die Ursache ist der Auftrieb, den die Gasblasen im Wasser erleiden. Das Gas-Wasser-Gemisch stellt ein Massensystem dar, dessen Teile geometrische Verschiebungen gegeneinander dulden; ein solches System bewegt sich bekanntlich unter dem Einflusse der Schwerkraft so lange, bis der Schwerpunkt die tiefstmögliche Lage einnimmt. Nicht mischbare Flüssigkeiten schichten sich daher so, daß die spezifischen Gewichte der einzelnen Schichten gegen oben abnehmend geordnet sind; auch in Gas-Wasser-Gemischen ist diese Schichtung beständig im Gange, indem die leichteren Gasblasen emporsteigen. Die Blasen vollführen demnach zwei gleichgerichtete Bewegungen: mit dem Wasser und relativ gegenüber dem Wasser, daher als Resultierende die Summe beider Bewegungen.

Denken wir uns in jedem Horizontalschnitte durch den Quellschlot die Schnittflächen der Gasblasen zu einem Gasquerschnitte summiert, so bilden diese kontinuierlich aufeinander folgenden Querschnitte einen idealen Gasschlot, der von einem idealen Wasserschlot so begleitet ist, daß beide die Quellader überall restlos ausfüllen. Es ist für das Endresultat belanglos, wenn wir diese gedachten Verhältnisse in unsere Überlegungen über die Gewichts- und Druckverhältnisse einführen.

Wie leicht einzusehen, ist — bei Vernachlässigung des Gasgewichtes — das spezifische Gewicht des Gemisches im Querschnitte f der Quellader, bestehend aus der Gasfläche fg und der Wasserfläche $f - fg$

$$\gamma = \frac{f - fg}{f}. \tag{25}$$

Für jeden der beiden Schlote gilt eine Flußgleichung: Querschnitt mal Geschwindigkeit ist gleich dem sekundlichen Volumen; je größer die Geschwindigkeit bei gleicher Menge, umso geringer der Querschnitt. Die Voreilgeschwindigkeit des Gases vermindert also den Gasquerschnitt und vergrößert mithin (nach Gleichung (25)) das spezifische Gewicht; je größer die Voreilgeschwindigkeit, um so größer das spezifische Gewicht, um so geringer also die günstige Wirkung des Gases in den Quellen. Bei der theoretischen Relativgeschwindigkeit $c = \infty$ des Gases gegenüber dem Wasser müßte sich der Gasschlot zum Querschnitt O zusammenschnüren, also die Verhältnisse wie in reinem Wasser herrschen, bei $c = O$ hingegen treten die im vorausgehenden erörterten Verhältnisse (Gleichung 23) als günstigster Grenzfall ein.

Die Größe der Voreilgeschwindigkeit wird erheblich beeinflußt durch die Querschnittsverhältnisse des Quellschlotes. In einem Schlot mit kreisförmigem Querschnitte von 150 mm Durchmesser wurde sie vom Verfasser mit durchschnittlich 0,40 m/sek ermittelt. In weiteren Quellwegen nimmt sie rasch zu, in engeren nähert sie sich dem Werte Null. Da das spezifische Gewicht von der Voreilgeschwindigkeit abhängig ist (siehe oben), beeinflußt der Schlotquerschnitt wesentlich die Druck- und Ergiebigkeitsverhältnisse der Quelle.

Bei Berücksichtigung des Einflusses von c ist das spezifische Gewicht des Gemisches

$$\gamma = \frac{1}{2n} \cdot \left(n + \lambda - \frac{r}{p} - 1\right) \pm \sqrt{\left[\frac{1}{2n}\left(n + \lambda - \frac{r}{p} - 1\right)\right]^2 + \frac{1}{n}}; \tag{26}$$

f ist der — konstante — Querschnitt, Q die Ergiebigkeit, $n = \frac{fc}{Q}$. Die Gleichung zeigt, daß neben der Voreilgeschwindigkeit und dem Querschnitte jetzt auch die Schüttungsmenge selbst für das Gewicht von Bedeutung ist.

Die partielle Abhängigkeit des spezifischen Gewichtes vom Querschnitte, der Ergiebigkeit und von der Voreilgeschwindigkeit nach Gleichung (26) ist in der Abb. 367 graphisch dargestellt.

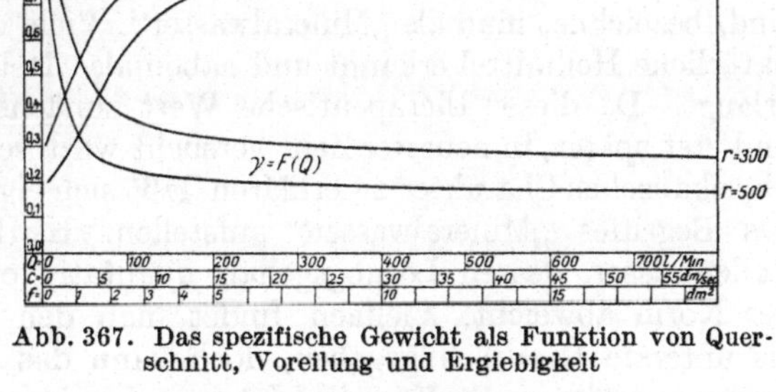

Abb. 367. Das spezifische Gewicht als Funktion von Querschnitt, Voreilung und Ergiebigkeit

Durch Einsetzen des Ausdruckes (26) für γ in die Differentialgleichung (22) und Integration erhält man die statische Druck-Höhen-Funktion in gasführenden Quellen mit Gasvoreilung, die wir hier weglassen, da sie für die praktische Verwendung zu umfangreich ist. Auf ein vom Verfasser entwickeltes graphisches Verfahren zur Konstruktion bestimmter Drucklinien sei hingewiesen[1]).

Die Untersuchung der erwähnten Funktion ergibt einige Resultate, die für das Verständnis des Wesens der gasführenden Quellen sowie für deren Fassungstechnik von Wert sind.

Es zeigt sich vor allem der nach obigem zu erwartende Einfluß des Schlotquerschnitts auf die Druck- und Ergiebigkeitsverhältnisse. Je kleiner der Quer-

[1]) Siehe Anmerkung S. 606.

schnitt, umso steiler die Druckkurve, daher um so größer die Ergiebigkeit. Da aber anderseits der abnehmende Querschnitt den Bewegungswiderstand vermehrt, also die Schüttung herabsetzt, gibt es für jede Quelle — genau genommen in jedem Niveau derselben — ein Optimum des Querschnittes hinsichtlich der Ergiebigkeit. Auch bei Verwendung von Rohren gleichmäßigen Kalibers für Quell-Hochleitungen tritt dieses Gesetz augenfällig in Erscheinung; es empfiehlt sich daher bei Hochführungen gasreicher Quellen den günstigsten Steigrohrquerschnitt empirisch zu ermitteln.

Die Konstruktion der Ergiebigkeits-Höhenkurve ergibt eine besondere Eigentümlichkeit der gasführenden Quellen. Sie besitzen ein Ergiebigkeitsminimum, das heißt, während man eine gewöhnliche artesische Quelle durch Erhöhen ihres Spannungsniveaus oder Drosselung des Auslaufes alle Zwischenwerte der Ergiebigkeit bis zu Null durchlaufen lassen kann, bricht die Schüttungsmenge der gasführenden Quelle bei einem ihr eigentümlichen Werte unstetig ab, und der Ruhespiegel stellt sich in ein Niveau ein, das tiefer liegt als das der letzten Schüttung. Hiedurch findet auch die Tatsache Erklärung, daß manche erbohrte gasführende Quellen erst eines einmaligen Ansaugens bedürfen, um dann immerwährend zu fließen. Auch der bei gewissen Heilquellen durch Aufpumpen einer Süßwassersäule künstlich hervorgerufene Ruhezustand („Zudecken" während der Winterzeit) beruht auf der geschilderten Erscheinung.

Die Rolle, welche die Voreilbewegung des Gases in der Mechanik der gasführenden Quellen spielt, wurde vielfach gänzlich verkannt; während sie — wie wir gesehen haben — die günstige Wirkung des Gases, je nach ihrer Größe, mehr oder weniger herabsetzt, wurde sie von manchen Autoren direkt als die Ursache dieser günstigen Wirkung angesehen und die oben erklärten Mehrleistungen der gasführenden Quellen auf die hebende Wirkung, welche die Gasblasen auf das Wasser infolge des Auftriebes und des Voreilens üben, zurückführt.

Diese unrichtigen Anschauungen haben in die beste Fachliteratur Aufnahme gefunden; so sind die einschlägigen Ausführungen im „Österreichischen Bäderbuch" 1914 (S. 111), „Deutschen Bäderbuch" (S. XXX) und, von hier übernommen, in Höfer: Grundwasser und Quellen, 2. Aufl. (S. 151) unrichtig.

4. Mineralwässer und Heilquellen

Natürliche Wässer, die besonders reich an gelösten Mineralstoffen und Gasen sind, bezeichnet man als „Mineralwässer". Viele derselben wurden frühzeitig als natürliche Heilmittel erkannt und haben als „Heilquellen" Bedeutung und Wert erlangt. Da dieser therapeutische Wert zunächst empirisch festgestellt wurde und erst später, in neuester Zeit, versucht wird, seine Ursache aus dem chemisch-physikalischen Charakter zu erklären, läßt sich eigentlich keine strenge Definition des Begriffes „Mineralwasser" aufstellen. Keilhack versteht darunter ein Bodenwasser, dessen Lösungsgehalt qualitativ oder quantitativ erheblich von der Norm abweicht. Vielfach findet man den Mineralgehalt von 1 g in 1 l als unterste Grenze angegeben, doch kann das Vorhandensein viel geringerer Mengen seltener Stoffe, die Lösung bestimmter Gase diese Bezeichnung begründen; auch Wässer mit gleichmäßig hoher Temperatur (Thermen) zählt man schon aus diesem Grunde allein zu den Mineralwässern.

Chemismus der Mineralquellen

Die in den Mineralquellen am häufigsten vorkommenden Stoffe sind die Kationen: Natrium, Kalium, Kalzium, Magnesium, Barium, Strontium, Eisen, Mangan, Aluminium, ferner Arsen, Lithium, Rubidium, Cäsium, Stickstoff,

Wasserstoff, Helium, Argon, Kohlenwasserstoffe und die Anionen: Kohlensäure, Chlor, Schwefelsäure, Schwefelwasserstoff, Jod, Fluor, Kieselsäure, Borsäure, Phosphorsäure.

Die Mineralwässer haben daher den Charakter mehr oder weniger verdünnter Lösungen von Salzen und Gasen. Die spezielle Eigenart eines Individuums kommt in seiner Analyse zum Ausdruck.

Die Darstellungsweise der Analysenresultate hat mit der Zeit — entsprechend dem Fortschritte der Chemie und Physik der Lösungen — Änderungen erlitten, die beim Vergleich einer modernen Quellenanalyse mit den alten Untersuchungen desselben unveränderten Mineralwassers auffallen.

Die chemische Analyse bestimmt aus einer Lösung verschiedener Salze nicht diese als solche, sondern einzelne Elemente und Elementgruppen, wie Ca, Na, Cl und Kohlensäure, Schwefelsäure usw. Um das Analysenergebnis in Form einer Salzlösung wiederzugeben, mußten diese Bestandteile wieder zu Salzen gruppiert werden, welchem Vorgang, auch bei Einhaltung bestimmter Grundsätze, eine gewisse Willkürlichkeit innewohnte. Bunsen schlug im Jahre 1871 vor, die Gruppierung in der Weise vorzunehmen, wie die Salze bei der Verdunstung unter bestimmter Temperatur auskristallisieren würden. R. Fresenius sättigte die stärkste Säure mit der stärksten Base und die weiteren absteigend nach ihrer Stärke. Da gegen beide Prinzipe Einwendungen erhoben werden konnten und da den nach verschiedenen Methoden berechneten Analysen jede Vergleichsmöglichkeit abging, griff man zu dem schon im Jahre 1864 von K. v. Than gemachten Vorschlage, von der Zusammenstellung zu Salzen gänzlich abzusehen und die wirklichen Analysenresultate anzugeben. Die Thansche Darstellungsweise bot den wichtigen Vorteil der Vergleichbarkeit verschiedener Analysen. Sie empfing noch eine Vervollkommnung durch die Anwendung der Theorie der elektrolytischen Dissoziation von S. Arrhenius, W. Ostwald und neuestens N. Bjerrum und P. Debye. Die Salze gehen nach dieser Theorie nicht als solche in Lösung, sondern ihre Moleküle spalten sich in elektrisch geladene „Ionen“, z. B. Chlornatrium in das positiv geladene Na-Ion und negative Cl-Ion. Nur die schwächsten Säuren und Basen sowie deren Salze spalten bloß einen gewissen Prozentsatz ihrer Moleküle[1]. Man stellt daher, den tatsächlichen Verhältnissen entsprechend, die Analysenergebnisse in Form von Ionentabellen dar.

Da bei den schwachen, in Mineralwässern häufigen Säuren, Kohlensäure und Schwefelwasserstoff, die Dissoziation nur eine geringe ist, werden diese in ihrer Gasformel (CO_2, SH_2) in Rechnung gestellt. Desgleichen Kieselsäure und Borsäure[2].

Einteilung der Mineralwässer

Nach ihrer Auslauftemperatur teilt man die Mineralquellen in kalte Quellen und warme Quellen oder Thermen. Die weitere Einteilung geschieht nach dem chemischen Charakter und dessen Bedeutung für die Therapie. Hiebei können zur Charakterisierung die vorherrschenden Säuren (Anionen) oder Basen (Kationen) berücksichtigt werden. Alle diese Einteilungssysteme enthalten immer eine gewisse Willkürlichkeit; auch finden sich in der Natur Übergänge und Grenzfälle, deren Charakterisierung unsicher ist. Hintz und Fresenius[3] geben folgende übersichtliche Einteilung:

1. Einfache warme Quellen (Wildbäder, Akratothermen). Temperatur über 20° C. Mineralgehalt unter 1 g in 1 kg Wasser.

---

[1]) Die ursprünglich von Arrhenius und Ostwald aufgestellte Theorie ließ überhaupt nur einen Prozentsatz der gelösten Moleküle zerfallen, der mit der Verdünnung zunehmen sollte. Die Gefrierpunktserniedrigung und die elektrische Leitfähigkeit der Lösungen, Zahlen, welche von der Anzahl der in der Lösung befindlichen Partikelchen abhängig sind, ließen diesen Prozentsatz berechnen. Bjerrum und Debey wiesen aber nach, daß die Vernachlässigung der zwischen den Ionen wirkenden elektrischen Kräfte bei dieser Berechnung eine geringere Dissoziation vortäuschte, und daß die starken Elektrolyte in der Lösung völlig dissoziiert sind.

[2]) Zahlreiche Beispiele von Quellenanalysen in alter und neuer Darstellungsweise finden sich im „Österreichischen Bäderbuch“ und „Deutschen Bäderbuch“.

[3]) Bad und Kurort. Berlin. 1925.

2. Radioaktive Quellen. Alle Wässer mit praktisch bedeutsamer Radioaktivität, unabhängig von der sonstigen chemischen Zusammensetzung. (Über Radioaktivität siehe S. 16.)

3. Einfache Säuerlinge enthalten mehr als 1 g/kg freie Kohlensäure bei weniger als 1 g/kg festen gelösten Bestandteilen.

4. Erdige Säuerlinge enthalten mehr als 1 g/kg freie Kohlensäure und mehr als 1 g/kg feste, gelöste Bestandteile; unter den Anionen herrscht Hydrokarbonat-Ion, unter den Kationen Kalzium- und Magnesium-Ion vor.

5. Alkalische Quellen. Mehr als 1 g/kg gelöste mineralische Bestandteile, Hydrokarbonat-Ion und Natrium-Ion herrscht vor.

6. Kochsalzquellen (muriatische Quellen). Mehr als 1 g/kg feste Bestandteile, in welchen Chlor- und Natrium-Ion weitaus überwiegen.

7. Bitterquellen. Mehr als 1 g/kg feste Bestandteile, unter den Anionen herrscht Sulfat-Ion vor. Es genügt auch schon, daß bei fehlender Alkalität Sulfat-Ion in erheblicher Menge vorhanden ist[1]).

8. Eisenquellen enthalten mehr als 0,01 g/kg Ferro- oder Ferri-Ion.

9. Arsenquellen haben hinsichtlich ihrer allgemeinen chemischen Zusammensetzung meist den Charakter von Eisenwässern oder Salzquellen, enthalten aber Arsen in pharmakologisch bedeutsamer Menge.

10. Schwefelquellen enthalten Hydrosulfid-Ion, eventuell daneben Thiosulfat-Ion und oft freien Schwefelwasserstoff in Mengen, die insgesamt 0,001 g/kg durch Jod titrierbaren Schwefel besitzen.

11. Jodquellen enthalten eine klinisch in Betracht kommende Menge von Jod; im übrigen besitzen sie verschiedenen Charakter.

Dieser Aufzählung wäre noch anzufügen:

12. Sulfatquellen enthalten neben Chlor und Hydrokarbonat Sulfat-Ion, in den Kationen Alkalien vorherrschend.

Entstehung der Mineralwässer

Die Mineralwässer treten sowohl als Grundwässer wie als unterirdische Wasserläufe auf und können in beiden Formen Quellen (Mineralquellen, Heilquellen) speisen. Es findet daher alles über den Mechanismus der Quellen oben Gesagte auch auf Mineralquellen praktische Anwendung. Wohl in der Mehrzahl der Fälle werden die Mineralquellen von unterirdischen Wasserläufen gespeist, daher rührt ihre Häufigkeit in tektonisch stark gestörten Gebirgen. Die Quellorte liegen zumeist auf den tiefsten Punkten der Spaltenausbisse, an den Schnittpunkten mit Talachsen. Die Anordnung gruppenweise auftretender Mineralquellen zu „Quellenlinien" („Wiener Thermenlinie" und andere) weist auf den Verlauf des Spaltenausbisses hin, doch kann in stark gestörtem Gebirge die Mitwirkung von Seitenspalten den Einfluß der Hauptspalte auf die Anordnung der Quellorte völlig verwischen. Eine durchlässige Überlagerung des Spaltenausbisses führt zur Bildung von Mineralgrundwasser und flächenartiger Anordnung der Quellen oder Erschrotungsorte.

Bei vielen Mineralquellen gelingt es, einen Zusammenhang zwischen ihrem chemischen Charakter und jenem des Gesteines, welches sie durchfließen („Muttergestein" der Quelle), festzustellen. Diese Erfahrung läßt umgekehrt bisweilen interessante und quellentechnisch bedeutsame Rückschlüsse auf den Quellweg und -mechanismus zu.

---

[1]) Fast allgemein wird Magnesium-Ion als charakteristischer Bestandteil gefordert.

Die Chlorverbindungen der Mineralquellen stammen zumeist aus den in verschiedenen geologischen Formationen vorfindlichen Steinsalzlagern (NaCl) und den sie begleitenden „Abraumsalzen“ (KCl, $MgCl_2$). Die Mineralisation der zahlreichen muriatischen Quellen (Solen) Deutschlands erfolgt zum großen Teil in den Salzflözen des Zechsteines, einige Solen Mittel- und Süddeutschlands entnehmen die Chloride den Salzlagern der Trias, österreichische, polnische und andere muriatische Quellen aus der Tertiärformation. Die Solquellen enthalten bisweilen als therapeutisch wichtige Bestandteile Jodide oder Bromide (Jod-, Bromquellen); da diese Stoffe von gewissen Meerespflanzen gespeichert werden, deutet ihr Vorkommen auf die Auslaugung mariner Sedimente.

Zahlreiche muriatische Quellen sind gasführend, teils mit Kohlensäure, teils mit Methan (Sumpfgas) als Begleiter.

Die Bildung der Sulfate kann in vielen Fällen durch die Schwefelsäure der Gipslager ($CaSO_4$) erklärt werden, die sich in mehreren Formationen finden (Perm, Trias, Tertiär). Das gesellschaftliche Vorkommen von Gips und Dolomit ($CaCO_3 \cdot MgCO_3$) führt zur Bildung von Magnesiumsulfat, des Hauptbestandteils der Bitterwässer. Aber auch die Oxydation von Eisensulfid (Pyrit, Markasit) liefert neben Eisensulfat freie Schwefelsäure, welche die Neubildung von Sulfaten bewirken kann.

Die Karbonate der Alkalien, alkalischen Erden und des Eisens bilden häufige Hauptbestandteile von Mineralquellen. Sie werden durch die im Wasser enthaltene freie Kohlensäure in Form löslicher Hydrokarbonate aufgenommen. Für Tiefenquellen ist bemerkenswert, daß die Bildung von Hydrokarbonaten der Erdalkalien durch Kohlensäuredruck begünstigt wird, daß ferner (nach den Untersuchungen O. Hähnels) ein Grenzdruck existiert, oberhalb dessen die Löslichkeit der Karbonate nicht mehr zunimmt, daß aber Bikarbonatlösungen, die bei höherem als dem Grenzdruck entstanden sind, eine größere Beständigkeit besitzen als die bei niederem Drucke gebildeten.

Von den Kationen ist Eisen in den meisten Mineralwässern enthalten, was in der Häufigkeit dieses Elementes in zahlreichen Mineralien und der oft leichten Verwitterbarkeit derselben seine Erklärung findet. Ein namhafter Eisengehalt verrät sich gewöhnlich in gelbrot gefärbten Quellabsätzen. Der häufige Begleiter des Eisens in den Gesteinen, das Mangan, findet sich gleichfalls neben diesem in den Mineralquellen. In geringeren Mengen treten noch eine Anzahl anderer Metalle fallweise in Mineralquellen auf, so Lithium, Barium, Strontium Zink, Aluminium usw., selbst Blei.

Die Borsäure der Quellen ist vulkanischen Ursprunges; sie ist als freie Säure anzusprechen, sobald das Wasser noch merkliche Mengen freier Kohlensäure enthält.

Die Kieselsäure kann aus silikatreichen Gesteinen in Lösung gehen, wenn diese durch Kohlensäure zersetzt werden. Hohe Temperaturen begünstigen ihre Lösung erheblich; der große Geiser auf Island führt 0,519 g Kieselsäure in 1 kg Wasser.

Die Phosphorsäure wird im „Deutschen Bäderbuch“ auf die Lösung des Minerals Apatit (fluor- und chlorhaltiges Kalziumphosphat) zurückgeführt, das sich gangartig oder eingesprengt in zahlreichen Eruptivgesteinen und kristallinen Schiefern findet.

Arsen, dessen Anwesenheit einzelnen Heilquellen einen besonderen therapeutischen Charakter verleiht, kann den in der Natur vorkommenden Arsenmineralien (Arsenkies, Fahlerz) entstammen.

Die großen Kohlensäuremengen, die nicht nur den Hauptbestandteil der Sauerbrunnen bilden, sondern auch in einem großen Teile der übrigen Mineralquellen gelöst und gasförmig im Überschuß enthalten sind (siehe „gasführende Quellen"), sind fast ausschließlich als vulkanische Exhalationen anzusehen; desgleichen ein Teil des Schwefelwasserstoffes der Schwefelquellen. Abgesehen von den Exhalationen der genannten Gase im Umkreise der tätigen Vulkane (Mofetten, Solfataren), finden sich solche in großer Anzahl als letzte tätige Reste der Millionen Jahre zurückliegenden vulkanischen Epoche der Braunkohlenzeit (Tertiär). Die Säuerlinge und Schwefelquellen häufen sich daher vor allem in Gebieten, die durch die gewaltigen tektonischen Ereignisse und die jungvulkanischen Ergüsse (vorwiegend Basalt) jener Periode gekennzeichnet sind. (Andere Bildungsweise von Schwefelquellen S. 195.)

Die Radioaktivität der Quellen spielt für deren Bewertung als Heilquellen eine wichtige Rolle (S. 18, 19). Sie kann durch Elemente der Uran- oder Thoriumreihe verursacht sein. Die meisten aktiven Wässer enthalten die (gasförmige) Radiumemanation (Halbwertszeit 3,86 Tage), der Gehalt an gelösten Verbindungen der festen Radiumelemente ist meist sehr gering. Die Emanation löst sich als Gas, entsprechend dem Henryschen Absorptionsgesetze, proportional ihrem Partialdruck im angrenzenden Gas und mit steigender Temperatur abnehmend. Bei zwei im Lösungsgleichgewichte stehenden, gleich großen Räumen von Wasser und Luft enthält die Luft nach Mache und Meyer bei

0° C	1,96	40° C	6,29
10° „	2,85	50° „	7,25
20° „	3,94	70° „	8,55
30° „	5,13	100° „	9,26 mal soviel

Emanation als das Wasser. Die vielfach verbreitete Ansicht, daß gerade die Thermen hoch radioaktiv seien, ist demnach unzutreffend. Bei gasführenden radioaktiven Thermen enthält nach obigem das Begleitglas immer mehr Emanation als das Thermalwasser.

Ein Emanationsgehalt des Wassers erlaubt den Rückschluß, daß dieses mit Uran- bzw. Thoriummineralien in Berührung war. Die hochaktiven Grubenwässer von Joachimstal in Böhmen finden sich beispielsweise in der Nähe der dortigen Uranerzvorkommen. Besonders reich an radioaktiven Quellen sind Syenite, Granite, Porphyre. Ob der Gehalt an Heliumgas mancher Quellen als Zerfallsprodukt radioaktiver Elemente anzusehen ist, ist (nach Sieveking und Lautenschläger) fraglich; die zur Heliumgewinnung (Ballonfüllung) ausgenützten Gasquellen Nordamerikas besitzen nur geringen Emanationsgehalt (Ambronn).

Die Absätze (Sinter) der radioaktiven Quellen pflegen höhere Aktivität zu besitzen als diese selbst.

Thermen

Unter den Mineralquellen spielen die Thermen eine besondere Rolle; es waren unzweifelhaft die zuerst balneotherapeutisch verwerteten Quellen. Die Entwicklung einer Reihe berühmter Thermalbäder reicht bis in die Römerzeit und weiter zurück. Der Geologe erkennt jene Quelle für warm, deren Temperatur das Jahresmittel der Temperatur ihres Quellortes übersteigt, so daß Quellen der gleichen Temperatur in den kälteren Zonen zu den Thermen, in wärmeren zu den kalten Quellen zählen können. Der Balneologe, der überall mit der gleichen Körpertemperatur zu rechnen hat, braucht eine absolute Temperaturgrenze; er rechnet alle über 20° C temperierten Quellen[1]) zu den Thermen und teilt sie im Verhältnis zur normalen Körpertemperatur in

hypothermale mit 20 bis 34° C,
homöothermale mit 34 bis 38° C,
hyperthermale mit über 38° C.

Die Thermen sind aufsteigende Quellen. Vom Gesichtspunkte des Quellenmechanismus unterscheidet man 1. vadose, 2. juvenile und 3. gemischte Thermen.

Die vadosen[2]) Thermen besitzen ein Einzugsgebiet an der Erdoberfläche und werden von Niederschlagswässern gespeist. Ihr Wasser gelangt unter die neutrale Temperaturzone der Erdrinde hinab in Tiefen, deren Wärmegrad höher ist als die mittlere Temperatur der Erdoberfläche und erhöht hier seine Temperatur, indem es dem Boden durch Wärmeübergang und -leitung Wärme entzieht. In der Umgebung des absteigenden Quellweges besteht daher ein Temperaturgefälle zum Schlote und hat sich, abgesehen von geringen Schwankungen, längst ein Beharrungszustand des Wärmestromes zum Schlote ausgebildet; um diesen besteht eine Raumzone der Abkühlung, eine Vergrößerung der geothermischen Tiefenstufe. Dabei wird es von der Fließgeschwindigkeit im Schlote abhängen, bis zu welchem Grade sich die Wassertemperatur dem Wärmegrade des Bodens in der größten erreichten Tiefe angleicht; um ein gewisses Maß wird die erstere immer zurückbleiben. Im aufsteigenden Ast setzt sich die Wärmeaufnahme zunächst fort bis zu einem Punkte gleicher Temperatur von Boden und Wasser; aufwärts von hier verkehren sich die Verhältnisse, das Wasser gibt wieder Wärme ab, die sich in gleichmäßigem Strome dem Boden mitteilt und seine Temperatur erhöht. Da das Wasser die der größten Tiefe entsprechende Temperatur nicht erreicht und überdies im aufsteigenden Ast eine Abkühlung erleidet, ergibt die Berechnung der Ursprungstiefe durch Division der Auslauftemperatur (nach Abzug der mittleren Jahrestemperatur) durch die geothermische Tiefenstufe einen zu kleinen Wert. Noch größer wird der Fehler bei gasführenden Thermen; bei diesen wird durch den Expansionsprozeß des aufsteigenden Gases Wärme gebunden, die bei der innigen Mischung zur Gänze dem Wasser entzogen wird. Der Temperaturunterschied im absteigenden und aufsteigenden Ast der vadosen Therme und die durch ihn bedingte Differenz im spezifischen Gewichte des Wassers wird öfters als Bewegungsursache oder wenigstens als bewegungsförderndes Moment der Thermen angeführt. Die Rechnung ergibt, daß die aus dieser Ursache erfließende Druckdifferenz verhältnismäßig gering ist und mit Rücksicht auf die großen Bewegungswiderstände in Quelladern als alleinige Ursache der Fließbewegung nicht in Frage kommen kann (siehe S. 7).

Der Begriff „juvenile" Thermen wurde von Ed. Sueß auf der Versammlung deutscher Naturforscher und Ärzte im Jahre 1902 in Karlsbad aufgestellt. Es sind dies Thermen, deren Wasser sowohl wie das eventuelle Begleitgas und die Mineralisation Entgasungsprodukte unterirdischer Magmamassen darstellen. Zu der Erkenntnis, daß es sich bei diesen Quellen um vulkanische Exhalationen handelt und nicht um infiltrierte, am Wege mineralisierte Wässer, drängte eine Reihe bemerkenswerter Momente: Die juvenilen Quellen entströmen großen tektonischen Störungszonen der Erdrinde, die vielfach ganz in der Nähe der Quellen auch Magmaeruptionen als Weg zur Oberfläche dienten. Sie führen als Begleitgase Kohlensäure oder Schwefelwasserstoff, deren mag-

[1]) Das Österreichische Bäderbuch, 1914, setzt 24° C als Grenze.

[2]) Der Ausdruck „vados" wurde 1893 von Pošepny für infiltrierte Wässer eingeführt und 1902 von Ed. Sueß auf alle Teile der Hydrosphäre erweitert.

matischer Ursprung außer Zweifel steht. Ihre Schüttung zeigt — im Gegensatze zu den ausgesprochen vadosen Quellen — keinen Parallelismus mit den Niederschlagsmengen der nahen und weiteren Umgebung, auch nicht unter Zugrundelegung einer zeitlichen Verzögerung. Gewisse Stoffe ihrer Mineralisation lassen sich nicht auf Auslaugung des Muttergesteines zurückführen. Beispielsweise fördert der Karlsbader Sprudel unter anderem täglich 4980 kg, im Jahre zirka 1800 Tonnen, Natrium, ferner täglich 1800 kg, jährlich zirka 650 Tonnen, Chlor, die nicht aus dem Granit oder Basalt des Untergrundes gelöst sein können. Dagegen findet man in den Exhalationen der tätigen Vulkane sowie in den durch Sublimation aus vulkanischen Emanationen gebildeten Gangfüllungen eine ganze Reihe von Stoffen, die auch für die juvenilen Thermen charakteristisch sind (CO_2, SO_3, HCl, F, H_3BO_3, SiO_2, Na, K, Li, Ba usw.). Wir erkennen daher in den juvenilen Thermen Reste einer ausklingenden vulkanischen Tätigkeit, das letzte Stadium der Magmaentmischung vor dem Erstarren.

Die Existenz solcher rein magmatischer Quellen wurde vielfach bestritten. A. Brun bestritt das Vorhandensein von Wasserdampf im vulkanischen Magma und berief sich auf seine bezüglichen Untersuchungen von Laven und Exhalationen sowie auf Gegenargumente chemischer Natur. Doch wurde seither Wasserdampf in einer Anzahl von Exhalationen nachgewiesen (Day und Shepherd im Vulkan Kilauea auf Hawai, Schwertschlager in den italienischen Vulkanen, in den Exhalationen des Vulkanes Katmai).

Beim Durchströmen der oberen Bodenschichten besteht die Möglichkeit des Zusitzens vadosen Bodenwassers zu den juvenilen Thermen, auch können mit diesen oder durch Lösung am Wege vadose Mineralstoffe aufgenommen werden. Man spricht dann von „gemischten" Thermen.

5. Quellenbeobachtung

Quellen, die der menschlichen Kultur dienstbar gemacht wurden, sollen einer fortlaufenden Beobachtung unterworfen werden. Beschränkt sich bei Quellen, die der Wasserversorgung dienen, diese Beobachtung nur auf die Ergiebigkeit bzw. deren Abhängigkeit von den Niederschlägen und anderen Faktoren und — je nach der Verwendung des Wassers — auf gewisse qualitative Eigenschaften, so sind es bei den kostbaren Heilquellen rein wissenschaftliche, therapeutische und wirtschaftliche Gründe, welche eine intensive Beobachtungstätigkeit derselben ratsam machen; nicht zuletzt ist die ständige Beobachtung ein wichtiges Hilfsmittel des Quellenschutzes (siehe unten). Diese Beobachtung soll sich auf alle meßbaren Eigenschaften der Quelle erstrecken: Temperatur, chemische Beschaffenheit, chemisch-physikalische Eigenschaften, Keimgehalt, eventuelle Druckschwankungen, Ergiebigkeit und bei gasführenden Quellen die Gasmenge. Über alle Beobachtungen und Messungen sind genaue Protokolle zu führen und sorgsam zu verwahren.

Temperatur. Bei genauen Temperaturmessungen ist die Angabe der Messungsweise und Messungsstelle von Wichtigkeit (z. B. Thermometer 1 m tief in die Fassung versenkt, gemessen im Auslaufstrahl, im Quelltümpel usw.). Das Instrument soll auf $^1/_5{}^0$ C geteilt und amtlich geprüft sein. Ist die Ablesung im Zustand des Tauchens nicht tunlich, verwendet man Schöpfthermometer oder Maximuminstrumente mit stehenbleibendem Quecksilberfaden.

Die chemische Analyse stellt für Gebrauchswässer einmal die Eignung fest. Je nach der Verwendungsart und der Wahrscheinlichkeit einer Änderung ist die Analyse später mehr oder weniger häufig zu wiederholen. Besondere Bedeutung besitzt die chemische Analyse für die Heilquellen; sie bildet in der modernen Balneotherapie die Grundlage für die zielbewußte Anwendung des

Mineralwassers. Die Zusammensetzung des Wassers ist unbedingt periodisch zu kontrollieren. Dies geschieht jährlich, bei besonders wichtigen Fällen monatlich, doch genügt es, diese Kontrollanalysen auf die wichtigsten Bestandteile zu erstrecken. Sogenannte „ganze" Analysen werden gewöhnlich nur in größeren Zeiträumen veranlaßt.

Die Bestimmung des Keimgehaltes (bakteriologische Untersuchung) ist für Trinkwasserquellen und Heilquellen von Wichtigkeit. Da die Durchführung der Probeentnahme hiebei das Resultat wesentlich beeinflussen kann, erfolgt dieselbe am besten durch den untersuchenden Fachmann.

Druckmessungen sind bei allen aufsteigenden Quellen angezeigt, deren Fassung und Auslauf der Forderung nach stetem Beharrungszustand nicht entspricht, z. B. bei „gedrosselten Quellen". Die Ergiebigkeitsschwankungen gedrosselter Quellen zeigen sich bei der Messung verringert, da ein Teil der Mengenänderung durch die Änderung der Spannungshöhe paralysiert wird. Druckschwankungen werden zumeist in offenen Manometern als Wassersäule gemessen. Die Ergiebigkeitsmessungen müssen im völligen Beharrungszustande erfolgen. Meßvorrichtungen, deren Funktion Änderungen des Auslaufsniveaus oder des Fließwiderstandes bedingt, sind unbrauchbar. Insbesondere bei aufsteigenden Quellen ist diesbezüglich Vorsicht geboten; durch Öffnen eigener Meßabzweiger, Meßleitungen usw. am Steigrohr der Fassung kann leicht eine Störung des Beharrungszustandes hervorgerufen werden. Messungen nach solcher Störung ergeben nicht die den geänderten Verhältnissen entsprechende Ergiebigkeit, da die Einstellung eines neuen Beharrungszustandes geraume Zeit erfordert; sie liefern daher weder absolute Ergiebigkeitsziffern noch vergleichbare. Vor diesem häufig begangenen Fehler kann nicht eindringlich genug gewarnt werden. Das Auslauf-Niveau ist mit der Ergiebigkeitsziffer zu vermerken.

Die häufigste und zuverlässigste Messungsmethode ist die volumetrische. Die Ergiebigkeit ist der Quotient aus dem geschütteten Wasservolumen durch die Schüttungszeit. Man mißt entweder die Zeit zur Füllung eines bestimmten Volumens oder den in bestimmter Zeit gefüllten Raum; da besonders bei größeren Ergiebigkeiten der Augenblick der Füllung nicht scharf erfaßt werden kann, ist die zweite Methode die weitaus genauere. Sie benötigt ein Meßgefäß mit Volumpegel. Die volumetrische Messung ergibt die Durchschnittsergiebigkeit während der Meßdauer. Es ist daher der Inhalt des Meßgefäßes mit der Schwankungsperiode der Quelle so in Einklang zu bringen, daß möglichst viele Perioden in eine Meßdauer fallen. Gilt es aber die Feststellung der Schwankungen, so stellt man mit kleinem Meßgefäß lange Messungsreihen an oder bedient sich besser eines registrierenden Instrumentes. Ein einfacher registrierender Meßapparat läßt sich aus einem engen hohen Gefäß mit Zu- und Ablauf herstellen, durch welches der Quellablauf geleitet wird; die Spiegelschwankungen geben ein Bild der Mengenschwankungen und lassen sich mittels Schwimmers auf einer Uhrtrommel registrieren. Die Ergiebigkeitsschwankungen sind proportional der Quadratwurzel der Spiegelschwankungen, die Diagramme müssen daher rektifiziert oder an einem entsprechend verzerrten Maßstabe abgelesen werden[1]).

Zur Messung der Gasergiebigkeit gasführender Quellen muß der Quellauslauf hermetisch eingeschlossen und das Wasser siphonartig abgeleitet werden; ein Gasableitungsrohr führt zur Meßstelle. Man verwendet entweder Volumgasmesser, wie sie z. B. zur Messung des Leuchtgasverbrauches benötigt werden, oder Apparate, die auf dem Prinzip der Windgeschwindigkeitsmesser (Anemometer) beruhen, und erhält dann die Gesamtmenge innerhalb einer beliebigen Zeit. Anderseits erlauben die „Momentgasmesser" (z. B. der „Rotamesser" der deutschen Rotawerke Aachen) die Ablesung der augenblicklichen Gasergiebigkeit.

[1]) Eine weitere Korrektur infolge der Trägheit des Apparates durch die zum Füllen und Leeren des Gefäßes nötige Zeit siehe bei Steiner: Ergiebigkeitsmessungen intermittierender Quellen. Sitzungsberichte Lotos, Bd. 48. Prag. 1900.

Die Angaben aller dieser Instrumente beziehen sich auf die Messungstemperatur und den herrschenden Druck und müssen zu Vergleichszwecken auf 0^0 C und 760 mm Druck reduziert werden. Anemometer und Momentgasmesser sind gegen nasses Gas empfindlich und benötigen die Vorschaltung von Vorrichtungen zum Trocknen (z. B. Chlorkalziumzylinder).

6. Quellenschutz

Quellen, die der allgemeinen Trinkwasserversorgung dienstbar gemacht wurden, insbesondere aber Heilquellen, genießen in den meisten Kulturländern gesetzlichen Schutz gegen alle Eingriffe, welche ihren Fortbestand, ihre Ergiebigkeit oder ihre Qualität bedrohen können.

Man unterscheidet den vorbeugenden (präventiven) Quellenschutz, dessen Aufgabe Maßnahmen zur Verhütung irgendwelcher Schädigungen der Quelle bilden, von dem reparativen Schutz, welcher erfolgte Störungen nach Möglichkeit wieder beheben soll.

Der Heilquellenschutz wurde in einzelnen Staaten durch eigene Quellenschutzgesetze geregelt, in anderen wird er auf Grund allgemeiner Rechtsgrundsätze gehandhabt. Der präventive Schutz äußert sich vor allem im allgemeinen behördlichen Verbot bestimmter Handlungen und in Vorschreibungen gewisser Maßnahmen innerhalb genau umschriebener Gebiete, der Schutzrayone. Diese Schutzbestimmungen sollen die Quelle einerseits vor Schädigungen ihrer Ergiebigkeit bewahren und anderseits Beeinträchtigungen ihrer qualitativen Eigenschaften verhüten. Die Aufstellung der im einzelnen Falle angezeigten Schutzmaßnahmen und Schutzgebiete ist Aufgabe des Geologen und Hydrologen (Ingenieurs). Sie setzt die Bekanntschaft mit dem Quellenmechanismus und dessen Erklärung aus den geologischen Vorbedingungen sowie die Kenntnis der geologischen Verhältnisse im Umkreis der Quelle voraus. Der Schutzrayon hat nur im Zusammenhang mit den innerhalb seiner Grenzen geltenden Schutzbestimmungen Bedeutung, beide Teile müssen durch die Möglichkeit von Schädigungen begründet sein und besitzen, wenn sie zweckmäßig geschaffen wurden, wie die Quelle selbst individuellen Charakter; daher lassen sich für die Aufstellung des Schutzgebietes und seiner Bestimmungen nur allgemeine Grundsätze geben.

Schutzbedürftig ist das Einzugsgebiet der Quelle, der Quellweg und der Umkreis des Quellortes. Die ältesten Schutzgebiete waren Kreisflächen mit dem Quellort als Zentrum; sie schützten den Quellort in der Erkenntnis, daß das für das Abströmen von diesem sowie für das Eindringen von Verunreinigungen nötige Gefälle um so eher gegeben ist, je näher der Schädigungspunkt der Quelle liegt. Ein auf die geologischen Verhältnisse aufgebauter Schutzrayon zeigt dagegen individuelle Gestalt.

Bei Verwerferquellen muß der Ausbiß des Verwurfes und dessen nächste Nachbarschaft (je nach der Durchlässigkeit des Gesteins) geschützt werden, aber auch alle Spalten, die sich mit der Quellspalte scharen. Das Einzugsgebiet erheischt natürlich besonderes Augenmerk. Änderungen der Abflußverhältnisse des Oberflächenwassers, Abholzungen usw. können die Schüttung der Quelle beeinträchtigen, Besiedelung, Kultivierung (Düngung), die Quelle in hygienischer Beziehung schädigen.

Ein bekannter Quellenschutztechniker bestimmte das Flächenmaß des Schutzgebietes nach der Ergiebigkeit der Quelle. Diese Regel könnte auf eine gewisse Begründung Anspruch erheben, wenn sie immer nur dem Schutz des Einzugsgebietes gälte; doch ist dieses gerade bei Heilquellen des öfteren nicht umgrenzbar, bei juvenilen Quellen überhaupt nicht vorhanden. Häufig bietet die geologische Karte Leitlinien für die Umgrenzung des Rayons. Linien des Gesteinswechsels sind als Grenzen willkommen, wenn der Charakter des Nachbargesteines das Übergreifen der Wasserführung ausschließt; doch ist auch mit der Möglichkeit zu rechnen, daß gerade diese Grenzflächen wasserführend sind. In geologisch einförmigen Gebieten kann die morphologische Gliederung Grenzlinien des Schutzbezirkes liefern. Talfurchen, deren Erosion unter das Quellniveau vorgeschritten ist, lassen eine Schädigung jenseits derselben bis zu ihrem Sohlenniveau als unwahrscheinlich erkennen.

Die Grundwasserverhältnisse des Umkreises sind genauestens zu erforschen. Vielfach besteht zwischen Quelle und Grundwasser Kommunikation und Beharrungszustand der Strömung in einem oder anderem Sinne. Durch Verlegung des Grundwasserspiegels wird dieser Beharrungszustand gestört, die Absenkung des Spiegels zieht eine Verminderung der Quellenergiebigkeit nach sich.

Der Schutz gasführender Quellen erheischt besonderes Augenmerk. Ihre Ergiebigkeit, ja zumeist ihre Existenz überhaupt, ist an die Führung freier Gasmengen geknüpft (siehe S. 606 u. f.). Eine Gasentziehung kann daher erhebliche Ergiebigkeitsverminderung und gänzliches Versiegen der Quelle bewirken. Gaserschrotungen müssen daher im weitesten Umkreis verhindert werden. Die Höhenlage der Erschrotungsstelle spielt dabei nicht die Rolle wie bei Wasserentziehungen, da das Gewicht der Gassäule nicht in Betracht kommt; Gasabströmungen in relativ viel höherer Lage können die tief im Tal gelegene Quelle schädigen. Zu beachten ist auch die Möglichkeit indirekter und unsichtbarer Gaserschrotungen durch Absenkung von Grundwasser, welches durch seinen Druck auf die Sohle gasdichtend gewirkt hatte.

Oft würden die verschiedenen Schädigungsmöglichkeiten voneinander abweichende Schutzbereiche erheischen; doch wird man die Bestimmungen nicht allzusehr komplizieren. Immerhin ist aber, schon mit Rücksicht auf die Härte jeder Grenzbestimmung, welche diesseits und jenseits einer Linie verschiedene Rechts- und Wertverhältnisse schafft, eine gewisse Abstufung der Schutzbestimmungen nach der Wahrscheinlichkeit der Bedrohung der Quelle am Platze. Diesen Abstufungen entsprechend sind dann mehrere konzentrische Schutzbereiche zu umgrenzen. Unseres Wissens wurde dies bisher nur bis zur Zweiteilung in „engere" und „weitere" Schutzrayone getrieben; eine weitergehende Abstufung wäre sowohl im Interesse des Quellenschutzes wie im Interesse der durch die Schutzbestimmungen Geschädigten gelegen.

Beispielsweise besitzen die Karlsbader Quellen einen engeren Schutzbereich von durchschnittlich 7 km Durchmesser; hier steht das Muttergestein der Quellen, der Granit, unmittelbar oder in mäßiger Tiefe an. In diesem Rayon ist jeder Schurf- oder Bergbaubetrieb untersagt. Im weiteren Schutzrayon, mit einem ungefähren Durchmesser von 15 km, ist der Abbau der tertiären Ablagerungen, also auch der Braunkohle, uneingeschränkt gestattet, die Verritzung des Grundgebirges (Granit, Kaolin, auch der Basalt wurde einbezogen) aber nur bis zur Tiefe des Egerflußspiegels erlaubt. Es läge sehr im Interesse des Schutzes der Thermen, wenn hierzu noch ein dritter Rayon geschaffen würde, in welchem nur ein bedingter Quellenschutz zu herrschen hätte, das heißt, in welchem alle Bodeneingriffe usw. uneingeschränkt so lange zu gestatten wären, als durch dieselben eine Schädigung nicht erfolgte. In diesem dritten Bereiche hätte eine stete Kontrolle aller bedenklicher Betriebe stattzufinden und eine strenge Anzeigepflicht über das Eintreten gewisser bedenklicher Erscheinungen, wie Wassererschrotungen, Gasausströmungen, abnormal hohe Temperaturen zu bestehen.

Von den Schutzbestimmungen, mit denen die Schutzbereiche zu belasten sind, seien angeführt: Das Verbot von Bodeneingriffen überhaupt oder nur in bestimmten Gesteinen oder bis zu gewissen Tiefenhorizonten, Einhaltung bestimmter Vorsichtsmaßregeln im Grubenbetriebe: Vorbohrung im Streckenvortrieb, Sohlenbohrungen, Beschränkung des Volumens der gleichzeitig offen stehenden Grubenräume, Verbot der Kommunikation einzelner Grubenfelder, Schaffung der Abschlußmöglichkeit einzelner Felder durch wasserdichte Dämme und Dammtüren, Verpflichtung zu periodischen Messungen der zusitzenden Wässer, von Wasser- und Gesteinstemperaturen, Anzeigepflicht bestimmter Ereignisse usw.

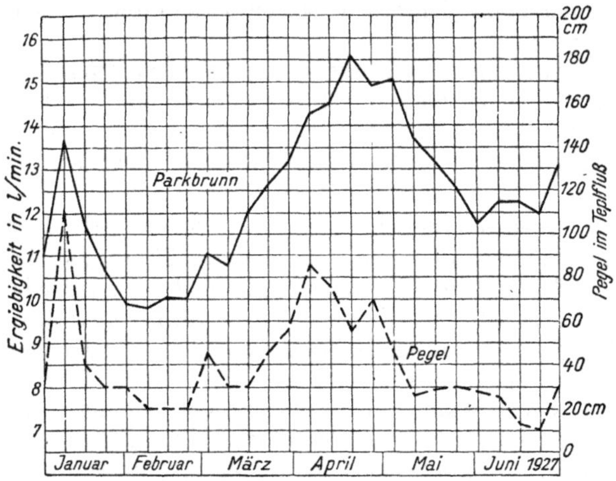

Abb. 368 a. Ergiebigkeitsgraphikon einer Mineralquelle. Einfluß des Wasserstandes im benachbarten Fluß

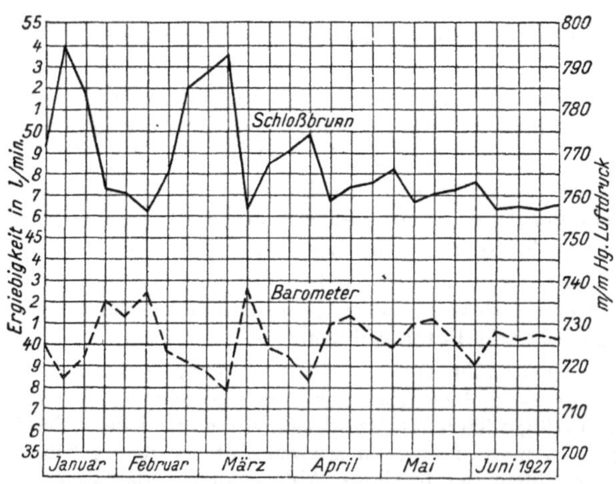

Abb. 368 b. Ergiebigkeitsgraphikon einer gasführenden Mineralquelle. Einfluß des Luftdruckes

Verbot aller Eingriffe, durch welche die Grundwasserverhältnisse des Bereiches im ungünstigen Sinne beeinflußt werden können. Untersagung von Sprengungen zur Gewinnung oder Beseitigung von Gestein, Mauerwerk usw.

Der qualitative Schutz erstrebt die Abhaltung von Fremdwässern, die bei Mineralquellen chemische Veränderungen hervorrufen können (z. B. Ausfällen von Eisenverbindungen durch sauerstoffhaltiges Wasser) vor allem aber die Abwehr von Verunreinigungen. Unbebaute und unkultivierte Flächen im Einzugsgebiete sind tunlichst in diesem Zustande zu erhalten; kultivierte Flächen mit Dungverbot zu belegen. Der qualitative Schutz kämpft besonders bei jenen Quellen mit Schwierigkeiten, die — wie viele Heilquellen — inmitten eng bewohnter Gebiete liegen. Er trachtet dann die Reinhaltung des Bodens durch rasche Verdünnung und Ableitung aller Abwässer, peinliche Reinhaltung der Oberfläche und andere hygienische Vorsichtsmaßregeln bei besonders strenger Überwachung ihrer Durchführung zu erreichen.

Ein zweites wichtiges Instrument des präventiven Quellenschutzes ist die Quellenbeobachtung (siehe S. 616). Periodisch wiederholte Messungen der Ergiebigkeit, bei gasführenden Quellen auch der Gasmenge, chemische Kontrollanalysen (einzelne Hauptbestandteile, Trockenrückstand), bakteriologische Untersuchungen, ergeben im Laufe der Jahre ein Bild der normalen Schwankungen der Eigenschaften der Quelle. Die Auftragung der Beobachtungsresultate in Graphika leistet hiebei wertvolle Dienste. Normale Schwankungen der Ergiebigkeit können beispielsweise durch Änderungen des Grundwasserstandes im Umkreise der Fassung hervorgerufen werden, wenn dieses mit seiner Stauhöhe auf ungefaßten, mit der Quelle kommunizierenden, „wilden“ Austritten als Widerstand ruht. Gasführende Quellen unterliegen der Beeinflussung durch die Luftdruckschwankungen, auch wenn diese im Einzugsgebiet und Quellort konform verlaufen. Man nimmt die Schaulinien derartiger Einfluß übender Faktoren mit in das Graphikon (Abb. 368a, b). Ein solches Schaubild bringt abnorme, durch schädigende Einflüsse hervorgerufene Störungen deutlich zum Ausdruck und gibt damit das Signal zur Vorsicht und für eventuelle Maßnahmen reparativen Schutzes.

Dem reparativen Quellenschutz obliegen zwei Hauptaufgaben: die einwandfreie Aufdeckung der Schädigungsursache und die Wiedergutmachung des Schadens. Für die erste Aufgabe leisten die besprochenen, durch Jahre laufenden Beobachtungen unschätzbare Dienste. Läuft die Beweisführung darauf hinaus, die Kommunikation der Quelle mit einem anderen Wasservorkommen darzutun, dann kann der Parallelismus der Messungsresultate den Zusammenhang verraten. Stauversuche durch Höhersetzen oder Drosseln des einen Auslaufes oder Einstellen seiner künstlichen Hebung müssen sich in einer Ergiebigkeitszunahme des kommunizierenden Wassers auswirken. Doch kann die Wirkung, insbesondere bei indirekten Schädigungen, erheblich verzögert werden, so daß der gesuchte Parallelismus der Messungsgraphika erst bei entsprechender zeitlicher Verschiebung in Erscheinung tritt. Zum Nachweis der Identität zweier Wässer wird man möglichenfalls mit Färbungs- und Salzungsversuchen Erfolg haben (S. 595), doch können nur positive Resultate solcher Versuche entscheidend sein.

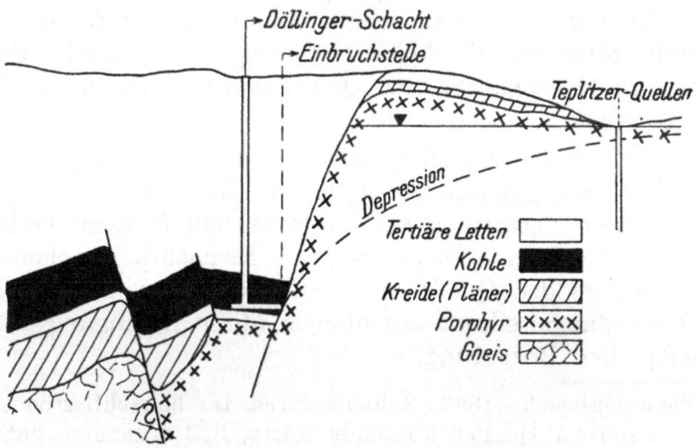

Abb. 369. Die Beeinflussung der Teplitzer Thermen durch den Wassereinbruch im Döllinger-Schacht

Die zur Wiedergutmachung erforderlichen Maßnahmen richten sich natürlich nach der Art des Schadens. Die in der Literatur vorfindlichen Schilderungen praktischer Fälle des repressiven Schutzes geben hiefür wertvolle Fingerzeige[1]). Ist eine Neuerschrotung von Wasser als Ursache der Störung erkannt,

[1]) Löcker in Allgemeiner Bergmannstag, Festbericht. Teplitz. 1899; ferner Sueß, Ed.: Studien über unterirdische Wasserbewegung, I. Jahrbuch der Geologischen Reichsanstalt Wien. 1893. Im Jahre 1879 wurden die Teplitzer Heilquellen durch einen katastrophalen Wassereinbruch in den 6 km entfernten, „Döllinger-Schacht“ der nordwestböhmischen Braunkohlenmulde binnen 64 Stunden zum Versiegen gebracht (Abb. 369). Der Einbruch erfolgte an einer Stelle, wo sich der Bergbau dem Verwurfe genähert hatte, welcher die abgesunkenen tertiären Ablagerungen vom Teplitzer Porphyrgang, dem Muttergestein der Thermen, trennt. Der ursächliche Zusammenhang war hier vom ersten Augenblick an klar und unbestritten; die Schwierigkeit lag in der technischen Durchführung der Abdämmung des Einbruchswassers, die ohne Störung des Kurbetriebes in Teplitz erfolgen mußte. Ein zweiter

so ist die bestmögliche Absperrung des neuen Wasseraustrittes anzustreben. Verhältnismäßig einfach ist dies bei erbohrtem Wasser, durch wasserdichte Vertestung des Bohrloches zu bewerkstelligen; alle anderen Wasseraustritte müssen zunächst gefaßt werden und dürfen erst nach Vollendung und Erhärtung der Fassungsbauten — allmählich — gedrosselt und gesperrt werden. Wassereinbrüche im Bergbau lassen sich bisweilen nur unter Preisgabe ganzer Grubenfelder durch umfangreiche Verdämmungsarbeiten bewältigen. Sind zufolge großer Durchlässigkeit des Gesteins, hohen Wasserdrucks usw. auch diese nicht imstande, ihren Zweck zu erfüllen, so bleibt als letztes Mittel nur mehr die dauernde völlige Inundation der Grube.

7. Quellfassungen

In ihrem Naturzustande besitzen die Quellen meist einen für die Ausnutzung ihres Quellgutes nicht geeigneten Auslauf. Selten enthält der als Quellablauf sichtbare Wasserlauf die Gesamtergiebigkeit; oft fließt ein Teil derselben als Grundwasser unsichtbar ab bzw. tritt in einen vorhandenen Grundwasserstrom über. Anderseits kann aber auch nahe dem Auslaufe Grund- und Oberflächenwasser dem Quellgute zusitzen und dessen Qualität verändern. Endlich ist die Form des natürlichen Ablaufes weder für die Ausnutzung an Ort und Stelle noch für die Ableitung geeignet. Es sind daher zur Nutzbarmachung gewisse Kunstbauten am Quellaustritte notwendig, die man als Fassungen bezeichnet.

Die Fassung verfolgt in der Hauptsache folgende Zwecke:

1. Das gesamte Quellgut zu erschließen, das die Natur spenden kann, und jeden Verlust an Wasser (eventuell Gas) zu verhindern.

2. Jede vermeidbare Änderung des natürlichen chemischen und physikalischen Charakters der Quelle auf dem Wege vom Quellschlote oder Quellwege zur Verwendungsstelle auszuschließen (diese Bedingung hat besonders für Mineralheilquellen Bedeutung).

Wassereinbruch (1887, Sohlenauftrieb im benachbarten „Viktorin-Schachte“), der die Teplitzer Quellen abermals störte, ließ erkennen, daß auch das Wasser in den Kreideschichten im Liegenden mit dem Thermalwasser im Porphyr kommuniziert. Die Verdämmung dieses Einbruches (subaquatisch durch Einfüllen von Beton durch weite Bohrlöcher von Tag aus) sowie die eines dritten im Jahre 1892 an der gleichen Stelle und eines vierten im nahen „Gisela-Schacht“ im Jahre 1897 stellte an die Ingenieure die höchsten Anforderungen. — Kampe: Heilquellen und Bergbau. Karlsbader ärztliche Vorträge, 5. Bd. 1923. Im Jahre 1901 gefährdete ein Warmwassereinbruch in einen Tiefbau des Falkenauer Braunkohlenbeckens in Westböhmen die 15 km entfernten Karlsbader Thermen. Die Schwierigkeit dieses Falles lag in der einwandfreien Feststellung und Erklärung der Störungsursache, da das Einbruchswasser anderen chemischen Charakter besaß als die Thermen und die Störungswirkung zeitlich stark verzögert eintrat. Trotz des nachgewiesenen Parallelismus im Verhalten der Wässer schlossen die Berechnungen einen rein hydraulischen Zusammenhang aus. Kampe erklärte die Beeinflussung der Quellen durch Gasverlust; durch die Sümpfung des Einbruchswassers, das an sich eine unabhängige Therme darstellt, wurde ein auf den Grundgebirgsspalten lastender gasabdichtender Bodenwassermantel zerstört und Gasausströmungen geschaffen. Da die Grube in der Nähe des großen südlichen Randverwurfes des Egergrabens liegt, mit dem sich anderseits die Karlsbader Thermalspalte schart, war hiedurch ein Kommunikationsweg geschaffen. Die Thermen verloren einen Teil ihres Reichtums an Kohlensäuregas und büßten infolgedessen an Steigfähigkeit und Ergiebigkeit ein. Da die Verdämmung der Einbruchstelle versagte, wurde durch Ersäufen des Schachtes die völlige Wiederherstellung des früheren Zustandes erreicht.

3. Die Ausströmung des Quellgutes in einer zweckdienlichen Form zu vermitteln.

Die Erfüllung der Bedingungen 1 und 2 trachtet man unter anderem dadurch zu erreichen, daß man den Quellaustritt bzw. den Übergang aus dem natürlichen in den künstlichen Quellweg dem Zulauf entgegen zurückschiebt, also — je nach den örtlichen Verhältnissen oder den verfügbaren Kostenbeträgen — ein mehr oder weniger langes Stück des natürlichen Quellweges durch künstliche Leitung ersetzt. Ist die geologische Beschaffenheit des Untergrundes günstig, so lassen sich auf diese Weise Bodengebiete erreichen, in denen Verluste und Zusickerungen ausgeschlossen sind oder letztere keine Gefahr mehr für die Qualität des Wassers bilden. Bezüglich der Fassung absteigender Quellen wurde dies bereits bei den „horizontalen Grundwasserfassungen" besprochen. Es darf nicht außer acht gelassen werden, daß — wie schon an anderer Stelle betont wurde — jede Quelle individuelle Eigenschaften besitzt, denen man bei der Fassung tunlichst gerecht werden muß. Daher läßt sich auch hier kein allgemeingültiges Schema aufstellen. Im folgenden seien noch einzelne Fassungstypen von „aufsteigenden Quellen" wiedergegeben.

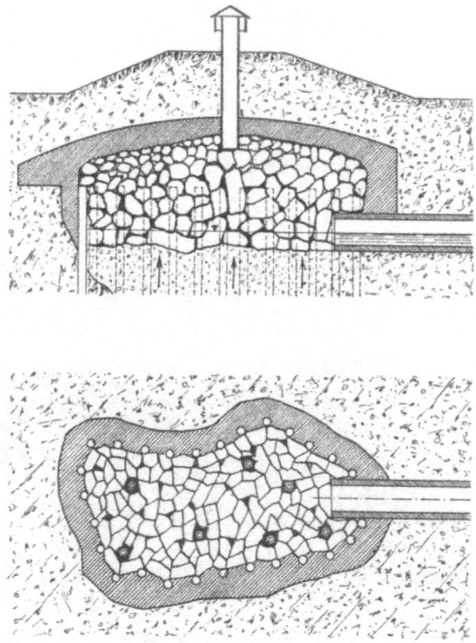

Abb. 370. Fassung einer aufsteigenden Quelle (nach Lubberger)

Von Grundwasser gespeiste aufsteigende Quellen, z. B. Schichtquellen, werden am einfachsten durch vertikale Grundwasserfassungen (siehe S. 590) erschlossen, doch bedingt diese Fassungsweise die künstliche Hebung des Wassers. Soll die Quelle frei abfließen und erlaubt die Höhenlage des Vorfluters keine namhafte Absenkung, so kann die verlustlose Fassung rechte Schwierigkeiten bereiten. Man umgrenzt die Stellen größten Auftriebes mit möglichst tief fundierten dichten Betonmauern (unter Wasserhaltung betoniert) und schafft so einen „Quellteich" („-tümpel") mit Abfluß im Gefälle zum Vorfluter. Der Tümpel kann mit Steinen ausgefüllt und wasserdicht überdeckt werden (Abb. 370) oder überwölbt und dauernd zugänglich gemacht werden (Abb. 371).

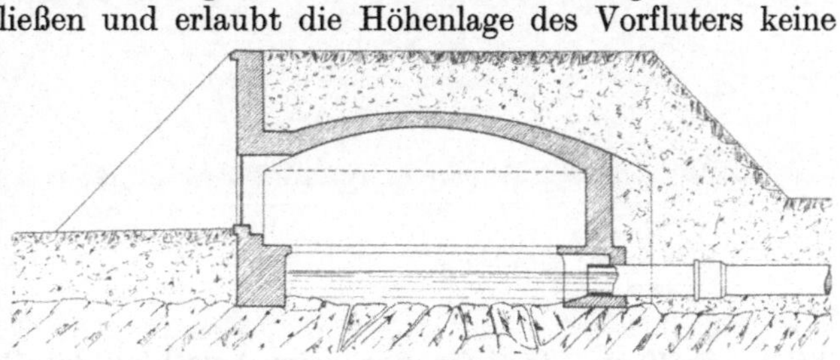

Abb. 371. Fassung einer aufsteigenden Quelle (nach Weyrauch)

Aufsteigende Quellen, die von unterirdischen Wasserläufen gespeist werden (Spaltenquellen), bereiten einer exakten Fassung meist weniger Schwierigkeiten. Da sie aus festem Muttergestein entspringen, ist die Schaffung des verlustlosen Überganges vom natürlichen zum künstlichen Quellwege erleichtert; geringe Überlagerung mit durchlässigem Material muß entfernt werden. Hat sich der Quellaustritt durch Inanspruchnahme eines Klüftenetzes ästig erweitert, so wird man das Adersystem möglichst tief in der Nähe der Verästelungsstelle fassen und kommunizierende Seitenaustritte verschließen. Letzteres muß um so sorgfältiger geschehen, je höher das künftige Quellspannungsniveau liegen soll; im allgemeinen wird man aber jeden unnötig hohen Anstau der Quelle („Spannen") vermeiden, da sich durch die Druckvermehrung zu leicht andere, oft unsichtbare

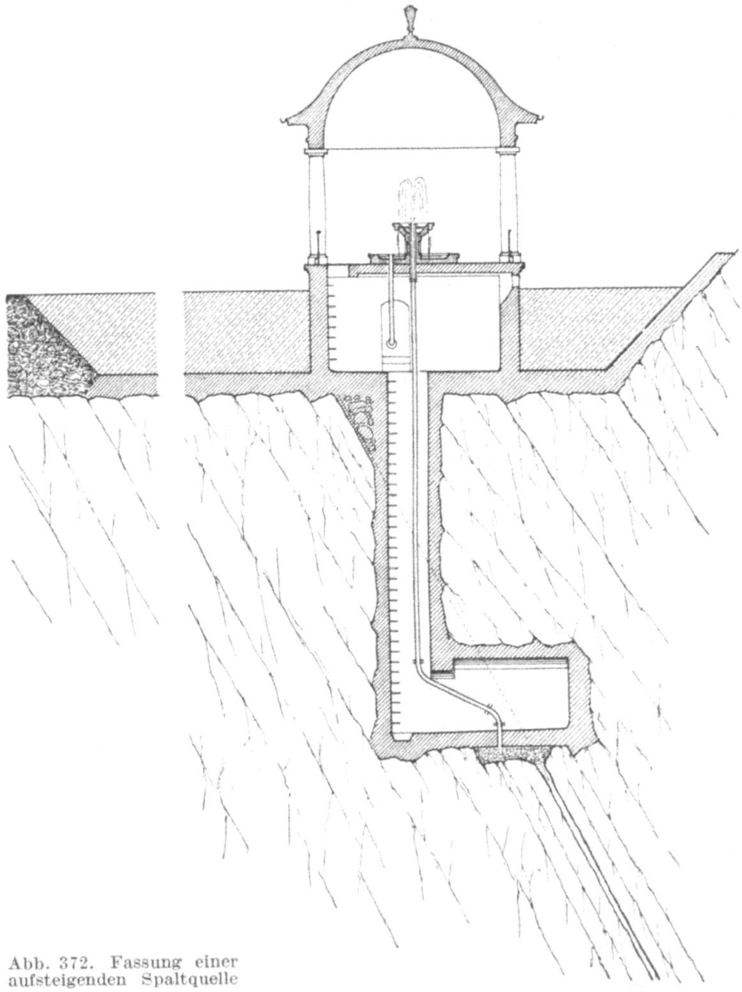

Abb. 372. Fassung einer aufsteigenden Spaltquelle

Abflüsse eröffnen. Je tiefer man beim Aufschluß der Quelle entgegengegangen ist, um so eher werden solche Verluste vermieden werden. In Abb. 372 ist die Fassung einer aufsteigenden Spaltenquelle im Prinzipe dargestellt. Die Fassung ist bis auf die Hauptspalte bzw. deren Zertrümmerungszone eingeengt und die freigelegte Felsfläche durch eine wasserdichte Betonschichte abgedichtet. Während der Arbeiten wurde die Quelle aus einem kleinen „Sumpf" abgesaugt, so daß im Trockenen betoniert werden konnte.

Ganz besondere Sorgfalt erheischt die Fassung der Mineralquellen.

In der überwiegenden Zahl der Fälle handelt es sich dabei um aufsteigende Quellen (Abb. 373). Wenn es die örtlichen Verhältnisse und die Kosten gestatten, ist hier, wenn halbwegs tunlich, der gründliche Aufschluß bis auf das Muttergestein zu bewerkstelligen. Erlauben die Umstände den freien Aufschluß nicht, so kommt für das Aufsuchen des Quellaustrittes der bergmännische Aufschluß durch Schacht und Strecken in Betracht. Naturgemäß birgt diese Aufschlußweise eine gewisse Unsicherheit im Auffinden der einzelnen Quelladern und ist hiebei die räumliche Ausdehnung der Fassungsarbeiten (Dichtungen) stark beschränkt.

Abb. 373. Die Karlsbader Thermalspalte beim Mühlbrunn (aus „Balneologie und Balneotherapie, 1921", bei Gustav Fischer, Jena)

Wenn auch der bergmännische Aufschluß der Quellaustritte nicht ausführbar ist, so bleibt als letztes Mittel, die Quelle in der Tiefe zu erschließen, die Bohrung. Als Vorteil des Bohrverfahrens sind die verhältnismäßig geringen Kosten und die Möglichkeit des Vordringens in Tiefen, für die ein bergmännischer oder gar freier Aufschluß nicht mehr in Frage kommt, hervorzuheben. Durch Eröffnen eines geradlinigen Schlotes mit einheitlichem Querschnitt und glatter Wand kann der Quelle im Bohrloch ein neuer Weg geboten werden, der einen viel geringeren Widerstand besitzt als sie vordem beim Durchdringen der Überlagerung zu überwinden hatte, und so die Ergiebigkeit und Konzentration vermehrt werden. Doch hängt dem Bohrverfahren ganz besonders der Charakter der Unsicherheit an. Wenn selbst die Kenntnis der geologischen Verhältnisse verbürgt, daß mit dem Bohrloche die wasserführende Spalte oder Schichte durchstoßen werden muß, so lehrt doch anderseits die Erfahrung, daß die Quelle selten die Spalte ihrer ganzen Flächenausdehnung nach bespült, sondern ihren Weg zumeist auf bestimmte Linien des geringsten Widerstandes eingeengt hat („Quelladern"), während der übrige Kluftraum meist mit verkittetem Gesteinsdetritus, Quellsedimenten, Sinter usw. wasserdicht ausgefüllt ist. Die direkte Erbohrung einer Ader bleibt doch mehr oder weniger dem Zufall überlassen.

Der freie Aufschluß ist möglichst über das gesamte Quellterrain zu erstrecken, um alle längs der Ausbißlinien der Klüfte angeordneten Quellaustritte in die Fassung bzw. Dichtung einbeziehen zu können. Alle erschroteten Quellaustritte sind zunächst soweit provisorisch zu fassen, daß die Messung ihrer Menge und Temperatur und die Entnahme von Proben zur chemischen Untersuchung möglich ist. Die Ergiebigkeitsmessungen in diesem Stadium, insbesondere die Änderungen der Schüttung infolge des fortschreitenden Aufschlusses, geben wichtige Fingerzeige über die Kommunikation zwischen den einzelnen Austrittsstellen. Die chemische Untersuchung und Temperaturmessung liefert ein Bild darüber, aus welchen Komponenten der Quellcharakter zusammengesetzt war. Die richtige Auswahl dieser Zuflüsse zur Einbeziehung in die definitive Fassung ist eines der wichtigsten Momente der Fassungsarbeit.

Als billigstes Dichtungsmaterial der freigelegten Gesteinsflächen kommt vielfach Ton- und Lettenschlag in Anwendung. Einen solideren Charakter besitzen Dichtungen aus wasserundurchlässigem Zementbeton oder wasserdichtem Mauerwerk. Jedenfalls sollten bei den Fassungsstellen selbst und in ihrem nächsten Umkreise nur letztere Mittel verwendet werden. Gewöhnlicher Zementmörtel ist an sich nicht wasserdicht; er muß diese Eigenschaft erst durch bestimmte Beimengungen erhalten.

Abb. 374. Die Karlsbader Thermalspalte. Aufschluß bei der Neufassung des Schloßbrunnen im Jahre 1911. Das Thermalwasser wird durch Ejektorpumpen (s. d. beiden Saugrohre!) niedergehalten (aus „Balneologie und Balneotherapie, 1921", bei Gustav Fischer, Jena)

Die wichtigsten Stellen der Fassung sind die künftigen Übergangsorte des Quellgutes aus dem natürlichen Quellschlote in das — meist metallene — Fassungsrohr. Hier gelangen häufig in Beton oder Mauerwerk eingeschlossene Fassungskörper aus Metall in Glocken-, Kasten- oder Trichterform zur Verwendung, die den Übergang des aus größerer Fläche austretenden Wassers in das engere Fassungsrohr vermitteln sollen. Bei bloßen Mineralwasserquellen ist gegen deren Anwendung nichts einzuwenden, dagegen sind sie bei gasführenden Quellen, in welchen, wie wir oben hörten, Erweiterungen des Quellweges schädlich wirken, auszuschließen.

Die Ausführung des Dichtungs- und Fassungsbetons hat im Trockenen zu erfolgen; die Quellzuflüsse müssen daher, sobald diese Arbeit einsetzt und bis zu ihrer Vollendung, das ist bis zum Erhärten des Zementes, durch eine entsprechende Wasserhaltung abgepumpt werden, so daß der Quellspiegel dauernd unter der Fassungsbasis gehalten bleibt (Abb. 374). Infolge der Kommunikation zwischen den Austrittsstellen einer Quelle dürfte hiefür meist eine Absaugstelle genügen, zu welchem Zwecke man eine der größeren Fassungsstellen vertieft. Das unbedingte Funktionieren der Wasserhaltung ist besonders bei jenen Quellen notwendig, deren Wässer oder Gase das Abbinden und Erhärten des Zementes verhindern. Für die störungslose dauernde Wasserhebung haben sich Wasserstrahlpumpen (Ejektoren) gut bewährt. Wo eine längere Wasserhebung auf unüberwindliche Schwierigkeiten stoßen würde, kann man durch Anwendung raschbindender Zemente oder von Zusätzen, welche die Bindezeit herabsetzen, die Dauer der Wasserhaltung erheblich verkürzen.

Bei der Wahl des Materials für die Fassungsglocken und -rohre spielt der Kostenaufwand eine große Rolle. Im Notfalle wird Gußeisen genügende Dienste leisten und, wenn die Gußhaut nicht verletzt wird, dem Angriffe der meisten Mineralwässer standhalten. Reines Zinn wurde vielfach verwendet, hat aber den Nachteil geringer Festigkeit. Für Glocken, Trichter usw. ist Phosphorbronze ein ausgezeichnetes Material. Feuerverzinnte nahtlose Kupferrohre sind wegen ihrer leichten Formgebung für komplizierte Rohrtouren gut geeignet.

Ist das Fassungsmauerwerk vollendet und erhärtet, eventuelle Lettendichtungen gestampft und genügend beschwert, so wird die Wasserhaltung eingestellt. Der ansteigende Quellspiegel findet nur die durch den Bau vorgeschriebenen Wege offen, die Quelle kommt an den Fassungsrohren zum Ausfluß. Es tritt nun an den Quellentechniker eine wichtige Entscheidung heran: Die Wahl des Auslaufniveaus.

Wie wir oben (S. 603) entwickelten, ist die Ergiebigkeit eine Funktion der Auslaufhöhe. Der Charakter dieser Funktion gehört zu den individuellen Eigenschaften der Quelle; er läßt sich nur empirisch bestimmen. Mit zunehmender Auslaufhöhe („Spannung") nimmt die Menge ab und erreicht im „piezometrischen Niveau" den Wert Null. Es ist in der Praxis nicht ratsam, die Quelle bis zu diesem abflußlosen Stau zu spannen, da er die Dichtungen der Fassung unter Höchstdruck setzt. Immerhin gibt es Fälle, in denen aus wasserwirtschaftlichen Gründen die Quellen in der Wintersaison abflußlos gespannt werden. Das graphische Bild der Abhängigkeit der Schüttung von der Auslaufhöhe schwankt zwischen der Parabel und der geraden Linie als Extreme. Bei reinen Kluftwässern ist die Kurve mehr gekrümmt; Quellwässer, die Gesteinsporen durchdringen, zeigen eher proportionale Abnahme mit der Höhe, also gestrecktere Ergiebigkeitskurven. Drei in entsprechender Niveaudifferenz vorgenommene Messungen, also drei Punkte der Kurve, werden ihren Verlauf für praktische Zwecke genügend genau konstruieren lassen.

Da dem Quellenbesitzer naturgemäß daran liegt, große Ergiebigkeiten zu erzielen, läge es nahe, den Auslauf möglichst tief zu legen, doch sprechen gewichtige Gründe gegen ein Zuviel in dieser Richtung. Trotz peinlichster Ausführung der Fassungsarbeiten wird es nie möglich sein, alle Quellaustritte in die Fassung bzw. Dichtung einzubeziehen. Insbesondere entziehen sich Klüfte in der Tiefe des Gesteines dem Einfluß des Ingenieurs, längs deren ein Kontakt des Quellgutes mit Grundwasser besteht. In diesen Klüften kann zweierlei vor sich gehen: entweder es strömt dort Mineralwasser ab und mischt sich zum Grundwasser oder letzteres fließt zur Quelle und bewirkt — zum wenigsten — eine Herabsetzung deren Konzentration. Maßgebend dafür, ob der eine oder andere Fall eintritt, sind die Druckverhältnisse. Je höher die Quellspannung, um so höher der Druck an allen Stellen der Quelladern und um so unwahrscheinlicher das Zusitzen von Grundwasser, um so wahrscheinlicher allerdings Verluste an Quellwasser. Die Untersuchung der Quelle in den verschiedenen Auslaufniveaus darf sich daher nicht bloß auf die Ergiebigkeit erstrecken, sondern muß auch mit chemischen Kontrollproben verbunden werden. Soll diesen Untersuchungen Bedeutung beigemessen werden können, so müssen sie unbedingt im mechanischen und chemischen Beharrungszustand der Quelle erfolgen, es muß also seit der letzten Niveauänderung ein tunlichst langer Zeitraum verstrichen sein, ehe die Messungen als einwandfrei angesehen werden können. Bei allzu tiefer Niveauverlegung ist nach dem Gesagten mit der Möglichkeit einer Verschlechterung des chemischen Charakters der Quelle zu rechnen. Man sollte daher, wenn es der große Bedarf an Quellwasser gebietet, mit dem Quellniveau so weit herabgehen, als es, ohne den chemischen Charakter der Quelle zu stören, möglich ist, aber nicht unter die Grenze, die durch die Lage des Vorfluters für freien Ablauf gegeben ist.

Bei der Fassung gasführender Quellen ist auf die Eigenart derselben (S. 606ff.) Rücksicht zu nehmen. Gasverluste sind unbedingt zu vermeiden und im Hinblicke hierauf die Abdichtung im Umkreise der Quelle besonders sorgfältig auszuführen. Zur Erzielung der maximalen Ergiebigkeit und Steighöhe ist der günstigste Querschnitt (siehe oben) empirisch zu ermitteln. Größere wassererfüllte Hohlräume im Zuge des Quellstromes (Fassungsglocken, -trichter, -kästen usw.) setzen die Ergiebigkeit herab; ganz besonders ungünstig wirken die veralteten Fassungen in Form von Kesselbrunnen mit weitem Querschnitt.

Soll das Gas (zu balneologischen oder anderen Zwecken) gewonnen werden, so muß der Ausstoß der Quelle in einem hermetisch geschlossenen Raum („Stoßkasten") erfolgen, von welchem separate Gasableitungen und Wasserrohre (siphonartig) abzweigen.

Der Quellauslauf darf keine Einrichtungen besitzen, die eine Störung des Beharrungszustandes gestatten; Vorrichtungen zum Drosseln des Auslaufes (Ventile usw.) oder zur Änderung des Auslaufniveaus sind daher auszuschließen, doch muß die Möglichkeit der Vornahme regelmäßiger Messungen der Wasser- und Gasergiebigkeit vorgesehen werden.

D. Wasserversorgung

Die ersten menschlichen Siedlungen waren an offene Wasserläufe, Seen und Quellen gebunden; durch die Erschließung des Bodenwassers wurde die Besiedelungsmöglichkeit der Länder bedeutend erweitert. Das Anwachsen der Ortschaften und wasserverbrauchenden Industrien, das durch die fortschreitende Kultur gesteigerte Wasserbedürfnis, verbunden mit erhöhten Anforderungen an die Wasserqualität, schloß endlich die Wasserbeschaffung an Ort und Stelle aus und erforderte eigene Wasserversorgungsanlagen, deren Ausmittelung und Herstellung heute eine wichtige Aufgabe des Ingenieurgeologen bildet.

Als Wasserspender für solche Versorgungen kommen in Betracht:

1. Flüsse. Hinsichtlich der Menge in den meisten Fällen ausreichend, ist ihr Wasser in qualitativer Hinsicht meist minder geeignet (siehe S. 560). Geringe Härte, große, wechselnde Mengen von Schwebestoffen, Temperatur mit der Lufttemperatur schwankend.

2. Seen. Mit Rücksicht auf ihre Wirkung als Klärbecken ist die Wasserbeschaffenheit der Seen im allgemeinen besser als die der Flüsse (siehe S. 562), im übrigen von den Verhältnissen des Einzugsgebietes abhängig. Künstliche Staubecken (Talsperren) legt man für Wasserversorgungszwecke tunlichst so an, daß sie ihr Wasser aus unbesiedelten Gebieten beziehen. Die Temperatur ist um so gleichmäßiger, je größer der Inhalt und je tiefer die Entnahme des Wassers erfolgt.

3. Quellen. Ihre Wasserqualität ist verschieden, je nach den Speisungsverhältnissen. Quellwasser in ausreichender konstanter Menge und einwandfreier Beschaffenheit ist selten zu beschaffen.

4. Grundwasser bildet, wenn in genügender Menge strömend, infolge der natürlichen Filtration und der gleichmäßigen Temperatur fast in allen Fällen eine vorzügliche Gelegenheit zur Wasserbeschaffung.

5. Unterirdische Wasserläufe kommen, wenn sie nicht die Speisung von Quellen besorgen, wohl nur in vereinzelten Fällen als Wasserspender in Betracht (Karstgebiet). Ihre Eignung hinsichtlich Menge, Qualität und Temperatur muß durch Dauerbeobachtung im Einzelfalle erwiesen werden.

6. Zisternen sind Speicherbecken für Niederschlagswasser; bei sachgemäßer Anlage (siehe Weyrauch: „Wasserversorgung der Städte", I.) bieten sie in wasserarmen Gegenden einen entsprechenden Notbehelf.

Die Vorerhebungen für die Durchführung einer Wasserversorgung haben zunächst den Wasserbedarf zu ermitteln. Gilt es die Versorgung von

Ortschaften mit Gebrauchs- und Genußwasser, so ist sowohl auf die normale Zunahme der Bevölkerung als auch den beständig wachsenden Wasserbedarf des einzelnen, auf die Entwicklung der Industrien usw. Rücksicht zu nehmen (siehe Weyrauch). Durch das Studium der hydrologischen und geologischen Verhältnisse an der Hand der Karte und im Terrain, der Einzugsgebiete und Ablaufverhältnisse der oberflächlichen Wasserläufe, der bereits bestehenden Wasserentnahmen, Brunnen usw. werden die im Umkreise des Verbrauchsortes gelegenen Gebiete, die durch Wasserreichtum, Bodenbeschaffenheit, Oberflächencharakter und Besitzverhältnisse für die Wasserentnahme in Betracht kommen und deren Entfernung mit Rücksicht auf die Kosten der Zuleitung noch eine Wirtschaftlichkeit der Anlage zuließe, erkannt und nach ihrer Eignung verglichen. Das gewählte Gebiet ist dann hinsichtlich seiner Leistungsfähigkeit in bezug auf die Wassermenge und -qualität fortlaufend durch längere Zeit, mindestens ein Jahr, zu beobachten. Quellaustritte sind provisorisch zu fassen und mindestens monatlich nach Menge und Temperatur, vierteljährlich nach Keimgehalt und chemischer Beschaffenheit zu kontrollieren; Grundwasserströme sind nach ihrem Umfange, Tiefe, Beschaffenheit des Grundwasserträgers, durch Bohrungen zu untersuchen, womöglich in einem Isohypsenplan darzustellen und ihre Spiegelschwankungen periodisch zu messen (S. 571). Überfallmessungen der Wasserläufe des Gebietes unterrichten über die Beziehungen zwischen Grund- und Oberflächenwasser. Messungen der Lufttemperatur und Niederschlagsmengen sind zum Vergleiche mit den Schwankungen des Grund- und Quellwassers notwendig; letztere erlauben auch durch Anbinden an eine öffentliche Ombrometerstation Schlüsse auf das Verhalten der Wasserspender in niederschlagsarmer Zeit.

Sichere Mengenwerte des Grundwassers liefert endlich der Pumpversuch aus einem Versuchsbrunnen (S. 586).

Bedingung für die Versorgung durch eine Talsperre ist ein Tal, welches neben hinreichender Wasserführung eine geeignete Stelle besitzt, um durch eine kurze und niedrige Sperre (Mauer, Damm) ein genügend großes Wasservolumen speichern zu können. Das Einzugsgebiet muß in hygienischer Hinsicht entsprechen, das Staugebiet ausreichend wasserdicht, die Fundierungsfläche der Sperre genügend tragfähig sein. Soll die Sperre ihren Zweck erfüllen, so muß ihr Inhalt in niederschlagsarmer Zeit den Fehlbetrag ergänzen können. Hiernach rechnet sich unter Berücksichtigung der Verluste an Versickerung und Verdunstung (nach Weyrauch 30% des Gesamtzuflusses) der benötigte Inhalt.

Die Vorarbeiten für Seewasserversorgungen betreffen die Untersuchung der Qualität des Wassers je nach der Entnahmestelle und Jahreszeit, die Abhängigkeit der Temperatur von der Lage und Tiefe der Entnahme, bei Flußwasserversorgungen die Quantität und Qualität des Wassers, die Verhältnisse oberhalb der Entnahmestelle und die Ermittlung der günstigsten Situierung derselben.

Je nach der Verwendungsart des Wassers richten sich die Anforderungen an die Beschaffenheit des Wassers. Die strengsten Anforderungen sind an die Qualität des zu Trinkzwecken bestimmten Wassers zu stellen, doch läßt sich mit Rücksicht darauf, daß viele in der Praxis ohne Nachteile zu Genußzwecken verwendete Wässer hinsichtlich des einen oder anderen Bestandteiles abnormale Beschaffenheit besitzen, kein starres Schema mit absoluten Grenzziffern der chemischen Zusammensetzung geben. Jedenfalls wird einem Wasser mit einwandfreier Fassung und befriedigender Gleichmäßigkeit in der Menge, Temperatur und Keimzahl gegenüber geringere Strenge am Platze sein als solchem, dem diese Eigenschaften fehlen. Im allgemeinen können folgende

Angaben als ungefähre Richtschnur für die Beurteilung der Eignung eines Wassers zu Trinkzwecken dienen (nach den preußischen Vorschriften zur Sicherung gesundheitsmäßiger Trink- und Nutzwasserversorgung):

Temperatur:	Möglichst zwischen 7 und 11° C. Grenzen: nach unten etwa 4°, nach oben nicht über 15° C.
Aussehen:	Klar und farblos.
Geruch:	Nicht faulig oder kohlartig, vollkommen geruchlos.
Geschmack:	Frisch, prickelnd, nicht fade oder tintenartig.
Reaktion:	Nicht sauer wegen angreifender Wirkung, sondern schwach alkalisch oder neutral.
Ammoniak:	Nur Spuren zulässig. Bedenklich, wenn entstanden durch Fäulnis stickstoffhaltiger organischer Stoffe.
Salpetrige Säure:	Nur Spuren zulässig. Meist Indikator für Fäkalverunreinigungen.
Salpetersäure:	Möglichst nicht über 20 mg/l. Unbedenklich, wenn das Wasser sonst einwandfrei ist, das heißt vor allem kein Ammoniak und keine salpetrige Säure enthält (siehe auch unter Chlor).
Härte:	Nicht gern über 20 bis 25 d. H., am besten zwischen 5 und 10°, jedoch wesentlich Gewohnheitssache. Absolute Salzfreiheit des Wassers für den Körper nicht erwünscht.
Eisengehalt:	Möglichst eisenfrei, jedoch unbedenklich und fast immer leicht zu entfernen.
Mangangehalt	Unbedenklich; als Bikarbonat leicht zu entfernen, als Sulfat nur unter Zusatz von Chemikalien.
Blei:	Möglichst bleifrei; Größtwert 0,35 mg/l.
Chlor:	Möglichst nicht über 30 mg/l; unter Umständen Indikator für Fäkalverunreinigung.
Freie Kohlensäure und freier Sauerstoff:	Angenehm im Geschmack, jedoch bei saurer Reaktion des Wassers Metalle und Mörtel angreifend.
Schwefelwasserstoff:	In eisenhaltigen Grundwassern unbedenklich. Bisweilen Indikator für Verunreinigungen aus Ansiedelungen und Industrie.
Kali:	Über 10 mg/l verdächtig (Aborte).
Kieselsäure:	Unbedenklich (Cranz hat 31 mg/l).
Schwefelsäure:	Möglichst nicht über 100 mg/l. Wenn hoch, Untersuchung, ob nicht Oxydationsergebnis aus Abwässern.
Phosphorsäure:	Möglichst Null. Fast stets Fäkalienverdacht.
Aluminate:	Unbedenklich.
Abdampfrückstand:	Möglichst nicht über 400 bis 500 mg/l.
Permanganatverbrauch:	Möglichst unter 10 bis 12 mg/l. Höhere Werte können jedoch auch noch unbedenklich sein.
Organismen:	Keine pathogenen Bakterien. Im übrigen kann keine Grenzzahl angegeben werden. Örtlichkeit und Zustand der Fassung sind ausschlaggebend.

Hierzu sei noch folgendes bemerkt:

Die Härte des Wassers beruht auf seinem Gehalt an Kalzium- und Magnesiumsalzen; sie wird nach Härtegraden bemessen, und zwar enthält:

1 deutscher	Härtegrad	10 mg/l Kalzium,
1 französischer	,, ...	10 mg/l $CaCO_3$,
1 englischer	,, ...	10 mg/l $CaCO_3$ in 0,7 l = 14,285 mg/l,

1 deutscher = 1,25 englische = 1,786 französische Härtegrade.

Die Härte kann aus der Menge einer durch die Erdalkalisalze gebundenen Normalseifenlösung annähernd bestimmt werden. Sie läßt sich genau aus der chemischen Analyse rechnen, wobei die deutsche Härte = 0,1 CaO mg + + 0,14 MgO mg.

Der auf den Bikarbonaten der Erdalkalien basierende Teil der Gesamthärte verschwindet beim Kochen des Wassers; er wird als vorübergehende (temporäre) Härte, der Rest (auf Chloriden, Nitraten, Sulfaten, Phosphaten, Silikaten basierend) als bleibende (permanente) Härte bezeichnet.

Man nennt (nach Klut) Wasser von

0	bis	4	deutschen Härtegraden	sehr weich,
4	,,	8	,, ,,	weich,
8	,,	12	,, ,,	mittelhart,
12	,,	18	,, ,,	ziemlich hart,
18	,,	30	,, ,,	hart,
über		30	,, ,,	sehr hart.

Wässer aus Granit, Porphyr, Basalt, kristallinen Schiefern und Sandstein sind weich, solche, deren Muttergestein Kalk, Dolomit, Mergel, Gips ist, hart.

Die gesundheitliche Bedeutung der Wasserhärte belangend, haben die statistischen Untersuchungen von Opitz ergeben, daß hartes Wasser deutlich günstige Wirkung übt hinsichtlich: Verminderung der Zahnerkrankungen, auf das absolute Durchschnittsgewicht, Gewicht pro 1 cm Körpergröße, Lebensfähigkeit der Neugeborenen, während weiches Wasser die Erkrankungsziffer an Verkalkungen herabsetzt und die Stillfähigkeit zu fördern scheint.

Zur Enthärtung des Wassers haben sich eine Reihe von Verfahren bewährt und eingebürgert (Permutitverfahren, Kalk-Soda-Verfahren usw.). Die künstliche Härtung weichen Wassers setzt einen gewissen Gehalt an freier Säure zur Salzbildung voraus.

Erheblicher Eisengehalt kann die Verwendung eines Wassers in Frage stellen. Wenn auch in gesundheitlicher Beziehung keine Bedenken obwalten, so machen sich doch schon Mengen von 0,3 mg/l Eisen durch den Geschmack deutlich bemerkbar. Die Eisenausscheidungen trüben das Wasser, ermöglichen die Entwicklung von Eisenbakterien (Crenothrix polyspora, Leptothrix ochracea usw.), durch welche häufig Leitungen verstopft werden. Wässer, welche mehr als 0,2 mg/l Ferro-Ion enthalten, sind (nach Grünhut) daher nur nach erfolgter Enteisenung für Wasserversorgungen zu verwenden. Ist das Eisen hauptsächlich an Kohlensäure gebunden, so läßt es sich leicht durch Zuführung von Luftsauerstoff als Hydroxyd ausfällen und abfiltrieren. Die Enteisenungsanlagen bestehen daher aus einem Oxydationsraum (Riesler) und einem Filter.

Ähnliche Wirkungen wie das Eisen erzeugt ein großer Mangangehalt des Wassers. Man entfernt es durch Braunsteinfilter, welche Mangansalze binden; auch eine biologische Reinigung durch manganspeichernde Kleinlebewesen hat sich bewährt (Dresden).

Manche Wässer besitzen die unangenehme Eigenschaft, Metalle und Beton anzugreifen; zumeist rührt dies von dem Gehalt an freier Kohlensäure her. Ein Teil der freien Kohlensäure steht mit den vorhandenen Bikarbonaten im Lösungsgleichgewicht; erst die dieses Quantum übersteigende Menge — die „aggressive“ Kohlensäure — greift Mörtel und Beton an. Metalle können von jeder freien Kohlensäure angegriffen und gelöst werden. Die Einwirkung ist besonders intensiv bei Gegenwart von Sauerstoff, in welchem Fall auch Kupfer und Blei in Lösung gehen, letzteres in um so höherem Maße, je weicher das Wasser ist. Die Entsäuerung des Wassers in solchen Fällen geschieht auf mechanische Weise durch Rieselung, Zerstäuben usw. oder auf chemische durch Kalkmilchzusatz oder Marmorberieselung[1]). Des weiteren können zerstörend auf die Leitungs-

[1]) Doch läßt sich ein Rest von 0,3 mg/l durch diese Verfahren nicht entfernen.

metalle und Beton wirken: Chloride (werden in weichen Wässern besonders Dampfkesseln gefährlich!) und Sulfate, besonders Gips.

Der Gehalt an Mikroorganismen (Bakterien usw.) findet in der Keimzahl des Wassers Ausdruck, welche die Anzahl der in einer mit 1 cm^3 des Wassers gegossenen Nährbodenplatte wachsenden Kolonien angibt. Diese Zählung unterscheidet nicht zwischen krankheitserregenden (pathogenen) und unschädlichen Keimen. Der direkte Nachweis einzelner pathogener Keime ist praktisch unausführbar, doch läßt sich verhältnismäßig leicht (nach der Eijkmannschen Methode, innerhalb 24 Stunden) das Bacterium coli, eine für den Darminhalt des Menschen und höherer Tiere charakteristische Mikrobe, nachweisen. Die Anwesenheit von Kolibakterien läßt mit größter Wahrscheinlichkeit auf Verunreinigung durch Fäkalien schließen und zeigt damit wenigstens die Möglichkeit des Vorhandenseins pathogener Keime an.

Von der früheren Gepflogenheit, obere Grenzzahlen für den Keimgehalt festzusetzen (100 Keime pro 1 cm^3, Kochsche Zahl) ist man mit Rücksicht auf die hohe Keimzahl einzelner erfahrungsgemäß unschädlicher Wässer abgegangen. Bedenklich sind Wässer mit stark schwankender Bakterienzahl, wobei Vorsicht besonders dort am Platz ist, wo Art und Zustand der Fassung die Verunreinigung nicht völlig ausschließen.

Die Reinigung des Wassers ist dann am Platze, wenn das verfügbare Wasser infolge seines Gehaltes an gelösten Stoffen, suspendierten Teilchen und Organismen den Anforderungen nicht entspricht. Reinigungsanlagen kommen insbesondere bei Fluß-, See- und Talsperrenversorgungen in Anwendung. Die Beseitigung der Schwebestoffe erfolgt in Klärbecken und Filtern.

Die Langsamfilter bestehen aus gewaschenem Sand von maximal 1 mm Korngröße, der in entsprechend hoher Schicht mit höchstenfalls 100 mm pro Stunde Geschwindigkeit durchströmt wird. Ihre Wirkung beruht auf der aus Mikroorganismen und Schwebeteilchen gebildeten „Filterhaut", in welcher neben der mechanischen Filtration auch eine biologische Reinigung stattfindet. Reinigung durch Abziehen der Filterhaut, Waschen des Sandes.

In den Schnellfiltern wird die Filterhaut durch Niederschläge mittels besonderer Fällmittel künstlich erzeugt und bei höherem Filterdruck mit Geschwindigkeiten bis 5 m pro Stunde gearbeitet. Als Fällmittel dienen schwefelsaures Aluminium (Niederschlag von Tonerdehydrat) und Kalkmilch. Die Reinigung erfolgt in kürzeren Zwischenräumen durch Spülung mit Reinwasser in umgekehrter Stromrichtung, unter Betätigung eines Rührwerkes.

Zur sicheren Entkeimung des Wassers dienen die Verfahren der Chlorisierung, Ozonisierung und neuerlich die Bestrahlung mit ultraviolettem Licht.

Der Zusatz von Chlor erfolgte früher in Form von Chlorkalk, jetzt als reines Chlorgas. Die nach dem Keimgehalt entsprechend eingestellte Chlormenge entströmt durch ein Reduzierventil der mit flüssigem Chlor gefüllten Stahlflasche in ein Mischgefäß und wird von hier, in Wasser gelöst, dem zu reinigenden Wasser zugeführt. Die verbrauchte Chlormenge schwankt zwischen 0,1 bis 0,35 mg/l, daher ist das Verfahren billig. Ein Nachteil liegt in der trägen Wirkung des Chlors bei niederen Temperaturen.

Die Ozonisierung beruht auf der (durch Oxydation) keimtötenden Wirkung des dreiatomigen Sauferstoffes (Ozon), der durch heftige elektrische Entladungen im Luftstrom hergestellt und dem Wasser beigemischt wird. Die keimtötende Wirkung ist sicher, doch setzt die Anlage die Verfügbarkeit über billige elektrische Energie voraus.

Die Reinigung mittels ultravioletter Strahlen bewirkt die Keimtötung durch kurzwelliges Licht (unter 0,3 μ Wellenlänge), das in Quecksilberdampflampen mit Quarzgehäuse erzeugt wird. Über die praktische Verwendbarkeit und Wirtschaftlichkeit bestehen noch zu wenig Erfahrungen.

Das für spezielle Industriezweige erforderliche Gebrauchswasser muß besondere Bedingungen erfüllen. (Die folgenden Angaben nach Klut.)

Bierbrauereien benötigen geruch- und farbloses, hygienisch einwandfreies Wasser; höherer Eisen- und Mangangehalt ist nachteilig. Helle Biere verlangen weiches, salzarmes Wasser, für dunkle Biere wird karbonatreiches Wasser bevorzugt.

Bleichereien, Druckereien, Färbereien brauchen klares, farbloses, weiches und salzarmes Wasser, arm an organischen Bestandteilen. Der Eisengehalt darf 0,1 mg/l, der Mangangehalt 0,05 mg/l nicht übersteigen. Nitrite färben Wolle und Seide gelb bis braun. Für Druckereien und Färbereien gilt gipsreiches Wasser als schädlich. Magnesiumsalze fällen zahlreiche Farbstoffe aus der Lösung.

Spiritusbrennereien und Likörfabriken verlangen klares, farb-, geruch- und geschmackloses Wasser, möglichst eisen- und manganfrei, weich und mineralarm. Harte Wässer sind ungeeignet.

Gerbereien fordern weiche Wässer, arm an Chloriden, Eisen, Mangan und organischen Stoffen.

Die Glasindustrie benötigt ein klares, farbloses Betriebswasser, eisen- und manganfrei und mineralarm. Karbonatreiche Wässer trüben das Glas.

Tonwaren und Mauerziegel werden am besten mit weichem, mineralarmem Wasser hergestellt. Kalzium- und Magnesiumchloride erzeugen feuchte, fleckige Ware; hoher Salzgehalt wittert leicht aus.

Konservenfabriken müssen hygienisch einwandfreies, klares, farb-, geruch- und geschmackloses Wasser verwenden. Eisen und Mangan bewirken Färbungen und Geschmacksbeeinträchtigungen. In weichem Wasser kochen Fleisch und Hülsenfrüchte besser gar. Zusatz von Natriumbikarbonat in solchen Fällen zerstört die Vitamine. Nitrite führendes Wasser ist für das Kochen von Fleisch ungeeignet.

Die Leimerzeugung benötigt weiches, salzarmes Betriebswasser.

Für Molkereien ist ein gesundheitlich einwandfreies Wasser eine Hauptbedingung. Eisen und Mangan geben Milch, Rahm und Butter tintenartigen Geschmack, Käse erhält Rostflecke. Die Butterbereitung benötigt weiches Wasser, Magnesium erzeugt einen bitteren Geschmack.

Papierfabriken verlangen klares, farbloses, weiches, salzarmes Wasser, dessen Eisengehalt unter 0,1 mg/l, Mangangehalt unter 0,05 mg/l bleibt. Organische Stoffe schädigen die Farbe und veranlassen Pilzbildungen. Chlormagnesiumhaltige Wässer beeinträchtigen die Festigkeit, Leimung, Beizung und Färbung des Papiers. Harte Wässer stören durch unlösliche und mißfarbige Ausscheidungen.

Schokoladefabriken verwenden geruch- und geschmackloses Wasser; hoher Eisen- und Mangangehalt wirkt störend.

Das Wasser für Stärkefabriken soll den Anforderungen an gutes Trinkwasser entsprechen; organische Stoffe färben leicht die Stärke.

Wäschereien benötigen praktisch farbloses, sehr weiches, eisen- und manganfreies Wasser. Geringste Mengen von Eisen und Mangan färben die Wäsche gelblich, desgleichen Moorwässer. Je härter ein Wasser, um so größer der Seifenverbrauch. Nach F. Fischer vernichtet ein deutscher Härtegrad etwa 0,12 g guter Kernseife. Die gebildeten unlöslichen Seifen setzen sich in die Faser der gewaschenen Stoffe und setzen ihre Qualität herab.

Für Zement, Beton, Mörtel ist Wasser mit aggressiver Kohlensäure nachteilig. Desgleichen sind Wässer mit Schwefelwasserstoff, Sulfiden, Sulfaten und Magnesiumverbindungen schädlich. Stark alkalische Wässer eignen sich nicht als Anmachwasser.

Zuckerfabriken erfordern hygienisch einwandfreies, geschmackloses, weiches und salzarmes Wasser. Salzhaltige Wässer verursachen einen Verlust an Zucker. Chlormagnesium, Gips und Nitrate stören beim Kochen und Kristallisieren; Nitrate hindern das Sechsfache ihrer Menge Zucker am Kristallisieren. In der Raffinerie stören hauptsächlich Sulfate (nach Heilmann, A.: Wasserversorgung).

Kaolinschlämmereien, Porzellanfabriken benötigen vor allem eisenfreies Wasser, da schon geringste Spuren von Eisen die weiße Farbe des Scherben beeinträchtigen.

XIII. Die Veränderung der Erdoberfläche durch bewegte Medien

Die Verwitterungsprodukte der Erdoberfläche werden durch ihre eigene Schwere (Schuttströme, Gekrieche, Rutschungen, Bergstürze, S. 408) oder durch die Tätigkeit der Luft, des Wassers und des Eises von der Stelle ihrer Entstehung fortgetragen. Diese die Erde von außen (exogen) beeinflussenden Faktoren bewirken eine Umlagerung der Gesteine und bilden neue Geländeformen, deren richtige entwicklungsgeschichtliche Deutung wichtige Anhaltspunkte für die bei der Ausführung technischer Bauwerke zu erwartenden Verhältnisse und somit eine unentbehrliche Unterlage für die Verfassung der Projekte liefert.

A. Die Tätigkeit der Luft

Von K. A. Redlich, Prag

Durch die Tätigkeit des Windes, die namentlich in Gegenden mit flacher Terrainform, geringer oder fehlender Pflanzenbesiedlung (Wüste, Steppe) und lockerer Beschaffenheit der oberflächennahen Gesteine wirksam ist, wird das verwitterte und lose Material gehoben, fortgetragen (Deflation) und nach seiner Größe aufbereitet. Es wird dabei nicht nur selbst abgeschliffen und geglättet, sondern schleift gleichzeitig auch den Untergrund ab (Korrasion). Die gröberen, im feineren Material teilweise eingebetteten und nicht fortgeschleppten Gesteinsstücke desselben erhalten durch Abschliff bei mehrfacher Wälzung drei- oder zweikantige Form (Windkanter), gewisse Gesteine werden unter Mitwirkung des feinsten Staubes glatt poliert (Windschliffe). Aus inhomogen zusammengesetzten Gesteinen werden die härteren Partien durch Sandstrahlwirkung als gesimseartige Leisten, Wülste und Gitter herauspräpariert, während Einlagerungen von weicher Beschaffenheit unregelmäßige Löcher und Zellen bilden. Große Felsblöcke, die in losem Material liegen, werden durch Abblasen des letzteren freigelegt und bleiben als sogenannte Wackelsteine stehen.

Neben diesen Kleinformen der Winderosion kennt man in Wüstengebieten auch Geländegroßformen, deren Entstehung der Windwirkung zugeschrieben wird. Wo flachliegende Gesteinsbänke erhöhte Plateaus bilden, wird der Plateaurand durch Winderosion gegen das Innere der Hochfläche fortschreitend zersägt und in flach pyramidenstumpfförmige Zeugenberge zerlegt, die von einer ehemals großen Ausdehnung des Plateaus zeugen und die schließlich, wenn härtere Schichten schützend über weichere gelagert sind, durch Annagen der Basis in Pilzfelsen übergehen können. Die steilwandigen, meist halbkreisförmig abgeschlossenen Trockentäler der Wüste (Wadis) werden gleichfalls auf Winderosion zurückgeführt, wenngleich bei ihrer Bildung neben der Windwirkung auch eine ältere, aus früheren feuchten Klimaperioden stammende Anlage sowie die Mitwirkung seltener, dafür um so ausgiebigerer Wolkenbrüche eine Rolle spielen mag.

Die transportierende Kraft des Windes (Deflationskraft) hängt, abgesehen von der Form und dem spezifischen Gewichte der Gesteinsteilchen, namentlich von der Geschwindigkeit der Luftbewegung ab. Nach Sokolow (Die Dünen, Berlin 1894) werden im Durchschnitt

bei Windstärke	4,5— 6,7 m/sek	Körner	von	0,25	mm
„ „	8,4— 9,8 „	„	„	0,75	„
„ „	11,4—13,0 „	„	„	1,50	„

Durchmesser, im allgemeinen rollend und hüpfend, fortbewegt. Gewöhnlich überschreitet das schwebend fortgetragene Material nicht die Korngröße von 0,1 mm, während die Größe der gleitend und rollend fortbewegten Körner unter 3 mm zu liegen pflegt. Ausnahmsweise können bei besonders heftigen, namentlich wirbelnden Stürmen freilich auch größere Kornklassen fortgetragen werden.

Je nach der Korngröße werden die feinen Gesteinsfragmente entweder als Staubtromben aufgewirbelt und als zuweilen braunroter Staub (Blutregen) im Windschatten wieder abgelagert oder in Form von Dünen (Abb. 375) fortgewälzt. Über die Beschaffenheit der auf solche Art entstandenen Wind- oder äolischen Sedimente vgl. S. 313.

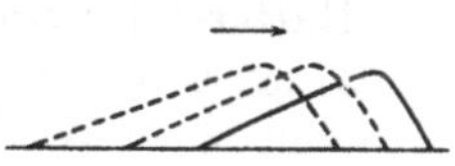

Abb. 375. Wandern der Sanddünen

Als eine besondere äolische Ablagerung ist der Löß anzusehen (S. 61 und 313). Da er im trockenen Zustand sehr standfest ist, gräbt das abfließende Wasser in ihm tiefe, steilwandige Erosionsschluchten, welche in der sonst fast ebenen Landschaft oft erst sichtbar werden, wenn man sich nahe oder unmittelbar am Rand des Abgrundes befindet. Bekannt sind derartige Lößdecken mit fast senkrechten Abstürzen am Rand der diluvialen Vereisungsgebiete Mitteleuropas, in China und an anderen Orten.

B. Die Tätigkeit des fließenden Wassers

1. Wasserbewegung, Form und Ablagerungen der Flüsse

Von A. Schoklitsch, Brünn

Die auf die Erdoberfläche fallenden Niederschläge machen, wie bereits erwähnt (S. 565), eine Dreiteilung mit. Ein Teil verdunstet, ein weiterer versickert und wird zu Grundwasser. Dort, wo der Spiegel des letzteren die Bodenoberfläche schneidet, tritt es entweder als Quellwasser zutage oder es läuft, wenn diese Verschneidung unter dem Wasserspiegel eines Flusses erfolgt, diesem unmittelbar zu. So wird der dritte, oberflächlich abfließende Anteil (Regenwasser und Schmelzwasser von Schnee und Eis) durch Grundwasser vermehrt, es kann aber auch umgekehrt das Flußwasser in den Untergrund versickern und das Grundwasser speisen, wenn der Wasserspiegel des Flusses höher liegt als jener des Grundwassers.

Je nach der Steilheit, Lage und der sonstigen Beschaffenheit des Geländes und der Jahresniederschlagshöhe fließen innerhalb eines Jahres in Europa 25 bis 90% der Niederschläge ab.

Indem sich die Niederschläge im Gelände abwärts bewegen, vereinigen sie sich zu Rinnsalen, dann zu Bächen, schließlich zu Flüssen und Strömen. Das Wasser reißt auf seinem Wege Abwitterungsprodukte von verschiedener Größe mit sich, wobei Blöcke von vielen Kubikmetern Inhalt mitgeführt werden können. Diese Geschiebe arbeiten auf dem Untergrunde wie eine Feile, sie haben in erster Linie jene abscheuernde, einschneidende Wirkung, die wir Schurf des Wassers oder Erosion nennen, während reines, auch mit großer Geschwindigkeit herabfließendes Wasser kaum merkliche Spuren auf dem Gestein hinterläßt. Geht die Angriffsrichtung des Wassers nach abwärts, so wirkt sie als Tiefenschurf, seitlich als Seitenschurf. Der linienhaft entlang des Verlaufes von Rinnsalen und permanenten Wasserläufen hauptsächlich in die Tiefe arbeitenden Erosion steht die Denudation gegenüber, jene flächenhaft wirkende Abschwemmung, welche nur während der Niederschlagszeit wirksam ist und weite Landteile allmählich abträgt, indem sie die dort aufgestapelten Verwitterungsprodukte fortspült und den Wasserläufen zuführt. So senkt sich das Niveau der zwischen dem Fluß und Bachläufen gelegenen Landflächen alljährlich um geringe Beträge, die sich aber im Laufe geologischer Zeiträume zu bedeutenden Höhen summieren (S. 643). Die Denudation spielt in Gebieten mit geringen Niveaudifferenzen, also vor allem im Flach- und Hügelland, eine größere Rolle als die Erosion (S. 670).

Härtere Gesteine werden gegenüber weichen Lagen nicht nur von der Verwitterung, sondern auch von der Erosion und Denudation weniger angegriffen, so daß bei einer Wechsellagerung derartiger Schichten bei Flachlagerung treppenförmige Absätze entstehen (Abb. 151), die leicht unterwaschen werden, bei Schiefstellung erstere als Kanten, Grate und Berge hervorragen, letztere als Einsenkungen und Mulden sich kennzeichnen (Abb. 152). Das abfließende Regenwasser kann Karren und Schratten ausnagen (S. 650). Im Blocklehm werden steilwandige Schluchten ausgewaschen. Trifft dabei das herabstürzende Wasser auf große Geschiebe, so schützen diese die darunter befindlichen Lehmmassen vor der Abtragung, es entstehen Lehm- oder Erdpfeiler, deren Spitze mit einem Steinblock gekrönt ist (Erdpyramiden in den Moränen von Bozen).

Das Flußbett bleibt bis zum Niveau des mittleren Wasserstandes ohne Pflanzenwuchs; zur Zeit der Hochwässer werden vielfach die Ufer und auch das Vorland überronnen.

Die Wassergeschwindigkeit hängt vom Spiegelgefälle, von der Wassertiefe und von der Rauhigkeit des benetzten Umfanges ab. Der Durchfluß wird am besten in Gerinnen gemessen. Der Meßquerschnitt wird in einer geraden, regelmäßigen Strecke, senkrecht zur Strömungsrichtung des Wassers, gewählt. Als Meßgerät wird am häufigsten der Woltmann-Flügel verwendet.

Wenn Messungen nicht möglich sind, so kann der Durchfluß, allerdings weniger sicher, nach empirischen Formeln berechnet werden, unter denen die von Ph. Forchheimer aufgestellte den Vorzug vor den übrigen verdient. Für die Wasserbewegung ist die Neigung des Wasserspiegels maßgebend; das Gefälle des Spiegels wird durch die Tangente seines Neigungswinkels (Spiegelsenkung auf der Flußstrecke von der Länge L, dividiert durch die Länge L) angegeben. Bedeutet J das Spiegelgefälle, F den durchströmten Querschnitt, P den benetzten Umfang und c einen Beiwert, der von der Beschaffenheit des benetzten Umfanges abhängt, so gilt für den Durchfluß Q die Beziehung

$$Q = cJ^{0\cdot 5}\frac{F^{1\cdot 7}}{P^{0\cdot 7}}$$

und man setzt für den Beiwert c die folgenden Werte:

Ältere Erdgräben	$c=40$	Kies, grob 20/40/60 mm	$c=40$
Fels, roh gesprengt	$c=25$	Kies, grob 50/100/150 mm	$c=33$
Schlamm, fein	$c=80$	Alpenflüsse	$c=70$ bis 16.
Kies, grob 10/20/30 mm	$c=45$		

Die mittlere Geschwindigkeit (V) im Querschnitte beträgt

$$V = \frac{Q}{F};$$

sie ist lediglich eine Rechnungsgröße, die tatsächlich nur längs einer innerhalb des Querschnittes verlaufenden Linie auftritt. Innerhalb des Querschnittes herrschen in verschiedenen Punkten auch verschiedene Geschwindigkeiten, die Verbindungslinien der Punkte gleicher Geschwindigkeiten in einem Querschnitte werden Isotachen genannt. Im allgemeinen fließt das Wasser im unmittelbaren Bereiche des benetzten Umfanges am langsamsten. Die größte Geschwindigkeit bildet sich meist über der tiefsten Stelle des Querschnittes aus; sie liegt entweder im Spiegel oder etwas darunter.

Die Geschwindigkeit des Wassers in den Punkten eines Querschnittes ist nicht konstant, sondern schwankt um einen Mittelwert, die Geschwindigkeit pulsiert. Diese Pulsationen rühren von Wirbeln im Wasser her; sie sind in der Nähe der Sohle und von Hindernissen im Gerinne, die Anlaß zur Wirbelbildung geben, am heftigsten. Die Geschwindigkeit kann an einzelnen Stellen ihren Mittelwert stoßweise um ein Vielfaches übertreffen und solche Stöße setzen manchmal einzelne große Geschiebestücke an der Sohle in Bewegung.

Wenn das Geschiebe an der Flußsohle zu wandern beginnt, so ändert sich die Rauhigkeit; sie wird im allgemeinen größer und die Berechnung des Durchflusses wird dann unzuverlässig, weil die Änderung der Bettrauhigkeit durch den Geschiebetrieb bisher noch nicht so weit erforscht ist, daß sie in den Abflußformeln berücksichtigt werden könnte.

Auch der Sinkstoffgehalt des abfließenden Wassers beeinflußt den Abflußvorgang insoferne, als bei gleicher Wasserspiegellage durch einen Querschnitt von klarem Wasser mehr durchläuft als von trübem.

Geschiebe und Sinkstoffe. Das nach den Niederschlägen in die natürlichen Bäche und Flüsse ablaufende Wasser bringt große Mengen von feinen Bodenteilchen mit sich, die im Einzugsgebiete des betreffenden Baches, besonders an den nicht gut bewachsenen Stellen, abgespült werden. Diese Zuflüsse rufen in den Bächen Spiegelanstiege hervor, die mit Geschwindigkeitszunahme des Abflusses verbunden sind und, besonders in wenig besiedelten Gebirgstälern, vielfach die Ufer unterspülen; es gelangen teils schon hiebei, teils erst durch das nachbrechende Gelände der Hänge große Mengen von Gesteinen und Boden in das Flußbett, die nun vom Wasser fortgeführt werden. Durch fortwährendes Aufeinanderstoßen bei dieser Fortbewegung runden sich die Gesteinstrümmer ab und verkleinern sich; diejenigen von ihnen, die sich an der Flußsohle gleitend, rollend oder hüpfend fortbewegen, werden Geschiebe genannt, während der Rest, der so fein ist, daß er vom Wasser schwebend fortgeführt wird, als Sinkstoff bezeichnet wird.

Um eine Geschiebegemisch hinsichtlich seiner Körnung zu charakterisieren, wird eine Siebanalyse durchgeführt und das Ergebnis derart zeichnerisch dargestellt, daß zu den Maschenweiten der Siebe (Korngröße) die zugehörigen Siebdurchlässe in Prozenten der verwendeten Probe aufgetragen werden. Mit einer für Vergleichszwecke hinreichenden Genauigkeit kann das Gemisch durch eine einzelne Zahl K, die Geschiebecharakteristik, angegeben werden, die als Verhältnis der beiden Flächen a und b der Abbildung 376 erhalten wird; es ist also

$$K_{10} = \frac{a}{b}$$

und es ist zweckmäßig, dem K als Index die größte Maschenweite der zeichnerischen Darstellung beizusetzen, weil sich durch Verwendung verschiedener Korngrößenintervalle bei der Darstellung der Siebanalyse für ein und dasselbe Gemisch verschiedene K ergeben.

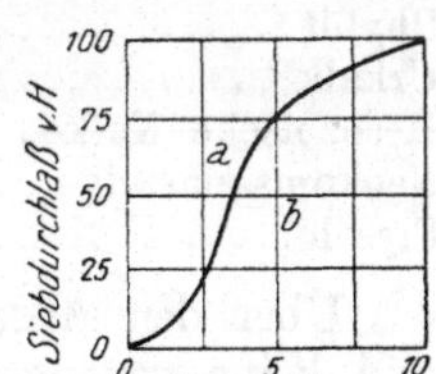

Abb. 376
Geschiebecharakteristik

Auf ihrer Wanderung im Flußbette nutzen sich die Geschiebe durch Abrieb bei der eigenen Bewegung und durch Abschliff durch den über sie hinwegwandernden Sand ab; infolge dieser Abnutzung werden die Geschiebe gegen die Mündung hin immer kleiner, und es vollzieht sich gleichzeitig eine petrographische Aufbereitung derart, daß das Geschiebegemisch flußab immer reicher an harten Bestandteilen (z. B. Quarz) wird, weil sich die weniger harten rascher abreiben.

Für die Abnahme der Geschiebegröße längs des Flußlaufes hat H. Sternberg[1]) eine Beziehung aufgestellt, die mit der Erfahrung gut übereinstimmt. Unter der Annahme, daß der Abrieb sowohl dem Gewichte des betrachteten Geschiebestückes als auch dem zurückgelegten Weg proportional sein müsse, berechnet er, daß ein Stein vom ursprünglichen Gewichte P_0 nach Zurücklegung eines Weges s nur mehr $P=P_0 e^{-cs}$ wiegt; e bedeutet die Basis der natürlichen Logarithmen und c eine Konstante des betreffenden Gesteines, die spezifischer Abrieb genannt wird und entweder durch Laboratoriumsversuche oder durch Beobachtungen in der Natur ermittelt wird. Statt des Geschiebegewichtes kann in der obigen Formel, wie nebenbei bemerkt sei, ohne weiteres auch das Volumen eines Geschiebes eingesetzt werden.

Einige in der Natur beobachtete spezifische Abriebe sind in der nebenstehenden Tabelle 55 zusammengestellt.

Auf Grund eigener Versuche sowie von Messungen v. Hochenburgers und H. Sternbergs ermittelte A. Heim[2]) den Weg, nach dessen Durchwanderung sich die Geschiebe auf die Hälfte ihres Gewichtes abreiben; er fand die in der tieferstehenden Tabelle 56 zusammengestellten Wegstrecken, denen die entsprechenden spezifischen Abriebe beigesetzt sind.

Tabelle 56. Spezifischer Abrieb verschiedener Gesteinsarten

Gesteinsart	Weg s m	Spezifischer Abtrieb c m^{-1}
Mergelkalk	30000	0,0000167
Kalk	50000	0,0000100
Dolomit	60000	0,0000083
Gneis, Granit	100000 bis 150000	0,0000050 bis 0,0000035
Quarz	150000	0,0000033
Amphibolit	200000 bis 250000	0,0000025 bis 0,0000020

E. Fugger und K. Kastner[3]) bestimmten endlich aus dem Gehalt an verschiedenen Gesteinen des Flußgeschiebes der Salzach in Laufen und in Ach (diese Strecke eignete sich am besten, weil sie ohne Nebenflüsse ist) die Abreibbarkeit verschiedener Gesteine, bezogen auf jene des mesozoischen Kalkes, die sie gleich 1 setzten, und fanden für

Silurkalk	2,5
Mesozoischer Dolomit	2,5
Phyllit	1,7
Urkalk	1,2
Mesozoische Kalke	1,0
Neokomsandstein	0,8
Flysch	0,8
Quarz	0,8
Werfener Schiefer	0,7
Werfener Quarzsandstein	0,5
Kristalline schieferige Gesteine	0,5
Kristalline körnige Gesteine	0,4
Mesozoische Hornsteine	0,4

Über den Abschliff ruhender Geschiebe durch darüberwandernden Sand sind keine genaueren Beobachtungen bekannt geworden. An Bauwerken beobachtete J. Stiny[4]), daß Bauholz an Sperren am Nollbach (Antholzertal) nach etwa 20 Jahren bis 2 cm, am Rauterbach (Antholzertal) nach etwa 20 Jahren bis 30 cm, am Silvesterbach bei Toblach nach 17 bis 18 Jahren um 10 bis 15 cm ausgeschliffen waren. Porphyritblöcke wurden am Pflitscherbach bei Lüsen in Deutschsüdtirol innerhalb 30 Jahren um 3 bis 4 cm abgeschliffen.

[1]) Sternberg, H.: Zeitschr. f. Bauwesen, 25, S. 483. 1875.

[2]) Zeitschr. d. Österr. Ing.- u. Arch.-Ver., S. 820. 1913.

[3]) Beilage zum 38. Bd. d. Mitt. d. Geogr. Ges. Wien. — Donaustudien, III, Die Geschiebe des Donaugebietes. 1. Die Geschiebe der Salzach.

[4]) Geol. Rundschau, III., S. 166.

Tabelle 55. In der Natur beobachtete spezifische Abriebe von Geschieben

Fluß	Beobachtungsort	Entfernung m	Geschiebegröße	Spezifischer Abrieb c m^{-1}	Beobachter
Rhein			kg		Sternberg, H.: Ztschr. f. Bauwesen, 25, S. 483. 1875.
	Weil an der Hüninger Brücke		5,870		
		28 410		0,000 007 43	
	Neuenburg		4,750		
		26 820		0,000 018 00	
	Breisach		2,900		
		35 490		0,000 007 22	
	Kappel—Rheinau		2,250		
		48 390		0,000 008 25	
	Freistett		1,150		
		40 500		0,000 009 83	
	Au—Lauterburg		1,000		
		81 300		0,000 020 10	
	Mannheim		0,100		
Rhein			kg		Collet, L. W.: Le charriage des alluvions.
	Tardisbrücke		120,0		
		5 000		0,000 133	
	Ragaz		60,0		
		8 200		0,000 141	
	Trübbachbrücke		16,0		
		8 300		0,000 056	
	Sevelen—Vaduz		10,0		
		4 400		0,000 045	
	Buchs—Schaan		8,2		
		4 800		0,000 051	
	Haag—Bendern		6,4		
		12 600		0,000 029	
	Oberriet—Meiningen		4,4		
		3 500		0,000 066	
	Montlingen—Koblach		3,5		
		3 700		0,000 070	
	Kriesern—Mädern		2,7		
		7 000		0,000 043	
	Schmitter Brücke		2,0		
		3 500		0,000 030	
	Au—Oberfähr		1,8		
		1 400		0,000 041	
	Au—Monstein		1,7		
		1 800		0,000 108	
	St. Margarethen		1,4		
		6 700		0,000 081	
	Rheineck—Gaissau		0,8		
		4 400		0,000 065	
	Altenrhein		0,6		
Iller			kg		Hildenbrand, Th.: Ztschr. f. wissensch. Geogr., VI, S. 239. Weimar. 1888.
	Immenstadt		3,52		
		24 000		0,000 007 3	
	Kempten		2,95		
		54 000		0,000 011 5	
	Arlach		1,55		
		26 000		0,000 003 3	
	Dietenheim		1,42		
		22 000		0,000 004 8	
	Wiblingen		1,27		
Mur			cm^3		Hochenburger, F. v.: Über Geschiebebewegung und Eintiefung fließender Gewässer, S. 53. Leipzig. 1886.
	Graz		224		
		10 000		0,000 019 6	
	Gössendorf		184		
		16 000		0,000 020 6	
	Wildon		132		
		17 000		0,000 007 6	
	Landscha		117		
		13 000		0,000 027 6	
	Unterschwarza		81		
		15 000		0,000 019 6	
	Dippersdorf		60		
		12 000		0,000 015 1	
	Leitersdorf		50		
		18 000		0,000 022 5	
	Eichdorf		33		
		19 000		0,000 023 5	
	Unter Mauthdorf		21		

Das Geschiebe hat vielfach an verschiedenen Stellen ein und desselben Querschnittes verschiedene Kornmischungen; bei seiner Wanderung erfährt es nämlich überall dort, wo sich im Gerinne die Strömungsrichtung

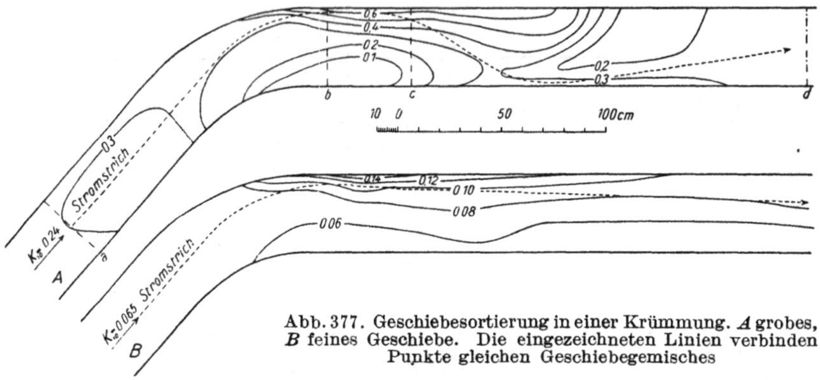

Abb. 377. Geschiebesortierung in einer Krümmung. *A* grobes, *B* feines Geschiebe. Die eingezeichneten Linien verbinden Punkte gleichen Geschiebegemisches

ändert, oder wo größere Geschwindigkeitsunterschiede vorkommen, eine Sonderung, die um so gründlicher ist, je schroffer der Richtungswechsel der Bewegung des Wassers erfolgt, oder je größer die Geschwindigkeitsunterschiede an der betreffenden Stelle des Querschnittes sind. Als Beispiel sei durch Linien gleicher Geschiebecharakteristik die Kornsonderung in einem Gerinnebogen (Abb. 377), in einem rechtwinkeligen Gerinneabzweig (Abb. 378) und unterhalb eines Schützenwehres (Abb. 379) dargestellt. Das gröbste Geschiebe kommt bei dieser Sonderung ungefähr an den tiefsten Stellen des Querschnittes zu liegen.

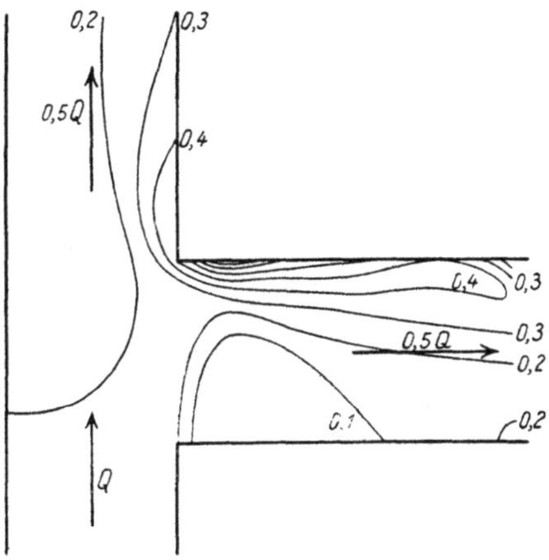

Abb. 378. Geschiebesortierung bei einem rechtwinkeligen Abzweig. Die eingezeichneten Linien verbinden Punkte gleichen Geschiebegemisches

In einem Gerinnebogen liegt der Wasserspiegel erfahrungsgemäß am äußeren Ufer höher als am inneren; es wird nun durch dieses Quergefälle das Wasser gegen den Bogenmittelpunkt beschleunigt und es werden dadurch die Wasserteilchen um so mehr gegen die Innenseite des Bogens abgelenkt, je geringer ihre Geschwindigkeit in tangentialer Richtung ist. Am langsamsten strömt das Wasser an der Sohle, die Schichten in Sohlennähe werden daher am stärksten,

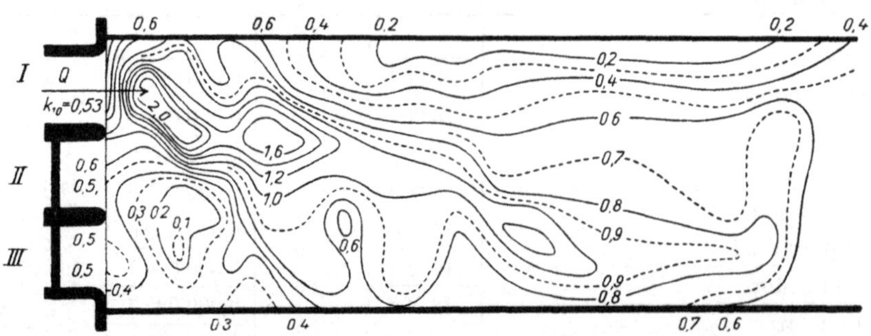

Abb. 379. Geschiebesortierung unter einem Schützenwehr. Grundablaß *I* offen. Die eingezeichneten Linien verbinden Punkte gleichen Geschiebegemisches

jene an der Oberfläche am wenigsten abgelenkt. Es entwickelt sich auf diese Weise in Gerinnebögen eine Spiralströmung, bei der das Wasser an der Bogenaußenseite vom Spiegel gegen die Sohle taucht und an der Sohle gegen die Bogeninnenseite fließt; hiebei wird die Sohle ausgespült, es entwickelt sich an der Bogenaußenseite der Krümmungskolk, während sich an der Innenseite des Bogens eine Sandbank ansetzt. Das feine Geschiebe folgt vom Bogenanfang weg annähernd der Krümmung des Bogens, während das gröbere fast geradlinig weiterläuft und mit dem feinen, das in der Nähe des die Bogenaußenseite bildenden Ufers wandelt, in den Kolk gelangt. Dort werden die feinen Körner von der Sohlenströmung über die Kolkböschung emporgeführt, während die groben, die die Strömung nicht über die Böschung zu heben vermag, längs des Kolkbodens weiterwandern. Sie bleiben vielfach am Auslaufe des Krümmunsgkolkes liegen und lenken manchmal den Stromstrich (Abb. 377 A) schroff gegen das andere Ufer ab. Wenn das Geschiebe wenig grobes Korn enthält, so bildet sich diese Barre am Kolkende nicht aus und der Stromstrich geht von der Bogenaußenseite ganz allmählich gegen die Gerinnemitte über.

Auch nach der Tiefe ist an vielen Stellen das Geschiebe hinsichtlich seiner Korngröße sortiert. In der Oberflächenschichte der Sohle werden durch kleinere Hochwässer die feineren Körner herausgewaschen, während die groben Geschiebe liegen bleiben und schließlich eine Art von Sohlenauspflasterung bilden, unter der das Gemisch Körner bis zu den kleinsten Durchmessern enthält.

Während der Dauer der Hochwässer wandern die Sandbänke, von jenen an der Bogeninnenseite abgesehen, wo ein stabiles Gebiet liegt, langsam talab. Die Geschiebebewegung erfolgt auf ihnen ähnlich wie am Mündungsdelta eines Flusses; die Geschiebe bewegen sich rollend, teils hüpfend am Rücken der Sandbank fort und fallen schließlich über den Kopf auf die steilabfallende Böschung. Vor dem Kopfe der Sandbank liegt eine wagrechte Walze, wie sie in der Abbildung 380 angedeutet ist, die eine Kornsonderung zur Folge hat; die groben Geschiebe rollen vielfach durch die Walze durch, während die feineren durch die am Kopfe der Sandbank aufwärts gerichtete Strömung in der Walze auf der Böschung erhalten werden und sich dort unter steilerem Winkel ansammeln. Von Zeit zu Zeit rutscht schließlich ein Geschiebekörper vom keilförmigen Querschnitte ab und überdeckt das am Fuße der Bank liegende grobe Geschiebe. In Flußstrecken, in denen solche Sandbänke wandern, liegen diese in regelmäßigen Abständen abwechselnd am einen und am anderen Ufer; zwischen ihnen windet sich der Talweg (das ist die Verbindung der tiefsten Stellen aufeinander folgender Querschnitte) durch. Wie schon erwähnt worden ist, bewirken solche wandernde Sandbänke eine fortwährende Änderung der Querschnittsformen.

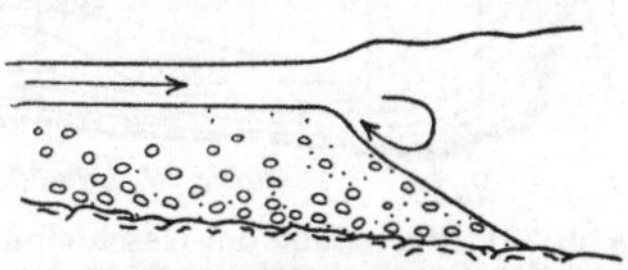

Abb. 380. Bewegungsweise einer Sandbank

Die Geschiebe werden durch die Schleppkraft fortbewegt. Als Schleppkraft wird die auf die Flächeneinheit bezogene Gewichtskomponente eines Wasserkörpers in der Gefällsrichtung bezeichnet, der durch zwei in 1 m Abstand voneinander liegende lotrechte Querschnittsebenen aus dem Flußlaufe herausgeschnitten wird. Bezeichnet J das Spiegelgefälle, F den benetzten Querschnitt, P den benetzten Umfang des Flußbettes und γ das Eigengewicht des Wassers, so beträgt die Schleppkraft im Querschnitte

$$S = \gamma J \frac{F}{P} \text{kg/m}^2.$$

Jene Schleppkraft, bei der Geschiebe gewisser Größe eben in Bewegung gerät, wird Grenzschleppkraft genannt. Jene Schleppkraft, bei der laufendes Geschiebe wieder eben zur Ruhe kommt, ist kleiner als die Grenzschleppkraft; der Unterschied kann 20 bis 30% der Grenzschleppkraft ausmachen. Die Grenzschleppkraft wird auch vielfach zur Angabe der Widerstandsfähigkeit von Flußbauten benutzt.

Statt den Beginn der Geschiebebewegung durch die Grenzschleppkraft anzugeben, hat man früher vielfach für eine Gerinnestelle die mittlere Geschwindigkeit angegeben, bei der die Geschiebewanderung begonnen haben soll. Diese Art, den Beginn der Geschiebebewegung anzugeben, ist ungenau und wird nur mehr selten angewendet.

In einem betrachteten Querschnitte stellt sich die Grenzschleppkraft bei einem gewissen Durchfluß Q_0[1]) ein; beträgt das Spiegelgefälle dort J und fließen bei einem höheren Wasserstande durch diesen Querschnitt Q m³/sek, so wandert durch ihn in der Sekunde die Geschiebemenge[2])

$$G = c\,\gamma\; J^2\,(Q - Q_0)$$

c bedeutet eine Konstante des Geschiebegemisches. Wenn die Geschiebebewegung in einem Querschnitte betrachtet wird, so kann das Gefälle hinreichend genau als konstant angesehen werden und man kann dann für den Geschiebetrieb

$$G = C\,(Q - Q_0)$$

setzen. Die Geschiebefracht innerhalb eines Jahres beträgt dann

$$\mathfrak{G} = C\,\Sigma\,(Q - Q_0).$$

Diese Beziehung wurde von Wittmann[3]) auf Grund von 35jährigen Beobachtungen am Rhein überprüft und als zutreffend befunden. Für die Mur zwischen Bruck und Graz gilt etwa $C = 0{,}00019$, wenn die Geschiebefracht in m³/Jahr ausgedrückt wird.

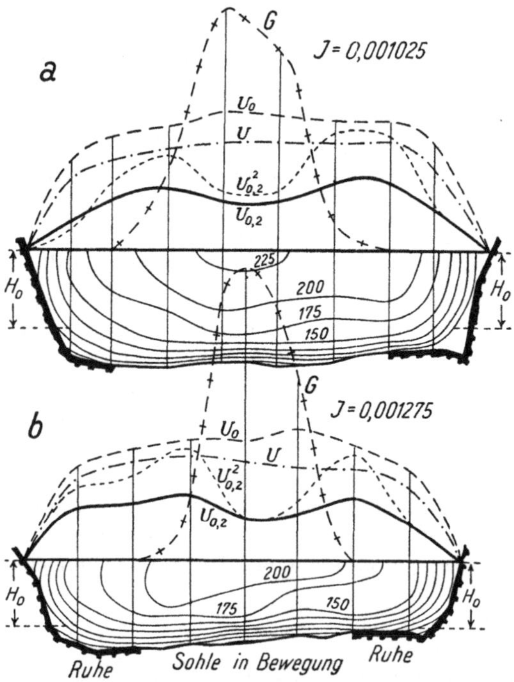

Abb. 381. Verteilung der Geschwindigkeit im Querschnitt und des Geschiebetriebes über der Sohle in der Tiroler Ache bei Baumgarten

Die Verteilung des Geschiebetriebes G über der Flußsohle hat S. Kurzmann[4]) unmittelbar gemessen, indem er von einem Schiff aus an verschiedenen Stellen des Flußquerschnittes mittels einer Stange einen Fangkasten an die Sohle versenkte, in welchem er eine gewisse Zeit lang Geschiebe auffing. Der Fangkasten war vorne offen und hatte eine Rückwand aus Drahtgewebe, das die Geschiebe im Kasten zurückhielt, das Wasser aber durchließ. In der Auftragung der Versuchsergebnisse in der Abb. 381 ist deutlich zu erkennen, daß man aus der Verteilung der Oberflächengeschwindigkeiten U_0, aus jener der mittleren Geschwindigkeiten U in den Lotrechten und auch aus jener der

[1]) Der Durchfluß Q_0 kann nur durch schwierige Beobachtung mit Guckkästen, die bis zur Sohle reichen, durch Horchen an Stangen, die in der Sohle stecken, oder durch das Geräusch wandernder Geschiebe bestimmt werden. Sonst muß man für Q_0 etwa den Jahresmittelabfluß setzen.

[2]) Schoklitsch, A.: Geschiebebewegung in Flüssen und an Stauwerken. Wien: J. Springer, 1926.

[3]) Wittmann: Der Einfluß der Korrektion des Rheines zwischen Basel und Mannheim auf die Geschiebebewegung des Rheines. Deutsche Wasserwirtschaft, 22, S. 245. 1927.

[4]) Beobachtungen über Geschiebebewegung. München.

Geschwindigkeiten $U_{0,2}$ 20 cm über der Sohle auf die Verteilung des Geschiebetriebes G im Querschnitt nicht schließen kann.

Die Sinkstoffe werden durch lotrecht aufwärtsgerichtete Strömungen, die bei der wirbelnden Bewegung auftreten, schwebend erhalten; die Strömungen sind um so heftiger, je rascher das Wasser fließt, so daß rasch strömendes Wasser größere Körner und größere Mengen schwebend fortzuführen vermag.

Über den Sinkstofftrieb und die Sinkstoffracht sind nur wenige Anhaltspunkte bekannt. Die Gesamtmenge der durch einen Querschnitt treibenden Sinkstoffe läßt sich ermitteln, wenn täglich Wasserproben aus dem Fluß entnommen und auf ihren Sinkstoffgehalt untersucht werden. Die Auswahl der Entnahmestelle erfordert aber viel Umsicht, weil die Sinkstoffe nicht gleichmäßig über den Querschnitt verteilt sind. An der Sohle ist der Sinkstoffgehalt manchmal doppelt so groß als im Spiegel und es sind dort auch die treibenden Körner größer.

Die Geschiebe- und Sinkstoffzufuhr in die natürlichen Gewässer bewirkt eine Abtragung im ganzen Einzugsgebiete; wenn diese gleichmäßig verteilt angenommen wird, so beträgt nach H. Gravelius[1]) die durch die Sinkstoffzufuhr allein bewirkte Bodenabtragung im Einzugsgebiete

der Donau	0,090 mm/Jahr	des Tiber	0,319 mm/Jahr
des Po	0,235 „	des Irawadi	0,501 „
der Rhone	0,270 „		

Von den vom Wasser fortgeführten Sinkstoffen wird in Stauräumen oder Seen, in die der Fluß mündet, ein Teil wegen der dort herrschenden geringen Geschwindigkeiten wieder abgesetzt. Ein Teil lagert sich schon am Mündungsdelta ab, der andere bedeckt die ganze Sohle. Die Schichtdicke der abgesetzten Sinkstoffe ist in kleineren Becken im tiefsten Teile am größten, weil dort über der Sohle am meisten Sinkstoffe im Wasser schweben und weil überdies das mit Sinkstoffen angereicherte Wasser ähnlich einer spezifisch schwereren Flüssigkeit im tiefsten Teile zusammenläuft.

Anhaltspunkte für die Beurteilung der Geschiebe- und Sinkstoffmengen, die jährlich an einem Mündungsdelta abgesetzt werden, gibt die Zusammenstellung in der Tabelle 57, S. 644.

Die Form des Flußbettes. Das Bett der Bäche und Flüsse besteht fast ausnahmslos aus einem beweglichen Gemisch von Geschieben und Sinkstoffen, die sich bei höheren Wasserständen umlagern oder fortbewegen, wobei sich das Flußbett je nach dem Wasserstande verschieden formt. Jene Teile des Bettes, etwa bis zur Spiegellage des Jahres-Mittelwassers, die vom Wasser häufig benetzt sind, bleiben ohne Pflanzenwuchs; die höher liegenden Teile, die nur bei Hochwasser überflutet sind, begrünen sich. Es gibt Flüsse mit Doppelquerschnitten, deren tieferer Teil von den Nieder- und Mittelwässern und deren höherer Teil von den Hochwässern durchströmt wird. Die Form der Bettquerschnitte ähnelt bald einem Trapez, bald einer halben Ellipse, bald wird sie auch von einer Parabel begrenzt, deren Scheitel im tiefsten Punkt des Querschnittes (vielfach in der Gerinnemitte) liegt; sehr oft ist aber der Querschnitt auch ganz unregelmäßig. In Krümmungen bildet sich die tiefste Stelle der Querschnitte in der Nähe des einbiegenden Ufers aus und die Querschnittsform nähert sich der eines Dreieckes. Die Versuche, für die Querschnittsform eine mathematische Beziehung aufzustellen, haben bisher noch zu keinem befriedigenden Ergebnis geführt.

[1]) Gravelius, H.: Zeitschr. f. Gewässerkunde, 4, S. 176. 1906.

Tabelle 57. Beobachtete Anlandungen in Stauräumen

Nr.	Flußlauf	Messung der Ablagerung	Beobachtungszeit	Beobachtungsdauer	Einzugsgebiet F km²	Beobachtete Anlandung G m³ im Jahr	$\frac{G}{F}$	Quelle
1	Luscharibach bei Saifnitz	Verlandung eines Talsperrenbeckens	1876	1	4,4	30 000	6820	Kowatsch, M.: Das obere Fellagebiet, S. 25. Wien. 1881.
2	Vogelbach bei Pontebba	Verlandung eines Talsperrenbeckens	1862—1880	18	10,0	15 500	1545	Kowatsch, M.: Das obere Fellagebiet, S. 48. Wien. 1881.
3	Zinkenbach	Deltazuwachs im Wolfgangsee	1875—1893	18	56,8	7 390	130	Müllner, J.: Geogr. Abhandlungen. Bd. 4. Wien. 1896
4	Torre bei Tarcento	Deltazuwachs im Stauraum	1896—1909	—	62,0	12 000	193	Singer, M.: Zeitschr. f. Gewässerkunde 11. S. 239. 1913.
5	Gail bei Wetzmann	Verlandung einer Sperre	1883—1884	1	324,0	600 000	1852	Friedrich, J.: Zeitschr. Österr. Ing.- u. Arch.-Ver. 1910.
6	Celina bei Monte Reale	Deltazuwachs im Stauraume	1904—1905	1	436	840 000	1926	wie 4
7	Reuß	Deltazuwachs im Vierwaldstättersee	1851—1878	27	832	146 200	177	Heim, A.: Jahrb. d. Schweiz. Alpenklubs, 16. 1879
8	Bregenzer Ache	Deltazuwachs im Bodensee	1861—1885	24	830	129 300	156	Wey, J.: Schweiz. Bauzeitung. 1887.
9	Bregenzer Ache	Deltazuwachs im Bodensee	—	—	830	87 410	104	Keller: Zentralb. d. Bauverw., S. 637. 1916
10	Kander	Deltazuwachs im Thunersee	1714—1866	152	1 073	373 420	348	Steck, Th.: 11. Jahresb. d. geogr. Ges. Bern
11	Tiroler Ache	Deltazuwachs im Chiemsee	1879—1882	1	1 015	178 000	175	Bayberger, E.: Mitt. d. Ver. f. Erdkunde. 1889
12	Tiroler Ache	Deltazuwachs im Chiemsee	1897—1913	34	1 015	Nur Gesch. 85 500	84	Kurzmann, S.: Beobachtungen über Geschiebeführung. S. 37
13	Tiroler Ache	Deltazuwachs im Chiemsee	1909—1910	1	1 015	197 000	194	wie 4
14	Aare	Deltazuwachs im Bielersee	1878—1898	21	2 648	428 570	162	Bruckner, E.: Zeitschr. d. Österr. Ing.- u. Arch.-Ver. 1910
15	Aare	Deltazuwachs im Bielersee	1878—1897	—	1 392	335 400	241	wie 9
16	Aare	Deltazuwachs im Bielersee	1897—1913	—	1 392	156 000	121	wie 9
17	Rhein	Zuwachs am alten Delta im Bodensee	1863—1883	20	6 351	493 600	78	wie 8
18	Rhein	Zuwachs am neuen Delta im Bodensee	1906—1910	5	6 351	1 122 800	177	Mitt. d. intern. Rheinregulierung Rorschach
19	Linth	Deltazuwachs im Walensee	1860—1910	—	622	74 000	119	wie 9
20	Verdon bei Quinson	Deltazuwachs in einem Stauweiher	1878—1899	—	1 800	244 430	430	Collet, L. W.: S. 140
21	Arve	Deltazuwachs in einem Stauweiher	—	—	1 980	109 500	55	wie 20
22	Soane	Deltazuwachs im Perollsee	—	14	1 261	71 000	56	wie 20
23	Soane	Deltazuwachs im Perollsee	—	16	1 261	80 000	63	wie 20
24	Saalach bei Reichenhall	Deltazuwachs im Stauraume	1914—1917	3	—	191 200	—	Schaffernak, F.: Wasserwirtschaft, 11, 15, 16. 1924
25	Saalach bei Reichenhall	Deltazuwachs im Stauraume	1918—1920	2	—	209 700	—	wie 24
26	Drau bei Marburg	Stauraumverlandung	1918—1920	2	14 000	858 000	61	Mitteilung
27	Drau bei Marburg	Stauraumverlandung	1920—1921	1	14 000	720 000	51	wie 26
28	Lamone	Ablagerung im Kolmationsbecken	1840—1871	32	537	1 864 000	3471	Markus, E.: Das landw. Meliorationswesen in Italien. Wien. 1881
29	Wienfluß bei Weidlingau	Ablagerung im Klärbecken	1903—1911	9	67	8 000	119	wie 4

Natürliche Flußläufe verlaufen, wenn sie sich selbst überlassen sind, fast nur im Oberlauf infolge des raschen Fließens oder bei starkem Einschneiden in weiches Gesteinsmaterial geradlinig. In der Regel neigen sie dazu, sich zu schlängeln, und wenn ihre Laufbildung, besonders in breiten, ebenen Talabschnitten nicht durch Uferschutzbauten behindert wird, werden die Bögen des Flußbettes immer weiter. Der Stromstrich legt sich nahe an das einbiegende Ufer, wobei dieses abgespült wird. Es entsteht, wie schon geschildert worden ist, an der konvexen Seite ein Steilufer, während sich an der konkaven eine Sandbank bildet (Abb. 382a). Bei fortschreitender Entwicklung bilden sich Flußschlingen (Mäander) aus, zwischen denen nur schmale Landbrücken (Abb. 382 b) stehen, die schließlich vom Hochwasser durchrissen werden; der Flußlauf streckt sich dann vorübergehend und aus der früheren Schlinge entsteht ein Altarm, der nicht mehr durchströmt wird, weil sich das Bett oberhalb des Durchbruches wegen der durch diesen bewirkten Laufkürzung eintieft. Wenn der Talboden flach liegt, bestreichen die Flußmäander bei ihrer Wanderung vielfach das ganze Tal, es entstehen durch ein derartiges Oszillieren breite Täler mit träg dahinfließenden Wasserläufen.

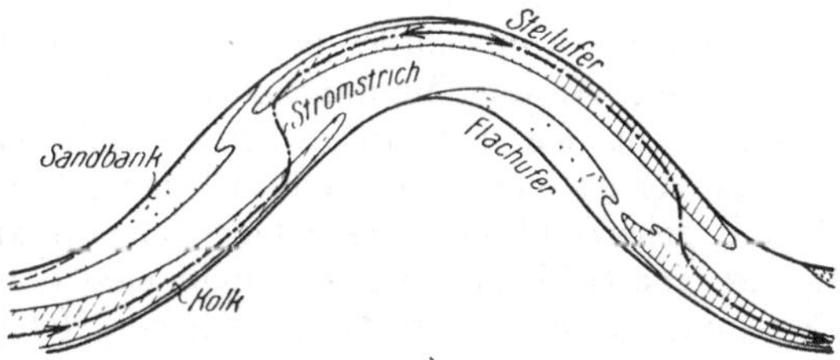

a)

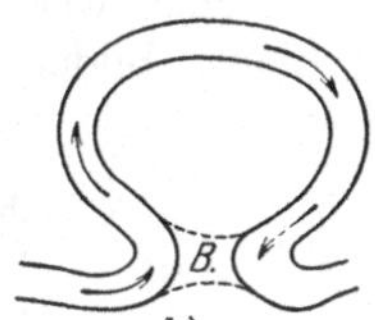

b)

Abb. 382. a) Stromstrich und Bettausbildung in Flußkrümmungen, b) Durchbruch der Landbrücke *(B)* bei Mäandern

In geraden Strecken liegt der Talweg etwa in der Gerinnemitte oder er schlängelt sich, wenn dort Sandbänke wandern, in regelmäßiger Weise zwischen diesen durch. In Bögen legt er sich, wie schon gesagt wurde, gegen das einbiegende Ufer, weil sich ja dort ein Kolk ausbildet. Dieser Kolk ist um so tiefer, je kleiner der Krümmungshalbmesser des Bogens ist. Wenn auf einen Bogen unmittelbar, ohne Zwischengerade, ein anderssinniger folgt, so können sich die Krümmungskolke der beiden Bögen auch übergreifen und der Talweg schlägt dann von einem Ufer zum anderen über, wobei er die Flußachse fast rechtwinkelig kreuzen kann. Bei Hochwasser sind die Kolke in den Bögen am tiefsten ausgespült; zwischen zwei aufeinanderfolgenden Bögen liegt eine Schwelle mit geringer Wassertiefe; bei kleineren Durchflüssen wird dann die Schwelle etwas abgetragen und die Kolke werden in geringerem Maße wieder aufgefüllt.

In Flußstrecken, in denen die Ausbildung der Sohlenlage nicht durch natürliche oder künstliche Hindernisse gehemmt wird und in denen die Geschiebeverkleinerung vorwiegend durch Abrieb erfolgt, ist das Gefälle, wie Beobachtungen gelehrt haben, eine Funktion der Geschiebegröße, und man kann, wenn die Abnahme derselben flußabwärts bekannt ist, auch eine Gleichung für das Längenprofil einer solchen Flußstrecke aufstellen.

Wenn für die Abnahme der Geschiebegröße die Gleichung von H. Sternberg

$$P = P_0 \, e^{-cs}$$

verwendet wird, so ergibt sich für das Längenprofil des Flusses die Beziehung

$$Z_0 - Z = \beta \, (1 - e^{-cs}).$$

Hierin bedeuten Z_0 und Z die Seehöhen am Anfange und am Ende der Flußstrecke von der Länge s, c ist der spezifische Abrieb und β ein Beiwert. Mit dieser Gleichung stimmen z. B. die Längenprofile des Mittelrheines, der Maas, der Enns und der Mur überein. Wenn Felsstrecken oder Einbauten die natürliche Entwicklung des Längenprofils hemmen, so bilden sich an solchen Stellen mehr oder minder hohe Stufen oder Steilstrecken aus, an die aber beiderseits Abschnitte anschließen, in denen das Längenprofil wieder der obigen Gleichung entspricht.

Durchstiche verkürzen die Lauflänge und haben zur Folge, daß an der Mündung oder an irgendeiner Sohlenfixierung nunmehr gröberes Geschiebe ankommt als früher, weil sich das Geschiebe auf der kürzeren Strecke nun auch weniger abreibt. Wird ein Flußlauf (Abb. 383) um die Strecke $\triangle l$ verkürzt, so wirkt diese Maßnahme hinsichtlich der Folgen so, als ob am Ende des Laufes die Strecke $\triangle l$ wegfiele. An der Mündung oder an dem nächsten unterhalb gelegenen Festpunkte stellt sich nun ein größeres Gefälle ein als früher, weil das Geschiebe jetzt gröber ist, und zwar stellt sich jenes Gefälle ein, das früher um $\triangle l$ weiter flußauf geherrscht hat. Es bildet sich auf diese Weise unterhalb des Durchstiches eine Sohlenhebung, oberhalb eine Sohlensenkung, aus und die gleiche Bewegung machen auch die Sohlen der Nebenflüsse mit.

An der Mündung in ein Seebecken werden die Geschiebe und ein großer Teil der Sinkstoffe abgelagert; hiebei bildet sich ein sogenanntes Mündungs-

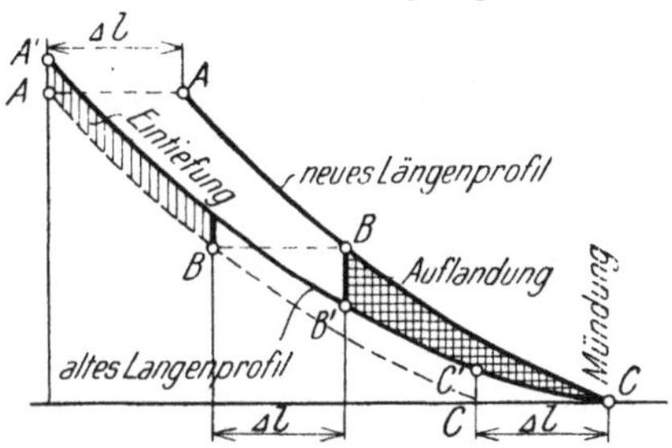

Abb. 383. Änderung des Flußlängenschnittes infolge einer Laufkürzung Δl durch einen Durchstich

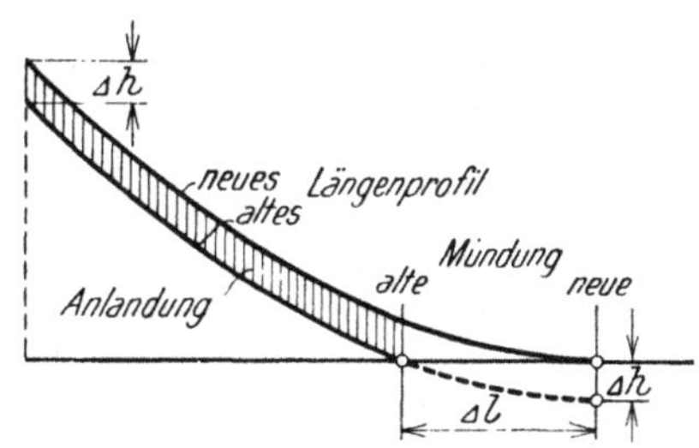

Abb. 384. Änderung des Flußlängenschnittes infolge des Vorbaues Δl des Mündungsdeltas

delta aus, das sich in den See vorschiebt (S. 654) und ihn allmählich ausfüllen kann (Binnendelta). Dort, wo der Fluß in das offene Meer mündet, entstehen ähnliche Ablagerungen (marines Delta). Ihre Form hängt von der Gestalt der Küste ab. Die rückflutende Brandung bildet an der Vorderseite durch Barren abgetrennte Lagunen. Wo Ebbe und Flut besonders stark auftreten, werden sie die Deltabildung stark zurückdrängen, ja sogar unmöglich machen, so daß häufig trichterförmige, dem Land zugekehrte Mündungen (Ästuarien) entstehen. Die Uferströmungen des Wassers bilden aus den herbeigeschleppten Sinkstoffen und dem Brandungsmaterial Dämme (Haffe), hinter welchen das Meer in Lagunen zurückbleibt. Andere Autoren, wie R. Credner, erklären das Fehlen der Deltas am Rhein und an der Elbe durch raschere säkulare Senkung der norddeutschen Küste gegenüber dem langsameren Absatz der Deltasedimente. Beim Mississippi wachsen die Mündungsarme in das Meer vor, indem sie sich fingerförmig ausbreiten. Im allgemeinen kann gesagt werden, daß das Delta sich meistens rasch ausbreitet. So rückt z. B. das Delta der Damiettemündung (Nil) um 3 m, jenes der Rosettemündung (Nil) um 35 m, der Rhonemündung um 45 m jährlich vor.

Die Laufverlängerungen durch Deltabildung, die schon innerhalb weniger Jahre nennenswerte Strecken ausmachen, wirken auch wieder auf die Entwicklung des Flußlängenprofils zurück. Einer solchen Laufverlängerung Δl würde die in der Abb. 384 strichliert gezeichnete Weiterentwicklung des

Längenprofiles entsprechen; da diese aber nicht unter den Seespiegel fortschreiten kann, so bewirkt das Vorrücken des Mündungsdeltas eine Hebung der Sohle des Flußlaufes um Δh, die weiter vielfach Versumpfungen des Talgeländes, besonders im Mündungsgebiet, hervorruft.

Ganz besondere Veränderungen im Längenprofil eines Flusses rufen Stauwerke hervor; diese hemmen ja nicht nur den Wasserabfluß, sondern auch die Geschiebe- und Sinkstoffabfuhr. Oberhalb jedes Stauwerkes bildet sich ein mehr oder minder großer Weiher (Stauraum), der gegenüber dem Flusse eine ähnliche Rolle spielt wie ein See an der Flußmündung. Auch in diesen Stauraum schiebt sich eine Anlandung, ähnlich einem Mündungsdelta vor, und gleichzeitig wird der übrige Stauraum durch Sinkstoffe, die sich bei den geringen Strömungsgeschwindigkeiten, die dort herrschen, absetzen, nach und nach aufgefüllt. Wenn die Geschiebezufuhr in das Flußbett, die Bettbreite und die Durchflüsse unverändert bleiben, kann sich schließlich, wenn der Stauraum verlandet ist, in der Geschiebebewegung nur dann ein Gleichgewichtszustand einstellen, wenn auch das Gefälle wieder dieselbe Größe erreicht wie früher, das heißt, daß sich die neue Sohle einer Lage nähert, die parallel der alten verläuft. Wenn die Bettbreite infolge des Staues größer geworden ist, dann kann sich sogar ein Gefälle einstellen, das größer ist, als das ursprüngliche war, und es ermäßigt sich erst wieder, wenn die Bettbreite eingeschränkt wird. Oberhalb des Stauwerkes ist die Sohlenlage nicht stabil. Der Wasserspiegel wird durch den Betrieb des Stauwerkes meist ziemlich genau in der bewilligten Höhe des Stauzieles gehalten; kleineren Hochwässern entspricht nun auch eine kleinere Wassertiefe, mithin eine höhere Sohlenlage als größeren. Wenn auf länger anhaltende kleine Hochwässer ein großes folgt, so findet dieses im Stauraume eine zu hohe Sohlenlage vor und auch der Wasserspiegel liegt dann vorübergehend zu hoch; die Eintiefung beginnt am Stauwerke und schreitet von dort flußauf vor.

Unterhalb des Stauwerkes wird ebenfalls die Sohlenlage beeinflußt. Während der Dauer der Stauraumverlandung läuft das Hochwasser durch oder über das Stauwerk geschiebefrei ab, greift die Sohle unterhalb des Stauwerkes an und löst dort Geschiebe los. Das führt zu einer Sohleneintiefung, die so lange anhält, bis wieder Geschiebe über oder durch das Stauwerk läuft; dann tritt wieder eine Sohlenhebung auf. Durch diese Eintiefung werden die Ufer gefährdet, und es wird auch der Grundwasserspiegel im Talgelände abgesenkt, da das Grundwasser in den Fluß läuft. Auch unterhalb des Stauwerkes bleibt die Sohlenlage nicht mehr stabil, weil hier jeder Geschiebespeicherung im Stauraume eine Sohleneintiefung, jeder Geschiebeausspülung aus dem Stauraume eine Sohlenhebung entspricht. Schließlich macht sich in der Geschiebebewegung unterhalb des Stauwerkes auch noch der Wasserentzug am Stauwerke bemerkbar.

Wo Wasser über ein Bauwerk oder eine felsige Stelle des Flußbettes abstürzt, trifft es das Flußbett mit großer Bewegungsenergie in der Regel unter einem steilen Winkel; wenn die Sohle an dieser Stelle aus beweglichem Material (Geschiebe) oder minder festem Fels besteht, so wird sie ausgekolkt. Der Überfallstrahl taucht bis auf den Boden des Kolkes und wird dort flußab umgelenkt. Vor und hinter diesem Strahl entsteht je eine große Walze; die hinter dem Strahl, also flußauf desselben, liegende spült die Sohle flußauf aus und bewirkt die Unterspülung von Bauwerken bzw. der steilen Wand an Wasserfällen. Wenn diese Unterspülung weit genug fortgeschritten ist, bewirkt sie den Einsturz des Bauwerkes bzw. das Nachbrechen des Bodens an Wasserfällen, das schließlich zu dem vielfach beobachteten Flußaufwärtswandern der Wasserfälle führt.

In Flußstrecken, in denen durch die natürlichen Hindernisse (Felsufer) oder künstlich die Bettbreite eingeengt wird, nimmt die Schleppkraft gegenüber den anschließenden, uneingeengten Strecken zu. Das Wasser ist in der eingeengten Strecke befähigt, mehr Geschiebe zu fördern, als von oben herabkommt, und greift daher die Sohle an; solche eingeengte Flußstrecken neigen daher in hohem Grade zu Sohleneintiefungen.

2. Der Ober-, Mittel- und Unterlauf der Bäche und Flüsse

Von K. A. Redlich, Prag

Bei einem vollständig entwickelten Flußlauf unterscheiden wir von der Quelle bis zur Einmündung in das Haupttal oder das Meer drei Teile: den verhältnismäßig steilen Oberlauf, den bereits sanfteren Mittellauf und den flachen Unterlauf; die tiefste Stelle des letzteren ist das Grenzniveau, bis zu welchem die erodierende Tätigkeit des Gewässers fortschreiten kann (Erosionsbasis, Abb. 385).

Der Oberlauf beginnt als Bach mit meist starkem Gefälle, daher sein kräftiges Einschneiden unter Erzeugung enger, *V*-förmiger Talquerschnitte. Die Sohle des Gerinnes wird hier nicht nur durch die normale Einschürfung, sondern auch durch die durch Wirbelbewegungen entstandenen Strudellöcher und Erosionskessel vertieft. Das Gefälle ist unausgeglichen, ein Umstand, der sich in Wasserfällen und Stromschnellen äußert. Diese können ihre Ursache in tektonisch bedingten jungen Knickungen der Talsohle haben; in anderen Fällen ist die Ursache in der Abdrängung des ursprünglichen Flußlaufes (z. B. durch Moränen) gegen einen Steilabfall zu suchen (Rheinfall bei Schaffhausen). Meistens werden aber derartige Unstetigkeiten der Talsohle durch einen plötzlichen Festigkeitswechsel der durchschnittenen Gesteine bedingt. Fließt z. B. ein Fluß auf einer horizontalen harten Gesteinsplatte, die auf weicheren Gesteinen ruht, und hat er dieselbe einmal an einer Stelle durchbrochen, dann gräbt er sich in die weichere Unterlage ein und bildet einen Wasserfall. Durch wirbelnde Bewegungen an der Sohle des letzteren unterwäscht er allmählich die Deckplatte bis zum Einsturz derselben. Die Gefällsstufe bleibt dabei stets steil und verlegt sich, der Abbröckelung der harten Oberschichte entsprechend, in einem engen Tal beständig nach rückwärts (Niagarafall. Betrag der jährlichen Rezession nach Gilbert 5 Fuß). Unter weniger typischen Verhältnissen verflacht sich die Gefällsstufe allmählich, so daß sich der Wasserfall in Stromschnellen auflöst. Die Talfurche ist in harten Gesteinen schluchtartig eingeschnitten (Klammen), in weichen sanft abgeböscht. Knapp unterhalb der Gefällsstufe findet man meist tiefe Auskolkungen, denen man bei der Anlage von Staumauern ausweichen muß. Oberhalb der Gefällsstufe, soferne dieselbe durch einen schmalen Streifen eines schwer erodierbaren Gesteins verursacht ist, findet der Fluß Zeit, sein Tal durch Oszillieren beckenartig zu verbreitern.

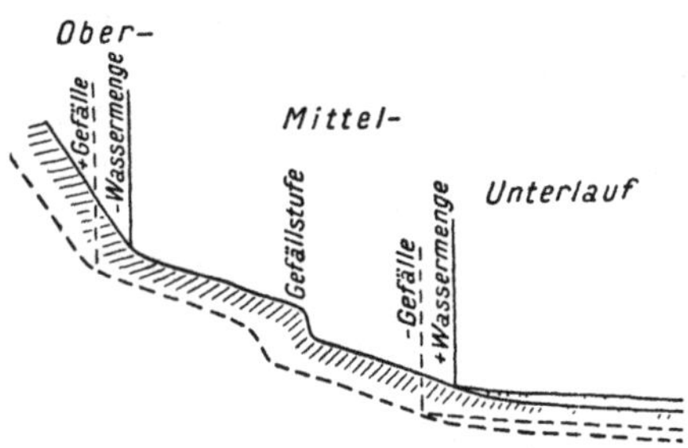

Abb. 385. Ober-, Mittel- und Unterlauf eines Flußes. (Bei der Tieferlegung der Talsohle durch Erosion — strichliertes Profil — verlegen sich die Gefällstufen, aber auch die drei Hauptabschnitte des Flußlaufes nach rückwärts)

Zur Zeit starker Niederschläge oder der Frühlingsschneeschmelze werden, namentlich in Gebieten mit steilen, wenig bewachsenen und waldarmen Tallehnen, den Rinnsalen plötzlich bedeutende Wassermassen zugeführt, die dann als mächtig anschwellende Wildbäche, mit Schuttmassen beladen, zur Tiefe stürzen. Im Hochgebirge mit seinen großen Schuttansammlungen, ferner in Gebieten mit zahlreichen, durch Bodenbewegungen erzeugten Anbrüchen leicht zerstörbarer Gesteine werden besonders aus den trichterförmigen oberen Sammelgebieten große Geschiebemengen zu Tale geführt, die dann im weiteren Verlauf aus den Seitentälern noch eine erhebliche Vermehrung erfahren können.

Über die Anbrüche im Bereich des Wildbaches gibt J. Stiny in seiner Technischen Geologie ein anschauliches Bild, welcher Schilderung wir das Wichtigste entnehmen. Abgesehen von muscheligen und blattförmigen (fächerartig ausgebildeten) Ausrissen, sogenannten Racheln, des Ursprungsgebietes unterscheidet er im Gebiete des Wasserlaufes folgende Arten von Längsbrüchen von den seitlichen Ufer- bzw. Flankenbrüchen.

Die Feilenbrüche entwickeln sich dort, wo das Bachrinnsal von fast ebenen oder nicht übermäßig geneigten Ufern begrenzt wird; es entstehen Formen mit dreieckigem Querschnitte, die einer mit der Spitze nach oben gerichteten Feile ähnlich sind. Sie sind das Ergebnis der nach abwärts gesteigerten Schurfkraft und bilden gefährliche Geschiebeherde. Ihre Behebung erfolgt durch Ausschalung oder Abtreppung des Bachbettes. Die Stufenhöhe der Abtreppung nimmt von oben nach unten zu, bis sie am Fuß in ein kräftiges Querwerk ausgeht.

Bleibt das Stärkeausmaß des Längsschurfes auf der ganzen Strecke annähernd gleich, dann entsteht ein schlauchförmiges Gebilde mit fast dreieckigem Querschnitt, der Rinnenbruch, der bei größerer wasserdurchtränkter Massenabfuhr in den Trogbruch übergeht.

Wo das Wasser des Gießbaches über eine steile Felsstufe auf lockeren Schutt fällt, wird an der dem Kolk sich anschließenden Strecke das starke Gefälle wieder allmählich abnehmen, so daß sich ein oben breiter, nach unten spitz verlaufender Keilbruch ausbildet. Zum Schutz gegen derartige Geröllverschiebungen muß die Anprallstelle unterhalb des Felsabsturzes durch eine kräftige Sohlenverbauung gesichert werden.

Der Fluß, der seitlich die Lehnen unterspült, erzeugt Uferanbrüche, die je nach der Festigkeit und Ungestörtheit der Gesteinslagen größere oder kleinere Massenbewegungen hervorrufen. Durch Unterwaschung der Flanken wird in breiteren Talstrecken bereits die Schlingenbildung eingeleitet. Sind derartige Uferstellen mit Wasser durchtränkt, dann erhöht sich die Gefahr der Rutschung. Hier muß neben der Versicherung der Hänge durch Fuß- und Stützmauern, Leitwerke, Ablenkungssporen usw. auch für eine Drainage gesorgt werden.

Zur Zeit starker Hochwässer können sich im Gebirge die großen Massen lockeren Schuttes mit dem Wasser zu Schutt- und Schlammströmen vereinigen und als Muren zu Tale geführt werden, woselbst sie oft furchtbare Verheerungen anrichten. Verklausungen aller Art durch mitgeführtes Erdreich, Baumstämme usw., sowie große Flankenabrutschungen im Murgebiet, können das Tal verlegen und gefährliche Wassermassen seeartig anstauen, deren plötzlicher Durchbruch (Murbruch) zu verwüstenden Katastrophen führt.

Das Murgebiet kann in drei Teile zerlegt werden, in sein Ursprungsgebiet, in die Wegstrecke, welche die Mure zu durchlaufen hat (Tobel, Murgang), und in den Raum, der nach Abnahme der Transportkraft die sich ablagernden Geschiebemassen, gewöhnlich am Ausgang der Schluchten, als deltaähnliche Schwemm- bzw. Murkegel aufnimmt (S. 433).

Die Verbauung der Wildbachgebiete, welche konsequenterweise vom Sammelgebiet bis zur Talmündung erfolgen muß, hat vor allem den Zweck, besiedelte und bewirtschaftete Gebiete vor Vermurungen zu schützen. Sie bricht nicht nur die zerstörende Kraft des Wassers, sondern schränkt auch die Geschiebeführung ein, wodurch flußabwärts gelegene Werkskanäle und Stauseen vor zu racher Verschotterung bewahrt werden. Sehr häufig kommt die Anlegung von

Stauseen überhaupt erst nach erfolgter Verbauung der geschiebeliefernden Wildbachgebiete in Frage, weshalb bei der Projektierung derselben der Menge der vom Flusse mitgeführten Geschiebe und ihrer Herkunft stets ein besonderes Augenmerk zuzuwenden ist.

Der Mittellauf des Flusses ist durch ein geringes Einschneiden gekennzeichnet, das mit der Geschiebeablagerung ungefähr im Gleichgewicht bleibt. Hier wächst das Tal mit trapezförmigem Querschnitt in die Breite. Flußschlingen, Sandbänke und Inseln stellen sich in großem Umfang ein. In verkarsteten Gebieten beginnen Flüsse mit unterirdischem Oberlauf zuweilen sofort mit einem breittaligen Mittellauf.

Im Unterlauf des Flusses ist das Gefälle und die Erosion gering, es überwiegt die Anlandung des Geschiebes und des Schlammes, weshalb der Talquerschnitt sehr breit und flach wird. Häufig erhöht der Fluß sein Bett unter Bildung von Uferwällen (Po). Es ist klar, daß Flüsse, die sich so über die umliegende Ebene emporheben, bei Hochwasser ihr Rinnsaal verstopfen und unter verheerenden Überschwemmungen ein neues Bett aufsuchen können (Hoangho in China). Zur Hochwasserzeit erfolgt ein Austreten des Flusses in das breitere, über dem Niederwasser gelegene Hochflutbett und die Überflutung großer Inundationsflächen. Im Mündungsgebiet erreicht der Fluß oft unter mehrfacher Stromzerteilung und unter häufiger Hinausschiebung eines deltaförmigen Ablagerungskegels das Meer.

3. Lösungserscheinungen im Kalkgebirge (Karsterscheinungen)

Von K. A. Redlich, Prag

In leicht löslichen Gesteinen, speziell im Kalk- und Dolomitgebirge, spielt die mechanische Erosion eine geringere Rolle als die chemisch auflösende

Abb. 386. Karren im Seewerkalk am Sichelkamm. (Phot. v. A. Heim aus Stille, Geol. Charakterbilder)

Wirkung des Wassers; durch sie entstehen die verschiedensten Auswaschungserscheinungen, die, allgemein gesprochen, unter dem Namen Karstphänomene zusammengefaßt werden.

Das auf schiefen Kalkflächen abfließende Wasser ätzt bis metertiefe, oft durch scharfe Rippen getrennte Riefen aus, die sich auf weiten Flächen zu

Karrenfeldern vereinigen (Abb. 386). Schmale Klüfte verbreitern sich in leicht löslichem Gestein zu zylindrischen „geologischen Orgeln“, unter gleichzeitigen Einbrüchen zu tiefen Naturschächten (Abb. 387). Ähnliche Schloteinbrüche unter gleichzeitiger Pingenbildung infolge Auflösung des Salzgebirges im Zechstein Norddeutschlands beschreibt Krusch. Sie wurden durch die Wasserhaltung der Mannsfelder Kupferschieferbauenden Gewerkschaft verursacht.

Die Karren des Kalkgebirges werden sich um so rascher und tiefer einnagen, je mehr dasselbe von Klüften durchsetzt ist; stark zerrüttete Zonen mit Wasserschluckstellen geben Anlaß zu muldenförmigen Vertiefungen, in welchen sich Schnee — bei Vergletscherung auch Eis — hält und spärlicher Humus sich ansammelt. Diese Ausfüllungen ermöglichen, da sie vor allem die Kohlensäure festhalten, bzw. da die die Erdschichten besiedelnde Pflanzendecke Humussäuren erzeugt, einen stärkeren Angriff und größere Auflösung der Kalkunterlage, so daß aus den flachen, mit Höckern versehenen Kleinmulden trichterförmige Hohlformen mit glattem Gehänge, die sogenannten Korrosionsdolinen, entstehen (Abb. 388 u. 389).

Abb. 387. Naturschacht in Deidou, zirka 80 m tief (nach Martell)

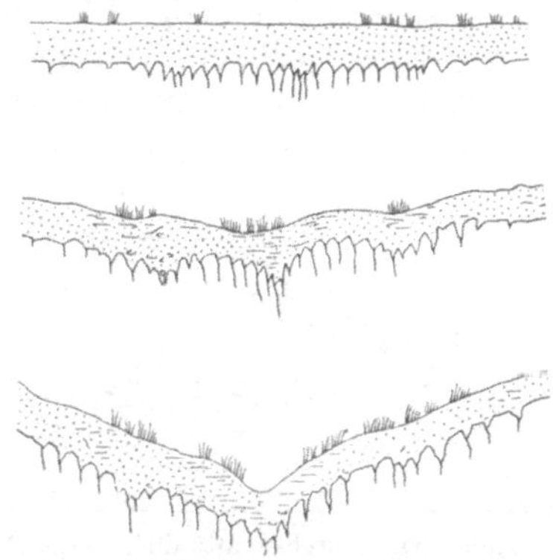

Abb. 388. Bildung einer Doline unter einer Erdschichte (Korrosionsdoline) durch Lösungswirkung angesäuerter Sickerwässer an stärkeren Schluckstellen (nach O. Lehmann)

Als Residuen des Kalkes bleiben nach seiner Auflösung verschieden gefärbte Tone zurück, von welchen die in den Dolinen des istrisch-dalmatinischen Karstes sich ansammelnde rote Terra rossa die bekannteste ist.

Abb. 389. Doline Annaberg, Oberschlesien. (Phot. Prof. B. Brandt)

Werden die Wasserschluckstellen nach unten zu durch wasserundurchlässigen Ton verstopft, so sammelt sich das Wasser, wenn auch selten, zu Karsttrichterseen an.

Wo das Wasser auf größeren Spalten zirkuliert, sei es als Sickerwasser, sei es als unterirdisches Gerinne, werden jene höhlenartig erweitert (Abb. 390). In diesen Höhlen scheidet sich aus dem Tropfwasser durch Abgabe von Kohlensäure das gelöste Kalziumkarbonat als Kalzit ab; es entstehen zapfenartige Gebilde (Tropfsteine), und zwar die von der Decke herabhängenden Stalaktiten und die auf dem Boden stehenden Stalagmiten. Beide vereinigen sich im Verlauf ihres Wachstumes zu Säulen, welche die Decke der Hohlräume mit dem Boden derselben verbinden. Träufelt das Wasser längs einer offenen Spalte, dann entstehen vorhangartige Gebilde. Die zusammengeschwemmten tonigen Lösungsrückstände des Kalkes bedecken als eisenschüssiger Höhlenlehm den Boden (Abb. 390). Infolge zahlreicher eingeschlossener Knochenreste und Exkremente höhlenbewohnender Tiere weist derselbe zuweilen einen hohen Phosphorgehalt auf. Stürzt die zu schwache Hangenddecke solcher Höhlenräume ein, dann bilden sich trichterartige Einsturzdolinen. Die Dolinen vermehren sich entlang großer Störungslinien, verschmelzen zu Uwalas, diese wieder vereinigen sich durch Verschwinden der Zwischenwände zu talartigen Furchen.

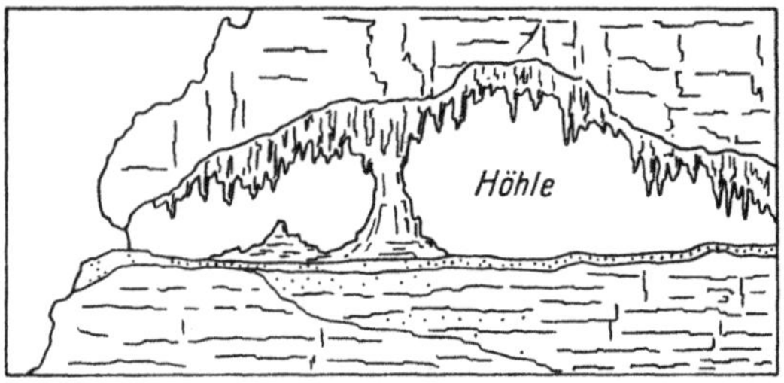

Abb. 390. Durchschnitt durch eine Höhle im Kalk (nach Gümbel)

Abflußlose Täler mit neigungsloser Sohle, die sich nur durch ihre Größe von den Dolinen unterscheiden, sind die sogenannten Poljen. Terzaghi erklärt ihre Entstehung durch die anätzende Wirkung der von Waldbeständen bewachsenen Humusansammlungen an Schluckstellen. Sobald der Wald beim Tiefersinken des Bodens den Grundwasserspiegel erreicht, geht er zugrunde, die Einsenkung aber bleibt als Polje erhalten und wird bei Hochwasser des öfteren unter Wasser gesetzt.

Was die Wasserführung des Karstes anbelangt, so kann ein obertägiger Abfluß des Wassers nur dort erfolgen, wo der Kalk spaltenfrei ist oder durch Lösungsrückstände und Humus gedichtet erscheint. Wo aber Spalten auftreten, wird das Niederschlags- und Flußwasser entlang der Spalten in die Tiefe sinken (Wasserschwinden). Mit zunehmender Reife entwickeln sich diese Spalten zu Höhlensystemen, in welchen sich das Wasser flußartig weiterbewegt. Der unterirdische Lauf hat, entsprechend den verschiedenen Weitungen im Gestein, bald eine seeartige Form, bald ein röhrenartiges Gerinne, auch teilt und gabelt er sich; sogar ansteigende Strecken werden überwunden, wenn das Wasser unter Druck steht (Drücker oder Siphon). Der Fluß hat die Tendenz, sein Bett so tief als möglich zu verlegen; wir finden daher häufig oberhalb der vom Wasser durchflossenen Höhlensysteme trockengelegte Höhlen, die den älteren Weg des Flusses anzeigen.

Wo ein unterirdischer Wasserlauf auf undurchlässiges Gestein trifft, steigt er durch steile Kanäle an die Erdoberfläche und nimmt als offenes Gerinne seinen weiteren Weg, um gegebenenfalls beim neuerlichen Eintritt in ein Kalkmassiv abermals in diesem zu verschwinden.

Bei starken Niederschlägen und zur Zeit der Schneeschmelze vermögen die unterirdischen Kanäle häufig die Wassermassen nicht zu fassen; entsprechend dem oft kompliziert verlaufenden Spaltensystem des Kalkgebirges steigt nach starken Regengüssen der Wasserspiegel auf weite Strecken in wenigen Stunden um viele Meter, überflutet die Dolinen von unten her und verwandelt sie in periodische Seen.

In der Nähe der Küste dringt das relativ schwere Meerwasser entlang der Klüfte weit ins Land, während das Süßwasser infolge seines geringeren spezifischen Gewichtes auf ihm schwimmt. So kommt es, daß man im Küstengebiete, ja sogar auf Inseln, im Grundwasser eine süße bis schwach brackische Oberschichte findet, die auf einem Salzwasserhorizont lagert und entsprechend den Gezeiten Schwankungen in vertikaler Richtung mitmacht. Derartige

Süßwasserschichten im Grundwasser finden zur Trinkwasserversorgung Verwendung.

Unter dem Meeresspiegel austretende Quellen werden zur Zeit der Ebbe als brackische Stellen, zur Zeit der Flut — entsprechend dem häufig großen Überdruck des Spaltenwassers — als Wirbel kenntlich. Auch diese Wasseraustritte werden bei der Wasserarmut des Karstes gefaßt und nutzbar gemacht.

Ähnliche Erscheinungen wie das Kalkgebirge zeigen auch andere leicht lösliche Gesteine, so der Gips usw. (Gipskarst), sie sind nur nicht so bekannt, da der Gips in größeren Massen seltener vorkommt als der Kalk.

Literatur: Cvijić, J.: Hydrographie souterraine et evolution morphologique du Karst. Arbeiten d. Inst. de Geographie Alpine zu Grenoble. 1918. — Lehmann, O.: Kritisches Referat. Zeitschr. f. Geomorphologie, III. Bd., S. 104. 1927. — Lehmann, O.: Das tote Gebirge als Hochkarst. — Schenkl, Th.: Karstgebiete und ihre Wasserkräfte. Wien. 1912. — Penck, W.: Die tektonischen Grundzüge Westkleinasiens, S. 99 bis 109. Stuttgart. 1918. — Terzaghi, K. v.: Beitrag zur Hydrographie und Morphologie des kroatischen Karstes. Mitt. a. d. Jahrb. d. kgl. Geol. R.-A., XX. Bd., 6. H. — Waagen, L.: Karsthydrographie und Wasserversorgung in Istrien. Zeitschr. f. prakt. Geol., XVIII., S. 229. 1910.

C. Seebildung

Von K. A. Redlich, Prag

In Mulden mit genügend wasserundurchlässigem Boden sammelt sich das Wasser zu Tümpeln und Seen verschiedenster Größe und Tiefe. Das gleiche tritt in Gebieten durchlässiger Schichten dort ein, wo sich die Terrainoberfläche unter den Grundwasserspiegel senkt. Die meisten derartigen Wasseransammlungen sind obertägig, nur wenige liegen unterirdisch (Karst). Die Temperatur der Seen ist sehr veränderlich. Sie schwankt an der Oberfläche je nach den Tages- und Jahreszeiten und nimmt normalerweise gegen die Tiefe ab, wenn nicht warme Quellen in der Tiefe eine ungleichmäßige Temperatur erzeugen. In vulkanischen Gebieten kann die Temperatur bis zum Siedepunkt steigen. In Salzseen Siebenbürgens beobachtete A. Kalcezynski eine Akkumulation der Wärme auf über 50° in der tieferen, salzreichen Zone gegenüber der kühleren, salzarmen Oberflächenschichte.

Der Wasserstand der Seen hängt von der Menge der jeweiligen Zuflüsse ab. Bei lange gleichbleibendem Wasserstand bilden sich infolge der Brandung, ähnlich wie bei Flüssen, in die Uferhänge eingeschnittene, schotterfreie oder überschotterte Seeterrassen (vgl. S. 673). Ein geringer oder fehlender Abfluß steigert infolge der Verdunstung den Salzgehalt derartiger abflußloser Wasserbecken (Totes Meer). Viele scheinbar abflußlose Seen mit normalem Süßwasser entwässern sich, dem Auge unsichtbar, nach abwärts (siehe S. 651).

Wird ein Meeresteil vom offenen Meer abgeschnürt, so entstehen Reliktenseen, wie der Aral- und Kaspisee. Führen die einmündenden Flüsse große Süßwassermengen zu, dann kann das Meerwasser teilweise ausgesüßt (brackisch) werden.

Die Seeräume verdanken ihre Entstehung Kräften, welche teils von außen her (exogen) auf die Erdoberfläche wirken, teils innerhalb der Erdkruste (endogen) ihren Sitz haben. Auf dieser Grundlage erfolgt nach E. Kayser ihre Einteilung.

Seen exogenen Ursprunges sind die Abdämmungs- und Austiefungsseen (Abb. 391).

Zu der ersten Gruppe gehören 1. die Gletscher- oder Eisseen, die durch Gletscher, welche aus einem Nebental vorstießen und das Bett des Flußgerinnes verlegten, aufgestaut wurden, nach deren Rückzug sie sich häufig katastrophal entleeren, 2. die durch Moränen abgegrenzten Moränenseen, sei es, daß Endmoränenwälle den Stau bilden (Abb. 407), sei es, daß Seitenmoränen Nebentäler vom Haupttal sperren, 3. die durch Bergstürze und rasch anwachsende Schuttkegel, mit welchen der Tiefenschurf nicht gleichen Schritt halten kann, abgeriegelten Wasserläufe, 4. die in abgedichteten Einsenkungen verschiedenster Art (Glazialschutt, Krater usw.) sich ansammelnden Wässer, die Altwässer mäandernder Flüsse usw.

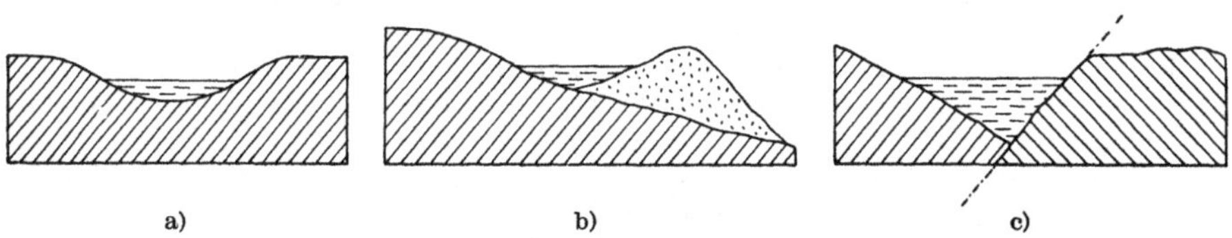

Abb. 391. Schema der Seebildung. a) Austiefungs-, b) Abdämmungs-, c) tektonischer See.

Zu den Austiefungsseen gehören alle durch Erosion (auch Luft- und Eiserosion) gebildeten Wannen, die sich durch Wasserzufluß füllen. Das fließende Wasser (bzw. Eis) kann, durch eine festere Gesteinsbank aufgehalten, selektiv erodieren, d. h. sein Bett nach rückwärts austiefen (Abb. 391a und 403), die wirbelnde Bewegung des Wassers kann Ausstrudelungstümpel erzeugen. Beim Schwinden der eiszeitlichen Gletscher sammelte sich in den Karen (Karseen) und zwischen den Rundhöckern Wasser an, der ältere Moränenschutt der Täler wurde teilweise ausgeräumt und so Platz für größere und kleinere Seen geschaffen. In den Alpen sehen wir neben den hochgelegenen Karseen talabwärts eine Reihe von Hochseen, im Vorland die Randseen.

Abb. 392. Delta von Silvaplana

Die endogen entstandenen tektonischen Seen (Abb. 391c) verdanken ihren Ursprung der Absenkung einzelner Teile der Erdkruste durch tektonische Verschiebungen. Durch Grabensenkungen entstehen Grabenseen, durch einfache Verwerfungen bilden sich zwischen dem verworfenen und stehengebliebenen Trum Seemulden. Innerhalb synklinaler Längstäler sammelt sich Wasser seeartig an, wenn die Faltenachse durch Querfaltungsvorgänge beiderseits aufgebogen wird.

Das Geschiebematerial und die Sinkstoffe der in den See einmündenden Flüsse werden als Schuttkegel in Deltaform (Abb. 392) abgesetzt, so daß das abfließende Wasser, wie bei einer Kläranlage, gereinigt das Becken verläßt.

Die Sedimente des Deltas zeigen Übergußschichtung und gliedern sich in Taschen mit wechselnder Korngröße (Abb. 393, siehe auch S. 56 u. 475). Die in ein Flußsystem eingeschalteten Seen wirken aber auch als Speicherräume für große Wassermassen und verhindern einerseits den plötzlichen Ablauf der Hochwässer in unterhalb gelegene Talstrecken, anderseits ergänzen sie in wasserarmen Zeiten die Wassermenge der sie verlassenden Bäche und Ströme.

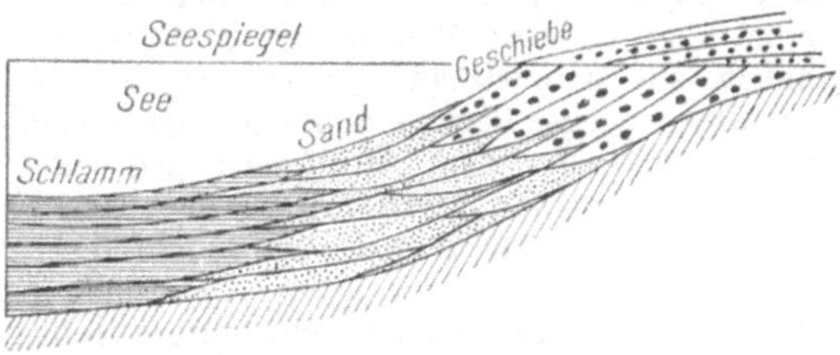

Abb. 393. Schematischer Durchschnitt eines Deltakegels (nach E. Kayser)

Die Sedimente der Seen zerfallen in chemische, organogene und mechanische. Zu den chemischen gehören in erster Linie die Salze der Salzseen, zu den organogenen die Moorbildungen, der organische Schlamm und die Seekreide. Die mechanischen Sedimente bestehen aus den zugeführten Geröllen, Sanden und Sinkstoffen der Schuttkegel, die durch die Wirkung der Stürme auch weit weggetragen, ja sogar zu Barren und Wällen aufgehäuft werden können. Der größte Teil der Uferbildungen besteht aus feinen Sanden, während gegen die Mitte des Beckens zu die Absätze feinster schwebender Teilchen als Schlammassen überhandnehmen. Diese Schlammassen geben häufig Anlaß zu Uferrutschungen (S. 441), namentlich wenn sich der Grad ihrer Durchfeuchtung, wie dies bei Staubecken der Fall ist, wiederholt ändert.

Schuttkegel- und Moränenseen sind oft nur sehr kurzlebig, indem sich das Wasser seinen Abfluß durch das aufstauende Hindernis bahnt. Nur Terrassen und spärliche Reste von Seesedimenten zeigen dann die ursprüngliche Ausdehnung der Wasseraufstauung an.

Enthält jedoch die Barre genügend wasserundurchlässiges Tonfüllmittel, wie dies oft bei Moränen der Fall ist, dann entsteht ein vorläufig haltbares Seebecken, das im Lauf der Zeit seinen Boden durch Seeschlamm weiter abdichtet.

So hat der Achensee in Tirol, der in Moränenschutt eingebettet ist, sein Becken durch Seeschlamm so abgedichtet, daß unter ihm ein unabhängiger Grundwasserstrom besteht, der sich gegen das tiefere Inntal entwässert[1]).

Bei Abdämmungsseen schneidet sich das abfließende Wasser, wie bereits erwähnt, an der Abflußstelle in den Stauriegel ein. Dieses Einschneiden erfolgt bei einem weichen und wasserdurchlässigen Mittel sehr rasch, so daß künstliches Abschließen des Erosionsschlitzes eines derartigen ganz oder teilweise entleerten Beckens zum Zwecke der Wasserstauung nicht nur zwecklos wäre, sondern auch eine große Gefahr in sich bergen würde. Wenn aber das Seebecken gut abgedichtet ist, kann der Erosionseinschnitt durch einen einfachen Erddamm von ähnlicher Zusammensetzung, wie die Barre selbst, wieder geschlossen und das Seebecken zu seiner ursprünglichen Ausdehnung aufgestaut werden.

Der Klöntalersee, in einem breiten Seitental der Linth gelegen, ist durch einen prähistorischen Bergsturz entstanden und war früher viel höher gestaut, bis die Erosion den Seespiegel tiefer legte. Da die ursprüngliche Seebarre durch die natürliche Seedichtung, eine starke Lehmschichte, wasserundurchlässig geworden war, der gewachsene Felsen aber erst in 30 m angetroffen worden wäre, wurde ein geschütteter Staudamm mit einer ähnlichen Dichtung auf das tragfähige Bergsturzmaterial direkt aufgestellt und so der alte Seespiegel wiederhergestellt[2]).

[1]) Ampferer, O. und K. Pinter: Über geologische und technische Erfahrungen beim Bau des Achenseewerkes in Tirol. Jahrb. d. Geol. R. A., Bd. 77, S. 279. Wien.

[2]) Ehrensperger, J.: Das Elektrizitätswerk am Löntsch. Schweizer Bauzeitung, 55. Bd., S. 207. 1910.

D. Das Meer

Von K. A. Redlich, Prag

Die Gesamtfläche der Erde wird zu 26,5 % vom Festlande, zu 73,5 % vom Meere eingenommen. Betrachtet man die vertikale Gliederung der Erdfeste, so kommt man zu dem überraschenden Ergebnis, daß sich die Kontinente nicht allmählich aus dem Ozean erheben, sondern daß sie von einem etwa 200 m unter dem Meeresspiegel liegenden, mehr oder minder breiten Streifen, dem Schelf, umgürtet werden, der ziemlich plötzlich gegen den in einer mittleren Tiefe von 2440 m gelegenen, flachwannenförmigen Tiefseeboden abbricht. Dieser knickartige Küstenabfall gewinnt dadurch an Bedeutung, daß wir unter den uns zugänglichen Meeressedimenten früherer Erdperioden eigentliche Tiefseebildungen kaum kennen und daß die marinen Gesteine, welche unsere Gebirge aufbauen, fast durchwegs Schelfsedimente sind. Es scheint demnach ein prinzipieller Gegensatz zwischen dem zum Kontinentalblock gehörigen Schelf und dem eigentlichen Ozean zu bestehen, der für eine innerhalb gewisser Grenzen bestehende Permanenz der Ozeane und Kontinente spricht. Die mannigfachen Vorstöße und Rückzüge des Meeres vergangener Erdepochen, die Gegenstand der geologischen Forschung bilden, haben sich durchwegs im Schelfgebiet abgespielt, so wie auch die Ablagerungsräume der in den Faltengebirgen zusammengestauchten Gesteinsmassen Schelfcharakter trugen.

Zerstörende und aufbauende Wirkung des Meeres. Das durch den Wind bewegte Wasser bildet in seinen obersten Schichten Wellen, welche den Strand annagen und das losgelöste Gesteinsmaterial als Meeressediment derart umlagern, daß ein Teil mehr oder minder an Ort und Stelle liegen bleibt, während der andere, feinkörnigere, in das Meer hinausgetragen und in überwiegendem Maß in Ufernähe wieder abgelagert wird. Unterstützt wird die Zerstörung durch die chemische Wirkung der Meersalze, der Kohlensäure und des Sauerstoffes des Wassers[1]), durch die lösende Kraft des Meerwassers und schließlich hauptsächlich durch die scheuernde Wirkung der von den Wellen hin- und herbewegten, sich stets verkleinernden Gerölle.

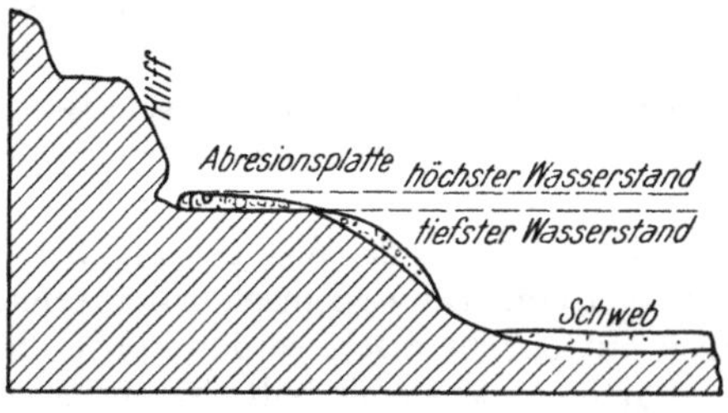

Abb. 394. Die Arbeit der Abrasion am Meeresstrand und die Entstehung von Strandterrassen

Auch die Gezeiten erzeugen durch das Vor- und Rückfluten des Wassers bei Flut und Ebbe eine Veränderung der Küste. Sie können die Ablagerung von Sedimenten verhindern, also die Deltabildungen mancher Flußmündungen (Elbe) unmöglich machen, so daß sich diese trichterartig gegen das Meer öffnen. Ferner entstehen durch das vordringende und rückflutende Wasser tiefe Rillen in der sonst flachen Strandsee (Wattenmeer).

Die Brandungswelle arbeitet im Gegensatz zur einschneidenden Erosion mehr oder minder flächenhaft und parallel zur Landoberfläche. Ihre Wirkung nennen wir Abrasion. Sie erzeugt am Ufer Rillen, Auswaschungslöcher, Höhlen und unterwäscht hohlkehlenartig den Fuß der Uferlehnen. Bei den durch Unterwaschung herbeigeführten Einstürzen bleiben oft, wie auf Helgoland, einzelne Riffelsen stehen, bis schließlich auch sie stürzen und ein gleichmäßig sanft ansteigender Strand (Abrasionsplatte) entsteht, der landeinwärts dort endigt, wo die anrollende Welle verebbt. Der Steilrand heißt Kliff (Abb. 394). Je nach der Gesteinsbeschaffenheit wird die Ab- bzw. Unterwaschung rascher oder langsamer erfolgen. Der Abschluß der Abrasionsplatte ist im Sand flach

[1]) Über die Zusammensetzung des Meerwassers vgl. S. 73 und 563.

geböscht, im Ton halbrund, im harten Felsen eine Hohlkehle mit überhängender Steilwand. Der Abrasion arbeitet auf der festen Landoberfläche die Verwitterung und die Denudation vor. Wird der Abrasionsvorgang durch eine plötzliche Hebung des Landes unterbrochen, dann sehen wir hoch über dem heutigen Strande gelegene Strandterrassen (Abb. 394). Im umgekehrten Fall, also bei Senkungen des Landes (Meerestransgression), wird die Abrasion, das Ufer verflachend, immer weiter ins Land vordringen und so allmählich ganze Gebirge abtragen (Abb. 395). Auf der festen Unterlage bleiben dann häufig die groben Strandgerölle liegen, die, von feinkörnigen Ablagerungen des immer tiefer werdenden Meeres bedeckt, als Basalkonglomerate (Transgressionskonglomerate) die Serie der marinen Sedimente einleiten. Ein großartiges Beispiel einer Transgression beginnt in der Kreideformation; zu Beginn der oberen Kreide wird neben anderen Kontinenten fast ganz Europa mit Meeressedimenten bedeckt.

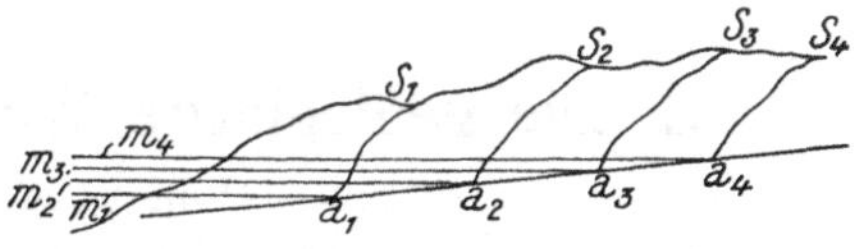

Abb. 395. Entstehung einer marinen Abrasionsfläche durch allmähliche Senkung des Landes. (m_1 bis m_4 vier verschiedene Wasserstände des Meeres, $a_1 S_1$ bis $a_4 S_4$ die entsprechenden Steilabfälle des Strandes) (nach E. Kayser)

Wo harte und weiche Schichten abwechselnd gegen das Meer ausstreichen, wird die Brandung in die weichen Lagen eine Reihe von Parallelbuchten einschneiden. So entstehen die Riasküsten (Südwestteil der irischen Küste).

Ist das Schichtenstreichen hingegen parallel zum Meeresstrand gerichtet, dann verlaufen die Küsten ohne stärkere Einschnitte mehr oder weniger geradlinig, sofern nicht erodierende Flüsse die Strandlinie durch Buchten gliedern.

Auch das Fallen der Schichten hat einen Einfluß auf die Zerstörbarkeit der Küste. Bei waagrechter Lagerung wirkt die Brandung verhältnismäßig schwach, auch bei seewärtsfallenden Schichten rollt die Welle ohne großen Widerstand gleichmäßig ab, doch können hier Abrutschungen entlang der Schichtflächen den Abtragungsprozeß beschleunigen. Fallen hingegen die Schichtköpfe landeinwärts, dann wird die Unterwaschung und Abtragung des Ufers am stärksten in Erscheinung treten.

Der abradierenden Wirkung des Meeres kann zwar durch Kunstbauten entgegengearbeitet werden, eine vollständige Sicherung ist jedoch fast unmöglich, da die stärksten Dammbauten und Felsstützungen dem sturmgepeitschten Meer im äußersten Fall nur schwer Widerstand leisten. E. Kayser gibt in seinem Lehrbuch der Geologie an, daß Messungen, die mit einem nach Art der Federwaage konstruierten Apparat von Stevenson vorgenommen wurden, für die Stoßkraft der Brandung Werte von 3000 bis 10000 kg auf 1 cm^2 ergaben, die bei großen Stürmen sogar bis auf 30000 kg stiegen. Diese Zahlen im Verein mit den großen Blöcken von 100 q und mehr, die zu Zeiten großer Stürme vom Ufer losgerissen werden, lassen die ungeheure Kraft, der entgegengetreten werden soll, ermessen.

Der zerstörenden Wirkung der Brandung steht die aufbauende Wirkung des Meeres durch Wiederablagerung des abgerissenen Materials sowie durch die Tätigkeit der meeresbewohnenden Lebewesen gegenüber (S. 53 u. 79).

Wo die Kraft der Wellen nachläßt oder wo durch entgegengesetzte Strömungen das mitgeführte Material aufgehoben und zurückgeworfen wird, entstehen bei Wiederablagerung des letzteren Sandbänke (Lidi, Nehrungen, Limane), hinter welchen sich das Meer als Lagune ausbreitet, oder es erheben sich am Ufer Strand- und Küstenwälle.

Die feinsten Sinkstoffe terrigener Herkunft, welche die Flüsse in das Meer tragen, werden durch die Einwirkung des Elektrolytgehaltes des Seewassers rasch niedergeschlagen und mischen sich mit den durch die Tätigkeit der Brandung entstandenen Zermalungsprodukten der Strandgesteine.

Bemerkenswert ist schließlich, daß man auch auf dem Meeresgrund eine durch Meeresströmungen hervorgerufene Erosion kennt und daß sich zuweilen unterseeisch innerhalb wenig oder nicht verfestigter Sedimente sogenannte subaquatische Rutschungen abspielen, die häufig mit faltenartigen Verbiegungen der Schichten verbunden sind. Derartige Vorgänge innerhalb der sich bildenden Sedimente können Diskordanzen und faltende tektonische Bewegungen vortäuschen.

E. Die geologische Wirkung von Schnee und Eis

Von K. A. Redlich, Prag.

Das Wasser tritt im festen Zustand als Schnee und Eis auf.

Durch den Wind wird der Schnee, ähnlich wie der Sand, als Düne wallartig aufgehäuft, wodurch Verwehungen entstehen. Meistens zeigen solche Anhäufungen entsprechend der Windrichtung eine gewisse Ortsbeständigkeit, so daß sie dann entweder durch vorheriges Abfangen mittels sogenannter Schneewände oder durch Überleiten über die gefährdeten Objekte unschädlich gemacht werden können. Das Abfangen des durch den Wind bewegten losen Schnees erfordert eine geschlossene, lückenlose Wand.

Überwindet in einem steileren Gelände die Schneemasse, der Schwerkraft folgend, die Reibung an der Unterlage, so entstehen Rutschungen, die im Hochgebirge Lawinen oder Lahnen heißen und die namentlich im föhnreichen Frühjahr zum Absturz gelangen. Die Form der Lawinen kann eine verschiedene sein. Entweder die Schneedecke reißt an einer Stelle und bewegt sich auf glatter Unterlage als einfaches Schneebrett nach abwärts, das schließlich in einer sanften Mulde ausläuft; oder die in Bewegung geratene Masse reißt auf ihrer Bahn das weiche Schneematerial mit sich, schwillt dadurch zu immer größeren Dimensionen an und kann, gegen die Tiefe stürmend, Wälder und Ortschaften vernichten, bis sie, in Schollen zerfallend, als Lawinenfeld auf sanft geneigter Bahn liegen bleibt. Pulverschnee auf härter gefrorener Unterlage bildet Staublawinen, welche gleichfalls großen Schaden anrichten können.

Die Ursache der Lawinenbildung kann eine verschiedene sein. Das Abbrechen von überhängendem Gipfelschnee (sogenannten Schneewächten), das Abgleiten ursprünglich kleiner Schneebretter, ja sogar eine Erschütterung der Luft durch Wind, Schüsse usw. kann den geringfügigen Anlaß derartiger Schneerutschungen bilden. Je glatter die Unterlage ist, desto leichter nimmt die Lawine ihren Weg zur Tiefe, sei es, daß glattes Berggras, umgelegtes, mit einer Eisschichte bedecktes Krummholz usw. „Grundlawinen" auslöst, sei es, daß hartgefrorene Schneelagen eine Oberschichte (Oberlawine) zum Abgleiten bringen.

V. Pollack sieht auch in dem Schmelzwasser der Schneeauflagerung ein Schmiermittel für die Bewegung der Schneemassen. Warmer Höhenregen oder zum Teil auch rasches Auftauen macht auf eine gewisse Tiefe die Schneedecke breiartig und daher leichter beweglich, so daß die betreffende Masse sich von dem darunterliegenden komprimierten, aber noch trockenen Schnee abtrennt und als Oberlawine — in diesem Falle Wasserlawine genannt — abgeht.

Wälder hemmen zwar die Bildung und den Lauf der Lawinen, zu kleine Baumbestände aber wird die nach abwärts schießende Schneemasse mit zu Tale reißen.

Auch die Gesteinsunterlage bildet einen wesentlichen Faktor für die Lawinenbildung. Grobzackige, rauhe Gesteine sind viel weniger lawinenhold als Schiefer, auf deren glatten Platten und tonigen Verwitterungsschichten eine leichte Abgleitung erfolgt.

Eine besondere Eignung für die Lawinengänge besitzen Gräben und Runsen, vor allem wenn sie mit Wasser durchtränkt sind. Aber auch sonst gibt es im Hochgebirge nur wenige Punkte, welche absolut lawinensicher sind. Dazu gehören größere Plateaus, vorspringende Bergnasen zwischen Lawinengängen, Rückfallkuppen und Punkte, über welche die Lawinen, ähnlich einem Wasserfall, hinwegfegen können.

Die ungeheuren Schäden, welche Lawinen im Hochgebirge, namentlich zur Zeit der Schneeschmelze, anrichten, zwingen zu Schutzmaßnahmen in den betroffenen Gegenden.

Dieselben werden durch den Umstand erleichtert, daß die Lawinen fast stets den gleichen Weg einschlagen, während sie außerhalb solcher Lawinenbahnen relativ selten sind.

Zum Zwecke des Lawinenschutzes wurden nach Stiny im Krieg Lawinenkarten angelegt, deren genaue Führung er mit Recht als besonders wichtig für die Bekämpfung der Lawinengefahr bezeichnet (Abb. 396).

Abb. 396. Zeichenschlüssel für Lawinenkarten (nach J. Stiny)

Abgesehen davon, daß man lawinengefährliche Punkte bei Kunstbauten so weit als möglich meiden soll, muß man, wo dies nicht geht, zu Schutzbauten greifen. In Lawinengebieten wird durch Schneefänge, Schneerechen, Trockenmauern und auf Ständern ruhende, horizontale Schneebrücken der Hang abgetreppt und die Lawine aufgefangen bzw. ihre Geschwindigkeit vermindert. Spaltecken und Lawinenzerteiler haben eine spaltende und dadurch massevermindernde Wirkung. Größere konkave Einsenkungen hinter Felsmassen oder Mauern werden, wenigstens anfangs, einen Teil der Schneemassen aufnehmen. Auch stärkere Leitwerke können der Wucht der Lawine eine unschädliche Richtung geben, doch dürfen sie nicht zu schwach gebaut sein, damit sie nicht überwunden werden; ferner müssen die Krümmungen, entsprechend der Schneemasse, richtig dimensioniert sein, damit letztere die durch die Biegung vorgeschriebene Bahn nicht verlasse.

Genügen diese Vorkehrungen nicht, so tritt an ihre Stelle eine solid gebaute Überdachung bis betonierte Überwölbung (Tunnel oder Galerie). Schneedämme liefern provisorische Schutzmittel.

V. Pollack trachtete aus Beobachtungen und Versuchen in der Natur die von den Lawinenschutzbauten aufzunehmenden Kräfte abzuleiten und auf Grund dieser

Berechnungen die Bauten zweckmäßig zu dimensionieren und anzuordnen. Er findet, daß der Reibungswinkel des Schnees — also jener Winkel, bei welchem die Rutschbewegung einsetzt — gewöhnlich zwischen 30 bis 40° liegt, wobei aber in extremen Fällen diese Werte auch über- und unterschritten werden können.

Aus der Bewegung eines künstlich verursachten Abrutsches rechnet er den Reibungskoeffizienten (einschließlich des Luftwiderstandes) mit $f = 0{,}62$ (entsprechend einem Reibungswinkel von 32°).

Die Kenntnis dieses Koeffizienten würde die Berechnung des Druckes der auf schiefer Ebene ruhenden Schneemasse auf den Schutzbau sowie der Geschwindigkeit (v) gestatten, welche die Rutschmasse infolge beschleunigter Bewegung (g Beschleunigung der Schwerkraft) nach der Zeit (t) erlangt. Der Druck der Schneemasse (P) rechnet sich aus ihrem Gewicht (G) und der Gehängeneigung (α).

$$P = G\,(\sin \alpha - f \cos \alpha).$$

Abb. 397. Gletscherbild (nach Simony). (Seiten-, Mittel-, Stirnmoräne, Gletschertor, Gletscherbach)

Die Geschwindigkeit (v) nach der Zeit t ist gleich:

$$v = g\,t\,(\sin \alpha - f \cos \alpha).$$

Aus der Geschwindigkeit rechnet sich die lebendige Kraft (E) der bewegten Schneemasse

$$E = \frac{Gv^2}{2g}.$$

Aus dem Druck der im Intervall der Schutzbauten ruhenden Schneemasse rechnet V. Pollack bei gegebener Stabilität derselben deren zulässige größte Entfernung. Die Stoßwirkung bewegter Massen kann die Bauten natürlich weit mehr beanspruchen, doch liefert die Berechnung der einflußnehmenden Faktoren (Massengröße, Dichte der Schneemasse, Luft- und andere Widerstände) immer fragliche Ergebnisse.

Je höher wir im Gebirge emporsteigen, desto geringer wird die mittlere Jahrestemperatur; sie genügt schließlich nicht mehr, um den während des Jahres gefallenen Schnee zum Schmelzen zu bringen. Diese Grenze wird zum Unterschied gegen die während der Jahreszeiten variable momentane Schneegrenze als wirkliche Schneegrenze bezeichnet. Dieselbe unterliegt infolge periodischer Klimaschwankungen ebenfalls Verschiebungen.

Durch Sammelkristallisation vereinigen sich die Schneeflocken in den oberhalb der Schneegrenze gelegenen Sammelgebieten (Firnfeldern) zu größeren gerundeten Kristallaggregaten, dem locker körnigen Firn.

Durch Zusammenbacken des losen Firnes zu einer festen Eismasse infolge des Druckes der überlagernden Schnee- und Firnmassen entstehen die Gletscher als Ausfüllungen kleiner Gehängenischen (Karansammlungen), als flußartig gestreckte Gletscherströme (Abb. 397), schließlich als weite Flächen umhüllendes Inlandeis der Polargebiete[1]).

[1]) Vom Gletschereis ist das durch Bodenfrost erzeugte Stein- oder Bodeneis Sibiriens mit seinen Mammutresten usw., ferner das See-, Fluß- und Meereis zu unterscheiden.

Das Gletschereis ist bald massig, bald mehr oder minder geschichtet, eine Erscheinung, welche auf verschiedene Firnung und Staubschmutzbänder zurückzuführen ist. Haarrisse, Längs- und Querspalten durchsetzen seinen Körper.

Die Plastizität des Eises bewirkt schon auf schwach geneigten Flächen ein Fließen der Masse, ähnlich dem durchweichten Ton. Bei größeren Niederschlägen und bei Temperaturerniedrigung wird der Gletscher weit unter die ursprüngliche Schneegrenze, ja bis unter die Baumgrenze wandern und sich dadurch große Gebiete des Vorlandes erobern. In den Alpen wurden Vorstoßgeschwindigkeiten von 30 bis 180 m im Jahr beobachtet. Bei genügender Temperaturerhöhung tritt ein Abschmelzen des Gletschers ein, welches die Vorwärtsbewegung oft übertrifft, der Gletscher wird dann kürzer, das alte Vorland kommt als Rückzugsgebiet wieder zum Vorschein. Dieses Vorstoßen und Rückgehen der Gletscher ist an bestimmte Perioden gebunden. Es gibt aber auch Gletscher, die keine Schwankung zeigen, die stationär sind.

Die Schmelzwässer sammeln sich innerhalb des Eises in Kanälen, verursachen an der Sohle des Gletschers oft Wirbel und Auskolkungen (Gletschermühlen), sinken allmählich zur Tiefe, bis sie in kleinen Rinnsalen oder starken Gletscherbächen durch das „Gletschertor" den Gletscher an seinem unteren Ende verlassen. Die Schmelzwässer befördern in den verschiedenen Jahreszeiten größere oder kleinere Mengen von Gesteinsgeröllen in das unmittelbare Vorfeld und vereinigen sich in Sammelrinnen, die namentlich zur Zeit der letzten eiszeitlichen Vergletscherung Europas als Urstromtäler gewaltige Dimensionen angenommen haben.

Abb. 398. Rundhöcker-Landschaft, Lappland (Phot. B. Brandt)

Das Vorstoßen der Gletscher kann oft ein Seitental dammartig absperren, wodurch sich der Bachlauf des letzteren seeartig anstaut. Das Wasser wird nach Durchnagung des Eises oft mit Ungestüm in das Haupttal einbrechen und kann furchtbare Verheerungen anrichten. Die beste Schutzmaßnahme ist die Errichtung von Staudämmen, welche das plötzliche Hervorbrechen des Wassers verhindern.

Der Gletscher kann sich durch Felsen, welche sich seinem Laufe entgegenstellen, in zwei oder mehrere Gletscherzungen spalten.

Wo Gletscherströme ins Meer münden, brechen von ihren Stirnen große Eisblöcke ab; man nennt die Erscheinung „Kalben der Gletscher". Diese Eismassen (Eisberge) werden durch Strömungen weit in das Weltmeer verfrachtet und schleppen Gesteinstrümmer des Gletschergebietes mit, die nach dem Abschmelzen der Eisschollen als exotische Blöcke in die Meeressedimente geraten.

Die Gletscher erzeugen mannigfaltige Veränderungen ihres Untergrundes. Wo sie anstehendes, festes Gestein überschreiten, schleifen sie im Verein mit dem an ihrer Sohle mitgeschleppten Schutt die unebene Unterlage zu Rundhöckern (roches moutonnées) ab (Eiserosion), wobei die Richtung der Eisbewegung durch Schrammen gekennzeichnet wird (Abb. 398). Überdies werden durch das vorrückende Eis Blöcke des Untergrundes ausgebrochen. Nicht nur die Gesteine der Unterlage weisen Schrammen auf, auch die vom Gletscher vorwärtsgeschobenen Gesteinsbrocken werden gerundet und haben die gleichen strichartigen Marken; sie werden als gekritzte Geschiebe bezeichnet (Abb. 399). Gekritzte Geschiebe werden im allgemeinen als untrügliche Beweise einstiger Vergletscherung angesehen, doch können auch im Wildwasser fortbewegte Gerölle, ferner Trümmer aus Reibungsbreccien ähnliche Kerben aufweisen.

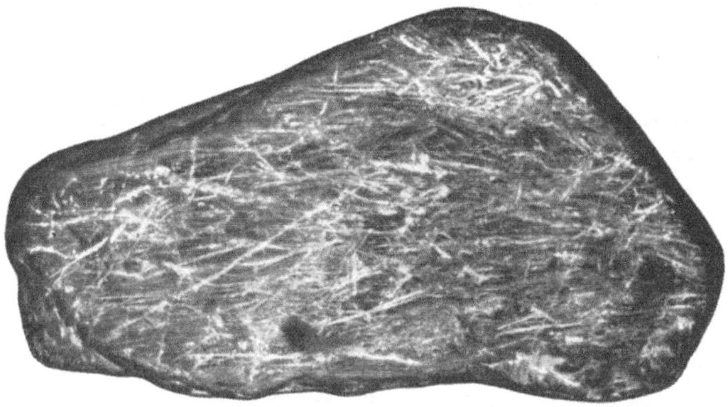

Abb. 399. Gekritztes Geschiebe

Die die Gletscher überragenden Berge liefern infolge der starken Frostwirkung viel Schutt, der von dem Gletscher als Moräne nach abwärts geschoben wird, wobei gleichzeitig das Hauptbett ausgeräumt und von älterem Schutt befreit wird. Man findet daher im Hochgebirge nach dem Rückzug der Gletscher den oberen Teil des ehemaligen Bettes frei von Schutt mit blanker Felsunterlage; er bildet dann oft eine geeignete Stelle für die Errichtung von Staumauern.

Die Moränen bestehen vorwiegend aus Blockmaterial (Blockmoräne); findet bei der Vorwärtsbewegung eine starke Kornzerkleinerung statt, dann kommen gekritzte Geschiebe in eine feinkörnige Sand- und Tonmasse zu liegen (Geschiebemoräne), schließlich überwiegt das im nassen Zustand schlammartige Gesteinspulver über die Blöcke und das Gerölle. Infolge des feinen Kornes des Bindemittels und seines tonigen Charakters sind die Moränen meist sehr wasserundurchlässig. Nur dort, wo gröbere Partien in die Moräne eingeschaltet sind und der Ton zurücktritt, bilden sich größere oder kleinere wasserdurchlässige Linsen (Wassersäcke) (S. 568). Moränenboden ist meistens sehr fruchtbar.

Je nach der Lage zum Gletscherstrom unterscheidet man an den Flanken Seiten-, am Zusammenfluß zweier Gletscherzungen Mittel-, auf dem Gletscherboden Grund- und an der Stirne Endmoränen. Namentlich die Grund- und Endmoränen erreichen oft eine große Mächtigkeit; letztere bilden wallartige Abschlüsse, hinter welchen sich häufig das Wasser zu Seen ansammelt.

Überschreitet ein vorstoßender Gletscher die Endmoräne, dann modelliert er dieselbe rundhöckerartig um und zerteilt so das alte Gletschervorland in der Richtung des Eisstromes in gestreckte elliptische, brotlaibartige Hügel (Drumlins, Abb. 400) oder er pflügt sie bzw. die lockeren Gesteine des Vorlandes von der festen Unterlage los, staucht und faltet sie zusammen.

Nur selten sieht man in der Moräne eine schichtige Anordnung angedeutet; der Mangel einer solchen, im Verein mit gekritzten Geschieben, gilt vielmehr als Erkennungszeichen für eine Moränenablagerung (Abb. 401).

Die aus den Schmelzwässern hervorgegangenen Bildungen sind im Gegensatz zu den Moränenablagerungen, ähnlich wie Flußsedimente, geschichtet; sie zeigen oft Kreuzschichtung. Knapp vor dem Gletscherrand entstehen ausgedehnte Schotterebenen (Sandur), deren Material infolge der natürlichen Aufbereitung im fließenden Wasser in weiterer Entfernung immer kleinkörniger wird, bis es schließlich in feine Sande und Tone übergeht, die wechsellagernd als Bändertone bezeichnet werden.

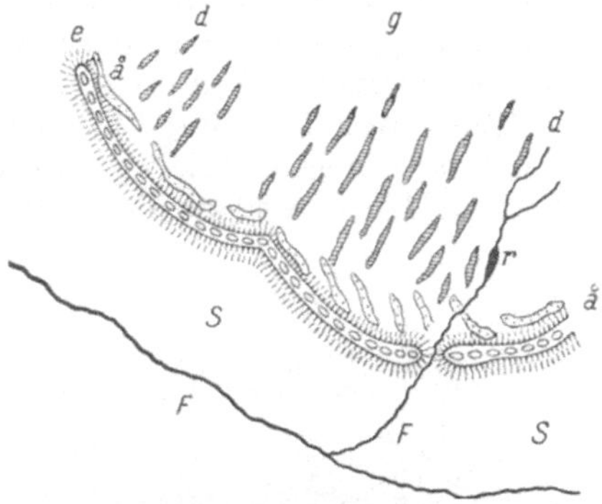

Abb. 400. Schema der Anlage der norddeutschen Glaziallandschaft (nach A. Tornquist) *S* Sandur, *F* Flußsystem mit Rinnensee (*r*), *å* Åsar, *d* Drumlins, *g* Geschiebemergelebene, *e* Endmoränenwall

Durch Glazialerosion entstehen eigentümliche Bodenformen, welche leicht von den Bildungen der Flußerosion zu unterscheiden sind.

Im allgemeinen werden durch Eisströme infolge der starken seitlichen Erosionswirkung derselben trogförmige Talformen mit U-förmigem Querschnitt ausgearbeitet, während die einschneidenden Flußtäler einen mehr spitz zugeschnittenen, V-förmigen Querschnitt haben. Nach dem Rückzug des Gletschers schneidet das abfließende Wasser in den glazialen Trog seine Erosionsrinne ein, so daß wir in Glazialgebieten meistens beide Formen kombiniert finden (Abb. 402 b). Durch abermaliges Vorstoßen des Gletschers in ein Erosionstal können zwei Tröge übereinander zu liegen kommen (Abb. 402 a).

Abb. 401. Moränenschutt (Phot. Prof. Salomon)

Demgegenüber weist J. Stiny[1]) darauf hin, daß verschiedene einst vereiste Alpentäler keine Trogform zeigen, während umgekehrt in nie vergletschert gewesenen Gebieten Taltröge häufig anzutreffen sind. A. Heim[2]) und J. Stiny glauben, daß die Trogform nur durch die Schuttkegel und Schutthalden der Talflanken bei vorübergehend aussetzendem

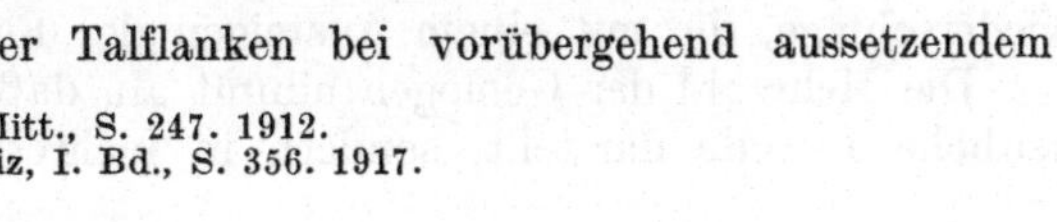

Abb. 402. a) Durch Gletschererosion gebildetes Trogtal, *I* älteres, *II* jüngeres Trogtal. b) *U* Trogtal, *V* Erosionstal

[1]) Stiny, J.: Taltröge. Peterm. Mitt., S. 247. 1912.
[2]) Heim, A.: Geologie der Schweiz, I. Bd., S. 356. 1917.

fluviatilen Tiefenschurf entstanden ist und daß bei neu einsetzender Erosion ein abermaliges Einschneiden der Flüsse in V-Form erfolgt.

Da mit der Größe der Gletscher ihre Erosionskraft wächst, so sind die Haupttäler gegenüber den Nebentälern häufig stärker vertieft. Man spricht auch von übertieften Haupttälern. Das Nebental (Hängetal) endigt dann mit einer Stufe, über deren Rand das Wasser als Wasserfall in das Haupttal herabfällt und bei genügender Zeit, rückwärts einschneidend, enge Mündungsklammen bildet. A. Heim erklärt diese Übertiefungen mit einer schnelleren Erosion des Hauptflusses gegenüber dem Nebenfluß. Die seitlichen Hängetäler weisen gegenüber dem übertieften Haupttal eine feste Sohle ohne Schotterbedeckung auf, ein Umstand, der bei Fundierungen von Wasserbauten nicht übersehen werden darf.

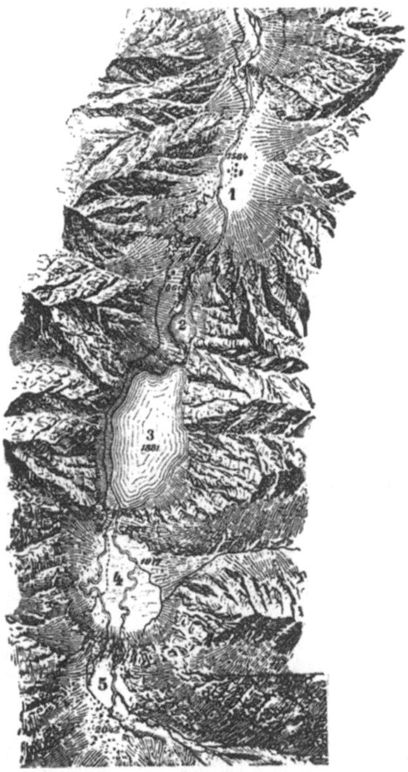

Abb. 403. Durch auswählende (selektive) Erosion entstandene Talstufen (nach H. Philipp in Salomon, Geologie)

In Gletschertälern finden sich zuweilen querverlaufende, riegelartige Erhöhungen oder Talstufen, die auf ungleichmäßige Erosion verschieden harter Gesteine (Abb. 403), nach H. Philipp zuweilen auch auf Verminderung der erodierenden Eismassen durch Abspaltung (Diffluenz) eines Gletscherastes zurückzuführen sind. Die einzelnen Wannen werden später nach Überwältigung der Wasserscheiden durch Bachrinnen miteinander verbunden, teilweise auch zu Seen aufgefüllt.

Eine über weite Flächen reichende Vereisung finden wir heute nur als Inlandseis um die Pole gelagert. In früheren Erdperioden wurden durch abnorme, langandauernde Klimaverschlechterungen auch andere weite Länderstrecken vom Eis erobert und haben eine „Eiszeit" mitgemacht. Bereits im Kambrium und Perm finden wir, speziell in Australien, Indien und Südafrika, Spuren einer derartigen Vergletscherung. Viel wichtiger ist jedoch für den Ingenieur wegen der großen Verbreitung der Absätze jene Vereisungsperiode, welche vor der Jetztzeit (Alluvium) in der Diluvialzeit einen großen Teil Europas und Nordamerikas ergriffen hat. In Europa lag das Zentrum der Vereisung im nördlichen Skandinavien und in Finnland, von dort breitete sich die Eisdecke bis in das Deutsche Mittelgebirge aus und ergriff auch England (Abb. 404). In den Alpen dehnten sich die großen Gletscher weit über das Vorland aus und hinterließen ihre gewaltigen Moränenablagerungen (Abb. 405). Kleine bis kleinste Vergletscherungsgebiete lagen auch im Riesengebirge, im Schwarzwald, in den Vogesen, im Harz, im Balkan, in den Pyrenäen und Karpathen. Gleichzeitig mit der Vereisung erfolgten in den benachbarten Gebieten erhöhte Niederschläge, die mit einem Ansteigen der Flüsse verbunden waren.

Die Mehrzahl der Geologen nimmt an, daß die diluviale Eiszeit keine einheitliche Periode darstellt, sondern in mehrere Vorstöße und Rückzüge der

Gletscher zerfällt. Die Zeiten der eigentlichen Vereisung bezeichnet man als Glazialzeiten, die dazwischen liegenden Perioden wärmeren Klimas als präglazial, postglazial bzw. interglazial.

In Norddeutschland nimmt man nach Keilhack drei Eiszeiten und zwei Interglazialzeiten, in den Alpen dagegen nach Penck und Brückner vier Eiszeiten und drei Interglazialzeiten an, und zwar als älteste die Güns-, dann die Mindel-, hierauf die Rieß-, schließlich die Würmeiszeit.

Abb. 404. Übersichtskarte Europas im Eiszeitalter. Punktierte Linie: Vereistes Gebiet während der größten Eisverbreitung. Schwarze Linien: Endmoränen der letzten Vereisung

Das ganze ehemalig vereiste Gebiet und sein Vorland hat dieselben Ablagerungen wie die heutigen Einzelgletscher, nur ist die Ausdehnung der Absätze eine bedeutend größere.

Rundhöcker geben der Glaziallandschaft ihr eigenes Gepräge. Tiefe, meist mit Blockmaterial erfüllte Riesenkessel (Kolke), welche durch wirbelnde Bewegung der mit Geröllen beladenen Schmelzwässer entstanden sind, haben sich in den Boden eingegraben. Weiche Gesteine der Moränen und des tieferen Untergrundes wurden durch den Druck und die Bewegung des Eises gepreßt, gestaucht und gefaltet (Abb. 406). Gesteinsblöcke wurden losgerissen und kilometerweit fortgetragen. Aus weit entfernten Erdstrichen stammen die erratischen Wanderblöcke, welche die Gletscher herbeigeschleppt haben. Im Gebirge lassen uns die Trogtäler und übertieften Seitentäler die einstige Vereisung erkennen. Gewaltige Moränen überziehen das Land. Die Grundmoräne besteht aus gekritzten und geschliffenen Geschieben der verschiedensten Eruptiv- und Sedimentgesteine, welche oft aus weit entfernten Gegenden stammen. Das Bindemittel ist meistens infolge der Zerreibung von

Kalkgerölle sandig-mergelig, wird jedoch durch die Tätigkeit später einsickernder Wässer leicht entkalkt, so daß das Endprodukt einen bräunlichen Lehm (Blocklehm) darstellt. Derartige Verwitterungszonen liegen oft zwischen älteren und jüngeren Moränenablagerungen. Die Mächtigkeit der Grundmoräne ist in Norddeutschland 8 bis 10 m, kann aber auch noch um ein Bedeutendes steigen. Sie bedeckt fast das ganze, einst vergletscherte Gebiet. Geschlossene, steilrandige Wasserlöcher — Söhle oder Pfuhle —, hervorgegangen aus Ausstrudelungen der Schmelzwässer, größere Seen und Moorbildungen, aber auch wasserleere Kessel (Einsackungen infolge Abschmelzens isolierter, von Sedimenten bedeckter Eisschollen) sind charakteristische Erscheinungen in der Oberflächengestaltung ehemals vereister Gebiete.

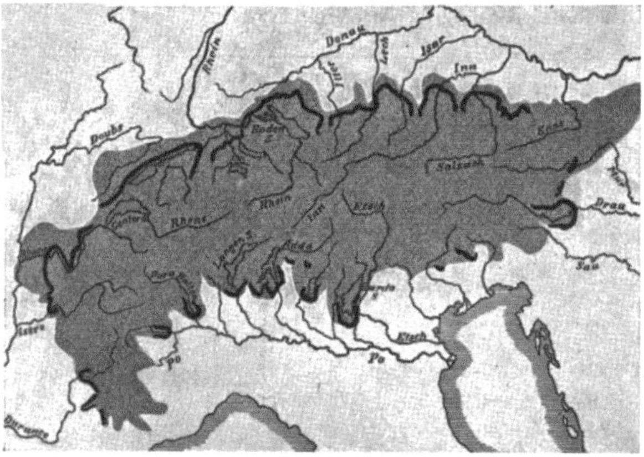

Abb. 405. Die Alpen im Eiszeitalter. Grau: größte Eisverbreitung. Schwarze Linien: Endmoränen der letzten Vereisung (nach E. Kayser)

Die Endmoränen bilden mit ihrer Blockpackung mächtige, oft hunderte Meter hohe Wälle. Hinter ihnen sind Stauseen entstanden. Ein großartiger Seengürtel begleitet den Nord- und Südrand der Alpen. Hinter den Moränenwällen der letzten diluvialen Alpenvergletscherung liegen am Ende der Trogtäler, bald weit ins Vorland vorgeschoben, bald im Gebirge stecken geblieben, teils noch offene Randseen (Chiemsee, Traunsee, Moränenamphitheater von Ivrea, der Gardasee, Abb. 407), teils später wieder verschüttete Seen, wie am Inn, an der Salzach usw. Der abgeschnürten Seen einzelner Seitentäler wurde schon gedacht. Zahlreiche Drumlins und die ihnen ähnlichen Åsars (Osers, Esker, Os) zeigen in parallelen Zügen angeordnet den einstigen Verlauf des Gletschers an. Während aber die Drumlins der Moräne angehören, sind die Osers Wallberge der Abschmelzperiode, also fluvioglazialer Entstehung. Sie bestehen aus horizontal geschichteten Kiesen und Sanden und führen im Kern hin und wieder aufgepreßte Grundmoränenteile (Abb. 406).

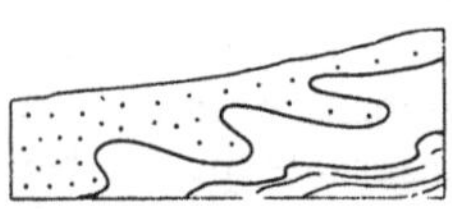

Abb. 406. Verfaltung glazialer Ablagerungen durch Eisdruck

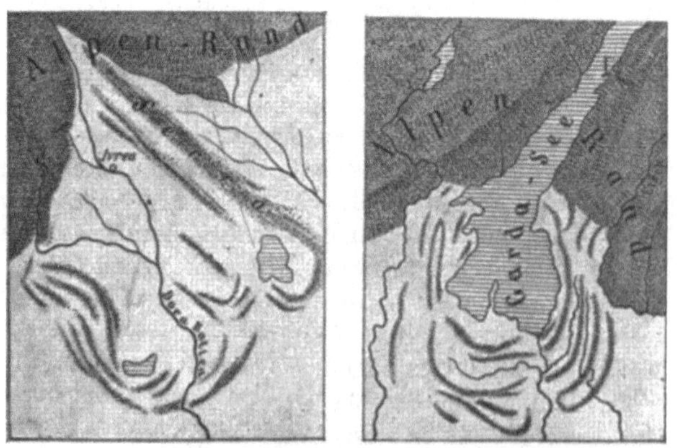

Abb. 407. Das Moränenamphitheater von Ivrea und des Gardasees (nach E. Kayser)

Es braucht nicht erst gesagt zu werden, daß auch die abfließenden Schmelzwässer der eiszeitlichen Gletscher gewaltige Wirkungen ausübten, die regionalere Verbreitung haben als die Wirkungen der Gletscher selbst. Tiefe Erosionsrinnen unterhalb hochliegender älterer Talbödenreste zeigen die enorme erodierende Kraft und mit ihr die gewaltige Menge der Schmelzwässer an. Die Bindung bedeutender Wassermassen in Eisform während der eigentlichen Eiszeiten bewirkte im Vorland eine rasche Ablagerung grober Schotter. Während der Interglazialzeiten wurden diese Wassermassen plötzlich frei, räumten die älteren Schotterdecken aus und schnitten Terrassen ein. So sehen wir in fast allen Teilen Mitteleuropas, auch innerhalb der nichtvergletscherten Fläche, eine Reihe von Terrassenstufen, die zuweilen hunderte Meter über dem jetzigen Talboden angelegt, ihres Schotters oft schon beraubt, uns die verschiedenen alten Wasserstände anzeigen (Abb. 408). In größerer Entfernung von den Vereisungszentren wurden die während der Eiszeiten angelandeten feinkörnigen Sedimente während der Abschmelzperioden mit mächtigen Schichten groben Schotters überdeckt. Wir sehen daraus, daß Schotterdecken sowohl glazialer als auch interglazialer Entstehung sein können.

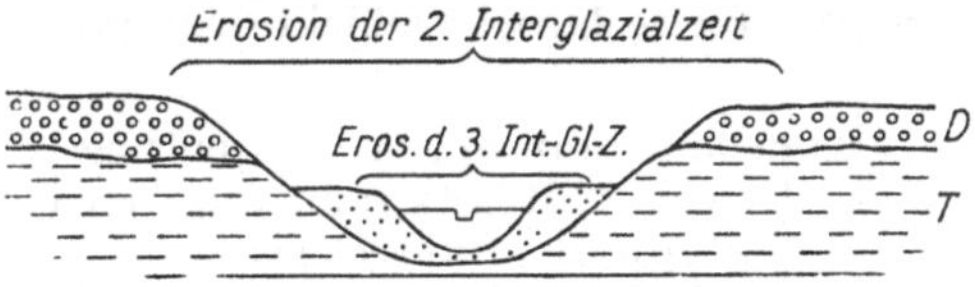

Abb. 408. Schematische Darstellung der drei jüngeren Schotterterrassen und ihrer Erosion während der Interglazialzeiten. *T* tertiäre Unterlage, *D* jüngerer Deckenschotter (nach E. Kayser)

In mächtigen Flüssen und zu Seen verbreiteten Talwannen haben die abschmelzenden Gletscher ihren Weg zum Meer gesucht (Urstromtäler), und es

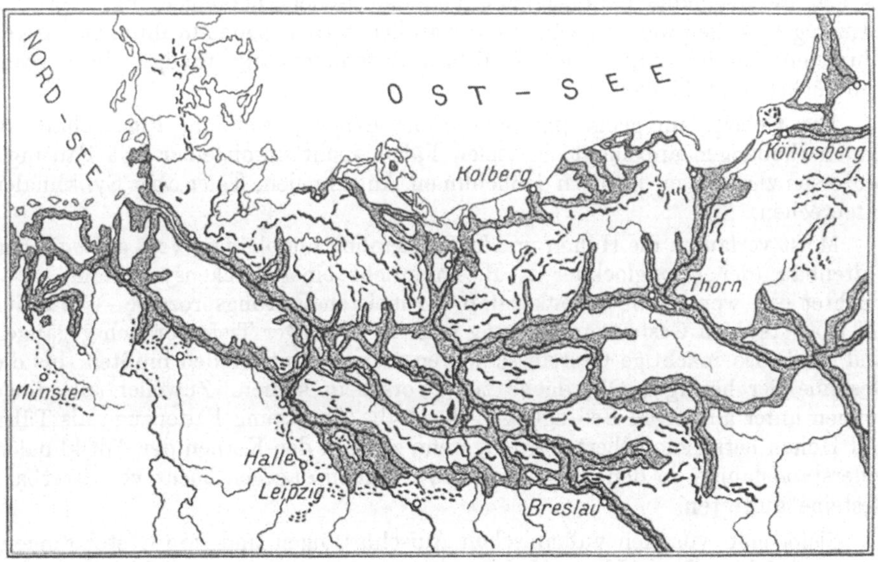

Abb. 409. Endmoränenzüge und Urstromtäler Norddeutschlands (nach Wahnschaffe und Keilhack)

ist nicht verwunderlich, daß ihr Weg oft ein anderer war als der, welchen die Flüsse im Tertiär und in der späteren alluvialen Zeit eingeschlagen haben. In Norddeutschland haben in erster Linie die von Norden nach Süden vordringenden Eismassen den damaligen Flüssen den Abfluß versperrt und sie gezwungen, sich neue Täler zu graben (Abb. 409). Anderseits wurden durch die Gletschererosion häufig Wasserscheiden eingeebnet und auch hiedurch den Flüssen nach dem Abschmelzen des Eises neue Wege vorgezeichnet.

Das Sediment der abfließenden Schmelzwässer ist geschichtet. Es besteht je nach der Stärke der Anlandung aus Geröllen, Sanden und Tonen, welch letztere Fazies in ihrer reinsten Form nicht nur sehr ruhige Flußstellen, sondern auch Seebecken anzeigt. Durch das Ineinandergreifen von Eis- und Schmelzwassersedimenten und durch die wiederholte Umlagerung derselben entstehen sehr komplizierte Verhältnisse, deren Klärung durch eingehende geologische Studien für die Beurteilung von Baugründen für technische Objekte von größter Wichtigkeit ist (S. 476 u. 495).

Literatur: Keilhack, K.: Das Quartär in Salomon, A.: Grundzüge der Geologie, II. Bd., S. 455. 1926. — Penck, A. und E. Brückner: Die Alpen im Eiszeitalter, 3. Bd. Leipzig. 1901 bis 1909. — Philipp, H.: Die geologische Tätigkeit des Eises in Salomon, A.: Grundzüge der Geologie, I. Bd., 2. H. — Pollack, V.: Über Erfahrungen im Lawinenbau in Österreich. Zeitschr. d. Öst. Ing.- u. Arch.-V., S. 145. 1906. — Stiny, J.: Technische Geologie, S. 310. 1922. — Wahnschaffe und Schucht: Geologie und Oberflächengestaltung des norddeutschen Festlandes. Stuttgart. 1921.

XIV. Morphologie der Erdoberfläche

Von K. A. Redlich, Prag

Die Morphologie als Lehre von der Terraingestaltung und ihrer geologischen Entstehungsgeschichte ist von großer Wichtigkeit für den bauenden Ingenieur. Es soll im folgenden hauptsächlich von den Bodenerhebungen und den Talformen gesprochen werden, während die großen Niederungen mit ihren mächtigen alluvialen Anschüttungen als in diesem Zusammenhang weniger interessant unberücksichtigt bleiben.

Die Gebirge im geographischen Sinne hängen, was ihre Eigenschaft als Bodenerhebungen anbelangt, in vielen Fällen nicht unmittelbar mit Faltungsprozessen zusammen, insofern Höhenlinien Antiklinalen, Täler aber Synklinalen entsprechen.

Meist verlaufen die Höhen und Täler ziemlich unabhängig vom geologischen Faltenbau (der Großglockner z. B. entspricht einer Deckensynklinale). Das leuchtet ein, wenn man bedenkt, daß die meisten Faltungsprozesse — wie aus der plastischen Gesteinsumformung folgt — in einiger Tiefe vor sich gegangen sind, daß also mächtige Gesteinsschichten weggeräumt werden mußten, bis die Gesteine der heutigen Oberfläche zum Vorschein kamen. Zuweilen allerdings können unter günstigen Bedingungen durch die Abtragung Faltenzüge als Täler und Höhen herausmodelliert werden, wenn z. B. in den Kernen der Antiklinalen widerstandsfähige, in den Kernen der Synklinalen dagegen leicht verwitterbare Gesteine auftreten.

Sieht man von den vulkanischen Aufschüttungen und von Gesteinszügen, welche infolge ihrer Härte bei der Abtragung herausmodelliert wurden (Härtlinge), ab, so sind es in erster Linie mehr oder minder vertikal gerichtete Bewegungen (wulstartige Verdickung durch Faltung, Brüche, epirogenetische Bewegungen), welche im geographischen Sinne gebirgsbildend wirken. Die Hebung pflegt — wenigstens in den bedeutenderen Gebirgen der Erde — viel häufiger einer Faltungsperiode zu folgen als ungestörte Schichtkomplexe zu ergreifen.

Der Zusammenhang zwischen der Faltung und der Oberflächenmorphologie ist selbst in den jungen Faltengebirgen (Kettengebirge) kein direkter. Meist stellen sich die Verhältnisse bei genauerem Studium viel komplizierter dar, als bei flüchtiger Betrachtung scheinen möchte. So waren z. B. die Alpen zur Miozänzeit zum Teil eine durch Abtragung älterer Faltungsgebiete entstandene flache Rumpffläche, die erst später zu alpiner Höhe emporgerückt wurde. Das folgt einerseits aus der Tatsache, daß wir hoch auf den Bergen Reste alter Schotterablagerungen finden, anderseits aus der sogenannten Gipfelkonstanz. Die Plateaus der Rax und des Dachsteins mit ihrer Schotterüberstreuung (Augensteine) sind Reste derartiger ehemals verkarsteter Rumpfflächen. Auch mächtige Höhlenzüge beweisen, daß diese Kalkmassive ehemals von großen unterirdischen Flußläufen durchzogen waren, deren Entstehung bei den heutigen Höhenverhältnissen und den durch sie bedingten Sammel- und Abflußbedingungen ganz ausgeschlossen wäre.

Was die Gipfelkonstanz anbelangt, so versteht man darunter die Erscheinung, daß von einem hohen Berge aus betrachtet alle benachbarten Gipfel annähernd gleiche Höhe haben bzw., miteinander verbunden, eine ziemlich flach bucklige Fläche (Gipfelflur) ergeben, die annähernd der alten Terrainoberfläche entspricht.

Bei älteren Faltengebirgen, z. B. bei den erhaltenen Teilen der variszischen Alpen der Karbonzeit, kann von Zusammenhängen zwischen Faltung und Terrainform überhaupt keine Rede mehr sein. Diese Gebirgszüge sind im Laufe der Zeit völlig eingeebnet worden, und höchstens der Wechsel harter und weicher Gesteine läßt gelegentlich noch den inneren Faltenbau äußerlich erkennen. Daß die Abtragung stellenweise sehr früh vollzogen war, beweist z. B. die Auflagerung der kohleführenden oberkarbonischen Sedimente Böhmens auf einer flachwelligen Rumpffläche variszisch gefalteter altpaläozoischer Gesteine. In solchen alten Gebirgsresten spielen, wo heute geographischer Gebirgscharakter erkennbar ist, jüngere Brüche die Hauptrolle als Oberflächengestalter.

So hat das NW-SO-Gebirgsstreichen des Harzes mit dem inneren Gebirgsbau, der durch SW-NO-Streichen der Schichten gekennzeichnet ist, gar nichts zu tun. Hier wurde ein zur Rumpffläche abgetragenes Bogenstück des variszischen Gebirges durch NW-SO-Brüche horstartig herausgehoben und zum geographischen Gebirge gestempelt. Auch das Erzgebirge ist eigentlich ein ganz flaches Hügelland, das erst durch den Abbruch im Süden (Egerbruch) einseitigen Gebirgscharakter erhält.

Auch völlig ungefaltete, horizontal liegende Schichtenkomplexe können gegebenenfalls geographischen Gebirgscharakter annehmen, wenn sie durch Brüche in verschieden hochgelegene Schollen zerlegt werden (Tafelschollengebirge, z. B. Elbesandsteingebirge, Tafeljura). Einseitiger Gebirgscharakter entsteht, wenn eine harte, flachgeneigte Platte durch die Verwitterung aus den umgebenden weichen Schichten als Steilstufe (Erosionsrand) herausmodelliert und durch rückschreitende Erosion zertalt und gegliedert wird (Stufenlandschaft). Liegen mehrere derartige Kämme zwischen Mulden von wenig widerstandsfähigem Material, dann spricht man wohl auch von Erosionskammgebirgen.

Durch die erwähnten vertikalen Bewegungen werden Höhenunterschiede geschaffen, die erst der erodierenden Kraft des Wassers eine Angriffsmöglichkeit bieten. Das gehobene Massiv wird durch Täler zerstückelt, die zwischen den Talzügen gelegenen Höhen werden durch Zusammenwirken von Erosion, Denudation und Kriech- bzw. Rutschbewegungen (S. 408) allmählich abgetragen. Das Hochgebirge wandelt sich über das Mittelgebirge zur flach buckeligen „reifen“ Landschaft (Fastebene — Peneplain). Die Abtragung kann natürlich nicht tiefer als bis zur Erosionsbasis, also bis zum Niveau des Flusses, nach dem sich das Gebirge entwässert, im äußersten Falle bis zum Meeresniveau fortschreiten. Ob sich ein Hochgebirge oder gleich ein Mittelgebirge bildet, hängt einerseits vom Hebungsbetrage, anderseits von der Hebungsgeschwindigkeit ab. Vermag die Abtragung mit der Hebung Schritt zu halten, dann kommt es natürlich überhaupt nicht zur Bildung von Schwellformen.

Befindet sich im Hintergrund der fast ebenen Landschaft ein Gebirge, dann dient erstere als Akkumulationsfeld für die Gesteinstrümmer, welche aus dem höher gelegenen Gebirge herbeigeschleppt werden.

Von anderer Art sind die ebenen Abtragungsflächen, welche durch die abradierende Wirkung der Meeresbrandung erzeugt werden; diese reichen auch unter den Meeresspiegel und werden im weiteren Verlauf der Entwicklung mit marinen Sedimenten überdeckt (S. 656).

Es sind zahllose Fälle bekannt, wo eingeebnete Gebirge später wieder gehoben und abermals abgetragen wurden (Hebungs- und Erosionszyklen).

Je nach der Art des abtragenden Agens unterscheidet man nach Davis normale oder humide, aride, glaziale oder nivale und marine Zyklen. Beim humiden Abtragungszyklus wirkt das fließende Wasser mit der mechanisch-chemischen Verwitterung Hand in Hand. Die durch ihn erzeugten Oberflächenformen wurden schon beschrieben; weitere Angaben folgen am Schlusse des Kapitels.

Im ariden Zyklus wirkt vor allem die Sonnenbestrahlung und der Wind, während dem fließenden Wasser nur gelegentlich der seltenen, wolkenbruchartigen Regenfälle eine wesentliche Bedeutung zukommt. Die Landschaftsform wird durch flache, gegen das Meer isolierte Senken charakterisiert, die sich allmählich mit dem Schutte der höher gelegenen Teile füllen. Da der Abtransport des Schuttmaterials ein sehr langsamer ist, ersticken die Höhen gleichsam in ihren eigenen Zerstörungsprodukten. Die typischen Kleinformen der Wüstenlandschaft, wie Dünen, abflußlose Täler, Zeugenberge, windgeschliffene Felsoberflächen, wurden bereits besprochen (S. 634).

Beim glazialen Zyklus arbeitet der Spaltenfrost der erodierenden und ausräumenden Wirkung des bewegten Eises vor. (Über Gletscherschliffe, Rundhöcker, Trogtäler mit einmündenden Hängetälern und andere hieher gehörige Erscheinungen vgl. S. 661ff.) Unter vollständiger Abtragung und Abrundung der zunächst steilwandigen bis spitz schneidigen Schneescheiden endigt der glaziale Zyklus und liefert eine mit Moränenmaterial bedeckte flache Landoberfläche.

Beim marinen Zyklus wirkt das Meer mit den sedimentierenden Süßwasserzuflüssen zusammen. Es entsteht eine meerbedeckte Abrasionsplatte mit einer Kliffküste im Hintergrund. Epirogenetische Hebungen und Senkungen werden hier sehr deutlich erkennbar. Bei Hebungen des Landes finden wir hochliegende Abrasionsplatten und Brandungsterrassen, in die sich die Flüsse mit starkem Gefälle einschneiden. Im umgekehrten Falle, namentlich bei ruckweiser Bewegung, ragt die Steilküste, durch ertrunkene Flußtäler (Fjorde) gegliedert, unmittelbar aus dem Meere hervor.

Selbstverständlich gedeihen sämtliche Abtragungszyklen in den seltensten Fällen bis zur völligen Reife. Meist wird der Vorgang der Einebnung noch vor seiner Vollendung durch epirogenetische oder orogenetische Vorgänge, klimatische Veränderungen u. dgl. unterbrochen oder doch gestört, so daß bedeutende Komplikationen eintreten.

Für den bauenden Ingenieur ist der humide Zyklus der wichtigste. Ihm handelt es sich vor allem um die Erkenntnis, ob er sich im Gebiete lebhafter Erosion oder in einer alten, reifen Landschaft befindet. Im ersteren Falle hat er mit lebhaft einschneidenden, an Wasserfällen, Stromschnellen und sonstigen

Hindernissen reichen Flüssen, mit starker Geschiebeführung, dünnen Verwitterungsrinden, frischen Gesteinen, im zweiten Falle mit tiefgründiger Verwitterung, oft starker junger Sedimentüberdeckung, mit trägen Flußläufen, mit Versumpfungen und Vermoorungen zu rechnen. Zuweilen sind die Merkmale beider Landschaftstypen auch an einem Orte vereinigt. So ist z. B. das kristalline Schiefergebiet Südwestmährens entschieden als ziemlich reife Landschaft anzusprechen, in die aber — offenbar infolge junger Hebungen des Landes oder Senkungen der Erosionsbasis — die Wasserläufe in engen, felsigen Tälern eingeschnitten sind.

Die Geschichte einer Landschaft wird auf Grund der Geländeform, der Morphologie der Wasserläufe und der Verteilung junger fluviatiler, eventuell mariner, glazialer oder äolischer Sedimente rekonstruiert[1]). Von ganz besonderer Bedeutung ist die Morphologie der Wasserläufe. Die Geschichte des Wasserlaufes ist im humiden Zyklus zum guten Teil auch die Geschichte der Landschaft.

Ein in Entwicklung befindlicher Tallauf hat die Tendenz, entlang einer Linie geringsten Widerstandes, im allgemeinen auf kürzestem Wege, seine Mündung zu erreichen. Die Erosion nagt zunächst in die geneigte Unterlage eine Furche, die sich unter gleichzeitiger Verästelung nach rückwärts einschneidet und immer tiefer wird. Der am stärksten erodierende Oberlauf eines Flusses hat infolgedessen eine steile Neigung, während der bereits ziemlich ausgeglichene Mittellauf mit seinem geringen Gefälle zu dem fast gefällosen Unterlauf überleitet (Abb. 385, S. 648).

Für die Ausnützung des Gefälles durch Wasserkraftanlagen kommen jene Stellen in Betracht, die bei größtmöglicher Wasserführung eine relativ große Neigung haben. Diese Bedingungen sind besonders im Mittellauf gegeben, während der Oberlauf mit seinen unregelmäßigen, oft rasch anschwellenden Wildwässern, sich mehr für die Akkumulierung des Wassers zwecks Bekämpfung von Hochwässern eignet.

Der Weg des Flusses bevorzugt Züge leicht erodierbarer Gesteine (Erosionstäler). Zuweilen ist er an Zerrüttungszonen entlang tektonischer Störungen und an durch Brüche gebildete präexistierende Gräben gebunden. Er kann aber auch einer Synklinale oder dem Aufbruche einer Antiklinale folgen; meist ist hier wohl nicht der Faltungsvorgang selbst, sondern die durch die Faltung bedingte Verteilung weicher und harter Gesteinsschichten maßgebend. Je unfertiger die Landschaft ist, das heißt je weniger weit die Nivellierung der Höhenunterschiede fortgeschritten ist, desto klarer ist der Zusammenhang zwischen ihrer äußeren Form und ihrer inneren, tektonischen und lithologischen Struktur erkennbar.

Die Wechsellagerung verschieden harter Gesteine erzeugt nicht nur unter Mitwirkung der Verwitterung und des fließenden Wassers Bodenschwellen, sondern kann auch Lagenveränderungen der Flußläufe zur Folge haben. Auf einer harten geneigten Unterlage gleitet das Flußbett, der Fallrichtung jener folgend, nach abwärts (Abb. 410 I). Hat sich in diesem Falle nahe der Grenze verschieden fester Gesteine ein Teil des Flußlaufes aus irgend einem Grunde bereits in das harte Gestein eingegraben, so verläßt er dieses bei fortschreiten-

---

[1]) Selbstverständlich darf die Deutung der Geländeformen nie rein schematisch nach äußerlichen Kennzeichen erfolgen, sondern es muß stets auf den inneren geologischen Bau Rücksicht genommen werden. Es könnten sonst z. B. treppenartige Absätze der Talflanken fälschlich als Terrassen angesprochen werden, während es sich bei Wechsellagerung horizontaler harter und weicher Schichten, etwa eruptiver Decken und zwischengeschalteter Tufflagen, tatsächlich um Verwitterungsformen handelt.

der Erosion nicht mehr, sondern gräbt sich kanonartig ein, während die außenliegenden Partien des Flusses sich immer mehr in der Richtung gegen das weiche Gestein entfernen, wobei sie ihr Tal bedeutend verbreitern (Abb. 410 II).

Gleichzeitig mit dem Rückschreiten der Erosion verbreitert der Fluß durch Oszillieren sein Bett, arbeitet die Konvexseiten seines Laufes an, verschüttet

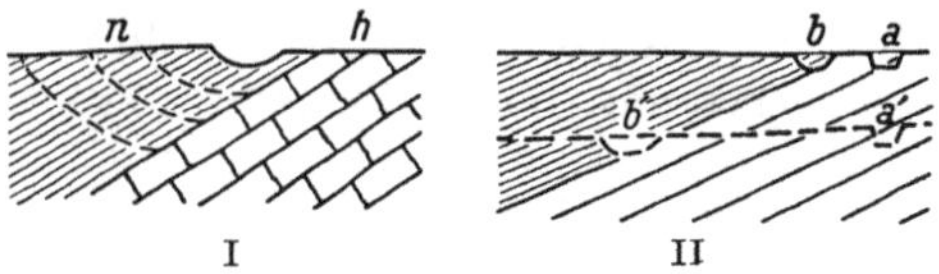

Abb. 410. I Abgleiten eines Flusses auf harter Unterlage. II Im harten Gestein (*a*) behält das Flußbett seine Lage (*a'*), im weichen Gestein befindliche Teile des Laufes (*b*) verschieben sich in der Richtung gegen jenes (*b'*)

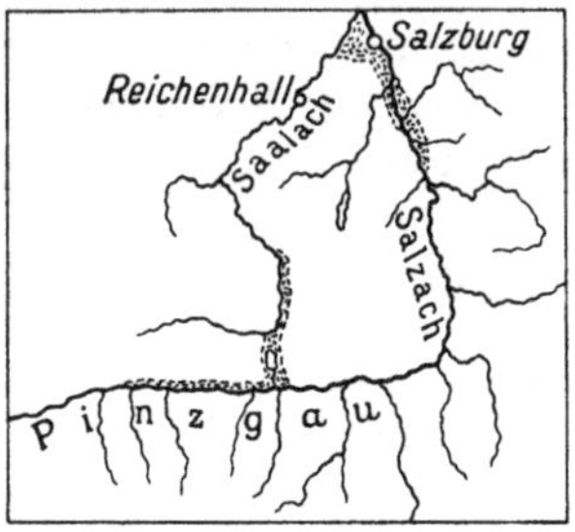

Abb. 411. Eroberung des Oberlaufes der Saalach durch die Salzach

die Konkavseiten usw. Die ursprünglich breite Wasserscheide zwischen zwei Flußgebieten wird immer schmäler und flacher. Zuweilen geschieht es, daß ein Fluß, sich nach rückwärts einschneidend, die Wasserscheide überwindet, einem anderen Flusse in die Flanke fällt und ihn anzapft, wobei er sich einen Teil des Einzugsgebietes desselben tributpflichtig macht. Man erkennt derartige Flußanzapfungen häufig an einem plötzlichen Knick in der generellen Flußrichtung. Der enthauptete Rest des angezapften Flusses liegt in der Fortsetzung des Oberlaufes des anzapfenden als relativ unbedeutender Wasserlauf in einem unverhältnismäßig breiten Tale. Der alte Talboden, oft mit starker Überschotterung, ist meist leicht im Terrain zu erkennen. Die Schotter des angezapften Flusses führen dann manchmal Gerölle von Gesteinen, die im ehemaligen Oberlaufe auftreten, dem jetzigen Flußgebiete aber fremd sind. Ein ausgezeichnetes Beispiel für Flußanzapfung ist die Salzach, die der Saalach den Oberlauf wegnahm (Abb. 411).

Hebungen der Erdkruste tektonisch-epirogenetischer Natur[1]) (S. 238), aber auch Verschüttungen durch Bergstürze, Murkegel und Moränen können einen Fluß mit reifem Tal zu neuer Erosionstätigkeit anregen. Mit Recht weist A. Tornquist[2]) auf derartige jung gebildete Talstücke im Mittellauf vieler Flüsse hin, die für Wasserkraftanlagen die Vorteile reichlicher, gleichmäßiger Wasserführung mit größerem Gefälle und schotterarmer Sohle vereinigen.

Zuweilen treten Umstände ein, welche den Fluß veranlassen, sein Tal sogar in umgekehrter Richtung zu durchfließen. Stumpfwinkelig einmündende Wasserläufe sprechen für derartige Flußverlegungen und Umkehrungen der ursprüng-

[1]) Junge tektonische Bewegungen reichen wohl, wie dies durch genaue Nivellements nachgewiesen wurde, in die Jetztzeit herein und beeinflussen, wenn auch in geologischen Zeitabschnitten, stetig den Flußlauf. J. Stiny glaubt von ihnen, daß ihr Ausmaß ein derartiges werden kann, daß sie größere Bauten gefährden. Wir kennen Beispiele, daß Störungen, über denen ein Bau errichtet wurde, sich als noch nicht zur Ruhe gekommen erwiesen (S. 522); doch wird nur dort, wo Zerrüttungszonen mit Erdbebenlinien zusammenfallen, beim Bau Vorsicht geboten sein. — Stiny, J.: Bewegung der Erdkruste und Wasserbau. Die Wasserwirtschaft, Nr. 7 bis 9, 11, 15 bis 17. 1926.

[2]) Tornquist, A.: Das Gesetz der Wasserbewegung im Hochgebirge. Graz: Leykam. 1922.

lichen Stromrichtung, da die Nebenflüsse unter normalen Verhältnissen sonst meist unter spitzem Winkel, also in der Richtung der Strömung, das Haupttal treffen. (Siehe als Beispiel Talsperre Tepl, S. 676.)

Hat sich ein Fluß bis zu einer gewissen Tiefe eingeschnitten, und tritt dann eine Senkung des Flußgebietes, eine Hebung der Erosionsbasis oder eine Unterbrechung des Abflusses durch lokale Faktoren, wie Bergstürze, Moränen u. dgl., ein, dann vermindert sich das Gefälle, und der Fluß beginnt sein Tal mit Schotter auszufüllen. In solchen Fällen kann der gewachsene Fels unter Umständen erst in großer Tiefe unter mächtigen Schotterablagerungen zu finden sein. Wird nachher die Erosion wieder belebt — sei es durch Hebung, sei es durch gesteigerte Wasserführung —, dann schneidet sich der Fluß abermals in seine Schotter ein und räumt sein Tal wieder mehr oder weniger aus. An den Tallehnen bleiben vielfach Reste der Schotter in Form von Terrassen erhalten, die, miteinander verbunden, das alte Talniveau angeben.

Nicht immer folgen die neu erodierenden Flußläufe ihrem alten verschütteten Weg. Häufig bilden sie einen neuen, jungen Lauf mit verhältnismäßig geringer Schotterführung (epigenetisches Tal), während die alte Talverschüttung hinter

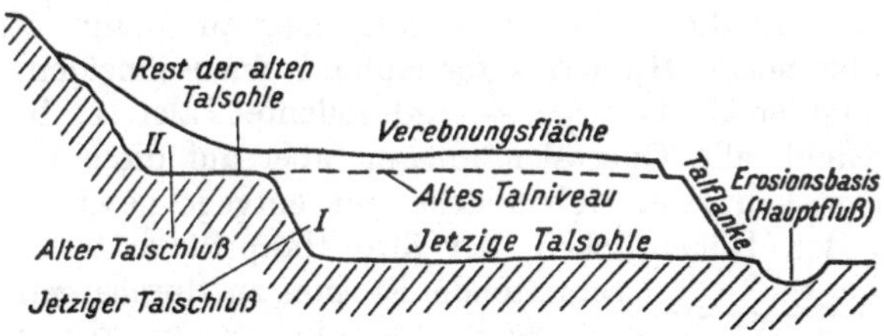

Abb. 412. Bildung von Talstufen durch wiederholte Belebung der Erosion

Längsrücken oder Rückfallskuppen als sogenannte Hochflur erhalten bleibt (Abb. 416 b). Solche „tote" Täler führen entweder keinen oder einen unverhältnismäßig schwachen Wasserlauf, dafür bewegt sich bei durchlässigem Verschüttungsmaterial an der Sohle derselben häufig ein mächtiger unterirdischer Grundwasserstrom.

Von anderer Art sind die Terrassen, die entstehen, wenn ein Fluß lange in einem Niveau fließt, sich durch Oszillieren ein breites Tal schafft und dann ruckweise wieder zu erodieren beginnt. Es bleiben auch hier im alten Talniveau Terrassen übrig, die aber jetzt in den gewachsenen Fels eingeschnitten sind. Oft werden die Terrassen weitgehend zerstört, und es bleiben nur kerbenartige Einschnitte an den Talflanken übrig.

Schreitet man im Hochgebirge entlang eines Seitenbaches talaufwärts, dann gelangt man meist an einen zirkusartigen Talschluß (*I*) (Abb. 412). Steigt man auf den oberen Rand desselben, dann kommt man häufig in ein weiteres Talstück, das die Fortsetzung des ersten bildet, aber bedeutend höher liegt und das selbst wieder durch einen Zirkus *(II)* abgeschlossen wird. Sehr häufig haben die Gehängerücken, welche den unteren Teil des Tales begleiten (Talwangen), annähernd die gleiche Höhe wie die Oberkante des Zirkus *(I)*. Eine durch diese Rücken gelegte Fläche entspricht der alten Terrainoberfläche. Der alte Bach hatte im Zirkus *(II)* seinen Talschluß und floß im Niveau der erwähnten alten Terrainoberfläche (Verebnungsfläche). Senkte sich plötzlich die Erosionsbasis, dann schnitt er sich, von dieser ausgehend, rückschreitend in die alte Verebnungsfläche ein und bildete seine neue Talsohle aus, deren augenblickliches Ende im Zirkus *(I)* liegt. Bei weiterem Fortschreiten der rückschreitenden Erosion wird einmal der neue Talschluß *(I)* mit dem alten *(II)* zusammenfallen.

Von manchen Forschern werden die alpinen Kare nicht als glaziale Bildungen, sondern als Reste derartiger alter Talschlüsse angesprochen.

Im Flachlande, also im Gebiete des Unterlaufes oder flacher Plateaus, mäandert der Fluß. Wird die Erosion belebt, so schneidet sich der Fluß in die flachliegenden Sedimente ein und gelangt schließlich an das harte Grundgebirge. Jetzt steckt er aber in einem tief eingeschnittenen Tale, aus dem er nicht herauskann. Er ist gezwungen, alle seine Mäander in die Gesteine der Unterlage ohne Rücksicht auf ihre Härte einzusägen. So erklärt sich die Tatsache, daß Flüsse oft in ganz paradoxer Weise durch harte Gesteine ihren Weg nehmen, obwohl ein kleiner Umweg genügen würde, dem Hindernis auszuweichen. In einem derartigen Tale durchschneidet z. B. die Donau in Oberösterreich die Granite und Gneise der böhmischen Masse, statt nach Süden in die weiche Molasse (Tertiär) auszuweichen. Auch solche Talbildungen werden in der Literatur als „epigenetisch" bezeichnet.

Wird ein von einem Flusse durchströmtes Gebiet allmählich an einer Stelle gehoben, erfolgt aber die Aufwölbung ganz langsam, dann vermag sich der Fluß in das entstehende Hindernis fortlaufend einzuschneiden. Der Fluß ist älter als das entstehende Gebirge — antezedente Täler, z. B. Quertäler des Juragebirges. Nicht alle Quertäler müssen aber auf diese Weise entstanden sein. Zuweilen wirken zwei Nebenbäche mit entgegengesetzter Fließrichtung zusammen, um den Höhenrücken, der ihre Hauptflüsse trennt, durch rückschreitende Erosion zu durchsägen (Abb. 413).

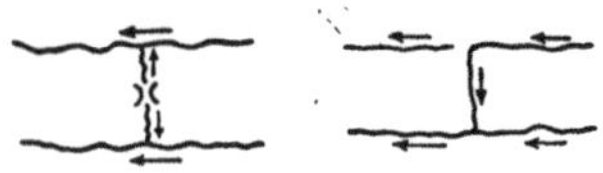

Abb. 413. Bildung eines Quertales durch zusammenwirkende Erosion zweier Nebenbäche

Einige charakteristische Beispiele für Talverlegungen und Talverschüttungen, auf deren Bedeutung für den Talsperrenbau zuerst M. Singer[1]) und V. Pollack[2]) hingewiesen haben, sollen im folgenden angeführt werden.

Zunächst sei jener Fälle gedacht, wo eine alte, oft tief eingeschnittene, schottererfüllte Talfurche unter dem jetzigen Bett angetroffen wird.

Bei dem Bau der Talsperre von la Valière bei Sessel in einem Seitental der französischen Rhone, wurden die Ingenieure, wie uns H. E. Gruner mitteilt, durch das Vorhandensein einer tiefen, wassergefüllten Talrinne überrascht. Ihr Abschluß war nur mit Caissons durchführbar.

Am Schräh im Wäggital war dagegen die Sohle des tiefen Kanons durch sorgfältige Sondierung schon vor Baubeginn aufgeschlossen worden, und konnte der Bauvorgang leicht den geologischen Verhältnissen angepaßt werden. Der beigegebene Querschnitt durch das Tal, den uns Herr H. E. Gruner in liebenswürdiger Weise zur Verfügung gestellt hat, zeigt die technischen und geologischen Verhältnisse des abzuschließenden Teiles (Abb. 414). Es geht aus diesem Querschnitt hervor, daß die Schichten der Brisibreccie und des oberen Schrattenkalkes bis zu ihrem Kontakt mit den Orbitulinenschichten nicht ganz dicht waren; auch der am linken Ufer anstehende Seewerkalk ließ etwas Wasser durch, so daß bei Füllung des Beckens ein Wasserverlust von 5 l/sek festgestellt wurde. Durch sorgfältige Zementinjektionen war es möglich, auch diesen Teil des Felsens zu dichten und die Sickerwege vollständig abzusperren.

---

[1]) Singer, M.: Flußregime und Talsperrenbau in den Ostalpen. Zeitschr. d. Österr. Ing.- u. Arch.-Ver., S. 797 u. 813. 1909. — Singer, M.: Geologische Erfahrungen im Talsperrenbau. Zeitschr. d. Österr. Ing.- u. Arch.-Ver., S. 305 u. 321. 1913.

[2]) Pollack, V.: Die Verschüttungen unserer Täler. Zeitschr. d. Österr. Ing.- u. Arch.-Ver., H. 29 u. 3. 1917.

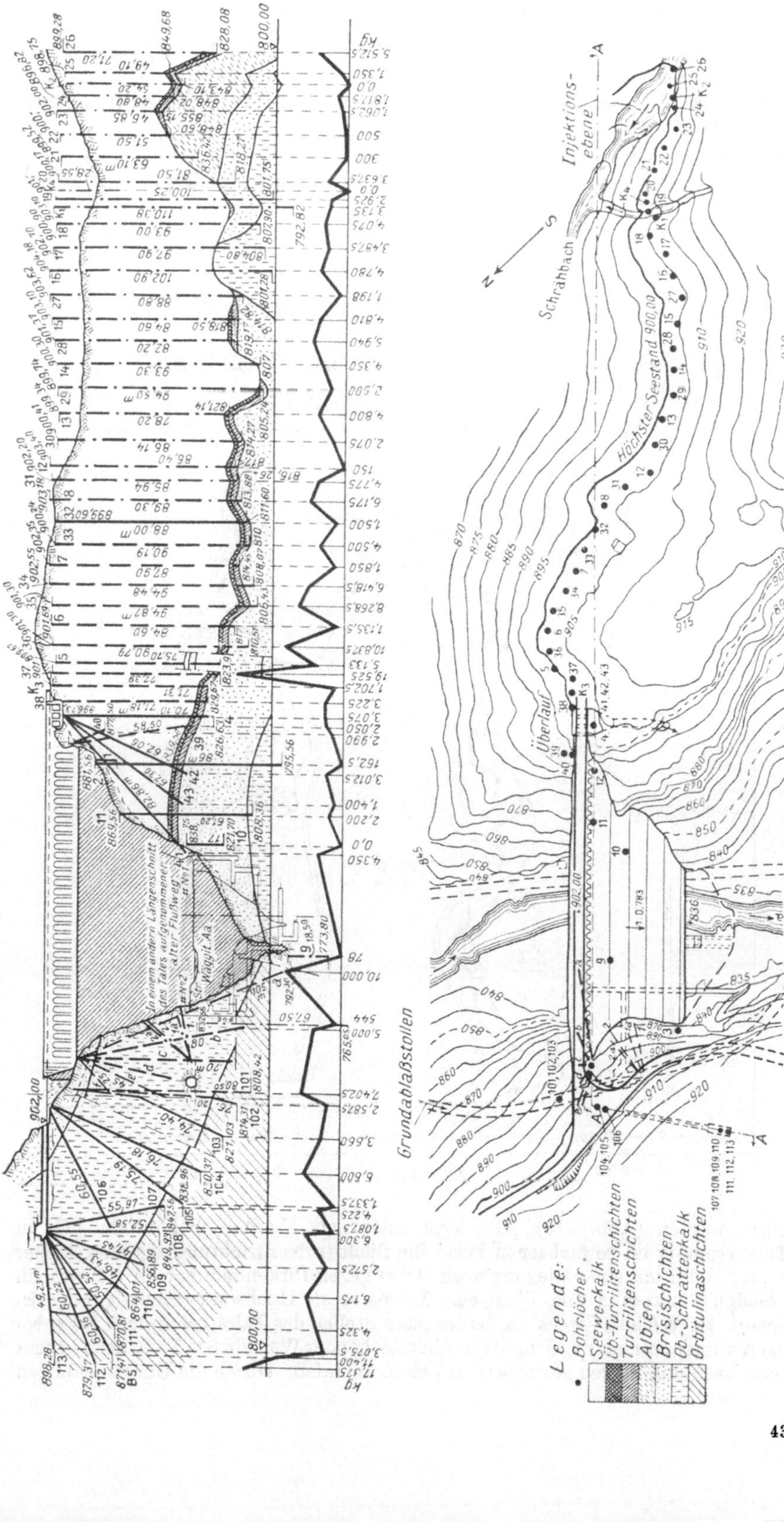

Abb. 414. Kernbohrungen und Zementinjektionen zur Herstellung einer Dichtungsschürze in den Kalksteinen der Kreidestufe in der Umgebung der Staumauer des Kraftwerkes am Schräh im Wäggital in der Schweiz (Gruner)

Im Vall d'Illiez im Wallis mündet eine im Flyschsandstein ausgegrabene Schlucht in einen prächtigen Talboden. Am linken Talgehänge sind jedoch Spuren eines alten Bergsturzes zu sehen. Die Erstellung eines Sondierstollens in dieser Schutthalde zeigte einen tieferliegenden alten Talweg, aus dem ein Grundwasserstrom abfloß, so daß das ganze Projekt wegen zu hoher Kosten aufgegeben wurde (mitgeteilt von H. E. Gruner in Basel).

Ein anderes Beispiel für die Verlegung eines Flußlaufes durch einen Bergsturz und Änderung des Flußregimes kann an dem Lauf der Tepl bei Karlsbad

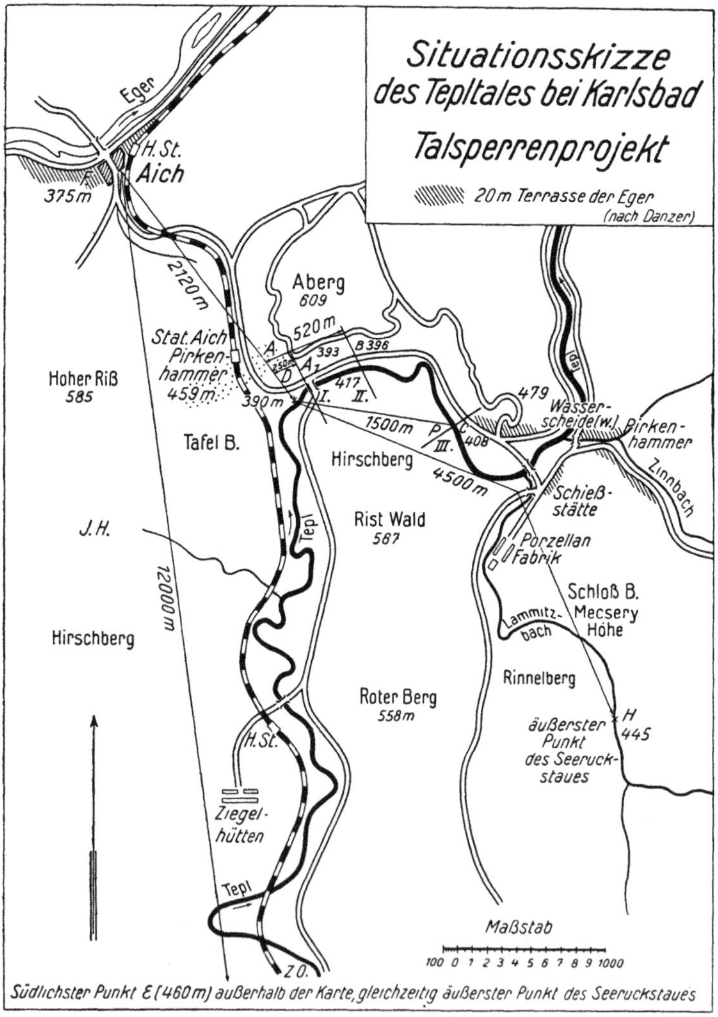

Abb. 415

beobachtet werden (Abb. 415). Die Tepl entspringt oberhalb Schönwehr *(E)* in einer Talverengung im gewachsenen Fels. Sie fließt in Nordrichtung bis zum Aicher Gelenk *(A)*, dann mit einer Biegung nach Osten gegen Pirkenhammer *(W)*. Zwischen diesen beiden Punkten *A* und *W* ist eine Talsperre als Hochwasserschutz für Karlsbad geplant, zu welchem Zweck an den engsten Stellen des Tales bei A_1 und *B* Probegrabungen vorgenommen wurden, die in überraschender Weise in 8 m Tiefe noch immer Schottermassen und keinen gewachsenen Felsen antrafen. Durch die Untersuchungen

M. Danzers[1]) wurden diese Schwierigkeiten restlos aus dem Wege geräumt. Die Tepl floß ursprünglich rein nördlich und mündete, nachdem sie von Osten her den Lamnitz- und Zinnbach aufgenommen hatte, bei Aich in die Eger, wo die ehemalige Mündung noch durch Schotterterrassen, die auf gewachsenem Felsen liegen, zu erkennen ist. Aber auch die Neigung der alten Talterrassen und die nach Westen gerichteten Mündungen der beiden Nebenflüsse weisen im Talstücke *A* bis *W* teplaufwärts, also entgegengesetzt der heutigen Flußrichtung. Über Pirkenhammer, durch eine Wasserscheide *(W)* getrennt, war ein Bach, der schon damals in der Richtung gegen Karlsbad floß. Ein Bergsturz vom hohen Ries und Aberg verlegte die Flußbahn des ursprünglichen Tepllaufes, der Fluß wurde zu einem See gestaut, der bis zur Wasserscheide bei Pirkenhammer und in das Lamnitz- und Zinnbachtal reichte. Deutliche Seesedimente (grauer Letten und geschichteter Sand) erinnern, namentlich im oberen Tepltale, noch heute an dieses Seestadium. Als aber der Seeabschluß bei Pirkenhammer *(W)* durch den nach Norden fließenden Karlsbader Bach durchschnitten und abgetragen wurde, gelangte die Tepl in das Flußregime des letzteren und fließt seit dieser Zeit mit ihm vereint in entgegengesetzter Richtung zur Eger. Diese Talgeschichte erklärt die mächtigen Schotterlagen und Sande bei A_1 und *B*, welche nicht nur die alten, nach West gedrängten Flußschotter, sondern auch eine große Menge Seesedimente enthalten. Aus dieser morphologischen Erkenntnis läßt sich die Tiefe des ehemaligen, im festen Fels angelegten Talbodens und aus dieser die Mächtigkeit der losen Ablagerungen bis zum festen Fels für jeden beliebigen Punkt rechnerisch bestimmen. Dies gilt auch für analoge Fälle in anderen Gegenden, wo ein Flußlauf, besonders im Oberlauf, an mehreren Stellen den festen Untergrund erkennen läßt. In unserem Beispiel kennen wir die Höhenlage des gewachsenen Felsens in den Punkten *E* (460 m) und *F* (375 m); die Differenz von 85 m ist das ehemalige Teplgefälle auf einer Laufstrecke von 12.000 m. Für einen Zwischenabschnitt *D* bis *F* (Länge 2120 m) ist das Gefälle x aus der Proportion $12.000:2120 = 85:x$ leicht zu bestimmen ($x = 15$ m). Ist die Seehöhe der alten Mündung bei *F* 375 m, so ist die Höhe der alten Flußsohle im Punkte *D* $375 + 15 = 390$ m. Da der heutige Talboden bei *D* 412 m hoch liegt, so ist die Mächtigkeit der Seeablagerung dort $412 - 390 = 22$ m. In ähnlicher Weise läßt sich auf der Strecke *D* bis *W* die Stärke der Schotterlage für jeden beliebigen Punkt, z. B. A_1, *B*, *C* (Profil I bis III), aus der Entfernung und Höhendifferenz von *H* und *D* bestimmen.

Die größten Veränderungen des Flußregimes wurden in jenen Landstrichen hervorgerufen, die von der Vergletscherung der Eiszeit betroffen wurden, das sind in Europa in erster Linie Norddeutschland und die Alpen. (S. 644).

M. Singer zeigt am Forsthoftunnelprojekt bei Taxenbach die Verschüttung alter Täler durch die Vergletscherung der Eiszeit[2]) (Abb. 416). Es war ein Tunnel parallel zur Salzach geplant. Singer konnte bereits durch einfache Profillegung zeigen und später durch Bohrungen bestätigen, daß die Salzach in dieser Strecke von einem alten, vorglazialen Tal begleitet wird, dessen Sohle 12 bis 13 m über dem Niederwasser der heutigen Salzach liegt. Auch die rückläufige Richtung der Lehnenbäche mit unfertigen, übersteilen Felsböschungen zeigte das jugendliche Alter des jetzigen Salzachtales zwischen Taxenbach und Rauris-Kitzloch an. Der geplante Tunnel hätte die alte Talfurche an einzelnen Stellen angefahren bzw. wäre ihr mit seiner Firste mindestens so nahe gekommen, daß starker Gebirgsdruck und bedeutender Wasserzudrang zu erwarten gewesen wäre, weshalb das Projekt aufgegeben wurde.

Selbst steile Schluchten sind von derartigen Verschotterungen nicht verschont geblieben, wie dies M. Singer (l. c.) für die Salzachöfen bei Golling, den Saalachdurchbruch bei Reichenhall usw. zeigt, wo die Absätze der alten Moränen-

---

[1]) Danzer, M.: Das Talsperrenprojekt im Tepltal bei Karlsbad. Lotos, 70. Bd., S. 125. Prag. 1922.

[2]) Singer, M.: Über Talverlegung und Tunnelbau. Öst. Wochenschr. f. d. öff. Baudienst, Heft 35. 1915.

seen der letzten allgemeinen Vergletscherung in die heutigen Engtäler hineinreichen und überdies die einmündenden Gebirgsbäche ihre Geschiebe in Form von Mündungsdelten absetzten. Die spätere Erosion konnte diese Schottermassen nur teilweise wieder wegräumen.

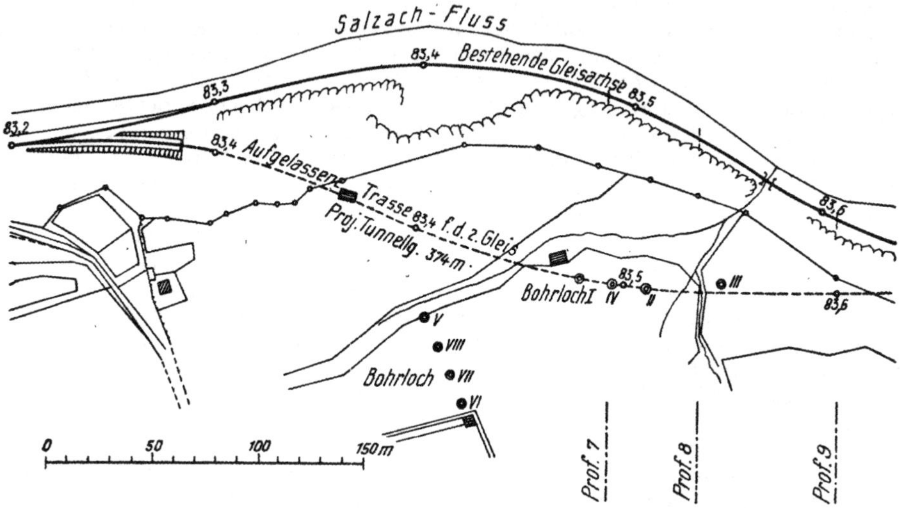

Abb. 416a. Lage des projektierten Forsthoftunnels bei Taxenbach (nach M. Singer)

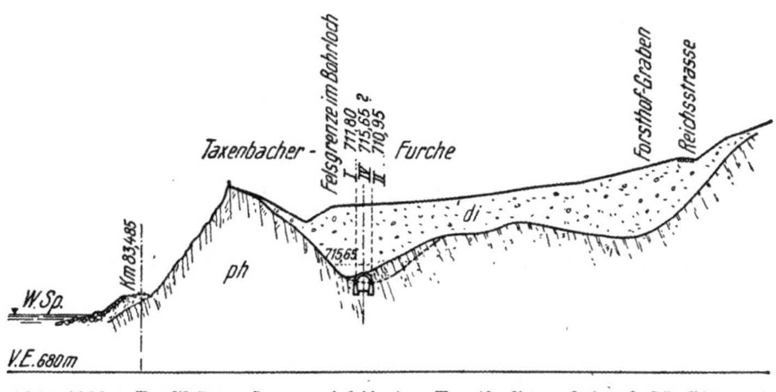

Abb. 416b. Profil 7 zu dem projektierten Forsthoftunnel (nach M. Singer)

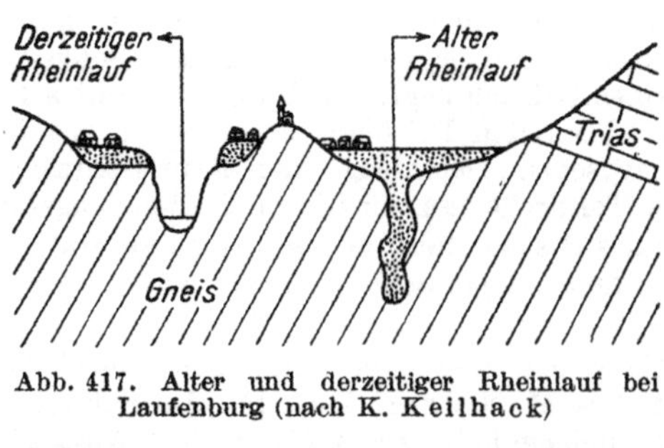

Abb. 417. Alter und derzeitiger Rheinlauf bei Laufenburg (nach K. Keilhack)

Bei Laufenburg am Rhein ist ein alter, mit Glaziaschotter erfüllter Flußlauf in den Gneis eingeschnitten, der tief unter das junge Erosionstal des heutigen Rheines hinabreicht (Abb. 417). In diesem alten Bett strömt ein kräftiger Grundwasserstrom. Der Grundwasserstrom wurde beim Bau der Kraftzentrale aufgeschlossen, ist aber für das Stauwerk ohne Einfluß. Heute sitzt eine Reihe von

Grundwasserbrunnen in dem alten Flußlauf, so daß seine Lage zum aufgestauten Rhein genau vermessen werden konnte.

Einen besonders interessanten Fall eines gigantischen Flußlaufes, der durch eine Sperre geschlossen werden sollte, teilt uns Herr H. E. Gruner in Basel vom Bau der Broccersperre mit. Die Jogne fließt am Ende des Beckens von Montsalvens durch eine enge Schlucht, welche den oberen Jura und die darüber liegenden Kreideschichten (Neokom) durchschneidet. Unter der linken Talterrasse liegt ein alter Flußlauf, der aber durch eine Moräne geschlossen ist. Beim Aufstau des Beckens zeigte es sich, daß die Moränenablagerung nicht gleichmäßig dicht war, sondern von Kies- und Sandschichten durchzogen wurde. Es traten daher in dem 150 m flußabwärts liegenden Teile des Tales starke Quellen auf, weshalb man den Moränenabhang mit einem Lehmschlag abdecken und so den Ursprung der Quellen abschneiden mußte. Die Abdeckung des Abhanges erfolgte mittels Puddel (S. 540).

XV. Erdgeschichtliche

Tabelle 58. Von L.

						Organische Ereignisse	
Neozoikum (Känozoikum)	Quartär		Alluvium			Jungsteinzeitliche Kulturen (Neolithikum) — Bronzezeit — Eisenzeit — geschichtliche Zeit	
			Diluvium			Erstes Auftreten des Menschen im Altdiluvium. Altsteinzeitliche Kulturen (Paläolithikum) — Mammut, wollhaariges Rhinozeros, Riesenhirsch, Höhlenlöwen, Bären usw.	
	Tertiär	Neogen	Pliozän	Arnian	Levantin	Das Tertiär steht unter dem Zeichen der Entfaltung der Säugetiere, von denen schon im ältesten Tertiär die Vorläufer der meisten Hauptgruppen auftreten. Während im Alttertiär (Paläogen) die Säugetiere noch ein altertümliches Gepräge aufweisen, erfolgt im Jungtertiär immer mehr die Angleichung an die heutigen Formen. Dies gilt ganz allgemein auch von den anderen Tier- und Pflanzengruppen. — Die Flora weist im Alttertiär noch zahlreiche Tropenformen auf, daneben auch zahlreiche Vertreter der heutigen europäischen Wälder. Die Tropenformen verschwinden vom Miozän an in Mittel- und Nordeuropa allmählich. — Sehr charakteristisch sind u. a.: Nummuliten (eine großwüchsige Foraminiferengattung, vorwiegend in wärmeren Meeren lebend), zahlreiche Muscheln- und Schneckengattungen (Cytherea, Congeria, Cyrena, Leda, Corbula, Cerithium, Hydrobia, Fusus u. a.)	
				Astian			
				Pontien			
			Miozän	Sarmatien			
				Helvetien	Mediterran		
				Burdigal.			
		Paläogen	Oligozän	Aquitanien			
				Rupélien			
				Tongrien			
			Eozän	Bartonien			
				Lutétien			
				Yprésien			
			Paleozän	Sparnacien			
				Thanétien			
				Montien			
Mesozoikum	Kreide	obere		Danien		Mit Beginn der oberen Kreide überwiegen die bedecktsamigen Gewächse (Angiospermen) die bis dahin herrschenden Gymnospermen. — Wichtige Leitfossilien in der Kreide liefern die Ammoniten, Belemniten, einige Muscheln (z. B. die Rudisten und Inoceramen), einige Seeigel (besonders in der oberen Kreide), einige Seelilien. — An einigen Ablagerungen (z. B. an der Schreibkreide) besitzen manche Protozoen (= einzellige Tiere) erheblichen Anteil. Einige wichtige Ammonitengattungen in der Kreide: Hopliten, Acanthoceraten, Desmoceraten, Cosmoceraten, Baculiten, Scaphiten u. a. Von Belemniten: Actinocamax und Belemnitella	Hauptentwicklung der Reptilien (Riesenformen von Meeres- und Landreptilien), der Ammoniten und Belemniten. Am Ende der Kreide völliges Verschwinden der Ammoniten, fast aller Belemniten, aller Reptiliengruppen bis auf die heute noch lebenden
				Senon			
				Emscher			
				Turon			
				Cenoman			
		untere		Gault-Albien			
				Aptien	Neokom		
				Barrémien			
				Hauterivien			
				Valanginien			
	Jura	oberer	Malm = weißer Jura	Purbeck-Tithon		Erstes Auftreten der Vögel im obersten Malm (Archäopteryx im Lithographenkalk von Solnhofen), der bedecktsamigen Gewächse (Angiospermen) im Dogger, der Belemniten (zu den Kopffüßlern = Cephalopoden gehörig, verwandt den heutigen „Tintenfischen“) im Lias (Vorläufer bereits in der Trias). — Wichtige Leitfossilien im Jura liefern vor allem die Ammoniten, daneben in manchen Abteilungen einige Muscheln, Brachiopoden u. a. — Große Bedeutung erlangen stellenweise Korallen und Schwämme (riffbildend im Malm). Wichtige Ammonitengattungen im Jura: Arieten, Harpoceraten, Aegoceraten, Perisphincten, Macrocephaliten u. a.	
				Portland			
				Kimmeridge			
				Coralrag			
				Oxford			
		mittlerer	Dogger = brauner Jura	Callovien			
				Bathonien			
				Bajocien			
		unterer	Lias = schwarzer Jura	Toarcien			
				Liasien			
				Sinémurien			
				Hettangien			

(stratigraphische) Tabelle

Rüger, Heidelberg

	Anorganische Ereignisse	Beispiele einiger nutzbarer Vorkommen
	Große Vereisung im Diluvium mit mehrfachen Phasen (Eiszeiten — Zwischeneiszeiten) auf der Nordhemisphäre. Die tektonischen Vorgänge des Tertiärs reichen (stark abgeschwächt) bis in das Quartär	Zahlreiche Erzseifen: Zinnerzseifen von Cornwall, Erzgebirge, Malakka, Australien; Goldseifen von Kalifornien, Klondike; Platinseifen im Ural und Kolumbien. — Raseneisen-Erze, See-Erze
Tertiäre Hauptfaltung	Im Tertiär finden erdumspannende Faltungen von alpinem Charakter statt, denen die meisten Kettengebirge angehören (Alpen, Apenninen, Karpathen, Dinarische Alpen, Himalaja, Pazifische Randketten u. a.). Das Einsetzen und die Dauer der Faltung ist in den einzelnen Teilen verschieden, in den Alpen z. B. Faltungsbeginn stellenweise in der oberen Kreide, Hauptfaltung im Oligozän-Miozän, Ausklang im Pliozän. Außerhalb der Faltungsgebiete starke Bruchtektonik (Rheintalgraben, afrikanische Gräben). Sehr heftige vulkanische Tätigkeit (Basalte, Rhyolithe, Liparite, Dazite u. a.). — Klima: Tropisch im Alttertiär, dann Abkühlung. Floristisch und faunistisch in Nord- und Mitteleuropa gut verfolgbar	Kalisalze im Oberrheingebiet (Elsaß, Baden) und Spanien (Ebrobecken). Steinsalz von Wieliczka. — Braunkohlen Mitteldeutschlands und Nordböhmens. Erdöl der Karpathen (zum Teil auch Kreide), Rumänien, Mesopotamien, Kaukasus, Kalifornien, texanische Golfregion, Trinidad. — Schwefel in Sizilien und Texas. — Im Zusammenhang mit der starken vulkanischen Tätigkeit zahlreiche Erzlagerstätten; Quecksilbervorkommen in Kalifornien, Mexiko, Toskana und Idria. Eisenglanz von Elba. Pyrit von Traversella (Piemont). Zinnerze in Bolivien. Kupfererze von Mitterberg (Salzburg), Montana (Buttedistrikt) und Arizona. Golderze von Nagyag und Offenbanya. Nickelerze von Neukaledonien. Bleierze von Raibl und Bleiberg. Blei-Zink-Erze in Oberschlesien usw.
Kimmerisch-saxonische Faltungen	Die gebirgsbildenden und vulkanischen Vorgänge erreichen nur stellenweise größere Bedeutung (starker Vulkanismus in den Anden, im vorderindischen Dekhanplateau und in den Pyrenäen). — Im Cenoman eine sehr ausgedehnte Transgression. — Ähnlich wie im Jura deuten die tiergeographischen Provinzen der Kreidezeit auf eine Klimadifferenzierung, welche zum Teil noch schärfer als im Jura ausgeprägt ist. Vereisungsspuren unbekannter Größenordnung sind in Australien nachgewiesen	Erdöl in Wyoming, Mexiko, Nordtexas. — Bauxite in Südfrankreich. Phosphorite in Frankreich und England. Kupfererze von Arizona (vielleicht auch tertiär). Blei-Zink-Erze von Mapimi (Mexiko). Eisenerze von Bilbao (vielleicht auch tertiär)
	Die gebirgsbildenden Vorgänge der Jurazeit (sogenannte kimmerische Faltung) erreichen nur an wenigen Stellen größere Intensität, sind jedoch ziemlich weit nachweisbar. Auch die vulkanische Tätigkeit erreicht nur stellenweise stärkere Ausmaße (Anden, Sierra Nevada; kleinere Vorkommen in den Alpen und Karpathen). — Größere Bedeutung erlangen die epirogenetischen Bewegungen; besonders ausgeprägt ist eine sehr große Transgression im mittleren Dogger. — Der Nachweis tiergeographischer Provinzen läßt auf eine klimatische Differenzierung schließen, jedoch sind bisher keine Extreme bekannt (z. B. Vereisungsspuren), so daß im ganzen auf ein relativ ausgeglichenes Klima der bekannten Juragebiete geschlossen werden darf	Minette (Brauneisenoolithe) im unteren Dogger (Lothringen, Württemberg). — Steinkohlen von Fünfkirchen (Ungarn) und südlich Kronstadt. Größere Steinkohlenvorkommen jurassischen Alters auch in China

					Organische Ereignisse	
Mesozoikum	Trias	obere	Keuper	Gliederung in den Alpen: rhätische Stufe; norische Stufe; karnische Stufe	Erstes Auftreten der Säugetiere in der oberen Trias (es handelt sich um Formen, welche zu den Beuteltieren in Beziehung gebracht werden, also um Eplacentalier). — Reiche Entfaltung der Reptilien. — Alle Stämme liefern zahlreiche neue Vertreter. Starke Entfaltung zeigen die Muscheln, Schnecken und Kopffüßler (zu letzteren die in der Trias besonders wichtigen Ceratiten). Von den Brachiopoden sind die Rhynchonelliden und Terebratuliden sehr häufig (auch im Jura und in der Kreide). Lokal gewinnen ferner Seelilien (im deutschen Muschelkalk) Bedeutung. — In der alpinen Trias stellenweise Korallen und Kalkalgen wichtig	Hauptentwicklung der Stegocephalen (eine den Amphibien verwandte Tierklasse, welche außerdem viele Beziehungen zu den Reptilien zeigt). Meist Landbewohner von zum Teil ansehnlicher Größe. Sie verschwinden Ende Trias
		mittlere	Muschelkalk	ladinische Stufe; anisische Stufe		
		untere	Buntsandstein	szythische Stufe		
Paläozoikum	Perm (Dyas)		Zechstein		Die Blütenpflanzen (und hiervon die Gymnospermen = nacktsamige Gewächse) erlangen die Vorherrschaft gegenüber den Sporenpflanzen (Kryptogamen). — Hauptentwicklung der Theromorphen (eine stammesgeschichtlich wichtige Reptiliengruppe). — Von den wirbellosen Tieren erlöschen eine große Anzahl der bisher herrschenden Ordnungen, Gattungen und Arten und werden in der Trias durch neue ersetzt	
			Rotliegendes			
	Karbon	oberes	Karbon	Produktives Karbon bzw. Kohlenkalk	Hauptentwicklung der Kryptogamen (Sporenpflanzen), von denen die Farne, schachtelhalmartige Gewächse und Bärlappgewächse den Hauptteil der karbonischen Wälder stellen (Steinkohlen!). — Erstes Auftreten der Reptilien. — Unter den Fischen sind die Ganoiden wichtig (Hauptentwicklung im Mesozoikum, dann von den Knochenfischen abgelöst)	
		unteres		Kohlenkalk bzw. Kulm		
	Devon	oberes, mittleres, unteres	Devon		Erstes Auftreten von landbewohnenden Wirbeltieren (Fährten von Stegocephalen). Erstes Auftreten von Insekten. — Unter den Fischen herrschen die Placodermen (Panzerfische) vor. Daneben ferner Vertreter der Lurchfische, der Ganoiden (Schmelzschupper) und von haiartigen Fischen. — Erstes Auftreten der Ammonitentiere (dazu die Goniatiten und Clymenien, beide Gruppen liefern wichtige Leitfossilien im Devon)	Hauptentwicklung der Trilobiten (eine den Krebstieren nahestehende Gruppe), welche besonders im Kambrium und Silur wichtige Leitfossilien liefern. Vom Devon an spärlicher, im Perm erlöschend
	Silur	oberes	Gotlandium		Erstes Auftreten der Wirbeltiere (Fische) im Obersilur und der landbewohnenden Gliedertiere (Skorpione). — Mit Beginn des Silurs sehr reiche Entfaltung der Wirbellosen mit kalkigen Hartteilen: Korallen, Bryozoen, Schwämme, Kopffüßler (hierzu die im Silur besonders formenreichen Nautiloideen), Brachiopoden, Muscheln, Schnecken. — Besonders charakteristisch für das Silur: Graptolithen (eine im System unsichere Gruppe), Cystoideen (zu den Stachelhäutern-Echinodermen gehörig)	
		unteres	Ordovicium			
	Kambrium	oberes, mittleres, unteres	Kambrium		Sehr reiche Entfaltung aller Stämme der wirbellosen Tiere. Weitverbreitet vor allem die Trilobiten und Brachiopoden (unter diesen vor allem die Gruppe der Inartikulaten). Spärlich bzw. unvollkommen überliefert sind die Mollusken (Muscheln, Schnecken und Kopffüßler), die Korallen und Schwämme. Sehr reiche Faunen wurden besonders in Nordamerika entdeckt. — Wichtige Trilobiten: Olenellus, Paradoxides, Olenus, Ellipsocephalus, Agnostus. Von Pflanzen sind nur Algenreste bekannt	

	Anorganische Ereignisse	Beispiele einiger nutzbarer Vorkommen
	Abgesehen von lokaler orogenetischer und vulkanischer Tätigkeit herrscht Ruhe (starke vulkanische Tätigkeit in Britisch Kolumbien, geringere Tätigkeit in den Alpen). Geringe epirogenetische Bewegungen (größere Transgression im Rhät.). — Das Klima scheint, soweit bekannt, keine stärkeren Differenzierungen aufzuweisen. Vorwiegend warm z. T. mit starken Niederschlägen	Steinsalz und Gips in der deutschen und alpinen Trias (Haselgebirge)
Variskische Faltungen	Sehr ausgedehnte Vereisung auf der Südhemisphäre (Südafrika, Südamerika, Australien, Vorderindien). Auf der Nordhemisphäre warmes Klima (Salzausscheidung). — Lokale Gebirgsfaltungen (Ural, Appalachen). Starke vulkanische Tätigkeit	Kalisalze in Norddeutschland. Kupferschiefer von Mansfeld usw. — Kleine Steinkohlenvorkommen
	Hauptphasen der variskischen Faltung, verbunden mit sehr starker vulkanischer Tätigkeit (große Intrusionen usw.). Zum variskischen Gebirge gehören u. a. der Schwarzwald, Odenwald, Bayrischer Wald, Erzgebirge, Riesengebirge, Rheinisches Schiefergebirge, Vogesen, Französisches Zentralplateau. — Mehrfache Transgressionen und Regressionen. — Klimaunterschiede zwischen der Nordhemisphäre (warm) und Südhemisphäre (kühler)	Steinkohlen: Nordwesteuropa (Oberkarbon), Donetzgebiet (Ober- und Unterkarbon), Nordamerika (Oberkarbon). — Im Zusammenhang mit der tiefenvulkanischen Tätigkeit Bildung zahlreicher Erzvorkommen: Im Erzgebirge (Zinn, Silber, Blei). Zinnerze in Cornwall, Spanien, Tasmanien (?). Spateisen und Magnesit vom Erzberg (?). Pyrit von Huelva-Rio Tinto
Devonische Faltungen	Mehrfache orogenetische Phasen (meist lokal, verbreiteter erst Ende Devon). Vulkanische Tätigkeit erreicht lokal größere Bedeutung (Diabase im deutschen Devon). — Klima: Starke Gegensätze fehlen. Anscheinend Wärmezunahme im Mitteldevon (Korallenriffe). Für einzelne Gebiete ist trockenes bis wüstenartiges Klima anzunehmen	Erdöle von Oklahoma, Illinois, Appalachische Region (devonisch und karbonisch). Roteisenerze im Dill-Lahn-Gebiet Altpaläozoisch (bis karbonisch) sind vermutlich: Silber-, Blei- und Zinkerze von Brokenhill, nordschwedische Eisenerze (Kiruna; vielleicht auch präkambrisch), Kupfererze von Otawi (Südafrika), Gold von Witwatersrand, Spateisen im Siegerland (Devon), Gold in Westaustralien, Quecksilber von Almaden, Platin in Südafrika und Ural, Diamanten in Südafrika, Südamerika (?), Kryolith von Grönland (vielleicht präkambrisch) usw.
Kaledon. Faltungen	Starke orogenetische Phase Ende Obersilur (kaledonische Faltung im engeren Sinne). In Nordamerika Faltung Ende Untersilur (takonische Faltung). Im Zusammenhang mit den Faltungen auch starke vulkanische Tätigkeit (Tiefenvulkanismus und Oberflächenvulkanismus). — Mehrfache Transgressionen und Regressionen (starke Transgression im Obersilur)	Erdöl in Ohio. — Chamosite von Nučic (Böhmen) und Schmiedefeld (Thüringen)
	Orogenetische Bewegungen fast fehlend. Vulkanismus im ganzen gering. Mehrfache, zum Teil größere Transgressionen und Regressionen. Klima: Klimadifferenzierungen nachweisbar. Vereisungsspuren (unbekannten Ausmaßes) in China und Australien (?) nachgewiesen	

				Organische Ereignisse
Archäozoikum (Algonkium, Präkambrium)				Die spärlichen Funde organischer Reste zeigen mit Sicherheit, daß bereits im Archäozoikum alle Stämme der Nichtwirbeltiere vorhanden waren. Dafür spricht auch das plötzliche Auftreten der sehr reichen kambrischen Fauna, welche ohne Annahme einer langen vorkambrischen Entwicklung unerklärlich ist. — Sicher erkannt sind Vertreter der Radiolarien (einzellige Tiere) und von Gliedertieren (krebsartige Formen). Weitere Funde werden auf Würmer, Schnecken, Brachiopoden und Schwämme zurückgeführt. — Von Pflanzen nur unsichere Algenreste bekannt. Auf Pflanzen wird bisweilen auch der Shungit zurückgeführt, ein anthrazitähnliches Gestein, das fast nur aus Kohlenstoff besteht (vielleicht aber auch aus Asphalt hervorgegangen)
Azoikum (Archäikum)				Die Grenze Archäozoikum (Zeit des ältesten Lebens) und Azoikum (Zeit ohne Leben) ist willkürlich und unsicher. Es muß dahingestellt bleiben, ob selbst die ältesten uns bekannten Gesteine aus einer Zeit stammen, in welcher organisches Leben noch nicht bestehen konnte; wahrscheinlicher ist das Gegenteil. Durch die sehr starken Umwandlungen aller hier in Frage kommenden Gesteine sind etwaige organische Reste jedoch zerstört und eine Entscheidung auf diesem Wege wohl nie zu treffen

Anmerkung: Die nähere Gliederung der paläozoischen und vorpaläozoischen Schichten wurde nicht angeführt, da dies über den verfügbaren Rahmen hinausgehen würde.

Anorganische Ereignisse	Beispiele einiger nutzbarer Vorkommen
Mehrfache Gebirgsbildungen, verbunden mit vulkanischen Tätigkeiten. Daher weitgehende Umwandlungen der meisten vorkambrischen Gesteine, deren ursprünglicher Charakter und einstige Verbreitung und Lagerung kaum mehr feststellbar ist. Unbekannt ist daher auch die Land-Meer-Verteilung in vorkambrischer Zeit und damit auch die epirogenetischen Vorgänge. — Aus dem nordamerikanischen Archäozoikum sind Anzeichen einer Vereisung festgestellt. Daraus ist zu schließen, daß bereits damals die gleichen klimatischen Kontraste wie in späteren Zeiten der Erdgeschichte herrschten. Es liegen bisher keine Gründe für die Annahme vor, daß die ältesten Gesteine etwa Reste der ersten Erstarrungskruste darstellen oder unter grundsätzlich anderen Bedingungen zur Bildung gelangten (z. B. die Annahme heißer Urozeane oder hoher Temperaturen infolge geringer Rindendicke usw.)	Eisenerze des Marquettedistriktes (U. S. A.), Nickelerze von Sudbury, Zinnerze von Pitkäsanda (Finnland), Apatit-Eisen-Erze Mittelschwedens (Grängesberg, Norberg, Dannemora), Eisenerze von Arendal, Kupfererze von Fahlun

Sachverzeichnis

Technische Gesteinkunde für Bauingenieure, Kulturtechniker, Land- und Forstwirte sowie für Steinbruchbesitzer und Steinbruchtechniker. Von Ing. Dr. phil. **Josef Stiny**, o. ö. Professor an der Technischen Hochschule in Wien. Zweite, vermehrte und vollständig umgearbeitete Auflage. Mit 422 Abbildungen im Text und einer mehrfarbigen Tafel sowie einem Beiheft: „Kurze Anleitung zum Bestimmen der technisch wichtigsten Mineralien und Gesteine", 557 und 24 Seiten. 1929.

In Ganzleinen gebunden RM 45,—

Aus den Besprechungen:

Die erste vergriffene Auflage 1919 sollte ein kurzer praktischer Wegweiser zur technischen Anwendung der Gesteinkunde nur für die im Titel genannten Fachleute sein, zur Untersuchung der Gesteine usw. mit freiem Auge und einfachsten Hilfsmitteln. Die vorliegende zweite Auflage wendet sich außerdem an die Schüler, den ausübenden Ingenieur aller Berufszweige und den jungen Fachgeologen mit rein wissenschaftlicher Universitätsbildung. Demgemäß sind jetzt auch die optischen Methoden berücksichtigt (zahlreiche mikroskopische Dünnschliffbilder usw; im Beiheft kurze Anleitung zur Bestimmung der wichtigeren gesteinbildenden Mineralien mit dem Polarisationsmikroskop), und das ganze Werk wurde völlig umgearbeitet. Stark erweitert sind die Abschnitte über Größe und Gestalt der Gesteingemengteile und die technischen Eigenschaften der Gesteine, ihre Prüfung, Gewinnung und Verwertung. Ganz neu sind die Abschnitte über die wichtigsten Verfahren zur Bestimmung der Korngrößen der Gesteingemengteile und die Darstellung der gewonnenen Untersuchungsergebnisse, die Tragfähigkeit der Gesteine als Baugrund und die Anlage von Steinbrüchen, Schottergruben und ähnlichen Gewinnungsstätten technisch nutzbarer Gesteine. Bei den technischen Prüfungsmethoden wurden auch die neuesten berücksichtigt mit Ausnahme der Normung, „da hier vieles noch im Fluß ist. . . ." *Beton und Eisen, 28. Jahrgang, Heft 9, 1929*

Taschenbuch für Ingenieure und Architekten. Unter Mitwirkung von Professor Dr. H. Baudisch-Wien, Ing. Dr. Fr. Bleich-Wien, Professor Dr. A. Haerpfer-Prag, Dozent Dr. L. Huber-Wien, Professor Dr. P. Kresnik-Brünn, Professor Dr. h. c. J. Melan-Prag, Professor Dr. F. Steiner-Wien. Herausgegeben von Ing. Dr. **Fr. Bleich** und Professor Dr. h. c. **J. Melan.** Mit 634 Abbildungen im Text und auf einer Tafel. 715 Seiten. 1926.

In Ganzleinen gebunden RM 22,50

Der Baugrund. Praktische Geologie für Architekten, Ingenieure und Bauunternehmer. Von Ing. **Max Singer.** Mit zahlreichen Abbildungen im Text.

In Vorbereitung.

Gefügekunde der Gesteine. Von Professor Dr. **Bruno Sander,** Innsbruck. Mit 200 Diagrammen und 10 Tafeln. In Vorbereitung.

Verwitterung in der Natur und an Bauwerken. Für Bau-, Kultur- und Erhaltungsingenieure, Architekten, Baumeister, Bergleute, Bodenkundler, Petrographen, Bergbau-, Hütten-, Steinbruch-, Beton- und andere Betriebe und Verwaltungen, Werkstätten, Geologen, Geometer sowie politische Behörden und Verwaltungen. Von Professor Ing. **Vinzenz Pollack.** Mit 120 Abbildungen und einer Tafel. 580 Seiten. 1923. Technische Praxis, Band XXX. Gebunden RM 4,50

Mineralogisches Taschenbuch. Zweite, vermehrte Auflage. Herausgegeben von der Wiener Mineralogischen Gesellschaft unter Mitwirkung von A. Himmelbauer, R. Koechlin, A. Marchet, H. Michel und O. Rotky. Redigiert von J. E. Hibsch. X, 188 Seiten in Taschenformat. 1928.

In Ganzleinen gebunden RM 10,80

Einführung in die Geophysik. Von Professor Dr. **A. Prey**, Prag, Professor Dr. **C. Mainka**, Göttingen, Professor Dr. **E. Tams**, Hamburg. (Bildet Band IV der „Naturwissenschaftlichen Monographien und Lehrbücher".) Mit 82 Textabbildungen. VIII, 340 Seiten. 1922. RM 12,—
Die Bezieher der „Naturwissenschaften" erhalten die Monographien mit einer Ermäßigung von 10 %.

Anleitung zur Bestimmung von Mineralien. Von **N. M. Fedorowski**, Professor an der Bergakademie in Moskau. Übersetzung der letzten (zweiten) russischen Auflage. Mit 15 Textabbildungen. VIII, 136 Seiten. 1926. RM 7,50

Entwicklungsgeschichte der mineralogischen Wissenschaften. Von **P. Groth.** Mit 5 Textfiguren. VI, 262 Seiten. 1926.
RM 18,—; gebunden RM 19,50

Der Bau langer tiefliegender Gebirgstunnel. Von Professor **C. Andreae**, Zürich. Mit 83 Textabbildungen. VI, 152 Seiten. 1926. RM 13,20

Statische Probleme des Tunnel- und Druckstollenbaues und ihre gegenseitigen Beziehungen. Gleichgewichtsverhältnisse im massiven und kreisförmig durchörterten Gebirge und deren Folgeerscheinungen. Spannungsverhältnisse unterirdischer Gewölbebauten. Von Dr. sc. techn. **Hanns Schmid**, Ingenieur E. T. H., Chur. Mit 36 Textabbildungen. VI, 148 Seiten. 1926.
RM 8,40

Die Grundbautechnik und ihre maschinellen Hilfsmittel. Von Baurat Dipl.-Ing. **G. Hetzell**, Hamburg, und Oberbaurat Dipl.-Ing. **O. Wundram**, Hamburg. Mit 436 Textabbildungen. VI, 399 Seiten. 1929. Gebunden RM 35,—

Von der Bewegung des Wassers und den dabei auftretenden Kräften. Grundlagen zu einer praktischen Hydrodynamik für Bauingenieure. Nach Arbeiten von Staatsrat Dr.-Ing. e. h. **Alexander Koch**, s. Zt. Professor an der Technischen Hochschule Darmstadt, herausgegeben von Dr.-Ing. e. h. **Max Carstanjen.** Nebst einer Auswahl von Versuchen Kochs im Wasserbau-Laboratorium der Darmstädter Technischen Hochschule, zusammengestellt unter Mitwirkung von Studienrat Dipl.-Ing. L. Hainz. Mit 331 Abbildungen im Text und auf 2 Tafeln sowie einem Bildnis. XII, 228 Seiten. 1926. Gebunden RM 28,50

Handbuch der Hydrologie. Wesen, Nachweis, Untersuchung und Gewinnung unterirdischer Wasser: Quellen, Grundwasser, unterirdische Wasserläufe, Grundwasserfassungen. Von Zivilingenieur **E. Prinz.** Zweite, ergänzte Auflage. Mit 334 Textabbildungen. XIII, 422 Seiten. 1923. Gebunden RM 18,—

Geologische Voraussetzungen für Wasserkraftanlagen. Von Dr. **J. L. Wilser**, Geologe, a. o. Professor an der Universität Freiburg i. Br. 58 Seiten. 1925. RM 3,60

Ergänzungen und Berichtigungen

Zu Seite 245 (Erdbeben):

Die Ableitung der Indikatorlänge bezieht sich auf Vertikalpendel nach Art der Abb. 131 und 132.

Bei Horizontalpendeln nach Wiechert (labil auf der Spitze gelagerten Pendeln) wird auf die bekannte Pendelmasse von M g exzentrisch in der Richtung der zu prüfenden Komponente eine Zusatzmasse m aufgelegt und so ein Ausschlag von z cm erzielt. Ist H der Abstand des Pendelschwerpunktes vom Pendellager, h die horizontale Entfernung des Zusatzgewichtes vom Pendelschwerpunkt in Zentimetern, dann rechnet man die Indikatorlänge in Zentimetern aus der Formel $I = \frac{zHM}{hm}$.

Seite 245 unten:

$$\text{Statt } \gamma = \frac{4A}{T^2}\,\text{mm/sek}^2 \text{ lies } \gamma = \frac{4\pi^2 A}{T^2}\,\text{mm/sek}^2 \doteq \frac{4A}{T^2}\,\text{cm/sek}^2.$$

GPSR Compliance

The European Union's (EU) General Product Safety Regulation (GPSR) is a set of rules that requires consumer products to be safe and our obligations to ensure this.

If you have any concerns about our products, you can contact us on ProductSafety@springernature.com

In case Publisher is established outside the EU, the EU authorized representative is:

Springer Nature Customer Service Center GmbH
Europaplatz 3
69115 Heidelberg, Germany

Batch number: 10606455

Printed by Printforce, the Netherlands